TRAITÉ

DE

MÉCANIQUE

TOURS, IMPRIMERIE DESLIS FRÈRES

6, Rue Gambetta, 6.

ENCYCLOPÉDIE THÉORIQUE ET PRATIQUE

DES

CONNAISSANCES CIVILES ET MILITAIRES

PUBLIÉE SOUS LE PATRONAGE DE LA RÉUNION DES OFFICIERS

TRAITÉ DE MÉCANIQUE

STATIQUE, CINÉMATIQUE, DYNAMIQUE, HYDRAULIQUE,
RÉSISTANCE DES MATÉRIAUX, CHAUDIÈRES A VAPEUR,
MOTEURS A VAPEUR ET A GAZ

PAR

L. ARNAL

Ingénieur des Arts et Manufactures, Chef des travaux graphiques à l'École Centrale
Professeur aux Écoles municipales supérieures et à l'Association polytechnique,
Ancien élève de l'École d'arts et métiers d'Aix
Ancien professeur à l'École d'arts et métiers de Châlons, ex-ingénieur des Arts et Métiers d'Aix

STATIQUE ET CINÉMATIQUE

PARIS

H. CHAIRGRASSE FILS, ÉDITEUR

25, RUE DE GRENELLE, 25

TRAITÉ

DE

MÉCANIQUE

PREMIÈRE PARTIE

STATIQUE

Introduction à la statique et à la dynamique.

1. *La mécanique repose sur les trois principes, ou axiomes fondamentaux suivants :*

I. — *Principe de l'inertie. Un point matériel ne peut, de lui-même, modifier son état de repos ou de mouvement.*

II. — *Principe de l'indépendance des effets des forces les unes à l'égard des autres, et de toutes à l'égard du mouvement antérieurement acquis.*

III. — *Principe de l'égalité de l'action et de la réaction.*

Premier principe.

2. L'inertie de la matière est une propriété générale qui paraît évidente, lorsqu'elle est à l'état de repos. Les anciens en avaient la notion exacte. Aussi, ont-ils donné le nom d'*inerte* à toute matière inanimée.

L'idée de l'inertie de la matière à l'état de mouvement est plus récente. Elle date de la création de la dynamique moderne, au XVIIe siècle.

3. Le principe de l'inertie permet de définir l'expression de *force*.

On appelle *force*, toute cause qui modifie ou qui tend à modifier l'état de repos ou de mouvement d'un corps. Ainsi, tous les corps placés à la surface de la terre tombent vers son centre dès qu'ils ne sont plus soutenus. La cause de ce mouvement est une force appelée *pesanteur*.

4. L'expression *point matériel*, dont nous venons de nous servir, a besoin d'être définie. Un point matériel est un corps réduit, par la pensée, à des dimensions tellement petites qu'on puisse l'assimiler à un point géométrique.

Un point matériel n'a pas de forme définie.

On obtient des points matériels en décomposant un corps en une *infinité* de parties *infiniment* petites dans tous les sens. Les solides élémentaires ainsi obtenus forment le corps par leur réunion.

Second principe.

5. En vertu de ce principe, pour trouver l'effet produit par une force particulière, appliquée à un point matériel en mouvement et sollicité par d'autres forces, on peut chercher l'effet produit, sur le point en repos, par cette force particulière à l'exclusion de toutes les autres, puis *composer* successivement tous les effets de même ordre qu'on a déterminés séparément.

Troisième principe.

6. Lorsqu'une force exerce une pression sur un corps, le corps plie, fléchit et ses ressorts moléculaires réagissent en sens contraire avec un effet précisément égal à la pression exercée. Il en est de même lorsqu'on tire sur un ressort dont l'une des extrémités est fixe. Le ressort exerce une traction juste égale et contraire à celle qu'il subit. Ces effets égaux et réciproques paraissent évidents, lorsqu'il s'agit de corps visiblement élastiques, tels qu'une masse de caoutchouc. On les admet avec moins de facilité pour les corps durs ; mais, par une analyse attentive des phénomènes naturels et des expériences les plus vulgaires, on peut se convaincre que, dans tous les cas, *la réaction est égale à l'action*. C'est la réaction de l'eau frappée par les rames qui détermine le mouvement d'un canot. Lorsqu'on nageant, on étend et on reploie les mains et les pieds en arrière, on repousse l'eau, cette eau réagit et porte le corps en avant.

Notions préliminaires.

7. Lorsqu'un corps occupe successivement diverses positions, on dit qu'il est en *mouvement*.

On doit, dans le mouvement, considérer :

1° La ligne décrite par un des points du corps, c'est-à-dire la *trajectoire* de ce point.

2° Le temps qu'il met pour passer ainsi d'une position à une autre.

3° La force qui produit ce mouvement.

Dans le mouvement de la terre autour du soleil, par exemple, la trajectoire décrite par le centre de la terre est sensiblement une ellipse. Cette courbe est décrite par la terre dans une année, suivant certaines lois indiquées dans la cosmographie. Enfin, la cause de ce mouvement est l'attraction du soleil, combinée avec une impulsion initiale.

8. Nous diviserons la mécanique en trois parties principales :

1° La *statique*, c'est-à-dire l'étude des relations qui doivent exister entre les forces appliquées à un corps pour qu'il demeure en équilibre, et l'application des principes précédents aux conditions d'équilibre des machines les plus usuelles.

2° La *cinématique*, qui traite du mouvement considéré indépendamment de ses causes, et à un point de vue purement géométrique. On peut la diviser, elle-même, en deux parties :

L'une, purement théorique, comprend l'étude du mouvement d'un point, l'étude du mouvement d'un corps solide, la composition des mouvements.

La seconde, ayant pour objet les applications, comprend :

1° Les moyens de réaliser et d'assurer un mouvement donné.

2° La transformation des mouvements et la description des machines, abstraction faite des forces qui y sont appliquées.

3° La *dynamique*, c'est-à-dire l'étude combinée des forces et des mouvements qu'elles produisent, les diverses circonstances du mouvement d'un corps quand on connait les forces qui agissent sur lui ; ou bien, les mouvements étant connus, on déterminera les forces capables de les produire.

Nous traiterons ensuite, tout particulièrement, la résistance des matériaux, les moteurs hydrauliques et les moteurs à vapeur et à gaz.

CHAPITRE Ier

GÉNÉRALITÉS SUR LES FORCES

9. Comme conséquence immédiate de la loi de l'inertie, nous avons déduit que toute production, ou modification de mouvement dans un corps, ne peut provenir que d'une cause distincte de la substance même dont il est formé. C'est cette cause que l'on nomme *force*.

Une force est donc une cause quelconque de production ou de modification de mouvement.

La notion de force est une notion primitive que nous acquérons dès le plus jeune âge, par la conscience de l'effort qu'il nous faut exercer sur un corps pour le faire mouvoir, ou pour modifier le mouvement qu'il a déjà.

Diverses dénominations des forces.

10. On donne aux forces, suivant les différents cas particuliers, des dénominations en rapport avec la nature des effets qu'elles produisent.

Ainsi, on appelle *forces motrices* celles qui favorisent ou accélèrent le mouvement des corps auxquels elles sont appliquées.

On désigne, au contraire, sous le nom de *forces résistantes*, celles qui retardent le mouvement ou tendent à l'anéantir.

L'ensemble des forces motrices s'appelle souvent la *puissance*, et l'ensemble des forces résistantes, la *résistance*.

On emploie encore les mots de *traction*, de *pression*, d'*impulsion*, de *poussée*, de *percussion*, d'*attraction*, etc. pour désigner les forces qui agissent suivant un de ces modes d'action.

Enfin, dans l'industrie, la puissance qui met en mouvement une machine, s'appelle un *moteur*.

Différentes natures des forces.

11. Il existe autour de nous un grand nombre de forces de diverses natures dont les principales sont :

1° Les *forces musculaires*, qui sont celles développées par les moteurs animés, c'est-à-dire les hommes et les animaux.

2° Les *forces moléculaires*, qui sont les attractions et les répulsions s'exerçant entre les différents atomes des corps ;

La *force d'élasticité*, c'est-à-dire le plus ou moins d'énergie avec laquelle un corps, après avoir été déformé, reprend sa forme primitive ; la *force expansive* de la vapeur. Les forces qui se développent dans le choc de deux corps (dans leur frottement l'un contre l'autre, dans l'enroulement d'une corde sur une poulie) sont autant de manifestations des forces moléculaires.

3° La *pesanteur*, qui désigne la cause générale de la chute des corps. Autrement dit, c'est la force en vertu de laquelle tout corps abandonné à lui-même tombe sur le sol.

Égalité de deux forces.

12. Les forces étant des quantités d'une même espèce particulière, il faut, pour pouvoir les comparer entre elles, commencer par définir leur égalité.

On dit que deux forces sont égales, lorsque, dans les mêmes circonstances, elles produisent le même effet.

Dès qu'on a l'idée de forces égales, on conçoit facilement une force double, triple, quadruple, etc. d'une force donnée.

Eléments d'une force.

13. Une force quelconque est déterminée par trois éléments :

1° Son *point d'application*, c'est-à-dire le point du corps où elle agit directement.

2° Sa *direction*, c'est-à-dire la ligne droite suivant laquelle elle tend à entraîner son point d'application.

3° Son *intensité*, c'est-à-dire sa valeur par rapport à une autre force prise pour unité.

Représentation d'une force.

14. Pour représenter une force, on trace, par son point d'application, une droite qui indique sa direction et l'on porte sur cette ligne une longueur proportionnelle à son intensité (*fig. 1*).

On termine par une flèche la ligne

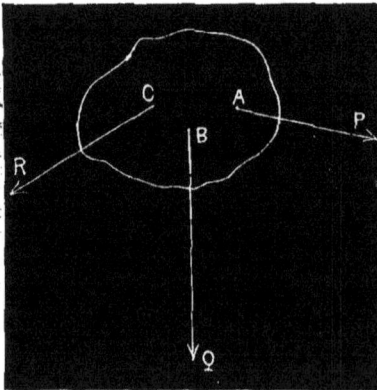

Fig. 1.

ainsi obtenue pour indiquer plus clairement le sens de la force. Si l'on convient, par exemple, de représenter une force de 1 kilog. par une longueur de 1 centimètre,

les forces de 10 kg, 20 kg, 100 kg, seront représentées par des longueurs de 0m10, 0m20, 1m00, etc.

Mesure des forces. — Unité de force.

15. Mesurer une force, c'est chercher son intensité. Autrement dit, c'est trouver combien de fois elle contient une force prise pour unité.

La pesanteur étant l'espèce de force la plus répandue dans la nature, on est naturellement conduit à lui comparer toutes les autres forces. C'est pour cela qu'on a adopté le *kilogramme* pour unité de force. Lorsque les efforts sont considérables, on prend, pour unité, la *tonne* ou le *tonneau-poids* dont la valeur est de 1000 k. D'après ce qui précède, une force est dite de 1 k., 10 k., 30 k., etc., quelle que soit sa nature, lorsque, dans les mêmes conditions, elle produit le même effet que le poids qui en mesure son intensité.

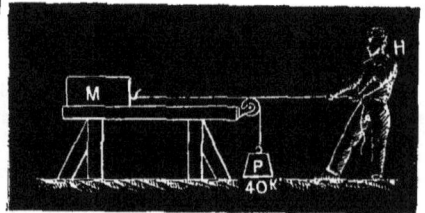

Fig. 2.

Exemple : Un homme H (*fig. 2*) communique à un corps M, qu'il traîne horizontalement, le même mouvement qu'un poids P de 40 kil. qui agirait sur ce corps par l'intermédiaire d'une poulie de renvoi. L'effort de traction développé par cet homme aura nécessairement une intensité de 40 kilogr.

DES DYNAMOMÈTRES.

16. Pour évaluer l'intensité des forces,

on se sert d'instruments appelés *dynamo-mètres*.

Il existe différentes sortes de dynamomètres, mais tous sont fondés sur le même principe. Leur partie essentielle est un ressort dont on peut noter la flexion. Toute force qui, appliquée à l'instrument, produit la même flexion qu'un poids de P kilogrammes, est dite une force de P kilogrammes.

17. Le plus simple des dynamomètres est le *peson* du commerce (*fig.* 3). Il se compose d'un ressort AOB à deux bran-

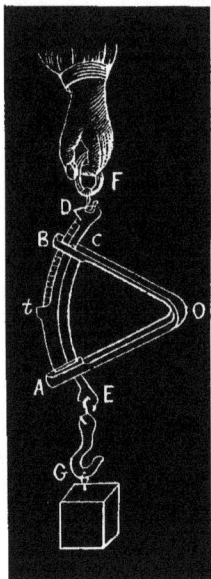

Fig. 3.

ches. A l'une BO est fixé, par l'une de ses extrémités, un arc de cercle métallique qui traverse la branche OA et qui porte, à son autre extrémité, un anneau E auquel on peut suspendre un poids ou appliquer une force quelconque. A la branche OA est fixé, par l'une de ses extrémités, un second arc de cercle qui peut glisser sur le premier et qui traverse la branche OB et se termine en D par un anneau servant à tenir l'instrument ou

à le suspendre à un point fixe. Ce second arc est gradué depuis l'extrémité D jusqu'à un talon *t*. Supposons que l'instrument étant attaché par l'anneau D, on suspende en E un poids de 1 kil. Les branches du ressort se rapprocheront; l'arc D*t* dépassera la branche OB d'une certaine quantité et l'on pourra marquer, sur cet arc, le point où la branche OB s'est arrêtée. On répétera la même opération pour des poids de 2 k., 3 k., etc., et l'instrument sera gradué. On divisera les intervalles en 10 parties égales pour avoir les fractions de kilogramme.

Si, maintenant, on applique en E une force quelconque et que la branche OB s'arrête à la division N, on en conclura que l'intensité de cette force est de N kilogrammes.

Le talon *t* est destiné à prévenir la rupture de l'instrument, dans le cas où l'on appliquerait en E une force capable de faire fléchir le ressort au delà de sa limite d'élasticité.

18. Il existe des pesons dans lesquels le ressort est disposé en hélice (*fig.* 4). Il est renfermé dans une boite cylindrique en métal, à la base supérieure de laquelle il est fixé. Son extrémité inférieure est liée à un piston A dont la tige traverse le ressort et vient sortir à la partie supérieure de la boite. Un anneau qui termine la tige du piston permet de tenir l'instrument ou de le suspendre. La base inférieure de la boite porte un crochet auquel on peut suspendre un poids, ou appliquer la force à mesurer. Sous l'action de cette force, le ressort se comprime et la tige sort de la boite d'une quantité d'autant plus grande que la force est plus considérable. La tige porte

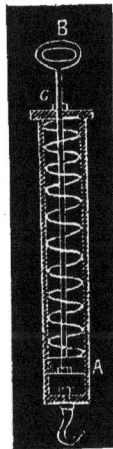

Fig. 4.

la graduation qui est obtenue de la même manière que dans le premier peson.

19. Les deux instruments que nous venons de décrire suffisent pour les besoins du commerce. Pour mesurer avec exactitude les forces supérieures à 100 kil., on se sert d'un appareil plus précis qui porte le nom de *dynamomètre de Régnier* (*fig.* 5).

Il consiste en un ressort AB à deux

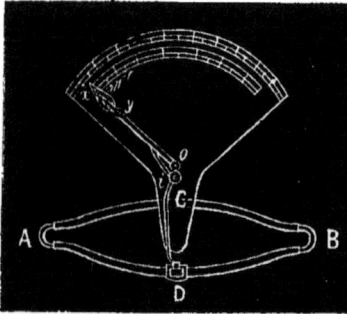

Fig. 5.

branches réunies par leurs extrémités. On fixe le milieu C de l'une des branches, et l'on applique au milieu D de l'autre branche la force que l'on veut mesurer. L'écart des deux branches est accusé par l'aiguille Ox dont la pointe parcourt une portion de circonférence qui porte la graduation. L'appareil présente deux graduations : l'une se rapporte au cas précédent; l'autre, au cas où l'on fixe le point A et où on applique la force au point B. Dans ce second cas, la force est mesurée par l'écartement des points A et B, qui implique le rapprochement des points C et D. Ce rapprochement est accusé par une seconde pointe y de l'aiguille qui parcourt un arc concentrique au premier. La seconde manière d'employer l'instrument sert pour mesurer les forces considérables, comme la force musculaire d'un cheval, par exemple.

20. Poncelet a imaginé un dynamo-

mètre beaucoup plus simple, employé par M. Morin dans ses recherches sur le frottement. Il consiste en 2 lames d'acier égales et parallèles AB, A'B' (*fig.* 6), articulées à leurs extrémités. On fixe le

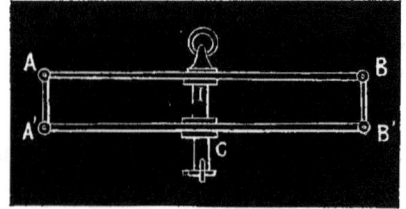

Fig. 6.

milieu I de l'une d'elles, et l'on applique la force à un crochet C disposé au milieu de l'autre lame. La force est mesurée par l'écart qui se produit entre les milieux des deux lames. L'avantage de cette disposition consiste en ce que, si la force ne dépasse pas une certaine limite, la variation de l'écart, c'est-à-dire l'excès de l'écart observé sur l'écart primitif correspondant à l'état naturel, est proportionnel à la force qui le produit. Conséquemment, lorsqu'on connaît cet excès pour une force déterminée, il suffit de mesurer l'écart correspondant à une force donnée pour en déduire la mesure de cette force par une simple proportion.

21. M. Morin a modifié ce dynamomètre pour des efforts considérables, en donnant aux lames la forme parabolique (*fig.* 7). Les flexions obtenues pour un même effort sont doubles de celles qu'on obtiendrait avec les lames offrant la même résistance, mais ayant une épaisseur uniforme, ce qui augmente la précision de l'appareil. D'après les expériences faites au Conservatoire des Arts-et-Métiers, les flexions obtenues demeurent proportionnelles aux efforts exercés tant que ces flexions ne dépassent pas 1/10 de la longueur des lames, comptée à partir des points d'encastrement.

Des forces au point de vue de la durée de leur action.

22. Certaines forces, telle que la pesanteur, agissent sur les corps d'une *manière continue* et ne produisent un effet sensible qu'après un temps appréciable. D'autres forces, au contraire, comme celles qui se

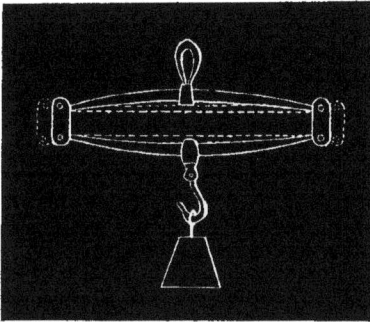

Fig. 7.

développent dans le choc des corps, dans la combustion de la poudre, etc., possédant une intensité considérable, paraissent engendrer des changements notables de vitesse dans un temps infiniment court. Autrement dit, la production de leur effet semble *instantanée*. Mais une observation attentive permet de constater que toutes les actions sont continues dans la nature. On s'accorde universellement, aujourd'hui, à reconnaître que l'action des forces a toujours une certaine durée.

Cette durée est quelquefois indéfiniment prolongée. D'autres fois, au contraire, elle est si petite qu'elle devient inappréciable, même avec les appareils chronométriques les plus délicats. Mais il faut bien se persuader qu'elle n'est *jamais nulle*. Les forces qui agissent pendant un temps extrêmement court, possèdent d'ordinaire une intensité considérable. Elles peuvent néanmoins s'exprimer en unités de même espèce que les autres forces, en kilogrammes, par exemple. Ainsi, on prouve que si deux corps durs, l'un de 1 kil., l'autre de 9 kil. venaient à se rencontrer avec une différence de vitesse de 4ᵐ,43, l'intensité de leur choc serait de 900 kil. Il est vrai que, d'après le calcul, cette durée ne serait que de 0,00045.

Forces instantanées et forces continues.

23. Souvent, les forces à action considérable, mais de très courte durée, se désignent sous le nom de *percussions* ou d'*impulsions*. Quelquefois même, on leur donne l'ancienne et impropre dénomination de *force instantanée*.

Les forces à action de longue durée, ou au moins d'une durée très appréciable, s'appellent communément forces continues ou bien encore *pression* ou *traction*. Ces forces sont *constantes* ou variables suivant la manière d'être de leur intensité pendant la durée de leur action.

Du mode d'action des forces pour mettre tout corps en mouvement.

24. Rendons-nous un peu compte de quelle manière le mouvement produit par une force appliquée à une des parties d'un corps, se transmet à toutes les parties.

Si le corps était tout d'une pièce, s'il avait une figure rigoureusement invariable, la transmission du mouvement serait instantanée. Dès l'instant que la partie soumise à l'action de la force se mettrait en mouvement, tout le reste de la matière se mouvrait en même temps. Mais on doit se rappeler que les corps sont formés d'une multitude d'atomes placés à côté les uns des autres sans se toucher. Dès lors, quand une force agit directement sur un groupe de ces atomes, c'est-à-dire sur une molécule, celle-ci se met immédiatement en mouvement et se déplace par rapport aux autres. Il en résulte le développement des forces moléculaires qui poussent les particules voisines. Ces dernières, à leur tour, ébranlent les molécules qui suivent et le mouvement se communique ainsi de proche en proche à toutes les parties du corps. Tel est ce qui se passe quand on tire sur l'une des extrémités d'un objet flexible, sur une corde très élastique, par exemple. On voit que l'autre extrémité ne commence à se mouvoir que quelques instants après la première.

D'ordinaire, la transmission du mouvement à l'intérieur des corps est extrêmement rapide, par suite des variations très grandes d'intensité que le plus petit dérangement développe dans les forces moléculaires. Cette propagation paraît même instantanée, c'est-à-dire que le corps actionné semble partir tout d'une pièce.

Mais on ne doit pas oublier que, rigoureusement parlant, quelque petite ou grande que soit la force appliquée à un point de ce corps, il y a transmission successive de mouvement et déplacement moléculaire.

Dans la plupart des solides, ce déplacement est extrêmement faible. Généralement, en mécanique, on le néglige et on considère ces solides comme un assemblage de points matériels invariablement reliés entre eux. Mais, dans le cas où l'intensité de la force est très-considérable et où il en résulte déformation du solide, comme lorsqu'il y a choc ou collision, il faut tenir compte du déplacement en question. Quand les forces dépassent certaines limites, variables d'ailleurs avec la nature du corps auquel elles sont appliquées, l'équilibre moléculaire est détruit et le corps se *brise*. C'est pour leur permettre de résister aux actions destructives des forces qui agissent sur eux que l'on donne, aux organes des machines, des formes et des dimensions calculées d'après certains principes déduits d'expériences nombreuses. (*Résistance des matériaux.*)

De l'équilibre.

25. L'équilibre est l'état d'un point matériel ou d'un ensemble de points qui demeurent en repos sous l'action d'un système de forces.

Il faut distinguer deux sortes d'équilibre :

1° L'équilibre *statique*,

2° L'équilibre *dynamique*.

L'équilibre *statique* a lieu quand le corps en équilibre ne change pas de place. On ne doit pas confondre cet équilibre avec l'état de repos. Dans le premier cas, le corps est soumis à l'action de forces qui s'entredétruisent. Dans le cas du repos, le corps n'est sollicité par aucune force.

26. On reconnaît aisément que les conditions de l'*équilibre dynamique* doivent être les mêmes que celles de l'*équilibre statique*. On sait, en effet, et c'est un principe expérimental qui sert de base à la mécanique, que les forces agissent sur un corps en mouvement comme elles agiraient s'il était en repos, de sorte que le mouvement produit par ces forces et le mouvement antérieurement acquis coexistent et se composent sans se modifier mutuellement. Par conséquent, si, en premier lieu, on a un système de forces en équilibre sur un corps en repos, on peut affirmer qu'elles seront encore en équilibre sur ce corps animé d'un mouvement quelconque, car si ce système de forces ne peut mettre le corps en mouvement quand il est en repos, elles ne pourront pas non plus produire un mouvement qui altérât celui dont le corps pouvait être animé. Réciproquement, en second lieu, si un système de forces appliquées à un corps en mouvement n'altère pas ce mouvement, c'est qu'il est incapable de produire lui-même un mouvement qui altère celui dont le corps est animé. Par conséquent, appliqué au même corps en repos, il serait incapable de le faire mouvoir. Les forces en équilibre sur un corps en mouvement seraient donc encore en équilibre sur ce même corps en repos.

Axiomes.

27. Les forces affectant nos sens d'une certaine manière, nous révèlent des propriétés fondamentales qu'on a nommées *axiomes*. Ces axiomes ne peuvent se démontrer; ils sont les points de départ obligés pour trouver les autres propriétés à l'aide du raisonnement.

1° *Lorsque deux forces égales sont appliquées en deux points liés entre eux d'une manière invariable, c'est-à-dire par une droite inflexible et inextensible, et agissant de manière à éloigner ou à rapprocher ces points, ces forces se font équilibre.*

2° *Si un corps libre de tourner autour d'un point fixe ou d'un axe fixe, est sollicité par une force qui ne passe pas par le point fixe ou qui ne soit pas dans le même plan avec l'axe fixe, ce corps ne peut être en équilibre. Si la direction de cette force passe par le point fixe ou par l'axe fixe, cette force est détruite.*

3° *Lorsqu'un corps solide est en équilibre sous l'action de plusieurs forces, l'équilibre n'est pas détruit si l'on fixe un ou plusieurs points du corps, ou si l'on établit, entre ces points, de nouvelles liaisons qui ne modifient en rien celles qui existaient déjà.*

4° *Lorsqu'un corps sollicité par plusieurs forces est en équilibre, on peut, sans rien changer à son état, supprimer des forces qui se font équilibre en vertu des liaisons du système, ou bien en introduire de nouvelles qui se font équilibre.*

Ces deux derniers axiomes sont très fréquents dans les démonstrations.

Théorème n° 1.

28. *Transport du point d'application d'une force.*

Une force peut être appliquée en un point quelconque de sa direction, pourvu que ce nouveau point soit invariablement lié au premier.

Soit une force F appliquée au point B. Je dis qu'on peut la transporter au

Fig. 8.

point A pris sur sa direction et invariablement lié au point B (*fig.* 8). En effet, appliquons en A, et en sens contraire, deux forces P et — P égales à F, les forces F et — P se font équilibre d'après l'axiome (1) et peuvent être supprimées. Le corps n'est donc sollicité que par la force P appliquée au point A et dirigée dans le même sens que précédemment.

Théorème n° 2.

29. *Deux forces agissant sur un corps libre ne peuvent se faire équilibre que si elles agissent suivant la même droite, en sens contraire, et ont même intensité.*

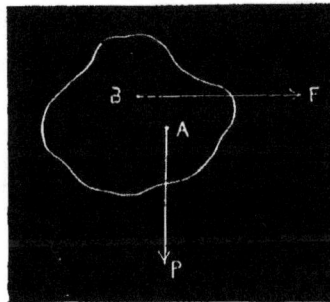

Fig. 9.

Soit une force F appliquée au point B d'un corps et une autre force P appliquée en A (*fig.* 9). Pour qu'il y ait équilibre, il faut que la force P passe par le point B. En effet, puisque l'équilibre existe, on peut fixer le point B (axiome 3). La force F sera détruite alors, et le corps demeurera en équilibre sous l'action de la force P qui ne passe pas par le point fixe. Cette conséquence étant absurde, il faut déjà que les forces passent par le même point. Il faut, en second lieu, que les forces F et P agissent suivant la même droite. En effet, le point B pouvant être choisi arbitrairement sur la direction de la force F, on peut dire que, pour l'équilibre, P doit passer par un point quelconque de la direction F. Ces forces agissent donc dans la même direction. Enfin, il faut qu'elles n'agissent pas dans le même sens, ce qui est évident, et que, de plus, elles soient égales.

Théorème n° 3.

30. *Si, lorsqu'un corps est sollicité par plusieurs forces F, F', F''* (*fig.* 10)*, on introduit une nouvelle force R qui maintienne le corps en équilibre, toutes les forces primitives peuvent être remplacées par une force unique* — R *égale et directement opposée à la force R. Cette force* — R *est appelée* résultante *de F, F' F'' et F, F' F'' sont les* composantes *de* — R.

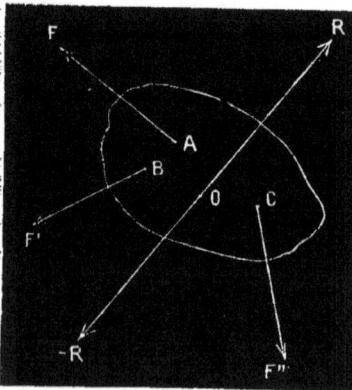

Fig.

En effet, nous ne changeons pas l'état du corps en introduisant les forces R et — R

qui se détruisent; mais comme F, F', F'' et R se détruisent aussi, leur effet est nul de lui-même et l'on peut dire que le corps est soumis seulement à l'action de la force — R. Donc, l'effet de cette force — R est le même que celui des forces F, F', F'' et on peut substituer à ces forces la résultante — R.

On appelle donc *résultante* d'un système de forces, la force unique qui produit le même effet que toutes ces forces qui forment le système et prennent le nom de *composantes*.

Théorème n° 4.

31. *Trois forces F, F' F'' non situées dans un même plan ne peuvent se faire équilibre*.

Admettons qu'il y ait équilibre. Nous pouvons mener une droite A B qui ren-

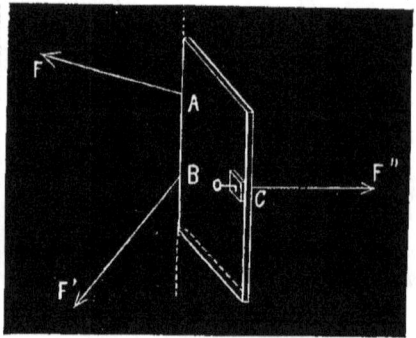

Fig. 11.

contre F et F' (*fig.* 11), par exemple, sans rencontrer la troisième F''. Fixons maintenant la droite AB (axiome 3). Les forces F et F' sont détruites et l'équilibre subsistera. bien que le corps soit sollicité par une seule force F'' qui ne rencontre pas l'axe fixe, ce qui est absurde.

Théorème n° 5.

32. *Deux forces F et F' non situées*

dans le même plan ne peuvent avoir de résultante.

En effet, si elles avaient une résultante R, en appliquant au corps une force — R

égale et directement opposée à R, les trois forces F, F' et —R se feraient équilibre; ce qui est impossible, puisque ces trois forces ne sont pas dans un même plan.

CHAPITRE II

FORCES CONCOURANTES

33. On appelle *forces concourantes,* celles dont les directions se coupent en un même point, où l'on peut supposer tous les points d'application transportés.

34. La composition de ces forces présente trois cas, savoir:

1er CAS. *Composition de plusieurs forces agissant suivant une même direction;*

2e CAS. *Composition de deux forces faisant entre elles un angle quelconque;*

3e CAS. *Composition de plus de deux forces concourantes.*

PREMIER CAS.

Théorème n° 6.

35. *Si un nombre quelconque de forces agissent suivant la même droite, les unes dans une direction, les autres dans la direction opposée, leur résultante est égale à la somme des forces qui tirent dans un sens, moins la somme des forces qui tirent en sens contraire. Cette résultante est dirigée dans le sens de la plus grande somme.*

Soit par exemple les forces $F = 5$ kil. $F' = 11$ kil. et $F'' = 17$ kil. (*fig. 12*) agissant sur un point A et vers la droite, et les forces $P = 3^{kg}$, $P' = 18^{kg}$ tirant sur

le même point et vers la gauche. La résultante s'obtiendra en faisant les deux sommes,

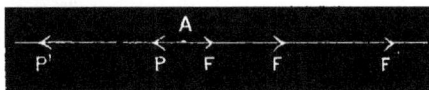

Fig. 12.

$$F + F' + F'' = 5 + 11 + 17 = 33^{kg}$$
$$P + P' = 3 + 18 = 21^{kg}$$

et en retranchant la plus petite somme de la plus grande. La résultante

$$R = F + F' + F'' — P — P' = 33^{kg} — 21$$
$$= 12^{kg},$$

agira dans le même sens que les forces F, F'', F''.

36. On abrège le discours en considérant les forces qui agissent dans un sens comme positives, les autres, comme négatives. L'énoncé du théorème se traduit alors ainsi:

La résultante de plusieurs forces dirigées suivant la même droite, est égale à leur somme algébrique. Elle agit suivant la même droite et son sens est donné par son signe.

Généralement, on donne le signe positif (+) aux forces agissant vers la droite, et le signe négatif (—) à celles agissant vers la gauche du point d'application.

Si la somme algébrique des forces est égale à zéro, ces forces ont une résultante nulle, et par suite, se font équilibre.

DEUXIÈME CAS.

Théorème nº 7.

37. *Composition de deux forces faisant entre elles un angle quelconque compris entre 0º et 180º.*

Commençons par observer que la *résul-*

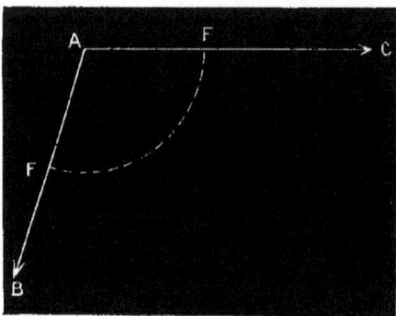

(Fig. 13.

tante de deux forces qui font entre elles un angle, est dirigée dans le plan de deux forces et comprise dans leur angle. En effet (*fig.* 13), le point A étant sollicité par les deux forces F, F', prend un certain mouvement unique et parfaitement déterminé. Or. tout est symétrique par rapport au plan des deux forces. Si l'on démontrait que la résultante est d'un côté du plan, en répétant mot pour mot le même raisonnement, on ferait voir que cette résultante est située du côté opposé.

Si donc le point A sortait du plan, il faudrait qu'il choisît entre l'un ou l'autre des deux déplacements symétriques. Un tel choix étant inadmissible et le fait du

mouvement étant cependant nécessaire, il faut que les deux déplacements coïncident et n'en fassent qu'un, ce qui les suppose situés dans le plan de symétrie, c'est-à-dire dans le plan des deux forces F, F'.

La résultante des deux forces F et F' est située dans l'angle BAC. En effet, si la force F agissait seule, elle entraînerait le point A sur la droite AC. Si la force F agissait aussi isolément, elle transporterait le point A sur sa direction AB. Par suite, lorsque les deux forces agissent simultanément, le point A ne peut se mouvoir que dans la portion du plan comprise entre les deux directions AC et AB et la résultante doit être dans l'angle BAC.

On pourrait démontrer, par un raisonnement analogue, que la résultante de deux forces concourantes et égales, est dirigée suivant la bissectrice de leur angle.

Théorème nº 8.

38. *La résultante de deux forces égales qui font un angle constant est propor-*

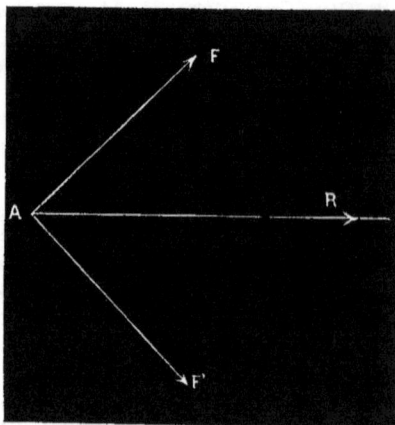

Fig. 14.

tionnelle à l'intensité commune de ces forces, c'est-à-dire que si ces forces devien-

nent à la fois doubles, triples, etc., la résultante devient en même temps double, triple...

En effet, supposons que les deux forces égales F et F' (fig. 14) agissant sur le point A, aient pour résultante la force R dirigée suivant la bissectrice de l'angle FAF'. Deux nouvelles forces F et F', égales aux premières, et appliquées au même point suivant les mêmes directions, auront pour résultante une nouvelle force R dirigée suivant AR. Le point A peut donc être regardé comme sollicité par deux forces, l'une 2 F et l'autre 2 F', ayant comme résultante une force 2 R suivant la bissectrice de l'angle FAF'. En résumé, si toutes les forces qui agissent sur un point sont augmentées ou diminuées dans le même rapport, sans altération de leurs directions, la résultante varie dans le même rapport en conservant la même direction.

Théorème n° 9.

39. *La résultante de deux forces angulaires est dirigée suivant la diagonale du parallélogramme construit sur les lignes qui représentent les forces, en grandeur et en direction.*

Nous avons démontré plus haut que dans le cas de deux forces égales, la proposition est évidente par raison de symétrie. Dans le cas, plus général, où les forces sont inégales, on peut emprunter à Sturm la démonstration de ce théorème qui repose sur la remarque suivante :

Si les sommets opposés A et C d'un losange ABCD (fig. 15) sont réunis d'une manière invariable et qu'on applique aux points A et C, suivant les côtés AB, AD, CB, CD, quatre forces égales F, F', F'', F''', le système est en équilibre.

En effet, les deux forces F et F', composées ensemble, ont une résultante R appliquée en A et dirigée suivant la diagonale AC qui est la bissectrice de l'angle BAD. De même, les deux forces F'' et F''',

appliquées en C, ont une résultante R' appliquée en C et dirigée suivant CA. Ces deux résultantes R et R', appliquées

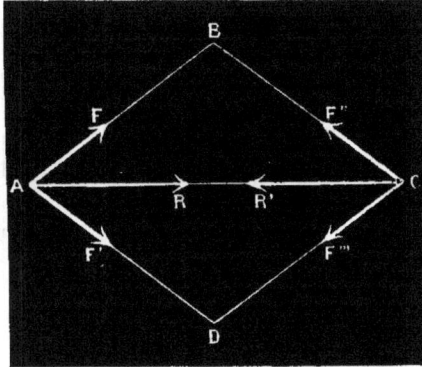

Fig. 15.

aux deux extrémités de la tige rigide AC, étant égales et de sens contraire, se font équilibre.

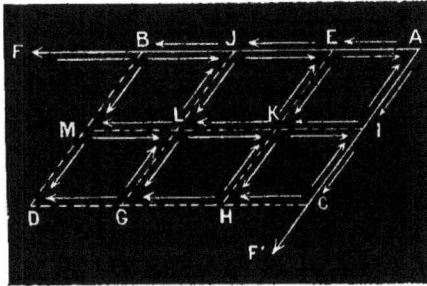

Fig. 16.

Ceci posé, considérons deux forces F et F' agissant sur le point A (fig. 16) et telles que leurs intensités soient entre elles comme deux nombres entiers m et n. Supposons que m = 3 et n = 2, c'est-à-dire que

$$\frac{F}{F'} = \frac{3}{2} = \frac{AB}{AC}$$

Divisons la force AB = F en 3 parties égales, AE = EJ = JB, et menons, par les points de division, des parallèles à AC. De même, divisons la force F' = AC en deux parties égales AI = IC et menons, par les points I et C, des parallèles à AB.

Le parallélogramme ABCD se trouve ainsi divisé en 6 losanges égaux, par des droites que nous supposerons rigides et liées invariablement au corps.

Appliquons maintenant à chacun des sommets I et E, K et F..... G et M de ces losanges, deux forces égales à la commune mesure f des forces F et F'

$$\left(f = \frac{F}{3} = \frac{F'}{2} \right)$$

Nous ne changeons pas l'état du corps, puisque les 4 forces f, introduites dans chaque losange, se détruisent.

En examinant attentivement la figure, on remarque que les forces dirigées suivant AB, IM, AC, EH, JG se détruisent mutuellement et qu'il ne reste plus que les forces dirigées suivant CD et BD, lesquelles peuvent être appliquées au point D et reproduisent, d'une part, la force F et, d'autre part, la force F'.

Ainsi, sans que l'état du corps soit changé, les forces F et F' peuvent être transportées à l'extrémité D de la diagonale AD du parallélogramme ABCD. Leur résultante passe donc par le point D, mais elle passait en A. Sa direction est donc bien la diagonale AD.

Théorème n° 10.

40. *La résultante de deux forces angulaires est aussi représentée, pour son intensité, par la diagonale du parallélogramme construit sur ses forces.*

Soit les deux forces F et F' (*fig.* 17) représentées en grandeur et en direction par les droites AB et AC. Construisons le parallélogramme ABCD. La résultante R des forces F et F' passera par le point D. Prenons sur le prolongement de AD une longueur AE proportionnelle à la force R

et qui représentera en grandeur et en direction une force — R égale et opposée. Les forces — R, F et F' se font équilibre. Donc, la force — F, égale et opposée à F, est la résultante des forces F' et — R et,

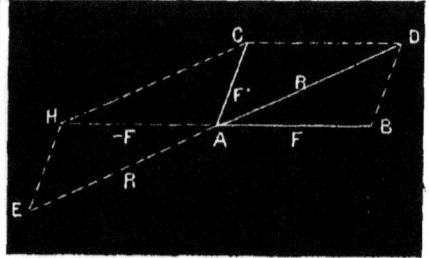

par suite, si l'on achève le parallélogramme AEHC, construit sur les forces F' et — R, la diagonale AH de ce parallélogramme sera dirigée sur le prolongement du côté AB. Les trois points H, A et B sont donc en ligne droite. Les deux triangles EAH, DBA ont deux côtés égaux HE = AC = DB et les deux angles adjacents sont aussi respectivement égaux : HEA = ADB, AHE = ABD. Donc, EA = AD et, par suite, a résultante R est représentée en grandeur et en direction par la diagonale AC du parallélogramme ABCD.

Relations entre les composantes et la résultante.

41. Les questions sur la composition de deux forces angulaires se ramenant à la construction de parallélogramme, et, par suite, de triangles, peuvent se rapporter à des problèmes de trigonométrie. Nous allons donc exprimer les relations trigonométriques qui existent entre les composantes et leur résultante et les angles que ces diverses forces font entre elles.

Théorème n° 11.

42. *Le carré de la résultante de deux forces angulaires est égal à la somme des carrés des composantes, plus deux fois le produit de ces forces multiplié par le cosinus de leur angle.*

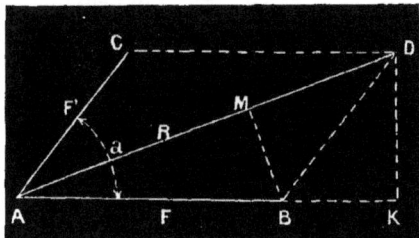

Fig. 18.

Soit (*fig.* 18) les deux forces $F = AB$ et $F' = AC$ faisant entre elles l'angle a et R leur résultante. On a :

$$R^2 = F^2 + F'^2 + 2FF' \cos a$$

En effet, le triangle ABD étant obtus en B donne, d'après un théorème connu de géométrie,

$$\overline{AD}^2 = \overline{AB}^2 + \overline{BD}^2 + 2\,AB \times BK.$$

Mais le triangle rectangle BDK donne

$$BK = BD \cos a$$

Par suite,

$$\overline{AD}^2 = \overline{AB}^2 + \overline{BD}^2 + 2AB \times BD \times \cos a$$

ce que l'on peut écrire en remplaçant les droites par leur valeur :

$$R^2 = F^2 + F'^2 + 2\,FF' \cos a \quad (1)$$

43. COROLLAIRES. I. *Si les deux forces sont rectangulaires, le carré de la résultante est égal à la somme des carrés des composantes.*

En effet, le triangle ABD devient rectangle et donne, d'après la géométrie,

$$\overline{AD}^2 = \overline{AB}^2 + \overline{BD}^2$$

comme $BD = AC = F'$,

on a, $R^2 = F^2 = F'^2$ **(2)**

On peut déduire cette relation de l'équation (1) :

L'angle $a = 90°$; son cosinus $= 0$. Donc, le terme $2FF' \cos a = 0$ et, par suite,

$$R^2 = F^2 + F'^2$$

II. *Si les deux forces ont la même direction, la résultante est égale à la somme des deux composantes.*

En effet, $a = 0$; $\cos a = 1$

L'équation (1) devient :

$$R^2 = F^2 + F'^2 + 2\,FF'$$

Le deuxième membre de cette égalité est le développement de $(F + F')^2$. Donc,

$$R^2 = (F + F')^2$$

et, en extrayant la racine carrée des deux membres, on a :

$$R = F + F' \quad (3)$$

III. *Si les forces ont des directions contraires, la résultante est égale à la différence des deux composantes.*

Dans ce cas, $a = 180°$; $\cos 180° = 1$

L'équation devient :

$$R^2 = F^2 + F'^2 - 2\,FF' = (F - F')^2$$

et enfin, $R = F - F'$ (3)

Théorème n° 12.

44. *Il existe un rapport constant entre chacune des forces* F, F'R *et le sinus de l'angle formé par la direction des deux autres.*

En effet, les triangles rectangles ADK et DBK (*fig.* 18) donnent, le premier,

$$DK = AD \sin DAK$$

le second, $DK = BD \sin DBK$

d'où $AD \sin DAK = BD \sin DBK$

et
$$\frac{AD}{\sin \text{DBK}} = \frac{BD}{\sin \text{DAK}}$$

Abaissons du point B la perpendiculaire BM sur AD. Les deux triangles rectangles BAM et BDM donnent:

$$BM = AB \sin \text{BAM}$$
$$BM = BD \sin \text{BDM}$$

D'où $AB \sin \text{BAM} = BD \sin \text{BDM}$

$$\frac{AB}{\sin \text{BDM}} = \frac{BD}{\sin \text{BAM}}$$

A cause du rapport commun

$$\frac{BD}{\sin \text{BAM}} = \frac{BD}{\sin \text{DAK}},$$

on peut écrire

$$\frac{AD}{\sin \text{DBK}} = \frac{BD}{\sin \text{DAK}} = \frac{AB}{\sin \text{BDM}}$$

Or, $\sin \text{DBK} = \sin \text{CAB} = \sin (F, F')$
$$\sin \text{DAK} = \sin (R, F)$$
$$\sin \text{BDM} = \sin \text{CAD} = \sin (R, F')$$
$$AD = R, \quad BD = AC = F', \quad AB = F$$

Donc,

$$\frac{R}{\sin (F, F')} = \frac{F'}{\sin (R, F)} = \frac{F}{\sin (R, F')} \quad (4)$$

Problème n° 1.

45. *Deux forces* F $= 12^{kg}$, F' $= 15^{kg}$ *font entre elles un angle de 30°. Déterminer leur résultante.*

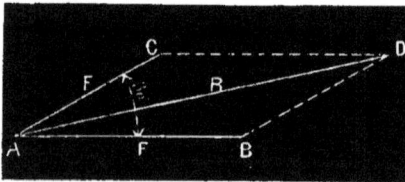

Fig. 19.

Ce problème, simple, peut se traiter graphiquement. Construisons un parallélogramme ABCD(*fig.* 19) dont l'angle BAC

$= 30°$ AB $= 45$ millimètres, le côté AC $= 36$ millimètres. (Nous supposons qu'un kilogramme est représenté par 3 millimètres.) La valeur de la résultante sera égale au quotient de la longueur AD exprimée en millimètres, par 3 millimètres.

$$R = \frac{AD}{3} = \frac{78}{3} = 26^{kg} \text{ environ}$$

L'intensité ainsi obtenue de la résultante sera d'autant plus exacte que l'échelle adoptée sera plus grande.

Traitons le problème algébriquement. Nous avons démontré (Théorème 11) que
$$(1)\ R^2 = F^2 + F'^2 + 2\ FF' \cos a$$
D'où l'on tire

$$R = \sqrt{F^2 + F'^2 + 2\ FF' \cos a}$$

Or, $\cos a = \sqrt{1 - \overline{\sin}^2 a}$

mais $\sin a = \sin 30° = \dfrac{1}{2}$

Donc,

$$\cos 30° = \sqrt{1 - \frac{1}{4}} = \sqrt{\frac{3}{4}} =$$
$$\frac{\sqrt{3}}{2} = \frac{1,732}{2} = 0,866$$

Remplaçons les lettres par leur valeur
$$R = \sqrt{144 + 225 + 2 \times 12 \times 15 \times 0,866}$$
$$R = \sqrt{680,760} = 26^{kg},09$$

Problème n° 2.

46. *Deux forces de 25 kil. sont appliquées au point A sous un angle de 60°. Trouver la grandeur et la direction d'une force appliquée au même point et faisant équilibre aux deux autres.*

La force — R, qui fera équilibre aux deux forces F et F', sera égale et directement opposée à la résultante R de ces forces.

L'équation (1) $R^2 = F^2 + F'^2 + 2\ FF'$
$\cos a.$

devient dans le cas de $F = F'$,

$$R^2 = 2 \overset{2}{\overline{F}} + 2 \overset{2}{\overline{F}} \cos a$$

d'où
$$R = \sqrt{2 F^2 (1 + \cos a)}$$
$$R = \sqrt{2 F^2 \left(1 + \frac{1}{2}\right)} = \overline{\sqrt{3F^2}}$$

en remplaçant, on aura :

$$R = \sqrt{3 \times \overset{2}{\overline{25}}} = \sqrt{1875}$$
$$R = 43^{kg},30.$$

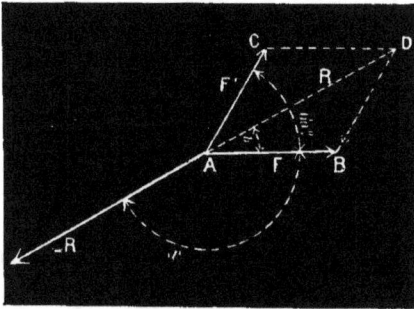

Fig. 20.

Donc, la force demandée sera — $43^k,30$.

L'angle x, que — R fait avec AB, est

$$x = 180 - b$$

Or, la figure ABCD étant un losange, la diagonale AD est la bissectrice de l'angle BAC. Donc

$$b = \frac{BAC}{2} = \frac{60°}{2} = 30°$$
$$x = 180 - 30° = 150°$$

On aurait pu calculer cet angle x en appliquant le (théorème 12). En effet, de la relation (4) on a :

$$\frac{R}{\sin 60°} = \frac{F}{\sin b}$$
$$\sin 60° = \frac{\sqrt{3}}{2}$$
$$R = \sqrt{3 \, F}^2$$

d'où

$$\sin b = \frac{\sqrt{\dfrac{3}{2}} \times \dfrac{F}{\sqrt{3F^2}}} = \frac{1}{2}$$
$$b = 30°.$$

Par suite, $x = 180° - 30° = 150°$.

Problème n° 3.

47. *Quel angle doivent faire entre elles deux forces représentées par 6^{kg} et 8^{kg}, pour que leur résultante soit 10^{kg} ?*
L'équation $R^2 = F^2 + F'^2 + 2 FF' \cos a$ donne

$$\cos a = \frac{R^2 - F^2 - F'^2}{2 FF'}, \text{ d'où}$$
$$\cos a = \frac{100 - 36 - 64}{2 \times 6 \times 8} = \frac{0}{96} = 0$$

Le cosinus a étant égal à 0, l'angle $a = 90°$; donc, les deux forces sont rectangulaires.

Problème n° 4.

48. *Deux forces font entre elles un angle de 150°. On demande quel rapport doit exister entre leur intensité pour que la résultante soit égale à la plus petite.*

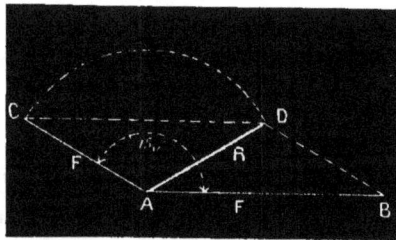

Fig. 21.

Soit (*fig.* 21) les deux forces F et F' faisant entre elles l'angle de 150°. On peut, pour résoudre le problème **graphiquement**, mener du point C une parallèle à AB, puis décrire du point A, avec AC = F comme rayon, un arc qui coupe cette parallèle au point D. La longueur CD représentera, à l'échelle adoptée, l'intensité de la force F' et, par suite, le rapport demandé sera égal à $\dfrac{CD}{AC} = \dfrac{AB}{AC}$.

Pour obtenir plus exactement ce rapport, remarquons que le triangle CAD est isocèle, puisque F = R. Les angles ACD et ADC sont égaux chacun à $180° - CAD = 180 - 150 = 30°$. L'angle ADB $=$ CDB — ADC.

ADB $= 150° - 30 - 120°$.

Le théorème 12 donne

$$\frac{R}{\sin DBA} = \frac{F'}{\sin ADB}$$

Mais R = F, sin DBA = sin 30°, sin ADB = sin 120°.

Donc,

$$\frac{F}{\sin 30°} = \frac{F'}{\sin 120°}$$

Or, sin 120° = sin (180 — 120) = sin 60°

D'où

$$\frac{F}{F'} = \frac{\sin 30°}{\sin 60°} = \frac{\dfrac{1}{2}}{\dfrac{\sqrt 3}{2}} = \frac{\ \ }{\sqrt 3}$$

Les forces sont donc entre elles dans le rapport de 1 à $\sqrt 3$ ou 1 à 1,732.

Problème nᵒ 5.

49. *Deux forces sont dans le rapport de 1 à $\sqrt 2$ et ont une résultante égale à la moitié de la plus grande. On demande quel est l'angle qu'elles font entre elles.*

Soit AB = F = $\sqrt 2$, AC = F' = 1 et

$$AD = R = \frac{\sqrt 2}{2}$$

La grandeur AB peut être prise égale à la diagonale d'un carré qui aurait AC comme côté.

Pour résoudre graphiquement le problème, prenons une longueur AB proportionnelle à $\sqrt 2$.

Décrivons du point A, avec un rayon égal à $\dfrac{AB}{2}$, un arc de cercle; puis, du point B, décrivons un second arc avec une ouverture de compas proportionnelle à 1 qui coupe le premier arc au point D.

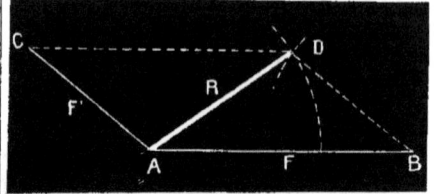

Fig. 22.

La droite AD est bien la résultante des deux forces 1 et $\sqrt 2$; elle est égale à $\dfrac{\sqrt 2}{2}$.

Construisons le parallélogramme en menant, par les points A et D, des parallèles à BD et à AB. L'angle CAB est l'angle demandé.

Calculons cet angle par la trigonométrie.

Nous avons la relation.

$$R^2 = F^2 + F'^2 + 2FF' \cos \alpha$$

D'où $\qquad \cos \alpha = \dfrac{R^2 - F^2 - F'^2}{2\,FF'}$

Remarquons que

$$R^2 = \left(\frac{\sqrt 2}{2}\right)^2 = \frac{1}{2}$$

$$F^2 = (\sqrt 2)^2 = 2$$

$$F'^2 = 1$$

$$FF' = \sqrt 2$$

Remplaçons, et nous aurons :

$$\cos \alpha = \frac{\dfrac{1}{2} - 2 - 1}{2\sqrt 2} = - \frac{5}{4\sqrt 2} = - \frac{5\sqrt 2}{8}$$

Ce cosinus négatif indique que l'angle des deux forces est plus grand que 90°. Il a, d'ailleurs, même valeur absolue que son supplément DBA.

En employant les logarithmes, on aura :

$$\log \cos a = \log 5 + \frac{1}{2} \log 2 - \log 8$$

$$\log 5 = 0,69897$$

$$\frac{1}{2} \log 2 = 0,15051$$

$$\overline{0,84948}$$

$$\log 8 = 0,90309$$

$$\log \cos a = \overline{1,94639}$$

$$a = 27° \ 53' \ 10''$$

L'angle demandé est donc $180° - a = 152° \ 6' \ 50''$

Réponse : angle FF'' $= 152° \ 6'50''$

Décomposition d'une force en deux autres.

50. Décomposer une force R = AD en deux autres suivant deux directions données, c'est chercher les intensités F = AB, F' = AC de ces deux forces, capables de produire le même effet que la force R.

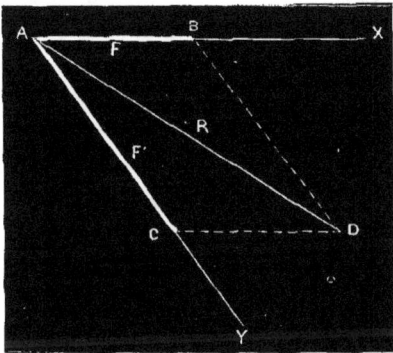

Fig. 23.

La construction graphique est l'inverse de celle de la composition de deux forces. Il suffit (*fig.* 23) de construire le parallélogramme sur AD = R, comme diagonale,

et dont les côtés ont les directions AX et AY. Menons donc, par le point D, les parallèles DB et DC aux deux droites AX et AY. Les longueurs AB et AC représentent, à l'échelle adoptée, les forces demandées F et F'.

Le calcul permet d'obtenir les intensités de ces composantes. La force F s'obtiendra par la relation :

$$\frac{F}{\sin (F',R)} = \frac{R}{\sin (FF')}.$$

D'où $\qquad F = R \ \dfrac{\sin (F'R)}{\sin (F,F')}$

De même, la force F' sera donnée par

$$\frac{F'}{\sin (F,R)} = \frac{R}{\sin (F,F')}.$$

D'où $\qquad F' = R \ \dfrac{\sin (F,R)}{\sin (F,F')}$

51. REMARQUE. — Dans le cas où les deux directions AX et AY sont rectangulaires, sin (FF') = 1 et les valeurs de F et F' se réduisent à

$$F = R \sin (F'R) = R \cos (F,R)$$

$$F' = R \sin (F,R) = R \cos (F'R)$$

Problème n° 6.

52. *Décomposer une force de 50 kil. dans les deux directions AX et AY, sa-*

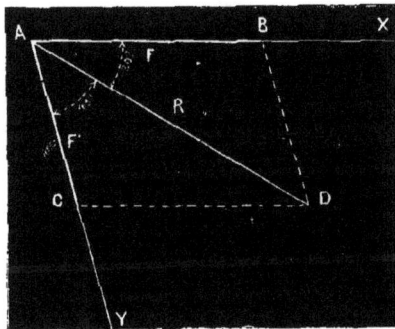

Fig. 24.

chant que ces deux directions font, avec la force donnée, des angles de 30° et de 45° (fig. 24).

Pour calculer ces forces, appliquons les formules trouvées précédemment :

$$F = R \, \frac{\sin (F'R)}{\sin (F.F')} \, , \, F' = R \, \frac{\sin (F.R)}{\sin (F.F')}$$

pour lesquelles

$$F = 50^{kg}, \sin (F'R) = \sin 45° = \frac{\sqrt{2}}{2}$$

$$\sin (FR) = \sin 30° = \frac{1}{2}$$

$$\sin (FF') = \sin 75° = \frac{\sqrt{2}}{4} (\sqrt{3} + 1)$$

Remplaçons

$$F = 50 \frac{4 \sqrt{2}}{2 \sqrt{2} (\sqrt{3} + 1)} = 50 \frac{2}{\sqrt{3} + 1}$$
$$= 36^k 60$$

$$F' = 50 \frac{4}{2 \sqrt{2} (\sqrt{3} + 1)} = 50 \frac{\sqrt{2}}{\sqrt{3} + 1}$$
$$= 25^k 88$$

Les deux forces sont donc :

$$F = 36^k 60 \text{ et } F' = 25^k 88$$

Problème n° 7.

53. *Une boule pesante* B *est attachée à l'extrémité d'un fil* CB *fixé en* C. *On l'écarte de sa position à l'aide d'une force horizontale* F. *Quelle est la relation qui existe entre cette force et l'angle d'écart ?*

Soit B' (*fig.* 25) la position de la boule dont le poids F' est représenté par B'A, et F = B'E la force horizontale. Il est facile de voir que la boule B' est sollicitée par trois forces, F, F' et la résistance du fil agissant suivant B'C. Ces trois forces se faisant équilibre, l'une d'elles, la résistance du fil, est égale et directement opposée à la résultante B'D des deux autres.

Le triangle rectangle B'AD donne :

$$AD = B'A \tang AB'D$$

$$\text{Or, } AD = B'E = F$$

$$B'A = F'$$

$$\tang \, AB'D = \tg \, BCB' = \tg \, a$$
$$\text{Donc, } F = F' \, \tg \, a$$

54. DISCUSSION. Cette valeur de F montre que son intensité varie proportionnellement, pour un même poids F', suivant la tangente de l'angle d'écart,

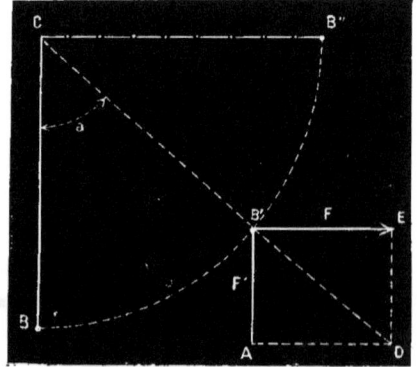

Fig. 25.

lorsque $a = 45°$, $\tg \, a = 1$. Dans ce cas, $F = F'$. Si $a = 90°$, c'est-à-dire si la boule est sur l'horizontale du point C, en B'', la valeur de $\tang \, a$ est égale à ∞, Donc :

$$F = P \times \infty = \infty.$$

Il serait donc impossible, d'après les conditions du problème, d'amener un corps quelconque dans cette position horizontale.

Problème n° 8.

55. *Décomposer une force donnée* R *en deux qui passent par le même point, connaissant l'une des composantes* F, *en grandeur, et l'autre* F', *en direction.*

Soit AX (*fig.* 26) la direction de la force F', *ab* la grandeur de la force F et AD = R la force à décomposer.

Nous nous contenterons de résoudre graphiquement le problème.

Pour cela décrivons du point A, avec un rayon égal à *ab* = F, un arc de cercle ; puis, du point D, menons une parallèle à la direction AX, qui coupe, d'après la figure, l'arc en deux points B et B' qui, tous deux, correspondent à la solution. Il ne suffit plus que de construire les pa-

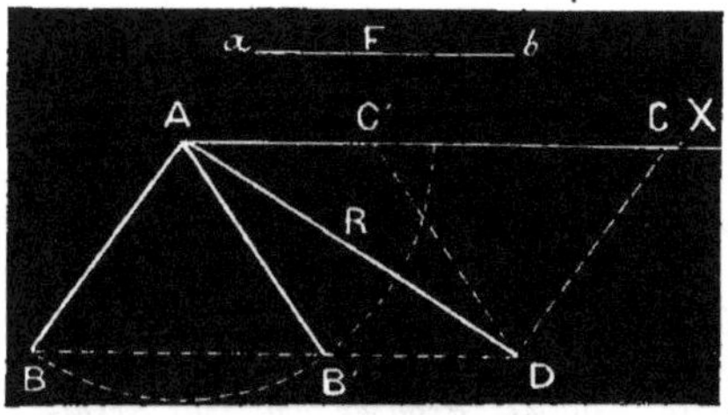

Fig. 26.

rallélogrammes ABCD, et AB'C'D. Les composantes demandées sont, dans la première solution :

$$F = AB \quad F' = AC$$

Et dans la seconde solution :

$$F = AB' \quad F' = AC'$$

56. DISCUSSION. — Il peut se présenter trois cas :

1° Si la parallèle à AX, menée du point D, coupe l'arc en deux points, il y aura deux solutions. Tel est le cas de la figure 26.

2° Si cette parallèle est tangente à l'arc, il n'y a qu'une solution.

3° Il n'y a pas de solution, si l'arc n'est pas coupé par la parallèle à la direction donnée.

Vérification expérimentale de la composition des forces.

57. On peut vérifier expérimentalement la règle du parallélogramme des forces à l'aide de l'appareil suivant (*fig.* 27).

Trois fils très fins passent sur 3 poulies bien rondes et très mobiles. Leurs extrémités portent des poids : F,F',F″ dont on pourra faire varier la valeur. Après quelques tâtonnements, on parviendra à établir l'équilibre. Cet état une fois obtenu, le corps

A sera sollicité par trois forces (abstraction faite du poids propre du corps et des fils qu'on suppose négligeables).

Ces trois forces sont les tensions T,T′, T″ des fils, égales respectivement aux

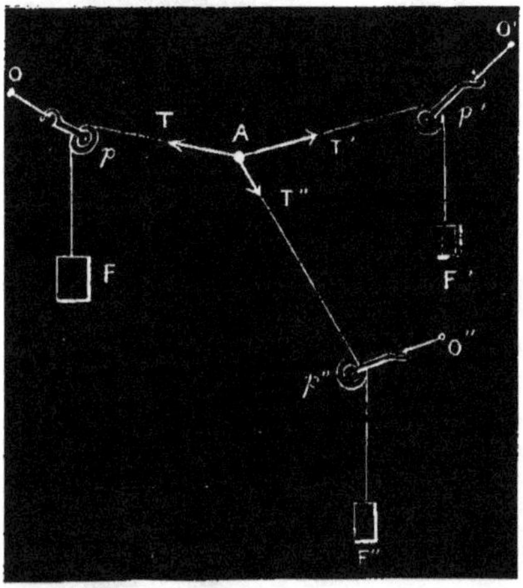

Fig. 27.

poids F,F',F″. On observera que les trois forces agissent dans le même plan. On pourra ensuite en reporter la position sur une feuille de papier et constater, après la construction du parallélogramme, que l'une des tensions T est égale et directement opposée à la résultante des deux autres T′ et T″.

Composition d'un nombre quelconque de forces appliquées au même point.

58. Le problème de la composition d'un nombre quelconque de forces concourantes revient à répéter plusieurs fois la règle du parallélogramme.

Soit à trouver la résultante des forces $F = AB$, $F' = AC$, $F'' = AD$, $F''' = AC$ (*fig.* 28).

Les forces F et F′ composées ensemble, donnent une résultante r. Cette première résultante composée avec F″ donne une résultante r′. Enfin, la force r′, composée avec F‴, donnera une résultante R qui sera la *résultante totale*. Si le nombre

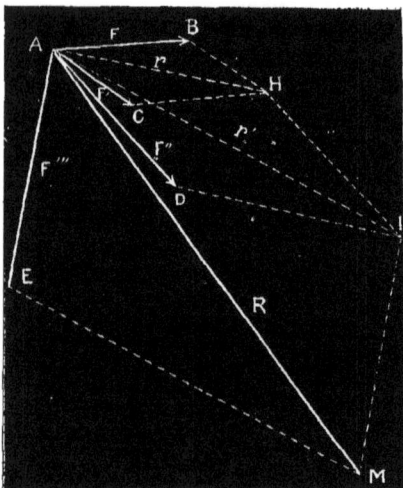

Fig. 28.

de forces était plus grand, on continuerait ainsi de la même façon. La dernière résultante obtenue serait la force unique qui produirait le même effet que les forces qui composent le système donné.

Polygone des forces.

59. On désigne sous le nom de polygone des forces, le contour polygonal ABHIM dont les côtés sont respectivement égaux et parallèles aux lignes qui représentent les forces. Ce polygone est fermé par la résultante AM. (*fig.* 28.)

On peut donc se dispenser, pour obtenir la résultante AM, de construire les différents parallélogrammes; il suffit de mener, par le point A et successivement, des lignes égales et parallèles aux forces données. La droite qui ferme ce polygone représente, en grandeur et en direction, la résultante.

60. CONSÉQUENCE. Si le contour polygonal se ferme, la résultante est nulle et les forces se font équilibre.

Problème n° 9.

61. *Dans un cercle O, on mène un diamètre et deux cordes qui lui sont perpendiculaires et égales entre elles, MN, M′N′. On joint AM, AN, AM′, AN′ et l'on suppose que ces quatre lignes représentent quatre forces. Prouver que leur résultante est constante, quelle que soit la position des cordes, MN, M′N′, pourvu qu'elles soient égales.*

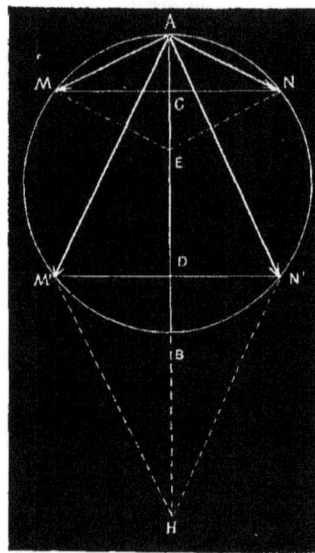

Fig. 29.

La résultante Ṙ sera d'abord toujours dirigée suivant le diamètre AB qui est la bissectrice des angles que les forces font entre elles, deux à deux.

L'intensité de cette force R se compose de la résultante r des deux composantes AM et AM′, plus la résultante r′ des deux autres dirigées suivant AM′ et AN′. Or, les parallélogrammes AMEN, AM'HN' étant des losanges, donnent :

$$r = AE = 2\,AC$$
$$r' = AH = 2\,AD = 2\,(AC + CD)$$

Les deux cordes MN, M'N' étant égales sont situées à la même distance des points A et B. Par suite,

$$AC = DB$$

D'où $$r = 2\,DB$$
$$r' = 2\,(AC + CD)$$

Additionnons membre à membre et nous aurons :

$$r + r' = R = 2\,DB + 2\,(AC + CD)$$
$$R = 2\,(DB + AC + CD)$$

Or, DB + AC + CD = AB = diamètre du cercle.

Donc, R = 2 fois le diamètre.

Ce qui fait voir que cette résultante est constante.

Problème n° 10.

62. *On donne un hexagone régulier* ABCDEH (*fig.* 30). *A l'un des sommets* A,

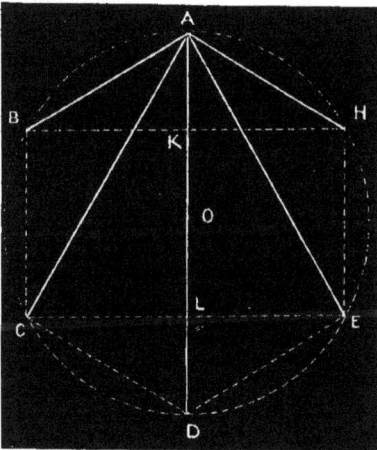

Fig. 30.

on applique cinq forces représentees en grandeur et en direction par les lignes AB,

AC, AD, AE, AH. *Déterminer la résultante de ces forces.*

Joignons BH et CE et remarquons que

$$AK = \frac{AO}{2} \text{ et } AL = AO + OL = AO + \frac{AO}{2} = \frac{3}{2}\,AO$$

La résultante r des deux forces AB et AH est dirigée suivant AD et son intensité est le double de AK.

$$r = 2\,AK = AO$$

De même, les deux forces AC et AE ont une résultante

$$r' = 2\,AL = 2 \times \frac{3}{2}\,AO = 3\,AO$$

Donc, $$R = r + r' + AD$$
$$R = AO + 3\,AO + 2\,AO = 6\,AO$$

La force demandée est donc égale à 6 fois le rayon de la circonférence circonscrite à l'hexagone et est dirigée suivant AD.

Parallélipipède des forces.

Théorème n° 13.

63. *Lorsque trois forces, appliquées au même point matériel, ne sont pas dans le*

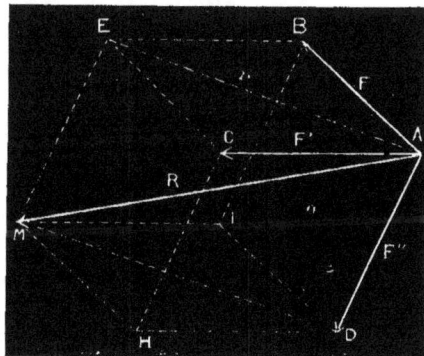

Fig 31.

même plan, leur résultante est représentée, en grandeur et en direction, par la diago-

nale du parallélipipède construit sur ces trois faces.

Soit les trois forces, F = AB, F' = AC et F" = AD (*fig.* 31), appliquées au même point. Composons les deux premières forces ; elles ont comme résultante r = AE. En composant ensuite r avec la force F", on obtient la résultante unique R = AM qui est la diagonale du parallélipipède ABCEDHIM.

64. REMARQUE. — Dans le cas où les trois forces F, F' et F" forment un trièdre trirectangle, le parallélip'pède est rectangle, et l'expression de la résultante est

$$R^2 = F^2 + F'^2 + F''^2$$

En effet, le triangle ABE étant rectangle en B, donne :

$$\overline{AE}^2 = \overline{A\jmath}^2 + \overline{BE}^2$$

Or, AE = r, AB = F, BE = AC = F'

Donc, $\overline{r}^2 = F^2 + F'^2$

Le triangle rectangle ADM donne aussi

$$\overline{AM}^2 = \overline{DM}^2 + \overline{AD}^2$$

Or,   DM = AE = r AM = R

$$\overline{DM}^2 = r^2 = F^2 + F'^2$$
$$AD = F''$$

Donc, en remplaçant :

$$R^2 = F^2 + F'^2 + F''^2$$

Si les forces ne sont pas rectangulaires, l'expression de la résultante est très compliquée.

Problème n° 11.

65. *Décomposer une force donnée en trois autres dont les directions sont dans le même plan que ce'te force.*

Soit la force R = AD (*fig.* 32) à décomposer dans les trois directions AX, AY, AZ. Prenons une direction arbitraire AV, située entre les droites AX et AY, et décom-

posons la force R en deux ; l'une AB, suivant AZ ; l'autre AH, dirigée suivant AV. Cela fait, décomposons la force AH suivant AY et AX. Nous obtenons ainsi les composantes AC et AE qui produisent le même effet que la force AH.

Les trois composantes demandées sont

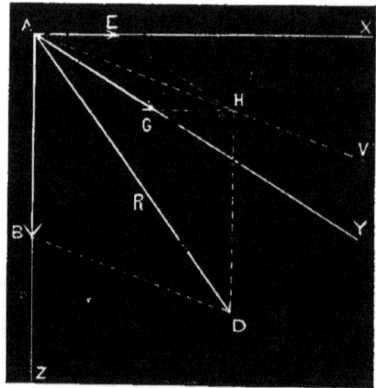

Fig. 32.

donc représentées, en grandeur et en direction, par les longueurs AB, AC, AE.

Il est facile de voir que le problème comporte une infinité de solutions suivant la direction arbitraire AV. Les intensités des composantes dépendent de la forme des parallélogrammes ABDH et ACHE, laquelle est soumise à cette direction AV.

66. REMARQUE. — Si le nombre de directions était supérieur à trois, il suffirait de décomposer la force R en deux directions arbitraires : l'une AT, comprise entre les directions (AX et AY) ; l'autre AS, comprise dans l'angle des droites AZ, AF. Ceci fait, on décomposerait la force intermédiaire AT suivant AX et AY et la force AS suivant AZ et AF. On obtiendrait ainsi quatre forces qui produiraient le même effet que la force R.

Comme précédemment, il y aurait une infinité de solutions.

Une marche analogue permettrait de

traiter le problème pour un nombre quelconque de directions.

Problème n° 12.

67. *Décomposer une force donnée en trois autres dont les directions ne sont pas situées dans un même plan.*

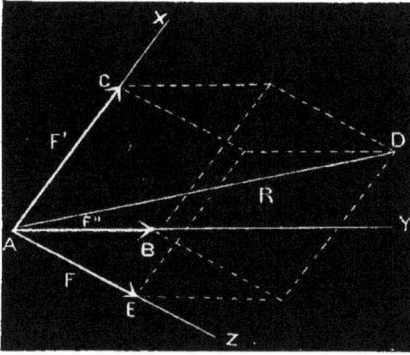

Fig. 33.

Soit la force R = AD (*fig.* 33), à décomposer suivant les directions AX, AY, AZ. Le problème revient à construire le parallélipipède, connaissant une diagonale et la direction des arêtes. Menons par le point D trois plans parallèles aux plans XAY, YAZ, XAZ. Ils couperont les directions données aux points E, C et B et, par suite, les composantes cherchées seront F = AE, F' AC, F″ = AB.

68. CAS PARTICULIER. — *Si les trois directions données sont rectangulaires, chacune des composantes est égale à la projection de la force donnée sur la direction de cette composante.*

Dans ce cas, le parallélipipède devient rectangle et les triangles ADB, ADE, ADC (*fig.* 34) sont rectangles en B, E et C. Ils donnent les relations

$$AB = AD \cos DAB$$
$$AE = AD \cos DAE$$
$$AC = AD \cos DAC.$$

Si nous représentons par *a*, *b*, *c* les an-gles formés par la force R avec les trois directions données et par F, F', F″, les composantes, on aura

$$F = R \cos a$$
$$F' = R \cos b$$
$$F'' = R \cos c$$

69. REMARQUE. — Nous avons déjà vu que, dans le cas du parallélipipède rectangle, le carré de la résultante R était égal à la somme des carrés des composantes F, F', F″. Nous pouvons donc trouver

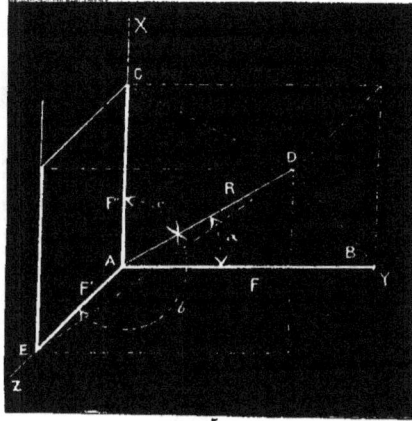

Fig. 34.

une relation entre les trois angles *a*, *b*, *c* en élevant les trois formules précédentes au carré et en additionnant :

$$F^2 = R^2 \overline{\cos}^2 a$$
$$F'^2 = R^2 \overline{\cos}^2 b$$
$$F''^2 = R^2 \overline{\cos}^2 c$$

d'où

$$F^2 + F'^2 + F''^2 = R^2 \left(\overline{\cos}^2 a + \overline{\cos}^2 b + \overline{\cos}^2 c \right)$$

Puisque $F^2 + F'^2 + F''^2 = R^2$, il faut que

$$\overline{\cos}^2 a + \overline{\cos}^2 b + \overline{\cos}^2 c = 1.$$

Ce qui revient à dire que les trois angles qu'une droite fait avec trois axes rectangulaires, sont tels que la somme des carrés de leurs trois cosinus est égale à l'unité.

Problème n° 13.

70. *Détermination par le calcul de la résultante d'un nombre quelconque de forces appliquées en un même point d'un corps.*

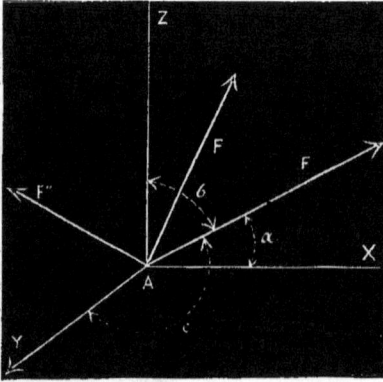

Fig. 35.

Soit le point A (*fig.* 35) sur lequel sont appliquées les forces F, F'F"... Menons par ce point trois axes rectangulaires AX, AY, AZ auxquels nous rapporterons les forces données. Ces forces seront définies de position si l'on connaît les angles que chacune d'elles fait avec les 3 axes.

Supposons que F fasse avec AX, AZ, AY, les angles a, b, c.

Supposons que F' fasse avec AX, AZ, AY, les angles a', b', c'.

Supposons que F" fasse avec AX, AZ, AY, les angles a'', b'', c''.

Chacune des forces F, F', F"..., décomposées suivant ces axes, donneront des composantes.

Pour celles de F ; (F cos a, F cos b, F cos c).

Pour celles de F' ; (F' cos a', F' cos' b', F' cos c').

Pour celles de F" ; (F" cos a'', F" cos b'', F" cos c''), et ainsi de suite.

Les composantes F cos a, et F' cos a' et F" cos a'' sont dirigées suivant l'axe OX. Leur résultante sera :

$$r = F \cos a + F' \cos a' + F'' \cos a''$$

De même, la résultante r' dirigée suivant OZ sera :

$$r' = F \cos b + F' \cos b' + F'' \cos b''...$$

Celle dirigée suivant OY aura pour valeur :

$$r'' = F \cos c + F' \cos c' + F'' \cos c''...$$

Ces trois forces r, r', r'' étant rectangulaires, leur résultante R sera donnée par la relation connue :

$$R^2 = r^2 + r'^2 + r''^2$$

d'où $\qquad R = \sqrt{r^2 + r'^2 + r''^2}$

La résultante sera donc connue en grandeur. Quant à sa direction, il suffit de connaître les angles m, m', m'', qu'elle fait avec les 3 axes.

On sait que :

$$\cos m = \frac{r}{R}$$

$$\cos m' = \frac{r'}{R}$$

$$\cos m'' = \frac{r''}{R}$$

Remarquons que les formules r, r', r''... sont des sommes algébriques et sont positives ou négatives suivant la grandeur et la position des forces données.

On doit considérer comme positives les composantes dirigées suivant AX, AY, AZ et comme négatives celles qui seraient dirigées suivant les prolongements AX', AZ', AY'. D'ailleurs, les cosinus des angles a, b, c... sont positifs ou négatifs suivant que ces angles sont compris entre 0 et 90°, d'une part, et entre 90° et 180° d'autre part. De même, les angles m, m',

m'' que la résultante R fait avec les axes sont aigus ou obtus, suivant que leurs cosinus sont positifs ou négatifs.

Théorème n° 14.

71. *Pour que plusieurs forces appliquées au même point se fassent équilibre, il faut et il suffit que la somme algébrique des projections de ces forces sur trois axes rectangulaires quelconques passant par ce point, soit égale à zéro pour chacun de ces axes.*

Nous avons trouvé précédemment que

$$R = \sqrt{r^2 + r'^2 + r''^2 \dots}$$

expression dans laquelle r, r', r''... représentent la résultante des projections des forces F, F', F''..., sur chacun des trois axes rectangulaires.

Or, pour qu'il y ait équilibre, il faut que la résultante R soit nulle, c'est-à-dire R = 0, ce qui exige :

$$r = 0, \ r' = 0, \ r'' = 0$$

Cette condition est suffisante, parce que si :

$$r = 0, \ r' = 0, \ r'' = 0$$

la résultante est nulle et il y a équilibre.

Il faut bien remarquer que le corps ne serait pas nécessairement en équilibre si la somme des projections des forces, sur un *seul axe*, était nulle. En effet, la résultante R peut être perpendiculaire à cet axe sans être nulle et cependant sa projection sur cet axe serait encore égale à zéro. Mais si cette somme de projection sur les trois axes rectangulaires est séparément nulle, il faut forcément que R = 0, c'est-à-dire que les forces données se détruisent.

Problème n° 14.

72. *Un point A d'un corps est sollicité par quatre forces F, F', F'', F''', égales à 2^k, 3^k, 4^k, 5^k, situées dans un même plan. Elles font avec un axe AX des angles de 30° 45°, 135°, 150°. Trouver la grandeur et la direction de la résultante.*

Menons dans le plan des forces et de l'axe AX (*fig.* 36) un deuxième axe AY perpendiculaire au premier, et prolongeons l'axe AX vers la gauche. Remar-

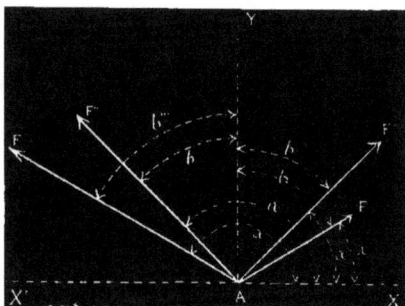

Fig 36.

quons que les angles formés par les quatre forces avec cet axe AY sont 60°, 45°, 45°, 60'.

En projetant sur l'axe **AX** les forces F, F', F''F''' on obtient les composantes

$$F \ \cos a \ = 2 \cos 30°$$
$$F' \ \cos a' = 3 \cos 45°$$
$$F'' \ \cos a'' = 4 \cos 135°$$
$$F''' \ \cos a''' = 5 \cos 150°$$

La résultante r de ces composantes dirigée suivant AX sera

$$r = 2 \cos 30 + 3 \cos 45 + 4 \cos 135 + 5 \cos 150$$

Mais $\cos 135° = - \cos (180-135) = - \cos 45$

$\cos 150° = - \cos (180-150°) = - \cos 30°$

Par suite,

$$r = 2 \cos 30° + 3 \cos 45° - 4 \cos 45° - 5 \cos 30°$$
$$r = \cos 30° (2-5) + \cos 45° (3-4)$$
$$r = - 3 \cos 30° - \cos 45°$$

Or, $\cos 30° = \dfrac{\sqrt{3}}{2} \quad \cos 45° = \dfrac{\sqrt{2}}{2}$

Remplaçons et nous aurons

$$r = - \frac{3}{2} \sqrt{3} - \frac{\sqrt{2}}{2}$$

$$r = -\frac{1}{2}\left(3\sqrt{3} + \sqrt{2}\right) = -\frac{6^k, 61}{2}$$
$$= -3^k, 305$$

Les forces projetées sur l'axe AY donnent comme composantes :

$$F \cos b = 2 \cos 60°$$
$$F' \cos b' = 3 \cos 45°$$
$$F'' \cos b'' = 4 \cos 45°$$
$$F''' \cos B''' = 5 \cos 60°$$

Leur résultante r' suivant AY sera

$$r' = 2 \cos 60° + 3 \cos 45° + 4 \cos 45° + 5 \cos 60°$$
$$r' = \cos 60° (2 + 5) + \cos 45° (3 + 4)$$
$$r' = 7 (\cos 60° + \cos 45°)$$

Or, $\cos 60° = \frac{1}{2}$ $\cos 45 = \frac{\sqrt{2}}{2}$

Remplaçons et nous aurons :

$$r' = 7 \left(\frac{1}{2} + \frac{\sqrt{2}}{2}\right) = \frac{7}{2}\left(1 + \sqrt{2}\right)$$
$$r' = \frac{7}{2} \; 2,414. = 8^k.449$$

Les deux résultantes partielles r et r' étant rectangulaires, auront une résultante unique R donnée par l'équation :

$$R = \sqrt{r^2 + r'^2}$$

D'où

$$R = \sqrt{\overline{3,305}^2 + \overline{8,449}^2} = \sqrt{82,308625}$$
$$R = 9^k, 072.$$

La direction de cette résultante est donnée par la relation

$$\cos m = \frac{r}{R}$$

m représentant l'angle que la résultante fait avec l'axe AX

$$\cos m = \frac{-3^k, 305}{9, 072}$$

Le cosinus étant négatif, montre que l'angle m est plus grand que 90°.

Cherchons la valeur absolue de ce cosinus, en prenant les logarithmes.

$$\log \cos m = \log 3,305 - \log 9,072$$

$$\log 3,305 = 0,5191715$$
$$\log 9,072 = 0,9577030$$
$$\log \cos m = \overline{1,5614685}$$
$$m = 68° \; 38'$$

Donc, $m = 180° - 68° 38' = 111° 22'$

Ainsi la résultante des quatre forces données a une intensité égale à $9^k,072$, et elle fait avec l'axe AX un angle de 111° 22'.

Des projections sur un axe fixe.

Théorème n° 15.

73. *La projection de la résultante d'un système de forces concourantes sur un axe, est égale à la somme algébrique des projections des composantes sur cette même droite.*

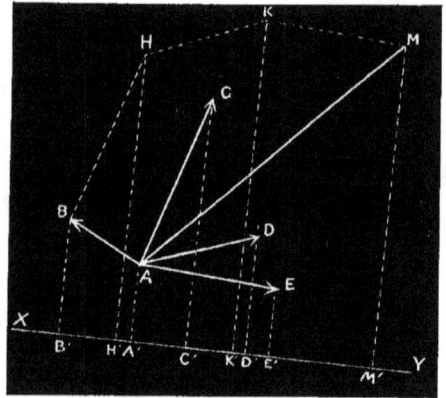

Fig. 37.

Soit les composantes F = AB, F' = AC, F'' = AD et F''' = AE (*fig.* 37). Cherchons la résultante AM qui ferme le polygone des forces et projetons toutes les forces sur la droite XY. On doit avoir :

$A'M' = A'C' + A'D' + A'E' — A'B'$

En effet,

$A'M' = B'H' + H'K' + K'M' — A'B'$.

Mais

$$B'H' = A'C'$$
$$H'K' = A'D'$$
$$K'M' = A'E'$$

En remplaçant ces quantités par leur valeur correspondante, on a

$$A'M' = A'C' + A'D' + A'E' — A'B'$$

Le théorème des projections égales se traduit algébriquement quand on connaît les directions que les forces font avec l'axe sur lequel on les projette.

Soit a, a' a'' a''' et b, les angles que les composantes et la résultante font avec l'axe XY.

On sait que

$$A'M' = AM \cos b = R \cos b$$
$$A'C' = AC \cos a' = F' \cos a'$$
$$A'D' = AD \cos a'' = F'' \cos a''$$
$$A'E' = AE \cos a''' = F''' \cos a'''$$
$$A'B' = AB \cos a = F \cos a$$

On a alors l'égalité

$$R \cos b = F \cos a + F' \cos a' + F'' \cos a'' + F''' \cos a'''$$

Il faut bien remarquer que chaque terme du second membre peut être positif ou négatif selon que le cosinus de l'angle que la force fait avec l'axe est affecté du signe + ou du signe —. On considère toujours comme positives les projections qui tombent à droite du point A', et comme négatives celles qui sont à gauche de la projection du point d'application.

Moment des forces concourantes dans un même plan.

74. — Nous avons, dans ce qui précède, rapporté souvent les forces agissant dans un même plan à deux axes tracés dans ce plan. On peut, comme nous le verrons par la suite, simplifier la composition des forces en les rapportant à un point de repère fixe marqué dans le plan des forces.

Une force F, par exemple, sera connue en direction si l'on donne son point d'application A (*fig.* 38) et si l'on sait de plus que F est à une distance $f = OP$ d'un point O.

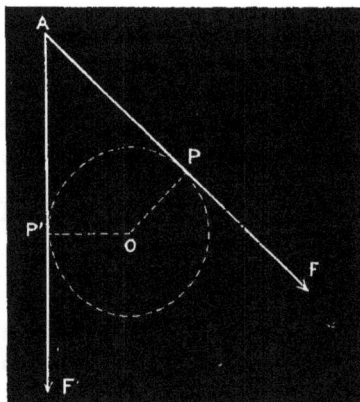

Fig. 38.

Il est facile de voir que cette direction sera donnée par la tangente menée du point d'application à la circonférence décrite du point O avec $f = OB$ comme rayon. Ce problème paraît avoir deux solutions, puisqu'on peut mener du point A deux tangentes à cette circonférence ; mais nous verrons plus tard qu'une seule de ces tangentes doit être acceptée.

Moment d'une force par rapport à un point.

75. *On appelle moment d'une force F par rapport à un point O, le produit de l'intensité de cette force par la distance OP du point donné à sa direction. Ce point O prend le nom de centre des moments.*

Il résulte de cette définition :

1° Que le moment d'une force par

rapport à un point ne change pas, lorsqu'on transporte son point d'application en un point quelconque de sa direction ;

2° Que le moment d'une force est nul, lorsque OP = 0, c'est-à-dire lorsque sa direction passe par le centre des moments.

On attribue, dans le calcul, aux moments des forces les signes + ou — d'après les conventions suivantes :

Le moment d'une force est positif, lorsqu'elle tend à faire tourner la figure dans un sens ; négatif, lorsque la force

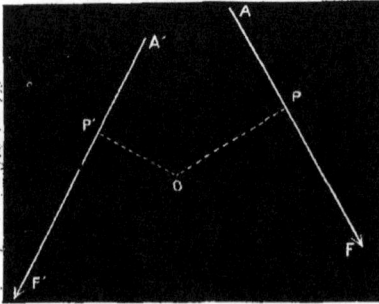

Fig. 39.

tend à produire la rotation dans l'autre sens. Généralement, le signe + est réservé aux moments d'une force lorsque la rotation qu'elle tend à produire a lieu suivant le mouvement des aiguilles d'une montre.

Ainsi, le point O (*fig.* 39) étant le centre des moments, et F, F'... des forces appliquées aux points A, A'... du plan de la figure, le moment de F, par rapport au point O, sera F × OP, le moment de F', sera égal à F' × OP'... La somme algébrique de ces deux moments sera

$$F \times OP - F' \times OP'$$

76. REMARQUE. — La valeur absolue du moment d'une force peut être représentée par une aire plane.

Soit le point d'application A (*fig.* 40) d'une force AB = F donnée en grandeur et en direction et O le centre des moments.

Faisons passer un plan par AB et par le point O et abaissons dans ce plan la perpendiculaire OP sur AB. La valeur absolue du moment de F est

$$F \times OP$$

Joignons OA et OB. Le triangle OAB a pour surface le produit de sa base AB par

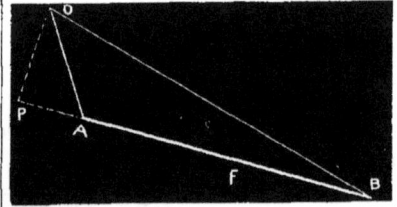

Fig. 40.

la moitié de sa hauteur OP. Donc le moment de la force peut être représenté par le double de la surface du triangle OAB. Le produit F × OP, qui exprime le moment d'une force, est formé d'un facteur représentant une force et d'un second facteur exprimant une longueur. L'unité de force et l'unité de longueur restent d'ailleurs tout à fait indépendantes l'une de l'autre. Nous retrouverons bien souvent, dans la mécanique, de nombreux exemples de ces quantités complexes qui résultent de la multiplication de facteurs de natures différentes.

Théorème n° 16.

77. THÉORÈME DES MOMENTS. — *Le moment de la résultante d'un nombre quelconque de forces concourantes agissant dans un même plan, par rapport à un point de ce plan, est égal à la somme algébrique des moments de ces forces par rapport au même point.*

Considérons d'abord deux forces angulaires et soit F et F' (*fig.* 41) les deux forces dont la résultante = R. Prenons le centre des moments en dehors du parallélogramme des forces. Dans ce cas, toutes les forces tendant à faire tourner la figure dans le même sens, indiqué par la flèche, auront leurs moments affectés du signe +. Abaissons du point O, des perpendiculaires

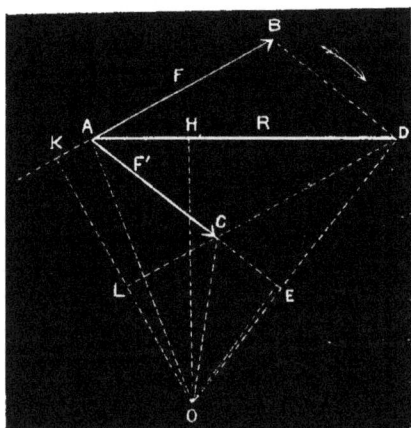

Fig. 41.

sur les forces F, F' et R. Nous devons avoir, d'après l'énoncé du théorème,

$$AD \times OH = AB \times OK + AC \times OE$$

En effet, joignons le point O aux points A, C, D et prolongeons le côté CD jusqu'à sa rencontre L avec OK. Les triangles de la figure donnent la relation

$$OAD = OAC + ACD + OCD$$

Or,

$$OAD = \frac{1}{2} AD \times OH$$

$$OAC = \frac{1}{2} AC \times OE$$

$$ACD = \frac{1}{2} CD \times KL$$

$$OCD = \frac{1}{2} CD \times OL$$

En substituant et en supprimant le facteur commun $\frac{1}{2}$, on aura :

$$AD \times OH = AC \times OE + CD + KL + CD \times OL$$
$$AD \times OH = AC \times OE + CD (KL + OL)$$

Mais $KL + OL = OK$ et $CD = AB$

Donc, $AD \times OH = AB \times OK + AC \times OE$
Donc, etc.

Si nous représentons OH, OK, OE par r, f, f', nous aurons l'expression générale

$$R\,r = F f + F'\,f'$$

Démontrons le même théorème en prenant le centre des moments dans l'intérieur

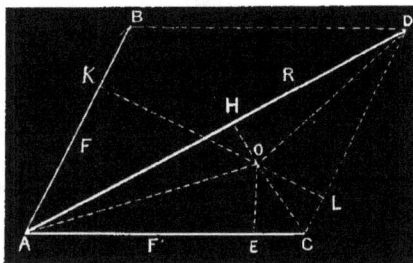

Fig. 42.

du parallélogramme des forces. On voit que, dans ce cas, les forces $AB = F$ et $AD = R$ (*fig.* 42) tendent à faire tourner la figure autour du point O, dans un sens, et la force $AC = F'$, dans le sens contraire. On devra avoir

$$R\,r = F f - F'\,f'$$

En effet, les triangles formés en joignant le point O aux points A, C et D donnent

$$OAD = ACD - AOC - COD$$

Or,

$$OAD = \frac{1}{2} AD \times OH$$

$$ACD = \frac{1}{2} CD \times KL$$

$$AOC = \frac{1}{2} AC \times OE$$

$$COD = \frac{1}{2} CD \times OL$$

D'où, en remplaçant et en supprimant le facteur commun $\frac{1}{2}$

$$AD \times OH = CD \times KL - AC \times OE - CD \times OL$$

$$AD \times OH = CD (KL - OL) - AC \times OE$$

Mais $\qquad KL - OL = OK,$

Donc, $AD \times OH = CD \times OK - AC \times OE$

En représentant les longueurs OH, OK, OE par r, f, f', on aura :

$$R\,r = Ff - F'f'.$$

Cas d'un nombre quelconque de forces concourantes.

78. Le théorème précédent est applicable à un nombre quelconque de forces concourantes, dans le même plan. Soit F, F', F''', F''''..... les forces qui composent le système et f, f', f'', f'''... les longueurs des perpendiculaires abaissées du centre des moments sur les directions des forces. Si nous représentons par R_1, la résultante de F et F'; par R_2, celle de R_1 et F''; par R_3, celle de R_2 et F''''.... et, enfin, par R, la résultante unique. On aura successivement en donnant aux moments des forces les signes $+$ ou $-$:

$$R_1\,r_1 = Ff + F'f'$$
$$R_2\,r_2 = R_1\,r_1 + F''\,f''$$
$$R_3\,r_3 = R_2\,r_2 + F'''\,f'''$$
$$= \ldots\ldots\ldots$$
$$Rr - = \ldots\ldots\ldots$$

Additionnons en remarquant que les termes $R_1\,r_1$, $R_2\,r_2$, $R_3\,r_3$..... se suppriment.

On aura

$$Rr = Ff + F'f' + F''f'' + F'''f'''$$

On peut donc dire que le moment de la résultante est égal à la somme algébrique des moments des composantes.

79. REMARQUE. — Nous avons vu que le moment d'une force pouvait être représenté par le double de l'aire du triangle formé en joignant le centre des moments aux extrémités de la droite qui représente l'intensité de cette force.

Il résulte du théorème des moments, l'énoncé géométrique très simple :

Un système de forces angulaire dans un même plan étant donné, ainsi que leur résultante, si l'on joint à un même point du plan les extrémités des lignes qui représentent ces forces, le triangle qui a la résultante pour base sera égal à la somme algébrique des triangles ayant pour bases les intensités des composantes.

Ce théorème porte en statique le nom de *Théorème de Varignon*.

Problème n° 15.

80. *Trois poids de* 8^k, 10^k, 12^k, *sont attachés à des cordons reunis au point* A. *Les deux premiers cordons passent sur des poulies de renvoi* B *et* C *et la direction du troisième est verticale. On demande de déterminer les positions relatives des cordons, lorsque l'équilibre est établi, sachant que les trois forces sont dans le même plan.*

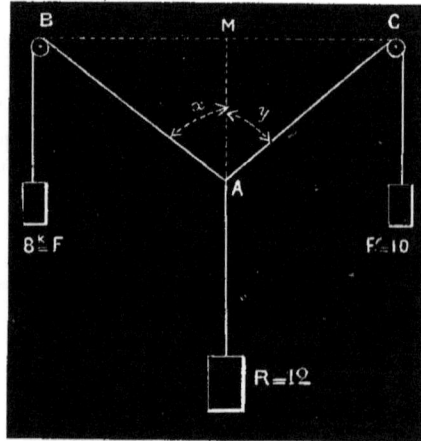

Fig. 13.

Pour résoudre le problème, appliquons le théorème des projections égales, sur deux axes choisis, de telle façon que les projections soient faciles à exprimer. Nous projetterons sur deux axes, l'un horizontal, BC, par exemple, et l'autre vertical passant par la force de 12 kilos.

Pour qu'il y ait équilibre, il faut que la force R $= 12^k$ soit égale et directement opposée à la résultante des deux tensions représentées par 8 et 10^k.

Les forces projetées sur BC donnent la relation

$$0 = F' \sin y - F \sin x$$

Ou $\qquad F \sin x = F' \sin y$

Projetées sur la verticale du point A, elles fournissent l'équation

$$R = F \cos x + F' \cos y$$

Remplaçons les forces par leur valeur, on aura :

$$8 \sin x = 10 \sin y \qquad (1)$$

$$12 = 8 \cos x + 10 \cos y \qquad (2)$$

On tire de ces équations

$$\sin x = \frac{10 \sin y}{8}$$

$$\cos x = \frac{12 - 10 \cos y}{8}$$

Le sinus et le cosinus d'un angle sont liés par la relation

$$\overline{\sin}^2 x + \overline{\cos}^2 x = 1$$

D'où, en élevant au carré et en substituant, on a

$$\left(\frac{10 \sin y}{8} \right)^2 + \left(\frac{12 - 10 \cos y}{8} \right)^2 = 1.$$

Effectuons

$$\frac{100}{64} \overline{\sin}^2 y + \frac{144}{64} - \frac{240}{64} \cos y$$

$$+ \frac{100}{64} \overline{\cos}^2 y = 1.$$

D'où $\quad \dfrac{100}{64} \left(\sin^2 y + \overline{\cos}^2 y \right) + \dfrac{144}{64}$

$$- \frac{240}{64} \cos y = 1.$$

Remplaçons $\overline{\sin}^2 y + \overline{\cos}^2 y = 1$ et chassons le dénominateur 64. On obtient

$$100 + 144 - 240 \cos y = 64$$

$$240 \cos y = 180$$

$$\cos y = \frac{180}{240} = \frac{3}{4} = 0,750.$$

D'où $\qquad y = 41°, 25'$

L'angle x sera donné par la relation

$$\cos x = \frac{12 - 10 \cos y}{8} = \frac{12 - 10 \times 0,75}{8}$$

$$\cos x = \frac{4,5}{8} = 0,5625$$

D'où $\qquad x = 55°, 46'$

L'angle BAC sera donc égal à

$$x + y = 41°, 25 + 55°, 46$$
$$x + y = 97°, 11'$$

L'angle BAR $= 180° - 55°.46 = 124°.14$
id. CAR $= 180 - 41°.25 = 138°.35'$

Problème n° 16.

81. *Une barre homogène* MN (fig. 44) *est mobile dans un plan vertical autour d'une charnière M A l'autre extrémité* N *est attaché un cordon qui passe sur une poulie fixe* D *et supporte un poids égal à la moitié du poids de la poutre. Trouver l'inclinaison de la poutre sur l'horizon, en supposant que* MD *soit verticale et que* MD *soit égale à* MN.

Soit P le poids de la barre appliqué en son milieu G, et $\dfrac{P}{2}$ la tension qui agit sur le cordon suivant la direction ND. La barre étant en équilibre sous l'influence de ces deux forces, leur résultante doit nécessairement passer par le point M, d'après un axiome déjà énoncé.

Appliquons le théorème des moments par rapport au point M et nous aurons :

$$0 = P \times MC - \frac{P}{2} MK$$

ou $\qquad P \times MC = \dfrac{P}{2} \times MK$

et, enfin, $\qquad MC = \dfrac{MK}{2}$

Mais $\qquad MC = \dfrac{MA}{2}$

Donc, $\qquad \dfrac{MK}{2} = \dfrac{MA}{2}$ ou

$$MK = MA$$

Les deux triangles MKN, MAN sont donc égaux comme rectangles et comme

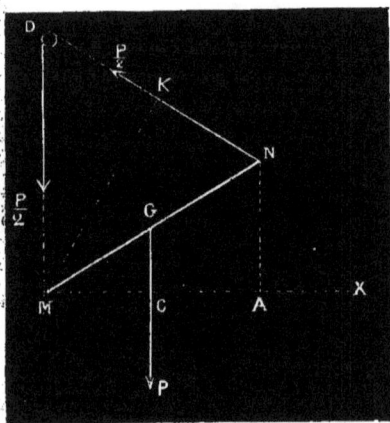

Fig. 41.

ayant l'hypothénuse MN commune, et un côté de l'angle droit égal. Par suite :

angle KMN, = angle NMA

D'après l'énoncé, le triangle DMN est isocèle et MK est la bissectrice de l'angle au sommet.

Conséquemment :

angle DMK = angle KMN = angle NMA.

Donc, l'angle droit DMX est divisé par les lignes de la figure en 3 parties égales et

$$NMA = \dfrac{90°}{3} = 30°.$$

Ainsi, la barre doit être inclinée de 30° sur l'horizontale MX.

Moments de forces concourantes dirigées arbitrairement dans l'espace.

82. Le théorème des moments, par rapport à un point, n'est pas applicable, lorsque les forces concourantes ne sont pas dans un même plan ; mais il est encore exact si l'on projette sur un même plan le système de ces forces et leur résultante.

Moment d'une force, par rapport à un axe.

83. On appelle *moment d'une force* F *par rapport à une droite* OX (*fig.* 45) le produit de la projection F_1 de la force sur un plan MN, perpendiculaire à OX, par la distance OS du point où la droite perce le plan à la projection F_1. En d'autres termes, le moment d'une force par rapport à un axe est le moment de la

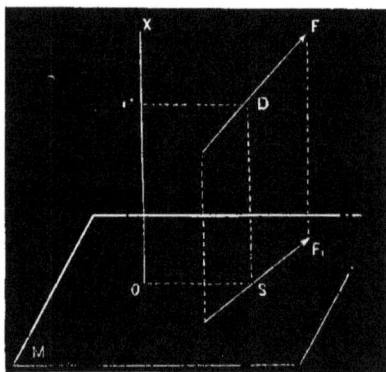

Fig. 45.

projection de la force sur un plan normal à l'axe, par rapport au point où l'axe rencontre le plan de projection.

La distance OS du pied de l'axe à la projection de la force est d'ailleurs égale à la longueur CD de la perpendiculaire commune à la force F et à l'axe OX des moments.

La convention relative aux signes des moments par rapport à un axe est la même que celle indiquée plus haut pour les moments par rapport à un point.

On convient de regarder le produit qui exprime le moment par rapport à un axe comme positif, quand la force tend à faire tourner la perpendiculaire CD dans un sens déterminé, et on le regarde comme négatif, quand la rotation tend à avoir lieu en sens contraire.

83. Le moment d'une force, par rapport à un axe, est nul de trois manières :

1° Quand la force est nulle ;

2° Quand la force rencontre l'axe, car alors le pied de l'axe appartient à la direction de la projection de la force sur un plan normal ;

3° Quand la force est parallèle à l'axe. Dans ce cas, la projection de la force sur le plan normal est nulle.

84. *Remarque.* Le triangle ayant pour base la projection F_1 de la force et pour sommet le pied de l'axe, est la projection sur le plan MN du triangle ayant même sommet et dont la base est la force F.

Théorème n° 17.

85. *Le carré du moment d'une force F (fig. 46) par rapport à un point O, est égal à la somme des carrés des moments de cette force par rapport à trois axes rectangulaires passant par ce point O.*

Soit la force F = AB et A'B', A''B'', A'''B''' les projections de cette force sur les plans XOY, YOZ, XOZ.

Menons par le point O une perpendiculaire OT au plan du triangle OAB, et soit a, b, c, les angles que cette droite OT fait avec les axes perpendiculaires OX, OY, OZ.

On sait que la projection d'une surface sur un plan est égale à la surface projetée, multipliée par le cosinus de l'angle

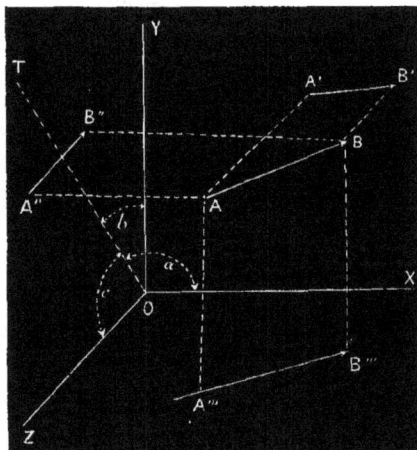

Fig. 46.

que les deux plans font. D'après cela, la projection OA' B' du triangle OAB sera égale à la surface OAB, multipliée par le cosinus de l'angle que le plan du triangle fait avec le plan XOY. Or, cet angle est égal à l'angle c, puisque les droites OT et OZ sont perpendiculaires aux plans OAB et XOY.

Donc OA' B' = OAB cos c.

On aura, pour la même raison :

OA'' B'' = OAB cos b.

Et OA''' B''' = OAB cos a.

Élevons chacune de ces relations au carré et faisons la somme. Nous aurons :

$(OA'B')^2 + (OA''B'')^2 + (OA'''B''')^2 = (OAB)^2$
$(\cos^2 a + \cos^2 b + \cos^2 c.)$

Mais la somme des carrés des cosinus qu'une droite fait avec trois axes rectangulaires est égale à l'unité.

Donc :

$(OA'B')^2 + (OA'' B'')^2 + (OA''' B''')^2 = (OAB)^2.$

Nous avons vu précédemment que le moment d'une force, par rapport à un point ou à un axe, représentait le double de la surface du triangle ayant pour base la force ou sa projection sur le plan normal, et pour sommet le point ou le pied de l'axe sur ce plan normal.

On peut donc écrire en abrégé :

$$(M_0 x)^2 + (M_0 y) +^2(M_0 z)^2 = (M_0)^2$$

86. *Remarque.* Cette relation entre le moment d'une force par rapport à un point, et les moments de cette force par rapport à trois axes rectangulaires passant par le même point est la même que la relation d'une force et de ses trois composantes parallèlement à ces axes.

Théorème n° 18.

87. *La somme algébrique des moments, par rapport à un axe quelconque, d'un* *système de forces concourantes, dirigées arbitrairement dans l'espace, est égale au moment de la résultante par rapport au même axe.*

Cette proposition est une conséquence du théorème de Varignon. En effet, si l'on projette toutes les forces concourantes sur un plan perpendiculaire à l'axe et que l'on considère les moments de leurs projections par rapport au point où le plan perpendiculaire rencontre l'axe, la somme algébrique des moments des projections des composantes sera égale au moment de la projection de la résultante. Or, le moment de l'une quelconque de ces projections, par rapport au point considéré, n'est autre chose, d'après la définition, que le moment de la force elle-même par rapport à l'axe. La proposition se trouve donc démontrée.

CHAPITRE III

FORCES PARALLELES.

88. On appelle *forces parallèles*, des forces dont les directions suivant lesquelles elles tendent à entraîner leur point d'application, sont parallèles.

Le cas de forces parallèles est un cas particulier des forces concourantes, dans lequel le point de concours se fait à l'infini. Il suit de là que tout ce qui a été dit pour les forces angulaires, peut s'appliquer aux forces parallèles. Néanmoins, nous traiterons tout particulièrement les questions relatives à la composi-

tion et à la décomposition d'un système de forces parallèles.

89. Pour déterminer la grandeur et le point d'application de la résultante de deux forces parallèles, démontrons un théorème relatif à la composition de deux forces concourantes.

Théorème n° 19.

90. *Si l'on prend un point quelconque sur la résultante de deux forces angu-*

laires, les distances de ce point aux direc-
tions des composantes sont en raison in-
verse des intensités des composantes.

PREMIÈRE DÉMONSTRATION.

Cette proposition peut se démontrer d'après le théorème de Varignon. En effet, soit F = AB, F' = AC et R = AD (*fig. 47*) les composantes angulaires, et leur résultante. Prenons, sur cette résultante, un point M que nous considérerons comme

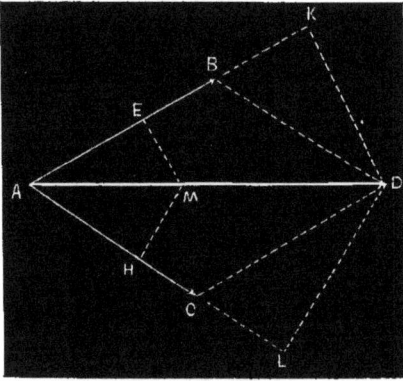

Fig. 47.

centre des moments. Si nous appliquons le principe des moments, nous aurons :

$$0 = F \times ME - F' \times MH$$

Le moment de la résultante est nul, puisqu'elle passe par le centre des moments. De cette équation on tire :

$$F \times ME = F' \times MH$$

ou

$$\frac{F}{F'} = \frac{MH}{ME}$$

Si nous représentons les perpendiculaires ME et MH par f et f', nous aurons :

$$\frac{F}{F'} = \frac{f'}{f}$$

DEUXIÈME DÉMONSTRATION.

Cette proposition peut se démontrer directement.

Les triangles DAB et DAC sont égaux. Par suite, leurs bases sont en raison inverse des hauteurs. Si nous prenons les composantes comme base de ces triangles, les hauteurs seront DK et DL. Nous aurons alors :

$$\frac{AB}{AC} = \frac{DL}{DK}$$

Mais les triangles semblables ADK et AME donnent :

$$\frac{DK}{ME} = \frac{AD}{AM}$$

De même, les triangles semblables ADL et AMH donnent :

$$\frac{DL}{MH} = \frac{AD}{AM}$$

A cause du rapport commun $\dfrac{AD}{AM}$ nous aurons :

$$\frac{DK}{ME} = \frac{DL}{MH}$$

ou

$$\frac{DL}{DK} = \frac{MH}{ME}$$

Mais,

$$\frac{DL}{DK} = \frac{AB}{AC}$$

Donc,

$$\frac{AB}{AC} = \frac{MH}{ME}$$

ou bien

$$\frac{F}{F'} = \frac{f'}{f}$$

que l'on peut écrire

$$F f = F' f'.$$

Théorème n° 20.

91. *La résultante de deux forces parallèles et de même sens, appliquées aux extrémités d'une barre rigide, est parallèle à ces forces, égale à leur somme et son point d'application partage la barre rigide en deux segments additifs inversement proportionnels aux composantes.*

Soit les deux forces parallèles F = AB, F' = CD (*fig.* 48) appliquées aux points A et C, d'un corps solide ou d'une barre rigide. Leur point de rencontre ayant lieu à l'infini, on voit que la diagonale du parallélogramme sera parallèle aux composantes.

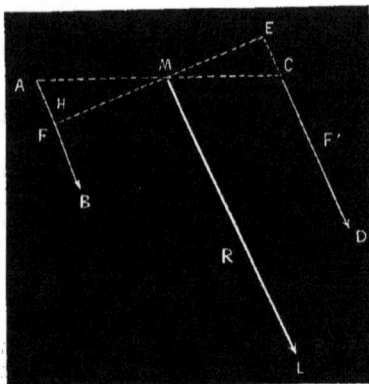

Fig. 48.

La relation trigonométrique de deux forces angulaires est :

$$R^2 = F^2 + F'^2 + 2\,FF'\cos(FF')$$

Les deux forces étant parallèles, l'angle qu'elles forment est nul. Donc,

$$\cos(FF') = 1$$

et, par suite :

$$R^2 = F^2 + F'^2 + 2FF'$$

D'où $R^2 = (F + F')^2$ et, en extrayant la racine carrée des deux membres :

$$R = F + F'$$

Donc $ML = F + F' = AB + CD$.

Enfin, cette résultante est appliquée en un point M, tel que :

$$\frac{AM}{MC} = \frac{F'}{F}$$

En effet, d'après le théorème précédent, on a :

$$\frac{F}{F'} = \frac{ME}{MH}$$

Les deux triangles semblables MAH, MEC donnent :

$$\frac{ME}{MH} = \frac{MC}{MA}$$

A cause du rapport commun $\dfrac{ME}{MH}$ on a :

$$\frac{F}{F'} = \frac{MC}{MA}$$

ou $\qquad F' \times MC = F \times MA$.

Ce qu'il fallait démontrer.

Théorème n° 21.

92. *La résultante de deux forces parallèles et de sens contraire est parallèle aux composantes, dirigée du côté de la plus grande, égale à leur différence et son point d'application divise la droite qui joint les points d'application des composantes en deux segments soustractifs inversement proportionnels aux forces.*

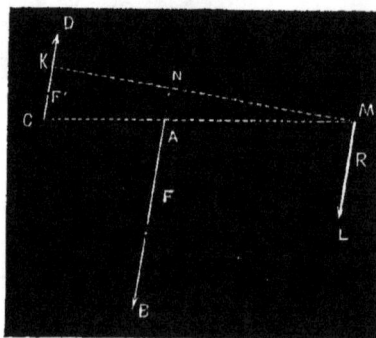

Fig. 49.

Ces deux forces $AB = F$, $CD = F'$ (*fig. 49*) peuvent être assimilées à deux forces angulaires dont le sommet est à l'infini, et faisant entre elles un angle de 180°. La résultante sera donc parallèle aux composantes. Son intensité sera donnée par la relation :

$$R^2 = F^2 + F'^2 + 2FF'\cos(FF'),$$

dans laquelle l'angle FF' $= 180$ et cos (FF') $= - 1$.

Par suite,

$$R^2 = F^2 + F'^2 - 2FF' = (F - F')^2$$

et $\qquad R = F - F'$

Si M est son point d'application, on aura :

$$\frac{MK}{MN} = \frac{AB}{CD}$$

Mais $\qquad \dfrac{MK}{MN} = \dfrac{MC}{MA}$

Donc $\qquad \dfrac{MC}{MA} = \dfrac{AB}{CD}$

Ou $\qquad \dfrac{MC}{MA} = \dfrac{F}{F'}$

Ce qu'il fallait démontrer.

Démonstrations directes des deux forces parallèles de même sens.

Cas de deux forces parallèles de même sens.

93. Soit les deux forces parallèles et de même sens AB $=$ F, CD $=$ F', (*fig.* 50). Appliquons aux points A et C deux forces égales et de sens contraire AE $=$ CH $= f$. L'addition de ces deux forces qui se font équilibre ne change rien au système. Les deux forces F et f se composent et ont AK comme résultante. De même, les forces F' et f ont CL comme résultante. Le système se réduit donc à deux forces concourantes AK et CL dont les prolongements se rencontrent en I et que l'on peut transporter en ce point.

Ces forces angulaires auront donc une résultante qui n'est autre chose que celle des deux forces données F et F'.

Pour trouver l'intensité et la direction de cette résultante, décomposons la force AK, transportée au point I, de la même manière qu'elle était décomposée au point A. Nous obtenons ainsi les composantes IB' $=$ AB $=$ F et IE' $=$ AE $= f$.

Décomposons de même la face CL transportée au point I et nous obtenons comme composantes :

$$ID' = CD = F'$$

et $\qquad IH' = CH = f$

Le point I est sollicité par ces quatre composantes dont deux IE' et IH' se dé-

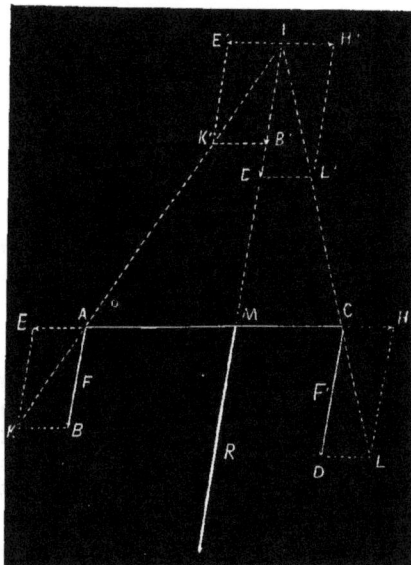

Fig. 50.

truisent comme étant égales et de sens contraire. Il reste donc les deux faces IB' et ID' dont la résultante est égale à leur somme et dont la direction est parallèle aux deux forces données.

Donc $\qquad R = IB' + ID' = F + F'$

Cette résultante R peut être transportée au point M où sa direction coupe la droite rigide AC.

Reste donc à démontrer que ce point M partage la distance AC en deux segments additifs inversement proportionnels aux forces F et F'.

Les deux triangles AKB et IAM étant semblables donnent :

$$\frac{KB}{AB} = \frac{AM}{IM}$$

De même, les deux triangles CLD et ICM donnent:

$$\frac{DL}{CD} = \frac{CM}{IM}$$

et comme KB = DL, on obtient, en divisant membre à membre ces deux rapports:

$$\frac{CD}{AB} = \frac{AM}{CM}$$

ou

$$\frac{F'}{F} = \frac{AM}{CM}$$

Donc etc...

Cas de deux forces parallèles de sens contraire.

94. Soit les deux forces de sens contraire AB = F CD = F' telles que F > F' (*fig.* 51). Appliquons aux points A et C deux forces égales et de sens contraire AE et CH. Comme précédemment, elles ne produisent aucun effet sur le système. Composons les forces AB et AE, nous obtenons AK comme résultante. De même, les forces CD et CH ont CL pour résultante. Le système est réduit aux deux forces AK et CL qui se rencontrent au point I, du côté de la force F. Décomposons en ce point les forces AK = IK' et CL = IL' de la même manière qu'elles ont été décomposées aux points A et C.

Nous obtenons, d'une part, les composantes :

IB' = AB et IE' = AE = *f*

et, d'autre part :

ID' = CD et IH' = CH = *f*

Les deux forces directement opposées IE' et IH' se détruisent. Reste donc les

deux forces IB' et ID' agissant dans la même direction parallèle aux forces F et F' et de sens contraire. Leur résultante R = IB' — ID', et agit du côté de la plus grande IB'.

Donc   R = IB' — ID' = F — F'

Cette résultante prolongée vient ren-

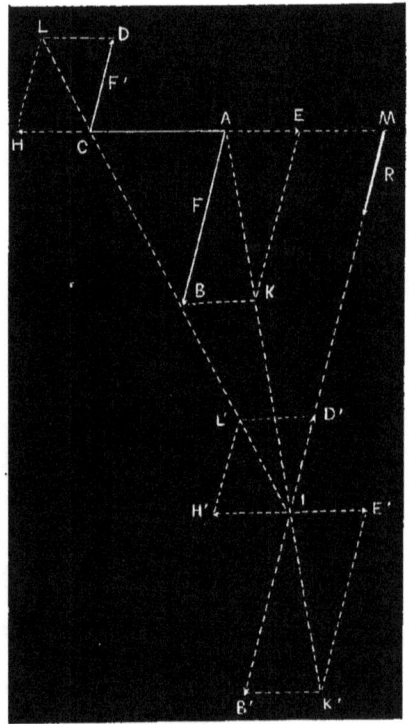

Fig. 51.

contrer la droite AC en un point M, qui, d'après l'énoncé du théorème, divise cette droite en deux segments soustractifs inversement proportionnels aux forces F et F'.

Les triangles semblables AEK et AIM donnent:

$$\frac{AE}{EK} = \frac{AM}{MI}$$

De même, les triangles CDL et CMI donnent:

$$\frac{LD}{CD} = \frac{CM}{MI}$$

Divisons membre à membre ces deux rapports en remarquant que AE = LD et nous obtenons :

$$\frac{CD}{EK} = \frac{AM}{CM}$$

ou bien

$$\frac{F'}{F} = \frac{AM}{CM},$$

Donc, etc...

95. REMARQUE I. *Le point d'application de la résultante de deux forces parallèles, sur la droite qui joint les points d'application de ces forces, ne varie pas quand on altère les grandeurs ou les directions des forces, pourvu que l'on conserve leur parallélisme et le rapport de leur grandeur.*

96. REMARQUE II. *Il existe un rapport constant entre l'intensité de chacune de ces trois forces (composantes et résultante) et la droite qui joint les points d'application des deux autres.*

En effet, si les deux forces parallèles sont de même sens, on a :

$$\frac{F'}{F} = \frac{AM}{CM}$$

D'après une propriété des proportions, on peut écrire :

$$\frac{F' + F}{F} = \frac{AM + CM}{CM}$$

Mais,

$$F' + F = R$$
$$AM + CM = AC$$

Donc

$$\frac{R}{F} = \frac{AC}{CM} \text{ ou } \frac{R}{AC} = \frac{F}{CM}$$

On peut écrire de même :

$$\frac{F'}{F' + F} = \frac{AM}{AM + CM}$$

ou

$$\frac{F'}{R} = \frac{AM}{AC}$$

et, en renversant le rapport :

$$\frac{R}{F'} = \frac{AC}{AM} \text{ ou } \frac{R}{AC} = \frac{F'}{AM}.$$

Donc

$$\frac{R}{AC} = \frac{F}{CM} = \frac{F'}{AM}$$

Si les forces parallèles sort de sens contraire, on a :

$$\frac{F'}{F} = \frac{AM}{CM}$$

qu'on peut écrire :

$$\frac{F'}{F - F'} = \frac{AM}{CM - AM}$$

Mais, dans ce cas:

$$F - F' = R \text{ et } CM - AM = AC$$

Donc,

$$\frac{F'}{R} = \frac{AM}{AC}$$

ou

$$\frac{R}{AC} = \frac{F'}{AM}$$

On aurait de même :

$$\frac{R}{AC} = \frac{F}{MC}$$

et, par suite :

$$\frac{R}{AC} = \frac{F}{MC} = \frac{F'}{AM}$$

Constructions graphiques, de la composition des forces parallèles.

97. On peut déterminer graphiquement le point d'application de la résultante de deux forces parallèles. Le problème revient, comme l'indique la Géométrie, à diviser une droite en deux parties proportionnelles à deux droites données.

PREMIER CAS.

Deux forces parallèles et de même sens.

98. Soit les deux forces F = AB, F' = CD (*fig.* 52).

Le point d'application M de la résultante doit diviser la droite AC en deux parties, telles que :

$$\frac{AM}{MC} = \frac{F'}{F}$$

Portons, sur le prolongement de la force F, une longueur $AE = F' = CD$ et sur la force F' prolongée, une longueur $CH = F = AB$. Joignons EH. Cette droite coupe la droite AB en un point M qui est le point d'application de la résultante.

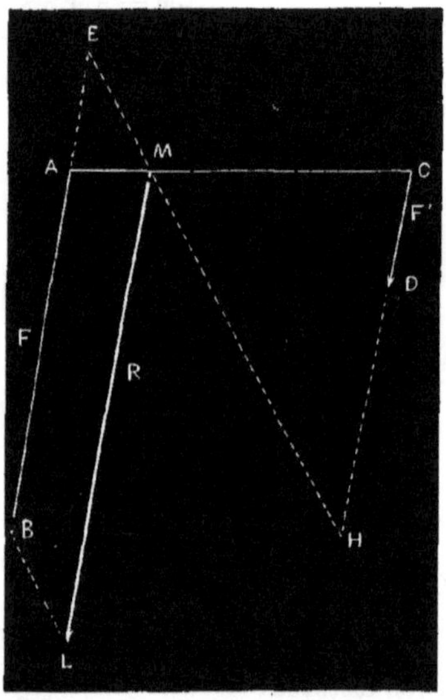

Fig. 52.

En effet, les deux triangles semblables MAE, MCH donnent :

$$\frac{AM}{MC} = \frac{AE}{CH} = \frac{F'}{F}$$

L'intensité de la résultante s'obtient en menant par le point B une parallèle BL à la droite EH. La figure montre bien que $ML = EB$ comme côtés opposés d'un parallélogramme.. Or,

$$EB = AE + AB = F' + F$$

Donc : $R = F' + F.$

DEUXIÈME CAS.

Deux forces parallèles et de sens contraires.

99. Une longueur $CH = AB = F$ (*fig.* 53) et sur la droite AB une longueur $AE = CD = F'$. Joignons HE qui, prolongée, coupe AB en un point M. Ce

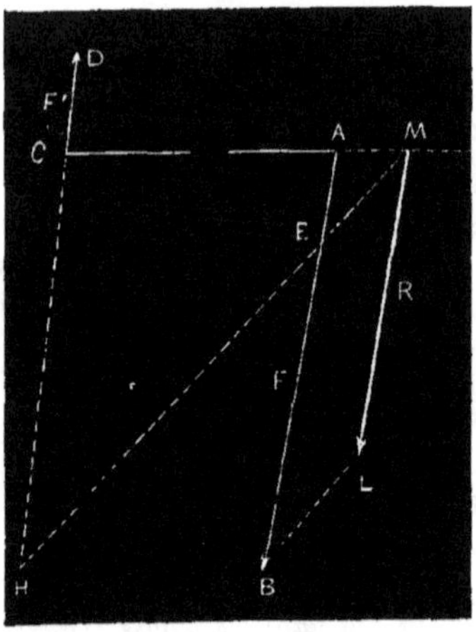

Fig. 53.

point répond bien à la solution, car les deux triangles semblables MCH et MAE donnent :

$$\frac{MC}{MA} = \frac{CH}{AE} = \frac{F}{F'}$$

La parallèle aux forces menée par le point M sera la direction de la résultante dont l'intensité s'obtiendra en menant par le point B une parallèle BL à la droite HM... On aura donc :

$$ML = EB = AB - AE$$
$$AB - AE = F - F'$$
$$R = F - F'$$

Définition des couples.

100. On appelle *couple*, un système de deux forces parallèles, égales et dirigées en sens contraires. C'est un cas singulier et très remarquable de la composition de deux forces parallèles.

Soient F F' (*fig.* 53) deux forces inégales, parallèles de sens contraire, appliquées aux points A et C, telles que F$>$ F'. La résultante

$$R = F - F'$$

est appliquée en un point M situé sur le prolongement de CA et lié par la relation

$$\frac{MC}{MA} = \frac{F}{F'}$$

Si nous supposons que la différence F — F' diminue de plus en plus, le rapport $\frac{F}{F'}$ se rapprochera de l'unité et le point M s'éloignera indéfiniment des points A et C.

Lorsque F = F', la résultante R sera égale à O et son point d'application M sera à l'infini sur la direction de AC.

On voit donc qu'un couple ne peut pas être réduit à une force unique. Il tend à faire tourner le corps sur lui-même et non à l'entraîner dans telle direction plutôt que dans telle autre.

On peut donner, comme exemple de la rotation produite par un couple, le mouvement oscillatoire que prend l'aiguille de la boussole lorsqu'elle est déplacée de sa position d'équilibre (physique).

Composition d'un nombre quelconque de forces parallèles.

101. Lorsque plusieurs forces parallèles et de même sens F, F', F'', F'''.... sont appliquées aux points A,B,C,D.... (*fig.* 54) d'un corps solide, on peut trouver leur résultante par une série de compositions identiques ou le système est formé de deux forces seulement. Il suffit de composer les forces F et F', ce qui donne la résultante $r = F + F'$ appliquée au point m et tel que

$$\frac{mB}{mA} = \frac{F}{F'}$$

On compose ensuite la force r avec F'', ce que donne une résultante

$$r' = r + F'' = F + F' + F''$$

appliquée en m'. En continuant de la même manière, on obtiendra la résul-

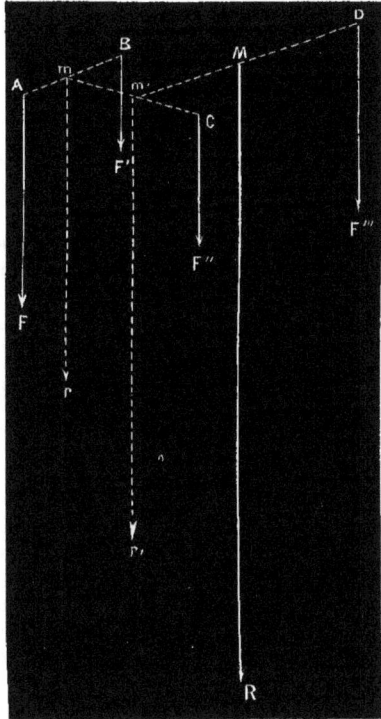

Fig. 54.

tante unique R qui sera égale à la somme des composantes et dont le point d'application M, se déduira facilement.

Dans le cas où les forces ne sont pas dans le même sens, on formera deux groupes. L'un comprendra toutes les forces, telles que F, F' F'' etc., qui agissent dans un sens; l'autre, les forces telles que P, P', P''et qui agissent en sens contraire. On cherchera ensuite la résultante R du premier groupe et la résultante R' du second. Ces résultantes seront :

$$R = F + F' + F'' + \ldots$$
$$R' = P + P' + P'' + \ldots$$

appliquées aux points M et M'.

102. Il peut alors se présenter 3 cas :

I. — Ces résultantes R et R' sont inégales. On pourra les réduire à une seule force X parallèle, du côté de la plus grande et dont l'intensité sera :

$$X = R - R' = F + F' + F'' + \ldots$$
$$- (P + P' + P'' + \ldots)$$

II. — Les deux résultantes sont égales et directement opposées. Alors elles se font équilibre et $X = R - R' = 0$.

III. — R et R' sont égales, mais non directement opposées. Elles forment, dans ce cas, un couple qui tend à imprimer un mouvement de rotation au corps et non un mouvement de translation.

Centre des forces parallèles.

103. Dans la composition des forces parallèles, on vient de voir qu'on détermine d'abord le point d'application m de la résultante r des deux premières forces F et F', puis le point d'application m' de la résultante de cette résultante partielle et de la troisième force, puis le point d'application m'' de la résultante de cette seconde résultante partielle et de la quatrième force et ainsi de suite. Le dernier point ainsi obtenu est le point d'application de la résultante totale. Or, par la manière dont ce point a été obtenu, on voit qu'il ne dépend nullement de la direction commune des forces parallèles considérées et que si l'on venait à incliner les forces d'une autre manière, pourvu que leur parallélisme fût conservé, le point obtenu resterait le même. On peut même remarquer que ce point ne dépend pas de l'intensité absolue des forces, mais seulement des rapports entre ces intensités. En sorte que, si les forces données venaient à varier proportionnellement, le point d'application de leur résultante resterait encore le même.

Ce point qui joue un rôle important en Mécanique s'appelle le *centre des forces parallèles*.

Problème nº 17.

104. *Calculer la résultante de deux forces parallèles, agissant dans le même sens, sachant que les intensités sont* 120 *et* 130 *kil. et que la distance entre les points d'applications est de* 1ᵐ,10.

L'intensité de la résultante R sera égale à 120 k. + 230 k.

$$R = 350 \text{ k.}$$

son point d'application sera donné par la relation (*fig.* 52)

$$\frac{AM}{MC} = \frac{F'}{F} \qquad (1)$$

que l'on peut écrire :

$$\frac{AM + MC}{MC} = \frac{F' + F}{F}$$

Mais $AM + MC = AC = 1,^{m}10$

$$F' + F = R = 350$$
$$F = 120$$

Donc $\qquad MC = AC \dfrac{F}{R}$

$$MC = 1,10 \, \frac{120}{350} = 0^{m},377$$

Ainsi, le point d'application de la résultante sera sur la droite qui joint les points d'applications des forces données et à une distance de 0ᵐ, 377 de la plus grande.

On aurait pu tirer de l'équation (1)

$$\frac{AM}{MC + AM} = \frac{F'}{F + F'}$$

D'où $\qquad AM = AC \dfrac{F'}{R}$

$$AM = 1,10 \, \frac{230}{350} = 0^{m},722$$

105. REMARQUE I. Le point d'application de cette résultante peut être transporté en un autre point de sa direction, à la condition que ce point soit invariablement lié au système.

106. REMARQUE II. Le problème peut se résoudre graphiquement comme l'indique la figure 53.

Problème n° 18.

107. *En trois points* A,B,C, *situés en ligne droite et tels que* AB = BC *l'on applique trois forces parallèles de* 2 *k.,*

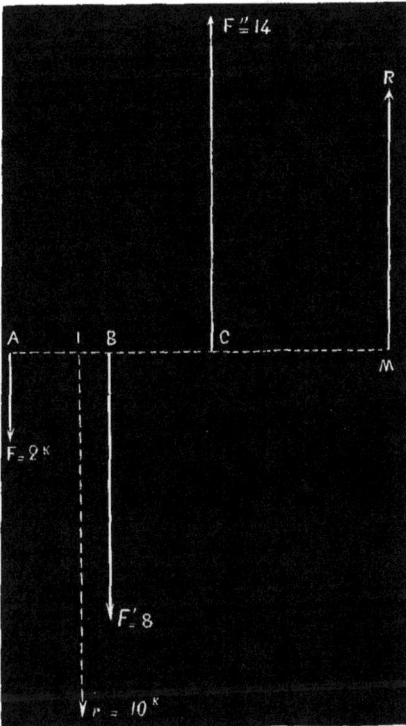

Fig. 55.

8 *k.*, 14 *k. La troisième force est de sens contraire aux deux autres. Calculez la position* M *du point d'application de la résultante.*

Soit les trois forces F, F', F'', (*fig.* 55). Cherchons le point d'application I de la résultante *r* des deux premières forces. Ce point est donné par la relation

$$\frac{BI}{AI} = \frac{F}{F'} = \frac{2}{8} = \frac{1}{4}$$

D'où

$$\frac{BI}{AI + BI} = \frac{1}{1 + 4}$$

Mais AI + BI = AB = *l*

Donc,

$$BI = \frac{l}{5}$$

Composons la force F'' = 14 k. avec cette résultante *r* = 10 k. et nous aurons :

$$\frac{MI}{MC} = \frac{F''}{r} = \frac{14}{10}$$

D'où

$$\frac{MI - MC}{MC} = \frac{14 - 10}{10} = \frac{4}{10} = \frac{2}{5}$$

Mais, MI — MC = CI = CB + BI

$$MI - MC = l + \frac{l}{5} = \frac{6\,l}{5}$$

Donc

$$\frac{6\,l}{5\,MC} = \frac{2}{5}$$

$$MC = \frac{30\,l}{10} = 3\,l$$

Ainsi, le point d'application de la résultante demandée est à une distance du point *c* d'une quantité égale à 3 *l*. L'intensité de R sera :

$$R = F'' - F' - F$$
$$R = 14 - 8 - 2 = 4 \text{ kg.}$$

Problème n° 19.

108. *Une poutre AB pèse p kilog. par mètre courant et supporte un poids I à la distance d de son milieu O. Quelle est la charge des murs d'appui aux points A et B?*

Représentons la longueur totale de la poutre par 2 *l* (*fig.* 56). Chaque point d'appui supportera le poids pl de la moitié de la poutre, plus la composante de la force P.

Ces deux composantes F et F' sont liées par la relation :

$$\frac{F}{F'} = \frac{CB}{CA} \quad (1)$$

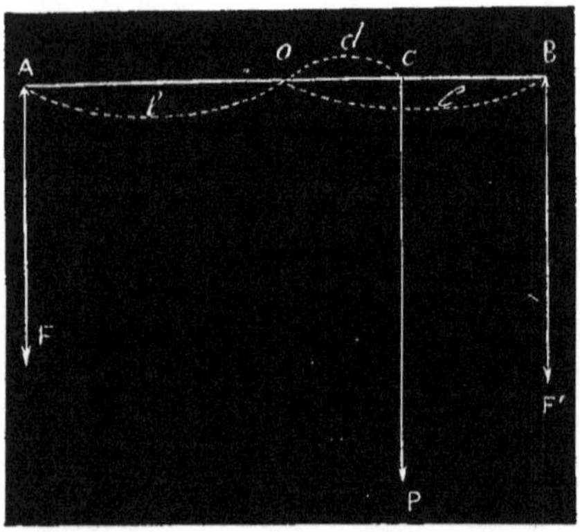

Fig. 56.

D'où, d'après une propriété des proportions

$$\frac{F}{F' + F} = \frac{CB}{CA + CB}$$

$$F = CB \, \frac{F' + F}{CA + CB}$$

Mais $CB = l - d$

$$F' + F = P$$
$$CA + CB = 2l$$

Remplaçons et nous aurons :

$$F = (l - d) \, \frac{P}{2l}$$

Le rapport (1) donne également :

$$\frac{F + F'}{F'} = \frac{CB + CA}{CA}$$

D'où $F' = CA \, \dfrac{F + F'}{CB + CA}$

Or, $CA = l + d.$

En substituant, nous aurons :

$$F' = (l + d) \, \frac{P}{2l}$$

La charge au point A sera donc :

$$P' = pl + P \, \frac{l - d}{2 \, l}$$

Celle au point B sera :

$$P'' = pl + P \, \frac{l + d}{2l}$$

Problème n° 20.

109. Trois forces agissant aux sommets A, B, C (*fig.* 57) d'un triangle sont respec-

Fig. 57.

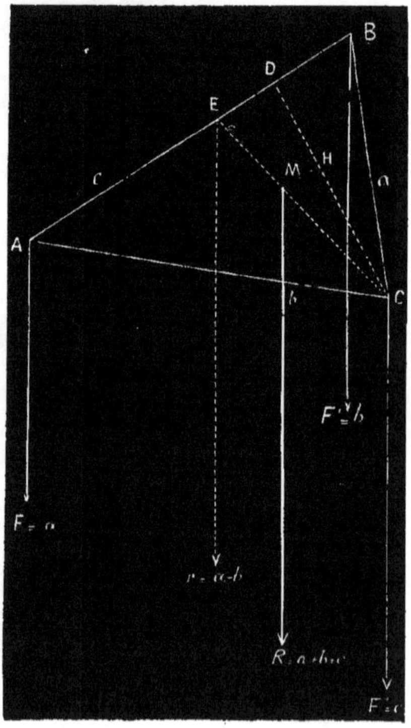

tivement proportionnelles aux côtés opposés. Calculer la distance du point d'application de la résultante à chacun des côtés.

Représentons les forces appliquées au sommet du triangle par $F = a$, $F' = b$, $F'' = c$. Les intensités a, b, c sont respectivement égales aux côtés du triangle, opposés aux sommets ABC.

Composons d'abord les forces a et b. Leur résultante $r = a + b$ et son point d'application E est tel que :

$$\frac{BE}{EA} = \frac{a}{b}$$

Ce rapport montre que la droite CE est la bissectrice de l'angle C, puisque, d'après la géométrie, elle divise le côté opposé en deux segments proportionnels aux côtés de l'angle C. Il s'ensuit que le point d'application M de la résultante totale R se trouve à l'intersection des trois bissectrices. Ce point M n'est autre chose que le centre de la circonférence inscrite au triangle.

La longueur EM est donnée par le rapport

$$\frac{EM}{MC} = \frac{c}{a + b}$$

qu'on peut écrire :

$$\frac{EM}{MC + EM} = \frac{c}{a + b + c}$$

Mais MC + EM = EC,

D'où $\quad \dfrac{EM}{EC} = \dfrac{c}{a + b + c}$

Abaissons du point C une perpendiculaire CD sur le côté opposé et menons du point M une parallèle MH à AB. Les deux triangles CDE, CMH étant semblables donnent :

$$\frac{EM}{EC} = \frac{DH}{DC}$$

A cause du rapport commun $\dfrac{EM}{EC}$, nous aurons : $\quad \dfrac{DH}{DC} = \dfrac{c}{a + b + c}$

Mais le triangle rectangle CDA donne :

$$DC = AC \sin A$$
$$DC = b \sin A$$

Remplaçons DC par sa valeur et tirons celle de DH. Nous aurons :

$$DH = \frac{bc \sin A}{a + b + c}$$

Ainsi, la distance du point d'application M de la résultante aux côtés du triangle est :

$$x = \frac{bc \sin A}{a + b + c}$$

On aurait obtenu de la même façon les distances x', x'' du point M aux deux autres côtés du triangle

$$x' = \frac{ab \sin C}{a + b + c}$$

$$x'' = \frac{ac \sin B}{a + b + c}$$

110. REMARQUE. Puisque le point M, comme nous l'avons fait remarquer plus haut, est le centre du cercle inscrit, on doit avoir :

$$x = x' = x''$$

par suite,

$$bc \sin A = ab \sin C = ac \sin B$$

D'où $\quad \dfrac{a}{\sin A} = \dfrac{b}{\sin B} = \dfrac{c}{\sin C}$

c'est-à-dire que les côtés d'un triangle sont proportionnels aux sinus des angles opposés. (Trigonométrie.)

Problème n° 21.

111. *On donne un parallélogramme ABCD (fig. 58), deux forces parallèles agissant dans le même sens suivant les côtés opposés AD, BC et une troisième, suivant la diagonale CA de C vers A. On suppose ces forces proportionnelles à AD, BC, CA et l'on demande la force qui tiendrait le parallélogramme en équilibre.*

La force demandée sera égale et directement opposée à la résultante de ces trois forces.

Pour plus de simplicité, divisons les forces appliquées au parallélogramme par

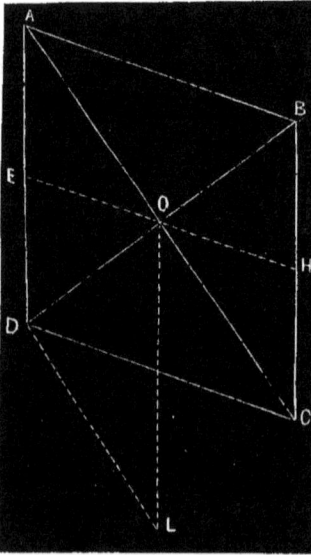

Fig. 58.

2. La résultante sera divisée dans le même rapport, tout en conservant sa direction et son point d'application.

Les forces qui composent le système seront donc:

$$ED = \frac{AD}{2}, \quad HC = \frac{BC}{2}, \quad OA = \frac{CA}{2}$$

La résultante partielle des deux forces ED, HC, parallèles et égales sera appliquée au point de rencontre O des diagonales et son intensité

$$OL = DE + HC = AD$$

Le système se réduit alors à deux forces angulaires OL, OA, dont la résultante est la diagonale OD, du parallélogramme AOLD.

Ainsi, la résultante du système proposé sera égale à 2 OD, c'est-à-dire représentée par la diagonale BD, agissant de B vers D. Par suite, la force qui tiendra le parallélogramme en équilibre sera égale à l'autre diagonale, agissant de D vers B.

Théorème des transversales.

112. La composition des forces parallèles permet de démontrer la proposition fondamentale de la théorie des transversales, connue en géométrie sous le nom de *Théorème de Carnot* ou de *Théorème de Ptolémée*.

Théorème n° 22.

113. *Une transversale droite abc (fig. 59) rencontre les côtés d'un triangle* ABC *en trois points a, b, c et détermine sur chaque côté deux segments, savoir :*

a B, *a* C *sur le côté* BC
b C, *b* A *sur le côté* AC
c A, *c* B *sur le côté* AB

Cela posé, démontrer que le produit des trois segments qui n'ont aucune extrémité commune aC × bA × cB, *est égal au produit des trois autres,* a B × bC × cA.

Appliquons aux extrémités B et C du côté dont le prolongement rencontre la transversale, deux forces parallèles et de sens contraires, F' et F'', dont nous déterminerons plus loin le rapport.

La résultante de ces deux forces sera appliquée quelque part sur la direction BC prolongée.

Au point A, appliquons deux forces égales et contraires F et — F. L'introduction de ces deux forces ne change rien au système des deux forces F' et F''.

Pour trouver la résultante, on peut d'abord composer F' et F, puis F'' et — F; enfin, composer les résultantes partielles obtenues.

La force F étant arbitraire, nous pouvons faire en sorte qu'on ait :

$$(1) \qquad \frac{F}{F'} = \frac{cB}{cA}$$

La résultante de F et de F' passe alors par le point c.

Prenons ensuite la force F'', de manière

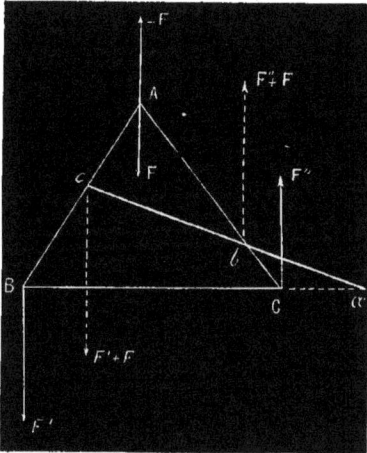

Fig. 59.

que la résultante des forces F'' et — F passe au point b. Il faudra que :

$$(2) \qquad \frac{F''}{F} = \frac{bA}{bC}$$

Cette résultante passe par suite au point b. La résultante des forces F' et F'' est donc appliquée en un certain point de la direction cb, puisque les résultantes partielles sont appliquées, l'une en c, l'autre en b.

Or, elle est aussi appliquée en un certain point de la direction BC. Donc elle est appliquée au point a.

Il en résulte que

$$(3) \qquad \frac{F'}{F''} = \frac{aC}{aB}$$

Multiplions membre à membre les égalités (1) (2) (3) et il viendra :

$$\frac{F}{F'} \frac{F''}{F} \frac{F'}{F''} = \frac{cB \times bA \times aC}{cA \times bC \times aB} = 1$$

Le premier membre de cette équation est égal à l'unité.

Donc,

$$aB \times bC \times cA = aC \times cB \times bA,$$

Donc, etc.

Problème n° 22.

114. *Décomposer une force en trois autres forces parallèles.*

Il peut se présenter deux cas :

Premier cas : Les trois composantes cherchées sont dans le même plan que la force donnée.

Le problème est alors indéterminé. En effet, soit la force R (*fig.* 60) à décom-

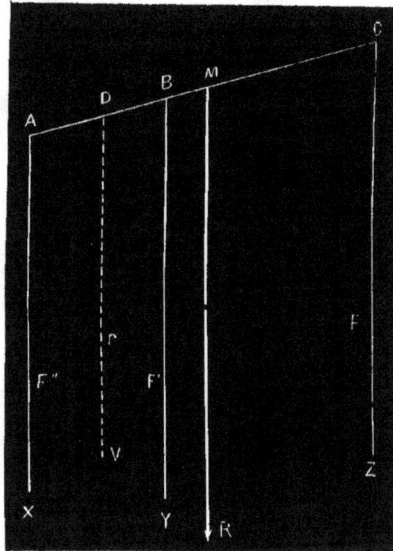

Fig. 60.

poser suivant les trois directions parallèles : AX, BY, CZ.

Prenons une direction intermédiaire DV et décomposons la force R en deux, l'une r suivant DV et l'autre F suivant CZ. Ces deux forces seront telles que

$$r + F = R$$

et

$$\frac{DM}{MC} = \frac{F}{r}$$

Nous décomposerons ensuite la force r

dans les deux directions AX et BY de façon que

$$F' + F'' = r$$

et

$$\frac{AD}{DB} = \frac{F'}{F''}$$

: Les trois composantes F, F' et F'' correspondront à la solution du problème.

La direction intermédiaire DV étant quelconque permet d'obtenir une infinité de solutions.

Second cas : Les forces cherchées ne sont pas dans le même plan.

Soit R (*fig.* 61) la force donnée et AX,

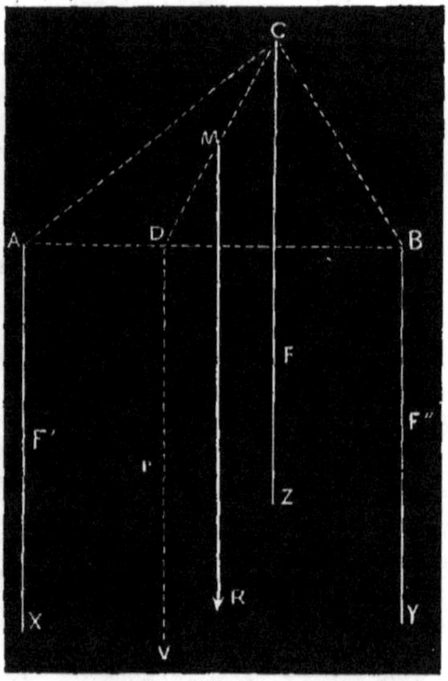

Fig. 61.

BY, CZ les directions des composantes inconnues parallèles à R. Prolongeons R jusqu'à sa rencontre en M avec le plan ABC. Joignons CM, et décomposons la force R en deux; l'une F, suivant AZ; l'autre r, suivant DV. Puis, décomposons la force r en deux autres F' et F'' suivant les directions AX, BY.

Les trois composantes cherchées sont F, F', F''.

Si la force R devait être décomposée en plus de trois autres parallèles, le problème serait indéterminé.

Moments des forces parallèles.

Théorème nº 23.

115. *Le moment de la résultante de deux forces parallèles, par rapport à un point quelconque situé dans le plan des forces, est égal à la somme des moments de ses composantes, par rapport au même point.*

Premier cas : Les deux forces sont parallèles et de même sens.

Soient F, F' (*fig.* 62), les deux forces

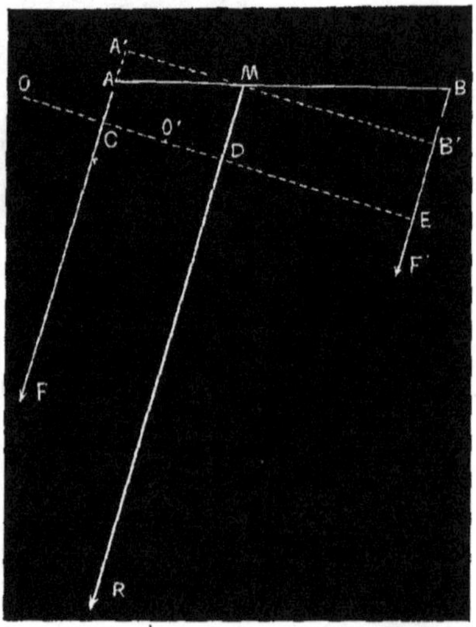

Fig. 62.

parallèles appliquées aux points A, B; soit R leur résultante et O le centre des moments. On sait que

$$\frac{F}{F'} = \frac{MB}{MA}$$

Menons, par le point M, la perpendiculaire commune A' B' aux deux forces F, F'. Les deux triangles semblables MAA', MBB' donnent

$$\frac{MB}{MA} = \frac{MB'}{MA'}$$

A cause du rapport commun, nous aurons la relation

$$\frac{F}{F'} = \frac{MB'}{MA'}$$

Abaissons du point O la perpendiculaire OCE sur les forces et nous aurons

$$DE = MB', \quad DC = MA'$$

et par suite

$$\frac{F}{F'} = \frac{DE}{DC}$$

Mais
$$DE = OE - OD$$
$$DC = OD - OC$$

Donc, en substituant,

$$\frac{F}{F'} = \frac{OE - OD}{OD - OC}$$

ou
$$F(OD - OC) = F'(OE - OD)$$
$$F \times OD - F \times OC = F' \times OE - F' \times OD.$$
$$OD(F + F') = F \times OC + F' \times OE$$

Désignons OD, OC, OE par r, f, f', et remarquons que $F + F' = R$. Nous aurons $\quad R\,r = F f + F' f'$ (1)

REMARQUE. Si le centre des moments était en O', on trouverait

$$R\,r = F'\,f' - F\,f \,(2)$$

puisque les forces R et F' tendent à faire tourner la figure autour du point O, dans un sens, et la force F, en sens contraire.

Second cas : Les deux forces sont parallèles de sens contraires.

Si le point O est situé en dehors des forces, comme dans le premier cas, on trouverait de la même manière que

$$R r = F f - F' f'$$

Si le centre des moments étaient à l'intérieur, on aurait

$$R r = F f + F' f',$$

car, dans ce cas, les deux forces tendraient à produire la même rotation.

Troisième cas : Couple.

Le moment d'un couple par rapport à un point quelconque de son plan est égal au produit de l'une des forces par la perpendiculaire commune aux deux forces qui forment ce couple.

En effet, le moment de la force F par rapport au point O (*fig*. 63) est

$$F \times OC$$

Celui de F' est

$$- F' \times OD$$

La somme algébrique des moments est donc égale à

$$F \times OC - F' \times OD$$

Comme $F = F'$, nous aurons

$$F(OC - OD) = F \times DC$$

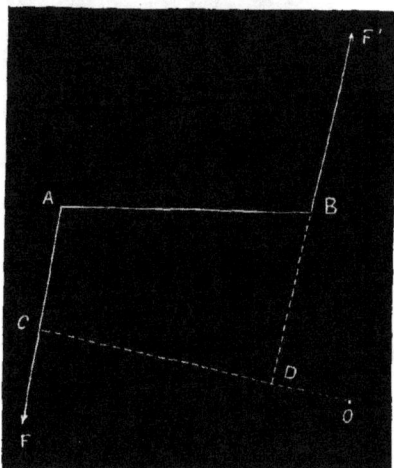

Fig. 63.

Ainsi, le moment d'un couple est indépendant du centre des moments.

116. Le principe des moments est encore applicable dans le cas d'un plan parallèle aux forces données.

117. *On appelle moment d'une force par rapport à un plan parallèle à sa direction, le produit de cette force par sa distance au plan.*

Soit une force F parallèle à un plan PP' (*fig*. 64) et f sa distance à ce plan. Son moment sera Ff.

Le moment d'une force par rapport à un plan parallèle doit être affecté du signe positif ou négatif, selon que la force tend à faire tourner le plan dans un sens ou dans l'autre.

Ainsi, les moments des forces F, F', F'', F'''' seront

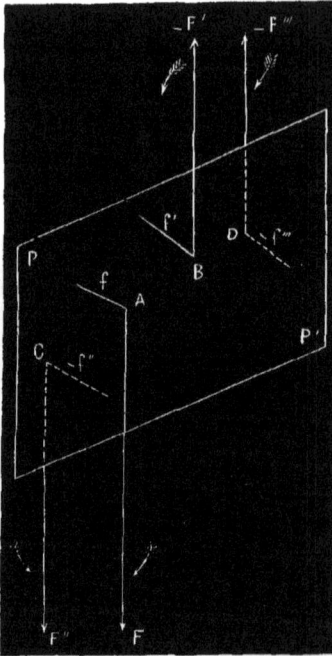

Fig. 64.

$$(+ F) (+ f) = + Ff$$
$$(- F') (+ f') = - F'f'$$
$$(+ F'') (- f'') = - F''f''$$
$$(- F''') (- f''') = + F'''f'''$$

Théorème n° 24.

118. *Le moment de la résultante de plusieurs forces parallèles, par rapport à un plan quelconque parallèle à leur direction, est égal à la somme des moments des composantes.*

Considérons d'abord deux forces F,F' (fig. 65) de même sens, et situées d'un même côté du plan PP', parallèle à leur direction.

Si nous désignons les distances AA', BB', MM', des points d'application des forces au plan PP', par f, f' et r, il s'agit de démontrer que :

$$Rr = Ff + F'f,$$

Prolongeons la droite BA jusqu'à sa

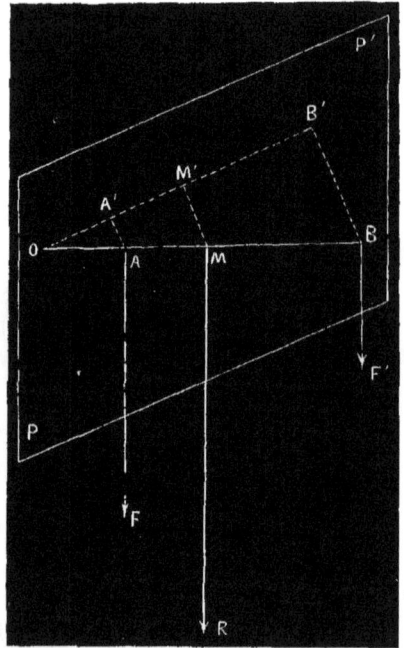

Fig. 65.

rencontre O avec le plan PP'. Nous avons vu précédemment que :

$$R \times OM = F \times OA + F' \times OB \ (1).$$

Les triangles semblables OAA', OMM' donnent :

$$\frac{OA}{OM} = \frac{AA'}{MM'}$$

D'où $$OA = OM \frac{AA'}{MM'}.$$

De même, les triangles semblables OBB', OMM' donnent:

$$\frac{OB}{OM} = \frac{BB'}{MM'}$$

D'où $$OB = OM \frac{BB'}{MM'}$$

Remplaçons dans (1) OA, et OB par leur valeur, et nous aurons:

$$R \times OM = F \times OM \frac{AA'}{MM'} + F' \times OM \frac{BB'}{MM'}$$

En supprimant le facteur commun OM, et en chassant le dénominateur, on a:

$$R \times MM' = F \times AA' + F' \times BB'$$

Ou
$$Rr = Ff + F'f'$$

119. REMARQUE I. Si les forces F et F' étaient de sens contraire, le principe des moments subsiste en considérant comme négative la force qui est de sens contraire à la résultante R.

120. REMARQUE II. Si les forces F et F' étaient de part et d'autre du plan PP', il faudrait donner le signe négatif à celle des deux perpendiculaires qui est de sens opposé à r.

121. REMARQUE III. Le principe des moments est encore vrai, dans le cas de plus de deux forces parallèles. Soient F, F', F'', F'''... plusieurs forces parallèles dont la résultante est R, et un plan PP' parallèle à leur direction. On doit avoir:

$$Rr = Ff + F'f' + F''f'' + F'''f''' + \ldots$$

En effet, si nous composons ces forces successivement et si $R_1 R_2 R_3$ représentent les résultantes partielles, nous aurons:

$$R_1 r_1 = Ff + F'f'$$
$$R_2 r_2 = R_1 r_1 + F''f''$$
$$R_3 r_3 = R_2 r_2 + F'''f'''$$

En substituant successivement, on arrive à:

$$Rr = Ff + F'f' + F''f'' + F''''f'''' + \ldots$$

Les termes du second membre de cette expression seront affectés des signes + ou — suivant les signes des forces et des perpendiculaires f, f' f''.

Application du théorème des moments.

122. On peut appliquer le principe des moments à la détermination du point d'application de la résultante R de n forces parallèles, $F_1, F_2, F_3, \ldots Fn$, appliquées en n points.

Rappelons que ce point d'application est invariable, lorsqu'on fait tourner les forces chacune autour de son point d'application, sans altérer leur parallélisme, et en conservant les rapports de leurs grandeurs. Ce point unique n'est autre chose que le *centre des forces parallèles*.

Rapportons le système des forces parallèles à trois axes rectangulaires OX, OY, OZ (*fig.* 66). Ces trois axes, pris deux à

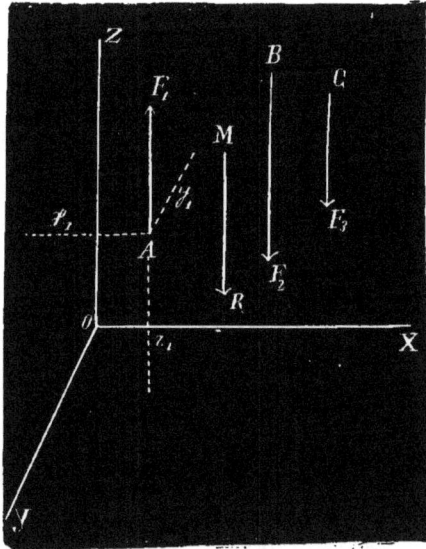

Fig. 66.

deux, déterminent trois plans, XOY, XOZ et YOZ, appelés plans de coordonnées.

Soient X_1, Y_1, Z_1 les coordonnées du point d'application M de la résultante R, c'est-à-dire les distances de ce point aux trois plans de coordonnées. Soit, de même x_1 y_1 z_1, x_2 y_2 z_2, ... x_n y_n z_n, les coordonnées par rapport aux mêmes plans des points d'applications des forces du système.

Faisons tourner toutes les forces de manière à les rendre parallèles au plan

YOZ, et prenons les moments par rapport à ce plan. Nous aurons :

$$RX_1 = F_1 x_1 + F_2 x_2 + F_3 x_3 + F_n x_n$$

Mais $R = F_1 + F_2 + F_3 + \ldots F_n$

d'où :

$$X_1 = \frac{F_1 x_1 + F_2 x_2 + F_3 x_3 + F_n x_n}{F_1 + F_2 + F_3 + \ldots F_n}.$$

Si, pour généraliser, nous représentons chacun des termes du numérateur par Fx et chaque terme du dénominateur par F, nous pourrons écrire

(1) $$X_1 = \frac{\Sigma Fx}{\Sigma F}.$$

Le signe Σ exprime la somme de tous les termes de même forme.

Nous obtiendrons la même équation en rendant les forces parallèles au plan XOZ et en prenant les moments par rapport à ce plan.

L'analogie conduit de même à

$$Y_1 = \frac{F_1 y_1 + F_2 y_2 + F_3 y_3 + \ldots F_n y_n}{F_1 + F_2 + F_3 + \ldots F_n},$$

(2) $$Y_1 = \frac{\Sigma Fy}{\Sigma F},$$

et

$$Z_1 = \frac{F_1 z_1 + F_2 z_2 + F_3 z_3 + \ldots F_n z_n}{F_1 + F_2 + F_3 + \ldots F_n},$$

(3) $$Z_1 = \frac{\Sigma Fz}{\Sigma F}.$$

Les forces parallèles F_1, F_2, $F_3 \ldots F_n$ peuvent recevoir des signes suivant le sens de leurs directions et, par suite, ΣF peut être nulle.

123. *Remarque* I. Supposons que $\Sigma F = 0$ et qu'on ait, en même temps, $\Sigma Fx = 0$, $\Sigma Fy = 0$, $\Sigma Fz = 0$. Les valeurs de X_1, Y_1, Z_1, deviendraient :

$$X_1 = \frac{0}{0},$$

$$Y_1 = \frac{0}{0},$$

$$Z_1 = \frac{0}{0}.$$

C'est-à-dire que les coordonnées du centre des forces parallèles seraient indéterminées.

Si, au contraire, quelques-unes des sommes ΣFx, ΣFy, ΣFz, ne sont pas nulles tout en ayant $\Sigma F = 0$, quelques-unes des valeurs de X_1, Y_1, Z_1, sont infinies.

Le premier cas indique que les forces F_1, $F_2 \ldots$, Fn se font équilibre ; le second, qu'elles se réduisent à un couple, lequel, d'ailleurs, peut être nul pour certaines orientations des forces.

124. *Remarque* II. Si toutes les forces sont égales, on a :

$$X_1 = \frac{F_1 (x_1 + x_2 + x_3 + \ldots x_n)}{nF}.$$

$$X_1 = \frac{x_1 + x_2 + x_3 + \ldots x_n}{n} = \frac{\Sigma x}{n},$$

$$Y_1 = \frac{y_1 + y_2 + y_3 + \ldots y_n}{n} = \frac{\Sigma y}{n},$$

$$Z_1 = \frac{z_1 + z_2 + z_3 + \ldots z_n}{n} = \frac{\Sigma z}{n}.$$

Dans ce cas, le point d'application M de la résultante R de plusieurs forces parallèles et égales, est le centre des moyennes distances des points d'applications des forces données.

Théorie des couples.

125. Nous avons vu précédemment qu'un couple est le système formé par deux forces égales, parallèles et dirigées de sens contraires, et qu'un tel système ne peut être réduit à une force unique.

Le moment d'un couple peut être représenté par l'aire d'un parallélogramme ayant l'une des forces F comme base et pour hauteur la perpendiculaire AB commune aux deux forces (*fig.* 67). Ce produit, qui est constant quelle que soit la position du centre des moments dans le plan des forces, peut être affecté du signe positif ou négatif, suivant la convention relative aux signes des moments des forces.

La tendance du couple à faire tourner

son bras de levier n'est qu'une image fictive ; elle ne doit préjuger en rien la solution du problème de dynamique qui con-

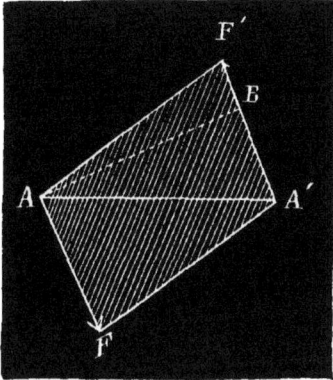

Fig. 67.

sisterait à déterminer le mouvement d'un solide sollicité par cet ensemble de forces.

Théorème n° 25.

126. *On peut, sans troubler l'équilibre :*
1° *Transporter un couple dans son plan ou dans un plan parallèle et l'orienter comme on voudra dans ces plans ;*

2° *Substituer à un couple un autre couple de même moment.*

Supposons d'abord qu'on fasse tourner un couple $(F_1 F')$ (*fig.* 68) d'un angle donné autour du milieu M de son bras de levier. Soit (F_1, F'_1) le couple dans sa deuxième position et $A_1 B_1$ son bras de levier. Appliquons aux points A_1 et B_1 deux forces $(F_2 \; F'_2)$ égales et contraires à celles du couple $(F_1 F'_1)$. L'introduction de ces quatre forces $F_1 F'_1$, $F_2 F'_2$ se faisant équilibre ne change rien au système. Or, les forces F'_2 et F se coupent en C ou on peut les supposer appliquées. En les composant, on obtient une force CS dirigée suivant la bissectrice de l'angle $F'_2 CF'$. Cette résultante CS passe donc par le point M.

De même, les forces F et F_2 donnent une résultante DR dirigée aussi suivant la bissectrice de leur angle et passant par

le point M. Ces deux forces CS, DR étant égales et directement opposées se font équilibre.

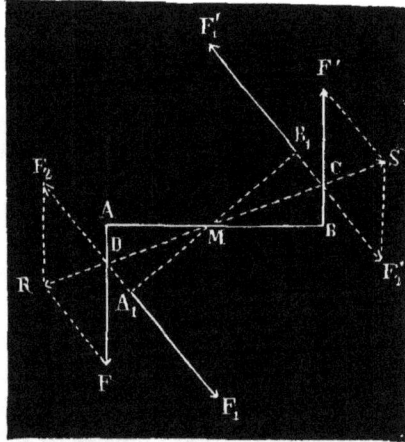

Fig. 68.

Il reste donc, sans que l'équilibre soit troublé, le couple (F_1, F_1'). Donc, ce couple et le premier (FF') sont équivalents.

127. *Démontrons maintenant que l'équilibre ne sera pas troublé, en déplaçant un couple parallèlement à lui-même.*

Soit le couple donné (FF') et AB son bras de levier (*fig.* 69). Transportons le bras de levier parallèlement à lui-même, en $A_1 B_1$, par exemple, et, en chacun de ces points, appliquons deux forces contraires $F_1 F_2$, et $F_1' F_2'$ égales et parallèles aux forces F et F'.

La figure obtenue en joignant AA_1, BB_1 est un parallélogramme dont les diagonales se coupent en parties égales au point O. Les forces F et F'_2 égales, parallèles et de même sens, se composent en une force unique OR appliquée en O, parallèle à F et égale à $F + F_2' = 2F$.

De même, les forces égales F_2 et F_1', ont pour résultante une force OS appliquée au point O dirigée en sens contraire de OR et égale à 2F. Ces deux forces OR et OS se font équilibre. Il reste donc le couple $(F_1 F_1')$, c'est-à-dire le couple donné, transporté parallèlement à lui-même.

Enfin, en combinant le transport paral-

Fig. 69.

lèle du couple et la rotation dans son plan autour du milieu de son bras de levier, on amènera le couple à occuper telle position qu'on voudra.

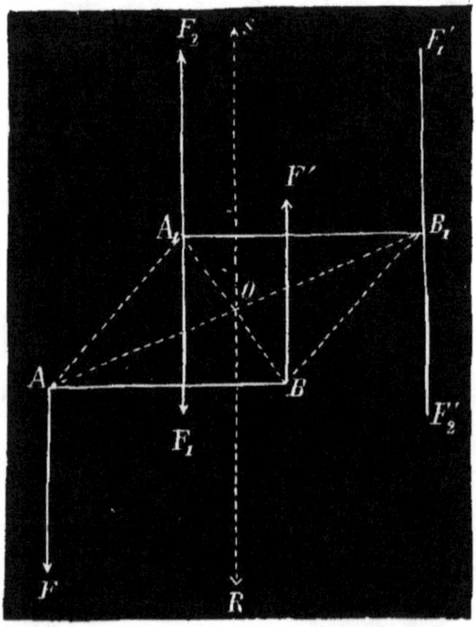

128. *Reste à prouver, pour compléter l'énoncé du théorème, qu'un couple peut être remplacé par un couple de même moment.*

En effet, le moment F × AB d'un couple étant constant, il suffit de faire varier en sens inverse les facteurs F et AB pour que le nouveau produit soit égal au premier, ce qui revient à dire, par exemple, que si la valeur commune des deux forces devient $\frac{F}{n}$, son bras de levier devra être $n \times AB$ et, réciproquement, si le bras de levier devient $\frac{AB}{m}$, la force sera $m \times F$.

CONSÉQUENCES,

129. Il suit de la démonstration de ce théorème que :

1° Un couple peut être transporté dans un plan, ou dans tout autre plan parallèle, et tourner d'une manière quelconque dans ce plan.

2° Deux couples situés dans le même plan, ou dans des plans parallèles sont équivalents, lorsque leurs moments sont égaux et qu'ils tendent à faire tourner dans le même sens.

3° Un couple étant donné, on peut toujours le transformer en un autre équivalent qui ait une force donnée ou un bras de levier donné.

4° Plusieurs couples situés dans le même plan ou dans des plans parallèles, se composent en un couple unique, dont le moment est égal à la somme des moments de ceux qui tendent à faire tourner dans un sens, moins la somme de ceux qui tendent à faire tourner en sens contraire, et le couple résultant tend à faire tourner dans le même sens que les premiers.

5° Deux couples situés dans deux plans qui se coupent, se composent en un seul, dont le plan passe par l'intersection des deux plans donnés. Si on construit un parallélogramme sur deux lignes faisant entre elles l'angle des deux plans et proportionnelles aux moments des couples composants, la diagonale sera proportionnelle au moment du couple résultant et le plan de ce couple partagera l'angle des deux plans de la même manière que la diagonale du parallélogramme partage l'angle de deux côtés adjacents.

130. On remarquera que la composition de ces couples parallèles a la plus grande analogie avec la composition des forces dirigées suivant une même droite, et celle de couples dans des plans quelconques, avec la composition des forces qui concourent en un même point. Cette analogie devient encore plus évidente si l'on emploie la considération des axes des couples.

Un couple peut être représenté complétement par une droite donnée de grandeur et de direction qu'on appelle *axe de couple*. Cette droite est menée perpendiculairement au plan du couple dont elle fixe la position. Sa longueur est proportionnelle au moment du couple et, enfin, le sens de ce couple, dans son plan, est défini en indiquant à laquelle des deux extrémités il faut se placer pour que le couple, supposé placé à l'autre, tende à produire aux yeux de l'observateur un mouvement de rotation dans un sens déterminé.

Cette indication est nécessaire pour achever de définir le couple, de même qu'il faut dire, pour achever de définir une force représentée par une ligne, dans quel sens tend à agir cette force. Ceci posé, le théorème général relatif à la composition des couples peut s'énoncer de la manière suivante.

131. *Plusieurs couples étant donnés, si, à partir d'un point quelconque de l'espace, on construit un polygone dont les côtés successifs soient égaux et parallèles aux axes des couples composants, le côté qu'on devra tracer, pour fermer ce polygone, représentera, en grandeur et en direction, l'axe du coup'e résultant.*

CHAPITRE IV

COMPOSITION ET RÉDUCTION

AU MOINDRE NOMBRE DES FORCES APPLIQUÉES A UN CORPS SOLIDE

132. Nous avons vu, dans les chapitres précédents, qu'un système de forces concourantes ou parallèles pouvait être réduit à une force unique, appelée *résultante*, sauf le cas où on obtient un *couple*. Les forces données se réduisent à deux, dans ce dernier cas; et on ne peut pousser plus loin la réduction.

Nous ferons voir dans ce chapitre qu'on peut toujours réduire à deux forces un système quelconque de forces appliquées à un corps solide et que la réduction à une force unique n'est possible que dans des cas particuliers.

Dès que nous aurons trouvé les lois de cette réduction, le problème de l'équilibre des systèmes solides sera résolu. En effet, nous savons que deux forces appliquées à un même corps ne peuvent se faire équi-

libre qu'à la condition d'être égales et directement opposées. Il s'ensuit que, en appliquant les lois de la réduction, on verra si les deux forces équivalentes au système étudié sont égales et directement opposées, c'est-à-dire si l'équilibre a lieu.

RÉDUCTION DES FORCES A TROIS.

Théorème n° 26.

133. *Un système quelconque de forces* F, F', F'' *(fig.* 70) *appliquées à un corps solide peut toujours se réduire à trois forces* R, R', R'', *appliquées en trois points* M, M', M'' *donnés à volonté dans le corps.*

Prenons trois points arbitraires M, M' et M'' non situés en ligne droite et joignons-les au point d'application A de l'une des forces F. Les trois directions

AM, AM', AM'' ne seront pas généralement dans le même plan. On peut les considérer comme les directions des arêtes
d'un parallélipipède dont la diagonale
aurait pour direction la force F.

On pourra donc décomposer la force F

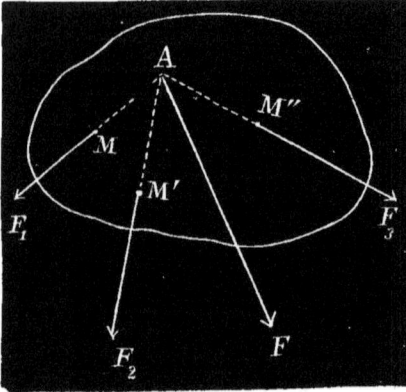

Fig. 70.

en trois composantes F_1, F_2, F_3 dirigées
suivant les droites AM, AM', AM''.

Faisons subir aux forces F', F''... la
même décomposition. Nous pourrons alors
remplacer les forces données par les trois
groupes suivants :

1er groupe F_1, $F'_1 F''_2$.... appliquées en M ;
2e groupe $F_2 F'_2 F''_2$.... appliquées en M' ;
3e groupe $F_3 F'_3$, F''_3.... appliquées en M''.

Les forces du premier groupe étant
appliquées au même point donneront une
résultante R. Celles du deuxième groupe
se composeront aussi en une seule R', et,
enfin, celles qui constituent le troisième
groupe donneront une force R''.

On voit donc que par cette décomposition et cette recomposition, l'une basée
sur le parallélipipède des forces, l'autre sur
le polygone des forces, on réduira le système des forces à trois R, R', R'' appliquées
aux points M, M', M''.

La décomposition est d'ailleurs possible
d'une infinité de manières, car elle dépend
de la position du point A. Nous avons,

d'après la figure, considéré ce point comme
étant le point d'application de la force F.
Or, ce point pouvant être transporté sur
la direction de la force, il s'ensuit que les
directions AM, AM' et AM'' pourront va-
rier et, par suite, les composantes F_1, F_2, F_3
auront des intensités différentes.

CONSÉQUENCES.

134. I. *La somme des projections des
forces* F, F', F''... *sur un axe quelconque
est égale à la somme des projections sur le
même axe des trois résultantes* R, R', R''.

En effet, la projection de F sur cet axe
est égale (*théorème n° 15, page 28*) à la
somme des projections de ses composantes
F_1, F_2, F_3. Celle de F' est égale à la somme
des projections de F'_1, F'_2, F'_3, et ainsi de
suite. Donc, la somme des projections des
forces F, F' et F''.... est égale à la somme
des projections de :

$$F_1, \ F'_1 F''_1 ;$$
$$F_2, \ F'_2, \ F''_2 ;$$
$$F_3, \ F'_3, \ F''_3.$$

Mais on a toujours, en s'appuyant sur
le même théorème :

Projection de R = somme des projections de F_1, $F'_1 F''_1$;

Projection de R' = somme des projections de F_2, F'_2, F''_2 ;

Projection de R'' = somme des projections de F_3, F'_3, F''_3.

Donc, la somme des projections de
R, R', R'' est égale à celle de F, F', F''.

135. II. *La somme des moments des
forces* F, F', F'' *par rapport à un axe
quelconque est égale à la somme des moments des forces* R, R', R'' *par rapport au
même axe.*

Nous savons, en effet (*Théorème n° 18,
page 36*), que le moment de la résultante
de plusieurs forces concourantes par rapport à un axe est égal à la somme des
moments des composantes. Il n'y a donc
qu'à répéter la démonstration précédente
en remplaçant le mot *projection* par le
mot *moment.*

RÉDUCTION DES FORCES A DEUX.

136. Nous venons de démontrer que toutes les forces appliquées à un corps solide pouvaient être réduites à trois forces R, R', R'' appliquées en trois points pris arbitrairement. Nous allons démontrer que ces trois forces peuvent être réduites à deux seulement.

Théorème n° 27.

137. *Un système quelconque de forces appliquées sur un corps peut toujours se réduire à deux forces* R_1, R_2, *dont l'une passe par un point pris arbitrairement.*

Il suffira, pour démontrer ce théorème, de prouver que les trois forces R, R', R'' (*fig.* 71), équivalentes au système donné F, F', F'', peuvent se réduire à deux.

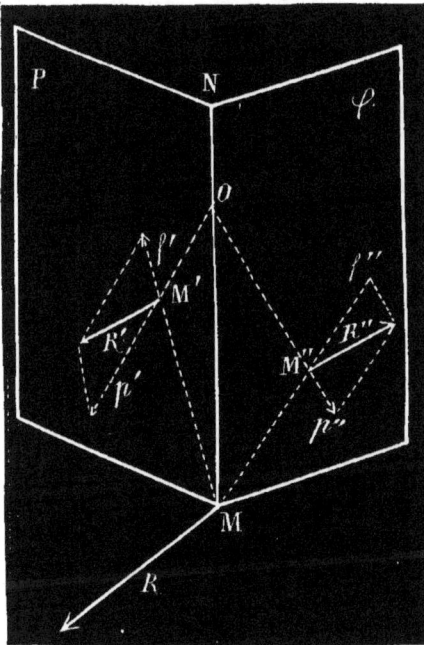

Fig. 71.

Faisons passer un plan par le point d'application M de la force R et chacune des deux autres R', R''. Ces deux plans P et Q

se coupent suivant une droite MN. Prenons, sur cette droite, un point quelconque O et joignons OM', OM'', MM', MM''. La force R' peut être décomposée en deux ; l'une f' suivant MM' ; l'autre p', suivant la direction OM'.

De même, la force R'' peut se décomposer en deux dans le plan Q : l'une f'', suivant MM'' ; l'autre p'', dans la direction OM''. Les forces f' et f'' peuvent être transportées au point M, de même que les forces p' et p'' peuvent être transportées au point O.

Le système des trois forces R, R', R'' est donc remplacé par deux groupes. Le premier est formé par les forces R, f', f'', appliquées au point M, et le second par les forces p', p'' appliquées au point O. Chacun des groupes peut se réduire à une force unique. Soit R_1 la résultante de R, f', f'' et R_2 celle de p', p''.

Donc, en définitive, les forces F, F', F'' qui agissent sur le corps peuvent être remplacées par les deux résultantes R_1, R_2 dont l'une R_1 passe par un point M pris arbitrairement sur le corps.

138. *Remarque* I. Cette réduction des forces à deux peut se faire d'une infinité de manières, puisque la direction et l'intensité des deux résultantes R_1 et R_2 dépendent de la position des points M, M', M'' et O.

139. *Remarque* II. Le système des forces données F, F', F'' se réduira à une seule si les deux résultantes partielles R_1 et R_2 sont dans un même plan.

140. *Remarque* III. On peut, en général, s'arranger de manière que les deux forces R_1 et R_2, auxquelles on ramène le système donné, soient rectangulaires.

En effet, décomposons la force R_1 en deux forces P et P', l'une P contenue dans le plan conduit par le point M et la force R_2, l'autre P' perpendiculaire à ce plan.

Les deux forces P et R_2 étant situées dans un même plan se composent en une seule S contenue dans ce plan et le système proposé est alors réduit aux deux forces rectangulaires S et P'.

RÉDUCTION DES FORCES A DEUX, AU MOYEN DES COUPLES.

141. La réduction d'un système de forces peut être plus facilement obtenue en employant les couples. Soit une force F (*fig.* 72) appliquée en un point A d'un corps solide. Prenons, sur ce corps, un point O quelconque et appliquons-lui deux forces F et — F égales, contraires et parallèles à la force AF. Ces deux forces se faisant équilibre ne changent rien au système. Il reste donc une force F appliquée au point O et deux forces F et — F, appliquées l'une en A et l'autre en O et formant un couple.

On peut ainsi, à toutes les forces données, substituer de la même façon une force transportée au point O et un couple dont le bras de levier serait la distance du point O à la direction de cette force. De

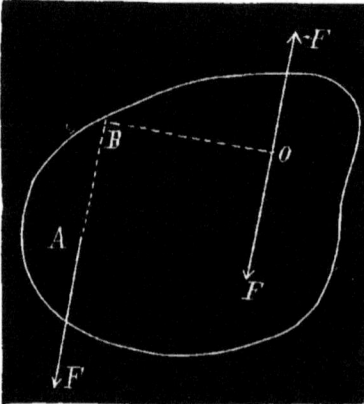

Fig. 72.

cette décomposition faite pour toutes les forces du système, résultera la formation d'autant de couples qu'il y a de forces.

Nous pourrons alors composer ensemble toutes les forces appliquées en O, ce qui donnera une *résultante* R appliquée en ce point; puis composer ensemble tous les couples, ce qui donnera un couple résultant C.

D'après cela, un système de forces peut être ramené à une force unique, R et à un couple unique C.

Le couple C peut, d'après ce qui a été dit, être transporté où l'on voudra dans des plans parallèles. Nous pouvons donc faire en sorte que l'une de ses forces P ait un point commun A avec la résultante R.

De cette façon, le système sera réduit à trois forces, l'une — P et les deux autres P et R, appliquées au même point A. Ces deux dernières auront une résultante S.

Donc, les forces proposées seront ramenées aux deux forces S et — P.

142. *Remarque.* Nous venons de voir qu'un système de forces qui n'admet pas de résultante unique pouvait se réduire à une résultante R appliquée au point O et à un couple résultant C.

Cette résultante R est *invariable*, puisqu'on l'obtient en transportant les forces primitives parallèlement à elles-mêmes au point O et en les composant comme un système de forces concourantes.

Conditions d'équilibre d'un corps solide libre et sollicité par des forces quelconques.

143. Précédemment, nous avons dit qu'un corps était en équilibre sous l'action d'un système quelconque de forces, lorsqu'elles avaient une résultante égale à zéro. Si donc les résultantes partielles, R_1 et R_2 auxquelles peut se rédure le système de ces forces sont égales et directement opposées, la résultante unique sera nulle et, par suite, la somme des projections des forces R_1 et R_2 sur un axe quelconque doit être nulle ainsi que la somme de leurs moments. Donc, d'après le théorème n° 26, page 57, il faut pour l'équilibre :

1° Que la somme des projections des forces proposées sur un axe quelconque soit égale à zéro;

2° Que la somme des moments de ces forces par rapport à un axe quelconque soit également nulle.

CHAPITRE V

CENTRES DE GRAVITÉ

Pesanteur.

144. La pesanteur est la force en vertu de laquelle tous les corps tombent à la surface de la terre. Cette force est générale. On en observe les effets dans tous les lieux et pour tous les corps. Si quelques-uns tels que la fumée, les nuages, les aérostats paraissent faire exception, c'est qu'ils sont soutenus par l'air atmosphérique de la même façon que le liège est soutenu par l'eau. Cette force n'est qu'un cas particulier de l'attraction universelle.

Direction de la pesanteur.

145. La direction de la pesanteur se nomme *verticale*.

On détermine facilement la verticale à l'aide de l'appareil très simple appelé *fil à plomb*, qui se compose d'un fil fixé à l'une de ses extrémités et portant à l'autre un corps pesant, tel qu'une petite balle de plomb.

Lorsque le système est en équilibre, il est clair que la direction de la pesanteur a exactement la même direction que le fil, puisque c'est la réaction qu'il oppose qui empêche la chute du corps. Cette direction ne change pas si on fait varier la forme et le volume du corps suspendu. C'est donc la direction même de la force appliquée à l'une des particules élémentaires, comme si elle était seule suspendue à l'extrémité du fil.

En chaque lieu du globe, la direction de la verticale est perpendiculaire à la surface des eaux tranquilles (*hydrostatique*); mais elle change d'un lieu à l'autre et ce n'est que dans une petite étendue qu'il est permis de regarder les verticales comme parallèles.

On démontre en physique que, dans le vide, tous les corps tombent de la même manière et que, par conséquent, la pesanteur agit de la même manière sur tous les corps.

Les expériences sur le mouvement vertical des corps montrent que ce mouvement est uniformément varié, d'où il résulte que la pesanteur est une force constante, c'est-à-dire qu'elle conserve la même intensité lorsque la hauteur au-dessous du globe est faible.

Lorsqu'un corps s'élève d'une quantité notable au-dessus de la surface terrestre, la pesanteur ne peut plus être regardée comme une force constante; elle suit alors les lois de la gravitation universelle et varie, conséquemment, en raison inverse du carré de la distance du corps au centre de la terre.

Point d'application de la pesanteur. — Centre de gravité.

146. La pesanteur étant une propriété de la matière, a évidemment pour point d'application les diverses particules matérielles qui constituent les corps.

Qu'on divise un corps en autant de parties qu'on voudra, qu'on le réduise à l'état de poussière impalpable, chacun des grains ainsi obtenus sera soumis à l'action de la pesanteur.

C'est la réunion, ou plutôt, la résultaute de toutes les forces qu'on conçoit ainsi appliquées à chacun des éléments d'un corps qui constitue la force totale qui sollicite le corps à tomber.

Or, ces diverses forces, quoique concourant toutes vers le centre de la terre, peuvent être considérées comme parallèles. Leur résultante est donc égale à leur somme et constitue ce qu'on appelle le *poids* du corps, c'est-à-dire la force avec laquelle il presse un obstacle qui l'empêche de tomber.

Le point d'application G de cette résultante s'appelle le *centre de gravité*. Ce point n'est autre chose que le centre des forces parallèles. On ne peut pas ici faire varier la direction commune des forces, mais on peut, ce qui revient au même, faire varier la direction du corps et le centre de gravité est le point par lequel passe constamment la résultante du poids de toutes les molécules, quelle que soit la position qu'on donne au corps.

Si le centre de gravité est un des points du corps solide, on peut concevoir qu'on remplace les poids de toutes les molécules par une force verticale unique égale à leur somme et appliquée au centre de gravité.

Si le centre de gravité est situé hors du corps (*sphère creuse*, *anneau*, etc.), cette substitution ne peut plus se concevoir qu'en supposant le centre de gravité invariablement lié au système, fiction qui n'est qu'un moyen de simplifier les démonstrations, les données ou les formules, mais à laquelle on ne doit attacher aucune idée de réalité.

Détermination expérimentale du centre de gravité d'un corps.

147. Nous verrons plus loin, que lorsqu'un corps a une forme susceptible d'une définition mathématique, on peut déterminer, par le calcul, la position de son centre de gravité. Dans tous les cas, une méthode expérimentale permet de trouver le centre de gravité de tous les corps.

Rappelons d'abord le principe de l'équilibre d'un corps suspendu par un point ou fixé sur une arête posée sur un plan.

Un corps suspendu est en équilibre, lorsque le centre de gravité passe par la

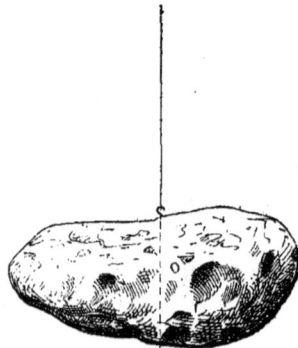

Fig. 73.

verticale du point de suspension, car alors la pesanteur est détruite par la tension de l'axe de suspension. D'après cela, suspendons un corps O (*fig.* 73) par

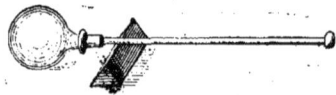

Fig. 74.

un fil et faisons passer un plan vertical contenant l'axe de suspension. Ce plan contiendra le centre de gravité. Suspendons ensuite le corps en un autre point et faisons passer par le fil un nouveau plan vertical. En opérant de la même manière sur un troisième point, on détermine ainsi trois plans qui se coupent en un point qui est le centre de gravité cherché. Il arrive quelquefois, dans la pratique, qu'un ou deux plans suffisent.

Dans certains cas, il est plus commode de placer le corps sur l'arête d'un prisme triangulaire (*fig.* 74), de manière qu'il soit en équilibre. Le plan vertical qui passe par l'arête contient le centre de gravité.

148. *Remarque.* Le centre de gravité d'un corps peut tomber en dehors de ce corps. Tel est, par exemple, le cas d'un anneau, d'une sphère creuse, etc.

Observation relative à l'homogénéité.

149. Dans la détermination du centre de gravité, on suppose toujours que le corps est *homogène*, c'est-à-dire que toutes ses parties aient une même composition chimique et la même structure homogène. Au point de vue de la mécanique, il suffit que des volumes égaux aient même poids.

Les pièces métalliques réalisent généralement cette hypothèse. Dans les bois, elle n'était qu'approximative ; mais les différences de densité de leurs fibres ne peuvent occasionner que des erreurs insignifiantes au point de vue pratique. Dans les liquides, la compressibilité est trop faible pour occasionner des différences sensibles. Lorsqu'on considère des corps solides composés de pièces de différentes substances, assemblées entre elles, comme bois et fer par exemple, ou lorsqu'il s'agit d'une masse fluide composée de plusieurs liquides superposés, il faut déterminer séparément les centres de gravité de ces différentes parties et chercher la résultante d'un système de forces parallèles respectivement égales à leurs poids et appliquées en ces points.

Lorsqu'un corps solide, tel qu'une feuille métallique, ne présente qu'une épaisseur très petite, on fait abstraction de cette épaisseur et on assimile le corps à une surface matérielle et pesante. Ainsi, lorsque nous parlerons du centre de gravité d'un triangle, d'un cercle, etc., il s'agira d'une plaque triangulaire ou circulaire d'une épaisseur infiniment petite.

De même, lorsque nous considérerons une ligne, nous la supposerons pesante, c'est-à-dire que nous l'assimilerons à un fil très fin.

Principes.

150. Pour simplifier la recherche du centre de gravité des corps homogènes, on peut s'appuyer sur les principes suivants.

151. PREMIER PRINCIPE. *Si le corps peut se décomposer en diverses parties dont les centres de gravité soient sur un même plan ou sur une même droite, le centre de gravité du corps entier sera aussi sur ce plan ou sur cette droite.*

En effet, le poids de chaque partie peut être supposé appliqué au centre de gravité de cette partie. On a donc à composer un système de forces parallèles et de même sens, dont les points d'application sont situés, par hypothèse, dans un même plan ou sur une même droite. Or, d'après la construction qui détermine le centre des forces parallèles, ce point sera lui-même situé dans ce plan ou sur cette droite ; et ce point n'est autre chose que le centre de gravité du corps total.

152. DEUXIÈME PRINCIPE. *Si le corps a un plan de symétrie, son centre de gravité est dans ce plan.*

Il est clair, en effet, que les centres de gravité des deux parties du corps séparées par le plan de symétrie sont symétriquement placés par rapport à ce plan. Or, ces centres de gravité peuvent être considérés comme les points d'application des poids des deux parties, c'est-à-dire de deux forces égales, parallèles et de même sens. La résultante de ces deux forces passe donc par le milieu de la droite qui joint leur point d'application, et cela, quelle que soit la position du corps par rapport à la verticale. Ce milieu n'est donc que le centre de gravité du corps. D'ailleurs, il est dans le plan de symétrie.

153. TROISIÈME PRINCIPE. *Si le corps a un axe de symétrie, son centre de gravité est sur cet axe,* car un axe de symétrie est toujours l'intersection de deux plans de symétrie au moins.

154. QUATRIÈME PRINCIPE. *Si le corps a un centre de figure, son centre de gravité est en ce point,* car un centre de figure est l'intersection de deux axes de symétrie au moins.

155. CINQUIÈME PRINCIPE. *On peut remplacer les éléments de volume, d'aire, de longueur, qui composent le système considéré par d'autres éléments de volume, d'aire, ou de longueur qui leur soient proportionnels, pourvu qu'ils aient leur centre de gravité au même point,* car le centre des forces parallèles ne change pas quand on remplace les forces données par d'autres forces proportionnelles appliquées aux mêmes points.

156. CONSÉQUENCES DE CES PRINCIPES. Il résulte immédiatement de ces princip s que :

1° Le centre de gravité d'un cercle ou d'une sphère est son centre de figure. Il en est de même pour le parallélogramme et ses variétés.

2° Le centre de gravité d'un cylindre droit est au milieu de son axe.

3° Les polyèdres réguliers, tels que le cube, l'octaèdre, etc., ont pour centre de gravité leur centre de figure. Il en est de même pour le parallélipipède et ses variétés.

Centres de gravité des lignes.

Ligne droite.

157. e centre de gravité d'une ligne droite est en son milieu, car ce milieu est dans le plan de symétrie perpendiculaire à la droite.

Ligne brisée régulière.

158. Soit A *mnpq* B (*fig.* 75) une ligne brisée régulière, AB sa corde, O le centre de la circonférence inscrite, OC son axe de symétrie. D'abord, le centre de gravité

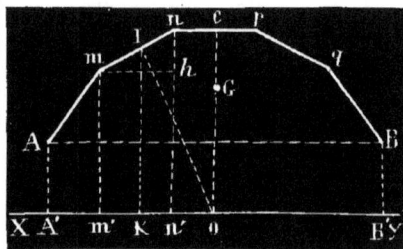

Fig. 75.

cherché G sera sur OC et il reste à trouver la distance GO. Pour cela, menons, par le centre, une parallèle XY à la corde AB et projetons, sur cette parallèle, les sommets de la ligne brisée, à l'aide des perpendiculaires AA', *mm'*, *nn'*... BB'.

Soit I le milieu d'un côté quelconque *mn*. Joignons IO. Menons IK perpendiculaire à XY et *mh* parallèle à cette ligne :

Appliquons le principe des moments par rapport au plan passant par XY et perpendiculaire au plan de la ligne brisée. Nous aurons en désignant :

1° La longueur totale de la ligne brisée par L ;

2° La distance OG par X ;

3° Les éléments A*m, mn*,... par *i, l', l''* ;

4° Les distances telle que IK des centres de gravité des éléments au plan des moments par *x, x', x''*.

$$LX = lx + l'x' + l''x'' + \dots$$

Les triangles semblables IKO, *mnh* donnent :

$$\frac{mn}{mh} = \frac{IO}{IK},$$

ou

$$\frac{l}{mh} = \frac{IO}{x},$$

donc

$$lx = mh \times IO.$$

Or, *mh* = *m'n'*, c'est-à-dire la projection de l'élément *mn* sur la droite XY.

Tous les produits *lx, l'x', l''x''* pourront

être remplacés par les produits de la projection des éléments sur XY par le terme constant IO :

Nous aurons donc :

$$LX = A'm' \times IO + m'n' \times IO + ...$$

ou $LX = IO (A'm' + m'n' + ...)$

Mais la parenthèse représente la projection A'B' de la ligne entière, c'est-à-dire la corde AB. L'équation des moments sera donc :

$$LX = IO \times AB,$$

d'où $X = \dfrac{IO \times AB}{L},$

ce qui revient à :

$$X = \frac{\text{rayon de la circonf. inscrite} \times \text{par corde}}{\text{longueur de la ligne}}.$$

Expression qui signifie, plus simplement, que la distance du centre de gravité d'une ligne brisée régulière à son centre est une quatrième proportionnelle à la longueur de cette ligne, à sa corde et au rayon de la circonférence inscrite.

Arc de cercle.

159. La proposition précédente est indépendante du nombre des côtés de la ligne brisée. Elle subsiste donc encore si ce nombre devient infiniment grand; c'est-à-dire si la ligne brisée est un arc de cercle. Si l'on nomme L la longueur de l'arc développé, C sa corde et R le rayon de l'arc, on a :

$$X = \frac{R.C}{L}.$$

On peut donc dire que le centre de gravité d'un arc de cercle est sur son axe de symétrie, et sa distance au centre est une quatrième proportionnelle à l'arc, à sa corde, et au rayon.

APPLICATIONS.

1° Pour une demi-circonférence, on aurait :

$$X = \frac{R.\, 2R}{\pi R} = \frac{2R}{\pi},$$

$$X = 2 \times \frac{7}{22} R = \frac{7}{11} R.$$

Sciences générales.

2° Le centre de gravité d'un quart de circonférence sera :

$$X = \frac{R \times \text{corde}}{\frac{\pi}{2} R} = \frac{7}{11} \text{corde.}$$

3° Si l'arc est le tiers de la circonférence, on aurait :

$$X = \frac{\dfrac{R.R \sqrt{3}}{2}}{\dfrac{2}{3} \pi R}$$

$$X = R \frac{3 \sqrt{3}}{2 \pi}$$

$$X = R \frac{3 \times 1,732}{6,28}$$

$$X = 0,827 \, R.$$

Centre de gravité du contour d'un triangle.

160. Soit ABC (*fig.* 76) un triangle dont le contour est formé par trois droites pesantes et homogènes. Les milieux de ses

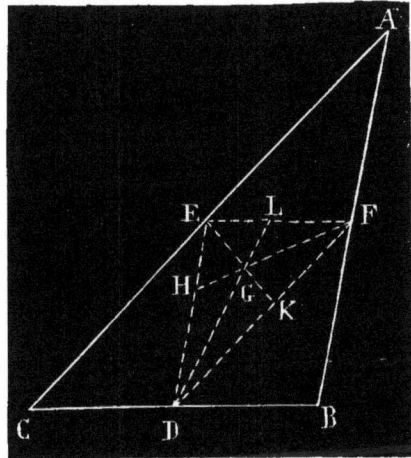

Fig. 76.

côtés seront les centres de gravité D, E, F des trois tiges. Il faudra donc composer trois forces parallèles appliquées aux points D, E, F proportionnelles aux côtés BC, AC, AB. La résultante des deux premières divisera DE en deux segments additifs inversement proportionnels aux lignes BC et AC. Il est facile de voir que ce point H s'obtiendra en menant la bessectrice de l'angle F du triangle DEF. En effet, d'après un théorème connu de géométrie sur la bissectrice de l'angle d'un triangle, on a :

$$\frac{DH}{HE} = \frac{FD}{FE} = \frac{\frac{1}{2}\,AC}{\frac{1}{2}\,BC} = \frac{AC}{BC}.$$

Il ne reste plus qu'à composer le poids représenté par BC + AC appliqué en H, avec le poids représenté par AB et appliqué en F. Le centre de gravité du contour sera donc en un point de la bissectrice FH. On démontrerait de même qu'il est aussi sur l'une quelconque des bissectrices KE et DL. Il est donc au point de concours de ces trois bissectrices.

Ainsi, le centre de gravité du contour d'un triangle est le centre du cercle inscrit à un second triangle ayant pour sommets les milieux des côtés du premier.

Centres de gravité des surfaces.

Triangle.

161. Soit ABC (*fig.* 77) le triangle proposé. Menons la médiane AI. Menons *bc* et *de* parallèles à BC; puis *bb'*, *cc'*, *dd'*, *ee'*, parallèles à la médiane.

La droite AI passant par le milieu de *bc* et par le milieu de *de*, passe aussi par le milieu de *b'c'* et par le milieu de *d'e'*, car on a :

$$b'd = bd'$$
$$\text{et } ec' = e'c$$

Le centre de gravité du parallélogramme *bb'c'c* est donc situé sur la droite AI, au milieu O de la partie de cette droite comprise entre *bc* et *de*. De même, le centre de gravité du parallélogramme *d'dee'* est situé au même point O.

Mais plus les droites *bc* et *de* seront rapprochées, plus la différence des parallélogrammes *bb'c'c* et *d'dee'* sera petite par

rapport à chacun d'eux, plus, par conséquent, ils tendent à se confondre l'un avec l'autre et avec le trapèze *bdec*. Donc, lorsque la distance des droites *bc* et *de* sera

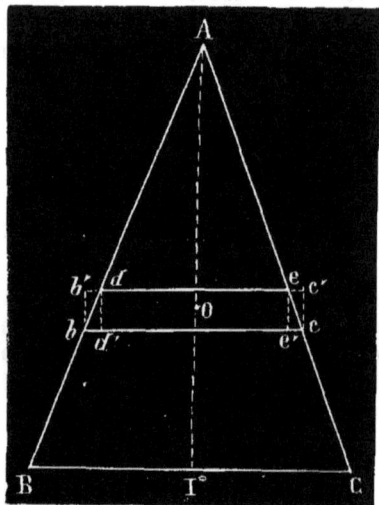

Fig. 77

infiniment petite, on pourra dire que le trapèze *bdec* se confondra avec l'un quelconque de ces parallélogrammes et a, conséquemment, son centre de gravité au même point O, sur la médiane AI.

Il en résulte que si l'on conçoit le triangle décomposé par des parallèles à BC en trapèzes infiniment minces, tous ces trapèzes auront leur centre de gravité sur la médiane AI. Donc, le centre de gravité se trouve sur cette médiane.

Cela posé, comme on en pourrait dire autant pour une autre médiane en prenant un autre côté pour base, il en résulte que *le centre de gravité d'un triangle est au point de rencontre de ses trois médianes.*

Soient AI et BH (*fig.* 78), deux de ces médianes, G leur point de rencontre. Joignons IH. Les triangles IGH et AGB étant semblables donnent :

$$\frac{IG}{AG} = \frac{IH}{AB}.$$

Mais les triangles ICH, et BCA étant aussi semblables donnent :

$$\frac{IH}{AB} = \frac{IC}{BC} = \frac{1}{2}.$$

Donc, à cause du rapport commun :

$$\frac{IG}{AG} = \frac{1}{2}.$$

On tire de cette équation :

$$\frac{IG}{IG + AG} = \frac{1}{1 + 2}.$$

ou

$$\frac{IG}{AI} = \frac{1}{3}.$$

C'est-à-dire que *le centre de gravité d'un triangle est situé sur la droite qui joint le sommet au milieu de la base, au tiers de cette droite à partir de la base.*

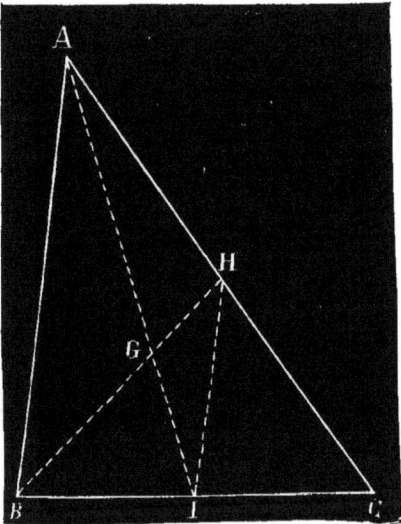

Fig. 78.

162. *Remarque.* Le centre de gravité d'un triangle peut être regardé comme le point d'application de la résultante de trois forces égales, parallèles et de même sens appliquées respectivement aux trois sommets.

Trapèze.

163. Soit le trapèze ABCD (*fig.* 79). Prolongeons les côtés non parallèles jus-qu'à leur rencontre en S. Joignons ce point au milieu I de la base AC. La ligne de jonction passera aussi par le milieu H de la base BD. D'après les considérations

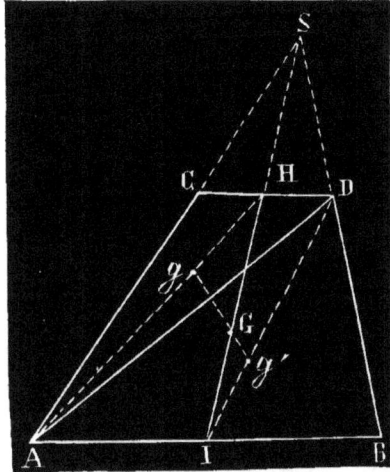

Fig. 79.

développées plus haut, il est facile de voir que le centre de gravité du trapèze est sur cette droite SI. Mais si l'on tire la diagonale AD et que l'on détermine les centres de gravité g et g' des deux triangles ABD et ADC dans lesquels le trapèze se trouve décomposé, le centre de gravité du trapèze devra aussi se trouver sur la droite gg', puisque le poids du trapèze est la résultante des poids des deux triangles. Le centre de gravité cherché est donc à l'intersection G des droites IH et gg'.

Remarquons que la droite gg' est divisée au point G dans le rapport inverse des poids des triangles ; mais ces triangles ayant même hauteur, la droite gg' est divisée dans le rapport inverse des bases AD et BC.

On peut déterminer la position du point G sur la ligne IH. En effet, supposons qu'on applique perpendiculairement à la figure et aux points g, g' et G, trois forces proportionnelles aux surfaces ACD, ABD, ABCD et prenons les moments de ces forces :

1° par rapport au plan vertical mené par AB; 2° par rapport au plan vertical mené par CD. Nous aurons, en désignant par x et y les distances du point G à ces deux plans, ou ce qui revient au même, aux bases du trapèze :

$$\text{ABCD}.x = \text{ABD} \frac{1}{3} h + \text{ACD} \frac{2}{3} h.$$

Mais

$$\text{Surface ABD} = \text{AB} \frac{h}{2},$$

$$\text{Surface ACD} = \text{CD} \frac{h}{2},$$

d'où, en remplaçant :

$$\text{ABCD}.x = \text{AB} \frac{h^2}{6} + \text{CD} \frac{2h^2}{6},$$

ou $\quad \text{ABCD}.x = \dfrac{h^2}{6} (\text{AB} + 2\text{CD}).$

Représentons par B et b les bases du trapèze et nous aurons :

(1) $\qquad \text{ABCD}.x = \dfrac{h^2}{6} (\text{B} + 2b).$

En prenant les moments par rapport au plan vertical passant par CD, on trouverait de même :

(2) $\qquad \text{ABCD}.y = \dfrac{h^2}{6} (2\text{B} + b).$

En divisant membre à membre les relations (1) et (2), on a :

$$\frac{x}{y} = \frac{\text{B} + 2b}{b + 2\text{B}}.$$

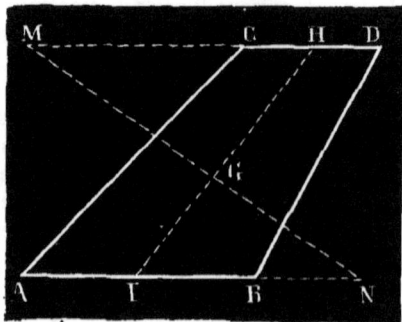

Fig. 80.

Cette formule conduit à la construction suivante. Prolongeons (*fig*. 80) DC d'une quantité CM égale à AB. Prolongeons AB en sens contraire d'une quantité BN égale à CD. Joignons MN qui coupe la médiane HI au centre de gravité G.

En effet, on aura :

$$\frac{x}{y} = \frac{\text{GI}}{\text{GH}} = \frac{\text{IN}}{\text{MH}},$$

ou $\qquad \dfrac{x}{y} = \dfrac{\frac{1}{2} \text{B} + b}{\text{B} + \frac{1}{2} b},$

$$\frac{x}{y} = \frac{\text{B} + 2b}{b + 2\text{B}},$$

comme l'exige la formule.

164. *Remarque.* Si les bases B et b différaient peu l'une de l'autre, $\text{B} + 2b$ serait sensiblement égal à $b + 2\text{B}$ et l'on aurait sensiblement

$$\text{GI} = \text{GH},$$

c'est-à-dire $x = y$.

Dans ce cas, le point G serait au milieu de la médiane.

Quadrilatère quelconque.

165. Soit ABCD (*fig*. 81) le quadrilatère proposé. Tirons les deux diagonales qui se couperont en un certain point E. Soit I le milieu de la diagonale AC. Joignons DI, BI. Prenons, sur ces droites, les points g et g' au tiers de leur longueur à partir du point I. Ces points seront les centres de gravité des triangles ADC et ABC. Par conséquent, si on les joint par une droite gg' le centre de gravité du quadrilatère sera sur cette droite et la divisera en raison inverse des surfaces des deux triangles. Or ces triangles ayant même base AC sont entre eux comme leurs hauteurs ou comme les droites DE et BE qui leur sont proportionnelles.

On devra donc avoir, si G est le point cherché,

$$\frac{\text{G}g}{\text{G}g'} = \frac{\text{BE}}{\text{DE}}.$$

Pour remplir cette condition, il suffit de prendre BH égal à DE et de joindre le point H au point I par une droite qui coupera gg' au point demandé G, car on aura :

$$\frac{Gg}{Gg'} = \frac{DH}{BH} = \frac{BE}{DE}.$$

On peut remarquer qu'on a aussi

$$\frac{IG}{IH} = \frac{Ig}{ID},$$

et que, par conséquent, IG est le tiers de IH. De là cette construction :

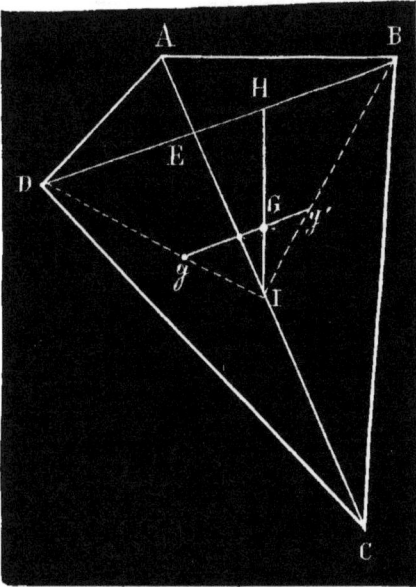

Fig. 81.

Tirons les deux diagonales AC et BD, qui se coupent en E. Prenons sur l'une d'elles la longueur BH égale au segment DE. Joignons le point H ainsi obtenu au milieu I de l'autre diagonale et prenons le tiers de IH à partir du point I. Le point G ainsi obtenu sera le centre de gravité du quadrilatère.

Polygone quelconque.

166. Pour obtenir le centre de gravité d'un polygone quelconque, on le divisera en triangles. On déterminera l'aire et le centre de gravité de chacun d'eux et on appliquera la construction qui donne le centre des forces parallèles.

Secteur circulaire.

167. Soit AOB (*fig.* 82) un secteur circulaire. Concevons qu'on ait divisé l'arc AB qui lui sert de base en un très grand nombre de parties égales et qu'on ait mené des rayons à tous les points de division. La surface du secteur se trouvera divisée en un très grand nombre de secteurs élémentaires égaux, tels que MON, et comme les arcs tels que MN sont supposés très petits, ces secteurs peuvent être regardés comme des triangles rectilignes.

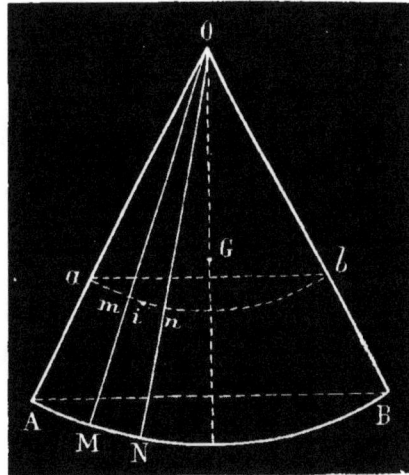

Fig. 82.

Du point O, comme centre, avec un rayon égal aux 2/3 du rayon OA, décrivons l'arc ab. Cet arc se trouvera divisé par les rayons, tels que OM et ON, en un même nombre de parties égales, telles que mn; lesquelles pourront être considérées comme des droites parallèles aux éléments correspondants de l'arc AB. Le centre de gravité du triangle MON est au milieu i de la droite mn. On pourrait en dire autant pour les autres triangles élémentaires.

Les centres de gravité de tous ces petits triangles forment donc l'arc *ab*. Il en résulte que le centre de gravité du secteur circulaire est le même que celui de l'arc *ab* décrit du centre O avec les 2/3 du rayon. Ce centre de gravité est donc sur la bissectrice de l'angle AOB et à une distance du centre *x* donné par la relation

$$x = Oa \; \frac{ab}{amb}.$$

Or
$$Oa = \frac{2}{3} \; OA,$$

$$ab = \frac{2}{3} \; AB,$$

$$amb = \frac{2}{3} \; AMB.$$

On peut donc écrire :
$$x = \frac{2}{3} \; \frac{OA \times AB}{AMB},$$

c'est-à-dire que, *pour obtenir le centre de gravité d'un secteur circulaire, il suffit de déterminer le centre de gravité de l'arc qui lui sert de base, de joindre ce point au centre et de prendre les deux tiers de la ligne de jonction à partir du centre.*

Demi-cercle.

168. Le centre de gravité de l'arc d'un demi cercle sera

$$OG = \frac{2}{3} \; \frac{R.2R}{\pi R},$$

$$OG = \frac{4}{3\pi} \; R,$$

$$OG = \frac{14}{33} \; R.$$

Quart de cercle.

169. Pour un quart de cercle, on aura :

$$OG = \frac{2}{3} \; \frac{R.R\sqrt{2}}{\frac{\pi}{2} R},$$

$$OG = \frac{4}{3} \; \frac{R\sqrt{2}}{\pi},$$

$$OG = \frac{14}{33} \; R\sqrt{2};$$

Segment de cercle.

170. Soit un segment de cercle ACB (*fig*. 83). Son centre de gravité G se trouve sur le rayon OC perpendiculaire à

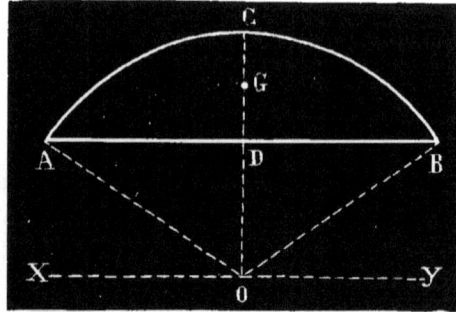

Fig. 83.

la corde AB. On peut déterminer sa position sur ce rayon en appliquant le théorème des moments par rapport au plan vertical XY mené par le point O parallèlement à la corde AB et on a :

ACBD = secteur OACB — triangle OAB.

Or

Surface secteur $= \dfrac{R.\, \text{arc AB}}{2}.$

Moment du secteur $= \dfrac{R.\, \text{arc AB}}{2} \times \dfrac{2R.AB}{3\, \text{arc AB}}.$

Surface triangle $= \dfrac{AB \times OD}{2},$

Moment du triangle $= \dfrac{AB \times OD}{2} \times \dfrac{2}{3}\, OD.$

D'où

$$ACBD \times OG = \frac{R.\, \text{arc AB}}{2} \times \frac{2R.AB}{3\, \text{arc AB}}$$
$$- \frac{AB \times OD}{2} \times \frac{2}{3}\, OD,$$

et, en simplifiant

$$ACBD \times OG = \frac{R^2.AB}{3} - \frac{\overline{OD}^2.AB}{3},$$

ou

$$ACBD \times OG = \frac{AB}{3} \left(R^2 - \overline{OD}^2 \right).$$

Le triangle rectangle OAD donne :

$$R^2 - \overline{OD}^2 = \overline{AD}^2 = \frac{\overline{AB}^2}{4}.$$

L'équation précédente devient :

$$ACBD \times OG = \frac{\overline{AB}^3}{12},$$

d'où $$OG = \frac{\overline{AB}^3}{12 \text{ segment } ACBD}.$$

Ainsi le centre de gravité d'un segment de cercle se trouve sur le rayon perpendiculaire à sa corde et à une distance du centre égale au quotient obtenu en divisant le cube de la corde par 12 fois la surface de ce segment.

Centre de gravité d'une demi couronne.

171. Soit une demi-couronne circulaire dont les rayons intérieur et extérieur sont R et r (*fig.* 84). Le centre de gravité situé sur le rayon perpendiculaire

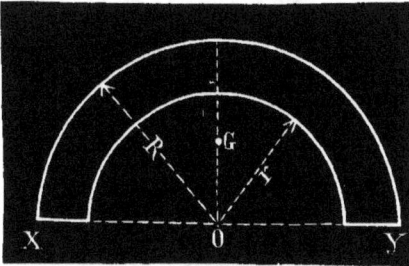

Fig. 84.

au diamètre XY peut se déterminer en appliquant le théorème des moments par rapport au plan vertical passant par le diamètre XY.

Représentons par S, s et S' les surfaces du demi-cercle extérieur, du demi-cercle intérieur et de la demi-couronne circulaire. On a :

$$S' = S - s,$$

ou $$S' = \frac{\pi R^2}{2} - \frac{\pi r^2}{2} = \frac{\pi}{2}(R^2 - r^2).$$

et, en appliquant le théorème des moments :

$$M_0 S' = M_0 S - M_0 s,$$

or $$M_0 S' = \frac{\pi}{2}(R^2 - r^2) OG,$$

$$M_0 S = \frac{\pi R^2}{2} \times \frac{14 R}{33},$$

$$M_0 s = \frac{\pi r^2}{2} \times \frac{14 r}{33},$$

d'où

$$\frac{\pi}{2}(R^2 - r^2) OG = \frac{\pi}{2} \frac{R^2}{2} \times \frac{14 R}{33}$$
$$- \frac{\pi r^2}{2} \times \frac{14 r}{33},$$

et, en simplifiant :

$$(R^2 - r^2) OG = \frac{14}{33}(R^3 - r^3),$$

et, par suite :

$$OG = \frac{14}{33}\left(\frac{R^3 - r^3}{R^2 - r^2}\right),$$

ou bien :

$$OG = \frac{14}{33}\left(\frac{R^2 + Rr + r^2}{R + r}\right).$$

Centre de gravité d'un profil en forme de T.

172. Supposons un profil, composé de deux rectangles, et ayant un axe de symétrie (*fig.* 85). Cet axe contenant le

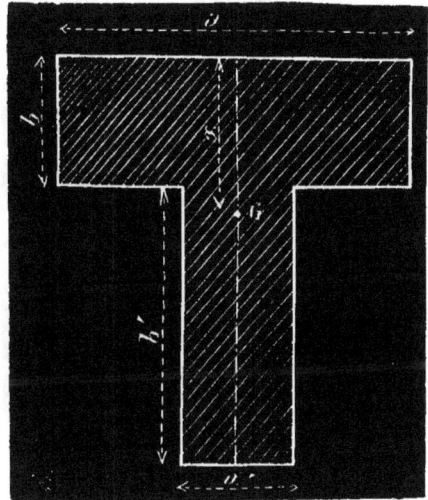

Fig. 85.

centre de gravité, il suffit de déterminer sa position par rapport à la base supérieure. Considérons un plan des moments passant par cette base supérieure et on aura

$$(a.b + a'.b')x = ab \times \frac{b}{2} + a'b'\left(\frac{b'}{2} + b\right)$$

ou

$$(ab + a'b')x = \frac{ab^2}{2} + \frac{a'b'^2}{2} + \frac{2a'b'b}{2}$$

et, enfin

$$x = \frac{ab^2 + a'b'^2 + 2a'b'b}{2(ab + a'b')}.$$

Centre de gravité d'un profil en forme de double T.

173. Admettons comme précédemment que ce profil ait un axe de symétrie et considérons un plan des moments XY

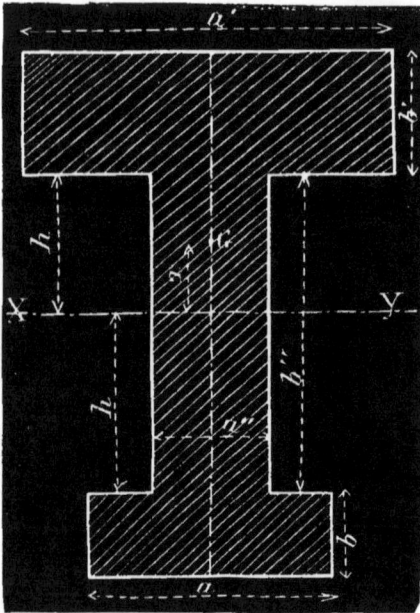

Fig. 86.

(*fig.* 86) passant par le milieu de la dimension b'' et perpendiculaire à cet axe de symétrie.

On aura

$$(ab + a'b' + a''l'')x = a'b'\left(\frac{b'}{2} + h\right)$$

$$+ a''h\,\frac{h}{2} - ab\left(\frac{b}{2} + h\right) - a''h\,\frac{h}{2}.$$

ou

$$(ab + a'b' + a''b'')x = a'b'\left(\frac{b'}{2} + h\right)$$

$$- ab\left(\frac{b}{2} + h\right),$$

et

$$x = \frac{a'b'(b' + 2h) - ab(b + 2h)}{2(ab + a'b' + a''b'')}.$$

Centre de gravité d'une surface plane quelconque.

174. Soit une surface plane dont le périmètre est une ligne quelconque. Considérons deux plans de moments perpen-

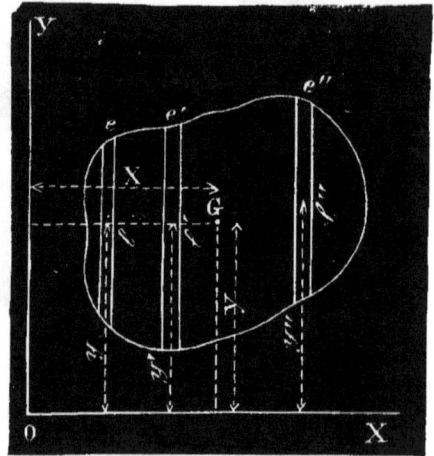

Fig. 87.

diculaires à cette surface et passant par les deux droites rectangulaires OX, OY (*fig.* 87) située dans le plan de la surface.

Nous allons déterminer les distances X et Y du centre de gravité G par rapport aux droites OX et OY. Pour cela, divisons la surface en tranches très minces par des droites perpendiculaires à l'axe OX. Ces tranches peuvent être considérées comme des rectangles ayant pour épaisseurs $e, e', e'',...$ et pour longueurs $l, l', l''...$

Représentons par : $y, y', y''...$ les distances des centres de gravité de ces petits rectangles au plan des moments OX. Nous aurons, en appliquant le théorème des moments par rapport au plan OX :

$$S.Y = ley + l'e'y' + l''e''y'' + ...$$

d'où

$$Y = \frac{ley + l'e'y' + l''e''y'' + ...}{S}.$$

On aurait de même, en considérant le plan des moments OY

$$X = \frac{lex + l'e'x' + l''e''x'' + ...}{S}.$$

La position du centre de gravité est donc déterminée par ses deux coordonnées X et Y.

Centres de gravité des volumes.

Centre de gravité d'un prisme.

175. Considérons un prisme quelconque dont les bases ABCDE, A'B'C'D'E' (*fig.* 88) sont parallèles. On peut imaginer que ce prisme soit divisé, par des plans parallèles aux bases, en tranches égales infiniment minces. Ces tranches auront leurs centres de gravité semblablement placés, puisqu'elles sont égales. Tous ces centres de gravité seront donc sur une même droite GG' parallèle aux arêtes latérales. Par conséquent, le centre de gravité du prisme sera sur cette droite. De plus, il sera au milieu g de cette droite; car les poids de ces tranches seront des forces parallèles, égales, appliquées en des points de GG' équidistants, et, conséquemment, la droite GG'; pouvant être considérée comme chargée de poids uniformément répartis sur sa longueur, le point d'application de leur résultante est au milieu de cette longueur. Donc, le centre de gravité g du prisme est situé au milieu de la droite qui joint les centres de gravité G et G' des bases.

On peut dire encore que ce centre de gravité g est le centre de gravité de la section *abcde* faite parallèlement aux bases et à égale distance de ces bases.

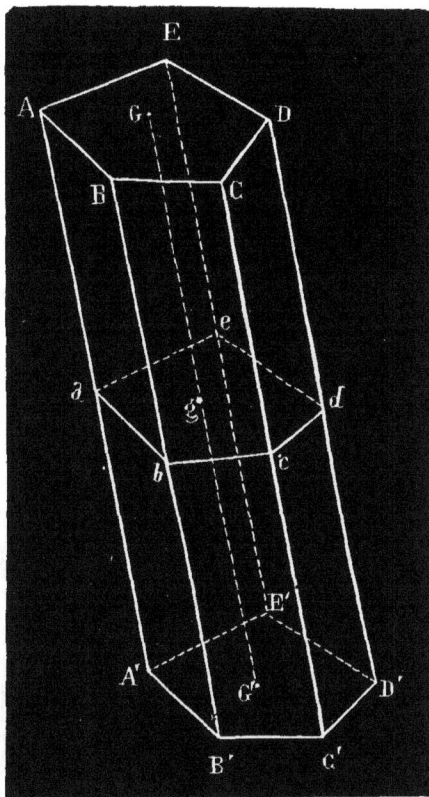

Fig. 83.

La même démonstration s'étend au cylindre droit ou oblique.

Centre de gravité de la pyramide triangulaire (Tétraèdre).

176. Soit ABCD (*fig.* 89) le tétraèdre proposé. Joignons le point A au centre de gravité I de la face opposée et concevons le tétraèdre décomposé par des plans parallèles à BCD, en pyramides tronquées infiniment minces. Toutes ces pyramides tronquées peuvent être considérées comme ayant leurs centres de gravité sur la droite AI. Donc le centre de gravité du tétraèdre est sur la droite AI.

En répétant le même raisonnement par rapport aux autres faces prises pour bases, il s'ensuit que *le centre de gravité d'un tétraèdre est au point de rencontre des droites menées de chaque sommet au centre de gravité de la face opposée.*

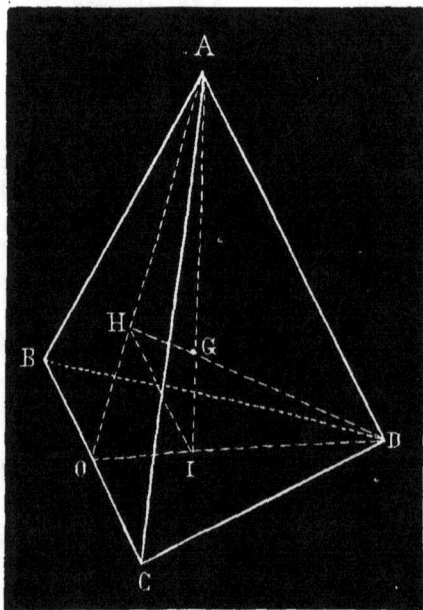

Fig. 89.

Cherchons la position de ce point de rencontre. Soit O le milieu de l'arête BC. Menons AO, DO et prenons OH égal au tiers de AO et OI égal au tiers de OD. Les points H et I sont respectivement les centres de gravité des faces ABC et BCD. Tirons AI et DH. Ces droites étant dans le plan AOD se rencontrent en un point G qui sera le centre de gravité du tétraèdre.

Si l'on joint IH, les triangles semblables IGH et AGD donnent la proportion :

$$\frac{IG}{GA} = \frac{IH}{AD}.$$

De même les triangles semblables IOH et AOD donnent :

$$\frac{IH}{AD} = \frac{OI}{OD} = \frac{1}{3}.$$

Donc, à cause du rapport commun $\frac{IH}{AD}$, on a :

$$\frac{IG}{GA} = \frac{1}{3},$$

d'où

$$\frac{IG}{IG + GA} = \frac{1}{1 + 3},$$

ou

$$\frac{IG}{AI} = \frac{1}{4}.$$

C'est-à-dire *que le centre de gravité d'un tétraèdre est situé sur la droite qui joint le sommet au centre de gravité de la base, au quart de cette droite à partir de la base ou aux 3/4 à partir du sommet.*

On pourrait dire encore que le centre de gravité est celui de la section faite parallèlement à la base, au quart de la distance entre cette base et le sommet opposé.

177. REMARQUE I. *Le centre de gravité d'un tétraèdre est le point d'application de la résultante de quatre forces égales, parallèles et de même sens, appliquées aux quatre sommets.*

Composons les trois forces P (*fig.* 90) appliquées aux points BCD. Leur résultante 3 P aura son point d'application au centre de gravité I de la base. Composons ensuite cette résultante 3 P avec la force P appliquée au point A. Elles auront pour résultante finale une force 4 P dont le point d'application divisera la droite AI en deux segments tels que

$$\frac{IG}{GA} = \frac{P}{3P},$$

ou

$$\frac{IG}{GA} = \frac{1}{3}.$$

Ce point d'application coïncide donc avec le centre de gravité du tétraèdre. Ces quatre forces peuvent être composées autrement.

On peut composer d'abord les forces P appliquées en B et C en une seule force 2 P appliquées au milieu O de la droite BC.

On peut ensuite composer les deux autres forces P appliquées en A et D en une seule force 2 P qui aura son point d'application au milieu K de AD. Il restera à composer 2 P appliqués aux points

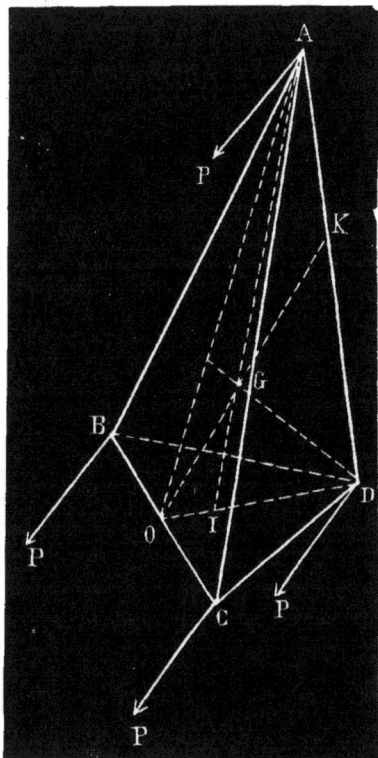

Fig. 90.

O et K, ce qui donnera une résultante 4 P appliquée au milieu G de la droite OK. Donc, *le centre de gravité du tétraèdre est au milieu de la droite qui joint les milieux de deux arêtes opposées.*

178. REMARQUE II. *La distance du centre de gravité d'un tétraèdre à un plan quelconque est égale à la moyenne arithmétique des distances des quatre sommets au plan.*

Considérons un plan quelconque et abaissons les perpendiculaires d, $d'd''d'''$D

(*fig.* 91). Il faut démontrer que :

$$D = \frac{d + d' + d'' + d'''}{4}.$$

En effet, appliquons aux sommets quatre forces égales, de même sens et parallèles au plan MN.

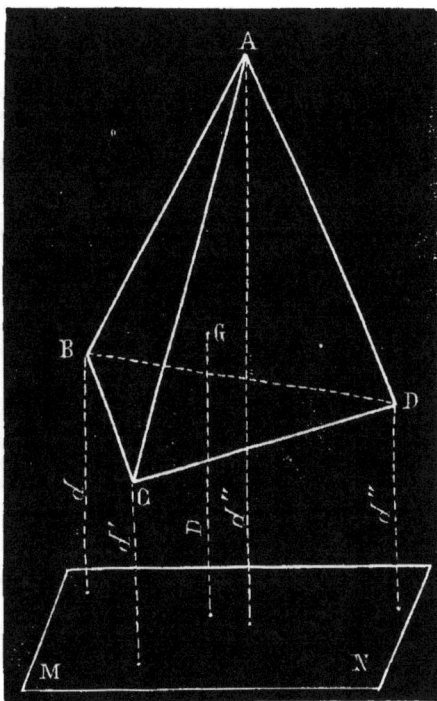

Fig. 91.

Le théorème des moments des forces parallèles par rapport à ce plan donne

$$4P \times D = Pd + Pd' + Pd'' + Pd''',$$

d'où $D = \dfrac{d + d' + d'' + d'''}{4}.$

Centre de gravité d'une pyramide quelconque.

179. Soit une pyramide quelconque SABCD (*fig.* 92). Divisons-la en deux pyramides triangulaires par le plan SAC. Les centres de gravité g et g' de ces pyramides triangulaires sont sur les droites Si et Si'

qui joignent les centres de gravité i, i' des bases au sommet S.

Le centre de gravité G de la pyramide quadrangulaire doit se trouver sur la droite gg'. Joignons ii' et partageons cette droite en parties inversement propor-

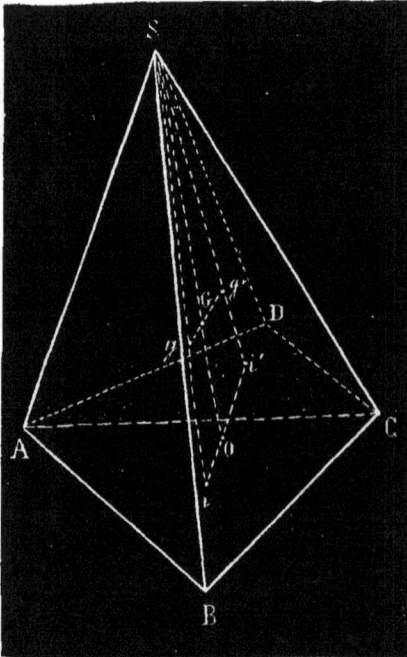

Fig. 92.

tionnelles aux surfaces ADB et ABC. Nous aurons le centre de gravité O de la base ABCD par la relation

$$\frac{iO}{i'O} = \frac{ADC}{ABC}.$$

Joignons OS qui coupe la droite gg' au point G. Ce point G est le centre de gravité de la pyramide quadrangulaire. En effet, la droite gg' étant parallèle à la droite ii', on a:

$$\frac{iO}{i'O} = \frac{gG}{g'G},$$

et, par suite

$$\frac{gG}{g'G} = \frac{ADC}{ABC}.$$

Mais les pyramides triangulaires SADC et SABC, ayant même hauteur, sont entre elles comme leurs bases,

ou
$$\frac{SADC}{SABC} = \frac{ADC}{ABC}$$

et, par conséquent, à cause du rapport commun :

$$\frac{SADC}{SABC} = \frac{gG}{g'G}.$$

Cette proportion exprime que le point G divise la droite gg' en deux segments inversement proportionnels aux volumes des pyramides triangulaires.

Donc, *le centre de gravité d'une pyramide quadrangulaire se trouve sur la droite qui joint le centre de gravité de la base au sommet et au quart de cette droite à partir de la base.*

180. *Remarque.* Le centre de gravité d'un cône est situé sur la ligne qui joint le sommet au centre de gravité de la base et au quart de cette droite à partir de la base; car un cône peut être considéré comme une pyramide ayant un très grand nombre de faces très petites.

Centre de gravité d'un tronc de pyramide à bases parallèles.

181. Considérons le tronc de pyramide triangulaire ABCDEF (*fig. 93*) qui est la différence de deux pyramides triangulaires ayant un sommet commun. Le centre de gravité G du tronc de pyramide se trouve sur la droite qui joint le centre de gravité g de la base au sommet. Il ne reste donc plus qu'à trouver la position du point G sur cette droite, ou, ce qui revient au même, le rapport $\dfrac{x}{y}$ de ses distances x et y à la grande base et à la petite base.

Décomposons le tronc de pyramide en trois pyramides triangulaires en faisant passer:

1° Un plan par le point B et l'arête DF;

2° Un autre plan par le point B et la droite AF.

Ces trois pyramides triangulaires ont pour bases B, b et $\sqrt{Bb}$ et même hauteur H(1).

Appliquons le théorème des moments

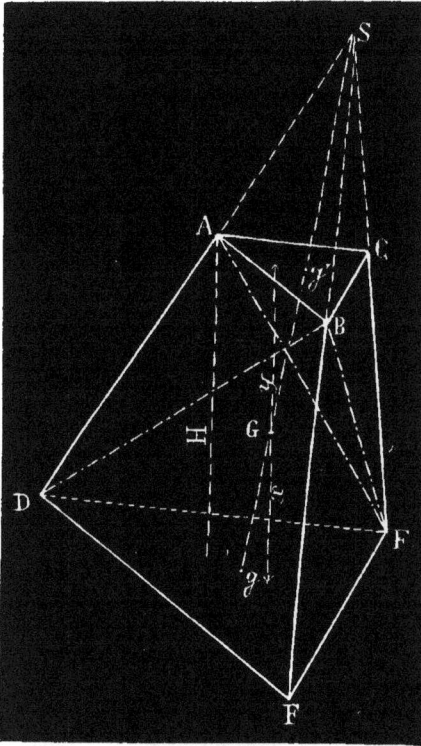

Fig. 93.

par rapport au plan de la grande base, en remarquant que :

$$M_0 \text{ de ABCDEF} = \frac{H}{3}\,(B + b + \sqrt{Bb})\,x.$$

$$M_0 \text{ de BDEF} = \frac{HB}{3} \times \frac{H}{4}.$$

$$M_0 \text{ de BACF} = \frac{Hb}{3} \times \frac{3}{4}\,H.$$

$$M_0 \text{ de DABF} = \frac{H\sqrt{Bb}}{3} \times \frac{2}{4}\,H.$$

Par suite,

$$\frac{H}{3}\,(B + b + \sqrt{Bb})\,x = \frac{HB}{3} \times \frac{H}{4}$$

(1) Voir la *Géométrie théorique et pratique*, E. Lainé et Cⁱᵉ, éditeurs, 25, rue de Grenelle, à Paris.

$$\times \frac{Hb}{3} \times \frac{3H}{4} + \frac{H\sqrt{Bb}}{3} \times \frac{2H}{4},$$

ou, en supprimant dans les deux membres le facteur $\frac{H}{3}$ et en mettant $\frac{H}{4}$ en facteur commun :

$$(B + b + \sqrt{Bb})x = \frac{H}{4}\,(B + 3b + 2\sqrt{B+b}).$$

D'où $x = \dfrac{H\,(B + 3b + 2\sqrt{Bb})}{4\,(B + b + \sqrt{Bb})}.$

Si l'on appliquait de même les moments par rapport à la petite base, on trouverait :

$$y = \frac{H\,(b + 3B + 2\sqrt{Bb})}{4\,(B + b + \sqrt{Bb})}.$$

Divisant membre à membre x et y, on a :

$$\frac{x}{y} = \frac{B + 3b + 2\sqrt{Bb}}{b + 3B + 2\sqrt{Bb}}.$$

Les triangles semblables donnent :

$$\frac{x}{y} = \frac{\rho G}{g'G} \text{ par suite,}$$

$$\frac{gG}{g'G} = \frac{x}{y} = \frac{B + 3b + 2\sqrt{Bb}}{b + 3B + 2\sqrt{Bb}}.$$

182. *Remarque.* Il n'est pas nécessaire de mesurer les bases. Représentons par A et a deux arêtes homologues de ces bases semblables. Nous aurons, d'après ce qui a été démontré en géométrie :

$$\frac{B}{A^2} = \frac{b}{a^2}.$$

Remplaçant alors les bases par les carrés des arêtes homologues, on a :

$$\frac{x}{y} = \frac{A^2 + 3a^2 + 2Aa}{a^2 + 3A^2 + 2Aa}.$$

Centre de gravité d'un tronc de pyramide polygonal à bases parallèles.

183. Si l'on décompose le tronc de pyramide en troncs de tétraèdres, leurs bases supérieures seront proportionnelles aux bases inférieures et, en général, aux sections faites par un même plan parallèle aux bases.

Il en résulte que le rapport des distances de leurs centres de gravité aux deux bases sera dans le même rapport pour chacun d'eux et, par conséquent, leurs centres de gravité seront dans un même plan parallèle aux bases et déterminé par la formule

$$\frac{x}{y} = \frac{A^2 + 3a^2 + 2Aa}{a^2 + 3A^2 + 2Aa}.$$

Le centre de gravité du tronc de pyramide polygonal sera donc dans ce plan et sur la droite qui joint les centres de gravité des bases.

Centre de gravité d'un tronc de cône à bases parallèles.

184. Le rapport $\dfrac{x}{y} = \dfrac{A^2 + 3a^2 + 2Aa}{a^2 + 3A^2 + 2Aa}$ est applicable au tronc de cône à bases parallèles, puisqu'il peut être considéré comme un tronc de pyramide d'un nombre très grand de faces très petites.

En appelant R et r les rayons des bases, on aura :

$$\frac{x}{y} = \frac{R^2 + 3r^2 + 2Rr}{r^2 + 3R^2 + 2Rr}.$$

Centre de gravité d'un corps de révolution.

185. Le centre de gravité d'un corps de révolution se trouvant sur son axe, il suffit de déterminer sa position sur cet axe (*fig.* 94). Soit AB l'axe du corps de révolution, et un plan MN perpendiculaire AB. Divisons, par des plans perpendiculaires à l'axe, le corps en tranches très minces, et soit :

e, e', e'', e''' les épaisseurs de ces tranches,
s, s', s''.... les surfaces de ces tranches,
k, k', k''... les distances des centres de gravité de ces tranches au plan MN.

Appliquons le théorème des moments par rapport à ce plan, on aura :

$$Vx = sek + s'e'k' + s''e''k'' + \ldots$$

D'où $x = \dfrac{sek + s'e'k' + s''e''k'' + \ldots}{V}$.

Le numérateur de cette expression peut s'obtenir par la considération d'une figure de géométrie. Divisons pour cela l'axe en un nombre pair de parties égales et menons par les points de divisions des perpendiculaires à l'axe qui coupent le corps

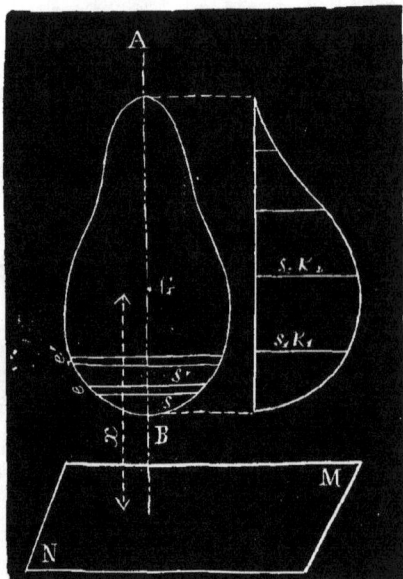
Fig. 94.

de révolution suivant des tranches s_1, s_2, s_3 dont les distances au plan des moments sont k_1, k_2, k_3. Portons, ensuite, sur ces perpendiculaires à l'axe les produits correspondants $s_1 k_1$, $s_2 k_2$, $s_3 k_3$, la courbe passant par les extrémités de ces ordonnées forme avec l'axe une surface qui exprime le numérateur.

Le volume V du corps de révolution qui est égal à :

$$V = s_1 e_1 + s_2 e_2 + s_3 e_3 + \ldots$$

peut également s'obtenir au moyen d'une figure de géométrie.

Ces surfaces se calculent facilement au moyen de la formule de Thomas Simpson.

Centre de gravité d'un assemblage de plusieurs corps.

186. La règle de la composition des

forces parallèles permet de trouver facilement le centre de gravité d'un assemblage de corps.

Il suffit de chercher le centre de gravité de chacun des corps et de déterminer le point d'application de la résultante de toutes les actions que la pesanteur exerce sur chaque corps.

Théorèmes de Guldin. [1]

187. Ces théorèmes, qui ont en géométrie une très grande importance à cause de leur généralité, permettent de déterminer les surfaces et les volumes engendrés par la rotation d'une figure au tour d'un axe fixe, en fonction du chemin décrit par le centre de gravité de cette figure.

Inversement, les théorèmes de Guldin permettent quelquefois de déterminer le centre de gravité d'une aire plane ou d'une ligne.

Théorème n° 28.

188. *L'aire d'une surface de révolution a pour mesure la longueur de la ligne plane génératrice, multipliée par la circonférence que décrit le centre de gravité de cette même ligne.*

Soit une ligne plane AMB (*fig.* 95) tournant autour d'un axe XY. Si G est le centre de gravité de cette ligne, la surface engendrée dans une révolution complète est égale à :

$$S = AMB \times 2\pi GO.$$

Pour le démontrer, décomposons le contour AMB en un très grand nombre de petits éléments ab, bc, cd..., etc., dont les milieux sont $gg'g''$, etc. Ces éléments engendreront, dans la rotation, des surfaces tronconiques ayant chacune pour valeur le produit de la base moyenne $2\pi gi$ par la génératrice ab.

(1) Ces théorèmes doivent leur nom au père Guldin, de l'ordre des Jésuites, qui les fit connaître dans son traité *De centro gravitis*, publié à Vienne en 1635.

La surface totale sera donc la somme des surfaces latérales de ces troncs de cône.

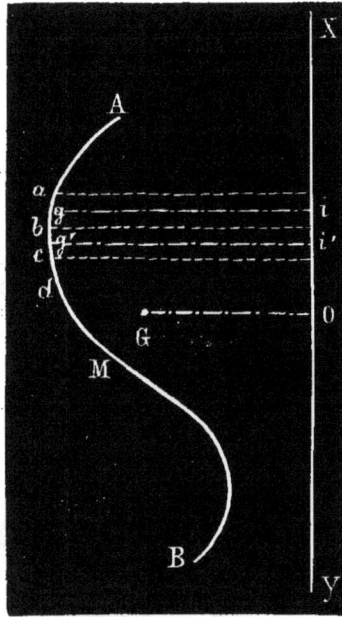

Fig. 95.

$$s = 2\pi\, gi \times ab,$$
$$s' = 2\pi\, g'i' \times bc,$$
$$s'' = 2\pi\, g''i'' \times cd.$$

Somme $= 2\pi\, (ab \times gi + bc \times g'i'$
$+ cd \times g''i'' + \dots)$

Or, la parenthèse exprime la somme des moments des éléments de la ligne génératrice par rapport au plan mené par l'axe XY et perpendiculaire à celui de la figure. Cette somme des moments des éléments est égale au moment de la ligne entière qui a pour valeur le produit de la ligne AMB rectifiée par la perpendiculaire GO. Donc,

$$S = 2\pi \text{ (moment AMB)},$$
$$S = 2\pi \text{ (GO} \times \text{AMB)},$$
ou $$S = AMB \times 2\pi GO.$$

Ce théorème de Guldin est applicable lorsque la ligne plane génératrice ne fait qu'une fraction de tour. Ainsi, si elle tourne d'un angle α, la surface engendrée serait :

$$S' = \frac{\alpha}{360} \, AMB \times 2\pi GO.$$

Théorème n° 29.

189 *Le volume d'un corps de révolution a pour mesure l'aire de la surface plane génératrice, multipliée par la circonférence que décrit le centre de gravité de cette surface.*

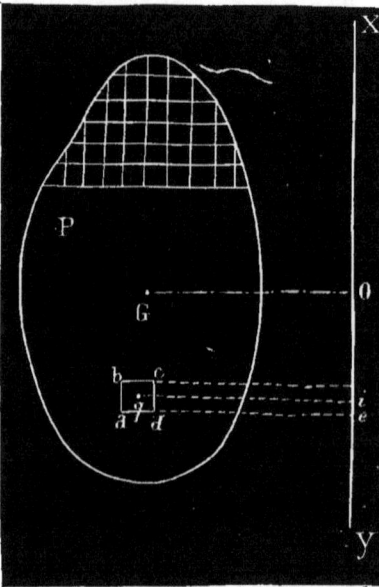

F g 96.

Soit P (*fig.* 96) la figure plane complètement située d'un même côté de l'axe de révolution XY et soit G le centre de gravité de la surface. Le volume engendré par la surface P, dans une révolution entière, est

$$V = P \times 2\pi GO.$$

Pour le démontrer, traçons sur la figure P et parallèlement à l'axe des lignes équidistantes que nous supposerons multipliées indéfiniment. Croisons ces lignes par un second faisceau perpendiculaire au premier, de manière que la surface P soit décomposée en carrés.

Le volume engendré par la figure plane P est égale à la somme des volumes engendrés par les carrés ainsi formés. Cherchons alors l'expression du volume qu'engendre un de ces carrés *abcd*.

L'anneau engendré par ce carré est la différence entre les deux cylindres ayant pour rayons *ae* et *de* et pour hauteur commune *ab*. Donc,

$$v = \pi \, \overline{ae}^2 \times ab - \pi \, \overline{de}^2 \times ab,$$

ou $\quad v = \pi \, ab \, (\overline{ae}^2 - \overline{de}^2),$

ou $\quad v = \pi \, ab \, (ae + de)\,(ae - de).$

Mais $\qquad ae + de = 2gi,$

et $\qquad ae - de = ad.$

Donc, $\quad v = \pi ab \times 2gi \times ad.$

L'élément *abcd* étant un carré, on aura :

$$v = \overline{ab}^2 \times 2\pi gi.$$

Si l'on considérait les anneaux engendrés par les autres carrés, on aurait :

$$v' = ab^2 \times 2\pi g'i',$$

ou $\qquad v'' = \ldots \ldots$

Donc, en faisant la somme de ces volumes, on aura :

$$V = 2\pi (\overline{ab}^2 \times gi + \overline{ab}^2 \times g'i' + \overline{ab}^2 \times g''i').$$

Mais, la somme entre parenthèses représente la somme des moments de tous les petits carrés par rapport au plan mené par l'axe XY perpendiculaire à la figure. Cette somme des moments est égale au moment de la surface P par rapport au même plan, c'est-à-dire à P×GO. Donc,

$$V = 2\pi P \times GO,$$
$$V = P \times 2\pi . GO.$$

Application des théorèmes de Guldin à la recherche des surfaces et des volumes.

AIRE DU CERCLE.

190. En considérant le cercle comme engendré par la ligne OA (*fig.* 97) tournant autour d'un axe perpendiculaire, on obtient sa surface en multipliant la longueur de cette ligne par la circonférence décrite par son milieu G.

$$S = OA \times 2\pi \frac{OA}{2} = \pi \overline{OA}^2,$$

mais $OG = \dfrac{OB + OA}{2} = \dfrac{R + r}{2},$

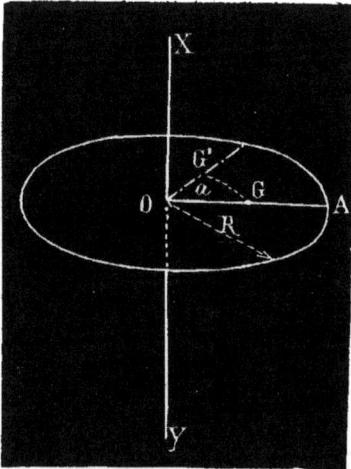

Fig. 97.

ou, en représentant OA par R,
$$S = \pi R^2.$$

AIRE DU SECTEUR DE CERCLE.

191. Si la droite OA (*fig.* 97) se meut d'un angle a, elle engendre un secteur dont la surface sera :
$$S = OA \times \text{arc } GG',$$

mais, $\text{arc } GG' = \pi OA \dfrac{a}{360}.$

Donc, $S = OA \times \pi OA \dfrac{a}{360},$

$$S = \pi \overline{OA}^2 \times \frac{a}{360},$$

et, enfin, $S = \pi R^2 \dfrac{a}{360}.$

AIRE D'UNE COURONNE CIRCULAIRE.

192. La couronne circulaire étant produite par le mouvement de la ligne AB (*fig.* 98), sa surface sera exprimée par
$$S = AB \times 2\pi OG,$$
ou $S = (R - r) 2\pi OG,$

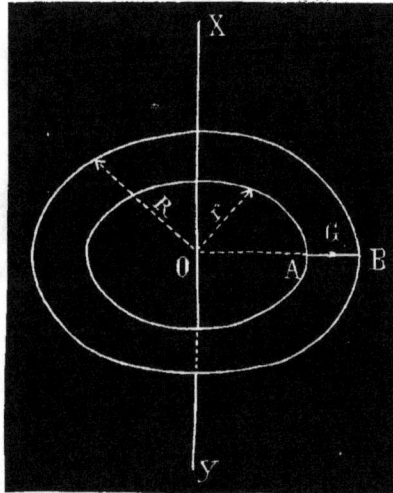

Fig. 98.

par suite $S = (R - r) \times \dfrac{2\pi(R + r)}{2},$

ou $S = \pi(R^2 - r^2).$

AIRE D'UN BANDEAU.

193. Le bandeau est la surface produite, sur un plan, par une droite de longueur constante, qui se meut en restant toujours normale à la ligne que décrit l'un de ses points. Cette ligne est appelée directrice et la droite mobile est le rayon décrivant.

L'aire du bandeau AEF, A'E'F' (*fig.* 99) égale le produit de sa largeur par la longueur de la courbe moyenne, soit le produit de la droite génératrice par le chemin que décrit le centre de gravité G de cette droite. Le rectangle est un cas particulier du bandeau. La couronne circulaire n'est autre chose qu'un bandeau et le cercle lui-même est une couronne dans laquelle la circonférence intérieure est nulle.

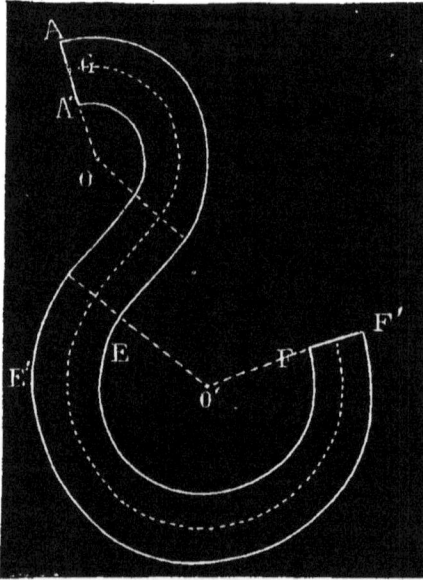

Fig. 90.

SURFACE LATÉRALE D'UN CYLINDRE DROIT CIRCULAIRE.

194. Une droite AB (*fig.* 100) tournant autour d'un axe parallèle XY engendre un cylindre dont la surface latérale aura pour valeur

$$S = AB \times 2\pi OG.$$

Mais OG est le rayon du cercle de base et AB est la hauteur. Donc,

$$S = 2\pi R.H.$$

195. *Remarque.* Si le centre de gravité G de la droite AB, au lieu de décrire un cercle, décrivait une courbe plane quelconque perpendiculaire à l'axe, la surface de ce cylindre s'obtiendrait en multipliant la longueur de cette courbe plane par la droite AB.

SURFACE LATÉRALE D'UN CONE.

196. La droite CD (*fig.* 101) tournant autour de l'axe XY engendre la surface latérale d'un cône ayant pour valeur

$$S = CD \; 2\pi OG.$$

Mais $OG = \dfrac{R}{2}.$

Donc, $S = CD \times \pi R.$

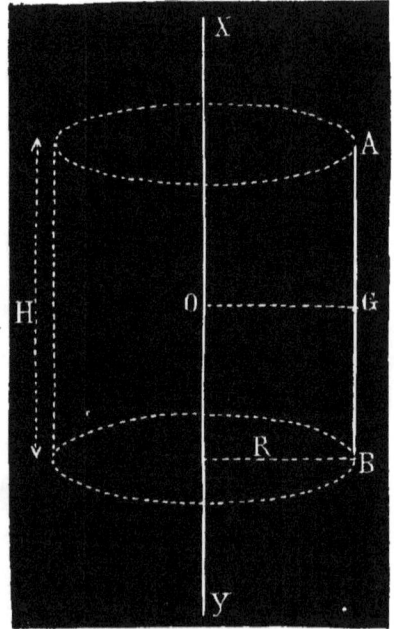

Fig. 100.

SURFACE DE LA SPHÈRE.

197. La demi-circonférence AMB (*fig.* 102) engendre la surface de la sphère en tournant autour de son diamètre AB. Par suite,

$$S = AMB \times 2\pi OG.$$

Mais $AMB = \pi R,$

$$OG = \frac{2R}{\pi}.$$

Donc, en remplaçant,

$$S = \pi R \times \frac{2\pi.2R}{\pi},$$

$$S = 4\pi R^2.$$

SURFACE DU TORE.

198. Le tore est engendré par un cercle tournant autour d'un axe XY (*fig.* 103) situé dans son plan. Si nous représentons par R le rayon du cercle et par d la dis-tance GI, on aura, pour l'expression de la surface latérale,

$$S = 2\pi \overline{R \times 2\pi} d,$$
$$S = 4\pi^2 Rd.$$

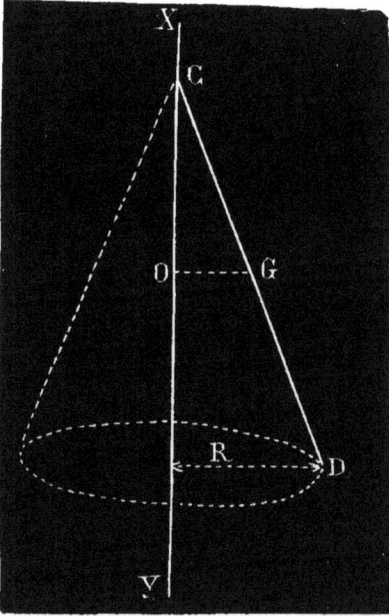

Fig. 101.

Si le cercle générateur était tangent à l'axe, alors $R = d$ et on aurait :

$$S' = 4\pi^2 R^2.$$

VOLUME DU CYLINDRE DROIT CIRCULAIRE.

199. Le cylindre engendré par un rectangle ABCD (fig. 104) tournant au-tour d'un de ses côtés AD a pour volume

$$V = \text{surf. ABCD} \times 2\pi OG.$$

Or, surf. ABCD $= AB \times BC = R \times H,$

$$OG = \frac{R}{2}.$$

Donc,

$$V = R.H. \, 2\pi \, \frac{R}{2} = \pi R^2 H.$$

VOLUME DU CONE.

200. Le triangle rectangle ABC,

(fig. 105) tournant autour de son côté AB engendre un cône droit dont le volume

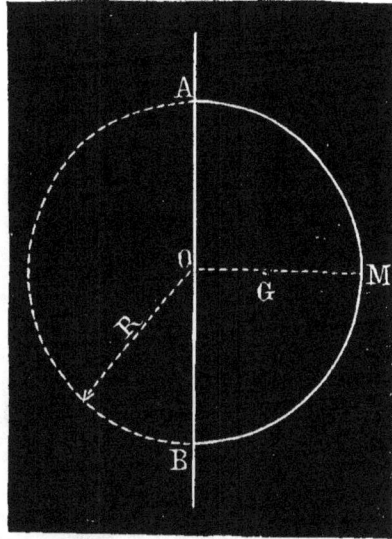

Fig. 102.

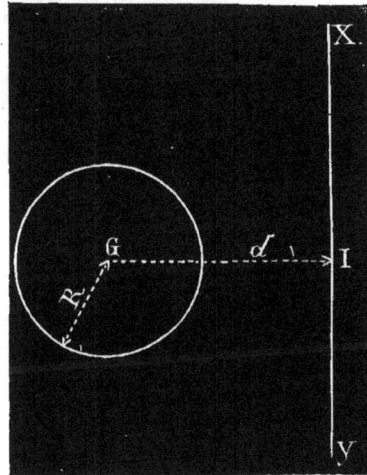

Fig. 103.

$$V = \text{surf. ABC} \times 2\pi OG.$$

Mais, surf. ABC $= \dfrac{AB \times BC}{2},$

ou   surf. ABC $= \dfrac{R.H}{2}$.

De même

$$OG = \dfrac{2}{3} BD = \dfrac{BC}{3} = \dfrac{R}{3},$$

et, en remplaçant,

$$V = \dfrac{R.H}{2} \times \dfrac{2\pi R}{3} = \pi R^2 \dfrac{H}{3}.$$

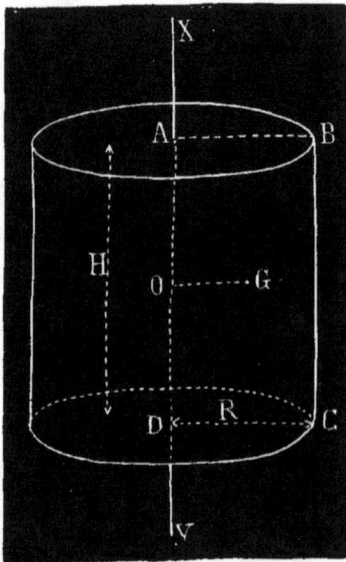

Fig. 104.

VOLUME DE LA SPHÈRE.

201. Le volume de la sphère est égal à la surface d'un demi cercle tournant autour de son diamètre, multipliée par la circonférence décrite par le centre de gravité de ce demi-cercle :

$$V = \text{surf. AMB} \times 2\pi OG.$$

Or,   surf. AMB $= \dfrac{\pi R^2}{2}$.

et $OG = \dfrac{4R}{3\pi}$,

$$V = \dfrac{\pi R^2}{2} \times 2\pi \times \dfrac{4R}{3\pi},$$

$$V = \dfrac{4}{3}\pi R^3.$$

VOLUME DU TORE.

202. Le volume du tore (*fig.* 103) aura pour valeur

$$V = \pi R^2 \times 2\pi d,$$
$$V = 2\pi^2 R^2 d.$$

Si le cercle générateur est tangent à l'axe :

$$V' = 2\pi^2 R^3.$$

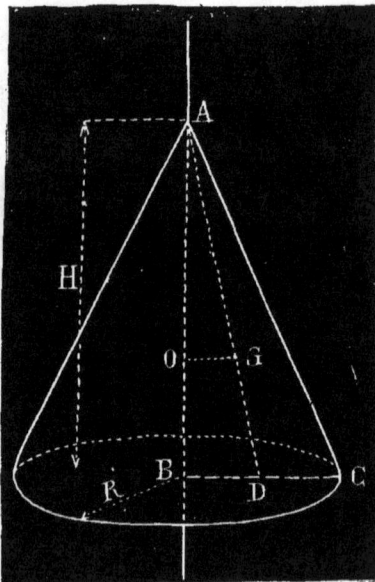

Fig. 105.

VOLUME ENGENDRÉ PAR UN TRIANGLE QUELCONQUE.

203. Supposons un triangle ABC (*fig.* 106) tournant autour de l'axe XY situé dans son plan et qui passe par l'un de ses sommets A. Le volume engendré par ce triangle sera

$$V = \text{surf. ABC} \times 2\pi OG,$$

ou

$$V = \dfrac{BC \times AH}{2} \times 2\pi \times \dfrac{2}{3} DD',$$

ou

$$V = \dfrac{2}{3}\pi . BC.AH \times DD',$$

et, enfin,

$$V = 2\pi\, DD' \times BC \times \frac{AH}{3},$$

ce qui conduit à l'énoncé donné en géométrie élémentaire. Le volume engendré par le triangle est égal à la surface engendrée par le côté opposé à l'axe multipliée par le tiers de la hauteur.

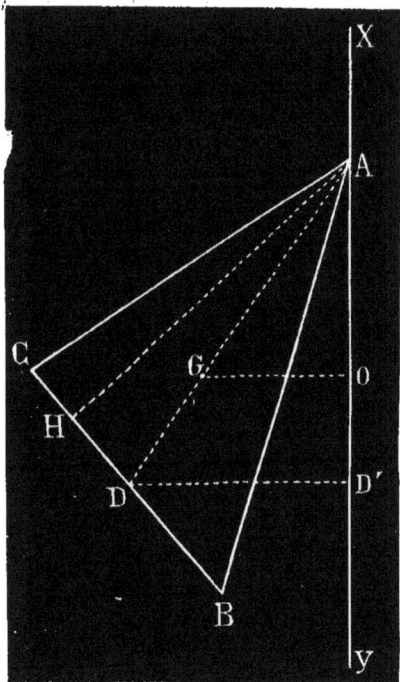

Fig. 106.

VOLUME ENGENDRÉ PAR UN TRIANGLE ÉQUILATÉRAL.

204. 1° Supposons que le triangle équilatéral ABC (*fig.* 107) tourne autour de l'un de ses côtés AC. Le volume engendré sera

$$V = \text{surf. } ABC \times 2\pi\, OG.$$

Si nous représentons par a le côté du triangle équilatéral, on a

$$OG = \frac{h}{3}.$$

Mais

$$h = \frac{a}{2}\sqrt{3},$$

Donc

$$OG = \frac{a}{6}\sqrt{3}.$$

D'ailleurs, la surface du triangle équilatéral

$$S = \frac{a^2}{4}\sqrt{3}.$$

Donc

$$V = \frac{a^2}{4}\sqrt{3} \times 2\pi\, \frac{a}{6}\sqrt{3},$$

$$V = \frac{\pi a^3}{4}.$$

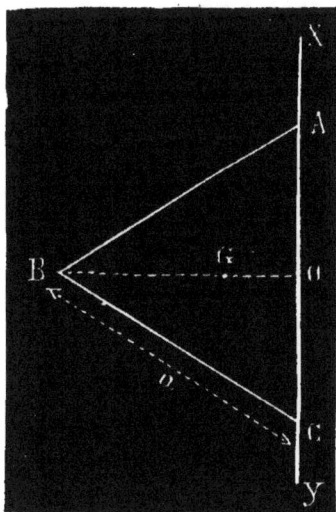

Fig. 107.

205. 2° Si le triangle équilatéral tourne autour d'un axe mené par l'un des sommets parallèlement au côté opposé, le volume sera

$$V = \frac{a^2}{4}\sqrt{3} \times 2\pi\, \frac{a\sqrt{3}}{3}.$$

D'où

$$V = \frac{\pi a^3}{2}.$$

206. *Remarque.* Le triangle équilatéral ABC (*fig.* 107) tournant autour d'un axe mené dans son plan par le sommet A engendre un volume qui peut varier de $\dfrac{\pi a^3}{4}$ à $\dfrac{\pi a^3}{2}$. Le minimum a lieu lorsqu'un côté AC est sur l'axe; et le maximum, quand un côté BC est parallèle à l'axe.

VOLUME ENGENDRÉ PAR UN HEXAGONE RÉGULIER.

207. 1º Supposons que l'hexagone régulier tourne autour de l'un de ses côtés (*fig.* 108). Le volume engendré sera

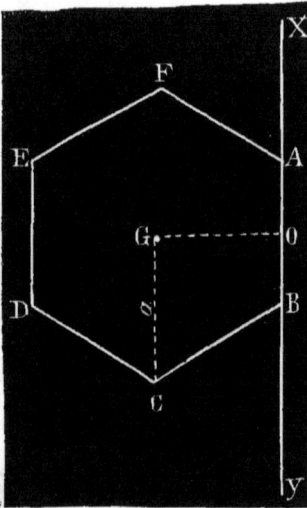

Fig. 108.

$$V = S \times 2\pi \, OG.$$

Si a représente le côté de l'hexagone,

$$S = \frac{6a^2 \sqrt{3}}{4},$$

et

$$OG = \frac{a}{2} \sqrt{3}.$$

Par suite,

$$V = \frac{6a^2 \sqrt{3}}{4} \times \frac{2\pi a \sqrt{3}}{2},$$

$$V = \frac{9}{2} \pi a^3.$$

208. 2º Si l'hexagone n'a qu'un sommet A sur l'axe et que la diagonale AD soit perpendiculaire à XY, la distance du centre de gravité à l'axe = a. Donc,

$$V = \frac{6a^2 \sqrt{3}}{4} \times 2\pi a,$$

$$V = 3\pi a^3 \sqrt{3}.$$

209. *Remarque*. Quand l'hexagone pivoté autour de son sommet A, mais en restant complétement d'un même côté de l'axe, le volume part du minimum $\dfrac{9\pi a^3}{2}$, puis croit et atteint le maximum $3\pi a^3 \sqrt{3}$.

210. Ces quelques exemples montrent suffisamment l'importance des théorèmes de Guldin appliqués à la Géométrie. Ils permettent aussi de déterminer les centres de gravité des lignes et des surfaces lorsqu'on connaît l'expression des surfaces et des volumes engendrés par ces figures tournant autour d'un axe situé dans leur plan.

Problèmes sur les centres de gravité.

Problème n° 23.

211. *Quatre poids de 2 kilog., 6 kilog., 10 kilog., 14 kilog., sont appliqués aux angles d'un carré dont le côté a 40 centimètres. Trouver la distance du centre de gravité au sommet le plus pesant.*

Supposons que le carré ABCD (*fig.* 109) soit horizontal. Appliquons le théorème des moments par rapport à un plan vertical passant par le côté AD. Nous aurons, en désignant par G, le centre de gravité et par x, sa distance au côté AD,

$$32\,x = 6 \times AB + 10 \times CD.$$

Or $\qquad AB = CD = 40^{\text{c. m.}}$.

Donc $\quad 32\,x = (6 + 10)\,40$.

D'où $\quad x = \dfrac{16 \times 40}{32} = 20^{\text{c. m.}}$.

Si nous appliquons le théorème des moments par rapport au plan vertical passant par le côté CD, nous aurons:

$$32\,y = 6 \times BC + 2 \times AD,$$

ou $\qquad 32\,y = (6 + 2)\,40,$

et $\quad y = \dfrac{8 \times 40}{32} = 10^{\text{c. m.}}$

Connaissant les distances x et y du centre de gravité aux côtés AD et DC du

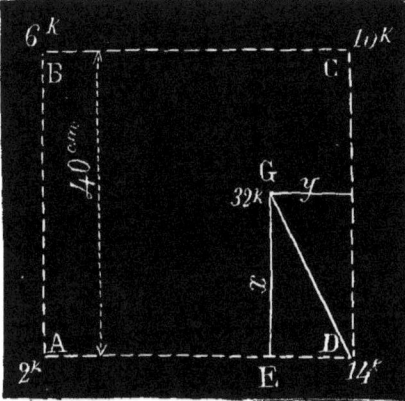

Fig. 109.

carré, on a, d'après le triangle rectangle GED,

$$\overline{\text{GD}}^2 = x^2 + y^2.$$

D'où $\quad$ GD $= \sqrt{\overline{20^2 + 10^2}}$,

$$\text{GD} = \sqrt{500},$$

et, enfin, $\quad$ GD $= 22^{\text{c. m.}},36.$

Problème n° 24.

212. *Les hauteurs de deux triangles isocèles, ayant même base, sont* H *et* H′ (*fig.* 110). *Trouver la position du centre de gravité, par rapport à cette base, de la surface comprise entre les côtés de ces triangles :*

1° *Lorsqu'ils sont du même côté de la base ;*

2° *Lorsqu'ils sont situés de côtés différents.*

Soient g et g', les centres de gravité des triangles, et G le centre de gravité de la surface comprise entre les côtés. Le théorème des moments appliqué au plan passant par la base et perpendiculaire au plan des triangles donne :

$$\text{M}_0 \text{ surf. ABCA}' = \text{M}_0 \text{ surf. A}'\text{BC}$$
$$- \text{M}_0 \text{ surf. A}'\text{BC}.$$

Or

$$\text{M}_0 \text{ surf. ABCA}' = \left(\frac{\text{BC}}{2} \text{ H} - \frac{\text{BC}}{2} \text{ H}' \right) x,$$

$$\text{M}_0 \text{ surf. ABCA}' = \frac{\text{BC}}{2} x (\text{H} - \text{H}').$$

De même

$$\text{M}_0 \text{ surf. ABC} = \frac{\text{BC}}{2} \text{ H} \times \frac{\text{H}}{3},$$

$$\text{M}_0 \text{ surf. A}'\text{BC} = \frac{\text{BC}}{2} \text{ H}' \times \frac{\text{H}'}{3}.$$

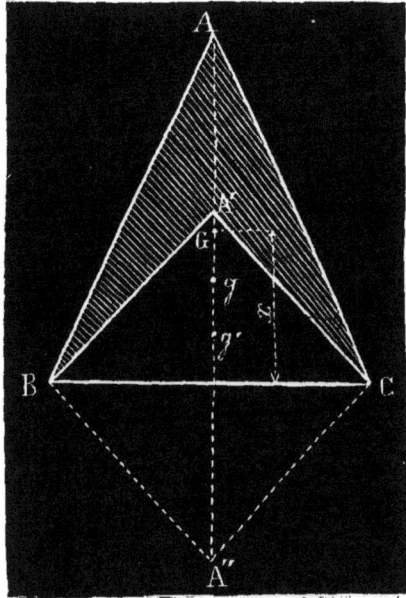

Fig. 110.

D'où

$$\frac{\text{BC}}{2} x (\text{H} - \text{H}') = \frac{\text{BC}}{2} \times \frac{\text{H}^2}{3}$$
$$- \frac{\text{BC}}{2} \times \frac{\text{H}'^2}{3}.$$

En supprimant dans les deux membres $\dfrac{\text{BC}}{2}$, on a :

$$x (\text{H} - \text{H}') = \frac{1}{3} (\text{H}^2 - \text{H}'^2),$$

ou

$$x (\text{H} - \text{H}') = \frac{1}{3} (\text{H} + \text{H}') (\text{H} - \text{H}'),$$

et, enfin, $x = \dfrac{H + H'}{3}$.

Si les triangles étaient situés de part et d'autre de la base, l'équation des moments serait :

$$\frac{BC}{2} \, x' \, (H + H') = \frac{BC}{2} \cdot \frac{H^2}{3}$$
$$- \frac{BC}{2} \cdot \frac{H'^2}{3}.$$

D'où $x' \, (H + H') = \dfrac{1}{3} \, (H^2 - H'^2)$,

et $x' \, (H + H') = \dfrac{1}{3} \, (H + H') \, (H - H')$,

et, enfin, $x' = \dfrac{H - H'}{3}$.

Problème n° 25.

213. *Etant donné un carré* ABCD *(fig. 111) dont le côté est* c, *on enlève le triangle* ABO. *Trouver le centre de gravité de la partie restante.*

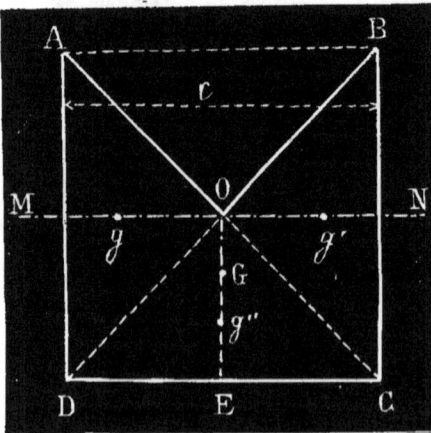

Fig. 111.

Soient g, g′, g″ les centres de gravité des triangles AOD, BOC, DOC et x la distance du centre de gravité de la partie restante au centre du carré.

Appliquons le théorème des moments par rapport au plan passant par MN et perpendiculaire au carré. Nous aurons, en remarquant que OE est un axe de symétrie,

M₀ surf. ADCBO = M₀ surf. AOD
+ M₀ surf. BOC + M₀ surf. DOC.

Or,   M₀ surf. ADCBO $= \dfrac{3c^2}{4} \, x$,

$\qquad$ M₀ surf. AOD $= 0$,

$\qquad$ M₀ surf. BOC $= 0$,

$\qquad$ M₀ surf. DOC $= \dfrac{c^2}{4} \times g''O$.

Mais $g''O = \dfrac{2}{3} \cdot \dfrac{c}{2} = \dfrac{c}{3}$.

Donc, en remplaçant

$$\frac{3c^2}{4} \, x = \frac{c^2}{4} \times \frac{c}{3}.$$

D'où, $3x = \dfrac{c}{3}$,

et $x = \dfrac{c}{9}$.

Problème n° 26.

214. *On donne un hexagone régulier* ABCDEF *(fig. 112), puis on enlève le triangle* AOB. *Trouver le centre de gravité de la partie restante.*

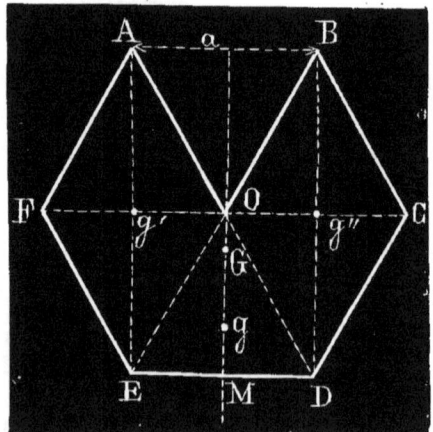

Fig. 112.

1re *Solution (graphique)*. Le centre de gravité de la partie restante se trouve sur l'axe de symétrie OM. On peut le déterminer facilement en composant :

1° Les deux surfaces EFAO, BCDO, dont le centre de gravité est en O ;

2° La surface du triangle EDO avec les surfaces des losanges précédents.

Or, le triangle EDO, dont le centre de gravité g est aux deux tiers de l'apothème, a une surface égale au quart de celle des deux losanges. Donc, le centre de gravité G cherché est à une distance :

$$OG = \frac{Og}{5}.$$

Mais $\qquad Og = \frac{2}{3} \cdot OM.$

Si nous représentons par a le côté de l'hexagone régulier, l'apothème OM $= \frac{a}{2} \sqrt{3}$. Par suite,

$$Og = \frac{2}{3} \times \frac{a}{2} \sqrt{3} = \frac{a}{3} \sqrt{3}.$$

et, aussi par suite,

$$OG = \frac{a}{15} \sqrt{3}.$$

2° Solution. Soient g le centre de gravité du triangle EDO ; g', g'' les centres de gravité des losanges EFAO, BCDO. Appliquons le théorème des moments (n° 118) par rapport au plan perpendiculaire à l'hexagone et passant par la diagonale FC. Nous aurons :

M₀ surf. BCDEFAO = M₀ surf. EFAO + M₀ surf. BCDO + M₀ surf. EDO.

Or

$$M_0 \text{ surf. BCDEFAO} = \frac{5}{6} \times \frac{3a^2}{2} \sqrt{3} \times OG$$

$$M_0 \text{ surf. BCDO} = 0,$$
$$M_0 \text{ surf. EFAO} = 0,$$
$$M_0 \text{ surf. EDO} = \frac{1}{6} \cdot \frac{3a^2}{2} \sqrt{3} \times Og.$$

D'où

$$\frac{5}{6} \cdot \frac{3a^2}{2} \sqrt{3} \times OG = \frac{1}{6} \cdot \frac{3a^2}{2} \sqrt{3} \times Og,$$

et, en simplifiant,

$$5 \times OG = Og.$$

La distance $Og = \frac{2}{3} \cdot \frac{a}{2} \sqrt{3} = \frac{a\sqrt{3}}{3}.$

Donc

$$OG = \frac{a\sqrt{3}}{15}.$$

Problème n° 27.

215. *Déterminer la distance du centre de gravité du contour d'un demi-hexagone régulier, au centre de cet hexagone.*

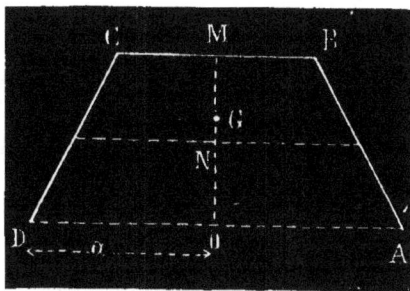

Fig. 113.

1re Solution. En composant le poids des trois droites AB, BC, CD (*fig.* 113), on voit que le point d'application G de la résultante est tel que :

$$GN = \frac{1}{3} MN = \frac{1}{3} ON.$$

ou bien

$$OG = ON + \frac{ON}{3}.$$

Si nous représentons par a le côté de l'hexagone, nous aurons :

$$ON = \frac{\text{apothème}}{2} = \frac{a}{4} \sqrt{3}.$$

Par suite,

$$OG = \frac{a}{4} \sqrt{3} + \frac{a}{12} \sqrt{3},$$

et $\qquad OG = \frac{4a\sqrt{3}}{12} = \frac{a\sqrt{3}}{3}.$

2° Solution. En prenant les moments par rapport au plan passant par AD, nous aurons :

M₀ ABCD = M₀ AB + M₀ CD + M₀ CB.

Mais

$$M_0 = ABCD = 3a \times OG,$$
$$M_0 \text{ AB} = M_0 \text{ CD} = a \times ON,$$
$$M_0 \text{ CB} = a \times OM.$$

D'où

$$3a \times OG = 2a \times ON + a \times OM.$$

Mais $\qquad 2ON = OM.$

Donc,

$$3a \times \mathrm{OG} = a \times \mathrm{OM} + a \times \mathrm{OM},$$
$$3a \times \mathrm{OG} = 2a \times \mathrm{OM}.$$

Or, l'apothème $\mathrm{OM} = \dfrac{a}{2}\sqrt{3}$, et, par suite,

$$3a \times \mathrm{OG} = \frac{2a^2}{2}\sqrt{3},$$

et, enfin,

$$\mathrm{OG} = \frac{a\sqrt{3}}{3}.$$

Problème n° 28.

216. *Un corps formé de deux cônes droits soudés à leur base commune, est suspendu par deux supports placés aux sommets de ces cônes. Déterminer la charge de chacun des points d'appui.*

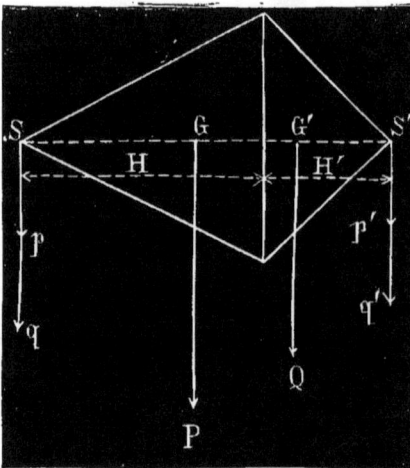

Fig. 114.

Représentons par P et Q (*fig.* 114) les poids de ces cônes et par H et H' leurs hauteurs.

Les centres de gravité de chacun de ces solides étant situés au quart de leur hauteur à partir de la base, le problème revient à décomposer les charges P et Q appliquées en G et G' chacune, en deux autres forces ayant leur point d'application aux sommets S et S'. Soient v, p' et q, q' les composantes des poids P et Q. Nous aurons, d'après les règles données pour la décomposition des forces parallèles,

$$p = \mathrm{P}\,\frac{\mathrm{H}' + \dfrac{\mathrm{H}}{4}}{\mathrm{H} + \mathrm{H}'} = \mathrm{P}\,\frac{4\mathrm{H}' + \mathrm{H}}{4\,(\mathrm{H} + \mathrm{H}')},$$

$$p' = \mathrm{P}\,\frac{\dfrac{3}{4}\mathrm{H}}{\mathrm{H} + \mathrm{H}'} = \mathrm{P}\,\frac{3\mathrm{H}}{4\,(\mathrm{H} + \mathrm{H}')},$$

$$q = \mathrm{Q}\,\frac{\dfrac{3}{4}\mathrm{H}'}{\mathrm{H} + \mathrm{H}'} = \mathrm{Q}\,\frac{3\mathrm{H}'}{4\,(\mathrm{H} + \mathrm{H}')},$$

$$q' = \mathrm{Q}\,\frac{\mathrm{H} + \dfrac{\mathrm{H}'}{4}}{\mathrm{H} + \mathrm{H}'} = \mathrm{Q}\,\frac{4\mathrm{H} + \mathrm{H}'}{4\,(\mathrm{H} + \mathrm{H}')}.$$

La charge au point S sera :

$$p + q = \frac{\mathrm{P}\,(4\mathrm{H}' + \mathrm{H}) + 3\mathrm{Q}\mathrm{H}'}{4\,(\mathrm{H} + \mathrm{H}')}.$$

Celle au point S' sera :

$$p' + q' = \frac{\mathrm{Q}\,(4\mathrm{H} + \mathrm{H}') + 3\mathrm{P}\mathrm{H}}{4\,(\mathrm{H} + \mathrm{H}')}.$$

Problème n° 29.

217. *Trouver la position d'équilibre d'un angle droit pesant* BAC (*fig.* 115) *suspendu par l'extrémité* B *et déterminer l'angle que fait le côté* AB *avec la verticale du point* B.

Représentons les longueurs de l'angle droit par $\mathrm{AB} = \mathrm{L}'$ et $\mathrm{AC} = \mathrm{L}$. Le point d'application G de la résultante $\mathrm{R} = \mathrm{L} + \mathrm{L}'$ s'obtient en composant les poids L et L' appliqués aux milieux g, g' des côtés de l'angle droit. Ce point G, situé sur la droite, gg' est tel que :

$$\frac{g\mathrm{G}}{g'\mathrm{G}} = \frac{\mathrm{L}'}{\mathrm{L}}.$$

Pour que le système suspendu au point B soit en équilibre, il faut que la verticale de ce point passe par le centre de gravité G des deux lignes AB et BC.

La figure indiquant la position d'équilibre, il suffit de déterminer l'angle ABE $= \alpha$. Pour cela, considérons le **triangle** rectangle BAE dans lequel

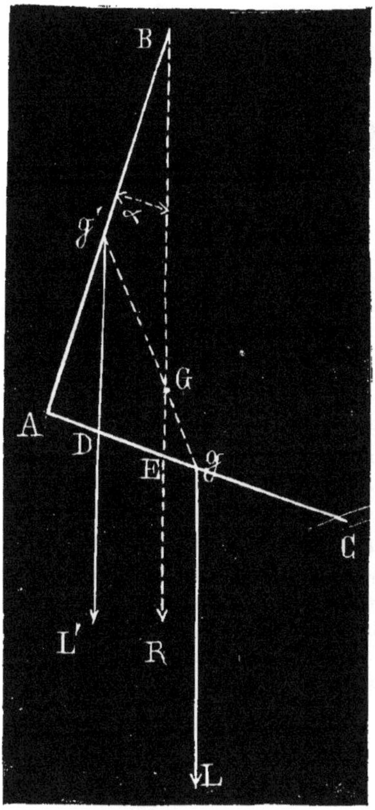

Fig. 115.

$$AE = AB \cdot tg. \ \alpha.$$

D'où

(1) $$tg \ \alpha = \frac{AE}{L'}.$$

En remarquant que $AD = DE$, il s'ensuit que :

$$AE = 2DE.$$

Or, DE peut se calculer de la manière suivante. Les règles de la composition de deux forces parallèles donnent la proportion :

$$\frac{L'}{L} = \frac{gE}{DE},$$

qu'on peut écrire

$$\frac{L'}{2L} = \frac{gE}{2DE},$$

et, d'après une propriété connue des proportions

$$\frac{L' + 2L}{2L} = \frac{gE + 2DE}{2DE}.$$

Mais $gE + 2DE = gA = \dfrac{AC}{2} = \dfrac{L}{2}.$

Donc $$\frac{L' + 2L}{2L} = \frac{L}{4DE},$$

ou $$\frac{L' + 2L}{L} = \frac{L}{2DE},$$

de laquelle on tire

$$2DE = \frac{L^2}{L' + 2L}.$$

Si nous remplaçons $2DE = AE$ par sa valeur dans l'égalité (1), nous aurons :

$$tg. \ \alpha = \frac{L^2}{L' (L' + 2L)}.$$

Exemple. Supposons $L = 40^{c. m.}$, $L' = 30^{c. m.}$. Nous aurons :

$$tg. \ \alpha = \frac{40^2}{30 \ (30 + 80)} = \frac{1600}{3300},$$

ou $$tg. \ \alpha = \frac{16}{33}.$$

En calculant au moyen des logarithmes, on trouve :

$$\text{angle } \alpha = 25° \ 52'.$$

CHAPITRE VI

COMPOSITION DE FORCES SITUÉES
DANS UN MÊME PLAN

218. Dans les chapitres qui précèdent, nous avons étudié la composition et la décomposition des forces concourantes et des forces parallèles. Nous allons maintenant considérer le cas d'un corps solide soumis à l'action de plusieurs forces situées toutes dans le même plan.

Théorème n° 30.

219. *Un système de forces situées dans un même plan peut se réduire à une résultante unique ou à un couple.*

Fig. 116.

Soient les forces F, F',F″ (*fig.* 116) dirigées toutes dans le même plan et appliquées aux points A, B, C.

Considérons, dans le plan des forces, deux axes rectangulaires OX et OY et décomposons les forces F, F', F″ chacune en deux composantes parallèles à ces axes. La force F donnera deux composantes AP = x et AQ = y. La force F' donnera les deux composantes BP' = x' et BQ' = y'. De même, la force F″ aura pour composantes CP″ = x'' et CQ″ = y'' et ainsi de suite.

Le système de forces proposé se trouve ainsi transformé en deux séries de forces, les unes x, x', x'', parallèles à l'axe OX, et les autres, y, y', y'', parallèles à l'axe OY. Prolongeons les composantes x, x', x'' jusqu'à leur rencontre avec l'axe OY, et les composantes y, y', y'' jusqu'à leur rencontre avec l'axe OX. Si nous composons chaque groupe de forces parallèles, le premier formé des forces x, x', x'' ayant leurs points d'application sur OY, le second formé des forces y, y', y'' appliquées en des points de OX, plusieurs cas peuvent se présenter.

1er CAS. Les forces x, x', x'' (*fig.* 117) ont une résultante unique X_1, appliquée au point M, et les forces y, y', y'' une résultante Y_1 appliquée en N.

Ces deux résultantes X_1 et Y_1 prolongées, se rencontrent en un point K auquel on peut les supposer appliquées. Si, alors,

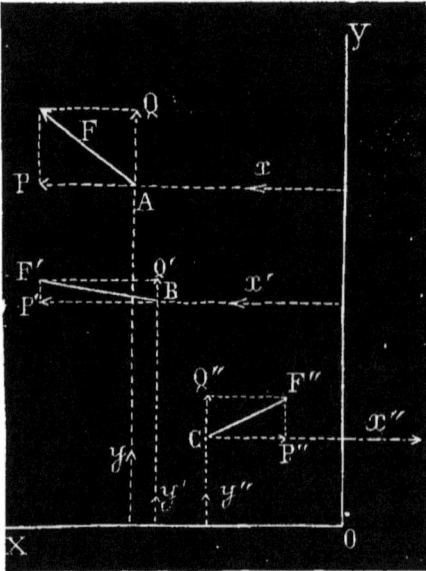

on les compose, elles donneront *une résultante unique* R.

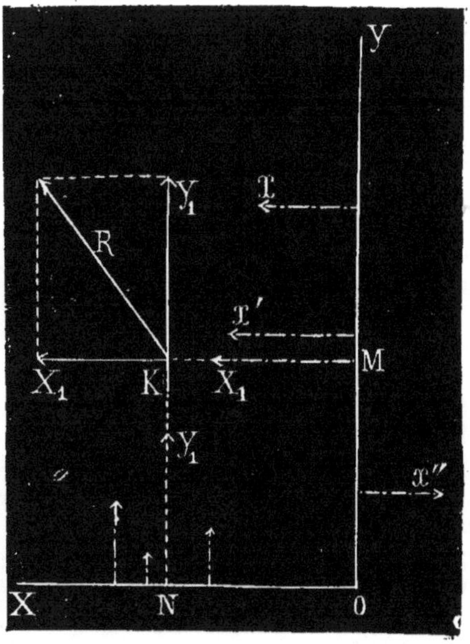

Fig. 117.

se composent en une résultante R appliquée en I et les deux autres — X_1 et — Y_1 en une seule — R appliquée en I'. Les paral-

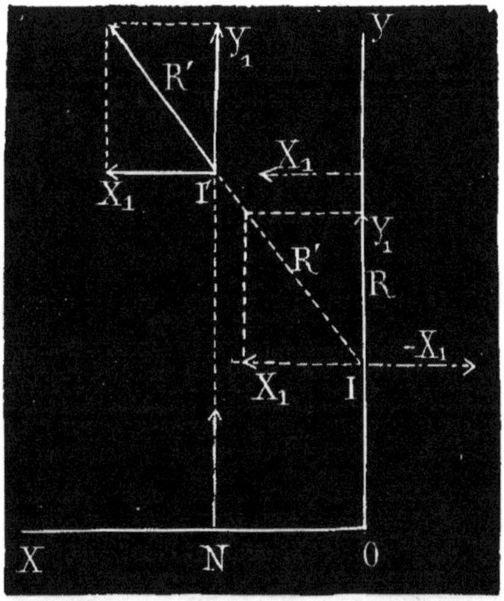

Fig. 118.

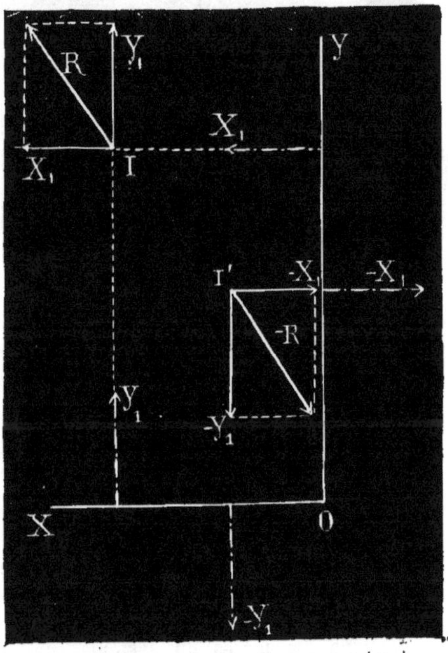

2ᵉ Cas. Les forces x, x', x'' (*fig.* 118) donnent lieu à un couple (X_1 — X_1) et les forces y, y', y'' admettent une résultante unique Y_1.

Les forces X_1 et Y_1 donnent une résultante partielle R' appliquée à leur point de rencontre I'. Ces trois forces X_1 — X_1 et Y_1 se trouvent réduites aux deux forces — X_1 et R', lesquelles se rencontrent en I. En ce point I, on peut remplacer R' par ses deux composantes X_1 et Y_1. Alors, —X_1 et X_1 se détruisent; il ne reste donc plus que la force R égale à Y_1 et appliquée au point I.

Dans ce cas, le système des forces proposées admet une résultante unique.

3ᵉ Cas. Les forces x, x', x'' (*fig.* 119) donnent lieu à un couple (X_1 — X_1). De même, les forces, y, y', y'' se réduisent aussi à un couple (Y_1, — Y_1).

Ces deux couples peuvent se combiner comme il suit: Les deux forces X_1 et Y_1

Fig. 119

lélogrammes $(X_i Y_i)$ et $(-X_i - Y_i)$ étant égaux et ayant les côtés parallèles, il est évident que ces deux résultantes R et — R sont égales, parallèles et opposées, c'est-à-dire qu'elles forment un couple.

Ainsi, dans ce troisième cas, *le système des forces se réduit à un couple.*

Théorème n° 31.

220. *La projection de la résultante, ou du couple résultant d'un système de forces dirigées dans un même plan, sur un quelconque des deux arcs* OX *et* OY (*fig.* 120) *situés dans le plan des forces, est égale à la somme algébrique des projections des forces du système sur ce même axe.*

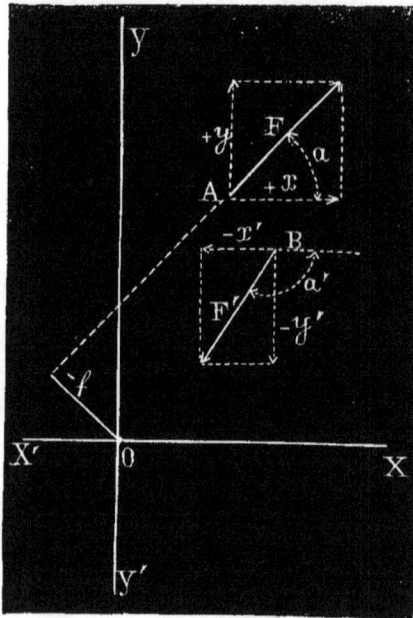

Fig. 120.

Considérons les forces F, F',F" dont les composantes x, x',x''... y, y',y''... sont les premières parallèles à l'axe OX et les secondes parallèles à l'axe OY. Ces composantes ne sont autre chose que les projections des forces du système sur ces mêmes axes. Par suite, le théorème des projections que nous avons démontré dans le chapitre II est applicable dans ce cas. Remarquons que les projections des forces F, F', F" sont positives ou négatives suivant les angles que ces forces font avec les axes.

Généralement, les axes ont la position indiquée par la figure 120. Dans ce cas, les projections sur l'axe OX sont regardées comme positives lorsqu'elles sont dirigées suivant OX, et négatives lorsqu'elles ont la direction du prolongement OX' de OX. De même, les projections des forces sur OY sont positives ou négatives selon qu'elles tirent de O vers Y ou de O vers Y'.

Ce théorème des projections peut s'exprimer algébriquement de la manière suivante :

Soient a, a', a''... les angles que forment les directions des forces F, F', F"... avec l'axe OX, ces angles étant comptés de 0° à 360° à partir de OX dans le sens contraire du mouvement des aiguilles d'une montre.

Les projections sur l'axe OX sont :

F cos a, F' cos a', F" cos a''.....

Le signe de ces projections sera donné par le signe du cosinus de l'angle correspondant. Ainsi, si l'angle a est compris entre 0° et 90° ou entre 270° et 360°, son cosinus est positif. Il est négatif, si l'angle a est compris entre 90° et 270°.

Les projections des forces F, F', F"... sur l'axe OY sont représentées par

F cos (90° — a), F' cos (90° — a'),

F" cos (90° — a''),

ou

F sin a, F' sin a', F" sin a''.....

Nous aurons donc les deux équations :

$$X_i = x + x' + x''.....$$
$$= F \cos a + F' \cos a' + F'' \cos a'' +.....$$
$$Y_i = y + y' + y'' +.....$$
$$= F \sin a + F' \sin a' + F'' \sin a'' +.....$$

Les résultantes partielles X_i, Y_i étant rectangulaires, la grandeur de la résultante R sera (*fig.* 117) :

$$R = \sqrt{X_i^2 + Y_i^2}.$$

L'angle α que cette résultante R fait avec l'axe OX sera donné par les deux relations :

$$\cos \alpha = \frac{X_1}{R},$$

$$\sin \alpha = \frac{Y_1}{R}.$$

Théorème n° 32.

221. *Le moment de la résultante ou du couple résultant d'un système de forces dirigées dans un plan, par rapport à un point de ce plan, est égal à la somme algébrique des moments des forces du système.*

La démonstration de ce théorème est basée sur le théorème des moments des forces concourantes situées dans un même plan et sur celui des moments des forces parallèles.

Prenons, comme centre des moments, le point O (*fig.* 120) de rencontre des axes et soient f, f', f''... les distances de ce point aux forces F, F', F''... Nous aurons, en désignant par r le bras de levier de la résultante R,

$$Rr = Ff + F'f' + F''f'' + \ldots.$$

Cette relation permet de calculer la distance r de la résultante R au centre des moments.

Il faut regarder, comme positifs, les moments des forces qui tendent à faire tourner dans un sens autour du point O, le plan des forces, et comme négatifs ceux qui tendent à p oduire le mouvement inverse.

Conditions de l'équilibre des forces agissant dans un

même plan suivant des directions quelconques.

222. Deux conditions doivent se produire simultanément pour qu'un corps, soumis à un pareil système de forces, soit en équilibre.

1° *La somme algébrique des projections de toutes les forces sur deux axes quelconques situés dans le plan, doit être nulle pour chacun des axes.*

2° *La somme des moments des forces par rapport au point de rencontre des axes doit être nulle.*

Ces deux conditions sont suffisantes, en effet. Plusieurs forces situées dans un même plan se font équilibre lorsque leur résultante est nulle, ou, ce qui revient au même, lorsqu'elles se réduisent à deux forces égales et directement opposées. Dans ce cas, la somme des projections sur un axe quelconque est nulle ainsi que la somme des moments par rapport à un point quelconque du plan.

Ces deux conditions nécessaires sont aussi suffisantes ; car, si la première est remplie, les forces ont une résultante nulle ou se réduisent à un couple ; mais, si la seconde condition est remplie en même temps, le système des forces proposées ne peut se réduire à un couple.

Donc le corps sera en équilibre, si les forces situées dans un même plan qui le sollicitent satisfont à ces deux conditions traduites par les trois équations :

$$F \cos a + F' \cos a' + F'' \cos a'' + \ldots = 0,$$
$$F \sin a + F' \sin a' + F'' \sin a'' + \ldots = 0,$$
$$Ff + F'f' + F''f'' + \ldots = 0.$$

CHAPITRE VII

ÉQUILIBRE D'UN CORPS GÊNÉ PAR DES OBSTACLES

Action et réaction.

223. On appelle *réaction*, une force égale et contraire à l'*action* qu'un point matériel donné reçoit d'un autre point matériel.

224. Si le point A reçoit du point B une certaine action, il exerce à son tour sur le point B une réaction égale et contraire.

225. Le principe d'égalité entre l'action et la réaction, posé par *Newton*, est devenu un axiome de Mécanique. Il s'étend à des corps de dimensions finies. Ainsi, la Lune exerce sur la Terre une attraction égale et contraire à celle qu'elle reçoit de notre globe; car, puisque les réactions exercées par les différents points de la Lune sur les différents points de la Terre sont égales et contraires aux actions que ces derniers exercent sur les premiers, la résultante de ces réactions, ou la *réaction totale*, est égale à la résultante des actions, ou à l'*action totale*.

226. La considération des réactions est continuelle dans l'étude des machines et des constructions de toute espèce. Tout corps employé dans une machine repose sur des appuis fixes ou mobiles et exerce une certaine action sur ces appuis. Ceux-ci réagissent à leur tour et leurs réactions doivent entrer au nombre des forces qui agissent sur le corps dont on s'occupe.

227. L'égalité entre l'action et la réaction se comprend facilement, lorsque, par exemple, on tire sur un ressort dont l'une des extrémités est fixe. Le ressort exerce une traction précisément égale et contraire à celle qu'il subit.

228. Ces effets égaux et réciproques paraissent évidents lorsqu'il s'agit de corps très élastiques, tels qu'un ressort en acier, une masse en caoutchouc, un volume gazeux, etc. Ils paraissent moins visibles lorsqu'il s'agit des corps durs ou presque dépourvus d'élasticité; mais, en analysant un grand nombre de phéuomènes, on peut se convaincre que toujours la réaction est égale à l'action.

Ainsi, dans le tir au pistolet, la réaction de la plaque de fer ou de fonte réduit la balle à l'état d'un disque très mince. C'est aussi la réaction de l'eau frappée par les rames ou par les ailes de l'hélice qui produit le mouvement d'un bateau. Le mouvement d'avancement d'un nageur est dû à la réaction que l'eau oppose à l'action des pieds et des mains qui, en s'étendant et en se repliant en arrière, repoussent l'eau.

ÉQUILIBRE D'UN CORPS SOLIDE LIBRE.

229. Avant d'étudier les conditions particulières de l'équilibre d'un corps gêné par des obstacles, voyons celles qui sont nécessaires lorsque le corps est entièrement libre, sous l'action des forces qui le sollicitent.

Toutes les forces, qui agissent sur un corps, peuvent se réduire à deux forces uniques R et Q et, pour qu'il y ait équilibre, il faut et il suffit que ces deux résultantes soient égales et directement opposées. Telle est la condition géométrique.

Si ces deux composantes R et ρ sont égales et directement opposées, il est évident que :

1° La somme algébrique de leurs projections sur un axe quelconque est nulle;

2° La somme algébrique de leurs moments par rapport à un axe quelconque est également nulle.

Si, alors, le système des forces qui sollicitent un corps est rapporté à trois axes rectangulaires OX, OY, OZ, on aura pour chacun des axes :

(1) $\qquad R_x + Q_x = 0,$
(2) $\qquad R_y + Q_y = 0,$
(3) $\qquad R_z + Q_z = 0,$
(4) $\qquad M_{ox}S + M_{ox}Q = 0,$
(5) $\qquad M_{oy}S + M_{oy}Q = 0,$
(6) $\qquad M_{oz}S + M_{oz}Q = 0.$

Mais les forces R et Q étant les résultantes des forces F, F′, F″... ou ΣF du système, ces six équations reviennent à :

$$\Sigma F_x = 0,$$
$$\Sigma F_y = 0,$$
$$\Sigma F_z = 0,$$
$$\Sigma M_x\, F = 0,$$
$$\Sigma M_y\, F = 0,$$
$$\Sigma M_z\, F = 0.$$

Ces équations, désignées sous le nom des *six équations d'équilibre*, sont nécessaires et suffisantes.

Elles sont nécessaires, car les trois premières équations montrent que les deux résultantes R et Q sont égales et de sens contraire, sans prouver qu'elles sont directement opposées, puisque ces trois équations seraient satisfaites si les forces R et Q formaient un couple. Mais les trois dernières équations ne peuvent être satisfaites que si les forces R et Q sont directement opposées. Donc, la condition géométrique de l'équilibre est traduite analytiquement par ces six équations qui peuvent, dans certains cas particuliers, se réduire à un nombre moindre.

1° *Les forces* F, F′, F″... *du système sont toutes dans un même plan.*

Si, dans ce cas, on mène les axes OX, OY dans le plan des forces, les conditions d'équilibre se réduisent aux trois suivantes :

$$\Sigma F_x = 0,$$
$$\Sigma F_y = 0,$$
$$\Sigma F_z = 0.$$

Les trois autres sont satisfaites d'elles-mêmes.

2° *Les forces sont parallèles et situées dans le même plan.*

En prenant les axes OX et OY dans le plan des forces, de manière que l'axe OY soit parallèle à la direction des forces, on voit que les six équations se réduisent à :

$$\Sigma F_y = 0,$$
$$\Sigma M_y\, F = 0.$$

3° *Les forces sont parallèles, mais non situées dans le même plan.*

Il suffit, pour réduire à trois les équations d'équilibre, de prendre les axes OX et OY dans un plan perpendiculaire à la direction des forces. Dans ce cas, les équations qui subsistent sont :

$$\Sigma F_z = 0,$$
$$\Sigma M_x\, F = 0,$$
$$\Sigma M_y\, F = 0,$$

car les trois autres sont satisfaites d'elles-mêmes.

ÉQUILIBRE D'UN CORPS MOBILE AUTOUR D'UN POINT FIXE.

Théorème n° 33.

230. *Pour qu'un corps solide assujetti à tourner autour d'un point fixe soit en équilibre, il faut que les forces qui le sollicitent aient une résultante unique dont la direction passe par le point fixe.*

En effet, considérons un corps solide mobile autour d'un de ses points O (*fig.* 121) et soumis à l'action de plusieurs forces F, F′, F″... Toutes ces forces peuvent être réduites à deux, R et Q, dont l'une R passe par le point fixe. Cette force sera détruite par la résistance du point. Le corps restera soumis à l'action seule de la force Q qui doit également passer par le point fixe, sans quoi le corps, mobile autour du point O, serait en équilibre sous l'action d'une force qui ne passerait pas par ce point, ce qui serait contraire à l'un des axiomes posés au commencement de ce cours.

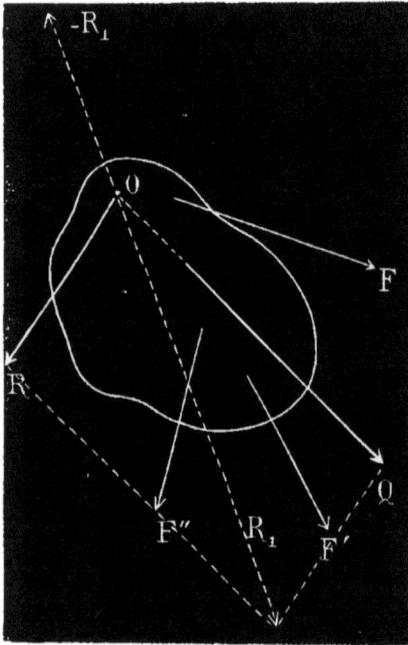

Fig. 121.

Cette condition est suffisante parce que, quand elle est remplie, les forces appliquées au corps sont détruites par la résistance du point fixe. Si nous faisons passer trois axes rectangulaires par le point fixe O, les conditions d'équilibre se réduisent à trois, qui sont :

$$\Sigma M_x\, F = 0,$$
$$\Sigma M_y\, F = 0,$$
$$\Sigma M_z\, F = 0,$$

puisqu'elles expriment complétement que les résultantes R et Q passent par le même point.

231. *Réaction du point fixe.* On pourrait considérer le corps M comme libre, à la condition d'appliquer au point fixe une

force — R_1 égale et directement opposée à la résultante des forces R et Q ; car, dans ces conditions, l'équilibre subsistera. Cette force — R_1 exprime la réaction du point fixe, et est par suite égale à l'action résultante des forces du système. Il en résulte que la pression supportée par le point fixe est égale à la résultante de toutes les forces du système.

232. *Remarque.* Si le corps est seulement sollicité par son poids, il faut et il suffit, pour qu'il soit en équilibre, que la verticale passant par le point fixe, passe aussi par le centre de gravité du corps.

ÉQUILIBRE D'UN CORPS MOBILE AUTOUR
DE DEUX POINTS FIXES.

Théorème n° 34.

233. *Pour qu'un corps solide fixé en deux points soit en équilibre, il suffit que l'une des résultantes auxquelles on réduit le système des forces passe par l'axe fixe et que l'autre résultante soit dans un même plan avec cet axe.*

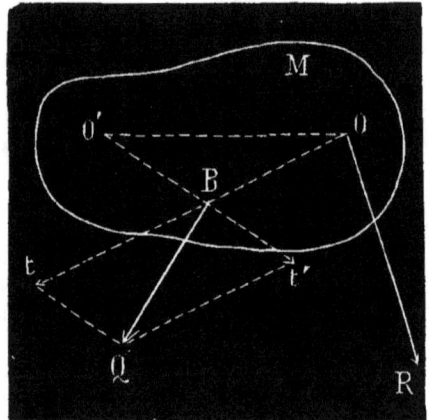

Fig. 122.

Soient O et O' (*fig.* 122) les deux points fixes d'un corps M assujetti, par conséquent, à tourner autour de la droite qui unit ces deux points. Les deux forces R et Q auxquelles se réduit le système des forces appliquées au corps peuvent être telles que l'une d'elles, R, par exemple, passe par le point O. Cette force est alors détruite par la résistance de ce point fixe. Il faut donc, pour que le corps soit en équilibre, que la résultante Q, d'après un axiome énoncé, soit dans un même plan avec l'axe fixe OO'.

Si l'on prend la droite fixe OO' pour l'axe OX, la seule équation :

$$\Sigma M_x\, F = 0,$$

exprime complétement que les deux résultantes R et Q sont situées dans des plans contenant l'axe fixe OO'.

234. *Pression sur les points fixes.* La pression que reçoit chaque point fixe peut s'obtenir aisément en décomposant la force Q appliquée en B en deux composantes *t* et *t'* dirigées suivant les lignes BO et BO' (*fig.* 122). La composante *t'* représente la pression supportée par le point O' et la résultante des forces R et *t* exprime la pression au point O.

235. *Remarque.* Si le corps est seulement soumis à l'action de son poids, il faut, pour qu'il y ait équilibre, que son centre de gravité soit dans le plan vertical contenant l'axe.

Cette remarque nous conduit à dire quelques mots des différentes sortes d'équilibre, suivant la position du centre de gravité d'un corps pouvant tourner soit autour d'un point soit autour d'un axe.

Différentes sortes d'équilibre.

236. On distingue trois sortes d'équilibre :

1° Équilibre stable ;
2° Équilibre instable ;
3° Équilibre indifférent.

I. ÉQUILIBRE STABLE.

237. On dit que l'équilibre est *stable*, lorsque le corps étant écarté de sa position d'équilibre, puis abandonné à lui-même, tend à revenir à la première position après un certain nombre d'oscillations.

Considérons un corps quelconque M

(*fig.* 123) mobile autour du point O et soit G son centre de gravité situé au-dessous du point de suspension.

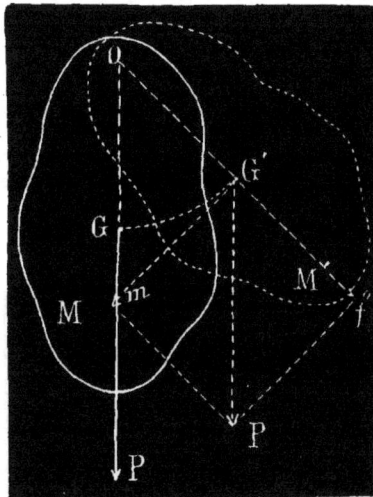

Fig. 123.

Si, après avoir amené le corps dans la position M', on l'abandonne à lui-même, il reprendra, après quelques oscillations, sa position primitive ; car le poids P du corps qui est une force verticale peut être décomposé en deux autres forces, l'une *f* dirigée suivant OG' et l'autre *m*, perpendiculaire à cette droite. La première composante *f* se trouve détruite par la résistance du point de suspension, tandis que la force *m* aura pour effet de faire tourner le corps autour du point O. Cette composante *m* sera nulle lorsque le centre de gravité sera la verticale du point de suspension.

Donc, *pour qu'un corps suspendu en un point soit en équilibre stable, il faut que son centre de gravité soit au-dessous du point fixe.*

II. ÉQUILIBRE INSTABLE.

238. Un corps est en équilibre *instable*, lorsque, étant dérangé de sa position d'équilibre, la pesanteur tend à l'en éloigner davantage.

Soit un corps M (*fig.* 124) mobile autour du point O et G son centre de gravité. Lorsque la verticale du poids P du corps passe par le point fixe O, cette force est détruite, mais, si nous dérangeons le corps en l'amenant dans la position M', le poids P peut être décomposé en deux forces, l'une *f*, dirigée suivant OG', qui est détruite et l'autre *m* perpendiculaire à cette direction. Or, cette composante *m* fait tourner le corps en l'éloignant de sa position primitive pour l'amener dans celle de l'équilibre stable.

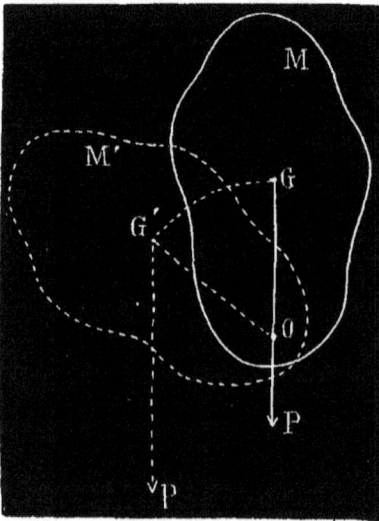

Fig. 124.

L'équilibre instable est purement théorique.

III. ÉQUILIBRE INDIFFÉRENT.

239. Un corps est en équilibre indifférent lorsque, dérangé de sa position, il est encore en équilibre, c'est-à-dire que le corps est en équilibre dans toutes les positions qu'on lui fait prendre.

Dans ce cas, le centre de gravité du corps coïncide avec le point fixe O. On ne peut plus alors décomposer son poids en deux composantes dont l'une tend à faire tourner le corps.

240. *Remarque* I. Tout ce que nous venons de dire pour un corps possédant un point fixe s'applique également, sans modification, à un corps assujetti à tourner autour d'un axe.

241. *Remarque* II. Nous avons dit, plus haut, que l'équilibre instable est purement hypothétique et irréalisable pratiquement. Il est facile de comprendre que plusieurs causes extérieures : les vibrations, les mouvements du milieu ambiant, la déformation des pièces, etc. doivent amener inévitablement un dérangement dans la position du corps et, par suite, celui-ci ne peut conserver sa position première correspondant à l'équilibre instable.

L'équilibre indifférent est, au contraire, très recherché dans la plupart des machines animées d'un mouvement de rotation. Ainsi, le centre de gravité des volants des machines à vapeur, des roues d'engrenages des poulies, des balanciers, etc., doit se trouver sur l'arbre. Si cette condition n'était pas remplie, la pesanteur tendrait tantôt à accélérer, tantôt à ralentir le mouvement, ce qui amènerait de grandes irrégularités nuisibles à la marche des organes d'une machine.

Dans le cas où la forme des pièces ne se prête pas à cette condition, on y remédie par l'emploi des contre-poids. Ainsi, les aiguilles des horloges de grandes dimensions sont équilibrées par une petite tige assez pesante, de faible longueur, placée sur le prolongement de chacune d'elles. Ces contre-poids, appliqués aux roues motrices des locomotives, ont une importance considérable dans l'équilibre et la régularité du mouvement de ces machines.

ÉQUILIBRE D'UN CORPS REPOSANT SUR UN PLAN FIXE.

242. Un corps peut reposer sur un plan, soit par un point, soit par deux ou trois points, soit enfin par un plus grand nombre de points. De là différents cas à examiner.

Théorème n° 35.

243. *Pour qu'un corps reposant par un seul point sur un plan fixe soit en équilibre, il faut et il suffit que les forces qui agissent sur lui aient une résultante unique, normale au plan qui passe par le point d'appui et presse le corps contre le plan.*

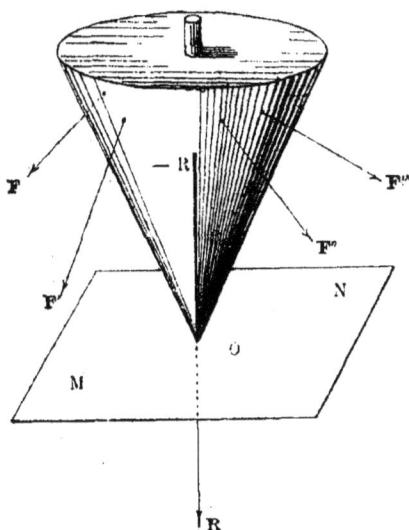

Fig. 125.

Soit A *(fig. 125)* un corps sur lequel agissent les forces F, F′, F″... et reposant par le point sur le plan MN.

La réaction — R que le plan exerce à l'action des forces F, F′, F″... est normale au plan et se trouve appliquée au point O. On peut alors supposer le corps entièrement libre et sollicité par les forces F, F′, F″... — R. Il suffira que l'ensemble de ces forces se réduise à deux forces égales et directement opposées. Or, pour que cette condition soit remplie, il suffit que les forces F, F′, F″... admettent une résultante unique R, normale au plan et pressant le corps sur le plan.

244. *Remarque* I. Dans le cas où la pesanteur seule agit sur le corps, il faudra, pour l'équilibre, que le plan soit horizontal et que la verticale du centre de gravité passe par le point d'appui.

245. *Remarque* II. La pression que supporte le point d'appui et, par suite, le plan, est égale au poids du corps.

246. *Remarque* III. Un corps soumis à l'action seule de son poids et reposant sur un plan par un point peut présenter les trois sortes d'équilibre.

Si, le point d'appui ne changeant pas, on déplace le corps, l'équilibre sera forcément instable, puisque le centre de gravité est au-dessus du point d'appui. L'équilibre stable ne peut exister que si le centre de gravité se trouve au-dessous du plan.

Si, au contraire, en dérangeant le corps, le point d'appui change, il peut arriver :

1° Que le corps soit en équilibre stable, si le centre de gravité est plus rapproché du plan que dans toute autre position ;

2° L'équilibre sera instable, si le centre de gravité est plus éloigné du plan que dans toute autre position ;

3° L'équilibre sera indifférent, si, dans toutes les positions que peut prendre le corps, le centre de gravité reste à la même distance du plan. Tel est le cas d'une sphère homogène reposant sur un plan horizontal.

ÉQUILIBRE D'UN CORPS S'APPUYANT PAR DEUX POINTS.

Théorème n° 36.

247. *Pour qu'un corps reposant sur un plan horizontal par deux points soit en équilibre, il faut et il suffit que la verticale du centre de gravité rencontre la droite qui joint ces deux points et tombe entre ces deux points.*

Nous avons vu, plus haut, que les conditions d'équilibre d'un corps reposant sur un plan horizontal sont les mêmes lorsqu'il est soumis à un système quelconque de forces ou à l'action de la pesanteur; nous ne nous occuperons que des corps pesants.

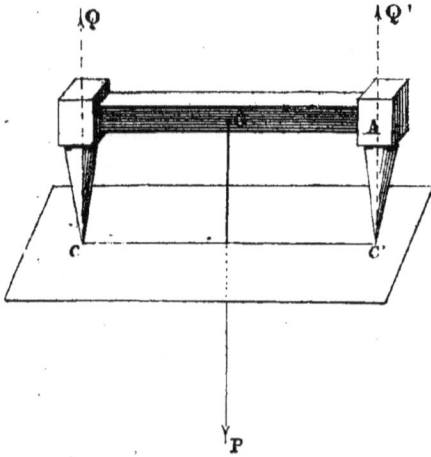

Fig. 126.

Soit A (*fig.* 126) un corps reposant sur un plan horizontal par deux points C, C'. Le corps exerce en ces deux points des pressions verticales et le plan réagit avec des forces Q, Q' égales et directement opposées à ces pressions. Il faut donc, pour l'équilibre, que les forces Q, Q' et le poids P du corps se réduisent à deux forces égales et directement opposées. Mais les forces Q, Q' étant parallèles et de même sens ont une résultante Q + Q' appliquée en un point de la ligne CC'. Il faut donc que la force P soit normale au plan et que son point d'application soit sur la droite qui joint les deux points d'appui.

248. *Remarque*. Les pressions supportées par les points d'appui C et C' s'obtiennent facilement en décomposant le poids P du corps en deux forces parallèles et de même sens.

ÉQUILIBRE D'UN CORPS PESANT REPOSANT SUR UN PLAN HORIZONTAL PAR TROIS POINTS NON EN LIGNE DROITE.

249. Un raisonnement analogue au précédent conduirait à démontrer qu'un corps placé dans ces conditions sera en équilibre lorsque la verticale passant par son centre de gravité rencontrera le plan à l'intérieur du triangle formé par les points d'appui (*fig.* 127).

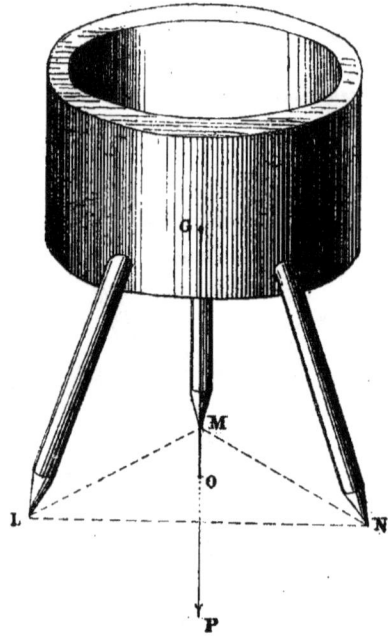

Fig. 127.

250. *Remarque*. Les pressions supportées par les points d'appui s'obtiennent en décomposant le poids P du corps en trois composantes verticales appliquées aux points L, M, N (*fig.* 128). Ces composantes sont données par les relations :

$$Q + Q' + Q'' = P,$$
$$Q = P \times \frac{OD}{LD},$$
$$Q' = S \times \frac{ND}{MN},$$
$$Q'' = S \times \frac{MD}{MD},$$

ou bien

$$(1) \begin{cases} Q = P \times \dfrac{OD}{LD}, \\ Q' = P \times \dfrac{OK}{MK}, \\ Q'' = P \times \dfrac{OH}{NH}. \end{cases}$$

Ces pressions peuvent être représentées sous une forme remarquable.

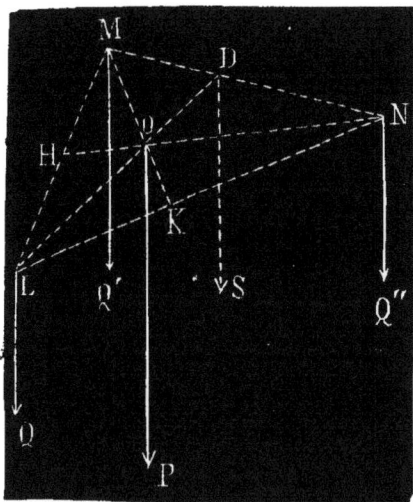

Fig. 128.

Les triangles MON et LMN (*fig.* 128) ayant même base sont proportionnels à leur hauteur ou aux longueurs OD et LD. On a donc :

$$\frac{MON}{LMN} = \frac{OD}{LD}.$$

Pour la même raison, on trouvera :

$$\frac{LON}{LMN} = \frac{OK}{MK},$$

et

$$\frac{LOM}{LMN} = \frac{OH}{NH}.$$

Par suite, les équations (1) peuvent s'écrire ainsi :

$$\frac{Q}{P} = \frac{MON}{LMN},$$

$$\frac{Q'}{P} = \frac{LON}{LMN},$$

$$\frac{Q''}{P} = \frac{LOM}{LMN}.$$

D'où

$$\frac{Q}{MON} = \frac{Q'}{LON} = \frac{Q''}{LOM} = \frac{P}{LMN}.$$

C'est-à-dire que si le poids P est représenté par la surface du triangle formé par les points d'appui, les pressions supportées par ces points seront respectivement représentées par les surfaces des triangles ayant pour base les côtés opposés et, pour sommet commun, le point où la verticale, passant par le centre de gravité, perce le plan.

251. *Polygone de substentation.* Lorsqu'un corps repose par plusieurs points sur un plan, on peut toujours former un polygone convexe dont plusieurs de ces points soient les sommets et qui comprennent, dans son intérieur, tous les autres points d'appui. Ce polygone est appelé *polygone de substentation.*

ÉQUILIBRE D'UN CORPS REPOSANT SUR UN PLAN PAR UN NOMBRE QUELCONQUE DE POINTS.

252. On déduirait facilement, en répétant les raisonnements qui précèdent, que l'équilibre d'un tel corps aura lieu lorsque la *verticale du centre de gravité tombera à l'intérieur du polygone de substentation.*

La tour de Pise présente une application très remarquable de ce principe. Cette tour, quoiqu'inclinée de $0^m,086$ par mètre, est telle que son centre de gravité tombe en dedans de la base. Sa hauteur est de 59 mètres.

Les mouvements des animaux suivent instinctivement cette loi. Ils déplacent, sans s'en douter, leur centre de gravité de manière que la verticale de ce point rencontre toujours le sol dans la base de substentation.

Lorsqu'un homme porte un fardeau, il s'incline d'autant plus en avant que le fardeau est plus volumineux, ou bien il se penche du côté opposé à la charge en écartant le bras libre si cette charge est transportée d'une seule main. Pendant la marche, l'homme s'incline tantôt à droite, tantôt à gauche, suivant que l'un ou l'autre pied forme la base d'appui. Enfin, il se penche en avant ou en arrière selon qu'il monte ou descend une pente.

Le balancier des danseurs de corde sert à ramener constamment la verticale de leur centre de gravité à l'intérieur du polygone d'appui.

Stabilité d'un corps pesant, s'appuyant sur un plan horizontal.

253. Nous avons vu plus haut que, lorsque la verticale du centre de gravité d'un corps soumis à l'action seule de son poids tombait à l'intérieur du polygone de substentation, ce corps était en équilibre stable.

Or, le degré de stabilité du corps dépendra de la position du centre de gravité par rapport à ce polygone, c'est-à-dire que l'effort à exercer pour renverser le corps sera plus ou moins considérable.

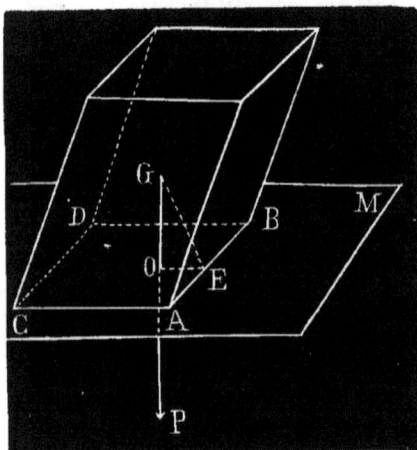

Fig. 129.

Considérons un parallélipipède reposant par sa base ABCD (*fig.* 129) sur un plan horizontal et soit O le point où la verticale du centre de gravité rencontre le plan. Le poids P du corps tend, dans ce cas, à appliquer celui-ci sur le plan et, par suite, s'oppose au renversement qu'on voudrait opérer en le faisant tourner autour de l'arête AB. Le moment de P par rapport à l'axe de rotation AB est :

$$P \times OE.$$

Par suite, pour renverser le corps, il faudrait exercer une force dont le moment fût supérieur à $P \times OE$. Ce moment varie avec l'arête autour de laquelle on veut opérer la rotation. Sa valeur dépend alors de la distance du point O avec cette arête. Le moment minimum aura lieu par rapport à l'arête la plus rapprochée du point O. Ce moment minimum est appelé *moment de stabilité*.

Indépendamment du poids P et de la distance OE, le degré de stabilité d'un corps varie avec la distance de son centre de gravité au plan sur lequel il repose. En effet, lorsque le corps tourne autour d'une arête, son poids tend à le ramener à sa première position, tant que le centre de gravité ne dépasse pas le plan vertical passant par l'axe de rotation. A partir de cette position, l'équilibre ne subsisterait plus. L'angle dont un corps peut tourner sans chavirer, mesure donc son degré de stabilité, c'est-à-dire que la stabilité variera avec la grandeur de cet angle. Or, cet angle x qui est égal à OGE sera d'autant plus grand que le centre de gravité sera plus rapproché de la base. Si nous représentons par h la hauteur du centre de gravité au-dessus du plan et par d la distance du point O à l'arête de renversement, on aura :

$$\mathrm{tg.}\ x = \frac{h}{d}.$$

En résumé, la stabilité des corps pesants se détermine en considérant :

1° La plus courte distance de la verticale du centre de gravité au contour de la base de substentation ;

2° La hauteur du centre de gravité au-dessus de cette base.

Nous rencontrons, à chaque instant, des exemples où ces deux considérations sont appliquées. Ainsi, les murs de soutènement ayant pour but de maintenir les terres, ont la forme d'un trapèze rectangle dont la plus grande base repose sur le sol. De cette façon, le centre de gravité est abaissé et la base d'appui est plus grande. (P (*fig.* 130) poids du mur, et F poussée des terres.)

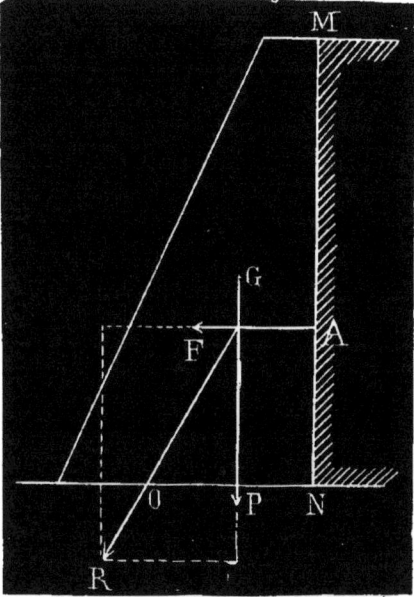

Fig. 130.

Les étais ou pièces de bois qu'on dispose obliquement contre un mur qui ne présente pas la sécurité désirable, remplissent le même but.

254. La forme tronconique donnée aux cheminées en briques des usines. permet d'abaisser le centre de gravité et d'augmenter le moment de stabilité.

On voit également que la stabilité des voitures est liée à leur mode de chargement. Une voiture chargée de foin ou de paille est plus exposée à verser qu'une autre chargée de fer ou de bois. Les inégalités des routes modifient d'une manière notable leur degré de stabilité.

Problème n° 30.

255. *Une barre* AB (*fig.* 131) *est appuyée contre un plan vertical* AC *et sur un plan horizontal* CB. *Quelle force doit-on appliquer en* B *pour l'empêcher de glisser? Le poids de la barre est* P.

Ce problème peut être résolu en appliquant deux méthodes différentes.

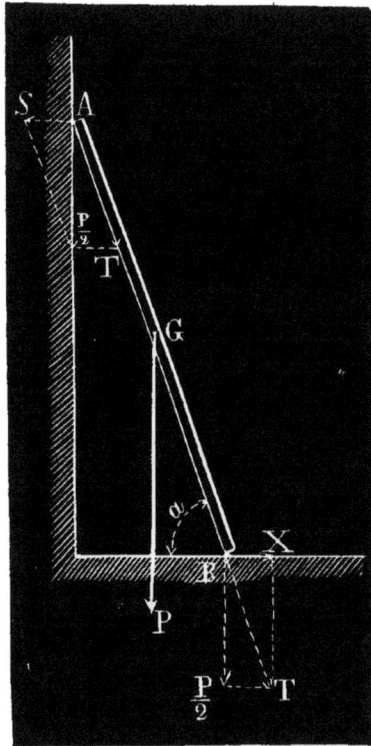

Fig. 131.

PREMIÈRE MÉTHODE. Représentons par *a* l'angle que cette barre fait avec le plan horizontal. La barre étant supposée homogène, son poids P est appliqué en son milieu. Cette force P peut être décomposée en deux forces égales à $\frac{P}{2}$ appliquées en A et en B. La force $\frac{P}{2}$ appliquée en B est détruite par la réaction du plan. Celle appliquée en A peut se décomposer en deux : l'une S, normale au plan vertical et détruite par la réaction de ce plan; l'autre, T qu'on peut transporter au point B. Cette force T peut, à son tour, se décomposer en deux, l'une verticale qui sera détruite par la réaction du plan horizontal, l'autre X horizontale qui a pour effet de faire glisser la barre AB. Il faut donc exercer au point B une force égale et contraire à cette composante X. Le triangle rectangle BTX donne :

$$X = T \cos a.$$

Mais $\quad T = \dfrac{P}{2} \times \dfrac{1}{\sin a}.$

D'où $X = \dfrac{P}{2} \times \dfrac{\cos a}{\sin a} = \dfrac{P}{2} \times \dfrac{1}{\text{tg}.\, a}.$

La force qu'il faudra exercer en B dans le sens de BC sera donc :

$$F = \dfrac{P}{2\,\text{tg}.\, a}.$$

Discussion. La force F étant inversement proportionnelle à la valeur de tg. a, montre que plus le pied de la barre s'écarte du plan vertical, plus la force F augmente, puisque tg. a diminue. On sait, en effet, que plus une échelle est inclinée, plus il convient d'appuyer le pied de l'échelle pour l'empêcher de glisser.

Si $a = 90°$, c'est-à-dire si la barre est verticale, la force F doit être nulle. C'est ce que donne la formule, car alors :

$$\text{tg. } a = \text{tg. } 90° = \infty,$$
et $\quad\quad\quad\quad F = 0.$

SECONDE MÉTHODE. Il est impossible de déterminer d'une manière plus rationnelle la force F, en appliquant les conditions d'équilibre de plusieurs forces situées dans un même plan. Ainsi, on peut supprimer les deux plans en les remplaçant par les réactions Q et Q' (*fig.* 132) qu'ils exercent sur la barre. La barre devra donc être en équilibre sous l'action des forces Q, Q', P et de la force F qu'il s'agit de déterminer.

Ces quatre forces se faisant équilibre, il faut :

1° Que la somme algébrique sur chacun des axes OX et OY soit nulle;

2° Que la somme de leurs moments par rapport au point B soit nulle. De là, les trois équations :

(1) $\quad\quad\quad\quad Q - F = 0,$
(2) $\quad\quad\quad\quad P - Q' = 0,$

(3) $\quad\quad P \times HB - Q \times IB = 0.$

Or $\quad HB = BG \cos a = \dfrac{AB}{2} \cos a,$

et $\quad\quad\quad IB = AB. \sin a.$

L'équation (3) devient :

$$P \times \dfrac{AB}{2} \cos a - Q \times AB. \sin a = 0,$$

de laquelle on tire :

$$\dfrac{\sin a}{\cos a} = \text{tg. } a = \dfrac{P}{2Q}.$$

Remplaçant Q par son égal F d'après l'équation (1), on aura :

$$\text{tg. } a = \dfrac{P}{2F}.$$

D'où $\quad\quad\quad F = \dfrac{P}{2.\,\text{tg. } a}.$

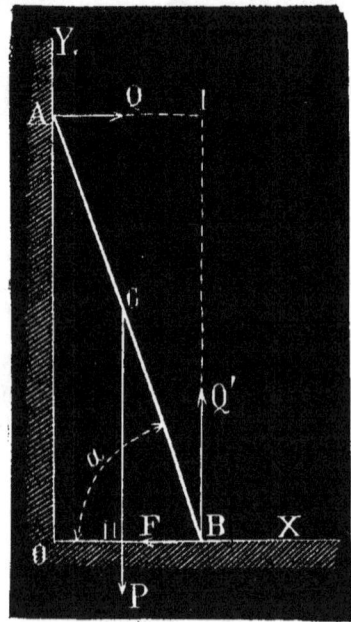

Fig. 132.

Problème n° 31.

256. *Une tige homogène* AO (*fig.* 133), *de longueur* l *et de poids* P, *est fixée au centre d'un disque homogène* BB, *de rayon* R *et de même poids* P. *Déterminer les pressions aux points* A *et* B.

Ce problème, comme le précédent, pourrait se résoudre par décomposition des poids P de la tige et du disque. Résolvons-le par la méthode rationnelle.

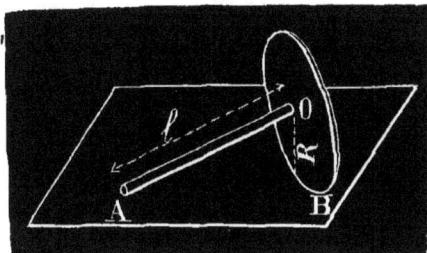

Fig. 133.

Pour cela, supprimons le plan, à la condition d'appliquer aux corps les deux réactions Q et Q' (*fig.* 134). Les forces,

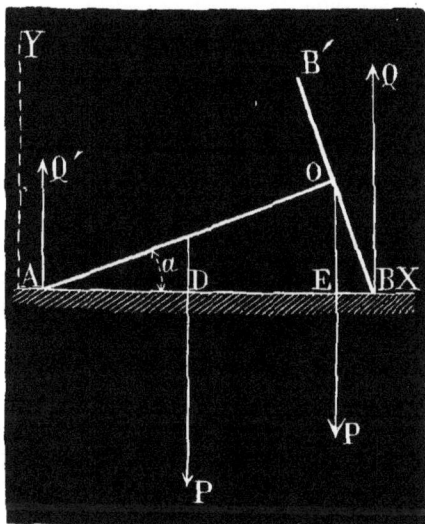

Fig. 134.

qui sollicitent le corps P, P, Q, Q' étant en équilibre donneront les trois équations, savoir :

Projections sur l'axe X,

(1) $\qquad 0 = 0.$

Projections sur l'axe Y,

(2) $\qquad Q + Q' = 2P.$

Moment (A),

(3) $\quad P \times AD + P \times AE - Q \times AB = 0.$

Si nous représentons par a l'angle que la tige fait avec le plan horizontal, on aura :

$$AD = \frac{l}{2} \cos a,$$

$$AE = l \cos a,$$

$$AB = AE + EB = l \cos a + R \sin a.$$

L'équation (3) devient :

$$\frac{Pl}{2} \cos a + Pl.\cos a = Q(l \cos a + R \sin a),$$

de laquelle on tire :

$$Q = \frac{3P}{2} \cdot \frac{l \cos a}{l \cos a + R \sin a}.$$

L'expression $\dfrac{l \cos a}{l \cos a + R \sin a}$ peut se transformer en divisant ses deux termes par $l \cos a$ et on aura :

$$\frac{l.\cos a}{l.\cos a + R \sin a} = \frac{1}{1 + \dfrac{R \sin a}{l.\cos a}}.$$

Mais $\qquad \dfrac{\sin a}{\cos a} = \text{tg. } a,$

de même la figure 133 donne $\dfrac{R}{l} = \text{tg. } a.$

Par suite,

$$\frac{l.\cos a}{l.\cos a + R \sin a} = \frac{1}{1 + \text{tg.}^2 a}$$

$$= \frac{1}{\text{sec.}^2 a} = \overline{\cos}^2 a.$$

Donc $\qquad Q = \dfrac{3P}{2} \overline{\cos}^2 a.$

L'équation (2) donne :

$$Q' = 2P - Q,$$

ou $\qquad Q' = 2P - \dfrac{3P}{2} \overline{\cos}^2 a.$

Or $\qquad \overline{\cos}^2 a = 1 - \sin^2 a.$

Donc

$$Q' = 2P - \frac{3P}{2}(1 - \sin^2 a),$$

$$Q' = \frac{4P}{2} - \frac{P}{2}(3 - 3\sin^2 a),$$

$$Q' = \frac{P}{2}(4 - 3 + 3\overline{\sin}^2 a),$$

et, enfin,

$$Q' = \frac{P}{2} \left(1 + 3 \overline{\sin}^2 a \right).$$

Les réactions aux points A et B sont donc :

$$Q = \frac{3P}{2} \overline{\cos}^2 a,$$

$$Q' = \frac{P}{2} \left(1 + 3 \overline{\sin}^2 a \right).$$

Problème n° 32.

257. *On donne une plaque métallique de forme triangulaire supposée homogène. Cette plaque est suspendue en un point S (fig. 135) situé sur la médiane du point A et au sixième de cette médiane à partir de la base BC. La plaque métallique pèse 520 kilogr. Au sommet B, on suspend un poids de 690 kilog. On demande quels sont les poids qu'on doit suspendre aux points C et A pour que la plaque soit horizontale* (Bordeaux, dipl. Ens. spéc., 1879).

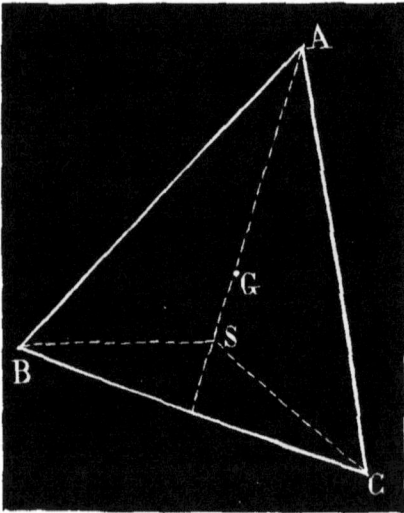

Fig. 135.

Représentons, d'une manière générale, par Q la charge en B (Q = 690) et par P le poids de la plaque (P = 520).

Le poids de la plaque triangulaire se répartit de manière que, à chaque sommet, il y ait un tiers du poids P. Soit X, Y, Z les charges totales qui doivent être appliquées aux points A, C, B pour qu'il y ait équilibre. Le point S étant le point d'application de la résultante des trois forces X, Y, Z, on aura, d'après un théorème démontré plus haut :

$$\frac{X}{\text{surf. CSB}} = \frac{Y}{\text{surf. ASB}} = \frac{Z}{\text{surf. ASC}}.$$

Mais

$$\text{surf. CSB} = 1/6 \text{ surf. ACB},$$

$$\text{surf. ASB} = \text{surf. ASC} = \frac{5}{12} \text{ surf. ABC}.$$

Donc $\qquad Y = Z.$

La force Z appliquée en B est, d'après l'énoncé,

$$Z = Q + \frac{P}{3},$$

et, par suite,

$$Y = Q + \frac{P}{3}.$$

Il faut donc ajouter au point C un poids Q. D'où la relation :

$$\frac{X}{\text{surf. CSB}} = \frac{Z}{\text{surf. ASC}},$$

de laquelle on tire

$$X = Z \frac{\text{surf. CSB}}{\text{surf. ASC}} = \frac{2}{5} \left(Q + \frac{P}{3} \right).$$

La force à ajouter au point A sera alors :

$$\frac{2}{5} \left(Q + \frac{P}{3} \right) - \frac{P}{3} = \frac{1}{5} (2Q - P).$$

Les poids à ajouter pour que la plaque soit horizontale sont donc :

au point C, $\qquad Q = 690^{k},$

au point A, $\qquad \frac{1}{5} (2Q - P) = 17^{k}.$

Problème n° 33.

258. *Une hémisphère de poids Q (fig. 136) repose sur un plan horizontal. Trouver sa position d'équilibre lorsqu'on suspend un poids p en un point A.*

Le problème revient à trouver l'angle a que fait le plan diamétral de l'hémisphère avec le plan horizontal. Pour cela, prenons les moments des poids Q et p par rapport au centre de la sphère et nous aurons :

(1) $p \times OB = Q \times OC.$

Mais $OB = R \cos a,$

$OC = d. \sin a,$

d représente la distance OG du centre de la sphère au centre de gravité de l'hémisphère et l'équation (1) devient :

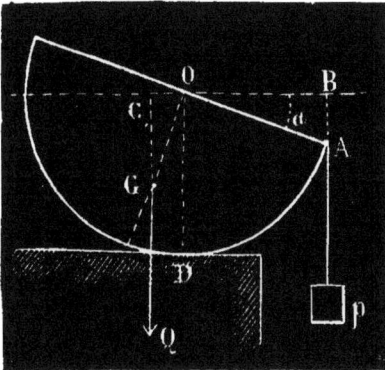

Fig. 136

$$pR \cos a = Qd \sin a,$$

ou $$\frac{\sin a}{\cos a} = \frac{p.R}{Qd},$$

et, enfin, $$\text{tg. } a = \frac{pR}{Qd}.$$

Discussion. 1° Si l'hémisphère est plein, alors

$$d = \frac{3}{8} R,$$

et $$\text{tg. } a = \frac{8p}{3Q}.$$

Cette formule montre que l'inclinaison augmente lorsque p augmente ou lorsque le poids φ diminue. Quelle que soit la valeur de p, jamais l'inclinaison n'atteindra 90°, car si $a = 90$, tg. $a = \infty$, c'est-à-dire que le poids p devrait être infiniment grand.

2° Si l'hémisphère se compose d'une enveloppe dont l'épaisseur soit négligeable, alors :

$$d = \frac{R}{2},$$

et $$\text{tg. } a = \frac{2p}{Q}.$$

3° Si l'hémisphère est une enveloppe d'une certaine épaisseur et que les rayons soient R et r, alors :

$$d = \frac{3}{8} \frac{(R + r)(R^2 + r^2)}{R^2 + Rr + r^2},$$

et tg. $$a = \frac{8pR(R^2 + Rr + r^2)}{3Q(R + r)(R^2 + r^2)}.$$

Cette formule renferme les deux premiers cas en faisant :

1°, $r = 0$,

2°, $r = R$.

Problème n° 34.

259. *Une poutre horizontale* AB *(fig.* 137) *scellée dans un mur, supporte à son extrémité* B *un poids* P. *Elle est soutenue en* C *par une autre pièce fixée en* D *contre le mur. Déterminer :*

1° *La force* T *qui sollicite* AB *dans la direction* AB;

2° *La pression* S *au point* A *qui s'exerce de bas en haut;*

3° *La pression* T *que subit la contrefiche* CD *dans sa direction.* (*Baccalauréat* 1872).

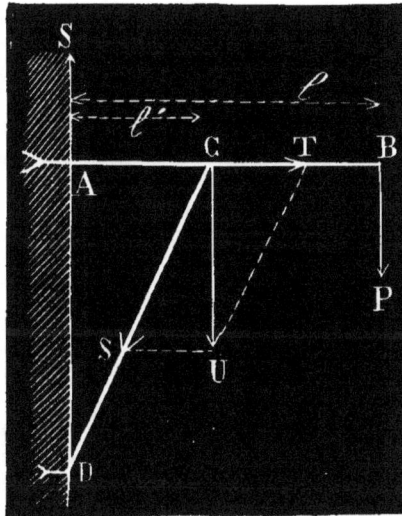

Fig. 137.

Première solution. Le poids P peut être considéré comme la résultante de deux forces parallèles U et S de sens contraire, la première appliquée au point C et la seconde agissant, de bas en haut, au point A. La règle de décomposition donne :

$$\frac{S}{U} = \frac{CB}{AB}.$$

D'où
$$S = \frac{P(l - l')}{l'}.$$

et
$$U = P\frac{l}{l'}.$$

La force U peut être décomposée en deux forces suivant AB et CD, et on aura :

$$T' = \frac{U}{\cos a} = \frac{Pl}{l'\cos a},$$

et
$$T = U \operatorname{tg}. a = \frac{Pl}{l'} \operatorname{tg}. a.$$

Donc, les forces demandées sont :

$$T = P\frac{l}{l'} \operatorname{tg}. a,$$

$$S = P\frac{l - l'}{l'},$$

$$T' = P\frac{l}{l'} \times \frac{1}{\cos a}.$$

Seconde solution. Si nous supprimons le scellement du mur, il faut le remplacer par une force T_1 suivant BA (*fig.* 138) et par une autre S_1 qui remplace l'action des assises supérieures. Au bras CD devra être substituée une force T'_1 égale et contraire à la compression de ce bras. Le système étant en équilibre sous l'action des forces P, T_1, S_1, T'_1, on aura, en appliquant les équations d'équilibre :

Projections sur OX,

(1) $\qquad T_1 - T'_1 \sin a = 0.$

Projections sur OY,

(2) $\qquad P + S_1 - T'_1 \cos a = 0.$

Moments (C),

(3) $\qquad P(l - l') - S_1 l' = 0.$

L'équation (3) donne :

$$S_1 = \frac{P(l - l')}{l'}.$$

Les équations (1) et (2) donnent :

$$\operatorname{tg}. a = \frac{T_1}{P + S_1}.$$

D'où

$$T_1 = \operatorname{tg}. a \left(P + P\frac{l - l'}{l'} \right),$$

$$T_1 = P. \operatorname{tg}. a \left(1 + \frac{l - l'}{l'} \right),$$

$$T_1 = P\frac{l}{l'} \operatorname{tg}. a.$$

De l'équation (1), on tire :

$$T'_1 = \frac{T_1}{\sin a} = P\frac{l}{l'} \left(\frac{1}{\cos a} \right).$$

Les forces T_1, S_1, T'_1, sont bien égales à celles trouvées dans la première méthode.

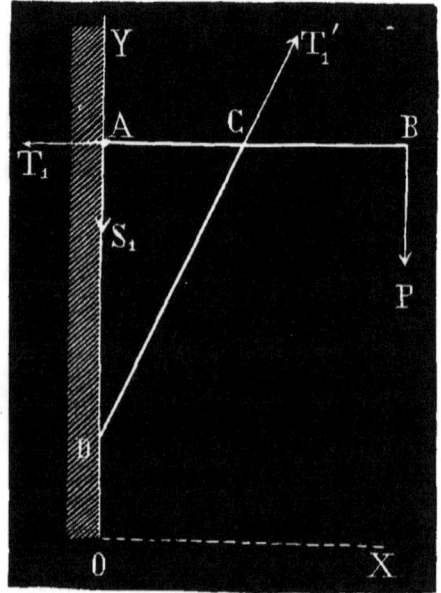

Fig. 138.

Application. Supposons P $= 100^k$, AB $= 1^m,20$, AC $= 0,20$ et ADC $= 30°$. On trouve, en appliquant les relations :

$$T = T_1 = 346^k,$$
$$S = S_1 = 500^k,$$
$$T' = T'_1 = 692^k.$$

CHAPITRE VIII

MACHINES SIMPLES

260. On désigne sous le nom de machines des corps ou des assemblages de corps qui sont gênés dans leurs mouvements par des obstacles fixes, c'est-à-dire soumis à des liaisons et qui servent à mettre en équilibre des forces qui ne sont ni égales, ni directement opposées.

261. Une machine est simple, lorsqu'elle est formée d'un seul corps. Elle est composée, lorsqu'elle est formée par un assemblage de machines simples réagissant les unes sur les autres en vertu de leur liaison mutuelle.

262. Suivant la nature de l'obstacle qui gêne le mouvement des machines simples, on peut diviser celles ci en trois catégories, indiquées par le tableau suivant:

NATURE DE L'OBSTACLE.	NOM DE LA MACHINE.
Point fixe.	Levier.
Axe fixe.	Tour ou treuil.
Plan fixe.	Plan incliné.

263. Dans les machines simples du genre *levier*, on rencontrera les *balances* et les *poulies*. Dans celles du genre *treuil*, se trouvent le *cric*, la *chèvre* et les *grues*. Enfin, dans le troisième genre, sont compris les *haquets*, les *plans inclinés automoteurs*, le *coin* et la *vis*.

264. Deux forces sont généralement en présence sur une machine simple: l'une, appelée *puissance*, qui a pour but de vaincre; l'autre, appelée *résistance*.

I. — Levier.

265. Le levier est une barre solide AB (*fig.* 139) droite ou courbe, assujettie à tourner autour d'un point fixe O, appelé *point d'appui* ou *centre de rotation*. On applique une force P à l'une des extrémités A de cette barre et une force Q à l'autre extrémité B. La force P prend le nom de *puissance*, l'autre Q le nom de *résistance*.

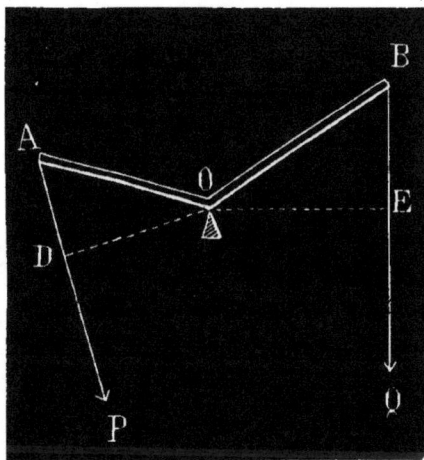

Fig. 139.

266. On appelle *bras de levier* des forces P et Q, les perpendiculaires abaissées du point d'appui O sur les directions des forces.

Équilibre du levier.

1° Si le levier est soumis à un nombre quelconque de forces, il faut et il suffit, pour l'équibre, que toutes ces forces aient une résultante unique passant par le point d'appui;

2° Si le levier est sollicité par deux forces, il faut et il suffit, pour l'équilibre : 1° que ces deux forces soient dans un même plan avec le point d'appui; 2° que les intensités de ces forces soient en raison inverse de leurs bras de levier; 3° qu'elles tendent à faire tourner le levier en sens contraire.

DÉMONSTRATION.

267. Soit un levier AB (*fig.* 140) mobile autour du point O et soient P et Q la puissance et la résistance, agissant la première au point A et la seconde au point B. Si R représente la réaction du point d'appui, il faut que ces trois forces P, Q et R se fassent équilibre. Pour cela, l'une d'elles R doit être égale et directe-

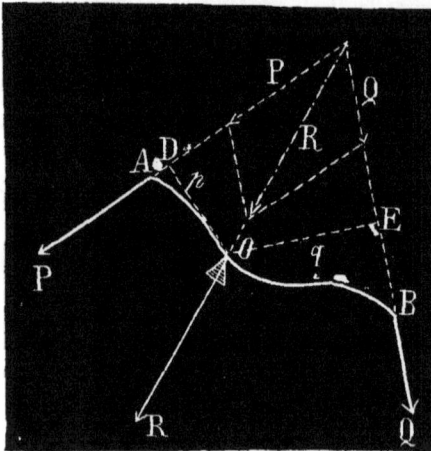

Fig. 140.

ment opposée à la résultante des deux autres P et Q. Or, pour que ces deux forces aient une résultante unique passant par le point d'appui O, il faut qu'elles soient dans un même plan avec ce point d'appui.

Prenons le moment des forces P, Q et

R par rapport au point O et nous aurons la relation :
$$P \times OD - Q \times OE = O,$$
de laquelle on tire :
$$P \times OD = Q \times OE,$$
ou
$$\frac{P}{Q} = \frac{OE}{OD}.$$

Si nous représentons par p et q les bras de leviers de la puissance et de la résistance, nous aurons :
$$\frac{P}{Q} = \frac{q}{p}.$$

268. *Remarque.* Si le levier était susceptible de glisser sur la surface qui lui sert d'appui, il faudrait, en outre, aux conditions d'équilibre énoncées plus haut, ajouter que la résultante des forces soit normale à la surface d'appui.

269. CHARGE DU POINT D'APPUI. La charge du point d'appui est égale à l'intensité de la résultante des forces P et Q; elle se détermine par la règle du parallélogramme des forces, qui donne la relation :
$$R^2 = P^2 + Q^2 + 2P.Q \cos (P.Q).$$
D'où :
$$R = \sqrt{P^2 + Q^0 + 2P.Q \cos (P.Q)}.$$

Cette charge varie suivant l'angle des forces. Elle est maximum, lorsque cet angle est nul. Les forces sont alors parallèles et de même sens
et
$$R = P + Q.$$

La valeur minimum aurait lieu si les forces P et Q étaient parallèles et de sens contraire; car, dans ce cas, l'angle serait de 180°, et
$$R = P - Q.$$

270. *Remarque.* Si le centre de gravité du levier ne coïncidait pas avec le point d'appui, il faudrait tenir compte de son poids comme une force verticale appliquée au centre de gravité.

Forces mouvantes. — Forces résistantes.

271. En général, les machines ne sont pas destinées à équilibrer des forces; elles servent surtout à les vaincre, c'est-à-dire à déplacer leurs points d'application dans un sens opposé au sens des actions propres de ces forces.

Ainsi, lorsqu'on emploie une machine simple ou composée pour soulever une pierre, on se propose de faire parcourir à ce fardeau un chemin vertical, de bas en haut, c'est-à-dire en sens contraire de l'action de la pesanteur. La machine est donc un intermédiaire entre la puissance qu'on exerce et la résistance à vaincre qui est ici la pesanteur.

La puissance n'est autre chose qu'une force mouvante dont le point d'application se déplace dans son sens propre, tandis que le point d'application de la résistance se déplace en sens contraire de sa direction.

Des trois genres de levier.

272. On distingue trois genres de leviers suivant la position relative de la puissance, de la résistance et du point d'appui.

273. Le levier du *premier genre* est celui dans lequel le point d'appui O (*fig.* 141 et 142) est situé entre la puis-

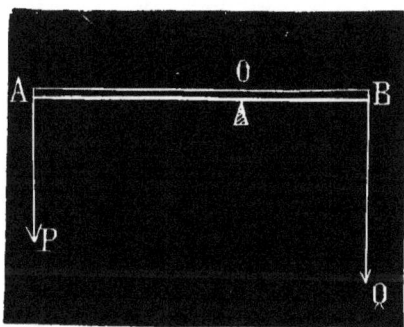

Fig. 141.

sance et la résistance. Les deux forces agissent alors dans le même sens et le point d'appui subit une charge égale à leur somme.

Exemples : les *fléaux* des balances, les

Sciences générales.

pinces des carriers (*fig.* 142), les *balanciers* des machines à vapeur, les *ciseaux*, les *tenailles*, etc.

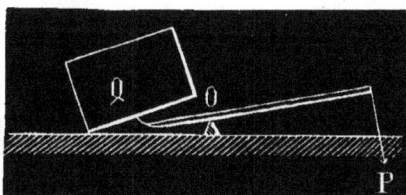

Fig. 142.

274. Le levier du deuxième genre est celui dans lequel la résistance est située entre le point d'appui et la puissance (*fig.* 143 et 144). La résistance est alors plus grande que la puissance. Elles sont dirigées en sens contraire et le point d'appui subit une charge égale à leur différence.

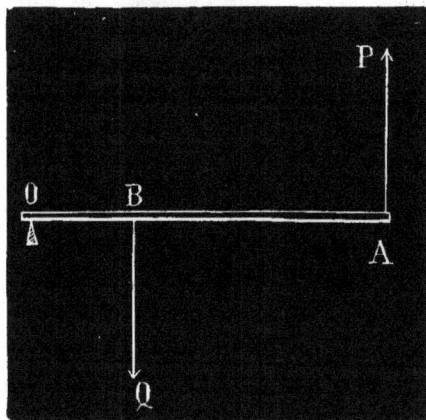

Fig. 143.

Exemples : le *couteau* du boulanger, la *brouette*, une *poutre* qu'on soulève par une extrémité, une *rame* qui fait mouvoir une barque, la *pédale* d'un piano (*fig.* 144), le *casse-noisette*, etc.

Les leviers du deuxième genre sont avantageux, c'est-à-dire favorables à la puissance.

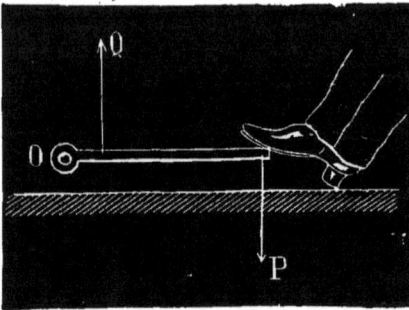

Fig. 144.

275. Le levier du troisième genre (*fig.* 145) est celui dans lequel la puissance est située entre la résistance et le point d'appui. Il faut, pour l'équilibre de

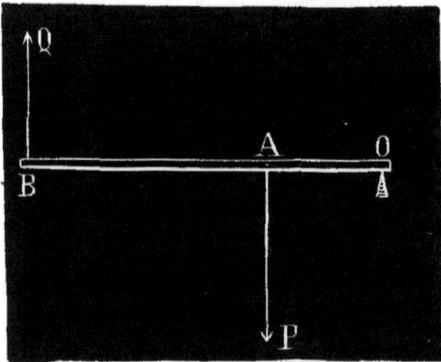

Fig. 145.

ce levier, que la puissance soit plus grande que la résistance et dirigée en sens contraire. La charge du point d'appui est égale à P — Q et dirigée suivant la puissance.

Exemples : La *pédale* du remouleur (*fig.* 146), la *pédale* de l'harmonium, les *membres* de l'homme et des animaux, les *pincettes*, le *mord mobile* de l'étau, les *soupapes* de sûreté, etc.

Ce genre de levier est peu usité, puisqu'il est défavorable à la puissance; mais il est favorable à la vitesse.

276. *Usages du levier.* Le levier reçoit un très grand nombre d'applications; il est employé dans presque toutes les machines industrielles. Le balancier des machines de Watt sert à transmettre le mouvement rectiligne alternatif de la tige du piston à la bielle motrice, laquelle transforme ce mouvement en mouvement circulaire continu par l'intermédiaire de la manivelle. Les pompes à incendie, les pompes domestiques, etc., sont manœu-

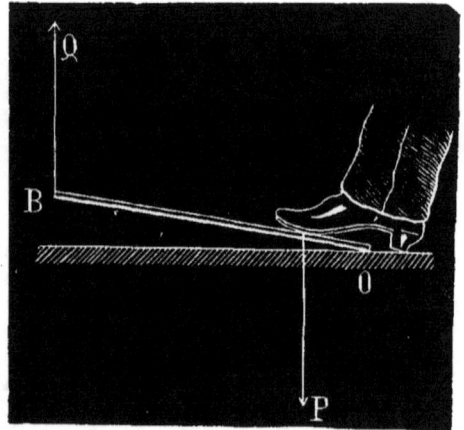

Fig. 146.

vrées à l'aide du levier. Les soupapes de sûreté des chaudières à vapeur et des presses hydrauliques; le mécanisme des sonnettes d'appartement, des disques signaux des chemins de fer, les barres servant à soulever les pierres ou les pavés, les treuils et les cabestans, etc., etc., sont des applications du levier. Enfin, les balances sont des appareils dans lesquels le levier reçoit sa plus belle application.

Problème n° 35.

277. *Un levier* AB (*fig.* 147) *est divisé par le point d'appui en deux parties, telles que l'une,* OA, *est* 50 *fois plus grande que l'autre* OB. *Au point* B *est appliqué un poids* Q = 250^k. *Déterminer :*

1° Le poids P *qu'il faut suspendre au point* A *pour qu'il y ait équilibre;*

2° *La force* P' *qu'il faudrait appliquer en ce point, si elle fait avec la force* Q *un angle de* 60°.

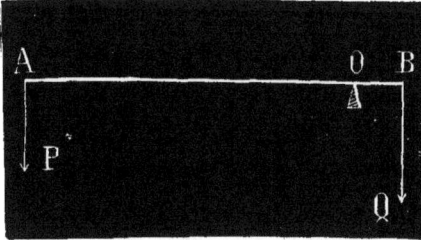

Fig. 147.

1° Les forces P et Q étant parallèles, on doit avoir :

$$P \times OA = Q \times OB.$$

D'où

$$P = \frac{Q \times OB}{OA} = \frac{250 \times 1}{50} = 5^{kg}.$$

2° La force P' (*fig.* 148) faisant un angle

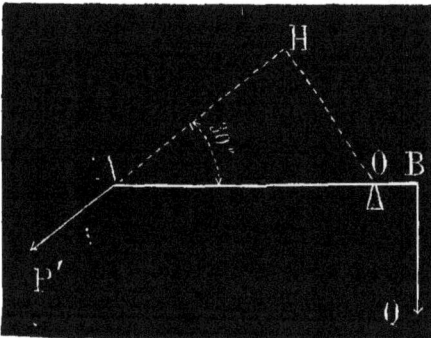

Fig. 148.

de 60° avec la force Q, il s'ensuit que l'angle HAO = 30° et on doit avoir :

$$P' \times OH = Q \times OB.$$

D'où

$$P' = \frac{Q \times OB}{OH}.$$

Mais le triangle rectangle OAH donne :

$$OH = OA. \sin 30° = OA \times \frac{1}{2}.$$

D'où

$$P' = \frac{250 \times 1}{50 \times \frac{1}{2}} = \frac{500}{50} = 10^{kg}.$$

Donc

1° P = 5^{kg}.

2° P' = 10^{kg}.

Problème n° 36.

278. *Une barre rigide pouvant tourner autour du point* O (*fig.* 149), *est sollicitée par les deux forces* P *et* P' *de sens contraire qui lui sont perpendiculaires. Quelle force* X *doit-on appliquer au point* A, *sous un angle de* 45°, *pour qu'il y ait équilibre?* P = 10^k, P' = 30^k, AO = 0^m,1, OB = 0^m,2, BC = 0,2.

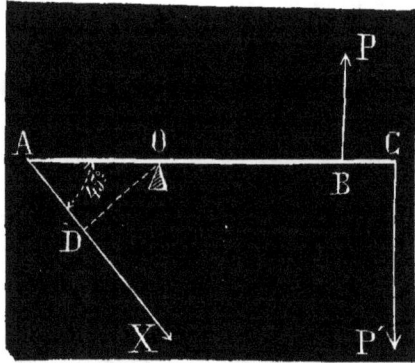

Fig. 149.

On pourrait résoudre ce problème en cherchant d'abord la résultante R des deux forces P et P' et en appliquant le principe des moments des forces R et X par rapport au point d'appui. Mais il est plus simple de prendre les moments des forces P, P' et X par rapport au point O et nous aurons :

$$X \times OD + P \times OB - P' \times OC = 0.$$

D'où

$$X = \frac{P' \times OC - P \times OB}{OD},$$

et

$$X = \frac{30 \times 0,4 - 10 \times 0,2}{OD}$$

$$= \frac{12 - 5}{OD} = \frac{7}{OD}.$$

Le triangle rectangle AOH donne :

$$OD = AO \sin. 45°,$$

$$OD = 0,1 \times \frac{\sqrt{2}}{2},$$

Donc $\quad X = \dfrac{7}{0,1\dfrac{\sqrt{2}}{2}} = \dfrac{7\sqrt{2}}{0,1}$,

$$X = 98^k,98.$$

Problème n° 37.

279. *Un levier ayant la forme d'un prisme droit homogène pèse 450 grammes, sa longueur* AB = 0m,60 *(fig. 150). On demande où doit être placé le point d'appui pour qu'un poids de 500 grammes appliqué à son extrémité* A, *fasse équilibre au poids de 1225 grammes suspendu à l'autre extrémité* B (Concours académique Ens. sp.).

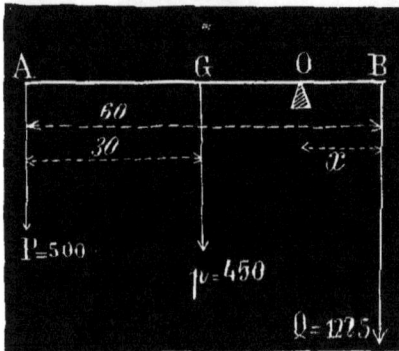

Fig. 150.

Soit O le point d'appui situé à la distance x de l'extrémité B. Le poids du levier a son point d'application en son milieu G. Les moments, par rapport au point O, donnent :

$$P \times AO + p \times GO - Q \times OB = O.$$

D'où

$$500\,(60 - x) + 450\,(30 - x) - 1225\,x = 0.$$

D'où $\quad 2175\,x = 43500,$

et $\qquad x = \dfrac{43500}{2175} = 20^{c.m.}$

Le point d'appui doit être placé à 0m,20 du point B.

Problème n° 38.

280. *Une poutre homogène* AB *(fig. 151) porte en* A *un poids de* 60k *et en* B *un poids de* 160k. *Elle repose en un point* O *tel que* AO = 4m, BO = 2m,80. *Quel est le poids de la barre?*

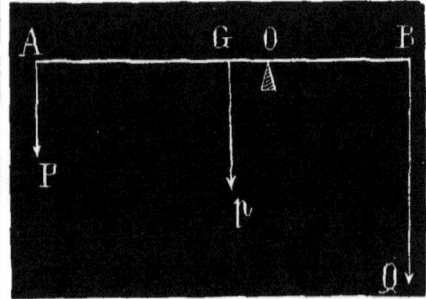

Fig. 151.

Le poids X de la barre est appliqué au milieu G de la poutre. En prenant les moments par rapport au point d'appui, nous aurons :

$$P \times AO + p \times GO - Q \times OB = O.$$

D'où

$$60 \times 4 + p \times 0,60 = 160 \times 2,80.$$

Cette équation donne :

$$p = \frac{208}{0,6} = 346^k\,\frac{1}{3}.$$

Le poids de la poutre est de $346^k\,\dfrac{1}{3}$.

Problème n° 39.

281. *Une tige homogène* AB *(fig. 152) pesant* 335 *grammes le mètre courant, est mobile dans un plan vertical, autour de l'une de ses extrémités* A. *Elle a* 1m,782 *de longueur et supporte en* B *un poids de* 10k. *Elle est soutenue horizontalement par un support* O, *situé à* 1m,20 *de* A. *Déterminer la pression exercée sur ce support* (Lille, dipl. Ens. sp.).

La pression exercée sur le point O est égale et contraire à la réaction Q. On aura, en appliquant le principe des moments par rapport au point A :

$$Q \times AO = P \times AB + p \times AG,$$

d'où

$$Q = \frac{10 \times 1,782 + 0,891\,(1,782 \times 0^k,335)}{1,20}$$

et $\qquad$ Q = 15^k,293.

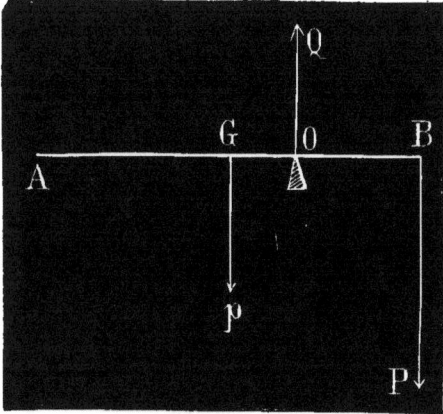

Fig. 152.

Problème n° 40.

282. *Une barre AB (fig. 153) homogène, mobile autour du point* A, *fait un angle de 30° avec l'horizontale. Quelle est la*

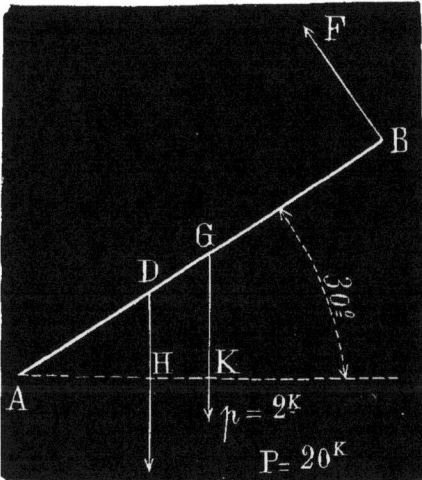

Fig. 153.

force F *perpendiculaire à la barre, appliquée à l'extrémité* B *qui la tient en équilibre, dans cette position, sachant qu'à* 0^m,50 *du point* A *est suspendu un poids de*

20^k? *La barre pèse* 2^k *et sa longueur est de* 1^{m}10.

Le poids de la barre est appliqué au milieu G de AB. Prenons les moments par rapport au point A et nous aurons :

$$F \times AB = P \times AH + p \times AK.$$

Mais

$$AH = AD \cos. 30° = 0,5 \times \frac{\sqrt{3}}{2},$$

$$AK = AG \cos. 30° = 0,55 \frac{\sqrt{3}}{2}.$$

Donc

$$F = \frac{20 \times 0,5 \frac{\sqrt{3}}{2} + 2 \times 0,55 \frac{\sqrt{3}}{2}}{1,10}.$$

D'où

$$F = \frac{5,55 \sqrt{3}}{1,10} = 8^k,738.$$

La force F devra être égale à 8^k,738.

Problème n° 41.

283. *Trois leviers* AB, CD, EF *(fig.154) sont reliés entre eux par les tiges* CE *et* BF. *Déterminer la force* P, *appliquée à l'extrémité* D, *qui ferait équilibre à un poids* Q *suspendu au point* A (*Leviers multiples*).

Représentons par p et q les forces agissant suivant BF et EC. Les équations d'équilibre seront :

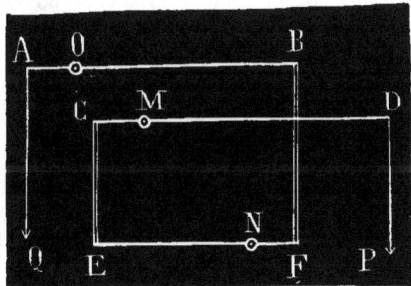

Fig. 154.

(1) $\qquad$ $Q \times AO = p \times OB,$

(2) $\qquad$ $p \times NF = q \times EN,$

(3) $\qquad$ $q \times CM = P \times MD.$

Multiplions membre à membre ces trois équations en remarquant que les forces p et q disparaissent et nous aurons :

$$Q \times AO \times NF \times CM = P \times OB \times EN \times MD.$$

D'où $\quad P = Q \dfrac{AO \times NF \times CM}{OB \times EN \times MD}.$

Admettons que $AO = NF = CM = 0^m,1$, et $\quad OB = EN = MD = 1^m,00.$

Nous aurons :

$$P = \frac{Q \times 0,001}{1} = \frac{Q}{1000}.$$

Ainsi, si les grands bras de leviers sont dix fois plus grands que les petits bras, la puissance P sera mille fois plus petite que la résistance Q. On voit que plusieurs leviers reliés ensemble permettent de soulever un poids considérable avec une force relativement petite.

Il serait facile de se rendre compte que le déplacement du point A est mille fois plus petit que celui du point D, c'est-à-dire que ce qu'on gagne en force est perdu en vitesse ou chemin parcouru.

Problème n° 42.

284. *Un triangle* ABC *(fig.* 155*) est suspendu librement par un de ses sommets* A. *Ses deux autres extrémités portent des poids* P *et* Q. *Calculer l'inclinaison* a *du côté* BC *sur l'horizontale.*

Application au cas où le triangle est équilatéral, les poids P *et* Q *étant* 30ᵏ *et* 5ᵏ,2.5 *(Besançon, Bacc. 1874).*

Ce triangle, dont nous négligerons le poids, peut être considéré comme un levier coudé dont le point d'appui est A. Les moments par rapport à ce point donneront l'équation :

(1) $\qquad P \times AD = Q \times AE.$

Les triangles rectangles ADB et AEC donnent :

$$AD = AB \cos. b,$$
$$AE = AC \cos. c,$$

Mais $\qquad b = B - a,$
$$c = C + a.$$

L'équation (1) devient :

$$P \times AB \cos (B - a) = Q \times AC \cos (C + a)$$

ou $\quad \dfrac{\cos (C + a)}{\cos (B - a)} = \dfrac{P \times AB}{Q \times AC}.$

En résolvant par rapport à a et en faisant :

$$\frac{P \times AB}{Q \times AC} = K.$$

on a $\quad$ tg. $a = \dfrac{\cos C - K \cos B}{\sin C + K \sin B}.$

Application. Si le triangle est équilatéral

$$B = C = 60°,$$
$$\cos 60° = \frac{1}{2},$$
$$\sin 60° = \frac{\sqrt{3}}{2} \text{ et } AB = AC.$$

Alors :

$$\text{tg. } a = \frac{\dfrac{1}{2} - \dfrac{P}{Q} \cdot \dfrac{1}{2}}{\dfrac{\sqrt{3}}{2} + \dfrac{P}{Q} \cdot \dfrac{\sqrt{3}}{2}},$$

$$\text{tg. } a = \frac{1}{\sqrt{3}} \cdot \frac{Q - P}{P + Q}.$$

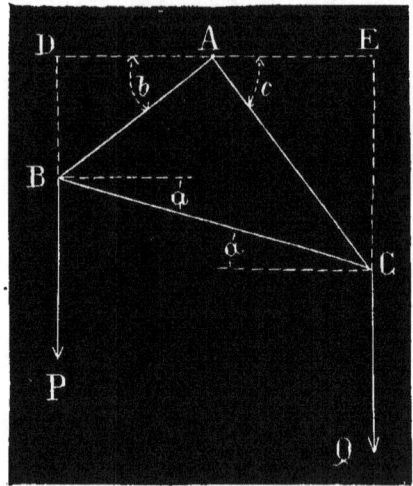

Fig. 155.

Remplaçons P et Q par les valeurs données et remarquons que P étant plus grand que Q, la tg. a sera négative, c'est-

à-dire que l'inclinaison se fera du côté B.
La valeur absolue de l'angle a sera :

$$\text{tg. } a = \frac{1}{\sqrt{3}} \frac{30 - 5,255}{30 + 5,255}.$$

D'où $a = 22° 3' 44''.$

Balance.

285. Les balances sont des appareils
qui servent à évaluer le poids des corps.

Balance à fléau.

286. La balance ordinaire, ou balance
à fléau, se compose essentiellement d'une
tige pesante AB (*fig.* 156) symétrique par

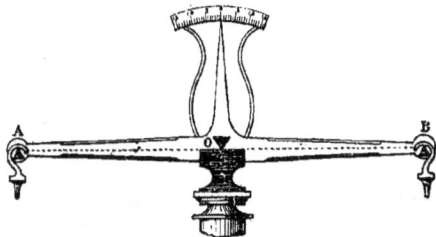

Fig. 156.

rapport au plan moyen O, formant un
levier du premier genre. Elle est traversée en son milieu par un prisme triangulaire, nommé *couteau,* en acier trempé,
qui fait saillie de chaque côté du fléau.
L'arête inférieure de ce couteau repose de
part et d'autre sur deux petits plans en
acier trempé ou en agate, disposés dans
un même plan horizontal et fixés à la
partie supérieure d'une colonne servant
de support à la balance. Cette arête inférieure du couteau est ce qu'on appelle
l'axe de suspension du fléau. Aux deux
extrémités du fléau sont disposés deux
autres couteaux en acier trempé, dont
l'une des arêtes, tournée vers le haut,
reçoit les crochets auxquels sont fixées les
chaînes qui supportent les plateaux. Ces
couteaux A et B, situés à égale distance
de l'axe de rotation, sont tels que les
trois arêtes formant les axes de suspen-

sion du fléau et des plateaux, sont rigoureusement parallèles et situées dans le
même plan horizontal. Perpendiculairement à la ligne du fléau et sur son milieu
se trouve fixée ordinairement une aiguille
dont l'extrémité peut parcourir un petit
arc de cercle gradué dont le zéro correspond à la position horizontale du fléau.
Cette aiguille permet en outre, dans les
balances très sensibles, où les oscillations
durent un temps assez long, de juger de
l'égalité des poids déposés dans les plateaux par des déviations égales de chaque
côté du zéro.

Pour déterminer le poids d'un corps,
on le place dans l'un des plateaux de la
balance et on lui fait équilibre en mettant
des poids numérotés dans l'autre plateau
jusqu'à ce que le fléau soit horizontal,
position indiquée lorsque l'aiguille se
trouve au zéro. Il suffit alors, pour avoir
le poids du corps, de faire la somme des
poids employés.

QUALITÉS D'UNE BONNE BALANCE.

287. Pour qu'on puisse compter sur
l'exactitude de l'opération précédente, il
faut que la balance soit *juste* et *sensible.*

Une balance est *juste,* lorsque le fléau
reste horizontal quand on met des poids
égaux sur les plateaux.

Une balance est *sensible,* lorsqu'elle
trébuche, c'est-à-dire lorsqu'elle s'incline
d'une manière appréciable sous l'action
d'un poids très petit ajouté sur l'un des
plateaux.

CONDITIONS DE JUSTESSE.

288. Pour qu'une balance soit juste, il
faut :

1° Que les bras de levier soient égaux ;

2° Que la verticale menée par son centre
de gravité passe par le point d'appui,
lorsque le fléau est horizontal.

En effet, soient l et l' (*fig.* 157) les distances AO et BO, c'est-à-dire les deux
bras du fléau, q le poids du fléau et d la
distance GI du centre de gravité de la

balance à la verticale menée par le point de suspension. Enfin, soit P les poids égaux qu'on met sur les plateaux.

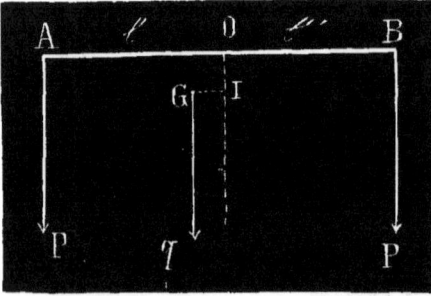

Fig. 157.

Si le fléau est en équilibre, la résultante passe par le point fixe O et l'équation des moments par rapport à ce point sera :

$$P l + q d - P l' = 0,$$
ou $$P (l - l') + q d = 0.$$

Cette équation doit être indépendante de P, puisque l'équilibre doit avoir lieu, quels que soient les poids égaux qu'on place sur les plateaux. Par suite, on doit avoir séparément :

$$P (l - l') = 0,$$
et $$q d = 0,$$

ce qui entraîne nécessairement les égalités
$$l = l',$$
et $$d = 0,$$

c'est-à-dire les conditions indiquées plus haut.

On s'assure qu'une balance est juste en examinant si le fléau est horizontal quand les plateaux sont vides. Si cette condition est remplie, c'est que la verticale du centre de gravité passe par le point de suspension. Ensuite, on met dans les plateaux des corps qui se fassent équilibre, puis on change les corps de plateaux. Si l'équilibre persiste, les bras de levier sont égaux, et la balance est juste.

En effet, si nous représentons par q et q' les poids qui se font équilibre, on aura d'abord :

$$q l = q' l',$$

puis, après avoir changé les corps de plateaux,

$$q' l = q l'.$$

Multipliant membre à membre ces deux équations, on trouve :
$$q q' l^2 = q q' l'^2,$$
ou $$l = l'.$$

On voit de plus, par la première équation, que si $l = l'$, on a aussi
$$q = q'.$$

Donc, pour que l'équilibre persiste quand on change les corps de plateaux, il faut que les bras de levier soient égaux et que les corps aient même poids.

POSITION DU CENTRE DE GRAVITÉ DU FLÉAU.

289. Nous venons de voir que le centre de gravité du fléau doit se trouver sur la verticale du point de suspension. Voyons

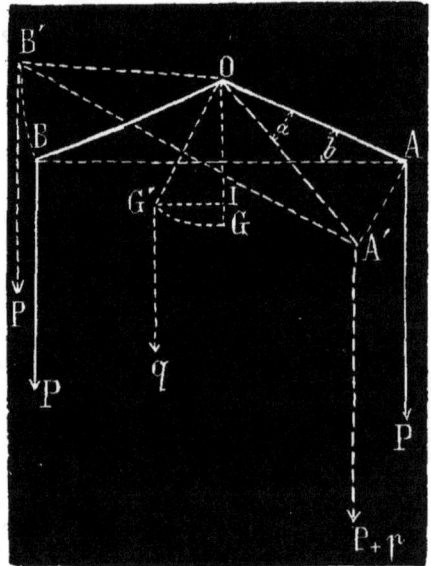

Fig. 158.

maintenant quelle doit être, sur cette verticale, sa position par rapport au point de suspension :

1° Si le centre de gravité G se trouve

sur l'axe de suspension, le fléau est en équilibre dans toutes les positions, que les plateaux soient vides ou contiennent des poids égaux. L'équilibre est alors *indifférent*. De plus, une augmentation de poids, quelque petite qu'elle soit, dans l'un des plateaux fera trébucher la balance.

2° Si le centre de gravité est au-dessus du point d'appui, le moindre déplacement de la position horizontale tendrait à faire basculer complètement le fléau, c'est-à-dire à ramener le centre de gravité au-dessous du point O. L'équilibre est *instable*, dans ce cas, et on dit que la balance est folle.

3° Il faut donc que le centre de gravité soit au-dessous du point d'appui et l'équilibre est *stable*. De plus, si l'on vient à déplacer le fléau, il reviendra, après quelques oscillations, à sa position primitive.

CONDITIONS DE SENSIBILITÉ.

290. On dit qu'une balance est *sensible* à un milligramme, lorsque ce poids placé dans l'un des plateaux seulement, fait incliner le fléau d'une quantité appréciable. Le degré de sensibilité dépend de la nature des pesées qu'on fait. Ainsi, pour les balances ordinaires du commerce, le règlement fixe la sensibilité à $\frac{1}{2000}$ de la charge maximum qu'elles peuvent accuser. Les balances de précision des cabinets de physique et de chimie donnent une précision de 1/10 de milligramme et les balances d'essayeur atteignent une précision de 1/20 de milligramme. On arrive à ces résultats par une construction très soignée de tous les organes de l'instrument et en diminuant, autant que possible, le frottement des couteaux sur leur plan d'appui.

Pour qu'une balance soit sensible, il faut :

1° Que le fléau soit aussi long et aussi léger que possible ;

2° Que le centre de gravité soit très près du point d'appui ;

3° Que les points de suspension du fléau et des plateaux soient en ligne droite.

Supposons que les trois points de suspension soient en ligne droite (*fig.* 159) et représentons par d la distance OG du centre de gravité du plan au point O. Si l'on vient à appliquer en B un poids P et en A un poids P + p, l'équilibre horizontal sera rompu. Le fléau s'inclinera et prendra la direction A'B' et le centre de gravité viendra en G'. Dans cette position, l'équilibre existant entre les forces P, P + p et q, poids du fléau, on aura, en appliquant le théorème des moments par rapport au point O,

$$(P + p)\,OC = P \times OD + q\,OE.$$

En représentant par l les bras de levier OA' et OB' et par a l'angle AOA', il viendra :

$$OC = l \cos a = OD,$$
$$OE = d \sin a.$$

D'où, en remplaçant OC et OE par leur valeur et en remarquant que :

$$P \times OC = P \times OD,$$

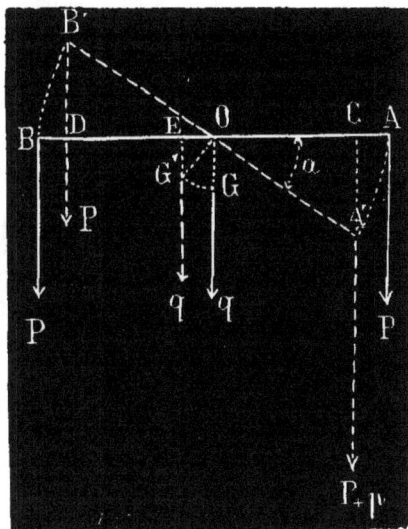

Fig. 159.

l'équation d'équilibre devient :

$$pl \cos a = qd \sin a.$$

D'où $\quad \dfrac{\sin a}{\cos a} = \dfrac{pl}{qd}.$

Et, enfin, $\quad$ tg. $a = \dfrac{pl}{qd}.$

Telle est la relation qui exprime la sensibilité d'une balance. Il est évident que plus l'angle a sera grand, plus la balance sera sensible sous l'action du poids additionnel p. Tant que cet angle ne dépasse pas un petit nombre de degrés, on peut le considérer comme étant sensiblement proportionnel à sa tangente. Par suite, la formule montre que la sensibilité est indépendante de P, c'est-à-dire du poids du plateau et de la charge qu'on peut y mettre. Elle montre qu'elle sera d'autant plus grande que les bras l du fléau seront plus longs et plus légers; enfin, que le centre de gravité sera plus près du point de suspension du fléau en restant toujours en dessous.

Lorsque le point G est très éloigné du point O, la sensibilité est très faible et on dit que la balance est *paresseuse*.

A mesure que le point G se rapproche du point de suspension, la sensibilité augmente et elle est infinie lorsque $d = 0$, car la formule devient :

$$\text{tg. } a = \infty.$$

On dit alors que l'équilibre est *indifférent*. Le fléau se tient en équilibre dans toutes les positions possibles, mais le moindre poids additionnel sur l'un des plateaux lui fait prendre la position verticale.

Voyons maintenant quelle serait l'expression de la sensibilité si les trois points de suspension n'étaient pas en ligne droite.

Admettons un fléau AOB (*fig.* 158) ayant la forme d'un levier coudé tel que AO = BO. Représentons par b l'angle OAB et par a l'angle dont s'incline le fléau lorsqu'on suspend au point B un poids P et au point A une charge P + p. L'équation des moments devient :

$$Pl \cos (a + b) = (P + p)\, l \cos (a - b) + qd \sin a,$$

ou

$$Pl \cos a . \cos b - Pl \sin a . \sin b$$
$$= Pl \cos a . \cos b + Pl \sin a \sin b$$
$$+ pl \cos a . \cos b + pl \sin a . \sin b$$
$$+ qd \sin a,$$

et, en réduisant,

$$2Pl \sin a . \sin b + qd \sin a$$
$$= pl \cos a . \cos b - pl \sin a . \sin b,$$

ou, en divisant par cos a,

$$2Pl \sin b \text{ tg. } a + pl \text{ tg. } a \sin b + qd \text{ tg. } a$$
$$= pl \cos b,$$

et, enfin,

$$\text{tg. } a = \frac{pl \cos b}{(2P + p)\, l \sin b + qd}.$$

Cette formule montre que, dans ce cas, la sensibilité diminue lorsque la charge augmente, tandis que, dans le cas précédent, la sensibilité était indépendante de la charge.

Si l'on fait $b = 0$, c'est-à-dire si les points A, B, O sont en ligne droite,

$$\text{tg. } a = \frac{pl}{qd}.$$

Il faut donc, pour que la sensibilité soit indépendante de la charge, que les trois points de suspension soient en ligne droite.

291. *Remarque.* La première condition indique que le fléau doit être long et léger. On arrive dans l'industrie à la réaliser en donnant au fléau la forme d'un losange évidé de part et d'autre. Lorsque les balances ont de petites dimensions, on fait le fléau en aluminium, métal très léger et résistant.

Dans quelques balances, on peut faire varier le degré de sensibilité au moyen d'une tige filetée fixée au-dessus du point d'appui. Cette tige reçoit un écrou dont la position fait varier la distance d du centre de gravité à l'axe de suspension.

MÉTHODE DES DOUBLES PESÉES.

292. Quel que soit le soin qu'on apporte à la construction des balances, elles ne remplissent jamais rigoureusement les conditions que nous venons d'énoncer. On peut, néanmoins, avec une balance fausse, obtenir exactement le poids d'un corps, en employant une méthode imaginée par Borda et appelée *méthode des doubles pesées.*

Supposons que les bras de levier aient des longueurs l et l' et soit x le poids inconnu du corps. Mettons ce corps successivement dans chacun des plateaux de la balance et si P et P' représentent les poids qui, dans chaque pesée, équilibrent le corps, on aura les deux équations :

$$xl = Pl',$$
$$xl' = P'l.$$

D'où, en multipliant ces égalités membre à membre :

$$x^2 = P \times P',$$

ou $$x = \sqrt{P \times P'},$$

c'est-à-dire que le poids du corps est une moyenne géométrique entre les poids trouvés dans les deux pesées successives.

Une autre méthode beaucoup plus pratique consiste à mettre le corps à peser dans l'un des plateaux, à lui faire équilibre dans l'autre en ajoutant de la grenaille de plomb ou de sable, puis à enlever le corps pour le remplacer par des poids numérotés qui expriment exactement le poids du corps.

BOITES A POIDS.

293. Les boîtes à poids qui accompagnent les balances doivent contenir tous les poids nécessaires pour faire le genre de pesées auquel l'instrument est destiné. Si, par exemple, il s'agit d'une balance de laboratoire, le minimum du poids à employer sera un milligramme, et le poids maximum ne dépassera pas 500 grammes. La boîte devra fournir tous les multiples d'un milligramme depuis 1 jusqu'à 500000 pour évaluer un poids à un milligramme près.

Dans le commerce de détail, le minimum de poids est un gramme, et le maximum peut atteindre 10 kilogrammes. La boîte devra contenir assez de poids pour évaluer de 1 à 10000 grammes et les pesées se feront à 1 gramme près.

La composition d'une boîte à poids peut être faite de plusieurs manières. On peut, par exemple, introduire dans la boîte le plus petit poids à employer, puis un poids double, un poids quadruple, un poids huit fois plus grand, et ainsi de suite, suivant les puissances du nombre 2.

Tout nombre entier étant une somme de puissances de 2, on pourra, avec ces poids, former tous les multiples du poids le plus petit, inférieur à la puissance de 2 qui suit celle à laquelle on s'arrête. Par exemple, avec les poids 1, 2, 4, 8, 16, 32, 64, 128, 256, 512, 1024, on peut former un poids entier quelconque inférieur à 2048.

Soit à former le poids de 1529. On divisera 1529 par 2, et on aura 1 pour reste et 764 pour quotient. On divisera 764 par 2, et on aura 0 pour reste et 382 pour quotient. On continuera ainsi jusqu'à ce que la division par 2 du dernier quotient ne soit plus possible. On obtient alors :

$$1529 = 2 \times 764 + 1$$
$$764 = 2 \times 382 + 0$$
$$382 = 2 \times 191 + 0$$
$$191 = 2 \times 95 + 1$$
$$95 = 2 \times 47 + 1$$
$$47 = 2 \times 23 + 1$$
$$23 = 2 \times 11 + 1$$
$$11 = 2 \times 5 + 1$$
$$5 = 2 \times 2 + 1$$
$$2 = 2 \times 1.$$

Multiplions la deuxième égalité par 2, la troisième par 4, la quatrième par 8, la cinquième par 16, etc., etc., la dixième par 512 et additionnons les produits. Nous aurons, en réduisant les termes communs :

$$1529 = 1 + 8 + 16 + 32 + 64 + 128 + 256 + 1024.$$

Le poids 1529 se formera en réunissant les poids indiqués dans le deuxième membre.

Le système décimal conduit à une composition de boîte à poids un peu différente. Les boîtes destinées à peser de 1 à 9999 grammes contiennent les poids suivants :

1 poids de	1 gramme.
2 —	2 grammes.
1 —	5 —
1 —	10 —
2 —	20 —
1 —	50 —
1 —	100 —
2 —	200 —
1 —	500 —
1 —	1000 —
2 —	2000 —
1 —	5000 —

On forme un poids quelconque de 7892 grammes de la manière suivante :

1 poids de	5 kil.	5000 grammes.
—	2 kil.	2000 —
—	500 gr.	500 —
—	200 gr.	200 —
—	100 gr.	100 —
—	50 gr.	50 —
—	20 gr.	40 —
—	2 gr.	2 —
	Total	7892 grammes

Balance romaine.

294. La balance romaine permet de faire des pesées avec un poids unique qui peut glisser le long d'un fléau gradué convenablement. Elle se compose d'un fléau AB (*fig.* 160) suspendu en C par une tige OC qu'on tient à la main ou qu'on attache à un support fixe.

Le corps à peser s'attache à un crochet A, ou se place sur un plateau suspendu en ce point. De l'autre côté CB du fléau, glisse un poids Q qui peut être placé en regard de divisions inscrites à l'avance. Le centre de gravité du fléau et de tous les accessoires qui y sont attachés se trouve, lorsque la barre est horizontale, en un point G situé sur la verticale passant par le point de suspension C et au-dessous de ce point. Lorsque l'équilibre est obtenu et que le fléau AB est horizontal, les forces P et Q, le poids q du fléau et la tension T du lien OC se font équilibre. La tension T est donc verticale et égale à la somme $P + Q + q$ de tous

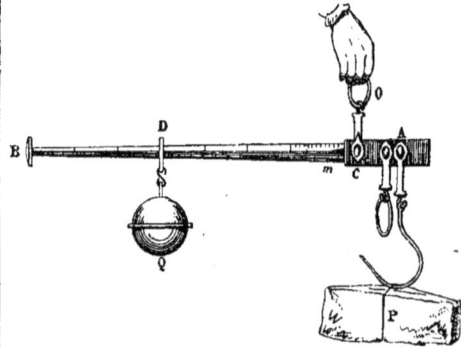

Fig. 160.

ces poids. De plus, on a, en prenant les moments par rapport au point C :

$$P \times AC = Q \times DC.$$

D'où l'on tire :

$$P = Q \frac{DC}{AC}.$$

Or, le poids Q et la longueur AC étant des quantités constantes, il en résulte que le poids P du corps est proportionnel à la distance CD. En faisant, sur la barre, une graduation convenable, on pourra lire le poids cherché sur l'échelle. Pour tracer cette division, on mettra le zéro de l'échelle au point C, puis on suspendra au crochet un poids de 1 kilog. On cherchera la position du curseur Q correspondant à la position d'équilibre et on marquera 1 en ce point. Ensuite, sur la direction CB, on portera des longueurs 1.2, 2.3, 3.4... égales à la longueur C.1 et on marquera les chiffres 2, 3, 4... aux points ainsi déterminés. Si l'on veut apprécier les fractions de kilogramme, on divisera les intervalles successifs en un certain nombre de parties égales suivant le degré d'approximation qu'on veut obtenir.

Si le centre de gravité du fléau ne se trouvait pas sur la verticale de suspension, l'appareil pourrait encore servir à mesurer les poids, mais il faudrait introduire un nouveau terme dans l'équation des moments.

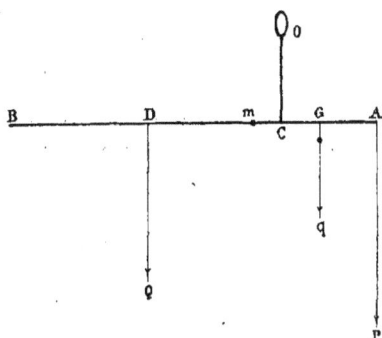

Fig. 161.

Soit G la position du centre de gravité (fig. 161). L'équation sera :

(1) $P \times AC + qGC = Q \times DC.$

On évite généralement de déterminer la position du centre de gravité du fléau. Pour cela, on détermine le point m auquel il faut suspendre le poids Q pour que le levier seul soit horizontal, c'est-à-dire quand le crochet est vide. Ce point m est tel que :

$$q \times GC = Q \times mC.$$

Remplaçons dans l'équation (1) qGC par sa valeur et on aura :

$$P \times AC + Q \times mC = Q \times DC.$$

D'où :

$$P \times AC = Q (DC - mC) = Q \times mD.$$

Et, par suite,

$$P = Q \times \frac{mD}{AC}.$$

Cette relation montre encore que le poids P du corps suspendu au crochet est proportionnel à mD.

La graduation se fait, comme précédemment, en observant que le zéro, au lieu d'être au point C, doit être au point m.

295. La balance romaine est généra-lement munie de deux chapes de suspension. A chacune d'elles, correspond une division spéciale sur les deux arêtes du levier. Si on veut peser des corps légers, on suspendra la balance par la chape la plus éloignée du point A. Si les corps sont lourds, on retourne l'appareil et on le suspend par la deuxième chape.

Ces balances ne donnent pas une précision aussi grande que les balances ordinaires à bras de levier égaux. Leur emploi est toléré lorsqu'elles trébuchent pour un excès égal au $\frac{1}{500}$ de la charge maximum. Elles présentent l'avantage de permettre d'opérer avec rapidité les pesées, et de ne pas exiger des poids marqués.

296. La romaine peut faciliter la résolution d'une équation du premier degré à une inconnue de la forme :

$$Qx = P.$$

Suspendons au crochet A du fléau un poids égal à P ; puis, à l'anneau mobile, un poids égal à Q et cherchons, par tâtonnement, la position qu'il faut donner au poids Q pour que l'équilibre ait lieu. A cette position, correspond une valeur du rapport $\frac{DC}{AC}$ qui est la valeur de l'inconnue.

Peson. — Pèse-lettres.

297. Le peson est une balance employée dans les manufactures pour peser le coton, la laine et autres matières légères. Il se compose d'un levier AB (fig. 162) mobile autour d'un axe horizontal O et portant une aiguille OD dont l'axe passe par le point O et fait un angle droit avec le fléau AB. Le centre de gravité formé par le levier et l'aiguille est placé en G, sur l'axe de cette dernière. L'extrémité D de l'aiguille parcourt un quart de cercle gradué. Enfin, à l'extrémité A du levier, est suspendu un plateau dans lequel on met les objets à peser.

Soit P le poids placé dans le plateau (augmenté de celui du plateau lui-même). Soit *p*, le poids du levier appliqué en G. Menons l'horizontale CT terminée au pro-

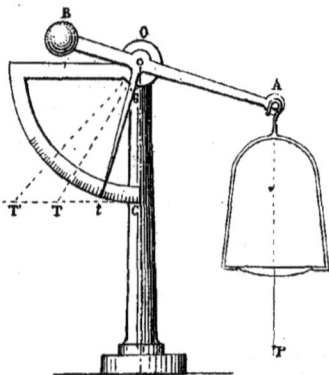

Fig. 162.

longement de l'aiguille. L'équation d'équilibre, en négligeant le frottement qui s'exerce au point O, sera :

$$P \times OA \cos a = p.OG. \sin a.$$

D'où $P = p \dfrac{OG}{OA} \, \text{tg.} \, a.$

Les quantités *p*, OG, OA étant constantes, on voit que le poids P est proportionnel à la tangente de l'angle dont s'incline l'aiguille ou le fléau. L'instrument est donc facile à graduer. Le zéro sera placé au point C, position de l'extrémité de l'aiguille lorsque le plateau est vide; puis on chargera le bassin de un décagramme, par exemple. Sous l'action de ce poids, l'aiguille occupera une position O*t*. On portera sur l'horizontale une suite de distances *t*T, TT', T'T'', etc... égales entre elles et à C*t*. On joindra TO, T'O, T''O etc... et on aura les positions que prendrait l'aiguille si l'on chargeait le bassin de 2 décagrammes, 3 décagrammes, 4 décagrammes, etc. En divisant chacun des espaces C*t*, *t*T, TT' en dix parties égales et joignant les points de divisions du quart de cercle correspondantes, de gramme en gramme.

Le pèse-lettres est un peson construit d'après les mêmes principes, mais qui est de plus petites dimensions.

Balance à moments.

298. La balance à moments est un appareil imaginé par M. Didion pour mesurer directement le moment du poids d'un *pendule balistique* par rapport à l'axe de suspension. Cet appareil a été adopté en 1857 pour les épreuves des poudres dans les poudreries. Il se compose

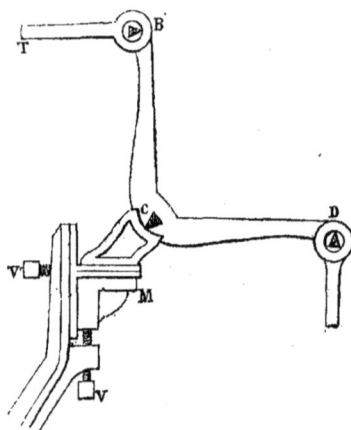

Fig. 163.

d'un levier coudé BCD (*fig.* 163) dont les bras CB et CD sont égaux et font entre eux un angle un peu supérieur à 90°. A l'une de ses extrémités B, se trouve articulée, au moyen de couteaux, une tige T qui peut être attachée au pendule balistique. A l'autre extrémité D du fléau, est articulée également au moyen de couteaux, une seconde tige supportant un plateau de balance qu'on peut charger de poids. Le levier coudé s'appuie en C, toujours au moyen de couteaux, sur un support M qu'on peut fixer au bâti qui soutient le pendule et qu'on peut déplacer, soit parallèlement au bras CB, soit perpendiculairement à cette direction au moyen des vis V ou V'.

Soit OA (*fig.* 164) la verticale du point de suspension du pendule balistique dont le centre de gravité est G. Concevons qu'on ait amené la droite OGA dans la position OG'A' faisant, avec la verticale, un petit angle *a*. La tige T du pendule est articulée en A' de manière que sa po-

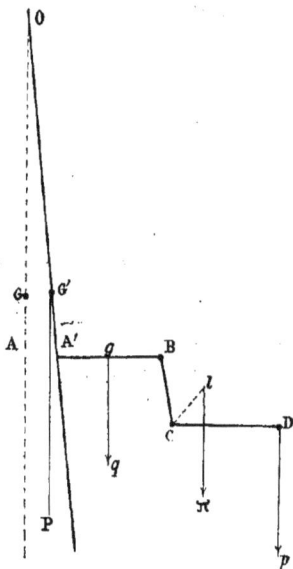

Fig. 164.

sition A'B soit perpendiculaire à OA' et fait, par conséquent, un angle *a* avec l'horizon. Le levier de la balance est construit de manière que le bras CB, étant parallèle à OA', l'autre bras CD est horizontal, c'est-à-dire que l'angle BCD est égal à 90° + *a*.

Dans le plateau, on place un poids capable de maintenir le système en équilibre dans la position que nous venons d'indiquer. Ce poids donnera la mesure du poids P du pendule appliqué en G' par rapport au point de suspension O.

Pour exposer la théorie de l'appareil, considérons d'abord l'équilibre du pendule et prenons les moments par rapport à l'axe projeté au point O, des forces qui le sollicitent. Ces formes sont le poids P et

la réaction R appliquée en A' et dirigée suivant A'B. L'équation des moments sera :

$$P \times OG' \sin a = R \times OA'.$$

Si nous faisons $OG' = l$ et $OA' = L$, l'équation devient :

(1) $Pl \sin a = RL.$

Considérons, en second lieu, l'équilibre de la tige A'B. Soit R' la réaction exercée en B par le levier coudé et soit *q* le poids de la tige appliquée en son centre de gravité *g*. Si nous projetons les forces R, R' et *q* sur la direction A'B, nous aurons :

(2) $R + q \sin a = R'.$

Considérons enfin l'équilibre du levier coudé et prenons les moments par rapport à l'axe projeté en C, des forces suivantes :

1° R' appliquée en B de la part de la tige A'B ;

2° Le poids *p* du plateau suspendu en D et de sa charge ;

3° Le poids π du levier appliqué en son centre de gravité *i*.

L'équation des moments sera :

$$R' \times BC = p \times CD + \pi$$
$$\times iC \cos \left(45° + \frac{1}{2} a \right).$$

Si nous faisons BC = *b*, CD = *b'* et iC = *d*, l'équation devient :

(3) $R'b = pb' + \pi d \cos \left(45° + \frac{1}{2} a \right).$

Éliminant R et R' entre les équations (1), (2) et (3) et tirant la valeur du moment cherché P*l*, il viendra :

(4) $Pl = \dfrac{L}{\sin a} \left[p \dfrac{b'}{b} \right.$

$$\left. + \dfrac{\pi d}{b} \cos \left(45° + \frac{1}{2} a \right) \right] - qL.$$

Dans la balance à moments établie d'après les données de M. Didion, on a :

$$a = 5° \ 44' \ 21''.$$

D'où $\sin a = 0,1$

$$\cos \left(45° + \frac{1}{2} a \right) = 0,6708,$$

et $b = b' = 0^m,20.$

Ces valeurs mises dans l'équation (4) donnent :

(5)　$Pl = 10L(p + 3{,}354\,\pi\,d) - qL.$

Cet appareil donne le moment Pl à moins d'un dix millième de sa valeur. Mais il est très important que les bras de leviers soient égaux, ou que leur longueur soit exactement connue. (*Traité d'Artillerie* de M. Didion.)

Balance de Quintenz ou balance bascule.

299. Cette balance, du nom de son inventeur, est employée dans les magasins, les gares de chemins de fer et dans certaines maisons de commerce pour peser de lourds fardeaux. Son emploi, très répandu aujourd'hui, est dû à la facilité avec laquelle on place et on enlève les

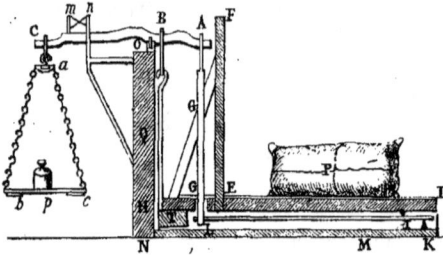

Fig. 165.

corps dont on veut déterminer le poids. De plus, on obtient le poids des corps au moyen d'un poids beaucoup plus petit, généralement le dixième. La balance bascule se compose d'un levier ABC (*fig.* 165) mobile autour d'un axe projeté en O. A l'extrémité C, est suspendu le plateau dans lequel on met le poids p destiné à faire équilibre au fardeau P. Celui-ci se place sur un tablier horizontal DE, auquel est adaptée, en avant, une paroi verticale EF, destinée à garantir la balance du choc des colis. A ce système, est liée par des pièces obliques GG une traverse horizontale T, dont la figure ne montre que le bout et qui est suspendue par une tringle verticale au point B du

petit fléau. Le tablier repose en outre en I sur un levier KL, mobile autour du point K, et suspendu par une tringle LA en un autre point A du petit bras du fléau. Toute la partie inférieure de l'appareil est cachée par une caisse en bois qui l'enveloppe et qui est supposée enlevée sur la figure. Le plancher MN sert de support au couteau K autour duquel tourne le levier KL et la paroi verticale NQ sert de support à l'axe de suspension du fléau.

Dans l'état ordinaire, c'est-à-dire quand le tablier DE ne porte aucun fardeau et que le plateau bc n'est chargé d'aucun poids, une pointe m fixée au bras OC du fléau doit se trouver exactement en regard d'une autre pointe n fixée au bâtis de l'appareil. Comme cela n'a pas lieu ordinairement, on obtient cet effet en plaçant dans une petite coupe a suspendue en C un poids convenable qu'on appelle *tare*. Lorsqu'on veut peser un fardeau, on le place sur le tablier DE et on charge de poids le plateau bc, de telle sorte que les pointes m et n se trouvent en regard. Le poids p placé dans le plateau est le dixième du poids P placé sur le tablier DE.

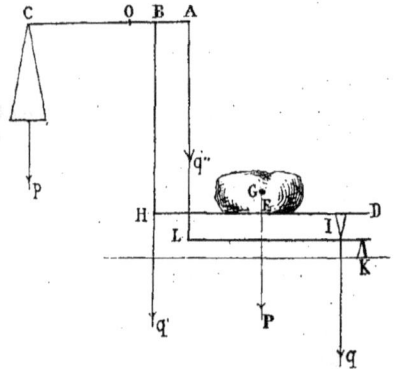

Fig. 166.

300. *Théorie de l'appareil*. Réduite à sa plus simple expression, la balance présente la disposition indiquée (*fig.* 166). Les dimensions des différentes parties sont telles qu'on a la proportion :

(1) $$\frac{OB}{OA} = \frac{KI}{KL} = \frac{1}{n}.$$

Le rapport de OB à OC est ordinairement $\frac{1}{10}$:

1° Remarquons d'abord que si l'appareil vient à se mouvoir, le tablier DH demeure horizontal. Supposons, en effet, que les points B et H s'abaissent, par exemple, d'une petite quantité h. En vertu de la proportion (1), le point A s'abaissera de nh. Il en sera de même du point. L. Par conséquent, en vertu de la même proportion, le point I s'abaissera de h comme le point H. Par suite, IH, qui était horizontal par hypothèse, demeurera horizontal ;

2° La position du corps sur la plateforme, ou tablier, est indifférente, c'est-à-dire qu'un poids p lui fait toujours équilibre. En effet, le poids P du corps à peser est appliqué en son centre de gravité G. Décomposons la force P en deux composantes q et q' appliquées, la première en I, la seconde en H. Les valeurs de ces composantes sont :

$$q = P \frac{HE}{HI},$$

$$q' = P \times \frac{EI}{HI}.$$

Mais la force q peut être remplacée par une force q'' agissant sur la tige AL et telle que :

$$q \times IK = q'' \times LK.$$

D'où :

$$q'' = q \times \frac{IK}{LK} = P \frac{HE}{HI} \times \frac{IK}{LK}.$$

Le levier AC est donc soumis aux forces p, q' et q''. En appliquant le théorème des moments par rapport au point Q, nous aurons :

$$q' \times OB + q'' \times OA = p \times OC.$$

Remplaçons q' et q'' par leur valeur et il viendra :

$$P \frac{EI}{HI} \times OB + P \frac{HE}{HI} \times \frac{IK}{LK}$$
$$\times OA = p \times OC.$$

D'où :

$$P \left(\frac{EI.OB.LK + HE.IK.OA}{HI.LK} \right) = p \times OC \ (2)$$

Mais l'équation (1), qui donne les proportions des leviers, montre que :

$$OB.LK = OA.IK.$$

L'équation (2) peut être remplacée par la suivante :

$$P \frac{(EI.OB.LK + HE.OB.LK)}{HI.LK} = p \times OC.$$

D'où :

$$P \frac{(OB.LK)(EI + HE)}{HI.LK} = p \times OC.$$

Or $$EI + HE = HI.$$

D'où : $$P . \frac{OB.LK.HI}{HI.LK} = p \times OC.$$

Et, enfin, en supprimant le facteur commun HI.LK, il reste :

$$P \times OB = p \times OC.$$

Cette relation montre bien que la position du corps sur le tablier ne change pas la valeur du poids p qui lui fait équilibre.

Le poids du corps à peser est donné par cette équation :

$$P = p \times \frac{OC}{OB}.$$

Ordinairement, ce rapport $\frac{OC}{OB}$ est égal à 10 si la bascule doit servir à peser des corps relativement peu lourd ; il est égal à 100 pour des corps très lourds.

Pour déterminer le poids d'un corps au moyen de cet instrument, il suffit de placer ce corps sur le tablier, puis de disposer, sur le plateau suspendu en C, les poids marqués nécessaires pour établir l'équilibre, lequel est indiqué par les index m et n. Il suffit alors de multiplier par 10 ou par 100 les poids du plateau C pour avoir celui du corps.

Bascule romaine de M. Béranger.

301. La balance Quintenz, qui vient d'être décrite, présente deux inconvénients :

1° Elle exige des poids marqués ;

2° Elle occupe une place trop grande à cause de la direction du fléau qui est dans le prolongement du tablier.

302. M. *Béranger* de Lyon a modifié heureusement la bascule ordinaire, en associant la disposition des leviers de cette dernière au fléau de la romaine simple, lequel fléau se trouve placé parallèlement à la largeur du tablier. Aussi la bascule Béranger est-elle très employée dans les gares des chemins de fer, par le commerce et par l'industrie. La vue d'en-

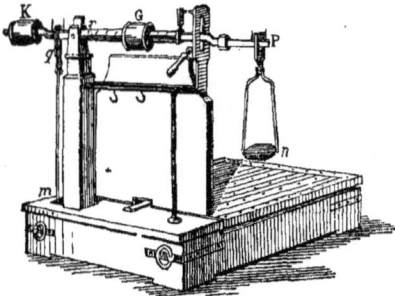

Fig. 167.

semble (*fig.* 167) de l'appareil rappelle un peu celle de la balance Quintenz. Le fléau gradué, comme dans la romaine ordinaire, porte un poids curseur qui permet de peser les corps inférieurs à 100 kilogs. Pour peser des objets supérieurs au quintal métrique, on est obligé de mettre des poids marqués sur le plateau *n*, lesquels poids indiquent les centaines de kilogrammes.

Le tablier repose par quatre points *a*, *b*, *c*, *d* (*fig.* 168), sur des leviers du second genre FD et EC, dans lesquels :

$$FD = 10.BD,$$
$$CE = 5.AC,$$
$$FD = 2ED.$$

Conséquemment, les poids placés sur le tablier agissant en A et en B sont équilibrés par une force dix fois moindre appliquée en F. Or la tringle FG appuie en *q* sur le petit bras de la romaine.

Comme $qr = \dfrac{1}{10}$ de rP, un kilogramme sur le plateau *n* fait équilibre à 100 kilogrammes placés sur le tablier de la bascule.

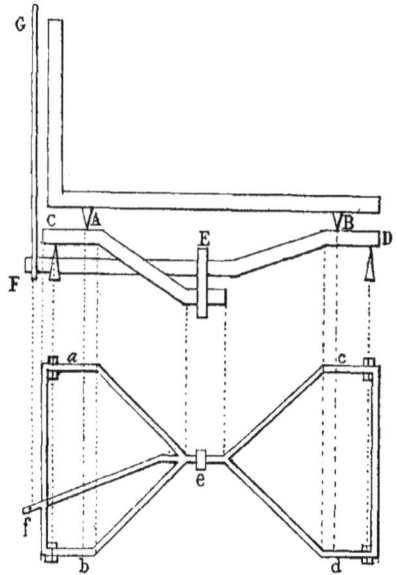

Fig. 168.

Un contre-poids mobile K doit maintenir le fléau horizontal lorsque le curseur est au zéro et que le tablier ne porte aucun corps.

Balance de Roberval.

303. La balance de *Roberval*, ou à plateaux supérieurs, est connue depuis longtemps, mais son usage ne s'est répandu dans le commerce que depuis quelques années. Elle présente l'avantage d'avoir ses plateaux soutenus à leur partie inférieure, ce qui facilite la pesée des corps. Elle se compose de deux fléaux AB, A'B' (*fig.* 169), mobiles autour des points fixes C et C', et articulés aux tiges verticales AA', BB' qui supportent les plateaux. Le centre de gravité de chaque fléau est sur la verticale du point d'appui et un peu au-dessous de ce point, ce qui rend la balance oscillante. D'après cette disposition, on voit que, lorsque les fléaux oscillent, les tiges AA' et BB' demeurent verticales et également distantes de CC'. Les poids agissent donc constamment à l'extrémité de bras de leviers égaux entre eux.

La balance de Roberval est fondée sur ce principe que, *quelle que soit la position d'un corps dans l'un des plateaux, son poids agit comme s'il était appliqué directement au point de suspension de ce plateau*

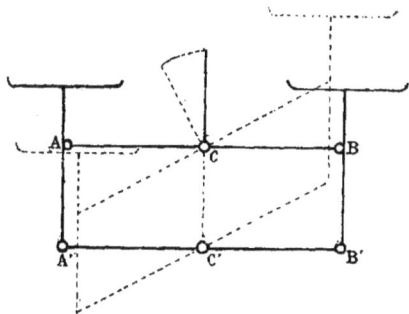

Fig. 169.

Cette balance est loin d'avoir la précision de la balance ordinaire, à cause de ses nombreuses articulations. De plus, l'expérience montre que la position des corps sur les plateaux n'est pas indifférente ou, autrement dit, un même corps occupant diverses positions sur l'un des plateaux est équilibré par des poids qui ne diffèrent pas entre eux d'une manière sensible.

La balance de Roberval a été modifiée par M. Béranger, en combinant la bascule Quintenz avec la balance Roberval primitive.

Équilibre des Ponts-levis.

304. Les ponts-levis se montrent dans les places fortes au passage de tous les fossés; ils forment généralement la dernière travée d'un pont fixe qui relie la contrescarpe à l'escarpe.

Pont-levis à flèche.

305. Le pont-levis à flèche se compose de deux parties :

1° Un tablier AO (*fig.* 170) mobile autour d'un axe projeté en O formé de forts tourillons, dont les coussinets sont fixés du côté de l'escarpe. Ce tablier s'appuie,

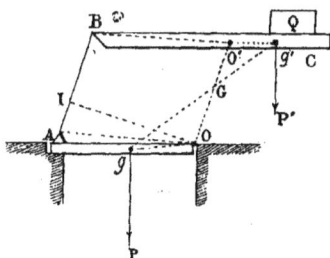

Fig. 170.

à son autre extrémité A, sur une feuillure pratiquée, soit dans le couronnement du mur de la contrescarpe, soit sur la dernière travée du pont fixe;

2° Deux chaînes projetées en AB attachent la partie supérieure du tablier à deux flèches BC, mobiles autour d'un axe horizontal O', réunies entre elles par des traverses et par une croix de Saint-André et portant à l'arrière une charge Q, ordinairement en pierre. L'appareil est disposé de telle sorte que si l'on joint les points d'attache A et B de la chaîne aux points O et O', on obtient un parallélogramme ABO'O articulé à ses quatre sommets et qui ne cesse pas d'être un parallélogramme lorsque le tablier se déplace, puisque ses côtés opposés restent égaux. De plus, si g est le centre de gravité du tablier, et g' celui du système formé par les flèches et leur charge, on a disposé du poids Q et de sa position de manière qu'en joignant gO et g'O', on ait deux droites parallèles. Ces droites restent parallèles quand le tablier se déplace, puisqu'elles font des angles égaux avec AO et BO' qui restent parallèles. Enfin le poids P du tablier et le poids P' du système des flèches et de leur charge sont réglés de telle sorte qu'il y ait équilibre dans toutes les positions du pont-levis. Pour cela, soit T la tension de l'une des chaines et soit a l'angle que les deux droites gO et g'O' font avec l'horizon dans une position quelconque du système. Le tablier est un levier du second genre soumis aux forces T, à la force P, et à la réaction R exercée sur l'axe O. En prenant les moments de ces forces par rapport à cet axe, on aura :

(1) $2M_0T = P.g O. \cos a.$

Les flèches formant un levier du premier genre, il viendra :

(2) $2M_0T = P'.g'O' \cos a.$

Par suite, la comparaison des égalités (1) et (2) donnent :

$$P.g O = P'.g'O'.$$

D'où   (3) $\dfrac{P'}{P} = \dfrac{g O}{g'O'}.$

Cette relation (3) est indépendante de l'angle a. L'équation (1) donnant la tension T de l'une des chaines, il suffit de faire $a = O$ et de remplacer M_0T par T.OI. Donc :

$$2T.OI = P.g O.$$

D'où : $T = \dfrac{1}{2} P. \dfrac{g O}{OI}.$

Il est facile de remarquer que si l'on joint gg', le point G où cette droite rencontre OO' sera le centre de gravité du système des poids P et P' ; car les triangles gOG, g'O'G, étant semblables par suite des parallèles gO et g'O', donnent :

$$\frac{Gg}{G'g} = \frac{g O}{g'O'} = \frac{P'}{P}.$$

Le point G reste immobile dans toutes les positions du tablier, car les mêmes triangles donnent :

$$\frac{GO}{GO'} = \frac{g O}{g'O'}.$$

Le pont-levis que nous venons de décrire était connu dès le temps de la féodalité. Dans quelques places modernes, on a adopté la disposition de celui dont nous allons dire quelques mots.

Pont-levis de M. Delille.

306. Le pont-levis de M. Delille, capitaine du génie, est fondé sur un principe différent. Les chaines sont rempla-

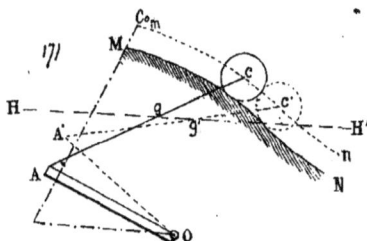

Fig. 171.

cées par des tiges rigides AC (*fig.* 171) qui vont s'attacher aux extrémités de l'axe d'un rouleau cylindrique horizontal, qu'on fait mouvoir sur des courbes MN. Supposons qu'on ait décomposé le poids P du tablier en deux forces parallèles $\dfrac{1}{2}$ P appliquées l'une en A et l'autre en O. Soit P' le poids du rouleau et soit g, le point d'application de la résultante des forces $\dfrac{1}{2}$ P et P', ou, ce qui revient au même, le centre de gravité du système des poids $\dfrac{1}{2}$ P et P'. On trace les courbes MN de telle sorte que, dans le mouvement du pont-levis, le point g décrive une horizontale HH'. Il en résulte que le système est en équilibre dans toutes les positions.

Pour tracer les courbes MN, on commence par déterminer le point g pour une position déterminée du tablier. Par ce point g, on mène l'horizontale HH'. On donne alors au tablier une nouvelle position quelconque OA'. Du point A' comme centre, avec un rayon égal à Ag, on décrit un arc de cercle qui coupe HH' en un point g'. On joint A'g' et on prend, sur cette droite, une longueur A'C' égale à AC. Cela fait, de chacun des points C, comme centre, avec le rayon qu'on veut donner au rouleau, on décrit un cercle, puis on mène une courbe tangente à tous ces cercles. C'est la courbe demandée. Ces courbes MN s'exécutent en fer, et forment le bord inférieur d'une cavité ménagée dans le mur de chaque côté du passage et dans lesquelles s'engagent les extrémités du rouleau.

Pont-levis de Bélidor.

307. Le pont-levis imaginé par *Bélidor* est aussi à contre-poids mobile. La chaîne qui soutient le tablier s'enroule sur une

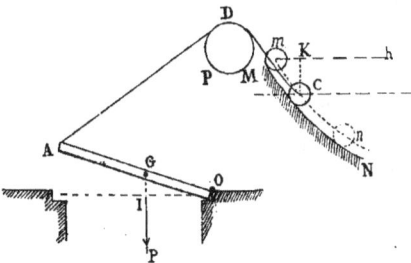

Fig. 172.

poulie P (*fig.* 172) et vient s'attacher par son extrémité à un rouleau C formant contre-poids et assujetti à rouler sur une courbe fixe MN. Cette courbe se détermine de la manière suivante. Soit m la position initiale de l'axe du rouleau, répondant à la position horizontale du tablier. On mène par le point m une horizontale mh. On place ensuite le tablier dans une position quelconque et on mesure la distance verticale GI parcourue par son centre de gravité. Si l'on applique le principe des travaux virtuels dont nous parlerons plus tard, on aura :

$$P \times GI = pCK.$$

D'où
$$CK = GI \times \frac{P}{p}.$$

Connaissant CK, on connaît l'horizontale passant par le point C. D'un autre côté, la longueur de la chaîne étant connue, si l'on en retranche AD et qu'on trace la développante décrite par l'extrémité C

quand le reste de la chaîne s'enroule sur la poulie à partir du point D, on aura une courbe qui devra contenir le point C. Ce point sera donc déterminé par l'intersection de cette courbe et de l'horizontale menée à la distance CK de mh. On déterminera de la même manière autant de points qu'on voudra de la courbe mn décrite par le centre du rouleau. La courbe MN s'en déduira par le tracé de l'enveloppe des cercles décrits des divers points de mn, comme centres, avec le rayon du rouleau.

Problème n° 43.

308. *Une barre droite, dont on néglige le poids, est divisée par le point d'appui en deux parties dont l'une est le cinquième de l'autre. Le petit bras supporte un poids Q (fig. 173) de 60 kilos :*

1° Quel poids faut-il mettre à l'autre extrémité pour qu'il y ait équilibre?

2° Quelle force faut-il y appliquer, si elle doit faire avec la force Q un angle de 60°?

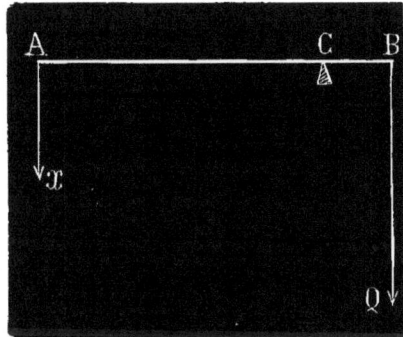

Fig. 173.

1° En appliquant l'équation d'équilibre du levier, c'est-à-dire en prenant les moments des forces Q et x par rapport au point d'appui, on aura :

$$x \times AC = Q \times CB.$$

Or
$$AC = 5CB.$$

Donc $\quad x = \dfrac{60^k}{5} = 12^k$;

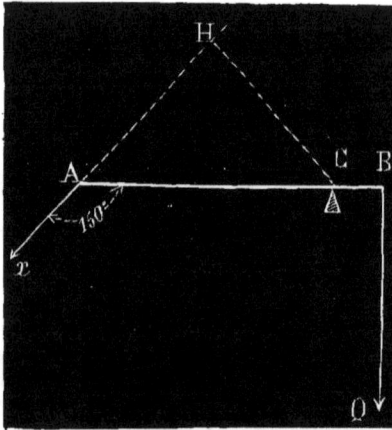

Fig. 174.

2° L'équation d'équilibre sera (*fig*. 174) :
$$x \times CH = Q \times CB.$$
Mais $\quad CH = AC \sin 30°$,
$$CH = 5CB \sin 30°.$$

Donc $\quad x = \dfrac{Q}{5 \sin 30°}$.

Or, $\quad \sin 30° = \dfrac{1}{2}$.

Et, par suite,
$$x = \dfrac{60}{5 \times \dfrac{1}{2}} = 24^k.$$

Problème n° 44.

309. *Une tige rigide* ABC (*fig*. 175), *reposant sur le point* O *est soumise à deux forces* Q *et* Q' *de sens contraire et perpendiculaires au levier. Quelle doit être l'intensité d'une force* P *appliquée au point* A, *sous un angle de* 135°, *pour qu'elle fasse équilibre aux deux forces* Q *et* Q'? *Déterminer également la pression sur le point d'appui.*

1° Prenons les moments par rapport au point O des forces qui sollicitent le levier et nous aurons :

$P \times OH + Q \times OB - Q' \times OC = 0.$
En remarquant que :
$$OH = OA \sin 45 = OA \frac{\sqrt{2}}{2},$$
il vient :
$$(1) \qquad P = \frac{Q' \times OC - Q \times OB}{AO \dfrac{\sqrt{2}}{2}} .$$

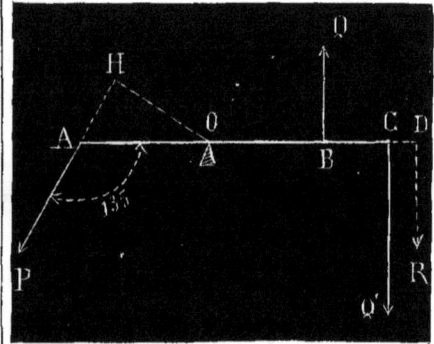

Fig. 175.

2° La charge R' du point d'appui sera donnée par la relation :
$(2) \quad R'^2 = R^2 + P^2 + 2R.P \cos (R.P),$
R représente la résultante des forces Q et Q' ; elle est égale à Q' — Q.

310. *Application.* Supposons AO = $0^m,1$; OB = $0^m,2$; BC = 0,1 ; Q = 1^k et Q' = 2^k.
L'équation (1) donne :
$$P = \frac{2 \times 0,3 - 1 \times 0,2}{0,1 \dfrac{\sqrt{2}}{2}} = \frac{0,4 \times 2}{0,1 \sqrt{2}} ,$$
$$P = 4 \times \sqrt{2} = 5^k,654.$$
La charge R' provenant de l'équation (2) donne :
$$R'^2 = 1 + 32 + 24 \sqrt{2} \times \frac{\sqrt{2}}{2} = 41.$$
D'où $\quad R' = \sqrt{41} = 6^k,4.$

Problème n° 45.

311. *Un levier droit, horizontal, repose sur un point d'appui. A ses deux extrémités sont suspendus deux poids, l'un de*

500 *kilos, l'autre de 1225 kilos. Le levier lui-même pèse 450 kilos. Il a la forme d'un prisme droit de 0^m,60 de longueur. On demande où doit être placé le point d'appui pour qu'il y ait équilibre.*

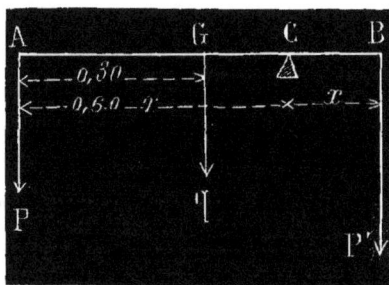

Fig. 176.

Soit AB (*fig.* 176) le levier, C son point d'appui, G son centre de gravité et x la distance CB. On aura, en prenant les moments par rapport au point d'appui,

P × AC + q × CG = P' × CB.

Mais   AC = 0^m,60 — x,
             CG = 0,30 — x,
             P = 500^k,
             P' = 1225^k.

Donc,

500 (60 — x) + 450 (30 — x) = 1225x.

D'où, en résolvant l'équation,

2175x = 43500,

et $x = \dfrac{43500}{2175} = 20.$

Le point d'appui C doit donc se trouver à 0^m,20 de l'extrémité B du levier.

Problème n° 46.

312. *Une poutre homogène* AB (*fig.*177) *porte en* A *un poids de* 30 *kilos et en* B *un poids de* 80 *kilos. Elle repose en un point* C, *tel que* AC = 2 *mètres et* BC = 1,50. *On demande le poids de la poutre.*

Soit x le poids de la poutre appliqué en son milieu G. L'équation des moments donnera :

P × AC + x × CG = P' × BC,

ou, en remplaçant les lettres par leur valeur,

$30 \times 2 + x \times 0,25 = 80 \times 1,5,$
$0,25x = 60,$

et $x = \dfrac{60}{0.25} = 240^k.$

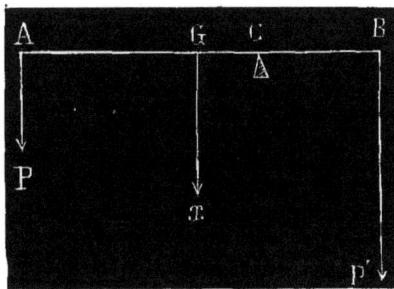

Fig. 177.

Problème n° 47.

313. *Un levier* AB (*fig.* 178) *est formé par une barre rectiligne, homogène, de longueur* l *et de poids* p. *Le point d'appui* C *divise la barre de façon que* AC = 2CB. *Quel est, en tenant compte du poids de la barre, l'équilibre du levier sollicité à ses extrémités* A *et* B *par deux forces* P *et* P' *parallèles à la direction de la pesanteur?*

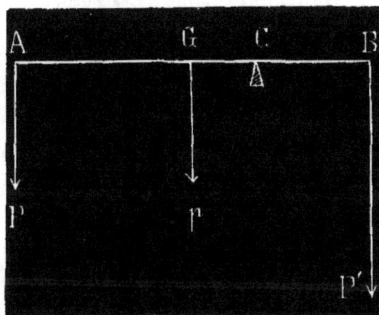

Fig. 178.

D'après l'énoncé AC = $\dfrac{2}{3}$ AB. Donc, le centre de gravité G de la barre est situé au milieu de AB et tel que CG = $\dfrac{1}{6}$ AB. L'équation des moments par rapport au point C donne :

$$P \times AC + p \times CG = P' \times CB,$$

ou $\quad P \dfrac{2}{3} l + p \dfrac{l}{6} = P' \dfrac{l}{3}.$

Cette dernière équation donne :

$$4P + p = 2P',$$

ou $\qquad p = 2 (P' - 2P).$

314. *Discussion.* Cette équation simple montre que si

$$P' > 2P \text{ on a } p > 0,$$
$$P' = 2P \text{ on a } p = 0,$$
$$P' < 2P \text{ on a } p < 0.$$

Ce dernier cas indique que l'équilibre ne peut avoir lieu que si la force p est de sens contraire aux deux autres.

Problème n° 48.

315. *Une tige homogène* AB (*fig.* 179) *pesant 335 grammes le mètre courant, est mobile dans un plan vertical, autour de son extrémité fixe A. Elle a* 1^m,782 *de longueur et supporte en* B *un poids de* 10 *kilos. Elle est soutenue horizontalement par un support* C *situé à* 1^m,20 *de* A. *Déterminer la pression exercée sur ce support.*

1° *En négligeant le poids de la tige;*

2° *En tenant compte de ce poids.*

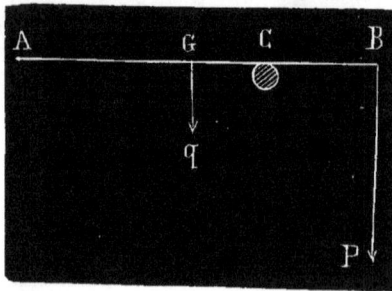

Fig. 179.

1° L'équation des moments par rapport au point fixe A donne :

$$x \times AC = P \times AB.$$

D'où $\quad x = \dfrac{P \times AB}{AC} = \dfrac{10 \times 1,782}{1,2}$

$$x = 14^k,85.$$

2° Le poids q de la tige appliqué en son milieu G est de :

$$335^{gr.} \times 1,782 = 596^{gr.},97.$$

En prenant les moments par rapport au même point, on a :

$$x \times AC = P \times AB + q \times AG,$$

ce qui donne :

$$x = \frac{10 \times 1,782 + 0,59697 \times 0,891}{1,2},$$

et $\qquad x = 15^k,293.$

Problème n° 49.

316. *Un même corps placé successivement dans chaque plateau d'une balance fausse, est équilibré par les poids de* 2 *kilos et* 2^k,200. *Quel est le rapport des deux bras de levier et quel est le poids du corps?*

1° Représentons par x le poids du corps, et par l et l' les longueurs des bras de levier. L'équation d'équilibre de la première pesée sera :

(1) $\qquad xl = 2l'.$

La deuxième pesée donnera :

(2) $\qquad xl' = 2,2l.$

Divisant membre à membre les équations (1) et (2), on obtient :

$$\frac{l'^2}{l^2} = 1,1.$$

D'où $\qquad \dfrac{l'}{l} = 1,048.$

2° Le poids du corps se détermine en multipliant membre à membre les équations (1) et (2), lesquelles donnent :

$$x^2 = 4,4.$$

D'où $\quad x = \sqrt{4,4} = 2\sqrt{1,1},$
$$x = 2^k,096.$$

Problème n° 50.

317. *Quelle longueur faut-il donner au grand bras* CB (*fig.* 180) *d'une romaine pour que, avec un poids curseur* Q, *elle puisse peser un corps de poids* P? *Quel est aussi le rapport entre les deux graduations que porte cette romaine?*

1° Soit E le point où il faut placer le curseur pour que le levier soit horizontal lorsqu'aucun corps n'est suspendu au crochet. L'équation de la romaine est, en faisant CA = r,

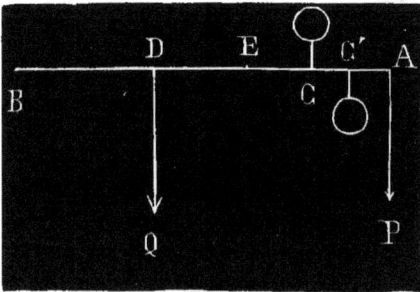

Fig 180.

$$Q \times ED = Pr.$$

D'où $\quad ED = \dfrac{Pr}{Q} = r\,\dfrac{P}{Q}.$

La longueur du bras CB sera donc :

$$BC = CE + r\,\frac{P}{Q},$$

2° En supposant P = 1 kilog, on a :

$$ED = \frac{r}{Q} = \frac{C'A}{Q}.$$

Si l'on suspend la romaine par l'autre anneau et que E' soit le point analogue de E, on a :

$$E'D' = \frac{C'A}{Q}.$$

D'où $\qquad \dfrac{ED}{E'D'} = \dfrac{CA}{C'A}.$

Ainsi, les divisions doivent être proportionnelles aux distances respectives du crochet, aux anneaux de suspension.

Poulie.

318. La poulie se compose d'une roue circulaire, ou *poulie proprement dite*, et d'une chape (*fig.* 181). La roue est creusée en gorge à sa circonférence, pour recevoir une corde. Elle est mobile autour d'un axe rigide nommé *boulon* qui la traverse à son centre. La chape se compose d'une pièce en fer dont les deux branches appe-

lées *joues* embrassent la poulie. Cette chape se termine à la partie supérieure par un crochet ou par une vis et un écrou.

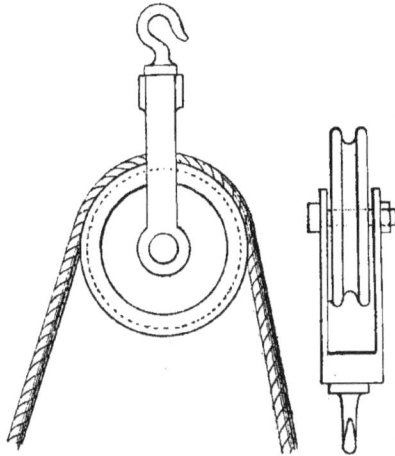

Fig. 181.

319. On distingue la *poulie fixe*, dont l'axe résiste dans tous les sens à une pression quelconque, et la *poulie mobile* dont l'axe est entièrement libre dans l'espace.

Conditions d'équilibre de la poulie fixe.

320. Soit O (*fig.* 182) le centre d'une poulie fixe enveloppée dans une partie AB de sa circonférence par une corde PABQ dont les extrémités sont tirées par les deux forces P et Q. Les forces, étant censées agir dans un plan perpendiculaire à l'axe, sont donc tangentes à la circonférence aux points A et B. Conséquemment, si l'on mène les rayons OA et OB passant par ces points, les forces P et Q pourront être considérées comme appliquées aux extrémités d'un levier coudé AOB à bras égaux.

Cette particularité, qui ramène aussi simplement l'équilibre de la poulie à celui du levier, fait qu'on considère la poulie comme étant un corps possédant un point fixe, quoique, en réalité, elle tourne autour d'un axe fixe de faible dimension.

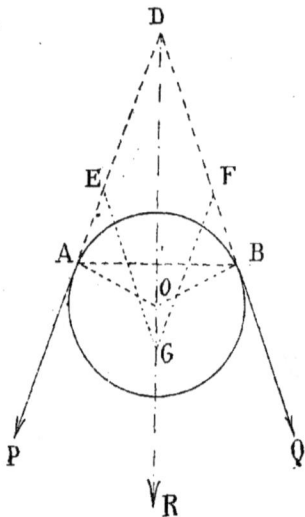

Fig. 182.

On aura donc, en prenant les moments des forces P et Q, par rapport à l'axe de la poulie :

$$P \times OA - Q \times OB = 0.$$

Les bras de levier OA et OB étant égaux comme rayon d'un même cercle, il est clair que :

$$P = Q,$$

c'est-à-dire que la puissance est égale à la résistance.

Cette égalité entre les forces P et Q montre que la poulie est un organe de transformation de mouvement servant à changer un mouvement rectiligne continu en un mouvement de même espèce, mais de direction différente.

PRESSION SUPPORTÉE PAR L'AXE DE LA POULIE FIXE.

Théorème n° 37.

321. *La pression supportée par l'axe de la poulie fixe est à la puissance ou à la résistance, comme la sous-tendante de* l'arc embrassé par la corde est au rayon de la poulie.

La pression exercée sur l'axe est évidemment la résultante des forces P et Q (*fig.* 182). Si donc, à partir de leur point de concours D, on prend deux longueurs égales DE, DF représentant leurs intensités et qu'on achève le losange, la diagonale DG exprimera la valeur de la pression.

Les triangles AOB et DFG étant semblables, donnent :

$$\frac{DG}{DE} = \frac{AB}{OA},$$

ou

$$\frac{R}{P} = \frac{AB}{r}.$$

Lorsque les deux forces données sont parallèles, la sous-tendante est un diamètre du cercle et la pression devenant double de l'une des deux forces, acquiert son maximum d'intensité. Si la corde embrasse un sixième de la circonférence de la poulie, la sous-tendante de cet arc est égale au rayon et alors R = P.

CONDITIONS D'ÉQUILIBRE DE LA POULIE MOBILE.

Théorème n° 38.

322. *L'effort à exercer sur le brin mobile est au poids à soulever comme le rayon de la poulie est à la sous-tendante de l'arc embrassé par la corde.*

Soit O (*fig.* 183) le centre de la poulie mobile enveloppée dans la partie AB de sa circonférence par une corde PABF attachée à un point fixe F. L'autre extrémité de la corde est soumise à l'action de la force P ou puissance. La résistance à vaincre est le poids Q suspendu à la chape. Comme le point F éprouve, dans l'état d'équilibre, une certaine pression qui s'exerce dans le sens FB, on voit que la résistance de ce point peut être assimilée à une force R, égale et contraire à cette pression, c'est-à-dire agissant dans le sens BF.

Ainsi, les conditions d'équilibre seront

celles d'un corps libre soumis à l'action des trois forces P, Q, R. Il faut donc que la résistance Q soit égale et contraire à la résultante des deux forces P et R.

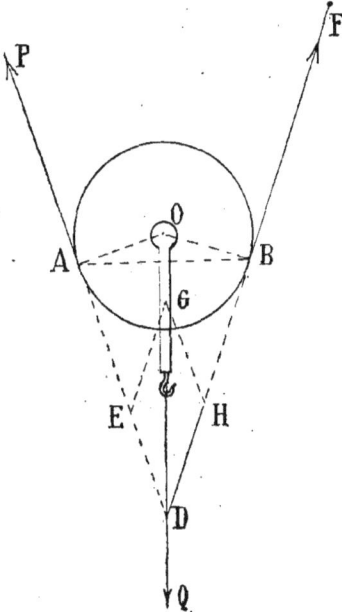

Fig. 183.

D'abord les forces P et R sont égales; car, s'il en était autrement, en fixant le centre de la poulie, on détruirait la force Q et il resterait les forces P et R qui doivent se faire équilibre. Or, l'égalité de ces forces est la condition d'équilibre de la poulie fixe. Donc, lorsque la poulie est mobile on a de même P = R, c'est-à-dire que la pression exercée sur le point F, ou la tension de la corde BF, est égale à la puissance P.

Cela posé, si, à partir du point de concours D de ces forces, on prend deux longueurs égales DE, DH pour représenter les tensions P et R et qu'on achève le losange DEHG, la diagonale DG exprimera l'intensité de la résistance Q. On aura donc :

$$\frac{P}{Q} = \frac{DE}{DG}.$$

Les triangles OAB et DEG étant semblables, donnent :

$$\frac{DE}{DG} = \frac{OA}{AB},$$

ou

$$\frac{P}{Q} = \frac{OA}{AB} = \frac{r}{AB}.$$

Si les deux parties de la corde sont parallèles, la sous-tendante est égale au diamètre. Alors :

$$\frac{P}{Q} = \frac{r}{2r} = \frac{1}{2}.$$

D'où

$$P = \frac{Q}{2},$$

c'est-à-dire que la puissance n'étant que la moitié de la résistance acquiert son minimum d'intensité nécessaire pour l'équilibre. C'est le cas le plus favorable pour la puissance.

323. *Remarque.* Il est facile de voir que la puissance P à exercer sur la partie mobile de la corde, augmente avec l'angle formé par les liens PA et FB. La force P serait infiniment grande si cet angle était de 180°. Dans ce cas, la sous-tendante serait égale à 0 et, par suite, l'équation :

$$P = Q \frac{r}{AB},$$

deviendrait $P = Q \dfrac{r}{0} = \infty.$

Des systèmes de poulies mobiles.

324. Considérons un système de poulies mobiles représenté par les figures 184 et 185. Une première poulie A' porte suspendu à sa chape un poids R qui est la résistance. Elle est embrassée, dans une partie quelconque de sa circonférence, par une corde attachée d'un côté au point fixe F', et de l'autre côté à la chape d'une poulie A". Celle-ci est de même embrassée par une corde attachée d'un côté à un second point fixe F" et, de l'autre côté, à la chape d'une troisième poulie A''' et ainsi de suite jusqu'à la dernière poulie, dont la corde est attachée, d'un côté à un point fixe F''' et reçoit de l'autre côté l'action d'une puissance P.

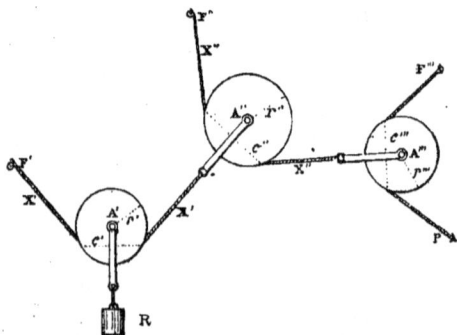

Fig. 184.

Pour l'équilibre général, il faut que chacune des poulies soit séparément en équilibre. Si donc on représente par X', X'', X''' les tensions des cordons successifs par c', c'', c''' les sous-tendantes des arcs qu'ils embrassent et par r', r'', r'''' les

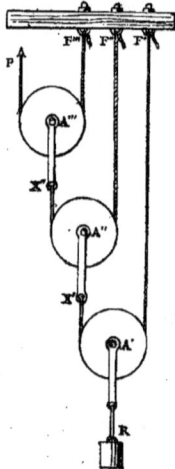

Fig. 185.

rayons des poulies, on aura, pour la poulie A' :

$$(1) \qquad \frac{X'}{R} = \frac{r'}{c'},$$

pour la poulie A'' :

$$(2) \qquad \frac{X''}{X'} = \frac{r'''}{c''},$$

et pour la poulie A''' :

$$(3) \qquad \frac{P}{X''} = \frac{r'''}{c'''}.$$

Multipliant membre à membre ces trois équations, on trouve, pour la condition d'équilibre du système,

$$\frac{P}{R} = \frac{r'.r''.r'''}{c'.c''.c'''}.$$

Donc : *La puissance est à la résistance comme le produit des rayons des poulies est au produit des sous-tendantes des arcs embrassés par les cordes.*

325. *Remarque* I. Dans le cas où les cordons sont parallèles, les sous-tendantes c', c'', c''' égalent les diamètres $2r'$, $2r''$, $2r'''$ des poulies, de sorte que l'équation d'équilibre ci-dessus devient :

$$\frac{P}{R} = \frac{1}{2.2.2}.$$

Si donc, on désigne par n le nombre des poulies mobiles, il vient :

$$\frac{P}{R} = \frac{1}{2^n},$$

ou

$$P = \frac{R}{2^n}.$$

Ce cas particulier est le plus favorable à la puissance qui acquiert alors son minimum d'intensité $\frac{R}{2^n}$. On voit que, avec un nombre suffisant de poulies, un poids quelconque suspendu au centre de la première pourra être tenu en équilibre par une force aussi petite qu'on voudra.

326. *Remarque* II. Lorsque chacun des arcs embrassé par les cordes est le sixième de la circonférence, les sous-tendantes égalent les rayons de leurs poulies respectives, et la puissance est égale à la résistance.

Moufle.

327. On appelle *moufle* un appareil formé par la réunion de plusieurs poulies disposées dans une même chape. Tantôt les poulies sont inégales et ont chacune un axe particulier (*fig.* 187); tantôt elles sont égales et placées sur le même axe (*fig.* 186). Dans ce cas, elles doivent tour-

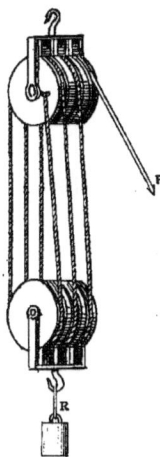

Fig. 186.

ner librement autour de cet axe. Cette dernière disposition est la plus employée, car elle est moins encombrante et d'un maniement plus facile que la première disposition.

Palan.

328. Dans la pratique, on réunit deux moufles : une moufle fixe et une moufle mobile dont la chape porte le poids R ou la résistance à vaincre. L'ensemble de ces deux moufles reliées par une corde constitue un *palan* (*fig.* 187). On fixe la moufle supérieure à l'aide d'un crochet qui la termine. Une corde attachée par une de ses extrémités à cette chape, s'enroule sous la première poulie de la moufle mobile, remonte et passe sur la première de la moufle fixe, redescend sous la seconde poulie de la moufle inférieure, et ainsi de suite jusqu'à ce qu'elle se détache de la dernière poulie supérieure.

La puissance agit à l'extrémité du cordon libre qui s'appelle le *garant*. La partie de la corde qui va d'une poulie à l'autre s'appelle le *courant*.

CONDITIONS D'ÉQUILIBRE D'UN PALAN.

329. Pour trouver les conditions d'équilibre des deux forces P et R d'un palan, nous ferons, comme toujours, abstraction du poids de la machine et nous

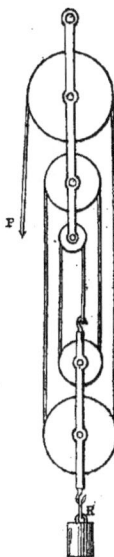

Fig. 187.

supposerons, ce qui a presque toujours lieu, les poulies choisies de manière que les différentes parties de la corde soient sensiblement parallèles. Comme toutes les poulies doivent être séparément en équilibre, il est évident que les diverses parties de la corde commune éprouvent des tensions égales.

Donc, les tensions des courants en nombre *n*, par exemple, qui soutiennent le poids et vont directement d'une moufle à l'autre, peuvent être regardées comme autant de forces parallèles et de même sens, égales à la puissance P et appliquées au point de contact des cordons avec les circonférences des poulies de la moufle mobile. Or, ces forces doivent avoir une résultante égale et directement opposée au poids R, auquel elles font équilibre. Par suite :

$$R = nP.$$

D'où
$$P = \frac{R}{n}.$$

Donc : *La puissance est égale à la résistance divisée par le nombre de cordons qui soutiennent la moufle mobile.*

Dans la figure 186, $n = 6$, et on a :

$$P = \frac{R}{6},$$

c'est-à-dire que, avec un effort de 10^k, on peut soulever un poids de 60^k.

330. *Remarque.* En combinant un certain nombre de palans, on peut, avec un effort relativement faible, faire équilibre à un poids très considérable.

Palan différentiel.

331. On emploie beaucoup, dans les usines, le palan différentiel (*fig.* 188) que nous allons décrire.

Il se compose :

1° D'une moufle fixe supportant deux poulies de rayons différents R et r solidaires l'une à l'autre et montées sur le même axe;

2° D'une poulie mobile dont le crochet supporte le poids à soulever. Une chaîne sans fin est enroulée comme l'indique la figure. En tirant le brin BP, on fait monter le fardeau, tandis que, en agissant sur le brin A'E, on le fait descendre.

Les gorges des poulies portent des saillies qui permettent aux anneaux de la chaîne de venir s'y engager et de rendre ainsi tout glissement impossible.

332. *Conditions d'équilibre.* Représentons par P la puissance agissant sur le brin BP et par Q la résistance appliquée au crochet de la poulie mobile. Les tensions des parties AC et B'D doivent être égales. Si les directions sont sensiblement parallèles, chacune des tensions est égale à $\frac{Q}{2}$. La partie A'E n'est soumise à aucune tension, puisque la chaîne engrène sur la poulie. L'équation d'équilibre s'obtiendra en prenant les moments

des tensions par rapport au point O, ce qui donnera :

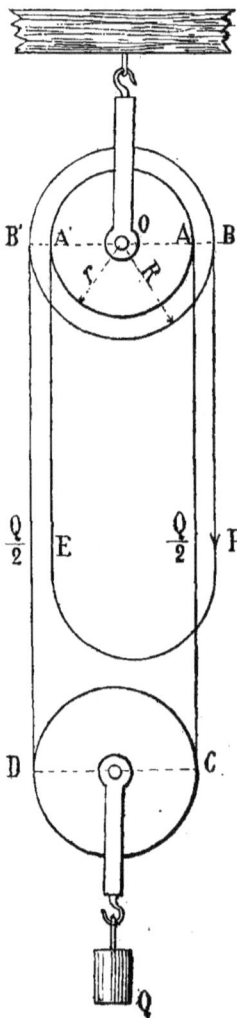

Fig. 188.

$$P \times R + \frac{Q}{2} \times r = \frac{Q}{2} R.$$

D'où
$$P = Q \frac{(R - r)}{2R}.$$

Donc, la condition d'équilibre, en négligeant le poids de l'appareil, est la suivante :

La puissance est égale à la résistance multipliée par une fraction qui a pour numérateur la différence des rayons des poulies de la moufle supérieure et, pour dénominateur, le double du plus grand rayon.

Si nous supposons R = $0^m,30$, r = $0^m,29$, l'équation d'équilibre donne :

$$P = Q \frac{(30 - 29)}{60} = \frac{Q}{60},$$

c'est-à-dire que, avec un effort de 1^k, on peut soulever un poids de 60^k.

Ce palan différentiel présente les avantages suivants :

1° Il nécessite un faible effort ;

2° La charge Q reste suspendue à une hauteur quelconque ; car, dans cette machine, la somme des moments des résistances passives l'emporte sur le moment de la charge lorsque les parties BP et A'E ne sont soumises à aucune force.

Problème n° 51.

333. *Un fil flexible, qui pèse 0 gr. 4 par mètre courant, a 12 mètres de lon-*

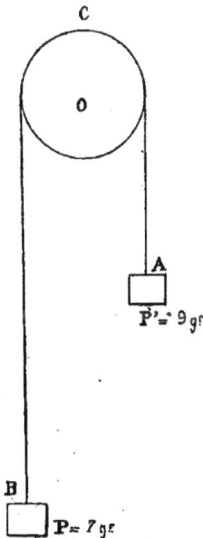

Fig. 189.

gueur et porte un poids à chaque extrémité, l'un de 7 grammes, l'autre de 9 grammes. On propose de placer ce fil en équilibre sur la gorge d'une poulie très mobile et de calculer les longueurs de chacune des parties.

Représentons par x (fig. 189) la longueur CB du fil. La longueur CA sera 12 — x. La traction qui s'exerce suivant CB est égale à 7 grammes plus le poids du cordon, c'est-à-dire à x × 0,4. La traction suivant CA est égale à 9 grammes plus (12 — x) 0,4. Les deux actions étant égales, on aura :

$$7 + 0,4x = 9 + 0,4 (12 - x).$$

D'où $x = \frac{68}{8} = 8^m,50.$

Les longueurs sont donc $8^m,50$ et $3^m,5$.

Problème n° 52.

334. *On soulève un poids de 100 kilos au moyen d'une corde passant sur une poulie fixe. Quelle sera la pression sur l'axe ?*

1° Les cordons sont parallèles ;

2° Ils font un angle de 60° ;

3° Ils embrassent le quart de la circonférence de la gorge ;

4° Ils embrassent le dixième de la circonférence de la gorge.

Nous avons vu que le rapport entre le poids soulevé P et la charge R sur l'axe est le même que celui du rayon r à la sous-tendante s de l'arc embrassé, c'est-à-dire que :

$$\frac{P}{R} = \frac{r}{s}.$$

D'où $R = P \frac{s}{r}.$

1° *Les cordons sont parallèles.*

Alors, s = 2r et, par suite,

$$R = 2P = 2 \times 100.$$
$$R = 200 \text{ kilos.}$$

2° *Les cordons font un angle de 60°.*

L'arc embrassé est le sixième de la circonférence. Alors, s = r et,

$$R = P.$$

Donc $R = 100$ kilos.

3° *Les cordons embrassent le quart de la circonférence.*

Dans ce cas, la sous-tendante de l'arc est le côté du carré inscrit, soit :

$$s = r\sqrt{2}.$$

Par suite,

$$R = P\sqrt{2} = 100 \times 1,414,$$
$$R = 141^k,4.$$

4° *L'arc embrassé est le dixième de la circonférence.*

La sous-tendante de l'arc est le côté du décagone régulier inscrit et,

$$s = \frac{r}{2}(-1 + \sqrt{5}) = \frac{r}{2} \times 1,236.$$

Donc

$$R = P \times \frac{1,236}{2} = 100 \times 0,618.$$
$$R = 61^k,8.$$

Problème n° 53.

335. *Les cordons d'une poulie mobile forment un angle droit. Quelle force faut-il exercer sur la partie libre des cordons pour soutenir un poids de 500 kilos?*

D'après les conditions d'équilibre de la poulie mobile, l'effort est au poids à soulever comme le rayon r est à la sous-tendante de l'arc embrassé. Donc,

$$\frac{P}{R} = \frac{r}{s}.$$

D'où :

$$P = R\frac{r}{s}.$$

Les cordons étant à angle droit, la sous-tendante est le côté du carré inscrit :

$$s = r\sqrt{2}.$$

Donc

$$P = \frac{500}{\sqrt{2}} = \frac{500\sqrt{2}}{2}.$$
$$P = 353^k,50.$$

Problème n° 54.

336. *En représentant par* P *et* R (*fig.* 190) *la puissance et la résistance d'une poulie mobile, déterminer l'angle que doivent faire les cordons pour que :*

$$1° P = \frac{R}{2}; \quad 2° P = R; \quad 3° P = 2R;$$

4° P = nR.

La solution du problème consisterait à déterminer la sous-tendante s de l'arc embrassé devant satisfaire aux relations entre P et R données par l'énoncé du problème. L'angle des deux cordons serait l'angle supplémentaire de celui formé par les deux rayons aboutissant aux extrémités de cette sous-tendante.

Il est plus simple d'exprimer la sous-tendante en fonction du cosinus de l'angle a des deux cordons. La figure montre que :

$$s = AB = 2AC.$$

Mais

$$AC = r\sin\frac{b}{2}.$$

Or

$$\frac{b}{2} = 90 - \frac{a}{2},$$

ou

$$\sin\frac{b}{2} = \cos\frac{a}{2}.$$

Donc

$$s = 2r\cos\frac{a}{2}.$$

L'équation d'équilibre $\frac{P}{R} = \frac{r}{s}$ devient :

$$\frac{P}{R} = \frac{1}{2\cos\frac{a}{2}},$$

de laquelle on tire :

$$(1) \qquad \cos\frac{a}{2} = \frac{R}{2P} :$$

1° P = $\frac{R}{2}$. La formule (1) donne :

$$\cos\frac{a}{2} = 1,$$

et, par suite, $\frac{a}{2} = 0^u$, c'est-à-dire que les cordons sont parallèles;

2° P = R. Alors :

$$\cos\frac{a}{2} = \frac{1}{2},$$

et, par suite, $\frac{a}{2} = 60°$ ou, autrement dit, les cordons font un angle de 120°;

3° P = 2R :

$$\cos\frac{a}{2} = \frac{1}{4}.$$

Les tables de logarithmes donnent :

$$\frac{a}{2} = 75° \ 31' \ 10''.$$

Les cordons font dans ce cas un angle de 151° 2' 35'' ;

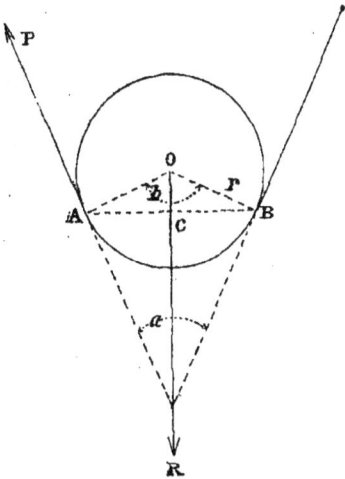

Fig. 190.

4° P = nR. Ce quatrième cas doit être soumis à la discussion pour voir quelles sont les valeurs qu'on peut attribuer à n. La formule (1) donne :

$$\cos \frac{a}{2} = \frac{1}{2n}.$$

La valeur absolue du cosinus d'un angle est comprise entre 0 et 1. Conséquemment :

$$\cos \frac{a}{2} \leqslant 1.$$

D'où

$$\frac{1}{2n} \leqslant 1,$$

et, par suite,

$$n \geqslant \frac{1}{2},$$

c'est-à-dire que n peut prendre toutes les valeurs plus grandes que $\frac{1}{2}$.

Voyons quelques cas.

Pour $n = \frac{1}{2}$, $\cos \frac{a}{2} = 1$. Par suite,

$$a = 0,$$

Sciences générales.

et les cordons sont parallèles pour $n = \infty$,

$\cos \frac{a}{2} = 0$. Par suite,

$$a = 180°,$$

c'est-à-dire que les cordons seraient en ligne droite. Cette solution est impossible, car elle ne peut avoir lieu que si la force P est infiniment grande.

337. *Remarque.* Cos $\frac{a}{2}$ peut encore prendre les valeurs négatives comprises entre — 1 et 0, mais on aurait des valeurs négatives pour n et il n'y a pas lieu de s'en occuper.

Problème n° 55.

338. *La corde qui soutient une poulie mobile O (fig. 191) passe sur une poulie fixe O'. Les cordons AB et BC font un angle de 120°; BC et CF font un angle de 90° ;*

1° Quelle sera la tension P exercée au point d'attache A ;

2° Quel effort P' faudra-t-il exercer sur le brin libre CF ;

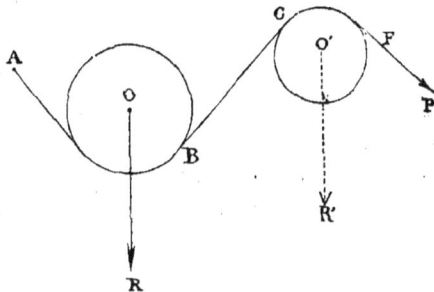

Fig. 191.

3° Quelle sera la pression sur l'axe O.

La tension exercée au point A se déduit de la formule d'équilibre :

$$P = \frac{R}{2 \cos \frac{a}{2}},$$

ou

$$P = \frac{R}{2 \cos 60°}.$$

Mais

$$\cos 60° \frac{1}{2}.$$

Donc   P = R.

L'effort P' à exercer sur le brin libre est égale à la tension du brin AB ou BC. Donc :

$$P' = P$$

La pression R' exercée sur l'axe de la poulie fixe O' est donné par la formule d'équilibre :

$$R' = P' \frac{s}{r}.$$

Les cordons faisant un angle de 90°, la sous-tendante

$$s = r \sqrt{2}.$$

Donc $R' = P' \sqrt{2}$,

et, comme P' = P = R, il s'ensuit que :

$$R' = R \sqrt{2}.$$

II. — Tour ou treuil.

339. Le tour, dans l'acception la plus générale du mot, est un corps solide, de forme quelconque, n'ayant que la liberté de tourner autour d'un axe fixe. Mais, dans les arts, ce qu'on appelle *tour*, *treuil* ou *cabestan*, selon l'objet particulier de l'appareil, est un cylindre terminé par deux *tourillons* également cylindriques. Ces deux tourillons reposent sur des *crapaudines* encastrées dans des supports fixes, de manière que le cylindre peut seulement prendre un mouvement de rotation autour de son axe considéré comme une droite fixe.

La résistance à vaincre communique à la machine par une corde qui s'enroule autour du cylindre et la puissance destinée à la faire tourner est appliquée tangentiellement à une roue d'un plus grand rayon, fixée d'une manière invariable au cylindre et perpendiculairement à l'axe où est situé le centre de la roue. On peut encore appliquer la puissance au cylindre, soit au moyen d'une manivelle, soit au moyen de barres ou leviers qui le traversent à angle droit, comme dans le treuil d'une *chèvre* dont on se sert pour élever les fardeaux.

Treuil.

340. Le treuil proprement dit se compose d'un cylindre AA' (*fig.* 192) terminé par deux cylindres plus petits appelés tourillons. C'est par ces tourillons que le treuil, le plus souvent horizontal, repose sur ses appuis, appelés coussinets, creusés en forme de cylindres, comme l'indique la figure. Sur l'axe du treuil, est montée une roue BB' dont le plan est perpendiculaire à cet axe. C'est tangentiellement à la circonférence de cette roue qu'est appliquée la force mouvante F. La force résistante P est appliquée à l'extrémité d'une corde qui s'enroule sur la surface du treuil et y est fixée par son extrémité. Indépendamment de ces deux forces, le treuil est soumis à son poids Q, et il reçoit les réactions de ses appuis.

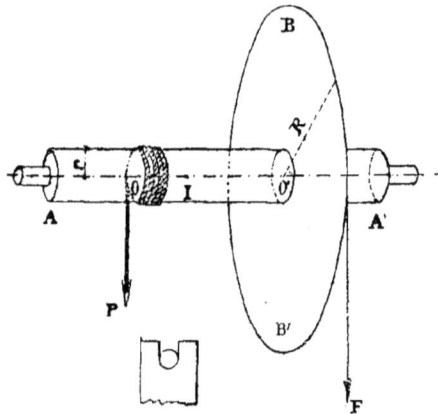

Fig. 192.

CONDITIONS D'ÉQUILIBRE DU TREUIL.

341. Il est facile d'obtenir les conditions d'équilibre du treuil entre les forces F et P, si l'on suppose que son poids Q est une force dirigée vers l'axe, si l'on regarde les cordes comme des fils infiniment déliés et si, enfin, on ne tient pas compte du frottement des tourillons.

Si nous supposons, ce qui a lieu ordinairement, que les forces F et P agissent perpendiculairement à l'axe du treuil, les moments de ces forces, par rapport à cet axe, donnent l'équation :

$$F.R = P.r,$$

ou
$$\frac{F}{P} = \frac{r}{R},$$

R et r représentant les rayons de la roue et du cylindre.

Donc, *pour l'équilibre du treuil, la puissance doit être à la résistance comme le rayon du cylindre est au rayon de la roue.*

342. *Remarque* I. La condition d'équilibre est donc la même que pour le levier, avec cette différence que les forces doivent être en raison inverse de leurs distances à un axe fixe et non à un point fixe comme dans le levier.

343. *Remarque* II. Si l'on veut avoir égard au diamètre des cordes, on peut admettre que les forces F et P exercent leur action suivant l'axe de la corde où elles sont appliquées. Leurs bras de levier respectif devront alors être augmentés des rayons des cordes et la condition d'équilibre sera :

La puissance F *est à* la résistance P *comme* le rayon du cylindre, augmenté du rayon de la corde enroulée sur le cylindre, *est* au rayon de la roue, augmenté du rayon de la corde sur laquelle agit la force mouvante.

CONDITIONS D'ÉQUILIBRE DU TREUIL, DANS LE CAS DE FORCES QUELCONQUES.

344. Lorsqu'un treuil est sollicité par des forces quelconques, il suffit, pour l'équilibre, que la somme des moments de toutes les forces par rapport à l'axe soit nulle. Si l'on suppose, d'une part, la puissance F appliquée en un point de la roue suivant une direction qui fasse avec l'axe un angle a; d'autre part, la résistance composée d'un nombre quelconque de forces P, P', P″, etc., dirigées comme on voudra dans l'espace et appliquées à des points liés d'une manière invariable avec l'axe du tour, en appelant d la plus courte distance de la puissance à l'axe du treuil et N la somme des moments des résistances par rapport au même axe, on aura, pour l'équation d'équilibre :

$$Fd \sin a + N = 0.$$

En effet, la projection de la force F sur le plan de la roue égalant F $\sin a$, le produit Fd $\sin a$ de cette projection par sa plus courte distance à l'axe est précisément le moment de la force F par rapport à cet axe. Cette équation donne, pour la valeur de la puissance :

$$F = -\frac{N}{d \sin a}.$$

345. *Remarque*. La valeur minimum de F aura lieu pour $\sin a = 1$ et la distance d égale au rayon de la roue. On voit que la disposition la plus avantageuse pour la puissance est d'abord dirigée dans un plan perpendiculaire à l'axe, c'est à dire dans le plan de la roue et, en second lieu, d'être tangente à la roue, comme nous l'avons supposé pour le cas des deux forces.

PRESSIONS SUR LES COUSSINETS.

346. Dans le cas où la puissance F et la résistance P agissent verticalement, il faut, pour obtenir la pression sur les appuis, décomposer leur résultante en deux composantes parallèles appliquées aux points A et A'.

Remarquons que les forces F et P peuvent être transportées parallèlement à elles-mêmes aux points O et O' de l'axe sans que leur résultante cesse de passer par le même point d'application I. Ce point I divise la droite OO' en deux segments inversement proportionnels aux forces F et P. Les charges sur les appuis sont donc fournies par les forces F et P appliquées aux points O et O'.

Si les forces F et P ne sont pas parallèles, on décomposera d'abord la force F en deux composantes f et f' appliquées aux points A et A', puis la force P en deux autres composantes p et p' appliquées aux mêmes points. La pression au point A sera donnée, en grandeur et en direction, par la résultante des forces f et p. Celle au point A' sera la résultante des forces f' et p'. On connaîtra ainsi le degré de résistance dont les appuis doivent être capables pour la solidité de la machine.

347. *Remarque* I. Si le treuil était sollicité par un nombre quelconque de forces dirigées arbitrairement dans l'espace, on décomposerait chacune d'elles en deux composantes appliquées aux points A et A', on aurait ainsi, à chaque extrémité de l'axe, une série de forces concourantes dont la résultante serait la pression supportée par le coussinet correspondant.

348. *Remarque* II. Dans tout ce qui précède, nous n'avons pas parlé du poids du treuil appliqué à son centre de gravité. Généralement, on le néglige si les forces qui agissent sur le treuil sont considérables. Si l'on veut en tenir compte, on décomposera son poids en deux composantes q et q' appliquées aux points A et A' qui viendront s'ajouter aux forces déjà connues.

Treuil des carriers.

349. Le treuil (*fig.* 193) employé pour extraire les pierres des environs de Paris se compose d'un cylindre horizontal en bois de $0^m,30$ de diamètre environ, reposant sur deux supports par des tourillons en fer. La roue, qui a 4 à 6 mètres de diamètre, est une roue à chevilles sur laquelle un ou plusieurs hommes gravissent en montant sur lesdites chevilles un peu au-dessous de l'axe. L'homme agit dans ce cas par son propre poids qui est de 65 kilogrammes en moyenne. Si ce poids était appliqué tangentiellement à la roue, à la hauteur du centre, son moment serait :

$$65 \times 2,50,$$

en supposant à la roue un diamètre de 5 mètres. Par suite, en négligeant le frottement, un ouvrier pourrait élever un poids P donné par la relation :

$$P \times 0,15 = 65 \times 2,50.$$
$$\text{D'où}\quad P = 1020 \text{ kil. environ.}$$

Le poids à soulever est nécessairement moindre, parce que l'ouvrier doit se placer un peu au-dessous de l'axe. Il y

Fig. 193.

trouve cet avantage important que si son poids l'emporte sur sa charge, son mouvement de descente ne peut s'accélérer parce que, à mesure qu'il se rapproche de la verticale, le moment de son poids diminue, tandis que celui de la charge reste le même; et que si c'est la charge qui l'emporte, ce mouvement en sens contraire ne peut pas s'accélérer non plus parce que, à mesure que l'homme s'élève, le moment de son poids augmente. Il y a donc, dans cette position du manœuvre au-dessous de l'axe, une garantie contre les accidents, garantie qu'il ne trouverait pas s'il se plaçait à la hauteur de l'axe ou au-dessus.

Treuil des puits.

350. Le treuil des puits ((*fig.* 194) est encore un treuil en b.is avec tourillons en fer ; mais il est mis en mouvement par

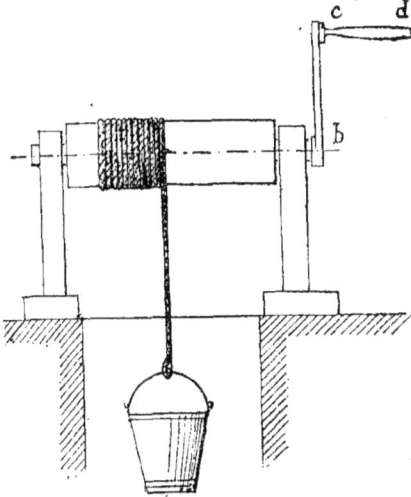

Fig. 194.

une manivelle, c'est-à-dire par une poignée *cd* adaptée parallèlement à l'axe, à l'extrémité d'un bras *bc* de 0^m,40 à 0^m,50 de longueur monté sur l'axe à l'extrémité d'un tourillon.

Treuil conique ou treuil régulateur.

351. Lorsque la corde qui s'enroule

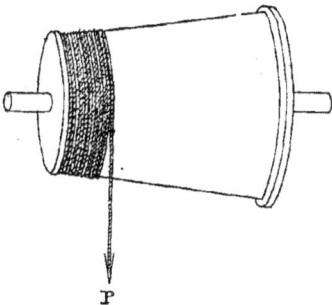

P

Fig. 195.

sur un treuil est très longue, il devient nécessaire d'avoir égard à la variation de charge due au poids de la portion de corde déroulée. On remplace alors le cylindre par un tronc de cône (*fig.* 195) dont le plus petit diamètre est du côté où la corde commence à s'enrouler. On compense ainsi la variation de la charge par celle du rayon du tambour. De cette façon, le moment de la charge par rapport à l'axe du treuil varie entre des limites moins étendues.

Si, par exemple, L est la longueur de la corde entièrement déroulée, *l* la longueur qui reste déroulée quand la charge utile P est arrivée au point le plus haut, *r* et R les rayons des bases du tronc de cône et *p* le poids du mètre courant de la corde, on peut s'arranger de manière que les moments de la charge totale soient égaux au commencement et à la fin du mouvement. Il faut pour cela qu'on ait :

$$(p\mathrm{L} + \mathrm{P})\, r = (pl + \mathrm{P})\, \mathrm{R}$$

D'où
$$r = \mathrm{R}\, \frac{pl + \mathrm{P}}{p\mathrm{L} + \mathrm{P}}.$$

Dans l'intervalle, le moment reste variable. On pourrait le rendre constant en remplaçant la surface conique par une surface de révolution convenablement choisie. Dans la pratique, on se contente d'employer un treuil conique.

Cabestan.

352. Le cabestan est un treuil à axe vertical, employé principalement dans les ports et sur les vaisseaux pour exercer de grands efforts, dans le sens horizontal.

La charpente qui supporte le treuil se compose de deux châssis, dont l'un ABCD est indiqué sur la figure 196, et qui sont reliés par trois ou quatre traverses, une à la partie supérieure et l'autre à la partie inférieure. Les tourillons du treuil passent dans des ouvertures pratiquées à la traverse supérieure et à celle située immédiatement au-dessous. Le tourillon supérieur se prolonge et porte une tête qui est traversée par de longues barres horizontales, en nombre pair, également espacées, sur lesquels des hommes agis-

sent perpendiculairement pour faire tourner le cabestan. La charpente, simplement posée sur le sol est maintenue par
des cordages fixés à des piquets implantés
dans le sol. La corde qui s'enroule sur

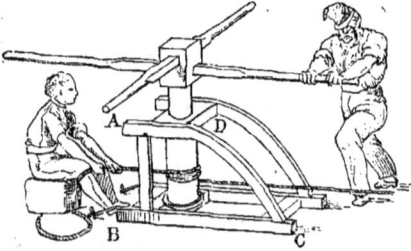

Fig. 196.

l'arbre vertical n'y est pas fixée par son
extrémité. Comme le cabestan doit opérer
des mouvements souvent très étendus,
l'arbre n'aurait pas la hauteur suffisante
pour que la corde pût s'y enrouler. On lui
fait opérer seulement quelques *tours* autour du cylindre et la partie libre de la
corde est tendue par un homme, puis
déroulée au fur et à mesure que l'autre
partie s'enroule.

Dans les vaisseaux, le corps du cabestan est établi sur le troisième pont, ou
gaillard; mais un long tourillon, *appelé
mèche*, traverse le troisième et deuxième
pont et va s'appuyer par un pivot sur
une crapaudine en bronze, logée dans une
pièce de chêne qui porte sur deux baux
du premier pont et qui est soutenue en
dessous par une épontille. Le cabestan se
manœuvre *à l'aide de barres qu'on introduit* dans des cavités spéciales creusées
tout autour de sa tête.

CONDITIONS D'ÉQUILIBRE.

353. Les conditions d'équilibre du cabestan sont les mêmes que celle du treuil
ordinaire.

Treuil différentiel.

354. Ce treuil, employé depuis très
longtemps en Chine et qu'on appelle pour

cette raison *treuil des Chinois*, permet de
diminuer presque *indéfiniment* la puissance capable d'équilibrer une résistance
donnée. Il se compose de deux cylindres
de diamètres différents contigus et de
même axe, dont les rayons sont OE, OK
(*fig.* 197). La résistance est un poids P

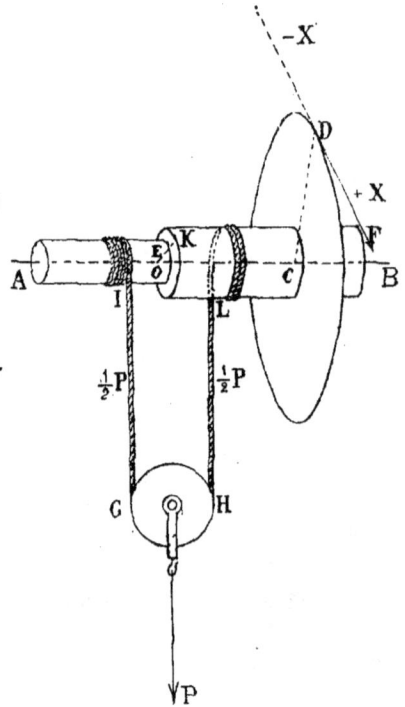

Fig. 197.

suspendu à la chape d'une poulie mobile
embrassée par une corde. Une des extrémités de la corde s'enroule dans un sens
sur le petit cylindre et l'autre extrémité
s'enroule sur le grand cylindre dans le
sens opposé, de sorte que la corde s'enroule d'un côté, en même temps qu'elle
se déroule de l'autre. Le grand cylindre
porte une roue de rayon CD qui reçoit
tangentiellement l'action de la puissance
F. Ce plateau est souvent remplacé par
une manivelle.

CONDITIONS D'ÉQUILIBRE.

355. Pour déterminer la relation entre la puissance F et la résistance P, décomposons la force P en deux autres égales à $\frac{P}{2}$ agissant suivant les cordons IG, LH de la poulie et appliquons, suivant la direction de la puissance F, deux forces auxiliaires égales et contraires $+ X$ et $- X$ ce qui ne change rien à l'état du système. La force $- X$ et la force $\frac{P}{2}$ dirigées suivant IG donnent pour leur équilibre :

(1) $$\frac{X}{\frac{P}{2}} = \frac{OE}{CD}.$$

De même, l'équilibre des forces $F + X$ et de la force $\frac{P}{2}$ dirigée suivant LH, donne :

(2) $$\frac{P + X}{\frac{P}{2}} = \frac{OK}{CD}.$$

Retranchons l'équation (1) de l'équation (2) et nous aurons après les transformations :

$$2F.CD = P (OK - OE),$$

ou $$\frac{F}{P} = \frac{OK - OE}{2.CD}.$$

Ainsi dans l'état d'équilibre, *la puissance est à la résistance, comme la différence des rayons des deux cylindres est au rayon de la roue.*

356. *Remarque.* On voit que si la différence OF — OE des rayons des deux cylindres, est une fraction très petite par rapport au diamètre 2CD de la roue, la puissance sera de même une fraction très petite par rapport à la résistance. Proposons-nous, par exemple, de déterminer le rapport qui doit exister entre la différence d des rayons des deux cylindres, et le rayon R de la roue, pour faire équilibre à un poids de 1000 kilos avec une puissance équivalente à 1 kilogramme.

L'équation d'équilibre devient :

$$\frac{1}{1000} = \frac{d}{2R}.$$

D'où $$d = \frac{2R}{1000}.$$

Si nous donnons à la roue un rayon R égal à 1 mètre

$$d = 0,002,$$

c'est-à-dire que les rayons des deux cylindres doivent avoir 2 millimètres de différence. Ce résultat peut s'obtenir facilement en prenant un cylindre uniforme, dont on recouvre une portion par une feuille de zinc d'un millimètre d'épaisseur.

Des systèmes de tours.

357. Nous pouvons, comme cela a été fait pour un système de poulies, déterminer la loi d'équilibre d'un système de tours réagissant les uns sur les autres, suivant la disposition indiquée par la figure 198.

La résistance est un poids P suspendu à une corde enroulée sur le cylindre du premier tour. La corde appliquée à la roue s'enroule sur le cylindre du second tour. De même, la corde appliquée à la roue de ce second tour s'enroule sur le cylindre d'un troisième tour et ainsi de suite jusqu'au dernier tour, dont la roue reçoit immédiatement l'action de la puissance F, tangente à sa circonférence.

CONDITIONS D'ÉQUILIBRE.

358. Lorsque le système est en équilibre, chaque tour doit être séparément en équilibre, en vertu des tensions des cordes agissant sur le cylindre et sur la roue. Si nous représentons par r, r', r'' (*fig.* 198) les rayons du cylindre et par R, R', R'' ceux des roues, en appelant X la tension du cordon qui relie les deux premiers tours, nous aurons :

$$\frac{X}{P} = \frac{r}{R}.$$

Nous aurons de même, en appelant Y la tension du cordon suivant :

$$\frac{Y}{X} = \frac{r'}{R'}.$$

Enfin, le dernier tour donnera :

$$\frac{F}{Y} = \frac{r''}{R''}.$$

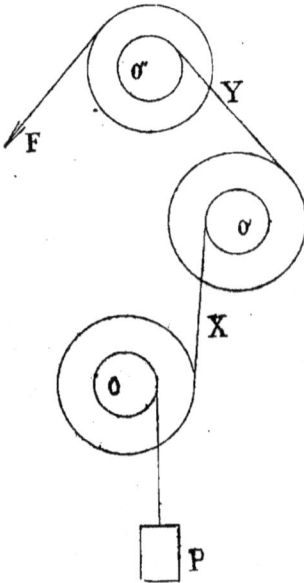

Fig. 198.

Multipliant toutes ces proportions membre à membre, il vient :

$$\frac{F}{P} = \frac{rr'r''}{RR'R''}.$$

Donc, lorsqu'il y a équilibre, *la puissance est à la résistance comme le produit des rayons des cylindres est au produit des rayons des roues.*

Roues d'engrenages.

359. Dans la pratique, on n'emploie pas les systèmes de tours à cause de l'embarras que causeraient les cordes; mais, si l'on conçoit les tours successifs d'un système, rapprochés de manière que la roue du premier touche le cylindre du second, que la roue de celui-ci touche le cylindre du troisième, et ainsi de suite; si l'on admet que chaque roue ne puisse tourner sans mettre en mouvement le cylindre contigu, et réciproquement, il est clair qu'on pourra supprimer tous les cordons intermédiaires, sans changer la condition d'équilibre établie précédemment entre la puissance et la résistance. Or, à l'aide des *engrenages*, on peut solidement relier chaque roue au cylindre contigu. Pour cela, on garnit leurs circonférences de *dents*, ou filets saillants, également espacés entre eux et parallèles aux axes des cylindres. Ces dents engrènent de telle sorte que l'une des roues tournant sur son axe entraine l'autre en lui donnant un mouvement de rotation contraire. La roue s'appelle alors *roue dentée* et le cylindre se nomme le *pignon de la roue.*

On donne le plus souvent le nom de *pignon*, à la plus petite des deux roues qui engrènent ensemble.

CONDITIONS D'ÉQUILIBRE.

360. Pour qu'il y ait équilibre entre une puissance et une résistance au moyen d'un système de roues dentées et de pignon, il faut que la puissance *soit* à la résistance *comme* le produit des rayons des pignons *est* au produit des rayons des roues.

Supposons, par exemple, une roue A (*fig.* 199) et un pignon B engrenant ensemble. La roue A est montée sur un arbre C auquel est appliquée une résistance P qui doit être vaincue par une puissance F agissant à l'extrémité d'une manivelle calée sur l'arbre du pignon B. Si R et R' représentent les rayons de la roue et de la manivelle, r' et r ceux de l'arbre C et du pignon B, on aura :

$$(1) \qquad \frac{F}{P} = \frac{rr'}{RR'}.$$

On peut remplacer les rayons R et *r* de la roue et du pignon par les nombres de dents N et *n*, car les nombres de dents des roues qui engrènent ensemble, sont proportionnels aux rayons des roues, c'est-à-dire que l'équation (1) devient :

$$\frac{r}{R} = \frac{n}{N}.$$

$$\frac{F}{P} = \frac{r'n}{R'N}.$$

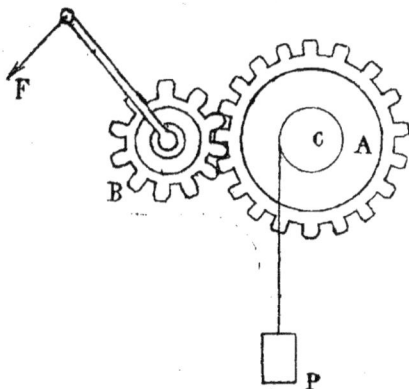

Fig. 199.

Cette relation est plus employée que la précédente, car il est souvent plus facile de compter le nombre de dents d'une roue que d'en mesurer exactement le rayon.

361. *Remarque.* Le rayon d'une roue dentée n'est pas la distance du centre à l'extrémité de la dent, mais bien la distance du centre au point de contact de la dent avec celle de la roue qu'elle engrène.

Dans la pratique, il convient que les dents aient d'assez faibles dimensions, eu égard au diamètre de la roue, ce qui augmente leur nombre à la circonférence. Lorsque les dents pèchent par excès de longueur, si elles sont trop rapprochées, elles se brisent. Si elles sont trop écartées, l'engrenage balotte. Or celui-ci doit être le plus juste possible pour le bon effet de la machine sans toutefois que le désengrenage éprouve aucun obstacle. A cet effet, on taille les dents de manière que la section de chaque face soit une épicy-cloïde; mais, comme l'exécution n'est jamais parfaite, le frottement finit par déformer la dent et l'engrenage devient défectueux. On approche de la perfection avec de très petites dents auxquelles on donne une forme à peu près rectangulaire et qui prennent par l'usage la forme convenable.

Cric.

362. Le cric employé pour soulever les fardeaux, tels que voitures, pierres, etc..., peut être assimilé au treuil. Seulement, au lieu d'une corde qui s'enroule sur un cylindre, le cric emploie une crémaillère qui engrène avec un pignon. Dans le cric simple, le pignon est mis en mouvement

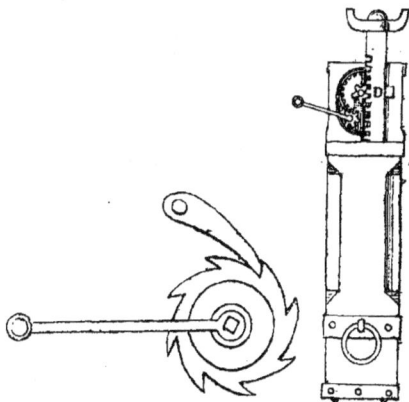

Fig. 200.

au moyen d'une manivelle callée sur le même axe; mais ordinairement, le pignon fait corps avec une roue dentée de plus grand diamètre qui engrène avec un second pignon dont l'axe porte la manivelle qui reçoit l'effort moteur (*fig.* 200). La partie supérieure de la crémaillère est généralement terminée par une pièce recourbée à ses deux extrémités, lesquelles sont tranchantes. La partie inférieure de cette crémaillère, ainsi que le mécanisme des roues dentées, sont disposés à l'intérieur d'une cavité pratiquée dans une forte pièce de bois consolidée par des armatures en fer. Le système denté est recouvert d'une plaque en tôle percée d'un trou pour le passage de la manivelle. En dehors de l'appareil, se trouve une roue à rochet dans les dents de laquelle repose l'extrémité d'une pièce appelée *cliquet*. La position du cliquet est telle que la crémaillère peut s'élever lorsqu'on tourne la manivelle dans le sens indiqué par la flèche et qu'il s'oppose à la descente en empêchant les engrenages de tourner. Cette disposition permet de maintenir le fardeau à une hauteur quelconque sans craindre que la crémaillère ne rentre à l'intérieur du cric.

Pour faire descendre le fardeau, on soulève le cliquet et les roues dentées deviennent libres, mais il faut alors faire équilibre à l'action du fardeau par un effort exercé sur la manivelle, sans quoi la descente de la crémaillère serait trop rapide.

CONDITIONS D'ÉQUILIBRE.

363. Soient P (*fig.* 201) la résistance appliquée au sommet de la crémaillère, et F la puissance exercée tangentiellement à la circonférence décrite par la

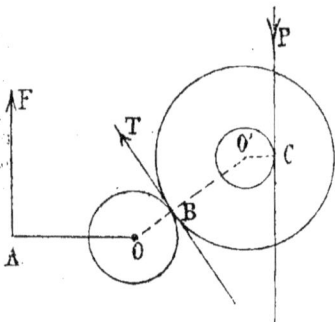

Fig. 201.

manivelle. Tout le système étant en équilibre, il s'ensuit que chaque partie l'est également.

L'équilibre du treuil simple, formé par la manivelle AO et le pignon OB donne l'équation :

(1) $F \times AO = T \times OB$,

T représentant l'effort tangentiel développé au contact des dents du pignon OB et de la roue O'B.

L'équilibre du deuxième treuil ayant pour axe O' donne :

(2) $T \times O'B = P \times O'C$.

Multipliant membre à membre les équations (1) et (2), on tire :

$F \times AO \times O'B = P \times OB \times O'C$,

ou

(3) $\dfrac{F}{P} = \dfrac{OB \times O'C}{AO \times O'B}$.

Si nous représentons les rayons des roues par

$$OB = r,$$
$$O'C = r',$$
$$AO = l,$$
$$O'B = R,$$

l'équation (3) devient :

$$\frac{F}{P} = \frac{r.r'}{l.R}.$$

La condition d'équilibre, comme pour un système de roues dentées, est alors celle-ci :

La puissance est à la résistance comme le produit des rayons des pignons est au produit des rayons de la manivelle et de la roue.

364. *Remarque* I. Si n' et N représentent les nombres de dents du pignon O'C et de la roue OB, on peut remplacer $\dfrac{r'}{R}$ par $\dfrac{n'}{N}$ et l'équation devient :

$$\frac{F}{P} = \frac{r}{l} \times \frac{n'}{N}.$$

365. *Remarque* II. Les dents du pignon O'C et de la crémaillère doivent être assez résistantes pour supporter chacune le poids du fardeau P. Les dents de la roue O'B et du pignon OB doivent être calculées pour résister à la tension T déterminée par l'une des équations (1) et (2). Enfin, les axes O et O' doivent résister, le premier à la résultante des forces F et T, l'autre à la résultante des forces T et P.

La pression Q (*fig.* 202) développée dans le cliquet quand le cric est au repos, remplace la force F appliquée à la manivelle;

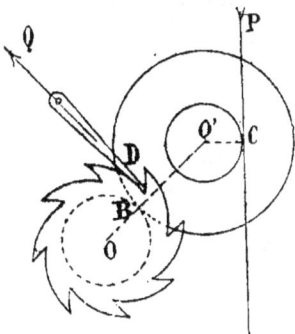

Fig. 202.

seulement, elle agit tangentiellement à la circonférence intérieure OD de la roue à rochet. On a alors :

$$Q = P \times \frac{OB}{OD} \times \frac{O'C}{O'B}.$$

Chèvre.

366. La chèvre est un appareil qui sert à élever les fardeaux. C'est une combinaison de la poulie et du treuil. Elle se compose de deux montants obliques réunis par des traverses. A la partie supérieure est établie une poulie *p* (*fig.* 203) et à la partie inférieure est placé un treuil. La corde qui soutient le fardeau à soulever passe sur la poulie et va s'enrouler sur le treuil qu'on manœuvre à l'aide de leviers *l* introduits dans les têtes du treuil, percées à cet effet de deux trous cylindriques se coupant à angle droit. Pour que la chèvre ne bascule pas sous l'action du poids qu'on veut élever, on la retient à l'aide d'un câble H fixé d'une part à son extrémité supérieure et de l'autre à un mur, à un arbre, ou de toute autre manière.

Pour manœuvrer l'appareil, un ouvrier agit de haut en bas sur l'un des leviers. Quand il a fait opérer un quart de tour au treuil, un autre ouvrier engage le second levier dans la tête opposée du treuil, par le trou qui occupe à ce moment

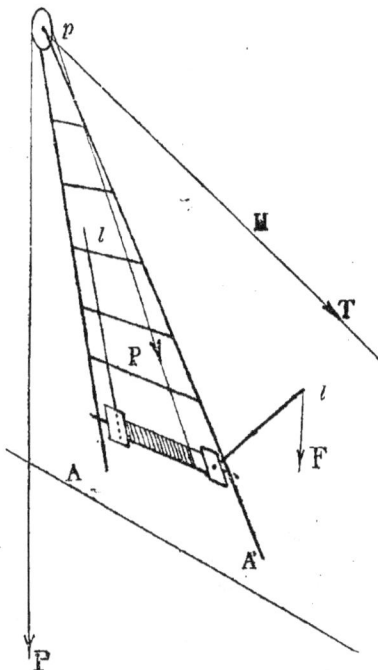

Fig. 203.

la partie supérieure, et agissant de haut en bas, fait effectuer au treuil un second quart de tour, et ainsi de suite alternativement.

CONDITIONS D'ÉQUILIBRE DE LA CHÈVRE.

367. Si l'on néglige le frottement, il est facile de déterminer l'effort nécessaire pour soulever le poids P suspendu à la corde. La tension de la corde qui s'enroule sur le treuil est égale au poids à soulever, puisque cette corde passe sur la poulie fixe. Si nous désignons par F l'effort exercé perpendiculairement à l'extrémité de la barre de longueur *l*, et par *r* le rayon du tambour du treuil, on aura :

$$P \times r = F.l.$$

D'où
$$F = \frac{Pr}{l}.$$

Si l'on veut soulever un fardeau très considérable, on remplacera la poulie fixe par un *palan*.

Dans ce cas, si n représente le nombre de cordons qui vont d'une poulie à l'autre, la tension du garant qui s'enroule sur le treuil sera égale à $\dfrac{P}{n}$ et l'effort F à exercer sera :

$$F = \frac{P}{n} \times \frac{r}{l}.$$

368. *Tension du hauban.* La tension T du câble, ou hauban, qui maintient la chèvre peut se déterminer en égalant à O la somme des moments des forces qui agissent sur la chèvre. Ces forces sont : le poids à soulever P, le poids Q de la chèvre, la tension T du câble, et les réactions qui s'exercent de la part du sol.

Représentons par a la distance de la corde qui soutient le poids P à la droite AA' qui joint les pieds des montants, b la distance de cette même droite à la verticale du centre de gravité de la chèvre et c sa distance au hauban, on aura, en prenant les moments par rapport à AA' :

$$T.c - P.a - Qb = 0.$$

D'où
$$T = P.\frac{a}{c} + Q\,\frac{b}{c}.$$

Cette équation montre que la tension est d'autant plus grande que a et b sont plus grands, c'est-à-dire que l'appareil est plus tendu. Lorsque la chèvre est verticale, $a = 0$ et $b = 0$.

Par suite, $T = 0$,
ou, autrement dit, la tension du câble est nulle.

Sapine.

369. On emploie dans les travaux de construction pour élever les matériaux une espèce de chèvre qu'on nomme sapine. Elle se compose d'un mât vertical reposant à sa partie inférieure par un pivot, et maintenu à sa partie supérieure par des cordages fixés aux édifices voisins. Elle porte vers le haut une moise horizontale, reliée au mât par des contre-fiches. Aux deux extrémités de la moise, sont établies deux poulies et une troisième est établie au sommet du mât. Sur ces trois poulies fixes passe une corde dont une extrémité s'enroule sur un treuil à engrenages disposé au pied du mât et dont l'autre extrémité, après avoir passé sous la gorge d'une poulie mobile, remonte se fixer à la moise. Le poids à soulever est suspendu à la chape de la poulie mobile. Dans beaucoup de constructions, on remplace ce simple mât par quatre mâts maintenus solidement dans le sol et reliés entre eux par des croix de Saint André. A leurs parties supérieures, également reliées entre elles, se trouve une poulie fixe sur laquelle passe la corde dont l'une des extrémités porte le fardeau à soulever et dont l'autre extrémité s'enroule sur un treuil situé à la partie inférieure.

Problème n° 56.

370. *Quel effort faut-il exercer à l'extrémité de la manivelle d'un treuil pour soulever un poids de 500 kilos, sachant que la longueur de cette manivelle est de 0m,60, le rayon du cylindre est 0m,10, et le diamètre de la corde est de 0m,03 ?*

L'équation du treuil
$$\frac{F}{P} = \frac{r}{R},$$

donne
$$F = P\,\frac{r}{R}.$$

Or
$$P = 500 \text{ kilos},$$
$$r = 0,10 + \frac{0,03}{2} = 0,115,$$
$$R = 0,60.$$

Donc
$$F = 500 \times \frac{0,115}{0,60},$$

D'où
$$F = 65^k,833.$$

Problème nº 57.

371. *Un poids de* 3840 *kilos est sus-pendu à la chape d'une poulie mobile. Les cordons parallèles de cette poulie sont attachés aux cylindres de deux treuils* A *et* B. *Deux forces agissent sur les mani-velles de ces treuils et font équilibre au poids. Le rapport du rayon à la mani-velle est* 3/35 *pour le treuil* A *et* $\frac{5}{36}$ *pour le treuil* B. *Trouver la valeur de ces forces.*

Le poids étant suspendu au crochet d'une poulie mobile à cordons parallèles, il s'ensuit que chaque cordon supporte la moitié de la charge, c'est-à-dire 1920 kil.

La force F agissant sur la manivelle du treuil A sera donné par l'équation :

$$F = P\,\frac{r}{R},$$

ou $\quad F = 1920 \times \dfrac{3}{35} = 164^k,571.$

La force F' agissant sur l'autre mani-velle sera :

$$F' = P \times \frac{r'}{R'},$$

ou $\quad F' = 1920 \times \dfrac{5}{36} = 266^k,666.$

Les forces demandées sont donc :
$$F = 164^k,571,$$
$$F' = 266^k,665.$$

Système plan.

372. Nous avons démontré que, pour l'équilibre d'un corps sollicité par des forces quelconques et s'appuyant contre un plan fixe par plusieurs points, il faut et il suffit que ces forces se réduisent à une seule normale au plan et le rencon-trant en un point situé dans l'intérieur du polygone déterminé par les points d'appui. Cette condition d'équilibre, lors-que le corps repose sur un plan hori-zontal, n'est plus vraie si le plan fait un certain angle avec l'horizon. Nous allons donc examiner comment cette condition

d'équilibre se modifie dans le cas d'un corps pesant, retenu par une seule force sur un plan incliné à l'horizon, d'où est venu le nom de *machine*.

Plan incliné.

373. On appelle *plan incliné*, un plan qui fait un angle aigu avec l'horizon.

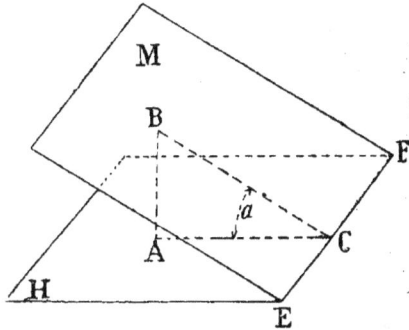

Fig. 204.

Si du point B (*fig.* 204) pris dans le plan incliné M, on abaisse une perpen-diculaire BA sur le plan horizontal H et une perpendiculaire BC à l'intersection EF, on aura le triangle rectangle BAC dans lequel BC, ligne de plus grande pente du plan, se nomme *longueur* du plan incliné. La droite BA en est la *hau-teur* et CA est la base.

374. On nomme *pente* d'un plan incliné le rapport de la hauteur du plan à sa base. Donc on a :

$$\text{pente} = \frac{BA}{AC} = \text{tg. } a,$$

c'est-à-dire que *la pente est égale à la tangente trigonométrique de l'angle que le plan incliné fait avec l'horizon.*

375. Dans les questions qui vont suivre, nous représenterons le plan in-cliné par sa ligne de plus grande pente, car c'est suivant cette ligne qu'un corps, soumis seulement à son poids, tend à glisser sur le plan.

CONDITIONS D'ÉQUILIBRE.

376. Les conditions d'équilibre d'un plan incliné sont les suivantes :

I. Considérons le cas où un corps reposant sur un plan incliné est sollicité par un nombre quelconque de forces dirigées dans tous les sens. Pour que l'équilibre existe, il faut que toutes ces forces se réduisent à deux forces égales et directement opposées. Or, toutes les réactions que le plan exerce sur le corps ont une résultante unique, normale à ce plan, et appliquée à l'intérieur de la base de substentation. Par suite, *la résultante des forces qui sollicitent le corps doit être normale au plan et rencontrant celui-ci à l'intérieur du polygone de substentation.*

II. Examinons maintenant le cas où le corps reposant sur un plan incliné est soumis à trois forces : son poids P, une puissance Q et, enfin, la réaction du plan. Ces trois forces se faisant équilibre, sont dans un même plan. De plus, ce plan est vertical, puisqu'il contient le poids P. Il est perpendiculaire au plan incliné, puisqu'il contient la réaction de ce plan. Il est donc perpendiculaire aux horizontales du plan incliné et le coupe suivant une ligne de plus grande pente.

Avant de traiter le cas où la puissance Q a une direction quelconque, voyons deux cas très simples qui se rencontrent souvent et qui n'exigent pas l'usage des formules trigonométriques.

PREMIER CAS.

377. *La puissance Q est parallèle au plan incliné.*

Représentons par P (*fig.* 205) le poids du corps appliqué en son centre de gravité G, par Q la puissance appliquée au même point et dirigée suivant la longueur BC du plan incliné. La force P peut se décomposer en deux forces : l'une, GK, parallèle au plan ; l'autre, GI, normale à ce plan. La force GI est détruite par la résistance du plan. Donc, la force Q doit être égale et directement opposée à la composante GK.

Il est facile d'établir une relation entre les forces P et Q. Les triangles rectangles ABC et KGP étant semblables donnent :

$$\frac{GK}{GP} = \frac{AB}{BC},$$

ou

$$\frac{Q}{P} = \frac{h}{l},$$

h et l représentant la hauteur et la longueur du plan incliné. Donc, *la puissance est au poids du corps comme la hauteur du plan incliné est à sa longueur.*

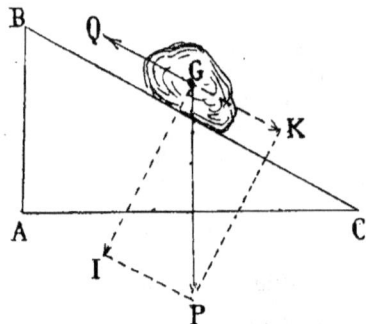

Fig. 205.

Pression sur le plan incliné.

378. Les mêmes triangles rectangles semblables donnent :

$$\frac{GI}{GP} = \frac{AC}{BC},$$

ou, en représentant la pression par N :

$$\frac{N}{P} = \frac{b}{l}.$$

Donc, *la pression sur le plan est au poids du corps comme la base du plan incliné est à sa longueur.*

SECOND CAS.

379. *La puissance Q est horizontale.*

Décomposons le poids P (*fig.* 206) en deux forces : l'une, GI, normale au plan ; l'autre, GK, parallèle à la base du plan. Les triangles rectangles semblables GKP et ABC donnent :

$$\frac{GK}{GP} = \frac{AB}{AC},$$

ou
$$\frac{Q}{P} = \frac{h}{b},$$

c'est-à-dire que *la puissance est au poids du corps comme la hauteur du plan incliné est à sa base.*

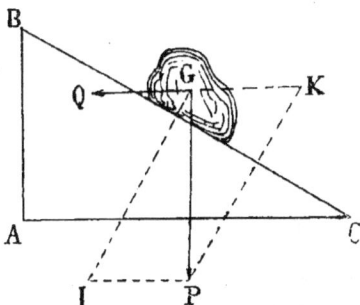

Fig. 206.

Pression sur le plan.

380. Les mêmes triangles rectangles donnent aussi :

$$\frac{GI}{GP} = \frac{BC}{AC},$$

ou
$$\frac{N}{P} = \frac{l}{b},$$

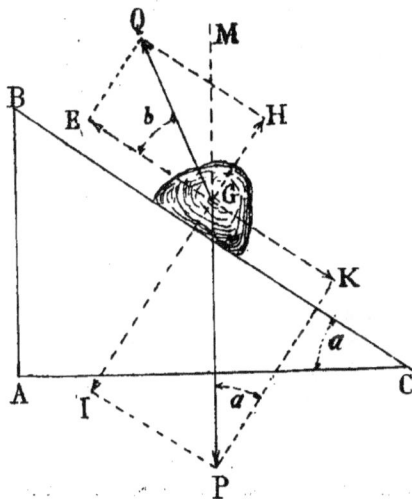

Fig. 207.

c'est-à-dire que *la pression sur le plan et le poids du corps sont dans le même rap-*

port que la longueur et la base du plan incliné.

TROISIÈME CAS.

381. *La puissance* Q *(fig. 207) a une direction quelconque.*

Examinons le cas général où la puissance a une direction quelconque. Représentons par a l'angle BCA du plan incliné et par b l'angle que la puissance Q fait avec le plan incliné. La force P peut se décomposer en deux autres : l'une, GI, normale au plan ; l'autre, GK, parallèle à ce plan. Ces composantes ont pour valeur :

$$GK = P \sin a,$$
$$GI = P \cos a.$$

De même, la force Q peut se remplacer par les composantes rectangulaires GE et GH dont les intensités sont :

$$GE = Q \cos b,$$
$$GH = Q \sin b.$$

L'équilibre ne peut avoir lieu que si les forces GK et GE sont égales avec la condition que GI soit plus grande que GH, ou au plus égale. Cette deuxième condition est nécessaire pour que le corps appuie sur le plan incliné. La première condition GK = GE devient :
P $\sin a$ = Q $\cos b$, d'où :

$$(1) \qquad Q = P \frac{\sin a}{\cos b}.$$

Pression sur le plan incliné.

382. La pression N sur le plan incliné est la résultante des forces GI et GH. Donc,
$$N = GI - GH,$$
ou
$$N = P \cos a - Q \sin b.$$

En remplaçant Q par sa valeur de l'équation (1), on obtient :

$$N = P \cos a - P \frac{\sin a . \sin b}{\cos b},$$

ou
$$N = P \frac{\cos a . \cos b - \sin a . \sin b}{\cos b}$$

Mais,
$$\cos a . \cos b - \sin a \sin b = \cos (a + b).$$

Donc

$$(2) \qquad N = P \frac{\cos (a + b)}{\cos b}.$$

La seconde condition, c'est-à-dire celle pour laquelle le corps appui sur le plan est :

$$P \frac{\cos (a + b)}{\cos b} \geqslant 0.$$

383. *Discussion.* La force Q ne peut agir que dans la portion HID du plan, sinon, elle aiderait la pesanteur à faire glisser le corps sur le plan. L'angle b ne peut donc prendre que des valeurs comprises entre — 90° et + 90°. Par suite, $\cos b$ sera toujours positif.

Pour que la pression N sur le plan incliné soit positive, il faut que $\cos (a + b)$ soit aussi positif, c'est-à-dire que :

$$a + b \leqslant 90°,$$

ou $\qquad b \leqslant 90° - a.$

Donc, l'angle b ne peut prendre que les valeurs comprises entre $(90° - a)$ et — 90°, ce qui revient à dire que la puissance Q doit agir dans l'angle MGI.

CAS PARTICULIERS.

I. Si $b = (90 - a)$, la force Q est verticale et les formules (1) et (2) deviennent :

$$Q = P \frac{\sin a}{\cos (90 - a)} = P,$$

$$N = P \frac{\cos (a + 90 - a)}{\cos (90 - a)} = 0.$$

Dans ce cas, la force Q doit être égale au poids du corps et ce corps n'appuie pas sur le plan incliné.

II. Si $b = 0$, la force Q est parallèle au plan incliné et les formules (1) et (2) donnent :

$$Q = P \sin a,$$
$$N = P \cos a.$$

La force Q a alors sa valeur minimum ; c'est la direction la plus favorable.

En remplaçant $\sin a$ et $\cos a$ par leurs valeurs :

$$\sin a = \frac{h}{l},$$

$$\cos a = \frac{b}{l},$$

on obtient :

$$Q = P \frac{h}{l},$$

$$N = P \frac{b}{l},$$

formules déjà trouvées directement.

III. Si $b = - 90°$, la force Q agit normalement au plan et les formules (1) et (2) deviennent :

$$Q = P \frac{\sin a}{\cos (- 90°)} = \frac{P \sin a}{0} = \infty.$$

$$N = P \frac{\cos (a - 90°)}{\cos (- 90°)} = \infty.$$

Ce qui montre qu'aucune force agissant normalement à un plan incliné ne peut empêcher un corps de glisser sur ce plan. En pratique, il en est autrement et cela tient au frottement du corps sur le plan incliné. Nous étudierons plus tard les conditions d'équilibre en tenant compte du frottement.

384. *Remarque.* Si l'on adosse l'un contre l'autre deux plans inclinés de

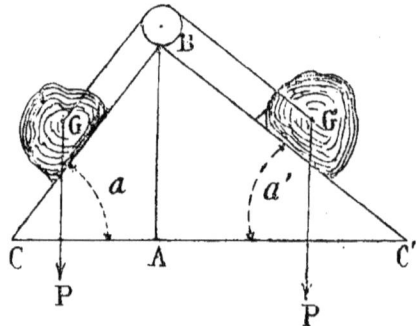

Fig. 208.

même hauteur AB (*fig.* 208), mais inclinés à l'horizon sous des angles différents a, a' et qu'on y appuie deux corps de poids P et P' réunis par un cordon passant sur une poulie fixée au point B, de telle sorte que les deux parties du cordon tendu soient parallèles à leurs plans, les tensions sur chaque brin seront :

$$P \sin a, \quad P' \sin a'.$$

On aura donc pour l'équilibre :

$$P \sin a = P' \sin a',$$

ou
$$\frac{P}{P'} = \frac{\sin a'}{\sin a}.$$

Mais
$$\sin a = \frac{h}{l},$$

$$\sin a' = \frac{h}{l'}.$$

Donc
$$\frac{P}{P'} = \frac{l}{l'}.$$

Ainsi, pour que *les deux corps se fassent équilibre, il faut que leurs poids soient proportionnels aux longueurs des plans où ils s'appuient.*

Des systèmes de plans inclinés.

385. Pour trouver les conditions d'équilibre d'un corps pesant qui s'appuie à la fois sur plusieurs plans inclinés, on regardera son poids comme une force verticale passant par son centre de gravité et on considérera les réactions des plans inclinés s'exerçant aux points d'ap-

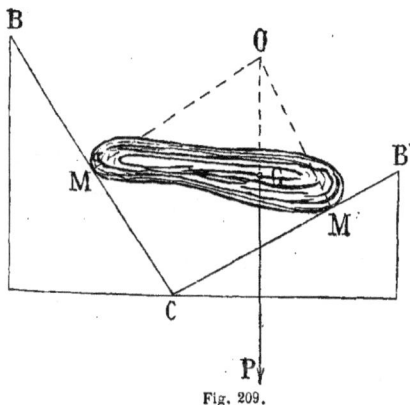

Fig. 209.

puis. Considérons, comme exemple, le cas particulier d'un corps soumis à la seule action de la pesanteur et s'appuyant sur deux plans inclinés BC, B'C (*fig.* 209), par les deux points M, M'. Pour qu'il y ait équilibre, il faut que le poids P du corps puisse se décomposer en deux forces

qui soient respectivement normales aux plans BC, B'C et les rencontrent aux points de contact M, M'. Conséquemment les deux normales MO, M'O' devront :

1° Se rencontrer en un point O de la verticale GP passant par le centre de gravité du corps ;

2° Se trouver toutes deux avec la direction GP dans un même plan vertical MOM'. Telles sont, dans ce cas, les conditions d'équilibre. Le plan vertical MOM', étant à la fois perpendiculaire aux deux plans inclinés, le sera à leur intersection commune et, par conséquent, celle-ci doit être horizontale.

Les pressions exercées sur les plans inclinés s'obtiennent facilement au moyen du parallélogramme des forces.

Du coin.

386. Le *coin* est un corps solide en forme de prisme triangulaire qu'on introduit par l'une des arêtes EF (*fig.* 210) entre deux obstacles qu'on veut écarter.

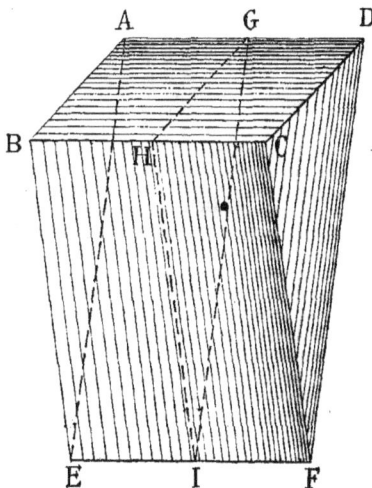

Fig. 210.

L'arête EF s'appelle le *tranchant* du coin. La face opposée ABCD, sur laquelle on applique la puissance ou le choc, se nomme la *tête* du coin, et les deux faces adjacentes ADFE, BCFE, qui agissent contre les obstacles, en sont les *côtés*.

CONDITIONS D'ÉQUILIBRE.

387. Nous supposerons que la puissance P agisse normalement à la tête du coin. Représentons par Q et Q' les deux résistances qui en résultent perpendiculairement à ses deux côtés pressés par des obstacles (*fig.* 210 et 211). Si, par la direction de la puissance P nous menons

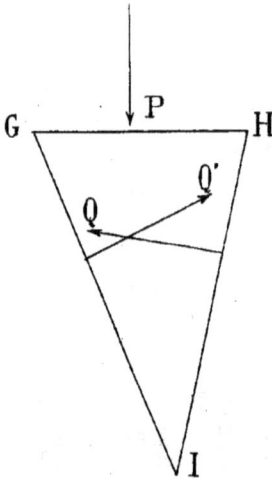

Fig. 211.

un plan perpendiculaire aux arêtes AD, BC, EF, il coupera la surface du prisme suivant un triangle GHI, dont les côtés GH, GI, HI soient les hauteurs des trois faces AC, AF, BF qui, d'ailleurs, ont des bases égales. Donc les côtés du triangle seront proportionnels à ces trois faces, c'est-à-dire à la tête et aux côtés du coin et pourront les représenter. De plus, les angles du triangle mesurent les dièdres correspondants du coin; par suite, les forces P, Q, Q' seront perpendiculaires aux trois côtés du triangle GHI. On aura donc, pour les conditions d'équilibre :

$$\frac{P}{GH} = \frac{Q}{GI} = \frac{Q'}{HI},$$

c'est-à-dire que la puissance est aux pressions normales exercées par les côtés du coin comme la surface de la tête est aux surfaces des côtés.

388. *Remarque.* Lorsque les côtés GI, HI sont égaux, chacun d'eux se nomme *longueur du coin.* On dit alors que le coin est isocèle. Dans ce cas, Q = Q' et la condition d'équilibre devient :

La puissance P *est à* l'une des pressions latérales *comme* la tête du coin *est au* côté.

Cette condition d'équilibre montre que pour une puissance déterminée, l'effort exercé par le coin est d'autant plus grand, que la tête est plus petite par rapport à la longueur.

389. *Usages du coin.* Le coin peut être employé à produire de grandes pressions, comme dans la presse à coin indiquée par la figure 212. La puissance P, appliquée sur la tête du coin, le fait descendre entre une pièce fixe N et un bloc mobile M pouvant glisser le long d'une semelle K.

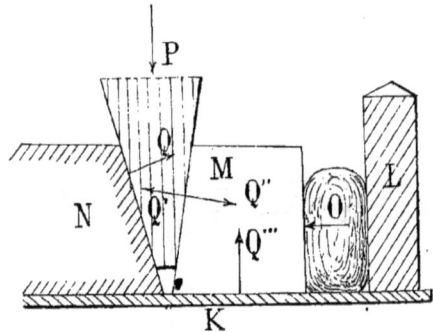

Fig. 212.

Dans ce mouvement, le bloc M comprime contre une pièce fixe L un corps placé en O. A l'état de repos, et en ne tenant pas compte du frottement, il doit y avoir équilibre : 1° entre la puissance P et les réactions, Q et Q' développées sur les faces du coin; 2° entre la pression O et les forces Q″ et Q‴, l'une égale et contraire à Q', l'autre représentant la réaction de la semelle K.

De la vis.

390. La vis est une machine du système plan qu'on emploie pour soulever des corps pesants, et surtout pour exercer de grandes pressions. Elle consiste en un cylindre droit, à la surface duquel adhère un *filet* saillant roulé en spirale. Le filet peut être considéré comme engendré par le mouvement d'un triangle, d'un parallélogramme, ou, en général, d'un polygone qui, s'appuyant par l'un de ses côtés sur une génératrice, tourne autour de l'axe du cylindre sans cesser d'être avec lui dans un même plan et en parcourant une courbe nommée *hélice*, tracée sur la surface du cylindre.

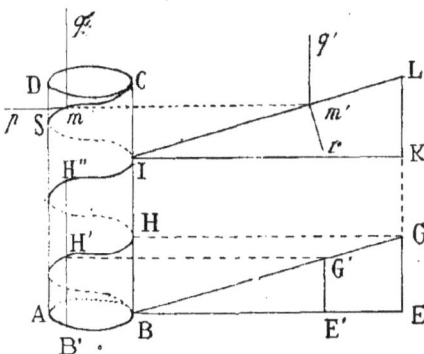

Fig. 213.

Définissons d'abord l'hélice. A cet effet, concevons un cylindre droit ABCD (*fig.* 213), puis développons la circonférence BAB'B de la base, à partir d'un de ses points B, et dans son propre plan suivant la droite BE. Par le point E, menons au plan de la base une perpendiculaire déterminée EG, et joignons BG. Si l'on enroule le triangle rectangle BEG autour du cylindre, de manière que la base BE de l'un revienne se confondre avec la base BAB'B de l'autre, l'hypothénuse BG s'appliquera sur la surface du cylindre suivant une courbe BH'H, telle que la hauteur B'H' d'un quelconque de ses points H', comparée à la portion BAB' de la base, comprise entre le point B de départ et le pied B' de la perpendiculaire H'B' donnera toujours le même rapport; car le point H' de la courbe provient du point G' situé sur l'hypothénuse BG à une hauteur G'E' = H'B'. Or, on a :

$$\frac{GE}{G'E'} = \frac{BE}{BE'} = \frac{\text{circ. BAB'B}}{\text{arc BAB'}}.$$

Donc, puisque les hauteurs GE, G'E' égalent respectivement BH, B'H', on aura :

$$\frac{BH}{B'H'} = \frac{\text{circ. BAB'B}}{\text{arc BAB'}},$$

et il en sera de même pour tous les points de la courbe ainsi formée par l'enroulement de l'hypothénuse BG prolongée indéfiniment. La courbe continue, qui contourne la surface du cylindre en montant proportionnellement à l'arc parcouru par le pied de la perpendiculaire, est précisément ce qu'on nomme *hélice.*

Chacune des portions de l'hélice, dont les extrémités B, H, viennent aboutir à la même génératrice BH du cylindre, forme une *spire*. L'intervalle H'H'', compris entre deux spires consécutives, et mesuré sur une même génératrice, est partout la même; il se nomme le *pas* ou la *hauteur* de l'hélice.

L'hélice étant ainsi formée par l'enroulement continu d'une seule et même droite, on voit que sa propriété caractéristique est d'être partout également inclinée sur le plan de la base, ou à l'horizon, lorsque son cylindre est vertical. Si donc, on place un point *m* sur l'hélice, on pourra le considérer comme reposant sur un plan incliné IKL dont la hauteur KL est la hauteur *h* de l'hélice et dont la base IK égale la circonférence de la section faite au point I ou $2\pi r$.

Supposons d'abord le point *m* reposant sur l'hélice et soumis à l'action de deux forces : l'une verticale, *q*, tendant à le faire descendre; l'autre, *p*, tangente au cylindre et s'opposant au mouvement du point *m* le long de l'hélice. Si l'on considère ce point sur le développement IL de la spire ISC où il est situé, les forces p et q resteront l'une horizontale, l'autre verticale, et, pour que l'équilibre ait lieu, ces deux forces devront avoir une résultante r perpendiculaire à la longueur IL du plan incliné. Les trois forces p, q, r, étant aussi respectivement perpendiculaires aux trois côtés du triangle IKL leur seront donc proportionnelles et on aura :

$$\frac{p}{q} = \frac{h}{2\pi r}.$$

Ainsi, dans ce cas, lorsqu'il y a équilibre, la puissance horizontale p *est à* la force verticale q *comme* le pas de l'hélice *est à* la circonférence du cylindre.

Considérons maintenant le cas où la puissance p' qui agit pour faire tourner le cylindre autour de son axe, soit appliquée, non plus au même point m que la force verticale q, mais en un certain point O relié d'une manière invariable avec la surface du cylindre et nommons d sa distance à l'axe.

Cela posé, menons par le point m une horizontale tangente au cylindre, suivant laquelle nous appliquerons d'un côté une force auxiliaire p retenant le point m de manière qu'il y ait équilibre entre les forces p, q et, de l'autre, une force $-p$ égale et opposée à p. D'après le cas précédent, les forces p et q donnent :

(1) $$\frac{p}{q} = \frac{h}{2\pi r}.$$

Or, les forces $p' - p$, agissant exactement comme dans le tour, fournissent :

(2) $$\frac{p'}{p} = \frac{r}{d}.$$

En multipliant membre à membre les équations (1) et (2), on aura :

$$\frac{p'}{q} = \frac{h}{2\pi d}.$$

Donc, *la puissance horizontale* p' *est à la force verticale qui presse le point m sur l'hélice, comme le pas de l'hélice est à la circonférence que la puissance tend à décrire autour de l'axe du cylindre.*

CONDITIONS D'ÉQUILIBRE DE LA VIS.

391. La vis proprement dite ne peut servir comme puissance mécanique sans être complétée par une autre pièce appelée *écrou*, qui est un corps solide de forme quelconque, exactement pénétré par la vis elle-même. Le filet saillant, dont la vis est revêtue, produit dans l'intérieur de l'écrou une espèce de creux ou sillon dont la surface est parfaitement égale à celle que la vis présente en relief, c'est-à-

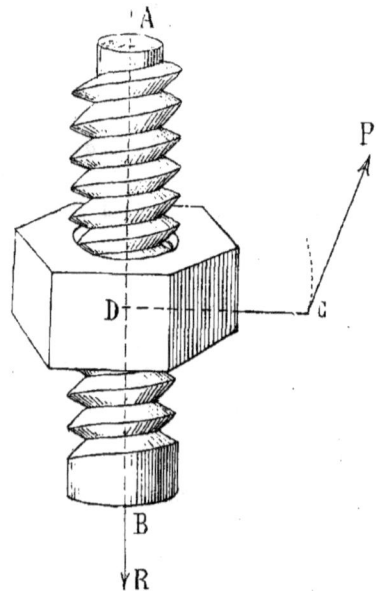

Fig. 214.

dire que l'écrou est comme le moule ou la matrice de la vis. Ces deux pièces sont assujetties de telle façon, que si l'une d'elles est fixe, l'autre ne peut plus prendre qu'un mouvement combiné de rotation et de translation, par suite duquel elle tourne autour de l'axe commun en même temps qu'elle glisse sur la surface de la première pièce comme sur un plan incliné, de manière que, pour une révolution complète autour de l'axe, elle s'avance, dans le sens de cet axe, d'une longueur égale au pas de la vis.

Pour déterminer les conditions d'équilibre, considérons les forces appliquées à la pièce mobile et qui sont ordinairement au nombre de deux, savoir, une résistance R parallèle à l'axe AB (*fig.* 214) et une puissance P agissant dans un plan perpendiculaire à l'axe. Les conditions étant les mêmes, quelle que soit la pièce mobile, nous supposerons que l'écrou tourne autour de la vis immobile et placée dans une position verticale.

La résistance R peut être, par exemple, un poids suspendu à l'écrou et agissant suivant son axe pour le faire descendre. La puissance P, qui s'oppose à ce mouvement, est une force horizontale CP appliquée en un point C lié à l'écrou d'une manière invariable. Si nous représentons, toujours par h le pas de la vis et par r la distance CD de la force CP à l'axe, on aurait, d'après le cas précédent :

$$\frac{P}{R} = \frac{h}{2\pi r}.$$

Cette équation d'équilibre suppose que l'écrou ne repose que par un seul point sur le filet. Mais on peut concevoir la résistance R décomposée en une infinité de résistances parallèles r', r'', r'''... agissant chacune en des points m', m'', m'''... De même, la puissance P peut être décomposée en autant de puissances parallèles p', p'', p'''... dont chacune soit séparément en équilibre avec la résistance partielle qui lui correspond. On aura alors la série des équations :

$$\frac{p'}{r'} = \frac{h}{2\pi r},$$

$$\frac{p''}{r''} = \frac{h}{2\pi r},$$

$$\frac{p'''}{r'''} = \frac{h}{2\pi r},$$

$$\cdot\quad\cdot\quad\cdot$$
$$\cdot\quad\cdot\quad\cdot$$
$$\cdot\quad\cdot\quad\cdot$$

et, par conséquent,

$$\frac{p' + p'' + p''' + \dots}{r' + r'' + r'''\dots} = \frac{h}{2\pi r},$$

ou, enfin,

$$\frac{P}{R} = \frac{h}{2\pi r}.$$

Donc, *dans l'équilibre de la vis, la puissance, qui tend à faire tourner l'écrou, est à la résistance, qui agit dans le sens de l'axe, comme le pas de la vis est à la circonférence que la puissance tend à décrire.*

392. *Remarque.* On voit d'après cela que, par rapport à la résistance, la puissance a d'autant plus d'effet que : 1° son bras de levier est plus grand ; 2° le pas de la vis est plus petit.

Ainsi, si $r = 1$ mètre et $h = 0,01$, la proportion ci-dessus donne :

$$\frac{P}{R} = \frac{1}{628}.$$

D'où $R = 628P,$

c'est-à-dire que, avec une telle vis, on produirait une pression 628 fois plus considérable qu'avec la puissance donnée.

De la vis sans fin.

393. La vis sans fin est souvent employée, soit pour élever des fardeaux, soit pour vaincre une résistance quelconque. Le pas de la vis a une longueur à peu près égale aux divisions de la roue dentée et on dispose la machine de telle sorte que l'axe de la vis soit dans le plan de la roue, et que son filet engrène avec les dents. En faisant alors tourner la vis à l'aide d'une manivelle ou de toute autre manière, son filet mène les dents successives de la roue à laquelle il se présente toujours d'une manière uniforme, en exerçant une pression parallèle à l'axe. Cet appareil porte le nom de *vis sans fin*, parce que le mouvement de la roue et de la vis peut se continuer indéfiniment, tandis que la vis ordinaire ne peut faire qu'un nombre indéterminé de tours.

CONDITIONS D'ÉQUILIBRE DE LA VIS
SANS FIN.

394. Représentons par P (*fig.* 215) la

puissance appliquée à la manivelle et par R la résistance qui est un poids suspendu à une corde s'enroulant sur le cylindre C de la roue dentée. Soient *h* le pas de la vis, *l* le rayon ou longueur de la mani-

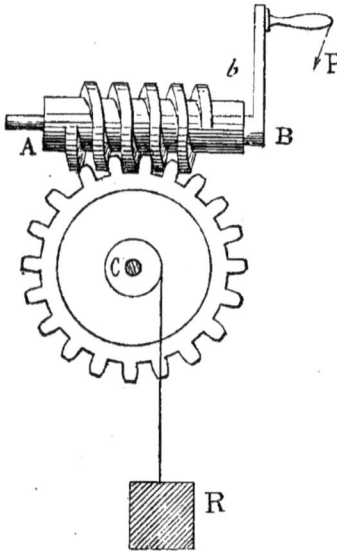

Fig. 215.

velle, *r* le rayon de la roue, *c* celui du cylindre. Si X représente la pression que le filet exerce parallèlement à l'axe AB contre la dent de la roue, on aura d'abord, pour l'équilibre de la vis :

(1) $\dfrac{P}{X} = \dfrac{h}{2\pi l}$,

et, pour l'équilibre du treuil ou de la roue dentée,

(2) $\dfrac{X}{R} = \dfrac{c}{r}$.

Multipliant membre à membre les équations (1) et (2), il vient :

$$\frac{P}{R} = \frac{ch}{2\pi lr}.$$

Donc, *dans l'équilibre de la vis sans fin, la puissance est à la résistance, comme le produit du pas de la vis par le rayon du treuil est au produit du rayon de la roue dentée par la circonférence que tend à décrire le point d'application de la puissance.*

395. *Remarque.* Lorsque *h* et *c* sont très petits par rapport à *l* et *r*, le produit *ch* est très petit par rapport au produit $2\pi lr$, et on obtient des effets surprenants. Si, par exemple,

$$h = 0^{m},01,$$
$$l = 1^{m},00,$$
$$c = 0^{m},05,$$
$$r = 1^{m},00,$$

on a :

$$\frac{P}{R} = \frac{5}{20000\,\pi} = \frac{1}{12000} \text{ environ.}$$

D'où   R = 12000P.

La machine construite avec ces dimensions permettrait de soulever un poids de 12000 kilogrammes au moyen d'un effort équivalent à 1 kil.

Problème n° 58.

396. *Un corps du poids de 100 kilos est placé sur un plan incliné dont la pente est* $\dfrac{1}{2}$. *Quelle est la force qui lui fera équilibre :* 1° *Si elle est parallèle au plan;* 2° *Si elle est horizontale;* 3° *Si elle est verticale;* 4° *Si elle fait un angle de 30° avec le plan?*

La pente du plan incliné étant 1/2, cela revient à dire que la base est double de la hauteur. Si donc *h* représente la hauteur, la base $b = 2h$ et la longueur du plan incliné $l = \sqrt{h^2 + 4h^2} = h\sqrt{5}$.

1° *La force est parallèle au plan.*

En appliquant la formule (N° 377) :

$$Q = P\,\frac{h}{l}, \text{ on a :}$$

$$Q = 100\,\frac{h}{h\sqrt{5}} = \frac{100}{\sqrt{5}},$$

ou $Q = \dfrac{100\sqrt{5}}{5} = 20\sqrt{5}$,

$$Q = 20 \times 2,2361 = 44,722,$$

Résultat : **44^{k},722.**

2° *La force est horizontale.*

Dans ce cas, l'équation d'équilibre est :

$$Q = P \frac{h}{b},$$

ou

$$Q = P \frac{h}{2h} = \frac{P}{2},$$

$$Q = \frac{100}{2} = 50 \text{ kil.}$$

Résultat : 50 kil.

3° *La force est verticale.*

La force Q étant verticale, le corps n'appuie pas sur le plan incliné et alors Q = P. D'ailleurs, la relation ·

$$Q = P \frac{\sin a}{\cos b},$$

donne bien Q = P, puisque

$$b = 90 - a,$$

d'où

$$\cos b = \sin a.$$

Résultat : 100 kil.

4° *La force fait un angle de 30° avec le plan.*

Il suffit d'appliquer la relation :

$$Q = P \frac{\sin a}{\cos b}.$$

Or, l'angle *a* du plan incliné est donné par :

$$\text{tg. } a = \frac{1}{2},$$

ce qui donne $a = 26° 34'$.

D'où $Q = 100 \dfrac{\sin 26° 34'}{\cos 30°}$.

Les tables de logarithmes donnent :

$$\sin 26° 34' = 0,447,$$
$$\cos 30° = 0,866,$$

par suite,

$$Q = 100 \frac{447}{886} = 51,61.$$

Résultat : 51^k,61.

Problème n° 59.

397. *Quelle est la base et la longueur d'un plan incliné, sachant qu'une force de 25 kilos parallèle à la longueur de ce vlan tient en équilibre un poids de 50 kilos ? La hauteur du plan est de 20 mètres.*

La longueur du plan est donnée par l'équation :

$$Q = P \frac{h}{l},$$

de laquelle on tire :

$$l = \frac{Ph}{Q} = \frac{50 \times 20}{25} = 40^m.$$

La base sera donnée par la relation entre les côtés du triangle rectangle :

$$b^2 = l^2 - h^2,$$
$$b = \sqrt{\overline{40}^2 - \overline{20}^2} = \sqrt{1200},$$
$$b = 34,64.$$

Résultat : base $= 34^m,64$,

longueur $= 40^m$.

Problème n° 60.

398. *Trouver l'angle d'un plan incliné, si une force de 20 kilos équilibre un poids de 40 kilos :* 1° *La force est parallèle au plan ;* 2° *La force est horizontale.*

Prenons la formule :

$$\frac{Q}{P} = \frac{\sin a}{\cos b}.$$

1° *La force est parallèle au plan.*

Dans ce cas, l'angle *b* est nul, par su'te :

$$\cos b = 1,$$

et la formule précédente devient :

$$\sin a = \frac{Q}{P} = \frac{20}{40} = \frac{1}{2}.$$

Or, l'angle dont le sinus est égal à $\dfrac{1}{2}$ est de 30°.

Résultat : 30°.

2° *La force est horizontale.*

L'angle *b* est alors égal à l'angle *a* du plan incliné ; la formule ci-dessus devient :

$$\frac{Q}{P} = \frac{\sin a}{\cos a} = \text{tg. } a,$$

d'où

$$\text{tg. } a = \frac{1}{2},$$

et

$$a = 26° 33'.$$

Résultat : 26° 33'.

Problème n° 61.

399. *Un bateau de 500 tonnes doit être hélé sur une cale dont la pente est 1/15. Quelle force faut-il employer suivant la direction du plan, en supposant le frottement nul ?*

Employons la formule :

$$Q = P \frac{h}{l},$$

dans laquelle :

$$l = \sqrt{h^2 + b^2}.$$

Or $b = 15h$. Donc,

$$l = \sqrt{h^2 + 225h^2} = h \sqrt{226}.$$

En remplaçant l par sa valeur, il vient :

$$Q = \frac{P}{\sqrt{226}} = \frac{P \sqrt{226}}{226}, \text{ ou}$$

$$Q = 500^t \frac{\sqrt{226}}{226} = 500 \frac{15,033}{226},$$

$$Q = 29^t,304.$$

Résultat : 29304 kil.

Problème n° 62.

400. *Un wagon de 10 tonnes est maintenu par un câble sur un plan incliné de 1/5. Déterminer : 1° la tension du câble ; 2° la pression sur les rails.*

La tension Q du câble est donnée par l'équation :

$$Q = P \frac{h}{l},$$

dans laquelle :

$$l = \sqrt{h^2 + 25h^2} = h \sqrt{26},$$

d'où $Q = 10000^k \dfrac{1}{\sqrt{26}},$

$$Q = 10000 \frac{\sqrt{26}}{26} = \frac{50990}{26},$$

$$Q = 1957 \text{ kil.}$$

La pression sur les rails s'obtient par la relation :

$$N = P \frac{b}{l}. \text{ D'où :}$$

$$N = 10000 \frac{5}{\sqrt{26}} = \frac{50000 \sqrt{26}}{26},$$

$$N = 9786 \text{ kil.}$$

Résultat : Q = 1957 kil.
　　　　　　N = 9786 kil.

Problème n° 63.

401. *Deux forces Q et Q' (fig. 216), l'une parallèle à la base d'un plan in-*
cliné, l'autre à sa longueur, peuvent séparément maintenir le même corps en équilibre sur le plan. Quel est le poids de ce corps, le rapport des forces Q et Q', et leur résultante ?

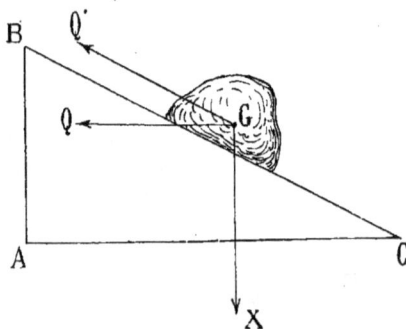

Fig. 216.

Soit X le poids du corps. On aura :

(1) $\dfrac{Q}{X} = \text{tg. } a,$ et

(2) $\dfrac{Q'}{X} = \sin a.$

En divisant (2) par (1), on obtient :

$$\frac{Q'}{Q} = \frac{\sin a}{\text{tg. } a}.$$

Or,   tg. $a = \dfrac{\sin a}{\cos a}$. D'où

(3) $\dfrac{Q'}{Q} = \cos a.$

Élevons au carré les formules (2) et (3), et il viendra :

(4) $\dfrac{\overline{Q'}^2}{X^2} = \overline{\sin}^2 a,$

(5) $\dfrac{\overline{Q'}^2}{Q^2} = \overline{\cos}^2 a.$

Additionnons (4) et (5), et on aura :

$$\frac{Q'^2}{X^2} + \frac{\overline{Q'}^2}{Q^2} = \overline{\sin}^2 a + \overline{\cos}^2 a = 1.$$

D'où $X = \dfrac{Q.Q'}{\sqrt{Q^2 - Q'^2}},$

Le poids X du corps sera positif si Q > Q'.

Rapport des forces. L'équation (3) donne ce rapport :

$$\frac{Q'}{Q} = \cos a.$$

Résultante des deux forces. Les forces Q et Q' faisant entre elles le même angle *a* du plan incliné, leur résultante R sera donnée par l'équation :

$$R^2 = Q^2 + Q'^2 + 2QQ' \cos a.$$

Mais l'équation (3) donne :

$$\cos a = \frac{Q'}{Q}.$$

Donc $\qquad R^2 = Q^2 + 3Q'^2.$

Problème nº 64.

402. *Deux plans inclinés (fig. 217) sont rapprochés par leur arête culminante; ils font entre eux un angle de 110°. Leurs charges sont retenues l'une à l'autre par une corde passant sur une poulie de renvoi et qui reste parallèle à chacun des plans. Les charges sont de 342 kilos et 567 kilos. Elles restent en équilibre. On propose de calculer les angles des plans inclinés avec l'horizon.*

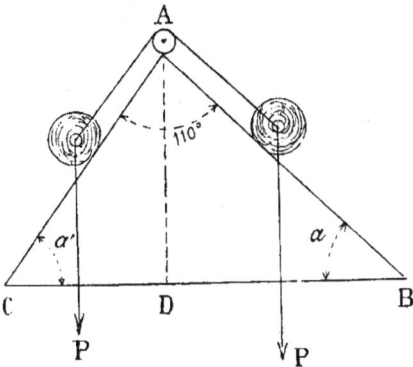

Fig. 217.

Les tensions sur chaque cordon étant égales, on aura pour l'équation d'équilibre :

$$P \sin a = P' \sin a'.$$

D'où $\qquad \dfrac{P}{P'} = \dfrac{\sin a'}{\sin a}.$

D'après une propriété des proportions, on peut écrire :

$$\frac{P + P'}{P - P'} = \frac{\sin a' + \sin a}{\sin a' - \sin a}$$

$$= \frac{\text{tg.}\ \dfrac{1}{2}\ (a' + a)}{\text{tg.}\ \dfrac{1}{2}\ (a' - a)}.$$

Or,

$$\frac{1}{2}\ (a' + a) = \frac{180° - 110°}{2} = 35°.$$

Donc,

$$\frac{P + P'}{P - P'} = \frac{\text{tg.}\ 35°}{\text{tg.}\ \dfrac{1}{2}\ (a' - a)},$$

de cette équation on tire :

$$\text{tg.}\ \frac{1}{2}\ (a' - a) = \frac{P - P'}{P + P'}\ \text{tg.}\ 35°.$$

Remplaçant P et P' par leur valeur, on a :

$$\text{tg.}\ \frac{1}{2}\ (a' - a) = \frac{225}{909}\ \text{tg.}\ 35°.$$

En appliquant les logarithmes, on a :

$$\log.\ \text{tg.}\ \frac{1}{2}\ (a' - a) = \log.\ 225$$

$$+ \log.\ \text{tg.}\ 35° - \log.\ 909,$$

$$\log.\ 225 = 2,3521825$$

$$\log.\ \text{tg.}\ 35° = \overline{1},8452258$$

$$\overline{ 2,1974093}$$

$$\log.\ 909 = 2,9585639$$

$$\log.\ \text{tg.}\ \frac{1}{2}(a' - a) = \overline{1},2388454.$$

D'où $\quad a' - a = 19° 39' 55''.$

La figure donne :

$$a' + a = 70°.$$

De ces deux équations, on tire :

$$a' = 44° 49' 57'',$$

$$a = 25° 10' 2''.$$

Remarque. Les cordons étant parallèles aux plans inclinés, leurs tensions sont exprimées par $\dfrac{Ph}{l}$ et $\dfrac{P'h}{l'}$, et comme elles sont égales, on a :

$$\frac{Ph}{l} = \frac{P'h}{l'}.$$

D'où $\qquad \dfrac{P}{P'} = \dfrac{l}{l'}.$

Le triangle construit avec P et P' comme côtés comprenant l'angle A sera semblable au triangle BAC. On est donc ramené à résoudre un triangle, connaissant deux côtés et l'angle compris.

Problème n° 65.

403. *En agissant sur la manivelle d'un cabestan établi au sommet d'un plan incliné* AB, *on maintient en équilibre sur ce plan un poids* M *de 2580 kilos. Quel est l'effort que l'on exerce sur la manivelle du cabestan, sachant que la longueur* AB *du plan incliné vaut deux fois et demie sa hauteur* AC, *et que le rayon du treuil est les 2/9 de la longueur de la manivelle? Une poulie de renvoi* D *maintient la corde parallèlement au plan* AB.

Représentons par Q la tension sur la corde et par Q' l'effort exercé sur la manivelle du cabestan.

On aura :
pour le plan incliné,

$$(1) \qquad Q = M\,\frac{h}{l},$$

pour le cabestan,

$$(2) \qquad Q' = Q\,\frac{r}{R}.$$

Remplaçant dans (2) Q par sa valeur, et il viendra :

$$Q' = M\,\frac{rh}{Rl}. \text{ D'où :}$$

$$Q' = \frac{2580 \times 2 \times 2}{5 \times 9} = 229^k,33.$$

Résultat : $229^k,33$.

Problème n° 66.

404. *Une sphère de poids* P *repose sur deux plans inclinés, l'un d'un angle* a, *l'autre d'un angle* b. *Quelles sont les conditions d'équilibre et les pressions sur chacun des plans?*

Nous avons vu dans les systèmes de plans inclinés que le poids P (*fig.* 218) doit faire équilibre aux réactions N et N'; par suite, le plan de ces trois forces étant vertical et perpendiculaire à chacun des

plans inclinés, sera aussi perpendiculaire à leur intersection. L'intersection devra être horizontale. Les réactions N et N' seront donc les composantes suivant les rayons de contact du poids P de la sphère;

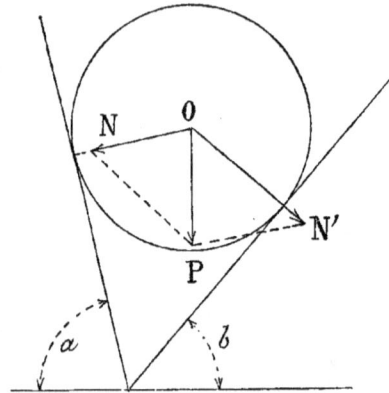

Fig. 218.

elles pourront être obtenues, soit au moyen des parallélogrammes, soit par le calcul. Dans un triangle, les côtés étant proportionnels aux sinus des angles opposés, on aura :

$$\frac{N}{P} = \frac{\sin b}{\sin (a + b)},$$

$$\frac{N'}{P} = \frac{\sin a}{\sin (a + b)}.$$

D'où
$$N = P\,\frac{\sin b}{\sin (a + b)},$$

$$N' = P\,\frac{\sin a}{\sin (a + b)}.$$

405. *Discussion.* Ces formules donnant les valeurs des pressions montrent qu'elles auront toujours une valeur, alors même que l'un des angles serait supérieur à 90°.

Si les angles a et b sont égaux, les deux pressions sont égales, chacune à :

$$\frac{P \sin a}{\sin 2a} = \frac{P}{2 \cos a}.$$

Dans le cas où $a = b \cos. 60° = \frac{1}{2}$ alors :

$$N = N' = P.$$

Si a et b tendent vers 90°, N = N' et

tendent vers $\dfrac{P}{2}$, ce qui est vrai *à priori*, puisque les deux plans inclinés formeraient un seul plan et la pression serait :

$$N + N' = 2\,\frac{P}{2} = P.$$

Supposons que l'angle b reste constant et que a varie de 0° à 180 — b.

Si $a = 0$, $N' = 0$ et $N = P$, ce qui est évident; si a grandit, N' augmente et N diminue.

CHAPITRE IX

DU POLYGONE FUNICULAIRE

Équilibre d'un fil.

406. On admet, en mécanique, qu'un fil est un système matériel affectant la forme d'une ligne n'ayant ni largeur ni épaisseur. Ce fil idéal est toujours considéré comme *inextensible* et *sans raideur*, c'est-à-dire que, quelles que soient les forces qui agissent sur lui, sa longueur est invariable et qu'on peut le courber, lui faire prendre la forme qu'on voudra sans éprouver la moindre résistance. Les fils et les cordes qu'on emploie sont loin de posséder ces propriétés; ils s'étendent sous l'action des forces et opposent une résistance appelée *raideur* lorsqu'on veut changer leur forme.

407. La *tension* d'un fil en un point de sa longueur est la réaction mutuelle des deux portions de fil qui se réunissent l'une à l'autre en ce point. Si l'on coupe un fil en équilibre en ce point, il faudra, pour rétablir l'équilibre de chaque portion, appliquer deux forces égales et contraires aux extrémités des tronçons séparés par la coupure. Ces forces ne sont autre chose que la *tension* du fil au point considéré.

Il suit de là que toute portion d'un fil en équilibre, est en équilibre sous l'action des forces qui lui sont directement appliquées et des deux tensions qu'elle subit à ses extrémités.

Cette remarque permet de démontrer que, dans un fil parfait soumis à des forces réparties d'une manière continue sur sa longueur (comme la pesanteur), la tension est en chaque point tangente à la ligne affectée par le fil.

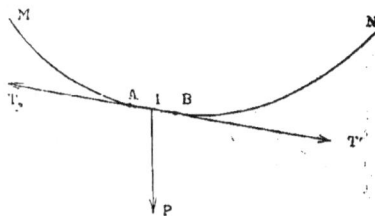

Fig. 219.

Soit MN (*fig.* 219) un fil en équilibre soumis à l'action de la pesanteur et considérons un élément très petit AB. Cet élément est en équilibre sous l'action des tensions T et T′ appliquées à ses deux extrémités et des forces infiniment petites réparties de A en B représentant le poids des éléments du fil. Ces dernières forces sont parallèles et leur résultante P est proportionnelle à la longueur MN.

Les trois forces T, T′ et P étant en équilibre, on peut écrire l'équation des moments par rapport à A, par exemple, ce qui donne :

$$T' \times h = P \times h',$$

h représentant la distance du point A à la direction de la tension T′ et h' la distance du même point à la direction de la force P.

Cette force P peut être exprimée par le produit $p \times AB$ dans lequel p représenterait le poids de l'unité de longueur du fil. L'équation des moments devient alors :

$$T' \times h = p \times AB\ h'.$$

Or, h' est nécessairement moindre que AB et $p \times AB \times h'$ est plus petit que $p \times \overline{AB}^2$, quantité infiniment petite du second ordre. Le produit T′h est donc aussi infiniment petit du second ordre et comme T′ est une force finie, h est un infiniment petit du second ordre, ou du même ordre de grandeur que le carré de la longueur AB. La direction de la tension en B est donc telle qu'un point A, infiniment voisin du point B, pris sur la courbe MN, soit à une distance infiniment petite du second ordre de cette direction. En d'autres termes, elle est tangente à la courbe MN au point B.

Il est bien évident que le fil est supposé sans raideur ; autrement, il y aurait à considérer au point A, non-seulement une tension T, mais encore un couple dû à la courbure du fil en ce point.

408. *Remarque*. Si, entre les forces infiniment petites réparties d'une manière continue le long du fil MN (*fig.* 220), on appliquait au fil une force isolée F, le raisonnement précédent ne serait plus admissible pour un élément qui comprendrait le point d'application A de cette force. La forme d'équilibre du fil présen-

terait un point anguleux et la tension varierait d'une manière brusque, en grandeur et en direction, d'un côté à l'autre de ce point A. Dans chaque branche AM, AN‘ les tensions seraient encore tangentes à la courbe d'équilibre ; mais, au point A, on aurait deux tensions, l'une T_1, tangente à la branche AM, l'autre T_2, tan-

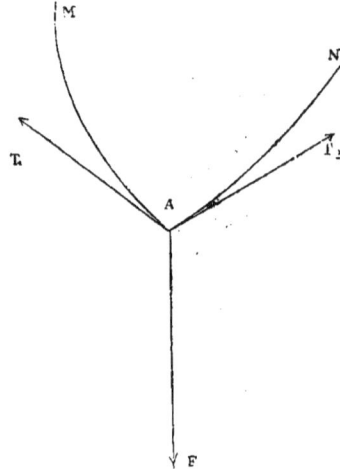

Fig. 220.

gente à la branche AN. Ces deux tensions feraient équilibre à la force F et on obtiendrait ces deux tensions en décomposant la force F suivant les directions des tangentes aux branches qui se réunissent en A.

Polygone funiculaire.

409. On appelle *polygone funiculaire*, un assemblage de cordes liées entre elles par des nœuds fixes, ou bien une corde en divers points de laquelle sont appliquées des forces. Cette corde est toujours supposée flexible et inextensible.

I

410. Considérons d'abord une corde qui n'est sollicitée que par des forces appliquées à ses extrémités. Si l'on fait abstraction de son poids, on voit que l'équilibre n'est possible, qu'autant que les forces considérées se réduisent à deux résultantes égales et contraires appliquées aux deux extrémités. dans la direction même de la corde, et il faut de plus que le sens de ces forces soit tel qu'elles tendent à allonger la corde.

Soient F et F' (*fig. 221*), ces deux forces maintenant en équilibre un fil ou une corde AB. Un élément quelconque MM' de la corde devant être lui-même en équilibre, il faut qu'il soit sollicité à ses extrémités M et M' par deux forces égales et opposées que nous nommerons T et T'. On aura donc :

$$T = T'.$$

Mais si l'on considère l'équilibre de la portion MB de la corde, on doit avoir T = F''. De même, si l'on considère l'équilibre de la portion M'A, on doit avoir T' = F. Par conséquent, la force T est égale à F : c'est ce que nous avons appelé la *tension de la corde au point* M. De même, la force T' est la tension au point M'.

411. *Remarque*. La tension est la même en tous les points de la corde et il n'en serait pas ainsi si l'on avait égard au poids de la corde. Si p désigne le poids par mètre courant de cette corde supposée verticale, on aura :

$$T' = F' + AB.p.$$

De même,

$$T = F' + MB.p,$$

quantité qui varie avec la position du point M. Elle est égale à F' au point B et à F au point A. La tension est donc, en général, variable aux différents points d'une même corde en équilibre.

II

412. Considérons maintenant l'équilibre d'une corde sollicitée par des forces T et T' (*fig. 222*) à ses extrémités et par une force F en un point déterminé M de sa longueur. Il faut, pour l'équilibre, que ces trois forces soient dans un même plan et que chacune d'elles soit égale et opposée à la résultante des deux autres. Le plan des trois forces est donc celui des trois points A, M, B. Les forces T et T'' sont dirigées suivant MA et MB, car autrement ces brins flexibles changeraient de forme.

Fig. 221.

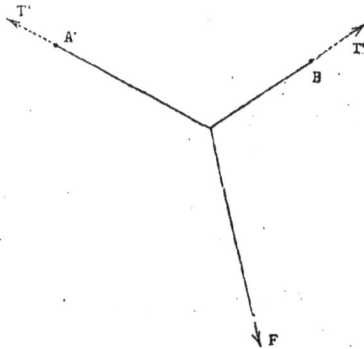

Fig. 222.

D'après les règles de la composition des forces concourantes, on aura :

$$\frac{T}{F} = \frac{\sin (T'F)}{\sin (TT')},$$

et

$$\frac{T'}{F} = \frac{\sin (TF)}{\sin (TT')}.$$

Ces relations permettent de déterminer les tensions T et T' qui s'exerceraient sur les brins MA et MB si la corde était fixée aux points A et B.

Ces relations montrent que la corde AMB ne peut jamais être en ligne droite; car, si l'angle (TT') atteignait 180°, son sinus serait nul et on aurait :

$$T = \infty \text{ et } T' = \infty.$$

D'ailleurs, il est facile de voir que plus l'angle (TT') s'approche de 180°, plus les tensions T et T' sont considérables pour une valeur de F.

III

413. Si plusieurs cordes réunies par un même nœud sont en *équilibre* sous l'action d'autant de forces qui les sollicitent par leur extrémité libre, les conditions sont les mêmes que pour un système de forces concourantes. Chacune de ces forces doit être égale et opposée à la résultante de toutes les autres, c'est-à-dire que si l'on forme un polygone des forces en considérant toutes les forces, moins une, la ligne qui formera le polygone représentera la dernière force.

IV

414. Considérons enfin un polygone funiculaire, c'est-à-dire une corde *a* ABCD *d* (*fig.* 223) en équilibre sous l'action des tensions T, T' des cordons extrêmes A*a* et D*d* et d'un nombre quelconque de forces extérieures F, F', F", F''', appliquées aux sommets de la ligne brisée qu'affecte la corde. Soient *t*, *t'*, *t"* les tensions des cordons intermédiaires AB, BC, CD.

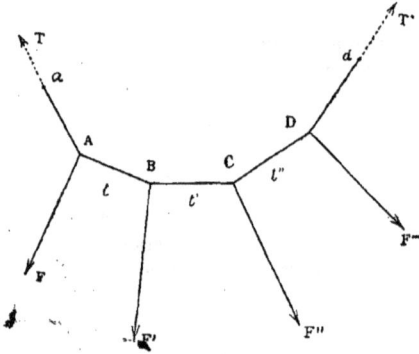

Fig. 223.

Ce système doit satisfaire aux six conditions d'équilibre d'un corps solide, car on ne troublerait pas l'équilibre en le solidifiant; mais ces six conditions sont insuffisantes, parce que le système peut varier de forme.

L'équilibre ayant lieu pour le polygone considéré dans son ensemble, a aussi lieu pour chaque sommet et pour chaque côté considéré isolément. Ainsi, chaque sommet est en équilibre sous l'action des trois forces qui y sont appliquées, et chaque côté est en équilibre sous l'action des quatre forces qui le sollicitent. On en tire diverses conséquences :

1° La tension *t* est égale et opposée à la résultante des forces T et F. Cette même tension, considérée comme appliquée en B, pourrait donc être remplacée par les forces T et F transportées parallèlement à elles-mêmes au point C et ainsi de suite;

2° La tension *t'* est égale et opposée à la résultante des forces T, F et F' supposées appliquées en B. Cette même tension, considérée comme appliquée en C, peut donc être remplacée par les forces T, F et F' transportées parallèlement au point C et ainsi de suite;

3° On conclut aisément de ce qui vient d'être dit que la tension de chaque côté est la même que si l'on transportait à chacune de ses extrémités toutes les forces situées au-delà; par exemple, la tension *t'* est la même que si l'on appliquait en B les forces T, F et F' et en C les forces F", F''' et T';

4° On verrait de même que toutes les forces transportées ainsi en un même sommet doivent s'y faire équilibre, ce que montrent directement les trois premières équations d'équilibre.

V

415. Lorsqu'on s'occupe du polygone funiculaire, on se propose généralement de résoudre le problème suivant :

Trouver la figure du polygone, connaissant les longueurs de tous ses côtés, les forces F, F', F", *etc. en grandeur et en direction, et les tensions extrêmes* T *et* T' *en grandeur et en direction.*

Si l'on transporte en un point quelconque de l'espace les forces F, F', F", etc., elles s'y composeront en une seule R qui devra être égale et opposée à la résultante des forces T et T'. Pour trouver les directions de ces deux forces, si les intensités seules sont connues, on aura à résoudre un triangle connaissant les trois côtés. Si les

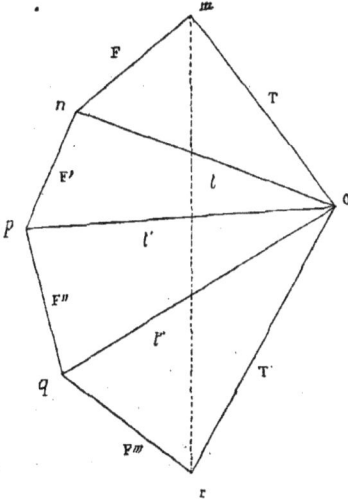

Fig. 224.

directions de ces forces sont données et qu'on cherche leurs intensités, on aura à résoudre un triangle connaissant un côté et les angles. Dans les deux cas, les forces T et T' seront complètement déterminées. On aura ainsi la direction du côté A*a*. La direction du côté AB sera celle de la résultante des forces T et F et cette résultante donnera la valeur de la tension *t*. La direction du côté BC sera celle de la résultante des forces *t* et F' et cette résultante donnera la valeur de la tension *t'*.

En continuant ainsi, on obtiendra successivement la direction de tous les côtés et la valeur des tensions intermédiaires. L'équilibre du dernier sommet servira de vérification.

Si toutes les forces données sont dans un même plan, le problème peut être promptement résolu par une construction graphique. près avoir adopté une échelle de longueur pour représenter les forces,

on construit la ligne brisée *m.np.qr* (*fig.* 224) dont les côtés successifs représentent respectivement, en grandeur et en direction, les forces F, F', F", F'''. La ligne *mr*, qui forme le polygone repré-

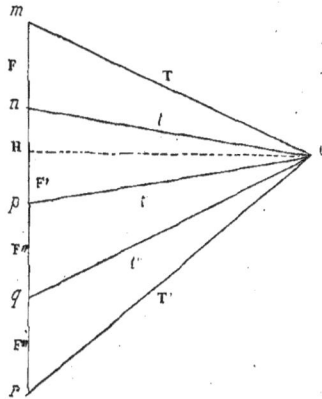

Fig. 225.

sentera leur résultante de translation R. Si les tensions T et T' sont données en direction, on mène par le point *m* une parallèle à T et par le point *r* une parallèle à T'. Ces deux droites se couperont en un point O, et les côtés O*m* et O*r* représenteront les tensions T et T' en intensité aussi bien qu'en direction. Si les tensions T et T' sont données en intensité, on décrira des points *m* et *r*, avec T et T' pour rayons, deux arcs de cercle qui se couperont en un point O. Les droites *m*O, *r*O représenteront les tensions T et T' en direction comme en intensité. Cela fait, on joindra O*n*, O*p*, O*q*. Ces droites seront les directions des côtés intermédiaires du polygone et elles représenteront, en grandeur, les tensions *t*, *t'*, *t"*.

VI

416. Si toutes les forces F, F', F", etc., sont verticales, la ligne brisée *mnpqr* devient une droite verticale (*fig.* 225). La construction est du reste la même que dans le cas précédent; mais le polygone jouit de propriétés particulières que la figure met en évidence et qu'on peut d'ailleurs démontrer par les principes de l'équilibre. Ces propriétés sont :

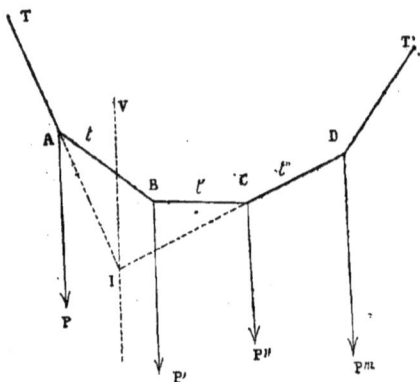

Fig. 226.

1° Le polygone est dans un plan vertical ;

2° Les projections horizontales (OH = T₀) de toutes les tensions sont égales ;

3° La somme algébrique des projections verticales de deux tensions quelconques est égale à la somme de toutes les forces extérieures intermédiaires.

La première proposition est évidente et le plan du polygone est le plan mOr. La deuxième n'est pas moins évidente, car si l'on abaisse OH perpendiculaire sur mr, et par conséquent horizontal, ce sera la projection horizontale d'une quelconque des droites Om, On, Op, Oq ou Or. Pour démontrer la troisième, considérons, par exemple les tensions T et t''. La projection verticale de la première est mH et la projection verticale de la seconde est qH. La somme de ces projections est mq, portion de la verticale comprise entre les extrémités des droites Om et Oq qui représentent les tensions considérées. Or, cette longueur mq est, par la construction même, la somme des forces extérieures F, F', F" comprises entre les tensions T et t''.

VII

417. Lorsque les forces F, F', F", etc., sont des poids suspendus aux sommets du polygone, la figure jouit de cette dernière propriété.

Le point d'intersection des directions de deux tensions quelconques est situé sur la verticale du centre de gravité, du système formé par les poids compris entre ces tensions.

Soient, en effet, les deux tensions T et t'' (*fig.* 226) dont les directions se coupent en un point I. La portion ABC de la corde est en équilibre sous l'action des tensions T, t'' et des poids intermédiaires P, P', P". Il faut donc que la résultante des forces P, P', P" soit égale et opposée à celle des forces T et t''. Or, la résultante de ces poids est une force verticale égale à leur somme et passant par le centre des forces parallèles ou par le centre de gravité du système formé par ces poids. La résultante des forces T et t'' passe par le point I et elle doit être directement opposée à celle des poids P, P', P". Il faut donc que le point I soit sur la verticale du centre de gravité de ces poids.

Tout ce que nous venons de dire sur le polygone funiculaire est applicable à un polygone formé par un fil ou par un câble métallique suffisamment flexible.

Chaînette.

418. On nomme *chaînette* la ligne courbe formée par une corde uniformément pesante attachée par ses extrémités A et B (*fig.* 228) à deux points fixes, et soumise uniquement à la pesanteur. La chaînette peut donc être considérée comme un polygone funiculaire d'une infinité de côtés, sollicité en tous ses points par de petites forces verticales provenant des actions de la pesanteur. On voit déjà, d'après ce qui a été dit plus haut, que la courbe de la chaînette est plane et située dans le plan vertical passant par les points fixes AB. D'ailleurs, il n'y a pas de raison pour qu'elle s'écarte plutôt d'un côté que de l'autre.

Si l'on remarque que les côtés du polygone funiculaire représentent les directions des tangentes menées de la courbe en ses différents points, on obtiendra facilement la tension en un point quelconque.

419. *Tensions aux points d'attache.* D'abord, pour déterminer les pressions que la corde exerce sur les deux points fixes A et B et qui ne sont autres que les tensions des côtés extrêmes du polygone, il faut mener à la courbe les tangentes AO, BO, appliquer à leur point de concours une force égale au poids de la corde et la décomposer en deux autres dirigées suivant OA, OB. Ces composantes seraient évidemment les pressions cherchées.

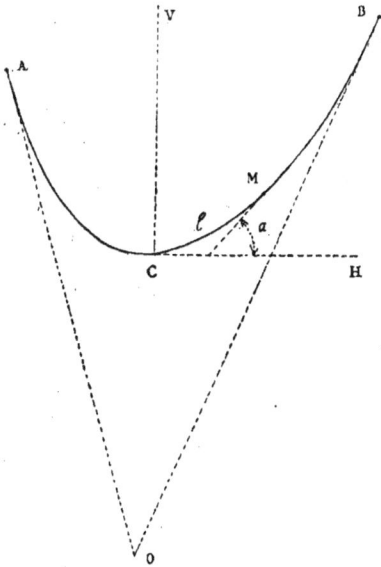

Fig. 227.

420. *Tension en un point quelconque.* Pour déterminer la tension en un point M de la chaînette, rappelons : 1° que cette tension est dirigée suivant la tangente à la courbe affectée par la chaînette; 2° que la projection horizontale de cette tension est une quantité constante. Si donc R représente le poids de la partie CM de la corde comprise entre le point M et le point le plus bas C, ou la tangente CH à la courbe est horizontale, et dont la tension est t; de plus, si a représente l'angle que la tangente au point M fait avec l'horizon, on aura, pour la tension T au point M :

$$t = T \cos a.$$

D'où $\qquad T = t \times \dfrac{1}{\cos a}.$

Or $\qquad \dfrac{1}{\cos a} = \sec a.$

On aurait également :

$$T = R \frac{1}{\sin a},$$

ou $\qquad T = R \operatorname{cosec.} a.$

Conséquemment, si une corde ou même une chaîne pesante, suspendue à deux points fixes, est en équilibre, la tension en chaque point est :

1° Proportionnelle à la sécante de l'angle que la courbe fait en ce point avec l'horizon ;

2° Égale au produit de la cosécante du même angle par le poids de l'arc compris entre le même point et le point le plus bas.

Dans le cas où la corde est uniformément pesante, comme cela a lieu pour la chaînette, on peut représenter le poids R de l'arc CM par sa longueur l et alors les deux équations précédentes :

$$T = t \frac{1}{\cos a},$$

$$T = R \frac{1}{\sin a},$$

donnent, en les égalant :

$$\frac{R}{\sin a} = \frac{1}{\cos a},$$

ou $\qquad \dfrac{R}{t} = \dfrac{\sin a}{\cos a} = \operatorname{tg.} a.$

Donc $\qquad \operatorname{tg.} a = \dfrac{l}{t}.$

Donc la chaînette est une courbe telle, que la tangente de son inclinaison en un point quelconque sur un plan horizontal est proportionnelle à la longueur de l'arc comprise entre le point le plus bas de la

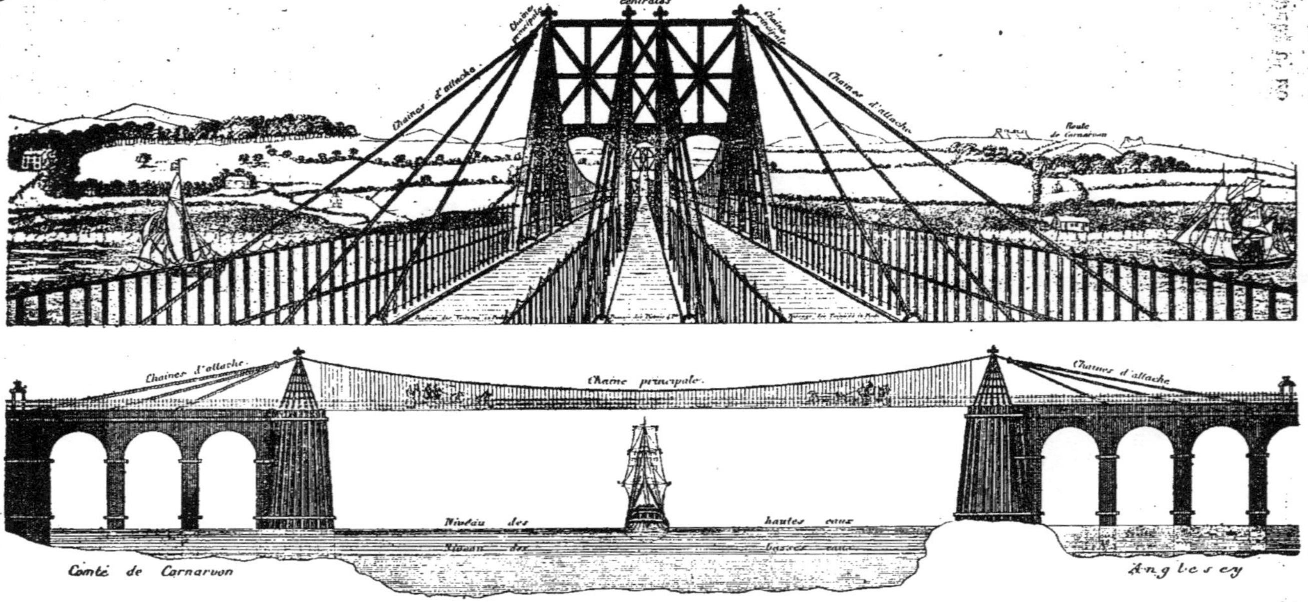
Chaînes centrales
Chaîne principale
Chaîne principale
Chaînes d'attache
Chaînes d'attache
Route de Carnarvon
Chaînes d'attache
Chaîne principale
Chaînes d'attache
Niveau des hautes eaux
Niveau des basses eaux
Comté de Carnarvon
Anglesey

Fig. 228.

courbe et le point dont il s'agit. D'où il suit que la chaînette est une courbe symétrique par rapport à l'axe vertical CV passant par le sommet C et se compose, comme la parabole, de deux branches égales et indéfinies.

421. La chaînette jouit de propriétés curieuses que l'on trouve exposées dans les traités de Mécanique rationnelle et dont la principale est la suivante :

De toutes les courbes de même périmètre, aboutissant aux deux points de suspension, c'est celle dont le centre de gravité est le plus bas.

Ponts suspendus.

422. On appelle *ponts suspendus* des ponts dont le tablier est soutenu au moyen de tiges de suspension par des chaînes ou des câbles, attachés eux-mêmes par leurs extrémités à des points fixes.

Le plus ordinairement les chaînes passent sur des piliers en maçonnerie et vont s'amarrer dans le sol. Quelquefois, les piliers en maçonnerie sont remplacés par des colonnes oscillantes en fonte. Ce genre de construction offre des avantages, au point de vue de l'économie, sur les ponts en pierre, ou sur les ponts métalliques; mais ils ne présentent pas toujours les mêmes garanties au point de vue de la durée; c'est pourquoi les ponts suspendus sont aujourd'hui tombés en défaveur.

Le principe sur lequel se fonde la construction des ponts suspendus est connu depuis longtemps. Les Espagnols trouvèrent au Mexique, à l'époque de la conquête, des ponts formés de poutrelles posées sur des lianes tendues d'une rive à l'autre. Il a existé de temps immémorial des ponts de ce genre en Chine, au Thibet et dans l'Indoustan.

La plus ancienne mention d'un pont suspendu proprement dit remonte en 1625, elle se trouve dans un ouvrage attribué à un certain **Faustus Verantius**. Ce pont est suspendu par l'intermédiaire de doubles cordes passant sur des poulies, à des câbles ou cinquenelles fixées elles-mêmes par leurs extrémités à des montants en bois.

En 1814, M. Labadie, capitaine d'artillerie, construisit sur la Moselle un pont en cordages offrant cette particularité qu'il existait au-dessous du tablier un second système d'attaches analogue à celui du dessus.

La première construction en grand des ponts suspendus a été faite en 1796 par James Finley qui construisit sur le Jacobs-creek un pont de $21^m,3$. En 1820, le capitaine Brown construisit sur le Twed, près du pont de Bezwick, un pont suspendu de 110 mètres.

Depuis cette époque, ce genre de construction s'est fort répandu (c'est aux frères Séguin que sont dus les principaux perfectionnements que ces voies de communication ont reçus en France). Le travail le plus gigantesque et le plus hardi en ce genre est le pont de Fribourg qui a $246^m,26$ de longueur et dont le tablier est à 51 mètres au-dessus du niveau de l'eau.

423. La figure 228 donne la vue perspective et l'élévation d'un pont suspendu construit en 1820 à Bangor-Ferry, sur la Menai.

TENSIONS ET FORME D'UN CABLE DE PONT SUSPENDU.

I

424. Nous supposerons d'abord le cas où le côté le plus bas du câble est horizontal, c'est-à-dire que le nombre des côtés du polygone funiculaire est impair; ou, autrement dit, que le côté le plus bas est horizontal. Considérons deux axes rectangulaires situés dans le plan vertical du câble, l'un contenant le côté horizontal du câble et l'autre, vertical, passant par l'extrémité de ce côté. Représentons par

P (*fig.* 229) les forces égales appliquées aux différents sommets, par l la distance entre deux suspensoires et par T_0 la tension du côté horizontal. Cette tension T_0 tend à faire soulever le polygone autour d'un sommet quelconque A, par exemple, alors que les forces P tendent à le faire tourner en sens contraire. L'équation des moments par rapport au sommet considéré A sera :

    moment T_0 = moments des forces P,

ou

$$T_0 x = Pl + P.2l + P.3l + \ldots P.nl,$$

x représentant la distance du point A

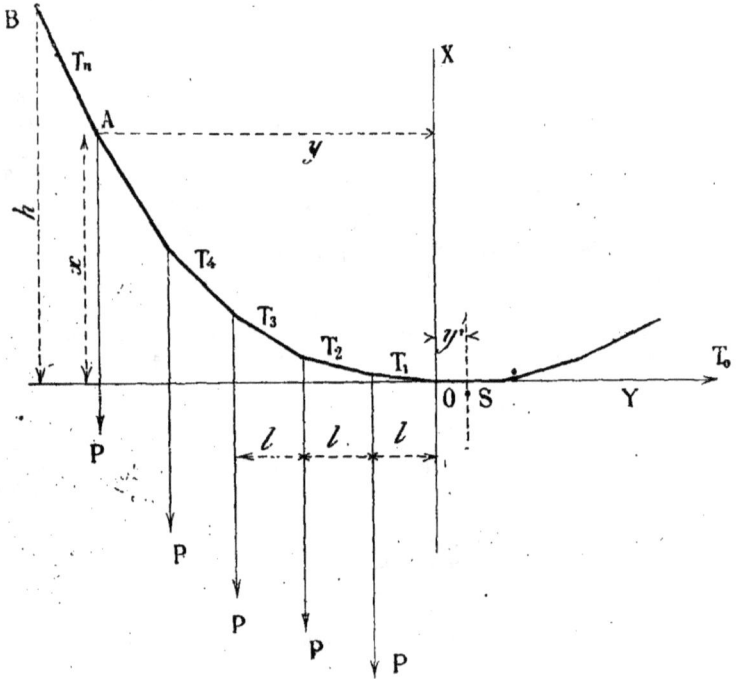

Fig. 229.

l'axe horizontal et n le nombre de côtés du polygone à droite du point A. Cette équation d'équilibre peut s'écrire :

$$T_0 x = Pl (1 + 2 + 3 + \ldots n).$$

La parenthèse représente la somme des n premiers nombres naturels, laquelle est égale à :

$$\frac{n+1}{2} . n.$$

Donc :

1) $T_0 x = Pl \left(\dfrac{n+1}{2} \right),$

ou

$$T_0 x = \frac{Pl}{2} (n^2 + n),$$

qu'on peut transformer ainsi

$$T_0 x = \frac{Pl^2}{2l} (n^2 + n),$$

ou

(2) $T_0 x = \dfrac{P}{2l} (l^2 n^2 + l^2 n).$

    La figure montre que si y représente la distance du point A à l'axe vertical, on a :

$$y = ln,$$

ou; en élevant au carré,

$$y^2 = l^2 n^2.$$

Remplaçant dans l'équation (2) les termes entre parenthèses par leur valeur, il vient:

$$T_0 x = \frac{P}{2l}(y^2 + ly.)$$

Cette équation donne :

$$x = \frac{P}{2T_0 l}(y^2 + ly).$$

La quantité $\dfrac{P}{2T_0 l}$ est constante. Donc, l'équation précédente montre que la courbe affectée par le câble est une parabole dont le sommet S ne se trouve pas à l'origine des axes rectangulaires. Ce sommet se trouve sur la verticale passant par le milieu du côté inférieur. L'ordonnée y' de ce sommet est :

$$y' = -\frac{l}{2}.$$

D'où

$$x' = \frac{P}{2T_0 l}\left(\left(-\frac{l}{2}\right)^2 - \frac{l^2}{2}\right),$$

$$x' = \frac{P}{2T_0 l}\left(\frac{l^2}{4} - \frac{2l^2}{4}\right),$$

$$x' = \frac{P}{2T_0 l} \times -\frac{l^2}{4},$$

et, enfin, $\quad x' = -\dfrac{Pl}{8T_0}.$

Les coordonnées x', y' du sommet S de la parabole étant connues, on pourra en déterminer sa position.

Pour déterminer les différentes tensions des côtés du polygone funiculaire, reprenons la formule (1) et appliquons-la d'abord au sommet B, le plus élevé.

On aura, en désignant par h la hauteur de ce point,

$$T_0 h = Pl\left(\frac{n+1}{2}\right)n.$$

Tirons la valeur de T_0, et nous aurons :

$$T_0 = \frac{Pl}{2h}(n+1)n.$$

Rappelons la construction du polygone des forces qui sollicitent le système. Si, d'un point quelconque O (*fig.* 230), on mène une ligne horizontale OH représen-

tant T_0, les différentes forces P seront représentées par les longueurs égales, HG, GF, FE, ED, DC, CB, proportionnelles à P. Les tensions des diverses parties du câble seront :

$$T_0 = OH,$$
$$T_1 = OG,$$
$$T_2 = OF,$$
$$\cdots\cdots$$
$$\cdots\cdots$$
$$\cdots\cdots$$
$$T_n = OB.$$

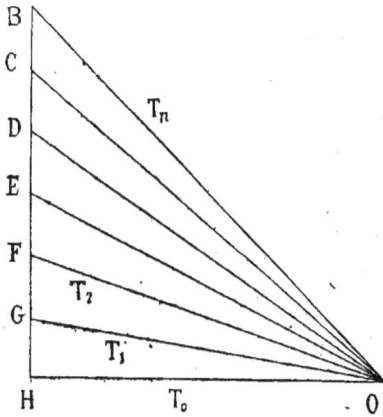

Fig. 230.

La figure montre que chaque tension est l'hypoténuse d'un triangle rectangle qui donne :

$$T_1 = \sqrt{T_0^2 + P^2},$$
$$T_2 = \sqrt{T_0^2 + 4P^2},$$
$$\cdots\cdots$$
$$\cdots\cdots$$
$$\cdots\cdots$$
$$T_n = \sqrt{T_0^2 + n^2 P^2}.$$

Ces différentes relations permettent de calculer les tensions variables des différentes parties du câble, connaissant la tension du côté horizontal le plus bas. Si N représente le nombre de divisions qu'il y a entre les deux piliers d'une travée d'un pont, on voit que, dans ce cas,

$$N = 2n + 1.$$

D'où $n = \dfrac{N-1}{2}$.

Et la tension du brin le plus haut sera :

$$T_n = \sqrt{\overline{T_o}^2 + \frac{P^2}{4}(N-1)^2}.$$

II

425. Voyons maintenant le cas où le nombre de divisions entre les deux piliers

est pair, c'est-à-dire que l'un des sommets du polygone occupe le point le plus bas. La forme du câble est toujours une parabole (*fig.* 231) dont le sommet de la courbe est ce point le plus bas.

Considérons, comme précédemment, deux axes rectangulaires, ayant leur origine au point le plus bas du polygone funiculaire, l'un horizontal et l'autre vertical. La tension T_i du côté inférieur est

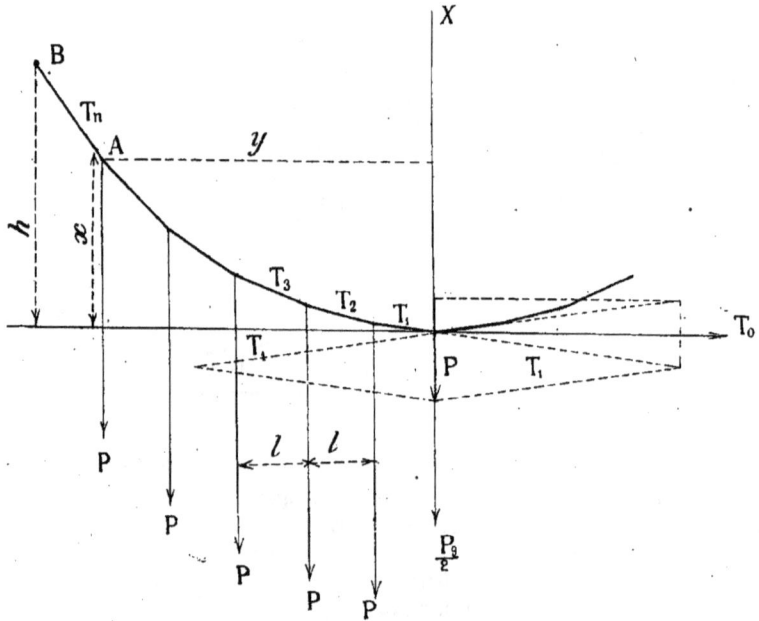

Fig. 231

la résultante de deux composantes, l'une horizontale T_o et l'autre verticale et égale à $\dfrac{P}{2}$.

En effet, la force P qui agit au point le plus bas est égale et directement opposée à la résultante des deux tensions T_i. La construction du parallélogramme des forces montre bien que T_i est la diagonale du parallélogramme dont les côtés sont T_o et $\dfrac{P}{2}$. Cela posé, considérons un

sommet quelconque A et soit x et y ses distances aux axes. Nous aurons :

moment T_o = moments des forces P,

ou

$$T_o x = Pl + P.2l + P.3l + \dots Pl(n-1) + \frac{P}{2}nl,$$

n représentant le nombre de divisions du point le plus bas au point A considéré. Cette équation devient :

$$T_o x = Pl(1 + 2 + 3 + \dots n - 1)$$

$$+ \frac{P}{2} nl.$$

La parenthèse représente la somme des $n - 1$ premiers nombres. Donc :

$$T_0 x = Pl \left(\frac{n(n-1)}{2} \right) + \frac{P}{2} nl.$$

$$T_0 x = \frac{Pln}{2} (1 + n - 1) = \frac{Pln^2}{2}.$$

En multipliant les deux termes du second membre par l, il vient :

$$T_0 x = \frac{Pl^2 n^2}{2l}.$$

Mais

$$y = ln \text{ et } y^2 = l^2 n^2.$$

D'où, en remplaçant :

$$T_0 x = \frac{Py^2}{2l},$$

ou

$$x = \frac{P}{2T_0 l} y^2.$$

Cette équation montre que les abscisses x sont proportionnelles au carré des ordonnées y; la courbe est donc bien encore une parabole.

TENSION AU POINT LE PLUS BAS.

426. La tension T_0 au point le plus bas peut s'obtenir en considérant l'équilibre du point le plus élevé du câble, pour lequel on a :

$$T_0 h = \frac{Pln^2}{2},$$

h étant la distance verticale entre le point le plus haut et le point le plus bas. De cette équation on tire :

$$T_0 = \frac{Pln^2}{2h}.$$

TENSIONS DES DIVERS COTÉS DU CABLE.

427. La construction graphique (fig. 232) qui donne les diverses tensions montre que la tension T_1 est l'hypoténuse d'un triangle rectangle dont les côtés de l'angle droit sont T_0 et $\frac{P}{2}$.

Donc,

$$T_1 = \sqrt{T_0^2 + \frac{P^2}{4}}.$$

On aurait de même :

$$T_2 = \sqrt{T_0^2 + \left(\frac{3P}{2} \right)^2},$$

$$T_3 = \sqrt{T_0^2 + \left(\frac{5P}{2} \right)^2},$$

et ainsi de suite.

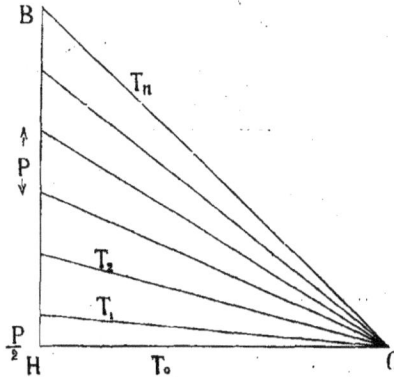

Fig. 232.

La tension du côté le plus élevé sera :

$$T_n = \sqrt{T_0^2 + \left[(n-1) P + \frac{P}{2} \right]^2},$$

ou

$$T_n = \sqrt{T_0^2 + P^2 \left(n - \frac{1}{2} \right)^2},$$

Si N est le nombre de divisions entre les piliers, on aura :

$$n = \frac{N}{2},$$

et la tension au point le plus haut deviendra :

$$T_n = \sqrt{T_0^2 + P^2 \left(\frac{N-1}{2} \right)^2}.$$

428. *Remarque.* Le poids P représente le poids du tablier du pont compris entre le milieu des deux divisions consécutives. Lorsqu'il y a deux câbles, ce poids est égal à $\frac{P}{2}$ et s'il y a quatre câbles, ce poids ne sera plus que $\frac{P}{4}$.

PRESSION SUR LES PILIERS.

429. Les chaînes ou câbles reposent sur les piles et culées par l'intermédiaire de supports fixes ou de supports mobiles. Dans le premier cas, ces supports sont des portiques en maçonnerie ou des pi-

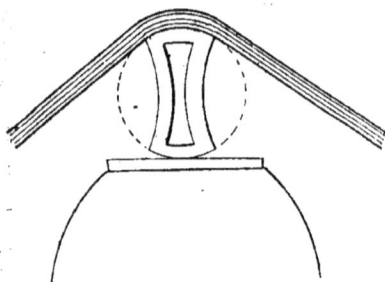

Fig. 233.

liers en fonte. Les chaînes n'y sont point fixées; elles passent sur des rouleaux, ou portions de rouleaux appelées secteurs oscillants (*fig.* 233) reposant eux-mêmes sur une surface plane. Le but de cette disposition est de répartir plus également la pression entre les diverses parties d'une même chaîne et d'empêcher la rupture qui pourrait résulter d'une inégalité de tension entre deux portions consécutives de cette chaîne. Quelquefois même, on fait passer la chaîne sur trois rouleaux dont un, celui du milieu, est placé plus haut que les autres, afin de diminuer l'angle de flexion de la chaîne (*fig.* 234).

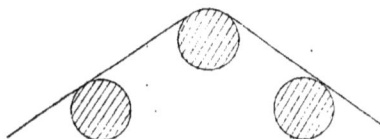

Fig. 234.

Les supports mobiles sont des colonnes en fonte ou des bielles reposant sur un support fixe, par l'intermédiaire d'une arête horizontale arrondie. Cette disposition, due à M. Séguin, a le même but que l'emploi des rouleaux ou des secteurs oscillants. La tension se répartit égale-

ment entre les deux brins du câble, et la résultante des deux tensions égales est dirigée suivant la bissectrice de l'angle formée par les deux brins. Elle s'incline d'un côté ou de l'autre de la verticale suivant l'inégalité de charge des deux tabliers. On comprend, en effet, que si, par l'action d'une surcharge accidentelle sur l'un de ces tabliers, la tension de la

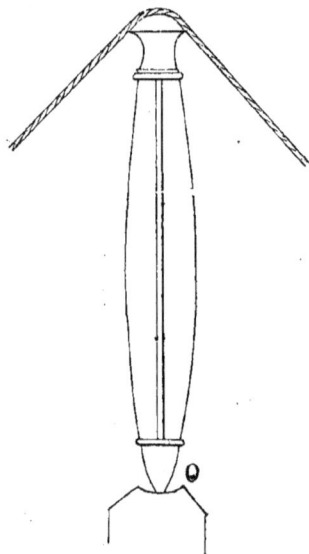

Fig. 235.

chaîne augmente, la chaîne est entraînée de ce côté et entraîne, par adhérence, le pilier mobile en le faisant tourner autour de son point O (*fig.* 235) jusqu'à ce que la tension, diminuant de ce même côté et augmentant de l'autre, soit devenue égale pour les deux brins. La base de la pile doit être réglée de telle sorte qu'en composant la résultante des deux tensions avec le poids de la pile et de la colonne oscillante, on obtienne une résultante totale qui rencontre la base de la pile dans l'intérieur de cette base assez loin de l'arête la plus voisine pour qu'il n'y ait pas écrasement de la pierre. Autant que possible, la résultante des deux tensions du câble doit être verticale.

MASSIF D'AMARRE.

430. Chacune des extrémités de la chaîne, après avoir passé sur le support fixe ou mobile qui correspond à la culée, va se fixer dans le sol en pénétrant dans un massif de maçonnerie spécial, lié à la pile et qui porte le nom de *massif d'amarre*. La disposition est indiquée dans la figure 236. La chaîne, après avoir

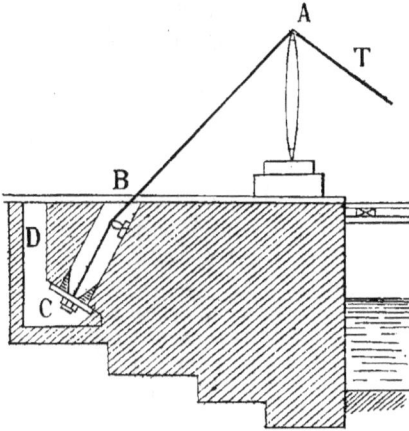

Fig 236.

passé sur le support, prend la direction AB généralement plus rapprochée de la verticale que le dernier côté TA. En B, sa direction s'infléchit, afin qu'on ne soit pas obligé de donner au massif d'amarre des dimensions trop considérables. Au point d'inflexion, correspond d'ordinaire un petit support oscillant. La chaîne descend ensuite suivant la direction BC dans un conduit incliné qui se termine par une ouverture étroite formée par une plaque en fonte à laquelle la chaîne est fixée. Au-dessous, se trouve le puits d'amarre C, dans lequel on descend par la cheminée D pour visiter le point d'attache. La même cheminée sert généralement d'accès aux deux puits d'une même rive communiquant entre eux au moyen d'une galerie voûtée. Il faut, pour l'équilibre et la stabilité du système, que, en

composant la tension suivant AB avec le poids du massif d'amarre, on obtienne une résultante qui rencontre la masse du massif dans son intérieur, à une distance suffisante de l'arête la plus voisine. On règle en conséquence les dimensions et par suite le poids du massif.

TRACÉ DU CABLE. — LONGUEUR DES SUSPENSOIRES.

I

431. Lorsque la hauteur des piliers est la même, le sommet de la courbe se trouve sur la verticale passant par le milieu de la distance des deux piliers.

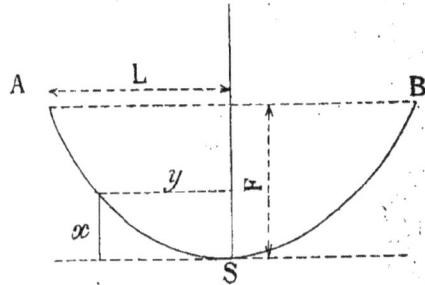

Fig. 237.

Si A et B (*fig.* 237) sont les sommets des piliers, la verticale menée au milieu de AB contient le sommet de la courbe. La flèche F doit être comprise dans les données de l'établissement du pont. Pour déterminer la longueur x de l'une des suspensoires située à une distance y de la verticale du sommet, il suffit de se rappeler que la courbe affectée par le câble étant une parabole, on a la proportion :

$$\frac{y^2}{L^2} = \frac{x}{F}.$$

D'où
$$x = \frac{y^2 F}{L^2},$$

F représentant la flèche du sommet et L désignant la moitié de la distance AB. On aurait de même la longueur x' d'une autre suspensoire :

$$x' = \frac{y'^2 F}{L^2}.$$

En donnant à y les différentes valeurs connues, on en déduira facilement les longueurs des suspensoires et, par suite, la forme exacte du câble.

Il est bon de rappeler que, aux longueurs trouvées x, x'... etc., on doit ajouter une longueur de 20 à 30 centimètres qui est l'épaisseur du tablier au sommet de la courbe.

II

432. Si les sommets A et B (*fig.* 238) des piliers ne sont pas à la même hauteur, on peut calculer de la manière suivante le sommet S de la courbe.

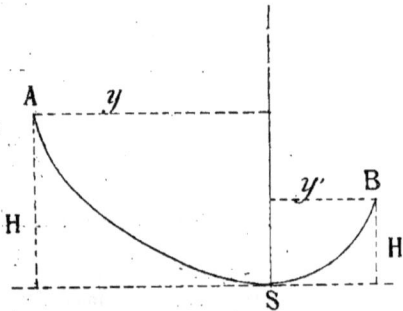

Fig. 238.

Représentons par y et y' les distances des points A et B à la verticale du sommet du câble et par H et H', les distances verticales de ces mêmes points au sommet S, et on aura :

$$\frac{y^2}{y'^2} = \frac{H}{H'},$$

ou bien

$$\frac{y}{y'} = \frac{\sqrt{H}}{\sqrt{H'}},$$

qu'on peut écrire :

$$\frac{y + y'}{y} = \frac{\sqrt{H} + \sqrt{H'}}{\sqrt{H'}}.$$

Or, $y + y'$ représente la distance D des **piliers**. Donc,

$$y = \frac{D\sqrt{H'}}{\sqrt{H} + \sqrt{H'}}.$$

Connaissant le sommet S de la parabole, on calculera, comme précédemment, la forme du câble et la longueur des suspensoires.

433. *Remarque* I. Dans les calculs précédents, il n'a pas été tenu compte des chocs que le tablier peut recevoir dans le sens vertical et des oscillations qui peuvent en résulter. Ces chocs et ces oscillations peuvent avoir les conséquences les plus fâcheuses et entraîner la rupture des tiges. Le calcul démontre qu'un poids égal au quart environ de la charge permanente tombant d'une hauteur de 5 centimètres pourrait compromettre l'élasticité des tiges en fer servant de suspensoires. Si un pareil choc se renouvelait au moment où, par l'effet de l'oscillation résultant du premier choc, la tige est arrivée à son maximum d'allongement, l'effet serait plus dangereux encore et il suffirait d'un petit nombre de coïncidences pareilles pour amener la rupture des tiges. C'est ce qui explique comment le passage d'une troupe d'infanterie marchant au pas a pu quelquefois occasionner la rupture d'un pont suspendu.

434. *Remarque* II. Indépendamment du danger résultant des chocs et des oscillations, les ponts suspendus présentent l'inconvénient de ne pouvoir être contreventés, c'est-à-dire garantis contre les forces latérales. En conséquence, dans les ouragans, ces voies de communications peuvent être détruites par le soulèvement et même le retournement complet du tablier. Enfin, l'élasticité du fer paraît s'altérer à la longue par l'effet des variations de température. De plus, ces ponts, nécessairement légers, exigent des réparations continuelles. La défaveur dont ils sont aujourd'hui l'objet tient à ces raisons principales.

CHAPITRE X

PRINCIPES DES VITESSES VIRTUELLES
ET SON APPLICATION AUX PRICIPALES MACHINES

Principe des vitesses virtuelles.

435. On nomme *vitesse virtuelle* d'un point matériel, toute droite infiniment petite qu'on peut lui faire décrire en observant les conditions auxquelles il se trouve assujetti. Ainsi, lorsque les points matériels M, M', M"... (*fig.* 239), liés entre

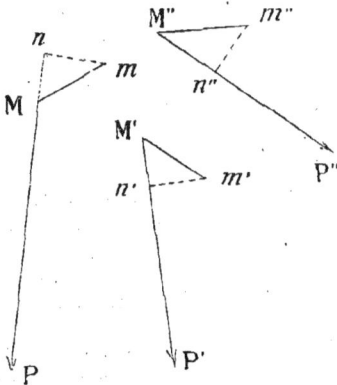

Fig. 239.

eux d'une manière quelconque, sont sollicités par des forces P, P', P"..., agissant suivant les directions MP, MP', MP"..., si l'on communique à ces points un mouvement infiniment petit et compatible avec la liaison du système, de manière qu'ils soient transportés en m, m', m"..., les droites infiniment petites Mm, M'm', M"m"..., décrites par les points M, M',

M"..., sont leurs vitesses virtuelles. Cette dénomination provient de ce que les droites Mm, M'm'... sont regardées comme les espaces qui seraient parcourus simultanément par les points du système, censé en équilibre, dans le premier instant où cet état viendrait à être détruit.

Si l'on projette les points m, m', m"..., en n, n', n"... sur les directions des forces P, P', P"..., les projections p, p', p"... des droites Mm, M'm', M"m"... sont les vitesses virtuelles des points M, M', M"..., estimées suivant les directions des forces, ces projections p, p', p"... étant d'ailleurs prises avec le signe + ou avec le signe —, selon qu'elles tombent sur les directions mêmes des forces correspondantes, comme M'm', ou sur leurs prolongements, comme pour Mm.

Enfin, on nomme *moments virtuels* des forces P, P', P"..., les produits Pp, P'p', P"p"... qu'on obtient en les multipliant par les projections respectives p, p', p"... dont le signe détermine celui des moments.

436. Comme une force P (*fig.* 240), appliquée en un point M, peut être censée appliquée en tout autre point A de sa direction, pourvu que ces deux points soient liés entre eux d'une manière invariable, on conçoit que le moment virtuel de la force doit être le même dans les deux cas. Au reste, on peut le démontrer directement de la manière suivante.

Soient Mm, Aa, les vitesses virtuelles des points M, A. Il suffit de faire voir que leurs projections Mm', Aa', sont égales entre elles, puisque l'intensité de la force

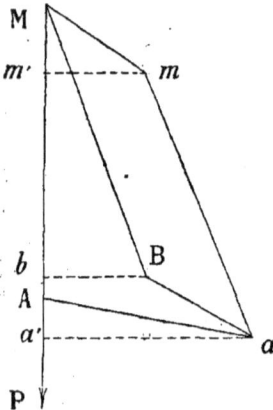

Fig. 240.

P est une quantité constante. A cet effet, menons par le point M la droite MB,

$$MA - \sqrt{\overline{MA}^2 - B\overline{b}^2} = \frac{(MA - \sqrt{\overline{MA}^2 - B\overline{b}^2})(MA + \sqrt{\overline{MA}^2 - B\overline{b}^2})}{MA + \sqrt{\overline{MA}^2 - B\overline{b}^2}}$$

$$= \frac{\overline{Bb}^2}{MA + \sqrt{MA^2 - Bb^2}}.$$

La différence entre Mm' et Aa' étant proportionnelle au carré de Bb est donc un infiniment petit du second ordre et, par suite, susceptible d'être négligé devant un infiniment petit du premier ordre. Ainsi :

$$Mm' = Aa'.$$

Donc :

1° *Le moment virtuel d'une force reste le même, en quelque point de sa direction qu'on la suppose appliquée.*

Il suit encore de là que :

2° *Si deux forces* P, P' *égales et contraires agissent suivant la direction d'une droite* AM *liant d'une manière invariable deux points* A, M *auxquels elles sont appliquées, la somme des moments virtuels* Pp, P'p' *de ces forces sera nulle,*

égale et parallèle à ma, et, du point B, abaissons la perpendiculaire Bb sur MA. Comme la longueur de la droite MA, qui relie les points M, A est invariable, on a :

$$MA = ma = MB,$$

et comme, par construction, la droite Ba est égale et parallèle à Mm, leurs projections ba', Mm' sur MA sont égales entre elles, et on a :

$$Mm' = ba' = bA + Aa'.$$

D'où $\quad Mm' - Aa' = bA.$

D'un autre côté :

$$bA = MA - Mb,$$

$$bA = MA - \sqrt{\overline{MB}^2 - \overline{Bb}^2},$$

$$bA = MA - \sqrt{\overline{MA}^2 - \overline{Bb}^2}.$$

Donc, cette expression est la valeur de la différence entre les deux projections Mm', Aa'. Si Bb était nul, c'est-à-dire si la droite MB était parallèle à MA, la différence Mm' — Aa' serait égale à zéro. Or, Bb n'est pas nul, mais bien un infiniment petit du second ordre, car on a :

car les moments virtuels Pp, P'p' étant égaux et de signes contraires, on aura :

$$Pp + P'p' = 0.$$

Théorème n° 39.

437. *Lorsque plusieurs forces sont appliquées à un même point, le moment virtuel de la résultante est égal à la somme des moments virtuels des composantes.*

En effet, soient R' (*fig.* 241) la résultante des forces P, P', appliquées au point M et Mm la vitesse virtuelle de ce point. Abaissons du point m, sur les directions des forces P, P', R', les perpendiculaires mA, mB, mC et, par le point M, menons AB perpendiculaire à la direction de R'. D'après le théorème démontré plus haut, les trois forces P, P', R' seront respectivement représentées par les trois côtés du triangle A*m*B qui sont perpendiculaires à leurs directions. Donc, les mo-

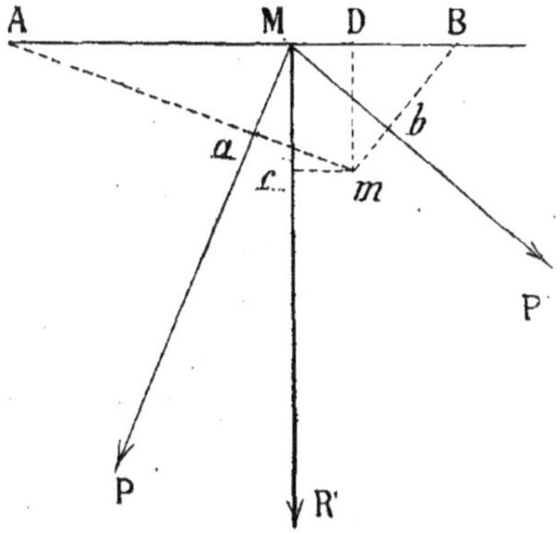

Fig. 241.

ments virtuels des forces P, P', R', seront :

$$m\text{A} \times \text{M}a,$$
$$m\text{B} \times \text{M}b,$$
$$\text{AB} \times \text{MC}.$$

Or, ces produits mesurent le double de la surface des triangles mMA, mMB, mAB. Donc, puisque le dernier triangle mAB égale la somme des deux autres, on aura :

$$m\text{A} \times \text{M}a + m\text{B} \times \text{M}b = \text{AB} \times \text{M}c,$$

ou bien, en appelant p, p', r' les projections de Mm sur les directions des forces :

$$\text{P}p + \text{P}'p' = \text{R}'r'.$$

438. *Remarque.* Il est facile d'étendre ce théorème à un nombre quelconque des forces P, P', P″… appliquées au point M, en combinant la résultante R' des deux premières forces P, P' avec la troisième P″, ce qui donnera :

$$\text{R}'r' + \text{P}''p'' = \text{R}''r'',$$

ou $\quad \text{P}p + \text{P}'p' + \text{P}''p'' = \text{R}''r'',$

et ainsi de suite. En nommant R la résultante finale, on a :

$$\text{P}p + \text{P}'p' + \text{P}''p'' +\dots = \text{R}r.$$

De là résulte le théorème suivant :

Théorème n° 40.

439. *Lorsqu'il y a équilibre entre des forces appliquées à un point matériel, soit entièrement libre dans l'espace, soit assujetti à demeurer sur une surface ou sur une courbe donnée, la somme des moments virtuels des forces est nulle. Réciproquement, si cette somme est nulle pour tous les mouvements que le point d'application peut prendre, les forces données se font équilibre.*

1° Si le point M est entièrement libre, il faut, pour l'équilibre, qu'on ait R = 0 et, par conséquent :

$$\text{P}p + \text{P}'p' +\dots = 0.$$

Réciproquement, si l'on a :

$$\text{P}p + \text{P}'p' +\dots = 0,$$

pour tous les mouvements que le point M peut prendre, il y aura équilibre; car, le point M étant libre, on peut donner à la droite Mm une direction telle que r ne soit pas nul, et on aura R = 0.

2° Si le point M est assujetti à demeurer sur une surface ou sur une courbe donnée, la droite infiniment petite Mm appartiendra au plan tangent ou à la tangente en ce point et, par conséquent, sera perpendiculaire à la résultante R qui doit être dirigée suivant la normale pour qu'il y ait équilibre. On aura donc $r = 0$ et, par suite,

$$\text{P}p + \text{P}'p' +\dots = 0.$$

Ce théorème est un cas particulier d'un autre plus général, connu sous le nom de *principe des vitesses virtuelles*, dont voici l'énoncé.

Théorème n° 41.

440. *Lorsqu'il y a équilibre entre des forces appliquées à des points liés entre eux d'une manière quelconque, la somme des moments virtuels de ces forces est nulle. Réciproquement, si cette somme est nulle pour tous les mouvements compatibles avec la liaison du système, les forces données se font équilibre.*

Ce grand principe résume pour ainsi dire toute la mécanique; car toutes les questions que cette science comporte ne sont, en définitive, que des développements de ce principe. Pour le démontrer dans sa généralité, nous allons faire voir :

1° *Qu'il a lieu pour un système de deux points;*

2° *Que s'il a lieu pour un système de* m *points, il sera encore vrai pour* m + 1 *points,* car alors le principe, une fois établi pour deux points, aura lieu pour trois points, puis pour quatre et, par conséquent, pour un nombre quelconque de points.

I

Soient M, M' (*fig.* 242) les deux points donnés, liés entre eux d'une manière complète, c'est-à-dire telle que le mouve-

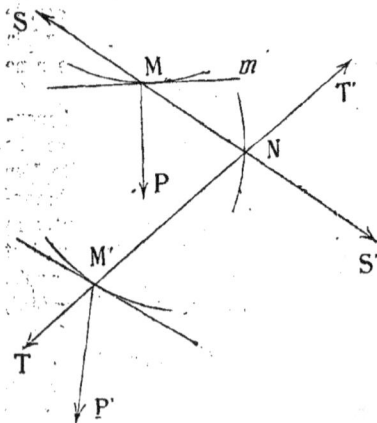

Fig. 242.

ment de l'un détermine celui de l'autre, et supposons chacun d'eux lié de même à un troisième point N assujetti à demeurer sur une surface donnée. Désignons par P, P' les forces qui agissent sur les points M, M'. Lorsque l'équilibre existe, on peut, sans le troubler, appliquer aux points M, N deux forces S, S', égales et directement opposées et de même appliquer aux points N, M' deux autres forces T, T' égales et opposées. Mais si l'on choisit la force S de manière que la projection sur la tangente Mm, menée à la courbe que le point tend à décrire, soit

égale et contraire à celle de P sur **M***m*, auquel cas les forces S, P se font équilibre, et si l'on choisit de même la force T par rapport à P', il est clair que les forces S' et T' seront forcément en équilibre au point N et que, par conséquent, chacun des trois points M, M', N sera séparément en équilibre en vertu des forces qui lui sont immédiatement appliquées. Par conséquent, la somme des moments virtuels des six forces du système sera nulle. Or, cette somme est déjà nulle pour les quatre forces S, S', T, T'. Donc, on a :

$$Pp + P'p' = 0.$$

II

Soient M, M', M″... les $m + 1$ points du système liés entre eux d'une manière complète et sollicités par les forces P, P', P″... Lorsque l'équilibre existe, on peut, sans le troubler, appliquer à l'un des points, M par exemple, deux forces S, S′ égales et contraires, choisies de manière que S, l'une d'elles, fasse équilibre à la force P' appliquée à un autre point quelconque M', ce qui donne :

(1) $Pp + Ss = 0$

On n'a donc plus à considérer que les $m + 1$ forces — S, P', P″... agissant aux m points M', M″... Mais alors, par hypothèse, on a :

(2) $- Ss + P'p' + P″p″ +... = 0.$

En additionnant les équations (1) et (2), il vient :

(3) $Pp + P'p' + P″p″ +... = 0.$

Ce qui précède suppose que la liaison du système est complète, c'est-à-dire telle que le mouvement de l'un des points M, M', M″... détermine celui de tous les autres. Lorsqu'il en est autrement, il faut de plus, dans l'état d'équilibre, que l'équation (3) ait lieu pour tous les mouvements compatibles avec la liaison du système. En effet, admettons qu'elle ne soit pas satisfaite pour un certain mouvement. Alors, on pourra toujours, sans troubler l'équilibre, introduire de nou-

velles liaisons qui ne permettent que ce seul mouvement; dès lors, le système se trouvant lié d'une manière complète ne pourra être en équilibre, comme on vient de le voir, à moins qu'on n'ait :
$$Pp + P'p' + \ldots = 0.$$

Donc enfin, *lorsqu'un système lié d'une manière quelconque est en équilibre, la somme des moments virtuels des forces est nulle.*

RÉCIPROQUEMENT. *Si la somme des moments virtuels* Pp, P'p', P"p" *est nulle pour tous les mouvements qu'on peut faire prendre au système, les forces* P, P', P"... *se feront équilibre.*

En effet, admettons que l'équilibre n'ayant pas lieu, les points M, M', M"... ou plusieurs d'entre eux décrivent simultanément des droites infiniment petites Mm, M'm', M"m". Il est clair qu'on pourra toujours s'opposer au mouvement de ces points en leur appliquant des forces convenables Q, Q', Q"... dirigées en sens contraires de Mm, M'm', M"m" et comme il y aura équilibre entre les forces P, P', P"... Q, Q', Q"..., on aura, d'après ce procédé :
$$Pp + P'p' + P"p" + \ldots$$
$$+ Qq + Q'q' + Q"q" + \ldots = 0,$$
et, par conséquent,

(4) $Qq + Q'q' + Q"q" + \ldots = 0$,

puisque l'équation (3) précédente est satisfaite. Mais l'équation (4) ayant lieu pour tous les mouvements possibles, si l'on prend pour les vitesses virtuelles des points M, M'... les droites décrites Mm, M'm'... qui sont toutes situées sur les prolongements des forces Q, Q' et, par conséquent négatives, l'équation (4) aura tous ses termes de même signe et ne pourra donc être satisfaite à moins qu'on n'ait séparément :
$$Qq = 0,$$
$$Q'q' = 0, \text{ etc.}$$

Mais, par hypothèse, q ou Mm, q' ou M'm' ne sont pas nuls. Donc, il faut qu'on ait :
$$Q = 0, \ Q' = 0 \ldots$$

Donc, tous les points M, M'... du système sont en équilibre, sans qu'il y ait besoin d'introduire de nouvelles forces à cet effet.

Application du principe des vitesses virtuelles aux principales machines.

441. Le principe des vitesses virtuelles dont nous venons de parler permet d'établir, avec une grande facilité, les conditions d'équilibre des diverses machines.

Levier.

442. Soient P, P' (*fig.* 243) les forces appliquées aux points M, M' d'un levier MAM' en équilibre. Comme le levier ne

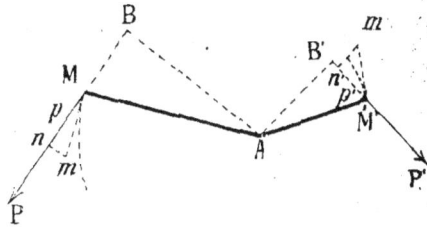

Fig. 243.

peut prendre qu'un mouvement de rotation autour du point d'appui A, il n'y aura que la seule équation d'équilibre :
$$Pp + P'p' = 0.$$

Il résulte d'abord de cette équation que les moments virtuels Pp, P'p' sont de signes contraires, puisque leur somme est nulle.

Si l'équilibre se rompt, les points M, M' vont décrire, dans le premier instant, des arcs infiniment petits, toujours proportionnels à leurs rayons, comme étant semblables et les tangentes Mm, M'm' à ces arcs, qui représentent les vitesses virtuelles des points M, M', seront proportionnelles aux rayons, de sorte qu'on aura :

$$\frac{Mm}{M'm'} = \frac{AM}{AM'}.$$

De plus, leurs projections Mn, $M'n'$ ou p, p' devant être de signes contraires, si l'une p tombe sur la direction même de la force correspondante P, l'autre p' tombera nécessairement sur le prolongement de la force P'.

Ainsi, l'équilibre du levier exige d'abord que les deux forces tendent à le faire tourner en sens contraires.

Maintenant, l'équation d'équilibre, en ayant égard aux signes, est :

$$Pp = P'p'.$$

D'où
$$\frac{P}{P'} = \frac{p'}{p}.$$

Or, si du point A, on abaisse, sur les directions des forces P, P', les perpendiculaires AB, AB', les triangles AMB, AM'B' seront respectivement semblables aux triangles mMn, $m'M'n'$ comme ayant les côtés perpendiculaires chacun à chacun et donneront :

$$\frac{Mm}{Mn} = \frac{AM}{AB},$$

$$\frac{M'm'}{M'n'} = \frac{AM'}{AB'}.$$

Mais on a déjà :

$$\frac{Mm}{M'm'} = \frac{AM}{AM'}.$$

Donc
$$\frac{Mn}{M'n'} = \frac{AB}{AB'},$$

ou
$$\frac{p}{p'} = \frac{AB}{AB'},$$

et, par suite,

$$\frac{P}{P'} = \frac{AB'}{AB}.$$

Donc, les forces données doivent être en raison inverse de leurs distances au point d'appui. Ces conditions d'équilibre sont bien celles démontrées au N° 267.

Poulie.

443. Soit O (*voir la figure* 182) le centre fixe d'une poulie sollicitée par deux forces P, Q appliquées aux points A, B et se faisant équilibre. La poulie ne pouvant prendre qu'un mouvement de rotation autour du point A, il n'y aura qu'une seule équation :

$$Pp + Qr = 0,$$

et les moments virtuels Pp, Rr seront de signes contraires.

Si l'équilibre vient à se rompre, les points d'application A, B parcourront des arcs égaux, comme décrits avec des rayons égaux. Donc, les tangentes à ces arcs ou les vitesses virtuelles estimées suivant les directions des forces P, Q seront égales. Comme, d'ailleurs, elles doivent être de signes contraires, on aura :

$$p = -r.$$

Ainsi l'équation d'équilibre donnera :

$$P = Q,$$

ou la même condition trouvée plus haut.

Moufles.

444. Le même principe est applicable aux machines composées. Prenons, par exemple, les moufles et palans décrits au N° 327. L'appareil est disposé de manière que n cordons, qui vont directement d'une moufle à l'autre, sont sensiblement parallèles, et que les points d'application des forces P et R ne peuvent se mouvoir que suivant les directions de ces forces, mais en sens contraires. Comme d'ailleurs la longueur totale de la corde doit toujours rester la même, il est clair que si le point d'application de P descend d'une petite quantité p, chacun des cordons se raccourcira de la quantité $\frac{p}{n}$ et le point d'application de R montera de la même quantité. Si donc, on représente par p, r les vitesses virtuelles des forces P, R, estimées suivant les directions de ces forces, on aura la relation :

$$r = \frac{p}{n},$$

et l'équation d'équilibre :

$$Pp + Rr = 0,$$

qui devient $Pp = Rr$, en ayant égard aux signes des moments virtuels, donnera :

$$P = nR.$$

Tour.

445. Soit un tour sollicité par deux forces P, R (*fig.* 244) en équilibre, l'une tangente à la roue AM, l'autre à la circonférence AN comprise dans un plan

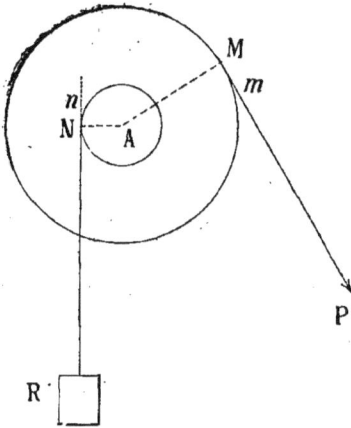

Fig 244.

perpendiculaire à l'axe projeté en A. Si l'on désigne par p et r les vitesses virtuelles des points d'application M, N estimées suivant les directions des forces, on n'aura que la seule équation d'équilibre :

$$Pp + Rr = 0,$$

de laquelle il résulte que les forces P et R doivent faire tourner le treuil en sens contraire. Les arcs parcourus dans le premier instant par les points M, N étant toujours semblables et, par suite, proportionnels aux rayons AM, AN, il en sera de même de leurs tangentes Mm, Nn ou p, r, et on aura :

$$(1) \qquad \frac{p}{r} = \frac{AM}{AN}.$$

Or, l'équation ci-dessus devient, en ayant égard aux signes :

$$Pp = Rr. \text{ D'où,}$$

$$(2) \qquad \frac{P}{R} = \frac{r}{p}.$$

Les équations (1) et (2) comparées donnent :

$$\frac{P}{R} = \frac{AN}{AM},$$

Sciences générales.

condition d'équilibre établie au N° 340.

Plan incliné.

446. D'après ce qui a été dit sur le plan incliné, il est facile de voir qui si R représente le poids d'un corps maintenu par une puissance P, on aura la seule équation d'équilibre :

$$Pp + Rr = 0.$$

Ainsi, les moments virtuels Pp, Rr seront de signes contraires. Donc, en ayant égard aux signes, on aura :

$$Pp = Rr, \text{ ou,}$$

$$(1) \qquad \frac{P}{R} = \frac{r}{p}.$$

Cela posé :

1° Si la puissance est parallèle à la longueur du plan incliné, le point O (*fig.*245)

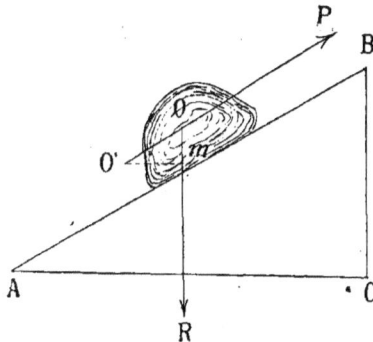

Fig. 245.

venant en O', les projections p, r de la vitesse virtuelle OO' sur les directions des forces seront OO', On et les triangles semblables OO'm, BAC donneront :

$$\frac{On}{OO'} = \frac{BC}{AB},$$

ou

$$\frac{r}{p} = \frac{BC}{AB}.$$

Donc, à cause de l'équation (1), il vient :

$$\frac{P}{R} = \frac{BC}{AB},$$

comme au n° 377.

2° Si la puissance P (*fig.* 246) est horizontale, les projections p, r, de OO' sur les directions de P, R, seront Om, On. Alors, les triangles semblables OO'n, ABC donneront :

$$\frac{On}{Om} = \frac{BC}{AC},$$

et, par suite, à cause de l'équation (1) :

$$\frac{P}{R} = \frac{BC}{AC},$$

comme au n° 379.

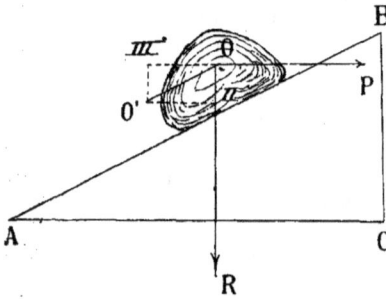

Fig. 246.

3° Lorsque la puissance P (*fig.* 247) a dans son plan une direction quelconque OP, les projections p, r de la vitesse virtuelle OO' sur les forces P, R sont les longueurs Om, On, d'ailleurs proportionnelles aux cosinus des angles O'Om, OO'n, de sorte qu'on a :

$$\frac{On}{Om} = \frac{\cos O'On}{\cos O'Om} = \frac{\sin a}{\sin b},$$

a étant l'angle du plan incliné, et b l'angle que la force P fait avec la longueur du plan incliné. Donc, à cause de la proportion (1), il vient :

$$\frac{P}{R} = \frac{\sin a}{\cos b},$$

comme au n° 380.

447. *Remarque.* — En appliquant ce principe des vitesses virtuelles, on déter-

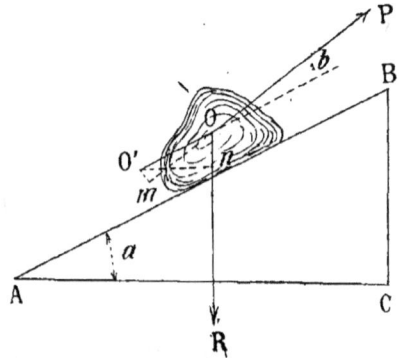

Fig. 247.

minerait très facilement les conditions d'équilibre de la vis ordinaire, de la vis sans fin, ainsi que celles de la balance de Quintenz et de Roberval.

CHAPITRE XI

HYDROSTATIQUE

Fluides.

448. Les corps désignés sous le nom de *fluides* sont caractérisés par l'extrême mobilité de leurs molécules qui, n'affec-

tant aucune forme propre, prennent celles des vases qui les renferment.

449. On partage les fluides en deux classes : les *liquides* et les *gaz*.

Dans les liquides, on n'aperçoit aucune

action sensible des molécules les unes sur les autres, et ces corps n'ont qu'une compressibilité très faible dans les applications. Généralement, on les regarde comme *incompressibles*.

Dans les gaz, les molécules exercent les unes sur les autres une action répulsive. Les gaz tendent toujours à occuper un espace de plus en plus grand et sont éminemment *compressibles ;* mais ils reprennent leur volume primitif et s'étendent de plus en plus lorsque la force qui produisait la compression a cessé d'agir. On leur donne, pour cette raison, le nom de *fluides élastiques*.

Fluide parfait.

450. On appelle *fluide parfait*, un fluide dont les molécules peuvent glisser les unes sur les autres sans exercer aucun frottement et être disjointes ou écartées les unes des autres sans donner lieu à aucun travail moléculaire. Un fluide ainsi constitué est une abstraction qui ne se réalise pas dans la nature. Les liquides qui approchent le plus de la fluidité parfaite, l'eau par exemple, manifestent toujours une certaine résistance au mouvement relatif de leurs molécules, résistance qu'on appelle *viscosité*. C'est à la viscosité de l'eau que sont dues, par exemple, les bulles demi-sphériques qui, lorsqu'elle est traversée par un gaz, viennent se former à sa surface. Les gouttes qui s'échappent d'un corps humide sont encore une preuve de la viscosité de l'eau ; elles restent suspendues au corps jusqu'à ce que la pesanteur devienne supérieure à la résistance du fluide avec lequel elles étaient en contact.

Dans les applications, on fait abstraction de la viscosité de l'eau, et on traite ce liquide comme un fluide parfait.

Principe de Pascal. — Pression d'un fluide.

451. Le principe fondamental de l'hydrostatique, ou *principe de Pascal*, s'énonce ainsi :

Toute pression exercée en un point quelconque d'un liquide se transmet intégralement et normalement en tous les points de la masse liquide et sur les parois du vase qui le contient.

Ce principe, qui résulte de la nullité du frottement des molécules liquides entre elles, est aussi connu sous le nom de *principe d'égalité de pression en tous sens*.

La démonstration expérimentale du principe de Pascal se trouve dans tous les traités de physique. Nous donnerons ici une démonstration due à Bélanger.

Soit M (*fig.* 248) un point quelconque d'un fluide parfait en équilibre. Par ce point M, faisons passer deux plans quel-

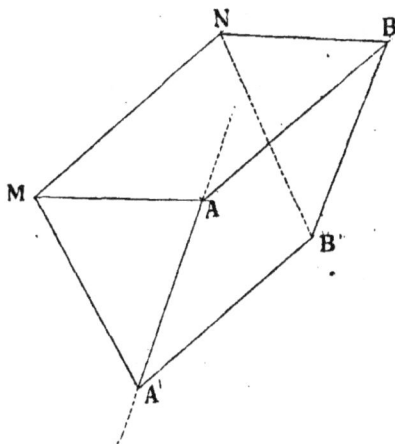

Fig. 248.

conques se coupant suivant une droite MN. Sur l'un de ces plans, traçons un élément rectangulaire MNBA et sur l'autre plan un élément MNB'A' égal au premier. Menons les plans AMA', BNB et AA'B'B et considérons l'équilibre du prisme fluide compris entre ces divers plans.

Soit P la pression par mètre carré sur l'élément MABN et P' la pression par mètre carré sur l'élément MA'B'N. Soient F, F', F'', les pressions exercées sur les faces AMA', BNB', et ABB'A. Enfin, soit p le poids l'élément de volume considéré. Ce poids et les pressions qui s'exercent sur les cinq faces du prisme devant être en équilibre, la somme de leurs projections sur un axe quelconque doit être égale à zéro. Prenons pour axe la droite AA'. Les forces F, F', F'', perpendiculaires à la direction de AA', disparaîtront d'elles-mêmes ; il ne restera que le poids du prisme fluide et les pressions exercées sur les faces AMNB, A'MNB'. Désignons par x le côté MA, par Kx le côté MN, par a l'angle MAA'. La projection de la pression exercée sur AMNB sera :

$$PKx^2 \cos a.$$

La projection de la pression exercée sur A'MNB' sera :

$$- \text{P'}Kx^2 \cos a.$$

Le volume du prisme considéré pourra être représenté par $K'x^3$ et si D désigne le poids du mètre cube du liquide évalué au point M, on aura :

$$p = DK'x^3.$$

En sorte que, si b est l'angle de AA' avec la verticale, on aura, pour la projection de p, l'expression :

$$DK'x^3 \cos b.$$

En vertu de l'équilibre, on doit avoir :
$(P - P')Kx^2 \cos a + DK' x^3 \cos b = 0.$
ou

$(P - P') K \cos a + DK'x \cos b = 0.$

Mais si AM, ou x, est infiniment petit, le dernier terme disparaît devant le premier qui est fini ; il reste donc :

$$(P - P') K \cos a = 0.$$

D'où $\qquad P = P',$
ce qui démontre que les pressions exercées sur des surfaces égales sont égales. En général, si P, P', P'' représentent les pressions s'exerçant sur les surfaces S, S', S'', on aurait :

$$\frac{P}{S} = \frac{P'}{S'} = \frac{P''}{S''},$$

c'est-à-dire que si la surface S est 10, 100, 1,000 fois plus grande que la surface S',

la pression P sera 10, 100, 1,000 fois plus grande que la pression P' et réciproquement.

Presse hydraulique.

452. L'application la plus importante du principe de Pascal est celle de la presse hydraulique, machine destinée à transmettre de grandes pressions par l'intermédiaire d'un liquide.

PRINCIPES DE LA PRESSE HYDRAULIQUE

453. Considérons deux vases cylindriques V et v (*fig.* 249) remplis d'un liquide, d'eau par exemple, et communiquant entre eux par la partie inférieure. Supposons les niveaux supérieurs AB et ab pressés chacun par un piston de même section que le vase et chargés de poids P et p, y compris le poids des pistons eux-mêmes. Si le système est en équilibre, la pression par mètre carré doit être la même en tous les points de la surface supérieure du liquide et on doit avoir :

$$(1) \qquad \frac{P}{S} = \frac{p}{s},$$

S et s désignant les surfaces des deux pistons. On voit donc qu'un faible poids p peut faire équilibre à un poids considé-

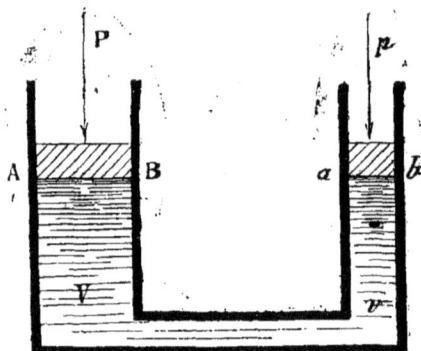

Fig. 249.

rable. Il suffit que le rapport $\frac{s}{S}$ soit

suffisamment petit, car l'égalité (1) peut s'écrire :

$$p = P \frac{s}{S}.$$

L'appareil représenté par la figure 249 ne permettrait pas de faire usage de ce principe ; car on serait arrêté par l'im-

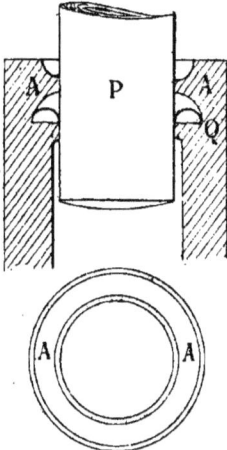

Fig. 250.

possibilité d'empêcher le liquide de s'échapper entre le piston et la paroi du

vase, quelque bien ajusté que le piston pût être.

A la fin du siècle dernier (1796) l'ingénieur Bramah a trouvé le moyen de rendre cette fuite d'eau impossible, par l'emploi d'un cuir embouti qui entoure le piston. Ce cuir est une sorte d'anneau flexible et affectant la forme AA représenté en coupe et en plan par la figure 250. Une cavité pratiquée dans la paroi du vase sert à loger le cuir. L'eau, sous l'influence de la pression qu'elle supporte, s'échappe bien entre le piston P et la paroi Q, mais elle pénètre dans l'anneau de cuir et le force à s'appliquer d'une part contre la paroi et de l'autre contre le piston de manière à empêcher toute fuite d'eau.

La presse hydraulique telle qu'elle est employée aujourd'hui, est établie de cette manière. Le grand piston A (*fig.* 251), qui est une sorte de piston plongeur, porte à la partie supérieure un plateau B sur lequel on place les matières à comprimer. Une petite pompe aspirante et foulante *a*, qu'on manœuvre à l'aide d'un levier L mobile autour de l'axe O, extrait l'eau contenue dans un réservoir C, la

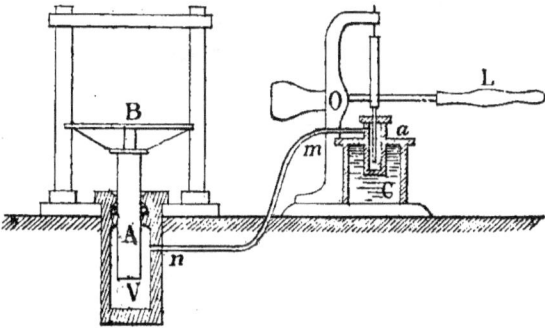

Fig. 251.

refoule par le conduit *mn* dans le cylindre V où se meut le piston A et oblige celui-ci à s'élever. On peut se rendre facilement compte de la pression reçue par le piston A. Soit, en effet, P cette pression,

p celle exercée à l'extrémité du levier, S et *s* les sections des pistons. On aura, en désignant par *p'* la pression qu'exerce le piston de la pompe aspirante et foulante.

Équilibre du levier.

(1)
$$\frac{p}{p'} = \frac{l}{l'},$$

l et l' représentant les distances de l'axe de rotation du levier aux points d'application des forces p et p'.

Équilibre de la presse.

(2)
$$\frac{P}{p'} = \frac{S}{s}.$$

Des équations (1) et (2), on tire :

$$P = p\,\frac{l}{l'} \times \frac{S}{s}.$$

Généralement, on connaît les diamètres D et d du piston et l'équation précédente devient alors :

$$P = p\,\frac{l}{l'} \times \frac{D^2}{d^2}.$$

Supposons $p = 25$ kil.

$$\frac{l}{l'} = 15,$$
$$\frac{D}{d} = 15.$$

On aura :

$$P = 25 \times 15 \times 225 = 84,375.$$

Ainsi, avec une force de 25 kilos, on peut obtenir une pression de plus de 80,000 kilos.

La machine offre plusieurs parties accessoires. En premier lieu, pour éviter que la pression ne dépasse la limite fixée par la résistance des parois, on adapte, près de la pompe, une soupape de sûreté. C'est une soupape conique a qui ferme un

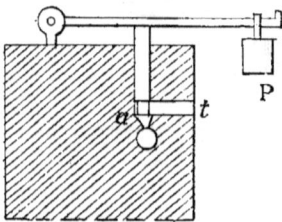

Fig. 252.

conduit t par lequel l'eau peut s'écouler. Cette soupape est pressée par un levier qui porte à son extrémité un poids P, calculé d'après la pression limite que l'eau doit atteindre dans la presse (*fig.* 252).

Il existe près de la pompe un autre conduit par lequel l'eau peut s'écouler, mais, qui, dans l'état ordinaire, est fermé à l'aide d'une vis. Lorsque l'opération est terminée, on fait tourner cette vis et l'eau s'écoule, le piston A redescend et la presse cesse d'agir.

USAGES DE LA PRESSE HYDRAULIQUE

454. Dans l'industrie, la forme des presses hydrauliques varie suivant le travail auquel elles sont destinées. On s'en sert pour presser les draps, les étoffes, le papier, le foin et toutes les matières molles ; elle est utilisée pour comprimer les graines oléagineuses, dans les huileries ; pour extraire le jus de betteraves, dans les sucreries. On l'emploie pour éprouver les fers en les soumettant, soit à un effort de traction, soit à un effort transversal tendant à en opérer la rupture. On s'en sert aussi pour soulever des poids considérables, etc. etc.

Équilibre des liquides soumis à l'action seule de la pesanteur.

455. L'équilibre d'un fluide pesant exige que la pression soit la même en tous les points d'une couche horizontale. Soient, en effet, deux points quelconques

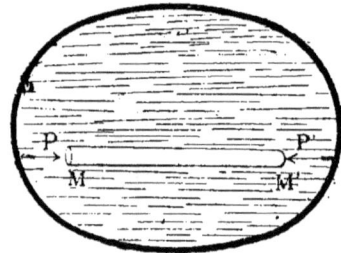

Fig. 253.

M et M' (*fig.* 253) situés sur un même plan horizontal. Concevons un cylindre droit, à génératrices horizontales, ayant pour bases deux éléments verticaux perpendiculaires à la droite qui joint les deux points M et M'. Si le fluide est en équilibre, la partie de ce fluide comprise dans le cylindre, considéré et solidifié par la pensée, devra être en équilibre. Or, elle est soumise à deux forces horizontales s'exerçant normalement aux bases du cylindre. Si l'on nomme s l'aire de chacune de ces bases et P, P' les pressions par mètre carré aux points M et M', les forces seront :

$$Ps \text{ et } P's.$$

Ce cylindre est en outre soumis à son poids et aux pressions qui s'exercent sur sa surface convexe, forces perpendiculaires aux génératrices du cylindre. Or, pour l'équilibre, il faut que la somme des projections de ces diverses forces sur un axe soit égale à zéro. Prenons pour axe une génératrice quelconque du cylindre, ou la droite MM'. Le poids du cylindre et les pressions sur la surface convexe étant perpendiculaires à l'axe donneront zéro pour leur proportion ; il restera donc :

$$Ps - P's = 0.$$

D'où $$P = P',$$

ce qu'il s'agissait de démontrer.

456. *Remarque.* — On appelle *surface de niveau* ou *tranche de niveau*, le lieu de tous les points qui reçoivent la même pression. Donc, lorsqu'un même liquide est soumis à l'action seule de la pesanteur, les surfaces de niveau sont des plans horizontaux.

Surface libre d'un liquide.

457. La surface libre d'un liquide soumis à l'action seule de la pesanteur est horizontale. Considérons une surface de niveau XY (*fig.* 254) et deux points M et M' de cette surface distants de la surface supérieure des quantités h et h'. Les pressions P et P', qui s'exercent aux points M, M', sont égales comme appartenant à une surface de niveau et ont pour valeur le poids des colonnes liquides de hauteur h et h',

$$P = shd,$$
$$P' = sh'd,$$

s représente la surface infiniment petite des points M et M' et d la densité du liquide. Comme P = P', il s'ensuit que :

$$shd = sh'd,$$
ou $$h = h'.$$

Les hauteurs de ces colonnes liquides étant égales, la surface supérieure est

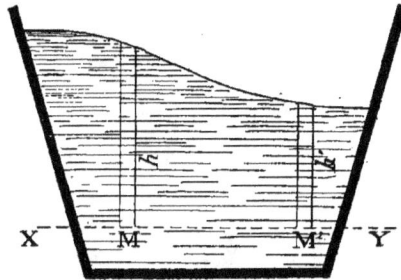

Fig. 254.

parallèle au plan XY, c'est-à-dire horizontale.

Pressions des liquides sur les parois d'un vase.

458. On peut considérer trois sortes de pressions :

1° Les pressions exercées de haut en bas sur le fond d'un vase supposé horizontal ;

2° Les pressions agissant de bas en haut sur une paroi horizontale ;

3° Les pressions latérales.

I

459. *La pression exercée sur le fond d'un vase par un liquide soumis seulement à l'action de la pesanteur est égale au poids d'une colonne liquide ayant pour base la surface pressée et pour hauteur la distance du fond au niveau supérieur du liquide ; en d'autres termes, la pression est indépendante de la forme du vase ; elle dépend seulement de la surface du fond et de sa distance au niveau supérieur.*

Considérons un vase ABCD (*fig.* 255) rempli d'un liquide de densité d jusqu'au niveau AB. La surface du fond étant horizontale, tous ses points reçoivent la même pression. Si donc, s, s', s''... représentent des éléments de la surface du fond, p, p',

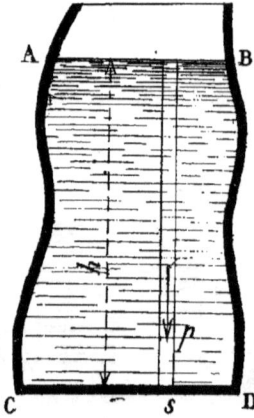

Fig. 255.

p''... les pressions supportées par ces petites surfaces, et h la distance du fond au niveau supérieur, on aura :

$$p = shd,$$
$$p' = s'hd,$$
$$p'' = s''hd.$$
$$\cdots\cdots$$
$$\cdots\cdots$$

En additionnant, on aura :
$$p + p' + p'' + \ldots = hd(s + s' + s'' + \ldots)$$

Or, $p + p' + p'' + \ldots$ égale la pression totale P et $s + s' + s'' + \ldots$ égale la surface du fond S. Donc :

$$P = Shd.$$

Dans la physique expérimentale, on démontre ce principe à l'aide des appareils de Haldat et de Masson.

II

460. La pression de bas en haut que reçoit une surface horizontale est aussi égale au poids d'un cylindre liquide ayant pour base la surface pressée et pour hauteur la distance de cette surface au niveau supérieur. Considérons la surface ABCD (*fig.* 256) d'un vase qui reçoit, de la part du liquide qu'il contient, une pression de

bas en haut. Cette surface étant horizontale, tous ses points reçoivent la même pression. Les pressions sur les éléments M, M' ont pour valeur shd; par suite, la

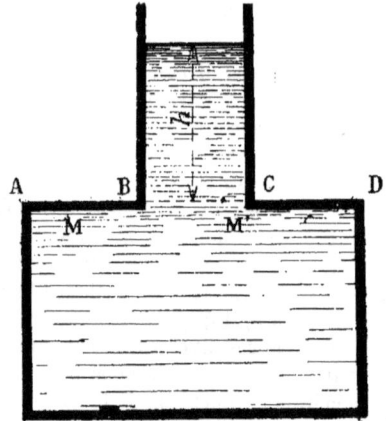

Fig. 256.

paroi ABCD oppose une réaction égale à la pression du liquide. Or, cette pression résultante P sera :

$$P = \Sigma shd = hd\,\Sigma\,s,$$
ou $$P = Shd.$$

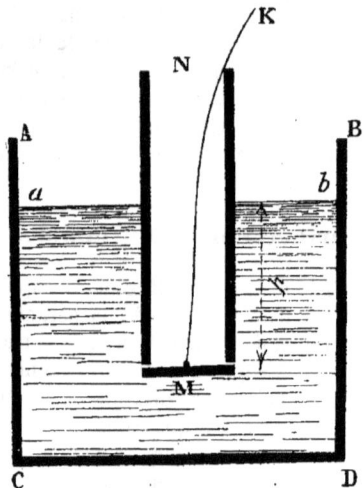

Fig. 257.

Dans les cours de physique, on démontre la valeur de cette pression de bas en haut au moyen de l'appareil suivant. Dans un vase ABCD (*fig.* 257) rempli d'eau, on plonge un tube MN dont le fond mobile M s'adapte hermétiquement à l'extrémité qui plonge dans l'eau. Ce fond est maintenu par une ficelle MK. Si l'on verse du liquide par l'extrémité N, le fond M tombera au moment où l'eau arrivera dans le vase MN à la même hauteur que le niveau *ab*. Cette expérience montre bien que la pression agissant de bas en haut, sur le fond mobile M, est égale au point du cylindre liquide qu'on a versé par l'ouverture N.

III

461. La pression supportée par une paroi latérale d'un vase est égale au poids d'une colonne liquide ayant pour base la surface pressée et pour hauteur la distance verticale du centre de gravité de cette paroi, au niveau supérieur.

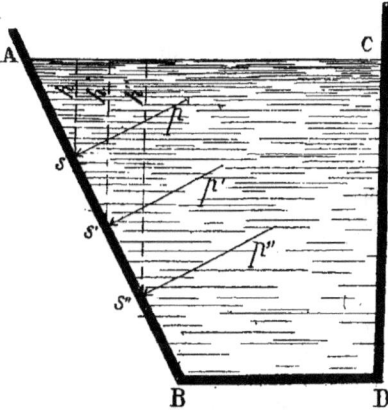

Fig. 258.

Soit AB (*fig.* 258) la paroi inclinée d'un vase. Décomposons cette surface S en petits éléments *s*, *s'*, *s''*,... situés à des distances *h*, *h'*, *h''*... du niveau supérieur AC. Les pressions *p*, *p'*, *p''*..., supportées par ces éléments seront :

$$p = shd,$$
$$p' = s' h' d,$$
$$p'' = s'' h''' d''.$$

. . . . . .
. . . . . .
. . . . . .

D'où en additionnant ;
$$(1) \qquad p + p' + p'' + \ldots$$
$$= d (sh + s' h' + s'' h'' + \ldots).$$

Les pressions étant parallèles, $p + p' + p'' \ldots = P$. La parenthèse du second membre exprime la somme des moments des éléments de la surface par rapport au plan supérieur du liquide. Si H est la distance du centre de gravité de la surface latérale au niveau AC, on a :
$$sh + s' h' + s'' h'' + \ldots = SH.$$
Donc, l'équation (1) devient :
$$P = SHd.$$

462. *Remarque* I. Lorsque la paroi latérale est plane, toutes les pressions élémentaires *p*, *p'* *p''* ... étant parallèles entre elles, on peut déterminer facilement le point d'application de leur résultante dont l'intensité est égale à leur somme. Ce point est appelé *centre de pression*.

463. *Remarque* II. Dans les questions précédentes, nous avons supposé que le liquide était soumis seulement à l'action de la pesanteur. Dans le cas où la surface libre du liquide serait soumise à une pression quelconque, la pression atmosphérique par exemple, elle viendrait s'ajouter à la pression exercée par le liquide.

Vases communiquants.

PRINCIPE DES VASES COMMUNIQUANTS.

464. Lorsqu'un liquide pesant est en équilibre dans deux ou plusieurs vases communiquants, les niveaux supérieurs du liquide sont sur un même plan horizontal.

Soient deux vases V et *v* (*fig.* 259) communiquant par leur partie inférieure et renfermant un liquide quelconque de densité *d*. Considérons deux éléments M, M' de même surface *s* appartenant à une surface de niveau XY. Les pressions *p* et *p* reçues par ces éléments sont :

$$p = shd,$$
$$p' = sh'\, d.$$

Or $\qquad p = p'$.

Donc $\qquad h = h'$,

c'est-à-dire que les niveaux AB et ab sont à des distances égales du plan horizontal XY. Donc, etc...

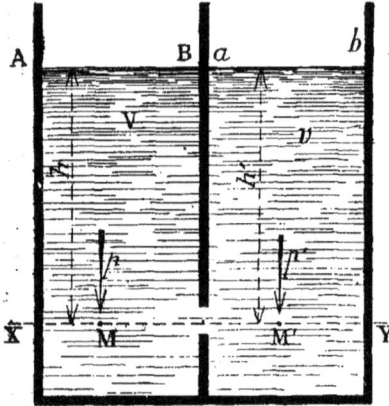

Fig. 259.

465. *Remarque.* Si les vases renfermaient des liquides différents n'ayant aucune action chimique entre eux, de l'eau

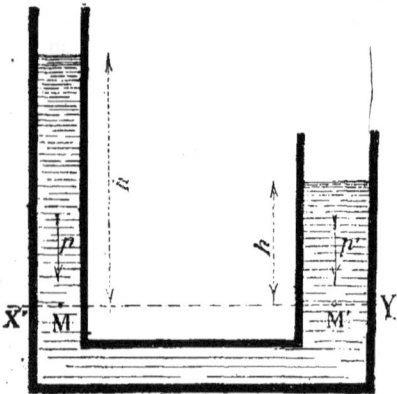

Fig. 260.

et du mercure par exemple, les distances du plan de séparation des deux liquides aux niveaux supérieurs sont en raison inverse de la densité des liquides. En effet, prenons comme surface de niveau le plan X'Y' (*fig.* 260) de séparation des liquides. Deux points M et M' recevant même pression, on aura :

$$p = shd,$$
$$p' = sh'\, d'.$$

Comme $p = p'$, on a :

$$hd = h'd' \quad \text{ou} \quad \frac{h}{h'} = \frac{d'}{d}.$$

Corps plongés dans les liquides. — Corps flottants.

PRINCIPE D'ARCHIMÈDE.

466. *Tout corps plongé dans un liquide perd de son poids, le poids du volume du liquide déplacé.*

Il faut entendre, par ce principe, que lorsqu'un corps est plongé dans un liquide, il reçoit des pressions qui ont une résultante unique, verticale, agissant de bas en haut et égale au poids du volume du fluide déplacé. Cette résultante est appelée *poussée du fluide.*

On trouve dans les traités de physique, la démonstration expérimentale de ce principe à l'aide de la balance hydrostatique, mais on peut aussi le démontrer théoriquement de la manière suivante.

Concevons que, dans un liquide en repos, on isole par la pensée un certain volume de ce liquide et qu'on le solidifie sans altérer ni sa forme ni son poids. Le volume ainsi solidifié sera évidemment en équilibre, puisque, avant la solidification, il faisait partie d'un système en repos, et que cette solidification n'a pu en aucune manière troubler l'équilibre. Or, ce corps, devenu solide, est soumis d'une part à son poids qui est une force verticale agissant de haut en bas et, de l'autre, aux pressions que le reste du fluide exerce sur sa surface. Il faut donc que ces pressions aient une résultante unique, égale et opposée au poids du volume considéré. Ainsi, ces pressions se réduisent à une poussée verticale de bas en haut égale au poids du liquide considéré et passant par le centre de gravité de ce volume.

Concevons maintenant qu'on remplace ce volume de liquide solidifié par un volume égal d'un corps solide quelconque ayant exactement la même forme. Les pressions exercées sur la surface par le liquide environnant ne seront pas changées et elles se réduiront encore à une poussée verticale de bas en haut égale au poids du fluide que le corps remplace. Ce corps est donc soumis d'une part à son poids et de l'autre à cette poussée, qui sont deux forces verticales de sens contraire, ce qui fait dire que le corps perd de son poids, le poids du liquide qu'il déplace.

467. *Centre de poussée.* — Le point d'application de la poussée, c'est-à-dire le centre de gravité du fluide déplacé, porte le nom de *centre de poussée.*

Équilibre des corps plongés dans un liquide.

468. Lorsqu'un corps est plongé dans un liquide, il est soumis à deux forces :

1° A son poids qui est une force verticale agissant de haut en bas et appliquée à son centre de gravité ;

2° A la poussée du fluide qui est une force verticale agissant de bas en haut et appliquée au centre de gravité du volume du liquide déplacé.

Pour l'équilibre, il faut que ces deux forces soient égales et opposées. Donc :

1° Le poids du corps doit être égal au poids du liquide déplacé ;

2° Le centre de gravité du corps et le centre de gravité du liquide déplacé sont sur une même verticale.

A la rigueur, l'équilibre peut avoir lieu, quand ces deux conditions sont remplies, quelle que soit la situation relative de ces deux centres ; mais, pour que l'équilibre soit stable, il faut que le centre de gravité du corps soit au-dessous du centre de poussée. En effet, considérons une sphère non homogène, c'est-à-dire

lestée à sa partie inférieure de manière que son centre de gravité soit plus bas que son centre de figure, ou centre de poussée. Si on la déplace un peu de sa

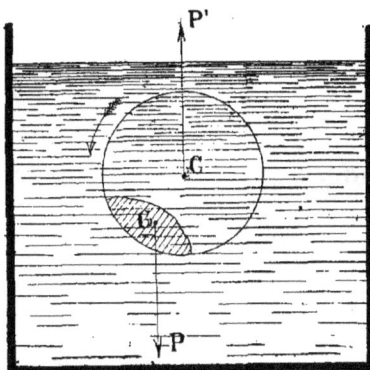

Fig. 261.

position d'équilibre de manière que son centre de gravité vienne en G (*fig.* 261) tandis que le centre de figure C reste au même point, le corps sera soumis à son poids P et à la poussée P'. Ces deux forces tendent à faire tourner la sphère dans le sens indiqué par la flèche et à la ramener à sa position primitive de l'équilibre

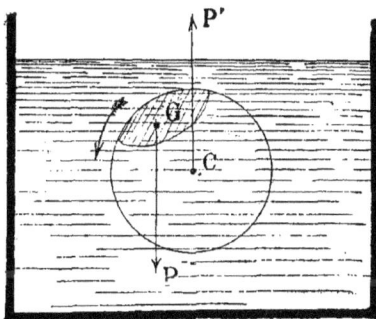

Fig. 262.

stable. Supposons maintenant qu'on ait réalisé l'équilibre en plaçant le point G (*fig.* 262) au-dessus du point C, ce qui est possible, puisqu'on déplace un peu la sphère de manière à faire prendre à son centre de gravité la position G. Les deux forces P et P′ tendent encore à faire tourner la sphère dans le même sens; mais alors le point G s'éloignera de plus en plus de la position d'équilibre, c'est-à-dire que l'équilibre sera *instable*.

Si les points G et C se confondent, ce qui aurait lieu si le corps était homogène, ce corps serait en équilibre dans toutes les positions possibles et l'équilibre serait *indifférent*.

469. *Remarque.* — Ces trois sortes d'équilibre d'un corps plongé dans un liquide sont analogues et pourraient se démontrer comme nous l'avons vu au n° 236, en considérant le centre de poussée qui est invariable comme un point fixe.

Équilibre des corps flottants.

470. Un corps plongé dans un liquide est dit *flottant*, lorsqu'une partie de ce corps plonge seule dans le liquide.

Un corps flottant est soumis à deux forces :

1° A son poids appliqué à son centre de gravité ;

2° A la poussée du liquide appliquée au centre de gravité du liquide déplacé.

Pour l'équilibre, il faut donc que ces deux forces soient égales et opposées. Donc, les conditions d'équilibre sont :

1° Que le poids du liquide déplacé soit égal au poids du corps ;

2° Que le centre de poussée et le centre de gravité du corps soient sur une même verticale.

L'équilibre peut subsister théoriquement, quand ces deux conditions sont remplies, quelle que soit la position relative du centre de poussée et du centre de gravité du corps; mais l'équilibre peut être *stable*, *instable* ou *indifférent*.

Pour que l'équilibre soit stable, il suffit que le centre de gravité soit au-dessous d'un certain point auquel on donne le nom de métacentre, point qu'il est utile de considérer lorsqu'il s'agit de la stabilité des navires.

FIN DE LA PREMIÈRE PARTIE.

TRAITÉ

DE

MÉCANIQUE

DEUXIÈME PARTIE

CINÉMATIQUE

471. La *Cinématique* est le nom donné par Ampère à la partie de la mécanique qui traite du mouvement considéré indépendamment de ses causes.

472. On peut diviser la cinématique en deux parties :

L'une, purement théorique, comprend l'étude du mouvement d'un point, l'étude du mouvement d'un corps solide et la composition des mouvements.

La seconde, ayant pour objet les applications, comprend : 1° les moyens de réaliser et d'assurer un mouvement donné ; 2° La transformation des mouvements et la description des machines, abstraction faite des forces qui y sont appliquées.

CHAPITRE I

DU TEMPS ET DE SA MESURE

Mouvement absolu et relatif.

473. On dit qu'un corps est en mouvement, lorsqu'il passe d'un endroit à un autre, ou, autrement dit, lorsqu'il change de position dans l'espace.

Le mouvement est *absolu*, lorsqu'il est rapporté à des points de repère immobiles dans l'espace ; il est *relatif*, lorsqu'il est rapporté à des points de repère considérés comme fixes par l'observateur, mais entraînés avec lui dans un mouvement commun qu'on appelle le mouvement d'*entraînement*. *Exemple :* Une personne se trouve à bord d'un bateau en marche. Si l'on considère la terre comme immobile dans l'espace, le mouvement de la personne est *absolu* par rapport aux rives du fleuve, et *relatif* par rapport au bateau lui-même. En réalité, tous les mouvements que nous observons autour de nous ne sont que relatifs, puisque la terre se meut autour de son axe en 24 heures et autour du soleil en 365 jours environ.

474. L'étude du mouvement exige la considération de deux éléments qui sont l'*Espace* et le *Temps*, car le mouvement d'un point matériel ne peut être complètement défini qu'à la condition de connaître les déplacements successifs de ce point et le temps qu'il emploie pour opérer ces divers déplacements.

475. TRAJECTOIRE. On nomme *trajectoire* la ligne décrite par un point en mouvement. Cette trajectoire peut être *rectiligne* ou *curviligne*.

Les trajectoires curvilignes se distinguent entre elles par la nature de la courbe décrite par le point. *Exemples :* La trajectoire décrite par un point d'un projectile lancé dans l'espace est une parabole. Celle décrite par un point d'une poulie, d'un volant est un cercle, etc.

476. ESPACE. Dans l'étude des mouvements, on donne le nom d'*espace* à la longueur développée de l'arc de trajectoire, compris entre la position du mobile au bout d'un temps donné, et une origine fixe prise sur cette courbe. L'espace est généralement rapporté à l'unité de longueur ; en France, c'est un nombre entier ou fractionnaire de mètres.

Du Temps et de sa mesure.

477. L'idée de temps est une idée primitive que tout le monde possède et qu'on ne peut définir. La notion du temps nous est acquise par l'expérience et par l'observation des faits. On peut dire qu'une durée quelconque est une portion du temps, commençant à un certain instant et finissant à un autre instant. L'instant est à la durée ce que le point géométrique est à la longueur d'une ligne.

On peut facilement concevoir ce que sont deux durées égales et, par suite, ce qu'est une durée double, triple ou le tiers d'une autre.

Le temps est donc susceptible d'être mesuré comme toute autre grandeur, et on définit une durée en donnant le rapport de cette durée à une unité arbitrairement choisie.

478. UNITÉ DE TEMPS. — L'unité de temps adoptée, en mécanique est la *seconde sexagésimale* du temps moyen. Le temps moyen est aussi employé pour les usages ordinaires. Le jour solaire moyen se divise en 24 heures, l'heure en 60 minutes, et la minute en 60 secondes. Par suite, une heure équivaut à 3,600 secondes, et le jour à 86,400 secondes.

479. JOUR SOLAIRE MOYEN. Le temps moyen est évalué suivant la marche moyenne du soleil. Lorsqu'on examine attentivement le mouvement diurne apparent du soleil, on constate qu'il ne passe pas, à des intervalles égaux, au même méridien, c'est-à-dire que le jour solaire vrai n'est pas constant. Le jour solaire le plus long a lieu le 23 décembre ; il surpasse le jour moyen de 30 secondes. Le jour solaire le plus court a lieu le 16 septembre. On a alors substitué au jour solaire vrai un jour *solaire moyen* qui est une moyenne entre un très grand nombre de jours solaires vrais.

480. INSTRUMENTS POUR MESURER LE TEMPS. — Anciennement, on se servait pour mesurer le temps d'un appareil appelé *clepsydre* ou *sablier* qu'on emploie encore quelquefois pour apprécier des intervalles de courte durée. Aujourd'hui, on se sert pour la mesure du temps, d'appareils plus précis qui sont les *chronomètres*, les *montres* et les *horloges*. Tous ces instruments qui sont mus soit par des poids, soit par des ressorts, ont leur mouvement régularisé par un pendule dont nous donnerons la théorie dans la troisième partie (*Dynamique*).

CHAPITRE II

PRINCIPES FONDAMENTAUX SUR LES MOUVEMENTS

Classification du mouvement sous trois points de vue.

481. Nous avons défini plus haut le mouvement absolu et relatif d'un corps. Quel que soit le mouvement qu'on étudie, on peut toujours l'envisager sous trois points de vue, savoir :

1° *Au point de vue géométrique*, c'est-à-dire sous le rapport de la forme des lignes décrites par tous les points du corps;

2° *Au point de vue du sens ;*

3° *Au point de vue du temps.*

Il est bon de remarquer que le mouvement d'un point matériel d'un corps peut ne pas être le même que celui du corps entier ou de l'ensemble de tous ses points. C'est pourquoi nous parlerons de chacun d'eux.

Mouvement d'un point matériel sous le rapport géométrique.

482. Le mouvement d'un point matériel est rectiligne ou curviligne, selon que la trajectoire décrite par ce point est droite ou courbe.

Le plus remarquable des mouvements curvilignes est le mouvement circulaire qui a lieu lorsque le point se meut sur une circonférence.

Mouvement d'un corps au point de vue géométrique.

483. Lorsqu'il s'agit d'un corps d'une certaine grosseur qui ne permette pas de l'assimiler à un point, l'ensemble du mouvement devient complexe et se compose des mouvements particuliers de tous les points du corps.

484. Ces différents ensembles de mouvements peuvent être classés en cinq catégories, savoir :

1° *Le mouvement commun de translation d'un corps est celui dans lequel tous les points du corps, décrivent des lignes identiques. Exemples :* Mouvement d'un navire qui vogue sur une mer parfaitement unie. Mouvement d'un piston à vapeur, d'un wagon de chemin de fer.

Le mouvement commun de translation est rectiligne ou curviligne, selon que les lignes identiques décrites par les points du corps sont droites ou courbes.

2° *Le mouvement de rotation ou circulaire d'un corps autour d'une droite fixe.* Dans ce mouvement, tous les points du corps tournent autour de cet axe fixe, en décrivant des circonférences, ou portions de circonférences, dont les plans sont perpendiculaires à cet axe qui contient d'ailleurs tous les centres. *Exemples :* Mouvement d'un cabestan, treuil, manivelle, volant, poulie, balancier de machine, etc. etc.

3° *Le mouvement de roulement se produit lorsqu'un corps roule sans glisser sur une surface immobile.* Dans ce mouvement, chaque point du corps décrit une courbe ondulée qu'on appelle *épicycloïde. Exemples :* Mouvement d'une roue de voiture, galets de détente, etc.

4° *Le mouvement de rotation autour d'un point fixe.* C'est le mouvement d'une lampe suspendue à un plafond et qu'on agite d'une manière quelconque. On le rencontre dans le régulateur à force centrifuge de Watt.

5° *Le mouvement quelconque* qui se produit lorsqu'un corps étant entièrement libre, tous ses points décrivent des lignes quelconques qui ne sont plus ni identiques, ni semblables. *Exemples :* Mouvement d'un navire naviguant sur une mer agitée, d'une bielle de machine à vapeur.

485. *Classification du mouvement au point de vue du sens.* Le mouvement, au point de vue du sens, se divise en *continu* et en *alternatif*.

Un mouvement est *continu* quand il se produit toujours dans le même sens; et *alternatif*, quand il s'effectue tantôt dans un sens, tantôt dans un autre.

486. *Combinaisons les plus usitées des mouvements au point de vue géométrique et au point du sens.* Les mouvements les plus employés au point de vue géométrique, dans les machines, sont le mouvement rectiligne et circulaire. En les combinant avec les deux précédents, on obtient les combinaisons suivantes :

1° Le mouvement *rectiligne continu*, *Exemples :* celui d'un navire sur une mer unie et d'une locomotive glissant sur les rails d'un chemin de fer.

2° Le mouvement *rectiligne alternatif*, qu'on appelle encore mouvement de *va et vient*. *Exemple :* Jeu d'un piston et de sa tige.

3° Le mouvement *circulaire continu.* Tel, le mouvement d'un volant, d'une poulie, etc.

4° Le mouvement *circulaire alternatif*, appelé encore *mouvement d'oscillation.* On le rencontre dans les balanciers de machines à vapeur, et dans les pendules des horloges.

Mouvement au point de vue du temps.

487. Au point de vue du temps, le mouvement se divise en deux espèces : le *mouvement uniforme* et le *mouvement varié.*

MOUVEMENT UNIFORME.

488. Le mouvement uniforme est le plus simple; c'est celui dans lequel le mobile parcourt des espaces égaux dans des temps égaux. En d'autres termes, le mouvement est uniforme lorsque les espaces parcourus sont proportionnels aux temps employés à les parcourir.

Le mouvement uniforme n'existe pas pour ainsi dire. Cependant, il est important à étudier, car il conduit à l'analyse des autres mouvements.

MOUVEMENT VARIÉ.

489. Le mouvement varié est celui dans lequel un mobile parcourt des espaces inégaux dans des temps égaux. Si ces espaces vont toujours en croissant, le mouvement et *accéléré :* il est *retardé*, si ces espaces sont de plus en plus petits.

490. Parmi les mouvements variés qui existent dans la nature, on distingue :

1° Le mouvement *uniformément accéléré* qui est celui dans lequel les espaces croissent comme le carré des temps employés à les parcourir. *Exemple :* Mouvement d'un corps tombant en chute libre.

2° Le mouvement *uniformément retardé*, dans lequel les espaces décroissent proportionnellement au carré des temps : tel est le mouvement d'un corps lancé verticalement de bas en haut.

3° Le *mouvement périodique* est celui qui est alternativement accéléré et retardé. On peut dire encore que, dans ce mouvement, les mêmes phases se reproduisent après certains intervalles de temps. La durée de ces intervalles s'appelle *période. Exemples :* Mouvement d'un train de chemin de fer, qui s'accélère au départ de chaque station et se ralentit à l'approche de la station suivante. On peut citer encore le mouvement d'un piston de machine à vapeur, pour lequel les périodes sont représentées par chaque course du piston.

Loi du mouvement d'un point.

491. Le mouvement d'un point est complètement déterminé lorsqu'on sait :

1° Quelle est sa trajectoire;

2° Quelle est, à chaque instant, sa position sur cette courbe.

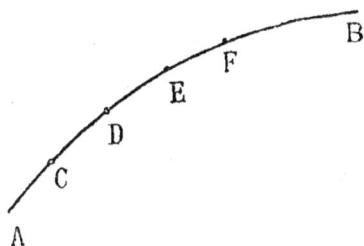

Fig. 263.

Supposons, par exemple, que la ligne AB (*fig.* 263) soit la trajectoire d'un mobile et que, à un moment quelconque, le mobile ait été observé en C; qu'une seconde après, il ait été vu en D; que, au bout de trois secondes, il ait passé au point E et ainsi de suite de seconde en seconde. La position du mobile sur la trajectoire sera connue et la loi du mouvement sera définie approximativement, par le tableau des espaces AC, CD, DE... successivement parcourus pendant les intervalles de temps qui se sont écoulés d'une observation à la suivante. On peut prendre ces intervalles assez petits pour que l'approximation soit équivalente, pratiquement, à la connaissance complète de la loi cherchée. Par exemple, si AB est un chemin de fer et que les points A, C, D... indiquent les stations successives, le mouvement des trains sur cette ligne, dans un sens ou dans l'autre, est suffisamment défini par les tableaux donnant l'heure du passage du train à ces diverses stations.

La loi du mouvement d'un point est donc la relation entre les espaces parcourus et les temps employés à les parcourir. Cette loi exprimée algébriquement constitue l'*équation du mouvement;* figurée par une ligne, c'est la *représentation graphique* de la loi du mouvement.

492. *Point origine ou origine des espaces.* On nomme *origine*, le point de la trajectoire à partir duquel on compte les distances données par la loi du mouvement. L'origine des temps est l'instant qui commence les temps considérés.

Ordinairement, l'instant initial se confond avec l'origine des espaces, c'est-à-dire qu'on commence à compter le temps lorsque le mobile passe à l'origine des espaces.

Équation du mouvement.

493. Représentons par e l'espace parcouru par un mobile à partir de l'origine O (*fig.* 264) de sa trajectoire AB et par *t*,

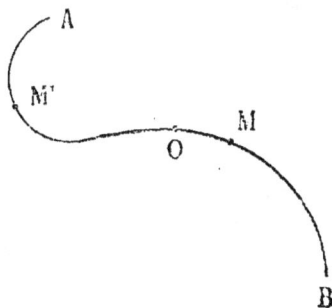

Fig. 264.

le temps employé à parcourir cet espace e. Supposons que, après avoir établi les valeurs des espaces e, e', e''... et les temps *t*, *t'*, *t''*..., on ait trouvé la relation algébrique :

$$(1) \qquad e = at - bt^2,$$

dans laquelle a et b sont des quantités constantes pour ce mouvement. Cette relation est l'équation du mouvement. Elle permet de connaître l'espace E, par exemple, parcouru depuis l'origine pendant un temps T.

Admettons que $a = 3$ et $b = \dfrac{1}{2}$. Dans

cette hypothèse, l'équation (1) devient :

$$e = 3t - \frac{1}{2}\, t^2.$$

Pour avoir la position du mobile sur sa trajectoire AB au bout de 2 secondes, on fait $t = 2$ dans l'équation et on obtient $e = 4$. Sur AB, à partir de l'origine O, on porte une longueur égale à 4 unités et on trouve ainsi le point M qui est la position cherchée. Si l'on fait $t = 8$, on aurait :

$$e = 3 \times 8 - \frac{64}{2} = -8.$$

On porterait 8 unités à partir du point O, dans le sens contraire au précédent, et M' serait la position du mobile sur sa trajectoire.

Représentation graphique de la loi du mouvement.

494. Représenter *graphiquement* la loi d'un mouvement, c'est exprimer par une ligne la relation existant entre l'espace et le temps. Cette ligne, qu'il ne faut pas confondre avec celle parcourue par le mobile, permet, à la seule inspection, de se rendre immédiatement compte des différentes phases du mouvement du mobile. Cette ligne représentative du mouvement se nomme encore *courbe des espaces.*

TEMPS EN SECONDES.	ESPACES EN MÈTRES.
1″	2ᵐ,5
2	4
3	4,5
4	4
5	2,5
6	0
7	— 3,5
8	— 8
9	— 13,5
10	— 20
»	»
100	— 100ᵐ

Supposons que, dans l'équation précédente,

$$e = 3t - \frac{1}{2}\, t^2,$$

on donne à t les valeurs successives, 1, 2, 3, etc. secondes. On en déduira les valeurs correspondantes de e, ce qui permettra d'établir le tableau précédent.

Cela posé, traçons deux axes rectangulaires OX, OY (*fig.* 265) et portons sur OX les distances Oa, Oa', Oa″... représentant 1″, 2″, 3″... Aux points a, a', a″..., élevons des perpendiculaires à l'axe OX et donnons à ces perpendiculaires des longueurs ab, a'b', a″b″... respectivement égales aux espaces 2ᵐ,5, 4ᵐ, 4ᵐ,5... indiqués sur le tableau. La courbe continue qui joint les extrémités b, b', b″... représente le mouvement dont l'équation est :

$$e = 3t - \frac{1}{2}\, t^2.$$

On voit que, à l'origine du temps, le mobile est à l'origine des espaces ; qu'il s'en éloigne pendant trois secondes ; que, alors, il en est à une distance a″b″ (qui est sa distance maximum) ; que, ensuite, le mobile se rapproche de l'origine où il revient au bout de six secondes pour s'en éloigner indéfiniment dans le sens négatif.

Cette courbe permet de trouver l'espace parcouru par le mobile au bout d'un temps déterminé et, réciproquement, le temps employé pour parcourir un espace donné. Soit, par exemple, à chercher le chemin parcouru par le mobile au bout de 4″ 1/2. On prendra sur l'axe OX une longueur OA égale à 4″ 1/2 d'après l'échelle des temps adoptée. Au point A, on élèvera la perpendiculaire AB dont la longueur, mesurée à l'échelle des espaces, fournira le chemin cherché. Réciproquement, on portera sur l'axe OY, à partir du point O, une longueur OC représentant l'espace connu à l'échelle adoptée. Par le point C, on mènera une parallèle CB' à l'axe OX ; puis, du point B' de la courbe, on abaissera la perpendiculaire B'A' et la longueur OA' exprimera le temps cherché.

495. *Remarque* I. Les échelles adoptées pour représenter les temps et les espaces peuvent être différentes, mais il est préférable, pour éviter les difficultés, d'adopter une échelle commune. Ainsi, dans la figure 265, une seconde est représentée par une longueur d'un centimètre. De même, l'espace d'un mètre est représenté par un centimètre.

496. *Remarque* II. Il n'est pas nécessaire, pour construire la représentation graphique d'un mouvement, d'en connaître l'équation. Il suffit d'observer la position du mobile en des instants déterminés au moyen d'un certain nombre d'expériences et on a un certain nombre de points qui permettent de tracer la courbe avec une exactitude d'autant plus grande que les positions observées auront été plus nombreuses et mieux choisies.

497. *Remarque* III. Rappelons que, dans toute représentation graphique, les lignes Oa, Oa', Oa''... s'appellent les *abscisses* et les lignes ab, $a'b'$, $a''b''$... se nomment les ordonnées de courbe. L'ensemble des abscisses et des ordonnées se désigne sous le nom de *coordonnées*. Le point O s'appelle *origine*.

Mouvement uniforme.

498. Le mouvement est *uniforme*, lorsque les espaces parcourus sont proportionnels aux temps employés à les parcourir; ou, ce qui revient au même, lorsque les espaces parcourus dans des temps égaux sont égaux. Ainsi, un mobile qui parcourait toujours 2 mètres par seconde serait animé d'un mouvement uniforme.

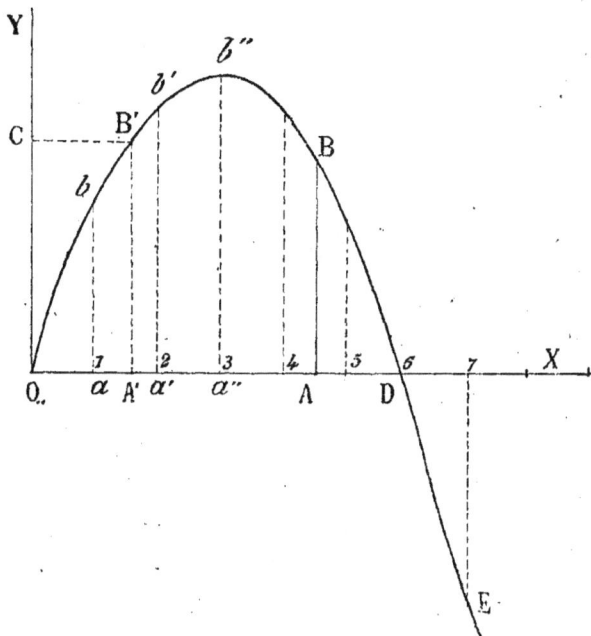

Fig. 265.

499. *Vitesse. Dans le mouvement uniforme, on appelle* VITESSE *le chemin parcouru par le mobile pendant l'unité de temps.*

Si e désigne l'espace parcouru pendant le temps t et v la vitesse, on a, d'après la définition du mouvement uniforme,

$$e = vt.$$

De cette équation, on tire :

$$v = \frac{e}{t},$$

c'est-à-dire que la vitesse, dans le mouvement uniforme, est aussi *le rapport de l'espace au temps employé à le parcourir*.

Lorsqu'on énonce une vitesse, il est indispensable d'indiquer en même temps, *l'unité de longueur* dont on fait usage dans la mesure du chemin et *l'unité de temps* à laquelle on rapporte cette vitesse. Ces unités sont d'ailleurs très variables suivant les cas.

Quelles que soient les unités employées, on peut les ramener au mètre et à la seconde; c'est ce qu'on fait généralement en Mécanique. Par exemple, un train de chemin de fer parcourt 40 kilomètres à l'heure. Sa vitesse serait représentée par le nombre 40, si l'heure était adoptée pour unité de temps et le kilomètre pour unité de longueur. Si l'on veut exprimer la vitesse en mètre par seconde, on l'obtiendra par la relation :

$$v = \frac{e}{t},$$

dans laquelle $e = 40000$ mètres.

$$t = 3600 \text{ secondes.}$$

D'où $\quad v = \dfrac{40000}{3600} = 11^{m},111.$

Le mobile parcourt donc $11^{m},111$ par seconde et sa vitesse est représentée, dans le système usuel d'unités, par le nombre 11,111.

La vitesse des navires s'estime habituellement en *nœuds*. Cette expression vient de la méthode employée à bord des bâtiments pour déterminer la vitesse de la marche. On jette à la mer, à l'arrière du navire, l'appareil appelé *loch*, qui est un flotteur attaché à une longue cordelle enroulée sur une bobine. Un matelot soutient l'axe de cette bobine de manière à la laisser tourner librement pendant que la corde se déroule. Un autre matelot porte un sablier qui permet de mesurer exactement une durée d'une demi-minute, par exemple. On imprime un mouvement de rotation rapide à la bobine au moment où on jette le loch et la corde commence à se dérouler. L'observation de laquelle on déduit la vitesse ne commence pas à cet instant. Il faut attendre, en effet, que le flotteur soit à une certaine distance du bâtiment pour qu'il ne soit pas trop influencé par le sillage et qu'on puisse compter sur son immobilité. Le sablier est retourné et l'observation commence au moment précis où l'on voit passer une marque rouge fixée sur la corde, suffisamment loin de l'extrémité qui s'attache au flotteur. La corde se déroule tant que dure l'écoulement du sable et on l'arrête subitement lorsque le sable est épuisé. Alors on retire le loch en ayant soin de compter les nœuds, marques équidistantes placées sur la corde à partir du signal rouge qui sert d'origine à la graduation. Si l'on en trouve dix, par exemple, on dira que le navire file *dix nœuds*.

Les nœuds sont espacés sur la corde de telle sorte qu'un nœud correspond à une vitesse de 1852 mètres par heure. Il faut pour cela, si l'observation dure une demi-minute, que l'espacement réel des nœuds soit égal à :

$$\frac{1852}{60 \times 2} = 15^{m},43.$$

Une vitesse de 10 nœuds équivaut donc à $1852 \times 10 = 18520$ mètres par heure, ou à $308^{m},6$ par minute, ou, enfin, à une vitesse de $5^{m},14$ par seconde.

500. *Équation du mouvement uniforme.* La relation $e = vt$ est l'équation du mouvement lorsque l'origine du temps et des espaces coïncident. Si, à l'origine du temps, le mobile est à une distance

e_0 du point d'origine O et si e représente la distance à laquelle le mobile se trouve de O au bout du temps t, l'équation du mouvement sera, en représentant par v la vitesse,

$$e = e_0 + vt.$$

REPRÉSENTATION GRAPHIQUE DU MOUVEMENT UNIFORME.

501. La *loi du mouvement uniforme est représentée par une ligne droite.*

1° Admettons que l'origine des espaces coïncide avec l'instant initial, c'est-à-dire que l'équation du mouvement soit $e = vt$.

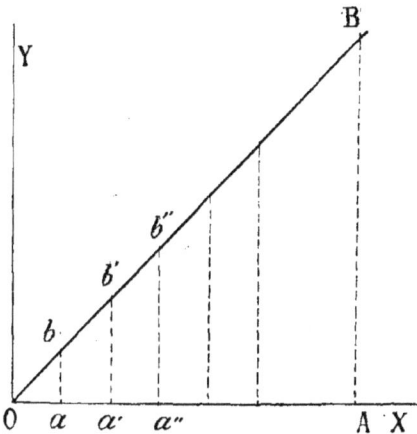

Fig. 266.

Portons sur l'axe OX (*fig.* 266) des longueurs égales Oa, aa', aa''... représentant des intervalles de temps égaux et, en chacun des points a, a', a''..., élevons des ordonnées ab, ab'... sur lesquelles nous prendrons, à la même échelle, les espaces parcourus pendant les temps correspondants. La ligne qui joint les points O, b, b', b''... est une ligne droite. En effet, d'après la nature du mouvement, nous aurons la suite des rapports égaux :

$$\frac{ab}{Oa} = \frac{a'b'}{Oa'} = \frac{a''b''}{Oa''} = \ldots$$

Les triangles rectangles Oab, $Oa'b'$... sont donc semblables : par suite, les angles bOa, $b'Oa'$, $b''Oa''$ sont égaux et les points

b, b', b'' sont sur une même ligne droite.

2° Si, à l'instant initial, le mobile a déjà parcouru une certaine distance e_0 du point d'origine, c'est-à-dire si l'équation du mouvement est :

$$e = e_0 + vt.$$

la loi sera aussi représentée par la

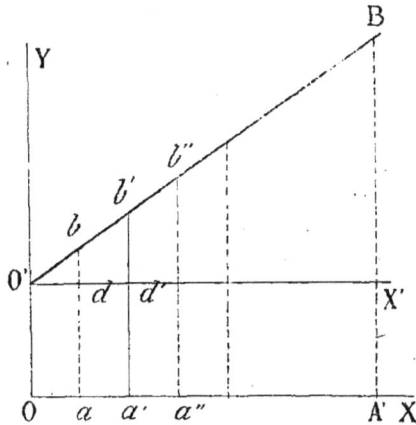

Fig. 267.

ligne droite O'B' (*fig.* 267) dans laquelle OO' représente l'espace e_0 qu'on obtient en faisant $t = 0$ dans l'équation précédente. D'ailleurs, si par le point O', on mène une droite O'X' parallèle à l'axe OX on retombe dans le cas précédent.

502. *Ligne représentative de la vitesse.* Quelquefois, on représente graphiquement la loi suivant laquelle varie la vitesse avec le temps. Pour cela, on porte sur l'axe des abscisses des distances proportionnelles au temps et sur les ordonnées des longueurs proportionnelles aux vitesses correspondantes.

Dans le mouvement uniforme, la vitesse étant constante, la ligne qui la représente est parallèle à l'axe des abscisses. La longueur OV (*fig.* 268) représente à une certaine échelle la valeur de cette vitesse.

Expression de la vitesse dans le mouvement uniforme.

503. La vitesse d'un mouvement uniforme est donnée par la tangente trigonométrique de l'angle que la droite repré-

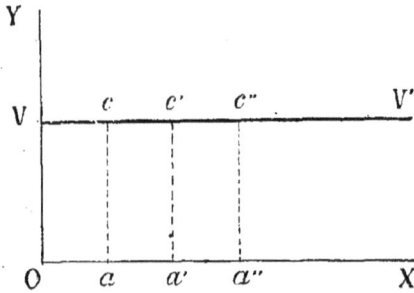

Fig. 268.

sentative du mouvement fait avec l'axe du temps. En effet, d'après l'équation du mouvement,

$$v = \frac{e}{t}.$$

Or, l'espace e est représenté par $b'd'$ (*fig.* 267) alors que le temps correspondant t est représenté par $O'd'$. Donc :

$$v = \frac{b'd'}{O'd'} = \frac{bd}{O'd}.$$

Mais, en désignant par α l'angle B'O'X', on a :

$$\frac{b'd'}{O'd'} = \text{tang. } \alpha.$$

D'où $v = \text{tg. } \alpha.$

Problème n° 67.

504. *Construire la ligne représentant le mouvement donné par l'équation :*

$$e = 5 + 2t.$$

Dans ce mouvement, l'espace étant proportionnel au temps employé à le parcourir, le mouvement est uniforme et la ligne représentant la relation entre e et t sera une ligne droite.

Prenons deux axes rectangulaires OX, OY (*fig.* 269) et cherchons en quels points ils sont coupés par cette ligne droite. La rencontre avec l'axe OY est donnée par l'équation du mouvement dans laquelle on fait $t = 0$, ce qui donne :

$$e = 5.$$

Il suffira alors de porter une longueur OB égale à 5 unités.

Pour obtenir le point de rencontre avec l'axe OX, il suffit de remarquer que ce point correspond à $e = 0$. En mettant cette valeur dans l'équation, on obtient :

$$0 = 5 + 2t.$$

D'où $t = -\dfrac{5}{2} = -2,5.$

En portant 2,5 unités dans le sens OX', on trouve A pour le point cherché. AB est

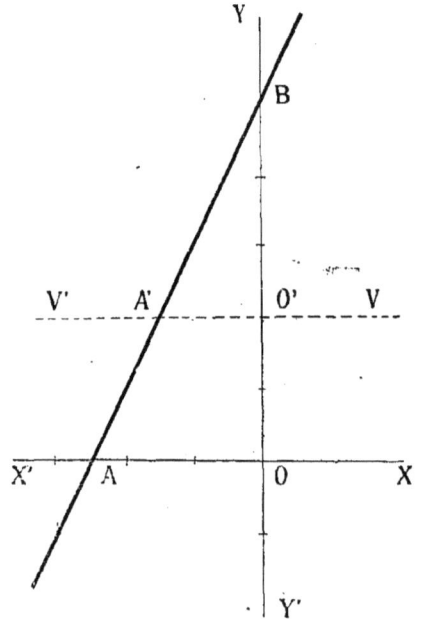

Fig. 269.

la ligne représentative du mouvement donné. La vitesse dans ce mouvement uniforme ayant pour valeur $+2$ sera représentée par une droite VV' parallèle à l'axe des X placée au-dessus de cet axe, à une distance égale à **2** unités.

Problème n° 68.

505. *Construire la ligne représentative du mouvement donné par l'équation :*

$$e = 8 - 3t.$$

La loi du mouvement sera une ligne droite dont les points de rencontre avec les axes OX et OY s'obtiennent de la même manière que dans le problème précédent. Pour $t = 0$ on a $e = 8$. La rencontre avec l'axe OY se fait en B (*fig*. 270)

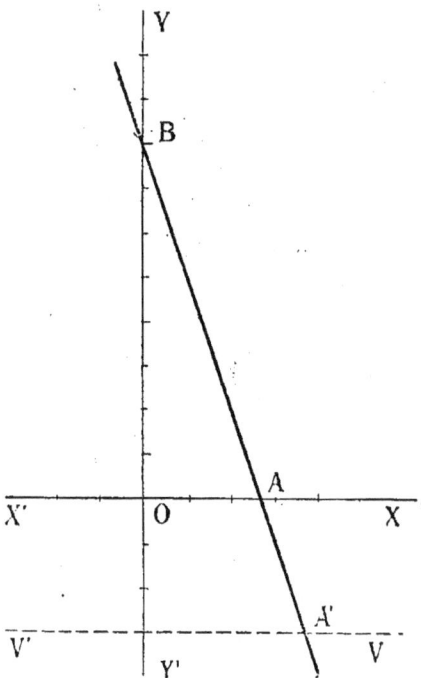

Fig. 270.

et ce point est tel que OB $= + 8$.

Pour $e = 0$ on trouve $t = \dfrac{8}{3}$. La rencontre avec l'axe OX a lieu en A, de telle façon que OA $= + \dfrac{8}{3}$. La ligne demandée est donc AB. La vitesse négative $- 3$ est représentée par la ligne VV'.

Problème n° 69.

506. *Construire la loi du mouvement dont l'équation est :*

$$e = - 7 - 1,5t.$$

Pour la même raison que dans les problèmes précédents, la ligne représentative de ce mouvement uniforme sera droite (*fig*. 271). Si l'on fait $t = 0$ dans l'équation, on a $e = - 7$. Donc OB $= - 7$.

Pour $e = 0$, on trouve $t = - \dfrac{7}{1,5}$. La vitesse négative $- 1,5$ sera représentée par la droite VV'.

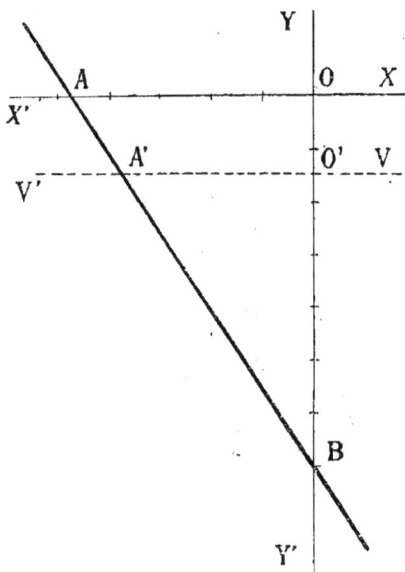

Fig. 271.

Problème n° 70.

507. *Deux courriers* A *et* B *animés respectivement des vitesses constantes* v *et* v' *se meuvent sur une même droite, dans le même sens, et depuis une époque indéfinie, sans se troubler l'un l'autre. A l'origine du temps, la distance qui les sépare est* d. *On demande d'indiquer le temps de leur rencontre.*

Ce problème n'est autre que celui des courriers traité et discuté dans tous les cours d'Algèbre. Nous allons le résoudre graphiquement au moyen des lignes représentatives des mouvements. D'après l'énoncé du problème, l'origine des espaces sera la position du courrier A à l'origine du temps et nous admettrons que le sens positif est celui de son mouvement. Soit AB la trajectoire des courriers. Le point R de leur rencontre peut s'obtenir en traçant la droite OD (*fig.* 272) qui représente la loi du mouvement du courrier A dont l'équation est :

$$e = vt,$$

puis la droite CD qui est celle du courrier B dont l'équation est :

$$e' = d + v't.$$

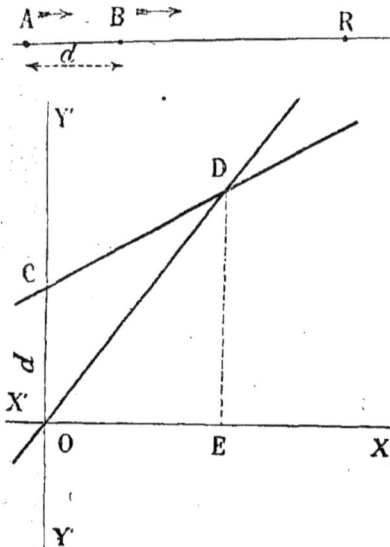

Fig. 272

Le point de rencontre des deux lois correspond à la rencontre des courriers qui sont alors tous deux à la distance DE du point d'origine. En prenant sur la trajectoire AR = DE, on obtient le point R où ils se rencontreront. Cette rencontre a lieu au bout d'un temps donné par la longueur OE.

Il est bon de faire remarquer que les échelles des temps et des espaces doivent être les mêmes pour représenter la loi du mouvement de chaque courrier.

Discussion : 1° Si, comme dans le cas précédent, on suppose $v > v'$, la rencontre aura lieu à droite du point d'origine A ;

2° Si l'on suppose $v = v'$, les lignes représentatives sont alors parallèles (*fig.* 273). Les deux courriers étant toujours à la

même distance d l'un de l'autre ne peuvent se rencontrer à moins que $d = 0$; alors ils seront constamment ensemble ;

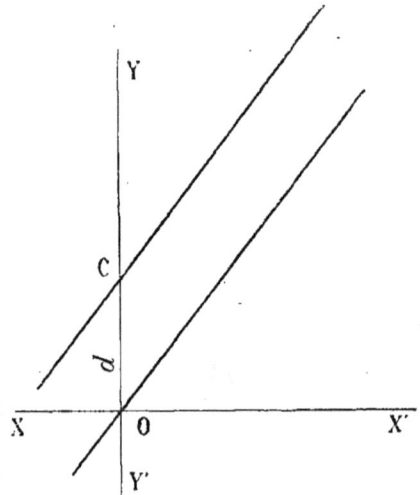

Fig. 273.

3° Si $v < v'$, la ligne du courrier B est plus inclinée que celle du courrier A. Leur rencontre a lieu au-dessous de l'axe des

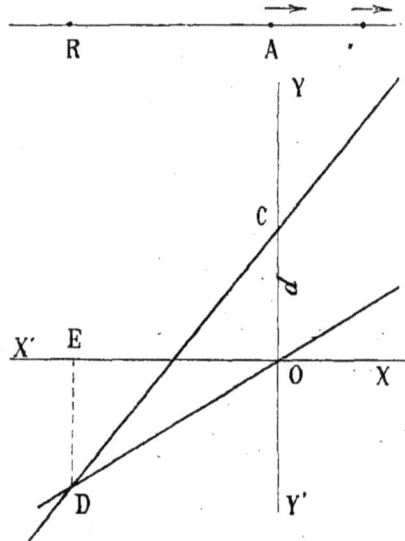

Fig. 274.

temps. L'ordonnée du point D est négative, ce qui veut dire que leur rencontre a eu lieu avant le point d'origine, à une distance à gauche du point A représentée par DE et cette rencontre s'est produite avant l'origine du temps à une époque donnée par OE (*fig.* 274);

4° *Les deux courriers vont en sens inverse.* Le courrier B se mouvant dans le sens négatif, la ligne représentant son

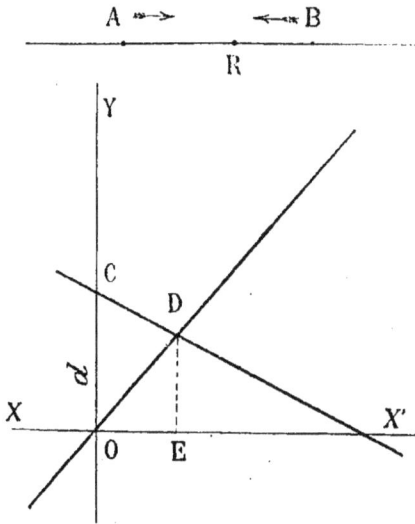

Fig. 275

mouvement sera dirigée suivant CD. L'ordonnée du point D (*fig.* 275) est positive et plus petite que la distance d qui les séparait. La rencontre a donc lieu en R, entre A et B, et arrive au bout du temps OE.

Problème n° 71.

508. *Deux mobiles partent en même temps d'un même point d'une circonférence. Leur mouvement est uniforme et a lieu dans le même sens. Ils s'arrêtent quand ils sont revenus ensemble au point de départ. Le premier met 42 heures pour faire un tour et le deuxième en met 105. Cela posé, on demande:*

1° *Le nombre d'heures qui s'écouleront entre chaque rencontre;*

2° *Le nombre de rencontres;*

3° *Le nombre d'heures pendant lesquelles ils auront marché;*

4° *Le nombre de tours qu'ils auront faits l'un et l'autre.*

1° Le premier mobile ayant une vitesse plus grande que celle du second, il est clair que la première rencontre aura lieu

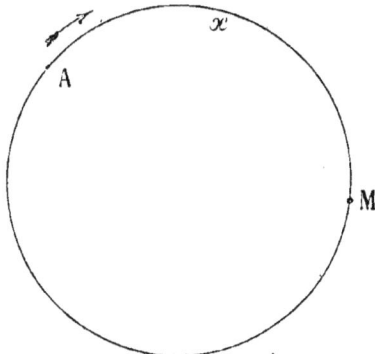

Fig. 276.

lorsque le premier mobile aura fait plus d'un tour. Soit A (*fig.* 276) le point de départ, M leur point de rencontre et x le rapport de l'arc AM à la circonférence. Le premier mobile aura parcouru une circonférence plus l'arc x; il aura donc marché:

$$(42 + 42x) \text{ heures.}$$

Le second qui n'a parcouru que l'arc x a marché $105x$ heures. Comme ils ont marché le même temps, on aura l'égalité:

$$42 + 42x = 105x.$$

D'où $\quad x = \dfrac{42}{105 - 42} = \dfrac{2}{3}.$

Le premier mobile a alors parcouru $\dfrac{5}{3}$ de circonférence et aura mis:

$$42^\text{h.} \times \frac{5}{3} = 70 \text{ heures.}$$

Le second a parcouru $\dfrac{2}{3}$ de circonférence pendant le même temps, soit :

$$105 \times \frac{2}{3} = 70 \text{ heures.}$$

2° Les mobiles partant du même point A devront, pour se retrouver ensemble à ce point, parcourir un nombre entier de tours ou de circonférence. Le nombre d'heures pendant lequel ils auront dû marcher est le plus petit commun multiple de 42 et 105, c'est-à-dire 210. Alors, le premier aura parcouru :

$$\frac{210}{42} = 5 \text{ circonférences};$$

le second : $\dfrac{210}{105} = 2$ circonférences.

Résultats : $\begin{cases} 1° \text{ 70 heures;} \\ 2° \text{ 3 rencontres;} \\ 3° \text{ 210 heures;} \\ 4° \begin{cases} \text{le 1}^{\text{er}} \text{ 5 tours;} \\ \text{le 2}^{\text{e}} \text{ 2 tours.} \end{cases} \end{cases}$

Mouvement varié

509. Le mouvement d'un mobile est *varié* lorsque les espaces parcourus dans des temps égaux sont inégaux.

Le mouvement varié, comme nous l'avons dit plus haut, peut être *accéléré, retardé, uniformément accéléré ou retardé* ou *périodique*.

Nous avons vu, dans le mouvement uniforme, que la vitesse était donnée par l'équation :

$$v = \frac{e}{t},$$

c'est-à-dire qu'elle est égale au rapport de l'espace au temps employé à le parcourir. Dans le mouvement varié, ce rapport $\dfrac{e}{t}$ n'est plus constant; il change à chaque instant soit en augmentant soit en diminuant, suivant la nature du mouvement varié. On pourrait, d'après cela, définir ainsi le mouvement varié : *c'est le mouvement dans lequel la vitesse est variable à chaque instant.*

REPRÉSENTATION GRAPHIQUE DU MOUVEMENT VARIÉ.

510. La ligne représentative de la re-

lation entre les espaces et le temps s'obtient de la même manière que dans le mouvement uniforme, c'est-à-dire en portant les temps comme abscisses et les espaces parcourus pendant les temps correspondants, comme ordonnées.

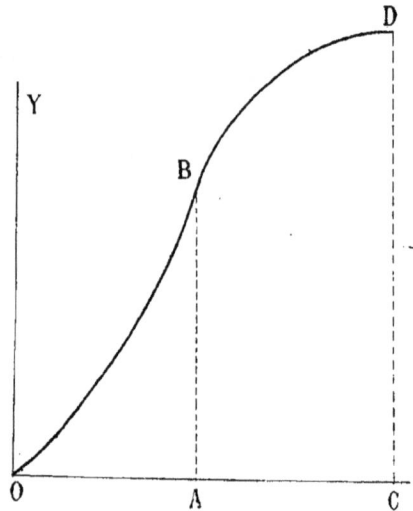

Fig. 277.

Il est facile de comprendre que la loi du mouvement n'est plus une droite, mais une courbe dont la convexité sera tournée vers l'axe des abscisses ou en sens contraire selon que le mouvement sera accéléré ou retardé. Ainsi, la figure 277 représente la loi d'un mouvement qui est d'abord accéléré pendant le temps OA, puis retardé pendant le temps AC. Si le mouvement du mobile continuait ainsi avec ces alternances accélérées ou retardées, la courbe représentative serait ondulée, ce qui indiquerait que le mobile est animé d'un mouvement périodique.

VITESSE MOYENNE DANS LE MOUVEMENT VARIÉ.

511. Lorsqu'on rencontre un mouvement varié et, plus spécialement, un mouvement varié périodique, il est plus commode de substituer à la vitesse réelle, mais variable, une vitesse fictive qu'on appelle *vitesse moyenne*.

La vitesse moyenne, relative à un *c r-tain temps*, est la vitesse constante que le mobile devrait posséder pour parcourir uniformément, dans ce temps, l'espace qu'il décrit en réalité avec une vitesse variable. *Exemple :* Supposons un homme parcourant d'un mouvement tantôt accéléré, tantôt retardé, un espace de 5400 mètres en une heure. Sa moyenne sera de :

$$\frac{5400}{3600} = 1^m,5 \text{ par seconde,}$$

car c'est bien la vitesse que cet homme devrait posséder pour parcourir, d'un mouvement uniforme, 5400 mètres en 3600 secondes ou une heure. *Autre exemple :* Une machine à vapeur fait 40 tours par minute. La course du piston est de 1,20. Quelle serait la vitesse moyenne du piston? La vitesse réelle du piston, à un instant quelconque de sa course, est essentiellement variable; or, si on suppose son mouvement uniforme, il parcourra, par minute, un chemin de $1,20 \times 80 = 96$ mètres et, par suite, sa vitesse moyenne sera :

$$v = \frac{96}{60} = 1^m,60 \text{ par seconde.}$$

La vitesse moyenne est d'un usage continuel. C'est la seule vitesse employée pour exprimer la rapidité des diverses pièces des machines. Elle offre l'avantage de ramener le mouvement varié au mouvement uniforme dont les calculs sont beaucoup plus simples.

512. *Remarque.* La vitesse moyenne dans un mouvement varié n'est donc pas la même pendant toute la durée du mouvement; elle varie selon qu'on la prend à des époques différentes et pendant un intervalle de temps plus ou moins long. Pour un train, par exemple, elle est très faible dans les kilomètres voisins du départ; elle s'accroît d'abord, puis elle décroît rapidement au moment de l'arrivée.

VITESSE A UN INSTANT DONNÉ.

513. La vitesse en un point d'un mouvement varié est la vitesse du mouvement uniforme qui succéderait au mouvement varié, si la cause qui le produit venait à cesser en ce point. Supposons, par exemple, un corps tombant verticalement en chute libre. Son mouvement, comme nous le verrons plus loin, est uniformément accéléré. Si l'on veut savoir quelle est sa vitesse lorsqu'il passe au point B (*fig.* 278) de la verticale, on supprime, en ce point, l'action de la pesanteur et alors, au mouvement accéléré, succède un mouvement uniforme. Si BC est le chemin parcouru par le mobile pendant la seconde suivante, cette longueur sera la vitesse que possède le mobile au point B.

Fig. 278

On peut dire encore que la vitesse, à un instant donné, est le rapport de l'espace parcouru au temps, lorsque ce temps est infiniment petit, ou bien la vitesse du mouvement uniforme élémentaire qui correspond à cet instant. Désignons par e l'espace parcouru pendant un temps t, et par e' l'espace parcouru pendant un temps $t + \theta$. L'espace parcouru pendant le temps θ sera $e' - e$. La vitesse moyenne pendant ce temps θ, sera :

$$\frac{e' - e}{\theta}.$$

La limite de ce rapport, lorsque θ diminue jusqu'à zéro, est la vitesse au bout du temps t. Cette vitesse, à un instant indiqué, peut s'obtenir, le mouvement étant donné : 1° par une équation; 2° par une courbe.

1° Supposons que l'équation du mouvement varié, soit :

$$e = Kt^2,$$

dans laquelle e représente l'espace parcouru K une constante quelconque et t le temps considéré. L'espace, au bout du temps $(t + \theta)$, sera :

$$e' = K (t + \theta)^2 = Kt^2 + 2Kt\theta + K\theta^2.$$

L'espace parcouru pendant le temps θ est donc :

$$e' - e = 2K t\theta + K\theta^2.$$

La vitesse moyenne pendant le même temps sera :

$$\frac{e' - e}{\theta} = 2Kt + K\theta.$$

Si l'on suppose que θ décroisse jusqu'à zéro, le terme $K\theta$ tend aussi vers zéro et, à la limite, on aura :

$$\text{limite } \frac{e' - e}{\theta} = 2Kt.$$

C'est la vitesse au bout du t. En la désignant par v, on aura :

$$v = 2Kt.$$

2° Si la loi du mouvement est donnée par une courbe OB (*fig.* 279), il faut sup-

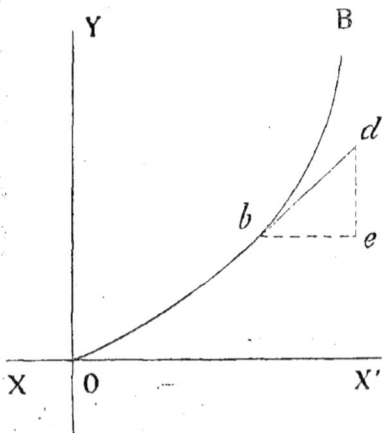

Fig. 279.

poser que, en un point b, pour une position du mobile en un instant, le mouvement se continue uniformément avec la vitesse qui existe à cet instant. Le reste du mouvement, au lieu d'être représenté par une courbe, le sera par la droite indéfinie bd, prolongement de l'élément de la courbe en b, c'est-à-dire par la tangente à la courbe en ce point. La vitesse sera obtenue par le rapport de l'ordonnée de à l'abscisse be. Or, ce rapport $\dfrac{de}{be}$ est égal à la tangente trigonométrique de l'angle que la tangente à la courbe au point b fait avec l'axe OX. Donc, la vitesse, à un instant quelconque, est représentée par la tangente trigonométrique de l'angle que fait, avec l'axe des temps, la tangente à la courbe des espaces au point correspondant.

REPRÉSENTATION GRAPHIQUE DE LA LOI DES VITESSES DANS LE MOUVEMENT VARIÉ.

514. Étant donné la courbe des espaces, on peut, comme nous venons de le dire, trouver les vitesses au bout de 1″, 2″, 3″, etc., en cherchant les tangentes trigonométriques qui donnent au bout de ces temps les vitesses correspondantes. Sur l'axe des abscisses, on porte des longueurs respectivement égales à 1″, 2″, 3″... et, en chacun des points, on élève des ordonnées égales aux vitesses correspondantes. La courbe qui unit les extrémités de ces ordonnées sera la courbe représentant la relation entre la vitesse et le temps dans le mouvement varié que l'on étudie.

Mouvement uniformément varié.

515. Le mouvement uniformément varié est le plus simple et le plus remarquable des mouvements variés; c'est celui dans lequel la *vitesse varie proportionnellement au temps.*

516. Si la vitesse augmente, le mouvement est *uniformément accéléré.* Si la vitesse diminue, il est *uniformément retardé.*

517. Le mouvement uniformément varié est essentiel à considérer en mécanique, et on peut l'obtenir très facilement en laissant tomber un corps pesant suivant la verticale.

Mouvement uniformément accéléré.

518. Nous étudierons tout particuliè-

rement le mouvement uniformément
accéléré, en faisant, à la suite de chaque
question, les remarques ou les transformations nécessaires à l'étude du mouvement uniformément retardé.

519. ACCÉLÉRATION. L'accélération,
dans le mouvement uniformément varié,
est *la quantité constante dont la vitesse
augmente ou diminue pendant l'unité de
temps*. Cette accélération est *positive* dans
le mouvement accéléré et *négative* dans
le mouvement retardé. Considérons un
mobile animé d'un mouvement uniformément accéléré et partant du repos, c'est-
à-dire ayant une vitesse initiale nulle. Si
K représente l'accroissement de vitesse
pendant l'unité de temps, une seconde (1″)
par exemple, la vitesse du mobile à la fin
de la deuxième seconde sera 2K. Sa vitesse au bout de trois secondes sera 3K et
ainsi de suite, de telle sorte que, à la fin
du temps t exprimé en secondes, la vitesse
v du mobile sera :

(1) $v = Kt.$

On voit donc que la vitesse acquise par
un mobile possédant un mouvement uniformément accéléré sans vitesse initiale,
au bout d'un temps t, est *égal au produit
de ce temps par l'accélération de vitesse.*

Si le corps, au moment où commence
son mouvement uniformément accéléré,
était animé d'une certaine vitesse v_0, cette
vitesse initiale v_0, en vertu de l'inertie,
s'ajouterait continuellement à la vitesse
du mouvement et alors la formule de la
vitesse deviendrait :

(2) $v = v_0 + Kt.$

520. *Remarque.* Pour le mouvement
uniformément retardé, la formule de la
vitesse devient :

(3) $v = v_0 - Kt,$

puisque l'accélération K est négative.

Il est bien évident que le mouvement
uniformément retardé ne peut se produire
que si le corps possède une vitesse initiale
à l'instant initial.

REPRÉSENTATION GRAPHIQUE DE LA LOI DES VITESSES.

521. Les équations précédentes (1) et
(2) qui donnent la relation des vitesses
au temps sont de la même forme que celle
du mouvement uniforme; elles seront
donc exprimées par des lignes droites et
obtenues de la même manière. L'équation

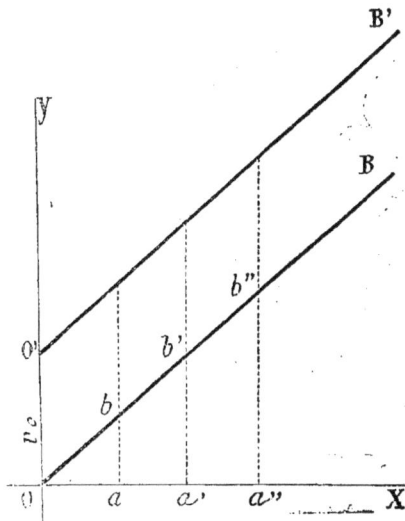

Fig. 280.

(1) $v = Kt$ sera représentée par la ligne
OB (*fig*. 280) passant par l'origine et telle
que $Oa = aa' = a'a'' = $ l'unité de temps
et $ab = K$, $a'b = 2K...$

Si le mobile est animé d'une vitesse
initiale v_0, l'équation (2) $v = v_0 + Kt$ sera
représentée par la ligne droite O'B', parallèle à OB, et telle que $OO' = v_0$.

Le mouvement étant uniformément retardé, l'équation (3) $v = v_0 - Kt$, sera
traduite graphiquement par la droite CD
(*fig*. 281) obtenue en portant $OC = v_0$,
$Ca_1 = a_1a_2 = a_2a_3 = $ l'unité de temps et
$a_1b = K$, $a_2b' = 2K$ ....

Le point particulier D ou la ligne des
vitesses coupe l'axe des temps correspond
à l'instant où la vitesse v est nulle. A cet
instant, le mobile est au repos. Le temps
que met le mobile pour arriver au repos

est représenté par la longueur OD ; il peut s'obtenir en faisant $v = 0$ dans l'équation du mouvement, ce qui donne :

$$0 = v_0 - Kt.$$

D'où

$$t = \frac{v_0}{K}.$$

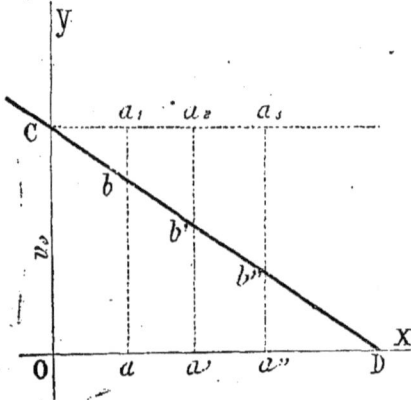

Fig. 281.

522. *Remarque.* Cette formule $t = \dfrac{v_0}{K}$ est identique à celle tirée de l'équation $v = Kt$, laquelle donne :

$$t = \frac{v}{K},$$

Ce qui montre que, dans le mouvement uniformément retardé, le temps employé par le mobile pour perdre sa vitesse initiale v_0 est exactement le même que celui qu'il nécessiterait si, partant du repos et animé d'un mouvement uniformément accéléré, il devait acquérir cette vitesse v_0.

RELATION ALGÉBRIQUE ENTRE LES ESPACES ET LES TEMPS OU FORMULES DES ESPACES.

523. La loi qui relie les espaces aux temps, dans le mouvement uniformément accéléré, peut s'obtenir de plusieurs manières. Nous indiquerons une méthode purement algébrique et une deuxième, beaucoup plus simple, d'après les lignes représentatives des vitesses.

1° Admettons que le temps t pendant lequel dure le mouvement du mobile soit partagé en n parties égales. Faisons $\dfrac{t}{n} = \lambda$. Les vitesses du mobile, au commencement de chacun de ces instants, se obtenues par l'équation :

$$v = v_0 + Kt,$$

dans laquelle on donnera successivement à t les valeurs $0, \lambda, 2\lambda, 3\lambda \ldots (n-1 \, \lambda.)$ Ces vitesses seront :

$$v_1 = v_0,$$
$$v_2 = v_0 + K\lambda,$$
$$v_3 = v_0 + 2K\lambda.$$
$$\cdots\cdots$$
$$\cdots\cdots$$
$$\cdots\cdots$$
$$v_n = v_0 + (n-1) \, K\lambda.$$

Si n est très grand, c'est-à-dire si le temps élémentaire λ est très petit, on peut, pendant ce temps λ, considéré le mouvement comme uniforme avec les vitesses constantes $v_1, v_2, v_3 \ldots v_n$ pour chacun de ces instants. Les espaces élémentaires parcourus seront alors :

$$e_1 = v_1 \lambda = v_0 \lambda,$$
$$e_2 = v_2 \lambda = v_0 \lambda + K\lambda^2,$$
$$e_3 = v_3 \lambda = v_0 \lambda + 2K\lambda^2.$$
$$\cdots\cdots\cdots$$
$$\cdots\cdots\cdots$$
$$\cdots\cdots\cdots$$
$$e_n = v_n \lambda = v_0 \lambda + (n-1) \, K\lambda^2.$$

La somme S de ces espaces sera donc :

$$S = e_1 + e_2 + e_3 + \ldots e_n,$$

ou

$$S = n v_0 \lambda + K\lambda^2 (1 + 2 + 3 + \ldots (n-1)),$$

ou, en remplaçant λ par $\dfrac{t}{n}$,

$$S = v_0 t + Kt^2 \, \frac{1 + 2 + 3 + \ldots (n-1)}{n^2}$$

Si n augmente, la durée λ des temps élémentaires diminue et l'ensemble des mouvements élémentaires se rapproche constamment du mouvement uniformément accéléré. Il se confond par suite avec lui lorsque n est uniformément grand. Donc l'espace e parcouru, dans le mouvement uniformément accéléré, pendant le temps t, sera la limite de l'expression S, lorsque n devient infini. D'où :

$$e = \text{limite}$$
$$\left[v_0 t + \text{K} t^2 \ \frac{1 + 2 + 3 + \dots (n-1)}{n^2} \right].$$

Or, la quantité variable de cette expression est :

$$\frac{1 + 2 + 3 + \dots (n-1)}{n^2}.$$

Il suffit donc d'en chercher sa limite, c'est-à-dire de déterminer quelle serait sa valeur lorsque n est infiniment grand. Le numérateur est la somme des $n-1$ premiers nombres. Cette somme s est donnée par la formule :

$$s = \frac{a+l}{2} \ n \ \text{(Algèbre-progressions)},$$

dans laquelle a représente le premier terme de la progression, l le dernier terme et n le nombre de terme.

Dans la progression arithmétique que forme le numérateur, le premier terme $= 1$, le dernier terme $= n-1$ et le nombre des termes $= n$. D'où, en substituant, on a :

$$s = \frac{(1+n-1)}{2} \ (n-1) = \frac{n^2 - n}{2}.$$

Donc
$$\frac{1 + 2 + 3 + \dots (n-1)}{n^2} = \frac{n^2 - n}{2n^2}$$
$$= \frac{1}{2} - \frac{1}{2n}.$$

Lorsque n est infiniment grand, $\dfrac{1}{2n}$ tend vers zéro. Par suite :

$$\text{limite} \ \frac{1 + 2 + 3 + \dots (n-1)}{n^2} = \frac{1}{2}.$$

L'espace parcouru sera alors :

$$(1) \qquad e = v_0 t + \frac{1}{2} \text{K} t^2.$$

1° On arrive au même résultat en considérant la ligne des vitesses. En effet, soit O'B' (*fig.* 282) la ligne représentant l'équation :

$$v = v_0 + \text{K} t.$$

Considérons un élément de temps aa' dont les vitesses au commencement et à la fin de ce temps sont ab, $a'b'$. On peut considérer le mouvement, pendant le temps aa', comme sensiblement uniforme avec une vitesse constante et égale à $\dfrac{ab + a'b'}{2}$. Par suite, l'espace élémentaire parcouru serait :

$$aa' \ \frac{ab + a'b'}{2}.$$

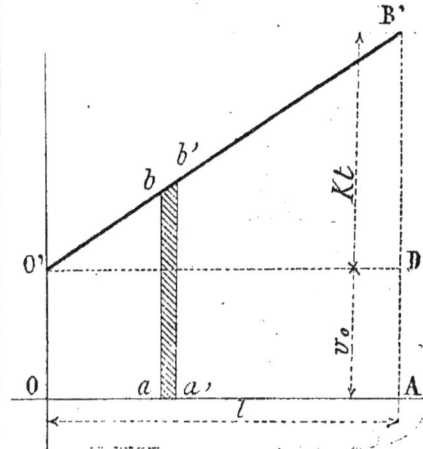

Fig. 282.

Or, cette expression n'est autre chose que la surface du trapèze élémentaire $aa'bb'$. On voit donc que, en répétant le même raisonnement pour d'autres éléments de temps très petits, on démontrerait que l'espace total e est égal à la somme des surfaces des trapèzes élémentaires, ou :

$$e = \text{surface OAB'O'}.$$

Or, surface OAB'O' = rectangle OADO' + triangle O'DB'.

Mais, rectangle OADO' $= \text{OO'} \times \text{OA} = v_0 t$,

et triangle O'DB' $= \text{O'D} \times \dfrac{\text{DB'}}{2}$

$$= t \times \frac{\text{K} t}{2} = \frac{1}{2} \text{K} t^2.$$

Donc $\qquad e = v_0 t + \dfrac{1}{2} \text{K} t^2.$

524. *Remarque I.* 1° Si la vitesse initiale est nulle, c'est-à-dire si le corps part du repos, $v_0 = 0$ et l'espace parcouru est :

$$e = \frac{Kt^2}{2}.$$

2° Dans le cas de la vitesse initiale nulle, si l'on considère deux temps différents, t et t', on aurait :

$$e = \frac{Kt^2}{2},$$

$$e' = \frac{Kt'^2}{2}.$$

D'où en divisant membre à membre,

$$\frac{e}{e'} = \frac{t^2}{t'^2}.$$

Donc, *lorsque le mobile part du repos, les espaces parcourus sont proportionnels aux temps employés à les parcourir.*

3° Si, dans la formule $e = \frac{Kt^2}{2}$, on fait $t = 1$, on a :

$$e = \frac{K}{2},$$

c'est-à-dire que *l'espace parcouru pendant la première seconde est égal à la moitié de l'accélération.*

4° L'équation $e = v_0 t + \frac{Kt^2}{2}$ peut s'écrire :

$$e = \left(v_0 + \frac{Kt}{2} \right) t.$$

Cette nouvelle expression indique que l'espace parcouru par un mobile ayant un mouvement uniformément accéléré est le même que si ce mobile était animé, pendant le même temps, d'un mouvement uniforme dont la vitesse serait celle qui correspond au milieu du temps t. En effet, d'après la formule qui donne la vitesse v' au bout du temps $\frac{t}{2}$, on aurait :

$$v' = v_0 + K \frac{t}{2}.$$

Donc $\quad e = v' t.$

5° Pour obtenir la relation entre les espaces et les vitesses correspondantes, il suffit d'éliminer t entre les équations :

(1) $\qquad v = v_0 + Kt,$

(2) $\qquad e = v_0 t + \frac{Kt^2}{2}.$

De l'équation (1) on tire :

$$t = \frac{v - v_0}{K},$$

et

$$t^2 = \frac{v^2 - v_0^2}{K^2}.$$

En remplaçant t et t^2 par leur valeur dans l'équation (2), on obtient :

$$e = \frac{v^2 - v_0^2}{2K},$$

c'est-à-dire que *l'espace parcouru pendant un temps t est égal à la différence des carrés des vitesses à la fin et au commencement de ce temps, divisée par le double de l'accélération.*

Si le mobile part du repos, cette relation devient :

$$e = \frac{v^2}{2K}.$$

525. *Remarque* II. Dans le cas où le mobile est animé d'un mouvement uniformément retardé, les formules

$$e = v_0 t + \frac{Kt^2}{2},$$

$$e = \frac{v^2 - v_0^2}{2K},$$

deviennent, en changeant le signe de l'accélération K :

(1) $\qquad e = v_0 t - Kt^2,$

( ) $\qquad e = \frac{v_0^2 - v^2}{2K}.$

L'espace parcouru par le mobile jusqu'au repos s'obtient en faisant, dans l'équation (2), $v = 0$. D'où :

$$e = \frac{v_0^2}{2K}.$$

Or nous avons trouvé pour le mouvement uniformément accéléré, sans vitesse initiale,

$$e = \frac{v^2}{2K}.$$

En rapprochant ces deux dernières formules, on voit qu'un mobile animé d'un mouvement uniformément retardé, avec une vitesse v_0, parcourt, pour arriver au repos, le même espace qu'il parcourait si, étant animé d'un mouvement uniformément accéléré, il devait acquérir la vitesse v_0.

REPRÉSENTATION GRAPHIQUE DE LA LOI DES ESPACES

526. La formule $e = \dfrac{Kt^2}{2}$ qui lie l'espace au temps, lorsque le mobile part du repos, est représentée par la courbe

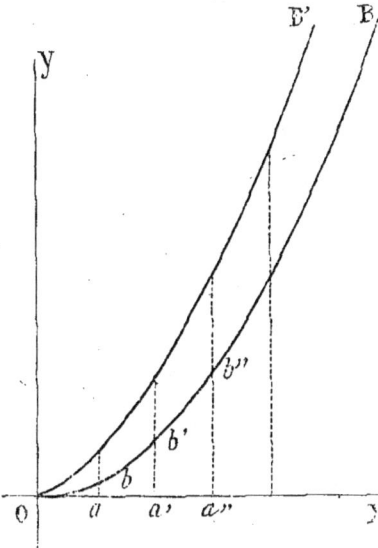

Fig. 283.

OB (*fig.* 283) obtenue en portant sur l'axe des abscisses des quantités égales Oa, aa', $a'a''$... représentant des unités de temps et, sur les ordonnées des points de division des longueurs ab, $a'b'$, $a''b''$ représentant les espaces correspondants.

La première ordonnée ab sera égale à $\dfrac{K}{2}$. La deuxième $a'b'$ sera quatre fois plus grande que la première. La troisième $a''b''$ vaudra neuf fois, la quatrième seize fois la première, etc. Par suite, la ligne OB est une parabole ayant pour

Sciences générales.

axe OY et pour tangente au sommet l'axe des abscisses.

Si le mobile était animé d'une vitesse initiale, l'équation du mouvement.

$$e = v_0 t + \frac{Kt^2}{2}$$

serait représentée par la courbe OB′

527. *Remarque.* La courbe représentative des espaces, dans le cas du mouvement uniformément retardé dont l'équation est :

$$e = v_0 t - \frac{Kt^2}{2}$$

s'obtiendrait de la même manière et donnerait une courbe parabolique tournant sa concavité vers l'axe des temps.

REPRÉSENTATION GRAPHIQUE DE L'ÉQUATION $e = \dfrac{v^2}{2K}$

528. Cette équation, qui exprime la relation entre les espaces et les vitesses correspondantes, sera représentée par la courbe OB (*fig.* 284) dans laquelle le carré

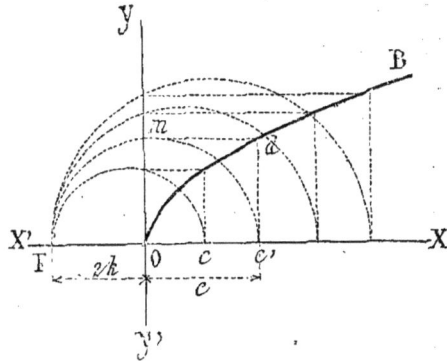

Fig. 284.

des ordonnées sera proportionnel aux abscisses. L'axe OX sera alors l'axe des espaces et l'axe OY celui des vitesses.

La courbe OB est une parabole. On peut l'obtenir facilement au moyen de la construction suivante. Sur la ligne des abscisses, on porte, dans le sens de OX′, la quantité constante 2K et, dans le sens OX, les longueurs Oc, Oc', Oc''....représentant les espaces parcourus. On décrit ensuite, sur les droites 2K + Oc, 2K + Oc'... comme diamètres, des demi-circonférences. Aux points où ces circonférences coupent les axes, on élève des perpendiculaires dont les points de rencontre appartiennent à la parabole cherchée. En effet, une ordonnée quelconque dc' est égale à Om; mais, d'après ce qui a été démontré en géométrie, on a :

$$\overline{Om^2} = OF \times Oc'$$

En remplaçant ces longueurs par leurs valeurs correspondantes, il vient :

$$v^2 = 2K \times e,$$

ou

$$e = \frac{v^2}{2K}$$

LIGNE REPRÉSENTATIVE DES ACCÉLÉRATIONS

529. 1° Si le mouvement est uniformément accéléré, l'accélération K, c'est-à-dire l'accroissement de vitesse, étant constante et positive, sera représentée par une droite parallèle à l'axe des temps OX, au-dessus de cet axe et à une distance égale à l'ordonnée de la vitesse au bout de la première seconde.

2° Pour le mouvement uniformément retardé, l'accélération étant constante et négative, la droite se trouvera au-dessous de l'axe OX et à une distance égale à K.

Chute des corps

530. Nous démontrerons dans la troisième partie (Dynamique) que le mouvement uniformément varié est dû à l'action d'une force constante, c'est-à-dire agissant sur le mobile avec la même intensité. Le mouvement produit sera uniformément accéléré ou uniformément retardé selon que cette force constante sera accélératrice ou retardatrice. Or, la pesanteur qui est la force en vertu de laquelle les corps abandonnés à eux-mêmes tombent à la surface de la terre, peut être considérée comme constante lorsque la hauteur de chute du corps est très petite par rapport au rayon de la terre; c'est d'ailleurs ce qui a lieu pour les expériences que nous pouvons faire sur notre globe.

531. Les lois du mouvement vertical, dans le vide, des corps pesants, ou *lois de la chute des corps*, sont donc les mêmes que celles du mouvement uniformément accéléré. Elles peuvent se résumer de la manière suivante :

1° *Dans le vide, les corps tombent avec la même vitesse ;*

2° *Les espaces parcourus sont proportionnels aux carrés des temps employés à les parcourir;*

3° *La vitesse est proportionnelle au temps de chute.*

La première loi veut dire que, quelles que soient la substance et la forme des corps, ils acquièrent, dans le vide, la même vitesse au bout du même temps; car les corps abandonnés à eux-mêmes *dans l'air* tombent à la surface du sol avec des vitesses bien différentes. Des expériences journalières nous montrent que les corps légers ayant une grande surface tombent beaucoup plus lentement que les corps lourds. Cette différence provient de la résistance que l'air oppose lorsqu'il est traversé par les corps. Ladite résistance a d'autant plus d'effet que le corps est plus léger et présente une surface plus considérable.

Cette première loi se vérifie au moyen du tube de Newton. Les deux autres se démontrent au moyen du plan de Galilée, de la machine d'Atwood et de l'appareil Morin (Physique).

ACCÉLÉRATION DE LA PESANTEUR

532. L'accélération de la pesanteur n'est pas constante pour tous les points du globe; elle atteint son maximum au pôle et diminue jusqu'à l'équateur, où elle arrive à son minimum. Cette accélération, qu'on désigne généralement par g, pourrait être évaluée approximativement avec les appareils que nous venons de citer ; mais elle a été déterminée avec beaucoup plus de précision à l'aide des oscillations du pendule et elle a été trouvée de $9^m,8088$ à la latitude de Paris. Les valeurs numériques de g en différents points du globe sont indiquées dans le tableau suivant :

LIEUX	LATITUDES	VALEURS de g.
Équateur........	0°	9,7806
Ile-de-France....	20° 9' 40" sud	9,7877
Barcelone........	41° 25' 15"	9,8033
Paris...........	48° 50' 14"	9.8088
Londres..... ...	51° 31' 8"	9,8180
Spitzberg........	79° 49' 58"	9,8298
Pôle Nord	90°	9,8314

FORMULES RELATIVES A LA CHUTE DES CORPS

533. Les équations du mouvement de la chute des corps sont celles que nous avons établies pour le mouvement uniformément varié. Il suffira donc de les reprendre en désignant l'espace parcouru par h et l'accélération par g. On aura alors :

$$v = v_0 + gt,$$
$$h = v_0 t + \frac{1}{2} g t^2,$$
$$v^2 - v_0^2 = 2gh.$$

Supposons que le corps tombant parte du repos. Alors, les formules précédentes deviennent :

(1) $$v = gt,$$
(2) $$h = \frac{1}{2} g t^2$$

De ces deux équations, on tire la suivante :

(3) $$v^2 = 2gh$$

Si le corps était lancé verticalement,

de bas en haut, avec une vitesse initiale v_0, le mouvement serait uniformément retardé et les formules, dans ce cas, deviendraient :

(4) $$v = v_0 - gt,$$
(5) $$h = v_0 t - \frac{1}{2} g t^2.$$

En éliminant t dans ces deux équations, on tire :

(6) $$v_0^2 - v^2 = 2gh$$

534. *Remarque* I. La question la plus intéressante à résoudre consiste à déterminer la hauteur à laquelle un mobile, lancé verticalement de bas en haut, parviendra avant de retomber. Remarquons que, lorsque le mobile est arrivé à la plus grande hauteur, sa vitesse est nulle. On a donc, d'après l'équation (4) :

$$0 = v_0 - gt.$$

D'où $$t = \frac{v_0}{g}.$$

Cette valeur de t, insérée dans l'équation (5), donne :

$$h = \frac{v_0^2}{2g} - \frac{1}{2} \frac{v_0^2}{2g}.$$
$$h = \frac{v_0^2}{2g}.$$

Cette hauteur s'appelle la *hauteur due à la vitesse*.

Or l'équation (3) donne :

$$h = \frac{v^2}{2g}.$$

Conséquemment, *la hauteur qu'atteindra le corps sera la même que celle de laquelle il faudrait le laisser tomber pour qu'il ait au bas de sa chute la même vitesse v_0.*

Ce qui précède n'est qu'un cas particulier d'une propriété plus générale consistant en ce que la vitesse possédée par le mobile, en arrivent à un point déterminé quelconque de sa course, est la même, au sens près, dans la descente comme dans la montée. En effet, de l'équation (5), on tire :

$$t = \frac{v_0 \pm \sqrt{v_0^2 - 2gh}}{g}.$$

Les deux valeurs qu'on obtiendrait en prenant les signes $+$ et $-$ seraient les temps employés par le mobile pour arriver à la hauteur h, d'abord en montant et ensuite en descendant. Si l'on remplace t par ces valeurs, dans l'équation (4) on trouve :

$$v = \pm \sqrt{v_0{}^2 - 2gh},$$

valeurs égales, mais de signe contraire, ce qui démontre la propriété énoncée.

Pour $h = 0$, on a :

$$v = \pm v_0.$$

Ainsi, le mobile revient au point de départ avec la vitesse qu'il avait en partant, mais cette vitesse a changé de signe. On comprend donc pourquoi la hauteur due à la vitesse initiale v_0 est celle d'où il faudrait que le mobile tombât pour acquérir au bas de sa chute la vitesse v_0.

535. *Remarque* II. Une autre propriété remarquable du mouvement vertical des corps consiste en ce que *le mobile met le même temps pour s'élever du point de départ à une hauteur quelconque* h *que pour revenir de cette hauteur au point de départ.*

En effet, l'équation (5) peut se mettre sous la forme :

$$t^2 - \frac{2v_0}{g} t + \frac{2h}{g} = 0.$$

Elle a, pour racines, les temps t' et t'' employés par le mobile pour s'élever du point de départ à la hauteur h et pour revenir à la même hauteur pendant la descente. Soit T le temps employé par le mobile pour revenir au point de départ. On aura, évidemment, pour le temps employé par le mobile à descendre de la hauteur h jusqu'au point de départ, la valeur $T - t''$. Or on obtient T en faisant $h = 0$ dans l'équation précédente, ce qui donne les deux valeurs : .

$$0 \text{ et } \frac{2v_0}{g}.$$

Donc $\quad\quad T = \frac{2v_0}{g}.$

Mais, en vertu des propriétés des équations du second degré, on a aussi :

$$t' + t'' = \frac{2v_0}{g}.$$

Conséquemment,

$$t' + t'' = \text{T}.$$

D'où $\quad\quad \text{T} - t'' = t',$

ce qui démontre la propriété énoncée.

Problème n° 72.

536. *Quelle est la nature du mouvement représenté par l'équation :*

$$e = l + mt + nt^2 ?$$

Il suffit, pour résoudre ce problème, de déterminer comment varie la vitesse de ce mouvement donné. Rappelons que la vitesse, à un instant quelconque, est égale au rapport de l'espace parcouru au temps, lorsque ce temps est infiniment petit. Cherchons, d'après l'équation donnée, l'espace e parcouru pendant le temps t, puis l'espace e' parcouru pendant le temps $(t + \lambda)$ et nous aurons :

(1) $\quad\quad e = l + mt + nt^2,$
(2) $\quad e' = l + m(t + \lambda) + n(t + \lambda)^2.$

L'espace $e' - e$ parcouru pendant le temps λ s'obtient en retranchant, membre à membre, les équations (1) et (2), ce qui donne :

$$e' - e = m\lambda + 2nt\lambda + n\lambda^2.$$

La vitesse moyenne, pendant ce temps λ, sera :

$$\frac{e' - e}{\lambda} = m + 2nt + n\lambda.$$

La vitesse v à l'instant considéré sera la limite de $\dfrac{e' - e}{\lambda}$, alors que λ tend vers zéro. Donc :

$$v = \text{limite } \frac{e' - e}{\lambda} = m + 2nt.$$

Cette formule $v = m + 2nt$ montre que la vitesse varie proportionnellement au temps. Donc le mouvement est uniformément accéléré si n est positif, et uniformément retardé si n est négatif.

537. *Accélération du mouvement.* L'accélération du mouvement ou la variation de la vitesse est $2n$. Si K désigne cette accélération, on a :

$$K = 2n.$$

538. *Remarque.* Si, dans les formules,

$$e = l + mt + nt^2 \text{ et } v = m + 2nt,$$

on fait $t = 0$, on obtient :

$$e = l \text{ et } v = m,$$

c'est-à-dire que, à l'origine du temps, le mobile était à une distance l de l'origine des espaces et qu'il possédait une vitesse initiale m.

539. *Remarque importante.* Lorsqu'on étudie les différents mouvements en appliquant l'algèbre supérieure, on démontre que la vitesse, à un instant donné, est la *dérivée de l'espace considéré comme fonction du temps.* De même, *l'accélération est la dérivée de la vitesse considérée aussi en fonction du temps.*

540. Bien que, dans cet ouvrage, l'auteur ne veuille utiliser que les mathématiques élémentaires, il croit cependant qu'il est utile de donner quelques définitions sur les expressions ci-dessus et indiquer les avantages qu'elles peuvent présenter dans les cas les plus simples.

541. *Dérivée d'une fonction.* On appelle *dérivée d'une fonction*, la limite du rapport de l'accroissement de la fonction à l'accroissement de la variable, lorsque ce dernier accroissement tend vers zéro. Donc, d'après le problème précédent, la vitesse, à un instant donné, est la dérivée de l'espace e considéré comme fonction du temps.

542. *Dérivée d'une fonction algébrique entière.* Les cours d'algèbre donnent la règle suivante : *La dérivée d'une fonction algébrique entière s'obtient en multipliant, dans chaque terme, le coefficient par l'exposant de la variable, en diminuant d'une unité cet exposant et en faisant la somme algébrique des résultats.*

EXEMPLE. L'équation $e = l + mt + nt^2$ est une expression qui donne la valeur de e en fonction de t. Si l'on applique la règle précédente, on trouve $m + 2nt$ pour sa valeur dérivée, ce qui est bien la valeur de la vitesse trouvée plus haut.

On voit également que la dérivée de la fonction $m + 2nt$ est $2n$, en appliquant la même règle. Donc :

1° La vitesse est la dérivée de l'espace considéré comme fonction du temps ;

2° L'accélération est la dérivée de la vitesse par rapport au temps.

Problème nº 73.

543. *Tracer les lignes représentatives des espaces et des vitesses du mouvement donné par l'équation :*

$$e = lt + Kt^2.$$

Ces lignes pourraient s'obtenir facilement en attribuant aux coefficients l et K des valeurs numériques ; puis, en faisant varier t, on trouverait les valeurs correspondantes de e. Mais nous allons étudier directement les points principaux et la forme de la courbe des espaces. Soient XX' l'axe des temps et YY' (*fig.* 285) celui des espaces. Cherchons d'abord les points où la courbe des espaces rencontre l'axe des temps. Pour cela, il suffit de faire $e = 0$ dans l'équation et nous aurons :

$$0 = lt + Kt^2,$$

ou

$$0 = t (l + Kt).$$

Or un produit de deux facteurs est nul si l'un ou l'autre des facteurs est nul. Donc l'espace sera nul pour :

$$t' = 0,$$

$$t'' = -\frac{l}{K}.$$

L'espace sera positif pour toutes les valeurs de t non comprise entre $-\frac{l}{K}$ et 0. L'espace minimum est $e = -\frac{l^2}{4K}$ et a lieu pour le temps

$$t = -\frac{l}{2K}.$$

Lorsque $t = \pm \infty$, l'espace $e = +\infty$.
Donc la valeur de e est $+\infty$ pour $t = -\infty$.

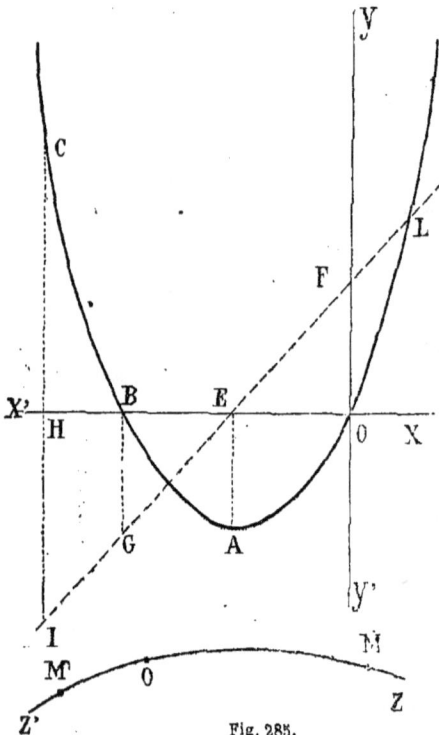

Fig. 285.

Elle diminue lorsque t augmente, devient nulle pour $t = -\dfrac{l}{K}$, puis négative; elle atteint son minimum pour $t = -\dfrac{l}{2K}$ et elle augmente lorsque t augmente, devient nulle de nouveau pour $t = 0$ et croît jusqu'à $+\infty$, lorsque t croît lui-même jusqu'à $+\infty$.

Ces différentes variations sont indiquées par la figure 285 et le tableau suivant :

Valeur de t.	Valeur de e.
$t = -\infty$	$e = +\infty$
$-\dfrac{l}{K}$	0
$-\dfrac{l}{2K}$	$-\dfrac{l^2}{4K}$ } mini-mum.
0	0
$+\infty$.	$+\infty$.

Il *serait facile de reconnaître que la courbe des espaces est une parabole*.

544. *Ligne des vitesses.* Après avoir construit la courbe des espaces, on pourrait, en menant des tangentes aux divers points, en déduire les vitesses correspondantes, mais il est préférable de tirer l'équation de la vitesse de l'équation donnée.

En appliquant l'une des deux règles exposées dans le problème précédent, on obtient la formule :

$$v = l + 2Kt.$$

Cette équation montre que la vitesse est proportionnelle au temps; par suite, elle sera représentée par une ligne droite IF (*fig.* 285) dont il suffit de connaître deux points. Si l'on fait $v = 0$, on a $t = -\dfrac{l}{2K}$, et si l'on fait $t = 0$, on a $v = l$.

La ligne des vitesses coupe l'axe XX' au point E, qui correspond au temps $-\dfrac{l}{2K}$. Elle coupe l'axe YY' au point F pour lequel on a $OF = l$. Cette ligne montre que la vitesse est négative tant qu'on a :

$$t < -\dfrac{l}{2K}.$$

Elle est nulle pour

$$t = -\dfrac{l}{2K}.$$

et devient positive pour

$$t > -\dfrac{l}{2K}.$$

545. *Marche du mobile sur sa trajectoire.* Nous profiterons du problème n° 73 pour étudier, d'après les courbes des espaces et des vitesses, comment le mobile se déplace sur sa trajectoire. Admettons que sa trajectoire soit la ligne ZZ' (*fig.* 285) et que le point O soit l'origine des espaces. *Considérons la courbe des espaces dans le sens* CBAOL. Le point C indique que le mobile est à une distance positive HC à partir de l'origine O et cela au temps représenté par —OH. Le mobile est donc en M tel que OM = HC. A cet instant, la vitesse HI du mobile étant négative, montre qu'il marche dans le sens négatif, c'est-à-dire de droite à gauche. Pour le temps — OB, l'ordonnée est nulle, ce qui indique que le mobile est à l'origine O, où il a une vitesse négative BG. A partir de cet instant, le mobile dépasse le point O pour se mouvoir sur la partie négative de sa trajectoire avec une vitesse qui diminue constamment. Au bout du temps — OE, sa vitesse est nulle et sa distance OM', à gauche de l'origine, est

égale à — EA, c'est-à-dire — $\dfrac{l^2}{4\mathrm{K}}$. Le mobile revient vers la droite, puisque sa vitesse change de signe et repasse à l'origine O avec une vitesse OF, continue sa marche dans le sens positif et repasse au point M avec une vitesse égale, mais de sens contraire à celle qu'il possédait quand il y passait en premier lieu.

Problème n° 74.

546. *Un mobile parcourt un espace e dans le temps t. La première moitié du mouvement est uniformément accéléré et l'autre moitié est uniformément retardé. Tracer la courbe des espaces*

Construisons un rectangle (*fig.* 286) dont la base représente le temps et la hauteur l'espace total. Partageons ce rectangle en quatre rectangles égaux et traçons les deux demi-paraboles AO et AB. Cette courbe OAB est bien la ligne demandée, car l'espace parcouru croît comme le carré

du temps pendant le temps OC = $\dfrac{t}{2}$

puis décroît suivant la même loi pendant la deuxième moitié du temps.

La ligne des vitesses se compose de deux lignes droites OE et ED faciles à obtenir. Le mouvement étant uniformément accéléré pendant le temps OC, sans vitesse initiale, a son équation de la forme :

$$e = \mathrm{K}t^2,$$
et, par suite, $\qquad v = 2\mathrm{K}t.$

Or, au bout du temps représenté par OC, l'espace et la vitesse seront :

$$e = \mathrm{K}.\ 4^2 = 16\,\mathrm{K},$$
$$v = 2\,\mathrm{K}.\ 4 = 8\,\mathrm{K}.$$

Donc, au temps OC, la vitesse CE est égale à la moitié de l'espace parcouru CA.

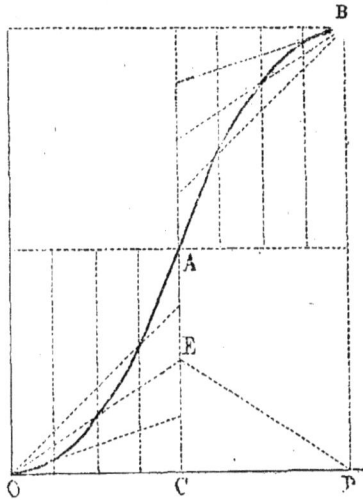

Fig. 286.

Lorsque le mobile a parcouru l'espace CA, sa vitesse diminue proportionnellement au temps et devient nulle quand le mobile est à la distance DB de l'origine. La tangente à la courbe des espaces au point B étant parallèle à l'axe des temps, montre bien que la vitesse au bout du temps OD est nulle.

Problème n° 75.

547. *Indiquer les différentes phases du mouvement d'un mobile dont la loi des espaces est donnée par la ligne ABDH (fig. 287).*

A l'origine du temps, le mobile est à une distance OA du point O de sa trajectoire, et dans le sens positif, c'est-à-dire à droite de l'origine des espaces. Il est d'abord au repos, puisque sa vitesse, à cet instant initial, est nulle; puis il se met

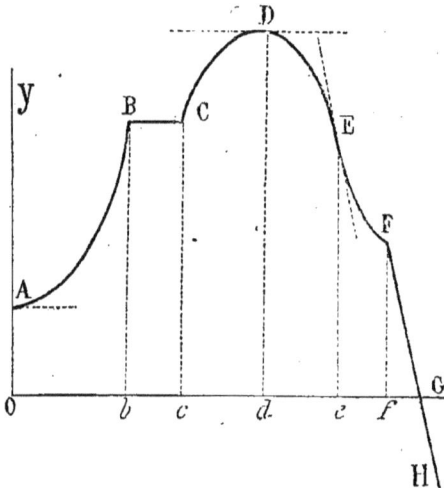

Fig. 287.

en mouvement avec une vitesse croissante et continue ce mouvement accéléré pendant le temps Ob. Quand il se trouve à une distance Bb, le mobile reste au repos pendant le temps bc, reprend ensuite sa marche, toujours dans le sens positif, avec un mouvement retardé comme l'indique la courbe CD. Sa vitesse est nulle au bout du temps Od et, à la fin de ce temps, sa distance à droite de l'origine des espaces est maximum. Le mobile revient alors vers la gauche, c'est-à-dire dans le sens négatif, avec une vitesse croissante pendant le temps de, puis le mouvement se ralentit et, lorsque le mobile n'est plus qu'à une distance Ff de l'origine, il prend un mouvement uniforme, toujours de droite à gauche. Au bout du temps OG, il passe à l'origine des espaces et continue son mouvement uniforme à gauche du point O de sa trajectoire.

Problème n° 76.

548. *Un mobile glisse sans frottement sur un plan incliné* BC (*fig*. 288); *trouver sa vitesse lorsqu'il arrive au bas du plan incliné, en supposant qu'il parte sans vitesse initiale du sommet de ce plan.*

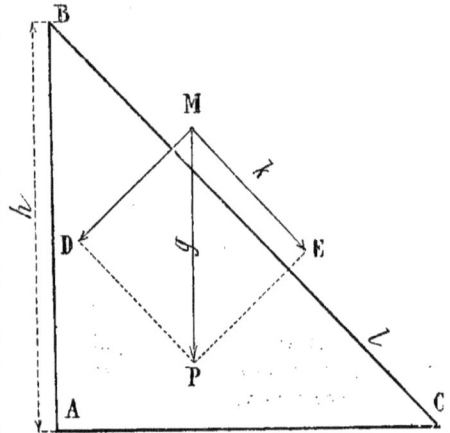

Fig. 288.

L'expérience de Galilée montre que le mouvement d'un corps sur un plan incliné, en supposant le frottement nul, est uniformément accéléré. On aura donc, en représentant par v et K la vitesse et l'accélération :

(1) $$v = Kt.$$

(2) $$e = \frac{Kt^2}{2}.$$

En éliminant t entre ces deux équations, on a :

(3) $$v^2 = 2Ke \text{ ou } v^2 = 2Kt.$$

L'accélération K s'obtient en décomposant l'accélération g de la pesanteur en deux autres : l'une, MD, normale au plan, qui sera sans effet; l'autre, ME, qui est celle du mouvement du mobile.

Les triangles rectangles semblables BAC, MPE donnent :

$$\frac{ME}{MP} = \frac{AB}{BC}$$

ou

$$\frac{K}{g} = \frac{h}{l}.$$

D'où

$$K = g\frac{h}{l}.$$

Remplaçant K par sa valeur dans l'équation (3), il vient :

$$v^2 = 2gh.$$

On voit donc que la vitesse du mobile au bas du plan incliné est la même que celle que posséderait le mobile s'il était tombé verticalement de la hauteur h.

549. *Remarque.* Quelle que soit l'inclinaison du plan incliné, pourvu que sa hauteur reste constante, la vitesse du mobile arrivant au bas du plan est aussi constante.

Problème n° 77.

550. *Quel temps mettra un corps pour tomber de la hauteur des tours de Notre-Dame, qui est de 66 mètres?*

Il faut prendre la formule de la chute des corps qui donne la relation entre l'espace et le temps, c'est-à-dire :

$$h = \frac{1}{2} g t^2.$$

de laquelle on tire :

$$t = \sqrt{\frac{2h}{g}}.$$

ou, en remplaçant les lettres par leur valeur,

$$t = \sqrt{\frac{2 \times 66}{9,81}} = 3'',66.$$

Résultat : $t = 3'',66$.

Problème n° 78.

551. *Un aéronaute tombe d'une hauteur de 1000 mètres. Quelle sera sa vitesse au moment où il touchera le sol?*

La formule $v = \sqrt{2gh}$, donne :

$v = \sqrt{2 \times 9,81 \times 1000} = 140$ mètres.

Résultat : $v = 140$ mètres environ.

Problème n° 79.

552. *De quelle hauteur doit tomber un corps pour avoir, au bas de sa chute, une vitesse de 15 mètres ?*

La formule $v^2 = 2gh$, donne :

$$h = \frac{v^2}{2g}.$$

D'où $h = \frac{\overline{15}^2}{19,62} = \frac{225}{19,62}$,

$$h = 11^m,46.$$

Résultat : $h = 11^m,46$

Problème n° 80.

553. *Pendant combien de temps un corps devra-t-il tomber pour avoir, à la fin de ce temps, une vitesse de 450 mètres?*

La formule $v = gt$, fournit :

$$t = \frac{v}{g},$$

$$t = \frac{450}{9,81} = 45'',87$$

Résultat : $t = 45'',87$.

Problème n° 81.

554. *Quel espace vertical parcourt un corps pendant la n^e seconde de sa chute?*

L'espace E, parcouru pendant la n^e seconde, sera égal à celui parcouru pendant n secondes, moins celui parcouru pendant $n - 1$ seconde.

$$E = e - e'$$

Or, $$e = g \frac{n^2}{2},$$

$$e' = g \frac{(n-1)^2}{2}.$$

Donc $$E = \frac{g}{2} \left(n^2 - (n-1)^2 \right),$$

$$E = \frac{g}{2} (n^2 - n^2 + 2n - 1),$$

$$E = \frac{g}{2} (2n - 1).$$

Supposons $n = 100$. On aura :

$$E = \frac{9,81}{2} (200 - 1) = 976^m,1.$$

Résultat, $E = \frac{g}{2} (2n - 1)$.

Pour $n = 100$, $E = 976^m,1$

Problème n° 82.

555. *Pendant combien de temps est tombé un corps, si l'espace parcouru pendant la dernière seconde est le dixième de l'espace total?*

Soit n la durée totale. L'espace parcouru sera :

$$e = \frac{1}{2} gn^2.$$

Le chemin parcouru pendant la dernière seconde sera :

$$e' = \frac{1}{2} g (2n - 1).$$

On aura donc, d'après l'énoncé du problème :

$$\frac{g}{2} (2n - 1) = \frac{1}{10} \times \frac{g}{2} n^2,$$

et, en effectuant :

$$n^2 - 20n + 10 = 0.$$

Cette équation du second degré a pour racines :

$$n = 10 \pm \sqrt{100 - 10},$$
$$n = 10 \pm \sqrt{90}$$
$$n = 10 \pm 9,4868.$$

Le signe positif convient seul, alors $n = 19'',48$.

Résultat : $19'',48$.

Problème n° 83.

556. *Un corps tombe du haut d'une tour qui a 120 mètres de hauteur. Quel temps mettra-t-il à parcourir une longueur égale aux $\frac{3}{4}$ de la hauteur de la tour et dont les extrémités sont à égale distance du pied de la tour et du sommet?*

Traitons le problème d'une manière générale. Soit h (fig. 289) la hauteur de la tour, A et B les points équidistants de ses extrémités. Représentons par m le rapport $\frac{AB}{h}$.

Fig. 289.

Le temps t que mettra le mobile à parcourir la hauteur MA sera

$$t = \sqrt{\frac{2MA}{g}},$$

et, pour parcourir MB, il mettra un temps t'

$$t' = \sqrt{\frac{2MB}{g}}.$$

Le temps demandé sera $t' - t$. Donc

$$t' - t = \sqrt{\frac{2MB}{g}} - \sqrt{\frac{2MA}{g}}$$

$$t' - t = \sqrt{\frac{2}{g}} \left(\sqrt{MB} - \sqrt{MA} \right)$$

Si O est le milieu de MN, on a

$$MB = MO + OB = \frac{h}{2} + \frac{1}{2} mh = \frac{h}{2} (1 + m).$$

$$MA = MO - OA = \frac{h}{2} - \frac{1}{2} mh = \frac{h}{2} (1 - m).$$

D'où, en remplaçant MB et MA, par leur valeur.

$$t' - t = \sqrt{\frac{2}{g}} \left(\sqrt{\frac{h}{2}(1 + m)} - \sqrt{\frac{h}{2}(1 - m)} \right),$$

ou

$$t' - t = \sqrt{\frac{h}{g}} \left(\sqrt{1 + m} - \sqrt{1 - m} \right)$$

Appliquons cette formule pour $h = 120$ mètres et $m = \frac{3}{4}$. Nous aurons,

$$t' - t' = \sqrt{\frac{120}{9,81}} \left(\sqrt{1 + \frac{3}{4}} - \sqrt{1 - \frac{3}{4}} \right).$$

En effectuant, on trouve $2'',88$, qui est le résultat demandé.

Problème n° 84.

557. *Un corps tombe 5 secondes avant un autre, qui part du même point. Quel intervalle les séparera quand le second sera tombé pendant 4 secondes?*

Le chemin parcouru par le premier, qui se meut pendant 9 secondes, sera

$$e = \frac{1}{2} gt^2 = \frac{9,81}{2} 9^2,$$

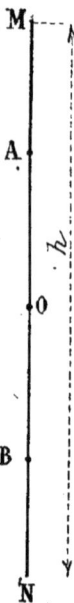

Celui parcouru par le second est

$$e' = \frac{9,81}{2} \, 4^2. \qquad \text{Donc,}$$

$$e - e' = \frac{9,81}{2}(9^2 - 4^2) = 65 \, \frac{9,81}{2}.$$

$$e - e' = 318^m,825$$

Résultat : $318^m,825$.

Problème n° 85.

558. *On laisse tomber deux corps dans le vide et du même point. Dix secondes après la chute du premier, ces deux corps sont éloignés de* $229^m,10$. *A quel moment a-t-on laissé tomber le second ?*

Soit x le moment auquel on a laissé tomber le second corps. Le premier a parcouru

$$e = \frac{g}{2} \, 10^2$$

et le second

$$e' = \frac{g}{2}(10 - x)^2.$$

Donc

$$e - e' = 229,10 = \frac{g}{2}\left(10^2 - (10 - x)^2\right)$$

En effectuant, on trouve

$$gx^2 - 20gx + 458,20 = 0.$$

Ou $\quad x^2 - 20x + \dfrac{458,20}{9,81} = 0.$

Et, enfin,

$$x = 10 \pm \sqrt{10^2 - \frac{458,20}{9,81}}.$$

Le signe négatif convient seul, car x doit être inférieur à 10 secondes. Donc

$$x = 10 - \sqrt{100 - \frac{458,2}{9,81}} = 2''7.$$

Résultat : $2'',7$

Problème n° 86.

559. *Avec quelle vitesse doit-on lancer verticalement un corps de haut en bas pour que, au bout de 5 secondes, il ait parcouru 800 mètres ?*

Prenons la formule

$$h = v_0 t + \frac{1}{2} \, g t^2.$$

de laquelle on tire :

$$v_0 = \frac{h - \frac{1}{2} g t^2}{t} = v_0 = \frac{800 - \frac{9,81}{2} 25}{5} = \frac{800}{5} - \frac{981 \times 15}{2 \times 5}$$

$$v_0 = 160 - 24,525 = 135,475$$

Résultat : $135^m,475$.

Problème n° 87.

560. *Un corps a parcouru 300 mètres pendant les 5 premières secondes de sa chute. Quel espace parcourra-t-il pendant la 21ᵉ seconde ?*

Cherchons d'abord avec quelle vitesse initiale v_0 le corps a commencé sa chute. La formule

$$h = v_0 t + \frac{1}{2} \, g t^2.$$

donne

$$v_0 = \frac{h - \frac{1}{2} g t^2}{t}.$$

Si n représente la vingt et unième seconde, l'espace parcouru h' sera

$$h' = v_0 n + \frac{1}{2} \, g n^2.$$

L'espace parcouru pendant vingt secondes, sera

$$h'' = v_0 (n - 1) + \frac{1}{2} g(n - 1)^2.$$

Donc l'espace x, parcouru pendant la vingt et unième seconde, sera

$$x = h' - h = \left[v_0 n + \frac{1}{2} g n^2\right] - \left[v_0(n-1) + \frac{1}{2} g(n-1)^2\right]$$

En effectuant, on trouve

$$x = v_0 + \frac{1}{2} g (2n - 1).$$

Remplaçant v_0 par sa valeur, on a

$$x = \frac{h}{t} + \frac{1}{2} g (2n - t - 1).$$

Remplaçant les lettres par les valeurs de l'énoncé, on a

$$x = \frac{300}{5} + \frac{1}{2} 9,81 (42 - 5 - 1) = 236,58.$$

Résultat : $236^m,58$.

Problème n° 88.

561. *On lance une pierre du haut d'une tour avec une vitesse de 4 mètres par seconde. Au bout de combien de temps atteindra-t-elle le sol, sachant que si on la laisse tomber librement elle l'atteint en 3 secondes?*

La formule $h = \frac{1}{2} gt^2$ donne la hauteur h de la tour lorsque la pierre tombe librement. De même, si x représente le temps demandé, la formule

$$h = v_0 x - \frac{1}{2} gx^2$$

donne la même hauteur. Donc,

$$\frac{1}{2} gt^2 = v_0 x + \frac{1}{2} gx^2,$$

ou $$\frac{1}{2} g 3^2 = 4x + \frac{1}{2} gx^2.$$

$$\frac{1}{2} gx^2 + 4x - \frac{1}{2} g.9 = 0.$$

$$gx^2 + 8x - 9g = 0,$$

et, enfin, $$x^2 + \frac{8}{9,81} x - 9 = 0.$$

De cette équation, on tire

$$x = - \frac{4}{9,81} \pm \sqrt{\frac{16}{(9,81)^2} + 9}.$$

Le signe $+$ est seul admissible.

$$x = - \frac{4 + \sqrt{882,1249}}{9,81} = 2'',62.$$

Résultat 2″,62.

Problème n° 89.

562. *On lance un corps verticalement de bas en haut avec une vitesse de 50 mètres. Quelle hauteur atteindra-t-il et combien aura-t-il parcouru de mètres pendant les deux premières secondes de son mouvement?*

1° La hauteur à laquelle arrivera le corps est donnée par l'équation

$$h = \frac{v_0^2}{2g}.$$

D'où $$h = \frac{50^2}{19,62} = 127^m,42.$$

2° L'espace parcouru pendant les deux premières secondes s'obtient à l'aide de la formule

$$h' = v_0 t - \frac{1}{2} gt^2.$$

$$h' = 50 \times 2 - \frac{9,81}{2}. 4.$$

$$h' = 100 - 19,62 = 80,38.$$

Résultats : $\begin{cases} 1° \ 127,42. \\ 2° \ 80^m,38. \end{cases}$

Problème n° 90.

563. *Une pierre lancée de bas en haut est revenue au point de départ au bout de 5 secondes. Quelle était sa vitesse initiale et à quelle hauteur s'est elle élevée?*

Nous avons vu, d'après la théorie de la chute des corps, qu'un mobile lancé verticalement mettait le même temps pour monter et redescendre. Donc l'ascension de la pierre a duré $\frac{5}{2}$ secondes. Par suite,

$$v_0 = g \frac{5}{2}.   \text{D'où :}$$

$$v_0 = \frac{9,81 \times 5}{2} = 29,525$$

La hauteur d'élévation est

$$h = \frac{v_0^2}{2g} = g \frac{25}{8} = 30^m,65.$$

Résultats $\begin{cases} v_0 = 29,525 \\ h = 30^m,65. \end{cases}$

MOUVEMENT MOYEN. — GRAPHIQUE DES TRAINS

564. Lorsqu'on rencontre un mouvement varié et plus particulièrement un mouvement périodique, il est plus commode de lui substituer un mouvement uniforme, appelé *mouvement moyen*, tel que les espaces parcourus pendant la durée du mouvement ou pendant les diverses périodes, soient les mêmes.

565. VITESSE MOYENNE. — *La vitesse moyenne relative à un certain temps est la vitesse constante que le mobile devrait pos-*

séder pour parcourir uniformément, dans ce temps l'espace qu'il décrit en réalité avec une vitesse variable.

566. La vitesse moyenne est très souvent employée pour exprimer la rapidité des diverses pièces des machines. Elle présente l'avantage de ramener le mouvement varié au mouvement uniforme, sur lequel les calculs sont beaucoup plus simples. La ligne ondulée des espaces d'un mouvement périodique sera alors représentée par une ligne droite.

Exemple. Supposons un piston nécessitant en moyenne $\frac{7}{10}$ de seconde pour décrire sa course, qui est de $1^m,54$. Sa vitesse réelle, à un instant quelconque de cette course, est essentiellement variable puisque le mouvement du piston est périodique; mais, si cet organe était animé d'une vitesse constante de $2^m,20$ par seconde, on trouve que, dans l'intervalle de $\frac{7}{10}$ de seconde, il décrirait encore sa course, qui serait alors l'objet d'un mouvement uniforme. Cette vitesse constante de $2,20$ par seconde est donc la vitesse moyenne du piston relative à chaque course.

Généralement, dans une machine à vapeur la vitesse moyenne est obtenue en comptant le nombre de tours que fait la manivelle par minute. Supposons que la machine désignée ci-dessus fasse 40 tours par minute. L'espace e parcouru par le piston dans une minute sera

$$e = 2 \times 40 \times 1^m,54 = 123^m,20$$

et sa vitesse moyenne v, par seconde, sera

$$v = \frac{123,20}{60} = 2^m,053$$

Remarque. Au lieu de rapporter la vitesse moyenne à la seconde, on la rapporte quelquefois à l'heure.

TABLEAU
DE
DIVERSES VITESSES
EXPRIMÉES EN MÈTRES PAR SECONDE
donné par James Jackson

	Mètres par seconde
Progression maximum de la Mer de Glace, d'après Tyndall...................	0 000 0099
Croissance du bambou (*Bambusa phyllostachys mitis*)...................	0 000072
Écoulement du sang dans la queue du têtard...................	0 00050
Écoulement du sang dans les capillaires de la rétine de l'homme......	0 00075
Progression maximum du glacier de Jakobshavn (Groenland), d'après Helland	0 00026
Vitesse ascensionnelle de la marée à St-Malo par une marée de 13^m, 33......	0 00111
Colimaçon...........................	0 0015
Chute de la Terre vers le Soleil.........	0 003
Combustion de la poudre de guerre à l'air libre, d'après Piobert.........	0 013
Écoulement du sang dans l'artère crurale du chien...........................	0 16
Combustion de la poudre dans l'âme des canons de gros calibre, d'après Castan	0 32
Écoulement du sang dans l'aorte du chien......................	0 40
Combustion du coton-poudre non comprimé, opérée sans détonation, d'après Piobert.....................de 0,80 à	1 04
Un homme au pas, 4 kilomètres à l'heure	1 11
Un homme à la nage (J. B. Johnson, 5 août 1872), 805 mètres en 12 minutes, d'après Pettigrew.............	1 12
Chute d'un corps à la surface de la Lune après 1 seconde de chute...........	1 61
Un homme au pas, 6 kilomètres à l'heure	1 66
Vol du mâle du ver à soie (*Attacus paphia*), d'après Pettigrew.............	1 86
Le Mahari de Si Ali Bey en 1864, 206 kilomètres en 24 heures, d'après Volff et Blachère...........................	2 38
Course en *skidor* (patins à neige), 227 ki- en $21^h 22^m$, d'après Nordenskiöld.....	2 95
Comète de Halley en aphélie...........	3 »
Chute d'un corps à la surface de Mars après 1 seconde de chute...........	3 43
Tramways...................de 2 » à	3 50
Rivière à cours rapide...............	4 »
Chute d'un corps à la surface de Vénus après une seconde de chute.........	4 41
Sondage en mer profonde.............	4 57
Navire, 9 nœuds à l'heure (9×1852 mètres)...........................	4 63
Chute d'un corps à la surface de Neptune après une seconde de chute.........	4 67

	Mètres par seconde.
Chameau (hedjeïn), 185 kilomètres en 10ʰ 20ᵐ, d'après Burckhardt	4 97
Chute d'un corps à la surface de Mercure après une seconde de chute	5 28
Vitesse maximum du train d'inauguration du chemin de fer de Manchester à Liverpool, 15 septembre 1830	5 36
Tirage des cheminées de 3 » à	5 50
Course à pied (W. G. George en 1884), 2 milles anglais en 9ᵐ 17ˢ ²/₅	5 77
Vent ordinaire de 5 » à	6 »
Navire, 12 nœuds à l'heure (12 × 1852 mètres)	6 17
Vitesse, par rapport à l'air ambiant, du ballon dirigeable des capitaines Krebs et Renard; ascension de Meudon, 8 novembre 1884	6 39
Vague de 30 mètres d'amplitude par une profondeur de 300 mètres	6 82
Course à pied, d'après G. et E. Weber	7 10
Vol ordinaire de la mouche (Musca domestica), d'après Pettigrew	7 62
Bon vent pour moulin à vent	7 62
Renne tirant un traîneau	8 40
Navire, 17 nœuds à l'heure (17 × 1852 mètres)	8 75
Course en vélocipède (R. H. English, 10 septembre 1884), 2 milles anglais en 5ᵐ 33ˢ ²/₅	9 65
Chute d'un corps à la surface de la Terre après une seconde de chute	9 81
Vitesse de la périphérie d'une meule de moulin de 6,50 à	10 »
Brise fraîche	10 »
Chute d'un corps à la surface d'Uranus après 1 seconde de chute	10 30
Chute d'un corps à la surface de Saturne après 1 seconde de chute	10 80
Gouttes de pluie, d'après Rozet	11 »
Baleine franche, d'après Lacépède	11 »
Torpilleur, 21,76 nœuds à l'heure	11 19
Patineur exercé	12 »
Cheval de course (trotteur américain, 1881), 1 mille anglais en 2ᵐ 10ˢ ¹/₄	12 36
Torrents des Hautes-Alpes, d'après Surell	14 18
Pierre lancée avec force	16 »
Train express, 60 kilomètres à l'heure	16 67
Cheval de course (galop); Little Duck, Paris, 25 mai 1884, 2,400 mètres en en 2ᵐ 22ˢ	16 90
Vol de la caille	17 80
Chute d'un corps à la surface de la Terre après 2 secondes de chute	19 62
Train express, 75 kilomètres à l'heure	20 83
Vague de tempête dans l'Océan	22 85
Chute d'un corps à la surface de Jupiter après 1 seconde de chute	24 47

	Mètres par seconde.
Lévrier	25 31
Train express, 60 mille anglais à l'heure (60 × 1609ᵐ,3)	26 82
Vol du pigeon voyageur, d'après Gobin	27 »
Déplacement de la trombe du 14 février 1884, de Lynchburg à Washington, d'après Hazen	27 70
Vol du faucon	28 »
Tempête de 25 » à	80 »
Vitesse moyenne des boîtes dans les tubes de la télégraphie pneumatique à Berlin, d'après Armengaud	30 »
Vol de l'aigle	31 »
Bateau à patins sur les rivières gelées de l'Amérique du Nord	31 09
Chute d'un corps à la surface de la Terre après une chute de 50 mètres	31 33
Transmission des sensations dans les nerfs humains	33 »
Essai d'un train de chemin de fer de Jersey City à Philadelphie (Bound Brook Road)	35 75
Ouragan	40 »
Chute d'un corps à la surface de la Terre après une chute de 100 mètres	44 29
Ouragan déracinant les arbres	45 »
Chute sur le sol d'un aérolithe du poids d'environ 1 kilogramme et de forme cubique, d'après John Le Conte	48 45
Quatre pigeons voyageurs du comte Karolyi en 1884, de Paris à Pesth (1293 kilomètres) en 7 heures	51 31
Vitesse théorique maximum de la périphérie du volant d'une machine à vapeur	52 50
Vol de la mouche (Musca domestica), Maximum d'après Pettigrew	53 35
Déplacement de l'orage du 21 septembre 1881, de Cahors à Pradelles (194 kilomètres en 1 heure)	54 17
Chute sur le sol d'un aérolithe du poids d'environ 1 kilogramme et de forme sphérique, d'après John Le Conte	60 »
Chute d'un corps à la surface de la Terre après une chute de 200 mètres	62 63
Vol de l'hirondelle	67 »
Chute d'un corps à la surface de la Terre après une chute de 300 mètres	76 72
Vol d'un oiseau des plus fins voiliers (le martinet)	88 90
Chute d'un corps après 10 secondes de chute	98 09
Cyclone de Wallingford (Connecticut), 22 mars 1882, d'après Hazen	115 78
Vitesse initiale d'une balle de fusil à vent (compression de 100 atmosphères)	206 »
Propagation de la marée due au tremble-	

	Mètres par seconde.
ment de terre d'Arica, 13 août 1868 ; d'Arida à Honoloulou, d'après von Hochstetter	227 38
Vitesse d'un point à l'équateur de Mars.	244 »
Chute d'un corps à la surface du Soleil après 1 seconde de chute	269 77
Propagation du choc d'une explosion dans le sable humide, d'après Mallet	289 86
Propagation de la marée due au tremblement de terre de Krakatao, 27 août 1883 ; de Krakatao à Colon, d'après Bouquet de la Grye	294 »
Vitesse d'un point situé à la latitude de Paris (rotation autour de l'axe terrestre)	305 »
Vague atmosphérique due au tremblement de terre de Krakatao à Saint-Pétersbourg, d'après Rycatcheff. de 303 » à	334 »
Vitesse du son dans l'air (+ 10° C.) (1).	337 20
Jet de vapeur à la pression de 1/2 atmosphère s'échappant dans l'air	343 »
Vitesse initiale d'une balle de fusil (fusil Martini-Henry)	385 »
Air à la pression de 1 atmosphère s'échappant dans le vide	395 »
Pierres lancées par le Vésuve, d'après Vézian	406 »
Vitesse initiale d'une balle de fusil (fusil Mauser)	425 »
Vitesse initiale d'une balle de fusil (fusil Gras, modèle 1874)	430 »
Vitesse d'un point à l'équateur de Vénus.	454 58
Vitesse d'un point à l'équateur de la Terre	463 »
Vitesse initiale d'un boulet de canon (canon de l'armée de terre)	500 »
Jet de vapeur à la pression de 3 atmosphères s'échappant dans l'air	500 »
Jet de vapeur à la pression de 5 atmosphères s'échappant dans l'air	562 »
Jet de vapeur à la pression de 1 atmosphère s'échappant dans le vide	582 »
Vitesse initiale d'un boulet de canon (canon de marine) de 605 » à	700 »
Propagation du mouvement des marées dans l'Océan Pacifique septentrional ; maximum d'après Whewel	800 »
Secousse du tremblement de terre de Viège, 25 juillet 1855 ; de Viège à Strasbourg, d'après Otto Volger	872 »
Révolution de la Lune autour de la Terre (apogée)	970 »
Pierres lancées par le volcan de Ténériffe, d'après Vézian	975 »
Vitesse d'un point à l'équateur de Mercure	1.034 »

	Mètres par seconde.
Vitesse du son dans l'éther sulfurique (+ 10° C.)	1.039 »
Révolution de la Lune autour de la Terre (périgée)	1.080 »
Vitesse du son dans l'alcool (+ 10° C.).	1 157 »
Révolution du II° satellite de Mars (Deimos)	1.157 »
Vitesse du son dans l'acide chlorhydrique (+ 10° C.)	1.171 »
Vitesse du son dans l'essence de térébenthine (+ 10° C.)	1.276 »
Vitesse du son dans l'eau (+ 8°,1 C.), d'après Sturm et Colladon	1.435 »
Vitesse du son dans le mercure (+ 10° C.).	1.484 »
Mouvement propre télescopique de la Polaire (α de la Petite Ourse)	1.500 »
Vitesse du son dans l'acide azotique	1.535 »
Révolution du I° satellite de Mars (Phobos)	1.833 »
Vitesse du son dans l'eau saturée d'ammoniaque	1.842 »
Vitesse d'un point à l'équateur du Soleil	2.028 »
Vitesse du son dans le fanon de baleine.	2.246 »
Vitesse qu'il faudrait imprimer à un corps pour le projeter hors de l'attraction de la Lune, d'après Laplace	2.396 »
Explosion du gaz tonnant (hydrogène et oxygène), d'après Berthelot	2.500 »
Vitesse du son dans l'étain	2.550 »
— dans l'argent	3.060 »
Révolution du IV° satellite d'Uranus (Obéron)	3.300 »
Vitesse du son dans la fonte	3.540 60
— dans le bronze, dans le bois de chêne	3.648 »
Vitesse théorique d'une onde séismique dans le granit compact, d'après Ewing de 2.450 » à	3.650 »
Révolution du VIII° satellite de Saturne (Japet)	3.738 »
Révolution du III° satellite d'Uranus (Titania)	3.814 »
Vitesse d'un point à l'équateur d'Uranus	3.904 »
Vitesse du son dans le cuivre rouge	4.080 »
— dans le bois de hêtre	4.250 »
Révolution du satellite de Neptune	4.504 »
Vitesse du son dans le bois de frêne, d'orme	4.896 »
Révolution du II° satellite d'Uranus (Umbriel)	4.906 »
Vitesse du son dans le bois de tilleul	5.100 »
Révolution de Neptune autour du Soleil.	5.390 »
Vitesse du son dans le bois de pin	5.440 »
— dans le fer, l'acier, le verre	5.668 »
Révolution du I° satellite d'Uranus (Ariel)	5.763 »
Explosion du coton-poudre, d'après Abel et Nobel de 5.180 » à	5.790 »

(1) La vitesse du son dans l'air augmente de 0m,626 pour chaque degré Centigrade d'élévation de température.

	Mètres par seconde.
Révolution du VIIe satellite de Saturne (Hypérion)	5.794 »
Vitesse du son dans le bois de sapin..	6.120 »
Révolution du VIe satellite de Saturne (Titan)	6.398 »
Vitesse du son à la surface du Soleil (1).	6.591 »
Révolution d'Uranus autour du soleil....	6.730 »
Déplacement du Soleil vers la constellation d'Hercule (entre π et μ)	7.642 »
Révolution du IVe satellite de Jupiter (Calisto)	8.359 »
Vitesse théorique d'un corps qui arriverait au centre de la Terre après une chute de 19m 10e.	9.546 »
Révolution de Saturne autour du Soleil	9.584 »
— du Ve satellite de Saturne (Rhéa)	9.741 »
Vitesse d'un point à l'équateur de Saturne	10.541 »
Révolution du IIIe satellite de Jupiter (Ganymède)	10.869 »
Mouvement propre télescopique de Véga (α de la Lyre)	11.000 »
Révolution du IVe satellite de Saturne (Dioné)	11.516 »
Vitesse qu'il faudrait imprimer à un corps pour le projeter hors de l'attraction de la Terre, d'après Flammarion	11.700 »
Vitesse d'un point à l'équateur de Jupiter	12.491 »
Révolution de Jupiter autour du Soleil..	12.921 »
Révolution du IIIe satellite de Saturne (Téthys)	13.038 »
Révolution du IIe satellite de Jupiter (Europe)	13.999 »
Révolution du IIe satellite de Saturne (Encelade)	14.568 »
Mouvement propre télescopique de Sirius (α du Grand Chien), d'après Gill Elkin	15.449 »
Révolution du Ier satellite de Saturne (Mimas)	16.425 »
Révolution du Ier satellite de Jupiter (Io)..	17.667 »
Bolide du 14 mai 1864; aérolithe d'Orgueil (Tarn-et-Garonne), d'après Laussedat.	20.000 »
Mouvement propre spectroscopique de la Chèvre (α du Cocher), d'après Christie et Maunder	+20.000 »
Mouvement propre télescopique de α du Centaure, d'après Gill et Elkin (2)	23.174 »
Révolution de Mars autour du Soleil..	23.863 »
Mouvement propre télescopique de Talita (ι de la Grande Ourse)	26.300 »
Mouvement propre spectroscopique de Régulus (α du Lion), d'après Huggins de +19.000 » à	+27.000 »

(1) En attribuant, d'après Rosetti, à la surface du Soleil une température de 10.000° C.
(2) La lumière met environ 4 ans à nous parvenir de cette étoile, qui est la plus rapprochée de nous.

	Mètres Par seconde.
Révolution de la Terre autour du Soleil	29.516 »
Mouvement propre spectroscopique de Mérak et de Phegda (β et γ de la Grande Ourse), d'après Huggins de +27.000 » à	34.000 »
Révolution de Vénus autour du Soleil.	34.630
Mouvement propre spectroscopique de Sirius, d'après Huggins de +29.000 » à	35.000 »
Mouvement propre spectroscopique de Bételgeuze (α d'Orion, d'après Huggins	+35.000 »
Mouvement propre spectroscopique de Mérak (β de la Grande Ourse), d'après Christie et Maunder	+38.000 »
Mouvement propre télescopique de Sirius	38.600 »
Mouvement propre spectroscopique de Sirius (1) et de Castor (α des Gémeaux), d'après Christie et Maunder	+40.000 »
Mouvement propre spectroscopique de Markab (α de Pégase), d'après Christie et Maunder	—40.000 »
Mouvement propre spectroscopique de Castor, d'après Huggins de +37.000 » à	+45.000 »
Mouvement propre télescopique de la Chèvre.	47.100 »
Révolution de Mercure autour du Soleil.	47.327 »
Mouvement propre spectroscopique de Régulus, d'après Christie et Maunder.	+48.000 »
Aérolithe de Pultusk, 30 janvier 1878, d'après Schiaparelli	54.000 »
Mouvement propre spectroscopique de Sirrah (α d'Andromède), d'après Christie et Maunder	—56.000 »
Mouvement propre spectroscopique de la Perle (α de la Couronne Boréale), d'après Christie et Maunder	+58.000 »
Mouvement propre spectroscopique d'Arcturus (α du Bouvier) et de Véga, d'après Christie et Maunder	—62.000 »
Bolide du 14 mars 1863, visible dans l'Europe centrale et occidentale	63.000 »
Mouvement propre spectroscopique de Déneb (α du Cygne), d'après Huggins.	—63.000 »
Mouvement propre spectroscopique de Procyon (α du Petit-Chien), d'après Christie et Maunder	+64.000 »
Mouvement propre télescopique de la 61e du Cygne.	64.300 »
Mouvements ordinaires de l'atmosphère solaire de 30.000 » à	65.000 »
Mouvement propre spectroscopique de Déneb, d'après Christie et Maunder.	65.000 »
Étoiles filantes d'après A. Newton et Schiaparelli de 12.000 » à	71.000 »

(1) Tout en s'éloignant de nous avec une rapidité de 29 à 40 kilomètres par seconde, Sirius n'a pas cessé, depuis plusieurs milliers d'années, d'être la plus brillante étoile du ciel.

Metres
par seconde.

Bolide du 5 septembre 1868, d'après
A. Tissot......................   79.000 »
Mouvement propre spectroscopique de
Pollux (β des Gémeaux), d'après
Huggins......................   —79.000 »
Mouvement propre télescopique d'Arc-
turus............. ....   83.200 »
Mouvement propre spectroscopique de
Véga, d'après Huggins, de — 71.000 » à 87.000 »
Mouvement propre spectroscopique
d'Arcturus, d'après Huggins.......   —88.000 »
Bolide du 5 septembre 1868, d'Autriche
en France............. ....   88.000 »
Mouvement propre spectroscopique de
Dubhé (α de la Grande-Ourse), d'après
Huggins........ de — 74.000 » à   —97.000 »
Mouvement propre télescopique de ε de
l'Indien, d'après Gill et Elkin.,....   101.000 »
Mouvement propre spectroscopique d'Al-
giéba (γ du Lion), d'après Christie et
Maunder......................   —102.000 »
Mouvement propre télescopique de e de
l'Eridan, d'après Elkin...........   103.000 »
Mouvement propre télescopique de o²
de l'Eridan, d'après Gill...........   111.000 »
Mouvement propre télescopique de La-
caille 9352, d'après Gill...........   117.000 »
Mouvement propre spectroscopique de
Bételgeuze , d'après Christie et
Maunder......................   +121.000 »
Mouvement propre télescopique de ζ du
Toucan, d'après Elkin............   163.000 »
Mouvement propre télescopique de
Groombridge 1830, d'après R. S. Ball.   333.000 »
Comète de Halley en périhélie.......   393.000 »
Tempête de l'atmosphère solaire, d'après
Young.........................   402.000 »
La grande comète de 1882 en périhélie,
d'après Schiaparelli..............   480.000 »
La grande comète de 1843 en périhélie,
d'après R. S. Ball...............   521.000 »
Vitesse qu'il faudrait imprimer à un
corps à la surface du Soleil pour le
projeter hors de l'attraction solaire,
d'après Young et Flammarion......   608.000 »
Éruption solaire, d'après Secchi......   900.000 »
Électricité : fil télégraphique sous-
marin......................... 4.000.000 »
Courant voltaïque dans un circuit
télégraphique.................. 11.690.000 »
Courant d'induction dans un circuit
télégraphique.................. 18.400.000 »
Électricité : fil télégraphique aérien. 36.000.000 »
Éclairs dans une tache solaire, d'a-
près Peters (Naples, 1845).... .. 200.000.000 »
Vitesse de la lumière (pétrole),
d'après Cornu... .... 298.776.000 »

Metres
par seconde.

Vitesse de la lumière (le Soleil près
de l'horizon), d'après Michelson.. 299.940.000 »
Vitesse de la lumière (le Soleil près
de l'horizon), d'après Cornu...... 300.242.000 »
Vitesse de la lumière (chaux), d'après
Young et Forbes..... . .... 300.290.000 »
Vitesse de la lumière (chaux), d'après
Cornu (1874).................. 300.400.000 (1)
Vitesse de la lumière (lumière élec-
trique), d'après Young et Forbes.. 301.382.000 »
Courant électrique provenant de la
décharge d'une bouteille de Leyde
dans un fil de cuivre de 0ᵐ,0017 de
diamètre...................... 463.500.000 »

Il va sans dire que plusieurs des chiffres ci-dessus
ne peuvent être donnés avec exactitude et ne figurent
ici que pour fixer les idées ; ceux qui peuvent prêter
aux plus grandes variations doivent être considérés
comme des maxima.

Les vitesses de révolution des planètes et de leurs
satellites ont été calculées sur le chiffre de
148.250.000 kilomètres pour la distance moyenne du
Soleil à la Terre ; ces vitesses doivent être augmentées d'environ 12 ⁰/₀₀ si l'on adopte, au lieu du
chiffre précédent, celui de J. Young (1881), soit
150.025.162 kilomètres.

Le télescope ne permet d'apercevoir que les mouvements des étoiles à la surface de la sphère céleste ;
le spectroscope permet de découvrir l'augmentation
ou la diminution de la distance entre les étoiles et la
Terre ; dans la liste qui précède, cette augmentation
est désignée par le signe +, la diminution par le
signe —.

Graphique des trains.

567. On appelle, dans l'exploitation
des chemins de fer, *graphique des trains*,
une épure représentant les marches des
trains par des lignes droites. Ces épures
permettent de se rendre compte immédiatement des heures de départ et d'arrivée ;
elles indiquent les temps d'arrêt, les croi-
sements, les garages et les rencontres des
trains.

La figure 290 représente la marche des
trains de voyageurs, qui, de minuit à midi,
parcourent la voie entre Paris et Dijon

568. *Construction de l'épure.* Pour con-

(1) Chiffre adopté par le Bureau des longitudes pour a vitesse
de la lumière (*Annuaire* 1885, p. 726).

struire cette épure, on porte, sur un axe horizontal OX (fig. 290), des longueurs éga- les représentant les heures de la journée. On subdivise ces longueurs en parties plus

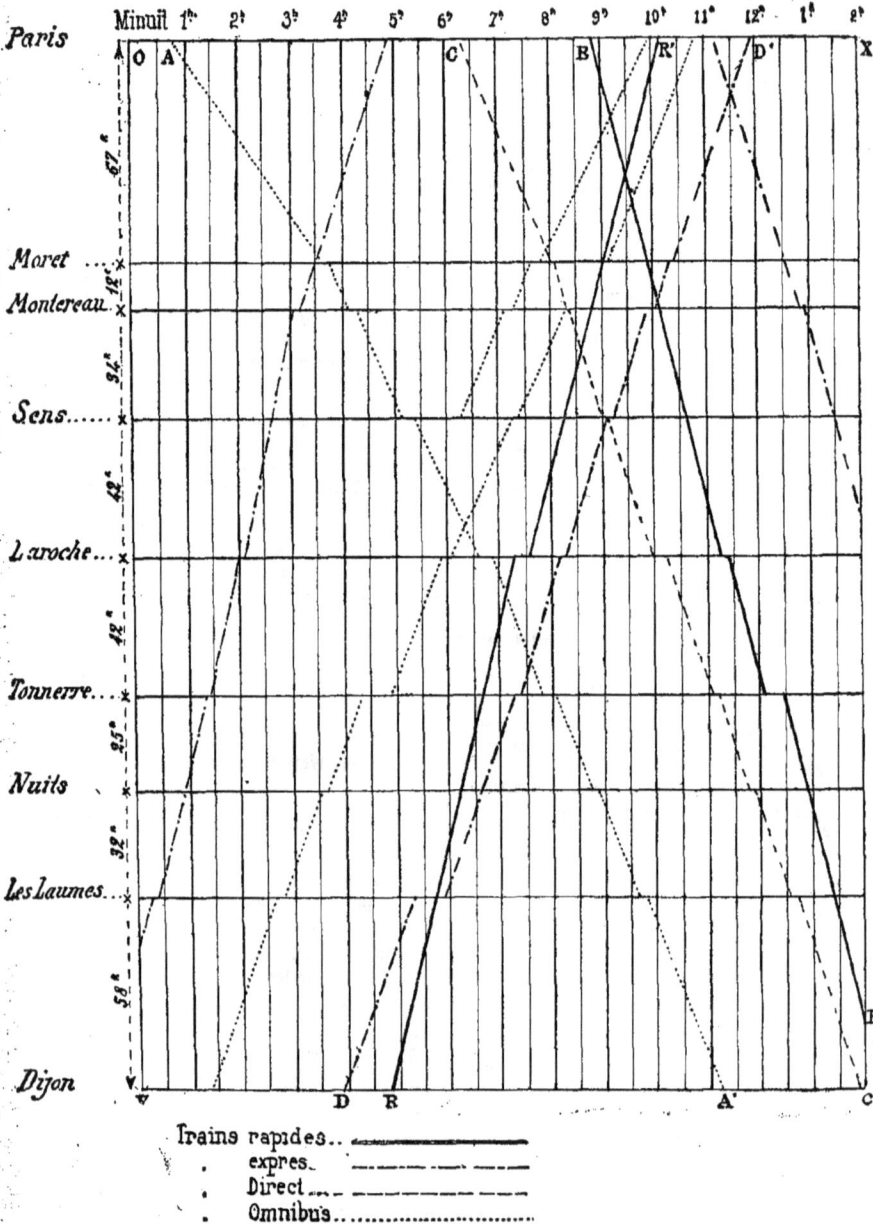

Fig. 290

petites représentant des intervalles de dix minutes. (Sur la figure les heures sont divisées seulement en deux parties égales représentant chacune trente minutes.) Les temps plus petits sont appréciés à l'œil. Sur un autre axe OY, perpendiculaire au premier, on porte des longueurs proportionnelles aux distances entre les stations. L'épure se trouve ainsi couverte d'un réseau de lignes perpendiculaires dont les unes, verticales, correspondent à une heure déterminée de la journée, et dont les autres, horizontales, correspondent à une station déterminée. Il est ensuite facile de tracer les droites qui figurent la marche des trains.

Considérons le train omnibus qui part de Paris à minuit 50^m. Il passe à Moret à 3^{h}50^m pour arriver à Montereau à 4^{h}9^m et en partir à 4^{h}22^m et ainsi de suite. On voit qu'il s'arrête dix minutes à Sens, neuf minutes à Laroche, huit minutes à Tonnerre, etc., et arrive enfin à Dijon à 11^{h}22^m du matin.

En substituant au mouvement varié du train un mouvement moyen, sa marche est indiquée par la ligne brisée AA' dont les parties obliques correspondent à la marche et les petites parties aux temps d'arrêt.

Le train direct qui part de Paris à 6^{h}28^m du matin est représenté par une ligne brisée CC' plus inclinée vers la verticale.

Le train rapide de 8^{h}55^m brûle les stations de Moret, Montereau, Sens et arrive à Laroche à 11^{h}20^m, en repart à 11^{h}26^m pour ariver à Tonnerre à midi 5^m. Après vingt-cinq minutes d'arrêt, il repart et arrive à Dijon à 2^{h}22^m en brûlant les stations intermédiaires. La ligne brisée BB' qui indique la marche de ce rapide est très inclinée. La figure montre que cette ligne rencontrera celles des trains partis de Paris à minuit 50^m et à 6^{h}28^m. Ces derniers devront donc se garer pour laisser la voie descendante libre.

Les trains allant de Dijon à Paris sont représentés par des lignes inclinées en sens inverse des précédentes. Ainsi le train expresse qui part de Dijon à 3^{h}54^m arrive aux Laumes à 5^{h}22^m et il repart à 5^{h}38^m. Après s'être arrêté quelques minutes à Tonnerre, il en repart à 7^{h}28^m. Il croise le train AA' entre Laroche et Tonnerre vers 7^{h}35^m. En continuant ainsi sa marche, il se trouve en gare de Sens en même temps que le train CC' descendant et repart cinq minutes après celui-ci. Il arrive à Paris à midi après avoir croisé le rapide descendant BB' entre Montereau et Moret.

Il n'y a pas à se préoccuper du point de croisement des trains allant en sens contraire puisque la voie est double. Si la voie était simple, comme cela existe sur des lignes peu importantes, les trains ne pourraient se croiser que dans une gare.

Cette épure met en évidence les rencontres de trains de différentes vitesses et permet de combiner les heures de leurs passages aux divers points d'arrêt de manière à éviter les collisions. Ainsi le train express DD' s'arrête trente-six minutes aux Laumes et se gare pour laisser passer le rapide RR' parti de Dijon à 4^{h}47^m.

569. *Remarque.* Les graphiques des chemins de fer sont plus compliqués que celui représenté par la figure 290 ; ils indiquent la marche de tous les trains de voyageurs et de marchandises et sont surtout importants pour ces derniers dont la marche lente les oblige à se garer très souvent pour laisser la voie libre aux trains de voyageurs.

Mouvement de rotation autour d'un axe.

570. *Le mouvement de rotation qu'on rencontre très souvent dans les machines est celui dans lequel le corps tournant autour d'un axe fixe, tous ses points décrivent des circonférences dont les plans sont perpendiculaires à cet axe.*

Il suit de cette définition qu'il suffit que l'un des points du corps soit animé d'un mouvement uniforme ou d'un mouvement varié pour que tous les autres possedent un mouvement semblable. Le mouvement de rotation d'un corps se ramène donc à celui d'un quelconque de ses points et, sous le rapport du temps, il se classe de la même manière.

571. Vitesse linéaire et vitesse angulaire. On distingue dans le mouvement de rotation deux espèces de vitesse : la *vitesse linéaire* et la *vitesse angulaire* ou de *rotation*.

572. *Vitesse linéaire.* La vitesse linéaire est la vitesse telle que nous l'avons définie dans les mouvements précédents, c'est-à-dire que si le mouvement de rotation est uniforme, la vitesse d'un point du corps est la longueur de l'arc de circonférence décrit pendant l'unité de temps. Si le mouvement de rotation est varié, la vitesse du point considéré serait la vitesse du mouvement uniforme qui succéderait au mouvement varié, si la cause qui produit la variation venait à cesser. Cette vitesse serait aussi égale au rapport de l'arc parcouru au temps employé à le parcourir, ce temps étant infiniment petit.

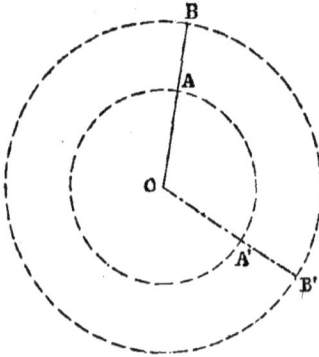

Fig. 291

Lorsqu'un corps tourne, la vitesse linéaire d'un point est proportionnelle à la distance de ce point à l'axe de rotation. En effet, soit deux points A et B (*fig.* 291) situés sur le même rayon tournant uni-

formément autour du point O. Si l'angle décrit par ce rayon, dans l'unité de temps, est BOB′, les vitesses linéaires des points A et B seront les arcs AA′ et BB′. Or ces arcs sont proportionnels aux rayons OA, OB. Donc :

$$\frac{v}{v'} = \frac{r}{r'}$$

573. *Vitesse angulaire.* La vitesse angulaire, dans l'hypothèse d'une rotation uniforme, est l'angle dont le corps tourne pendant l'unité de temps. La vitesse angulaire présente l'avantage d'être commune à tous les points du corps. Aussi est-elle fréquemment employée.

En énonçant la vitesse angulaire on doit indiquer l'unité d'angle et l'unité de temps.

Les unités d'angles les plus usitées sont : le *degré*, pour les vitesses peu considérables ; la *circonférence* ou le *tour*, pour les grandes vitesses. Ainsi on dit : *une vitesse de* 25 *degrés à la minute*, de 40 *tours à la minute*.

574. *Vitesse angulaire moyenne.* Dans le mouvement de rotation périodique des pièces des machines, on emploie toujours la vitesse *angulaire moyenne.* La vitesse angulaire moyenne, relative à un certain temps, est la vitesse angulaire constante que devrait prendre le corps pour décrire, d'une rotation uniforme, l'angle total dont il tourne, dans ce temps, avec une vitesse variable. Ainsi un volant faisant 1500 tours par heure en éprouvant à chaque tour des variations de vitesse, aura une vitesse angulaire moyenne de $\frac{1500}{60} = 25$ tours par minute, ou bien de $\frac{25}{60} = \frac{5}{12}$ de tour par seconde. En résumé, on substitue un mouvement moyen au mouvement varié de rotation.

Problème n° 91.

575. *Un volant fait* 3254 *tours en* 1ʰ 25′. 1° *quelle est la vitesse linéaire d'un point* *de la jante situé à 2^m,50 de l'axe? 2° quelle est sa vitesse angulaire ?*

1° En supposant le mouvement du volant uniforme, la vitesse linéaire v, ou l'arc parcouru dans 1 seconde, sera donné par la formule

$$v = \frac{e}{t}. \qquad \text{Or :}$$

$$e = 3254\,(2\pi \times 2.50) = 51113^m,83$$
$$t = (60 + 25)\,60 = 5100''$$

Donc

$$v = \frac{51113,83}{5100} = 10^m,022$$

2° La vitesse angulaire, ou le nombre de tours par minute sera :

$$v' = \frac{3254}{85} = 38^{tours},\ \frac{24}{85}$$

ou si on le préfère,

$$\frac{3254}{5100} = 0^{tour},\,638 \text{ par seconde.}$$

Problème n° 92.

576. *Quelle est la vitesse de la terre dans le mouvement diurne ? Déterminer aussi la vitesse absolue d'un point de l'équateur et la vitesse absolue de Paris, (Latitude 48°50'4").*

1° L'angle décrit par un point de la terre sera par heure :

$$a = \frac{360°}{24} = 15°$$

par minute :

$$a' = \frac{360°}{24 \times 60} = \frac{60°}{24} = 2°\,30'.$$

par seconde :

$$a'' = \frac{360°}{24 \times 60 \times 60} = \frac{360''}{24} = 15 \text{ secondes.}$$

2° La vitesse linéaire d'un point de l'équateur sera :

$$v = \frac{40.000.000}{86.400''} = 462^m,93.$$

Ce résultat correspond à environ 1666 kilomètres par heure.

3° Pour obtenir la vitesse absolue de Paris, il faut déterminer le rayon r du parallèle de latitude 48° 50' 15".

La figure 292 nous donne

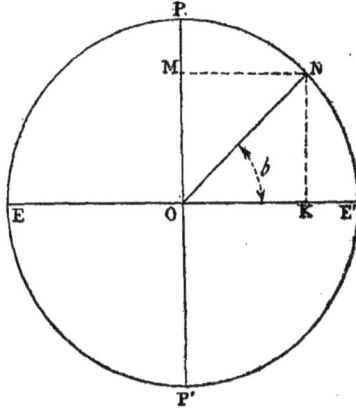

Fig. 292

$$OK = MN = r = R \cos b.$$

Donc

$$v = \frac{2\pi R \cos b}{86400}$$

Or $2\pi R = 40.000.000^m$.
$\cos b = \cos 48°\,50'\,15'' = 0.6581.$
D'où

$$v = \frac{40.000.000 \times 0,6581}{86400} = 304^m,67$$

Résultats $\begin{cases} 1°\ 15'' \text{ par seconde} \\ 2°\ 463^m \text{ environ.} \\ 3°\ 304^m \text{ à } 1^m \text{ près.} \end{cases}$

Problème n° 93.

577. *Une horloge marque midi. A quelle heure l'aiguille des minutes rencontrera-t-elle celle des heures ?*

Soit A (*fig.* 293) le point où les aiguilles se rencontreront, x le nombre de divisions comprises dans l'arc MA. La grande aiguille devra parcourir, avant la rencontre, le cadran plus l'arc MA, c'est-à-dire

$$60 + x \text{ divisions}$$

L'aiguille des heures n'aura parcouru que l'arc M A ou x divisions. Or les aiguilles ont un mouvement de rotation uniforme, dont les vitesses sont dans le rapport de 1 à 12. Conséquemment les es-

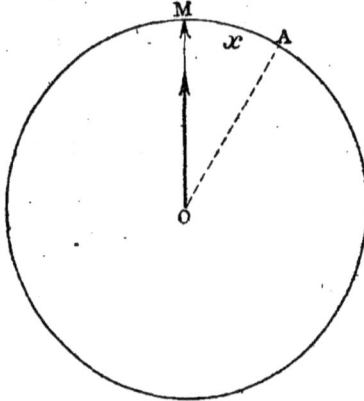

Fig. 293

paces seront dans le même rapport. D'où l'équation suivante :

$$\frac{60 + x}{x} = \frac{12}{1}$$

D'où $60 + x = 12\,x.$

$$x = \frac{60}{11} = 5^{m}\frac{5}{11}.$$

La rencontre aura lieu à

$$1^{h}5^{m}\frac{5}{11}$$

578. *Remarque.* Les aiguilles étant l'une sur l'autre au point A sont dans les mêmes conditions qu'au point M ; par suite, la nouvelle rencontre aura lieu $1^{h}5^{m}\frac{5}{11}$ plus tard. On peut donc établir le tableau suivant donnant les rencontres successives pour que les aiguilles soient de nouveau au point M.

1re Rencontre à	1^{h}	$5^{m}\frac{5}{11}$
2e —	$2^{h}10^{m}\frac{10}{11}$	
3e —	$3^{h}16^{m}\frac{4}{11}$	
4e —	$4^{h}21^{m}\frac{9}{11}$	
5e —	$5^{h}27^{m}\frac{3}{11}$	

6e rencontre à..........	$6^{h}32^{m}\frac{8}{11}$	
7e —	$7^{h}38^{m}\frac{2}{11}$	
8e —	$8^{h}43^{m}\frac{7}{11}$	
9e —	$9^{h}49^{m}\frac{1}{11}$	
10e —	$10^{h}54^{m}\frac{6}{11}$	
11e —	12^{h}»» »»	

Problème n° 94.

579. *Il est trois heures. A quelle heure les aiguilles seront-elles de nouveau à angle droit ?*

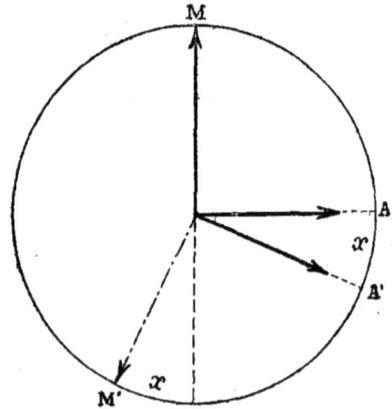

Fig. 294

Soit $AA' = x$ (*fig.* 294) le nombre de minutes parcourues par la petite aiguille. La grande aura parcouru pendant le même temps l'arc MAM', lequel est égal à $30 + x$ divisions. D'où l'équation :

$$\frac{30 + x}{x} = \frac{12}{1}$$

En résolvant, on trouve:

$$x = \frac{30}{11} = 2\frac{8}{11}.$$

L'aiguille des minutes aura parcouru $32^{m}\frac{8}{11}$

Il sera donc $3^h 32^m \frac{8}{11}$ lorsqu'elles seront

à angle droit. Résultat : $3^h 32^m \frac{8}{11}$.

Problème n° 95.

580. *Une montre a trois aiguilles et elle marque midi. On demande à quelle heure*

1° *L'aiguille des secondes rencontrera celle des heures ;*

2° *L'aiguille des secondes rencontrera celle des minutes ;*

3° *L'aiguille des secondes sera bissectrice de l'angle formé par les deux autres?*

1° Supposons que les aiguilles des heures et des secondes soient celles indiquées par la figure 295. Si x représente l'arc parcouru par l'aiguille des heures, l'arc parcouru par celle des secondes sera $60 + x$. Mais l'aiguille des secondes parcourt 60 fois le cadran pendant que celle des heures n'en parcourt que $\frac{1}{12}$. Les vitesses sont donc dans le rapport 720 à 1, d'où l'équation.

$$\frac{60 + x}{x} = \frac{720}{1}.$$

ou $720\, x = 68 + x$.

Et $\qquad x = \frac{60}{719}$

L'aiguille des secondes aura parcouru 60 divisions et $\frac{60}{719}$ de division et il sera midi 1 minute et $\frac{60}{719}$ de seconde.

2° Pour trouver l'heure à laquelle l'aiguille des secondes rencontrera celle des minutes, considérons la même figure. L'aiguille des minutes parcourera x divisions et celle des secondes $60 + x$. Or la première va 60 fois moins vite que la deuxième. Par suite, l'équation sera

$$\frac{60 + x}{x} = \frac{60}{1}$$

D'où $\qquad 60 + x = 60\, x.$

Et $\qquad x = \frac{60}{59} = 1\,\frac{1}{59}$

L'aiguille des secondes aura parcouru 61 divisions $\frac{1}{59}$ et il sera midi 1 minute 1 seconde et $\frac{1}{59}$ de seconde.

3° Supposons que, lorsque l'aiguille des secondes est bissectrice de deux autres, les aiguilles soient dans la même position

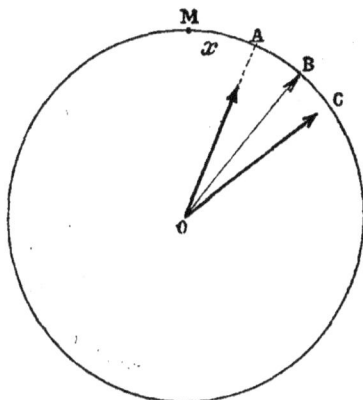

Fig. 295

indiquée par la figure 295. L'aiguille des heures aura parcouru l'arc MA $= x$; l'aiguille des minutes aura parcouru l'arc MC; l'aiguille des secondes aura parcouru l'arc MB.

L'aiguille des minutes allant 12 fois plus vite que celle des heures, il en résulte que:
arc M C $= 12$ arc MA $= 12\, x.$

Le chemin parcouru par l'aiguille des heures est x. Celui décrit pendant le même temps par l'aiguille des secondes est 60 divisions plus l'arc MB. On a donc l'équation :

(1) $\qquad \frac{60 + MB}{x} = \frac{720}{1}.$

Or $\quad MB = MA + \dfrac{AC}{2} = \dfrac{2MA + AC}{2}$

ou $MB = \dfrac{MA + MA + AC}{2} = \dfrac{MA + MC}{2}$

et, enfin, $\quad MB = \dfrac{x + 12x}{2} = \dfrac{13\, x}{2}$

L'équation (1) devient :

$$\frac{60\,\dfrac{13x}{2}}{x} = 720$$

$$60 + \frac{13x}{2} = 720\ ,$$

$$120 + 13x = 1440\,x,$$

D'où : $x = \dfrac{120}{1427}$

L'aiguille des secondes a parcouru :

$$60 + 13\frac{120}{1427} = 60\frac{780}{1427}\ \text{divisions.}$$

Il sera donc midi $1^{m}\dfrac{1427}{780}$ de seconde.

CHAPITRE III

MOUVEMENT PROJETÉ

581. Certaines questions de mécanique sur les forces et les mouvements qu'elles produisent, sont souvent simplifiées par l'emploi de la méthode des projections. La géométrie descriptive permet de résoudre les problèmes de la géométrie dans l'espace en ramenant à des constructions planes les opérations nécessaires à la solution des problèmes. De même, la méthode des projections ramène la considération d'un mouvement qui s'accomplit dans l'espace à celle de mouvements de points situés dans les plans.

Avant de donner des exemples sur la projection des mouvements, rappelons quelques définitions de la géométrie.

Projection orthogonale.

582. On nomme *projection orthogonale* d'un point sur un plan, le pied de la perpendiculaire abaissée de ce point sur ce plan.

583. La projection orthogonale d'une ligne sur un plan est le lieu des projections orthogonales de ses différents points.

584. La projection d'une ligne droite est aussi une ligne droite dont la grandeur dépend de la position de la droite par rapport au plan. Si la ligne considérée est une droite perpendiculaire au plan, sa projection est un point.

585. La perpendiculaire qui projette un point sur un plan se nomme la *projetante* de ce point.

586. Le lieu des projetantes des différents points d'une ligne est une surface cylindrique qu'on désigne sous le nom de *cylindre projetant*. Si la ligne considérée est droite, le cylindre projetant devient une surface plane à laquelle on donne le nom de plan projetant.

587. Les projections orthogonales, quoique les plus usitées, ne sont pas les seuls dont on fait usage. On projette souvent les points d'une même ligne à l'aide de projetantes obliques, parallèles à une même direction : c'est ce qu'on appelle une *projection oblique*. Quelquefois les droites projetantes, au lieu d'être parallèles à une même direction, sont assujetties à passer par un même point. On a alors ce qu'on appelle une *projection centrale* ou une *projection conique.*

Projection sur une droite.

588. On appelle *projection orthogonale d'un point* sur une droite, le point où cette droite rencontre le plan mené par le point perpendiculairement à la droite.

La projection d'une ligne quelconque sur une droite est la droite elle-même.

Projection du mouvement d'un point sur un plan.

589. D'après les définitions précédentes, si l'on considère un mobile M (*fig.* 296) parcourant une trajectoire quelconque A B et si l'on projette à chaque instant la position du mobile sur un plan P, on pourra regarder la projection M' du point M

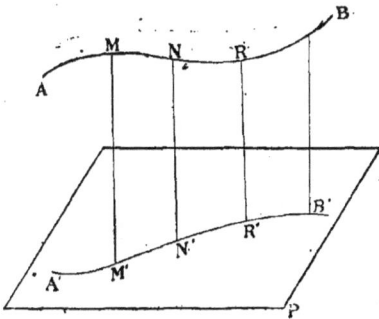

comme un second mobile qui parcourrait la projection A'B' de la trajectoire AB. On dit alors que le mouvement du point M' sur la ligne A'B' est la projection du mouvement du point M sur la ligne AB.

On voit que le mobile réel et le mobile fictif occuperont simultanément les positions M, et M', N et N', R et R' et que, par suite le mobile projeté mettra le même temps à aller du point M' au point R' que le mobile réel en mettra à aller du point M au point R.

Projection d'un mouvement d'un point sur une droite.

590. Supposons un mobile M (fig. 297) décrivant dans son mouvement la trajec-

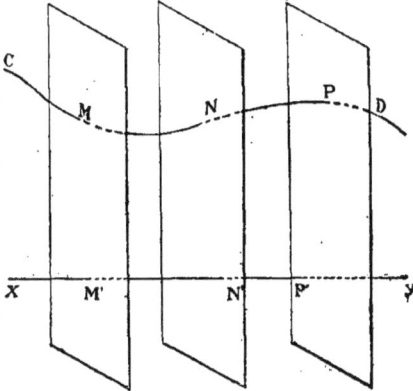

Fig. 297

toire CD. Si, à chaque instant, on projette la position du mobile sur la droite XY, on obtiendra un second mouvement rectiligne suivant XY, qu'on appellera la *projection* du premier.

Les points M, N, P étant des positions successives du mobile sur la trajectoire CD et M', N', P' leurs projections orthogonales sur la droite XY, le mobile fictif mettra le même temps pour aller de M' en P' que le mobile reel pour aller de M en P.

Mouvement d'un mobile dans l'espace.

591. Quand on connaît les projections du mouvement d'un point sur trois directions fixes, le mouvement de ce point dans l'espace est entièrement déterminé.

Considérons trois droites fixes OX, OY, OZ (*fig.* 298) respectivement parallèles aux trois arêtes d'un parallélépipède rectangle. Ces trois axes forment deux à deux trois plans, XOZ, ZOX, ZOY qu'on appelle *plans coordonnés*. Si, par un point M de l'espace, on mène trois plans parallèles aux plans coordonnés, ils coupent les axes aux points m, m', m'' et les plans XOZ, XOY,

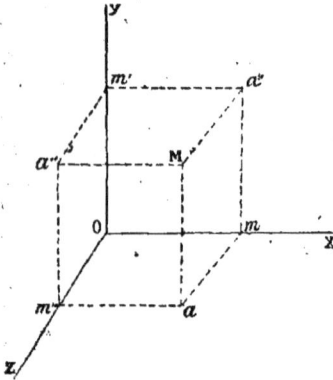

Fig 298

YOZ suivant les lignes ma, ma', $m'a'$, $m'a''$, $m''a$, $m''a''$. Les points m, m', m'' sont les projections du point M sur les axes. Les points a, a' a'' sont les projections du point M sur les plans coordonnés. Le solide compris entre les trois plans fixes et les trois plans menés par le point M forme un parallélépipède rectangle.

Supposons que le point M se meuve dans l'espace et qu'on connaisse à chaque instant les distances Om, Om', Om'' de l'origine aux projections sur les trois axes, on pourra en déduire facilement la position correspondante du mobile M. Il suffit pour cela d'achever le parallélépipède, en menant par les points m, m', m'' des plans parallèles aux plans fixes. Le point d'intersection de ces trois plans sera la position du point M.

On voit donc que tous les mouvements peuvent être ramenés à des mouvements rectilignes sur trois axes OX, OY, OZ. Il est bon de faire remarquer que les distances Om, Om', Om'' peuvent entrer dans le calcul avec les signes $+$ ou $-$ selon qu'elles sont situées d'un côté ou de l'autre de l'origine O.

On désigne généralement Om par x, Om' par y, et Om'' par z. Ce sont les trois coordonnés du point mobile. Le mouve-

vent du mobile est donc bien déterminé si l'on connaît les valeurs successives de x, y, z en fonction du temps.

La position du point M peut être encore définie si l'on connaît les projections a et a' du mobile sur deux plans coordonnés; il suffirait de mener par ces points les perpendiculaires aM, a'M. L'intersection de ces deux droites donnerait le point M. Il en serait de même si l'on connaissait seulement les projections a et a'' ou a' et a''. Le point M est donc déterminé par ses projections sur deux plans coordonnés, tandis qu'il ne peut être déterminé que par ses projections sur les trois axes.

Il est préférable d'employer la triple projection sur les axes plutôt que la double projection sur les plans, car les projections m, m', m'' sont indépendantes les unes des autres, tandis que les projections a a' sont assujetties à la condition d'être dans un plan parallèle au troisième plan coordonné.

592. *Remarque I.* — Si le mobile se meut dans un plan, on peut prendre ce plan pour l'un des plans coordonnés. L'une des coordonnées est alors constamment nulle et il ne reste que deux coordonnées, x et y par exemple, qui, exprimées en fonction du temps t, définissent le mouvement.

593. *Remarque II.* — Nous avons choisi de préférence trois axes rectangulaires OX, OY, OZ parce que les calculs sont plus simples, mais ces axes pourraient être quelconques.

594. Nous venons de voir que le mouvement d'un point dans l'espace pouvait être représenté et déterminé par trois mouvements rectilignes suivant trois axes. On peut donc déterminer pour chacun les valeurs des vitesses et des accélérations. Le problème qui se présente naturellement est le suivant : *Déduire la grandeur et la direction de la vitesse effective du mobile sur sa trajectoire à un instant donné, connaissant à ce même instant les vitesses des coordonnés* x, y, z.

Démontrons d'abord que la vitesse d'un mouvement projeté s'obtient en projetant la vitesse du mouvement réel.

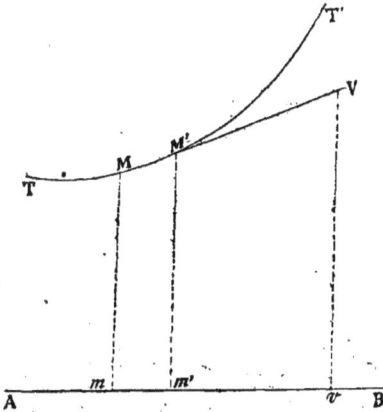

Fig. 299

Soit TT' (*fig.* 299) la trajectoire d'un mobile; AB une droite sur laquelle on projette le mouvement soit orthogonalement, soit parallèlement à un plan fixe. Si M M' sont deux positions successives du mobile et m, m' les projections de ces deux positions, le vrai mobile mettra autant de temps à parcourir la portion de trajectoire MM' que le mobile fictif met de temps à aller de m en m'. Admettons que ce temps soit infiniment petit. Alors la vitesse réelle V du mobile sera

$$V = \frac{MM'}{t}$$

et celle v de sa projection sera

$$v = \frac{mm'}{t}. \qquad \text{D'où :}$$

$$\frac{V}{v} = \frac{MM'}{mm'}$$

Les vitesses sont donc proportionnelles à l'élément rectiligne MM' et à mm'. Or mm' est la projection de MM'. Donc, à cause de l'égalité ci-dessus, on peut dire que v est la projection de V. Portons alors sur la tangente à la trajectoire, et au point M, une longueur MV égale à la vitesse réelle V du mobile et projetons son extrémité

en v, sur la droite AB. Les plans projetant MM' et V étant parallèles, on aura la proportion

$$\frac{MV}{mv} = \frac{MM'}{mm'} = \frac{V}{v}$$

Donc, si MV $=$ V, on a aussi $mv = v$
Quelle que soit la droite sur laquelle on projette le mouvement, la vitesse du mouvement projeté s'obtient en projetant la vitesse du mouvement réel.

Résolvons le problème proposé, c'est-à-dire déterminons la direction et la vitesse d'un mobile, connaissant, au même instant, les vitesses du mouvement projeté.

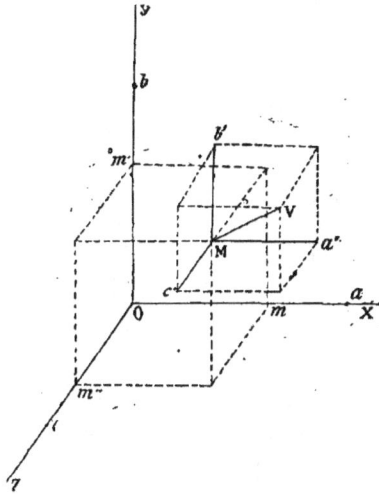

Fig. 300

Soient m, m', m'' (*fig.* 300) les projections de la position M du mobile. Portons sur chacun des axes, à partir de ces projections des quantités ma, $m'b$, $m''c$, égales ou proportionnelles aux vitesses respectives des points m, m', m'' et cherchons le point V qui a pour projections a, b, c. La droite MV sera la vitesse réelle du mobile en direction et en grandeur. Ce point V peut s'obtenir également en portant, à partir du point M, trois longueurs Ma', Mb', Mc', respectivement égales et parallèles à ma, $m'b$, $m''c$. Par les points $a'b'c'$, on mène trois plans parallèles aux plans coordonnés qui forment avec ceux-ci un parallélépipède dont la diagonale MV est la vitesse cherchée.

On voit donc que *la vitesse du mouvement effectif est, à chaque instant, représentée en grandeur et en direction par la diagonale du parallélépipède dont les arêtes sont égales et parallèles aux vitesses du mouvement projeté sur les trois axes.*

Si, comme nous l'avons supposé, les trois axes sont rectangulaires, le parallélépipède est rectangle et la grandeur de la vitesse s'obtient au moyen de l'équation :

$$\overline{MV}^2 = \overline{Ma'}^2 + \overline{Mb'}^2 + \overline{Mc'}^2$$

On peut aussi, connaissant les angles α, β, γ, que MV fait avec les axes, se servir des relations :

$$Ma' = MV \cos\alpha \text{ ou } Vx = V\cos\alpha$$
$$Mb' = MV \cos\epsilon \text{ ou } Vy = V\cos\epsilon$$
$$Mc' = MV \cos\gamma \text{ ou } Vz = V\cos\gamma$$

595. *Remarque I.* — Lorsque le mouvement du mobile a lieu dans un plan, le parallélépipède se réduit à un parallélogramme, et la vitesse est donnée, en grandeur et en direction, par la diagonale du parallélogramme dont les côtés sont égaux et parallèles aux vitesses du mouvement projeté sur les deux axes restant.

596. *Remarque II.* — D'après ce théorème, il serait facile de démontrer que la projection d'un mouvement rectiligne et uniforme sur une droite ou sur un plan est aussi uniforme. De même, on démontrerait que lorsque les projections sur trois axes OX, OY, OZ du mouvement d'un point M sont des mouvements uniformes, le mouvement du point M dans l'espace est rectiligne et uniforme.

Problème n° 95.

597. *Un point M* (fig. 301) *se meut uniformément sur une circonférence; étudier le mouvement de la projection du point sur un diamètre du cercle.*

Soit OA le rayon du cercle sur lequel se meut uniformément le mobile avec la vitesse V, et AB le diamètre sur lequel est projeté le mouvement du mobile. Nous

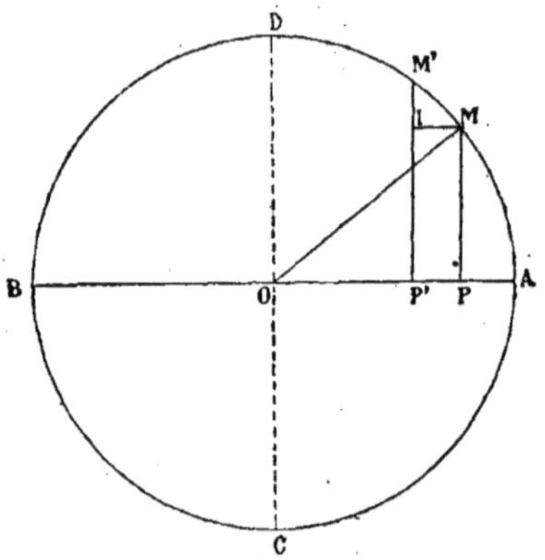

Fig. 301

désignerons par v la vitesse cherchée en convenant de la regarder comme négative si elle est dirigée dans le sens AB, et comme positive si elle est dirigée de gauche à droite.

Considérons le mobile dans une position M' voisine du point M. La position correspondante du mobile projeté sera le point P' voisine du point P.

Si t représente le temps que met le mobile pour parcourir uniformément l'arc MM', on aura.

$$MM' = Vt.$$

De même, t étant infiniment petit, on aura

$$PP' = -vt.$$

Et, par suite, en divisant ces deux égalités membre à membre, il viendra :

$$\frac{PP'}{MM'} = \frac{-v}{V} \text{ ou bien :}$$

(1) $$\frac{v}{V} = -\frac{PP'}{MM'}$$

L'arc MM' étant infiniment petit, se confond avec la tangente à la circonférence au point M et est perpendiculaire au rayon OM. Par le point M, menons MI perpendiculaire à M'P. Les deux triangles IMM′, OMP étant semblables donnent

$$\frac{IM}{MM'} = \frac{MP}{OM}$$

Or, IM$=$PP′

et, par suite, $\quad \frac{PP'}{MM'} = \frac{MP}{R}$

R Représentant le rayon de la circonférence,

Remplaçant $\frac{PP'}{MM'}$ par sa valeur dans l'équation, il vient :

$$\frac{v}{V} = - \frac{MP}{R}$$

d'où : $\qquad v = - V \frac{MP}{R}$

Cette relation montre que la vitesse v du mouvement de la projection du mobile est proportionnelle à l'ordonnée MP de la circonférence.

Variation de v. — D'après la valeur de v, il est facile de voir que la vitesse du mouvement projeté est nulle lorsque le mobile M est au point A. Cette vitesse s'accroît en valeur absolue jusqu'à ce que le mobile M ait atteint le point D. A ce moment, $v = $V, puisque l'ordonnée est égale au rayon. A partir de cet instant, la vitesse v, toujours négative, décroît et redevient nulle, quand le mobile atteint le point B. A partir de ce point, la projection a un mouvement rétrograde, et la vitesse change de signe, c'est-à-dire qu'elle reste positive de B vers A. L'équation

$$v = - V \frac{MP}{R}$$

change en effet de signe puisque l'ordonnée MP est négative. Donc, en ayant égard au signe de l'ordonnée y, l'équation générale de la vitesse est bien

$$v = - \frac{Vy}{R}$$

Si le mobile, après avoir décrit une circonférence entière, continue son mouvement toujours dans le même sens, le mouvement de sa projection sera alterna-

tif au point de vue du sens, et périodique au point de vue du temps.

Accélération K *du mouvement.* — Par définition, l'accélération K n'est autre chose que la vitesse de la vitesse v. Or cette vitesse v est proportionnelle à l'ordonnée MP$=y$, et, par suite, l'accélération sera proportionnelle à la vitesse de y.

Lorsque le mobile passe du point M au point M′, l'ordonnée y s'accroît de la quantité M′I. Donc la vitesse de y est la limite de $\frac{M'I}{t}$ lorsque MM′ est infiniment petit

Les triangles MM′I, OPM étant semblables donnent

$$\frac{M'I}{M'M} = \frac{OP}{OM}.$$

D'où : $\qquad M'I = \frac{OP}{R} MM'$

et $\qquad \frac{M'I}{t} = \frac{OP}{R} MM'$

Mais MM′ $=$ Vt. Donc

$$\frac{MI}{t} = \text{vitesse de } y = \frac{OP}{R} V = \frac{Va}{R}$$

x représentant l'abscisse OP.

Cette valeur donne la vitesse de l'ordonnée y, dont le signe dépend de celui de l'abscisse x. L'accélération K est la vitesse de v ; mais

$$v = - \frac{V}{R} y \qquad \text{Donc}$$

$$K = - \frac{V}{R} \times \frac{Vx}{R} = - \frac{V^2 x}{R^2}$$

Variation de l'accélération. — L'accélération du point P est négative tant qu'il reste compris entre A et O et positive quand il est compris entre O et B. Cette accélération est proportionnelle à l'abscisse x.

Lorsque le mobile P est au point A, $x$$=$R et l'accélération K $= - \frac{V^2}{R}$. Elle est nulle quand le point P passe au point O.

598. *Remarque.* — Si α représente l'angle MOA, c'est-à-dire l'angle décrit par le mobile, les expressions de la vitesse et de l'accélération auront les formes suivantes :

$$v = - \text{V} \sin \alpha.$$

$$\text{K} = - \frac{\text{V}^2}{\text{R}} \cos \alpha$$

car $\quad \dfrac{y}{\text{R}} = \dfrac{\text{MP}}{\text{OA}} = \sin \text{MOA}$

En résumé, la vitesse de la projection du mobile M est proportionnelle au sinus de l'angle décrit par le point M et son acélération est proportionnelle au cosinus du même angle.

Courbes représentative du mouvement du point P.

1° *Courbes des espaces.* — Si nous prenons le point O comme origine des espaces, la distance du point P, lorsque le mobile occupe la position M, est égale à OP. Donc la formule des espaces sera :

$$e = \text{OP} = \text{R} \cos \alpha$$

Pour tracer la ligne représentative des espaces, prenons pour abscisses les longueurs des arcs décrits par le point M. Le mouvement étant uniforme, ces longueurs seront proportionnelles au temps. Sur les ordonnées, portons les correspondantes de OP ou de R cos α. On obtient ainsi la courbe ED'FC'. Elle montre les phases du mouvement que nous venons d'étudier. Cette courbe est une sinusoïde.

2° *Courbes des vitesses.* — La courbe des vitesses pourrait s'obtenir de celle des espaces; mais il est préférable de construire l'équation

$$v = - \text{V} \sin \alpha.$$

Cette nouvelle courbe A'HB'K (*fig.* 302), qui est une sinusoïde, représente les

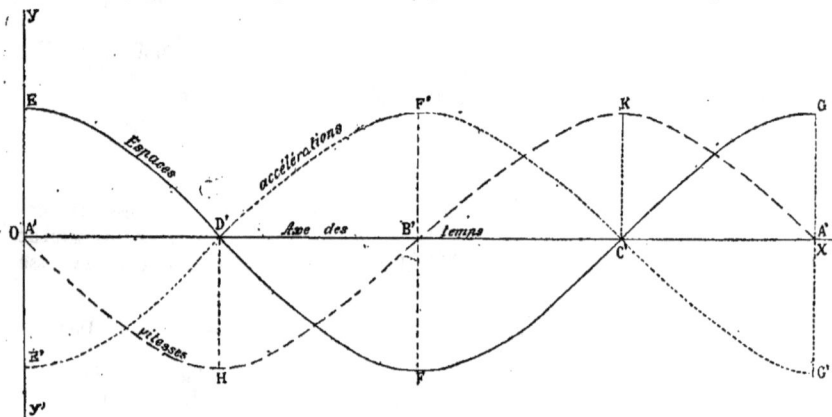

Fig. 302

variations de *v*. On l'a construite en choisissant une échelle convenable de manière à laisser de côté le facteur constant V. Elle montre que la vitesse de la projection P est nulle quand le mobile est en A, qu'elle prend des valeurs négatives de plus en plus grandes en valeur absolue; pendant que le mobile va de A en D, elle redevient nulle au point B, puis prend des valeurs positives, etc.

3° *Courbe des accélérations.* —La courbe des accélérations E'D'F'C' est obtenue de la même façon, en choisissant l'échelle de manière à éliminer le coefficient $\dfrac{\text{V}^2}{\text{R}}$. Sa forme indique quelles en sont les variations.

CHAPITRE IV

COMPOSITION DES MOUVEMENTS ET DES VITESSES

599. Nous avons défini, n° 473, le mouvement relatif ou apparent et le mouvement absolu d'un corps ; il est utile, avant de traiter les questions qui se rapportent à la composition des mouvements, de donner un exemple sur le mouvement *absolu* et *relatif*.

Ainsi, un homme se promenant sur un bateau, possède le mouvement du bateau qui se meut sur une rivière et, de plus, celui qu'il se donne en se promenant. Son mouvement, par rapport au bateau est *relatif*, tandis que celui qui résulte en même temps du mouvement du bateau, est le mouvement *réel* de cet homme.

Le mouvement absolu, par rapport aux rives supposées fixes, peut être considéré comme résultant de deux mouvements simultanés. On peut donc, connaissant la nature de chacun de ces deux mouvements, déterminer à chaque instant la position de cet individu, par rapport à un point du rivage. Si, de plus, cette personne porte une montre, les aiguilles possèdent, outre ces deux mouvements, celui que leur imprime l'action du ressort. On peut supposer un nombre quelconque de mouvements composants. Par exemple, la rivière participe au mouvement diurne de la terre et à son mouvement annuel autour du soleil.

Donc la connaissance de tous les mouvements composants permet de déterminer le mouvement réel ou absolu d'un mobile.

Tous les mouvements que nous observons à la surface de la terre ou dans le ciel sont des mouvements apparents, puisque notre globe est animé dans l'es-pace de deux mouvements : l'un sur son axe et l'autre autour du soleil. L'expérience montre que les différents mouvements que possède un corps, se produisent tous simultanément, sans modification réciproque ; en d'autres termes, que l'un quelconque de ces mouvements s'effectue de la même façon, quels que soient d'ailleurs ceux auxquels il peut être soumis avec les autres corps voisins. Ce principe fondamental sur lequel repose la mécanique, a été énoncé au commencement de la Statique n° 1.

Trajectoire absolue.

600. Supposons un mobile assujetti à se mouvoir sur une ligne AB (*fig.* 303),

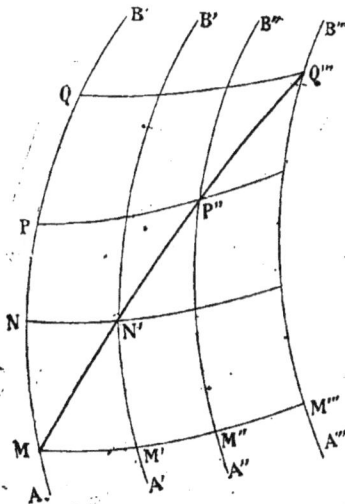

Fig. 303

d'un mouvement tel qu'aux temps t, t', t'', il occupe les positions M, N, P, Q. Si, de plus, cette ligne AB est animée d'un mouvement qui lui fasse occuper aux temps t, t' t'', les positions AB, A'B' A''B'', A'''B''', le mobile au bout du temps t, se trouve en N sur AB. Pendant le même temps, cette trajectoire passe de la position AB à la position A'B'. Par suite, la position réelle du mobile au bout du premier intervalle de temps est le point N'. On reconnaît de même que, au bout du second intervalle de temps, le mobile sera en P'', et, au bout du troisième, en Q''', etc. La trajectoire absolue est donc la ligne M, N', P'', Q'''. Par suite, le mouvement du mobile est parfaitement défini, puisqu'on connaît les intervalles de temps qu'il met pour passer successivement par les points M, N', P'', Q'''.

Le mouvement du mobile sur la ligne AB est *relatif*. Celui de la ligne AB est désigné sous le nom de *mouvement d'entraînement* et, enfin, le mouvement suivant la trajectoire absolue est le *mouvement absolu*, en supposant bien entendu que le mouvement d'entraînement soit rapporté à des points de repère immuables.

Nous allons traiter quelques-uns des cas les plus simples de la composition des mouvements.

Composition de deux mouvements simultanés rectilignes et uniformes.

601. Nous allons démontrer que la vitesse résultante de deux vitesses simultanées uniformes est représentée, en grandeur et en direction, par la diagonale du parallélogramme construit sur ces vitesses

Supposons qu'un mobile M (*fig.* 304), parcoure uniformément la droite MN pendant le temps t et que, de plus, cette droite MN se déplace parallèlement à elle-même d'un mouvement uniforme, de ma-

nière que, au bout du même temps t, son extrémité ait parcouru la droite MM'

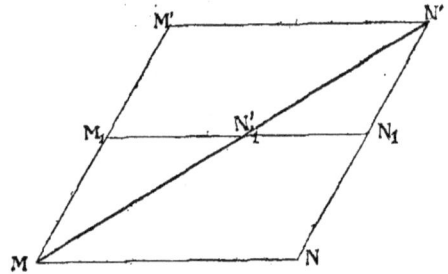

Fig. 304

Le mobile, au bout du temps t, sera arrivé au point N' en suivant, pour aller de M en N', la diagonale du parallélogramme construit sur MN et MM'. En effet, supposons que, au bout d'un temps t', la droite MN soit venue en M_1N_1, et le mobile en N'_1. Puisque le mouvement d'entraînement de MN est uniforme, on a

$$(1) \qquad \frac{MM_1}{MM'} = \frac{t'}{t}$$

De même, le mouvement relatif du mobile sur MN étant uniforme, on aura, en représentant par x le chemin relatif parcouru pendant le temps t',

$$(2) \qquad \frac{x}{MN} = \frac{t'}{t}$$

Les égalités (1) et (2) donnent, en les comparant,

$$(3) \qquad \frac{x}{MN} = \frac{MM_1}{MM'}$$

Or les triangles semblables $MM_1N'_1$, MM'N', donnent

$$(4) \qquad \frac{M_1N'_1}{M'N'} = \frac{MM_1}{MM'}$$

Les équations (3) et (4) donnent, en remplaçant M' N' par son égal M N

$$\frac{x}{MN} = \frac{M_1N'_1}{MN}$$

D'ou $\qquad x = M_1N'_1$

Ainsi, le mobile est resté constamment sur la diagonale MN' du parallélogramme avec un mouvement uniforme, car les triangles semblables donnent

$$\frac{MN'_1}{MN'} = \frac{t'}{t}$$

602. *Composition des vitesses.* — Les longueurs MN et MM' peuvent représenter les vitesses des mouvements composants ; par suite MN' représente la vitesse du mouvement résultant. Donc la vitesse absolue de deux vitesses simultanées uniformes est représentée par la diagonale du parallélogramme construit sur ces vitesses.

603. *Remarque I.* — Les relations entre ces vitesses sont les mêmes que celles établies pour le parallélogramme des forces. En désignant par v, v' les vitesses composantes, et par V la vitesse résultante, on aura

(1) $\qquad V^2 = v^2 + v'^2 + 2vv'\cos M$

et $\qquad \dfrac{v}{\sin a} = \dfrac{v'}{\sin b} = \dfrac{V}{\sin M}$

Si les mouvements sont rectangulaires, l'équation (1) devient

$$V^2 = v^2 + v'^2.$$

604. *Remarque II.* — La vitesse résultante de plusieurs vitesses composantes de même direction est égale à la somme algébrique des vitesses composantes.

605. *Remarque III.* — La vitesse résultante de plusieurs vitesses concourantes et simultanées est représentée, en grandeur et en direction, par le côté qui ferme le polygone dont les autres côtés sont respectivement égaux et parallèles aux droites qui représentent, en grandeur et en direction, les vitesses composantes.

606. *Parallélépipède des vitesses.* — Lorsqu'un mobile est animé de trois vitesses simultanées, non situées dans un même plan, la vitesse résultante est représentée, en grandeur et en direction, par la diagonale du parallélépipède dont les arêtes représentent, en grandeur et en direction, les trois vitesses composantes.

607. *Décomposition des vitesses.* — Les questions sur la décomposition d'une

vitesse en plusieurs autres simultanées, se résolvent de la même manière que pour la décomposition d'une force en plusieurs autres.

Composition de deux mouvements rectilignes uniformément accélérés sans vitesse initiale.

608. Deux mouvements simultanés rectilignes uniformément accélérés se composent en un mouvement rectiligne uniformément accéléré. L'accélération du mouvement résultant est la diagonale du parallélogramme construit sur les accélérations des mouvements composants.

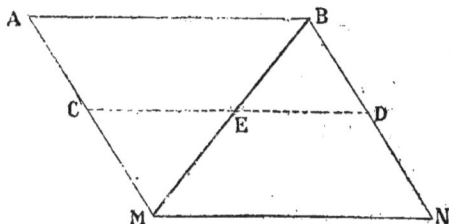

Fig. 305

Supposons qu'un mobile M (*fig.* 305) se déplace sur MN d'un mouvement uniformément accéléré, sans vitesse initiale, et qu'il arrive au point N au bout du temps t. Admettons, de plus, que la ligne MN se déplace aussi d'un mouvement analogue en restant parallèle à elle-même de manière qu'au bout du même temps t, son extrémité ait décrit la ligne MA.

Au bout du temps t, le point M sera arrivé en B, après avoir parcouru la diagonale MB. En effet, soit CD la position occupée par MN au bout d'un temps t'. On aura d'après la nature du mouvement d'entraînement de MN,

$$\frac{MC}{MA} = \frac{t'^2}{t^2}.$$

Mais, pendant ce même temps, t', le

mobile a parcouru sur sa trajectoire relative un espace x tel que

$$\frac{x}{MN} = \frac{t'^2}{t^2}.$$

D'où, à cause du rapport commun,

$$\frac{x}{MN} = \frac{MC}{MA}$$

Les triangles semblables CME, AMB donnent

$$\frac{CE}{MN} = \frac{MC}{MA}$$

Donc $x = CE$

Le mobile est donc bien resté constamment sur la diagonale du parallélogramme AMNB, avec un mouvement uniformément accéléré, car les mêmes triangles semblables donnent

$$\frac{ME}{MB} = \frac{MC}{MA} = \frac{t'^2}{t^2}.$$

Soit maintenant k, k', K les accélérations du mouvement d'entraînement et du mouvement résultant:
On aurait

$$MN = \frac{1}{2}kt^2$$

$$MA = \frac{1}{2}k't^2.$$

Si l'on fait $t = 1$ il s'ensuit que

$$MN = \frac{1}{2}k$$

$$MA = \frac{1}{2}k$$

Donc: $MB = \frac{1}{2}K.$

c'est-à-dire que l'accélération résultante est la diagonale du parrallélogramme construit sur les accélérations des mouvements composants.

La relation algébrique entre ces trois accélérations est

$$K^2 = k^2 + k'^2 + 2kk'\cos(\widehat{AMN})$$

Dans le cas où les mouvements relatif et d'entraînement sont rectangulaires on aurait

$$K^2 = k^2 + k'^2$$

Composition de deux mouvements simultanés, l'un uniforme, l'autre uniformément accéléré.

609. Supposons qu'un mobile se meuve d'un mouvement uniformément accéléré suivant la ligne AB (*fig.* 306) avec accéléra-

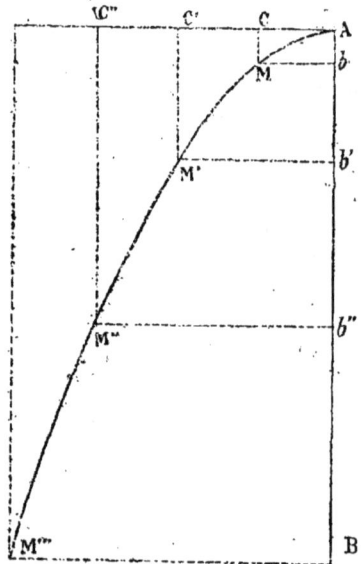

Fig. 306

tion K pendant que cette trajectoire se déplace parallèlement à elle-même d'un mouvement avec une vitesse v. La trajectoire absolue de ce mobile s'obtiendra en y déterminant ses positions sur chacune des lignes AB et AC au bout du même temps. L'espace Ab parcouru au bout du temps t, sera

$$Ab = \frac{1}{2}Kt^2.$$

et l'espace parcouru pendant le même temps par la ligne AB, sera

$$AC = vt$$

Le mobile se trouvera donc, au bout du temps t, au sommet M du parallélogramme construit sur les lignes Ab et AC

On aurait de même, au bout d'un temps t',

$$A b' = \frac{1}{2} K t'^2$$

$$AC' = v t'$$

et le mobile occuperait réellement la position M'. On trouverait ainsi, en faisant varier le temps, les diverses positions du mobile qui, réunies par un trait continu donnent la trajectoire absolue.

Il est facile de démontrer que cette trajectoire est une parabole ayant son sommet au point A. En effet,

$$\frac{A b}{A b'} = \frac{\frac{1}{2} K t^2}{1/2 K t'^2} = \frac{t^2}{t'^2}$$

Or,
$$\frac{A b}{A b'} = \frac{CM}{C'M'}.$$

D'où

(1)
$$\frac{CM}{C'M'} = \frac{t^2}{t'^2}$$

De même :

$$\frac{b M}{b' M'} = \frac{AC}{AC'} = \frac{v t}{v t'} = \frac{t}{t'}$$

En élevant au carré il vient:

(2)
$$\frac{\overline{AC}^2}{\overline{A'C}^2} = \frac{t^2}{t'^2}$$

Les équations (1) et (2) donnent, à cause du rapport commun :

$$\frac{CM}{C'M'} = \frac{\overline{AC}^2}{\overline{AC'}^2}$$

Les ordonnées étant proportionnelles aux carrés des abscisses, la courbe est une parabole.

610. *Remarque.* — On a des exemples de cette trajectoire parabolique dans la machine de Morin, dans l'écoulement d'un liquide par une paroi latérale et, surtout, dans le mouvement des projectiles, dont nous allons dire quelques mots.

Mouvement des projectiles.

611. Supposons un projectile lancé obliquement dans la direction OB (*fig.* 307) avec une vitesse v. Il continuerait indéfi-

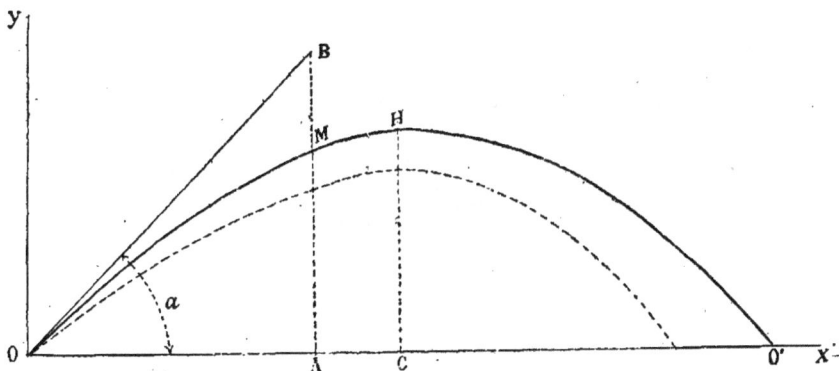

Fig. 307

niment son mouvement uniforme avec sa vitesse constante v, dans la direction OB, s'il n'était soumis à l'action de la pesanteur, laquelle agit verticalement de haut en bas en imprimant au projectile un mouvement uniformément accéléré. Le projectile se trouve donc soumis à l'action de deux forces qui, à chaque instant, déterminent deux vitesses : l'une uniforme v, dirigée suivant OB ; l'autre uniformément accélérée, dirigée de haut en bas.

Déterminons les différentes positions du projectile. Pour cela, remarquons que si le mobile ne possédait que la vitesse v, il aurait parcouru, au bout d'un temps t, et sur OB, un espace.

$$OB = vt$$

Mais la pesanteur l'a fait descendre pendant ce temps d'une quantité

$$BM = \frac{gt^2}{2}$$

Le point M du projectile est donc connu, mais il est préférable de déterminer les coordonnées du point M par rapport aux axes OX, OY.

Soit $x = OA$ et $y = AM$. On aura, par le triangle rectangle OAB.

$$OA = OB \cos a \qquad \text{ou}$$

(1) $$x = vt \cos a$$

De même

$$AB = OB \sin a = vt \sin a.$$

Mais $$AM = AB - BM \qquad \text{ou}$$

(2) $$y = vt \sin a - \frac{gt^2}{2}$$

En éliminant t entre les équations (1) et (2) on a

(3) $$y = x \operatorname{tg} a - \frac{gx^2}{2v^2 \cos^2 a}.$$

Cette équation est celle d'une parabole. On pourra déterminer plusieurs points de la trajectoire du projectile en donnant à x certaines valeurs, et en calculant les valeurs correspondantes de y.

Donc les projectiles lancés obliquement dans le vide décrivent une portion de parabole dont l'axe est vertical et le chemin qu'ils parcourent se compose de deux parties : l'une, ascendante ; l'autre descendante, symétriques par rapport à cet axe, comme le démontre la discussion suivante.

Amplitude du jet. Si dans l'équation

$$y = x \operatorname{tg} a - \frac{gx^2}{2v^2 \cos^2 a}$$

on fait $y = o$, on trouve, pour x, deux valeurs x' et x''

$$x' = o$$

(4) $$x'' = \frac{v^2 \sin 2a}{g}.$$

x'' représente la distance horizontale OO' parcourue par le mobile ; elle se nomme *l'amplitude du jet*. La formule (4) montre

que l'amplitude du jet varie pour une même vitesse v, comme le facteur sin $2a$ elle attendra son maximum pour

$$\sin 2a = 1$$

Dans ce cas $2a = 90$ et $a = 45°$

C'est donc lorsque le projectile est lancé sous un angle de 45° qu'il a sa plus grande portée.

Cette portée maximum sera donc

$$x = \frac{v^2}{g}.$$

Si le corps avait été lancé verticalement avec cette même vitesse v, il se serait élevé a une hauteur $h = \dfrac{v^2}{2g}$.

On voit alors que l'amplitude du maximum du jet est double de la hauteur qu'atteindrait le projectile si on le lançait verticalement avec la même vitesse.

Si on fait $a = 45° \pm B$, l'amplitude devient :

$$x = \frac{v^2}{g} \sin \left(90 \pm 2B \right) = \frac{v^2}{g} \sin 2B.$$

Elle prend donc des valeurs égales, quand l'inclinaison du jet croit ou décroit d'une même quantité à partir de 45°.

Hauteur du jet. — La hauteur maximum à laquelle le projectile arrive s'appelle *hauteur du jet*. Cette hauteur correspond au point C milieu de OO'. Or,

$$OC = \frac{OO'}{2} = \frac{v^2 \sin^2 a}{2g}.$$ En cherchant la valeur correspondante de y, on trouve :

$$y = \frac{v^2 \sin^2 a}{2g}.$$

Cette hauteur maximum croit avec l'angle a. Si l'on fait $a = 90°$, on aura

$$y \text{ ou } h = \frac{v^2}{2g}.$$

formule déjà obtenue.

Si $a = 45°$, $\sin^2 a = \dfrac{1}{2}$

et alors $h = \dfrac{v^2}{4g}$

moitié de la hauteur précédente.

612. *Remarque.* — La théorie précédente est vraie si les projectiles étaient lancés dans le vide ; or la résistance de l'air modifie les résultats. La forme de la trajectoire n'est plus symétrique et la portée ainsi que la hauteur du jet sont diminuées, comme l'indique la trajectoire ponctuée.

Mouvement relatif de deux points ou mouvement apparent.

613. Lorsque deux points sont en mouvement, le mouvement relatif ou apparent de l'un d'eux par rapport à l'autre est le mouvement que le premier point paraît avoir pour un observateur placé au second.

Supposons qu'un point M se meuve sur une droite AB dans le sens indiqué par la flèche et qu'en même temps, un autre point N ait un mouvement rectiligne suivant DC et de droite à gauche (*fig.* 308);

Fig. 308

il est évident que le point M a pour un observateur faisant parti du mobile N un

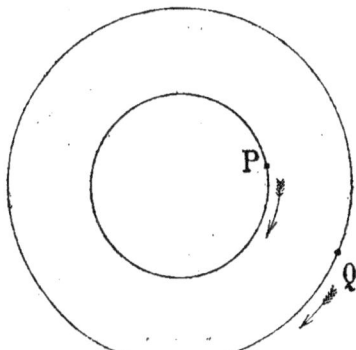

Fig. 309.

mouvement apparent qui résulte des deux mouvements. En d'autres termes si le premier parcourt un espace MM' et le second un espace NN' dans le même temps, l'espace résultant du point M par rapport au point N sera égal à la distance M'N'.

614. De même, si deux mobiles P et Q (*fig.* 309) se meuvent dans le même sens sur deux circonférences concentriques avec la même vitesse angulaire, ils seront l'un par rapport à l'autre à la même distance quoique tous deux soient animés d'un mouvement circulaire.

Galilée a donné un principe vérifié par des conséquences, qui permet d'étudier facilement le mouvement apparent.

Ce principe, qui peut être regardé comme un axiome de mécanique, est le suivant :

Les mouvements relatifs de plusieurs points ne sont pas modifiés lorsqu'on imprime au système formé par ces points un mouvement quelconque de translation.

Il suffira donc de choisir convenablement ce mouvement de translation pour que l'étude de l'ensemble des nouveaux mouvements soit facile à étudier.

Dans le premier exemple (*fig.* 308) appliquons au système un mouvement de translation égal, mais de sens contraire, à celui du mobile N. Le mouvement relatif ne sera pas changé, mais le mobile N se trouve en repos, alors que le point M est animé de son mouvement propre et de celui de translation, la résultante des deux mouvements du point M est le mouvement apparent cherché.

Dans le deuxième exemple (*fig.* 309) appliquons aux mobiles P et Q un mouvement égal et contraire à celui du point P ; ils seront tous deux au repos, par suite à la même distance, ou autrement dit le mouvement de P par rapport à Q sera nul, c'est ce qui avait lieu d'abord.

Il est facile de voir que, si v et v' représentent les vitesses des points M et N, la la vitesse relative de M par rapport à N sera

$$v_{\prime} = v + v'$$

c'est ce qui explique la rapidité avec laquelle deux trains se croisent.

Si les mobiles vont dans le même sens la vitesse apparente sera

$$v = v - v'$$

Quelles que soient la direction des mouvements de deux ou plusieurs points, la recherche des mouvements apparents est ainsi ramenée au problème de la composition des mouvements.

Donnons un autre exemple, pour bien comprendre l'application du principe de Galilée.

Problème n° 96.

615. *Supposons qu'un piéton placé en* P *veuille atteindre un tramway* M *qui se meut sur la ligne* A B *avec une vitesse* V. *Quelle direction devra-t-il suivre avec une vitesse* U *pour rattraper le tramway (fig. 310)?*

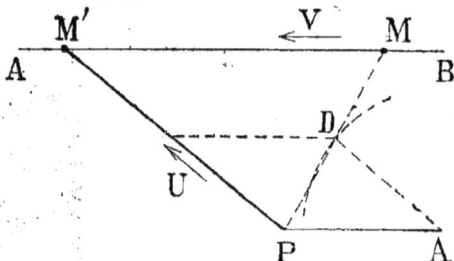

Fig. 310.

Si le tramway M était au repos, il est évident que la trajectoire du piéton serait PM. Mais M est animé de droite à gauche avec une vitesse V. On ne changera rien au mouvement relatif de P et le M en imprimant à tous deux un mouvement égal et contraire à celui de M.; de cette façon le tramway est ramené au repos, alors que le piéton est animé de deux mouvements : l'un dans le sens PE parallèle et de sens contraire à la vitesse V l'autre égal à la vitesse U mais de direction inconnue. La résultante de ces deux mouvements est dirigée suivant PM, puisque le tramway est au repos. Du point E comme centre avec un rayon égal à U décrivons un arc de cercle qui

coupe la droite PM en un point D, ED sera la direction que devra prendre le piéton, et la trajectoire qu'il doit décrire en réalité est une parallèle PM' menée par le point P à la droite ED.

Le piéton rencontrera le tramway au point M'

La construction de la figure montre qu'il peut y avoir deux solutions, une seule, ou aucune, suivant la grandeur de la vitesse U par rapport à V.

C'est ce problème que nous résolvons bien souvent lorsque nous voulons traverser une rue parcourue par une file de voitures.

Problème n° 97.

616. *Sur une rivière dont la vitesse est de* 1^m,50 *par seconde, se meut un bateau dont la vitesse est de* 8 *kilomètres par heure. Combien le bateau parcourra-t-il de kilomètres dans une heure ?*

1° Si le bateau descend la rivière, les vitesses seront de même sens et par suite s'ajouteront; donc

$$V = v + v'$$
$$V = 1,5 \times 3600 + 8000 = 13^{km},400$$

2° Dans le cas où le bateau remonte la rivière, les vitesses se retrancheront; alors

$$V' = 8000 - 5400 = 2^{km},600$$

Résultats $\begin{cases} V = 13^{km},400 \\ V' = 2^{km},600 \end{cases}$

Problème n° 98.

617. *Un bateau à vapeur remontant le Rhin parcourt* 3450 *mètres en* 30 *minutes* 15 *secondes, il met pour parcourir le même chemin* 275 *secondes en descendant le fleuve. Déterminer la vitesse du bateau et celle du fleuve, en supposant que la machine imprime le même mouvement dans les deux cas.*

Représentons par v la vitesse propre du bateau et par v' celle du fleuve; on aura les équations.

$$1815' (v - v') = 3450$$
$$275 (v + v') = 3450$$

D'où l'on tire

$$v - v' = \frac{3450}{1815} = 1^m,90$$

$$v + v' = \frac{3450}{275} = 12^m,545$$

En additionnant et retranchant ces deux égalités, on a

$$2v = 14,445$$
$$2v' = 10,645$$

D'où $\quad \begin{cases} v = 7^m,2225 \\ v' = 5^m,3225 \end{cases}$
Résultats

Problème n° 99.

618. *Un voyageur placé dans un train animé d'une vitesse de 50 kilomètres à l'heure, constate qu'un autre train allant en sens contraire et ayant une vitesse de 42 kilomètres, a mis 7 secondes pour passer. Quelle était la longueur du second train ?*

Les vitesses par seconde de chaque train sont

$$v = \frac{50000}{3600} = 13^m \frac{8}{9}$$

$$v' = \frac{42000}{3600} = 14^m \frac{4}{9}$$

Or les deux trains allant en sens contraire la vitesse relative du second train par rapport au voyageur placé dans le premier, sera égale à la somme des vitesses des deux trains

Donc : $\quad V = v + v' = 13^m \frac{8}{9} + 14^m \frac{4}{9}$

$$V = 28^m \frac{1}{3}$$

La longueur demandée sera

$$L = V \times 7'' = 28^m \frac{1}{3} \times 7$$

Résultat : $L = 196^m \frac{1}{3}$

Problème n° 100.

619. *Un nageur traverse une rivière en imprimant à son corps une vitesse v dans la direction* AB. *En quel point atteindra-t-il l'autre rive* MN, *sachant que l'eau de la*

rivière s'écoule avec une vitesse u dans le sens de la flèche (fig. 311) ?

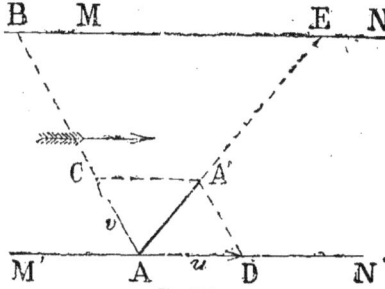

Fig. 311.

Le nageur partant du point A est animé de deux vitesses, l'une v et l'autre u, abstraction faite des mouvements de la terre. Sa vitesse absolue sera la résultante de ces deux vitesses que l'on obtient en construisant au point A le parallélogramme ACA'D, dont les côtés AC et AD sont respectivement égaux et parallèles à la vitesse d'entraînement u et à la vitesse relative v. La diagonale AA' représente alors en grandeur et en direction la vitesse absolue du nageur. Le point E où il atteindra l'autre rive sera l'intersection de la rive MN avec le prolongement de cette diagonale.

Remarque.

620. Le parallélogramme montre : 1° que le point d'atterrissage dépend de la direction et de l'intensité des vitesses v et u; 2° étant donné le point de départ de l'une des rives et le point d'arrivée sur l'autre, le nageur doit combiner sa vitesse de manière que la vitesse absolue soit dirigée suivant la ligne de ces deux points.

Problème n° 101.

621. *Une voiture avance dans une direction* AB *avec une vitesse* v. *Le vent a une direction* CD *et une vitesse* v'. *Ces directions font un angle* a. *Quel angle fait la direction apparente du vent avec sa direction réelle (fig. 312) ?*

D'après ce que nous avons dit sur le mouvement apparent, il faut imprimer à tout le système une vitesse AE égale et directement opposée à la vitesse v par

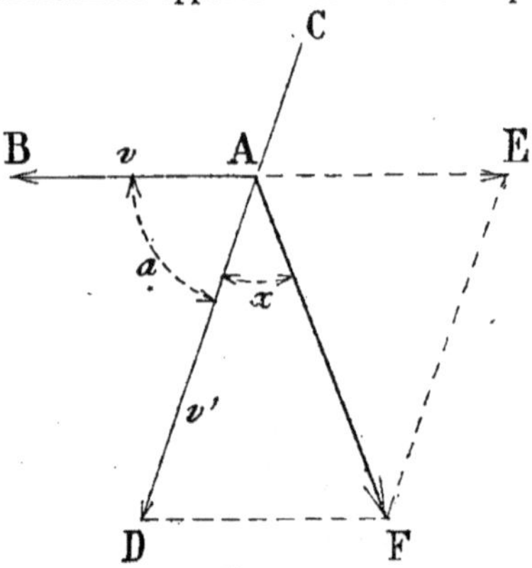

Fig. 312.

exemple. La voiture sera au repos et le vent pourra être considéré comme animé de deux vitesses v et v', l'une suivant AE et l'autre dans sa direction propre CD.

La résultante de ces deux vitesses sera la diagonale AF du parallélogramme ADFE.

Si l'épure est graphiquée exactement, on aura l'angle x demandé.

Cet angle x peut se calculer trigonométriquement.

En effet d'après le n° 44 on a

$$\frac{V}{\sin EAD} = \frac{v}{\sin x} = \frac{v'}{\sin EAF}$$

Ou (1) $\dfrac{V}{\sin a} = \dfrac{v}{\sin x} = \dfrac{v'}{\sin (a+x)}$

on a également.

(2) $\quad V^2 = v^2 + v'^2 - 2\,vv'\cos a$

Cette équation (2) donne la valeur de la vitesse apparente V.

$$V = \sqrt{v^2 + v'^2 - 2vv'\cos a}$$

L'équation (1) donne

$$\sin x = \frac{v.\sin a}{V}$$

et en remplaçant V par sa valeur il vient

$$\sin x = \frac{v.\sin a}{\sqrt{v^2 + v'^2 - 2\,vv'\,\cos\,a}}.$$

Cette formule peut être discutée comme il suit.

1° Si l'angle a est nul, c'est-à-dire si le vent souffle dans la direction de la voiture,

$$\sin a = 0' \quad \cos a = 1$$

$$\sin x = \sqrt{\frac{0}{v^2 + v'^2 - 2\,vv'}}$$

$$\sin x = \frac{0}{v - v'} = 0$$

L'angle x est nul, c'est-à-dire que la vitesse apparente du vent est dirigée suivant AB ou BA selon que v' est plus grande ou plus petite que v. Dans ce cas si $v = v'$ le vent ne se fait nullement sentir.

2° Supposons : $a = 90°$, c'est-à-dire :

$$\sin a = 1 \quad \cos a = 0$$

Alors : $\quad \sin x = \dfrac{v}{\sqrt{v^2 + v'^2}}.$

3° Si $a = 180°$, le vent souffle en sens inverse de la direction de la voiture.

$$\sin a = 0, \cos a = -1$$

et l'on a :

$$\sin x = \frac{0}{v + v'} = 0$$

L'angle x est alors nul.

3° Si dans le cas général on suppose $v = v'$ la formule devient

$$\sin x = \frac{v.\sin a}{\sqrt{2\,v^2 - 2\,v^2\cos a}}$$

$$\sin x = \frac{v\sin a}{v\,\sqrt{2\,(1 - \cos a)}}$$

$$\sin x = \frac{\sin a}{\sqrt{4\sin^2 \dfrac{a}{2}}}$$

D'où : $\sin x = \dfrac{2\,\sin \dfrac{a}{2}\cos \dfrac{a}{2}}{2\,\sin \dfrac{a}{2}} = \cos \dfrac{a}{2}$

Ce qui donne :

$$x = 90 - \frac{a}{2} = \frac{180 - a}{2} = \frac{EAD}{2}$$

c'est-à-dire que la direction apparente du vent est la bissectrice de l'angle EAD.

622. *Remarque.* — La construction ci-dessus et le calcul de l'angle x expliquent pourquoi un même vent agissant sur deux navires, ou sur deux trains de chemin de fer qui marchent en sens contraires, donne aux drapeaux des navires ou aux fumées des trains des directions toutes différentes.

Problème n° 102.

623. *Quelle direction doit-on donner à un parapluie quand on marche (fig. 313) ?*

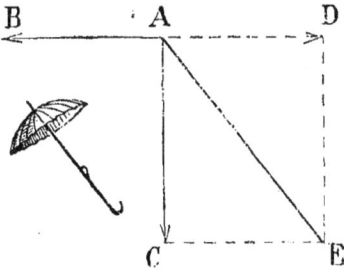

Fig. 313.

Supposons que la pluie tombe verticalement, il faudra, pour se garantir, si l'on est au repos, tenir son parapluie verticalement. Mais si l'on marche dans une direction il faudra l'incliner dans cette direction, et d'autant plus que la vitesse du piéton est plus grande. En effet, supposons que la pluie tombe verticalement avec une vitesse AC et que le piéton marche de droite à gauche avec une vitesse horizontale AB. Le mouvement apparent s'obtiendra en imprimant à la pluie et à l'homme un mouvement commun égal et contraire à la vitesse AB. L'homme devient par ce fait immobile, alors que la pluie est soumise à deux vitesses AC et AD=AB. La résultante AE de ces deux vitesses est la vitesse relative de la pluie. C'est-à-dire que tout se passe comme si l'eau tombait suivant AE, l'homme restant immobile.

Il faudra donc tenir son parapluie dans la direction AE pour s'abriter.

Problème n° 103.

624. *Une roue hydraulique tourne uniformément autour de son axe avec une vitesse V ; elle est frappée en un point A par un filet liquide qui se meut suivant la direction CA avec une vitesse V' : quelles sont relativement au cylindre, la direction et la vitesse que paraît posséder le liquide au moment du choc (fig. 314)?*

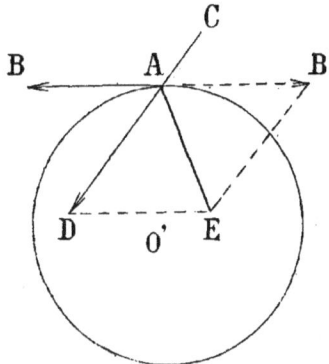

Fig. 314.

Soit O le cercle qui représente la projection verticale du cylindre, portons la longueur AB suivant la tangente au cercle et égale à la vitesse V de la roue ; représentons à la même échelle V' par AD. Pour obtenir la vitesse apparente, immobilisons le cylindre en donnant au système une vitesse AB' égale et directement opposée à AB ; le liquide sera alors animé de deux vitesses, AB' et AD, dont la résultante sera la diagonale AE du parallélogramme. La vitesse apparente du filet fluide sera représentée en grandeur et en direction par AE.

Ce problème se résout chaque fois que l'on étudie les formes à donner aux aubes d'une roue hydraulique, qui doivent avoir la direction AE pour que l'eau entre sans choc. La disposition de la figure rappelle celle des roues hydrauliques en-dessus ou à augets.

Problème n° 104.

625. *Du haut d'une tour on lance horizontalement une pierre avec une vitesse de*

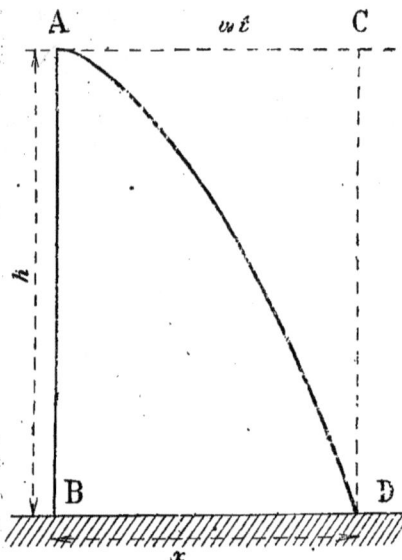

A   *w t*   C

h

B   D

x

Fig. 215.

20 mètres. A quelle distance du pied de la

tour tombera-t-elle, sachant que la hauteur de celle-là est de 66 mètres?

La pierre est soumise à deux vitesses : l'une due à l'action de la pesanteur, qui agit verticalement, et l'autre dirigée horizontalement. Si h désigne la hauteur de la tour (*fig.* 315), le temps que mettra la pierre pour tomber sera donné par la formule de la chute des graves.

$$h = \frac{1}{2} g t^2$$

D'où
$$t = \sqrt{\frac{2\,h}{g}}$$

Or, pendant ce temps t le corps aura parcouru horizontalement, avec une vitesse constante v_0 une distance x

$$x = v_0 t$$

D'où
$$x = v_0 \sqrt{\frac{2\,h}{g}}$$

En remplaçant les lettres par leur valeur on a

$$x = 20 \sqrt{\frac{2 \times 66}{9,81}} = 73^m,40$$

Ainsi la pierre tombera à $73^m,40$ du pied de la tour, en supposant bien entendu que le sol est horizontal.

CHAPITRE V

GUIDES DU MOUVEMENT ET CLASSIFICATION DES MÉCANISMES

626. Les différentes machines employées dans l'industrie sont formées par un assemblage de divers organes, dérivant des trois systèmes : levier, tour ou plan. La combinaison de ces organes et leurs actions mutuelles permettent d'obtenir les transformations de mouvements que nous étudierons dans les chapitres suivants.

627. Les mouvements que l'on rencontre le plus dans les machines, sont le mouvement rectiligne et le mouvement circulaire.

Ces mouvements peuvent être ou continus ou alternatifs suivant, qu'ils ont lieu toujours dans le même sens ou alternativement dans un sens puis en sens contraire.

628. Le mouvement rectiligne continu n'est pas en général admissible dans une machine fixe, car s'il se prolongeait indéfiniment. le mobile s'éloignerait de plus en plus des organes auxquels il doit transmettre le mouvement. Aussi les mouvements rectilignes sont nécessairement limités et forcément alternatifs pour ramener la pièce mobile au point de départ et rendre le mouvement direct possible de nouveau.

629. Le mouvement circulaire continu est très employé, puisqu'il est toujours réalisable. Donc les mouvements que l'on rencontre toujours dans les machines sont, au point de vue géométrique :

Le *mouvement rectiligne alternatif ;*

Le *mouvement circulaire continu et alternatif.*

Ces mouvements peuvent être *uniformes, variés* ou *périodiques.*

Afin d'assurer à ces organes leur déplacement et empêcher la production de tous les autres, on les assujettit à des liaisons qui portent le nom de guides.

630. Nous diviserons les guides de mouvement en deux classes :

1° Guides du mouvement circulaire ;

2° Guides du mouvement rectiligne ;

GUIDES DU MOUVEMENT CIRCULAIRE

631. Les corps animés d'un mouvement circulaire tels que les poulies, volants roues hydrauliques, turbines, etc., sont généralement traversées par une pièce prismatique ou cylindrique appelée *arbre,* terminée à ses deux extrémités par deux parties cylindriques d'un plus petit diamètre, assujetties à tourner dans des appuis fixes ; dans ce cas, la pièce à faire mouvoir est solidement fixée sur son arbre ; cette liaison fixe est faite au moyen d'un serrage à chaud ou à froid ; ou bien le plus généralement par un clavetage ; ce dernier mode de calage est surtout employé lorsque la pièce tournante est susceptible de se déplacer dans le sens longitudinal de l'arbre.

632. Dans certains cas, l'arbre est fixe et la pièce mobile tourne autour de cet axe, comme dans les poulies folles, les roues de voiture, etc. Si le mouvement de rotation a lieu dans un plan vertical les arbres sont terminés par deux *touril-*lons et les appuis fixes se nomment *paliers.* Si les arbres sont verticaux, leurs extrémités inférieures cylindriques, appelées *pivots,* reposent sur des pièces nommées *crapaudines ;* ils sont de plus maintenus en différents points de leur hauteur par des anneaux ou *colliers.*

Un arbre horizontal d'une certaine longueur donnant le mouvement à diverses machines dépendant d'une même usine porte le nom *d'arbre de couche.*

Arbres.

633. Les *arbres,* appelés quelquefois *axes* ou *essieux,* sont toujours en acier, en fer ou en fonte, certains sont en bois comme dans les roues hydrauliques.

634. Les arbres peuvent être divisés en deux catégories ; chacune d'elles renfermant deux subdivisions, suivant qu'ils sont à sections circulaires ou à sections plus ou moins complexes.

1ᵉʳ Catégorie. { Arbres chargés en un seul point. { Sect. circulaires — complexes

2ᵉ Catégorie. { Arbres chargés en plusieurs points { Sect. circulaires — complexes

635. Si la charge supportée par l'arbre se trouve au milieu de la longueur, on lui donne la forme indiquée par la figure 316.

Supposons que la charge soit un volant : celui-ci est alors claveté sur un renfle-

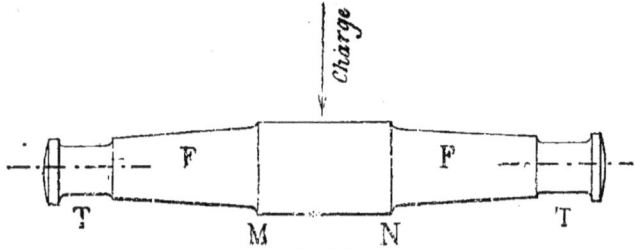

Fig. 316.

ment cylindrique MN appelé *portée* ; cette partie renflée est reliée aux tourillons par deux troncs de cônes FF qui portent le nom de *fuseaux*. Ces fuseaux sont égaux,

ainsi que les tourillons T lorsque la charge est au milieu de l'arbre. Dans le cas où la charge agit en un point quelconque de la longueur ; les fuseaux sont

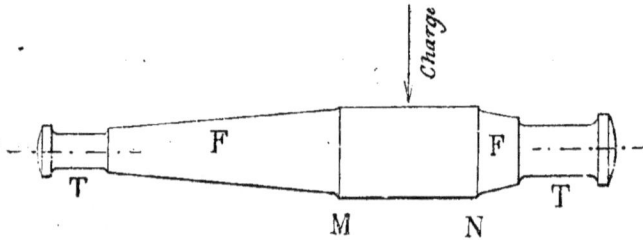

Fig. 317.

inégaux, de même les tourillons ; car cette charge se répartit inégalement aux extrémités de l'arbre (*fig.*317).

Il peut arriver que la charge, au lieu d'agir entre les deux tourillons, agisse en dehors, c'est-à-dire en porte-à-faux : on

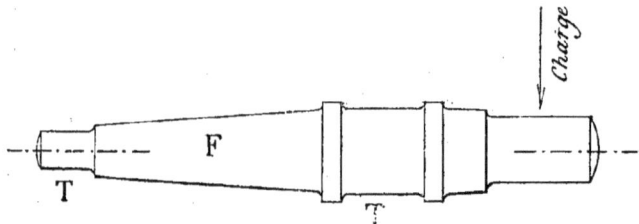

Fig. 318.

donne alors à l'essieu une forme analogue à celle indiquée par la figure 318.

Lorsque un arbre comme celui de la figure 319 est chargé en deux points, les

extrémité portent le nom de *fuseaux* tandis que la partie moyenne constitue ce que l'on appelle le *corps*.

Suivant les intensités des charges et

suivant leurs distances aux tourillons, | prendrons à calculer dans la résistance
ceux-ci ont des diamètres que nous ap- | des matériaux.

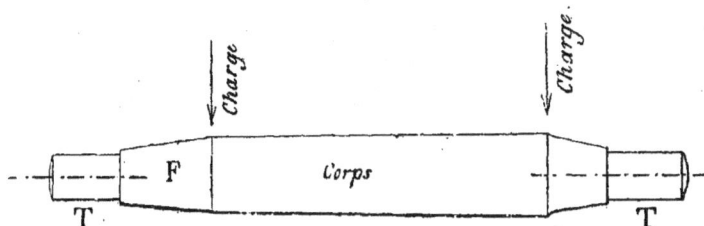

Fig. 319.

Les essieux de wagons sont soumis non | à leurs longueurs, mais encore à des efforts
seulement à des charges perpendiculaires | obliques provenant de l'inclinaison du

Fig. 320.

bandage des roues. Le calcul tenant compte | essieux un profil représenté par la
de ces actions obliques, indique pour ces | figure 320.

Fig. 321. — Arbre en fer du moulin de Saint-Denis.

Tous ces arbres à sections circulaires | fonte pour des arbres dont la section
sont en fer ou en acier; on réserve la | une forme complexe.

Fig. 322. — Arbre en fer d'une roue de 20 chevaux.

Les figures 321, 322, 323, 324 donnent les | arbres en fer qui pourront servir de types.
formes et les dimensions de quelques | **636.** *Arbres à sections complexes.* —

Fig. 323. — Arbre pour roue hydraulique de 9 chevaux.

Les arbres à sections complexes sont géné- | milieu. Une des formes les plus conve-
ralement en fonte, et renflées vers leur | nables est la section en croix. Le corps

de l'arbre se compose dans ce cas de quatre nervures ou ailettes; les fu- seaux ont la forme conique (*fig.* 325). Assez souvent on emploie la forme de

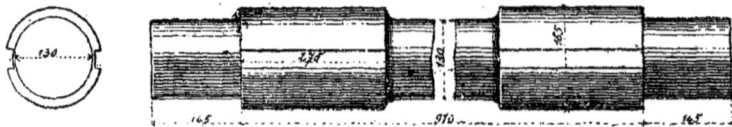

section représentée par la figure 326. Le corps est cylindrique, renforcé par quatre ailettes rectangulaires.

Lorsque les arbres en fonte ont à supporter des charges considérables, on a fréquemment recours à la forme de sec-

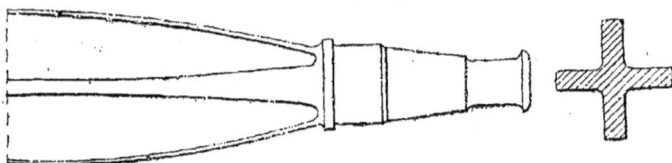

Fig. 325.

tion composée de nervures en croix munies de rebords à leurs extrémités. La forme indiquée par la figure 327 est très employée en Angleterre; elle a l'avantage

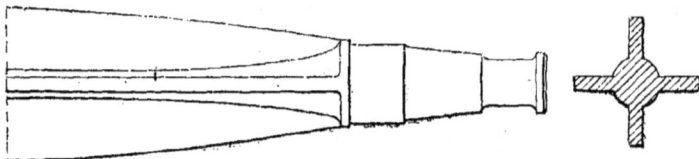

Fig. 326.

de n'exiger qu'une faible quantité de matière; les rebords des nervures donnent à ces arbres une apparence de force. Les figures 328, 329 donnent les proportions

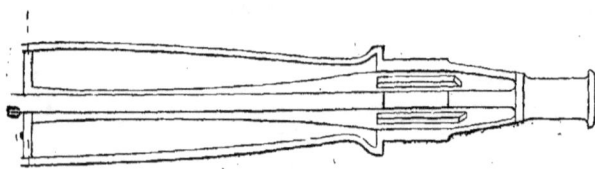

Fig. 327.

de deux arbres en fonte.

637. *Tourillons des arbres.* — Nous avons dit que les arbres ou essieux étaient terminés à leurs extrémités par des par-

Fig. 328. -- Arbre pour roue de 60 chevaux.

ties cylindriques appelées tourillons. Ce sont ces organes qui s'emboîtent en tota- lité ou en partie dans des corps creux désignés sous les noms de *paliers, cr*-

paudines, boîtards, etc. Un tourillon peut être soumis soit à l'action d'une charge transversale, soit à l'action d'une charge longitudinale. Dans le premier cas, il porte

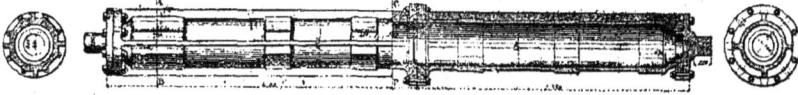

Fig. 329. — Arbre creux en fonte pour roue hydraulique.

le nom de tourillon frontal, dans le second il prend les noms de pivot ou tourillon d'appui. Le tourillon frontal affecte la forme cylindrique et est terminé à l'une de ses extrémités au moins par une saillie ou embase, comme l'indique la figure 330.

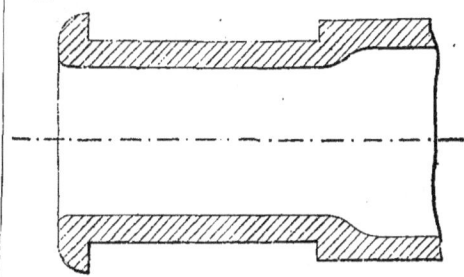

Ses dimensions sont déterminées suivant divers éléments; le diamètre dépend de la charge qu'il supporte et du nombre de tours qu'il doit effectuer par minute ; sa

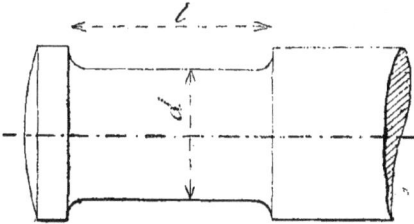

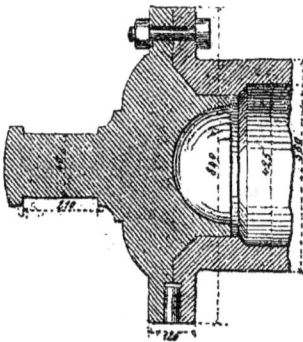

Fig. 330.

Fig. 331

Fig. 332. — Tourillon rapporté d'un arbre creux en fonte.

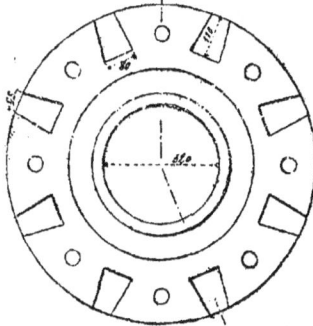

longueur est établie pour obtenir par centimètre carré une pression évitant tout échauffement et assurant une bonne lubrification ainsi qu'une faible usure.

Si d et l représentent le diamètre et la longueur d'un tourillon, leur rapport est généralement.

$$\frac{l}{d} = 1,5 \text{ pour les arbres en fer.}$$

$$\frac{l}{d} = 2,5 \text{ pour les arbres en fonte.}$$

$$\frac{l}{d} = 1,90 \text{ pour les arbres en acier fondu.}$$

Quelquefois dans les arbres creux en fonte ou en acier fondu, les tourillons sont également creux (*fig.* 334).

638. *Tourillons d'appui ou pivots.* —

Lorsqu'un arbre est vertical, il a à sup-
porter la pression qu'il exerce dans le sens | de sa longueur, aussi le termine-t-on à la
partie où il repose par un tourillon de

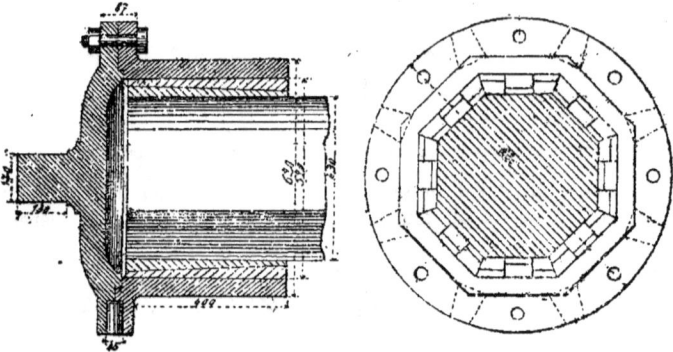

Fig. 333. — Tourillon à manchon pour arbre en bois.

pied ou pivot. Dans les cas ordinaires, il
convient de le terminer par une base plane | de façon que la pression par millimètre
carré ne dépasse pas une limite donnée,

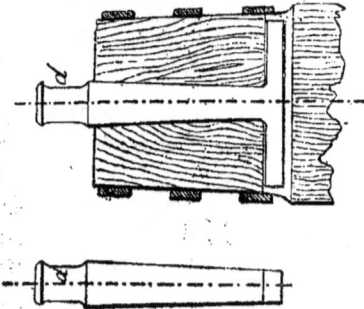

Fig. 334.

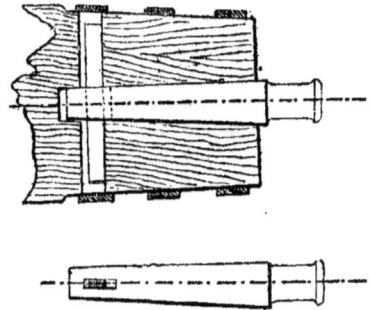

Fig. 335.

et de l'entourer d'une enveloppe cylin-
drique en bronze. Son diamètre est calculé | cette limite varie de $0^k,5$ à 4 et 5 kilos et
dépend de la nature du pivot, de la nature

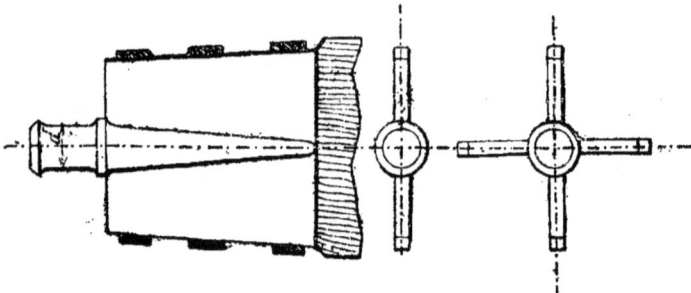

Fig. 336.

de la pièce sur laquelle il repose et du
système de graissage. | La longueur du pivot est composée entre
le diamètre d et $1,5$ d.

639. *Assemblage de tourillons.* — Dans certains cas le tourillon ne peut pas être fait d'une seule pièce avec l'arbre ; il faut alors l'assembler avec cet arbre.

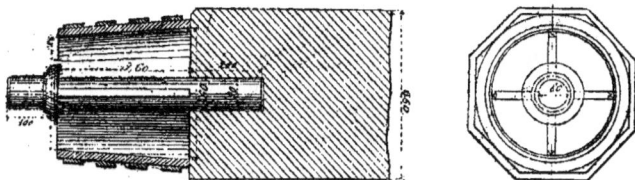

Fig. 337. — Tourillon à ailettes d'un arbre en bois.

La figure 332 donne l'assemblage d'un tourillon rapporté sur un arbre creux en tourillon en fonte à manchon ; l'extrémité

Fig. 339. — Pivot d'arbre vertical en bois.

de l'arbre octogonal est relié au manchon

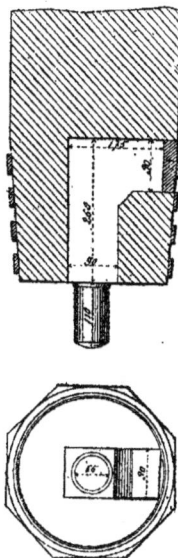

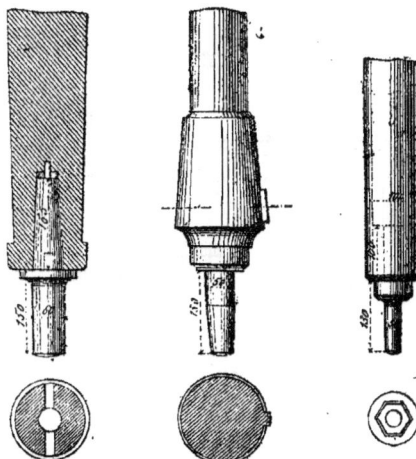

Fig. 338. — Pivot à talon, pour arbre vertical en bois.

fonte. L'extrémité de l'arbre porte une bride circulaire contre laquelle est appliquée une bride de même diamètre faisant corps avec le tourillon ; cette bride porte des encoches en forme de queue d'hironde qui emboîtent des nervures venues de fonte avec l'arbre. Des boulons relient intimement ces deux brides. Ces assemblages de tourillons sont fréquents sur les arbres en bois des roues hydrauliques. La disposition de la figure 333 représente un

Fig. 340. — Pivots.

au moyen de doubles coins en bois ; le

tourillon est boulonné contre le manchon.

La figure 334 indique un tourillon à ancre ayant la forme d'un **T**. Cette disposition conduit à pratiquer à l'extrémité de l'arbre une large entaille et à rapporter deux pièces de remplissage en bois. Ces pièces une fois introduites sont maintenues par trois frettes coniques emmanchées à chaud.

Un mode d'assemblage qui peut remplacer avantageusement le précédent, est formé d'un tourillon à clavette, ou à ancre artificielle (*fig.* 335).

La figure 336 représente un tourillon à deux ou à quatre ailettes en fonte avec noyau conique; ces ailettes pénètrent dans une entaille de même forme pratiquée à

l'extrémité de l'arbre, le tout solidement maintenu par des frettes.

Une autre disposition à ailettes à noyau cylindrique est représentée par la figue 337.

640. *Assemblage des pivots.* — Dans bien des cas les diamètres des pivots sont beaucoup plus petits que ceux des arbres. De plus, leur usure étant plus considérable que pour les tourillons frontaux, ils sont sujets à être remplacés. Pour ces raisons on les assemble aux extrémités des arbres.

Les figures 338, 339, 340 représentent les divers assemblages les plus usités. Si les arbres sont en bois il faut toujours avoir soin de les fretter.

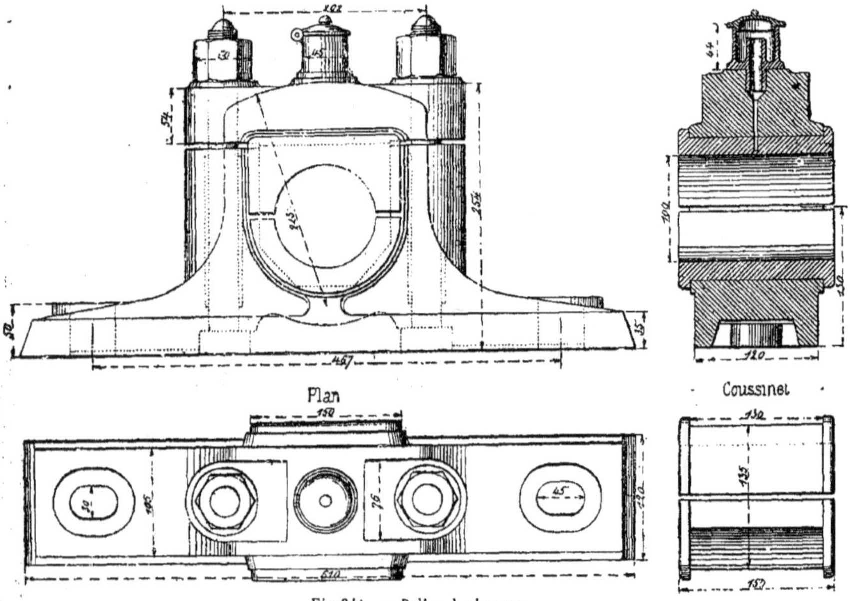

Plan

Coussinet

Fig 341. — Palier à chapeau.

Paliers.

641. Les paliers sont des organes de construction sur lesquels reposent directement les tourillons des arbres de transmission et des essieux. Un palier se compose toujours de trois parties, 1° les coussinets, généralement en bronze; 2° le corps du palier en fonte; 3° les pièces nécessaires pour l'assemblage. Il existe une grande variété de types en usage dans la pratique, et dont les formes dépendent des positions que ces guides de mouvement occupent dans la construction.

Les conditions essentielles que les paliers doivent remplir dans la disposition des coussinets et des accessoires sont : une usure uniforme et un graissage parfait.

Nous nous contenterons d'indiquer quelques exemples des dispositifs employés, avec les dimensions principales se rapportant à des tourillons de diamètres donnés. Les dimensions, pour un palier devant supporter un tourillon, pourront être obtenues au moyen de la méthode des nombres proportionnels.

642. *Palier ordinaire.* — La figure 341 représente la disposition d'un palier horizontal pour des tourillons compris entre 30ᵐᵐ et 200ᵐᵐ. Il se compose d'un coussinet formé de deux parties, dont les co-

quilles sont demi-cylindriques et alésées avec le plus grand soin. La partie inférieure du coussinet est ajustée dans une cavité appelée *cage*, pratiquée dans le corps du palier. La partie supérieure est maintenue par un chapeau relié au corps du palier au moyen de deux boulons, qui servent en même temps à assurer le serrage continuel des coussinets sur le tourillon. La longueur des coussinets dépend de celle du tourillon, laquelle peut être à 1,5 d, 2 d, etc. Pour ce genre de palier on peut aller jusqu'à

$$l = 2d$$

Le corps du palier présente à sa partie inférieure une *semelle* ou *patin* qui permet de le fixer à l'endroit convenable. Les boulons de fixation, qui doivent toujours être fortement serrés, ont un diamètre un peu supérieur à celui des boulons du cha-

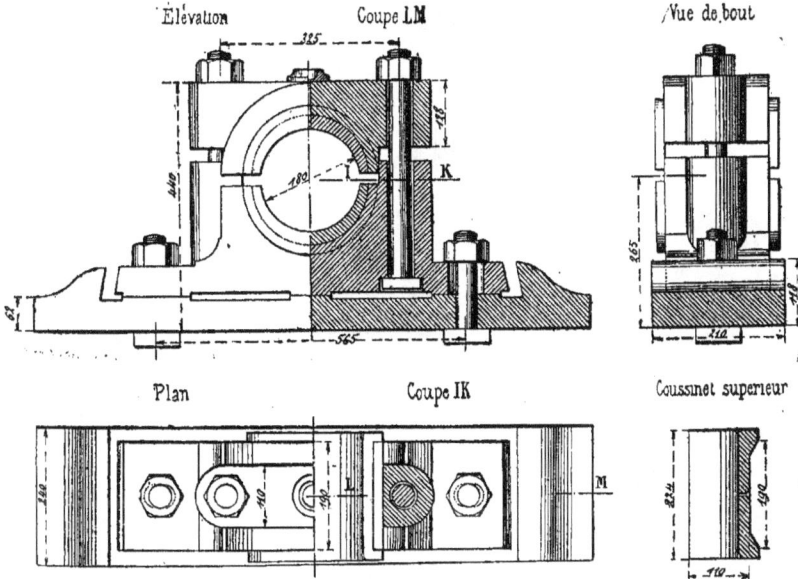

Fig. 342. — Palier des alésoirs de Charenton.

peau. Lorsque le palier doit être fixé sur une plaque de fondation, on donne aux bords de la semelle une légère inclinaison qui permet, au moyen de clavettes, de

caler solidement le palier sur cette plaque de fondation, comme l'indique la figure 342, qui donne la forme et les dimensions du palier des alésoirs de Charenton.

Les semelles des paliers de grandes dimensions sont évidées, afin de réduire la dépense de matière et de fournir d'un autre côté des portées pour le rabotage.

Le vide existant entre le corps du palier et le chapeau est ordinairement rempli avec des plaques de bois, de manière à permettre de serrer à fond les boulons de ce chapeau sans s'exposer à produire un coincement sur le tourillon.

Le graissage s'opère au moyen d'un godet renfermant de l'huile, laquelle tombe goutte à goutte au moyen d'une mèche dont l'une des extrémités aboutit au trou pratiqué dans le chapeau et dans la partie supérieure du coussinet.

Dans certains paliers pour arbres de transmission, le godet est remplacée par un graisseur particulier contenant la matière lubrifiante.

643. *Palier horizontal à trois coussinets.* — Lorsque le tourillon exerce des pressions latérales sur les coussinets, en même temps que la partie inférieure se trouve soumise à une pression continue, comme dans les machines à vapeur, on emploie pour remédier à l'ovalisation du coussinet et répartir plus régulièrement l'usure, un palier dit à trois coussinets, dont l'un est destiné à recevoir l'action de la pression verticale constante, tandis que les deux autres se trouvent soumis à la pression horizontale qui s'exerce tantôt dans un sens, tantôt dans l'autre.

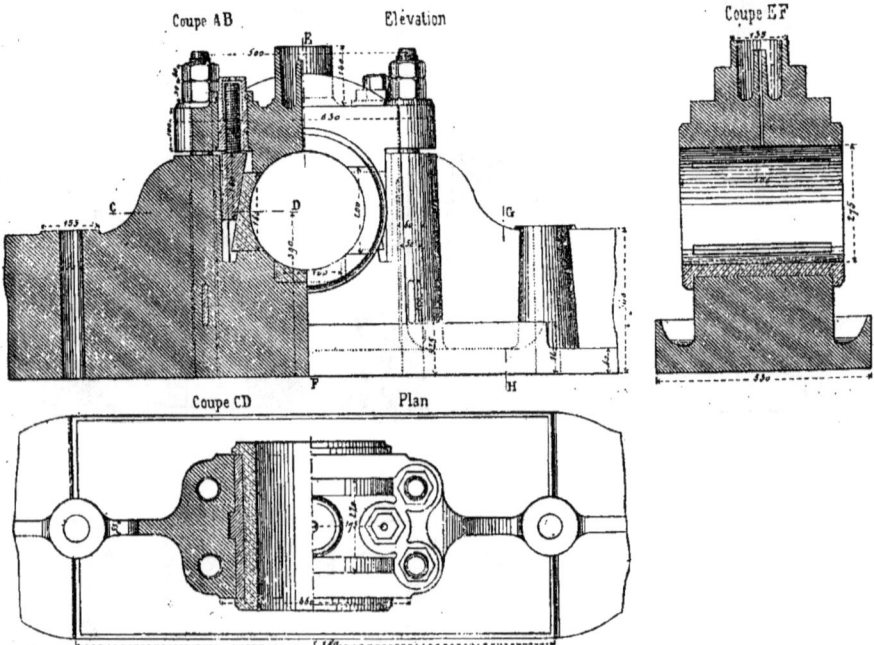

Fig. 343. — Palier moteur avec coins de serrage d'une machine horizontale de 100 chevaux.

La figure 343 représente une disposition de palier à trois coussinets, dans laquelle le coussinet inférieur est fixe ; les deux coussinets latéraux sont maintenus serrés entre le tourillon par l'action des clavettes que supporte le chapeau. Chacune des clavettss se termine en haut par une partie filetée, dont l'écrou logé dans le chapeau ne peut que tourner sur lui-même.

Dans les paliers, comme celui que nous | tions, il convient de munir les boulons du

Elévation

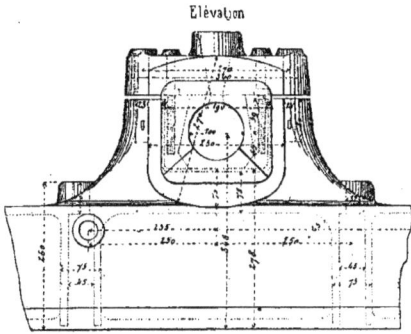

Plan (Le chapeau et les coussinets enleves

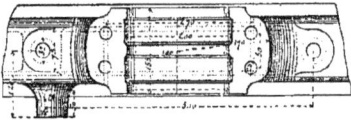

Fig. 344.

Elévation   Vue latérale

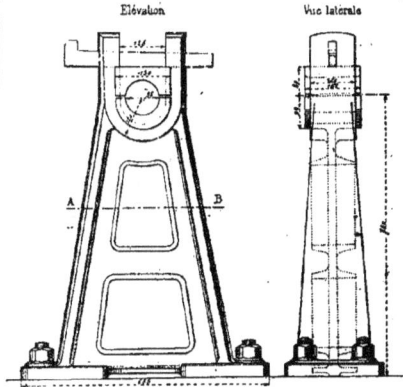

Plan   Coupe AB.   Coussinet

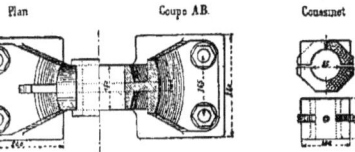

Fig. 345.

venons de décrire, soumis à de fortes vibra- | chapeau de contre-écrous ou de tout autre

Elévation   Coupe AB.

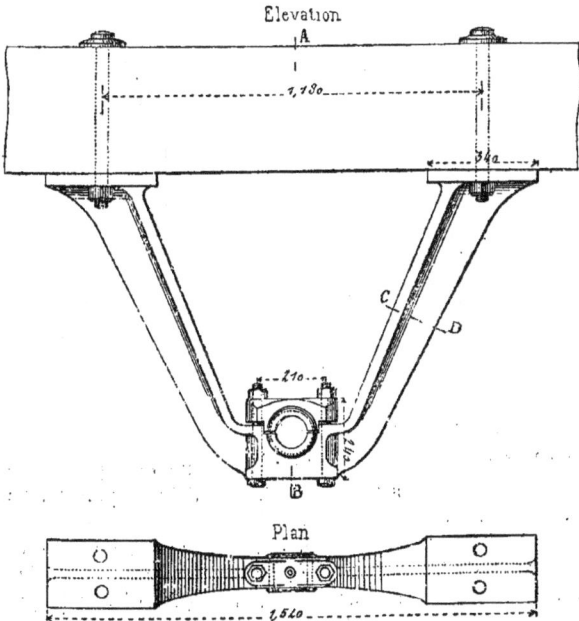

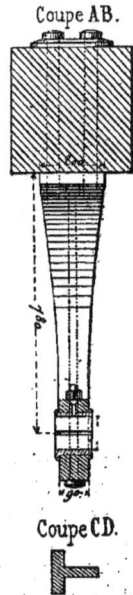

Plan

Coupe CD.

Fig. 346. — Châise à deux branches.

dispositif de sûreté, de manière à prévenir leur desserrage.

La figure 344 donne un autre type de palier à trois coussinets pour machine à vapeur de dix chevaux de MM. Varrall, Elwell et Poulot.

644. *Palier à chevalet.* — On désigne sous le nom de palier à chevalet, celui dans lequel le corps proprement dit se trouve éloigné de la semelle ou patin. Celui que représente la figure 345 constitue un palier élevé, dont le serrage entre les deux parties du coussinet est fait au moyen d'une simple clavette à talon.

Le chevalet présente de nombreuses variétés de formes, et le rapport de la hauteur à la longueur de la base d'appui est aussi variable.

645. *Palier de suspension ou chaise.* — Les arbres de transmission des diverses usines occupent la partie supérieure des ateliers et portent des poulies destinées à commander les diverses machines. Les paliers qui supportent les tourillons de ces arbres sont fixés soit contre les murs ou les colonnes au moyen de paliers consoles, ou bien ils sont suspendus au plafond au moyens de chaises, dont les formes sont variables.

L'une des plus simples est celle indiquée par la figure 346. Elle est formée de deux branches légèrement évasées et formant à leur partie inférieure le corps du palier. Ces branches à section en forme de **T** sont terminées par deux semelles s'adaptant chacune à une poutre en bois

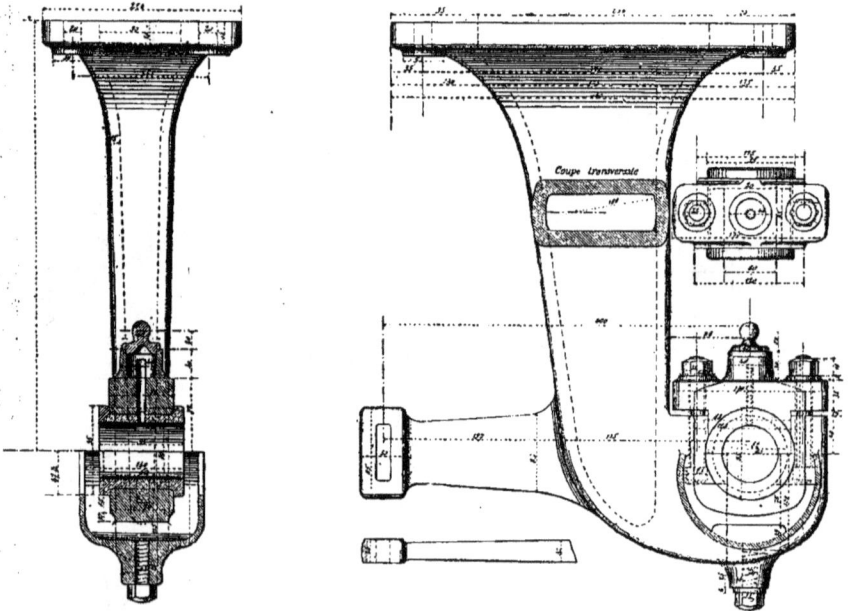

Fig. 347. — Chaise creuse.

au moyen de quatre boulons. La figure 347 donne la disposition d'une chaise creuse à une seule branche de MM. Varrall, Elwell et Poulot. Elle est d'un usage fréquent, d'un poids plus restreint que ne semble indiquer sa vue extérieure.

Cette chaise donne un exemple des réservoirs d'huile que doivent porter tous les paliers.

La partie en saillie opposée au palier et qui porte une ouverture rectangulaire sert de support et de guide à une plaque en fer sur laquelle est fixée une fourchette, qui permet de faire passer la courroie de transmission tantôt sur une poulie folle, tantôt sur une poulie fixe montées sur l'arbre.

Lorsque plusieurs arbres horizontaux

Chaise pour 3 arbres horizontaux

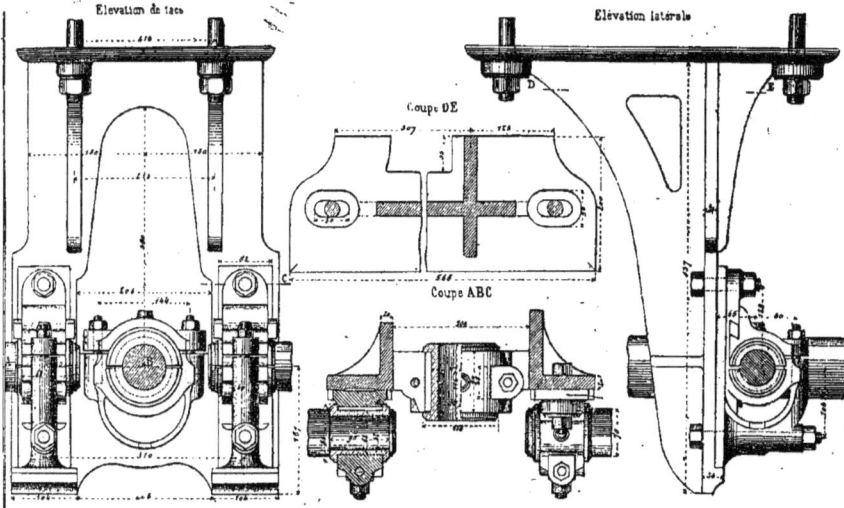

Fig. 348. — Chaise pour trois arbres horizontaux.

ou même verticaux sont très rapprochés,

Fig. 349.

on peut réunir tous les paliers de support

sur une même chaise comme l'indique la figure 348. L'un des paliers, est venu de fonte avec la chaise, tandis que les deux autres sont rapportés et solidement calés.

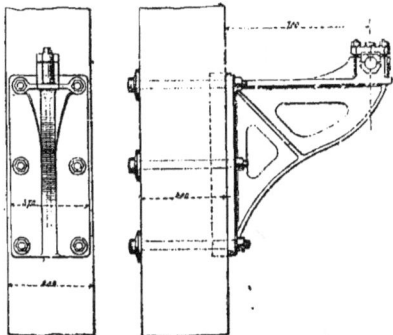

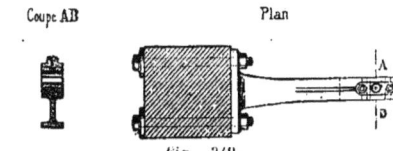

646. *Palier-console.* — Dans le palier-console, la plaque de fixation est perpendiculaire au plan de joint des coussinets et parallèle à l'axe du tourillon. La figure 349 reproduit un palier-console fixé sur poteau en bois.

Les boulons du chapeau du palier sont filetés directement dans la fonte ou maintenus par une clavette. La console affecte la forme d'une doucine évidée à l'intérieur et renforcée par des nervures.

Crapaudines.

647. Les tourillons d'appui reposent sur des paliers qu'on désigne sous le nom de crapaudines.

La figure 350 représente une crapaudine

à patin horizontal solidement fixée au moyen de deux boulons. Le patin renferme

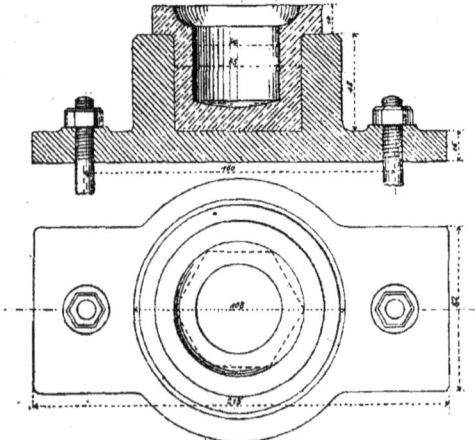

Fig. 350. — Crapaudine fixe·

un coussinet en bronze dont le diamètre à l'alésage est égal au diamètre du pivot;

afin d'empêcher la rotation du coussinet, celui-ci s'emboîte dans un prisme hexagonal creux.

Le plus généralement, le fond du godet renferme une rondelle en acier légèrement bombée à sa partie supérieure appelée *grain*. Cette pièce étant soumise à l'usure peut être remplacée aisément.

On préfère dans la plupart des cas, employer des crapaudines à grains mobiles; celle indiquée par la figure 351 repose sur une arcade en fonte demi-circulaire; le godet qui renferme le grain est supporté par une tige verticale qu'on peut soulever ou abaisser au moyen d'un écrou à six pans qui repose sur une saillie creuse venue de fonte avec le patin. Pour éviter la rotation de cette tige de support lorsqu'on tourne l'écrou, celle-ci porte une clavette qui ne lui permet qu'un mouvement vertical. Le godet à la forme octogonale et peut être déplacé, dans le mon-

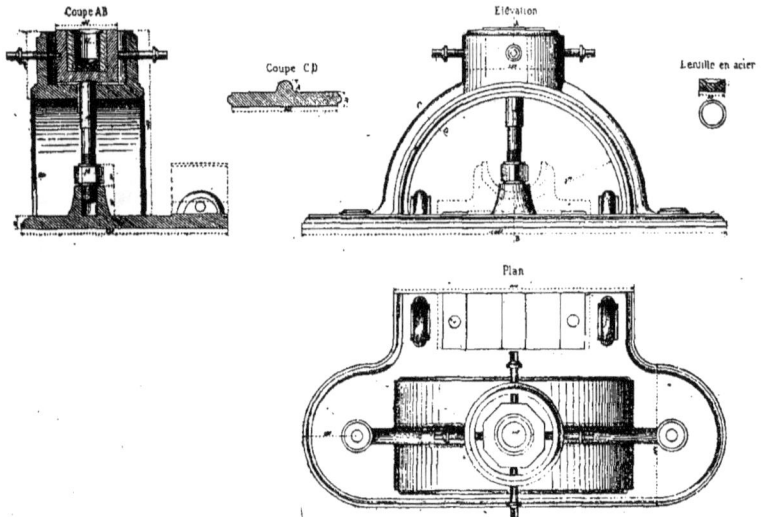

Fig. 351. — Crapaudine à grains mobiles.

tage, au moyen de quatre vis à tête carrée. Le patin de cette crapaudine porte l'assise d'un palier pour arbre horizontal.

Quelquefois le coussinet repose sur une ou plusieurs clavettes; ce mode de support est préférable au précédent, car il donne une assise plus stable et un réglage plus commode.

La figure 352 donne une disposition au moyen de laquelle la clavette peut être déplacée en agissant sur un écrou qui butte sur la contre-clavette. Le corps de la crapaudine est relié au patin au moyen de quatre nervures, aux extrémités des-quelles sont les embases qui servent de repos aux écrous des boulons de fonda-tion.

Un autre dispositif à clavettes est re-

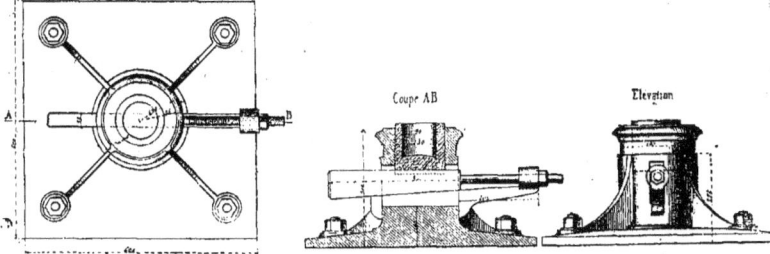

Fig. 352. — Crapaudines à clavette.

présenté par la figure 353. La partie su-périeure de chaque clavette est horizontale, et supporte également la charge de l'arbre; la partie inférieure a une légère inclinai-son qui évite le glissement qui tend à se produire sous l'action de cette charge. Comme dans la figure 351, le godet peut être déplacé au moyen de quatre vis de rappel.

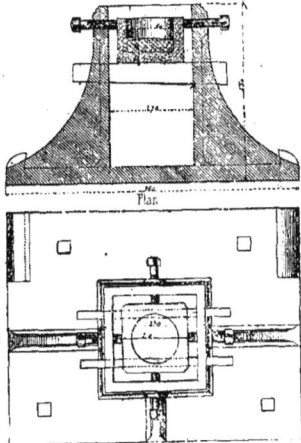

Fig. 353. — Crapaudine à clavette.

la crapaudine, doivent être encore guidés en d'autres points afin d'assurer leur

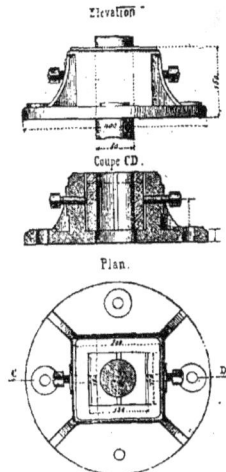

Fig. 354. — Boîtard.

direction verticale. A cet effet on les maintient à l'aide de colliers analogues aux crapaudines et aux paliers. La figure 354 représente un boîtard portant à la partie inférieure un patin qui per-met de le fixer sur un plancher. Dans la partie évidée du corps en fonte se trouve un coussinet en bronze divisé en deux parties, qui peuvent être déplacées et rapprochées au moyen de deux vis de rappel. Le patin présente une ouverture

Collier ou Boîtard.

648. Les arbres verticaux guidés à leur partie inférieure par le coussinet de

circulaire un peu plus grande que le diamètre de l'arbre.

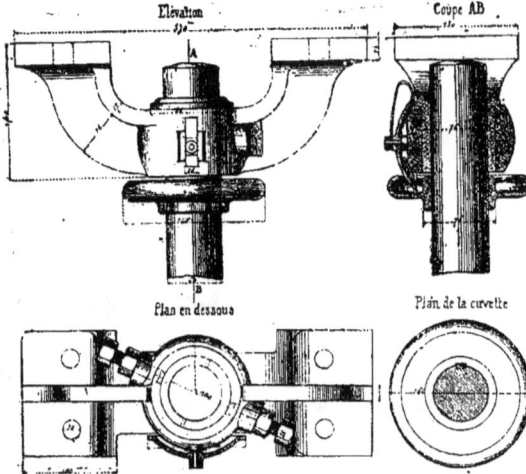

Fig. 355. — Collier graisseur.

Bourdon a imaginé une autre disposition (*fig.* 355) ayant la forme d'une chaise, qu'on peut boulonner au-dessous d'un plancher et permettant de maintenir l'extrémité supérieure de l'arbre. L'arbre est constamment graissé par un système particulier qu'indique la figure. L'huile se rend dans un réservoir fixé à l'arbre et dont la forme intérieure empêche, dans la rotation, le déversement de la matière lubrifiante.

Le coussinet, en deux parties, est réglé par deux vis à contre-écrous.

649. *Collier à galets.* — Lorsque l'arbre vertical doit exercer des pressions très considérables sur le collier qui le maintient, on substitue aux colliers précédents des colliers à galets, comme dans les grues à pivot tournant.

On interpose entre l'arbre et une autre surface cylindrique concentrique des galets qui, en s'appuyant contre ces surfaces, peuvent prendre un mouvement de rotation autour de leurs axes fixés eux-mêmes à une couronne mobile. Cette couronne mobile porte d'autres galets à axes horizontaux roulant sur une surface plane annulaire fixe également concentrique à l'arbre. Le poids de l'appareil repose ainsi sur cette surface fixe, et l'interposition des galets facilite la rotation de l'arbre (*fig.* 356).

On voit une application de ce genre de

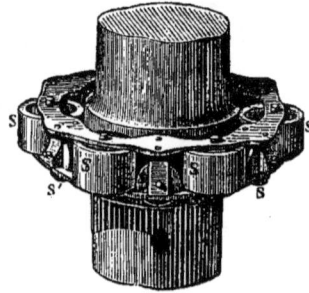

Fig. 356.

galets aux plaques tournantes des chemins de fer.

GUIDES DU MOUVEMENT RECTILIGNE

650. Le dispositif le plus usité pour guider le mouvement rectiligne, consiste à employer les languettes et les rainures.

La pièce mobile à guider présente, sur ses deux côtés parallèles à l'axe du mouvement, deux rainures dans lesquelles s'engagent des languettes fixes, de même

Fig. 357.

section que celle des rainures (*fig.* 357).

D'autres fois la pièce mobile porte de chaque côté des

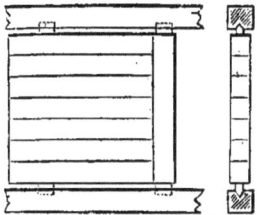

oreilles ou languettes, s'engageant dans des rainures longitudinales pratiquées sur les pièces fixes (*fig.* 358). Cette disposition est très employée pour le guidage des châssis horizontaux de certaines scieries mécaniques. On la trouve également comme moyen de guidage dans les tiroirs des meubles, des tables à coulisses et à rallonges.

Dans les machines à vapeur horizontales, la tige du piston est assujettie à décrire sa trajectoire rectiligne par un organe appelé *glissière*. La glissière des locomotives (*fig.* 359) relie l'extrémité de la tige du piston à l'articulation de la bielle; elle présente deux rainures qui embrassent deux guides longitudinaux en acier,

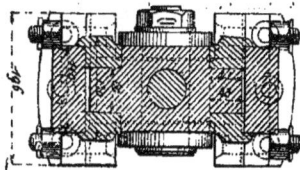

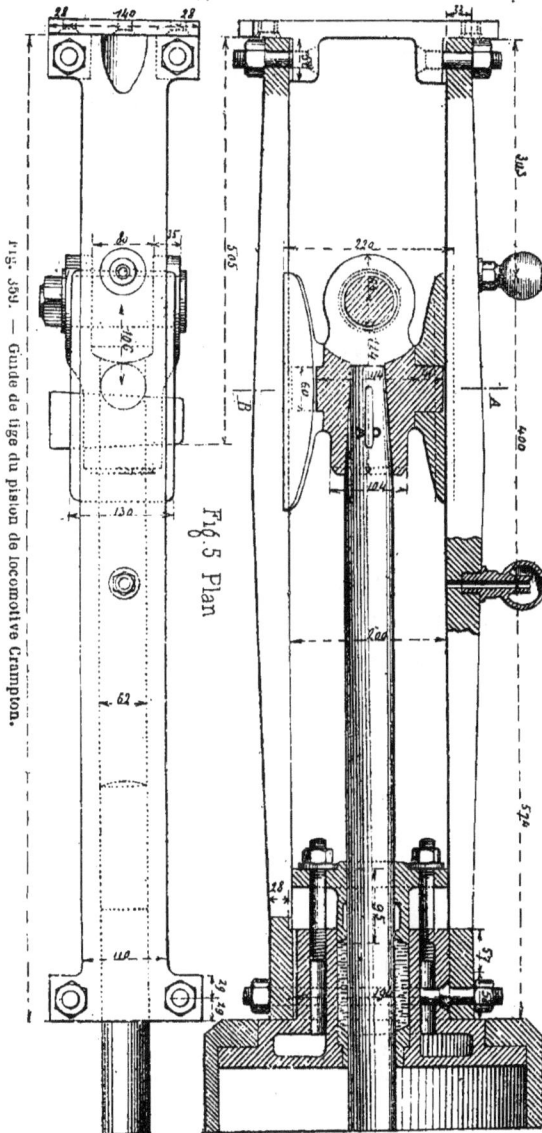

Fig 3 Coupe AB

Fig. 359. — Guide de tige du piston de locomotive Crampton.

Fig. 5 Plan

Fig 4. Elévation.

légèrement bombés en leur milieu. Un ou deux graisseurs, placés au-dessus

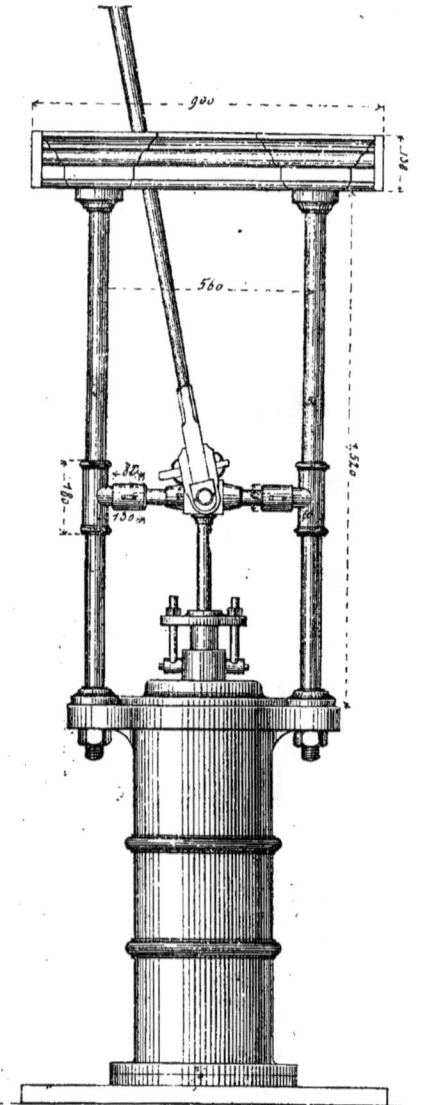

Fig. 360. — Guide pour machine verticale.

du guide supérieur, servent à lubrifier constamment les surfaces en contact.

On emploie aussi pour guides des pièces cylindriques fixes dans lesquelles glissent des anneaux adaptés à la pièce mobile. La figure 360 indique une disposition du guidage dans laquelle l'extrémité de la tige du piston d'une machine verticale porte une traverse terminée par deux

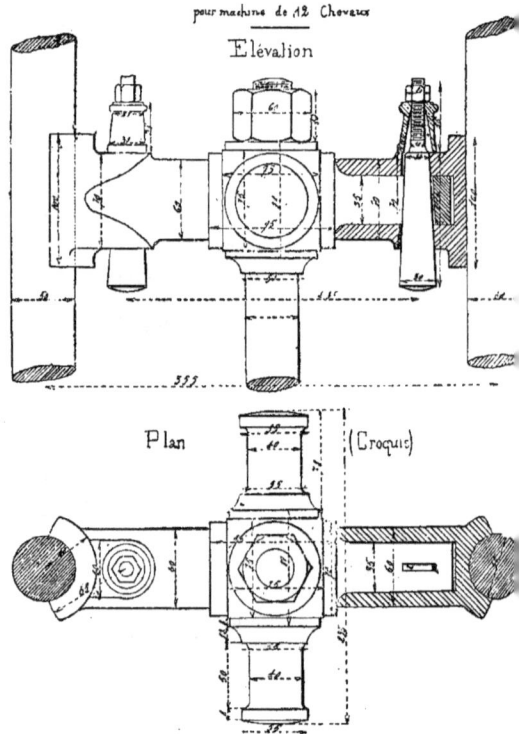

Fig. 361. — Glissière pour machine de 12 chevaux.

douilles, qui glissent le long de deux tiges cylindriques en fer parallèles à l'axe du cylindre.

Il n'est pas nécessaire que ces douilles emboîtent complètement les tiges fixes. La figure 361 donne un système employé autrefois à l'usine Cail. La traverse où est articulée la tige du piston, se trouve emboîtée par deux pièces en fonte portant les glissières en forme de demi-cylindres. Ces pièces peuvent être constamment appliquées contre les tiges fixes au moyen

,de clavettes qu'on peut monter à l'aide d'écrous. On remédie ainsi à l'usure qui

Fig. 362. — Guide pour machine verticale.

se produit inévitablement sur les parties frottantes, par suite de l'action oblique de la bielle.

Dans les machines de Maudslay l'extrémité du piston porte un galet qui roule dans une rainure longitudinale de même diamètre. Ce guidage a l'inconvénient de déterminer une usure rapide du galet par suite du glissement qui se produit soit dans la marche soit à chaque changement de sens du mouvement.

Quelques machines verticales portent à l'extrémité de la tige du piston une traverse munie de deux galets à gorge, roulant sur des tiges cylindriques verticales, fixées sur le couvercle du cylindre (fig. 362). Ces galets ou roulettes présentent de

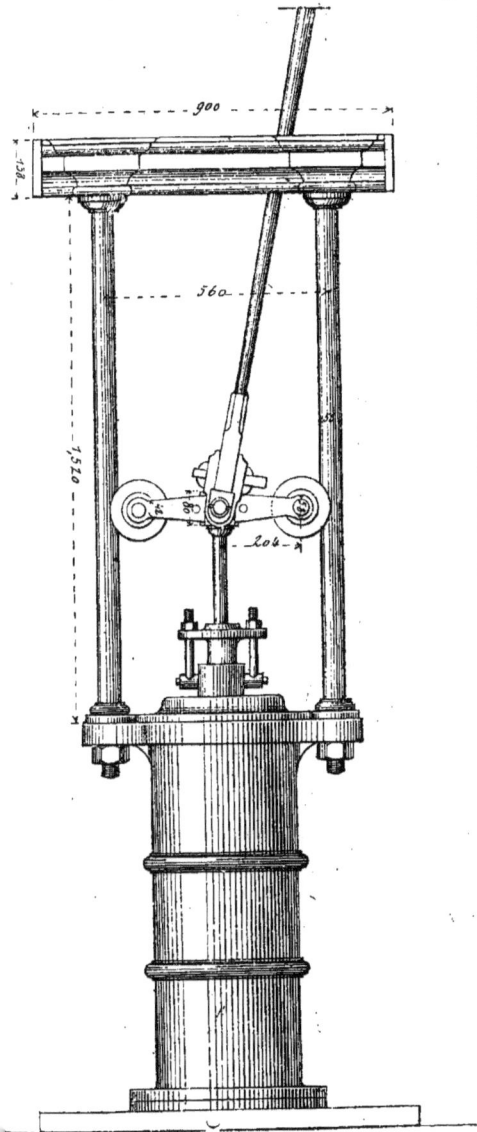

grands avantages, comme guides de mouvement ou du frottement de roulement, qui est toujours moindre que le frottement de glissement; c'est pourquoi les lits, fauteuils, canapés, etc., se déplacent aisément en adaptant à leur partie inférieure des roulettes cylindriques. Tantôt ce sont des roulettes qui roulent dans des guides à rainures, comme les roulettes de lits ; tantôt ce sont des roues qui reposent sur des bandes en saillie comme dans les chemins de fer.

Le mouvement guidé par des rails n'est jamais rigoureusement assuré, à cause du jeu qu'il faut nécessairement laisser pour rendre le mouvement possible. Pour guider le chariot des Mull-Jenny, dans les filatures, de manière à assurer parfaitement sa direction, on ajoute à l'emploi des rails celui d'un dispositif ingénieux qui résout complètement le problème. Il est représenté (*fig.* 363); il se compose de deux cordes parallèles qui viennent s'enrouler en formant un Z, sur deux poulies invariablement fixées au chariot. La déviation se trouve empêchée par la rigidité des cordes.

Lorsque le mouvement rectiligne ne doit avoir qu'une faible amplitude, il est quelquefois avantageux de lui substituer un mouvement curviligne, qui en diffère très peu; c'est sur ce principe qu'est fondé l'emploi du parallélogramme de Watt.

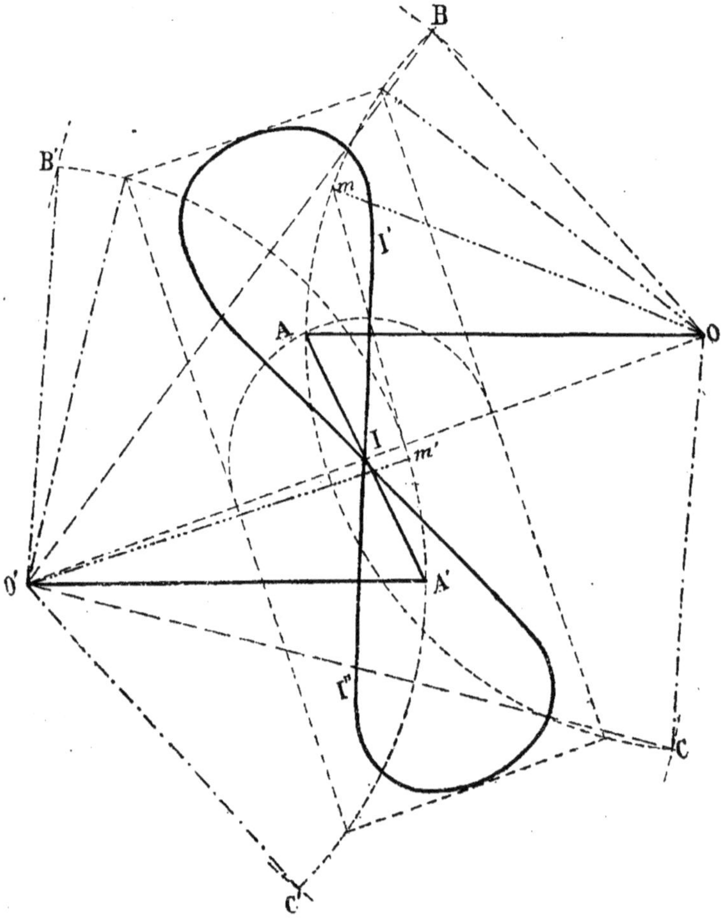

Fig. 364.

Parallélogramme de Watt.

651. Dans les machines à vapeur à balancier, le mouvement rectiligne du piston est assuré par l'emploi d'un système articulé qui porte le nom du parallélogramme de Watt. Si la tige du piston était directement articulée au balancier, son extrémité serait sollicitée à décrire un arc de cercle et par suite elle serait soumise à des effets obliques qui tendraient à la briser et à produire des fuites de vapeur au presse-étoupes. C'est pour éviter ces inconvénients que Watt imagina d'interposer entre le balancier et la tige du piston un parallélogramme articulé dont un de ses points décrit une courbe à longue inflexion présentant un partie sensiblement rectiligne.

652. *Principe du parallélogramme de Watt.* — Soient O A, O'A' (*fig.* 364) deux droites égales, mobiles, dans le plan de la figure, la première autour du point O, la seconde autour du point O'. Supposons ces deux droites parallèles dans leur position moyenne. Les extrémités A et A' sont liées par une droite AA' de longueur constante. Si la droite OA est animée d'un mouvement circulaire alternatif, la droite O'A' prendra un mouvement analogue dont on pourra déterminer les positions extrêmes, O'B' et O'C' connaissant les positions extrêmes OB et OC de la droite OA. Le lieu géométrique décrit par le milieu de la droite AA' est une courbe, I' I'', dont une partie diffère très peu d'une ligne droite si les proportions de la figure sont convenablement choisies. Ce lieu est une courbe à longue inflexion.

On peut facilement déterminer la courbe entière décrite par le milieu de la bride AA'. Remarquons que les points A et A' décrivent des arcs de cercle ayant pour

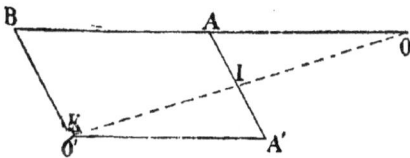

Fig. 365.

centres O et O'. Si *m* est la position du point A situé sur la circonférence du centre O, la position correspondante *m'* du point A' s'obtiendra en décrivant du point *m* comme centre avec la longueur constante

AA' pour rayon, un arc de cercle qui coupera la circonférence de centre O' au point *m'*. La droite *mm'* sera la position correspondante de la droite AA' dont le milieu appartiendra à la courbe cherchée. Il est facile de voir que les arcs décrits par les

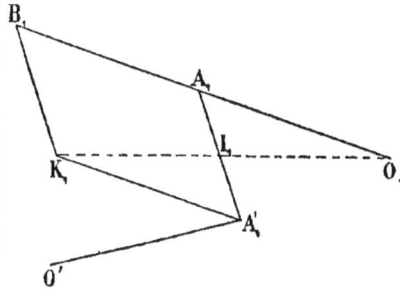

Fig. 366.

droites OA et O'A' sont limités ; ces limites s'obtiennent en décrivant du point O' par exemple avec un rayon égal à O'A' + AA' un arc qui coupe la circonférence du centre O en un point B. La position OB du levier OA est sa position extrême supé-

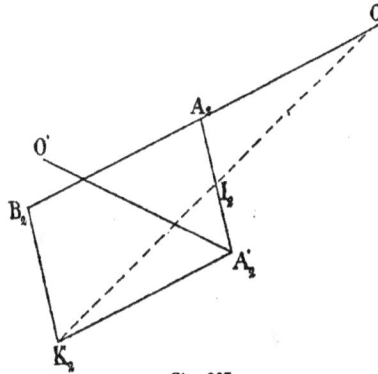

Fig. 367.

rieure : il y en a une autre inférieure. Il en est de même pour le levier O'A'.

Le tracé de cette courbe à longue inflexion peut se faire expérimentalement. On fixe sur un tableau noir les extrémités OA et O'A' de deux leviers égaux disposés horizontalement dans leur position moyenne et réunis par une bride AA' por-

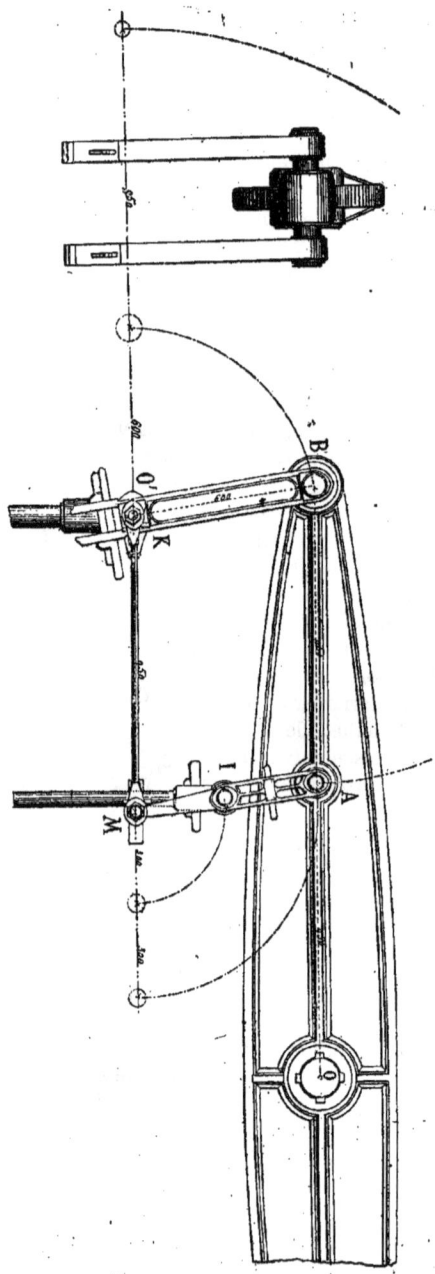

Développement du Parallélogramme

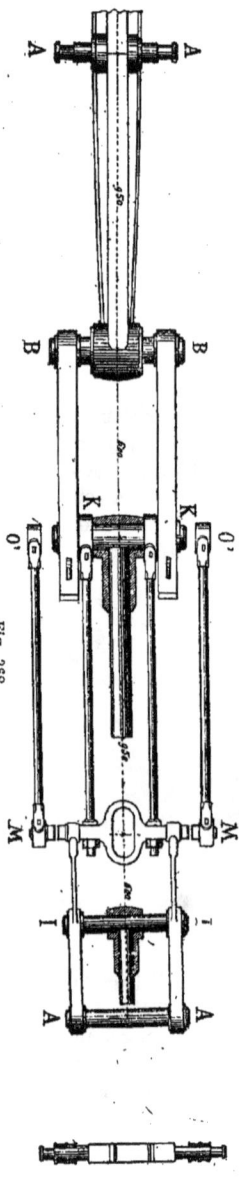

Fig. 368.

tant en son milieu un trou qui reçoit un crayon ou un morceau de craie. Si l'on fait osciller l'un des leviers OA le morceau de craie tracera la courbe en forme de 8.

653. *Remarque.* — Si l'on prolonge le levier OA d'une quantité AB égale à OA et que l'on complète le parallélogramme

ABA'K, le point K se trouve en ligne droite avec les points O et I dans toutes les positions du parallélogramme, comme l'indiquent les figures 365, 366, 367.

Dans la figure 365, les points O' et K se confondent en projection. La ligne décrite par le point K, sommet du parallélo-

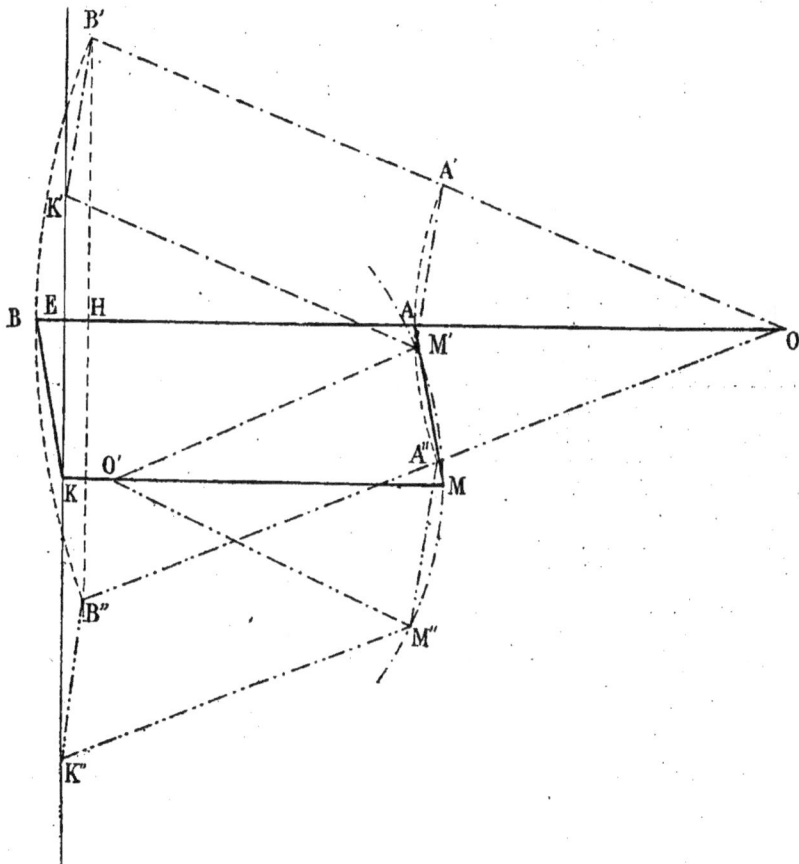

Fig. 369.

gramme, est une courbe semblable ou mieux homothétique à la courbe décrite par le point I.

Watt a pris le point K pour y attacher la tige du piston. Le point I, situé au milieu de la bride AA' a une course deux fois moindre que celle du point K; on y attache généralement la tige de la pompe

à air du condenseur, ou la tige de la pompe alimentaire.

654. *Établissement du parallélogramme de Watt.* — Sur la ligne milieu OB d'un balancier (*fig.* 369), on fixe un boulon A, et aux points B et A l'on suspend de part et d'autre des brides égales, BK et AM de façon à former un parallélogramme

ABMK ; les extrémités M et K sont réunies par une barre MK égale à AB. Le boulon M est articulé avec une bride MO′ mobile autour de l'axe O′ placé de façon que cette bride soit horizontale lorsque le balancier est dans sa position moyenne. Ce centre O′ se détermine par la considération suivante : la direction que doit suivre la tige du piston est ordinairement la perpendiculaire menée au milieu de la flèche de l'arc décrit par la tête du balancier, et comme la course du piston est donnée, on élève sur la direction OB (*fig.* 369), de la ligne milieu du balancier, dans sa position moyenne, une perpendiculaire qui la dépasse au-dessus et au-dessous d'une quantité égale à la moitié de la course du piston.

On décrit l'arc B′B″, qui a cette course pour corde ; au milieu E de la flèche BH on mène une parallèle à cette corde. Des points B′, B, B″ comme centres avec la longueur BK comme rayon, on décrit des arcs de cercle qui coupent la direction que doit suivre la tête du piston respectivement aux points K′, K, K″, de sorte que, si cette tête est contrainte d'occuper ces trois positions, au sommet, au milieu et au bas de la course du piston, on sera sûr que la tige aura au moins parcouru une ligne qui en ces trois points coïncidera avec la verticale. Il ne s'agit donc que d'obliger le parallélogramme à se plier de façon que le boulon K vienne dans l'oscillation, occuper successivement ces trois positions. Or à ces trois positions correspondent celles A′, A, A″ de l'articulation A faciles à déterminer, et l'on peut ainsi tracer la figure du parallélogramme dans ces trois positions ; ce qui fournit les positions M′, M, M″, que doit prendre l'articulation M, et si la bride MO′ a son axe de rotation O′ précisément au centre du cercle qui passe par les trois points M′, M, M″, il est clair que cette articulation sera forcée de décrire l'arc du cercle M′, M, M″.

Donc le centre de la bride MO′ s'obtien-

dra en cherchant le centre du cercle passant par les trois points M′, M, M″. (Voir la géométrie). Les proportions de ce tracé peuvent varier ; cependant il faut les choisir de façon à réduire au minimum les déviations de la tige du piston sur les verticales.

655. *Proportions données par Watt.* — Les proportions employées par Watt et qui sont toujours en usage, sont les suivantes :

1° La ligne milieu du balancier OB doit, dans sa position horizontale, partager en deux parties égales l'arc B′B″ décrit par l'extrémité du balancier, et l'angle B′OB″ d'oscillation ne doit pas dépasser 60°, on le prend généralement entre 36° et 40°.

2° La direction de la tige du piston doit être perpendiculaire à la position moyenne OB du balancier et doit diviser en deux parties égales la flèche de l'arc B′B″.

3° La corde de l'arc B′B″ est égale à la course du piston, et la longueur OB du demi-balancier doit être comprise entre une fois 1/2 et deux fois cette course.

4° La longueur de la bride BK doit être telle que dans la position extrême supérieure OB′ du balancier, le point K′ de l'extrémité de cette bride, correspondant à cette position, se trouve sur l'horizontale du point O. Cette longueur peut varier de $\frac{1}{2}$ à $\frac{3}{7}$ de la course du piston.

5° Le contre-balancier O′M est horizontal dans sa position moyenne O′M, et son extrémité M se trouve dans le prolongement de la corde A′ A″.

656. *Proportions données par M. Haton de la Goupillière.* — Dans son *Traité des mécanismes* M. Haton de la Goupillière a déduit des considérations géométriques d'autres règles ainsi énoncées : Si l'on représente par 37 la longueur du demi-balancier, celle du contre-balancier ayant la même valeur, la distance horizontale de leurs centres doit être représentée par 72, la longueur de la bride par 24, ainsi que la course du piston. La flèche de l'arc parcouru par l'extrémité du balancier est alors représentée par 2, et l'amplitude des oscillations du balancier est d'environ 37° 51'.

Remarque. — Il convient d'ajouter que les brides et les barres directrices des parallélogrammes sont doubles et symétriquement placées à droite et à gauche du balancier. D'ailleurs la disposition entière est suffisamment représentée dans la figure 368.

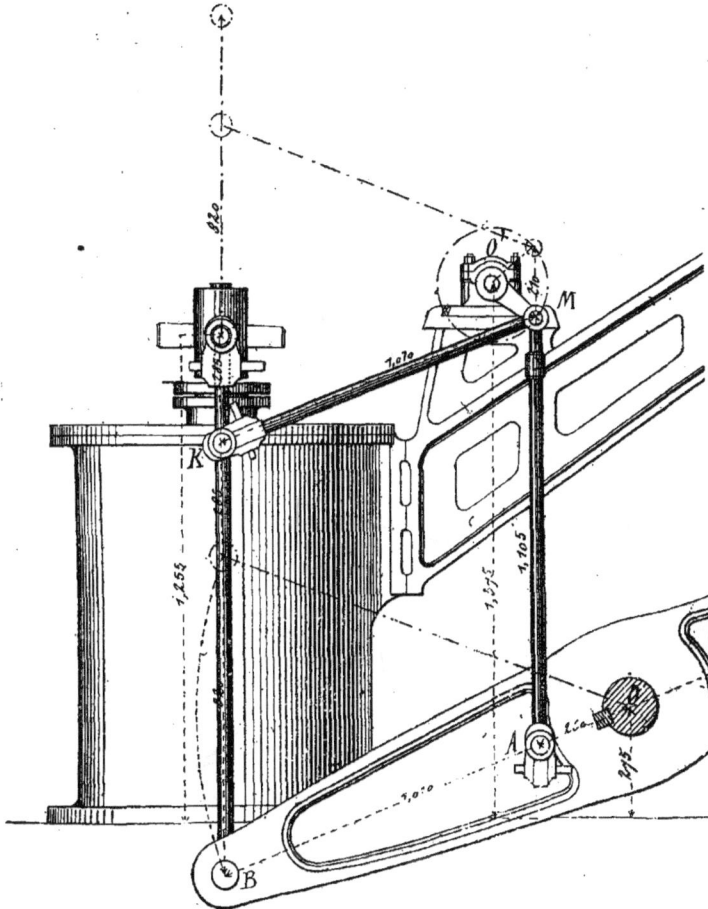

Fig. 370.

Parallélogramme des bateaux.

657. Les dimensions du parallélogramme indiquées ci-dessus restent arbitraires entre certaines limites; cependant il est des cas exceptionnels où l'on est obligé de s'écarter de ces règles ; c'est ce qui arrive notamment pour certaines machines de bateaux, où l'on fait usage du balancier pour transmettre indirectement le mouvement du piston à l'arbre des roues à palettes.

Dans ces machines on ne peut pas placer le balancier à la partie supérieure des machines, en raison du peu d'espace dont on dispose ; on emploie ordinairement deux balanciers accouplés que l'on place de part et d'autre de la machine, à sa partie inférieure ou moyenne. Il faut alors placer le parallélogramme au-dessus, comme l'indique la figure 370. Les côtés AM et BK doivent avoir assez de hauteur pour que l'extrémité de la tige du piston reste au-dessus du cylindre dans toutes les positions du balancier.

Le centre O' du contre-balancier O'M se détermine en traçant le parallélogramme dans les positions correspondantes aux positions extrêmes et moyennes du balancier en ayant soin de placer le point K sur la verticale que décrit la tige du piston. On obtient ainsi trois positions correspondantes du point M, dont le centre du cercle qui passe par ces trois points est le centre O' du contre-balancier.

Le parallélogramme de Watt est encore employé dans les machines à colonne d'eau et dans les machines soufflantes. Dans ces dernières, il y a même un parallélogramme à chaque extrémité du balancier, l'un pour transmettre au balancier le mouvement du piston de la machine à vapeur,

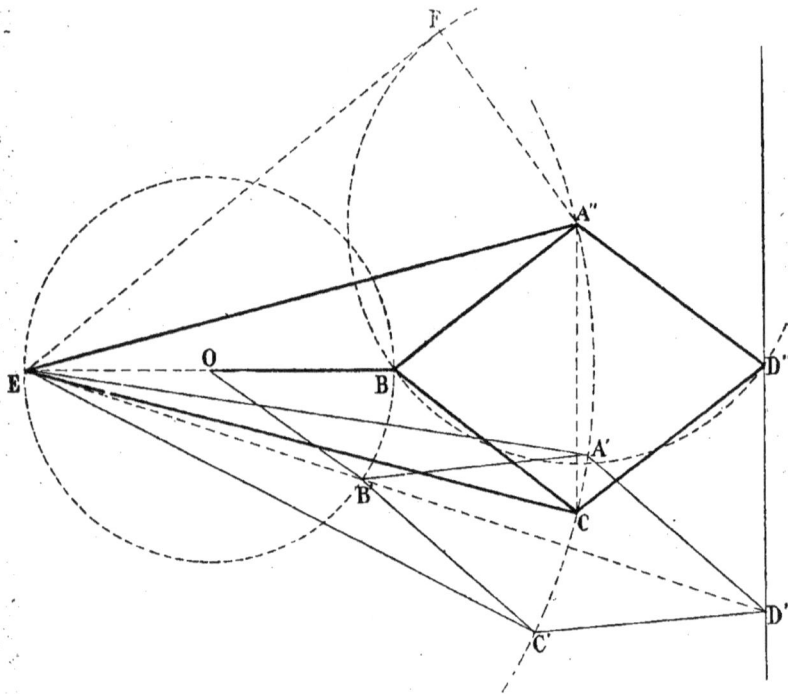

Fig. 371.

l'autre pour transmettre le mouvement du balancier au piston du cylindre soufflant.

Le grand avantage du parallélogramme de Watt est de se composer de pièces articulées qui ne subissent que de faibles déplacements relatifs et ne donnent lieu qu'à un faible frottement.

658. *Losange de M. Peaucellier.* — Nous venons de voir que le parallélogramme de Watt permettait d'assurer avec une certaine approximation la direction rectiligne de la tige du piston, c'est-à-dire que la courbe décrite par le sommet du parallélogramme présentait une portion sensiblement rectiligne. La solution rigoureuse de ce problème a été donnée en 1864 par M. Peaucellier, actuellement général du génie.

659. Nous empruntons à la *Mécanique* de MM. Fustegneras et Hergot la description du losange de Peaucellier.

Si l'on prend trois points EBD (*fig.* 371) en ligne droite et qu'on les joigne à deux autres points A, C, situés à des distances égales des points B et D, par des bielles

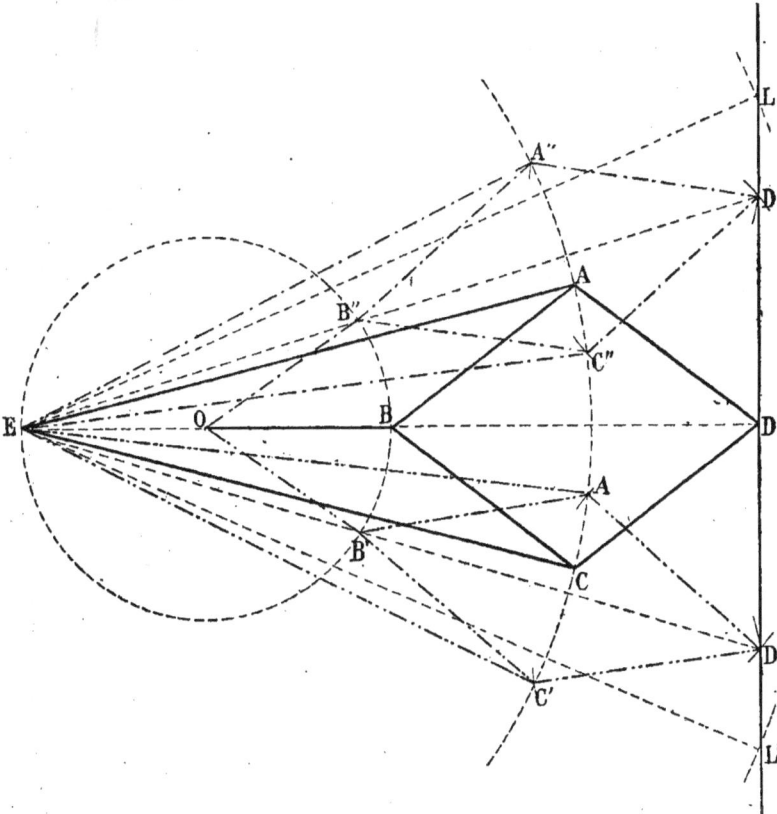

Fig. 372.

ou brides, le système articulé jouit des propriétés suivantes :

1° *Quelles que soient les déformations de l'appareil, les trois points* EBD *restent toujours en ligne droite.*

2° *Le produit des distances des points* B *et* D *au point* E *est constant.*

La simple inspection de la figure montre la première de ces propriétés; en effet le triangle AEC étant isocèle, la perpendiculaire abaissée du sommet E divisera la base AC en deux parties égales et se confondra par suite avec la diagonale BD du losange ABCD.

Pour démontrer la deuxième propriété de ce système, du point A comme centre, avec AB = AD comme rayon, décrivons la circonférence DBF et menons la tangente EF. La droite ED est une sécante, et la tangente étant moyenne proportionnelle entre la sécante entière et sa partie extérieure, on a :

$$ED \times EB = \overline{EF}^2$$

Or le triangle AFE donne :

$$\overline{EA}^2 - \overline{AF}^2 = \overline{EF}^2$$

et en remplaçant AF par son égal AD on en déduit :

$$ED \times EB = \overline{EA}^2 - \overline{AD}^2$$

Les longueurs EA et AD étant invariables, le produit ED × EB est constant.

Premier cas. — Si dans un pareil système on fixe le point E et qu'on relie, par une bielle, le sommet B, dans la position moyenne du losange, au point O, situé au milieu de EB, de manière à faire décrire à ce sommet B une circonférence passant par le point E, le sommet D, dans ses différentes positions, décrira une ligne droite perpendiculaire à la direction EO.

En effet, considérons le losange dans une autre position quelconque, A'B'C'D'. nous aurons comme précédemment :

$$ED' \times EB' = \overline{EA'}^2 - \overline{A'D'}^2 = \overline{EA}^2 - \overline{AD}^2$$

et par suite :

$$ED' \times EB' = ED \times EB$$

d'où l'on tire la proportion :

$$\frac{ED'}{ED} = \frac{EB}{EB'}$$

En appliquant cette relation aux deux triangles ED D' et EB' B, on voit qu'ils sont semblables comme ayant un angle commun compris entre côtés homologues proportionnels. L'angle E B' B étant droit, comme inscrit dans une demi-circonférence, l'angle ED D' est également droit, et le lieu du sommet D est la droite DD' perpendiculaire à la direction ED.

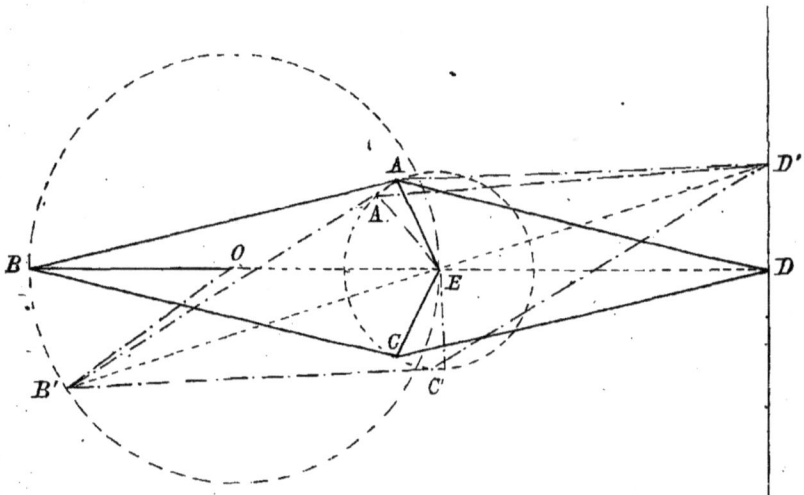

Fig. 373.

Tracé graphique. — On peut vérifier facilement cette proposition à l'aide d'une construction graphique. Traçons le système des sept leviers, dans sa position moyenne (*fig.* 372), et des points E et O, décrivons des circonférences A"C' et B"B', sur lesquelles doivent se mouvoir les sommets A, C et B du losange.

Prenons sur la courbe B″B′ des points B″ B′, et de ces points comme contre, avec un rayon égal à AB, coupons la circonférence A″ C′ aux points A″ C′, A′, C′ ; de ces nouveaux points comme centres et avec le même rayon, décrivons des petits arcs qui se couperont deux à deux en D″ et D′. En menant des droites par tous lespoints d'intersection, on obtient la forme du losange dans deux autres positions différentes, et on voit que les sommets D″, D′. D setrouvent sur une même ligne droite, perpendiculaire à la direction EOD.

On détermine les deux positions théoriques extrêmes du sommet D, en décrivant du point E, avec un rayon égal à AD + EA un arc qui coupe la ligne D″D′ aux points L et L′.

En adaptant cet appareil à un balancier de rayon EA, et en articulant la tige du piston au sommet D, celle-ci aura un mouvement rectiligne assuré.

660. — *Deuxième cas.* — M. Peaucellieu a imaginé une autre disposition de son appareil, dans lequel le losange lui-même est le balancier (*fig.* 373) ; les côtés du losange sont très longs par rapport aux brides AE, CE, et celles-ci, au lieu de se trouver à l'extérieur, comme dans le premier cas, sont placées à l'intérieur et articulées au pivot E. En faisant décrire au sommet B une circonférence passant par le point E, le sommet libre D parcourt la droite DD′ perpendiculaire à la ligne OE.

En effet, comme dans le premier cas, pour toutes les positions que fait prendre le losange, le produit des distances des sommets B et D au pivot E est constant, et l'on a, en considérant deux positions distinctes de l'appareil,

$$ED \times EB = ED' \times EB' \text{ et}$$
$$\frac{ED}{ED'} = \frac{EB'}{EB}$$

Les deux triangles EB′B et EDD′ sont dès lors semblables comme ayant un angle égal compris entre deux côtés homologues proportionnels. L'angle EB′B étant droit, l'angle EDD′ l'est aussi, et, par suite,

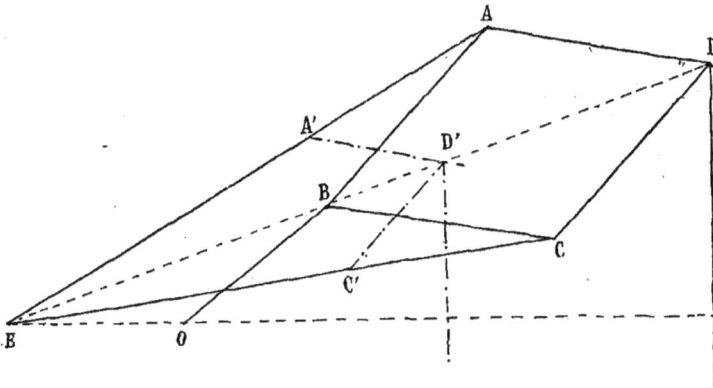

Fig. 374.

la ligne DD′ est perpendiculaire à la droite OE, qui joint les deux axes de rotation.

Le tracé graphique s'obtiendrait de la même manière que dans le premier cas, et l'on reconnaîtrait que le lieu du sommet D est la perpendiculaire DD′ à la droite OE.

Le losange de Peaucellier a encore un avantage sur le parallélogramme de Watt-celui-ci, en effet, ne possède que deux points animés d'un mouvement sensible:

ment rectiligne, tandis que le losange en
fournit tant qu'on en désire.

Ainsi dans le premier dispositif, on
articulera, en deux points symétriques

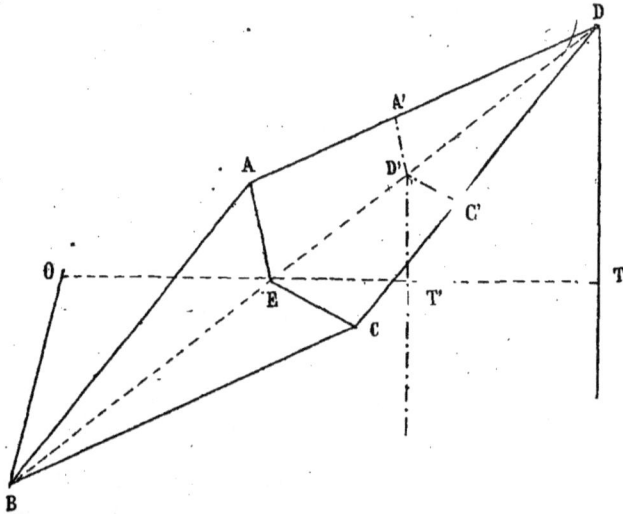

Fig. 375.

quelconques des brides AE, CE, deux / tiges égales A'D' et C'D' articulées au

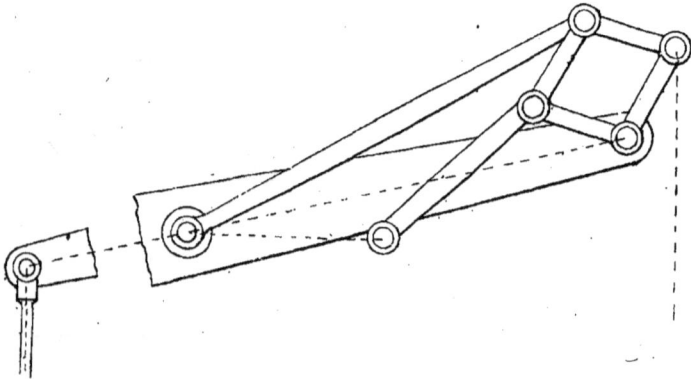

Fig. 376

point D'; ce point D' se mouvra en ligne droite à la condition que la longueur des tiges soit prise de manière que l'on ait (*fig. 374*)

$$\frac{C'D'}{EC'} = \frac{CD}{EC}$$

En remarquant que l'on a égalèment

$$\frac{C'D'}{CD} = \frac{ED'}{ED} = \frac{ET'}{ET}$$

On pourra déterminer les deux points A', C' ainsi que la longueur des barres lorsque la distance TT' des deux tiges à guider sera donnée ou connue.

Dans le second dispositif (*fig. 375*), en

considérant les triangles semblables DC'D'
et DCE; DET, D'ET', on tire les égalités

$$\frac{C'D'}{DC'} = \frac{CE}{DC} = \frac{DD'}{DE} = \frac{TT'}{ET}$$

qui promettent de déterminer la longueur

$OB > \frac{EB}{2}$, la circonférence décrite par D
tourne sa concavité vers OE. Plus le
rayon OB s'approchera de $\frac{EB}{2}$, et plus
les flèches des arcs diminue-
ront, puisque, à la limite,
lorsque $OB = \frac{EB}{2}$, le centre
s'éloigne à l'infini et l'arc
devient la droite DD'.

On voit qu'avec ces losanges articulés, de dimensions
relativement restreintes, on
peut tracer des arcs d'un
très grand rayon.

M. Sylvester, géomètre
anglais, cite l'exemple des
marches de la cathédrale
de Saint-Paul qui ont 12 mètres de rayon et qui ont
été tracées avec un appa-
reil de 2 mètres de lon-
gueur.

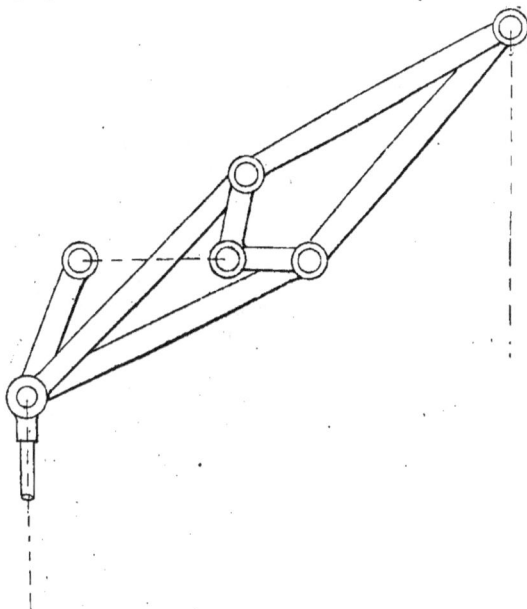

Fig. 377.

des brides A'D', C'D' connaissant la distance TT' des tiges à guider.

Industriellement, on réalise les deux
dispositifs comme l'indiquent les figures 376 et 377. La première montre le
losange adopté au balancier d'une machine
à vapeur ; la seconde fait voir le losange
lui-même constituant un balancier évidé.
Dans ce qui précède, nous avons pris le
rayon OB égal à la moitié de BE. Si ce
rayon est plus grand ou plus petit, la
circonférence décrite par le sommet B ne
passe plus par le point E et le lien du
sommet D cesse d'être en ligne droite.

Si l'on prend $OB < \frac{EB}{2}$, le sommet D
décrit une circonférence tournant sa convexité du côté de OE; et si l'on prend

Classification des Transmissions de mouvement.

661. — Nous avons vu, n° 486, que
les mouvements les plus usités étaient, au
point de vue géométrique et au point de
vue du sens :

1° Mouvement rectiligne continu;
2° Mouvement rectiligne alternatif ;
3° Mouvement circulaire continu.
4° Mouvement circulaire alternatif.

Avant d'indiquer les diverses combinaisons deux à deux de ces mouvements
et les moyens de les transformer, il est
utile de tenir compte des considérations
suivantes, déduites des résultats de la
Mécanique appliquée aux machines.

1° Le mouvement circulaire se produi-sant dans le système tour donne lieu à des frottements bien moins considérables que ceux qui se produisent dans le sys-tème plan;

2° Au point de vue dynamique, les mouvements continus sont préférables aux mouvements alternatifs. Les pre-miers peuvent seuls permettre l'unifor-mité du mouvement et assurer un travail régulier dans les machines, tandis que les deuxièmes présentent des inconvé-nients qui résultent du changement de sens; la vitesse des pièces à mouvements alternatifs est brusquement anéantie aux instants où le mouvement change de sens.

Donc les mouvements continus doivent toujours être ceux des pièces fondamen-tales des machines et parmi ces mouve-ments le circulaire continu est le principal et le plus avantageux par rapport aux frottements.

Le mouvement rectiligne continu ne se rencontre pas dans les machines dont l'étendue est nécessairement limitée, on ne le considère comme continu que pen-dant un court intervalle.

On désigne sous le nom d'*organes de transformations* de mouvement, les orga-nes employés pour transformer un mou-vement donné en un autre mouvement.

L'ensemble des organes qui servent à communiquer le mouvement d'un moteur à une machine quelconque se nomme *transmission de mouvement;* on donne encore ce nom à l'ensemble des pièces qui servent à communiquer le mouvement d'une machine à une autre partie d'elle-même.

Classification des transmissions de mouvement.

662. — La classification des organes de transmission de mouvement que nous suivrons dans cet ouvrage est celle de Laboulaye, qui se résume dans le tableau suivant :

I. — Mouvements continus en mouvements continus ou alternatifs.

Mouvement circulaire continu en	Circulaire continu. Rectiligne continu. Circulaire alternatif. Rectiligne alternatif.
Mouvement rectiligne circulaire en	Rectiligne continu. Circulaire alternatif. Rectiligne alternatif.

II. — Mouvements alternatifs en mouvements alternatifs.

Mouvement circulaire alternatif en	Circulaire alternatif. Rectiligne alternatif.
Mouvement rectiligne alternatif en	Rectiligne alternatif.

Cette classification qui se rapproche de celle donnée par Monge et complétée par Lanz et Bétancourt est plus commode pour la pratique que celle suivie par Willis. Dans la classification de Willis, les organes sont partagés en trois genres :

Premier genre. — Transmission par contact.

Second genre — Transmission par l'intermédiaire d'un lien rigide.

Troisième genre. — Transmission par l'intermédiaire d'un lien flexible.

Les trois genres se subdivisent en trois classes :

Classe A. — Cette classe comprend les transmissions dont le sens est toujours le même et où il existe un rapport constant contre les vitesses simultanées de deux points particuliers pris sur chacun des organes entre lesquels la transmission a lieu.

Classe B. — Elle comprend les trans-missions dont le sens est toujours le même, mais où le rapport des vitesses varie.

Classe C. — La classe C comprend les transmissions dont le sens est variable, que le rapport des vitesses soit variable ou non.

Cette classification est résumée dans le tableau suivant où sont inscrits quelques exemples :

—	SENS DE LA TRANSMISSION CONSTANT		SENS DE LA TRANSMISSION périodiquement variable
	CLASSE A Rapport des vitesses constant	CLASSE B Rapport des vitesses variable	CLASSE C Rapport des vitesses constant ou variable
1er *Genre* Pièces en contact immédiat	Engrenages	Courbes roulantes	Excentriques
2e *Genre* Emploi d'un lien rigide	Roues accouplées	Joint universel	Parallélogramme de Watt
3e *Genre* Emploi d'un lien flexible	Poulies et Courroies	Bobines pour câbles plats	Poulies avec tendeur oscillant

663. — Dans les chapitres qui vont suivre, nous étudierons tous les couples d'organes simples qui peuvent permettre les transformations de mouvement indiquées dans le premier tableau. Nous laisserons quelquefois de côté les systèmes multiples fournissant une transformation en passant par un mouvement intermédiaire. Ces systèmes sont très usités et souvent préférables à la solution directe par l'emploi du mouvement circulaire continu comme mouvement intermédiaire. D'ailleurs, quel que soit le système multiple, il résultera de la réunion de ceux que nous étudierons.

La classification de Willis, plus rationelle que celle de Monge, nous indique bien qu'un organe peut agir sur un autre de trois manières différentes : 1° par contact; 2° par l'intermédiaire d'un lien rigide et 3° par l'intermédiaire d'un lien flexible.

Dans chaque cas des communications de mouvement, il faudra considérer :

1° Les positions relatives que peuvent avoir les directions des deux mouvements ;

2° Les vitesses relatives, le rapport des vitesses, suivant qu'il est constant ou variable.

Lorsque nous aurons étudié le frottement dans la troisième partie de cet ouvrage, il y aura lieu d'en tenir compte soit dans la disposition à donner aux organes, soit dans le choix de la solution la plus préférable qui consommera le moins de travail par ces résistances passives. En résumé, l'étude de la partie pratique de la cinématique comprend la solution de deux problèmes :

1° Étant données les pièces d'un couple d'organes, trouver le rapport de leur vitesse à chaque instant.

2° Le rapport des vitesses d'un couple d'organes étant donné à chaque instant, trouver la forme géométrique et tracer les contours convenables pour obtenir le mouvement voulu.

CHAPITRE VI

TRANSFORMATION DU MOUVEMENT CIRCULAIRE CONTINU EN CIRCULAIRE CONTINU

664. Cette transformation de mouvement consiste à communiquer le mouvement d'un système tour à un autre système de même nature, elle peut présenter quatre cas, selon la disposition relative des axes de rotation du mouvement donné et du mouvement à produire.

1° Axes placés dans le prolongement l'un de l'autre ;

2° Axes parallèles ;

3° Axes qui se rencontrent ;

4° Axes non situés dans le même plan.

§ I. — AXES PLACÉS DANS LE PROLONGEMENT L'UN DE L'AUTRE

Manchons d'embrayage

665. Les arbres étant placés dans le prolongement l'un de l'autre, il suffit de les réunir par un accouplement appelé manchon d'assemblage ou d'embrayage. On distingue trois espèces d'accouplements:

1° Les accouplements fixes;

2° Les accouplements mobiles ;

3° Les accouplements à embrayage et débrayage.

Le plus généralement, on assemble les arbres d'une manière fixe lorsqu'ils doivent conserver une position invariable, les uns par rapport aux autres, en tournant autour du même axe géométrique, on fait alors usage des accouplements par manchons fixes.

Lorsque la position relative des arbres doit éprouver une variation, dans de certaines limites on les réunit par des accouplements mobiles. Enfin, il peut arriver que l'on ait à produire à volonté pendant la marche la réunion ou la séparation des deux arbres et d'arrêter le mouvement de l'un indépendamment de l'autre ; on obtient ce résultat au moyen des accouplements ou manchons à débrayage.

Manchons fixes

666. Les manchons fixes présentent plusieurs formes, et sont solidement re-liés aux extrémités des arbres à réunir de plusieurs manières.

La figure 378 représente un manchon formé d'une seule pièce en fonte dans l'intérieur duquel sont ajustés les extrémités des arbres ; deux vis de pression permettent de les rendre solidaires. Celui indiqué par la figure 379 est aussi d'une seule pièce, mais la liaison est faite au moyen

Manchon à vis de pression

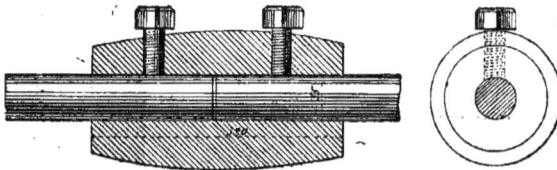

Fig. 378.

d'une clavette encastrée sur les extrémités des arbres, entaillées l'une sur l'autre. Quelquefois les extrémités des arbres se trouvent reliés à l'intérieur du manchon par un assemblage en forme de queue d'a-ronde (*fig.* 380).

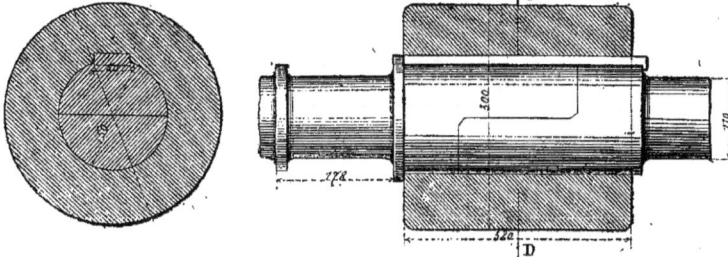

Coupe CD

Fig. 379.

Les manchons en deux parties offrent l'avantage de ne présenter aucune partie saillante. Au chemin de fer du Nord, on emploie un dispositif dans lequel les deux parties sont reliées par six boulons dont les têtes et les écrous sont noyés (*fig.* 381).

Les accouplements par plateaux tendent à se répandre de plus en plus en France ; ils sont facilement démontables, et de plus, quelques-uns peuvent être utilisés directement comme poulies ; les figures 382 et 383 représentent deux dispositions très usuelles.

La figure 384 donne un mode d'accouplement composé d'une enveloppe divisée en deux parties, dont la surface de jonction est un plan passant par l'axe commun des deux arbres à relier, la clavette longitudinale est entièrement recouverte par les parties en contact avec les arbres.

Une disposition analogue est représen-tée par la figure 385 dont le manchon re-lie les extrémités de deux arbres carrés.

Manchon à clavette avec agrafe

Coupe **AB**

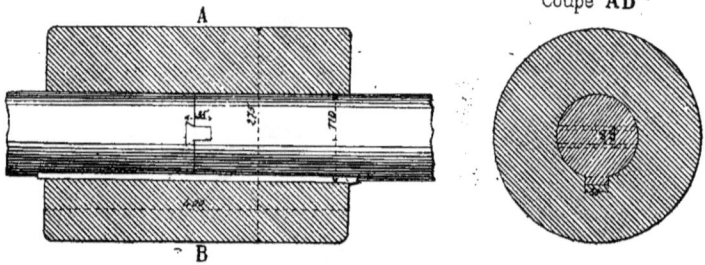

Fig. 380.

Manchons pour accouplements mobiles

667. Il peut arriver, dans quelques cas que l'accouplement entre deux arbres, doive permettre certains déplacements, tels qu'un déplacement longitudinal, sui-vant la direction des axes, ou bien un déplacement transversal, lorsque les axes ne sont pas exactement dans le prolonge-ment l'un de l'autre,

Coupe AB.

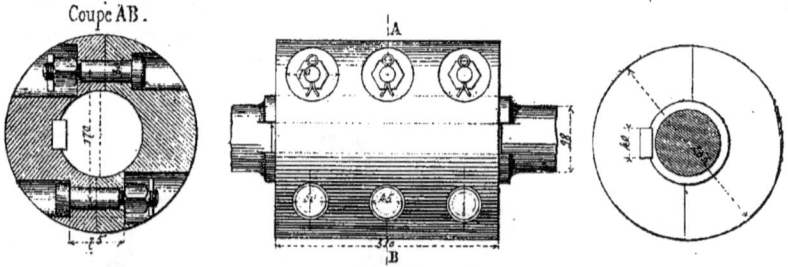

Fig. 381.

Le manchon à griffes de *Sharp* (fig. 386) permet par son assemblage prismatique

Coupe EF.

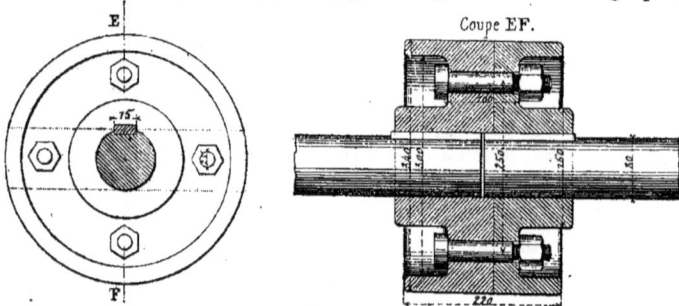

Fig. 382.

un déplacement dans le sens de la lon-gueur des axes; il se compose de deux parties exactement semblables, portant trois secteurs égaux en creux, et trois secteurs en saillies; les secteurs pleins de chaque partie emboîtent dans les secteurs évidés de l'autre. Les saillies, étant peu prononcées, ne permettent qu'un faible déplacement longitudinal ; elles permettent également une légère variation des axes.

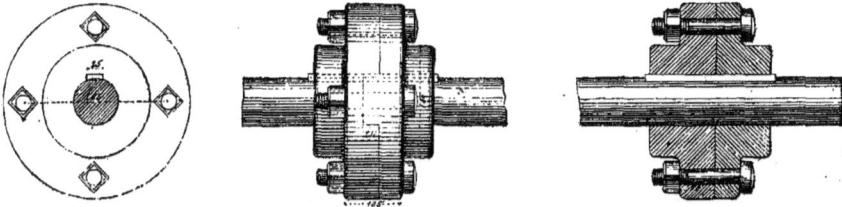

Fig. 383.

Les manchons permettant un déplacement dans le sens transversal sont peu employés ; néanmoins nous donnerons comme exemple le joint d'*Oldham* (*fig.* 387) qui se compose de trois plateaux, dont deux sont calés sur les extrémités des arbres ;

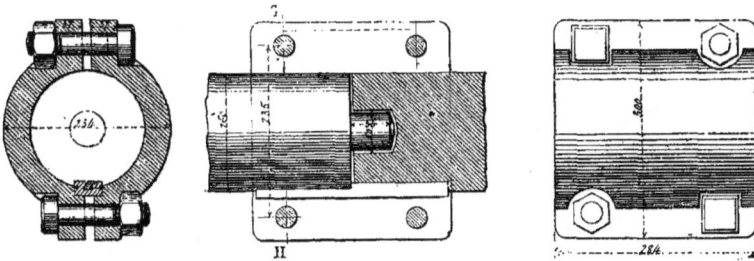

Fig. 384.

le troisième porte, sur ses faces, deux languettes prismatiques, inclinées, l'une sur l'autre de 90° et dont chacune s'engage dans une rainure, ménagée sur le plateau

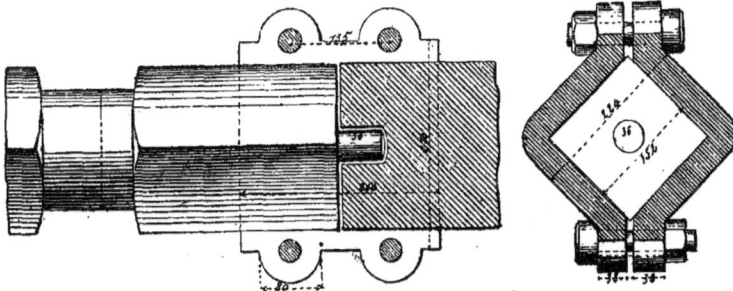

Fig. 385.

situé en regard. Lorsque les axes des arbres sont bien en ligne droite, les languettes agissent sans glisser, comme des griffes ; dans le cas où les axes seraient parallèles.

à une petite distance la transmission aurait lieu de la même manière avec un léger glissement des languettes dans leurs
rainures.

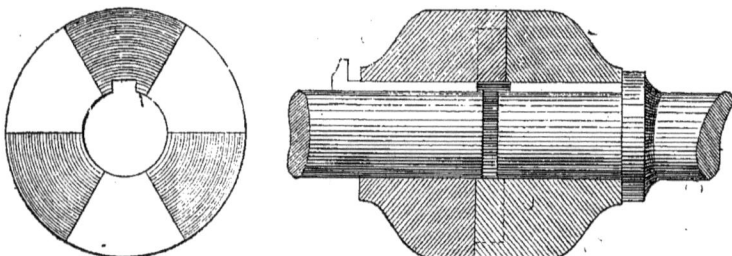

Fig. 386.

Parmi ces accouplements mobiles, on
peut classer les manchons articulés permettant une variation de l'angle des axes
entre certaines limites. Le plus employé

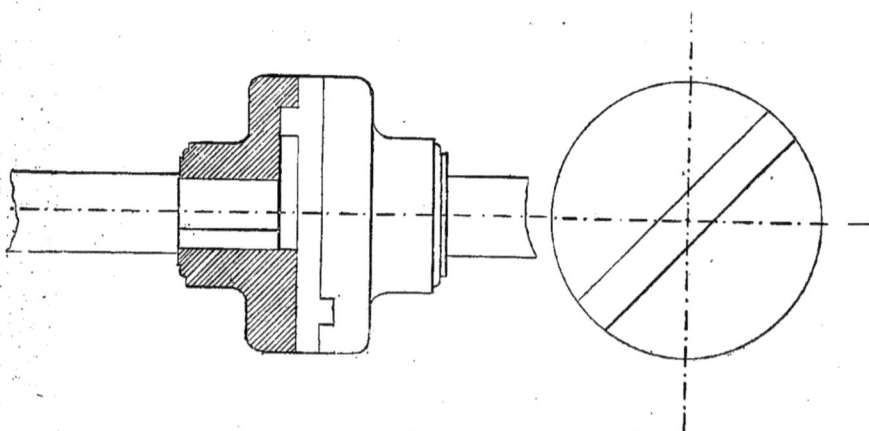

Fig. 387.

est l'articulation en croix qu'on appelle,
joint universel, joint de Hooke ou *joint de
Cardan.*

Il se compose de trois pièces principales dont deux sont fixées sur les extrémités des arbres; la troisième est un

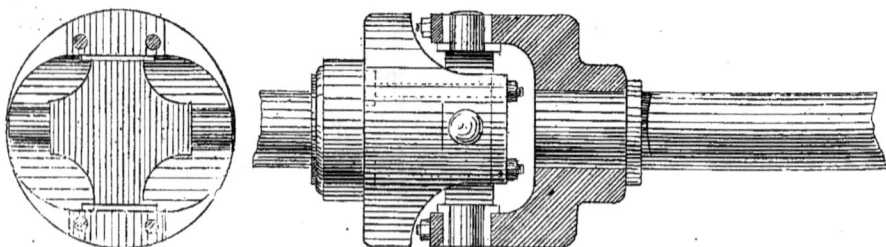

Fig. 388.

croisillon, dont chaque bras se termine
par un tourillon. Chaque couple de tourillons s'engage dans l'une des deux premières pièces.

Ces joints à articulations en croix peuvent affecter différentes dispositions. La plus employée est représentée par la figure 388. Les deux pièces calées aux extrémités des arbres sont en fonte ; le croisillon intermédiaire est en fer forgé ou en acier.

Le joint de Cardan joue un rôle très important dans les navires à hélice, il donne à l'arbre de couche une certaine flexibilité pour lui permettre de se prêter aux déformations qu'éprouve la carcasse du navire : Lorsque l'arbre de couche a une très grande longueur, il est muni de deux ou trois points articulés.

Les arbres ainsi reliés accomplissent une révolution entière pendant le même temps, mais le rapport des vitesses angulaires n'est pas constant.

En désignant par a l'angle des axes de rotation, et par b et c les angles de rotation de l'arbre moteur, la relation entre ces angles est

$$\frac{\text{tg. } c}{\text{tg. } b} = \text{cos. } a$$

C'est-à-dire que si le mouvement de l'arbre moteur est uniforme, celui de l'autre est varié. Après chaque quart de tour les vitesses sont égales. Ce rapport des vitesses angulaires varie suivant l'angle des axes, et d'autant plus que cet angle est plus petit. En général, on ne doit employer le joint de Cardan que si les axes font un angle supérieur à 135°. Si cet angle est inférieur à 135° ou lorsque les deux axes ne se rencontrent pas, on emploie un troisième axe intermédiaire coupant les deux premiers sous un angle de 135° environ ; les extrémités de ces trois axes seront reliées deux à deux par un joint universel.

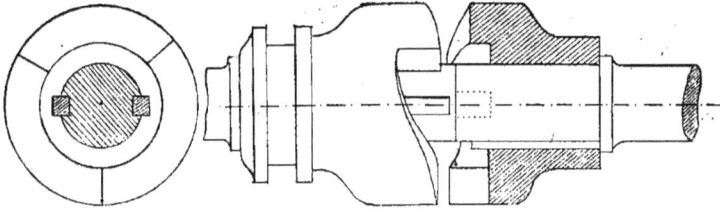

Fig. 389.

Manchons d'embrayage et de débrayage.

668. Lorsqu'on a besoin de se réserver les moyens de faire cesser et de rétablir à volonté la solidarité du mouvement de deux arbres placés dans le prolongement l'un de l'autre, on compose le manchon d'embrayage de deux pièces, l'une fixe et calée sur l'un des arbres, et l'autre susceptible de glisser à volonté sur le second arbre, mais rendue solidaire, quant au mouvement de rotation par une languette ; ce second manchon porte sur son moyeu une gorge dans laquelle est engagée une fourche ou simplement un

levier mobile autour d'un axe. En agissant à l'extrémité du levier de cette fourche, on la pousse d'un côté ou de l'autre, et elle entraîne la partie mobile du manchon.

Les accouplements à débrayage mobiles affectent généralement deux formes différentes : les manchons à dents et les manchons à friction.

Le manchon à dents, le plus employé, est celui représenté par la figure 389 ; les extrémités des arbres sont réunies par un petit tourillon qui a pour but d'assurer la coïncidence de leurs axes ; l'un des arbres porte deux languettes suivant lesquelles peut glisser une pièce munie de deux rainures correspondantes ; le mouvement de cette pièce, dans un sens ou dans l'autre, permet, comme il est facile de le comprendre, d'établir ou de supprimer à volonté la liaison des deux arbres.

Lorsque les manchons se rapprocheront, les arbres entreront en mouvement; cette opération s'appelle *embrayage* si le manchon mobile se dégage de l'autre, l'arbre

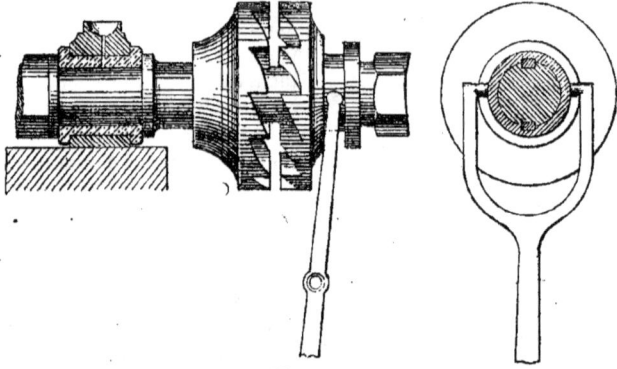

Fig. 390.

conduit restera au repos; cette opération inverse de la précédente, prend le nom de *désembrayage* ou simplement débrayage.

' Les dents des manchons peuvent recevoir différentes formes; celle indiquée par la figure 390 est formée de surfaces hélicoïdes et de plans passant par l'axe de rotation; cette disposition présente l'avantage d'embrayer pendant la marche même avec un arbre à rotation rapide.

Si la rotation des arbres doit se produire dans les deux sens, les dents du manchon seront droites, cette forme donne lieu à un choc au moment de l'embrayage et du débrayage, par conséquent, ils ne peuvent être appliqués que dans le cas d'un mouvement très lent.

Les figures 391 et 392 représentent deux embrayages mobiles à dents droites, dans la première, l embrayage se fait au moyen

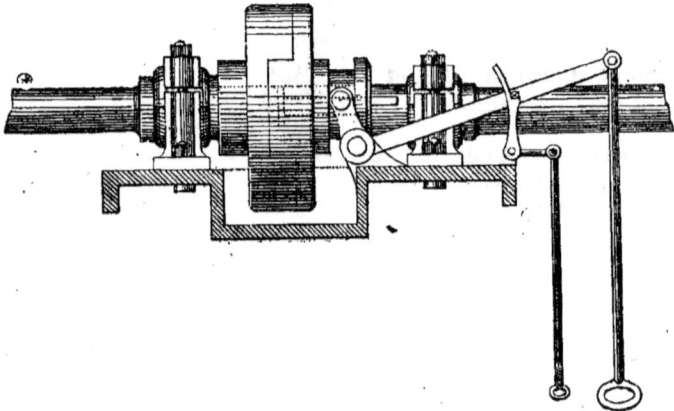

Fig. 391.

d'une fourchette à levier avec encliquetage; dans la seconde, le mouvement du

manchon mobile est obtenu par un excentrique.

On trouve de nombreux exemples d'accouplements par manchon à dents dans les machines de filatures, où les arbres ont une très grande vitesse. Les vaisseaux à vapeur devant marcher à voile lorsque le vent est favorable, il est indispensable que l'hélice puisse tourner à vide: on arrive à ce résultat en reliant cet or-

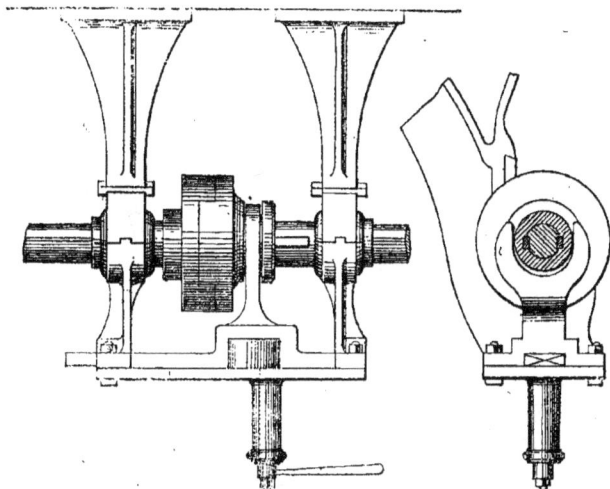

Fig. 392.

gane à l'arbre de couche par un manchon de débrayage. Enfin, les montres à remontoir présentent un double accouplement mobile, l'un destiné à communiquer le mouvement de la molette extérieure au ressort; l'autre à l'axe de l'aiguille des minutes; le déplacement du double manchon mobile est obtenu en pressant avec l'ongle un petit bouton voisin de la *molette*.

Manchons à friction.

669. Pour éviter l'inconvénient et les accidents qui peuvent résulter d'un embrayage brusque entre un arbre en repos et un arbre en mouvement, on fait usage, lorsque l'effort à transmettre n'est pas très grand, d'un dispositif de manchon dont les deux parties ne sont maintenues solidaires l'une de l'autre que par le frottement développé entre leurs surfaces de contact

Ces manchons à friction permettent d'embrayer graduellement et sans choc ; de plus si, la résistance vient à augmenter au delà de la limite convenable, le frottement des surfaces en contact sera insuffisant pour vaincre cette résistance ; elles glisseront l'une sur l'autre et le mouvement n'aura plus lieu ; on évite ainsi la rupture des outils.

Le manchon à cônes présente une très grande variété de formes, celui indiqué par la figure 393 donne le type de ces embrayes ; il se compose d'une couronne conique intérieurement, pouvant être rapprochée au moyen d'une fourchette contre une autre couronne fixe conique extérieurement.

Le mouvement d'entraitement se produira lorsque les deux couronnes seront suffisamment pressées l'une contre l'autre. Afin d'éviter le débrayage il faut que les manchons restent constamment appliqués ; la figure indique une disposition par vis sans fin, à l'aide de laquelle peut s'effectuer le mouvement dans le sens de l'axe, de la partie mobile.

Les surfaces flottantes peuvent affecter une *autre disposition, de telle sorte que* l'embrayage ait lieu en écartant les deux

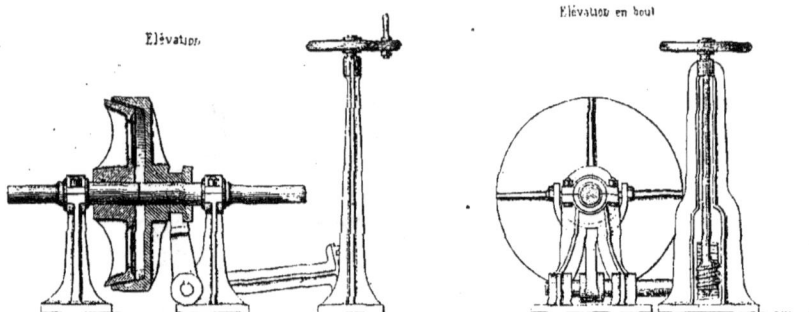

Fig. 393.

parties du manchon, la figure 394, représente un embrayage à cône renversé dont

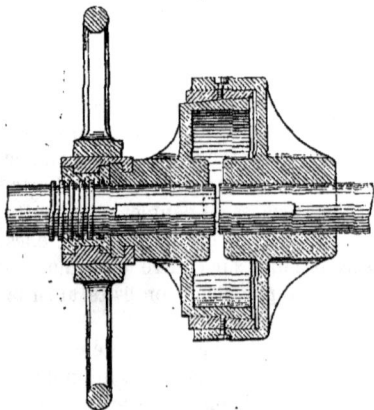

Fig. 394.

la *partie mobile se meut au moyen d'une* vis fixe et d'un écrou encastré dans le moyeu d'un petit volant. Ce dispositif évite la poussée qui se produit sur les arbres et les supports lorsqu'on fait usage du manchon précédent.

On évite les efforts s'exerçant dans le *sens de l'arbre, au moyen du manchon* cylindrique de *Kœchlin* (*fig.* 395). Les surfaces qui, par leur frottement, doivent

produire l'embrayage forment toutes les deux des cylindres. Sur la partie cylindrique creusée de la pièce A viennent *s'appliquer, trois mâchoires B, également* cylindriques dont chacune peut se déplacer normalement à la circonférence. Ces mâchoires sont munies à l'extérieur d'une garniture en bronze, qui donne un frottement d'une certaine douceur et qui peut se remplacer lorsque l'usure est trop grande. *La pression de chacune de ces* mâchoires contre la surface intérieure de A, s'obtient en agissant sur la pièce mobile C laquelle, par l'intermédiaire du levier B, fait tourner la vis qui est reliée à ce levier et qui est munie de deux filets de sens contraires.

Par suite de ce mouvement, les mâchoires se déplacent normalement, à la surface cylindrique de A, en vertu du glissement de leurs rainures sur les guides D. En réglant convenablement les différentes parties de ce manchon on peut arriver à donner aux mâchoires une position telle qu'il suffise d'un déplacement de un millimètre pour produire l'embrayage ou le débrayage. On n'a pas à redouter. dans ce cas, comme avec les manchons à cônes, un serrage trop prononcé, ou un coïncement, car la réaction que fournit, en | chaque point, la paroi du cylindre A, en

Coupe transversale   Elévation

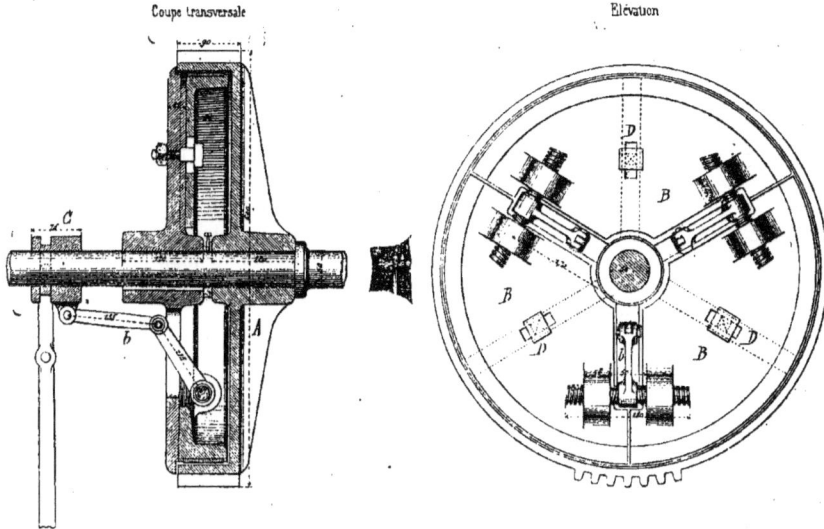

Fig. 395.

vertu de son élasticité, est précisément | ment correspondant au débrayage et tend
dirigée dans le même sens que le mouve- | par suite à le faciliter.

§ II. — AXES PARALLÈLES

670. La transformation du mouvement circulaire continu en circulaire continu, entre deux axes parallèles, peut présenter deux cas suivant que ces axes sont à une grande distance l'un de l'autre, ou bien à une petite distance.

Axes parallèles à de grandes distances.

671. Lorsque la distance des axes est trop grande pour que l'on puisse faire usage, comme nous le verrons plus loin, des rouleaux ou des engrenages, on emploie pour transmettre le mouvement de

rotation des poulies placées sur chacun des arbres et vis-à-vis l'une de l'autre. Ces poulies sont réunies par une corde ou une courroie sans fin, c'est-à-dire dont les deux bouts sont reliés l'un à l'autre.

Quand on emploie une corde, comme dans les tours et dans quelques machines agricoles, on donne à la circonférence de la poulie la forme d'une gorge creuse à profil circualire (*fig.* 396) ou à profil triangulaire, afin que la corde pincée dans cet angle y glisse moins facilement. Les deux bouts de la corde sont réunis par une épissure enveloppée avec de la ficelle forte ou du fil de laiton. Cette transmission a l'inconvénient que les cordes s'allongent par la sécheresse et se raccourcissent par l'humidité.

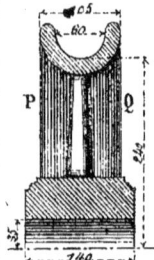

Coupe PQ

Fig. 396.

Dans l'établissement d'une transmission par corde, il convient de tenir compte des observations suivantes :

La vitesse doit rester comprise entre 10 et 25 mètres par seconde ; le diamètre de la plus petite poulie ne doit jamais être inférieur à 30 fois le diamètre de la corde.

La distance entre les arbres peut varier de 7 à 15 mètres. Il y a intérêt à placer le brin moteur en bas afin d'augmenter l'arc embrassé, surtout lorsque la transmission est horizontale.

Ordinairement pour les machines, et lorsque la distance des arbres n'est pas trop considérable, on préfère l'emploi des courroies à celui des cordes. Les poulies sont alors en bois, en fer et plus généralement en fonte. La jante d'une poulie destinée à recevoir une courroie plate présente toujours un léger bombement (fig. 397), dont le but est de maintenir la courroie constamment au milieu. La flèche de ce bombement est égale à 1/20 de la largeur de la courroie, la largeur de la poulie est un peu supérieure à celle de la courroie.

Les courroies se font généralement en cuir et quelquefois en gutta-percha ou en

Coupe EF

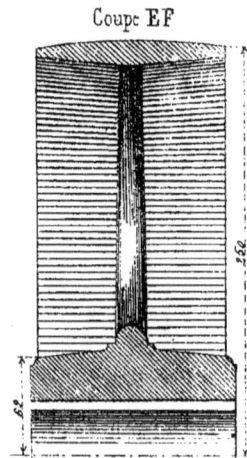

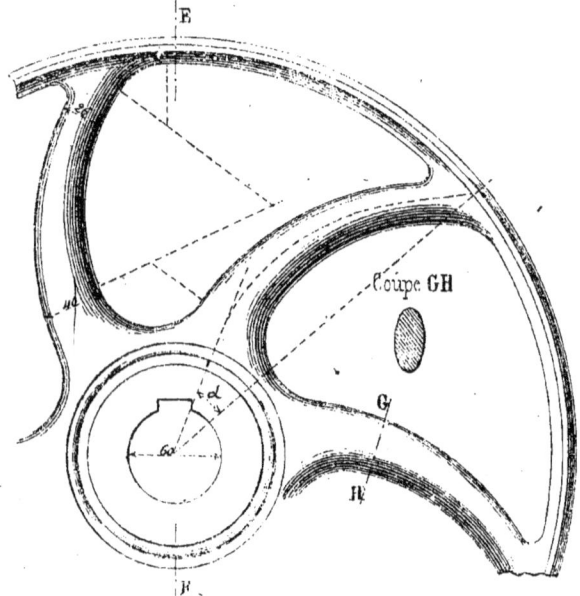

Coupe GH

Fig. 397.

caoutchouc, leurs extrémités sont réunies par un point de couture faite avec du fil ou des vis.

Cette couture présente l'inconvénient de ne pouvoir se prêter facilement à une diminution de longeur de la courroie si celle-ci s'allonge par le travail. On préfère alors les boucles, qui, elles aussi, présentent un inconvénient lorsqu'on fait usage des courroies croisées, puisque les faces supposées de la courroie sont successivement en contact avec les deux poulies

La poulie qui transmet le mouvement prend le nom de *poulie motrice*, et l'autre s'appelle *poulie conduite*.

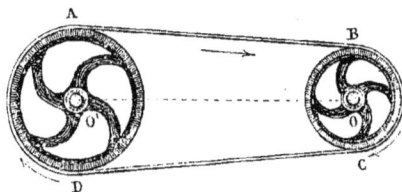

Fig. 398.

La courroie sans fin peut s'enrouler de deux manières différentes sur les poulies ; soit suivant les tangentes extérieures aux deux circonférences, comme l'indi-

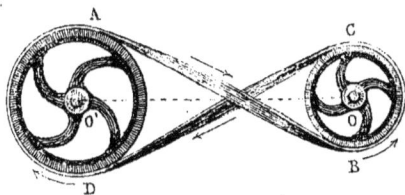

Fig. 399

que la figure 398, soit suivant les tangentes intérieures comme le montre la figure 399.

Dans le premier cas, les poulies tournent dans le même sens ; dans le second, elles tournent en sens contraire. Les deux brins de la courroie en se croisant, se touchent alors à plat, et le petit frottement qui en résulte n'a pas d'influence sensible sur le mouvement.

La communication du mouvement ne s'établit qu'en vertu de l'adhérence de la courroie sur les deux poulies, et cette adhérence ne subsiste qu'à la condition d'une certaine tension de la courroie. Cependant il est à remarquer qu'au moment où la poulie motrice se met en mouvement ; elle n'entraîne pas immédiatement la courroie ; il y a toujours glissement pendant quelques instants : quand la courroie obéit enfin à l'appel de la poulie motrice, elle n'entraîne pas immédiatement

non plus la poulie conduite ; mais une fois celle-ci en marche, la communication se maintient d'une manière indéfinie si la tension de la courroie ne varie plus.

Les courroies sont un précieux organe de transmission parce qu'elles causent peu de résistances nuisibles, surtout lorsque les cuirs sont souples, et qu'il n'y a aucun glissement de la courroie sur les poulies. Elles permettent de communiquer avec de grandes vitesses des quantités de travail considérables ; si la résistance croît par accident, la courroie glisse sur sa poulie, sans qu'il y ait rupture et prévient les accidents plus graves. Enfin ces transmissions s'opèrent sans bruit, sans choc et s'installent avec facilité.

Si les courroies présentent les avantages ci-dessus, elles offrent dans certains cas les inconvénients suivants :

La tension des courroies détermine des frottements assez considérables des arbres sur leurs coussinets. Elles ne peuvent être employées pour transmettre des efforts considérables ; enfin on doit les rejeter dans les appareils de précision où le rapport des vitesses des poulies doit être constant, car il y a toujours un léger glissement de la courroie sur les poulies.

672. *Rapport des vitesses angulaires.* — Désignons par ω et ω' les vitesses angulaires des poulies ayant pour rayons R et R'. La même longueur de courroie passe sur les deux poulies pendant le même temps ; si L représente la longueur de courroie passant dans l'unité de temps on aura

$$L = R\omega$$
$$L = R'\omega'$$

d'où
$$R\omega = R'\omega'$$

et
$$\frac{\omega}{\omega'} = \frac{R'}{R}$$

C'est-à-dire que les vitesses angulaires des poulies sont inversement proportionnelles aux rayons de ces poulies.

Les nombres de tours N et N' par seconde sont aussi en raison inverse des rayons, car :

$$\omega = \frac{2\pi n}{60}$$

$$\omega' = \frac{2\pi n'}{60}$$

d'où $\quad \dfrac{\omega}{\omega'} = \dfrac{n}{n'} = \dfrac{R'}{R}$

673. *Brin conducteur et brin conduit.* — Dans une courroie en mouvement on distingue deux brins ; le *brin conducteur*, qui s'enroule sur la poulie motrice et se déroule de la poulie conduite ; et le *brin conduit*, qui se meut en sens inverse.

La tension du premier brin dépasse évidemment celle du second, lorsque les poulies tournent ; lorsqu'elles sont au repos, la courroie est également tendue.

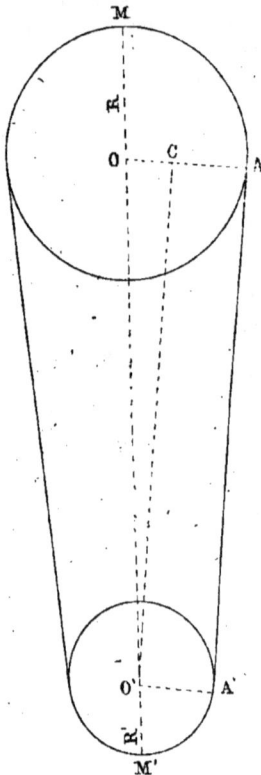

Fig. 400.

674. *Angle formé par les courroies.* — L'angle formé par les deux brins d'une courroie sans fin peut se déduire facilement d'après les rayons R et R' des poulies et la distance D de leurs centres O, O'. En effet, les rayons perpendiculaires

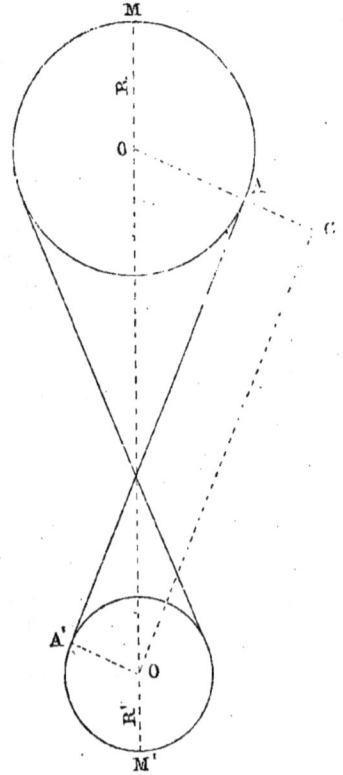

Fig. 401.

à la courroie dans les deux circonférences sont parallèles. Menons O'C (fig. 400) parallèle à la tangente commune AA' et représentons par α l'angle AOO' supplément de l'angle formé par le brin AA' et la ligne des centres. Le triangle rectangle OCO' donne :

$$OC = OO' \times \cos\alpha$$
or $\qquad OC = OA - CA = R - R'$
et $\qquad OO' = D$
donc $\qquad R - R' = D.\cos\alpha$
d'où $\qquad \cos\alpha = \dfrac{R - R'}{D}$

Si les brins sont croisés, comme dans la figure 401 on aura

$$R + R' = D. \cos \alpha$$

d'où $\qquad \cos \alpha = \dfrac{R + R'}{D}$

L'angle formé par les deux rayons de la même poulie perpendiculaires aux brins est égal à 2 α. — On voit à l'aide de ces deux figures que la courroie croisée embrasse sur chaque poulie un arc plus grand que lorsque les brins sont tangents extérieurement ; aussi l'adhérence est plus considérable et la courroie peut supporter un effort plus grand.

675. *Longueur de la courroie.* — Les données précédentes permettent de calculer les longueurs des courroies. La demi-longueur l de la courroie (fig. 400) se compose de la tangente AA' plus des arcs AM et AM'

$$l = \text{AA}' + \text{arc AM} + \text{arc A'M'}$$
Or $\qquad$ AA' = O'C = D sin α
$\qquad$ arc AM = R $(\pi - \alpha)$
$\qquad$ arc A'M' = R' α
d'où **(1)** $l = $ D sin $\alpha + $ R' $\alpha + $ R $(\pi - \alpha)$
Si les brins sont croisés on a
$\qquad l = $ D sin $\alpha + $ R' $(\pi - \alpha) + $ R $(\pi - \alpha)$
ou **(2)** $l = $ D sin $\alpha + (\pi - \alpha)$ (R + R')
Les formules qui donnent les valeurs de l'angle α, indiquent que cet angle reste constant pour la courroie croisée, lorsque la distance des centres des poulies et la somme de leurs rayons restent les mêmes, de plus la longueur de la courroie reste aussi constante.

Pour la courroie non croisée, l'angle α reste constant si D et R — R' sont constants, mais la longueur de la courroie n'est pas invariable.

677. *Largeur des courroies.* — La largeur d'une courroie de transmission se détermine d'après la tension qu'elle doit supporter : On peut sans craindre un allongement trop rapide leur faire subir un effort de 1/4 de kilogramme par millimètre carré de section, ce qui permet de calculer leur largeur connaissant l'épaisseur des cuirs employés.

Dans la pratique, les courroies enveloppant la moitié de la circonférence des poulies, la largeur se détermine ordinairement au moyen de la formule

$$(1) \qquad \text{L} = \text{K} \frac{\text{F}}{\text{V}}$$

dans laquelle

L = largeur de la courroie, en mètre.

F = puissance à transmettre en chevaux.

V = vitesse de la courroie, en mètres par seconde.

K = coefficient, qu'on fait égal à 0,15 pour les arbres de couches, et à 0,20 pour les arbres verticaux.

La vitesse V, la plus avantageuse, est de 25 mètres ; elle doit rarement dépasser 30 mètres ; la vitesse usuelle est comprise entre 12 et 20 mètres.

Les courroies minces et larges sont les plus avantageuses. La largeur des courroies n'est limitée que par les dimensions des cuirs du commerce.

A égalité de section, les courroies doubles supportent une tension plus grande, mais sont moins flexibles ; on les emploie souvent, quand la largeur de la courroie simple doit être supérieure à 300 millimètres. Les courroies en caoutchouc vulcanisé, bien fabriquées, sont plus souples, plus solides et plus durables que celles en cuir. Elle s'étendent moins, et ne craignent pas l'humidité, mais on doit éviter de les croiser. On peut les avoir en toute largeur, ce qui permet, pour les grands efforts, de les faire moins épaisses.

D'après un travail présenté par M. Laborde, à la Société industrielle de Mulhouse, il résulte d'un certain nombre d'expériences les observations suivantes :

1° La résistance à vaincre doit être moindre que la force qui ferait glisser la courroie sur la poulie ;

2° La tension ne doit pas aller au point d'étendre le cuir ;

3° La tension ne doit pas non plus augmenter inutilement le frottement sur les pivots et les coussinets ;

4° Une courroie doit être flexible, c'est-à-dire qu'elle doit se ployer facilement dans toutes ses parties.

Les trois premières conditions sont évidentes; de la quatrième on doit conclure qu'une courroie ne doit jamais être doublée, mais se composer seulement d'une épaisseur de cuir.

Il est bon, pour empêcher les courroies de se dessécher, de les graisser de temps en temps avec du suif pur ou mêlé de saindoux.

Ce graissage les rend flexibles, en augmente la durée et produit sur les poulies une adhérence plus considérable.

L'expérience démontre que les poulies à surfaces polies étaient préférables à celles qui seraient rayées ou rugueuses, ces dernières présentant un moins grand nombre de points de contact.

M. Laborde pose alors les principes suivants :

1° Les largeurs des courroies doivent être en raison directe des puissances à transmettre, la vitesse étant la même ;

2° Les largeurs des courroies sont en raison inverse des vitesses avec lesquelles elles se meuvent, pour un même travail transmis ;

Donc, si on représente par L, L' les largeurs de deux courroies, F et F' les puissances qu'elles transmettent avec des vitesses V et V' on aura

$$\frac{L}{L'} = \frac{F}{V} : \frac{F'}{V'}$$

d'où (2) $\quad L' = L \frac{F'V}{F.V'}.$

L'une des expériences faites a démontré qu'une courroie de 0m,081 de largeur, marchant avec une vitesse de 162m,50 par minute, peut très facilement, avec une tension ordinaire et sans se déformer, transmettre une force de un cheval vapeur, cette courroie agissant sur des poulies lisses et d'égal diamètre, c'est-à-dire embrassées sur la moitié de leur circonférence.

D'après la formule (2) on peut, à l'aide de ces données, déterminer la largeur d'une courroie connaissant les conditions déterminées de marche. Ainsi, pour une puissance de trois chevaux avec une vitesse de 110 mètres par minute, on aurait :

$$L' = 0,081 \frac{3 \times 162,50}{1 \times 110} = 0^m,358.$$

Le tableau ci-après, qui donne les largeurs des courroies, a été calculé en opérant d'une manière analogue.

Si l'on remplace dans la formule empirique

$$L = K \frac{F}{V}$$

par les données numériques :
$L = 0^m,081$
$F = 1$
$V = \frac{162^m,50}{60} = 2^m,70833,$

on trouve que le coefficient K est égal à $0^m,22$. Par suite, les largeurs du tableau ci-après peuvent être considérées comme des maximum que l'on ramènera aux conditions de la formule empirique en les multipliant par $\frac{15}{22}$ ou $\frac{20}{22}$, suivant qu'il s'agit d'arbres de couche ou d'arbres verticaux.

678. *Poulie folle.* — La transmission par courroies est employée sur une très grande échelle; lorsqu'elle est appliquée à certaines machines, principalement les machines-outils; il faut que celles-ci puissent être seulement arrêtées pour être remises en mouvement à un instant donné ; pour cela, on dispose à côté de la poulie fixe A calée sur l'arbre, une autre poulie, appelée poulie folle, montée sur le même arbre et de même diamètre que la première, mais complètement indépendante, c'est-à-dire faisant tourner librement, sans entraîner l'arbre. Le déplacement longitudinal de la poulie folle est empêché, d'une part, par la poulie fixe, et, de l'autre côté, par une bague. Suivant qu'on veut mettre la machine en mouvement ou l'arrêter, on fait passer, au

Vitesse par minute en mètres	LARGEUR DES COURROIES EN MILLIMÈTRES pour des forces de 1/10 à 9/10 de cheval								
	0,1	0,2	0,3	0,4	0,5	0,6	0,7	0,8	0,9
20	68	13.	196	264	328	396			
25	52	105	158	208	264	310	370	422	
30	44	88	132	174	220	264	308	348	394
35	38	76	114	150	188	226	264	302	340
40	34	66	98	132	164	198	230	264	296
45	30	58	88	118	146	176	206	234	264
50	26	53	79	106	132	158	185	211	237
60	22	44	66	87	110	132	154	174	197
70	19	38	57	75	94	113	132	151	170
80	17	33	49	66	82	99	115	132	148
90	15	29	44	59	73	88	103	117	132
100	13	26	40	53	66	79	92	106	119
110	12	24	36	48	60	72	84	96	108
120	11	22	33	44	55	66	77	88	99
130	10	20	30	41	51	61	71	81	91
140	9	19	28	38	47	57	66	75	85
150	9	18	26	35	44	53	62	70	79
160	8	17	25	33	41	49	58	66	74
170	8	16	23	31	39	47	54	62	70
180		15	22	29	37	45	51	59	66
190		14	21	28	35	42	49	56	60
200		13	20	26	33	40	46	53	55
220		12	18	24	30	36	42	48	51
240		11	17	22	28	33	39	44	47
260		10	15	20	26	30	35	41	44
280		9	14	19	24	28	33	38	41
300		9	13	18	22	26	31	35	39
320		8	12	16	21	25	29	33	37
340		8	12	16	19	23	27	31	35
360			11	15	18	22	26	29	33
380			10	14	17	21	24	28	30
400			10	13	16	20	23	26	28
440			9	12	15	18	21	24	26
480			9	11	14	17	19	22	25
500				11	13	15	18	21	24

Vitesse par minute en mètres	LARGEUR DES COURROIES EN MILLIMÈTRES pour des forces en chevaux de									
	1	2	3	4	5	6	7	8	9	10
60	220	440								
70	188	377	565							
80	165	329	494							
90	147	293	440	586						
100	132	264	396	528						
110	120	240	360	480	606					
120	110	220	330	440	550					
130	101	203	304	406	507	608				
140	94	188	283	377	471	565				
150	88	176	264	352	440	527	615			
160	82	165	247	329	412	494	576			
170	78	155	233	310	388	466	543	621		
180	73	147	220	293	367	440	512	586		
190	69	139	208	278	347	416	486	555		
200	66	132	198	264	330	396	462	528	594	
220	60	120	180	240	300	360	420	480	540	600
240	55	110	165	220	275	330	385	440	495	550
260	51	101	152	203	254	304	355	406	457	507
280	47	94	141	188	236	283	330	377	424	471
300	44	88	132	176	220	264	308	352	396	440
320	41	82	124	165	206	247	288	330	371	412
340	39	80	116	155	194	233	272	310	349	388
360	37	73	110	146	183	220	256	293	329	366
380	35	69	104	139	174	208	243	278	313	347
400	33	66	99	132	165	193	231	264	297	330
440	30	60	90	120	150	180	210	240	270	300
480	28	55	83	110	138	165	193	220	248	275
500	26	53	79	106	132	158	185	211	238	264
520	25	51	76	102	127	152	178	203	229	254
560	24	47	71	94	118	142	165	189	212	236
600	22	44	66	88	110	132	154	176	198	220
650	20	41	61	81	102	122	142	166	183	203
700		38	56	75	94	113	132	150	169	188
800		33	50	66	83	99	116	132	149	165
900		29	44	59	74	88	103	118	133	147
1000		26	40	53	66	79	92	106	119	132

moyen d'une fourchette, la courroie sur la poulie fixe ou sur la poulie folle. Cette fourchette est à la portée de l'ouvrier, si les deux poulies sont sur la machine-outil.

Certaines machines, comme les fraiseuses et les tours, ne sont pas munies de la poulie folle, celle-ci est alors placée sur un arbre intermédiaire, située à une assez grande hauteur, soit au plafond ou contre les colonnes ; dans ce cas, la fourchette qui est destinée à déplacer la courroie d'une poulie à l'autre est actionnée au moyen de tringles, ou de cordes dont les extrémités sont à la portée de l'ouvrier.

679. *Poulie étagée.* — Suivant la nature du corps à ouvrager sur une machine, il faut donner à l'outil des vitesses différentes.

Ainsi :

Pour le fer, la vitesse de l'outil est de 4 à 5^m par minute.

Pour la fonte, la vitesse de l'outil est de 5 à 7^m par minute.

Pour le bronze, la vitesse de l'outil est de 6 à 8^m par minute.

Pour le bois, la vitesse de l'outil est de 15 à 20^m par minute.

Ces variations de vitesse, dont on a besoin sur les tours, machines à percer et à aléser, limeuses, etc., s'obtiennent en montant sur l'arbre moteur ou de transmission et sur celui de la machine des *poulies étagées ou cônes de transmission* composées de poulies de différents diamètres (*fig.* 402), faisant corps entre elles, et disposées de telle sorte, que la somme des rayons de poulies correspondantes soit constante. On augmentera ou on diminuera la vitesse angulaire de la machine-outil en déplaçant la courroie dans le sens convenable sur les poulies cônes.

RENSEIGNEMENTS PRATIQUES SUR LES POULIES

680. Nous avons déjà dit que la jante d'une poulie destinée à recevoir une courroie plate, présente toujours une légère convexité, dont le but est de maintenir cette courroie constamment au milieu de la jante.

La flèche *f* de ce bombement est égale à 1/20 environ de la largeur de la courroie.

La largeur de la poulie, lorsqu'elle est

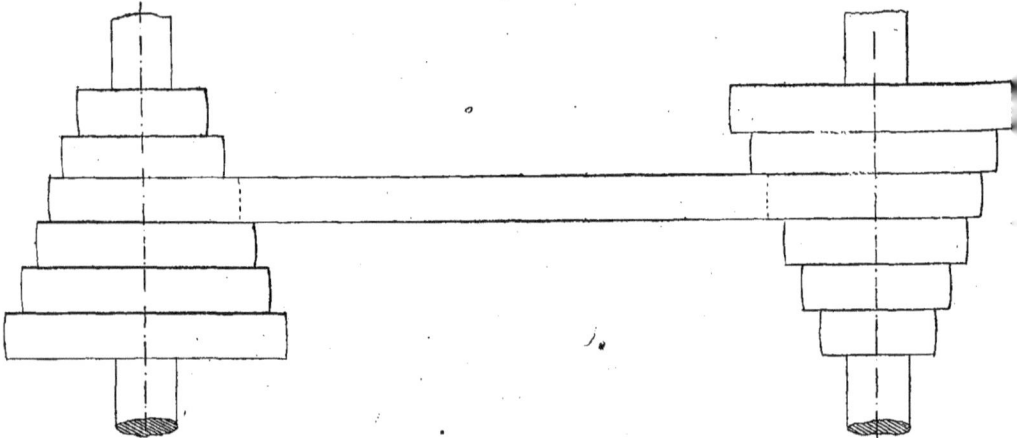

Fig. 402.

isolée, est légèrement supérieure à la largeur de la courroie ; lorsque plusieurs poulies doivent être juxtaposées pour recevoir alternativement la même courroie, comme dans les limeuses, on doit leur donner une largeur très peu supérieure à celle de la courroie.

On rencontre assez souvent des transmissions dans lesquelles plusieurs courroies sont sur une même poulie appelée *tambour*, dans ce cas la jante est droite et munie de deux petits rebords. Certaines machines motrices ont leurs volants qui servent de poulies ; on donne alors aux

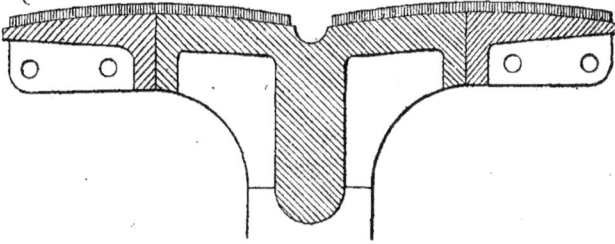

Fig. 403.

jantes des poulies-volants une disposition particulière exigée par la largeur de la courroie. Lorsque ces poulies-volants sont destinées à recevoir deux courroies, on peut donner à la jante une forme indiquée par la figure 403.

681. *Bras ou raies d'une poulie.* — Les bras d'une poulie qui relient la jante au moyeu ont ordinairement une section ovale, dont la largeur en tous les points est la moitié de la hauteur mesurée dans le plan de la poulie. Cette section ovale

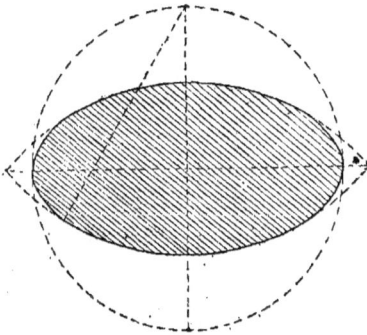

Fig. 404.

s'effectue simplement au moyen de deux arcs de cercle dont les centres se trouvent sur la circonférence décrite sur la hauteur de la section comme diamètre, ces arcs de cercle se raccordent aux extrémités par parties arrondies (*fig.* 404).

L'axe d'un bras est rectiligne, comme dans la figure 405, ou simplement courbé

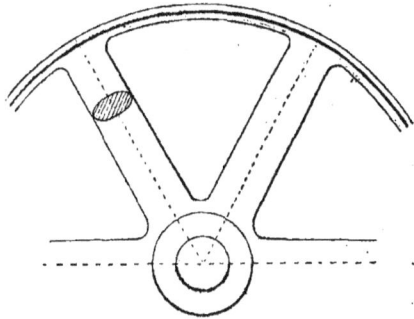

Fig. 405.

comme dans la figure 406, ou enfin doublement recourbé.

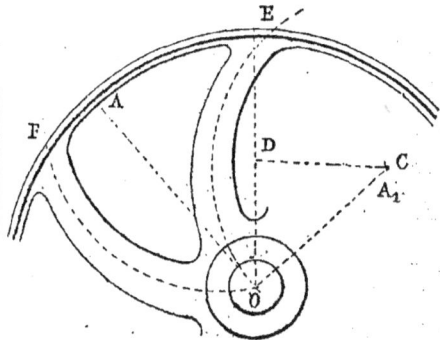

Fig. 406.

On prend l'arc AE égal aux $^2/_3$ de l'arc

EF de division des bras, et on mène à OA la perpendiculaire OA, sur laquelle doit se trouver le centre C de l'arc de courbure de l'axe du bras ; ce point d'ailleurs doit se trouver sur la perpendiculaire, à OE menée par son milieu.

682. *Moyeu de poulie.* — Le moyeu d'une poulie a ordinairement la forme cylindrique, raccordé par des congés avec la naissance des bras.

L'épaisseur du moyeu est égal au rayon de l'arbre ; sa largeur ne doit pas être inférieure à 2,5 ; l'épaisseur, le plus généralement est égale à la largeur même de la jante, comme dans les poulies folles.

L'intérieur du moyeu des poulies folles est quelquefois garni d'une bague de bronze pour diminuer le frottement. Les poulies fixes sont calées sur les arbres, au moyen de clavettes en fer ou en acier.

On fait beaucoup usage aujourd'hui des poulies en deux pièces qui peuvent se placer plus facilement que les précédentes sur les arbres de transmissions.

Ces poulies dont les deux parties sont solidement reliées au moyeu à l'aide de boulons, sont fondues avec la jante d'une seule pièce ; puis, après le tournage et l'alésage, on divise la couronne en deux, à l'aide d'une série de petits trous juxtaposés, correspondant aux rainures de séparation des bras.

683. *Transmission télédynamique.* — La transmission du mouvement circulaire à de grandes distances a été employée la première fois par les frères Hirn vers 1850, en Alsace. Dans cette première installation, les axes des poulies présentaient un écartement de 85 mètres, le travail transmis était de quarante-deux chevaux, avec une vitesse de soixante tours par minute.

Depuis cette époque, les applications se sont multipliées, avec des distances beaucoup plus considérables, atteignant quelquefois plusieurs kilomètres.

La transmission s'opère au moyen d'un câble métallique passant sur une poulie située à chaque extrémité de la transmission et soutenu de distance en distance par d'autres poulies appelées galets.

Le plus généralement, les poulies extrêmes ont leurs axes parallèles et un plan commun, de telle sorte que le câble est tout entier dans un plan vertical et se trouve ainsi guidé de lui-même.

La transmission est dite horizontale, ou oblique, suivant que les axes des poulies extrêmes sont dans un même plan horizontal ou dans un plan incliné.

Les galets, qui ont pour but d'empêcher le câble de toucher le sol, peuvent être placés sous une certaine inclinaison dans le cas où les axes des poulies extrêmes ne sont pas parallèles. On rencontre peu d'exemples de l'application des câbles à deux axes non parallèles, on préfère ramener la transmission de manière que les axes soient parallèles avec plan moyen commun, en employant les engrenages coniques.

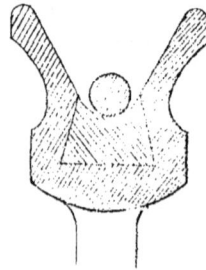

Fig. 407.

Le diamètre des poulies extrêmes varie entre 2 mètres et 4 mètres, celui des poulies intermédiaires est un peu plus faible. Ces poulies ou galets sont placés sur des piliers en maçonnerie ou en charpentes de fer ; chaque pilier porte deux galets disposés l'un au-dessus de l'autre, le galet supérieur dirige le brin conducteur, l'autre dirige le brin conduit du câble. La jante d'une poulie de câble porte une gorge ou rainure dont les faces sont inclinées toutes deux d'un angle de 30° sur le plan moyen de la poulie (*fig.* 407).

Le fond de la rainure se termine par une entaille en forme de queue d'aronde destinée à recevoir une garniture ; qui se compose, soit d'une bande de gutta-percha, fortement tassée, soit d'une série de petites douves en bois de saule qu'on introduit dans l'entaille par une ouverture latérale ménagée sur le pourtour de la couronne et qu'on bouche ensuite.

Cette garniture peut être remplacée par de vieilles courroies grasses qu'on découpe en lanières et qu'on introduit dans l'entaille parallèlement au plan moyen. Quelquefois l'entaille est remplie avec une garniture composée de ficelle qu'on enroule et qui ne tarde pas à former une masse très résistante.

La figure 408 représente la coupe de la jante d'une poulie double dans laquelle

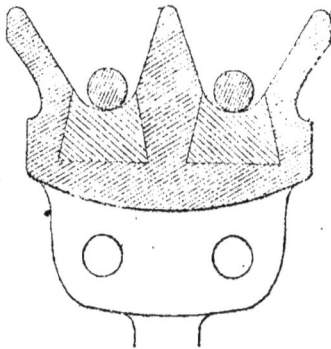

Fig. 408.

les faces des rainures ont une inclinaison plus faible que dans la poulie unique.

La vitesse à la circonférence des poulies doit être telle que l'action de la force centrifuge ne produise pas la rupture, elle doit être comprise entre 15 et 30 mètres par seconde, dans tous les cas ne pas dépasser 30 à 32 mètres.

684. *Câbles.* — Les câbles pour trans-missions à grandes distances se composent de 36 fils de fer divisés en 6 torons, dont chacun comprend 6 fils enroulés autour d'une âme en chanvre ; les 6 torons sont eux-mêmes disposés autour d'une âme également en chanvre comme l'indique la figure 409.

Lorsque le câble doit avoir un nombre

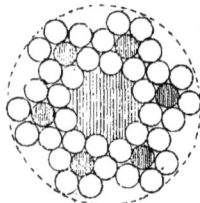

Fig. 409.

de fils supérieur à 36, on conserve les torons de 6 fils avec une âme en chanvre ; ces torons sont également entourés autour d'une âme centrale en chanvre.

Le nombre des torons ainsi enroulés sont alors 6, 8, 9, 10, 11, 12, de telle sorte que le câble se compose de 36, 48, 54, 60, 66, 72 fils. Dans la partie qui traitera de la résistance des matériaux nous indiquerons les méthodes employées pour le calcul des câbles.

685. *Emploi des câbles dans les mines.* — Dans les puits d'extraction des mines on fait usage de câbles en fer analogues aux précédents ; ces câbles portent à une de leurs extrémités les bennes contenant le charbon ou les matières extraites du sol, l'autre extrémité est fixée sur un tambour en bobine sur laquelle s'enroule le câble.

On fait aussi usage des câbles plats à section rectangulaire, soit en fil de fer soit en chanvre. Les tableaux suivants donnent des indications utiles sur les câbles en fil de fer et en chanvre à sections circulaires ou rectangulaires.

Table relative aux câbles ronds en métal

				FER AU BOIS			ACIER FONDU	
DIAMÈTRE en millimètres.	NOMBRE DES FILS	DIAMÈTRE DES FILS en millimètres.	POIDS PAR MÈTRE en kilogramme.	CHARGE DE RUPTURE en kilogramme.	CHARGE D'EXTRACTION pour une profondeur de 250 mètres.		CHARGE DE RUPTURE en kilogramme.	CHARGE D'EXTRACTION pour une profondeur de 300 mètres.
7	24	0,9	0,21	1200	100		2200	200
8	36	0,9	0,32	1800	150		3200	300
11	36	1,2	0,48	2500	250		5500	500
13	42	1,2	0,58	3000	300		6400	600
15	36	1,5	0,75	4200	400		8500	750
16	42	1,5	0,85	5000	500		12000	1000
18	36	1,9	1,07	6300	600		15000	1200
20	42	1,9	1,28	7400	700		17000	1300
22	49	1,9	1,53	8600	800		19000	1500
23	36	2,5	1,70	11000	900		23000	1800
25	42	2,5	2,13	12600	1000		25000	1900
25	84	1,9	2,40	14700	1200		33000	2500
28	42	2,7	2,40	14700	1200		32000	2500
30	49	2,5	2,50	14700	1200		32000	2500
30	36	3,1	2,55	16200	1250		29000	2.00
30	114	1,9	3,20	20000	1800		46000	3600
33	42	3,1	3,04	19000	1700		34000	2500
33	36	3,5	3,20	20000	1800		35000	2500
35	49	3,1	3,72	22000	1900		40000	2900
35	42	3,5	3,98	23300	2000		41000	2900
38	98	2,5	4,64	29000	2400		64000	5000
40	49	3,5	4,80	27600	2200		48000	3300
40	114	2,5	5,44	34200	2600		75000	5700
43	133	2,5	6,95	40000	3000		86000	6300
45	114	3,1	8,00	51000	4000		90000	6600
50	133	3,1	9,28	60000	5000		108000	8000
50	114	3,5	10,30	64000	5000		113000	8200

Table relative aux câbles plats en métal

				FER AU BOIS			ACIER FONDU	
SECTION en millimètres	NOMBRE des fils	DIAMÈTRE des fils en millimètres	Poids par mètre en kilogram.	CHARGE de rupture en kilogram.	CHARGE d'extraction pour une profondeur de 250 mètres		CHARGE de rupture	CHARGE d'extraction pour 300 mètres
40,8	144	0,9	1,07	3600	300		1330	1009
55,11	144	1,2	1,60	7200	600		2200	1500
65,13	120	1,5	2,66	13000	1000		29000	2000
75,16	144	1,5	3,50	16000	1200		33000	2500
90,16	168	1,5	4,10	18500	1400		40000	3000
75,14	120	1,9	3,68	21000	1500		49000	3500
80,17	144	1,9	4,25	25000	1700		58000	4500
100,20	168	1,9	5,10	29000	2000		68000	5000
110,20	196	1,9	5,84	34000	2500		80000	6000
125,20	224	1,9	6,67	39000	2800		90000	6300
135,22	256	1,9	8,00	45000	3500		102000	7000
130,23	168	2,5	7,97	50000	4000		108000	8000
150,23	196	2,5	9,30	58800	4500		117000	9000
170,23	224	2,5	10,70	67000	5000		130000	10000
175,28	256	2,5	14,50	77000	5500		150000	11000

Table relative aux câbles ronds en chanvre

CABLES NON GOUDRONNÉS			ÇABLES GOUDRONNÉS		
DIAMÈTRE en millimètres	POIDS par mètre courant en kilogrammes	CHARGE de rupture en kilogrammes	DIAMÈTRE en millimètres	POIDS par mètre courant en kilogrammes	CHARGE de rupture en kilogrammes
16	0,21	200	46	1,65	2250
20	0,32	300	52	2,13	3000
23	0,37	400	59	2,67	3600
26	0,53	500	65	3,70	4500
29	0,64	750	72	4,00	5000
33	0,80	900	78	4,80	6200
36	0,96	1000	85	5,60	7500
39	1,06	1250	92	6,40	8700
46	1,55	1500	98	7,46	10000
52	2,03	2000	105	8,53	12500

Table relative aux câbles plats en chanvre goudronné

SECTION en MILLIMÈTRES	POIDS PAR MÈTRE courant	CHARGE DE RUPTURE en kilogr.	CHARGE D'EXTRACTION	SECTION en MILLIMÈTRES	POIDS PAR MÈTRE courant	CHARGE DE RUPTURE en kilogr.	CHARGE D'EXTRACTION
92,23	2,35	13500	1000	157,33	5,60	34000	2400
105,26	3,04	18000	1300	157,36	6,24	37000	2700
118,26	3,36	20000	1500	183,36	7,20	43000	3000
130,29	4,26	25000	1800	183,39	7,84	47000	3300
130,33	4,80	28000	2000	200,44	9,25	57000	4000
144,33	5,28	31000	2200	250,46	12,10	76000	5000

AXES PARALLÈLES A UNE PETITE DISTANCE

Rouleaux de friction.

686. Supposons que l'axe auquel on veut communiquer le mouvement circulaire soit situé à une distance relativement faible de l'axe moteur et soient O et O' (*fig.* 410) les projections de ces axes sur le plan du papier. Représentons par ω et ω' les vitesses de rotations de ces axes; joignons OO' et cherchons sur cette droite un point A tel, qu'en considérant successivement ce point lié à l'axe O et à l'axe O', il ait

dans les deux mouvements en sens contraire des vitesses, linéaires égales et dirigées dans le même sens.

En tournant autour de l'axe O, le point A a une vitesse dirigée normalement à OA et égale à OA× ω; en tournant autour de l'axe O' sa vitesse est égale à O'A×ω'. Ces deux vitesses étant égales on aura :

$$OA \times \omega = O'A \times \omega'$$

Ou
$$\frac{OA}{O'A} = \frac{\omega'}{\omega}$$

c'est-à-dire que le point A partage la ligne OO' en deux parties inversement proportionnelles aux vitesses angulaires des axes.

Donc connaissant le rapport des vitesses

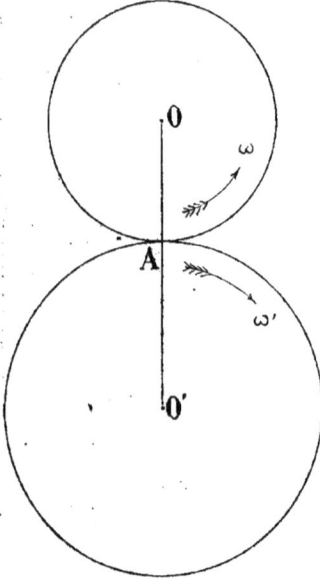

Fig. 410.

et la distance des axes parallèles, il sera facile de déterminer le point A.

Si l'on monte sur ces deux axes deux roues ou tambours en bois parfaitement tournés ayant pour rayons les longueurs OA et O'A, ces roues se toucheront au point A, il suffira alors de donner à l'un des axes, O par exemple, un mouvement de rotation égal à ω pour que la communication se transmette à l'axe O' avec une vitesse ω'.

La transformation du mouvement se continuera ainsi au point A l'adhérence des roues est suffisante pour qu'il n'y ait pas de glissement.

Cette solution, qui prend le nom de transmission de mouvement par cylindres ou rouleaux de friction reçoit quelques applications dans l'industrie, lorsque les efforts à transmettre ne sont pas trop considérables; dans ces cas, on enveloppe les roues, soit d'une bande de cuir, soit d'une

couche de gutta-percha. Malgré ces précautions destinées à augmenter l'adhérence, les jantes des roues s'usent rapidement par l'effet de leur pression mutuelle; il faut alors rapprocher les axes O et O', pour cela on se réserve un moyen de les rappeler et de régler par des contrepoids ou des ressorts la pression des roues l'une contre l'autre.

On trouve des applications de ce genre de transmission dans les machines qui ne travaillent qu'à certains moments, par intermittences et à volonté, telles que dans les filatures.

Le tire-sac des moulins à farine au moyen duquel un ouvrier fait monter ou descendre les sacs de farine à tous les étages d'un moulin, en est un exemple.

Engrenages plans.

687. Le moyen le plus employé pour transmettre le mouvement circulaire d'un

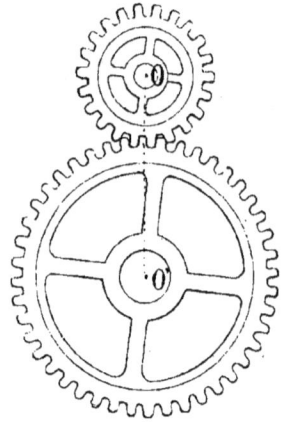

Fig. 411.

axe à un autre, avec la condition que les vitesses ω et ω' soient dans un rapport déterminé consiste à monter sur les axes des roues portant à leur circonférence des saillies appelées dents. Les dents de chaque roue s'engagent dans les saillies de l'autre et réciproquement (*fig.* 411).

Cette disposition constitue l'engrenage, elle permet d'éviter le glissement d'une roue par rapport à l'autre. L'épaisseur des dents se déduit de l'effort à transmettre.

Avant de donner la théorie des engrenages et les différents tracés employés dans l'industrie, il est utile, pour éviter des répétitions, de donner les définitions des principaux éléments des roues dentées.

Lorsque les roues en communication ont des rayons très différents, on donne le nom de *roue* à la plus grande, et celui de *pignon* à la plus petite. Les circonférences des rayons OA, O'A (*fig.* 410) qui se conduiraient par simple contact portent le nom de *circonférences primitives*. Elles jouent un très grand rôle dans le tracé des engrenages. Ces circonférences sont encore appelées : *circonférences proportionnelles* ou de *division*.

C'est sur ces circonférences que se compte le *pas des dents*, c'est-à-dire la distance des plans moyens de deux dents consécutives.

Le plus généralement le pas de l'engrenage, compté sur la circonférence primitive, se mesure en prenant une dent ou plein et un creux.

La partie de la dent extérieure à la circonférence primitive s'appelle la *face* ou la *tête* de la dent ; celle située à l'intérieur du cercle primitif s'appelle le *flanc* ou le *pied* de la dent.

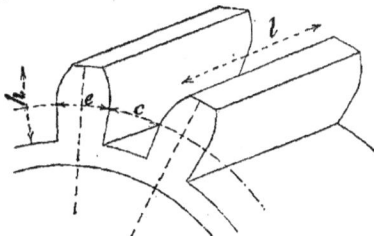

Fig. 412.

La longueur h de la dent mesurée suivant le rayon est égale à la hauteur du flanc ajoutée à la hauteur de la face (*fig.* 412).

L'épaisseur e de la dent est la longueur de la circonférence primitive comprise entre les flancs ; le creux des dents est également représenté par la longueur de l'arc de cette même circonférence compris entre les parties pleines de deux dents consécutives.

La largeur l de la dent est l'écartement des surfaces extrêmes comptée parallèlement à l'axe.

La couronne circulaire qui porte les dents s'appelle la jante, elle est reliée au moyeu par des bras ou rayons également espacés.

Afin de pouvoir communiquer le mouvement dans les deux sens, on donne à la dent le même profil de chaque côté ; elle est ainsi symétrique par rapport au rayon de la circonférence primitive qui divise en deux parties égales l'épaisseur de la dent. Théoriquement, le creux doit être égal au plein, mais dans la pratique on fait toujours le creux un peu plus grand que l'épaisseur de la dent ; cette différence qu'on appelle *jeu* dépend du degré de perfection qu'on veut obtenir.

En représentant par e l'épaisseur de la dent et c la largeur du creux, mesurées sur le cercle primitif, on a

$$\frac{e}{c} = \frac{12}{13} \text{ ou } \frac{15}{16} \text{ ou } \frac{20}{21}$$

Les roues dentées devant se conduire comme deux rouleaux de friction ayant pour rayons R et R' tels que l'on ait

$$\frac{R}{R'} = \frac{\omega'}{\omega}$$

Il faut que le pas sur chaque circonférence primitive soit le même c'est-à-dire qu'on doit avoir en représentant par p et p' les pas sur chaque roues.

$$p = e + c$$
$$p' = e' + c'$$
donc $\quad e + c = e' + c' \quad$ d'où
$$e = e'$$
$$c = c'$$

688. *Épaisseur des dents.* — Dans la partie de cet ouvrage où nous traiterons la résistance des matériaux, nous verrons

comment on détermine l'épaisseur à donner aux dents d'engrenage, suivant l'effort
à transmettre et la nature de la matière
employée. Nous en déduirons une formule
qui tient compte de plusieurs éléments,
mais qui pour la pratique peut se ramener à la forme suivante :

$$e = K \sqrt{P}$$

dans laquelle e représente l'épaisseur en
centimètres de la dent, P la pression supportée en kilogrammes et K un coefficient
dépendant de la pression P et de la matière
qui forme l'engrenage.

Ces valeurs de K sont les suivantes
pour roues en fonte :

$$K = \begin{cases} 0,015 \\ 0,100 \\ 0,095 \end{cases} \text{pour pression de 2000 Kg et au-dessous.}$$

$$K = \begin{cases} 0,090 \\ 0,085 \\ 0,075 \end{cases} \text{pour pression de 5000 Kg et au-dessous.}$$

Lorsque les pressions sont supérieures
à 5000 Kg. on prend K = 0,075 ou 0,065.

On choisit une valeur des tableaux
précédents, suivant que la dent doit marcher à grande ou à petite vitesse, avec ou
sans choc.

Dans les roues dites à alluchons qui ont
les dents en bois, l'épaisseur est égale à
1, 4 fois l'épaisseur de la dent en fonte
qui supporterait le même effort.

Lorsque les roues sont en bronze, l'é-
paisseur est un peu supérieure à celle de
la dent en fonte qui devrait supporter le
même effort.

La largeur de la dent varie avec la
pression et la vitesse, cette largeur peut
s'exprimer en fonction de l'épaisseur e de
la dent ; par rapport à la pression :

$$l = \begin{cases} \text{4 ou 5e pour pression de 2000 Kg} \\ \text{et au-dessous.} \\ \text{5 ou 6e pour pression de 2000 à} \\ \text{5,000 Kg.} \\ \text{6e pour pression au-dessus de 5000} \\ \text{Kg.} \end{cases}$$

et par rapport à la vitesse

$$l = \begin{cases} \text{4e pour les vitesses inférieures à} \\ \text{1 mètre par seconde.} \\ \text{5e pour les vitesses comprises entre} \\ \text{1^{m}50 et 2 mètres par seconde.} \\ \text{6e pour les vitesses supérieures à} \\ \text{2 mètres par seconde.} \end{cases}$$

Pour les roues à alluchons, la largeur
minimum est égale à 5e.

Marche à suivre pour déterminer les éléments d'une roue d'engrenage.

689. Supposons que l'on ait à construire deux roues dentées engrenant ensemble, sachant que l'épaisseur des dents
est égale à 0,010, le rapport des vitesses
$\dfrac{\omega}{\omega'} = 1,1$ et la distance des axes égale
à 0^m,48.

Calculer le pas de l'engrenage, les
rayons des roues, et leur nombre de
dents, en admettant que le jeu soit pris
égal à $^1/_{10}$ du pas.

Soit R et R' les rayons des roues, on a

$$\frac{\omega}{\omega'} = \frac{R'}{R}$$

ou (1) $\qquad 1,1 = \dfrac{R'}{R}$

cette égalité peut s'écrire

$$1,1 + 1 = \frac{R' + R}{R}$$

d'où $\qquad R = \dfrac{(R' + R)}{2,1}$

Mais R' + R = 0,48 donc

$$R = \frac{0,48}{2,1} = 0,22857$$

De même l'égalité (1) peut s'écrire

$$\frac{1,1 + 1}{1,1} = \frac{R + R'}{R'}$$

d'où $\quad R' = \dfrac{(R + R')\,1,1}{2,1} = 0,25142$

Les rayons des circonférences primitives seraient

$$R = 0,22857$$
$$R' = 0,25142$$

Pour calculer le pas, remarquons que si
e représente l'épaisseur de la dent on aura

$$p = 2\,e + \text{le jeu}$$

ou
$$p = 2e + \frac{p}{10}$$

de laquelle on tire

$$p = \frac{2 \times 40}{10 - 1}\,e$$

et en remplaçant les lettres par leur valeur

$$p = \frac{20}{9}\,0{,}010 = 0{,}02222$$

Le nombre de dents des roues sera

$$n = \frac{2\,\pi\,\mathrm{R}}{p} = \frac{2 \times 3{,}1416 \times 0{,}25142}{0{,}02222}$$

$$n = 64^{\mathrm{d}},\,7$$

On a de même

$$n' = \frac{2\,\pi\,\mathrm{R}'}{p} = \frac{2 \times 3{,}1416 \times 0{,}25142}{0{,}02222} = 71^{\mathrm{d}} + \text{une fract.}$$

Comme les nombres de dents sont entiers on prendra

$$n = 65 \text{ et } n' = 71$$

le rapport des vitesses sera légèrement modifié, il deviendra

$$\frac{\omega}{\omega'} = \frac{\mathrm{R}'}{\mathrm{R}} = \frac{n'}{n} = \frac{71}{65} = 1{,}092$$

Il faut alors déterminer à nouveau les rayons des circonférences primitives ce qui donne

$$\mathrm{R}_1 = \frac{0{,}48}{\dfrac{71}{65} + 1} = 0{,}22941$$

$$\mathrm{R}'_1 = \frac{\dfrac{71}{65} \times 0{,}48}{\dfrac{71}{65} + 1} = 0{,}25050$$

le nouveau pas p, deviendra

$$p. = \frac{2\,\pi\,\mathrm{R}'_1}{71} = \frac{2\,\pi\,\mathrm{R}_1}{65} = 0{,}022175$$

$$\text{Résultats} \quad \left\{ \begin{array}{l} \mathrm{R} = 0{,}2294 \\ \mathrm{R}' = 0{,}2505 \\ p = 0{,}0221 \end{array} \right.$$

Solution géométrique du problème des engrenages.

690. Les profils des dents de deux roues se conduisant doivent être toujours tangents aux points où ils agissent l'un sur l'autre, de sorte que si l'on se donne arbitrairement le profil du creux de la roue menée, on obtiendra celui de la roue menante en cherchant la courbe enveloppée par le premier profil dans le mouvement relatif de la première roue par rapport à la seconde.

Le problème des engrenages est donc le suivant :

Étant donné l'un des profils d'une dent, déterminer l'autre de manière qu'ils se touchent constamment pendant la rotation et que le rapport des vitesses angulaires ω et ω' soit égal à un rapport donné.

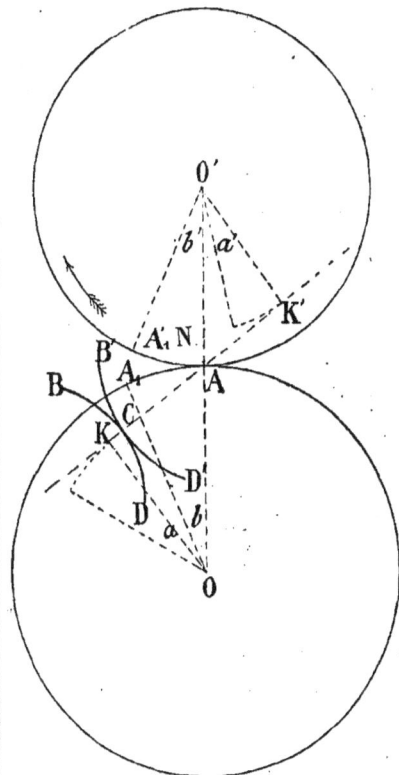

Fig. 413.

Pour résoudre ce problème, on emploie deux méthodes connues sous les noms de *méthode des enveloppes* et de *méthode des roulettes*. La première est la plus employée.

Nous allons démontrer que la condition énoncée dans le problème ci-dessus est remplie lorsque la normale au point de contact des courbes des dents passe constamment par le point de contact des circonférences primitives.

Considérons (*fig.* 413) deux circonférences primitives de centres O et O' se touchant au point A, et soit C le point de contact des courbes BCD, B'CD' appartenant respectivement aux roues O et O'; menons la normale en ce point qui coupe la ligne des centres. Enfin abaissons sur cette normale commune les perpendiculaires OK, O'K'. Supposons que les roues tournent d'un angle très petit, les points K et K' décriront des arcs des cercles égaux et les angles aux centres a et a' correspondants donneront la relation

$$\frac{a}{a'} = \frac{O'K'}{OK}$$

pendant ce mouvement, le point A sera venu en A_1 et A'_1 sur les deux circonférences primitives tels que les arcs AA_1 et AA'_1 sont égaux les angles aux centres b et b' correspondants donneront :

$$\frac{b}{b'} = \frac{O'A}{OA}$$

Mais $a = b$ et $a' = b'$

donc (1) $\quad \dfrac{O'K'}{OK} = \dfrac{O'A}{OA}$

A cause des triangles semblables OKN, O'K'N on a :

(2) $\quad \dfrac{O'K'}{OK} = \dfrac{O'N}{ON}$

Les proportions (1) et (2) ayant un rapport commun donnent :

$$\frac{O'A}{OA} = \frac{O'N}{ON}$$

proportion qui ne peut avoir lieu que lorsque les points A et N se confondent en un seul.

On pourrait encore démontrer ce principe de la manière suivante : Si la roue O reste fixe, et que la roue O' roule sur la première avec une vitesse ω, indépendamment de sa vitesse ω', le contact ayant lieu sans glissement sur les circonférences primitives, il faut pour que l'engrenage remplisse son but, qu'après un certain mouvement élémentaire, les dents se touchent encore.

Mais à l'origine du mouvement tous les points du cercle O' tournent autour du centre instantané de rotation A, de sorte que la courbe de la dent de la roue O' tend à envelopper l'arc de cercle de rayon AC. Cet arc de cercle doit être tangent aux deux profils BCD, B'CD', et sa normale, ainsi que celle de ces deux courbes, passe par le point A de contact des circonférences primitives.

Donc, si la courbe du cercle O' est donnée, il suffira de déterminer la courbe correspondante du cercle O en observant qu'elle doit être l'enveloppe des positions successives de la première. Pour cela, on tracera la courbe B'CD' dans quelques-unes des positions qu'elle vient occuper, lorsque le cercle O' roule sur la circonférence O. Du point de contact de ces deux cercles, dans l'une quelconque des positions considérées, on abaissera une normale sur la courbe mobile dans sa position correspondante, cette normale sera en même temps normale à la courbe cherchée, et son pied sur la courbe B'CD' appartiendra au profil BCD. Pour chaque position de la courbe mobile, on obtiendra ainsi autant de point de la courbe cherchée, et en même temps la normale, et, par conséquent, la tangente en ce point.

Toutefois, quoique la courbe ou profil B'CD' paraisse complètement arbitraire, on ne peut pas cependant la prendre au hasard, parce qu'il pourrait arriver que la courbe enveloppe BCD, acceptable au point de vue géométrique, ne le fût pas au point de vue mécanique. Dans la pratique, on ne donne guère à la ligne B'CD' que trois formes différentes qui fournissent l'engrenage à flancs, l'engrenage à développantes, et l'engrenage à lanterne.

Avant d'indiquer les tracés pratiques des engrenages, nous donnerons les constructions et les propriétés des principales courbes employées qui sont : la cycloïde, l'épicycloïde et la développante de cercle.

Cycloïde

691. *La cycloïde est la courbe engendrée par un point A d'un cercle qui roule sans glisser sur une droite fixe XY (fig. 414).*

Supposons que le cercle générateur soit d'abord placé de manière que le point le plus bas de ce cercle, soit au point A de la droite, et que ce cercle roule de droite à gauche, il y a roulement sans glissement lorsque le point b tombant en b_1, le point d arrive en d_1, le point e en e_1, etc. La droite Ab_1, égale l'arc Ab, la droite Ad_1 égale l'arc Ad, etc., enfin la ligne AA' égale à la

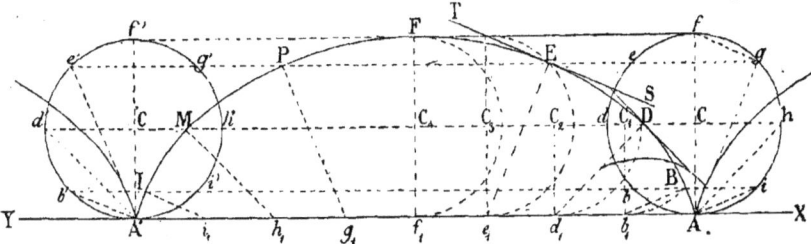

Fig. 414.

circonférence $2\pi r$ du cercle générateur.

Pour construire la cycloïde par points, on peut diviser le cercle générateur en parties égales, en huit par exemple ; par les points de division, on mène des parallèles à la directrice XY ; sur cette droite, on prend des grandeurs Ab_1, b_1d_1, d_1e_1, etc., égales à l'arc Ab rectifié ; puis par le point b_1 on mène une parallèle à Ai ; le point B appartient à la courbe ; de même on mène d_1D parallèle à Ah, et ainsi de suite, en joignant par un trait continu les points ABDEFA' on a la cycloïde.

En effet, pour un point quelconque, E, par exemple, le cercle générateur serait tangent à XY au point e_1 ; or, d'après la construction effectuée, l'arc e_1E est égal à Ae_1, ainsi lorsque le point e est venu en e_1, le point décrivant A est en E.

La courbe est symétrique par rapport à la perpendiculaire f_1F. La plus grande hauteur est égale au diamètre $2r$ du cercle générateur, et AA' est égal à $2\pi r$.

Pour éviter d'avoir, pour chaque point qu'on veut construire, à déterminer le développement Ab_1, de l'arc de cercle Ab, on peut opérer de la manière suivante :

Connaissant le rayon du cercle générateur, on peut calculer $2\pi r$, qu'on porte en AA', puis on divise cette droite et le cercle en un même nombre de parties égales.

La tangente en un point E de la cycloïde s'obtient en menant de ce point une parallèle à AA' jusqu'à la rencontre g avec le cercle générateur.

La droite Ag est parallèle à la normale au point E, et par suite la tangente à la cycloïde est parallèle à la corde fg.

D'ailleurs, si on considère un mouvement très petit du cercle C_3, le point E tend à décrire un arc de cercle autour du point e_1, qui est le centre instantané de rotation, la normale est donc bien e_1E. Cette considération du centre instantané de rotation fournit une construction pratique de la cycloïde. Par les points b_1, d_1, e_1, etc., on décrit des arcs de cercle avec des rayons respectivement égaux aux cordes Ai, Ah, Ag, etc. ; la courbe enveloppe de tous ces arcs de cercle sera la cycloïde.

692. *Propriétés de la cycloïde :*

1° La longueur AFA' de la cycloïde est égale à quatre fois le diamètre du cercle générateur.

2° L'aire comprise entre la courbe et la directrice AA' est égale à trois fois l'aire du cercle générateur.

3° Le crayon de courbure en un point E quelconque est double de la normale E*l*.

4° La cycloïde renversée est tautochrone, c'est-à-dire que, de quelque point de la courbe que parte un point matériel pesant, soumis sans vitesse initiale à l'action de la pesanteur, il arrive toujours, dans le même temps, au point le plus bas.

5° Elle est *brachistochrone*, c'est-à-dire que c'est la courbe qu'un point matériel pesant doit parcourir pour descendre dans le temps le plus court d'un point donné à un autre.

693. *Remarque.* — Si au lieu de prendre un point A situé sur la circonférence du cercle générateur on prenait un point plus voisin du centre ou plus éloigné, on obtiendrait des courbes analogues à la cycloïde, et qui portent le nom de cycloïde raccourcie ou de cycloïde allongée, comme l'indique la figure 416.

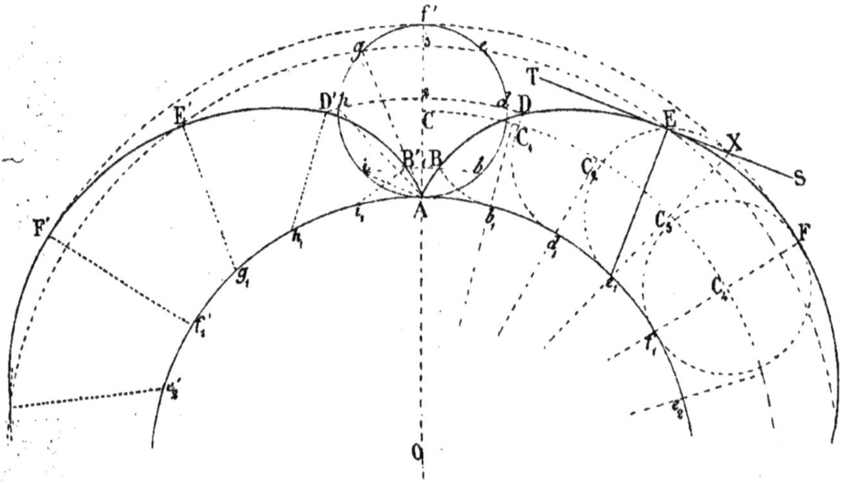

Fig. 415.

Épicycloïde

694. L'épicycloïde est la courbe engendrée sur un point d'un cercle qui roule sans glisser sur un autre cercle donné (*fig.* 415).

La construction de la courbe par points est analogue à celle de la cycloïde. On divise le cercle générateur en parties égales, huit par exemple, puis on prend sur la circonférence fixe des arcs Ab_1, Ad_1, etc., égaux aux arcs Ab, Ad etc.; par par les points de division du cercle générateur, on trace des circonférences concentriques au cercle fixe; ces circonférences coupent les dispositions correspondantes du cercle mobile aux points B, D, E, etc., qui appartiennent à la courbe cherchée.

On peut se dispenser de tracer les différentes positions du cercle mobile, il suffit de faire un angle Xe_1E égal à l'angle fAg, la droite e_1E est la normale à l'épicycloïde, et EX en est la tangente.

Pratiquement, au lieu de rectifier l'arc Ab pour le reporter en Ab_1, on cherche l'angle au centre du cercle fixe tel que l'axe compris soit égal à la circonférence du cercle générateur.

Si R représente le rayon de ce cercle générateur

Si R représente le rayon du cercle fixe
α l'angle cherché
on a

$$\frac{2\pi r}{2\pi R} = \frac{\alpha}{350}$$

d'un

$$\alpha = 360° \frac{r}{R}$$

Cet angle étant connu, on divise l'axe qui lui correspond et le cercle générateur, en un même nombre de parties égales.

695. *Remarque I.* — Si au lieu de prendre le point décrivant l'épicycloïde, sur la circonférence du cercle mobile, on le prenait plus rapproché ou plus éloigné du centre, on obtiendrait des courbes analogues, qui portent le nom d'épicycloïde raccourcie ou épicycloïde allongée (*fig.* 417).

696. *Remarque II.* — Si le cercle gé-

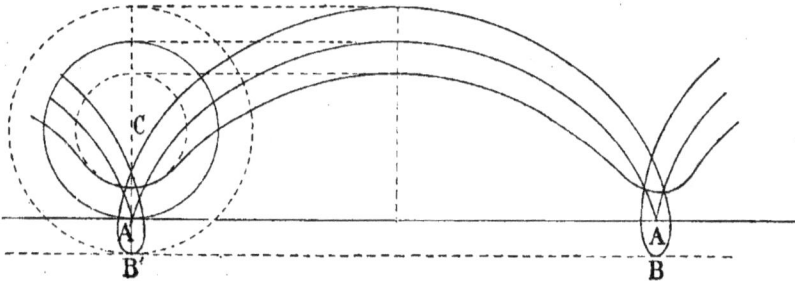

Fig. 416.

nérateur roulait à l'intérieur du cercle fixe on obtiendrait suivant la position du point décrivant une épicycloïde intérieure dont la construction est analogue aux précédentes.

697. *Remarque III.* — Si le cercle mobile continue son mouvement sur le cercle fixe, l'épicycloïde se composera d'une série de courbes égales. Cette série est limitée si la circonférence 2πr du cercle

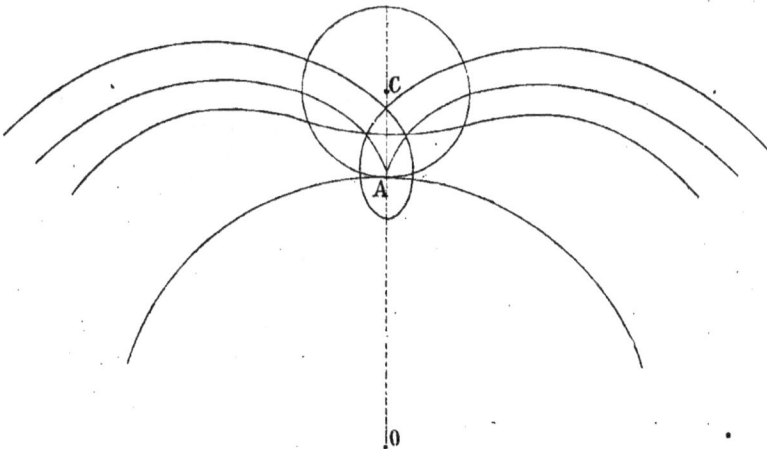

Fig. 417.

mobile, est commensurable avec celle 2πR du cercle fixe; dans ce cas, l'ensemble forme une courbe fermée. La série est indéfini si r et R sont incommensurables; la courbe ne revient jamais au point de départ et ne peut être fermée.

Parmi les épicycloïdes intérieures, il en est une employée fréquemment dans les engrenages, c'est celle décrite par un

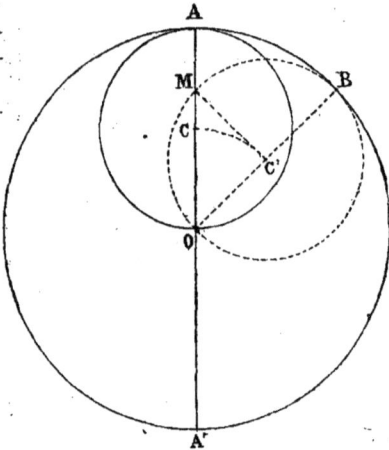

Fig. 418.

point d'une circonférence qui roule à l'intérieur d'une circonférence de rayon double. Il est facile de démontrer que dans le cas de $r = \dfrac{R}{2}$ l'épicycloïde est un diamètre du cercle fixe (*fig.* 418).

Soient C et C' la position initiale et une position quelconque du centre du cercle générateur. Le cercle C coupe en un point M le diamètre AO du cercle mobile. Si nous joignons MC', l'arc AB dans le cercle fixe mesure l'angle AO B ; l'arc MB sur le cercle mobile mesure l'angle MC'B ; mais ce dernier angle qui est au centre est double de l'angle MOB qui est un angle inscrit s'appuyant aux extrémités du même arc. Ainsi, l'arc MB mesure un angle double dans un cercle de rayon moitié moindre ; il en résulte que les arcs MB et AB sont égaux, donc le point M est la position qu'occupe le point primitivement en A, il appartient à l'épicycloïde qui est bien le diamètre AA'. Si le cercle mobile continue à tourner indéfiniment dans le cercle fixe

le point décrivant prend un mouvement rectiligne alternatif suivant AA'. Cette propriété est utilisée, comme nous le verrons plus tard dans l'engrenage de Lahire.

698. *Tracé de l'épicycloïde d'un mou-*

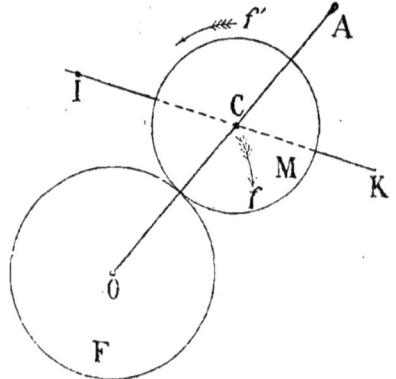

Fig. 419.

vement continu. -- Les courbes dont nous venons de parler peuvent être obtenues d'un mouvement continu. Concevons (*fig.* 419) d'abord une roue fixe F de rayon R, engrenant avec une roue mobile M de rayon r. L'axe de cette dernière est portée par un bras OA mobile autour de l'axe de la roue F ; à la roue mobile est adaptée, de l'autre côté, une barre IK, dans laquelle est pratiquée une rainure où l'on peut faire glisser un crayon ou un pinceau, dont on fixe la position à l'aide d'une vis de pression. Si l'on fait mouvoir le bras OA autour de l'axe O dans le sens de la flèche F, la roue M tournera autour de son axe dans le sens de la flèche F' et le point I où est fixé le rayon décrit une épicycloïde extérieure qui sera simple, allongée ou raccourcie suivant la distance du point I au centre du cercle mobile.

Le nombre des dents de chaque roue étant nécessairement entier, les rayons primitifs sont commensurables et l'épicycloïde décrite est toujours une courbe fermée.

Si N et n représentent les nombre des dents des roues F et M, le rapport $\dfrac{N}{n}$

réduit à sa plus simple expression donnera le nombre de rebroussement qui sera représenté par le numérateur, et le dénominateur exprimera le nombre de tours nécessaire pour tracer la courbe dans son entier.

Ainsi si le rapport est $\frac{3}{4}$, l'épicycloïde simple aura trois points de rebroussement, et il faudra 4 tours pour tracer la courbe entière.

Si le rapport est 5 par exemple, l'épicycloïde aura 5 points de rebroussement, et il ne faudra qu'un tour pour tracer la courbe.

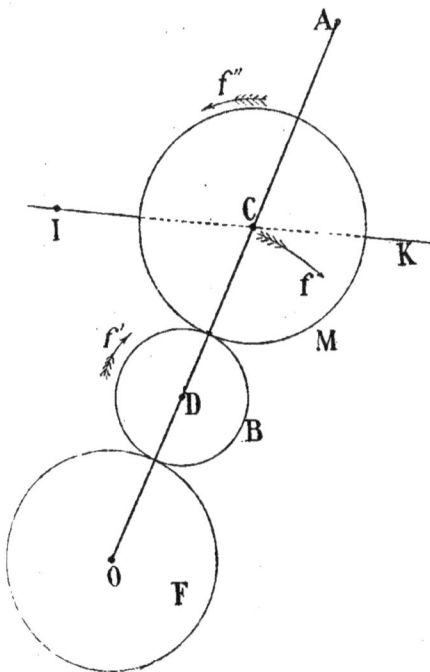

Fig. 420.

Les épicycloïdes intérieurs s'obtiendraient de la même manière, en faisant tourner la roue dentée M à l'intérieur de la roue F. Mais on peut obtenir le résultat d'une autre manière plus pratique, en se dispensant d'un engrenage intérieur.

Il suffit d'interposer (*fig.* 420) une roue auxiliaire B entre les roues F et M. Si l'on fait mouvoir le bras OA dans le sens de la flèche f, la roue B ayant son axe en D fixé à ce bras et engrenant avec la roue fixe, tournera dans le sens de la flèche f′ et la roue M qui engrène avec B tournera dans le sens de la flèche f″. On voit facilement que les choses se passeront comme si le point I était lié à une roue mobile ayant le même centre C, mais qui roulerait intérieurement à une roue fixe.

Si N est le nombre de dents de la roue E, N celui des dents de la roue M, ω la vitesse angulaire du bras OA, ω′ celle de la roue M autour de son axe on a

$$\frac{\omega'}{\omega} = \frac{N}{n}$$

Cette relation est indépendante de la roue intermédiaire. Cela posé, concevons que la roue M soit remplacée par une roue M′ ayant le même axe et un rayon r assujettie à rouler dans l'intérieur d'une roue fixe F′ ayant l'axe O et un rayon R D'après la liaison des roues, M′ et F′, on aurait en appelant ω″ la vitesse angulaire de la roue M′ autour de l'axe C.

$$\frac{\omega''}{\omega} = \frac{R}{r}$$

Si l'on veut que ω″ soit égal à ω′ il suffit d'écrire :

$$\frac{R}{r} = \frac{N}{n}$$

On doit avoir de plus :

$$R - r = OC = d$$

d représentant la distance des axes O et C de ces relations on tire ;

$$R = d\frac{N}{N-n}$$

et

$$r = d\frac{n}{N-n}$$

Le mouvement du point décrivant sera donc le même que si ce point était lié à une roue M′ ayant son axe en C sur la barre OA et qui roulerait dans une roue fixe F′ ayant son axe en O, les rayons de ces deux roues ayant les valeurs indiquées ci-dessus. L'épicycloïde engendrée sera simple, allongée ou raccourcie suivant que la distance IC sera égale, supérieure ou inférieure au rayon r de la roue M'.

Ces appareils trouvent des applications dans les arts et particulièrement dans le guillochage.

Développante de cercle

699. La développante du cercle est la courbe engendrée par un point B qui (*fig.* 421) reste fixe sur une tangente BA, dont le point de contact change conti-

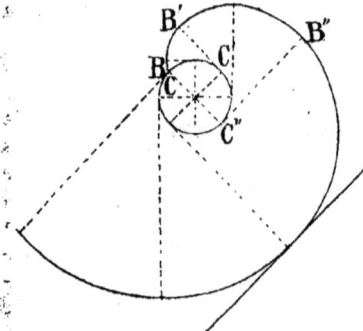

Fig. 421.

nuellement de manière que la distance du point fixe au point de contact soit constamment égale à l'espace parcouru par le point de contact sur la courbe ; ainsi C'B' = arc C'C ; C''B'' = C''C, etc.

On peut définir la développante du cercle d'une autre manière : C'est la courbe décrite par l'extrémité d'un fil flexible et inextensible qui, enroulé sur la circonférence d'un cercle fixe se déroule en restant toujours tendu.

D'une manière générale, on appelle développante d'une courbe CC'C'' la courbe BB'B'' (*fig.* 422), engendrée par un point B qui reste fixe sur une tangente BA, dont le point de contact change continuellement, de manière que la distance du point fixe au point de contact soit constamment égale à l'espace parcouru par le point de contact de la courbe.

La courbe CC'C'' est appelée développée.

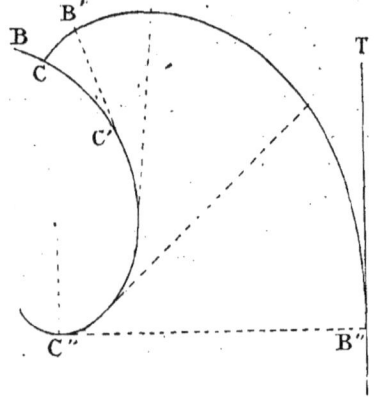

Fig. 422.

La droite mobile C'B', C''B'', est tangente à la développée et normale à la développante BB'B''. Pour un point donné B', la normale B'C' est le rayon de courbure de la développante au point considéré. D'après la génération de la développante, on voit que la longueur de la développée CC'C'' égale la différence des rayons de courbures correspondants ; ainsi

$$C'C'' = C''B'' - C'B'$$

La tangente B''T à la développante au point B'' est parallèle à la normale OC'' de la développée.

Le tracé de la développante de cercle est donc facile à faire ; il suffit de diviser la circonférence en un nombre de parties égales, huit par exemple, de mener les tangentes en ces points, puis de porter sur ces tangentes les longueurs des arcs, compris entre le point de contact et le point de départ.

Tracé de l'engrenage à fuseau ou à lanterne

700. L'engrenage, à lanterne qu'on retrouve dans quelques anciens moulins, est peu employé aujourd'hui ; il doit son nom à cause de l'apparence que présentent les petits cylindres en fuseaux ajustés entre deux plateaux ou tourteaux circulaires (*fig.* 423) ; cette disposition des fuseaux est appliquée ~~ ~~nignon qui est

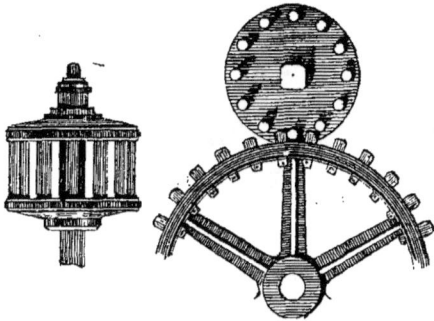

Fig. 423.

conduit par une roue dentée dont nous allons déterminer le profil des dents.

Supposons (*fig.* 424) d'abord que les fuseaux soient réduits à des lignes mathématiques, distribuées sur la circonférence primitive O', le profil *aa'a"* des dents de la roue O devra être l'épicycloïde engendrée par le mouvement de la circonférence O' roulant à l'extérieur de la roue O. Car si *a* est sur la circonférence primitive de la roue menante, l'origine de la dent, le contact a commencé lorsque le point *a* coïncidait avec le point de contact A des deux circonférences primitives, en même temps le point *a'* se trouvait aussi en A et les arcs A*a*, A*a'* doivent être égaux. On passerait donc du point *a* racine de la dent au point *a'* du profil *aa'* en supposant que l'on fît coïncider le point *a'* avec le point *a* et que l'on fît ensuite rouler le cercle O' jusqu'à ce que le point de contact fût amené en A, et comme le point *a'* est un point quelconque, on voit que l'on obtiendra pendant ce roulement tous les points du profil *aa'a"* qui est par conséquent l'épicycloïde.

Traçons maintenant du point *a'* comme centre un cercle pour représenter l'épaisseur des fuseaux et joignons *a'*A qui cou-

pera en M la petite circonférence. Quel que soit le profil à adopter, c'est au point M que doit avoir lieu le contact, puisque c'est par ce point que la normale à la petite circonférence vient passer par le point A ; comme d'ailleurs *a'*A est la normale à l'épicycloïde *a'aa"*, on obtiendra la courbe cherchée en construisant l'épicycloïde avec la normale en ces différents points et en prenant sur ces normales des longueurs constantes égales au rayon du fuseau. La courbe ainsi tracée, qui est à égale distance de l'épicycloïde, mais qui est une courbe d'une nature différente, sera la forme à donner aux dents de la roue menante.

Au lieu de tracer les normales à l'épicycloïde, on peut tracer sur cette courbe différentes positions de la circonférence du fuseau, puis on trace la courbe enveloppe de tous ces cercles, et on obtient le profil des dents.

Afin que la roue puisse conduire le pignon dans les deux sens, on profile la dent de chaque côté comme le montre la figure ; les dents se termineraient en pointe si on prolongeait les profils symétriques, jusqu'à leur point de rencontre ; les dents doivent être échauffrinnées ; pour cela, on se donne l'arc pendant lequel la dent de la roue doit pousser le pignon ; supposons que cet arc de conduite soit égal au pas ; portons le pas en A*b*, puis au point *b* traçons le profil *bb"* de la dent, il coupe la circonférence primitive du pignon en *b'*, qui est le point de contact des dents de la roue avec celles du pignon au moment où la conduite doit cesser. Il suffit alors de décrire du centre O une circonférence ayant pour rayon O*b'* ; cette circonférence limitera les extrémités des dents.

Pour que les fuseaux du pignon puissent se loger entre les dents de la roue, on termine le creux par des cylindres droits à base circulaire, dont le diamètre est égal à celui des fuseaux, plus le jeu qui doit exister entre les dents.

Les centres de ces creux circulaires sont

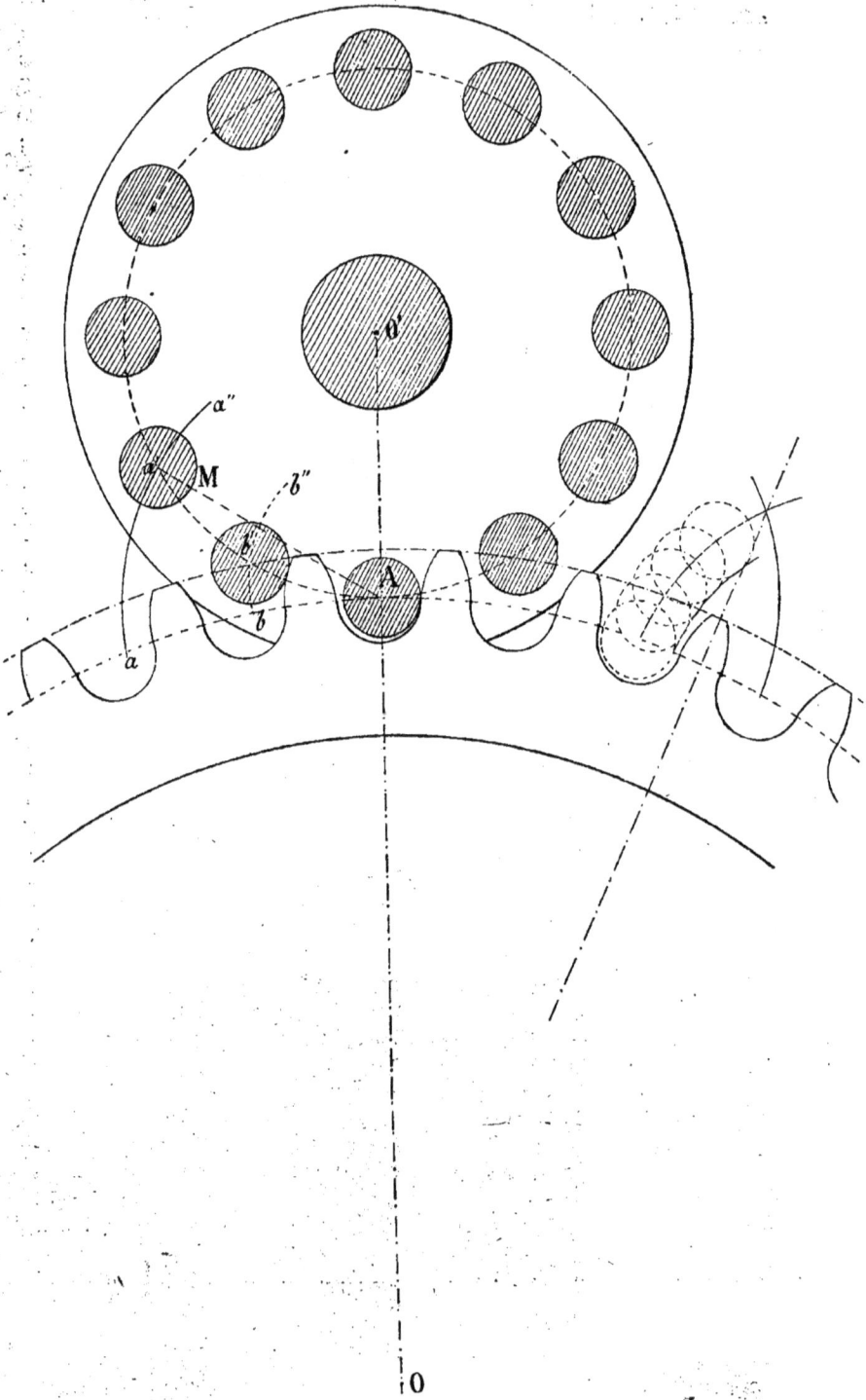

situés sur la circonférence primitive de la roue menante.

La figure montre que la roue conduit le pignon, seulement après la ligne des centres, ce qui est un inconvénient à cause du peu de dents en prise. Dans le cas où c'est le pignon qui conduirait, la conduite aurait lieu avant la ligne des centres.

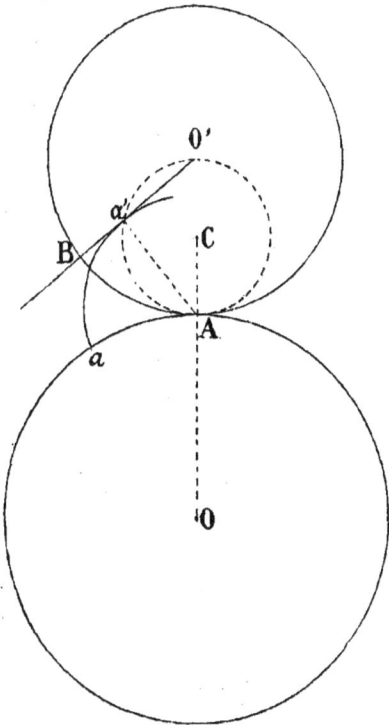

Fig. 425.

701. *Engrenage à flancs.* — Nous avons dit plus haut que le flanc du profil de la dent était la partie intérieure à la circonférence primitive. Dans les engrenages à flanc, on s'impose la condition que les profils des flancs soient rectilignes et dirigés suivant les rayons des roues.

Soit O′a′B, (*fig.* 425), la position d'un des rayons actuellement poussé par le profil *aa′* dont nous allons reconnaître la nature. Si du point A nous abaissons la perpendiculaire Ao′, le point *a′* doit être le point de contact; sur Ao′, comme diamètre, décrivons une demi-circonférence, elle passe au point *a′*, et l'on a évidemment l'arc A*a′* égal à l'arc AB, car l'angle AO′B au centre a pour mesure

$$\frac{\text{arc AB}}{\text{AO}'}$$

ce même angle, inscrit dans la circonférence dont le centre est en C, a pour mesure

$$\frac{\text{A}a'}{2\text{AC}} = \frac{\text{A}a'}{\text{AO}'} \text{ donc}$$

$$\frac{\text{AB}}{\text{AO}'} = \frac{\text{A}a'}{\text{AO}'}$$

ou bien arc AB = arc A*a′*.

Soit donc l'arc A*a* = l'arc AB = l'arc A*a′*, lorsque le flanc O′B coïncidait avec le rayon O′A, le point *a* coïncidait avec le point A, le point *a* est donc l'origine sur la circonférence primitive du profil *aa′*, et l'on voit que l'on passera de ce point au point quelconque *a′*, en supposant que la circonférence de rayon AC étant d'abord tangente en *a*, roule sur la circonférence OA jusqu'à ce qu'elle soit parvenue au point A. Donc, le profil des dents de la roue menante O dans l'engrenage à flanc, doit être une épicycloïde engendrée par le roulement sur la roue menante d'une circonférence ayant pour diamètre le rayon de la roue menée O′.

Si l'on veut que l'engrenage soit réciproque, c'est-à-dire que la roue O′ conduise la roue O, on prendra pour profil des faces des dents du pignon, l'épicycloïde engendré par un cercle ayant pour diamètre le rayon de la roue O roulant sur la circonférence primitive du pignon O′.

702. *Remarque.* — Les engrenages à flanc rectiligne sont les plus employés dans la pratique; leur emploi offre cependant un inconvénient très grave : le cercle décrivant l'épicycloïde devant avoir pour diamètre le rayon du cercle primitif de la roue avec laquelle ces dents engrènent, il en résulte qu'une roue d'un pas et d'un nombre de dents donnés, trente, par exemple, tracée pour marcher convenablement avec une autre roue de cinquante dents, eugrènera fort mal avec une autre roue d'un autre nombre de dents, tel que cent. Il est facile de voir que le diamètre du cercle étant un dans le premier cas, devrait être double dans le second, et engendrer par suite des arcs épicycloïdaux différents des premiers.

Dans plusieurs combinaisons mécaniques, les tours à fileter par exemple, il arrive qu'une roue principale doit engrener avec plusieurs autres roues de diamètres différents ; il faut alors dans ce cas choisir un cercle décrivant convenable mais constant, le faire rouler extérieurement sur chacune des circonférences primitives pour décrire les parties des dents extérieures aux circonférences primitives, puis de le faire rouler intérieurement à chacune d'elles pour lui faire décrire les épicycloïdes intérieures formant les profils intérieurs à ces circonférences primitives. Dans ce cas, les engrenages prennent le nom d'*engrenages épicycloïdaux*.

Tracé de l'engrenage à flancs rectiligne.

703. Soient O et O' (*fig.* 426) les centres des roues et OA et O'A les rayons des circonférences primitives satisfaisant à la condition

$$\frac{OA}{O'A} = \frac{w}{w'}$$

Après avoir calculé l'épaisseur des dents d'après la formule donnée au n° 688, on détermine le pas et l'épaisseur du creux. Traçons les cercles roulants C et C' ayant pour diamètre les rayons des circonférences primitives ; d'après la théorie de cet engrenage, l'épicycloïde A*a* engendré par le roulement du cercle C' sur la circonférence O sera le profil des faces des dents de la roue O, et l'épicycloïde A*b* engendré par le roulement du cercle C roulant sur la circonférence O' donnera

le profil des faces des dents du pignon O'. Les rayons qui se raccorderont à ces profils seront les flancs respectifs des dents.

Si nous traçons ces profils symétriques par rapport à un axe O'M de l'une des dents, on obtiendra le profil complet de cette dent dont les arcs d'épicycloïdes se couperont au point *h* ; de même on tracerait le profil complet *m'n'h'* d'une dent du pignon O'.

Comme nous l'avons déjà dit, pour l'engrenage à lanterne, on ne peut laisser aux dents la forme complète parce que les points *h* et *h'* s'useraient trop vite par le frottement et pourraient donner lieu à des arcs-boutements, s'il y avait un trop grand nombre de dents en prise ; ces arcs-boutements se produiraient surtout au moment où les dents se prennent, c'est-à-dire avant la ligne des centres.

On échanfrine les dents d'après l'arc de conduite adopté. En général, on admet que la conduite est la même avant et après la ligne des centres, de telle sorte qu'il y ait deux ou trois dents en prise.

Admettons que la conduite ait lieu trois quarts de pas avant et après la ligne des centres. On porte l'arc correspondant à trois quarts de pas, en A*d*, A*d'*, puis on mène les rayons O*d*, O'*d'*, et les points *e* et *e'* d'intersection de ces rayons avec les cercles roulants sont les points extrêmes de contact. Toutes les dents de la roue menante O seront limitées à la circonférence de rayon O*n'*, celles de la roue menée O' seront échanfrinées par la circonférence de rayon O'*n*. Il reste maintenant à limiter les flancs rectilignes ; pour cela on se donne le jeu existant entre l'extrémité d'une dent et le fond du creux, puis on décrit à chaque roue des circonférences concentriques limitant ces creux.

Au lieu de laisser dans les creux des angles vifs, on a l'habitude de les arrondir par de petits arcs de cercles.

704. *Remarque.* — Dans les engrenages à flanc rectiligne et dans les engrenages épicycloïdaux, l'effort d'une dent

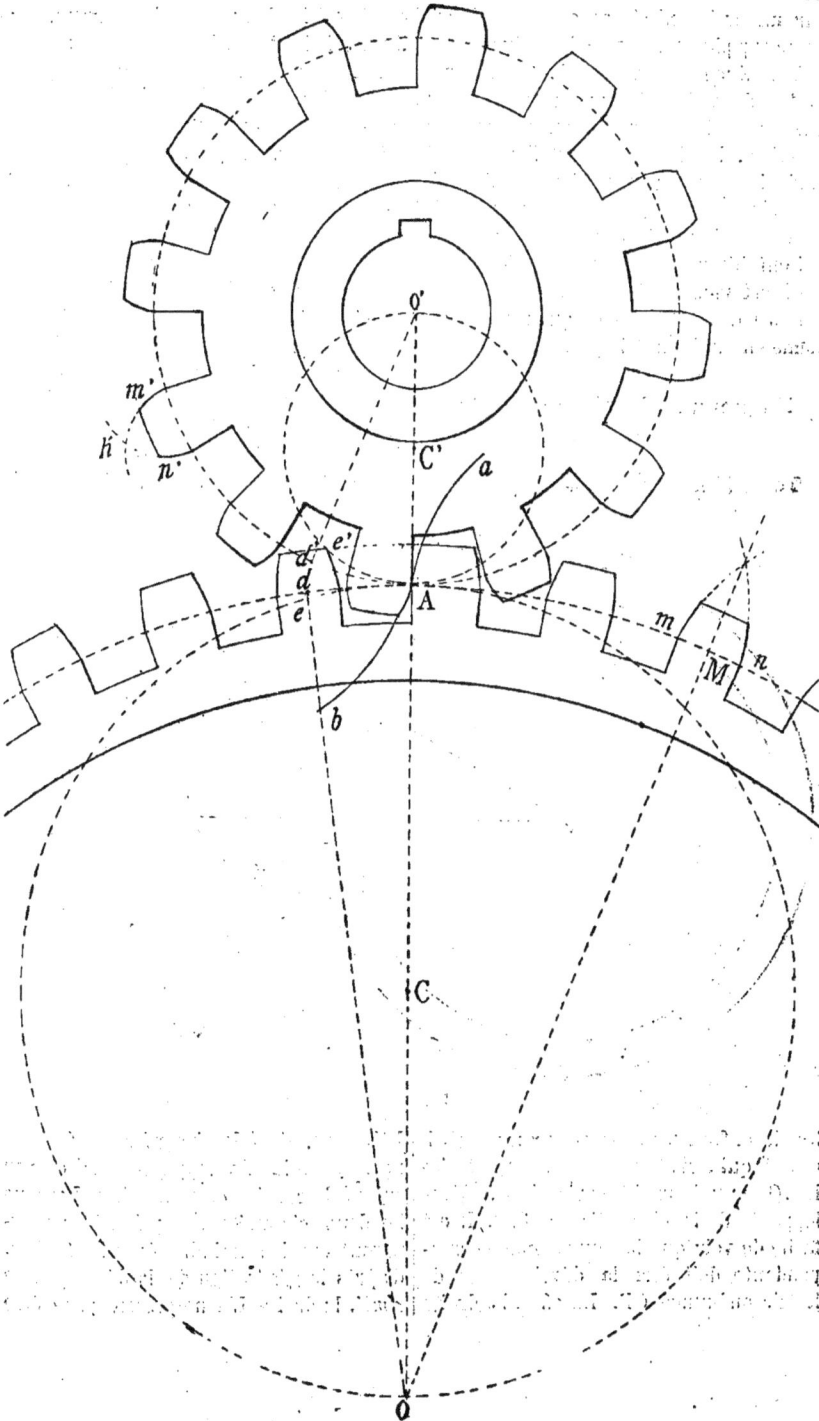

Fig. 426.

sur une autre n'est pas constant, il est beaucoup plus grand vers la fin du contact qu'à la ligne des centres. L'effet inverse a lieu dans la prise avant cette ligne ; mais, dans les deux cas, on voit que les pressions des dents l'une sur l'autre sont variables et que, par conséquent, elles doivent s'user inégalement. Cette usure inégale est très sensible sur les engrenages qui ont fait un service prolongé. On remédie à cet inconvénient en augmentant le nombre de dents, ou ce qui revient au même en diminuant le pas.

Engrenage à développante de cercle

705. L'engrenage à développante de cercle est le plus parfait des engrenages ; il remplit les conditions suivantes :

1° Le rapport des vitesses $\frac{\omega}{\omega'}$ des roues en contact est constant.

2° L'effet exercé par la dent qui conduit est constant.

3° Une roue quelconque peut engrener avec plusieurs autres de même pas, mais de diamètres différents.

Soient, O et O' (*fig.* 427), les centres de circonférences primitives et A leur point de contact. Par le point A, on mène une droite quelconque, mais à laquelle on donne généralement une inclinaison de 75° environ sur la ligne des centres. Des points O et O', on abaisse des perpendiculaires OP et O'P', puis on décrit

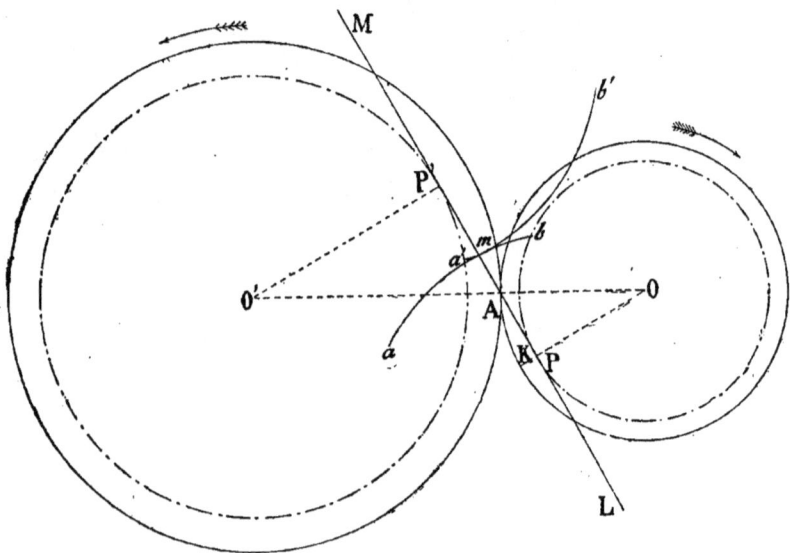

Fig. 427.

les circonférences ayant pour rayons OP et O'P' qui sont tangentes à cette droite LM. On prend pour la courbe *a'mb'* la développante de la circonférence O'P'. Il est facile de voir que la courbe *amb* correspondante doit être la développante de la circonférence OP. En effet, la droite LM, tangente à la circonférence O'P' est normale à la développante *a'mb'* et par suite à la courbe *amb* cherchée. Lorsque les deux circonférences primitives tourneront dans le sens indiqué par les flèches, d'après la génération de la développante *a'mb'*, la droite LM ne cessera pas d'être normale à cette courbe et par conséquent à la courbe *amb ;* cette dernière n'est donc que la développante de la circonférence OP, tangente à LM.

On arriverait à la même conclusion en considérant le roulement de la circonférence primitive O'A sur la circonférence primitive OA supposée immobile ; on verrait que la droite LM, entraînée avec la circonférence mobile, demeure à une distance constante du centre O et, que par conséquent, la normale à la courbe enveloppe de *a'mb'* est constamment tangente au cercle OP ; d'où il suit que cette enveloppe n'est autre que la développante de cercle.

Il est facile de remarquer que le point de contact *m* des deux développantes *a'mb'*, *amb* est constamment situé sur la droite LM. On voit que les profils des dents sont déduits, sur la roue O en faisant intervenir seulement la circonférence OP ; de même ceux des dents de la roue O' se déduisent de la circonférence O'P'. Donc on pourra faire engrener ensemble deux roues dentées à développantes de cercle, quels qu'en soient les rayons, pourvu que les pas soient les mêmes sur chaque roue.

Le point de contact *m* des profils des dents étant toujours sur la droite LM, il s'ensuit que la poussée mutuelle d'une dent sur l'autre est toujours dirigée suivant LM qui a une position constante, ce qui n'a pas lieu pour les engrenages dont nous avons parlé précédemment. Cette pression, quoique dirigée toujours dans le même sens, présente un inconvénient, c'est qu'elle est oblique par rapport à la ligne des centres, tandis que dans les engrenages épicycloïdaux, l'obliquité de cette pression ne se fait sentir qu'au moment où le contact commence et finit avant et après la ligne des centres.

Cet inconvénient est compensé par l'avantage suivant : L'usure des profils, qui glissent l'un sur l'autre, est sensiblement proportionnelle à la pression mutuelle ; si la pression est à peu près constante, l'usure sera à peu près partout la même, de sorte que les profils s'useront également en tous leurs points. Or, dans les engrenages à développantes, le profil modifié par l'usure sera la même développante de cercle que le profil primitif.

L'engrenage à développante présente encore un avantage, c'est que l'épaisseur les dents augmente de l'extrémité à la racine, et que de plus le profil est une courbe continue.

706. *Inclinaison de la droite* LM. — L'inclinaison de la tangente commune aux deux cercles qui donnent les développantes, peut, comme nous l'avons dit plus haut, être quelconque, mais si l'on remarque que les courbures des développantes sont d'autant plus accentuées que la droite LM est plus inclinée sur la ligne des centres, on comprendra que les courbes symétriques formant le profil des dents convergeront trop rapidement l'une vers l'autre et donneraient lieu à des dents trop pointues, lesquelles pourraient ne pas permettre l'arc de conduite imposée.

Dans la pratique, on donne à cette droite une inclinaison de 75° sur la ligne des centres.

On peut cependant employer la construction suivante : Sur la circonférence primitive de la plus petite roue du système, on porte une longueur AK égale au pas de l'engrenage, on mène le rayon OK, puis du point de contact A, des circonférences primitives, on trace la perpendiculaire LM à ce rayon.

707. *Tracé des engrenages à développantes.*—Soient OA, O'A (*fig.* 428), les rayons des cercles primitifs. Menons la ligne LM faisant avec OO' un angle de 75° ; des points O et O' abaissons les perpendiculaires OP, O'P', puis décrivons les circonférences conjuguées et traçons les développantes *aAb*, *a'Ab'* comme l'indique le tracé donné au numéro 699. Cela fait, portons sur chaque circonférence primitive, et à partir du point A, des divisions égales au pas, chaque division étant partagée en deux parties ; l'une correspondant au plein et l'autre au creux, puis avec un gabarit traçons symétriquement par rapport à l'axe de chaque dent les développantes correspondantes de manière à profiler les dents. Ces profils se coupent en c et c'.

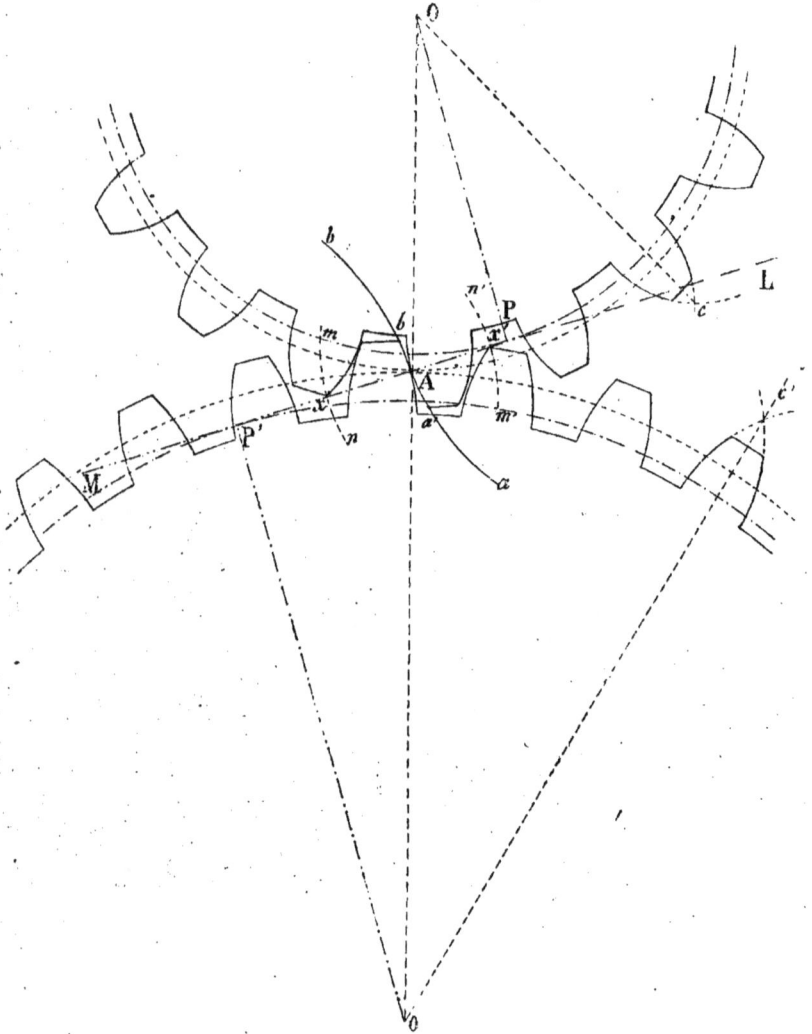

Fig. 4.8

Pour limiter les dents, il suffit de se rappeler que le contact se fait sur la droite LM.

Portons à droite de OO', et sur la circon- férence O'P' une longueur Am' égale à la moitié de l'arc de conduite, et traçons le profil m'n' qui coupe la droite LM en un point x'. La circonférence du rayon O'x échanfrinera toutes les dents de la roue O'. Faisons de même pour la roue O en portant sur la circonférence OP, et vers la gauche un arc A*m* = A*m'*, le profil *mn* des dents de la roue O, coupe la droite LM au point *x*. La circonférence du rayon O*x* limitera les dents du pignon.

Pour limiter intérieurement les dents, on opère comme il a été dit pour les engrenages à flancs.

708. *Engrenage intérieur.* — Dans les engrenages dont nous avons donné les tracés, la rotation des axes s'effectuait en sens contraire; dans ce cas, l'engrenage est dit *extérieur;* mais si la rotation doit s'effectuer dans le même sens, on y parvient, soit en plaçant une roue intermédiaire, soit en employant l'engrenage intérieur.

Par ce dernier moyen, l'une des roues est un simple anneau qui embrasse l'autre roue, c'est-à-dire que les cercles primitifs sont tangents intérieurement.

La théorie générale des engrenages intérieurs est la même que pour les engrenages extérieurs; mais ils sont soumis à des restrictions particulières. Il est impossible, par exemple, de donner des flancs droits aux dents de la grande roue; si l'on construit, en effet, ce flanc et l'épicycloïde correspondant sur la petite roue, dans deux positions symétriques par rapport à la ligne des centres, on reconnaît que ces deux lignes, qui sont tangentes dans l'une de ces positions, deviennent sécantes dans l'autre, et que par conséquent la transmission devient impossible

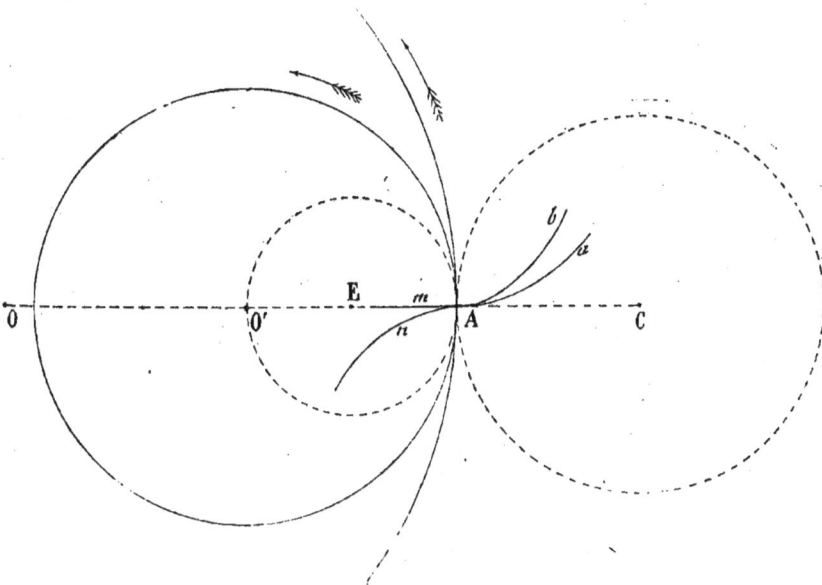

Fig. 429.

au delà de la ligne des centres. On peut donner des flancs à la petite roue seulement, mais la conduite n'est possible que d'un côté de la ligne des centres.

Pour que l'engrenage puisse conduire avant et après la ligne des centres, et être dans les deux sens indifféremment, il faut

remplacer, sur les dents de la grande roue, les flancs droits par des arcs d'épicycloïde concaves que l'on détermine comme il suit :

Soient O et O' les centres des circonférences primitives (*fig.* 429), et A leur point de contact. On décrit sur le rayon O'A de la petite, comme diamètre, une première circonférence auxiliaire E. Si on la fait rouler sur la circonférence O' le point A supposé mobile avec elle, décrit le flanc droit Am, et si on la fait rouler sur la circonférence O, le même point décrit l'épicycloïde An. On trace une seconde circonférence auxiliaire passant par le point A et dont le centre C, d'ailleurs arbitraire, est pris sur le prolongement de OA. Si on la fait rouler sur la circonférence O, le point A décrit l'épicycloïde Aa; et si on la fait rouler sur la circonférence O' le même point décrit l'épicycloïde Ab. On prend pour profil de la dent de la petite roue le contour mAb, et pour profil de la grande roue la ligne nAa.

Si le mouvement a lieu dans le sens des flèches, avant la ligne des centres, l'épicycloïde concave Aa pousse l'épicycloïde convexe Ab, et après la ligne des centres, l'épicycloïde An pousse le flanc Am. Si le mouvement s'effectue dans l'autre sens, avant la ligne des centres, c'est le flanc Am qui pousse l'épicycloïde An, et après la ligne des centres, c'est l'épicycloïde convexe Ab qui pousse l'épicycloïde concave Aa.

Dans le tracé de l'engrenage intérieur, on limite les dents par des cercles concentriques aux roues, comme pour l'engrenage extérieur, en remarquant que la jante de la grande roue est extérieure à sa circonférence primitive.

709. *Remarque I.* — La circonférence AE, qui donne des flancs rectilignes à la petite roue, pourrait être remplacée par une autre circonférence qui donnerait pour flanc un arc d'épicycloïde concave.

710. *Remarque II.* — Le tracé par développantes s'applique à l'engrenage intérieur. Les développantes sont alors embrassantes; c'est-à-dire que l'un des arcs en contact est concave, tandis que l'autre est convexe.

711. *Remarque III.* — Si on emploie, comme nous l'avons dit, une roue intermédiaire pour que les rotations des axes O et O' aient lieu dans le même sens, il est facile de se rendre compte que si les rayons

R et R' des roues O et O'' sont tels que :

$$\frac{R}{R'} = \frac{\omega'}{\omega}$$

toute roue intermédiaire O'' engrenant avec les deux premières ne changera pas le rapport des vitesses de rotation.

Soit, en effet (*fig.* 430), R'' le rayon de la roue intermédiaire et ω'' sa vitesse, on aura :

$$\frac{R}{R''} = \frac{\omega''}{\omega}$$

et

$$\frac{R'}{R''} = \frac{\omega''}{\omega'}$$

d'où en divisant membre à membre on a :

$$\frac{R}{R'} = \frac{\omega'}{\omega}$$

ce qui est la condition imposée. Ainsi, l'interposition de la roue intermédiaire ne change en rien le rapport des vitesses des roues extrêmes, et ne fait que modifier le sens.

En général, lorsqu'on a une série de roues à axes parallèles, dont les circonférences primitives sont tangentes extérieurement, le rapport des vitesses angulaires de deux de ces roues est égal au rapport inverse de leurs rayons, comme si elles engrenaient directement. De plus, la rotation est de même sens ou de sens contraire, suivant que le nombre des roues est impair ou pair.

Crémaillère et roue dentée

712. Dans les engrenages précédents, les tracés indiqués sont indépendants du nombre des dents des roues et de la grandeur des rayons, ils peuvent, par suite, s'appliquer au cas ou l'un d'eux devient infini et le mouvement produit est rectiligne.

Quoique cette transformation du mouvement circulaire continu en rectiligne et réciproquement fasse partie d'un chapitre suivant, nous indiquerons, en quelques mots, les tracés des dents de ce genre particulier d'engrenage.

Il y aurait lieu de distinguer trois cas :
1° Le pignon ou la roue conduit la crémaillère

2° La crémaillère conduit le pignon.
3° Le pignon et la crémaillère se conduisent mutuellement.

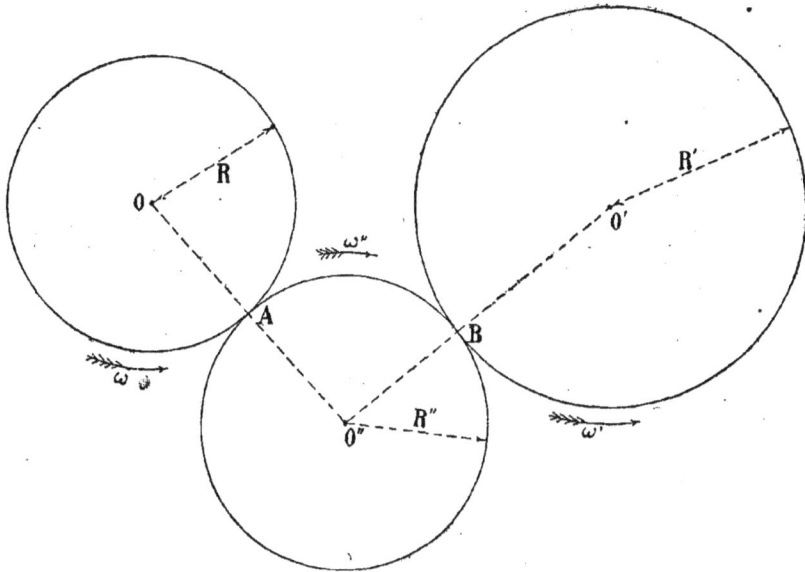

Fig. 430.

Dans le cas ou le pignon doit conduire la crémaillère, on donne des faces au pignon et des flancs à la crémaillère. Si c'est la crémaillère qui doit conduire le pignon on donne à celui-ci des flancs, et à la crémaillère des faces. Enfin si l'engrenage est réciproque, chaque dent du pignon et de la crémaillère doit avoir des faces et des flancs.

Le plus généralement on se sert de tracés correspondant au troisième cas.

713. *Tracé d'une crémaillère à flancs rectilignes.* — Soit O le centre primitif du pignon et XY la ligne primitive de la crémaillère (*fig.* 431). Le rayon OA prend toujours le nom de ligne des centres. Sur OA comme diamètre, traçons un cercle O' qui, en roulant sur la ligne XY engendre la cycloïde Am, profil des faces de la crémaillère ; ce même cercle roulant à l'intérieur de la circonférence O décrit un

diamètre OA, profil des flancs du pignon. Le cercle roulant qui doit engendrer les faces du pignon a un rayon infini ; sa circonférence se confond avec la ligne primitive XY et l'épicycloïde n'est autre chose que la développante de cercle An décrite par le point A de la droite XY, s'enroulant sur la circonférence primitive du pignon.

Le profil des faces du pignon est donc une développante de cercle. Les flancs de la crémaillère s'obtiendront en raccordant avec les courbes des faces des droites perpendiculaires à la ligne primitive.

Pour limiter les dents, on fait comme pour les engrenages extérieurs ; on porte à gauche l'arc de conduite d'avance Ad ; du point d on trace la cycloïde qui coupe le cercle O', où se fait le contact au point g ; le parallèle à XY du point g limite les dents de la crémaillère. Pour celles du pignon, on porte l'arc de retraite Ac, au point c on trace la face des dents qui rencontre XY au point f; le cercle de rayon Of limite les dents du pignon.

714. *Remarque.* — Dans le tracé que nous venons de donner, le contact des faces du pignon avec les flancs de la crémaillère a toujours lieu sur la ligne XY sans jamais descendre plus bas; il en ré-

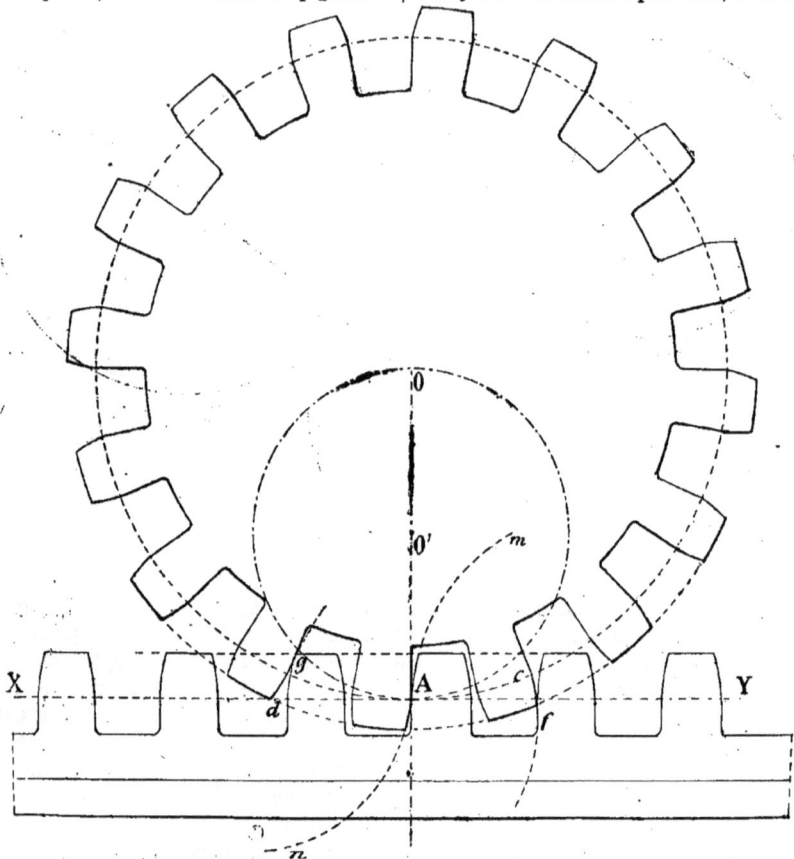

Fig. 431.

sulte que les dents de la crémaillère s'usent promptement aux points b et les profils se déforment; de plus, une crémaillère taillée pour un pignon déterminé ne peut engrener avec un autre pignon de diamètre différent.

On remédie à ces inconvénients en employant des flancs courbes obtenus par des cercles générateurs quelconques. Les faces et les flancs de la crémaillère sont des cycloïdes, et les faces et les flancs du pignon sont des épicycloïdes et des hypo-cycloïdes. On retombe ainsi dans les engrenages épicycloïdaux.

715. *Crémaillères à dents obliques.* — Le système d'engrenages à développantes de cercles fournit un tracé particulier. Soit O le centre du pignon et XY la ligne primitive de la crémaillère (*fig.* 432). Au point A, menons une ligne LM inclinée de

75° environ sur la ligne des centres. La développante A*n* de la circonférence OP donnera le profil des dents du pignon.

Le rayon de la circonférence de la crémaillère étant infini la développante qui donnerait le profil des dents de la cré-

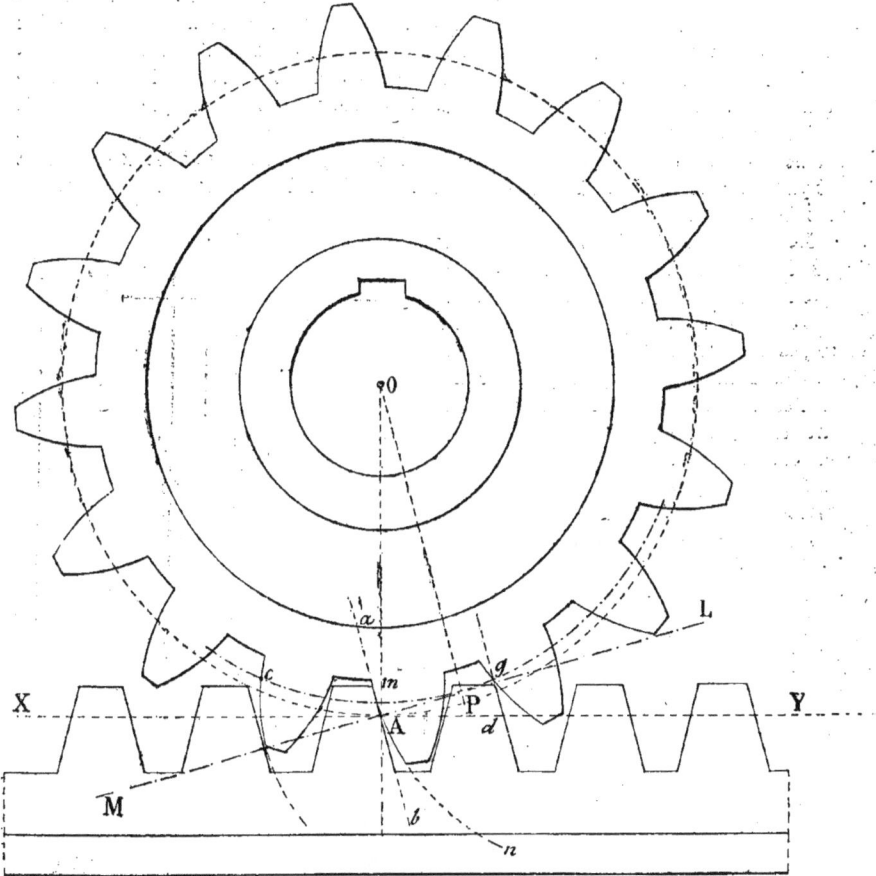

Fig. 432.

maillère, n'est autre chose que la normale *aAb* à la ligne fixe LM.

On obtient ainsi une crémaillère à dents obliques. Les dents sont limitées comme on l'a fait pour les engrenages extérieurs à développantes ; d'ailleurs la figure indique la construction qui détermine les points *f* et *g* d'échanfrinement des dents.

Engrenage sans frottement, de White

716. Les engrenages dont il a été question jusqu'ici sont des engrenages de force ; c'est-à-dire que le contact des dents se faisant suivant une génératrice des cylindres, dont les profils des dents sont des sections droites, l'engrenage peut résister à des efforts considérables, si les dents ont une épaisseur suffisante.

L'engrenage imaginé par Hooke en 1666 et remis en lumière par White en 1808, a pour but de faire engrener une roue avec une autre, de manière que le rapport des vitesses soit constant et que le point de contact de deux dents en prise soit constamment sur la ligne des centres. Cette dernière condition suppose que le glissement des dents l'une sur l'autre est nul, et par suite le frottement de glissement est égal à zéro.

La théorie et l'expérience démontrent que le frottement est d'autant plus faible que les dents s'écartent moins de la ligne des centres. Il y a donc intérêt à diminuer le pas. Mais, afin de ne pas être obligé de diminuer en même temps l'épaisseur des dents, on peut remplacer la roue cylindrique ordinaire par un assemblage de roues analogues très minces, juxtaposées, mais disposées sur leur axe commun de manière que les dents soient en retraite les unes sur les autres comme l'indique la figure 433.

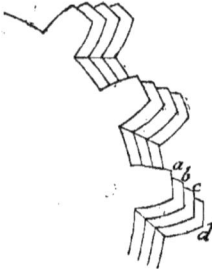

Fig. 433.

Soient a, b, c, d, etc. (fig. 433) les dents ainsi juxtaposées sur la roue conduite ; la roue conductrice étant disposée de la même manière, soient a' b' c' d', etc., les dents de cette roue qui correspondent respectivement aux premières. La dent a' pousse d'abord la dent a, puis c'est b' qui agit sur b, puis c' sur c et ainsi de suite ; de sorte qu'avec un pas très faible on ob-

tient le même résultat, au point de vue de la transmission, que si le pas était n fois plus grand, n représentant le nombre des roues partielles juxtaposées.

Le frottement se trouve ainsi extrêmement réduit par cette disposition que l'on désigne sous le nom d'engrenage en *rangs échelonnés*. Si l'on dispose ainsi un nombre infiniment grand de disques juxtaposés infiniment minces, les dents ne se touchent plus que par un point et le frottement est réduit à un frottement de roulement.

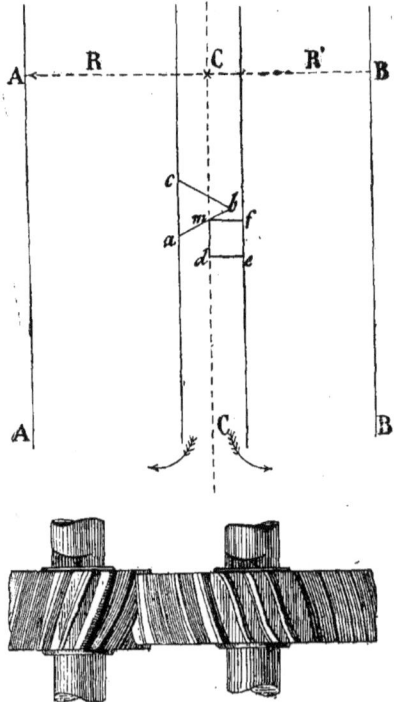

Fig. 434.

Mais alors, chaque file de dents forme un filet continu, terminé de chaque côté par une surface héliçoïdale et le filet de la roue conductrice pousse le filet de la roue conduite en ne le touchant que par un point.

L'engrenage de White est fondé sur ces

principes et est contruit de la manière suivante :

Soient AA et BB (*fig.* 434) les deux axes de rotation; soient ω et ω' les vitesses angulaires des roues autour de ces axes. Menons une droite CC parallèle à ces axes et qui divise leur intervalle en deux parties inversement proportionnelles aux vitesses angulaires de manière qu'on ait

$$AC = R,$$
$$BC = R',$$

tel que $\quad \dfrac{R}{R'} = \dfrac{\omega'}{\omega}$

Soit m un point de la droite CC. Par cette droite concevons un plan tangent aux deux cylindres primitifs qui ont AA et BB pour axes et R et R' pour rayons. Dans ce plan tangent, menons par le point m une droite quelconque que nous désignerons par D. Si l'on enroule le plan tangent sur le cylindre AA, la droite D s'y enroulera suivant une hélice dont le pas sera h. Si l'on enroule de même le plan tangent sur le cylindre BB, la droite D s'y enroulera suivant une autre hélice de pas h'. Comme les éléments de la droite D conserveront après l'enroulement leur inclinaison par rapport aux génératrices, les deux hélices auront même inclinaison et l'on aura

$$\frac{h}{h'} = \frac{2\,\pi\,R}{2\,\pi\,R'} = \frac{R}{R'}$$

Cela posé, imaginons, dans le plan des droites AA et CC, un triangle abc, dont un côté ab passe par le point m, et concevons qu'il tourne sur un noyau cylindrique ayant AA pour axe et en restant toujours dans un plan méridien, de manière que le point m suive la première hélice. Concevons ensuite dans le plan des droites BB et CC un triangle ou un rectangle $mdef$ ayant le point m pour sommet, et imaginons qu'il tourne en sens contraire en s'appuyant sur un noyau cylindrique ayant BB pour axe, et en restant toujours dans un plan méridien, de manière que le point m suive la seconde hélice. On aura engendré ainsi d'une part un filet de vis triangulaire, de l'autre un filet de vis triangulaire

ou carré dont l'arête passant en m touchera la surface héliçoïdale du premier filet au seul point m. Si maintenant on fait tourner l'axe BB dans le sens de la flèche, le filet carré poussera le filet triangulaire en ne le touchant qu'en un seul point situé sur la droite CC; car dans ce mouvement les éléments des deux hélices viennent coïncider successivent dans le plan tangent. Le point commun est situé sur la droite CC comme aux deux cylindres primitifs, mais il se transporte le long de cette droite d'un mouvement uniforme; et, quand le cylindre BB a fait un tour, ce point s'est élevé de h'; il s'est élevé de h quand le cylindre AA a fait un tour.

On ne donne aux cylindres qu'une faible hauteur dans le sens de leur axe; mais au lieu d'un filet sur chacun d'eux, on en emploie plusieurs et on les rapproche assez les uns des autres, pour que lorsque le contact va cesser sur l'un d'eux, il commence sur le suivant.

Fig. 435.

Comme l'effort transmis par ce contact a une composante parallèle à l'axe qui pourrait fatiguer les épaulements ou les pivots, on juxtapose deux engrenages pareils dans lesquels les hélices sont en sens contraire et l'on obtient la disposition indiquée dans la figure 435. L'arête suivant laquelle le contact s'opère se change par l'usure en une petite bande héliçoïdale, et le contact, au lieu de se faire par un seul point, se fait par un petit élément de surface, mais le frottement n'en est pas moins négligeable et l'appareil conserve ses propriétés essentielles comme engrenage de précision.

L'engrenage de White a bien une infinité de dents ; si l'on coupe les deux cylindres par une série de plans normaux à leurs axes, les coupes présentant chacune pour ainsi dire un engrenage ordinaire, au lieu d'être empilées de manière à se recouvrir mutuellement, ces coupes sont placées en retraite graduelle l'une par rapport à l'autre, de sorte qu'une seule coupe forme à un instant donné, l'engrenage où la prise des dents à lieu.

A cause du contact des deux roues qui a lieu en un point unique montre que l'engrenage de White ne peut être employé que dans les constructions délicates.

Tracé pratique des dents

717. Lorque le pas d'un engrenage n'est pas très grand, comme cela arrive dans l'industrie, les arcs de courbe qui forment le profil des dents ont toujours un faible développement; aussi on peut leur substituer un ou deux arcs de cercle se confondant sensiblement avec les arcs d'épicycloïde ou de développante. Un moyen assez grossier consiste à tracer une dent en plaçant le centre du compas à l'origine de la dent suivante ; ce procédé doit être rejeté, surtout pour les engrenages de précision.

La théorie des engrenages donne une méthode pour le tracé des dents au moyen d'un seul arc de cercle. Soient O et O' les centres des circonférences primitives (*fig.* 436). Menons par le point de contact A une droite LM faisant un angle d'environ 75° avec la ligne OO'. Sur cette droite, prenons un point quelconque D pour centre d'un cercle de rayon DA. L'enveloppe de ce cercle aura un centre de courbure pour le point de contact A qu'il est facile de déterminer. Ce centre sera sur la ligne LM, qui est la normale passant au point A, comme à l'enveloppe et à l'enveloppée ; si alors on élève la perpendiculaire AH sur LM, cette ligne rencontrera O'D en un point H. Traçons OH qui rencontre LM en un point C cherché. Par suite, si nous abaissons O'a perpendiculaire

à LM et que nous prenions le point *a* pour centre des dents d'une des roues, le centre de courbure de l'enveloppe sera le point *b* obtenu en menant O*b* parallèle à O*a* puisque le point H est alors à l'i fini.

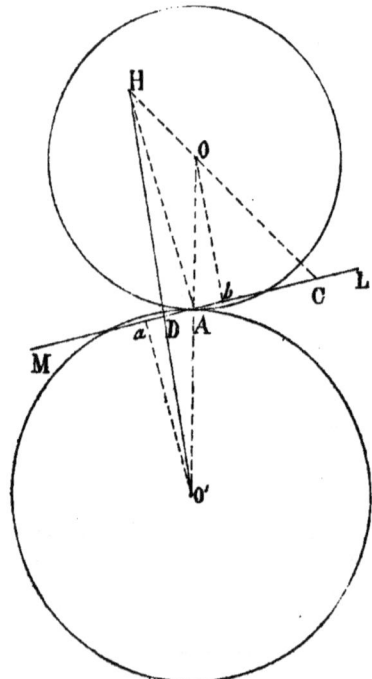

Fig. 4.6.

Le tracé des dents s'effectue alors rapidement; on décrit du centre d'une circonférence de rayon O'*a*, qui est le lieu des centres de courbure des dents de la roue O', puis avec une ouverture de rayon égale à *a*A on trace tous les profils de ces dents. De même, la circonférence de rayon O*b* est le lieu des centres des arcs des profils, des dents du pignon O.

Ce tracé donne aux dents un profil qui se rapproche beaucoup de celui donné par les développantes de cercle et par suite présentant les mêmes avantages et les mêmes inconvénients que ceux-ci.

Le rapport des vitesses $\frac{\omega}{\omega'}$ est rigoureusement constant que pour la position des dents au point de contact A de la lignes des centres.

On obtient un tracé présentant un degré d'exactitude plus grand et qui satisfait dans la pratique en remplaçant le profil

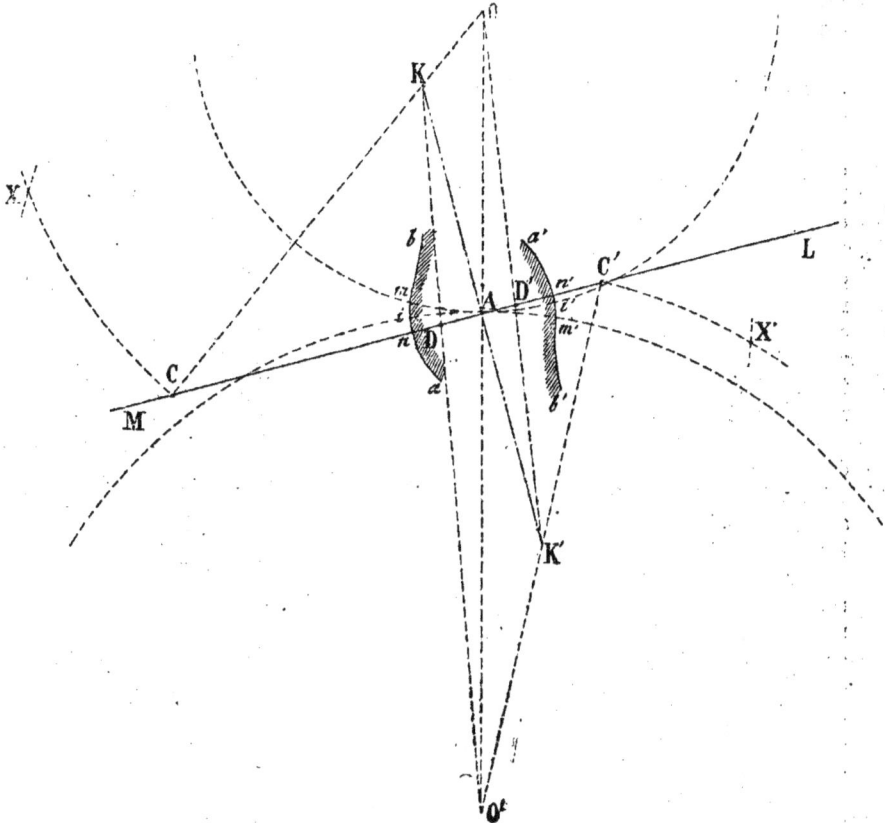

Fig. 437.

des dents par deux arcs de cercle dont l'un forme la face et l'autre le flanc. Le procédé le plus en usage dans les ateliers anglais est celui indiqué par Euler et introduit en Angleterre par Robert Willis.

718. *Méthode Willis.* — Soient O et O' les centres des circonférences primitives des roues (*fig.* 437). Par le point A de contact, on mène une droite LM faisant avec OO' un angle de 75°.

Sur cette droite, on élève une perpendiculaire KK' telle que AK = AK'; ces distances, quoique arbitraires, doivent tou-

jours être plus petites que le plus petit des rayons des ciconférences primitives.

Joignons OK et O'K qui rencontrent LM aux points C et D; joignons de même OK' et O'K', qui coupent la même droite en D' et C'. Les points C et D seront les centres de courbure de deux courbes ayant pour normale commune LM et pouvant se conduire avec des vitesses angulaires ayant entre elles, le rapport $\frac{\omega}{\omega'}$.

Si, à ces courbes, on substitue deux arcs de cercles ayant respectivement pour centres C et D, la condition $\frac{\omega}{\omega'}$ ne sera remplie exactement que lorsque ces arcs se toucheront sur LM, mais elle le sera approximativement pour les autres points si les arcs sont petits. Ce que nous disons pour les points C et D s'applique identiquement aux points C' et D'.

Dans ce système, le profil de chaque dent se composera de deux arcs de cercles, l'un convexe remplaçant l'épicycloïde des engrenages, l'autre concave remplaçant le flanc rectiligne. Le point D étant le centre de l'arc convexe d'une dent de la roue O, le point C sera le centre de l'arc concave correspondant d'une dent de la roue O'. De même le point D' sera le centre de l'arc convexe d'une dent de la roue O', et le point C' sera le centre de l'arc concave correspondant d'une dent de la roue O.

La valeur absolue de ces rayons est arbitraire, mais on peut les déterminer de la manière suivante. A partir du point A on porte sur les deux circonférences primitives, les longueurs Am, Am' égales à un demi-pas. Du point D', comme centre, on décrit l'axe ma, qui est l'arc convexe d'une dent de la roue O ; et du point D l'arc $m'a'$, qui est l'arc convexe d'une dent de la roue O'. Pour avoir l'arc concave de la dent de la roue O, il faudrait, d'après ce qui a été dit plus haut, décrire de C comme centre un arc passant par le point n' où la courbe $m'a'$ rencontre la droite LM. Willis le fait passer pour plus de simplicité par le point i', ce qui n'altère pas sensiblement l'arc de cercle. Il faut de plus le faire tourner autour du centre O pour l'amener à passer par le point m. Pour cela, du point O comme centre, on trace un arc indéfini CX, et du point m, avec Ci' pour rayon on décrit un second arc qui coupe CX en un point X ; de ce point X on décrit enfin l'arc mb qui est l'arc concave de la dent de la roue O. De même on décrit de O' comme centre l'arc indéfini C'X', et de m' comme centre avec Ci'

pour rayon, un second arc qui coupe le premier en un point X' ; puis de ce point X' on décrit enfin l'arc m' b' qui est l'arc concave d'une dent de la roue O. Toutes les dents de l'engrenage seront dès lors faciles à tracer en décrivant les lieux des centres des arcs qui donnent les profils.

719. *Remarque I.* — Dans le tracé Willis, le profil des dents de l'une des roues est indépendante de l'autre, car les dents de la roue O ne changeraient pas de forme si elle engrenait avec une autre roue O″ à la condition que AK = AK′ reste constant et que la droite LM fasse avec la ligne des centres le même angle.

720. *Remarque II.* — La perpendiculaire AK = AK′ ne peut pas être quelconque, puisque, à mesure que le rayon de la petite circonférence diminue, la droite OK tend à devenir parallèle à la ligne LM, et le point C tend à aller à l'infini. Si OK est parallèle à LM, le centre C est à l'infini et le flanc du pignon devient une droite.

Lorsqu'on a une série d'engrenages on prend pour longueur maximum de AK celle qui combinée avec le plus petit rayon des roues rend la droite OK parallèle à LM. Sans cette précaution la droite OK viendrait couper la ligne LM du côté L et les flancs auraient une forme inadmissible.

721. *Odontographe de Willis.* — Pour abréger les opérations du tracé précédent, Willis a imaginé une sorte de rapporteur en corne ou en carton appelé *odontographe*. Cette espèce de rapporteur (*fig.* 438) a un côté pq portant des divisions en millimètres dans les deux sens, à partir d'un point zéro, 0 ; un autre côté ed, passant par le zéro de la graduation, fait avec pq un angle de 75°. Sur l'instrument sont inscrites deux tables, donnant l'une le rayon convexe des faces et l'autre le rayon concave des flancs, suivant le pas et le nombre des dents des roues.

(Les tableaux qui suivent contiennent ces rayons.) Soit m le point de la circonférence primitive d'une roue B où l'on veut tracer le profil de la dent. On prend d'abord la distance A*m* et *mm*′ égales à un demi-pas, et on joint AB, *m*′B ; puis on place l'odontographe de manière que le côté *ed* coïncide avec AB. La table des rayons des faces donne une certaine longueur que l'on porte de A en D′ sur la partie A*p* de la règle divisée ; et du point D′ on décrit comme centre avec D′*m* pour rayon l'arc *ma*, qui est l'arc de la face de la dent.

On transporte l'instrument de manière que le zéro ou le point A coïncide avec le

règle divisée ; et du point C comme centre avec C*m* pour rayon on décrit l'arc *mb* qui est le flanc de la dent. On opère de même pour toutes les autres dents de chaque roue.

722. *Remarque.* — Les arcs *am* et *mb* ne se raccordent pas tangentiellement au point *m*, ce qui est un inconvénient, bien que l'erreur soit très faible. Une autre erreur résulte, comme on l'a vu plus haut, de ce qu'on remplace les points *n* et *n*′ par les points *i* et *i*′, qui ne sont pas sur la normale LM passant par le point A.

Ce tracé, quoique arbitraire et inexact est le plus expéditif et suffisant dans la pratique. Il tend à se généraliser de plus en plus en France.

723. *Glissement dans les engrenages.* — Il est facile de se rendre compte, d'après la figure 426, que lorsque les dents se conduisent, leurs profils glissent les uns sur les autres et donnent lieu à un glissement qui augmente la résistance au mouvement de transmission des roues dentées. Si le **pignon** conduit la roue, la prise des dents se fait au point *e*, et lorsque les dents passent à la ligne des centres, ce point de contact est en *A* sur les circonférences primitives. Donc pendant cette conduite, en avant de la ligne des centres, le contact sur le flanc rectiligne de la roue a lieu sur la portion *d e* de ce flanc ; tandis que pour le pignon ce contact a lieu sur toute la longueur de la face. La différence entre la longueur de la face des dents de la roue du pignon et la portion rectiligne *d e* représente la quantité dont les dents ont glissé l'une sur l'autre.

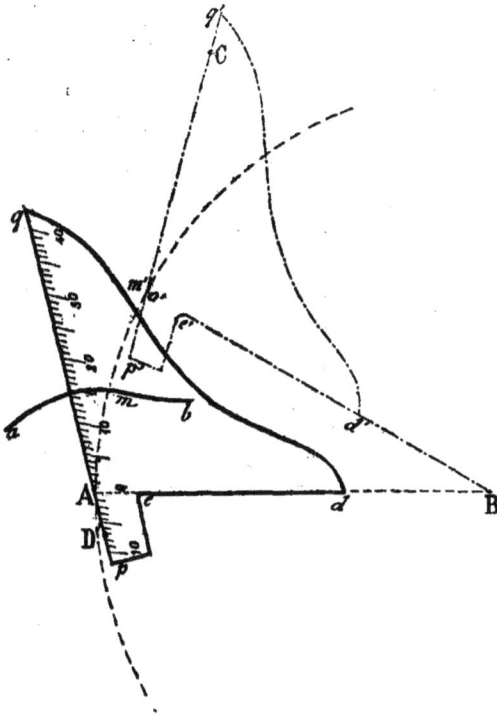

Fig. 438.

point *m*′ et que le côté *e*′ *d*′ soit dirigé suivant le rayon *m*′B. La table des rayons des flancs donne une longueur que l'on porte de *m*′ en C sur la partie 0′ *q*′ de la

D'après la théorie sur le frottement des engrenages, on diminue ce glissement et par suite la perte de travail, en augmentant le nombre des dents et en les faisant le plus courtes possibles. On reconnaît aussi que le frottement des dents d'engrenages dépend essentiellement des courbes adoptées pour les profils. Ainsi, le maximum de perte par le frottement correspond aux flancs droits, et le minimum aux profils cycloïdaux. L'usure des dents ne dépend pas seulement de la valeur du frottement, mais encore des variations de la pression mutuelle des dents aux différents points et du rapport des longueurs des parties frottantes des profils des dents des deux roues. Lorsque la pression est constante, il ne s'ensuit pas que l'usure soit égale en tous les points, aussi c'est une grave erreur de supposer, comme on le fait souvent, que les dentures à développantes donnent une usure qui ne modifie pas le profil des dents. On peut d'ailleurs vérifier, par la pratique, l'exactitude de cette remarque, le pignon d'un engrenage à développantes présente des creux d'une assez grande profondeur dans la partie située en dedans du cercle primitif. Au point de vue de l'usure, le plus avantageux est celui des profils cycloïdaux.

724. *Tableau pour les centres des faces.*

NOMBRE DE DENTS	PAS EN CENTIMÈTRES									
	1	1,5	2	2,5	3	4	5	6	7	8
12	2,5	3,5	5	6	7	10	12	15	17	20
15	2,5	4	5,5	7	7	11	14	17	19	22
20	3	4,5	6	7,5	8	12	15	18	22	25
30	3,5	5	7	9	10,5	14	18	21	25	28
40	4	5,5	7,5	9,5	11	15	19	23	27	30
60	4	6	8	10	12	16	21	25	29	33
80	4,5	6,5	8,5	11	13	17	22	26	30	34
100	4,5	6,5	9	11	13,5	18	22	27	31	35
150	4,5	7	9,5	11,5	14	18	23	28	32	37
Crémaillère	5	7,5	10	12	15	20	25	30	35	40

725. *Tableau pour les centres des flancs (en millimètres)*

NOMBRE DES DENTS	PAS EN CENTIMÈTRES									
	1	1,5	2	2,5	3	4	5	6	7	8
13	64	96	129	161	193	257	321	386	450	514
14	35	52	69	87	104	138	173	208	242	277
15	25	38	49	62	74	99	124	148	173	199
16	20	30	40	50	59	79	99	119	138	158
17	17	25	34	42	50	67	84	101	118	134
18	15	22	30	37	45	59	74	89	104	119
20	12	19	25	31	37	49	62	74	87	99
22	11	16	22	27	33	44	54	65	76	87
24	10	15	20	25	30	40	49	59	69	79
26	9	14	18	23	28	37	46	55	64	73
30	8	12	17	21	25	33	41	49	58	66
40	7	11	14	18	21	28	35	42	49	57
60	6	9	12	15	19	25	31	37	43	49
80	6	9	12	15	17	23	29	35	41	47
100	6	8	11	14	17	23	28	34	39	45
150	5	8	11	13	16	22	27	32	38	43
Crémaillère	5	7	10	12	15	20	25	30	35	40

§ III. — AXES QUI SE RENCONTRENT

Cônes de friction.

726. Considérons deux axes, AB, AC se rencontrant au point A et devant se mouvoir avec des vitesses angulaires ω' et ω telles que leur rapport $\frac{\omega}{\omega'}$ soit constant (*fig.* 439).

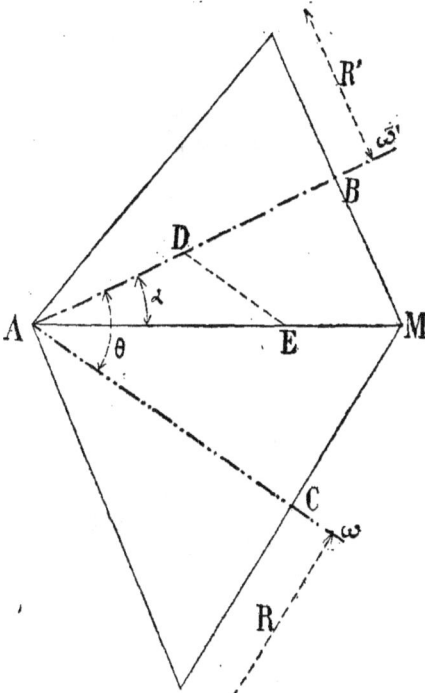

Fig. 439.

Sur l'un des axes, AB, par exemple, menons une parallèle DE à l'autre axe AC de manière que $\frac{DE}{AD} = \frac{\omega}{\omega'}$ et menons la ligne AEM, puis par un point quelconque M de cette ligne, abaissons sur les axes les perpendiculaires MB et MC. Les deux triangles rectangles ABM, ACM engendreront en tournant autour des axes AB et AC deux cônes droits, qui se conduiront par l'adhérence de leurs surfaces latérales d'une manière identique à la conduite des rouleaux cylindriques dans le cas de deux axes parallèles. Si l'adhérence est suffisante pour que ces deux cônes ne glissent pas l'un sur l'autre, ils rouleront l'un sur l'autre avec des vitesses angulaires dont le rapport constant sera égal au rapport inverse des rayons R et R' des bases de chacun des cônes.

En effet, le triangle ADE donne

$$\frac{DE}{AD} = \frac{\sin DAE}{\sin AED} = \frac{\sin DAE}{\sin MAC}.$$

Mais les triangles rectangles ABM, ACM donnent

$$\frac{\sin DAE}{\sin MAC} = \frac{BM}{MC} = \frac{R'}{R}$$

d'où, à cause du rapport commun

$$\frac{DE}{AD} = \frac{R'}{R}.$$

Comme nous avons pris $\frac{DE}{AD} + \frac{\omega}{\omega'}$,

il s'ensuit bien que

$$\frac{\omega}{\omega'} = \frac{R'}{R}.$$

Cette relation montre que les deux cônes se conduisent avec un rapport de vitesses constant et égal au rapport inverse des rayons des bases des cônes.

Connaissant alors le rapport $\frac{\omega}{\omega'}$ des axes de rotation, il est facile de déterminer la génératrice commune AM des cônes, il suffira, comme nous l'avons indiqué plus haut, de mener une parallèle DE à l'axe AC, de manière que

$$\frac{DE}{AD} = \frac{\omega}{\omega'},$$

la ligne AE sera la génératrice de contact. On peut d'ailleurs calculer facilement la valeur des angles au sommet de chaque cône.

Soit θ l'angle BAC des deux axes, et α l'angle au sommet du cône ayant pour axe AB, les rapports précédents donnent

$$\frac{\sin \alpha}{\sin (\theta - \alpha)} = \frac{\omega}{\omega'}.$$

Or, $\sin (\theta - \alpha) = \sin \theta \cos \alpha - \sin \alpha \cos \theta$, d'où

$$\frac{\sin \alpha}{\sin \theta \cos \alpha - \sin \alpha \cos \theta} = \frac{\pi}{\omega'}.$$

En divisant les deux termes du premier rapport par α il vient

$$\frac{\tan g \, \alpha}{\sin \theta - \cos \theta \tan g \, \alpha} = \frac{\omega}{\omega'}.$$

d'où $\quad \tan g \, \alpha = \dfrac{\sin \theta}{\dfrac{\omega}{\omega} + \cos \theta}.$

Connaissant la tangente trigonométrique de l'angle α, on trouvera, dans les tables de logarithmes, l'angle correspondant.

Dans le cas où les axes AB et AC sont rectangulaires, l'angle $\theta = 90$ et

$$\tan g \, \alpha = \frac{1}{\dfrac{\omega}{\omega'}}$$

$$\tan g \, \alpha = \frac{\omega'}{\omega}.$$

La transmission entre ces deux axes qui se rencontre peut se faire, comme on vient de le voir, au moyen de deux cônes de friction pour des machines légères transmettant un faible effort.

727. Au lieu de prendre des cônes entiers, ce qui serait impossible à cause de la dimension des axes qui se rencontreraient vers les sommets, on peut se contenter d'employer deux couronnes limitées à deux plans perpendiculaires aux axes, et en contact sur une certaine étendue, telles que *ab* et *bc* (*fig.* 440). De plus, pour que les angles extérieurs des cônes ne soient pas trop aigus, au lieu de limiter les parties de ces surfaces qui sont en con-

tact par des plans perpendiculaires à leurs axes, on les termine à deux autres cônes dont les arêtes sont perpendiculaires à

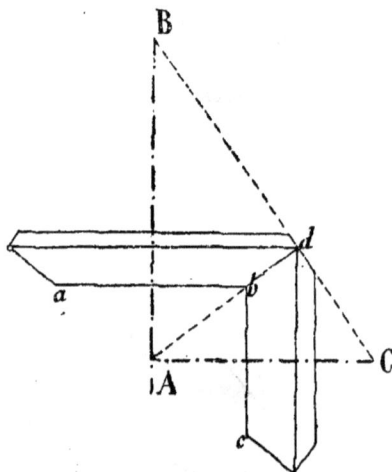

Fig. 440.

celles des premiers. Au point *d*, extrémité de de la génératrice de contact, on élève une perpendiculaire à cette génératrice, cette ligne rencontre les axes en B et C; ces points B et C sont les sommets de ces deux cônes qu'on nomme les *surfaces ou cônes de tête.*

728. Pour de faibles résistances, on pourrait aussi employer un engrenage conique construit d'après les principes de l'engrenage de White. Pour cela, on tracerait dans le plan tangent commun aux deux cônes une ligne quelconque. Si on enroule sur chaque cône le plan tangent, les lignes ainsi tracées sur les cônes, rouleront l'une sur l'autre dans le mouvement. Il convient de prendre pour la ligne située dans le plan tangent la ligne droite qui en s'enroulant autour de chaque cône forme une spirale hélicoïde dont la projection sur un plan perpendiculaire à l'axe du cône est une spirale d'Archimède. Afin que ces courbes puissent se conduire, il faut qu'elles fassent saillie sur les surfaces latérales des cônes; pour cela on fait glisser le long de chaque courbe une ligne droite constamment normale au cône qui engendre une surface analogue à celle de la vis cylindrique à filet carré.

Ces surfaces étant ainsi obtenues sur chaque cône, ceux-ci se conduiront par contact immédiat en se touchant suivant des points répartis sur les lignes de contact déterminées comme nous venons de le dire. Si l'on veut avoir plusieurs points de contacts, il suffira de multiplier sur chaque cône les saillies dont nous venons de parler.

729. *Roulette conduite par un plateau ou par un cône.*

Lorsque les axes sont rectangulaires on peut se dispenser d'employer les deux cônes de friction, en faisant usage de la disposition indiquée par la figure 441. L'un

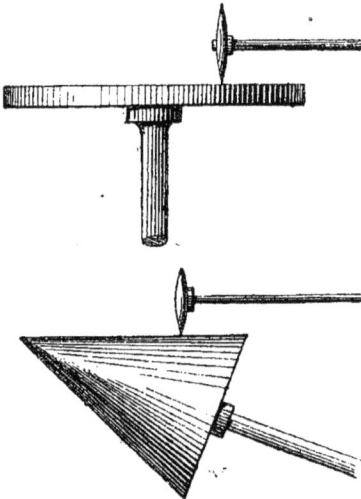

Fig. 441.

des axes porte une roue plate sur laquelle repose la jante d'une roulette montée sur l'autre axe. Cette roulette a une faible épaisseur ; quelquefois sa jante est taillée en biseau, afin qu'elle n'ait qu'un seul point de contact avec le plateau.

Le mouvement de rotation du plateau entraînera par roulement la roulette si elle est convenablement appuyée. La vitesse de la roulette dépendra de sa distance à l'axe du plateau ; elle sera nulle si le contact a lieu au centre du plateau, et maximum si le contact a lieu au bord de la jante de celui-ci ; les deux vitesses seront entre elles comme la distance de la roulette au centre du plateau est au rayon de la roulette.

Cette disposition très intéressante permet d'obtenir des variations continues du rapport des vitesses par le déplacement de la roulette.

Le plateau peut être remplacé par un cône comme l'indique la figure,

Engrenages coniques. — Epicycloïde sphérique

730. Lorsque deux cônes droits à base circulaire ont même sommet et sont tangents l'un à l'autre suivant une génératrice, si l'un des cônes roule sur l'autre supposé fixe, un point quelconque de la circonférence de la base sur le cône mobile décrit une courbe que l'on nomme *épicycloïde sphérique*. Comme dans ce roulement du cône mobile, sa base roule sur celle du cône fixe, on peut dire que l'épicycloïde est la courbe engendrée par un point d'une circonférence qui se meut en roulant sur une circonférence fixe, de manière que leurs plans se coupent sous un angle constant. L'épicycloïde ordinaire s'obtient lorsque cet angle des deux plans est nul, et la courbe dans le cas général se nomme épicycloïde sphérique parce qu'elle est tout entière tracée sur une sphère ayant pour centre le sommet commun des deux cônes et pour rayon la longueur de la génératrice commune. Il est facile de construire cette courbe et de mener la tangente (*fig.* 442).

Si nous prenons l'arc Am égal à l'arc Am' le point m' sera un point de l'épicycloïde sphérique qui aurait son origine au point m.

Le plan normal à la courbe n'est autre
chose que le plan SAm' qui passe par le
point de la courbe et par l'axe instantané
de rotation SA ; car si l'on remplace les
cônes par deux pyramides régulières, on
voit qu'à chaque instant tous les points
de la pyramide mobile décrivent de petits
arcs de cercle autour de l'arête de contact
comme axe.

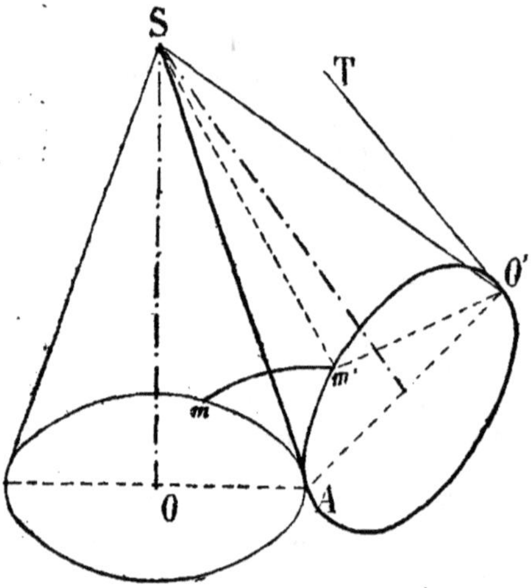

donc la tangente en cherchant l'intersection de ce dernier plan avec m'O'T.
Toutes ces constructions peuvent s'effectuer au moyen des procédés donnés par
la géométrie descriptive.

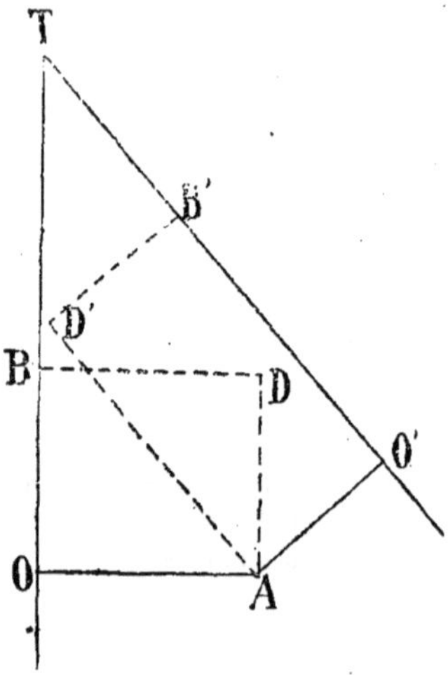

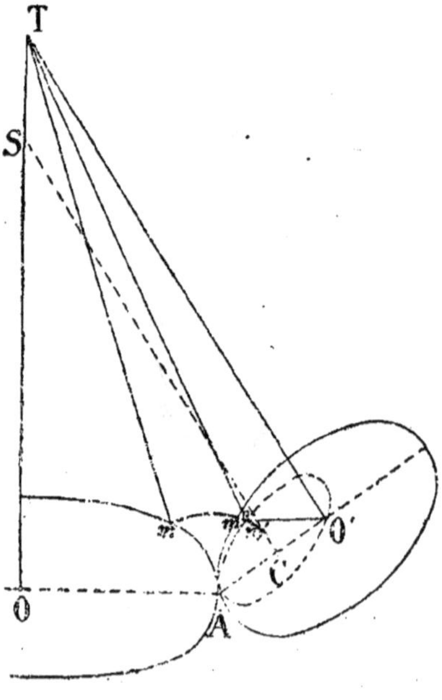

Fig. 442.

Si l'on mène par le point m' un plan
quelconque perpendiculaire au plan
normal, ce plan contiendra la tangente ;
or, si l'on mène la ligne m'O et qu'au
point O' on élève la parallèle O'T à l'axe
du cône mobile, le plan m'O'T sera perpendiculaire au plan Am'O', et comme Am'
est perpendiculaire à l'intersection m'O'
des deux plans, il en résulte que Am' est
perpendiculaire au plan m'O'T ; donc le
plan Sm'A qui passe par la ligne Am' est
aussi perpendiculaire à m'O'T. Ainsi ce
dernier plan contient la tangente à la
courbe. Si l'on voulait mener la tangente,
on remarquerait que la courbe étant sur
la sphère dont S est le centre, le plan
mené par le point m' perpendiculairement
au rayon Sm' sera tangent à la sphère
et par conséquent à la courbe. On aurait

Fig. 443.

Soient maintenant deux axes TO et
TO' (fig. 443) dont le premier doit com-

muniquer le mouvement au second. Les diamètres des roues sont arbitraires parce que la distance entre les axes n'est pas une quantité constante, mais si l'on se donne un certain rayon R, l'autre se détermine par la proportion.

$$\frac{R}{R'} = \frac{\omega'}{\omega}$$

et si l'on place ces deux cercles sur les deux axes de manière qu'ils soient tangents l'un à l'autre, on voit que dans le mouvement il devra passer au point de contact des arcs égaux des deux circonférences. Pour amener ces deux cercles a être tangents l'un à l'autre tout en ayant leurs centres sur les axes TO et TO', il suffit de prendre deux points quelconques B et B', d'élever BD = R perpendiculaire a TO et B'D' = R'perpendiculaire à TO', menant ensuite DA parallèle à TO, D'A parallèle à TO' le point A sera le point de contact cherché On armera la roue menée de flancs dont les plans passeront par l'axe ; il s'agit de reconnaître quel profil il faudra donner aux dents. Soit O'm'T la position du flanc, décrivant sur O'A une demi-circonférence, nous aurons comme il a été dit pour les engrenages plans, l'arc Am' = l'arc Am'', si nous prenons Am = Am'', le point m et le point m'' ont passé ensemble au point A, et comme nous avons en même temps Am' = Am'' = Am, il est clair qu'une épicycloïde sphérique qui aurait son origine en m viendrait passer par le point m'.

Considérons maintenant un cône dont le sommet serait en T et qui aurait pour base l'épicycloïde sphérique engendrée par le mouvement de la circonférence AC, le plan Tm'O' sera tangent à ce cône suivant la génératrice Tm, car ce plan passera par cette génératrice. et sera d'après ce que nous avons dit tangent à la base du cône. Ainsi, en prenant pour les dents de la roue menante une surface conique dont le sommet soit à l'intersection des deux axes et qui ait pour directrice l'épi-

cycloïde sphérique engendrée par le roulement sur la circonférence menante d'un cercle ayant pour diamètre le rayon de la roue menée, ces dents jouiront de la propriété de pousser les flanc en leur imprimant une vitesse uniforme et en satisfaisant à la condition qu'il passe au point A des arcs égaux des circonférences primitives.

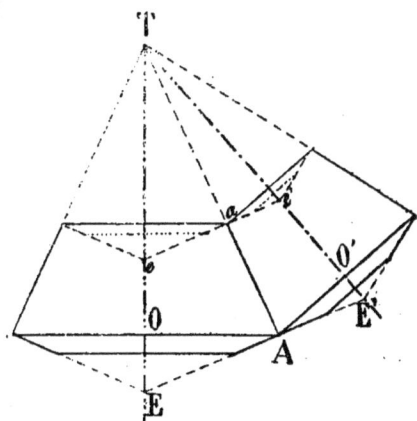

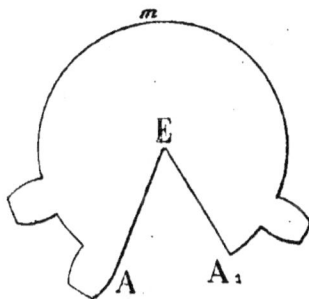

731. Dans la pratique, les dents sont limitées dans le sens de leur longueur à deux surfaces coniques que l'on nomme les *surfaces de tête* ou les *cônes de revêtement*. On obtient les surfaces de tête extérieures en élevant au point A (*fig.* 444)

Fig. 444.

une perpendiculaire sur AT ; cette perpendiculaire vient rencontrer les axes en E et ces points sont pris pour les sommets de deux cônes des surfaces de revêtement extérieur.

On prend ensuite la ligne Aa égale à la longueur de la dent, et on a les surfaces de *tête intérieure* en répétant au point a les mêmes constructions qu'au point A.

On cherche par une épure l'intersection du cône épicycloïdal des dents avec les deux surfaces de tête. Pour cela, on mène différents plans par les sommets de ces cônes, chacun de ces plans coupe les cônes suivant deux génératrices et l'intersection de ces deux génératrices est un des points cherchés. On développe ensuite le cône de revêtement, on cherche ce que devient sur ce développement l'intervention du cône épicycloïdal. Ensuite, ayant déterminé le nombre de dents que l'on veut donner à la roue, on partage la portion AmA, du cercle EA qui représente la circonférence OA développée en parties égales au pas et l'on trace le profil développé des dents. Un gabarit découpé suivant ce profil et reporté sur un cône en relief égal au cône de revêtement permettra de tracer sur ce cône le profil des dents. Ce gabarit ayant été construit pour le cône extérieur, il suffira de le réduire dans le rapport $\dfrac{TA}{Ta}$ pour avoir celui qu'il faudra appliquer sur le cône intérieur.

Ayant donc construit en relief un modèle qui présente les deux surfaces de tête on vient reporter les deux profils en les repérant convenablement, et il ne reste plus pour exécuter la surface des dents qu'à exécuter une surface réglée dont les génératrices seront des lignes droites joignant les points homologues des profils repérés.

Tracé pratique des engrenages coniques.

732. Les tracés des engrenages plans peuvent s'appliquer aux engrenages coniques par des méthodes analogues ; mais au lieu de faire le tracé sur un plan on devra l'exécuter sur une sphère ayant pour centre le point de rencontre des axes. Cette sphère coupera les cônes primitifs suivant deux cercles, qui jouent le rôle des circonférences primitives de l'engrenage droit ; les flancs sont remplacés par des arcs de grands cercles, les épicycloïdes planes par des épicycloïdes sphériques, les développantes de cercles par des développantes sphériques, etc. Le tracé que nous avons indiqué plus haut donne la marche des constructions à faire. Ces procédés théoriques sont développés dans le *Traité des machines* de Hachette et dans les applications de la géométrie descriptive de Th. Olivier. Dans la pratique, on ne fait pas usage de ces procédés trop compliqués ; on substitue partout la méthode approximative due à Tredgold, fondée sur ce que les dents étant toujours trop petites, le contact s'éloigne toujours très peu des cônes primitifs et du plan des axes.

Soient ABCD, ABKH (*fig.* 445) les troncs de cônes primitifs qui se conduiraient par contact dans le rapport des vitesses donné ; par le point A, dans le plan des deux axes TO et TO' menons la droite EE' perpendiculaire à la génératrice commune TBA et considérons les points E, E' comme les sommets de deux cônes qui auraient pour axes respectifs TE, TE' et la droite TA pour génératrice commune. Dans le mouvement de rotation autour des axes TE, TE' toutes les génératrices du cône E viendront tour à tour se placer suivant EA, tandis que les génératrices du cône E' viendront se placer tour à tour suivant E'A. Et le passage de ces différentes génératrices suivant EE' se fera de la même manière que si les surfaces des cônes EE' étant développées sur le plan mené suivant EE perpendiculairement au plan ETE' les secteurs circulaires qui sont le développement de ces surfaces se conduiront mutuellement par contact en tournant autour de leurs centres E et E'. Cette remarque permet de ramener le tracé des engrenages coniques à celui des engrenages plans.

Soient APM, AL'N les secteurs obtenus en développant les surfaces des cônes E et E' de telle sorte que APM soit

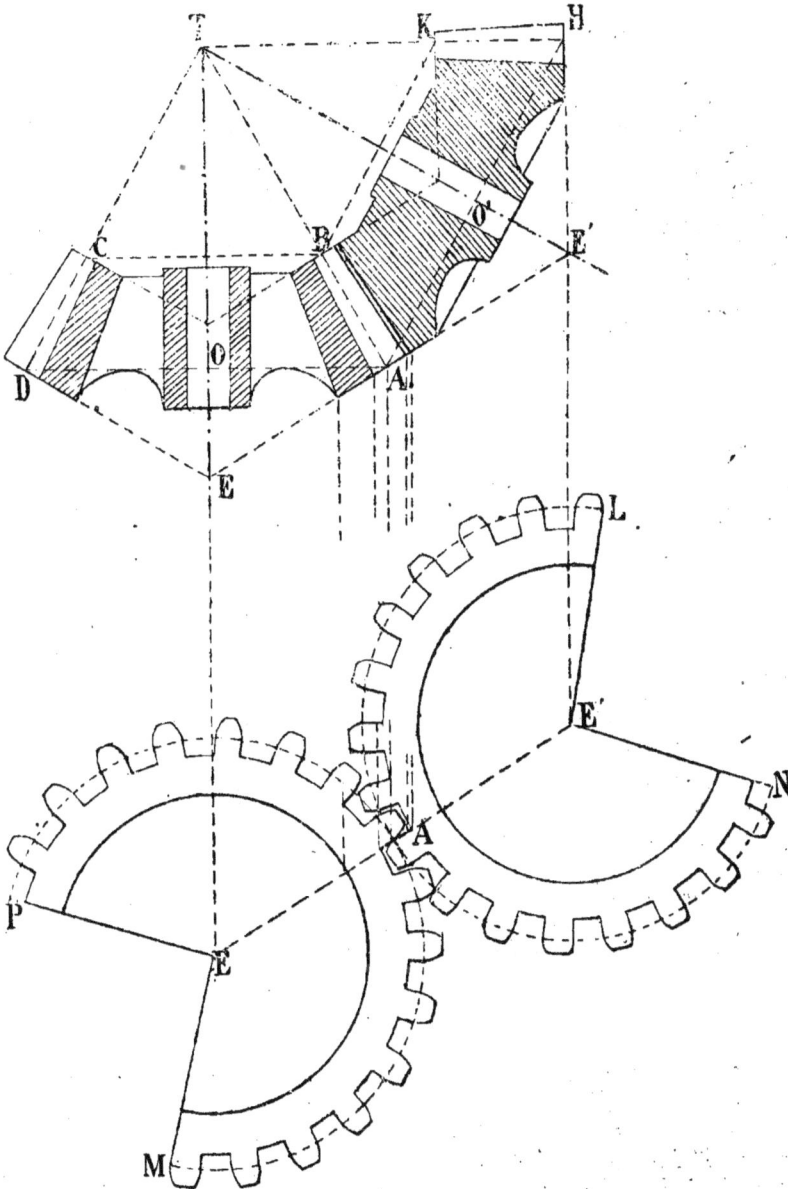

Fig. 445.

égal à la circonférence qui avait pour rayon OA et que ALN soit égal à la circonférence de rayon AO'.

On considère APM et ALN comme les circonférences primitives d'un engrenage cylindrique que l'on tracera d'après les

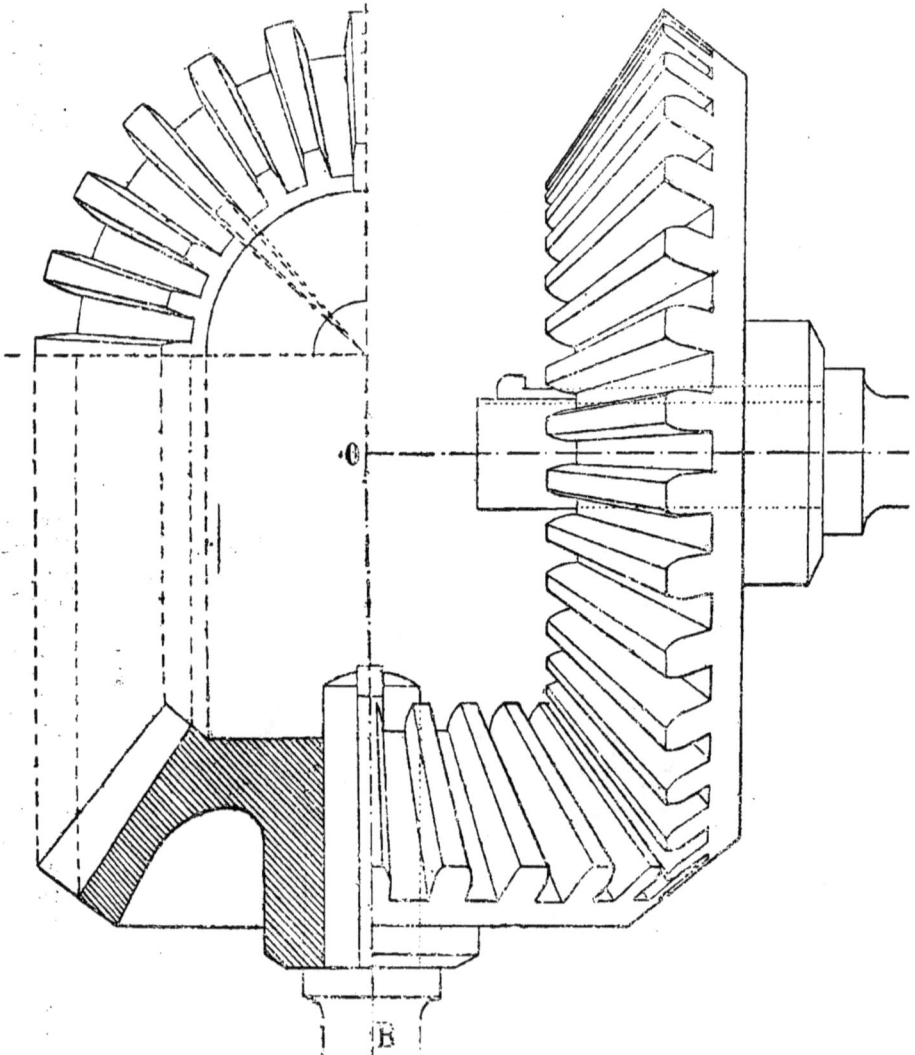

Fig. 446.

règles connues, avec cette modification cependant que le pas devra être une partie aliquote des arcs, APM et ALN.

Chaque secteur, armé de ses dents, deviendra alors un patron que l'on appliquera sur la surface des cônes E et E'. Si l'on conçoit alors qu'une droite, passant constamment par le point T, se meuve en s'appuyant toujours sur les bords de l'un de ces patrons, elle engendrera la surface qui doit limiter la saillie et les creux de la roue conique correspondante. C'est d'après ces principes très simples que les roues d'angle sont toujours exécutées.

En pratique, le point T de rencontre des axes, n'existe pas pour aider à l'exécution des dents, on répète alors la même construction pour les cônes de tête intérieure dont les sommets s'obtiennent en menant par le point B une perpendiculaire à la génératrice commune ou une parallèle à EE'. Après avoir appliqué le patron des dents sur le cône de tête intérieur à chaque roue, il suffit de joindre les points semblables des deux patrons pour obtenir la surface complète des dents.

Généralement les axes TE, TE' sont rectangulaires entre eux; la figure 446 représente un engrenage conique dans ces conditions avec la forme adoptée le plus souvent pour les roues d'angle.

733. *Remarque I.* — Les roues coniques à denture intérieure ne sont pas admissibles au point de vue pratique, en raison des difficultés que présentent la confection des modèles et leur ajustage.

734. *Remarque II.* — Lorsque les roues coniques doivent être établies de manière qu'une roue donnée puisse engrener convenablement avec une série d'autres, il faut non seulement que le pas soit le même, mais encore que les génératrices de contact AB aient la même longueur pour toutes ces roues. Cette dernière condition est très rarement remplie et, par suite, les roues coniques ayant même pas et même forme de denture ne jouissent pas généralement de la propriété d'engrener exactement l'une avec l'autre. Dans la pratique on considère comme admissible, c'est-à-dire comme pouvant engrener suffisamment l'une avec l'autre, les roues établies avec des longueurs de ligne de contact dont la différence ne dépasse pas 5 pour 100.

Les roues qui pour un même angle des axes sont disposées avec une différence de l'ordre de celle signalée ci-dessus constituent ce que l'on appelle des roues bâtardes. Ainsi par exemple, lorsque deux roues coniques à angle droit de 80 et 45 dents sont établies de manière à engrener convenablement l'une avec l'autre, la tolérance pratique permet de faire engrener à angle droit, avec la roue de 45 dents une roue bâtarde dont le nombre de dents serait compris entre

$$80 (1+ 0,05)$$
et
$$80 (1- 0,05)$$

c'est-à-dire entre 84 et 76 dents.

Engrenage à lanterne

735. — La transmission du mouvement entre deux axes concourrants peut être encore réalisée à l'aide d'un engrenage à lanterne, comme on en trouve encore dans beaucoup d'anciens moulins. Ces engrenages consistent en une lanterne montée sur l'arbre conduit, et en une roue ou rouet qui reçoit des dents implantées dans la couronne parallèlement ou obliquement à l'axe. Ce mode de transmission très grossier est à peu près abandonné aujourd'hui, on le retrouve quelquefois pour des forces minimes.

RENSEIGNEMENTS PRATIQUES SUR LES ENGRENAGES

736. *Nombre des dents.* — Si nous nous reportons aux tracés des engrenages plans, on voit que la saillie des dents dépend de celles qui sont en prise; et que la saillie convenable à obtenir dépend du nombre des dents des roues qui doit être toujours supérieur à un nombre minimum pour chaque espèce de roues d'engrenage. Les nombres n et n' des dents de deux roues de rayons R et R' sont liées par la relation.

$$\frac{n'}{n} = \frac{R'}{R} = \frac{\omega}{\omega'}.$$

Ce rapport ne détermine pas complètement les dents, car elles doivent avant tout résister à l'effort auquel elles sont soumises. On détermine leur épaisseur par la résistance des matériaux et on en déduit d'après les rayons des roues, les nombres de dents n et n'.

Il peut arriver qu'une dent de la roue menante ne conduise pas assez loin la dent avec laquelle elle est en contact; c'est-à-dire qu'elle l'abandonne avant qu'une autre dent soit en prise avec une autre dent de la roue menée. On peut y remédier en prolongeant le profil de la dent; mais alors à cause des profils symétriques par rapport à l'axe de chaque dent; ceux-ci en convergeant donneraient une épaisseur trop faible à l'extrémité de la dent, ce qui conduirait à augmenter leur épaisseur à la base et par suite à restreindre le creux, ce qui n'est pas admissible.

On ne peut satisfaire à cette condition qu'en augmentant le nombre des dents n et n'; cela revient à dire que les roues dentées doivent en pratique avoir un nombre de dents minimum; d'ailleurs au point de vue du frottement, il y a avantage à ce que n et n' soit le plus grand possible.

Savary s'est occupé de la recherche de cette limite, dont les résultats obtenus par des calculs compliqués sont les suivants :

Soit K le rapport $\dfrac{n}{n'} = \dfrac{R}{R'} = K$ moindre que l'unité, c'est-à-dire que $n < n'$ il a trouvé que :

Dans l'engrenage à flancs
$$n' = \text{ou} > 10\,(1 + K)$$

Dans l'engrenage à lanterne
$$n' = \text{ou} > 7 + 4\,K$$

Dans l'engrenage à développantes
$$n' = \text{ou} > 16 + 2\,K.$$

Le traité de mécanique de M. Résal contient des résultats un peu différents. Des calculs analogues à ceux de Savary, et que nous nous dispenserons de donner conduisent à :

Pour l'engrenage à flancs :
$$n' = 10\,(1 + K);$$

Pour l'engrenage à lanterne,
$$n' = 7 + 3\,K;$$

Pour l'engrenage à développantes,
$$n' = 12 + 5\,K;$$

Nous empruntons à Villis les tableaux suivants qui résument les recherches faites à l'aide de tracés à une grande échelle tout en tenant compte des arcs d'approche et de retraite.

737. *Engrenage à lanterne.* — Nous avons déjà dit que l'engrenage à lanterne recevait aujourd'hui peu d'application. Dans tous les cas la lanterne a généralement un diamètre beaucoup plus petit que la roue. Les tableaux qui suivent donnent en fonction du pas, le diamètre que devrait avoir le fuseau pour qu'une dent entre en prise au moment ou la dent précédente abandonnerait son fuseau. Les cas impossibles sont indiqués par le signe —; le signe + indique que le diamètre du fuseau peut être plus grand que la moitié du pas, et que par conséquent cette dimension peut être employée dans la pratique.

738. Le pignon conduit et les fuseaux sont à la roue.

VALEUR de $\dfrac{R}{L}$	DIAMÈTRE DES FUSEAUX						
	NOMBRE DE FUSEAUX AU PIGNON						
	2	3	4	5	6	7	8
Dents intérieures. 3	0 63	+	+	+	+	+	+
4	0 28	+	+	+	+	+	+
8	—	0 64	+	+	+	+	+
Crémaillère .	—	0 34	0 73	+	+	+	+
8	—		0 58	+	+	+	+
Dents extérieures. 6	—		0 51	+		+	+
5	—		0 46	+		+	+
4	—		0 37		+	+	+
3	—	+	0 18	0 59	+	+	+
2	—	+		0 37	0 63	0 75	+
1	—	+		—	0 30	0 38	0 57

739. La roue conduit et les fuseaux sont au pignon.

VALEUR de $\frac{R}{R'}$	DIAMÈTRE DES FUSEAUX NOMBRE DE DENTS AU PIGNON						
	2	3	4	5	6	7	8
1	—	—	—	—	0 20	0 38	0 57
2	—	—	—	0 20	0 51	0 66	+
3	—	—	—	0 39	+	+	+
4	—	—	0 01	0 46	+	+	+
5	—	—	0 43	0 50	+	+	+
6	—	—	0 16	+	+	+	+
8	—	—	0 22	+	+	+	+
10	—	—	0 26	+	+	+	+
Crémaillère .	—	—	0 38	+	+	+	+
8	—	0 01	0 49	+	+	+	+
6	—	0 10	+	+	+	+	+
4	—	0 23	+	+	+	+	+

740. Un exemple fera comprendre comment on doit se servir de ces tableaux.

Quel est le plus petit nombre de dents et de fuseaux à donner au système d'une roue d'un diamètre 4 conduisant un pignon de diamètre 1.

Le rapport $\frac{R}{R'}$ est ici égal à 4 : le deuxième tableau donne pour la ligne horizontale 4 : 1° que pour 4 fuseaux au pignon et par suite 16 à la roue, le diamètre de fuseau devrait être réduit à un centième du pas, dimension inapplicable ; 2° qu'en donnant cinq fuseaux au pignon et 20 à la roue, le diamètre du fuseau est les 0,46 est très voisin de la moitié du pas. Donc 6 fuseaux et 24 dents ou 7 fuseaux et 28 dents pourront être employés.

741. *Engrenages à flancs.* — Le tableau suivant donne le nombre de dents extérieures que puisse recevoir une roue qui engrène avec des pignons donnés en supposant l'épaisseur de la dent égale au creux.

	NOMBRE DE DENTS au PIGNON DONNÉ	NOMBRE MAXIMUM DE DENTS A LA ROUE	
		Si la roue conduit	*Si le pignon conduit*
ARC DE RETRAITE ÉGAL AU PAS	5	Impossible	Impossible
	6	»	176
	7	»	52
	8	»	35
	9	»	25
	10	(Crémaillère)	22
	11	54	21
	12	30	19
	13	24	18
	14	20	17
	15	17	16
	16	15	16
ARC DE RETRAITE égal au 3/4 du pas	3	Impossible	Impossible
	4	»	35
	5	»	19
	6	»	14
	7	31	12
	8	16	10
	9	12	10
	10	10	10
ARC DE RETRAITE égal au 2/3 du pas	2	Impossible	Impossible
	3	»	36
	4	»	15
	5	»	13
	6	20	10
	7	11	9
	8	8	8

742. *Roues dentées intérieurement.* — Dans le cas d'engrenages intérieurs, pour un même pignon, l'axe d'action de la roue dentée intérieure, augmente à mesure que le nombre de dents est plus petit. C'est donc ici, le plus grand nombre de dents d'une roue pouvant marcher avec un pignon donné qu'il s'agit de fixer le tableau suivant dans ces limites.

Ces tables montrent que l'on peut employer dans l'engrenage extérieur à flancs un plus petit pignon pour mener que pour être mené. Ainsi la plus petite roue qui puisse un pignon de 14 dents à 20 dents, tandis que le même pignon peut conduire une roue de 17 dents.

NOMBRE DE DENTS du PIGNON DONNÉ	PLUS GRAND NOMBRE DE DENTS A LA ROUE	
	Si la roue conduit	Si le pignon conduit
ARC DE RETRAITE ÉGAL AU PAS		
2	Impossible	5
3	»	12
4	»	26
5	»	85
		Quelconque
7	14	»
8	15	»
9	60	»
ARC de retraite égal au 3/4 du pas		
2	Impossible	10
3	»	77
4	5	Quelconque
5	12	»
6	77	»
ARC DE RETRAITE ÉGAL AU 2/3 du pas		
2	Impossible	14
4	8	Quelconque
5	64	»

743. On peut remarquer aussi qu'un pignon de moins de 10 dents ne peut être mené dans cette condition, tandis que des pignons de 6 dents peuvent conduire des roues portant des nombres quelconques de dents plus grands que ceux de la table.

Remarquons enfin que les limites indiquées par les tableaux sont géométriquement exactes, par suite dans la pratique on devra toujours employer plus de dents que la table n'en indique.

744. *Engrenages épicycloïdaux.* — Le plus petit nombre de dent. peut se déduire du cas précédent et à cet effet on considère les nombres qui sur les tables correspondent aux roues conduites, comme exprimant les nombres de dents qui appartiendraient à une roue dont le rayon serait égal au diamètre du cercle décrivant.

Ainsi l'arc de retraite étant égal au pas et le cercle décrivant étant une roue de 12 dents, la plus petite roue qui puisse conduire serait une roue de 30 dents au moins.

745. *Équipages ou trains de roues*

dentés. — Il arrive souvent que dans la pratique on ne puisse pas transmettre le mouvement d'une manière directe entre deux axes avec le rapport de vitesses données car d'après ce qui a été dit plus haut, le pignon, s'il est commandé, a un diamètre minimum ; en outre quand on a établi une transmission par engrenages en cherche à réduire autant que possible l'espace occupé par la transmission. On doit n'admettre que des roues faciles à construire et réduire au minimum le nombre des modèles. Cela conduit à replier pour ainsi dire la transmission en employant plusieurs engrenages établis dans des plans parallèles si les axes sont parallèles, ou bien des engrenages plans et coniques si les axes font entre eux un certain angle.

Considérons (fig. 447) un train de roues dentées montées sur des axes parallèles AB, CD, EF. L'axe AB porte une roue de rayon R engrenant avec un pignon r calé sur le même arbre CD qu'une autre roue R' laquelle engrène avec un autre pignon r' faisant corps avec le dernier arbre. Proposons nous d'établir la raison du train ou le rapport des vitesses des arbres extrêmes. Soient ω, ω' et ω'' les vitesses des arbres AB, CD, EF, on aura

$$\frac{\omega'}{\omega} = \frac{R}{r}$$

$$\frac{\omega''}{\omega'} = \frac{R'}{r'}.$$

d'où en multipliant membre à membre on a

$$\frac{\omega''}{\omega} = \frac{RR'}{rr'}.$$

Si le troisième arbre portait une roue R'' commandant un pignon r'' clavetée sur un quatrième arbre ayant une vitesse ω''' on aurait

$$(1) \qquad \frac{\omega'''}{\omega} = \frac{RR'R''}{rr'r''}.$$

Si N, N', N'', n, n', n'' représentent les nombres de dents de chaque roue dentées on aurait :

$$\frac{\omega'''}{\omega} = \frac{NN'N''}{nn'n''}.$$

C'est-à-dire que le rapport de vitesse des deux axes extrêmes est égal au produit

des nombres de dents des roues conduisantes divisé par le produit des nombres de dents des roues conduites.

D'une manière générale, si un train

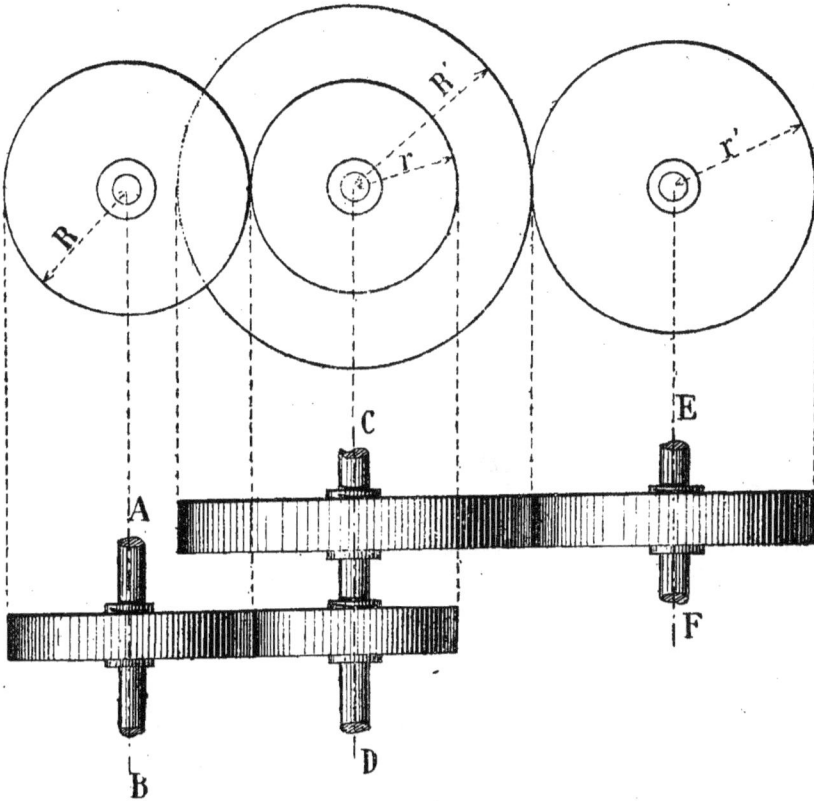

Fig. 447.

est composé de K + 1 arbres que nous représenterons par

$$A_0, A_1, A_2, A_3, \dots \dots A_{k-1}, A_{k-2}$$

ayant des vitesses

$$\omega_0, \omega_1, \omega_2, \omega_3, \dots \dots \omega_{k-1}, \omega_{k-2}.$$

chaque arbre intermédiaire portant une roue et un pignon, alors que les arbres extrêmes portent seulement une roue ou un pignon. La transmission peut être représentées en plaçant sur une même colonne horizontale les roues qui engrennent en semble et sur une même verticale

les roues placées sur le même arbre; les roues étant représentées par leurs rayons ou leurs nombres de dents on obtient le tableau suivant

$$\begin{array}{llll} N_0 & n_1 \\ & N_1 & n_2 \\ & & N_2 & n_3 \\ & & & N_3 \dots \dots n_{k-1} \\ & & & & N_{k-1} \qquad n_k. \end{array}$$

Si alors on applique successivement la formule

$$\omega\, n = \omega'\, n'$$

on obtient la série d'égalités

$$N_0\,\omega_0 = n_1\,\omega_1$$
$$N_1\,\omega_1 = n_2\,\omega_2$$
$$N_2\,\omega_2 = n_3\,\omega_3$$
$$\text{»} \qquad \text{»}$$
$$\text{»} \qquad \text{»}$$
$$\text{»} \qquad \text{»}$$
$$N_k-1\,\omega_k-1 = n_k\,\omega_k$$

et en multipliant membre à membre on arrive à

$$(2) \qquad \frac{\omega^k}{\omega_0} = \frac{N_0 . N_1 N_2 N_3 \ldots N_k-1}{n_1 . n_2 . n_3 \ldots n_k}$$

c'est-à-dire que le rapport du produit des dents des roues à celui des dents du pignon, est égal au rapport des vitesses du dernier arbre et du premier.

Le problème général d'une pareille transmission revient donc à trouver les roues et le pignon, dont les nombres de dents $N_0, N_1 \ldots, n_1 n_2 \ldots$ puissent satisfaire à l'équation (2).

Il faut d'abord chercher deux nombres X et X' entiers et proportionnels à ω_k et ω_0
puis décomposer X et X' en même nombre de facteurs entiers que l'on adoptera comme nombre des dents à attribuer à chaque roue.

Les nombres X et X' devant être dans le même rapport $\frac{\omega_k}{\omega_0}$ ou le plus approché possible, et les facteurs de ces nombres être compris entre des limites convenables, cette limite est comprise dans la pratique entre 8 et 120.

On peut réduire le rapport $\frac{\omega_k}{\omega}$ en frac-

tion continue, et prendre pour $\frac{X}{X'}$ l'une des réduites de cette fraction continue, ou bien l'une des fractions intermédiaires que l'on peut intercaler entre deux réduites consécutives. Parmi ces diverses fractions on essayera celle qui se prête le mieux à la décomposition demandée. D'ailleurs on peut introduire aux deux termes de la fraction que l'on adopte un ou plusieurs facteurs communs, pour compléter le nombre égal de facteurs qui doit se trouver définitivement dans les deux termes, chacun de ces facteurs indiquant le nombre de dents d'une roue.

745. Example I. *Soit à réaliser entre arbres parallèles le rapport de vitesse.*

$$\frac{\omega^k}{\omega_0} = \frac{204}{3\,600}.$$

Il est évident que deux roues, ayant 3.600 et 204 dents satisferaient à la question; mais une roue de 3,600 dents serait difficile à exécuter à cause du rayon considérable qu'elle exigerait.

Décomposons alors les termes du rapport en un même nombre de facteurs, on aura

$$\frac{\omega^k}{\omega_0} = \frac{120 \times 17}{1\,500 \times 24}.$$

le nombre 1500 étant encore trop considérable, et 120 étant une limite, on peut les décomposer à leur tour et avoir

$$\frac{\omega^k}{\omega_0} = \frac{12 \times 10 \times 17}{30 \times 50 \times 24}.$$

Les facteurs étant admissibles on aura l'équipage suivant :

$$N_0 = 12 \text{ dents}, \quad n = 30 \text{ dents}$$
$$N_1 = 10 \text{ dents} \quad n_1 = 50 \text{ dents}$$
$$N_2 = 17 \text{ dents}, \quad n_2 = 24 \text{ dents}.$$

746. Example II. *Réaliser le rapport de vitesse angulaire égal à $\frac{823}{407}$.*

Les termes de ce rapport ne peuvent pas se décomposer en facteurs, puisque 823 est un nombre premier. Cette frac-

tion peut s'exprimer par la fraction continue suivante.

$$\frac{823}{407} = 2 + \cfrac{1}{45 + \cfrac{1}{4 + \cfrac{1}{2}}}$$

Les réduites successives sont :

$$\frac{2}{1} \quad \frac{91}{45} \quad \frac{366}{181} \quad \frac{823}{407}.$$

La troisième réduite $\frac{366}{181}$ qui ne diffère de la valeur exacte du rapport que de $\frac{1}{181 \times 407}$ donnerait pour la raison du train.

$$\frac{366}{181} = \frac{2 \times 3 \times 61}{181}.$$

Or 181 est un nombre premier plus grand que la limite admissible.

Si on essaye ensuite la fraction intermédiaire entre $\frac{366}{181}$ et $\frac{91}{45}$ obtenue en ajoutant ces deux fractions terme à terme, il vient

$$\frac{366 + 91}{181 + 45} = \frac{457}{226}$$

cette fraction est encore irréductible car 457 est le premier.

Les fractions $\frac{366}{181}, \frac{457}{226}, \frac{823}{407},$ ne se prétant pas à la décomposition ; voyons la fraction $\frac{91}{45}$ qui peut se décomposer de plusieurs manières :

1° L'engrenage direct d'une roue de 91 dents engrenant avec une roue de 45.

2° Cette fraction peut se décomposer comme il suit.

$$\frac{91}{45} = \frac{7 \times 13}{9 \times 5}$$

mais les nombres 7 et 5 étant trop petits, il suffira de les multiplier par le même nombre 3 par exemple ce qui donnera

$$\frac{91}{45} = \frac{21 \times 13}{9 \times 15}$$

le train admissible sera alors
$N_0 = 21$ dents, $n = 9$
$\qquad N_1 = 13,$ $n_1 = 15$ dents,

Les roues ayant ces nombres de dents ne satisferont pas exactement au rapport donné $\frac{\omega^k}{\omega}$ mais l'erreur moindre que

$\frac{1}{8\,145}$ est plus petite que si on avait altéré d'une unité les termes des fractions précédemment essayées pour les rendre décomposables en facteurs.

747. *Remarque.* — Si les roues sont égales et les pignons égaux on aurait pour la raison

$$\frac{\omega^k}{\omega} = \left(\frac{N}{n}\right)^k$$

$K + 1$ étant toujours le nombre des axes et K le nombre d'engrenages simples.

Représentons par C la raison $\frac{\omega^k}{\omega}$ et posons $x = \frac{N}{n}$ rapport constant à établir entre le module d'une roue et celui d'un pignon on aura alors.

$$x^k = C$$

d'où $\qquad K \log x = \log C$

et $\qquad\qquad K = \frac{\log C}{\log x}$

Partant de cette formule, le géomètre anglais Young s'était proposé de réduire au minimum le nombre total des dents, ce qui n'est pas rationnel au point de vue du frottement ; il vaut mieux chercher à rendre minimum le nombre des axes employés, c'est-à-dire le nombre total des roues d'engrenages. Remarquons que la raison C étant donnée, K est un minimum pour x maximum ; d'ailleurs $x = \frac{N}{n}$ sera maximum lorsque pratiquement N sera maximum et n minimum.

Dans la pratique, lorsque les efforts à transmettre sont considérables, on peut faire varier N jusqu'à 200 tandis que n ne doit pas descendre au-dessous de 40. Si les efforts ne sont pas très grands, le maximum de N est 120 et le minimum de n est 12.

Donc pour ces deux limites on trouve

$$x = \frac{200}{40} = 5$$

$$x' = \frac{120}{12} = 10$$

On déterminera donc la valeur de K, d'après la formule

$$K = \frac{\log C}{\log x}.$$

En général on trouve pour K une valeur fractionnaire qui indique que le problème ne peut pas être résolu en employant des roues égales et des pignons égaux. On donne alors à K la valeur entière immédiatement supérieure à celle donnée par la formule précédente et on achève le calcul en appliquant la méthode par décomposition en facteurs, comme il a été dit plus haut.

748. *Application du calcul précédent au mécanisme d'un moulin*

Supposons que l'arbre A recevant son mouvement d'une roue hydraulique fasse 7 tours par minute (*fig.* 448), et que le pignon qui commande la meule adaptée à l'arbre C doive faire 105 tours par minute. Les vitesses étant proportion-

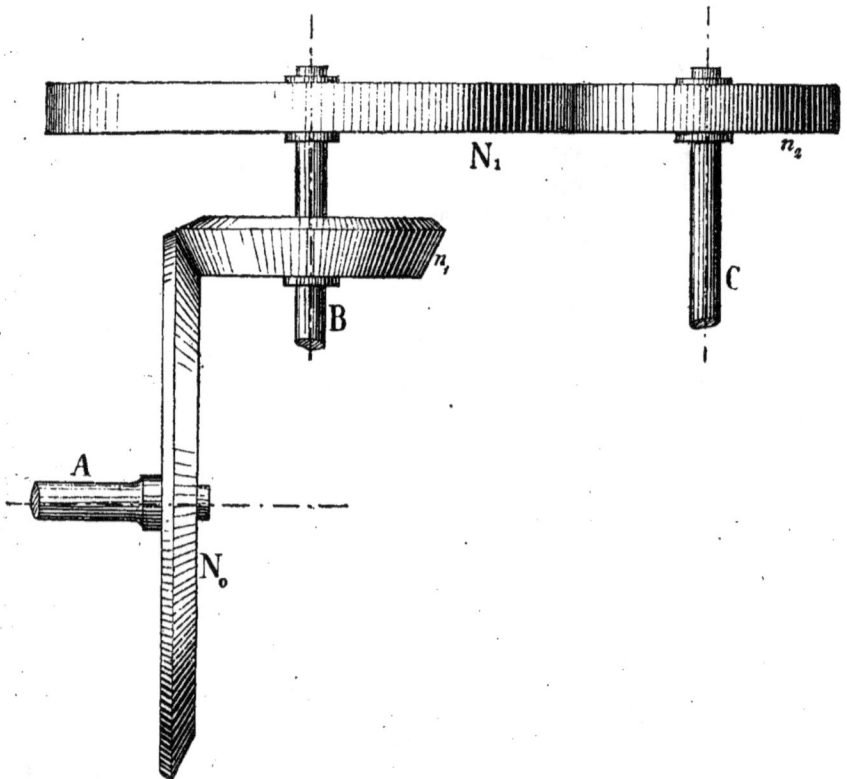

Fig. 448.

nelles aux nombres de tours pendant le même temps, on aura

$$\frac{\omega_k}{\omega_0} = \frac{105}{7} = 15 = C.$$

Cherchons le moindre nombre d'axes à employer en supposant les roues égales et les pignons égaux: on a

$$x^k = 5$$

$$K = \frac{\log 15}{\log x}.$$

Comme il s'agit d'un effort considérable on peut prendre

$$x = \frac{N}{n} = \frac{140}{35} = 4$$

d'où

$$K = \frac{\log 13}{\log 4}$$

les tables de logarithmes donnent

$$\log 13 = 1,1760913$$
$$\log 4 = 0,0602600$$

par suite

$$K = \frac{1,1760913}{0,06026} = 1,9.$$

On prendra $K = 2$ c'est-à-dire $K+1$ axes ou 3 ce qui correspond à 2 engrenages simples.

Connaissant le nombre minimum d'axes, revenons à la formule générale.

$$\frac{N_0 \cdot N_1}{n_1 \cdot n_2} = \frac{\omega k}{\omega_0} = 13.$$

Si on adopte

$$n_1 = n_2 = 35 \text{ dents}$$

et

$$n_0 = 140$$

on trouve $n_1 = 131 +$ une fraction.

En conservant ces nombres, le rapport $\frac{\omega k}{\omega_0}$ est très légèrement modifié et on a alors le tableau suivant.

A	B	C
7 tours	28 tours	104^t,8
$N_0 = 140$ dents	$n_1 = 35$	
	$N_1 = 131$	$n_2 = 35.$

749. *Équipage de roues dentées pour tour parallèle.* — La plupart des tours parallèles (machine-outil) (*fig.* 449) sont disposés de manière à remplir un double but : 1° pour le tournasage des pièces ; 2° pour le filetage. Le chariot porte-outil H reçoit son mouvement parallèlement à l'axe AB du tour au moyen d'une vis filetée CD, appelée vis mère, qui se trouve emboîtée dans deux mâchoires fixées au chariot. Cette vis mère reçoit son mouvement de rotation au moyen d'une série de roues dentées liées à l'axe de la poupée, c'est-à-dire à l'axe du tour.

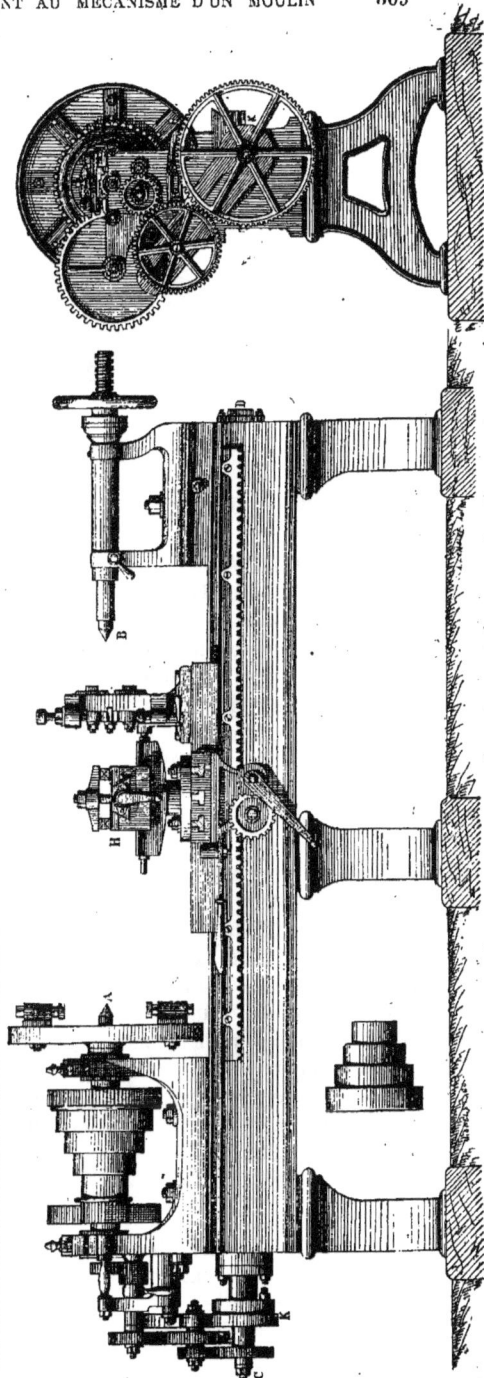

Fig. 449.

Voyons comment on détermine ce train d'engrenages connaissant le pas de la vis à fileter et le pas de la vis mère.

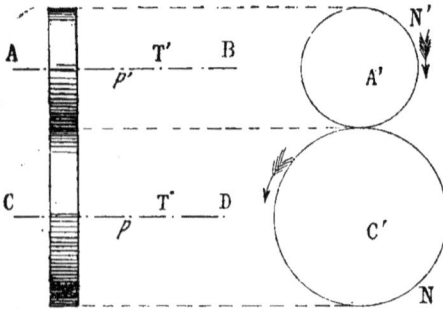

Fig. 450.

Supposons que AB soit l'axe de la vis à faire et CD celui de la vis mère (*fig.* 450) ; pour fixer les idées, admettons que le pas de la vis qui doit faire avancer le chariot porte-outil soit de 10 millimètres, et que celui de la vis à exécuter soit également de 10 millimètres. Il est facile de comprendre que l'arbre à fileter doit faire un tour quand la vis mère en fera un. S'il s'agissait d'une vis ayant un pas de 5 millimètres, elle devrait faire deux tours pendant que la vis mère en ferait un, puisqu'au bout de deux tours, le chemin parcouru par l'outil serait de 10 millimètres. De même, si la vis devait avoir un pas de 2 millimètres, celle-ci devrait faire cinq tours pendant que la vis mère n'en ferait qu'un, pour la même raison que précédemment.

On voit donc que les pas de la vis à faire et de la vis mère sont inversement proportionnels aux nombres de tours, ou

$$\frac{p'}{p} = \frac{T}{T'}.$$

Comme nous l'avons dit, ces vis sont commandées par des engrenages placés en tête du tour parallèle.

Les nombres de dents de ces roues sont inversement proportionnels aux nombres de tours.

Par suite, si N' est le nombre de dents de la roue du tour, et N celui des dents de la roue calée sur la vis mère, on aura

$$\frac{T}{T'} = \frac{N'}{N}$$

et à cause du rapport commun

$$\frac{p'}{p} = \frac{N'}{N}.$$

Cette disposition de deux engrenages implique des rotations contraires des deux vis, par suite si la vis mère est une vis à droite, la vis à faire sera à gauche. Dans tous les tours employés dans les ateliers, la vis mère est toujours à droite, il faut alors pour obtenir une vis de même sens,

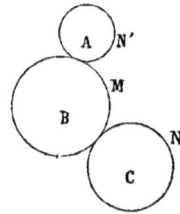

Fig. 451.

interposer entre les deux roues dentées un troisième engrenage M (*fig.* 451) d'un nombre quelconque de dents, dont le seul but est de changer la rotation de la vis mère. D'ailleurs ce dispositif est le plus employé à cause de l'éloignement des axes.

Il arrive généralement que ce système très simple ne suffit pas pour obtenir tous les filetages demandés ; on a alors recours à un train plus complexe.

Les axes intermédiaires sont placés sur une pièce munie de rainures et pouvant tourner autour de l'axe de la vis mère ; cette pièce K appelée tête de cheval permet de placer les axes intermédiaires dans la position voulue pour que l'engrenage des différentes roues calculées puisse se produire. Lorsque toutes les roues dentées sont convenablement placées on cale la tête de cheval en serrant un écrou contre un arc à rainure qu'elle porte.

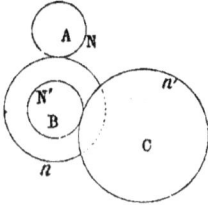

Fig. 452.

Soient N (*fig.* 452) le nombre de dents de la roue fixée à l'axe du tour, conduisant une roue n placée sur l'axe intermédiaire B ; N′ une autre roue solidaire de n et conduisant la roue n' fixée sur l'axe de la vis mère ; si p' et p représentent les pas de la vis à faire et de la vis mère on aura en raisonnant comme précédemment

$$\frac{p'}{p} = \frac{N.N'}{n.n'}$$

c'est-à-dire que le rapport des deux pas est en rapport du produit des dents des roues conduites.

749 bis. Exemple. — Supposons $p' = 3$ millimètres et $p = 10^{mm}$ on aura

$$\frac{3}{10} = \frac{N.N'}{n.n'}$$

Multiplions les deux termes du rapport $\frac{3}{10}$ par les mêmes nombres, 5, 6, et 7 par exemple, il vient

$$\frac{3 \times 5 \times 6 \times 7}{10 \times 5 \times 6 \times 7}.$$

Ce rapport peut s'écrire de plusieurs manières,

$$\frac{15 \times 42}{60 \times 35} = \frac{30 \times 21}{70 \times 30} = \frac{18 \times 35}{50 \times 42}.$$

C'est-à-dire qu'on pourra prendre pour trains d'engrenages les nombres suivants

	N	N′	n	n'
1°	15	42	60	35
2°	30	21	70	30
3°	18	35	50	42

Tous les tours à fileter sont accompagnés d'une série d'engrenages permettant d'obtenir le plus grand nombre de pas possibles. Si les roues précédentes ne se trouvaient pas dans cette série, il suffirait de choisir d'autres facteurs que les nombres 5, 6, 7.

Le tableau ci-après donne les différents pas de vis que l'on peut obtenir avec une série de 22 roues dentées ; il indique pour chaque pas les valeurs de N, N′, n et n' qu'il faut assembler.

750. *Trains épicycloïdaux.* — On appelle train épicycloïdal un système de roues dentées dans lequel certaines roues tournent autour d'un axe qui se transporte lui-même dans l'espace en tournant autour d'un axe fixe, de telle sorte que chaque point de ces roues décrit dans l'espace une épicycloïde plane ou sphérique. Nous donnons deux cas particuliers auxquels on peut ramener tous les autres.

751. *Train épicycloïdal plan.* — Autour d'un axe AA (*fig.* 453) tournent deux

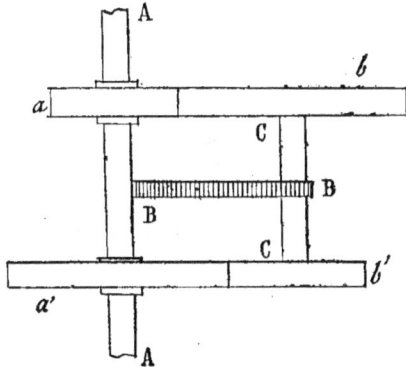

Fig. 453.

roues dentées a et a' montées chacune sur un canon qui embrasse cet axe ; elles sont par conséquent indépendantes, et reçoivent le mouvement d'un mécanisme extérieur qu'il n'est pas utile de figurer. Sur l'axe AA lui-même est montée une roue, ou un simple bras BB que l'on nomme le *bras porte-train*, et qui reçoit également, d'un mécanisme extérieur, ou transmet à ce mécanisme un mouvement indépendant

PAS DE LA VIS DU TOUR 10 m/m			PAS DES ENGRENAGES 11 m/m		
Pas eu m/m et 1/10 de m/m	ROUES sur l'arbre du tour	ROUE engrenant avec celle de l'arbre du tour	ROUE engrenant avec celle de la vis	ROUE sur la vis	OBSERVATIONS
	21	93	22	100	Pour charioter
1 m/m	30	75	25	100	Pour fileter
1,1	22	80	40	100	d°
1,2	24	80	40	100	d°
1,3	26	80	40	100	d°
1,4	21	90	45	73	d°
1,5	30	80	40	100	d°
1,6	24	90	45	75	d°
1,8	24	80	45	75	d°
2	30	90	45	75	d°
2,1	21	0	0	100	d°
2,2	22	0	0	100	d°
2,3	23	0	0	100	d°
2,4	24	0	0	100	d°
2,5	25	0	0	100	d°
2,6	26	0	0	100	d°
2,8	21	0	0	75	d°
3	30	0	0	100	d°
3,2	34	0	0	75	d°
3,5	35	0	0	100	d°
3,6	24	80	60	50	d°
4	40	0	0	100	d° ... 21
4,2	80	40	21	100	d° ... 22
4,4	80	40	22	100	d° ... 23
4,5	45	0	0	100	d° ... 24
4,6	80	40	23	100	d° ... 25
4,8	80	40	24	100	d° ... 26
5	50	0	0	100	d° ... 30
5,2	80	40	26	100	d° ... 35
5,5	55	0	0	100	d° ... 40
5,6	30	50	70	75	d° ... 45
6	30	0	0	50	d° ... 50
6,4	24	75	90	45	d° ... 50
6,5	65	0	0	100	d° ... 55
7	35	0	0	50	d° ... 60
7,5	45	0	0	60	d° ... 65
8	40	0	0	50	d° ... 70
8,5	85	0	0	100	d° ... 75
9	45	0	0	50	d° ... 80
9,5	95	0	0	100	d° ... 85
10	50	0	0	50	d° ... 90
11	55	0	0	50	d° ... 95
12	60	0	0	50	d° ... 100
13	65	0	0	50	d°
14	70	0	0	50	d°
15	75	0	0	50	d°
16	80	0	0	50	d°
17	85	0	0	50	d°
18	90	0	0	50	d°
19	95	0	0	50	d°
20	100	0	0	50	d°
22	100	50	55	50	d°
24	100	50	60	50	d°
25	100	50	50	40	d°
26	100	50	65	50	d°
28	100	50	70	50	d°
30	90	45	75	50	d°
32	90	45	80	50	d°
34	90	45	85	50	d°
35	90	45	70	40	d°
36	80	40	90	50	d°
38	80	40	95	50	d°
40	90	45	80	40	d°
45	70	35	90	40	d°
50	90	30	75	45	d°

(note en marge droite : 22 roues pour fileter et charioter)

des deux premiers. La dépendance est établie au moyen de deux roues solidaires b et b' montées sur un axe CC fixé au bras BB, et qui engrenent respectivement avec les roues a et a'. Il s'agit de trouver les relations qui lient les vitesses angulaires de l'axe AA et des quatre roues. Appelons r, r', R, R', les rayons primitifs des roues a, a', b, b' et désignons par ω la vitesse angulaire de la roue a, ω' celle de la roue a' Ω celle de l'axe AA et du bras porte-train, V celle des roues b et b' par rapport à l'axe CC supposé fixe.

On a immédiatement une relation entre les rayons primitifs des roues.

(1) $r + R = r' + R'$.

Si l'une des roues a ou a' embrassait la roue correspondante de manière que l'engrenage soit intérieur, il suffirait de changer le signe de R ou R'; ainsi si l'engrenage a' b' était intérieur, on aurait :

(2) $r + R = r' - R'$.

Supposons maintenant pour fixer les idées, que les trois vitesses ω, ω' et Ω soient de même sens ; V sera de sens contraire. Considérons l'engrenage ab ; si sans changer le mouvement relatif de ces deux roues, on réduit le bras porte-train au repos, en imprimant à tout le système une vitesse autour de AA égale et contraire Ω, la vitesse de la roue a deviendra

$$\omega - \Omega$$

et celle de la roue b sera V, on devra donc avoir d'après les règles ordinaires de l'engrenage

(3) $(\omega - \Omega)\, r = VR$.

En appliquant les mêmes raisonnements à l'engrenage a' b' on trouvera de même

(4) $(\omega' - \Omega)\, r' = VR'$.

En éliminant V entre ces deux derniers on a :

$$\frac{(\omega - \Omega)r}{(\omega' - \Omega)r'} = \frac{R}{R'}$$

d'où

(5) $\Omega \left(\dfrac{r}{R} - \dfrac{r'}{R'} \right) = \omega\, \dfrac{r}{R} - \omega'\, \dfrac{r'}{R'}$.

Dans le cas où ω' est nul, ce qui suppose la roue a' fixe dans l'espace, il reste :

$$\Omega \left(\frac{r}{R} - \frac{r'}{R'} \right) = \omega\, \frac{r}{R}$$

ou   (6) $\omega = \Omega \left(1 - \dfrac{Rr'}{R'r} \right)$.

Si l'engrenage a' b' était intérieur, les vitesses ω, Ω et V, conservant leur sens, il faudrait que ω' en changeât ; l'équation (3) subsisterait, mais la vitesse angulaire relative de la roue a' par rapport au bras porte-train, ramené au repos serait $\omega' + \Omega$ en valeur absolue ; on devrait donc avoir :

$$\frac{(\omega - \Omega)r}{(\omega' + \Omega)r'} = \frac{R}{R'}$$

d'où (7) $\Omega \left(\dfrac{r}{R} + \dfrac{r'}{R'} \right) = \omega\, \dfrac{r}{R} - \omega'\, \dfrac{r'}{R'}$.

Cette relation aurait pu se déduire de la relation (5) en changeant les signes de ω' et de R'.

Si dans le cas particulier, on avait $r = r'$ et R = R' il en résulterait :

(8) $\Omega = \dfrac{1}{2} (\omega - \omega')$.

C'est-à-dire que dans ce cas, la vitesse angulaire du bras porte-train est la demi-différence des vitesses angulaires des roues a et a' qui tournent autour du même axe.

En faisant l'hypothèse $\omega' = 0$ introduite dans l'équation (7) on a

(9) $\omega = \Omega \left(1 + \dfrac{Rr'}{R'r} \right)$

752. — *Train épicycloïdal sphérique.*
— Ce type de train épicycloïdal diffère du

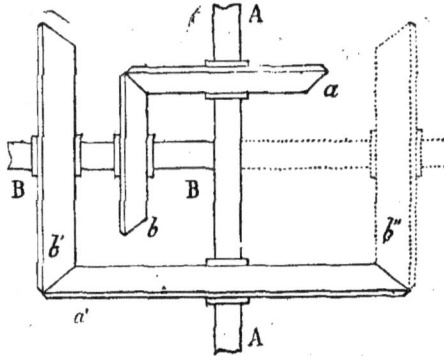

Fig. 471.

premier en ce que les roues à axes mobiles b et b' de la figure précédente sont des roues d'angles, toujours solidaires, mais montées sur le bras porte-train lui-même (*fig.* 454).

Si l'on suppose aux roues a et a' des vitesses angulaires ω et ω' de sens contraire, en raisonnant comme nous l'avons fait pour le type plan et conservant les mêmes notations on trouve :

$$(10) \quad \Omega \left(\frac{r}{R} + \frac{r'}{R'} \right) = \omega \frac{r}{R} - \omega' \frac{r'}{R'}$$

Si la roue b' était transportée en b'' de l'autre côté de l'axe AA, les roues a et a' auraient des vitesses angulaires ω et ω' de même sens, et en employant toujours les mêmes calculs on aurait la relation déjà trouvée (5).

$$(11) \quad \Omega \left(\frac{r}{R} - \frac{r'}{R'} \right) = \omega \frac{r}{R} - \omega' \frac{r'}{R'}$$

On peut supposer comme cas particulier qu'on supprime la roue b' et qu'on fasse engrener directement b avec a'; ceci revient à supposer $r = r'$ et $R = R'$ l'équation (10) devient alors

$$(12) \quad \Omega = \frac{1}{2} (\omega - \omega').$$

relation déjà trouvée pour le train épicycloïdal plan.

Ce cas particulier se rencontre dans les mécanismes d'horlogerie ; mais la roue d'angle b est remplacée par une roue cylindrique dont les dents ont une certaine étendue dans le sens de l'axe, tandis que les roues d'angle a et a' sont remplacées par des *roues de champ*, c'est-à-dire par des roues dont les dents sont perpendiculaires au plan de la roue, ou, ce qui revient au même, parallèles à l'axe AA.

753. — REMARQUE I. — Le principe sur lequel sont fondés les deux mécanismes ci-dessus peut être généralisé, en supposant que les roues b et b' soient liées aux roues a et a' par une série de pignons et de roues intermédiaires, ayant leurs axes parallèles à AA et fixées au bras porte-train. Au lieu d'avoir la relation (3) précédente

$$\frac{\omega - \Omega}{V} = \frac{R}{r}$$

on aurait

$$(13) \quad \frac{\omega - \Omega}{V} = K \frac{R}{r}$$

dans laquelle K désignerait le rapport entre le produit dès rayons des pignons intermédiaires et le produit des rayons des roues qui engrènent avec ces pignons. L'équation (4) deviendrait alors

$$(14) \quad \frac{\omega' - \Omega}{V} = K' \frac{R'}{r'}$$

K' désignant le rapport analogue à K, et en éliminant V on trouverait :

$$\frac{\omega - \Omega}{\omega' - \Omega} = \frac{K R r'}{K' R' r}$$

d'où

$$\Omega \left(\frac{r}{KR} - \frac{KR'}{r'} \right) = \omega \frac{r}{KR} - \omega' \frac{r'}{K'R'}$$

équation tout à fait analogue à l'équation (5) et qui n'en diffère qu'en ce que les rayons R et R' des roues à axe mobile sont remplacés par les produits KR et K'R'

dans le cas où a' est fixe, c'est-à-dire ou l'on a $\omega' = 0$ on aurait

$$\omega = \Omega \left(1 - \frac{K R r'}{K' R' r} \right).$$

équation analogue à l'équation (6)

754. *Remarque* II. — L'équation générale (13) ou les équations particulières (5) (7) (10) (11) permettent de résoudre les questions dans lesquelles, deux des quantités ω, ω' ou Ω étant données, on se propose de déterminer la troisième, ce qui est facile à faire.

755. *Remarque* III. — Les trains épicycloïdaux sont employés à divers usages Quelquefois ils servent seulement à tracer des courbes épicycloïdales qui trouvent dans les arts un grand nombre d'application (n° 698). On s'en sert aussi pour obtenir des mouvements très lents, ou pour établir entre les vitesses angulaires de deux arbres un rapport exprimé par des nombres dont les facteurs premiers sont très grands.

756. *Engrenage différentiel.* — On donne improprement le nom d'engrenage différentiel à un rouage plus ou moins compliqué disposé de manière à imprimer à un même axe deux mouvements de rotation en sens contraire, d'où résulte un mouvement unique qui est la *différence* des deux premiers. Les engrenages différentiels sont une application des trains épicycloïdaux que nous venons de décrire, on en fait usage soit pour obtenir un mouvement très lent, soit pour établir entre deux axes un rapport de vitesses exprimé par une fraction dont les termes sont très grands et ne se décomposent point en facteurs simples, problème que l'on rencontre dans l'horlogerie astronomique. On adopte pour cela les deux systèmes principaux qui se rapportent aux deux types de trains épicycloïdaux que nous avons décrits plus haut.

757. SYSTÈME I. — Soient AA l'axe conducteur et BB celui à conduire (*fig.*455). Sur le premier est montée une roue M,

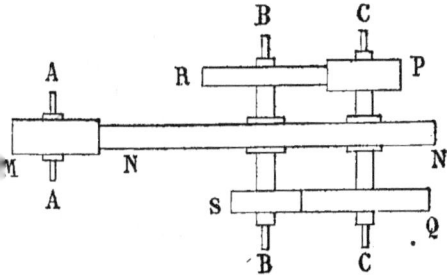

Fig. 455.

qui engrène avec une roue N montée sur un canon pouvant tourner librement sur l'axe BB. La roue N porte excentriquement un second canon que traverse un axe auxiliaire mobile CC, sur lequel sont montées deux roues solidaires P et Q ; la première P engrène avec une roue R montée sur l'axe BB ; la seconde Q engrène avec une roue S, traversée en son centre par l'axe BB. Le système des

axes BB et CC forme donc un train épicycloïdal plan, dans lequel la roue N joue le rôle du bras porte-train.

Toute la différence avec le train épicycloïdal plan consiste en ce que la roue N est montée sur un canon enveloppant l'axe de la roue R, tandis que dans celui étudié au numéro 751, c'est le contraire ; mais cette circonstance ne change rien à la théorie du système. La roue S étant fixe, si l'on nomme ω la vitesse angulaire de la roue R, Ω celle de la roue N, et $r'\ r''\ R'\ R''$ les rayons des roues R, S, P, Q on aura, conformément à la théorie du train épicycloïdal plan (équation 6)

$$\omega = \Omega\left(1 - \frac{R'r''}{R''r'}\right)$$

les rapports $\dfrac{R'}{r'}$ et $\dfrac{R''}{r''}$ peuvent être remplacés par les rapports des nombres de dents des roues correspondantes. Si p, q, r, s, représentant les nombres de dents des roues P, Q, R, S, on aura

$$(1) \qquad \omega = \Omega\left(1 - \frac{ps}{qr}\right)$$

mais si ω_1 désigne la vitesse angulaire de de la roue motrice M, et que m et n soient les nombres de dents des roues M et N on a aussi

$$\frac{\omega_1}{\Omega} = \frac{n}{m}$$

d'où

$$(2) \qquad \Omega = \omega_1\,\frac{m}{n}$$

et en éliminant Ω des équateurs 1 et 2 il vient

$$(3) \quad \frac{\omega}{\omega_1} = \frac{m}{n}\left(1 - \frac{ps}{qr}\right).$$

Les nombres qui entrent dans le second membre peuvent être choisis de manière à faire prendre au rapport des vitesses, des axes AA et BB la valeur numérique que l'on voudra. Remarquons cependant que les quatre nombres p, q, r, s, sont liés par une relation à laquelle il faut avoir égard

$$(4) \qquad r' + R' = p'' + R''$$

Si e représente le pas de l'engrenage

pour les roues. P et Q et e', le pas de l'engrenage pour les roues Q et S, la relation précédente peut se mettre sous la forme

$$\frac{2\pi r'}{e} + \frac{2\pi R'}{e} = \frac{e'}{e}\left(\frac{2\pi r''}{e'} + \frac{2\pi R''}{e'}\right)$$

équation qui revient à

$$r + p = \frac{e'}{e}(s + q).$$

Si comme cela a lieu ordinairement on a

$$e = e'$$

il vient

(3) $r + p = s + q$

Si la roue fixe S enveloppait la roue Q de manière que l'engrenage fût intérieur, l'équation (3) deviendrait

$$\frac{\omega}{\omega_1} = \frac{m}{n}\left(1 + \frac{ps}{qr}\right).$$

On parviendrait au même résultat en interposant entre les roues P et R un pignon d'un nombre de dents arbitraires tournant autour d'un axe fixé à la roue N.

Au lieu d'employer une roue fixe S, on pourrait aussi la faire tourner à l'aide d'un rouage dont le premier mobile serait fixé à l'axe AA, ce qui augmenterait ou diminuerait la vitesse relative des roues P et Q par rapport à l'axe CC.

758. Système II. — Le deuxième système d'engrenage différentiel se rapporte au train épicycloïdal sphérique.

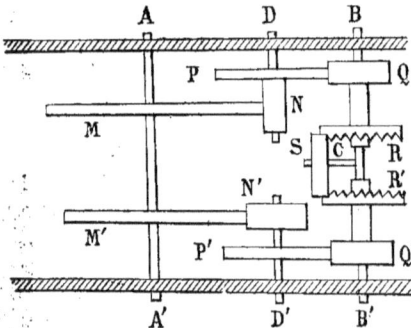

Fig. 456.

Soient AA' l'axe moteur et BB' celui qu'il s'agit de faire mouvoir (*fig.* 456). Sur l'axe AA' sont montées deux roues M et M' qui par l'intermédiaire de pignons et roues N, P, Q, ou N', P', Q', font mouvoir deux roues de champ égales R et R' montées sur des canons qui peuvent tourner librement autour de l'axe BB'. Ces deux roues de champ, engrènent avec une même roue S dont l'axe C est fixé à angle droit sur l'axe BB. Ce système des roues R, et R' et S forment un train épicycloïdal sphérique dans lequel les roues d'angle sont remplacées par deux roues de champ engrenant avec une même roue cylindrique.

Les roues R et R' étant égales on a d'après l'équation 8 de la théorie des trains épicycloïdaux

$$\Omega = \frac{1}{2}(\omega + \omega')$$

Ω représentant la vitesse angulaire de l'axe BB', ω et ω' celles des roues R et R'.

Cette vitesse Ω serait égale à la demi-différence si les roues de champ au lieu de tourner dans le même sens, comme le suppose la figure, tournaient en sens contraire, ce qu'on obtiendrait en interposant un mobile de plus entre les roues M et Q en outre les roues M' et Q'.

Ce système de rouage est comme le premier, très ancien ; on en trouve un exemple dans une sphère à équation de Passemant, habile horloger du xviii° siècle.

759. *Applications de ces engrenages différentiels.* — Voyons comment on peut établir un rapport donné entre les vitesse angulaires de deux axes, au moyen de l'un ou l'autre des combinaisons que nous venons de décrire.

1° Soit à établir à l'aide du premier système le rapport des vitesses.

$$\frac{\omega}{\omega_1} = \frac{44609}{188190}.$$

(Ce rapport est à peu près celui de la semaine au mois lunaire.)

Décomposons les deux termes en facteurs, on a :

$$\frac{\omega}{\omega_1} = \frac{31 \times 1439}{2.3^3.5.17.41},$$

qu'on peut écrire

$$\frac{\omega}{\omega_1} = \frac{31}{54} \times \frac{1439}{3485} \left(1 - \frac{2046}{3485}\right)$$

ou bien

$$\frac{\omega}{\omega_1} = \frac{31}{54} \left(1 - \frac{33.62}{41.85}\right).$$

En se reportant aux notations adoptées dans le premier système d'engrenage différentiel, on voit qu'on satisfera à la question en posant.

$m = 31, n = 54, p = 33, q = 41, r = 85, s = 62.$

2° Si on adopte le second système d'engrenage différentiel en supposant que le dénominateur du rapport donné soit décomposable en facteurs simples de telle sorte qu'on ait

$$\frac{\omega}{\omega_1} = \frac{k}{a.b.c}$$

on posera

$$ax + by = k.$$

en prenant les coefficients a et b de telle sorte qu'ils soient premiers entre eux ; on résoudra en nombres entiers cette équation indéterminée (Algèbre), en choisissant parmi les solutions celles qui donnent des nombres de même signe, si l'on veut que les roues R et R' tournent dans le même sens, ou celles qui donnent des nombres de signes contraires, si l'on veut que les roues de champ, tournent en sens opposé, on aura alors, par exemple.

$$\frac{\omega}{\omega_1} = \frac{ax + by}{abc} = \frac{1}{2}\left(\frac{2x}{bc} + \frac{2y}{ac}\right)$$

et $\frac{2x}{bc}$ exprimera le rapport de vitesses à établir entre la roue M et la roue de champ R, tandis que $\frac{2y}{ac}$ exprimera le rapport entre les vitesses des roues M' et R'. Supposons, par exemple, que le rapport donné soit celui de la lunaison moyenne à 12 heures, c'est-à-dire

$$\frac{2551443}{43200} \quad \text{ou} \quad \frac{850481}{14400}$$

ou encore

$$\frac{850481}{4.9.400}$$

on posera $4x + 9y = 850481$

d'où l'on tire $x = 212618 + 9t$

et $y = 1 - 4t$

Parmi les nombreuses solutions entières et positives comprises dans ces formules, on remarquera celle qui correspond à $t = -1402$ et qui donne

$$x = 200000 \text{ et } y = 5609$$

On aura en adoptant ces valeurs.

$$\frac{850481}{14400} = \frac{200000}{9.400} + \frac{5609}{4.400} = \frac{40.50}{6.6} + \frac{71.79}{50.32}$$

ou bien

$$\frac{850481}{14400} = \frac{1}{2}\left[\frac{50.80}{6.6} + \frac{71.79}{25.32}\right].$$

On satisfera donc aux conditions du problème en prenant

$$m = 80, \quad n = 6, \quad p = 50 \quad q = 6$$
$$m' = 79, \quad n' = 25, \quad p' = 71, \quad q' = 32.$$

Ces lettres désignent le nombre de dents qui correspondent aux roues ou aux pignons représentés par les mêmes lettres majuscules sur la figure de l'engrenage différentiel du deuxième système.

Les engrenages différentiels servent encore à obtenir des mouvements de rotation très lents comme dans les compteurs.

Ainsi, si dans le premier système on fait $m = 8, n = 32, p = 49, q = 50$ $r = 50$ et $s = 51$.

Le rapport des vitesses des axes AA et BB sera exprimé par

$$\frac{8}{32}\left(1 - \frac{49.51}{50.50}\right) \quad \text{ou} \quad \frac{1}{10000}$$

c'est-à-dire que l'axe AA devra faire 10000 tours pour que l axe BB en fasse 1.

760. *Dimensions du corps des roues d'engrenages.* — Nous empruntons à l'ouvrage de construction de Reuleaux, les diverses formes et dimensions des principales parties des roues d'engrenages.

Couronne d'une roue dentée. — La couronne ou jante d'une roue est la partie annulaire sur laquelle sont fixées les dents. Lorsque les roues sont de grandes dimensions, elles sont faites en plusieurs secteurs. Dans ce cas l'ensemble des segments séparés constituent, par leur réunion, la couronne de la roue. Dans les engrenages cylindriques, l'épaisseur de la couronne

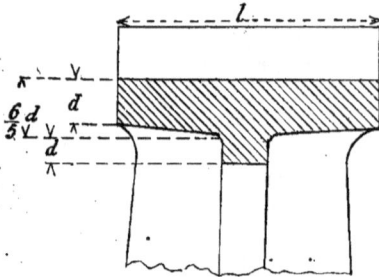

Fig. 457.

peut être déterminée par la formule
$$d = 3 + 0, 4\,p$$
dans laquelle d est l'épaisseur de la jante vers le bord, exprimée en millimètres, et p le pas de l'engrenage également en millimètres (*fig.* 457.)

L'épaisseur de la couronne n'est pas uniforme elle est plus grande vers le milieu, ou bien à l'un des bords comme dans la

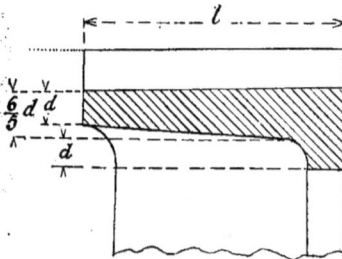

Fig. 458.

figure 458 ; elle augmente de d à $\frac{6}{5}d$; elle

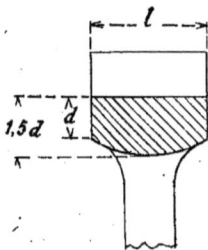

Fig. 459.

est de plus renforcée par une nervure qui,

pour les pas de faible dimension et pour

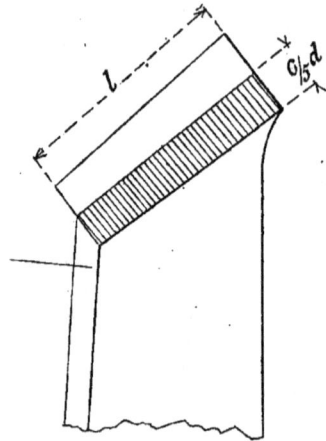

Fig. 460.

des bras à section ovale. peut être profilée en arc de cercle (*fig.* 459.)

Ainsi, d'après la formule ci-dessus, pour un pas de $0^m,25$ la couronne aura une épaisseur de $3 + 10 = 0^m,13$. Si $p = 0^m,15$ d n'est plus que de $3 + 6 = 0^m,09$.

Dans les roues coniques (*fig.* 460), l'épaisseur de la jante va en augmentant de l'intérieur à l'extérieur, où elle atteint $\frac{6}{5}d$. Quelquefois elle se raccorde avec les bras, comme l'indique la figure 461.

Dans les roues à dents en bois appelées

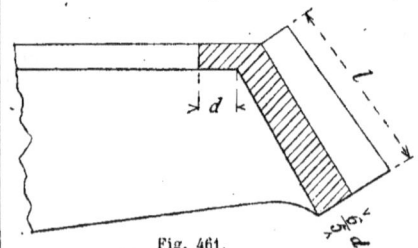

Fig. 461.

roues à alluchons, la couronne doit avoir une plus grande épaisseur et, de plus, être renforcée latéralement ; cette augmentation de dimensions a surtout pour but de

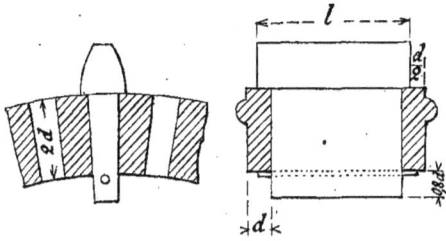

Fig. 462.

permettre un encastrement convenable

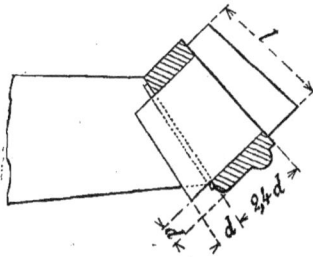

Fig. 463.

des dents; les dimensions proportionnelles pour les roues cylindriques sont indiquées par les figures 462 et 463.

Les dents de bois d'une très grande lar-

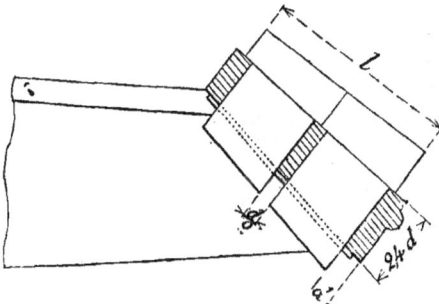

Fig. 464.

geur sont formées de deux pièces dont les queues sont séparées par une nervure transversale (*fig.* 464.)

Les roues cylindriques de très faibles dimensions, comme les pignons par

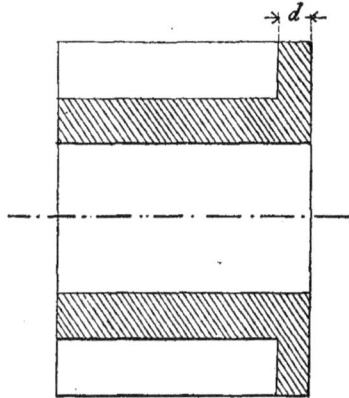

Fig. 465.

exemple lorsqu'elles transmettent de faibles pressions, sont renforcées latéra-

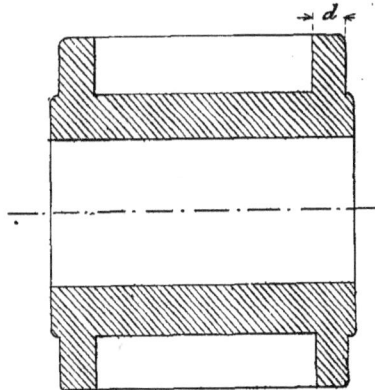

Fig. 466.

lement par un ou deux disques (*fig.* 465 et 466).

Quand le pignon doit engrener avec une crémaillère, il faut que ces disques soient tournés jusqu'au rayon de la circonférence primitive (*fig.* 467) celle-ci porte dans ce cas, des guides latéraux rabotés, sur lesquels roulent les disques du pignon.

761. *Bras d'une roue dentée.* — Les

sections des bras, généralement adoptées

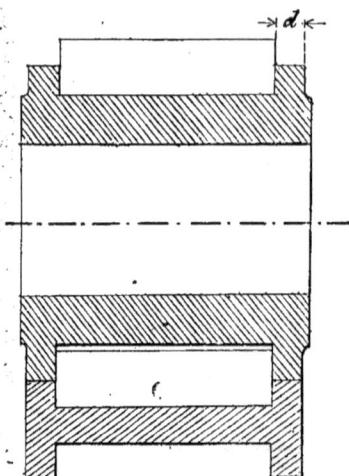

Fig. 467.

aux formes de couronnes indiquées plus

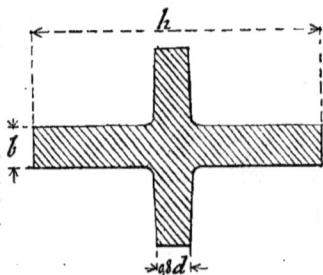

Fig. 468

haut sont représentées par les figures 468

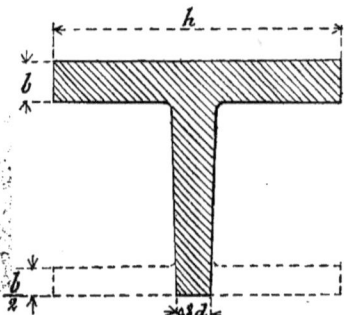

Fig. 469.

et 469. Sections à nervures, de dimensions

différentes, dans lesquelles la hauteur h du bras contenue dans le plan moyen de la roue se détermine au sentiment ; cependant on obtient une valeur convenable en prenant pour le rapport $\dfrac{h}{p}$ un nombre compris entre 2 et 2,5 ; l'épaisseur b de la nervure peut s'obtenir à l'aide de la formule.

$$\frac{b}{l} = 0{,}07\,\frac{N}{K}\left(\frac{p}{h}\right)^2$$

dans laquelle $l =$ largeur de la jante ;

　　　　$N =$ nombre de dents de la roue ;

　　　　$K =$ nombre de bras

Lorsque cette formule donne une épaisseur de nervure trop forte ou trop faible au point de vue de l'aspect ou de l'exécution à la fonderie, on modifie la valeur admise précédemment $\dfrac{h}{p}$ et on recommence le calcul. Ces tâtonnements peuvent être simplifiés par l'usage de la table suivante.

Dans les bras à section ovale, la hauteur h près du moyeu est en général égale à $2\,p$ et va en diminuant jusqu'à la couronne où elle n'est plus que $\dfrac{2}{3}\,2p$.

	VALEUR DE $\frac{b}{l}$ POUR								
$\frac{h}{p}$ $\diagdown$ $\frac{N}{K}=7$	9	12	16	20	25	30	35	40
1,50	0,20	0,28	0,37	0,50	0,62	0,78	0,93	1,08	1,24
1,75	0,16	0,21	0,27	0,37	0,46	0,57	0,69	0,80	0,91
2,00	0,12	0,16	0,21	0,28	0,35	0,44	0,53	0,61	0,70
2,25	0,10	0,12	0,17	0,22	0,28	0,35	0,41	0,48	0,55
2,50	0,08	0,10	0,13	0,18	0,22	0,28	0,34	0,39	0,45
2,75	0,06	0,08	0,11	0,15	0,18	0,23	0,28	0,32	0,37
3,00	0,05	0,07	0,09	0,12	0,16	0,19	0,23	0,27	0,31

Les bras à nervures en croix d'une roue à dents en bois et de la roue à dents de fonte qui engrène avec elle, ne doivent avoir comme dimensions, que les 8/10 de celles qu'on donne aux roues de fonte sur fonte.

Le nombre K des bras d'une roue se

trouve convenablement déterminé par la
relation

$$K = \frac{1}{4} \sqrt{N} \sqrt[4]{p}$$

$$K = \frac{1}{3} \sqrt{N} \sqrt[4]{\frac{p}{\pi}}$$

au moyen de laquelle on a déterminé la
série des valeurs suivantes :

K =	3	4	5	6	7	8	10	12
N $\sqrt{p}$ =	144	256	400	576	784	1024	1600	2304
N $\sqrt{\frac{p}{\pi}}$ =	81	144	225	324	441	576	900	1296

Ainsi, pour une roue de 50 dents,
de 0^m,050 de pas, la valeur N $\sqrt{p}$ est
est 50 × 7 = 350, qui se rapproche beau-
coup de 400, la roue doit donc avoir
5 bras. Si le pas n'était que de 0^m,016
N$\sqrt{p}$=50×4=200, nombre compris entre
144 et 256, le nombre des bras sera 3 ou 4.

Comme application du tableau précédent,
voyons qu'elle serait l'épaisseur b de la nervure des bras pour la roue précédente.

Supposons que la largeur de la dent
l = 2 p = 0^m,100 et que la hauteur h de
la nervure dans le plan moyen de la roue
soit h = 2p = 0^m,100, la table précédente
donne pour l'épaisseur b = 0,35 × 100
= 0^m,035. Si cette épaisseur est incom-
mode et si l'on préfère une nervure plus
faible, on prendra pour h = 2,25p = 2,25
× 50 = 0^m,113 et la table donne alors
b = 0^m,28 × 100 = 0^m,028.

762. *Moyeu d'une roue dentée.* — La
surface extérieure du moyeu d'une roue
dentée comporte une ou deux parties
légèrement coniques suivant la forme de
section adoptée pour les bras ; la longueur
L du moyeu, qui est ordinairement égale à
5/4 l, peut être prise un peu plus forte, dans
le cas de roues d'un grand rayon ; l'épaisseur du moyeu est donnée par la formule.

$$v = 10 + 0,4h$$

Lorsque le moyeu n'est pas destiné à
être posé à chaud, il est légèrement évidé à
l'intérieur, sur une partie de sa longueur,
de telle sorte qu'on n'ait à dresser au tour,
à chaque extrémité, qu'une largeur égale

à 3/4 v. Le passage de la clavette de
fixation est dressé sur toute la longueur
du moyeu et présente une inclinaison égale
à celle de la clavette. Dans les roues destinées à transmettre des efforts considérables, le moyeu se trouve renforcé
par une saillie, ménagée directement
au-dessus du logement de la clavette, afin
d'éviter que l'introduction de cette dernière ne puisse amener sa rupture. Une
précaution préférable, consiste à renforcer
chacune des deux extrémités du moyeu,
ou au moins l'une d'elles. par un anneau
en fer rapporté. Ces anneaux à section carrée dont le côté peut être pris égal à 1/2 v
augmentent notablement la résistance du
moyeu et permettent de chasser la clavette
avec force ; sans danger de rupture.

763. — *Poids des roues dentées.* Le poids
P d'une roue cylindrique établie d'après
les données précédentes, peut être représenté approximativement par l'expression.

$$P = lp^2 (6,25 N + 0,04N)$$

dans laquelle l et p sont exprimés en décimètres. Cette formule peut être facilement
appliquée en faisant usage de la table
suivante qui donne $\frac{P}{lp^2}$ pour une série de
valeurs du nombre de dents. Chacune des
quantités, fournies par cette table, correspond à un nombre de dents, qui est précisément la somme des chiffres inscrits à
l'entrée des deux lignes horizontale et
verticale correspondante.

N	0	2	4	6	8
20	141,0	156,9	173,0	189,5	206,4
30	223,5	241,0	258,7	276,8	295,3
40	314	333,0	352,4	372,1	392,2
50	412,5	433,2	454,1	475,4	497,1
60	519,0	541,3	563,8	586,7	610,0
70	633,5	657,4	681,5	706,0	730,7
80	756,0	781,5	807,2	833,3	859,8
90	886,5	913,6	940,9	968,6	996,7
100	1025,0	1053,7	1082,6	1111,9	1141,6
120	1326,0	1357,9	1390,0	1422,5	1455,4
140	1659,0	1694,1	1729,4	1765,1	1801,1
160	2024,0	2062,3	2100,8	2139,7	2179,0
180	2421,0	2462,5	2504,2	2546,3	2588,8
200	2850,0	2894,7	2936,9	2984,9	3030,6
220	3311,0	3358,9	3407,0	3455,5	3504,5

Appliquons cette formule au poids d'une roue ayant 50 dents, un pas de $0^m,05$ la largeur l des dents $= 0^m,1$. On à dans ce cas $l\,p^2 = 0,25$, et la table (col. 2, ligne 4) donne pour poids $P = 0,25 \times 412,5 = 103,1$.

Si la roue conservant 50 dents avait un pas de 30^{mm} et les dents une largeur de 60^{mm}, son poids serait,

$$P = 0,6 \times \overline{0,3}^2 \times 412,5 = 0,054 \times 412,5$$
$$= 22^k,28.$$

Les roues coniques et les roues à dents en bois, avec des bras en croix légers, ont des poids un peu inférieurs à ceux que donne la table précédente.

764. Transmission par courroies entre deux axes concourants. — Lorsque les arbres concourants sont disposés de manière que les portions sur lesquelles on pourrait placer les roues d'angle, sont trop éloignées, on peut employer des cordes et des courroies pour transmettre le mouvement. A cet effet, on se sert de poulies intermédiaires et fixes, qui changent convenablement la direction des brins de cordes ou de courroies, et que l'on nomme *poulies de renvoi*.

La flexibilité des courroies leur permet de se retourner du plat sur le champ, et de se prêter à ce changement de direction.

Dans des cas pareils, il importe surtout de bien diriger le brin conduit dans le sens de la poulie sur laquelle il s'enroule, parce que c'est au moment de leur enroulement que les courroies tendent toujours à échapper, tandis qu'au déroulement elles prennent facilement la direction que l'on veut. Il est souvent d'ailleurs préférable de ménager .un rebord saillant au-dessous des poulies placées sur des arbres verticaux. Ce moyen de transmission présente des difficultés d'installation et des inconvénients ; aussi on ne doit l'employer que pour des machines légères et marchant à grande vitesse.

§ IV. — AXES NON SITUÉS DANS LE MÊME PLAN

765. Engrenages coniques. — La

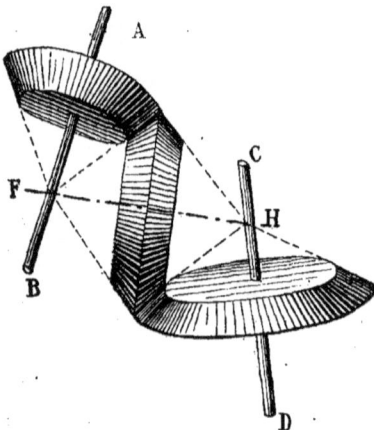

Fig. 470.

solution la plus facile quoique indirecte, pour la transmission entre deux axes qui se rencontrent, consiste à faire usage des engrenages coniques, en employant un axe intermédiaire.

Soient AB et CD (*fig*. 470) deux axes non situés dans le même plan; prenons une ligne convenablement disposée qui rencontre les deux axes en F et H et considérons cette ligne comme un axe jouant le même rôle que les deux premiers. Il suffira d'établir entre les axes AB et FH un engrenage d'angle, puis un deuxième engrenage d'angle entre FH et CD. Les deux cônes primitifs de la première transmission ayant leurs sommets au point F, et les deux autres cônes au point H. Cette disposition montre que la rotation de l'axe AB se communiquera à l'axe CD avec le rapport de vitesse désiré. En effet, soient ω, ω' ω'' les vitesses angulaires respectives des axes AB, FH et CD et soient R, R' R'' les rayons des bases de ces cônes on aura :

$$\frac{\omega}{\omega'} = \frac{R'}{R}$$

et

$$\frac{\omega'}{\omega''} = \frac{R''}{R'}$$

d'où en multipliant membre à membre ces deux égalités.

$$\frac{\omega}{\omega''} = \frac{R''}{R}$$

exactement comme si les cônes R et R″ pouvaient agir par contact immédiat l'un sur l'autre.

Les deux cônes placés sur l'arbre intermédiaire FH peuvent ne pas être accolés et avoir des rayons différents, le plus généralement, on leur donne le même nombre de dents, et alors ce nombre est indifférent.

On peut modifier cette solution en prenant l'axe intermédiaire FH parallèle à l'un des axes donnés et le deuxième engrenage devient cylindrique, comme l'indique la figure. On pourrait également, d'un point situé entre les deux axes, mener deux autres axes intermédiaires, respectivement parallèles aux deux premiers; la transmission se composerait alors de deux engrenages cylindriques et d'un engrenage conique.

766. Engrenage hyperbolique.
— La transmission directe du mouvement de rotation entre deux axes non situés dans le même plan a été étudié d'une manière toute particulière par Bellanger. Quoique cette solution soit peu appliquée, il est bon de donner un aperçu des engrenages hyperboliques qu'on rencontre quelquefois dans les filatures.

Lorsqu'on réduit au repos l'un des corps tournants, sans altérer le mouvement relatif, le mouvement instantané du corps mobile se compose d'une rotation autour d'un certain axe avec glissement parallèlement à cet axe, ce qu'on exprime clairement par une image, en disant que les vitesses du corps relativement mobile ont entre elles les mêmes relations que si ce corps était actuellement lié à une certaine vis qui se mouvrait dans son écrou relativement immobile.

L'axe de la vis est l'axe instantané de rotation et de glissement, il change de position relative d'un instant à un autre quelconque, et sous la condition de l'uniformité du rapport des vitesses angulaires absolues, le pas de la vis changerait aussi. Par suite, le mouvement fini du mobile peut être reproduit en faisant rouler une certaine surface réglée sur une autre surface réglée fixe avec glissement élémentaire le long de la génératrice de contact. La position relative des deux axes demeurant la même pendant toute la durée du mouvement, la position de l'axe instantanée par rapport à ces deux axes reste aussi la même; la surface qu'il engendre dans l'espace est donc celle qu'engendre une droite qui tourne autour d'une droite fixe en conservant par rapport à elle son inclinaison et sa distance, c'est-à-dire que c'est une hyperboloïde de révolution à une nappe; la surface qu'il engendre dans le corps mobile est, par une raison semblable, un second hyperboloïde de révolution à une nappe. Ces deux surfaces portent le nom d'*hyperboloïdes* primitifs; c'est sur ces hyperboloïdes que doivent être fixées les surfaces formant les dents de l'engrenage.

Ces roues se rencontrent dans quelques machines où il est aisé de les confondre avec des roues d'angle, attendu que les axes sont très voisins l'un de l'autre·

Les règles données par Bellanger pour déterminer les hyperboloïdes primitifs sont résumées qlus simplement par Sonnet dans son dictionnaire de mathématiques appliquées et que nous reproduisons ci-après.

Soient OX et O′X′ (*fig*, 471) les deux axes de rotation; OO′ leur plus courte distance, OA et O′A′ les droites représentatives des vitesses angulaires ω et ω′ qu'il s'agit de composer. En un point déterminé I de la droite OO′; appliquons deux rotations opposées. IB et Iβ′ égales et parallèles à OA et deux autres rotations opposées IB′ et Iβ′ égales et paralèles à O'A′. Les deux rotations IB et IB′

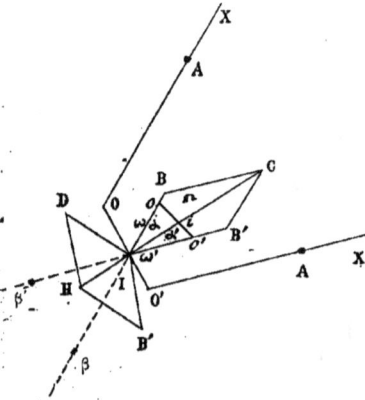

Fig. 471.

se composeront en une seule IC par la règle du parallélogramme. Les deux rotations AO et Iβ égales et opposées équivalent à une translation ID perpendiculaire au plan AIβ, et ayant pour valeur $_\omega x$, en appelant x la distance OI. De même, les deux rotations A'O' et Iβ′ égales et opposées donnent une translation ID′ perpendiculaire au plan A'Iβ′ et ayant pour valeur $_\omega x'$ en appelant x' la distance O'I. Enfin, les deux translations ID et ID′ se composeront en une seule IH par la règle du parallélogramme.

Les quatre droites IB, IB′, ID, ID′ sont dans un même plan perpendiculaire à OO'. ou parallèle aux deux axes. Si l'on choisit le point I de manière que les deux directions IC et IH soient dans le prolongement l'une de l'autre, on aura remplacé les deux rotations proposées par une rotation autour de IC et par une translation parallèle à IC ; la droite IC sera donc l'axe instantané du mouvement de l'un des corps tournants par rapport à l'autre rendu fixe sans changer le mouvement relatif.

Pour que IH soit dans la direction de IC, il faut que l'angle DIH soit le complément de RIC, puisque DI est perpendiculaire à IB ; et il faut de même que l'angle HID′ soit le complément de B'IC. Posons BIC = α, B'IC = α′ ; nous devons avoir. DIH = 90° — α et D'IH = 90° — α′. Or le parallélogramme IDHD′ donne :

$$\frac{\mathrm{ID}}{\mathrm{ID'}} = \frac{\sin \mathrm{HID'}}{\sin \mathrm{HID}} \quad \text{ou}$$

$$(1) \qquad \frac{\omega x}{\omega' x'} = \frac{\cos \alpha'}{\cos \alpha}$$

Le parallélogramme IBCB′ donne d'ailleurs :

$$\frac{\mathrm{IB}}{\mathrm{IB'}} = \frac{\sin \mathrm{BIC}}{\sin \mathrm{B'IC}} \quad \text{ou}$$

$$(2) \qquad \frac{\omega}{\omega'} = \frac{\sin \alpha'}{\sin \alpha}.$$

De ces deux relations, on tire par division :

$$(3) \qquad \frac{x}{x'} = \frac{\operatorname{tang} \alpha}{\operatorname{tang} \alpha'}$$

relation qui détermine le point I ; car les vitesses angulaires ω et ω' étant données, on peut toujours construire le parallélogramme IBC'B, et, par conséquent, déterminer α et α′, ou mieux encore, le rapport de tg α à tg α′, lequel n'est autre chose que le rapport entre les segments oi et $o'i$ d'une droite OO' menée dans le parallélogramme perpendiculairement à la diagonale IC.

La vitesse angulaire résultante Ω est donnée par la relation connue

$$(4) \quad \Omega = \sqrt{\omega^2 + \omega'^2 + 2\omega\omega' \cos(\alpha + \alpha')}$$

dans laquelle α + α′ est connu, puisque c'est l'angle des deux axes.

La translation résultante HI est donnée de même par la relation

$$(5)\, \mathrm{IH} = \sqrt{\omega^2 x^2 + \omega'^2 x'^2 - 2\omega\omega' xx' \cos(\alpha+\alpha')}$$

Le mouvement instantané se trouve donc complètement défini, et connaissant l'axe instantané, on en déduit aisément les éléments des deux hyperboloïdes primitifs. Dans le cas assez fréquent où les axes sont rectangulaires, on a α′ = 90 — α ; par conséquent

$$\Omega = \sqrt{\omega^2 + \omega'^2}$$

puis
$$\frac{x}{x'} = \text{tg}^2\, \alpha = \frac{\omega'^2}{\omega^2}$$

D'ailleurs
$$x + x' = a$$

a étant la plus courte distance OO' ; de là on tire

$$x = a\, \frac{\omega'^2}{\omega^2 + \omega'^2} = \frac{a\,\omega'^2}{\Omega^2} \qquad \text{et}$$

$$x' = a\, \frac{\omega^2}{\Omega^2}$$

puis
$$\text{IH} = a\, \frac{\omega\,\omega'}{\Omega^2}$$

Bellanger ne s'est point occupé de la forme à donner aux dents. Dans la pratique, comme l'engrenage hyperbolique ne s'applique qu'à des mécanismes très

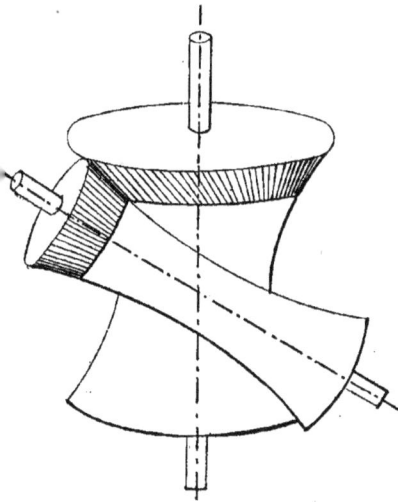

Fig. 472.

légers, on se contente de remplacer les dents par des stries dirigées suivant les génératrices, et qui suffisent pour assurer la transmission (*fig.* 472).

La propriété du glissement inévitable dans l'engrenage hyperbolique peut fournir un moyen d'exécution des dents.

Si, par exemple, on commence par ébaucher les dents, en adoptant pour leurs coupes transversales des profils semblables

à ceux d'un engrenage conique, et en dirigeant les naissances des faces courbes suivant les génératrices des hyperboloïdes primitifs ; qu'ensuite les roues étant montées sur les arbres, on les fasse tourner assez rapidement, le glissement des surfaces usera leurs parties trop saillantes et indiquera à l'ouvrier ce qui lui restera à faire pour perfectionner son travail.

C'est à cause des difficultés que présentent les tracés des dents qu'on a généralement recours à l'emploi d'un arbre intermédiaire s'appuyant sur les arbres donnés.

Pour l'étude plus complète des engrenages hyperboliques voir les ouvrages de Bellanger et de Th. Olivier.

Vis sans fin.

767. Lorsque les axes sont situés dans des plans perpendiculaires et à une assez faible distance l'un de l'autre, on emploie pour transmettre le mouvement, une vis, appelée *vis sans fin*, formée de quelques filets, engrenant avec un pignon monté sur le deuxième axe. Le plus généralement c'est la vis qui conduit le pignon.

Cette disposition est représentée par la figure 473 ; la vis est à filet carré comme cela a lieu le plus souvent. Si par l'axe XY de la vis on fait passer un plan perpendiculaire à l'axe de la roue, on obtient une section de l'appareil qui reproduit le tracé d'une crémaillère engrenant avec une roue dentée (n° 713). En effet, en premier lieu, la section de la vis présente une série de saillies rectangulaires, équidistantes sur la génératrice du noyau, et offre ainsi l'aspect d'une crémaillère. Or, si l'on suppose que la vis tourne uniformément autour de son axe, et que, dans chacune de ses positions, elle soit coupée par le plan passant par son axe perpendiculairement à l'axe de la roue, la section sera toujours la même, mais on la verra s'élever uniformément comme ferait une crémaillère conduite par une roue dentée.

Projection verticale

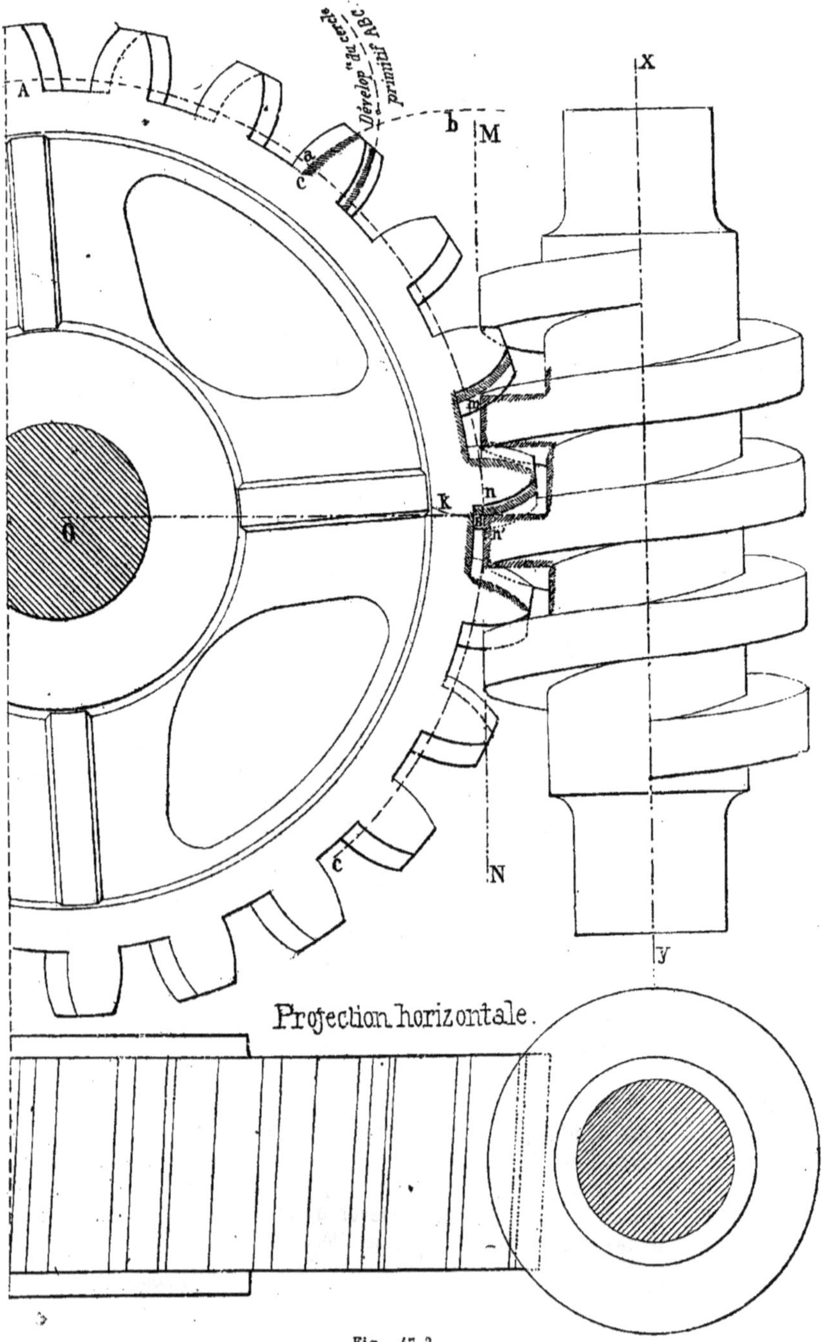

A

Déœlop du cercle primitif ABC

b M

X

k

m

n

O

c

N

y

Projection horizontale.

Fig. 47 3.

On en conclut que la section d'une dent quelconque de la roue, par ce même plan, doit être une développante de cercle.

Soit B le point de contact de la circonférence primitive de la roue avec la droite primitive MN de la crémaillère fictive considérée. Le point de contact m d'une dent de la roue avec la dent correspondante de cette crémaillère sera constamment sur la droite MN. De plus, le plan tangent à la surface hélicoïde du filet de vis en m, et le plan tangent au même point, à la surface de dent de la roue, devront coïncider. (Voir plus loin la théorie de la vis.) Le premier de ces plans tangents contient la tangente à l'hélice qui passe en m. Or cette tangente se projette verticalement en mB, et fait avec cette droite un angle qui mesure l'inclinaison de cette tangente sur l'axe de la vis, c'est-à-dire un angle constant; le plan tangent commun qui est déterminé par cette tangente et par la tangente à la développante, fait donc un angle constant avec le plan de la figure. La surface qui termine la dent de la roue est donc l'enveloppe d'un plan, dont la trace est tangente à la développante de cercle et qui fait un angle constant avec le plan de cette courbe.

On en conclut que c'est une surface réglée; donc les génératrices font elles-mêmes un angle constant avec le plan de la figure, et viennent successivement se confondre avec la tangente à l'hélice qui passe au point mobile m et se projeter par conséquent suivant mB.

Il en résulte que ces génératrices sont tangentes au cylindre primitif de la roue, c'est-à-dire au cylindre qui a pour base le cercle BO; l'arête de rebroussement de la surface est donc tracée sur ce cylindre, et, comme les génératrices ont une inclinaison constante par rapport à sa base, cette arête de rebroussement est une hélice; donc la surface cherchée est une hélicoïde développable.

768. *Tracé pratique.* — Après avoir déterminé par la résistance des matériaux

le pas de la vis sans fin, d'après l'effort à transmettre, on calculera d'après le rapport des vitesses angulaires le rayon du pignon et par suite la ligne primitive MN de la vis et la circonférence primitive de rayon OB de la roue. Cela fait on exécute le tracé d'une crémaillère et d'un pignon en donnant aux faces des dents de la roue la développante ab obtenue en enroulant la tangente BN sur la circonférence O; les flancs seront des hypocycloïdes ou des portions ac de rayon OB. Les faces des dents de la crémaillère seront données par la cycloïde BK, obtenue en faisant rouler une circonférence de rayon $\frac{OB}{2}$ sur la ligne primitive MN, et les flancs seront des perpendiculaires à MN. Ces faces et ces flancs seront limités à la manière ordinaire suivant le nombre de dents en prise.

La vis s'obtiendra en enroulant la section plane d'une dent de la crémaillère autour du cylindre primitif ayant pour axe XY de manière que son plan passe constamment par l'axe, chacun de ses points décrivant une hélice de même pas égal au pas donné. La roue devant avoir une épaisseur qui varie de quatre à cinq fois l'épaisseur de la dent, dans le sens de l'axe O, il faut que les faces des dents soient obliques. Cette obliquité se détermine par l'inclinaison des filets de la vis;

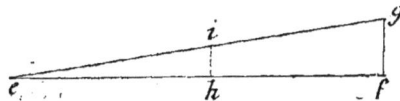

Fig. 474.

mine par l'inclinaison des filets de la vis; pour cela développons sur un plan la circonférence de base du cylindre primitif en fe (fig. 474); au point f élevons une perpendiculaire fg égale au pas, et joignons eg qui est le développement de l'hélice passant par B; portons ensuite eh égale à la largeur de la roue et élevons la perpendiculaire hi qui est l'inclinaison totale des dents de la roue par rapport à son axe. Il suffira alors de porter de chaque côté de la génératrice projetée en B la moitié de hi, en haut sur la face antérieure, et en bas sur la face postérieure, la droite qui joindra les deux points n et n', donnera l'inclinaison de la dent de la roue.

769. Remarque. — Il peut arriver que la vis soit simple, c'est-à-dire à un seul filet ; dans ce cas le pas de la roue dentée est égal au pas de la vis, car il est égal au pas de la crémaillère fictive. Mais souvent on enroule sur le même noyau un certain nombre de filets (trois au plus). Le pas de la roue dentée est alors égal à la distance entre deux filets consécutifs, comptée sur une parallèle à l'axe de la vis, c'est-à-dire égal au pas de la vis divisé par le nombre de filets.

Rapports des vitesses. — Soit ω la vitesse angulaire de la roue, ω' celle de la vis ; h le pas de la roue et h' celui de la vis ; n le nombre de dents de la roue, n' le nombre de filets de la vis.

On aura d'après ce qui a été dit plus haut :

$$h = \frac{h'}{n},$$

d'où
$$nh = \frac{nh'}{n'}.$$

mais nh représente la circonférence primitive de la roue ou $2\pi r$; on a donc :

$$2\pi r = \frac{nh'}{n'}$$

d'où
$$\frac{n'}{n} = \frac{h'}{2\pi r}.$$

Or, lorsque la vis fait un tour, c'est-à-dire lorsque la crémaillère fictive avance de h', la circonférence primitive de la roue, ayant tourné de la même quantité linéaire, a fait une portion de tour exprimée par $\frac{h'}{2\pi r}$ on a donc :

$$\frac{\omega'}{\omega} = \frac{1}{\dfrac{h'}{2\pi r}}$$

d'où
$$\frac{\omega'}{\omega} = \frac{h'}{2\pi r}.$$

et par suite :

$$\frac{\omega}{\omega'} = \frac{n'}{n}$$

c'est-à-dire que la vitesse angulaire de la roue est à la vitesse angulaire de la vis, comme le nombre des filets de la vis est au nombre des dents de la roue. Si, par exemple, la roue a cent dents et qu'il y ait deux filets, il faudra cinquante tours de la vis, pour que la roue fasse un tour.

La vis sans fin peut être construite de manière qu'elle mène la roue, sans que celle-ci puisse mener la vis ; il suffit que le pas de l'hélice soit suffisamment petit.

Si le pas de la vis est très allongé, la roue peut mener la vis, sans que la vis puisse mener la roue. Enfin l'engrenage peut être réciproque pour des valeurs moyennes du pas.

770. Remarque. — On peut transformer le mécanisme de la vis sans fin en un véritable engrenage destiné à transmettre le mouvement de rotation entre deux axes rectangulaires non concourants. Imaginons pour cela qu'on augmente le rayon de la vis, en en réduisant la largeur et en multipliant le nombre de filets hélicoïdaux ; on obtiendra une véritable roue dentée dont les dents sont formées par les portions de filets conservés.

Usages de la vis sans fin.

771. La vis sans fin est employée dans les manœuvres de vannes, parce qu'en réglant convenablement le mécanisme, on peut faire en sorte qu'un seul homme appliqué à une manivelle suffise pour soulever une vanne d'un poids considérable. Si l'on donne à la vis une faible inclinaison, on obtient un autre effet très important, si, par une circonstance quelconque, l'homme vient à abandonner la manivelle, le poids de la vanne devenant une force mouvante, tend à descendre et par suite, la roue conduirait la vis sans fin, ce qui ne peut avoir lieu pour un pas très petit. On emploie aussi la vis sans fin dans les mécanismes à ailettes, que l'on rencontre dans l'horlogerie; dans ce cas, c'est la roue qui conduit la vis sans fin, dont les filets sont inclinés à 45°.

On rencontre également ce mécanisme dans les crics puissants destinés à soulever les fardeaux, tels que les grosses pierres, les véhicules etc.

Vis tangente.

772. Dans les machines à diviser et dans quelques machines de précision, on emploie une espèce de vis sans fin appelée vis tangente; elle diffère de celle que nous venons de décrire en ce que les dents de la roue sont remplacées par des surfaces enveloppes, en contact avec le filet de la

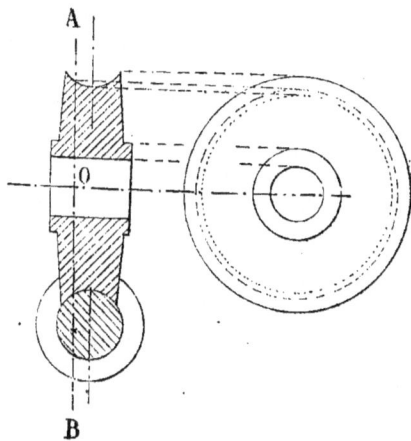

Fig. 475.

vis suivant une ligne continue, sur toute la largeur de la couronne cylindrique ; c'est-à-dire que la jante de la roue est creusée en gorge et épouse la forme de la vis, comme l'indique la figure 475 qui est une coupe de l'appareil par un plan perpendiculaire à la vis.

La denture de la roue pourrait se déterminer exactement par les procédés de la géométrie descriptive. Si l'on considère un plan AB perpendiculaire à l'axe du pignon, il couperait la vis suivant une crémaillère fictive à dents curvilignes dont on pourrait déterminer le profil par points. On tracerait dans le plan AB la dent d'une roue fictive ayant son centre en O et destinée à engrener avec cette crémaillère.

En prenant ainsi une série de plans parallèles à AB on obtiendrait une série de dents de roues dont les profils suffisamment rapprochés détermineraient par leur ensemble la surface cherchée. Dans la pratique on n'utilise pas ce tracé long et difficile, on lui substitue un moyen d'exécution qui permet d'obtenir facilement la denture du pignon.

Après avoir exécuté sur le tour le disque à gorge qui doit devenir la roue, on le met en contact avec une vis en acier trempé, de même forme que celle qui doit le conduire, mais dont les filets sont entaillés de manière à faire un outil analogue à un taraud. On fait tourner cette vis en rapprochant peu à peu l'axe du disque ; la vis entaille la gorge en lui imprimant en même temps un mouvement de rotation, et le filet s'y creuse peu à peu un passage, en donnant à la gorge la forme qu'elle doit avoir. Quand le pignon est ainsi achevé, on remplace la vis tailleuse par la vis semblable destinée à conduire le pignon obtenu.

Ces vis tangentes étant principalement employées dans les machines à diviser, il importe d'avoir beaucoup de dents en prise avec la vis, pour pouvoir les faire très fines, on emploie en général des vis à plusieurs filets, trois ou quatre filets équidistants.

Spirale.

773. La transmission entre deux axes rectangulaires non situés dans le même plan peut être obtenue au moyen d'une rainure tracée sur un plateau ou d'une spirale saillante comme l'indique la figure 476. Sur l'un des axes se trouve monté un disque plan A sur lequel est tracé une saillie ayant comme directrice la spirale d'Archimède ; l'autre axe ou un axe parallèle à celui-ci porte une roue dont la jante est surmontée de petits fuseaux cylindriques dirigés suivant des rayons ; ces fuseaux pénètrent dans la rainure spirale ou reposent sur la saillie, de manière que

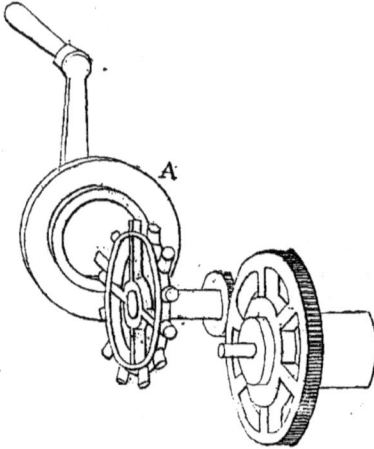

Fig. 476.

deux dents soient engagées en même temps. Si on imprime un mouvement de rotation au plateau, les fuseaux recevront un mouvement d'avancement qui forcera le deuxième axe à tourner. Il faut remarquer que le mouvement inverse ne pourrait se produire, car les fuseaux exerceraient seulement une pression sur l'axe de la spirale qui est situé dans le plan moyen de la roue ; pour que le mouvement de la spirale puisse se communiquer facilement, il faut que la rainure soit assez grande pour donner passage aux dents de la roue sous les diverses inclinaisons, en observant toutefois que toujours deux dents soient en prise.

A cause de la forme de la spirale, le rapport des vitesses n'est pas constant, car, pour un même mouvement angulaire de la spirale, le mouvement de la roue dentée varie suivant la partie de la spirale en contact avec les fuseaux. Mais, en pratique, la vitesse moyenne est suffisamment régulière.

Les fuseaux étant cylindriques et dirigés suivant des rayons à la roue, il faut que les côtés de la saillie sur lesquels agissent les dents, appartiennent à une surface engendrée par une droite reposant sur un point de la spirale, et passant par le centre de la roue à fuseau, quand ce point de la spirale passe dans le plan moyen de celle-ci. Les côtés de la saillie appartiennent donc à une surface réglée dont la spirale est la directrice, et dont les génératrices sont inclinées en raison de la grandeur de la spirale et du diamètre de la roue à fuseaux.

Lorsque le plateau fera un tour, une dent de la roue aura avancé de l'intervalle qui sépare deux rainures, ou d'une division de la roue.

Ce système a quelque analogie avec la vis sans fin, car la spirale d'Archimède n'est autre chose qu'une vis plane ; elle est engendrée dans un plan comme l'hélice est engendrée par rapport aux génératrices du cylindre.

Cet appareil n'est pas très employé à cause du frottement qui est très considérable, puisque pour chaque tour de la spirale, le chemin parcouru par le frottement de chaque dent de la roue est égal au développement de toute la spirale.

Compteur Saladin.

774. La propriété dont jouissent la vis sans fin et la spirale d'Archimède de faire avancer d'une division seulement les dents de la roue, pour un tour de la vis et du plateau, est utilisée avec avantage dans la construction des compteurs. Parmi ceux-ci se trouve le compteur imaginé par M. Saladin de Mulhouse. Il se compose d'une roue servant à la fois comme roue dentée, d'un système et comme vis sans fin, ou comme plateau portant une spirale d'un autre système. Ainsi une roue de cent dents, par exemple, avançant d'une division pour un tour d'une vis sans fin ou, ce qui revient au même, faisant un tour pour cent tours de celle-ci, agira de même si sa face est taillée en spirale sur la roue dentée d'un troisième axe. Si cette roue porte encore cent dents, son axe ne tournera que d'un tour pour cent tours de la deuxième roue, ou $100 \times 100 = 10\,000$ tours du premier axe de la vis sans fin, dont il s'agit d'enregistrer les révolutions.

Compteur de Wollastone.

775. Dans la construction pratique des vis sans fin et surtout des vis tangentes, on laisse un certain jeu à la roue qui engrène avec la vis ; ce jeu est utilisé dans la construction du compteur Wollastone dans lequel deux roues de même dia-

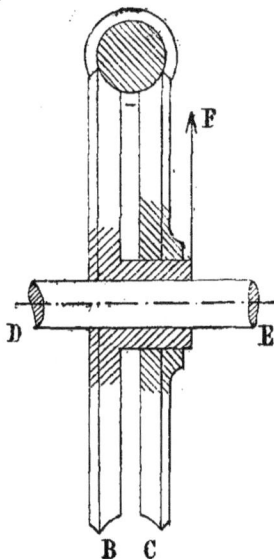

Fig. 477.

mètre engrenent avec la même vis sans fin. Ces deux roues n'ont pas le même nombre de dents. Soit DE un axe fixe (*fig.* 477) autour duquel peut tourner une roue B; une seconde roue C de même diamètre tourne librement autour de l'axe DE. Ces deux roues engrenent avec une vis sans fin A. Si ces deux roues avaient le même nombre de dents, elles auraient même mouvement c'est-à dire qu'elles se mouvraient d'une seule pièce; mais si l'une a une dent de plus ou de moins que l'autre, les rotations des deux roues sont différentes, car lorsque l'une d'elles a fait un tour complet, l'autre a fait plus ou moins d'une révolution, en raison du nombre de dents en moins ou en trop.

Supposons que la roue B ait N dents, et la roue C en ait $N + m$; pour un tour de la première, il passera N dents de chacune de ces roues à travers le plan des centres, et la différence des deux rotations, ou la rotation relative de la roue C sera

$$N + m - N = m$$

Si on attache une aiguille F à l'axe de B et qu'on trace un cadran sur la face de la roue C, il est facile de voir que l'aiguille ou la roue B marche très lentement par rapport à la roue C, et peut par suite enregistrer un grand nombre de tours de la vis A. Ainsi supposons $N = 100$ dents et $N + m = 101$ dents, l'aiguille fera le tour du cadran pour le passage de 100×101 dents des roues à travers le plan des autres, ou pour 10 100 tours de la vis.

On trouve une disposition analogue dans certaines machines à alezer dans lesquelles la roue C commande l'arbre porte-outil et la roue B commande une vis tournant dans un écrou fixé au porte-outil.

Transmission par courroies.

776. La flexibilité des courroies sans fin permet de les employer à transmettre le mouvement entre deux axes qui ne sont pas parallèles mais disposés d'une manière quelconque dans l'espace. Nous avons vu (n° 671) comment on disposait les courroies dans le cas où les axes étaient parallèles, suivant que les rotations des arbres se faisaient dans le même sens ou en sens contraire. Dans ces deux cas les courroies peuvent s'enrouler indifférem-

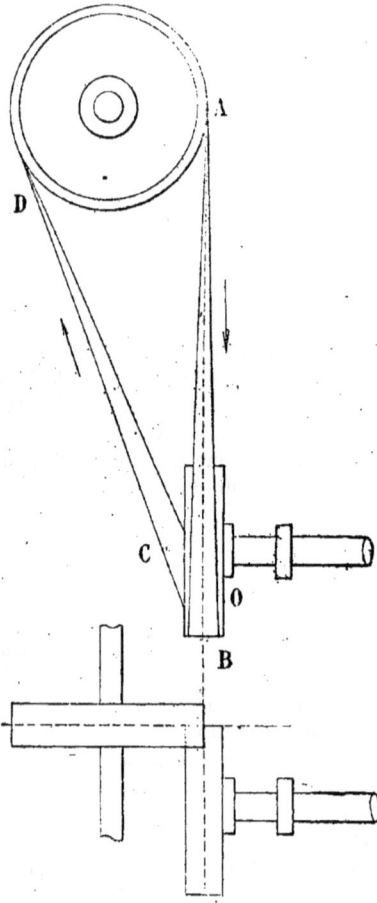

Fig. 4̄78.

arbres sont situés à une assez grande distance et se croisent sans être dans le même

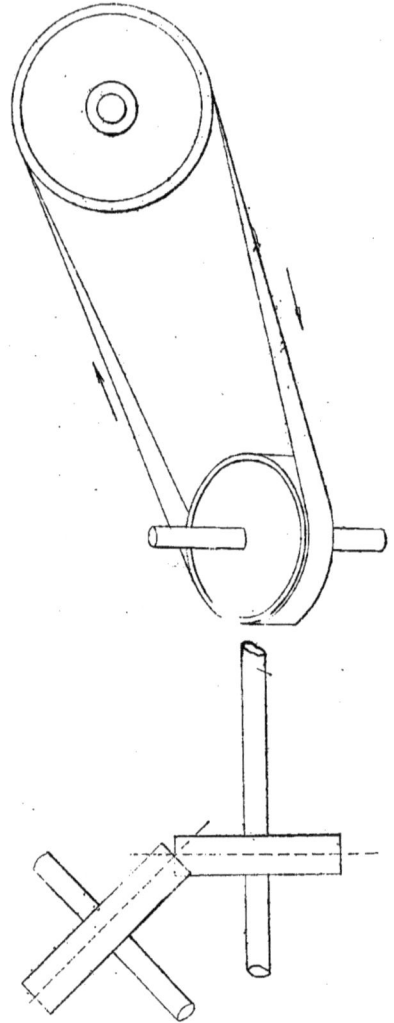

Fig. 479.

ment dans un sens ou dans l'autre. Lorsque les axes se rencontrent, il est évidemment impossible d'établir la transmission par courroie se guidant elles-mêmes; on a alors recours aux poulies-guides comme nous le verrons plus loin. Mais si les

plan, on peut effectuer la transmission directement entre deux poulies montées chacune sur les arbres. Il y a alors une condition essentielle à remplir : il faut que le brin qui s'enroule sur la poulie conductrice soit dans le plan de la poulie qu'il s'agit de conduire, en d'autres termes il est nécessaire que les poulies soient disposées de manière à ce que la ligne d'intersection de leurs plans moyens soit tangente aux cercles contenus dans ces plans précisément aux points où la courroie abandonne les poulies. La figure 478 représente la transmission entre deux arbres rectangulaires; la poulie O est la poulie conductrice; le brin AB est dirigé suivant l'intersection des plans médians des deux poulies; le brin CD a une direction très oblique; ce brin doit avoir une longueur assez grande pour qu'il ne se dégage pas de la poulie. D'après Redtenbacher, le plus faible écartement qu'on puisse admettre pour les poulies ne doit pas être inférieur au double du diamètre de la plus grande des poulies; ce qui correspond a peu près à un angle de déviation de la courroie de 25 degrés.

La figure 479 représente la transmission entre deux axes, dont les plans moyens des poulies font un angle de 45 degrés dans ce cas la courroie à un croisement au quart.

Transmission par courroies avec poulies-guides.

777. Les rouleaux-guides s'emploient généralement lorsque les poulies montées sur les arbres ne peuvent pas être placées de manière que l'intersection de leurs plans soit tangente comme aux deux cercles contenus dans ces plans.

Le cas général est représenté par la figure 480 dans lequel AB et CD sont les deux axes entre lesquels on doit établir la transmission dans le rapport $\frac{\omega}{\omega'}$. Après avoir déterminé les rayons des poulies, satisfaisant au rapport des vitesses données, on détermine l'intersection MN de leurs plans moyens, puis, on choisit sur cette ligne deux points arbitraires a et b par lesquels on mène aux cercles moyens des poulies les tangentes ac, aa et bf, bg.

Les plans cad, fbg sont ceux qu'il convient d'adopter pour les rouleaux-guides qu'on doit établir respectivement en contact avec les tangentes précédentes; c'est-à-dire que les axes des rouleaux-guides doivent être perpendiculaires aux plans cad et fbg.

Il est évident qu'en prenant pour une des poulies les tangentes menées des points a et b, autres que celles indiquées sur la figure, on changerait le sens du mouvement de l'axe correspondant.

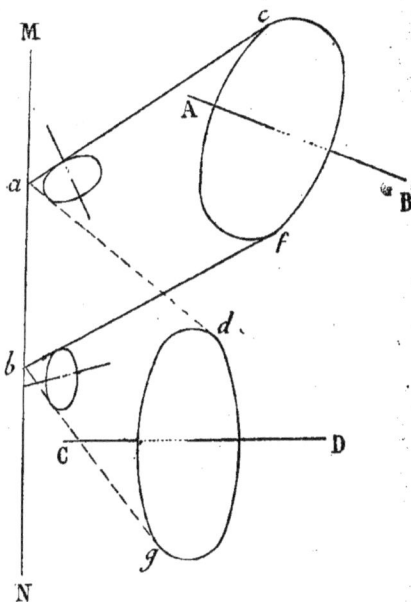

Fig. 480.

La position des rouleaux-guides peut présenter un grand nombre de dispositions suivant la position relative des axes; on rencontre un grand nombre d'applications dans les machines de filatures.

Transmission d'un rapport de vitesse variable entre deux axes non parallèles.

778. Lorsque le rapport des vitesses est variable, il se présente des difficultés plus grandes en pratique, que si le rapport était constant, surtout si le rapport

$\frac{\omega'}{\omega}$ doit suivre une loi compliquée. Nous avons vu que si $\frac{\omega'}{\omega}$ est constant, on préfère supprimer l'engrenage hyperbolique et remplacer cette solution directe par une solution intermédiaire qui consiste à employer un troisième axe reposant sur les deux premiers, la transmission s'opère à l'aide de deux engrenages d'angle.

Si $\frac{\omega'}{\omega}$ est variable, on a recours à cet axe intermédiaire en substituant aux roues d'angle à bases circulaires, des roues analogues à bases elliptiques. Les roues coniques seraient armées de dents d'après les principes que nous avons

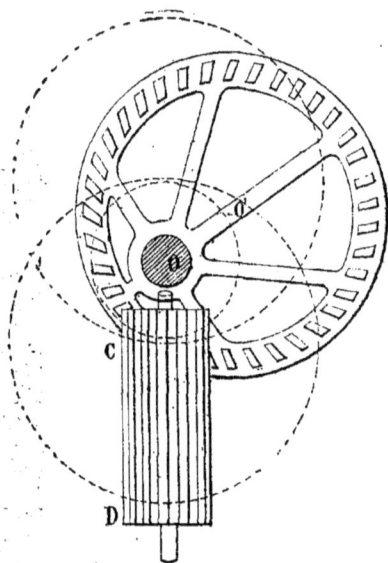

Fig. 481.

exposés en traitant les roues coniques ordinaires, mais il s'ensuivrait une complication trop grande pour la pratique; aussi il est bien rare que l'on rencontre ce genre de transmission.

Il est cependant important de faire connaître une disposition particulière imaginée par Huyhens, dans le cas particulier où les axes se rencontrent à angle droit.

A l'extrémité O de l'un des axes (*fig.* 481) est montée une roue dentée circulaire dont le centre O' ne coïncide pas avec le point O; l'autre axe MN porte un long pignon CD de rayon constant r. Le rayon de la roue n'est pas constant, il varie de $R + e$ à $R - e$, e représentant l'excentricité de la roue, de sorte que le rapport des vitesses varie de $\frac{r}{R+e}$ à $\frac{r}{R-e}$, et le rapport du maximum au minimum est

$$\frac{R + e}{R - e}$$

Le rapport de vitesses, à un instant quelconque, peut se déterminer facilement en calculant la longueur du rayon de la roue dans le sens de l'axe du pignon.

Dans l'engrenage de Huyhens, c'est le pignon qui commande en se mouvant d'un mouvement uniforme; mais on pourrait faire commander la roue. De plus, suivant la loi de variation du rapport $\frac{\omega'}{\omega}$, on peut donner à la roue une autre forme que celle d'un cercle.

Remarque. — La vis sans fin permet de donner à la roue une vitesse variable; il suffit pour cela de faire varier l'inclinaison des filets de la vis.

CHAPITRE VII

TRANSFORMATION DU MOUVEMENT CIRCULAIRE CONTINU EN RECTILIGNE CONTINU ET RÉCIPROQUEMENT

779. La transformation du mouvement circulaire continu en rectiligne continu est un cas particulier de la transformation du mouvement circulaire continu en circulaire continu étudié au chapitre précédent.

En effet la ligne droite pouvant être considérée comme une circonférence de rayon infini, il s'ensuit que l'un des mouvements circulaires devient rectiligne, ou autrement dit, l'un des systèmes devient plan. Nous nous occuperons donc, dans ce chapitre, des différents organes permettant l'établissement des liaisons entre le système tour et le système plan.

L'engrenage du pignon et de la crémaillère fait partie de ce genre de liaison ; nous en avons indiqué les différents tracés au chapitre VI afin de ne pas les séparer du cas général des roues dentées.

780. Suivant la *direction du mouvement circulaire continu par rapport à celle du mouvement rectiligne on peut classer les différentes liaisons en trois catégories.*

1° *La direction du mouvement circulaire continu est dans le plan du mouvement rectiligne ;*

2° *La direction du mouvement circulaire fait un angle avec le mouvement rectiligne ;*

3° *Les directions des deux mouvements sont à angle droit.*

Dans la première catégorie on peut citer. L'engrenage du pignon et de la crémaillère. — Le treuil ou tambour. — Le treuil des carriers. — Le treuil des puits. — Les chapelets et norias. — La chèvre. — Les sapines. — Les appareils de manœuvre des vannes. — Les chemins de fer. — Les machines à raboter. — Les roues de bateaux à vapeur, etc.

Dans la deuxième catégorie se trouvent les appareils analogues aux cas des engrenages disposés d'une manière quelconque et dans lesquels l'un des rayons des roues devient infini.

La troisième catégorie comprend tous les organes dans lesquels la vis joue le principal rôle ; tels que les presses à vis. — Les machines à raboter. — Les freins de voitures. — Le foret à vis. — L'hélice des bateaux. — La vis sans fin actionnant un treuil. — La vis différentielle. — La vis à filets contraires. — Les balanciers à découper. — Les vannes à vis, le vilebrequin. — La vis d'Archimède pour le transport des matières grenues ou pulvérulentes, etc.

Cric simple.

781. Comme application du pignon et de la crémaillère, citons le cric simple à l'aide duquel on soulève d'une petite quantité des voitures pesantes, des pierres de de tailles, etc. Il se compose (*fig.* 482) d'une crémaillère qui engrène avec un pignon ; sur l'axe du pignon est montée une manivelle sur laquelle agissent les hommes. L'extrémité supérieure de la

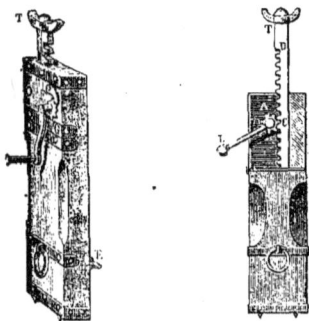

Fig. 482.

crémaillère porte un double crochet, qui sert à saisir plus aisément le fardeau à soulever. Tout le rouage est logé dans une cavité pratiquée dans une pièce de bois recouverte d'une plaque de fer ; la manivelle seule est placée à l'extérieur ; son axe porte un encliquetage qui permet à la manivelle de tourner dans le sens convenable, et de maintenir le fardeau qui tendrait à faire tourner en sens contraire la manivelle. La pièce de bois qui forme le corps du cric est munie d'armatures en fer pour empêcher le bois d'éclater, et d'un ou deux anneaux pour transporter l'appareil.

On trouve une application du pignon et de la crémaillère dans les tours à charioter. Le porte-outil est muni d'un système d'engrenage actionné par une manivelle, l'un des pignons engrène avec une crémaillère fixée contre le banc du tour. Suivant qu'on agit sur la manivelle, dans un sens ou dans l'autre le chariot porte-outil se rapproche ou s'éloigne de la poupée fixe.

Les plateaux de certaines machines à raboter portent sur leur face inférieure une crémaillère actionnée par un pignon qui reçoit un mouvement circulaire pendant un certain temps ; le plateau prend,

pendant le même temps, un mouvement rectiligne continu, puis revient en sens contraire par une transmission analogue.

Indiquons encore les chemins de fer à pentes très rapides, dans lesquels le mouvement d'avancement est obtenu au moyen d'un pignon mu par la locomotive et qui engrène avec une crémaillère fixée parallèlement aux rails et dans l'axe de la voie.

Treuil simple ou tambour.

782. Le treuil agit le plus souvent en transformant le mouvement circulaire (*fig.* 483) continu en rectiligne continu. Une corde s'enroule sur un cylindre que l'on

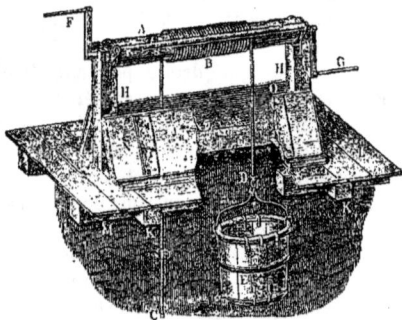

Fig. 483.

fait tourner par une manivelle, autour de ses deux tourillons ; cette corde est fixée

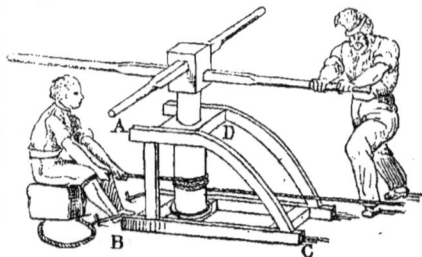

Fig. 484.

par l'une de ses extrémités au tambour ; l'autre extrémité portant le poids à soulever.

Le mouvement rectiligne du fardeau est assuré par son propre poids, il se déplace cependant dans le sens de l'axe du cylindre au fur et à mesure que la corde s'enroule ou se déroule ; si on veut qu'il se meuve exactement suivant la même verticale, il suffit de guider la corde à l'aide d'une poulie de renvoi.

Le treuil peut être disposé horizontalement ou verticalement comme dans le cabestan représenté par la figure 484.

Il peut aussi agir inversement, c'est-à-dire transformer le mouvement rectiligne continu en circulaire. Ainsi dans les horloges à poids, le poids moteur descend est et fait tourner un premier cylindre sur lequel la corde est enroulée.

De même dans les machines à manœuvrer les fardeaux, lorsque le poids descend d'un mouvement rectiligne, la corde ou la chaîne enroulée sur le treuil se déroule, et communique à celui-ci un mouvement de rotation continu.

C'est ainsi qu'un point d'une courroie de communication possède entre les deux poulies qui la supportent un mouvement rectiligne.

783. *Rapport des vitesses.* — Si r représente le rayon du tambour augmenté de la moitié de l'épaisseur de la corde, et si L exprime la longueur de la corde qui s'enroule ou se déroule pendant un tour du tambour on a :

$$L = 2^\pi r$$

ou bien si ω est la vitesse angulaire du tambour et l la vitesse linéaire de la corde, on a :

$$\omega r = l$$

ou
$$\frac{\omega}{l} = r$$

784. *Treuil des carriers.* — Le treuil des carriers (*fig.* 485), se compose d'un cylindre horizontal de 0m,30 de diamètre environ reposant sur des supports par des tourillons en fer. La roue, qui a de 4 à 6 mètres de diamètre, est une roue à chevilles, sur laquelle un ou plusieurs hommes agissent en montant sur les chevilles, un peu au-dessous de l'axe. Par leur poids, ils déterminent le mouvement de rotation de l'appareil autour de son axe.

Fig. 485.

Le rapport des vitesses du fardeau et des hommes est égal au rapport des rayons du tambour et de la roue sur laquelle les hommes agissent.

785. *Treuil à engrenages.* — Lorsqu'on a à soulever des fardeaux considérables, on fait usage du treuil à simple ou double engrenages; celui représenté par la figure 486 est formé de deux montants triangulaires en fonte maintenus par des entretoises en fer forgé; le tambour porte une grande roue dentée qui engrène avec un pignon monté sur le même arbre que deux manivelles calées à 180°. Contre la roue est fixée une poulie sur laquelle est enroulée une lame d'acier dont on peut rapprocher les extrémités à l'aide

Fig. 486

d'un levier. Ce système, appelé frein, permet de modérer le mouvement du treuil, quand le fardeau descend ; il suffit d'agir sur le levier et de déterminer un frottement plus ou moins grand entre la bande d'acier et le cylindre contre lequel elle s'applique.

Le rapport des vitesses de la manivelle et de la corde est facile à déterminer, suivant le nombre de paire, d'engrenages que comporte le treuil.

786. *Treuil conique.* — Si le rapport des vitesses du treuil et de la corde doit être variable, on fait usage d'un tambour ayant, par exemple, la forme conique (*fig.* 487). Il est clair que si la vitesse du tambour est constante, celle de la corde variera suivant sa position sur le tambour. Inversement, la vitesse uniforme de la corde produirait une vitesse variable de rotation de l'axe.

On trouve des applications du treuil conique dans les machines à imprimer les étoffes ou les papiers. Dans ces machines la longueur de l'étoffe qui se déroule doit être constante, et comme elle se déroule

d'un cylindre pour s'enrouler sur un autre, il s'ensuit que si on donne au cylindre d'enroulement un mouvement uniforme, la vitesse de l'étoffe, qui passe de l'un à l'autre aura une vitesse variable

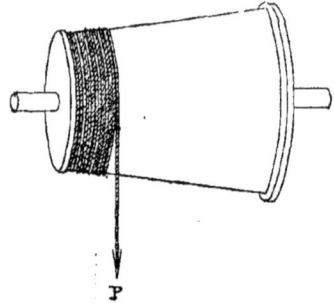

Fig. 487

à cause de l'augmentation de diamètre que subit constamment le rouleau sur lequel s'enroule l'étoffe.

Si, par exemple, on veut, comme dans certains appareils dynamométriques, faire

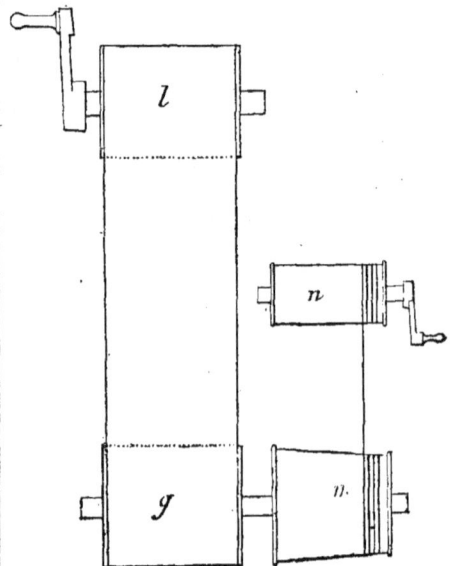

Fig. 488.

passer une bande de papier enroulée sur un cylindre l (*fig.* 488) en ligne droite sous un style qui doit y déposer des traces, et si ce mouvement rectiligne doit être produit au moyen d'un mouvement circulaire continu d'un axe n, on conçoit bien que, si l'on collait simplement l'extrémité de la bande de papier sur un cylindre g parallèle au cylindre n, et qu'au moyen d'un fil ou de roues d'engrenage on transmit le mouvement de rotation de l'axe n au cylindre g dans un rapport constant, le mouvement du papier irait toujours en s'accélérant, puisque le diamètre du cylindre récepteur g augmente par l'enroulement.

Il faut donc que le mouvement du cylindre g se ralentisse dans la même proportion que son diamètre s'accroît. On emploie alors le dispositif suivant.

Sur le prolongement de l'axe du cylindre g, on place un tronc de cône, appelé fusée, vis-à-vis le cylindre moteur n, dont l'axe est parallèle à celui de g; on mesure le diamètre du cylindre g quand il est vide, et son diamètre quand il est chargé de tout le papier qu'il doit recevoir; puis, on prend pour bases de la fusée des diamètres qui soient entre eux dans le même rapport que ces deux diamètres.

Sur la surface de cette fusée on trace une gorge triangulaire en hélice, de façon à former autant de filets qu'il y a de tours de papier sur le cylindre g. Cela fait, on fixe l'extrémité d'un fil sur la grande base de la fusée, et on l'enroule autour de toutes ses spires, puis on attache l'autre extrémité au cylindre moteur. Alors le papier étant enroulé sur le cylindre l et son extrémité collée sur le cylindre g, il est clair que, quand le cylindre n tournera pour faire enrouler le fil à sa surface, il se déroulera de la fusée des longueurs égales à celles qui s'enroulent sur n, de sorte que l'angle a, décrit par le cylindre n, et l'angle b, décrit par la fusée m, ou le cylindre g, seront entre eux, en raison inverse du rayon R de n, ou du rayon variable r de la fusée m, c'est-à-dire que

$$\frac{a}{b} = \frac{R}{r}$$

ou $$a = b\,\frac{R}{r}$$

Mais les longueurs L de papier qui s'enroulent sur le cylindre g, seront pour un même angle a décrit par le cylindre et la fusée égales aux axes décrits à la circonférence du rouleau g, dont le rayon R' varie; on aura donc

$$L = aR' = bR.\frac{R'}{r}$$

Si donc, comme nous l'avons dit plus haut, les rayons R' du cylindre et r de la fusée varient dans le même rapport, $\frac{R'}{r}$ sera constant et les longueurs de papier passées seront proportionnelles aux arcs b R décrits à la circonférence du cylindre moteur n; de sorte que, si ce cylindre se meut uniformément, il en sera de même du papier.

Le rapport constant de vitesse de translation du papier à la vitesse à la circonférence du cylindre n dépendra d'ailleurs de celui qu'on établira entre les rayons R' et r du cylindre récepteur et de la fusée à l'origine du mouvement. Ainsi, par exemple, si le cylindre g est de 20 millimètres quand il est vide, et devient égal à 24 quand il s'est enroulé 9 mètres de papier, il faudra que les rayons extrêmes de la fusée soient aussi dans le rapport de 20 à 24; on pourra adopter pour rayons 10 et 12, 15 et 18, 20 et 24 millimètres.

Si, pour l'enroulement total de 9 mètres, le papier fait soixante-douze tours sur le cylindre l, on donnera à la fusée soixante-douze filets, et alors le rayon de ces filets croîtra, de même que le diamètre du cylindre g, proportionnellement au nombre de tours; de sorte qu'ils resteront toujours entre eux dans le même rapport, celui de 20 à 24.

Lorsque le cylindre g est chargé de toute la longueur d'étoffe ou de papier qu'il doit recevoir, on arrête le mouvement, ou l'on rend par un désembrayage le cylindre *n* libre de tourner sur son axe, et, en retirant la bande; on survide en même temps le fil sur la fusée, de sorte que l'appareil est disposé pour un nouvel enroulement.

787. *Rouleaux.* — Les rouleaux sont d'un emploi fréquent pour le transport, à de faibles distances, des fardeaux, tels que les pierres, les pièces de fonte ou de charpente. Le mouvement rectiligne du fardeau est obtenu au moyen du mouvement circulaire continu.

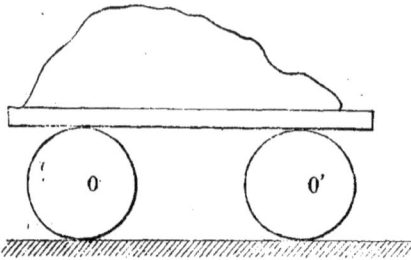

Fig. 489.

Les rouleaux sont des pièces cylindriques en bois que l'on place soit sous le fardeau, soit sous les madriers qui supportent celui-ci (*fig.* 489). Quelquefois ces rouleaux portent à leurs extrémités des entailles dans lesquelles on embarre des leviers qui permettent de faire tourner les rouleaux et avancer le corps qu'ils supportent.

Dans d'autres cas, on pousse le corps et on le force à rouler sur les rouleaux, qui eux-mêmes roulent sur le sol.

Ce mode de transport exige l'emploi de trois rouleaux au moins ; lorsque, par suite du mouvement du fardeau, son extrémité postérieure est arrivée à quelques décimètres du sommet du rouleau O, on engage un troisième rouleau O″ en avant, le transport s'effectue au moyen des rouleaux O′ et O″, et on enlève le rouleau O; lorsque l'extrémité postérieure du corps est arrivée près du rouleau O′, on engage le

rouleau O sous l'extrémité antérieure, le transport se fait à l'aide des rouleaux O″ et O, et on enlève le rouleau O′ que l'on engage bientôt en avant et ainsi de suite.

788. *Rapport des vitesses.* — Il est utile de remarquer que dans ce transport des fardeaux, celui-ci a une vitesse double de celle des axes des rouleaux. En effet, pour un tour du rouleau, celui-ci avance de $2 \pi r$ sur le sol, tandis que le madrier qui supporte le fardeau avance de $2 \pi r$ par rapport au rouleau ; le madrier avance donc de 2 fois $2 \pi r$ par rapport au sol.

789. *Chèvre.* — La chèvre est un

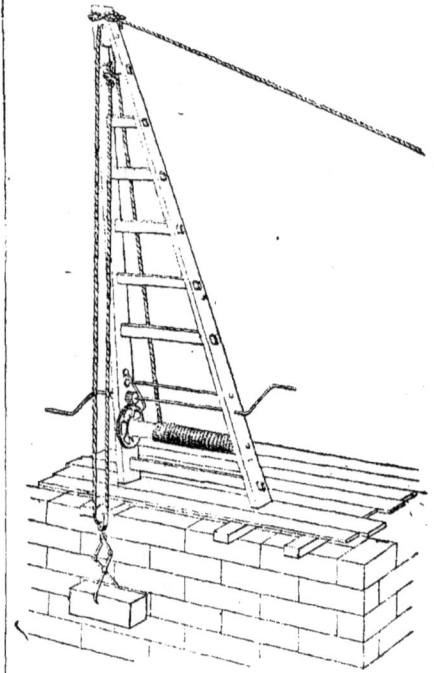

Fig. 490.

appareil employé dans les constructions pour élever les fardeaux ; elle offre un exemple de la combinaison du treuil avec des poulies mouflées pour transformer un mouvement circulaire continu en un mouvement rectiligne continu pendant un temps défini, bien entendu.

Elle se compose de deux montants obliques (*fig.* 490) reliés par des traverses ; à la partie supérieure se trouve une poulie, et à la partie inférieure est placée un treuil. La corde qui soutient le fardeau à soulever passe sur la poulie et va s'enrouler sur le treuil qu'on manœuvre soit à l'aide de leviers, soit au moyen de manivelles. Pour que la chèvre ne bascule pas sous l'action du poids à soulever, on la maintient soit avec un troisième pied ordinairement mobile ; soit à l'aide d'un câble fixé d'une part à son extrémité supérieure et de l'autre à un mur, à un arbre, ou de toute autre manière.

Le rapport des vitesses du fardeau et

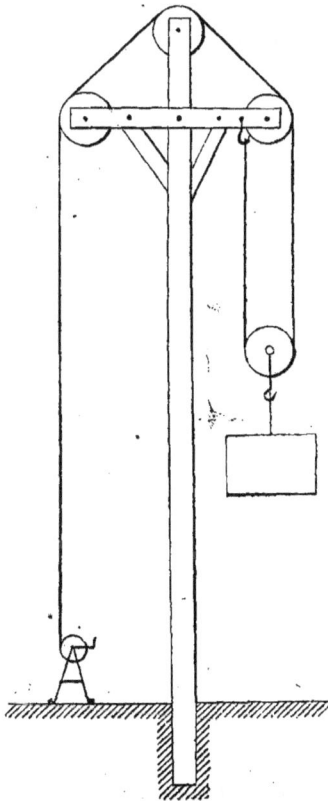

Fig. 491.

Sciences générales.

du point d'application de l'effort moteur, se déduit facilement connaissant le système du treuil employé et le palan auquel il est relié.

790. *Sapine.* — On fait usage, dans les constructions, d'une espèce de chèvre, pour élever les matériaux, appelée sapine. Elle se compose d'une (*fig.* 491) longue pièce de bois, reposant à sa partie inférieure par un pivot, et maintenue à sa partie supérieure par des cordages fixés aux édifices voisins. Elle porte vers le haut une moise horizontale, reliée au mat par des contre-fiches. Aux deux extrémités de la moise sont établies deux poulies, et une troisième est établie au sommet du mât. Sur ces trois poulies fixes passe une corde dont une extrémité s'enroule sur un treuil à engrenage disposé au pied du mât et dont l'autre extrémité, après avoir passé sous la gorge d'une poulie mobile, remonte se fixer à la moise. C'est à la chape de la poulie mobile que l'on suspend le fardeau à soulever.

791. *Grues.* — Les grues, dans lesquelles sont combinés le treuil et les poulies moufflées, sont des machines à élever de lourds fardeaux ; elles sont employées dans les ports, dans les ateliers de construction de machines, dans les fonderies, dans les magasins, etc.

Elles peuvent varier de forme suivant les usages auxquels elles sont destinées. Une des dispositions que l'on trouve fréquemment est représentée par la (*fig.* 492). La machine se compose d'un arbre vertical reposant, par son extrémité inférieure, sur un support fixe P. Cet arbre est en outre maintenu vers le milieu de sa longueur par une sorte d'anneau A formé de roulettes, appelé *collier à galets*, dont le but est de diminuer le frottement. Le collier est généralement au niveau du sol, et le pivot inférieur est au fond d'un puits pratiqué pour loger la partie inférieure de l'arbre ; des points B et C partent deux pièces obliques : la première BD, s'appelle *volée*, la seconde ED, se nomme le tirant

L'extrémité supérieure de la volée porte un évidement dans lequel est logé une poulie sur laquelle passe une corde ou une chaîne qui va s'enrouler sur une poulie mobile *m* et dont l'extrémité est fixée au tirant. Le second brin de la corde suit parallèlement le tirant et s'enroule sur un treuil T que l'on fait mouvoir à l'aide d'une manivelle *l*.

Le fardeau à soulever est suspendu à

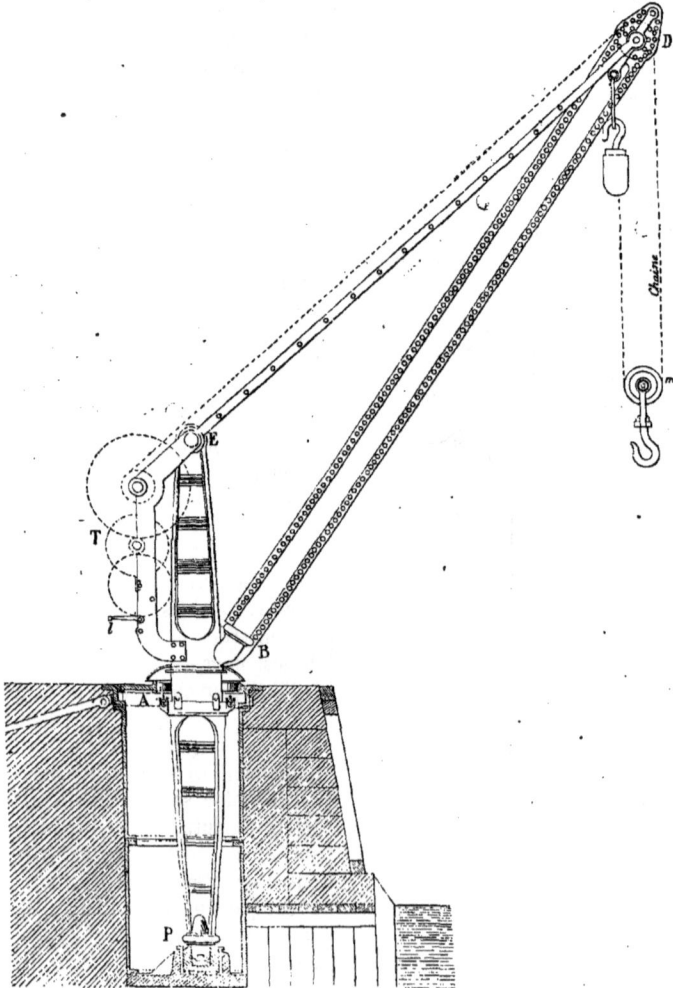

Fig. 492.

la poulie mobile; en agissant sur les manivelles, on fait enrouler la chaîne sur le treuil et par conséquent la poulie mobile s'élève avec le fardeau.

Ces grues à pivot mobile permettent, après avoir soulevé le fardeau, de le déposer en un autre point; on fait pour cela tourner la grue autour de son axe AP;

lorsqu'elle est arrivée au point voulu, on laisse descendre le fardeau, en retenant le mouvement des manivelles, ou en agissant sur le frein du treuil.

En combinant les engrenages du treuil on peut, avec les grues, soulever des poids, considérables au moyen d'un effort moteur faible. Pour un même effort le mouvement d'ascension est d'autant plus lent que le fardeau est plus lourd·

On construit aujourd'hui des appareils des grues pouvant soulever des poids de 30, 50 et même 100 tonnes.

792. *Chapelet.* — Le chapelet est une machine très simple employée à élever l'eau dans certains travaux d'épuisement. Il peut être incliné ou vertical.

Le chapelet incliné est une sorte de chaîne sans fin, formée de chaînons de fer articulés, portant chacun en son milieu, une palette rectangulaire, perpendiculaire à sa direction. Cette chaîne est mise en mouvement par une sorte de roue

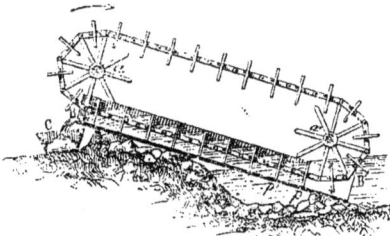

Fig. 493.

à axe horizontal *a* (*fig.* 493) dont les bras s'engagent entre les grains du chapelet ; la chaîne fait tourner à son tour une autre roue semblable *a'* placée un peu plus bas, et l'écartement des deux roues est calculé de manière à maintenir la chaîne suffisamment tendue. La branche inférieure du chapelet plonge dans un canal rectangulaire incliné de 30 à 40° à l'horison. L'extrémité inférieure de ce canal plonge dans le puisard. La partie supérieure est placée au-dessus d'une rigole C destinée à conduire les eaux au dehors. Dans le mouvement indiqué par le sens

de la flèche, lorsqu'une palette émerge du puisard et monte sur le fond du canal, l'eau placée au-dessus se trouve comprise entre cette palette et la suivante comme dans une sorte de vase mobile qui la transporte au haut du canal et la déverse dans la rigole C. Dans ces machines, il y a une perte considérable, à cause du jeu inévitable entre les palettes et les parois du canal. La fuite d'eau est d'autant moindre que la vitesse de l'appareil est plus considérable, cependant si la vitesse du chapelet étant trop grande il y aurait une perte notable de puissance vive par le choc des palettes au moment de leur immersion. D'après l'expérience la vitesse la plus convenable à donner à la chaîne est de 1^m,50 par seconde. La hauteur des palettes est égale à l'intervalle entre deux palettes consécutives, et leur largeur est double de la hauteur.

Ces appareils élévatoires sont peu employées aujourd'hui d'abord parce que

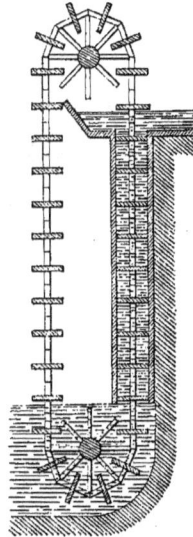

Fig. 494.

leur rendement est très faible et qu'ensuite ils occupent trop de place. On préfère faire usage des pompes.

Dans le chapelet vertical ; (*fig.* 494) le canal est remplacé par un tuyau vertical, à section circulaire ; les palettes sont des plateaux en fonte ou en bois également circulaires et munis d'une rondelle de cuir qui sert à diminuer les fuites d'eau. Leur rendement est supérieur à celui des chapelets inclinés.

Quelquefois le chapelet vertical est employé comme moteur, c'est-à-dire qu'au lieu d'élever l'eau dans laquelle plonge le tambour inférieur, c'est l'eau d'un canal supérieur qui agit par son poids et détermine le mouvement de la chaîne et par suite un mouvement de rotation des tambours. L'appareil devient une véritable machine hydraulique.

Il faut avoir soin que la déperdition de l'eau soit la plus petite possible ; pour cela les palettes doivent être munies d'un disque en cuir ; et les extrémités du canal vertical doivent être alezées.

793. *Norias.* — Les norias sont con-

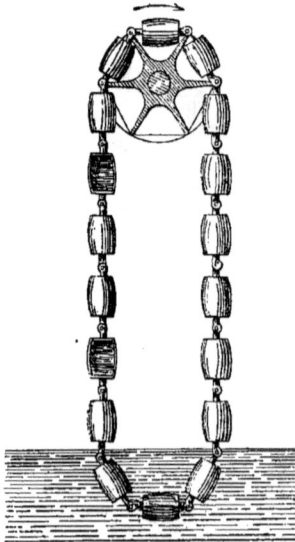

Fig. 495.

nues depuis fort longtemps ; dans quel-

ques pays elles sont désignées sous le nom de *chaîne à pots.* Elles ont une grande analogie avec les chapelets, et n'en diffèrent essentiellement qu'en ce que les palettes sont remplacées par des vases dont l'orifice est tournée vers le bas, dans la descente, et vers le haut dans la montée (*fig.* 495).

On trouve encore en Afrique des norias de ce genre. On substitue avantageusement, à ces vases en terre, des caisses prismatiques ou augets en bois de forme allongée, ou mieux encore des augets en tôle.

Les norias ne sont pas exclusivement employés à élever de l'eau ; on s'en sert dans les moulins pour élever le mélange du son et de la farine qui sort des meules, la chaîne est alors remplacée par une bande de cuir, et les pots sont de simples godets en fer-blanc.

On trouve également les norias dans les machines à draguer, mais les godets qui puisent le sable au fond de l'eau, sont percés de trous qui permettent à l'eau de s'écouler.

La vitesse des augets est de 0^m,60 par seconde. La figure 496 représente l'installation d'un chapelet transbordeur avec palettes planes, d'un transbordeur avec palettes coudées en tôle et d'un élévateur vertical (système Ewart).

De la vis et et de son écrou.

794. La vis (*fig.* 497) est composée d'un cylindre ou noyau AB auquel adhère un filet saillant C qui fait le tour du noyau en s'élevant d'une hauteur CD que l'on nomme le *pas de vis.* L'action d'une vis est dirigée par son introduction dans une pièce E nommée écrou, à l'intérieur de laquelle est pratiquée une rainure que le filet de la vis doit remplir exactement ; la vis, ainsi maintenue par l'écrou, ne peut avancer d'une longueur égale à son pas DC qu'en décrivant un tour sur elle-même.

Les filets contournés en hélice ont tantôt une forme triangulaire, tantôt une forme rectangulaire ou un profil trapézoïdal.

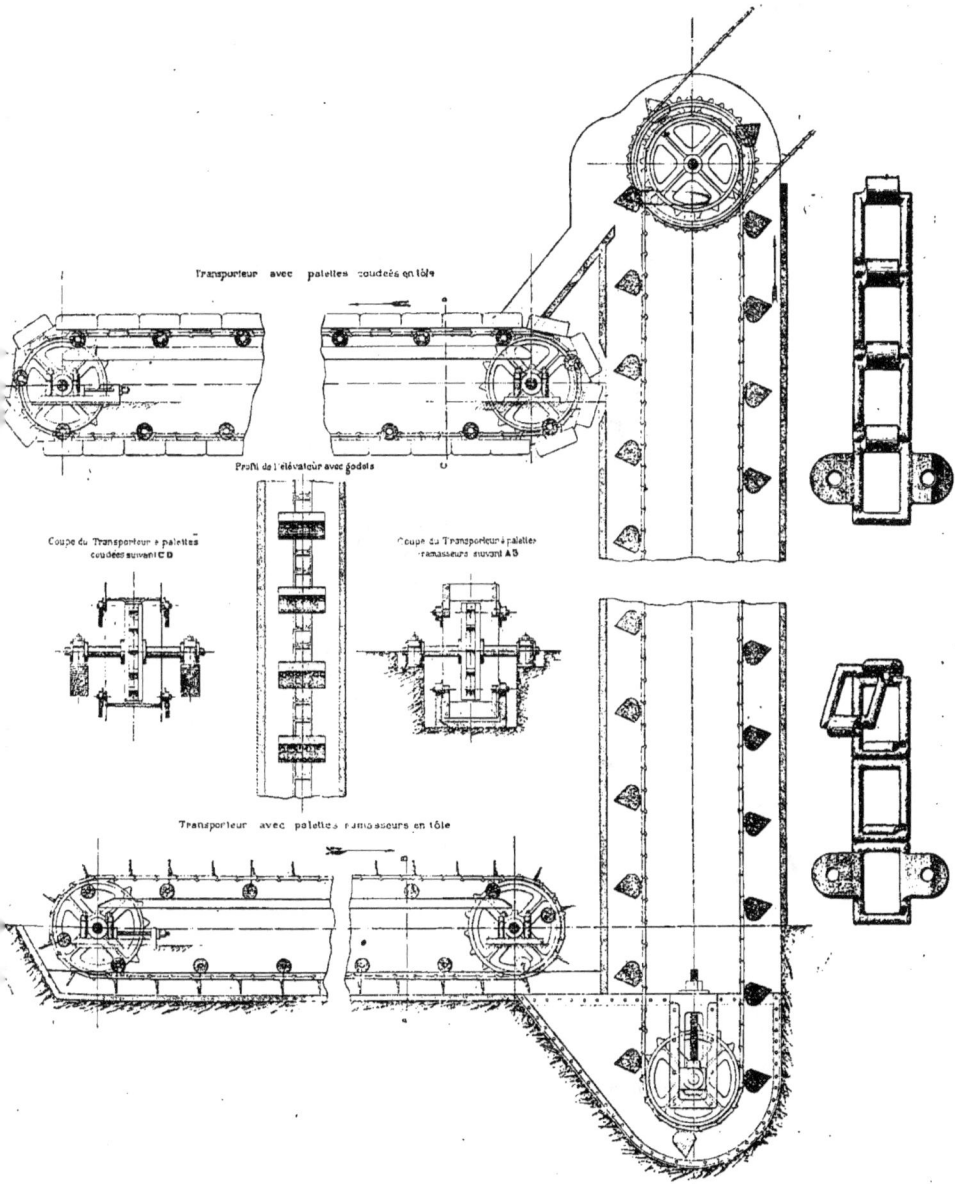

Fig. 496.

Les filets triangulaires sont adoptés | pour les vis en bois et les boulons d'assemblage; les autres formes sont généralement employées pour les vis en fer de grosses dimensions.

Quelle que soit la forme du filet adoptée, sa génération peut être imaginée de la manière suivante :

Le triangle ou le carré se meut de telle sorte : 1° que son plan passe constamment par l'axe du noyau; 2° que l'un de

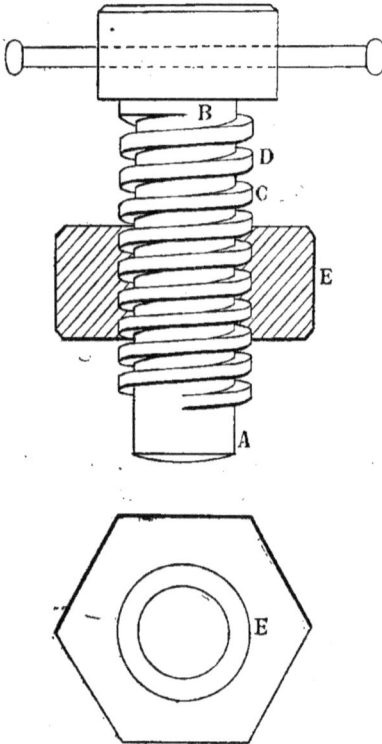

Fig. 497.

ses côtés soit constamment appliqué sur le noyau même; 3° que l'un des sommets qui termine ce côté décrive une hélice tracée sur le noyau. Tous les points de la figure mobile décriront ainsi des hélices de même pas et elles engendreront une surface hélicoïde qui sera ce qu'on nomme

filet. Si la surface génératrice est un carré, on obtient une vis à filet carré, telle que celle représentée par la figure précédente.

Hélice.

795. Soit ADQP le rectangle qu'on obtient en développant sur un plan la surface convexe du cylindre droit ABDC à base circulaire (*fig.* 498). Si l'on divise sa hauteur AD en parties égales AE, EF,... et, qu'après avoir pris sur le côté opposé PQ une longueur PR égale à AE et tiré la droite AR, ainsi que les parallèles ES, FQ..., on enroule le rectangle ADQP sur le cylindre; les droites AR, ES FQ traceront sur la surface convexe du cylindre une courbe continue qu'on appelle HÉLICE. Cette courbe est continue, car l'arc formé par la droite AR vient aboutir au point E où commence celui qui forme la droite ES, et ainsi de suite.

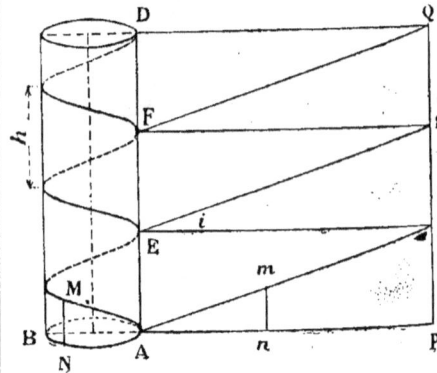

Fig. 498.

Chacun des arcs AR, ES..., de l'hélice, qui ont leurs extrémités sur la même génératrice AD de la surface cylindrique et font le tour entier du cylindre, se nomme SPIRE. Le pas de l'hélice est la portion constante AE de la génératrice AD, comprise entre les extrémités d'une spire.

La longueur de la circonférence de la base du cylindre, la longueur de la spire de l'hélice tracée sur le cylindre et le pas de cette hélice sont les trois côtés du triangle rectangle APR dont l'enroulement sur le cylindre produit la spire AR. La connaissance de deux des éléments de ce triangle suffit donc à la détermination de l'hélice.

Remarquons que la droite AR et ses parallèles ES, FQ font le même angle avec toutes les génératrices de la surface du cylindre ; cet angle n'est autre chose que l'angle ARP. On peut donc définir l'hélice : *la courbe tracée sur un cylindre droit à base circulaire de manière à couper ses génératrices sous un angle constant.* L'inclinaison de l'hélice est le complément de l'angle que chacun de ses éléments fait avec la génératrice qu'il rencontre ; c'est l'angle RAP dont la tangente est :

$$\text{tg } RAP = \frac{RP}{AP}$$

ou

$$\text{tg } i = \frac{h}{2 \pi r}$$

i, représentant l'inclinaison de l'hélice ;

h, représentant le pas de l'hélice.

r, représentant le rayon du cylindre.

La distance d'un point M de l'hélice à la base du cylindre est proportionnelle à l'arc MA de cette courbe comprise entre la base du cylindre et le point M ; elle est aussi proportionnelle à la projection AN de cet arc sur la base

En effet, soit m la position du point M sur la droite AR, lorsqu'on développe la surface du cylindre sur le plan DAP ; menons mn parallèle à RP ; la droite mn est égale à la distance MN du point M à la base du cylindre et la droite An égale à la projection de l'arc d'hélice AM sur cette base.

Les triangles rectangles semblables, ARP, Amn donnent.

$$\frac{mn}{RP} = \frac{Am}{AR} = \frac{An}{AP}.$$

Or les dénominateurs de ces rapports égaux sont constants, quelle que soit la position du point M ; donc leurs numérateurs mn, Am, An sont directement proportionnels.

Si l représente la longueur AR d'une spire on aura :

$$mn = \frac{h}{l} \times Am$$

et

$$mn = \frac{h}{2 \pi r} \times An$$

La projection An de l'arc d'hélice AM sur la base du cylindre est égale à l'arc de cercle AN lorsque le point M se trouve sur la première spire. Dans l'hypothèse contraire, la droite An surpasse l'arc AN d'autant de circonférences que l'arc d'hélice AM fait de fois le tour entier du cylindre.

La *tangente* en un point de l'hélice est facile à obtenir : Soit MT (*fig.* 499) la tangente au point M de l'hélice AMM' ; cette droite est située dans le plan tangent MNT qui touche le cylindre suivant la généra-

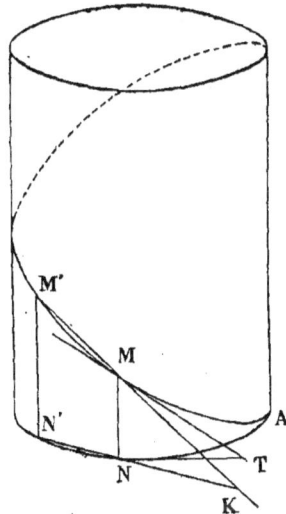

Fig. 499.

trice MN. Pour la tracer, il suffit dès lors de connaître le point T, où elle rencontre la ligne d'intersection NT du plan tangent et de la base du cylindre. Cette distance appelée *sous-tangente* est égale à la projection AN de l'arc d'hélice AM sur la base du cylindre. En effet, conduisons par la droite MN un plan qui coupe la surface du cylindre, suivant une seconde génératrice M'N'; joignons MM' et NN' qui se rencontrent au point K, et remarquons qu'en faisant tourner le plan MNM'N' autour de la droite MN jusqu'à ce que la génératrice M'N' se confonde avec MN, les sécantes KMM', KNN' deviennent simultanément tangentes, la première à l'hélice et la seconde à la circonférence de la base du cylindre. Par conséquent, la sous-tangente NT est la limite vers laquelle tend la longueur variable NK. La similitude des triangles MNK, M'N'K donne

$$\frac{NK}{NM} = \frac{N'K}{N'M'}$$

Or d'après ce qui a été dit plus haut on a aussi

$$\frac{MN}{\text{arc AN}} = \frac{M'N'}{\text{arc AN'}}$$

En multipliant nombre à nombre ces deux égalités il vient

$$\frac{NK}{\text{arc AN}} = \frac{N'K}{\text{arc AN'}}$$

et par suite

$$\frac{NK}{\text{arc AN}} = \frac{N'K - NK}{\text{arc AN'} - \text{arc AN}}$$

ou bien

$$\frac{NK}{\text{arc AN}} = \frac{\text{corde NN'}}{\text{arc NN'}}$$

Si nous supposons maintenant que le point M' vienne coïncider avec le point M, l'arc NN' et sa corde décroissent en même temps jusqu'à zéro donc

$$\text{limite } \frac{\text{corde NN'}}{\text{arc NN'}} = 1.$$

et par suite

$$\text{limite NK} = \text{arc AN.}$$

Donc, pour *construire la tangente au point M de l'hélice, il faut dès lors prendre sur l'intersection du plan tangent et de la base du cylindre, à partir du point N et dans le sens de l'arc NA, une longueur NT égale à cet arc, et tracer la droite MT.*

Il est facile de *constater que la tangente à l'hélice fait un angle constant avec la*

génératrice du cylindre, menée par le point de contact.

Soient MT (*fig.* 500) la tangente au point M de l'hélice, AM et NT sa projection sur le plan de la base; la droite NT étant égale à la longueur de l'arc AN, si on prend sur le développement recti-

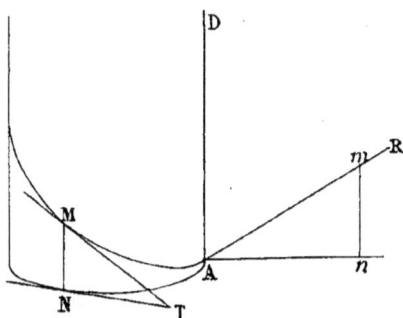

Fig. 500.

ligne AR de l'hélice une longueur A*m* égale à l'arc AM de cette courbe, et si on abaisse du point *m* la perpendiculaire sur la base A*n* du rectangle suivant lequel se développe la surface du cylindre, nous aurons :

$$A n = \text{arc AN} = NT.$$

Donc les triangles MNT, *mn*A qui ont un angle droit compris entre deux côtés égaux chacun à chacun, sont égaux entre eux; l'angle TMN est, par suite, égal à l'angle A*mn*, c'est-à-dire à l'angle constant sur lequel la droite AR qui engendre l'hélice, coupe toutes les génératrices du cylindre.

Lorsque l'angle A*mn* est connu, cette propriété de la tangente à l'hélice permet d'éviter la rectification de l'arc AN pour tracer cette droite. Il suffit par le point M de mener dans le plan tangent, la droite MT de manière qu'elle fasse avec la génératrice MN, l'angle NMT égal à l'angle A*mn*.

796. *Projections de l'hélice.* — Par suite de l'importance que joue la vis dans les machines, nous croyons utile de donner les tracés des projections de l'hélice, de la bande hélicoïdale, de la surface gauche à plan directeur, de la surface gauche à

jections sur deux plans rectangulaires ; le plan horizontal étant parallèle à la base du cylindre et le plan vertical de projection perpendiculaire à cette base.

Rappelons les deux principes suivants de la géométrie descriptive.

1° *La droite qui joint les deux projections d'un même point de l'espace est perpendiculaire à la ligne de terre ;*

2° *La distance d'un point à l'un des plans de projection est égale à la distance de sa projection sur l'autre plan à la ligne de terre.*

Soit oa le rayon de la base du cylindre et (aa') l'origine de l'hélice ; prenons pour plan horizontal la base de ce cylindre et pour plan vertical, un plan perpendiculaire au premier de manière que la ligne de terre LT soit parallèle au diamètre ag de la base (*fig.* 501).

Le cylindre étant droit, il a pour projection horizontale le cercle oa et pour projection verticale un rectangle. Portons sur la génératrice du contour apparent une longueur $a'a''$ égale au pas de l'hélice, puis divisons le pas et la circonférence de base en un même nombre de parties égales, 12 par exemple ; par les points de divisions du pas menons des parallèles à la ligne de terre, et par les points de divisions a, b, c.. de la base élevons des perpendiculaires à LT jusqu'aux points de rencontre a', b', c'... des horizontales correspondantes. En réunissant par un trait continu les points $a'b'..g'a''$ ainsi obtenus, on aura la projection de l'hélice. En supposant le cylindre plein et opaque, la projection verticale est en parties vue et cachée comme l'indique la figure.

Le tracé de cette projection peut être rectifié en menant la tangente en chacun des points déterminés par la méthode précédente.

Pour construire les projections de la tangente en un point (c c') de l'hélice menons la droite c t tangente au point c de la base du cylindre. Cette droite est la trace horizontale du plan tangent au

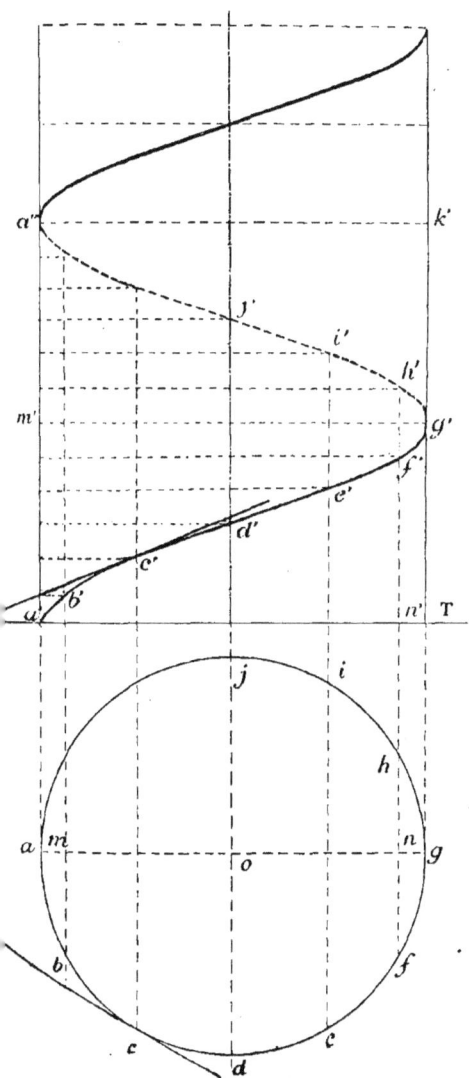

Fig. 501.

cône directeur ainsi que les projections du filet carré et du filet triangulaire.

Nous indiquerons seulement les propoint (c c') de l'hélice; car le plan tangent est perpendiculaire au plan horizontal de projection. Prenons ensuite la droite ct égale a l'arc ca, c'est-à-dire à la sous-tangente du point (c c'); par conséquent, d'après ce qui a été dit au n° 795, le point t est la trace horizontale de la tangente qui se projette verticalement en t' sur la ligne de terre. La ligne t'c' est la projection verticale de la tangente à l'hélice au point (c c'). En ne considérant qu'une seule spire a' g' a" on reconnaît : 1° que la courbe a' g' a" est symétrique par rapport à la droite qui joint les milieux g' et m' des côtés du rectangle a n' k' a" ; 2° que les côtés a' a" n' k' sont tangents à l'hélice aux points a' a" et g' ; 3° que la tangente au point d' coupe la courbe a'g', c'est-à-dire que la partie a' d' est au-dessous de cette tangente et la partie d' g' est au-dessus; il en est de même de la tangente au point j' ; 4° que la distance de la projection verticale c' d'un point de la courbe à la projection verticale de l'axe du cylindre, est proportionnelle au cosinus de l'arc du cercle a c ; 5° que chacun des points d' et j' est un centre de la courbe a' g' a", c'est-à-dire que toute corde qui passe par l'un de ces points sera divisé, en deux parties égales ; 6° que le plus court chemin de deux points de la surface d'un cylindre droit à base circulaire, mesuré sur cette surface elle-même, est le plus petit des arcs d'hélice qui joint ces deux points.

797. *Surface hélicoïdale.* — On appelle surface développable toute surface qu'on peut étendre sur un plan sans déchirure ni duplicature.

Une surface engendrée par le mouvement d'une ligne droite est développable, si deux positions consécutives quelconques de cette génératrice sont comprises dans un même plan. Telles sont, par exemple, les surfaces cylindriques et coniques.

Il y a trois surfaces hélicoïdales développables :

1° La surface hélicoïdale, lieu des tangentes à l'hélice.

2° La bande hélicoïdale;

3° Le cône hélicoïdal.

798. *Hélicoïde développable.* — L'hélicoïde développable est formée par les tangentes de l'hélice en tous ses points : elle jouit de la propriété de pouvoir être développée sur un plan comme une surface cylindrique ou conique.

Les deux parties de la droite situées

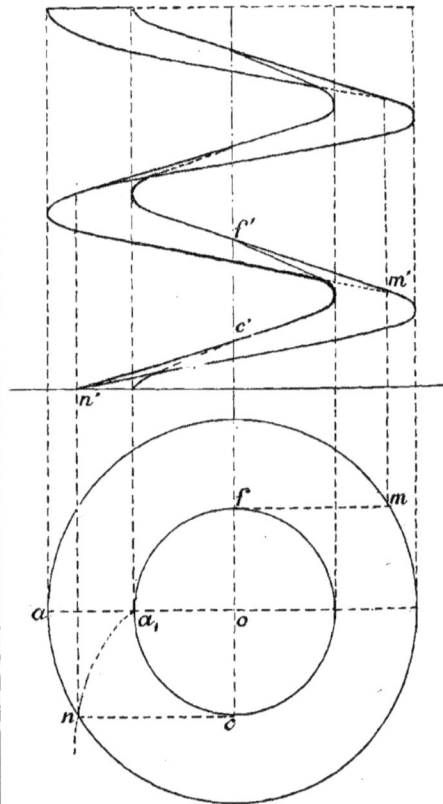

Fig. 502.

de part et d'autre du point de contact engendrent deux nappes qui viennent nécessairement se réunir à l'hélice directrice qui est alors une arête de rebroussement. Si l'axe de l'hélice est perpendiculaire au plan horizontal, la trace horizontale de l'hélicoïde développable sera représentée par une développante de la base du cylindre. La tangente génératrice conservant dans son mouvement la même inclinaison par rapport au plan horizontal, il s'ensuit que tous ses points s'élèvent en même temps de quantités égales en décrivant des hélices de même pas que l'hélice directrice,

Pour construire la projection verticale de l'hélicoïde développable, nous ne considérerons que la partie comprise entre les deux cylindres ayant pour bases les circonférences de rayons oa et oa_1. L'hélice directrice étant située sur le plus petit cylindre (*fig.* 502).

Après avoir construit la projection de l'hélice directrice on lui mènera une série de tangentes sur lesquelles on portera, en dehors, des longueurs égales, les extrémités de ces tangentes formeront une hélice de même pas sur le cylindre extérieur.

La projection verticale se composera, des hélices tracées par les extrémités de la tangente génératrice et par les projection des tangentes de front au deux hélices. Ces tangentes de front se projettent horizontalement en cn et fm et verticalement en $f'm'$ et $c'n'$.

799. *Bande hélicoïdale.* — La bande hélicoïdale est la surface engendrée par une portion de génératrice d'un cylindre, qui se meut de manière que tous ses points décrivent des hélices égales,

La projection verticale représentée par la (*fig.* 503) suppose le cylindre enlevé. On l'obtient en déterminant les projections des deux hélices parallèles décrites par les extrémités a'_1 et a' : le contour apparent est formé par des portions des génératrices du contour apparent du cylindre. La projection horizontale est la circonférence de base du cylindre. Cette sur-face se trouve dans la vis à filets carrés.

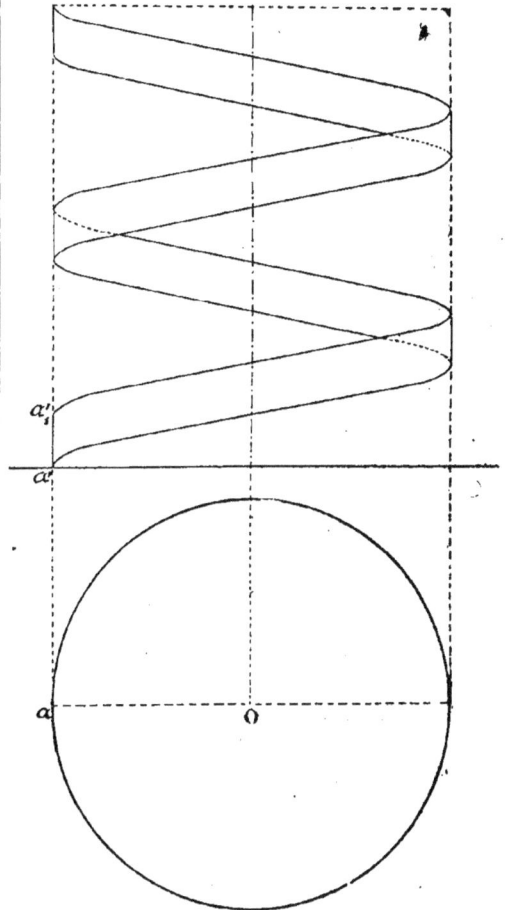

Fig. 503.

800. *Cône hélicoïdal.* — Le cône hélicoïdal développable est engendré par une droite qui s'appuie constamment sur le contour d'une hélice et en passant par un point fixe.

Pour obtenir sa projection sur un plan perpendiculaire à sa base, il suffit de tracer l'hélice directrice (*fig.* 504) et de mener par la projection verticale o' du point fixe, des tangentes à la projection de l'hélice directrice. Nous avons supposé, comme l'indique la figure, que la surface est limitée au cylindre sur lequel est tracée l'hélice, et que de plus elle ne forme qu'une seule nappe.

Le plus généralement les surfaces hélicoïdes sont gauches ; il y en a une infinité

n'étudierons que les deux principales que l'on retrouve dans les vis, ce sont :

1° Celle qui a pour directrice l'hélice et l'axe du cylindre et pour plan directeur un plan perpendiculaire à l'axe ; c'est la surface de la vis à filet carré.

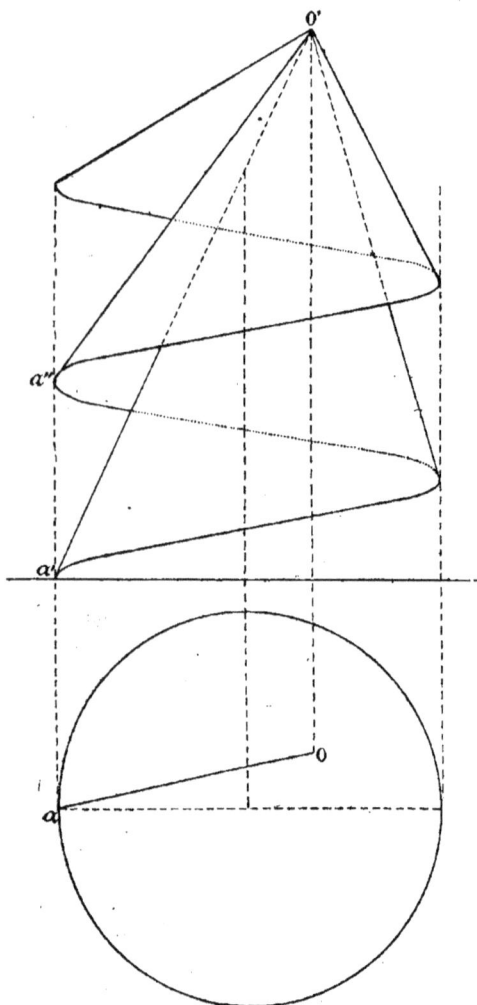

Fig. 504

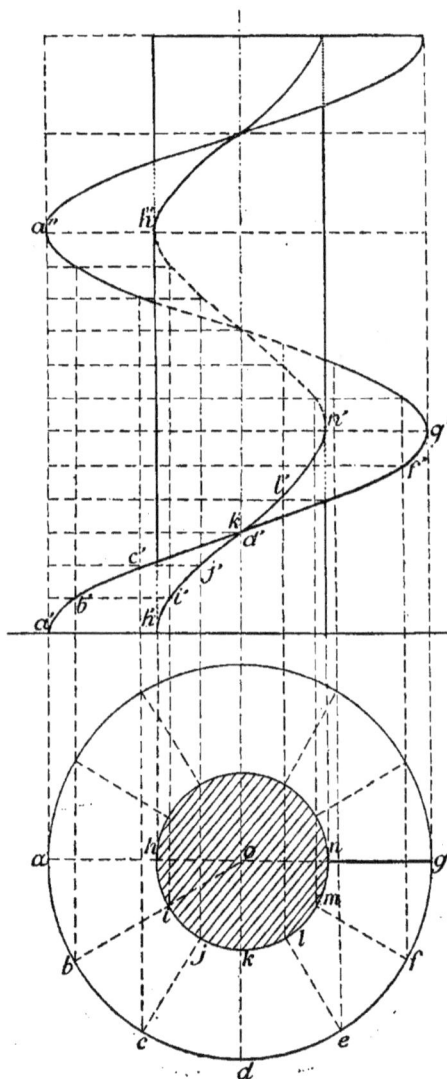

Fig. 505.

suivant leur mode de génération. Nous

2º Celle qui a pour directrice l'hélice et l'axe du cylindre et dont les génératrices font un angle constant avec l'axe ; c'est la surface de la vis à filets triangulaires.

801. *Surface hélicoïde gauche à plan directeur.* — Elle est engendrée par une droite qui se meut en suivant le contour d'une hélice cylindrique circulaire, en restant toujours perpendiculaire à l'axe du cylindre. Soit *ah, a'h'* les projections de la ligne génératrice (*fig.* 505) ; l'extrémité (*hh'*) s'appuie sur l'hélice tracée sur le cylindre de rayon *oh* qui forme noyau. Dans son mouvement elle occupe différentes positions réprésentées en projection horizontale par les lignes *ah,ib,ic,..ng*, etc. Sa projection verticale est limitée aux deux hélices de même pas, décrites par les extrémités de la droite *ah,a'h'*.

La figure suppose que cette surface est fixée sur le cylindre de rayon *oh*. La projection horizontale se compose des deux circonférences concentriques et de la droite *ng.*, qui est l'intersection de la surface gauche avec la base supérieure du cylindre.

On rencontre encore cette surface dans les escaliers tournants.

802. *Surface hélicoïde à cône directeur.* — Cette surface qui forme la vis triangulaire est engendrée par une droite qui se meut en suivant le contour d'une hélice cylindrique en rencontrant l'axe et faisant avec cet axe un angle constant.

Soit *am, a'm'* les projections de la ligne génératrice supposée ici parallèle au plan vertical de projection (*fig.* 506). Après avoir dessiné la projection de l'hélice sur le cylindre de rayon *oa*, on tracera les différentes projections de la génératrice en remarquant que les deux extrémités s'élèvent de quantités égales. Le contour apparent sera la ligne enveloppe de toutes les projections verticales de la génératrice.

Tout plan perpendiculaire à l'axe coupe cette surface suivant une spirale d'Archi-

mède qui se projette en vraie grandeur sur le plan horizontal.

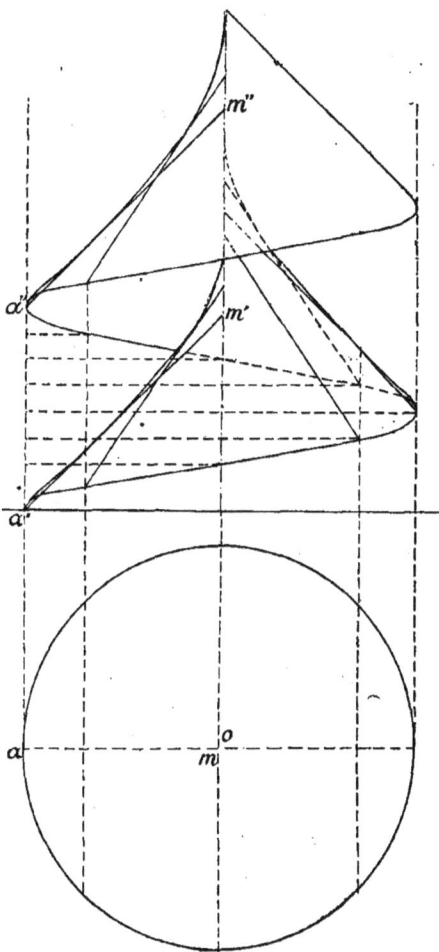

Fig. 506.

803. *Projections de la vis à filets carrés.* — Dans cette vis, le filet est engendré par un carré qui se meut, de manière que son plan passe toujours par l'axe d'un cylindre de révolution ; deux des côtés du carré engendrent des bandes hélicoïdales et les deux autres perpendiculaires à l'axe du cylindre engendrent des surfaces gauches à plan directeur.

Lé filet ainsi engendré fait saillie sur le cylindre intérieur qu'on appelle le noyau de la vis.

Soit $a'b'c'd'$ la projection verticale du carré générateur (*fig.* 507); supposons que le pas $a'a''$ égal à 2 $a'd'$. Il suffira de tracer les projections des hélices de même

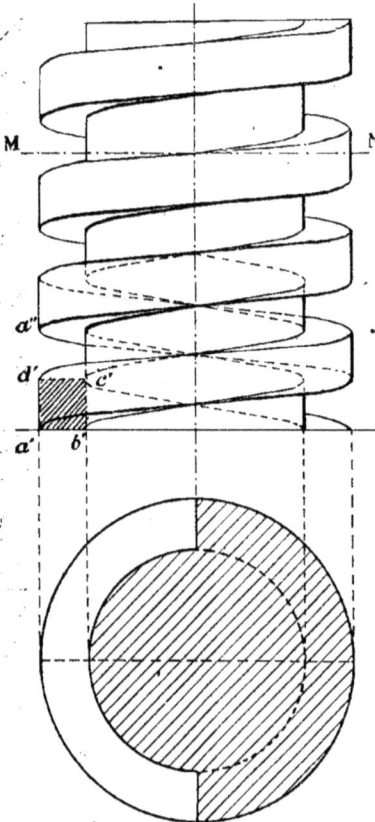

Coupe MN

Fig. 507

pas, décrites par les quatre sommets du carré. Les projections du filet seront limitées aux bandes hélicoïdales et aux surfaces gauches, engendrées par les côtés verticaux du carré.

L'*écrou* à filets carrés représenté par la

figure 508 est engendré par le même carré qui a servi à la formation du filet de la vis; mais au lieu de former une saillie, elle détermine, dans un cylindre creux de même diamètre intérieur que celui du noyau de la vis, une rainure hélicoïdale qui offre en creux une forme

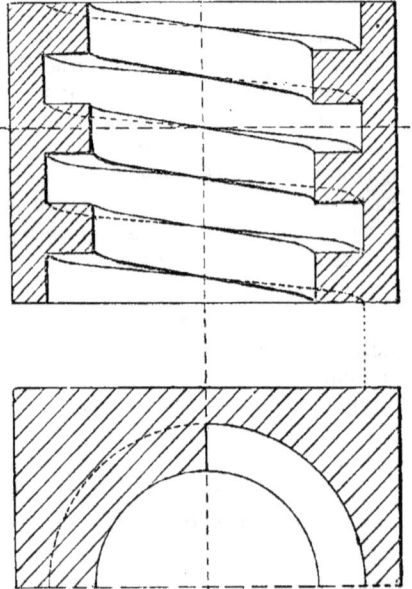

Fig. 508.

exactement semblable à la saillie de la vis. L'écrou est pour ainsi dire le moule de la vis.

804. *Projections de la vis à filets triangulaires.* — Le filet triangulaire est engendré par un triangle isocèle dont la base s'appuie constamment sur le noyau de la vis, en décrivant sur la surface de ce cylindre une bande hélicoïdale, de manière que le plan du triangle passe constamment par l'axe du cylindre.

Ce filet est donc limité, par cette bande hélicoïdale et par les deux surfaces hélicoïdales à cône directeur engendrés par les côtés égaux du triangle isocèle.

Soit a' b' c' (*fig.* 509) la projection verticale du triangle générateur ; chaque
sommet décrit des hélices de même pas ;
l'hélice décrite par le sommet représente
l'intersection des surfaces hélicoïdales
gauches.

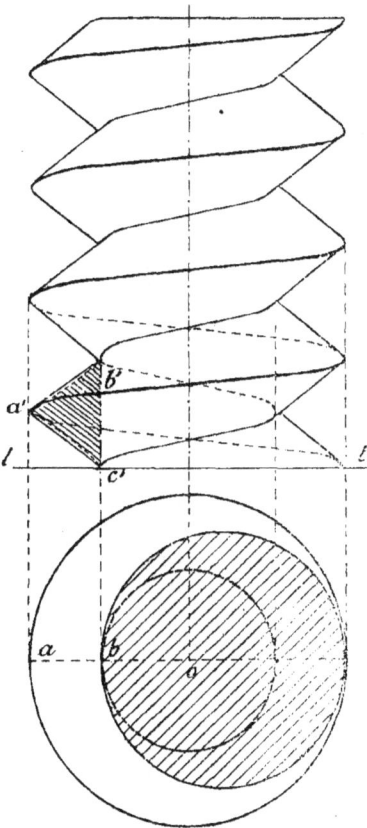

Fig. 509.

proximation suffisante en menant une
série de tangentes communes aux projections des deux hélices.

Le pas de la vis à filets triangulaires est
égal à la base du triangle générateur.

L'écrou est analogue à celui décrit plus

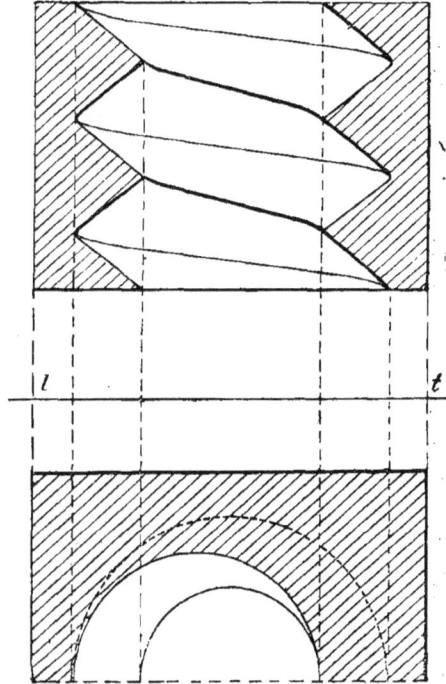

Fig. 510.

haut ; ses projections s'obtiennent de la
même manière, en remarquant que le
creux de l'écrou correspond au filet plein
de la vis (*fig.* 510).

805. *Remarque.* — Les projections
d'une vis à filet trapézoïdal se dessi-
neraient de la même manière, connaissant
le profil du trapèze générateur. Le plus
souvent ce trapèze est rectangle.

Usages de la vis.

806. — Comme nous l'avons déjà dit,
la vis sert à transformer un mouvement

Les lignes de contour apparent de la
surface du filet ne sont pas des lignes
droites, comme le montre la figure 504,
mais en diffèrent très peu, et comme
leurs projections sont tangentes aux projections des hélices qui sont tracées sur
la surface, on obtiendra la projection verticale du contour apparent avec une ap-

circulaire continu en un mouvement rectiligne ; elle permet d'opérer cette transformation avec une grande exactitude, ce
qui la fait employer dans plusieurs instruments de précision, comme la machine
à diviser, le sphéromètre, etc. Parfois
l'écrou est fixe, et la vis en tournant pro-
gresse dans le sens de son axe, comme
dans les presses à copier et dans certains
pressoirs.

Dans d'autres appareils, l'écrou est
mobile mais il ne peut prendre qu'un mouvement autour de son axe. Dans ce cas,
la vis prend alors un mouvement d'avancement dans le sens de son axe, comme
dans les vis des anciennes manœuvres de
vannes, dans les appareils de serrage appelés *clefs à vis*, dans les vérins ou crics
à vis, les lorgnettes de théâtre, etc.

Si l'écrou ne peut prendre qu'un mouvement de translation parallèle à l'axe, la
vis est alors maintenue de façon à ne pouvoir prendre qu'un mouvement de rotation. Cette disposition est employée dans
les machines à diviser, à fileter, dans les
vis calantes, vis de rappel et vis micro-
métriques, dans le foret à vis, etc.

Enfin si la vis est fixe, comme dans les
boulons de serrage, l'écrou est animé
d'un mouvement de translation et d'un
mouvement de rotation.

807. *Vis à pas contraires.* — Dans les
tendeurs d'attelage des wagons, dans
certains raidisseurs, dans le tiroir de
détente Meyer, dans les verrins de décin-
trement, on emploie une vis fermée formée
d'un noyau sur lequel sont enroulés en
sens contraire deux filets égaux ; formant
ainsi deux vis de même pas symétriquement placées par rapport à un plan
perpendiculaire à l'axe du noyau (*fig.*511).

A chaque vis correspond un écrou qui
ne peut prendre qu'un mouvement de
translation parallèle à l'axe. Quand on
fait tourner le noyau, les deux écrous E
et E' marchent en sens contraire en s'éloignant ou en se rapprochant. Pour un
tour complet du noyau, les écrous se

rapprochent d'une quantité égale à la
somme des pas de la vis.

Le rapport du
chemin parcouru
par la vis à celui
parcouru par l'ef-
fort agissant sur
le levier P sera

$$\frac{v}{v'} = \frac{2\pi l}{h + h'}$$

l représentant la
longueur du levier
P.

h et h' désignant
les pas de chaque
vis.

$$\frac{v}{v'} = \frac{2\pi l}{2h} = \frac{\pi l}{h}.$$

Si, comme cela a
lieu généralement,
$h = h'$ on aura

$$\frac{v}{v'} = \frac{2\pi l}{2h} = \frac{\pi l}{h}$$

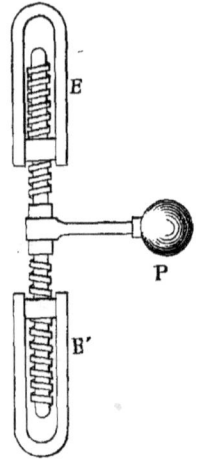

Fig. 511.

808. *Vis différentielle de Prony.* —
La vis différentielle de Prony (*fig.* 512)
permet d'obtenir un mouvement lent, tout
en conservant une grande résistance aux
filets de la vis. Elle porte deux filets de
même sens, mais de pas différents h, h' enroulés sur le même noyau. Chaque filet
pénètre dans un écrou A et B dont l'un,

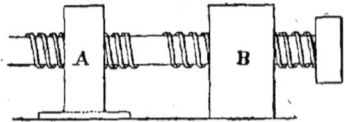

Fig. 512.

A, par exemple, est fixe, alors que l'autre
B peut seulement glisser dans le sens de
l'axe. Si on fait tourner le noyau d'un tour,
il avance par rapport à l'écrou fixe A
d'une quantité égale à son pas h et par
suite l'écrou mobile B se rapprochera ou
s'éloignera de l'écrou A d'une quantité
égale à $h - h'$. Le rapport des vitesses du
mouvement de rotation de la vis et de
translation de l'écrou B, sera :

$$\frac{v}{v'} = \frac{2 \pi l}{h - h'}$$

Comme la différence $h - h'$ peut être rendue aussi petite qu'on le veut, on pourra avec une vis différentielle obtenir un mouvement rectiligne aussi lent qu'on le voudra.

Nous croyons qu'il est intéressant d'indiquer quelques applications de la vis et de son écrou que nous indiquerons sommairement.

809. *Étau.* — Dans l'étau, la vis a surtout pour but de pouvoir exercer un effort considérable entre les deux mâchoires et de remédier ainsi à l'inconvénient que présente ce levier défectueux. Celui indiqué par la figure 513 est un étau parallèle, c'est-à-dire que le mord

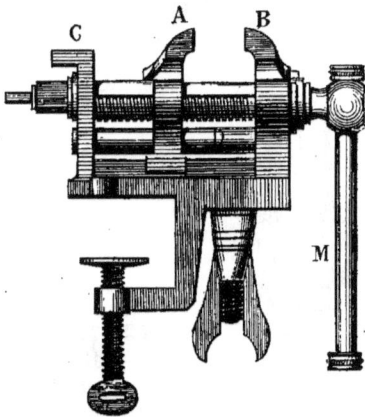

Fig. 513.

810. *Clef anglaise.* — La clef anglaise (*fig.* 514) universellement employée pour serrer ou desserrer les écrous de diamètres différents, est formée d'une coulisse AB terminée en A par une pièce en fer ayant la forme d'un marteau ; la partie inférieure porte un cylindre creux intérieurement dans lequel est ajustée une pièce D qu'on peut faire tourner à la main. Cette pièce D

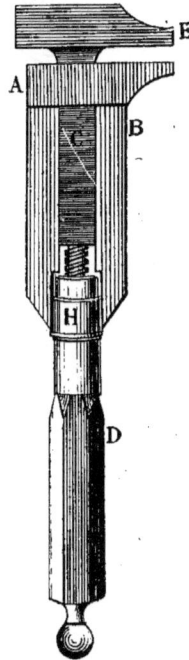

Fig 514.

mobile A qui forme écrou prend un mouvement rectiligne suivant l'axe de la vis, laquelle est maintenue à ses deux extrémités par la mâchoire fixe B et une pièce fixe C. Cette vis reçoit son mouvement d'une manivelle M qui joue le rôle de levier et vient ainsi augmenter le serrage. La mâchoire mobile A est guidée dans son mouvement par un arbre D parallèle à l'axe de vis qui s'engage dans un œil cylindrique pratiqué à cette mâchoire.

est évidée à l'intérieur pour le logement de la vis soudée à la mâchoire mobile E et porte à son ouverture un écrou qui ne peut prendre qu'un mouvement de rotation.

Si on fait tourner dans un sens ou dans l'autre la poignée D ; la vis ne pouvant pas tourner entraînera, dans un sens ou dans l'autre, la mâchoire E. L'écartement entre ces deux mâchoires permettra de pincer des pièces de largeurs différentes.

Sciences générales.

811. *Clef à molette.* — Cette clef représentée par la figure 515, permet également de faire varier l'écartement des deux branches.

contraire. En agissant sur la molette on rapproche ou on écarte à volonté la distance des deux branches.

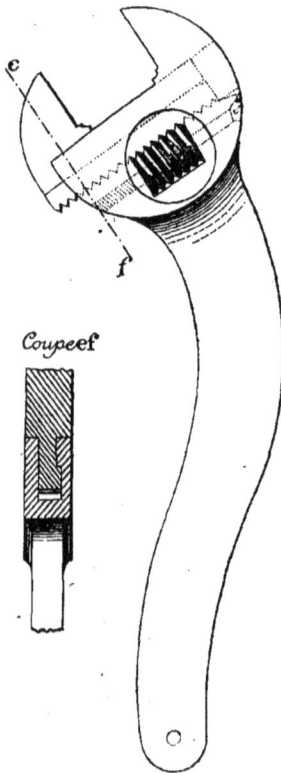

Coupe ef

Fig. 515.

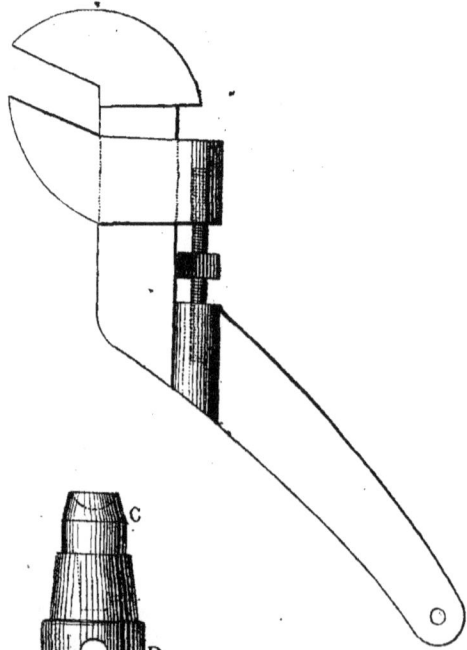

Fig. 516.

deux joues de serrage. La tête porte une vis sans fin triangulaire qui ne peut se déplacer suivant son axe et qu'on peut faire tourner aisément avec le pouce et l'index. La joue mobile est munie d'une crémaillère à dents triangulaires, guidée de manière à se mouvoir parallèlement à l'axe de la molette. Cette clef est assez employée, mais n'est pas suffisamment résistante pour de trop grands efforts.

La figure 516 représente une autre clef à molette à deux tarauds de pas

Fig. 517.

812. *Turc à river.* — Le turc à river permet d'écraser d'un seul coup les extrémités des boulons qui doivent relier, par exemple, deux tôles en fer. Il se compose d'une pièce en bois A, portant à l'intérieur un écrou fixe en fer ou en bronze (*fig.* 517). La vis qui se meut dans cet écrou porte à la partie supérieure une pièce métallique dans laquelle on peut ajuster la bouterolle. Pour se servir de cet appareil, on fait buter contre un obstacle la pièce A, puis après avoir mis en regard la bouterolle C avec le rivet à écraser, on fait tourner la vis au moyen d'une barre placée dans le trou ménagé à cet effet sur la tête de la vis.

813. *Foret à vis.* — La figure 518 représente un petit appareil à percer, il se compose d'une vis à plusieurs filets A qui peut seulement tourner autour de son axe ; elle est maintenue à son extrémité dans une pièce en bois B. L'autre bout porte le foret auquel on imprime un mouvement de rotation tantôt dans un sens, tantôt dans l'autre, en imprimant à un écrou C un mouvement rectiligne alternatif. La pomme B s'applique contre l'estomac de manière à le maintenir et à exercer un petit effort sur la mèche ; puis de la main droite, on actionne l'écrou C. Cet instrument ne peut être utilisé que pour le perçage de petits trous.

Fig. 518.

814. *Balancier-Presse.* — On donne le nom de balancier aux machines servant à frapper les monnaies et les médailles. Elles se composent (*fig.* 519) essentiellement d'une vis B à axe vertical et à plusieurs filets, mobile dans un écrou A, et dont la tête est traversée par un levier horizontal L d'une assez grande longueur, terminé à ses extrémités pas des masses métalliques, ayant la forme lenticulaire. Si l'on imprime une grande vitesse de rotation à la vis en agissant sur le levier, celle-ci descendra rapidement dans son écrou et si son extrémité inférieure rencontre un obstacle il en résultera un choc d'autant plus violent que la vitesse imprimée à l'appareil sera plus grande.

Le balancier monétaire d'une grande puissance, inventé en 1641 par Nicolas Briot, a été, après plusieurs perfectionnements, employé à l'hôtel de la Monnaie de Paris. Il y a quelques années, on lui a substitué la presse monétaire qui agit d'une manière certaine et sans choc.

Les presses à vis, employées dans la papeterie, etc., ont toutes comme organe spécial, la vis.

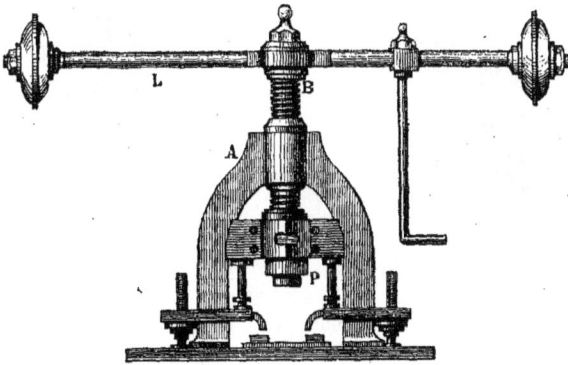

Fig. 519.

815. *Poupée de tour.* — Le mouvement d'avancement de la pointe d'une poupée de tour s'obtient au moyen de la vis. La figure 520 indique l'une des dispositions adoptée. Une bride AB fixée au cylindre porte-pointe D et à une tige parallèle E,

supporte une vis qui s'engage dans un | rotation au volant de la vis, celle-ci avance
écrou F faisant corps avec le bâti de la | et entraîne par la bride le cylindre porte-
poupée. En imprimant un mouvement de | pointe.

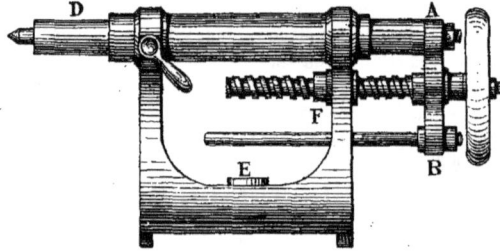

Fig. 520.

Dans certaines poupées, le cylindre porte | Dans la figure 522, la soupape est sou-
un écrou qui lui est solidaire, et qui | levée ou abaissée en faisant tourner un
avance à l'aide d'une vis qui ne peut que
tourner sur elle-même.

816. *Robinets à soupape.* — Les mouvements des soupapes dans les robinets de
prise d'eau ou de vapeur, sont obtenus au

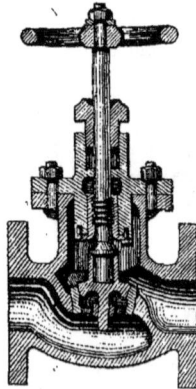

Fig. 521.

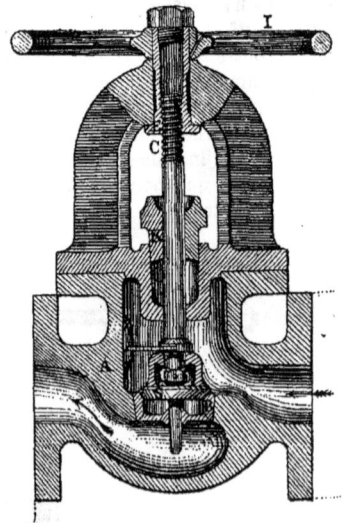

Fig. 522.

moyen de la vis. Celui indiqué en coupe | écrou solidaire du petit volant. Cet écrou
par la figure 521, se compose d'une boîte | en tournant sans s'élever force la vis, ter-
en fonte ou bronze à double comparti- | miné à sa partie inférieure par la soupape,
ments séparés par une soupape indépen- | à prendre un mouvement rectiligne.
dante qui se soulève sous la pression de la | **817.** *Robinet à vanne* — Les principales
vapeur, lorsqu'en agissant sur le volant | conduites d'eau portent des robinets qui
on fait monter la vis qui tourne dans un | interceptent la communication au moyen
écrou fixe. | de plaques ou disques qui s'engagent exac-

tement dans un cadre de même forme. Le mouvement de ces vannes peut s'obtenir,

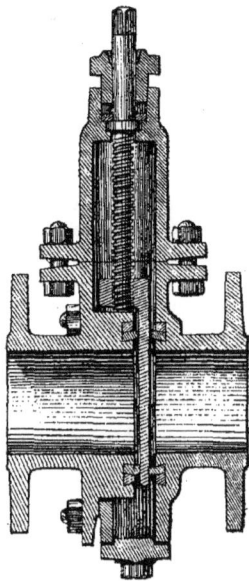

Fig. 523.

comme l'indique la figure 523, à l'aide d'une vis que l'on tourne au moyen d'une clef et qui s'engage dans l'écrou fixé à l'obturateur.

818. *Vis d'Archimède* — La vis d'Archimède, imaginée par le célèbre géomètre, est une machine destinée à élever l'eau. Elle se compose d'une ou plusieurs cloisons hélicoïdales en bois ou en tôle emboitées dans une enveloppe cylindrique en bois et dans un noyau cylindrique en bois aussi, ayant le même axe mais un diamètre trois fois moindre. Les tours successifs en spires de cette cloison forment dans l'intérieur du cylindre des canaux hélicoïdes, qui circulent depuis le bas jusqu'en haut (*fig.* 524).

On fait plonger l'une des extrémités du noyau dans les eaux du bassin qu'il s'agit d'épuiser; on donne à l'axe une inclinaison un peu moindre que l'axe de la tan-

gente à l'hélice extérieure avec un plan perpendiculaire à l'axe; et l'on fait tourner la vis autour de son axe, soit par l'intermédiaire d'un engrenage, soit le plus souvent à l'aide d'une manivelle. L'eau introduite dans le canal hélicoïdal par l'extrémité inférieure de l'appareil, s'élève le long du canal, et vient s'écouler par l'extrémité opposée dans le bassin supérieur destiné à la recevoir.

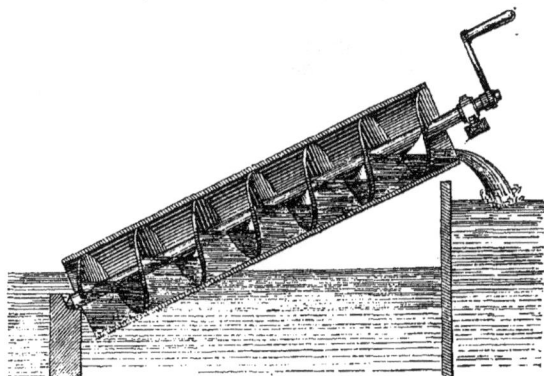

Fig. 524.

On donne généralement à la vis d'Archimède un diamètre de $0^m,30$ à $0^m,60$ et une longueur comprise entre 12 et 18 fois son diamètre. L'angle de l'hélice, extérieure avec l'axe, est de 60°. La vitesse habituelle de la rotation est de quarante tours par minute.

En Hollande on emploie une vis qui n'a pas d'enveloppe, mais qui repose sur un canal demi-cylindrique fixe, ne laissant entre le bord des surfaces hélicoïdes et lui que le jeu strictement nécessaire. Elle est mise en mouvement par un moulin à vent à l'aide d'un joint de cardan. La vis d'Archimède est quelquefois appliquée au transport des matières pulvérulentes. Elle se meut alors dans un canal cylindrique qui lui sert d'enveloppe. Ce système est souvent employé dans les moulins pour tranporter le mélange de son et de farine qui sort des meules.

819. *Hélice des bateaux.* — L'application la plus importante de l'hélice est celle qui est faite sur les bateaux à vapeur comme propulseur. Nous empruntons à l'ouvrage de M. Ledieu, sur les appareils de navigation, les renseignements importants sur l'hélice des bateaux.

L'hélice est un propulseur ayant un mode d'action en tout semblable à celui d'une vis qui, placée dans le sens de la quille, appuierait par sa tête contre un point pris à l'extérieur du navire et dont la partie filetée, située à l'arrière du bâtiment, tournerait dans l'eau comme dans un écrou. En détournant, ou en tournant, de l'intérieur du bâtiment la tête d'une telle vis, on forcerait évidemment le navire à aller de l'avant ou à reculer.

Cette manière de voir n'est toutefois qu'une façon grossière de donner une idée du jeu de l'hélice. La vis que nous considérons devrait avoir en effet, pour ressembler tout à fait à ce propulseur, deux ou plusieurs filets saillants, et formant seulement une petite fraction de spire ; de plus, il faudrait admettre que l'eau fut en quelque sorte gelée pour servir d'écrou fixe.

820. *Principe du jeu de l'hélice.* — Pour nous rendre compte du jeu d'une

Fig. 525.

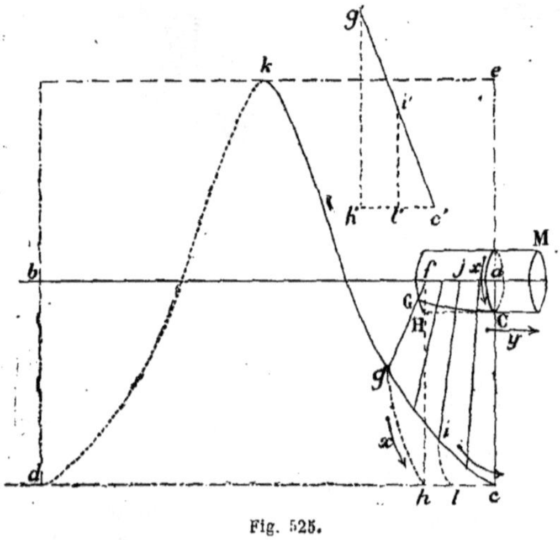

hélice, considérons seulement une portion *afyc* d'une surface hélicoïdale gauche engendrée par une droite *ac* perpendiculaire à l'axe *ab* d'un cylindre (*fig.* 525). Supposons que cette portion soit montée à l'extrémité d'un arbre HM placé à l'arrière du navire dans le sens de la quille, et relié au bâtiment de façon à ne pouvoir prendre, par rapport à lui, qu'un mouvement de rotation. D'après la forme en cuiller que présente la surface CG*gc*, il est évident que si cette surface tourne dans le sens des flèches *x*, *x*, elle recevra de la part de l'eau une poussée inclinée par rapport à l'axe *ab*. Or cette poussée pourra se décomposer en deux forces : l'une perpendiculaire et l'autre parallèle audit axe *ab*. La première de ces forces ne tendra qu'à agir sur l'arrière du navire perpendiculairement à la quille dans une direction variable du reste avec la position de l'hélice sur son cercle de rotation. Mais la seconde force en question agira constamment suivant la flèche *y*, et par conséquent propulsera le bâtiment dans cette même direction. On comprend bien aussi qu'en renversant le sens de la rotation, le sens de la marche du navire sera pareillement changé.

821. *Action centrifuge de l'hélice.* — Dans l'un comme dans l'autre des cas précédents, le choc de la portion de sphère CGgc contre l'eau rejette une certaine masse de liquide à l'opposé du sens dans lequel l'axe de cette surface avance. Ce rejet de liquide est loin d'avoir lieu en entier parallèlement à la quille. Une partie de l'eau est repoussée en dehors de cette direction tout autour du cylindre engendré par la directrice extrême de l'hélicoïde. En un mot, comme on s'en assure du reste en examinant le sillage d'un bâtiment à l'hélice, la colonne liquide actionnée par le propulseur a la forme d'un tronc de cône dont la petite base est tournée du côté du navire ; et la trace de ce tronc de cône à la surface de l'eau offre l'aspect de deux lignes de remou divergeant vers l'arrière.

L'effet que nous venons de décrire provient de ce que l'on appelle *l'action centrifuge* de l'hélice. Il est facile à expliquer. En effet, la portion de la surface hélicoïdale qui choque les filets d'eau tend à les repousser dans une direction peu écartée de la normale à chaque élément de sa surface, et, en conséquence, plus ou moins obliquement par rapport à l'axe de l'hélice.

Diverses causes de pertes de travail de l'hélice

822. L'hélice gaspille une certaine partie du travail qui lui est transmis par l'arbre de la machine. Cette perte doit être attribuée aux causes suivantes :

1° Par suite de l'effet centrifuge, les réactions de l'eau contre les divers éléments de la surface de l'hélice, autrement dit les poussées élémentaires, n'ont pas lieu en entier parallèlement à la quille ;

2° Le recul résultant de la mobilité du point d'appui offert par l'eau, oblige, pour une poussée déterminée, à accroître la vitesse de rotation du propulseur, en conservant le même effort moyen au cylindre. Il se trouve du reste accru par l'action centrifuge. Il l'est aussi par la difficulté qu'éprouve le liquide à se dégager de la spire de l'hélice, et aussi de la cage si elle est trop resserrée, et d'où il résulte que ce propulseur agit sur une eau qui n'est pas assez renouvelée ;

3° L'eau actionnée par le propulseur l'est avec choc, c'est-à-dire qu'au lieu d'être mise en mouvement petit à petit, elle se trouve attaquée brusquement. Or cela entraîne des pertes de travail ;

4° Enfin, le frottement de la surface du propulseur dans son mouvement au milieu du liquide constitue une nouvelle cause d'absorption de travail.

Le rendement de l'hélice ne dépasse pas en moyenne **0,6** à **0,7**. Ainsi si une machine de navigation développe sur son arbre de couche une force 3000 chevaux, et si on estime le rendement du propulseur à 0,6, le travail effectif sera de

$$300 \times 6 = 1800 \text{ chevaux}$$

823. *Élément de l'hélice.* — L'hélice telle qu'on la réalise en pratique est représentée par la figure 526. Les principaux éléments sont : 1° les ailes et leur nombre ; 2° le diamètre ; 3° le pas ; 4° la fraction de pas partielle et totale.

824. *Ailes.* — Les ailes sont des portions égales CGge et C'G'g'c' d'un même hélicoïde, qui sont implantées autour d'un cylindre métallique HM nommé moyeu (*fig.* 626). Le mode d'action de chacune de ces ailes est entièrement analogue à celui que nous venons d'étudier au n° 820. Le nombre des ailes varie de deux jusqu'à six. Le nombre deux est le plus fréquemment employé dans la marine de guerre anglaise, ainsi qu'à bord de tous les bâtiments du commerce. Mais, dans la marine militaire française, on se sert le plus souvent d'hélices à six ailes déployées ou à quatre ailes reployées.

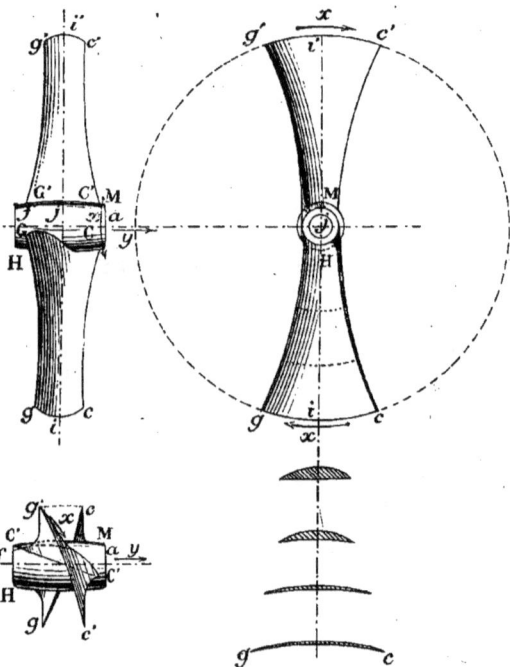

Fig. 526.

825. Diamètre.—Le diamètre i,i' de l'hélice, s'entend de celui de la circonférence que décrit un point quelconque du bord extérieur des ailes ; le diamètre est d'ordinaire aussi grand que le permet le tirant d'eau, sous la restriction qu'en charge normale il reste une couche de liquide d'une hauteur égale à $^1/_6$ environ du diamètre lui-même au-dessus du bord supérieur de chaque aile quand elle est verticale.

Le mode de proportion précédent est évidemment rationnel. Car, toutes choses égales, il augmente la surface frappante de l'hélice. Or il résulte de là que le propulseur doit alors choquer l'eau avec moins de vitesse pour déterminer la même poussée. Il y a donc diminution de recul et par conséquent le rendement se trouve augmenté. D'autre part l'immersion favorise aussi le rendement en prévenant l'éclaboussement du liquide actionné.

826. Pas de l'hélice. — Comme pour la vis ordinaire, le pas est la longueur de la ligne d'axe ab qui correspond à une spire complète de l'hélicoïde, auquel chaque aile appartient. Le pas est dit à droite, quand dans la marche, en avant, les ailes passent de babord à tribord (1) au moment où elles sont en l'air ; le pas est dit à gauche dans le cas contraire.

(1) *Babord*, côté gauche : d'un bâtiment en regardant de l'arrière à l'avant : *Tribord*, côté droit.

Les pas est toujours réglé de façon que son rapport au diamètre atteigne 1,5 en moyenne. On conçoit, en effet, que si le pas était infini, chaque aile deviendrait une portion de plan passant à l'axe *ab*. Or ce plan frappant l'eau à plat ne produirait évidemment aucune poussée dans le sens de cet axe.

Si, au contraire, le pas était nul chaque aile de l'hélice se réduirait à une portion de disque perpendiculaire à l'axe *af* et qui ne ferait que couper l'eau, sans y prendre aucun appui. Entre ces deux extrêmes, l'expérience a démontré que la proportion que nous venons de donner est celle d'où résulte en moyenne le meilleur rendement.

827. *Fraction de pas partielle ou totale.* — Il y lieu de distinguer deux sortes de pas, la *fraction de pas partielle* et la *fraction de pas totale.*

La fraction de pas partielle s'entend du nombre des parties décimales du pas contenues dans la portion *af* de l'axe, le long de laquelle s'étend chaque aile. Cette même longueur *af* évaluée d'une manière absolue, en mètres par exemple, se désigne sous le nom de *longueur* de l'hélice. Elle représente, en effet, l'espace occupé par toutes les ailes, et conséquemment par l'ensemble du propulseur, sur le moyeu.

La fraction de pas totale n'est autre que la somme des fractions de pas partielles de toutes les ailes. Comme c'est de cette fraction qu'on fait essentiellement usage, on la désigne habituellement sous le nom tout court de la fraction de pas. Elle vaut en moyenne 0,25 quel que soit le nombre des ailes. La valeur moyenne de la fraction de pas totale donnée ci-dessus, est imposée par la condition de laisser l'eau bien se dégager des divers morceaux de spire formés par les ailes. Si cette fraction était trop grande, le liquide, logé dans ces morceaux de spires, ferait en quelque sorte corps avec l'hélice; et celle-ci deviendrait ainsi une sorte de tambour, ayant peu ou point d'action pour pousser le bâtiment et dont le frottement de l'eau absorberait

tout le travail communiqué au propulseur par la machine. D'autre part, la fraction du pas totale ne saurait être trop restreinte. Car alors, la surface frappante de l'hélice finirait par se trouver singulièrement réduite relativement à la section ménagée du maître couple et ne ferait plus que couper l'eau sans s'y appuyer suffisamment, autrement dit éprouverait trop de recul et par suite des pertes considérables de travail utile.

828. *Emplacement et nombre des hélices.* — L'emplacement des hélices est toujours à l'arrière du bâtiment; et sauf quelques rares exceptions, elles occupent sur l'avant du gouvernail un trou ménagé dans le massif arrière et nommé *cage d'hélice.*

On n'emploie généralement qu'une hélice par navire. Cependant les bâtiments à très faible tirant d'eau, telles que certaines batteries flottantes, ont besoin d'en avoir deux, placées l'une à droite et l'autre à gauche de la quille.

L'hélice a une influence sur le gouvernail et sur le loch; elle favorise l'action du gouvernail, lorsqu'elle tourne pour la marche en avant. Car elle tend à projeter de l'eau sur le safran. Aussi le navire à hélice peut-il tourner plus court que le navire à roues. Mais dès qu'il stoppe, il ne peut plus gouverner, à cause des diverses ailes du propulseur qui masquent le gouvernail, et empêchent en partie les filets d'eau d'arriver jusqu'à sa surface.

L'hélice influe aussi sur les résultats fournis par le loch et tend à lui faire accuser des vitesses trop grandes. Cela tient au refoulement d'eau sur l'arrière produit par ce propulseur, et il en résulte un courant qui annihile en partie l'effet attractif du remous du bâtiment sur le bateau du loch. Bien plus, de gros temps, à cause de l'accroissement de recul, l'eau se trouve refoulée, comme si le navire marchait vite, et le bateau de loch est entraîné par ce mouvement factice.

C'est pourquoi on a soin, à bord des

navires à hélice, de doubler la longueur donnée à la houache qui convient pour les bâtiments à voiles, afin de soustraire le loch à l'action spéciale du propulseur. En d'autres termes, on y fait cette longueur égale à deux fois celle du navire.

829. *Avance des bâtiments à hélice.* — L'avance d'un bâtiment à hélice est l'espace qu'il parcourt à chaque tour de son propulseur. Cette vitesse s'exprime en mètres. Si on se rappelle qu'une vitesse de un nœud correspond à un parcours de $0^m,514$ par seconde, on a la relation

$$\text{Avance} = \frac{\text{vitesse en nœuds du navire} \times 0,514 \times 60}{\text{nombre de tours de l'hélice à la minute}}$$

830. *Recul de l'hélice.* — Si l'eau dans laquelle fonctionne l'hélice était gelée, à chaque tour de ce propulseur son axe avancerait d'une quantité égale au pas. Mais, eu égard à la mobilité du liquide, il n'en est pas ainsi. L'eau cède plus ou moins sous le choc des ailes, et l'axe de l'hélice n'avance à chaque révolution que d'une quantité inférieure au pas. En un mot il y a ce qu'on nomme *recul*.

On appelle coefficient de recul ou simplement *recul*, l'expression

$$\frac{\text{pas-avance}}{\text{pas.}}$$

Cette expression peut s'écrire de la manière plus générale

$$\text{recul} = \frac{\text{vitesse de l'hélice} - \text{vitesse du navire}}{\text{vitesse de l'hélice}}$$

Dans cette formule on entend par vitesse de l'hélice le chemin que parcourrait le propulseur, s'il se mouvait dans un écrou fixe. Autrement dit, on comprend par là le produit de son pas par le nombre de tours à chaque unité de temps adoptée. Les deux espèces de vitesse dont il s'agit doivent d'ailleurs être exprimées de la même manière, telle que, en mètres par seconde, ou en nœuds par trente secondes.

Le recul diffère peu pour tous les navires, naviguant en calme. Par conséquent, dans cette dernière hypothèse, les avances sont proportionnelles aux pas, et, par suite aux diamètres des hélices et enfin aux tirants d'eau des bâtiments.

831. *Exemple.* — Un bâtiment file dix nœuds avec une hélice de $5^m,6$ de pas, et faisant 72 tours à la minute. On demande le recul.

On aura

$$\text{Avance} = \frac{10 \times 0,514 \times 60}{72} = 4^m,28$$

puis

$$\text{Recul} = \frac{5,60 - 4,28}{5,60} = 0,24$$

Le recul vaut moyennement de calme 0,20. La valeur du recul varie suivant les proportions de l'hélice, ainsi que de la rapidité du sillage et surtout avec la résistance *élémentaire*, c'est-à-dire ramenée à l'unité de vitesse, correspondante à la résistance réelle qu'a à vaincre le propulseur. Les variations de cette résistance élémentaire sont dues aux changements des tirants d'eau, au vent, à l'emploi des voiles, à la mer, à des remorques, ou enfin à l'amarrage un point fixe.

Le recul peut atteindre ainsi 0,54.

832. *Surface des ailes.* — Au point de vue de la nature de la surface des ailes, on distingue principalement les hélices à directrice droite ou à pas constant et les hélices à directrice brisée ou courbe, dites aussi à pas croissants.

Les hélices à pas constant ou à directrice droite sont celles où la génératrice de chaque aile décrit des angles égaux pour des quantités élémentaires égales dont elle glisse le long de l'axe.

Elles sont presque exclusivement employées en Angleterre, et sur tous les bateaux de commerce.

Les hélices à pas croissants sont celles où la génératrice tourne d'angles qui changent de valeur en décroissant à compter de l'avant vers l'arrière, et cela soit brusquement à partir d'un endroit déterminé, soit continuellement.

Le pas de la portion d'hélice située à la partie antérieure de l'aile s'appelle le pas d'entrée, tandis que celui de la dernière portion d'aile se nomme le pas de sortie.

Au point de vue de la disposition des

ailes sur le moyeu, les hélices se présentent aujourd'hui sous deux variétés principales :

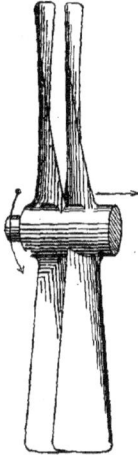

Fig. 527.

les hélices ordinaires ou à ailes simples, et les hélices Mangin dites aussi à ailes doubles ou triples.

Les hélices à ailes simples sont les hélices à deux ou plusieurs ailes épanouies, autour du moyeu et ayant leur génératrice milieux situées dans un même plan perpendiculaire à l'axe (*fig.* 526). Les hélices à ailes doubles, consistent en deux paires d'ailes (*fig.* 527) montées sur le même moyeu à la suite l'une de l'autre, et, en outre, orientées de façon à se trouver juste l'une devant l'autre.

833. *Nature du métal de l'hélice.* — D'après l'expérience, on admet aujourd'hui en principe que l'hélice doit toujours être du même métal que le doublage de la carène. Ainsi si la coque est en fer, l'hélice sera pareillement en fer ou en fonte. Si la coque est doublée en cuivre, l'hélice sera en bronze, métal à peu près de même nature que le cuivre, mais plus dur et plus fusible. Cette mesure paraît être dictée par la nécessité de prévenir les effets de l'action galvanique, et surtout d'empêcher la surface du propulseur de se couvrir de coquillages, d'herbes, etc.

CHAPITRE VIII

TRANSFORMATION DU MOUVEMENT CIRCULAIRE CONTINU EN RECTILIGNE ALTERNATIF ET EN CIRCULAIRE CONTINU.

834. Le mouvement rectiligne alternatif est celui qui a lieu tantôt dans un sens et tantôt dans l'autre, il appartient au système plan. Comme le mouvement circulaire est du système tour, nous aurons à étudier dans ce chapitre les organes les plus employés pour faire agir l'un de ces systèmes sur l'autre. Il est à remarquer que les organes flexibles ne peuvent agir que dans un sens, par suite ils ne pourront servir à la transformation ci-dessus : Les organes rigides, tels que les bielles, les manivelles, excentriques, cames, sont les seuls qui peuvent servir d'intermédiaires.

On rencontre un très grand nombre d'exemples de cette transformation de mouvement, dans les machines usuelles, telles que les pompes, les soufflets, les scies, etc. etc.

Le mouvement rectiligne alternatif se produit le plus souvent par l'intermédiaire d'un mouvement de rotation continu ou alternatif.

835. *Engrenage intérieur de Lahire.*
— Nous avons démontré (n° 697) que
lorsqu'un cercle roulait à l'intérieur d'un
autre cercle de rayon double; un point
quelconque A de la circonférence du premier décrivait une hypocycloïde rectiligne
se confondant avec le diamètre du cercle
fixe passant par le point A.

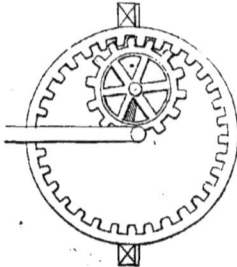

Fig. 528.

Cette propriété a été utilisée par Lahire,

géomètre du XVIIe siècle, pour transformer le mouvement circulaire continu en rectiligne alternatif. Pour réaliser
cette transmission, on fixe par sa couronne sur des appuis solides un anneau,
denté intérieurement (*fig.* 528); à son
centre passe un arbre, qui porte un bras,
d'une longueur égale, de centre en centre
à la moitié du rayon de la partie dentée
de la couronne. Ce bras porte l'axe d'une
petite roue ou pignon, d'un rayon aussi
égal à la moitié de celui de la couronne;
sur ce pignon et en dehors du plan de la
couronne est fixé un bouton sur lequel
s'articule la tige qui doit recevoir un mouvement rectiligne alternatif. L'inconvénient, qui fait que ce système n'est plus
employé, c'est que la tige à mouvoir devant être placée en porte à faux, tend à
faire déverser le pignon.

836. *Relation entre les espaces parcourus.* — Lorsque le petit cercle roule,
sans glisser dans le grand, la quantité

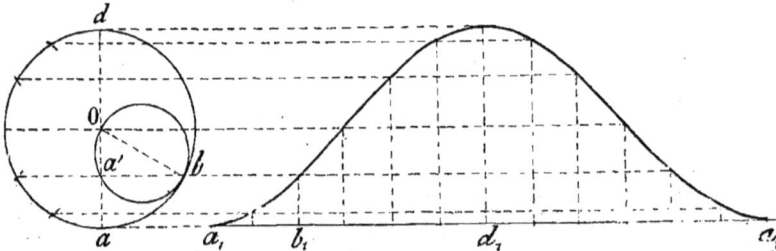

Fig. 529.

dont le point *a* s'élève (*fig.* 529) quand le
point de contact passe de *a* en *b*, est *aa'*
Cette longueur *aa'* est égale à la projection de l'arc *ab* sur le diamètre *ad*; elle
a pour expression.

$$aa' = ao - ao \cos. aob$$

La relation entre les chemins parcourus
par le petit cercle sur la circonférence du
grand cercle, et les chemins parcourus
par le point *a* suivant le diamètre *ad*, peut
être représenté graphiquement en prenant
les premiers pour abscisses et les secondes
pour ordonnées.

Admettons que le cercle roulant ait un
mouvement de rotation uniforme, les abscisses seront proportionnelles aux temps,
et l'examen de cette courbe montre que le
mouvement rectiligne du point *a* s'accélère graduellement; qu'il atteint sa vitesse
maxima, quand le petit cercle a roulé
sur le grand d'un quart de circonférence.
Au delà le mouvement se ralentit; la
vitesse d'ascension redevient nulle quand
le petit cercle a parcouru la moitié de la
circonférence du grand ou fait un tour sur
lui-même. Puis le mouvement de descente

commence et s'accélère de la même manière que dans la première période, pour s'éteindre à la fin de la révolution entière, et ainsi de suite.

837. *Roue dentée conduisant une double crémaillère.* — On emploie quelquefois pour transformer le mouvement circulaire continu en rectiligne alternatif une roue dentée pouvant engrener avec une double crémaillère. Cette disposition peut affecter les deux formes suivantes.

Fig. 530.

1° Sur l'axe vertical projeté en O (*fig.* 530) est montée une roue qui n'est dentée que sur une portion de sa circonférence, et n'a que trois ou quatre dents. Elle est entourée d'une sorte de cadre formé de deux crémaillères raccordées par deux demi-circonférences. Chaque crémaillère présente un nombre de creux égal au nombre de dents de la roue. Les deux extrémites du cadre portent dans le prolongement l'une de l'autre, deux tiges rectilignes mobiles entre des guides. La roue tournant dans le sens de la flèche fera mouvoir le cadre de gauche à droite ; puis lorsque les dents de la roue seront en prise avec l'autre crémaillère, le cadre se mouvra de droite à gauche et ainsi de suite. Le mouvement rectiligne ainsi obtenu pourra avoir des intermittences, c'est à-dire qu'il pourra s'écouler un certain temps entre la fin du mouvement dans un sens et le commencement de l'autre en sens contraire.

Ce dispositif a le défaut de produire des chocs à chaque changement de sens du mouvement rectiligne alternatif.

2° Dans la deuxième disposition, analogue à la première, le cadre est denté sur tout son pourtour intérieur, ainsi que le pignon. Le pignon repose à sa partie inférieure sur un pivot et est maintenu à sa partie supérieure dans une simple rainure horizontale perpendiculaire à la direction de la tige à guider. Une barre rectiligne *ab* (*fig.* 531) fixée à l'intérieur du cadre, mais mobile avec lui, appuie sur l'axe du pignon et l'oblige constamment à engrener avec le cadre. Si le pignon tourne dans le sens de la flèche, il agira sur une partie de la crémaillère et obligera le cadre à marcher de gauche à droite. Dès qu'il arrivera sur

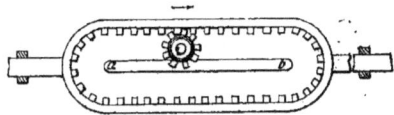

Fig. 531.

la demi-circonférence du cadre il sera forcé de rouler sur la partie circulaire de l'engrenage intérieur, puis entraînera le cadre de droite à gauche, et ainsi de suite.

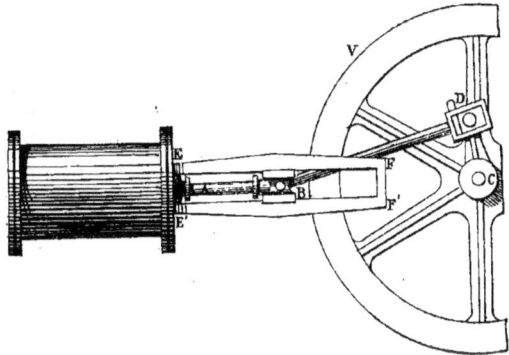

Fig. 532

838. *Bielle et manivelle.* — La bielle est une longue tige rigide qui relie les deux organes, ayant l'un un mouvement circulaire continu, et l'autre un mouvement soit rectiligne alternatif, soit un mouvement circulaire alternatif. On la trouve dans les machines à vapeur; elle est fixée par l'une de ses extrémités à la tige du piston dont le mouvement rectiligne alternatif est guidé par des glissières; l'autre extrémité est articulée au bouton de manivelle qui a un mouvement de rotation continu (*fig*. 532.)

Dans les machines à balancier de Watt, ce mécanisme transforme le mouvement circulaire alternatif du balancier en un mouvement circulaire imprimé à l'arbre moteur.

Cette liaison est réciproque, c'est-à-dire qu'elle peut servir pour la transformation inverse.

Une bielle (*fig*. 533) a généralement une longueur comprise entre quatre et six fois le rayon de la manivelle, avec laquelle elle s'articule.

Ses extrémités sont cylindriques, mais elle est renforcée dans sa partie moyenne. Anciennement on les faisait en fonte, dans ce cas le corps de la bielle avait une section en forme de croix. Aujourd'hui on préfère de beaucoup le fer, elles sont plus résistantes et ont un diamètre moindre. La tête supérieure de la bielle est simple ou double, de manière qu'elle puisse embrasser, comme une fourche, la tige ou le balancier qui la guide. A cette tige ou à ce balancier est adapté un axe qui pénètre dans les deux branches de la fourche; cet axe est terminé par deux tourillons reposant dans des coussinets, mobiles dans une ouverture pratiquée à la bielle et que l'on peut serrer au moyen de deux coins appelés clavettes; l'un mobile c'est la clavette, proprement dite; l'autre fixe, c'est la contre-clavette.

Les coussinets peuvent être ainsi serrés ou desserrés pour diminuer le jeu qui existe entre les deux pièces d'un même coussinet, et l'axe qu'elles embrassent. Une disposition analogue est adoptée pour l'articulation inférieure de la bielle.

Nous verrons plus loin les différents types de têtes de bielles, les plus employés.

839. *Points morts.* — Lorsque le mouvement est communiqué par la tige AB,

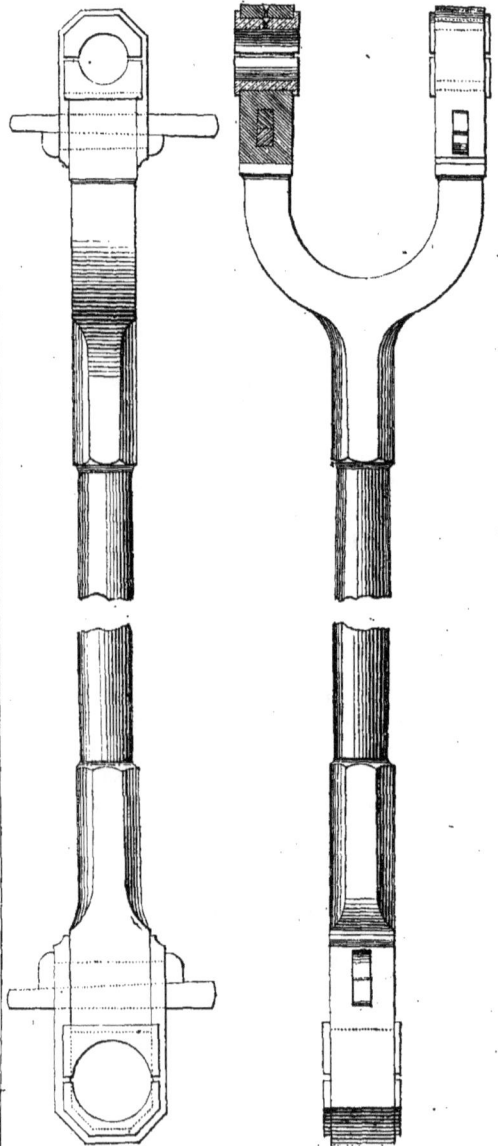

Fig. 533.

si la bielle est en ligne droite avec la manivelle, comme en CD et en C'D', l'effort de la bielle, étant détruit par la résistance de l'axe, devient inefficace. Ces deux positions D et D' se nomment points morts (*fig.* 534).

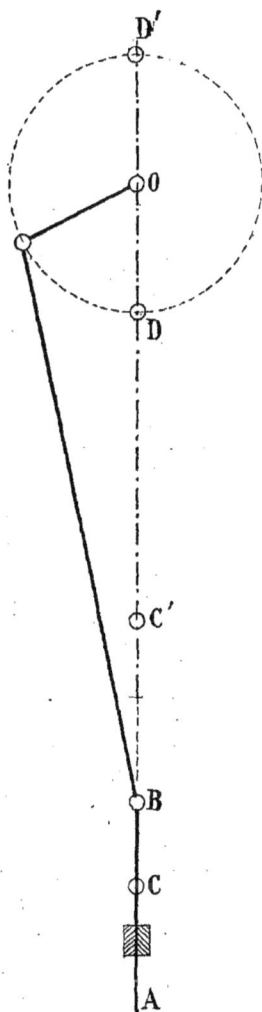

Fig. 534.

Quand la machine est en mouvement, si elle est pourvue d'un volant conve-

nable, la vitesse acquise fait dépasser les points morts ; mais si la machine s'arrête lorsque la manivelle est à l'un des points morts, le moteur, agissant sur la tige AB, ne saurait mettre l'appareil en mouvement ; il faut alors faire tourner un peu le volant, pour que la bielle et la manivelle ne soient plus en ligne droite. On remédie quelquefois à l'inconvénient que présentent les points morts, en faisant usage de deux ou plusieurs manivelles disposées de manière que lorsque les unes sont à leurs points morts, les autres seront dans les positions correspondantes au maximum d'effet.

830. *Proportions relatives des bielles et manivelles.* — Dans quelques cas, comme celui des locomotives, la bielle transmet un mouvement circulaire en un autre mouvement circulaire ; mais le plus généralement elle relie le système tour continu au système plan alternatif ou au système tour alternatif.

Nous indiquerons l'analyse complète donnée par M. Girault, dans sa géométrie appliquée, à la transformation des mouvements.

Appelons r le rayon de la plus grande circonférence, r' celui de la plus petite, d la distance des centres, l la longueur de la bielle, AA' la ligne des centres, F et G les points de rencontre de la circonférence r' avec cette ligne, D et E ceux de la circonférence r :

1° Soit d'abord le centre de la petite circonférence extérieure à la grande, le mouvement continu de A est impossible.

En effet, D et E étant les points de la circonférence A situés sur la ligne des centres, F et G les points de la circonférence A' situés sur la même droite, il faut pour que le point B passe en D, que la longueur de la bielle soit égale ou inférieure à DF ; et pour que le pont B passe en E, que la longueur de la bielle soit égale ou supérieure à EG. Or, ces deux conditions sont incompatibles puisqu'elles reviennent à

$$l < d + r' - r > d + r - r'$$
et que l'on suppose $r' < r$.

Elles ne peuvent être satisfaites à la fois que pour $r' = r$, par deux circonférences égales, et $l = d$ ce qui donne deux mouvements circulaires continus identiques. Sauf ce cas, l'un des mouvements circulaires au moins est nécessairement alternatif.

conque de circonférence A' à circonférence A est toujours inférieure à FD, et la plus grande distance toujours supérieure à GE. Ces grandeurs sont donc des limites de la longueur de la bielle, nécessairement toujours moindre que la plus grande distance possible et plus grande que la plus petite pour que le mouvement de B puisse se poursuivre. On doit donc poser.

$$FD < l < GE$$
ou $\quad d + r' - r < l < d + r - r'$

Dans ces conditions, le point B' pourra faire le tour de circonférence A'; on aura un mouvement circulaire alternatif de l'autre; en dehors de ces conditions, il ne pourrait franchir l'un des points F ou G.

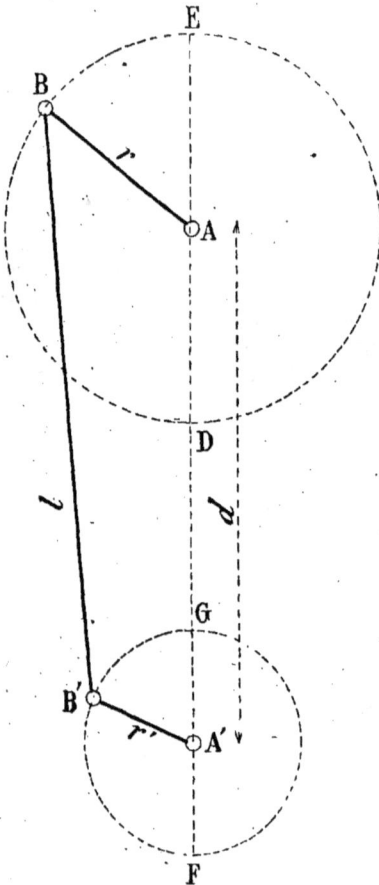

Fig. 535.

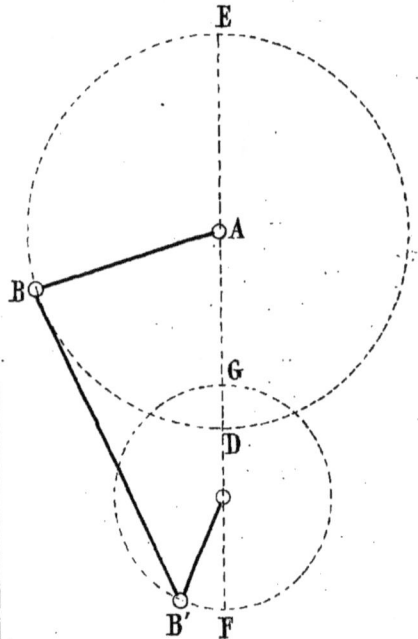

Fig. 536.

Que les circonférences soient extérieures (*fig.* 535) ou sécantes (*fig.* 536) la plus courte distance d'un point M' quel-

2° Considérons le cas, (*fig.* 537, 538, 539, 540), où le centre de A' est inférieur à la circonférence A. Il faut pour que B passe en D, que l soit moindre que DG et

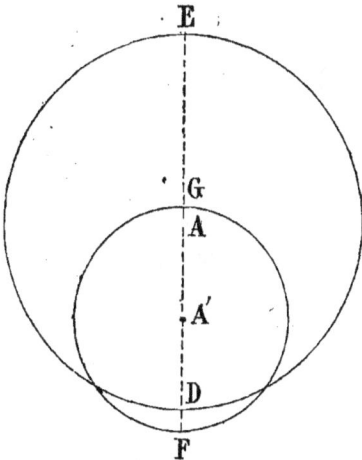

Fig. 537.

comme A'D est égal à $r - d$, que l'on ait
$$l < r + r' - d$$
et pour que B passe en E, la longueur de

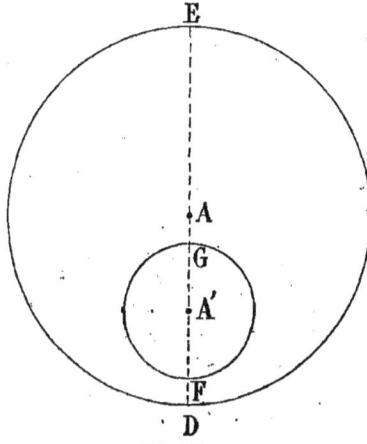

Fig. 538.

la bielle soit plus grande que GE, que l'on ait
$$l > r + d - r'$$

Ces inégalités, dans lesquelles nous renfermons implicitement les égalités qui leur correspondent, ne sont compatibles que

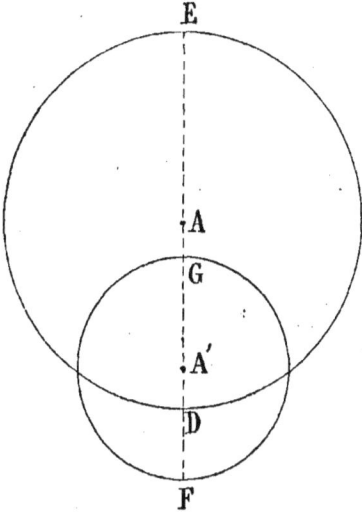

Fig. 539.

dans le cas de $d < r'$, c'est-à-dire lorsque le centre A est aussi intérieur à circonférence A' (*fig.* 538, 540).

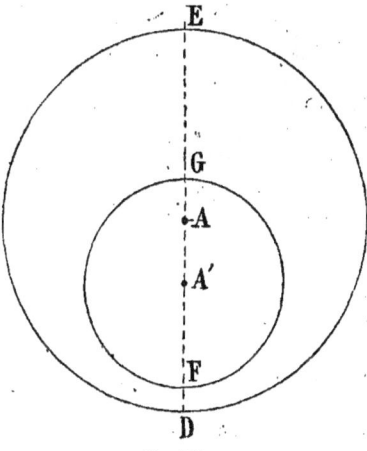

Fig. 540.

On peut alors toujours satisfaire aux inégalités
$$r + r' - d > l > r + d - r'$$

r étant plus grand que r' et r' plus grand que d, la première limite sera toujours supérieure à la dernière. Dans ces conditions, les deux mouvements circulaires, sont continus ; évidemment avec des rapports de vitesses variables.

Le centre A' étant intérieur à la circonférence A ; si l n'est pas compris entre

$$r + d - r \text{ et } r + r' - d,$$

le point B ne peut remplir les deux conditions de passer par le point D et par le point E ; et l'on aperçoit de même que le point B' ne peut remplir les deux conditions de passer par le point F et par le point G. Ainsi dans ce cas, aucun des deux mouvements ne saurait être continu. On ne peut obtenir alors que deux mouvements circulaires alternatifs.

Que les circonférences soient sécantes. (*fig.* 537) ou intérieures (*fig.* 539), pour que le mouvement de B' puisse se poursuivre du même sens, il faut qu'il puisse passer en G, ce qui nécessite que la longueur de la bielle soit plus grande que GD, et moins grande que GE ; que l'on ait

$$\text{GD} < l < \text{GE}$$

ou $r + r' - d < l < r + d - r'$

Donc, pour $r' > d$, on pourra trouver une longueur de bielle telle que le point B' puisse faire un tour de circonférence A'; en dehors de ces conditions, il ne pourrait franchir le point G.

On reconnaîtra alors, que la direction de la bielle ne peut jamais passer par le centre A ; l'extrémité de la course s'obtient alors en déterminant l'intersection de circonférence A avec une circonférence ayant son centre en A' et pour rayon $l - r'$ ou $l + r'$.

D'ailleurs les deux circonférences de centre A' et de rayon $l - r'$ et $l + r'$ coupent toujours la circonférence A ; et elles comprennent entre elles les deux arcs que B peut parcourir d'un mouvement alternatif. Ils servent en même temps à déterminer les points extrêmes qu'atteint la bielle sur la circonférence A, lorsque la rotation change de sens.

On voit, par ce qui précède, que la bielle peut servir à transformer un mouvement circulaire continu en un mouvement circulaire alternatif et réciproquement lorsque le centre de la grande circonférence est extérieur à la petite et la longueur de la bielle comprise entre les segments moyens des deux circonférences, en appelant segments moyens des deux circonférences ceux qui sont comptés sur la ligne des centres et diffèrent du plus grand et du plus petit.

841. *Vitesse moyenne.* — Lorsque la manivelle transmet, à l'aide de la bielle, un mouvement rectiligne alternatif à la tige ; on appelle vitesse moyenne de la tige, le quotient de l'espace parcouru dans une course, par la durée de cette course. Ainsi, quand un piston décrit une course de $1^m,10$ en $1''3$, on dit que sa vitesse moyenne est de $\dfrac{1,10}{1,3} = 0^m846$ en une seconde.

Cette vitesse moyenne, la seule dont on tient compte dans l'établissement des machines, diffère de la vitesse réelle, qui est variable. En examinant attentivement les espaces parcourus par la tige, on remarque que lorsque le bouton de manivelle se rapproche des points morts la tige se déplace de moins en moins et que sa vitesse est nulle lorsque son mouvement change de sens. En résumé sa vitesse croît et décroît graduellement, ce qui est un avantage de cette transformation de mouvement.

842. *Représentation graphique de la relation du mouvement entre le bouton de manivelle et la tige.* — Le plus généralement le centre M de la manivelle se trouve sur le prolongement de la tige ab à conduire par l'intermédiaire de la bielle (*fig.* 541). On divise, à partir du point O, la circonférence en un nombre de parties égales, 12 par exemple. De chacun des points de division 0, 1, 2, 3..... avec la bielle pour rayon, on décrit des arcs de cercle, qui coupent la ligne ab aux points $0'$, $1'$, $2'$, $3'$..... Lorsque la manivelle parcourt l'arc 01, la tige a parcouru la longueur $0'1'$. Dans la deuxième demi-révolution, les positions de la tige sur la ligne ab, sont les mêmes que dans la première partie, à cause de la division de la circonférence en $2n$ parties égales.

Si maintenant on développe en ligne droite la circonférence décrite par le bouton de manivelle et qu'on partage ce développement en $2n$ parties égales, chaque partie sera égale à $\dfrac{2\pi r}{2n}$ ou $\dfrac{\pi r}{n}$ et représentera les chemins parcourus par le bouton de manivelle. A chaque point,

Cette courbe permet de trouver la vitesse de la tige aux différents points de sa course. En effet les longueurs égales portées sur la ligne des abscisses représentent des temps égaux, si le mouvement de rotation de la manivelle est uniforme, par suite l'inclinaison des tangentes à cette courbe donnera la vitesse à un instant quelconque.

La forme de la courbe indique bien que la vitesse croît graduellement et se retarde de même, de manière qu'elle est nulle à chaque fin de course. La vitesse maxima est donnée par la plus grande inclinaison de la tangente, corespondant au point d'inflexion de la courbe, c'est en ce point que le mouvement accéléré cesse pour devenir retardé. Ce point, où la courbe change de sens, a lieu lorsque la bielle est perpendiculaire à la manivelle.

Si on construisait la courbe representative du mouvement uniformément accéléré et retardé, on reconnaîtrait qu'ils diffèrent peu de celui représenté par la figure ci-dessous.

843. *Variations de la course.* — Lorsqu'on a à faire varier la course de la tige qui reçoit uu mouvement rectiligne alternatif, il faut augmenter on diminuer le rayon de la manivelle, on a recours à plusieurs procédés. 1°On place deux ou trois boutons à des distances diffé-

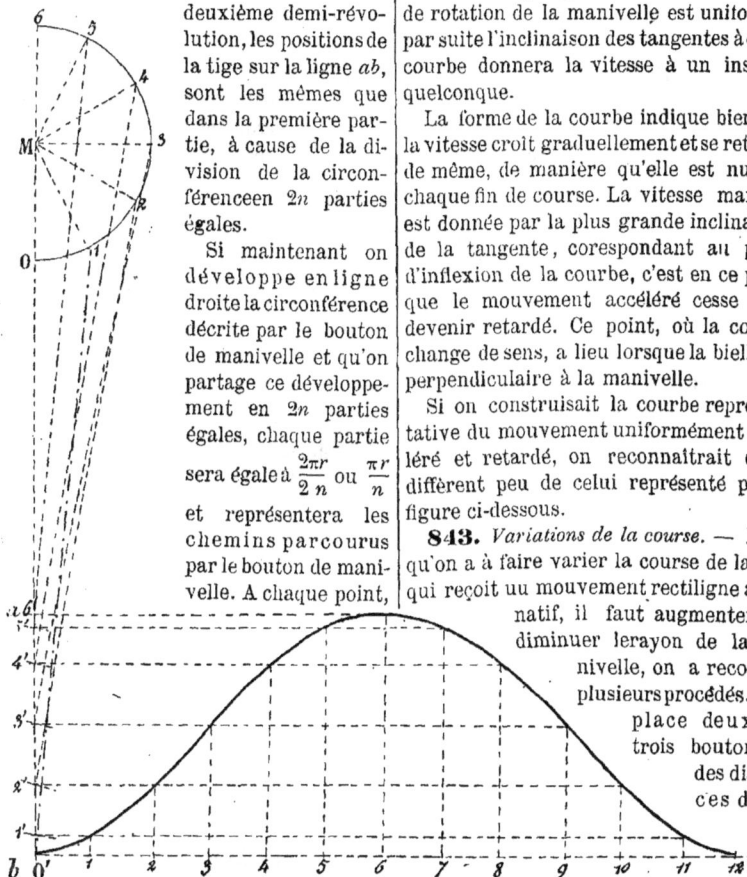

Fig. 541.

on élèvera des ordonnées égales aux chemins parcourus par la tige, et la courbe continue passant par les extrémités de ces ordonnées représentera la relation cherchée.

Cette courbe permettra de trouver le chemin parcouru par la tige, pour une position quelconque du bouton de manivelle.

rentes du centre. 2° On peut remplacer la manivelle par un plateau manivelle portant une rainure dans laquelle on engage le bouton que l'on maintient fixe par la pression d'un écrou. Cette dernière disposition est souvent appliquée aux pompes dont le débit est variable par intermittences.

844. *Manivelles doubles ou triples.* — Les machines à vapeur à un seul cylindre, n'ont qu'une manivelle, mais le passage des points morts est facilité par l'action du volant placé sur l'arbre moteur ; le volant a aussi pour but de régulariser les écarts de vitesse. Dans les machines à deux cylindres, les manivelles sont calées à 90°, de manière que les points morts de l'une d'elles, correspondent au maximum de vitesse de l'autre. On en a un exemple dans les locomotives et dans les machines marines. Lorsqu'on dispose sur un même arbre trois manivelles, on obtient une manivelle triple, dont les boutons sont calés a 120°. Enfin si l'on avait un arbre commandé par n manivelles, elles feraient entre elles un angle de $\dfrac{360°}{n}$.

Dispositifs des corps et des têtes de bielles.

845. Le corps d'une bielle est la partie qui relie les deux extrémités, lesquelles sont munies de coussinets qui entourent les tourillons d'assemblage. Ces tiges de bielle sont en fer, en fonte, en acier et même quelquefois en bois de chêne. Lorsqu'elles sont en fer, leur section généralement circulaire va en diminuant à partir du milieu, de telle sorte que le diamètre de la section, à chaque extrémité, n'est que 0,7 du diamètre au milieu. Le profil en long est alors formé par une ligne à faible courbure.

Dans certains cas, comme pour les bielles de locomotives, le corps a une section rectangulaire. Cette section peut être obtenue plus facilement, et ensuite elle est plus avantageuse au point de vue du fouettement ; sa plus grande dimension se trouve toujours parallèle au plan de la manivelle. Ce fouettement se fait plus sentir dans les bielles d'accouplement, où le maximum de flexion a lieu au milieu, aussi la section en ce point a une plus grande valeur. Les corps de bielles en fonte, rarement employées aujourd'hui, ont une section en forme de croix. On tend aussi beaucoup à donner aux bielles en fer une section à nervures ou à T, comme l'indique la figure suivante 547.

846. *Tête de bielle pour tourillon frontal.* — L'une des têtes de bielles

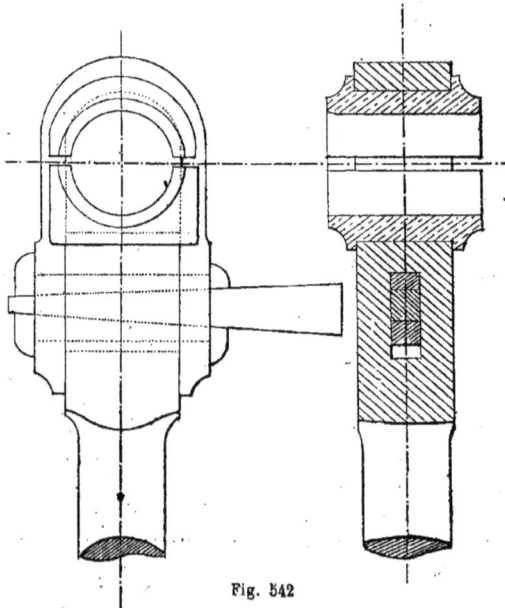

Fig. 542

la plus employée est représentée par la | figure 542. Une chape entoure les deux

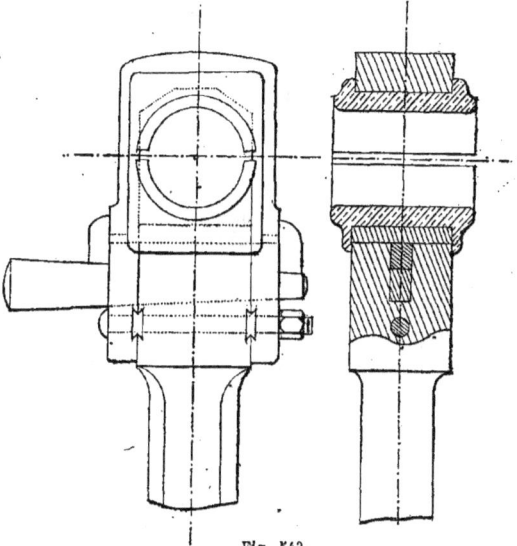

Fig. 543.

parties du coussinet que l'on peut rappro- | cher au moyen d'une clavette formant

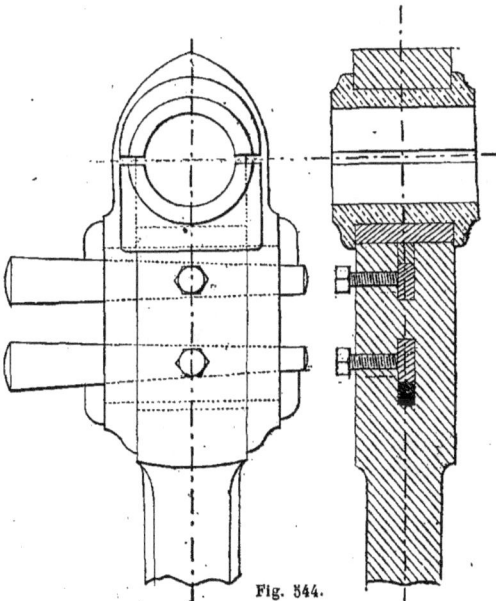

Fig. 544.

coin; cette clavette appuie d'une part sur | une partie prismatique qui termine le corps de la bielle, et d'autre part sur les deux branches de la chape, par l'intermédiaire de deux pièces appelées contre-clavettes. La clavette doit avoir dans ce cas une faible inclinaison afin de ne pas être chassée sous l'influence de l'effort qui se produit suivant l'axe de la bielle ; cette inclinaison ne doit pas dépasser $\frac{1}{24}$, ce qui conduit à donner à la clavette une assez grande longueur, suffisante pour pouvoir produire le rapprochement des coussinets jusqu'à la limite d'usure. A cause du mode de serrage, le centre du tourillon engagé dans les coussinets est rapproché du corps de la bielle.

La tête de bielle de *Sharp* (*fig.* 543) est formée comme la précédente d'une chape emboîtant les coussinets, mais solidaire du corps de la bielle au moyen de deux tenons en forme de queue d'aronde, lesquels ne peuvent glisser à cause d'un boulon qui les traverse. La clavette de serrage agit sur la contre-clavette et rapproche la partie inférieure du coussinet de la partie supérieure, de telle sorte que le centre du tourillon s'éloigne du corps de la bielle.

Cette variation dans la longueur proprement dite de la bielle n'existe pas dans la tête de bielle de *Bury* (*fig.* 544). On voit en effet que le rapprochement des coussinets peut se faire au moyen de deux clavettes, dont l'une supérieure tend à éloigner le centre du tourillon du corps de la bielle, et l'autre, la clavette inférieure, permet de produire l'effet inverse. Cette disposition est à recommander pour les cas où il est important de conserver à la bielle une longueur invariable quelle que soit l'usure.

Comme l'indique la figure, les deux clavettes sont maintenues chacune au moyen d'une vis à tête d'écrou.

Une tête de bielle, très répandue depuis quelques années, est celle de *Penn*, constructeur anglais ; elle est indiquée par la figure 545. Sa forme est analogue à un

palier ; ses deux parties entièrement en bronze sont serrées l'une contre l'autre, par deux ou quatre boulons, suivant ses

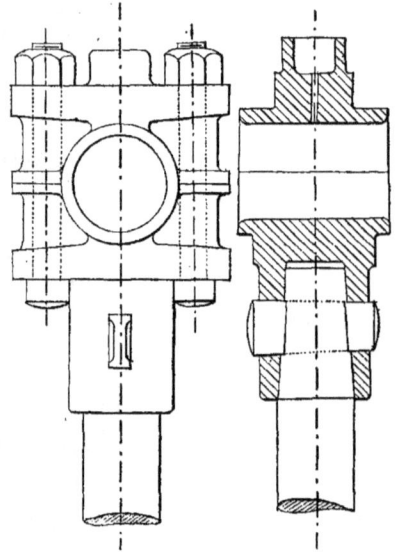

Fig. 545.

dimensions. Il n'y a pas de jeu pour remédier à l'usure, ce qui oblige à limer les surfaces en contact toutes les fois que l'on veut corriger l'usure.

On peut cependant éviter ce travail en garnissant les rainures, de plaques de cuivre, qu'on remplace au bout d'un certain temps, par d'autres plus minces. La mâchoire inférieure présente un évidement conique dans lequel est emmanchée l'extrémité du corps de la bielle, le tout maintenu par une clavette à demeure.

Dans les têtes de bielles représentées par les figures 543 et 544, la contre-clavette n'agit pas directement sur le coussinet ; il y a entre ces deux pièces une plaque de pression qui empêche la déformation que pourrait prendre le coussinet s'il avait une épaisseur trop faible. Celle représentée par la figure 546, qu'on rencontre souvent sur les locomotives, n'est pas munie de cette plaque de pression, aussi l'épaisseur du coussinet doit être augmentée dans

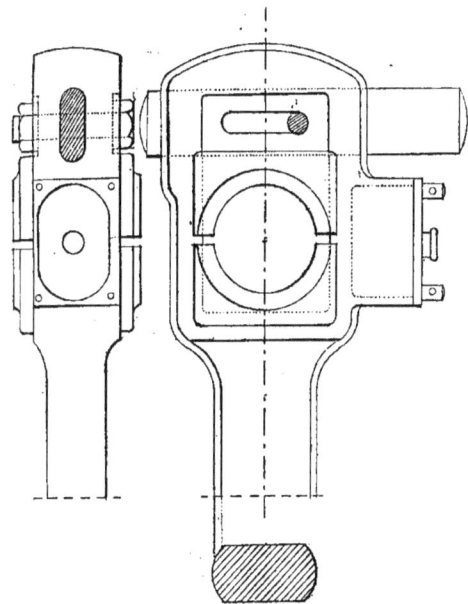

Fig. 546.

le rapport 3/2 avec celle des coussinets précédents. Cette disposition de tête fermée est préférable aux têtes de bielles ouvertes; car elles sont à la fois plus résistantes et plus économiques. Les coussinets ne portent aucun rebord sur la face arrière; de cette façon, il est plus facile de les retirer du cadre qui les entoure, lorsqu'on a préalablement enlevé la clavette, qui maintient et s'applique sur le coussinet supérieur. La clavette porte un dispositif de sûreté qui consiste en un boulon fixé à la clavette et qui peut se mouvoir dans une rainure pratiquée sur la tête de bielle; l'écrou de serrage en partie noyé peut être manœuvré à l'aide d'une clef creuse à béquille. Les bielles des machines verticales ne portent pas de boîte à huile comme celles des locomotives. Cette boîte, de forme rectangulaire, est fermée hermétiquement par un cou-

vercle en bronze; sur le trou, vu en plan, est vissé un tuyau à mèche, dont le but est d'amener l'huile à l'intérieur des coussinets.

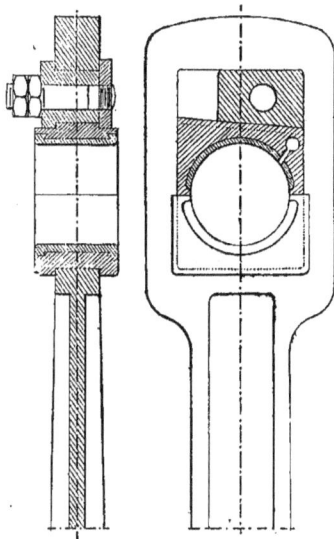

Fig. 547.

Une autre forme de tête de bielle fermée est représentée sur la figure 547; elle est en acier; son dispositif de serrage est très simple; il ne présente qu'un inconvénient, c'est la trop grande saillie du double écrou. Les coussinets sont en fer, avec une garniture de métal blanc; le graissage se fait par un petit conduit que porte le coussinet de gauche.

847. *Tête de bielle pour tourillon sphérique.* — Lorsque l'angle formé par l'axe du tourillon et par l'axe de la bielle est susceptible de petites variations, comme dans certaines locomotives, le bouton de la manivelle a la forme sphérique, et par suite les coussinets doivent épouser une forme identique, comme le représente la figure 548. Les coussinets ne portent de rebords que sur la face antérieure, de telle sorte qu'on puisse les retirer après l'enlèvement de la clavette. Celle-ci agit sur la partie inférieure du coussinet par

l'intermédiaire d'une plaque de pression. | l'aide de deux vis, représentées en coupe
La fixation de la clavette est obtenue à | sur l'élévation.

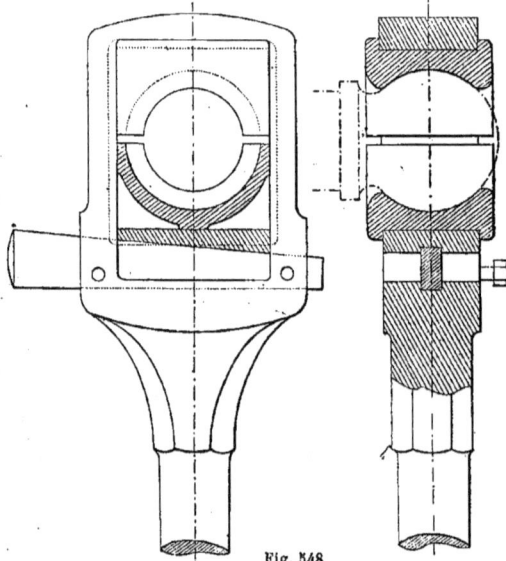

Fig. 548

La figure 549 donne une tête de bielle | fermée d'une construction très simple et

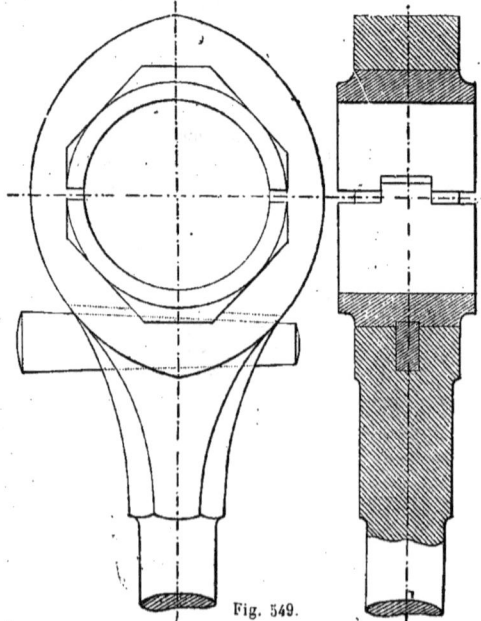

Fig. 549.

qu'on rencontre dans le parallélogramme de Watt (*fig*. 368). Le coussinet ne porte aucun rebord, la partie inférieure est maintenue par la clavette, et la partie supérieure est assemblée comme l'indique la coupe longitudinale.

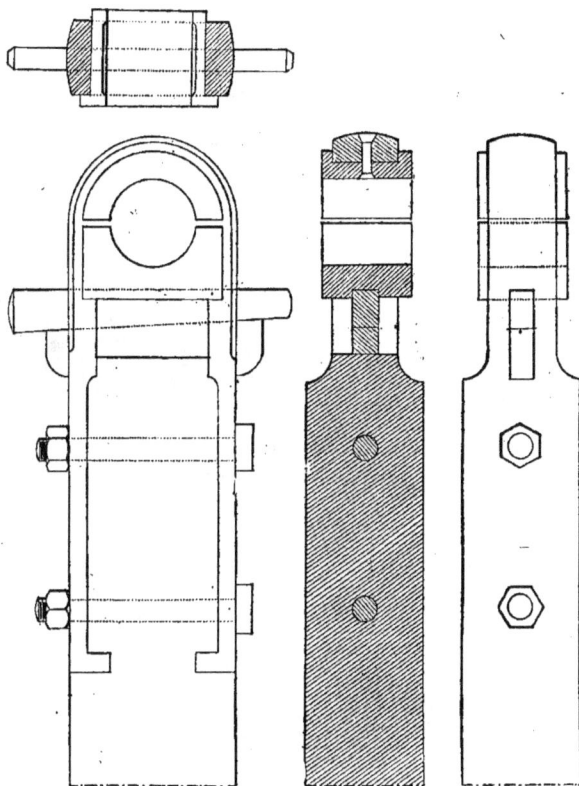

Fig. 550.

Un exemple de bielle en bois est représenté par la figure 550. Les deux parties du coussinet sont maintenues par une chape de très grande longeur, dont les branches embrassent le corps en bois de la bielle, le tout solidement relié par plusieurs boulons. Les extrémités de la chape portent des retours d'équerre enchâssés dans le chêne.

Le serrage se fait comme à l'ordinaire, au moyen d'une clavette qui maintient la partie gauche du coussinet.

Ces bielles en bois sont peu usitées, cependant ou les retrouve dans quelques scies mécaniques.

Pour compléter ces différents types de têtes de bielles, nous donnons les formes et les proportions de quelques bielles motrices.

La figure 551 représente une bielle motrice pour locomotives de fortes rampes. La section du corps de la bielle est rectangulaire, elle décroît régulièrement d'une extrémité à l'autre, tout en conservant la même épaisseur dans la plus petite dimension.

La tête de bielle de droite peut s'ouvrir | pour le montage et démontage des cous-

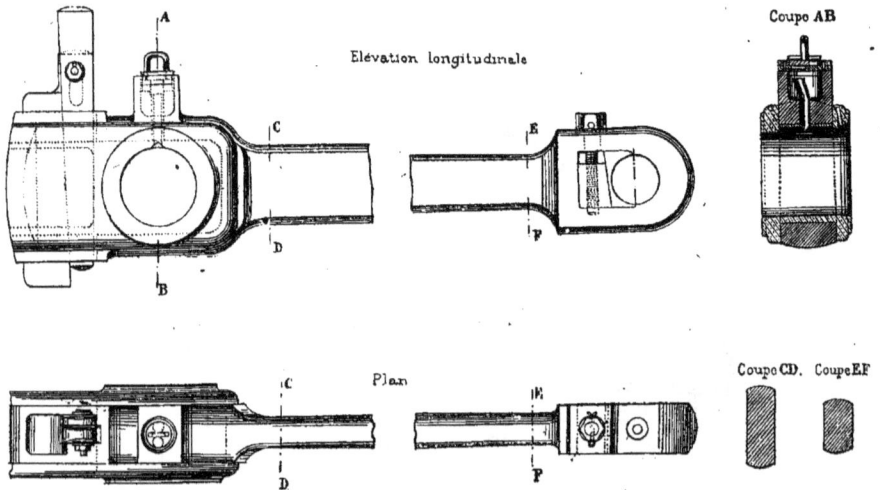

Coupe AB

Elévation longitudinale

Coupe CD. Coupe EF

Plan

Fig, 551.

sinets ; la fermeture se fait au moyen d'une pièce de remplissage maintenue à

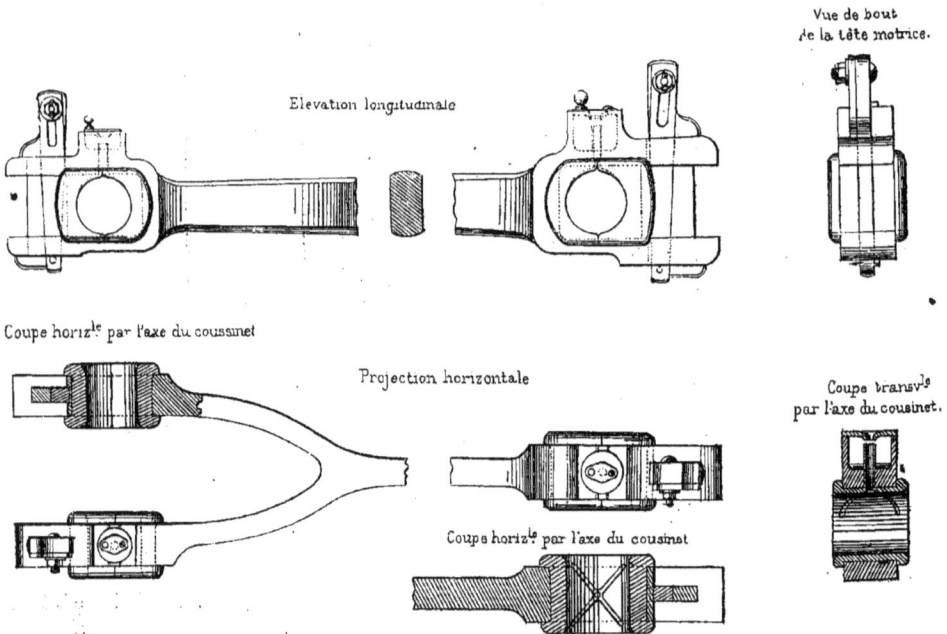

Vue de bout
de la tête motrice.

Elevation longitudinale

Coupe horiz¹ᵉ par l'axe du coussinet

Coupe transv¹ᵉ
par l'axe du cousinet.

Projection horizontale

Coupe horiz¹ᵉ par l'axe du cousinet

Fig. 552.

cheval sur la fourche qui termine la tête | de bielle. Le dispositif de sûreté de la clavette est obtenu au moyen d'une vis de serrage qu'elle porte et qui peut se mouvoir dans une rainure pratiquée sur le prolongement de la contre-clavette.

L'autre extrémité de la bielle, articulée à la tige du piston, présente un mode très simple de serrage qu'il est inutile de décrire. La bielle est entièrement en fer forgé ; les coussinets seuls sont en bronze.

Lorsque le tourillon d'assemblage est double, comme celui de la traverse représentée sur la figure 361, on fait usage d'une bielle dont l'une des extrémités se divise en deux branches identiques. Celle donnée par la figure 552 est employée sur une machine de 60 chevaux à l'atelier central du chemin de fer du Nord. Le corps est en fer, à section rectangulaire ; la fourche a la forme d'un V renforcé aux parties qui reçoivent les coussinets. Les dispositifs de serrage et de sûreté des clavettes sont identiques à ceux précédemment décrits.

Quoique les bielles en fonte soient peu employées, nous indiquons par la figure 553 la forme la plus en usage dans les anciennes machines à balancier. Le corps a une section en croix, plus grande au milieu qu'aux extrémités, lesquelles se terminent par des parties légèrement coniques à section circulaire.

L'extrémité qui s'assemble au tourillon double du balancier affecte la forme d'une fourche, tandis que l'autre extrémité est simple.

Manivelles

848. Les manivelles ne sont autre chose que des leviers simples articulés par l'une de leurs extrémités aux têtes de bielles. Ces organes doivent être montés sur les arbres, de manière à pouvoir décrire des cercles complets. Les manivelles sont généralement en fer ou en fonte. On peut les diviser en trois classes :

1° Manivelles ordinaires ;
2° Contre-manivelles ;
3° Arbres coudés.

Il y a également les excentriques qui jouent le même rôle et que l'on rencontre

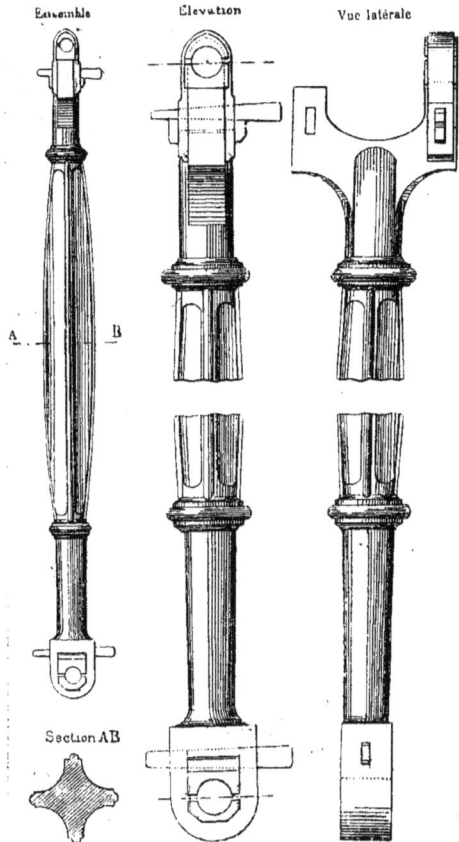

Fig. 553.

dans presque toutes les machines à vapeur. Nous en reparlerons plus loin.

Les manivelles en fer affectent le plus souvent la forme indiquée par la figure 554. La section va en diminuant vers le tourillon ; la face opposée au tourillon est légèrement bombée, l'autre est plane. La partie du tourillon qui s'ajuste à la manivelle est légèrement conique ; sa position est assurée, soit au moyen d'un écrou, soit au moyen d'une clavette comme le représente la figure 555. Ces manivelles sont en outre solidement clavetées aux

la même pièce que le corps de la manivelle (*fig.* 556).

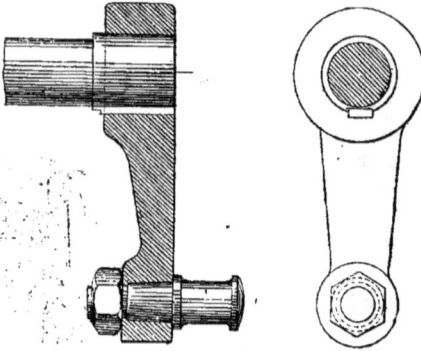

Fig. 554.

extrémités des arbres qui doivent recevoir le mouvement de rotation.

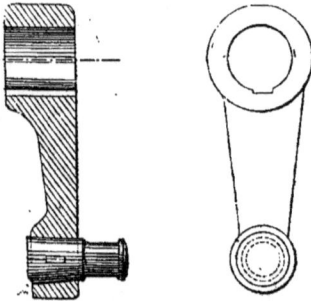

Fig. 555.

Lorsque les dimensions ne sont pas

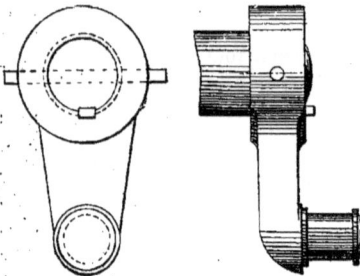

Fig. 556.

trop grandes, le maneton est forgé sur

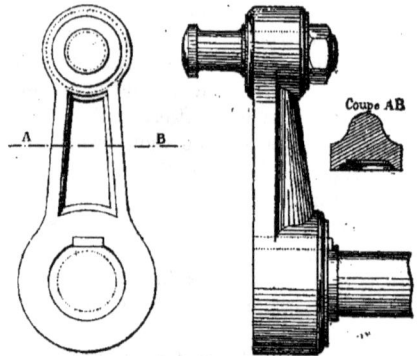

Coupe AB

Fig. 557.

Les manivelles en fonte, auxquelles on peut donner des formes plus complexes, à cause de la propriété que possède ce métal de pouvoir être coulé, présentent une disposition analogue à celle représen-

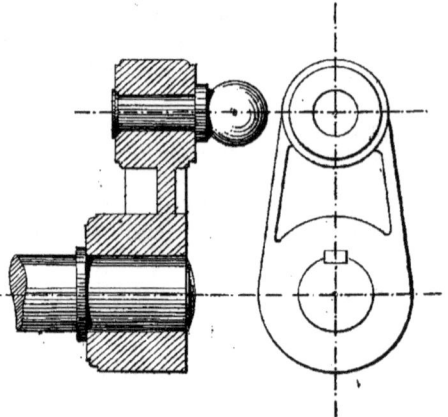

Fig. 558.

tée par la figure 557. La face du bras, opposée au tourillon, est bombée en forme de double doucine, la face opposée est légèrement évidée. Le maneton est fixé comme comme il a été dit plus haut.

La figure 558 donne la coupe et l'élévation d'une manivelle en fonte, dont le tourillon, au lieu d'être cylindrique, est sphérique. La fixation de ce tourillon consiste à l'introduire de force dans le trou de la manivelle et à river son extrémité à froid.

849. *Manivelles à rayon variable.* — Nous avons dit au n° 843 que si la course de l'extrémité de la bielle qui a un mouvement rectiligne était susceptible d'être modifiée, il fallait, comme conséquence, augmenter ou diminuer le rayon de la manivelle.

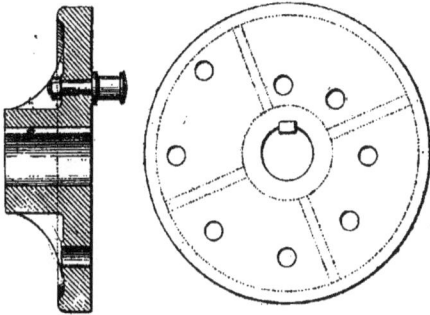

Fig. 559.

On fait usage, dans les machines, de plusieurs dispositifs.

Celui indiqué par la figure 559 se compose d'un plateau circulaire en fonte renforcé par quatre nervures; il porte huit trous inégalement éloignés du centre et dans

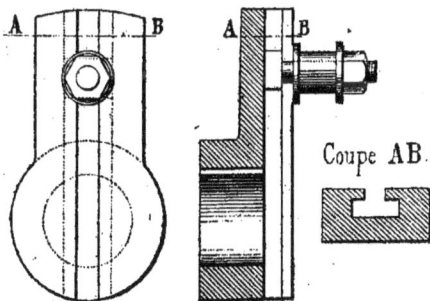

Coupe AB.

Fig. 560.

lesquels peut se fixer la queue du tourillon.

On peut obtenir une plus grande variation du rayon de la manivelle à l'aide d'un plateau dans lequel est pratiquée une

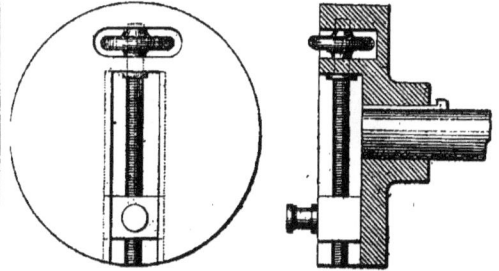

Fig. 561.

rainure dont la section est indiquée par la coupe A B (*fig.* 560). Dans cette rainure peut glisser la tête d'un boulon porte-tourillon. Cette disposition ne peut être utilisée que lorsqu'on a à transmettre des efforts peu considérables.

Indiquons un autre genre, également pour des efforts petits, et consistant en un plateau muni d'une rainure dans laquelle glisse une partie prismatique qui porte le tourillon; ce tourillon forme écrou et peut être déplacé en faisant tourner, au moyen d'une molette, une vis de rappel (*fig.* 561).

850. *Contre-manivelle.* — Dans les locomotives, le tiroir de distribution est quelquefois commandé par une manivelle qui part du tourillon de la manivelle motrice et qu'on désigne sous le nom de *contre-manivelle*. Celle représentée par la figure 562 est en fer, exécutée d'une seule pièce, et dirigée en sens contraire du bras principal. Elle peut aussi occuper une position différente.

851. *Arbres coudés.* — Lorsque l'action de la bielle doit s'exercer en un point autre que les extrémités de l'arbre, on est conduit à employer un arbre coudé appelé *vilbrequin*. Ces coudes présentent l'inconvénient d'augmenter le prix de l'arbre et de diminuer sa résistance.

Dans quelques cas, on peut former l'arbre de deux parties séparées, portant

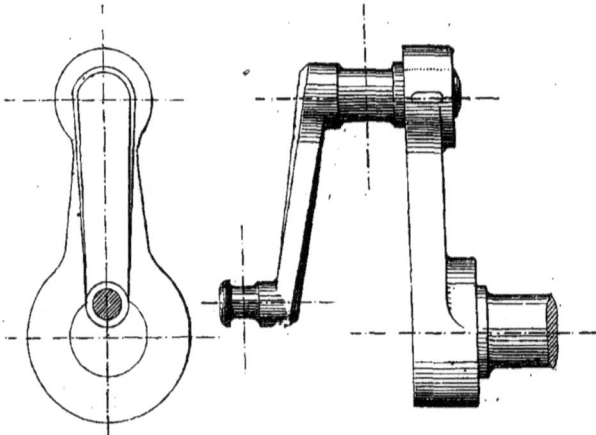

Fig. 562.

à leurs extrémités voisines chacune une

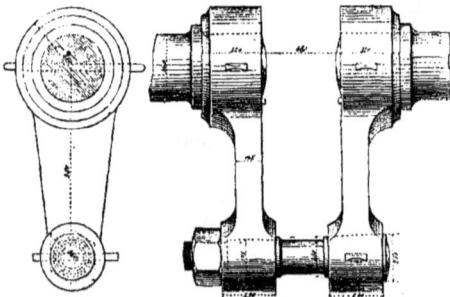

Fig. 563.

manivelle reliée par un maneton com-

mun. Cet assemblage se trouve représenté par la figure 563.

Dans presque toutes les machines à vapeur, l'arbre principal est coudé, comme l'indique la figure 564. Afin d'éviter le fouettage de cet arbre, il faut que les tourillons guidés par les paliers, soient le plus rapproché du vilbrequin.

Les arbres peuvent être munis de plusieurs coudes, selon le nombre de bielles.

Comme exemple d'arbre à deux coudes, indiquons celui de la figure 565. La partie de l'arbre comprise entre les deux manivelles est elle-même excentrée, de sorte qu'elle peut servir en même temps de ma-

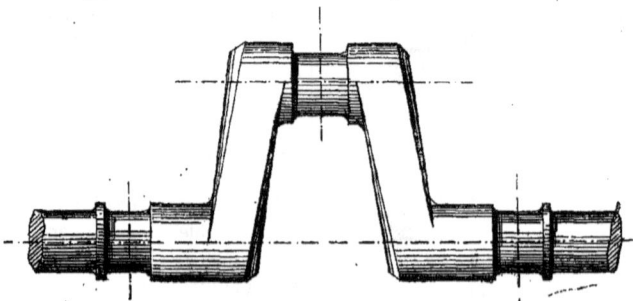

Fig. 564.

nivelle d'un rayon plus petit que les deux principales.

L'extrémité gauche de l'arbre porte un

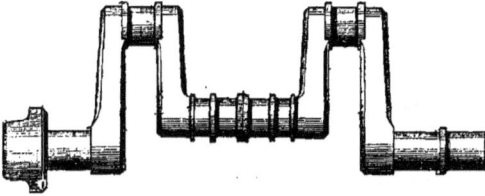

Fig. 565.

manchon d'embrayage, dont la contre-partie n'est pas indiquée.

Ces coudes peuvent être placés à 0°,90° ou 120° suivant les conditions d'établissement de la machine.

Ainsi, sur les essieux moteurs des locomotives les coudes font 90° ; de cette façon chacun facilite les passages des points morts de l'autre.

Pour terminer les manivelles, donnons le dessin d'un arbre à trois coudes (*fig.*566) calés à 120°.

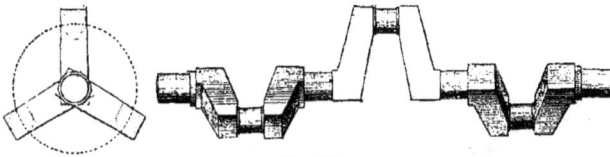

Fig. 566.

852. *Remarque.* — Il est évident que si un arbre doit présenter n coudes, ils feront entre eux un angle de $\dfrac{360°}{n}$ afin de répartir le plus également possible l'action du moteur sur l'arbre principal.

Excentrique circulaire. — Lorsque le rayon de la manivelle est petit, il peut arriver que le rayon du bouton soit égal ou plus grand que la distances des centres le mouvement ne changera pas, seulement la disposition de l'assemblage ne peut plus être celle que nous venons d'exposer. La bielle est alors remplacée par une double tringle terminée par un collier qui entoure à frottement doux la circonférence d'un cercle tournant autour d'un point autre que son centre. Ce système appelé *excentrique circulaire* n'est qu'une variété du dispositif bielle et manivelle. En effet, joignons (*fig.* 567) le point C centre

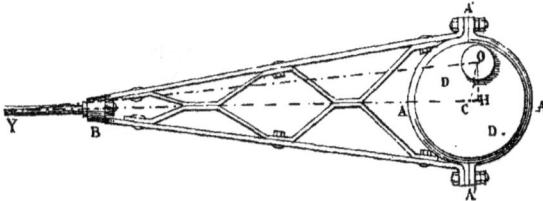

Fig. 567.

du plateau aux points O et B, la longueur des droites OC et BC ne change pas pendant la marche, et il en résulte que le mouvement de l'extrémité B de la tige est exactement le même que si ce point B se trouvait relié à l'extrémité O par l'inter-médiaire d'une bielle BC et d'une manivelle OC montée sur cet arbre.

La distance OC de l'axe de rotation au centre du disque s'appelle excentricité. La course de l'extrémité de la barre d'excentrique est égale à $2e$ pour chaque demi tour, *e* étant l'excentricité. Suivant que l'extrémité B est guidée en ligne droite ou articulée à un levier, il produira le mouvement rectiligne ou circulaire alternatif.

Un inconvénient de l'excentrique circulaire, c'est que le frottement du disque contre la bague est très considérable ; aussi il n'est employé que pour transmettre de faibles efforts. Il a cependant un avantage sur les manivelles ordinaires dans son emploi sur les machines à cause de la facilité avec laquelle on peut le caler en un point quelconque de l'arbre tournant. Il évite le coude qu'il faudrait pour livrer passage à une bielle conduite par une manivelle.

On rencontre l'excentrique circulaire dans presque toutes les machines à vapeur, pour la conduite des tiroirs de distribution.

853. *Coulisse de Stéphenson.* — Les machines à changement de marche, comme les locomotives et les machines marines, sont munies d'un appareil appelé *coulisse de Stéphenson.* La figure 568 re-

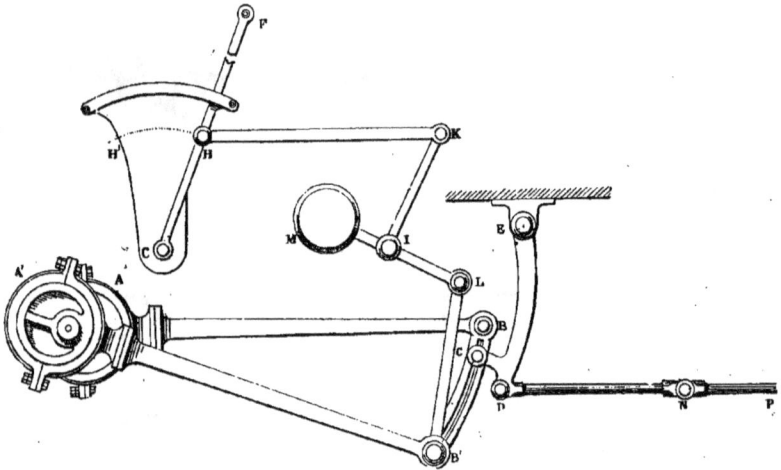

Fig. 568.

présente ce mécanisme de locomotive. Sur l'essieu O des roues motrices sont montées deux excentriques circulaires A et A', destinés à commander tour à tour le tiroir de la distribution à l'un des cylindres. Ils sont calés en sens inverse, de telle sorte que si l'un d'eux A, marche en avant, l'autre A', marche en arrière. Les barres de ces deux excentriques sont articulées avec une coulisse en forme d'arc de cercle BB' dans laquelle peut glisser un coulisseau C en acier trempé. Les extrémités de ce coulisseau sont articulées à une fourche qui embrasse la coulisse et qui forme l'extrémité inférieure d'un levier CDE, suspendu à un point fixe E. Un levier FG, appelé *levier de changement de marche*, et qui est sous la main du mécanicien, est mobile autour du point G et agit par l'intermédiaire de la tringle HK et de la manivelle KI sur un axe horizontal I qu'on appel l'*arbre de relevage*. Celui-ci porte une manivelle IL qui, par l'intermédiaire de deux bielles de relevage, dont une seule LB' est visible sur la figure, agit sur l'extrémité inférieure de la coulisse. Il n'y a qu'un levier de changement de marche FG et qu'un tringle HK, mais sur l'arbre de relevage I sont montées deux manivelles KI correspondant à chacun des cylindres; ainsi que deux manivelles IL et par conséquent quatre bielles de relevage LB' dont deux pour chaque cylindre et enfin deux coulisses, une pour chaque tiroir de distribution. Un contre-poids M suspendu à l'arbre de relevage I sert à équilibrer les coulisses et les barres d'excentriques, de manière à rendre la manœuvre de l'appareil plus facile. Le levier EDC correspondant à chaque coulisse, s'articule à une bielle DN articulée elle-même en N avec la tige du tiroir.

Le jeu de ce mécanisme est facile à comprendre : si l'on tire vers l'arrière l'extrémité F du levier de changement de marche, de manière que, ce levier tournant autour du pont G, le point H s'approche de H', les manivelles IK et IL tournent d'un certain angle autour de l'arbre I ; les bielles LB' soulèvent l'extrémité inférieure de la coulisse, et le coulisseau C sans cesser d'être à la hauteur de la tige NP aura glissé dans la coulisse.

Or, d'après la manière dont les excentriques sont calés sur l'essieu O, l'extrémité B de la coulisse marche toujours en sens contraire de l'extrémité B', en sorte que la coulisse tourne sans cesse autour de son milieu. Le coulisseau prend donc un mouvement de va et vient d'une amplitude d'autant moindre qu'il est plus voisin du milieu de la coulisse. Dans la position indiquée sur la figure, c'est l'excentrique A qui commande le tiroir; on le désigne sous le nom d'*excentrique de marche en avant;* l'amplitude du mouvement alternatif du tiroir est alors la plus grande possible.

Mais si, à l'aide du levier FG, on soulève la coulisse de manière que le coulisseau se rapproche du milieu l'amplitude du mouvement du tiroir diminuera et par suite la détente (1) commencera, plutôt. On

comprend donc comment, à l'aide de la coulisse de Stéphenson, on peut faire vaincre la détente, depuis une limite inférieure qui correspond à la disposition indiquée sur la figure, jusqu'à ce que la durée de la détente soit aussi longue qu'on voudra par rapport à la durée totale du mouvement du tiroir. Si l'on amenait la coulisse à une position telle que le coulisseau occupât le milieu de la distance BB', le tiroir deviendrait immobile et la vapeur cesserait de faire mouvoir le piston.

Lorsqu'on veut *renverser la marche*, on agit alors sur le levier de changement de marche, de manière à amener l'extrémité inférieure B' de la coulisse en contact avec le coulisseau. La vapeur vient agir sur les pistons et la marche recommence, mais elle a lieu en sens contraire attendu que le mouvement de l'excentrique A' qui commande alors le tiroir est l'inverse de celui de l'excentrique A. L'excentrique A' se nomme pour cette raison *excentrique de marche en arrière* (1).

Encliquetages.

854. Les assemblages nommés encliquetages permettent de transformer un mouvement circulaire alternatif en un mouvement circulaire discontinu, mais de même sens. Dans ces systèmes, une

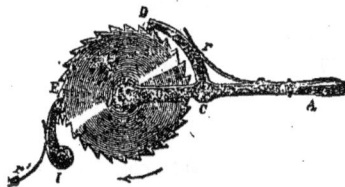

Fig. 569.

bielle ne réunit plus la roue et le levier par des articulations invariables, l'assemblage formé par un crochet mobile n'est que momentané.

(1) La détente est l'augmentation de volume que prend la vapeur lorsque, isolée de son liquide générateur et abandonnée à elle-même dans le cylindre, elle continue à pousser le piston en vertu de son expansibilité.

(1) Pour l'étude complète de la coulisse, consulter les ouvrages de M. *Phillips.*

On peut diviser les encliquetages en deux espèces : les encliquetages à dents et les encliquetages par pression ou frottement.

855. *Encliquetage à dents.* — La figure 569 représente un encliquetage à dents. Sur l'axe O du treuil, qu'il s'agit de faire marcher, est montée une roue dentée, dont les dents, formant un angle aigu, ont une face dirigée sensiblement dans le sens du rayon, tandis que l'autre face fait avec ce rayon un angle plus ou moins grand et forme une sorte de plan incliné; c'est ce que l'on appelle une *roue à rochet.* Au même axe O est articulé un levier OA, qui peut se mouvoir indépendamment du treuil. En un point C de ce levier s'articule un rochet CD dont l'extrémité D s'engage entre les dents de la roue, et qui est maintenu dans cette position par un ressort V fixé au levier. Lorsqu'on fait mouvoir le levier dans le sens de la flèche, il entraîne la roue et la fait tourner d'un certain angle; lorsqu'on fait mouvoir le levier en sens contraire, l'extrémité D du rochet glisse sur le plan incliné formé par la dent suivante, franchit cette dent, s'engage dans le creux qui suit, franchit de même une ou plusieurs dents, sans que le levier entraîne la roue. Le mouvement alternatif du levier fait donc mouvoir le treuil dans le même sens, mais par intermittences. Comme le treuil est généralement sollicité par une force résistante, qui tendrait à le faire tourner dans le sens contraire à celui qu'on veut lui donner, il faut un mécanisme qui s'oppose à ce mouvement contraire.

Ce mécanisme se compose d'un *cliquet* IE mobile autour du point I et s'engageant par son extrémité E dans les dents de la roue; il est maintenu dans cette position par un ressort V' fixé ainsi que l'axe I au bâti de la machine. Quand la roue tourne dans le sens de la flèche, les faces inclinées des dents glissent sur le cliquet en faisant céder le ressort V', et un certain nombre de dents échappent. Mais lorsque le levier

tourne en sens contraire, sans entraîner la roue, celle-ci est maintenue dans sa position par le cliquet qui ne peut céder à la pression exercée par la dent, attendu que, d'après la disposition adoptée, cette pression normale à la dent a une direction EV qui passe entre les axes de rotation I et O et tendrait à faire tourner le cliquet vers la droite, ce qui est impossible, puisque les points O, E, I sont les sommets d'un triangle dont les côtés sont invariables.

Ce genre d'encliquetage est très employé dans les machines qui servent à élever les fardeaux et qui sont mises en mouvement par des hommes. Il est aussi appliqué aux haquets, aux camions, aux grues, aux presses, etc.

856. *Levier de Lagarousse.* — L'encliquetage précédent ne permet de faire tourner le treuil que pendant une demi-oscillation du levier. On pourrait lui imprimer un mouvement à peu près continu, en disposant aux deux extrémités de l'axe O deux encliquetages semblables, de telle sorte que l'un des leviers s'abaisse pendant que l'autre s'élève.

Cette condition est remplie également par le levier de Lagarousse représenté figure 570. Ce levier, mobile autour de l'axe I fixe, porte deux rochets articulés aux points C et C' et dont les extrémités D et D' s'engagent entre les dents de la roue O, montée sur l'axe du treuil. Ils sont maintenus dans cette position par

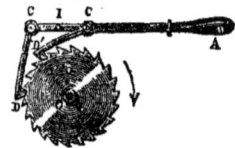

Fig. 570.

des ressorts fixés au levier, et la roue est maintenue par un cliquet d'arrêt, comme dans l'encliquetage précédent. Le jeu du levier de Lagarousse est facile à comprendre

dre. Si on abaisse l'extrémité A du levier, le rochet CD entraîne la roue, tandis que le rochet C'D' se dégage et laisse échapper successivement un certain nombre de dents ; si, au contraire, on relève l'extrémité A, c'est le rochet C'D' qui entraîne la roue, et le rochet CD qui se dégage en laissant échapper un certain nombre de dents. En sorte que la roue ne reste immobile que pendant le temps très court employé par le moteur à changer le sens du mouvement du levier.

La figure 571 représente un appareil de levage à mouvement circulaire intermittant, mu par deux leviers C placés de chaque côté du treuil E sur lequel la chaîne s'enroule. Ce treuil est calé sur le même arbre que les rochets A, A. Le cliquet B est constamment appliqué sur le rochet A par l'intermédiaire d'un res-

Vue de face et coupe partielle du mécanisme

Coupe verticale suivant IH

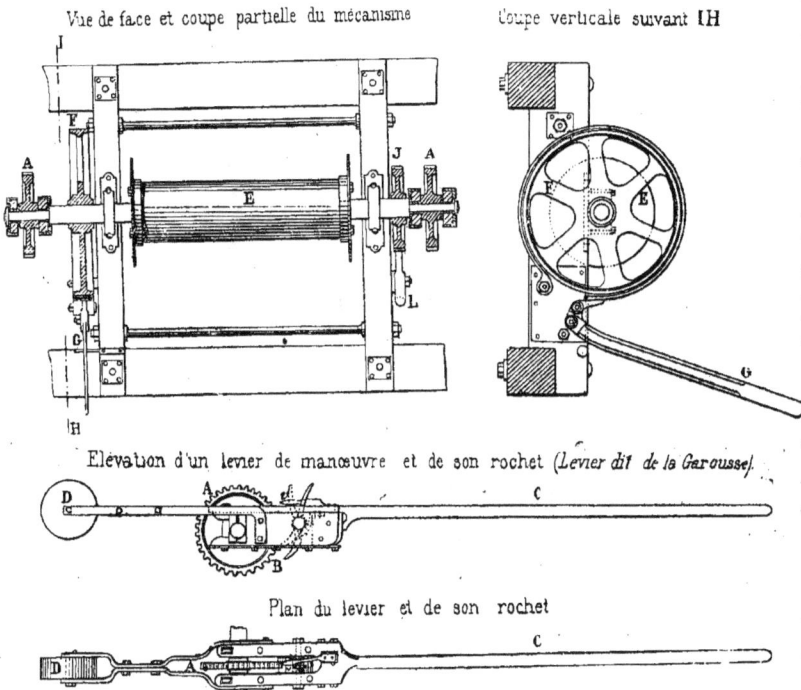

Élévation d'un levier de manœuvre et de son rochet (*Levier dit de la Garousse*)

Plan du levier et de son rochet

Fig. 571.

sort. Le levier C, qui a une très grande longueur, est équilibré par un contrepoids D pour en faciliter la manœuvre. Un petit ressort V horizontal sert en temps de repos à tenir le cliquet B séparé de la roue A. L'arbre du treuil porte un rochet de sûreté J dans les dents duquel s'engage le cliquet L. Dans la descente des fardeaux, on désembraye les cliquets des rochets A et J et on modère le mouve-ment à l'aide d'un frein à frottement F que l'on manœuvre par le levier G. Si les corps à élever sont considérables, les leviers des encliquetages agissent ensemble, et le mouvement du treuil est intermittent; dans le cas contraire, la disposition des leviers peuvent être tels que la rotation du treuil soit à peu près continue.

857. *Encliquetages muets.* — Les encliquetages dont nous venons de parler produisent, lorsqu'ils sont de grandes dimensions, un bruit très grand lorsque le rochet est poussé vivement dans un creux, et lorsqu'une dent échappe. On a cherché à construire des encliquetages moins bruyants appelés *encliquetages muets*. Une de ces dispositions est représentée par la figure 572. La roue porte des dents presque droites, autour de son axe peut tourner librement un levier coudé FO*mn*, dont l'extrémité F s'articule à un rochet FD qui peut s'engager entre les dents de la roue. Sur le même axe peut tourner un autre levier OA, à l'extrémité duquel s'applique la face motrice.

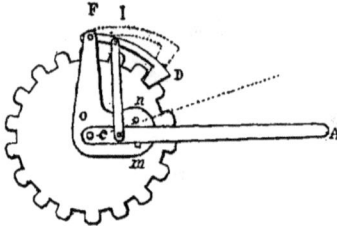

Fig. 572.

Ce levier et le rochet sont reliés entre eux par une petite bielle CI articulée à ses extrémités. Le mouvement du levier OA est limité par deux chevilles *mn* que porte le levier coudé. En abaissant l'extrémité A, le rochet, engagé entre les dents de la roue entraîne celle-ci et fait tourner le treuil. Mais si on élève l'extrémité A, le rochet poussé par la bielle CI se dégage de la roue; quand le levier a atteint la cheville *n*, il l'entraîne et fait tourner le levier coudé indépendamment de la roue.

Lorsqu'on ramène l'extrémité A vers sa position primitive, le rochet sollicité par la bielle IC, s'abaisse, son extrémité D s'engage entre les dents de la roue, et celle-ci se trouve de nouveau entraînée, et ainsi de suite.

Le bruit de cet encliquetage est presque nul, car le rochet s'engage et se dégage sans effort lorsque la roue est immobile. Il présente l'inconvénient de donner lieu à des intermittences trop longues.

858. *Encliquetages à frottement.* — L'encliquetage de Dobo, horloger mécanicien, évite encore le bruit produit par le cliquet et une perte de temps qui a forcément lieu dans ceux décrits plus haut.

La roue BB qui reçoit le mouvement et qui doit le transmettre à l'arbre O est libre et à frottement doux sur cet arbre. Celui-ci porte quatre ailes au levier M articulés du côté de son axe et mobiles autour de ces articulations *c* (*fig.* 373).

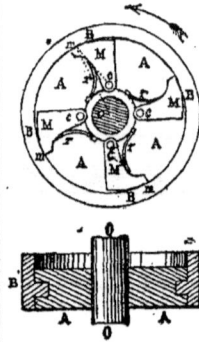

Fig. 573.

Ces leviers sont terminés du côté de la circonférence intérieure de la roue, dans laquelle ils sont placés par une courbe qui peut rencontrer cette circonférence quand le levier M tourne autour de son articulation *c* en s'éloignant de l'arbre. Enfin de petits ressorts *r*, fixés par une extrémité à l'armature des centres *c*, obligent les leviers M à tourner autour de leurs axes *c*, de façon que l'extrémité de leur courbe extérieure touche toujours la circonférence intérieure de la roue.

Le fonctionnement de l'appareil est aisé à comprendre. Quand la roue tourne dans le sens de la flèche, sa circonférence intérieure frotte contre la courbe extérieure des leviers, oblige les petits ressorts à fléchir, et n'entraîne pas l'arbre dans son mouvement, parce que la came cède et fléchit sous l'action du frottement de la roue. Quand la roue tourne en sens contraire, elle force les leviers à tourner autour de leur axe C; l'angle des leviers s'écarte de l'axe de l'arbre, et, comme il peut s'en éloigner à une distance plus grande que le rayon extérieur de la roue, il y produit un arc-boutement de ces leviers contre l'intérieur de la roue, ce qui les rend, ainsi que l'arbre, solidaires avec elles, quant au mouvement de rotation; l'arbre est donc obligé de tourner avec la roue. Les ressorts, ayant pour effet d'appliquer toujours l'angle extérieur des leviers contre la surface intérieure de la roue, l'action de cet encliquetage se produit dès que le mouvement de la roue a lieu en sens contraire de la flèche.

L'avantage de l'encliquetage de Dobo, c'est que l'amplitude de chaque mouvement imprimé à la roue BB demeure absolument arbitraire et ne se trouve pas limitée, comme dans les autres encliquetages, par l'amplitude des oscillations d'un levier.

Parmi les encliquetages à pression, se trouve celui de M. Saladin de Mulhouse, dont voici la description (*fig.* 574).

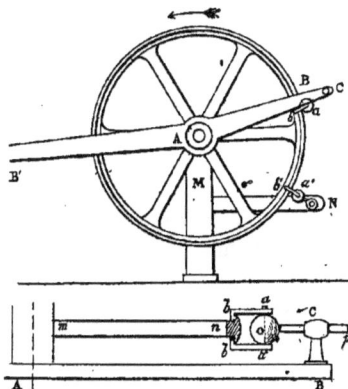

Fig. 574.

Sur l'arbre auquel il s'agit de transmettre le mouvement circulaire intermittent est monté à frottement doux un levier B'AB sur lequel l'homme agit directement ou par l'intermédiaire d'un organe. L'extrémité B de ce levier est coudé parallèlement à l'axe de rotation et traversée à frottement libre par le prolongement *p* d'une bride à anneau *bp* mobile autour un petit axe *aa*, parallèle à l'axe de rotation,

qui embrasse par son extrémité *bb*, ouverte à cet effet, la jante *mn* d'une roue fixée sur l'arbre de rotation, et qui, par l'effort de son propre poids, s'abaissant au-dessous du rayon, tend à pincer obliquement cette jante entre ses angles opposés *bb*. Lorsque le levier se relève par son extrémité B l'autre extrémité C de la bride s'abaisse, la direction de cette bride, se rapproche du rayon, et la jante de la roue devient libre dans l'espèce de mâchoire de la bride.

Quand, au contraire, le levier s'abaisse, la bride, dont l'extrémité obéit à ce mouvement, s'incline sur le rayon *ab*, son extrémité pince la jante de la roue entre ses angles *bb*; de sorte que le levier, la bride et la roue deviennent solidaires, quant au mouvement de rotation; la roue est donc forcée de tourner.

Pour éviter que, dans le mouvement d'ascension du levier et de reprise de la bride, la jante ne soit exposée à tourner en sens contraire, une seconde bride *a'b'*, montée sur le bâti M, et qui, par son propre poids et par l'effet d'un mouvement rétrograde, s'il se produisait, tendrait toujours à pincer la jante, et s'opposerait à ce mouvement rétrograde. La roue marche ainsi dans le même sens pour chaque demi-oscillation du levier.

859. *Cames.* — Les organes appelés cames, ondes ou excentriques sont très employés dans les machines pour transformer le mouvement circulaire en un mouvement rectiligne alternatif à une tige guidée en ligne droite, ou en un mouvement circulaire alternatif. La forme de la came dépend de la relation qu'on veut établir entre le mouvement de rotation et celui de translation ou d'oscillation.

La figure 575 représente une came montée sur l'arbre M; elle est placée à l'intérieur d'un cadre CC qui est guidé au moyen de deux tiges A et B pouvant coulisser dans des supports fixes. Lorsque la came tourne dans le sens de la flèche, elle agit par poussée sur le galet supérieur pendant une demi-révolution, puis la pression s'exerce sur le galet inférieur pendant l'autre demi-révolution en impri-

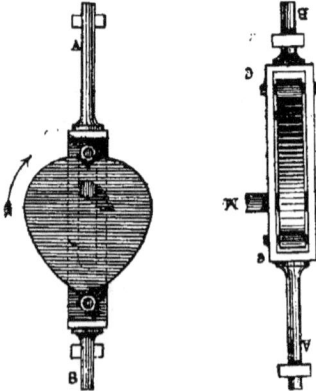

Fig. 575.

mant au cadre un mouvement de descente. On voit donc que pour un tour de la came, le cadre aura eu un mouvement rectiligne tantôt dans un sens, tantôt dans l'autre.

A l'inspection de cette figure on voit que la nature du mouvement rectiligne de la tige AB dépend du profil de l'excentrique.

Avant d'indiquer les tracés des cames les plus usuelles, indiquons le tracé général de ses organes, connaissant la nature du mouvement de la tige; le mouvement de rotation de la came étant uniforme.

860. *Principe général.* — Supposons, comme cela a lieu généralement, que la direction de la tige à faire mouvoir coupe l'axe de rotation à angle droit. Donnons-nous la plus petite épaisseur Aa que puisse avoir la came et décrivons la circonférence du rayon oA que nous diviserons en un certain nombre de parties égales, douze par exemple. Si maintenant nous développons cette circonférence sur une ligne indéfinie xy et que nous divisions ce développement aa' en douze parties égales, chaque portion $ab, bc, la'...$ peut être considérée comme représentant

le douzième du temps que met l'arbre O à effectuer une révolution complète.

La loi du mouvement imposé peut alors être construite en élevant à chaque point de divisions, $a, b...$ des ordonnées égales aux différents chemins que doit parcourir la tige M pendant les temps $ab, ac, ad...$ La courbe du mouvement étant construite il suffira de porter sur les prolongements des rayons de la circonférence OA, et à partir de cette circonférence des longueurs $b_1b'_1, c_1c'_1, d_1d'_1...$ respectivement égales aux ordonnées $bb'\ cc'\ dd'...$; puis de joindre par un trait continu les points $a, b'_1, c'_1\ d'_1... a$ pour avoir le profil de l'onde réalisant le mouvement exigé et représenté graphiquement par la courbe ah_1a'.

En effet si la tige M affilée à son extrémité inférieure, s'appuie constamment sur la came, elle se sera élevée de la quantité $b_1b'_1 = bb'$ lorsque l'arbre aura tourné de $1/_{12}$ de tour.

Après $2/_{12}$ de tour le rayon Oc'_1 viendra sous la tige, laquelle se sera élevée de la longueur $c_1c'_1 = cc'$, et ainsi de suite, de telle sorte qu'après une rotation complète l'extrémité de la tige M occupera la même position a par rapport à l'axe O de l'axe de la came. Pour obtenir le point le plus haut de la course il suffit de déterminer l'ordonnée maximum qui correspond à la ligne hh', c'est-à-dire lorsque l'arbre aura fait $\frac{7}{12}$ de tour.

A partir de cette position, les rayons diminuant, la came abandonnera la tige, si le poids de celle-ci, ou un ressort ne la force pas à descendre et à en suivre le profil.

Cette came que nous venons de tracer ne peut pas, par sa seule action, assurer la continuité du mouvement, puisqu'elle n'agit par poussée que pendant les $7/_{12}$ d'un tour de son axe. Pendant les $\frac{5}{12}$ restant elle permettra à la tige de continuer son mouvement d'après la loi qu'à la seule condition que son extrémité soit toujours en contact avec le profil de l'excentrique. Si la came était telle que toutes les lignes analogues au diamètre c'_i i'_i fussent égales, on pourrait disposer, de l'autre côté, comme l'indique la

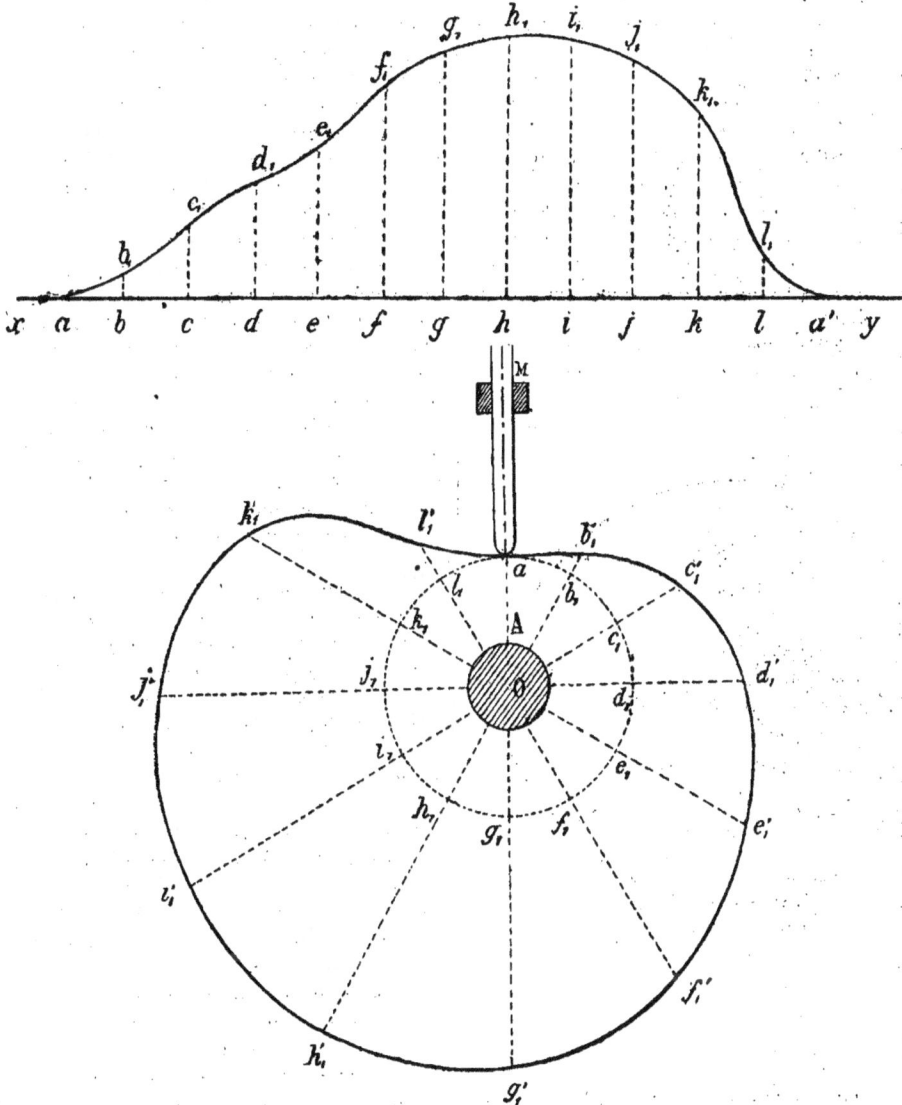

Fig. 576.

figure 576, une autre pointe ou galet, sur laquelle elle viendrait agir pour faire descendre la tige. Dans ce cas la tige doit présenter un cadre évidé pour le logement de la came. D'ailleurs, comme nous le verrons plus loin, une came ne peut conduire dans les deux sens qu'à la condition que la loi du mouvement de la tige soit la même pour les courses ascendantes et descendantes.

861. *Remarque I.* — La loi des vitesses de la tige peut s'obtenir par le procédé indiqué au n° 513.

862. *Remarque II.* — Le profil d'une came étant connu, il sera toujours facile de déterminer, au moins graphiquement, la loi du mouvement de la tige, par la construction inverse à celle indiquée dans l'exemple que nous venons de donner.

863 *Came en cœur.* — La came en cœur transforme le mouvement circu-

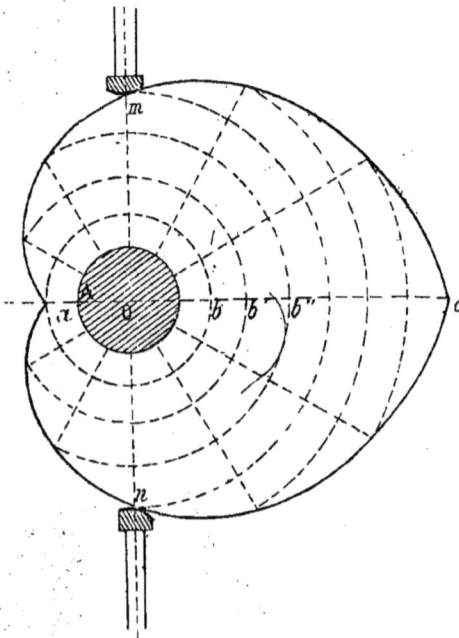

Fig. 577.

laire uniforme de l'arbre qui la porte en un mouvement rectiligne alternatif uniforme à une tige dont la direction passe par l'axe de rotation.

Pour tracer le profil de cette came on porte l'épaisseur minimum Aa qu'elle doit avoir et on trace le cercle de rayon Oa, puis on mène le diamètre ab qu'on prolonge d'une quantité bC égale à la course totale que l'on veut imprimer à la tige. On partage cette course en un certain nombre de parties égales, six par exemple, puis avec les rayons Ob', Ob'', on décrit des circonférences ; on partage ensuite chaque demi-circonférence à partir du point a en un même nombre de parties égales, et les points où les rayons menés par ces points de division coupent les circonférences correspondantes aux divisions de même rang appartiennent à la courbe cherchée.

Les distances des points de cette courbe au centre O s'appellent les rayons vecteurs de la courbe. Le tracé montre que les rayons vecteurs croissent proportionnellement aux arcs décrits. Les deux côtés de la came par rapport à la ligne ac sont symétriques, afin qu'elle puisse produire le mouvement rectiligne dans les deux sens.

Il est facile de vérifier qu'une ligne quelconque menée par le centre O de l'arbre et terminée de part et d'autre à la courbe, a toujours une même longueur égale à ac. En effet la ligne mn située dans le prolongement de la tige a une longueur égale à ab plus six fois la distance bb', de même

$$ac = ab + 6bb'$$

D'après cela, si la came est placée dans un cadre à côtés parallèles éloignés de la distance ac dans lequel on ne lui laisse que le jeu strictement nécessaire, elle poussera toujours l'un des côtés, et passera de l'un à l'autre sans choc. A cause de l'épaisseur du cadre, il ne pourra trouver place dans l'angle rentrant a, aussi on fait à cet endroit un raccordement en ligne courbe qui permette le jeu de l'appareil. Le sommet angulaire c est légèrement arrondi afin qu'il ne s'use pas trop vite.

La loi du mouvement de la tige peut se

construire facilement. Il suffit de développer la circonférence OA suivant une droite *aba'* (*fig.* 578) partagée en douze parties égales. En chaque point de division on élèvera des perpendiculaires égales aux courses correspondantes de la tige. Les extrémités de ces ordonnées seront en ligne droite pour chaque demi-révolution, puisque les espaces parcourus sont proportionnels aux arcs décrits ou au temps.

La loi des vitesses sera représentée par deux droites parallèles MN, M'N' à l'axe des temps, et à une distance de cet axe dépendant de l'inclinaison des droites qui représentent la loi des espaces.

Les arrondissements de la came aux points *a* et *c* modifient légèrement la loi du mouvement. L'inconvénient principal de la came en cœur, c'est que la vitesse change brusquement de sens à la fin de

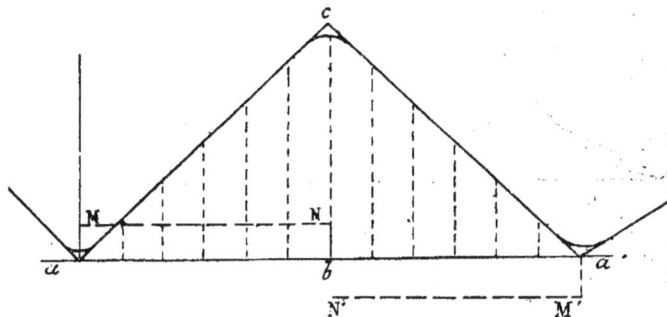

Fig. 578.

chaque course de la tige, ce qui produit une altération assez considérable des parties en contact.

Dans le cas où l'uniformité du mouvement n'est pas absolument nécessaire, il est plus convenable de faire usage de la came suivante.

864. *Came Morin.* — Le général Morin a imaginé une came qui transmet à la tige un mouvement uniformément accéléré pendant la moitié de la course, et uniformément retardé pendant l'autre moitié, de sorte que la vitesse croît et décroît de quantités égales dans des temps égaux; de cette façon la vitesse est nulle à chaque changement de sens.

Pour déterminer le profil de l'excentrique, il faut d'abord construire la courbe représentative du mouvement. Sur une ligne d'abscisses *aa'* on portera le développement de la circonférence correspondante à la naissance de la came et dont le rayon peut-être pris à volonté, pourvu

qu'il soit plus grand que celui de l'arbre. On prendra *a*A (*fig.* 579) égal à la moitié, et *a*B égal au quart de cette circonférence; au point B on élèvera une perpendiculaire égale à la moitié de la course, ce qui donnera une abscisse et une ordonnée de l'un des points de la courbe du mouvement. On sait, n° 326, que la relation de ce mouvement uniformément accéléré est une parabole dont l'axe sera la perpendiculaire *a*C et dont *a*B sera la tangente à l'origine. Pour tracer cet arc de parabole, on portera de *a* en D un distance *a*D égale à BM ou à la demi-course; on joindra le point M au point D qui sera une tangente en M à la courbe et qui coupera *a*B en un point G qui est la projection du foyer F de la parabole sur cette tangente MD. Le tracé de la courbe peut s'effectuer facilement connaissant les taxes et le foyer. Les autres branches de la courbe représentative du mouvement, correspondant aux deuxième, troisième et quatrième quart de la circonférence développée, se traceront de la même manière, mais symétriquement comme l'indique la figure.

La ligne représentative des vitesses se composera d'une ligne brisée *a*EF*a'*, rencontrant la ligne des abscisses aux points *a*,A,*a'*, puisque les tangentes à la courbe des espaces en ces points sont horizontales.

Pour tracer le profil de la came,

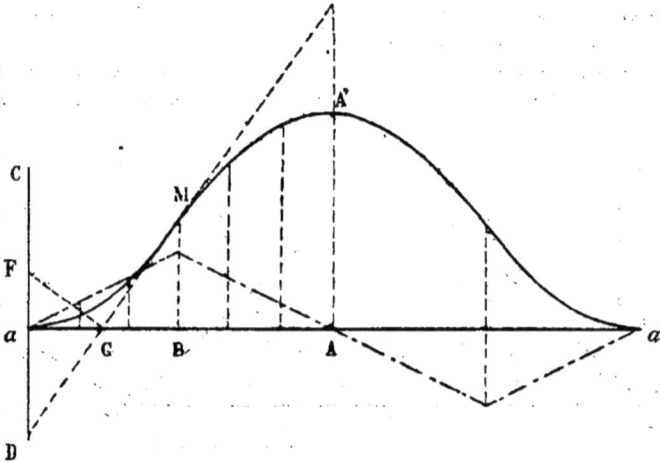

Fig. 579.

on divisera la ligne des abscisses *a*A en six parties égales, par exemple ; on élèvera

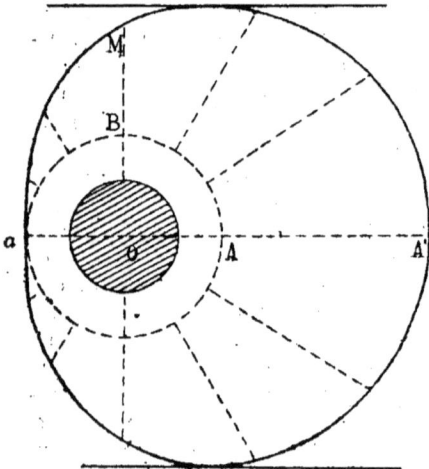

Fig. 580.

en chaque point des perpendiculaires limitées à la courbe. Ensuite on divisera

de même en six parties égales la demi-circonférence décrite avec le rayon de la naissance de la courbe de la came. Sur chaque rayon prolongé, et à partir de cette circonférence on portera des longueurs égales aux ordonnées correspondantes. Enfin on joindra par un trait continu les points ainsi obtenus. La figure 580 montre que cette came a un contour très continu sans angle rentrant ni saillant, et doit par conséquent produire un mouvement très régulier.

La courbe a tous ses diamètres égaux et par suite elle peut être placée entre deux points ou parties saillantes distantes l'une de l'autre d'une quantité égale à l'un des diamètres.

Les tangentes parallèles n'étant jamais équidistantes, la came Morin ne peut être comprise dans un cadre à côtés parallèles.

865. *Remarque.* — Nous avons dit plus haut que, pour diminuer les résistances de frottement, on munit la tige à mouvoir de deux galets placés aux points sur lesquels agit la courbe. Les axes de ces galets, parallèles à l'axe de rotation M, doivent être reliés par un châssis de forme invariable, guidé de manière à ne pouvoir se mouvoir que suivant la ligne AB (*fig.* 575).

L'emploi de galets doit faire modifier le tracé de la courbe qui doit leur être tangente dans *toutes leurs positions*. Pour obtenir le profil convenable, il faut des différents points de la courbe tracée, comme nous l'avons indiqué, décrire de petites circonférences avec un rayon égal à celui des galets et leur mener une courbe tangente qui sera la véritable forme de l'excentrique. Si la came devait produire des intermittences, elle devait présenter sur les parties correspondantes de son profil des arcs de cercle ayant leur centre sur l'axe de rotation. Dans la représentation graphique du mouvement, ces repos seraient indiqués par des lignes parallèles à la ligne des abscisses.

866. *Excentrique triangulaire.* — On a pu constater que les cames agissant par poussée à l'extrémité d'une tige affilée étaient susceptibles de produire des arcs-boutements, lesquels sont évités par l'u-

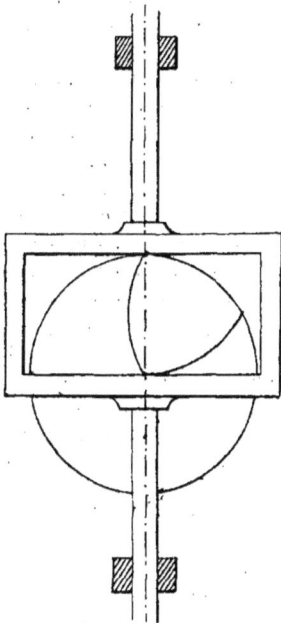

Fig. 581.

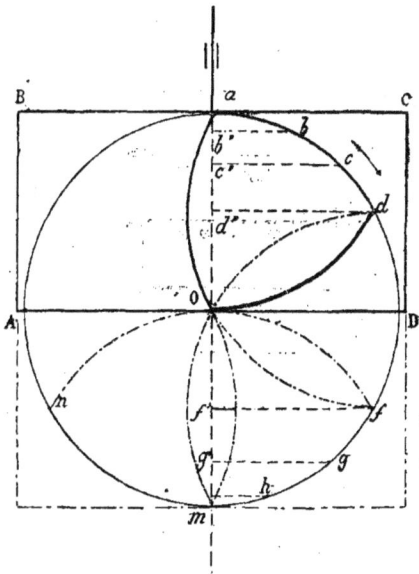

Fig. 582.

sage des galets. Il y a cependant un avantage à faire agir les cames sur des parties droites perpendiculaires à l'axe de rotation, de cette façon le mouvement produit par des surfaces tangentes à une courbe supprime les arcs-boutements.

L'excentrique triangulaire employée dans les machines à vapeur, est fermée par un triangle équilatéral à côtés circulaires, fixé en saillie sur un plateau monté sur l'arbre de rotation, et entouré d'un cadre rectangulaire sur les côtés duquel il agit (*fig.* 581).

L'action de ce plateau triangulaire sur le cadre ABCD, est facile à expliquer (*fig.* 582).

Soit *aod* la position primitive de l'ex-

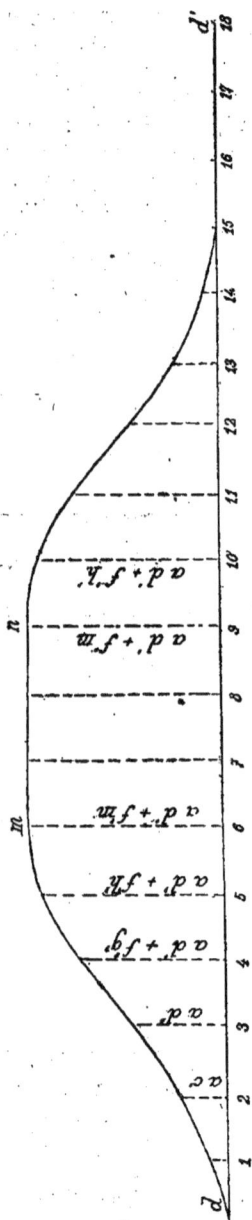

Fig. 583.

centrique triangulaire; supposons qu'elle

tourne dans le sens indiqué par la flèche; le côté *od* poussera le côté inférieur AD du cadre de telle sorte que pour les arcs *ab' ac' ad'*, etc , parcourus par le point *a* la tige du cadre aura parcouru les chemins *ab' ac' ad*.. L'action du côté *od* de l'excentrique sur AD continuera jusqu'à ce qu'il occupe la position *dof,;* à partir de ce moment c'est l'arête *d* de l'excentrique qui agit sur AD pendant l'arc *fm*. A partir de l'instant où l'excentrique occupe la position *fom* jusqu'à la position *mon*, l'arc *fm* glisse sur le côté AD du cadre sans le mettre en mouvement, puis à partir de la position *mon*, c'est le côté *on* qui appuie sur le côté supérieur du cadre et lui imprime de bas en haut un mouvement analogue à celui de haut en bas qu'il a reçu pendant que l'excentrique passait de la position *aod* à la position *mon*.

En résumé l'effet de l'excentrique triangulaire peut se partager en trois périodes correspondantes au premier, deuxième et troisième tiers de la demi-circonférence; dans le premier cas le mouvement de la tige s'accélère graduellement et elle parcourt la moitié de sa course; dans le deuxième le mouvement se retarde, et, à la fin de cette période, la tige a parcouru sa course totale, enfin, dans le troisième, la tige reste stationnaire. Pendant l'autre demi-révolution ces trois périodes se reproduisent de la même façon. La représentation graphique du mouvement de la tige s'obtient par un tracé analogue aux précédents.

On prend pour ligne des abscisses, la circonférence *oa* développée, que l'on divise en un certain nombre de parties égales, dix-huit par exemple, puis des points de division on élève des ordonnées respectivement égales aux projections *ab'*, *ac'*, *ad'*, etc., des arcs parcourus par le point *a*, sur la direction de la tige. On obtient de cette façon la ligne *dmnd'* figure 583, présentant deux parties parallèles à la ligne des abscisses, correspondantes au repos de la tige qui a lieu pendant la troisième et la sixième périodes.

L'excentrique triangulaire présente l'inconvénient d'être en saillie sur le plateau fixé à l'extrémité de l'arbre tournant. Lorsqu'on ne veut pas interrompre l'arbre on modifie son tracé de la manière suivante (*fig.* 584).

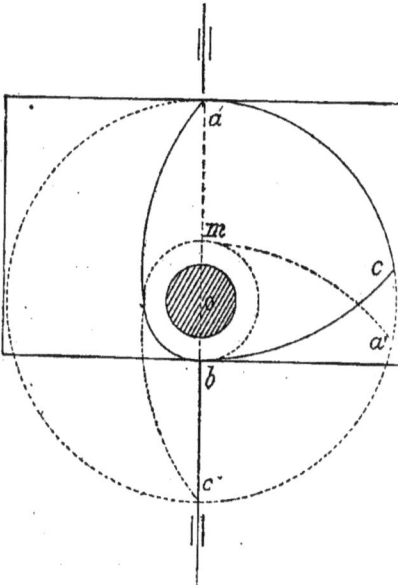

Fig. 584.

Après avoir décrit la circonférence de l'arbre, puis celle qui donne la plus petite épaisseur de la came ; on trace la circonférence de rayon *oa* telle que *am* représente la course alternative qu'on veut produire, du point *a* comme centre on décrit l'arc de cercle *bc* et du point *c* l'arc *da* du même rayon. On obtient ainsi le contour de l'excentrique qui est fermé de trois arcs de cercle de même rayon dont deux sont raccordés par l'arc *bd*. La marche de cet excentrique est facile à suivre à partir de la position où le rayon *oa* est vertical. Le côté inférieur du cadre que l'excentrique conduit touche l'excentrique en dessous, et celui-ci commence à le pousser par sa convexité

bc. Il serait facile de déterminer la position de l'excentrique à partir de laquelle il agit sur le cadre par son angle *c*. Enfin quand le point *c* sera venu en *c'*, l'arc *ac* de l'excentrique glissera sur le côté inférieur du cadre sans le mettre en mouvement ; puis le mouvement ascendant recommencera lorsque l'arc *bc* agira sur la partie supérieure du cadre.

Si l'on construit la courbe représentative des espaces et des vitesses de la tige, on verra que la vitesse croît graduellement depuis l'instant où le mouvement commence jusqu'à un certain moment indiqué par l'inflexion de la courbe des espaces ; puisqu'elle diminue et s'éteint graduellement, de sorte que le cadre arrive avec une vitesse nulle à sa position de repos. Ces courbes se construiront comme les précédentes.

867. *Excentrique Trézel.* — Les excentriques triangulaires que nous venons de décrire présentent l'inconvénient d'émousser les arêtes lorsqu'elles conduisent le cadre, pendant la deuxième et la cinquième période ; cette usure amène du jeu et par suite peut produire des chocs et des arrêts.

M. Trézel de Saint-Quentin a raccordé

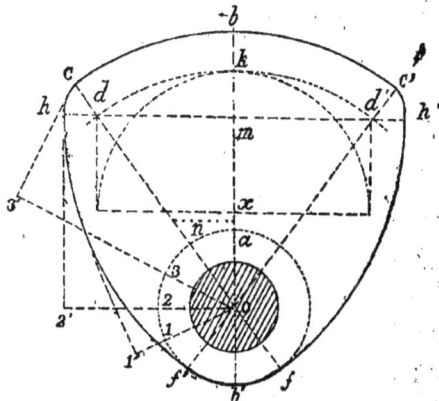

Fig. 585.

les trois arcs principaux (*fig.* 585) au moyen d'arcs de cercles d'un rayon plus petit dont l'un est l'arc même de la douille de l'excentrique. Pour tracer cet excentrique, on se donne d'abord la circonférence de l'arbre, puis la plus petite épaisseur que doit avoir la came ; la course ab et le rayon bk de raccordement. Après avoir disposé les données, comme l'indique la figure 585 on prend le milieu x de bb' ; par ce point on mène une horizontale et on décrit une demi-circonférence passant par le point k ; aux extrémités on élève des verticales qui rencontrent en d et d' l'arc décrit du point o avec ok pour rayon.

Les trois points o, d, d' sont les centres des six arcs de cercle qui forment le profil de l'excentrique. En effet il suffit de prouver que toutes les lignes passant par les centres o, d et d' sont égales en longueur à bb' et que les arcs de raccordement sont tangents aux grands arcs.

En effet $cf = bb'$ puisque $oc = ob$ et $of = ob'$ comme rayons des mêmes cercles ; de même $c'f' = AB$ et $df = dh' = d'f' = b'k$. Mais $dh' = dd' + d'h' = bb' - 2bk + d'h'$ à cause de $dd' = 2xk$

et de $xk = \dfrac{bb'}{2} - bk$

On a aussi
$$b'k = bb' - bk$$
et par suite
$$bb' - 2bk + d'h' = bb' - bk$$
d'où $d'h' = bk$
et de même
$$dh = bk$$
ce qui montre que les arcs décrits des centres d et d' avec les rayons dc, $d'c'$ égaux à bk sont tangents aux grands arcs.

Enfin $hh' = hd + dh' = bk + b'k = bb'$.

Pour déterminer la relation du mouvement produit par l'excentrique Trézel ; remarquons d'abord que la partie du mouvement de rotation correspondant à l'arc $b'f'$ ne produit pas de mouvement rectiligne. On partage l'arc $f'n$ en un nombre quelconque de parties égales ; de ces points de division on mène les rayons de l'excentrique ; puis on trace les tangentes à l'excentrique perpendiculairement à ces rayons.

Les distances $11'$, $22'$, etc., ainsi déterminées sont celles qu'il faut porter sur les ordonnées des points de divisions de l'horizontale sur laquelle sont portées les

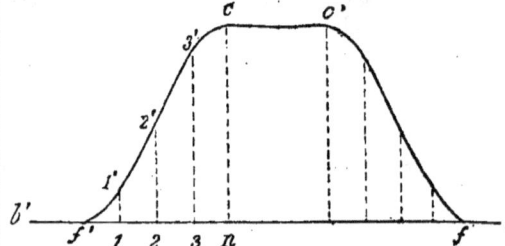

Fig. 586.

longueurs proportionnelles aux arcs $b'f'$, $f'1$, 12, etc.

On obtient ainsi la courbe $b'cc'b'$ représentée sur la figure 586.

868. *Excentrique circulaire à cadre.* —

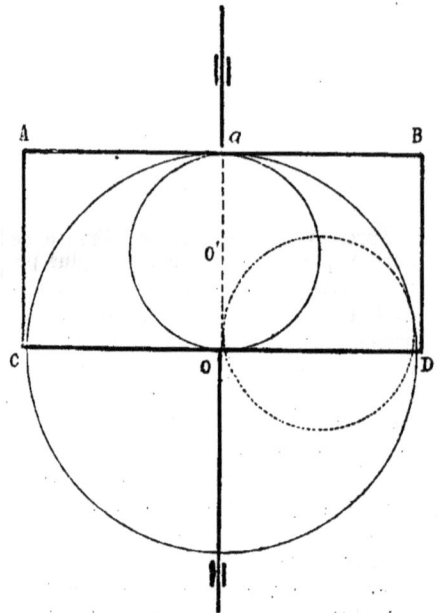

Fig. 587.

L'excentrique formé par un cercle tour-

nant autour d'un point de sa circonférence, est une variété de l'excentrique à
collier. Un plateau circulaire (*fig.* 587)
porte en saillie un cercle de diamètre *ao* qui est entouré par un cadre
ABCD dont les côtés parallèles sont éloignés d'une quantité égale au diamètre de
ce disque. Le cadre se trouve aussi conduit comme il le serait par un bouton de
manivelle placé à son centre O'. L'avantage de cette disposition, c'est que le
disque circulaire agit toujours normalement aux côtés du cadre; mais le glissement est considérable, il est égal pour un
tour à l'excès de la circonférence du
disque sur le double de son diamètre.

869. *Bouton de manivelle guidé dans un
cadre.* — Le disque circulaire ci-dessous
peut être remplacé par une manivelle de
même rayon dont le bouton M vient s'engager entre les branches d'une coulisse
rectiligne, formée de deux barres paral-

branches, est entouré d'un coussinet rectangulaire qui glisse à frottement doux
dans la coulisse. La longueur de la coulisse doit être au moins égale au double
du rayon de la manivelle.

D'après le mouvement facile à comprendre, la vitesse de la tige HI est représentée par la projection de l'arc parcouru
par le bouton de manivelle. Si on suppose
que celle-ci ait un mouvement uniforme,
son bouton parcoura des arcs égaux dans
des temps égaux ; en divisant alors la
circonférence de rayon *o*M en un certain
nombre de parties égales, les projections
de ces arcs sur la direction HI expriment
les chemins correspondants parcourus par
la coulisse. Il serait facile de démontrer
que la vitesse de la coulisse est proportionnelle aux ordonnées telles que KK'. Cette
vitesse est nulle aux points O (zéro), elle
croît graduellement jusqu'au point 3, où
elle atteint son maximum, pour décroître
ensuite jusqu'au point 6 où elle redevient
nulle. Dès cet instant le mouvement
change de sens, et la vitesse repasse par
les mêmes valeurs que pendant la première demi-révolution (*fig.* 588).

La représentation graphique de la loi
des espaces et des vitesses s'obtient comme
à l'ordinaire.

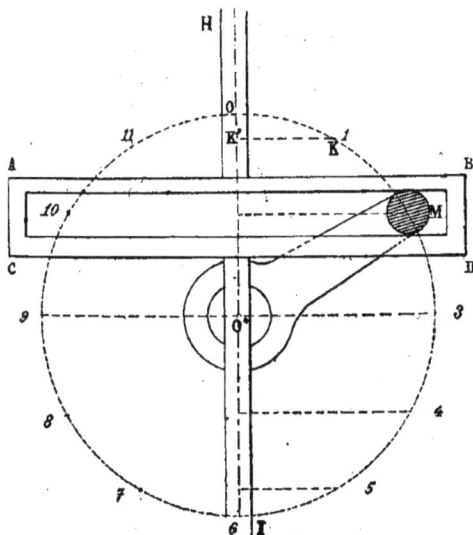

Fig. 588.

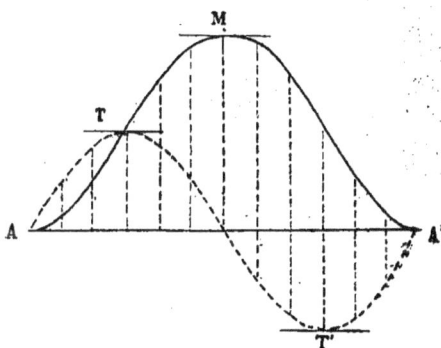

Fig. 589.

lèles AB, CD, faisant corps avec la tige
HI à faire mouvoir. Le bouton de manivelle M, au lieu de tourner entre les

La courbe des espaces AMA' (*fig.* 589)
montre des observations analogues à celles
qui ont été faites pour la bielle et mani-

velle; la courbe des vitesses A TT'A' indique bien les variations indiquées plus haut.

870. *Excentrique pour le mouvement circulaire alternatif.* — Si la tige qui a un mouvement rectiligne alternatif, dans les exemples précédents, doit avoir un mouvement circulaire alternatif, on peut obtenir par des procédés analogues, la forme des excentriques capables de produire le mouvement voulu.

Supposons que l'extrémité A d'un levier

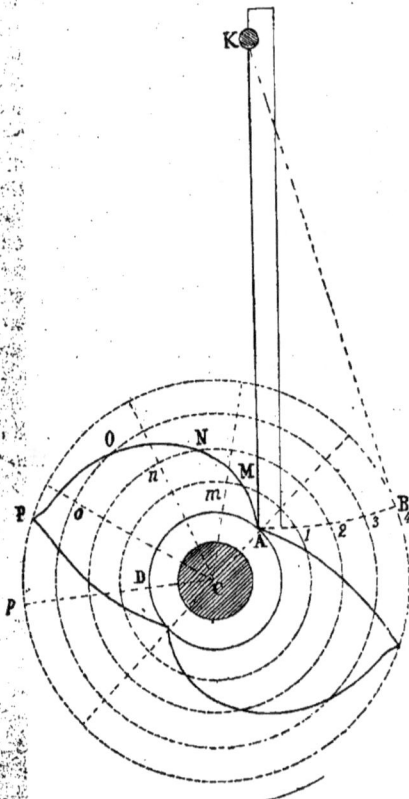

Fig. 590.

articulé en K, doive parcourir l'arc AB d'un mouvement uniforme, pendant que l'arbre porte-came tourne de l'angle ACD. Divisons les arcs AB et AD en un même nombre de parties égales; décrivons du

centre C des circonférences concentriques passant par les points de division de AB, et menons les rayons passant par les points de division correspondants de AD (*fig.* 590).

Si l'on considère les points m, n, o, p, déterminés par les intersections de ces lignes, et qu'on reporte sur les circonférences correspondantes, et en avant de ces points, les longueurs comprises entre le rayon initial CA et l'arc décrit par l'extrémité du levier sur lequel on a tracé les points de division, on obtient les points de la courbe AMNOP qui satisfait aux conditions.

Nous avons sur la figure tracé une came double, produisant, pour une révolution de l'arbre, deux oscillations uniformes complètes à des intervalles égaux; l'extrémité p de la première came est liée à l'origine de la deuxième par un profil correspondant au mouvement que le levier doit avoir pour parcourir en sens contraire l'arc BA.

871. *Cames à mouvement intermittent* — Dans certaines machines telles que les moulins à pilons employés pour la fabrication de la poudre, ceux destinés à préparer les chiffons pour les transformer en

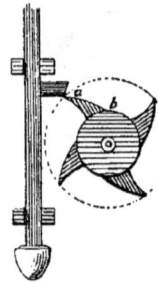

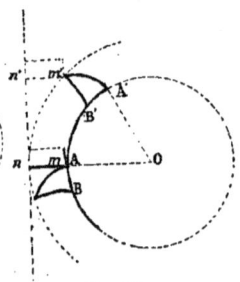

Fig. 591.   Fig. 592.

pâte à papier, les bocards des forges; la tige à faire mouvoir doit avoir un mouvement rectiligne alternatif intermittent; la course ascendante se produit mécaniquement, tandis que la course en sens contraire est produite par la pesanteur.

La tige du pilon ou bocard porte une saillie appelée *mentonnet*, sur laquelle agit de bas en haut une came ou *levée*, fixée sur l'arbre doué du mouvement de rotation. La came (*fig* 591) vient frapper le mentonnet en dessous, l'enlève ainsi que le pilon, et, quand son extrémité quitte la levée, le pilon retombe par son propre poids dans le mortier qui contient la matière à travailler, puis il reste au repos jusqu'à ce qu'une nouvelle came vienne le saisir.

Afin d'éviter des chocs obliques qui fatigueraient beaucoup les assemblages et donneraient lieu à des pressions et à des frottements très grands, il convient de placer l'arbre à cames et le mentonnet soit à la hauteur de l'arbre à cames au moment du choc ou de la prise, qui a aussi lieu dans un plan horziontal. Si l'on voulait que le pilon soit soulevé uniformément il faudrait que la courbe *ab* de la came fût tracée d'après les mêmes principes que nous avons indiqué pour l'engrenage d'un pignon et d'une crémaillère, c'est-à-dire que cette courbe devrait être une développante de cercle. Cette condition de l'uniformité du mouvement n'est pas en général nécessaire pour ce genre de machines ; le profil de la came peut être une courbe quelconque que l'on tracera de la manière suivante :

Soit *mn* (*fig.* 592) la position du mentonnet où il doit être saisi par la came, et *m'n'* sa position la plus élevée. Supposons, ce qui a lieu ordinairement, que le centre O du cercle qui figure l'arbre tournant soit sur le prolongement de *mn*. La courbe de la came devra être tangente au rayon *o*A. Soit *n* le nombre des cames également espacées, montées sur l'arbre tournant ; et soit *h* la levée *nn'*. Le temps employé par le pilon à retomber de la hauteur *h* sera $\sqrt{\dfrac{2h}{g}}$; au moment où la came quittera le mentonnet, le rayon *o*A devra avoir parcouru un angle exprimé par

$$\frac{2\pi}{n} - \omega \frac{\sqrt{2h}}{g}$$

en applant ω la vitesse angulaire de l'arbre à cames et même un angle un peu moindre afin que le pilon ait produit son effet avant d'être saisi par la came suivante : soit *o*A' sa position à cet instant ; on tracera une courbe convexe tangente en *m'*, à la droite *m'n'* et tangente en A' au rayon *o*A' cette courbe sera celle de la came. On limitera la came de l'autre côté par une ligne *m'*B' droite ou courbe, choisie de manière que la came puisse résister à l'effort exercé par le poids du pilon.

Pour éviter le frottement considérable du mentonnet sur la came, on peut pratiquer dans la tige du pilon une ouverture, dans laquelle passe la came ; celle-ci agit alors sur la paroi supérieure du trou, ou mieux sur un rouleau en galet comme le montre la figure 593.

Si l'on ne veut pas affaiblir la tige, on peut

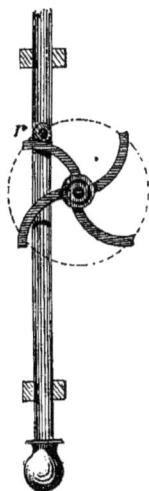

Fig. 593.

la faire passer entre deux cames jumelles qui agissent sur les extrémités d'une barre transversale qui traverse la tige parallèlement à l'axe de rotation de l'arbre à cames.

On voit d'après le mouvement produit que lorsque la came abandonne le mentonnet, l'arbre n'a plus aucune résistance à vaincre et son mouvement s'accélère pour se retarder ensuite dès que la came suivante vient en prise. Pour éviter ces irrégularités, on a soin d'appliquer au même arbre plusieurs pilons placés les uns à côté des autres, formant une batterie. Les cames sont disposées suivant la longueur de l'arbre, de manière que leurs projections sur un plan perpendiculaire à l'axe soient équidistantes, comme le montre la figure 591.

La figure 594 montre la disposition d'un bocard employé à la mine de Huelgoat en Bretagne, pour pulvériser le minerai de plomb.

Douze pilons, divisés en trois batteries de quatre pilons chacune, sont disposés parallèlement à l'axe d'une roue hydraulique. L'arbre de cette roue, prolongé d'un côté porte en face de chaque pilon, un collier en fonte muni de quatre cames, également en fonte, qui divisent la circonférence en quatre parties égales, de cette manière chaque pilon est soulevé quatre fois par tour de roue.

Afin de régulariser le mouvement de rotation, les pilons de chaque batterie ne sont pas soulevés et abandonnés en même temps. On a placé les quatre colliers à

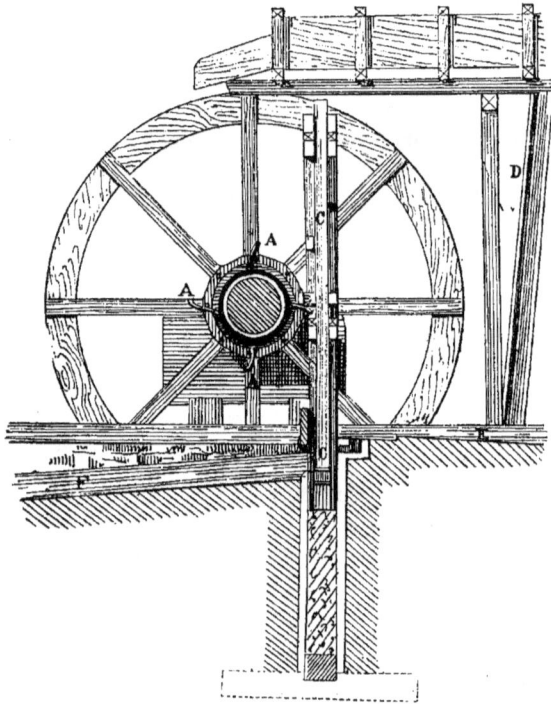

Fig. 594.

cames de manière que celles-ci divisent la circonférence en seize parties égales, et comme il y a quatre pilons et quatre cames par collier, à chaque quart de tour tous les pilons sont successivement soulevés et abandonnés. Les trois batteries étant manœuvrées de la même façon, il en résulte que la résistance est sensiblement la même pendant la rotation.

872. *Cames pour mouvement circulaire alternatif intermittent.* — On trouve dans plusieurs usines métallurgiques des marteaux qui agissent par choc sur les métaux tels que le fer et l'acier. Ces marteaux se composent d'une tête pesante qui forme le marteau proprement dit, et d'un manche mobile autour d'un axe horizontal. Une bague à cames soulève le manche à intervalles égaux et le laisse retomber, en sorte qu'à chaque passage d'une came répond un coup de marteau. Les marteaux frontaux (*fig.* 595) sont ceux dans lesquels la came saisit le manche par son extrémité antérieure, en avant du marteau et dans le plan vertical de symétrie de l'appareil. Le manche est en fonte et le poids total du marteau varie de 2,500 à 4,000 kilogrammes. Ils frappent de soixante à cent coups par minute.

La longueur du manche depuis l'axe de rotation jusqu'au point qui frappe l'enclume est de $2^m,30$ à $2^m,80$. La levée, c'est-à-dire la hauteur à laquelle s'élève le point saisi par la came est de $0^m,35$ à $0^m,40$.

D'autres marteaux dits à soulèvement sont ceux dans lesquels la came saisit le manche entre l'axe de rotation et le marteau, on le désigne encore sous le nom de *marteaux à l'allemande*, parce qu'ils étaient employés à l'affinage du fer par la méthode

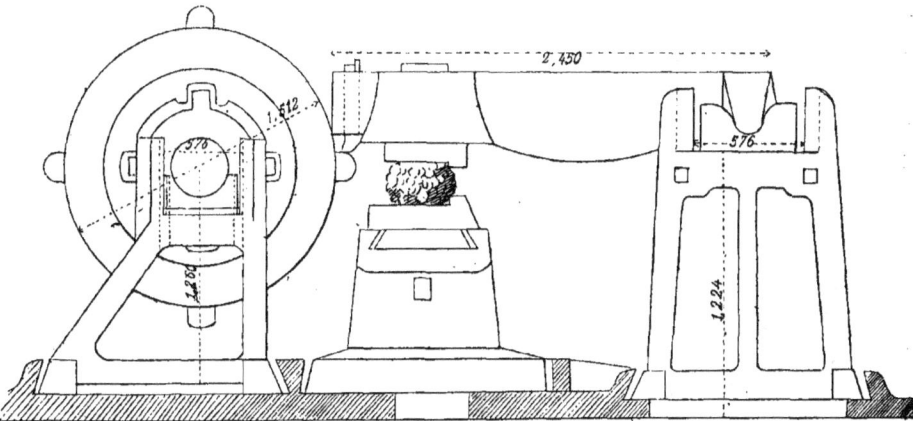

Fig. 595.

allemande. Les marteaux à *bascule* sont ceux dans lesquels la came agit sur l'extrémité du manche opposée à celle où est fixé le marteau. On les appelle aussi *martinets* et sont employés à l'étirage et au platinage des petits fers.

Le tracé de ces diverses cames est analogue à celui des engrenages à flancs; toutefois dans la pratique, comme il n'est pas utile que le mouvement ascendant du marteau soit uniforme, le tracé exact est sans intérêt, surtout lorsque le choc est considérable.

873. *Cas où la direction de la tige n'est pas perpendiculaire à l'arbre porte-cames.* — Les différents cas dont nous venons de parler peuvent être considérés comme appartenant à la transformation du mouvement circulaire continu en rectiligne

ou circulaire alternatif appartenant à un rayon infini, c'est-à-dire à axes parallèles.

Dans le cas où l'axe de rotation et la tige font un angle quelconque, l'excentrique, réduit à une section de cylindre, ne peut suffire. En effet la poussée ne pouvant avoir lieu que par un point unique tel que l'extrémité de la barre, une action commencée cesserait bientôt; le point de contact échapperait évidemment bientôt du contour de l'excentrique. Il faut alors remplacer les cames planes par des rainures courbes, tracées sur un cône si l'axe est quelconque; ou bien sur un cylindre, si l'axe et la tige sont parallèles. La figure 596 indique le tracé de la rainure à pratiquer sur un cylindre dont l'axe CD est parallèle à la tige AB. Il suffit de développer en *aa'* la circonférence du cylindre et à tracer la loi du mouvement représenté par la courbe ama'. On divise aa' et la base du cylindre en un même nombre de parties égales, puis on porte sur les génératrices du cylindre les ordonnées correspondantes; ou bien on enroule sur le cylindre le développement de sa surface latérale et la courbe se trouve toute

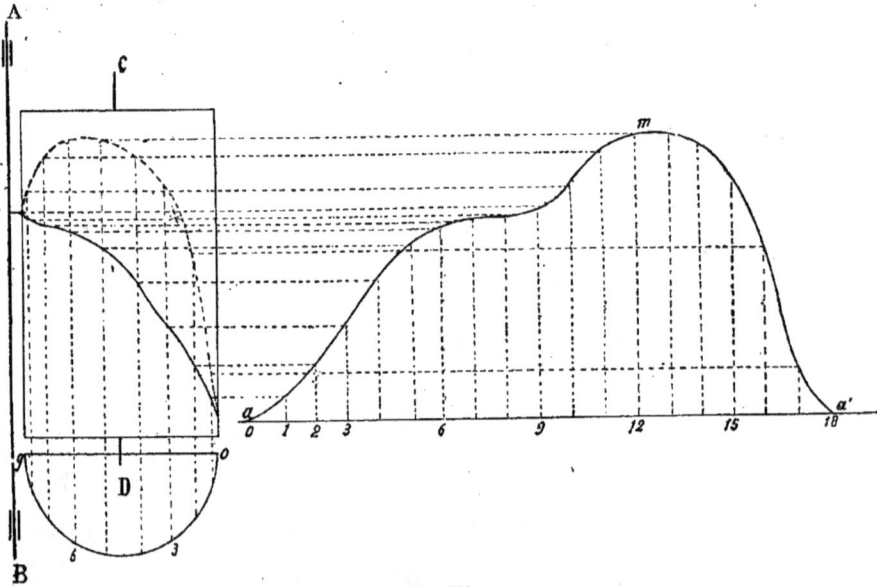

Fig. 596.

tracée. Il ne reste plus qu'à entailler une rainure suivant cette courbe pour communiquer à la tige AB le mouvement voulu, à l'aide d'un petit mentonnet ou goujon fixé à la tige et qui s'engage dans la rainure courbe. Il est inutile d'entrer dans le détail de toutes les formes et combinaisons qui peuvent ainsi être obtenues.

CHAPITRE IX

TRANSFORMATION DU MOUVEMENT RECTILIGNE CONTINU EN RECTILIGNE CONTINU

La transformation directe du mouvement rectiligne en un mouvement de même nature conduit nécessairement à faire usage de guides plans, fonctionnant par glissement ; de là des frottements considérables qui sont quelquefois évités par des transformations indirectes, dont la plus employée est celle du mouvement circulaire. Les cordes et les courroies sont fréquemment utilisées comme organes intermédiaires parce qu'elles permettent un mouvement rectiligne indéfiniment prolongé, tandis que les articulations ne peuvent fournir que des mouvements rectilignes de faible étendue.

874. *Plan incliné.* — Le plan incliné est un plan par lequel on en réunit deux autres, et particulièrement deux chemins, deux terrains situés à des hauteurs différentes. Tous les chemins en pente sont des plans inclinés.

Le mouvement qui a lieu dans le sens du plan incliné se transforme en un mouvement de descente ou d'ascension verticale.

Dans les grands travaux de terrassement on emploie, pour élever les wagons chargés de matériaux, un plan incliné formé de deux rails supportés par une charpente solide. Entre ces rails et aux deux extrémités du plan incliné, sont disposées deux roues verticales armées de dents sur lesquelles s'enroule une chaine sans fin ; la roue supérieure mise en mouvement par un mécanisme convenable entraîne la chaîne et fait tourner la roue inférieure (*fig.* 597). Sur cette chaîne, des crochets sont disposés de distance en distance. Chaque wagon engagé à son tour sur les rails au bas du plan incliné, est saisi au milieu de son

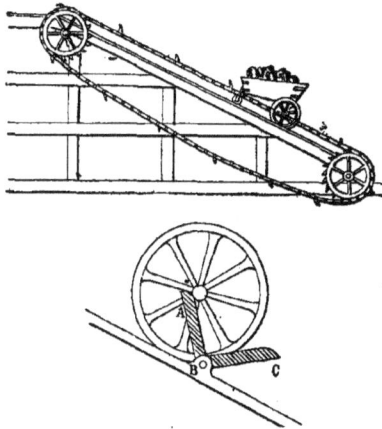

Fig. 597.

essieu de derrière, par l'un des crochets, qui l'entraîne ainsi jusqu'au haut du plan incliné, où il se dégage de lui-même en vertu de sa vitesse acquise. Pour éviter les accidents qui pourraient se produire si un wagon venait à se détacher, on dispose, de distance en distance, à gauche et à droite de la chaine, des butoirs qui ont la forme d'une équerre mobile autour d'un axe horizontal traversant le sommet de l'angle droit ; dans l'état de repos l'un des côtés de l'équerre est dirigé vers la base du plan parallèlement au rail, et l'autre est normal au plan.

Lorsqu'un wagnon vient à passer en montant, l'essieu fait basculer le butoir qui se remet en place par son propre poids dès que le wagon est passé ; mais si le wagon se présentait au butoir en descendant, il se trouverait arrêté.

Les roues de devant des wagons sont beaucoup plus basses que celles de derrière, afin de lui donner, ainsi qu'à son chargement, et malgré l'inclinaison du plan incliné la stabilité nécessaire. C'est par des moyens semblables appliqués sur une grande échelle que l'aqueduc de *Roquefavour* du canal de Marseille a été presque entièrement élevé.

Dans les chantiers de construction de bateaux on se sert aussi de plans inclinés pour les lancer et les faire arriver dans l'eau avec une direction et une vitesse convenables.

875. *Rapport des vitesses.* — La différence de niveau *cb* des extrémités du plan incliné (*fig* 598) se nomme la hauteur ; la distance horizontale *ab* des mêmes extrémités s'appelle la base ; le rapport de la hauteur à la base est la pente ou la déclivité du plan incliné.

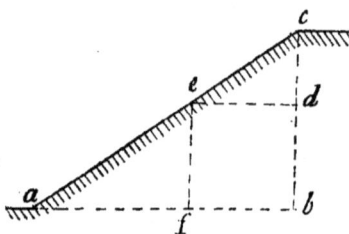

Fig. 598.

Les routes, en général, ne doivent pas avoir de pentes plus rapides que celles de $^1/_{30}$ à $^1/_{40}$. Les lignes de chemins de fer sont au plus inclinées de 0,035 par mètre, c'est-à-dire que la pente maximum est de $^{35}/_{1000}$.

Lorsqu'un corps monte le long du plan incliné *ac*, il est facile de voir que tout en avançant de *a* vers *b* il s'élève vers le point *c*. Ainsi lorsqu'il est parvenu en *e* il s'est élevé de la hauteur *ef*, alors qu'il a avancé de la quantité *af ;* ces deux effets ont lieu en même temps simultanément, ou autrement dit les deux chemins *ef, af* sont simultanés.

La figure montre que le chemin parcouru *ae* sur le plan incliné est la diagonale du parallélogramme dont les côtés sont les deux chemins simultanés *ef* et *af*.

Les triangles *aef*, *acb* étant semblables donnent

$$ef = \frac{bc}{ac}\, ac$$

c'est-à-dire que l'*élévation du corps suivant la verticale est égale au chemin parcouru sur le plan incliné multiplié par le rapport de la hauteur du plan incliné à sa base.*

Les mêmes triangles donnent aussi

$$af = \frac{ab}{ac}\, ac$$

c'est-à-dire que la *quantité dont le corps s'avance horizontalement est égale au chemin qu'il parcourt dans le sens du plan multiplié par le rapport de la base du plan à sa longueur.*

En supposant le mouvement sur le plan incliné, uniforme, on *voit également que la vitesse d'ascension ou de descente verticale est à la vitesse du transport le long du plan comme la hauteur du plan est à sa longueur, et que la vitesse de transport horizontal est à la vitesse de transport le long du plan incliné comme la base de ce plan est à sa longueur.*

Au numéro 446 nous avons étudié les conditions d'équilibre d'un corps sur un plan incliné en ne tenant pas compte du frottement.

876. *Coin.* — Le coin n'est autre chose qu'un plan incliné mobile, qui transforme directement le mouvement rectiligne en un autre dans une direction perpendiculaire.

Considérons une pièce B prismatique se mouvant entre deux guides, et une seconde pièce A également guidée, à angle droit sur la première. Terminons B (*fig.* 599) par un coin dont la section droite est le rectangle *abc;* la face *bc* s'appliquant

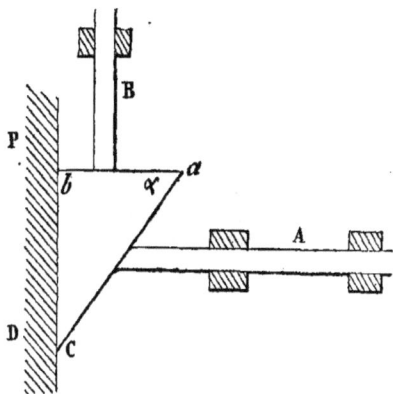

Fig. 599.

contre un plan fixe PD parallèle à la tige B. Si on exerce une pression sur la pièce B ; le coin communiquera à la pièce A un

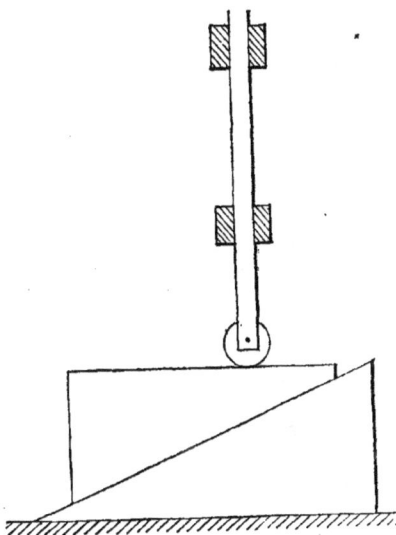

Fig. 600.

mouvement rectiligne perpendiculaire au premier, de telle sorte que si *bc* représente le chemin parcouru par B, l'autre côté *ab*

sera le chemin parcouru par la pièce A. Or les vitesses étant proportionnelles aux chemins parcourus, dans le cas de deux mouvements uniformes on aura, en représentant ces vitesses par *v* et *v'*,

$$\frac{v}{v'} = \frac{bc}{ba} = \text{tg } \alpha$$

Dans la pratique, l'angle au sommet du coin, c'est-à-dire l'angle complémentaire de *α* est très petit et la vitesse *v* très grande par rapport à *v'*. Le mouvement contraire ne peut se produire, car la barre A fait avec la normale à la face *ac* un angle trop petit et généralement moindre que la résultante de la réaction du corps.

On peut employer un système de deux plans inclinés (*fig.* 600) dont un agissant rectangulairement sur la barre est mainenu dans des coulisses de manière à ne pouvoir que s'élever comme celles-ci. C'est le cas de la presse à coins, qui sert à comprimer les matières molles (*fig.* 601). On enferme le coin du dessus qui force les plateaux interposés entre ses surfaces et la matière à comprimer, à marcher dans un sens perpendiculaire à la direction suivant laquelle il entre.

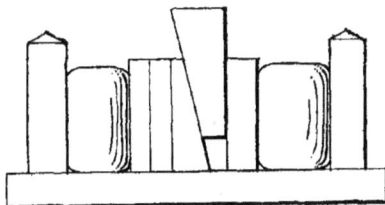

Fig. 601.

Si les deux mouvements rectilignes font un angle *α*, on emploie la disposition indiquée par la figure 602. Le rapport des vitesses est alors

$$\frac{v'}{v} = \cos \alpha$$

Lorsque les barres ne sont pas dans le même plan, on peut employer le même système en donnant à la face du coin sur laquelle repose le galet une direction perpendiculaire à la barre A. Dans le mouvement, le galet de l'extrémité de la barre A ne parcourra plus la ligne de pente du plan incliné, mais la ligne oblique obtenue

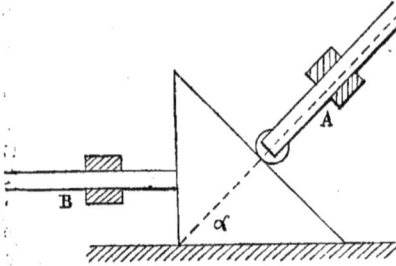

Fig. 602.

par l'intersection du plan incliné et d'un plan mené par l'axe A parallèlement à l'axe B, le point de contact appartenant toujours à la barre A et étant à chaque instant sur une parallèle à la direction de B, suivant laquelle le mouvement du plan se produit.

877. *Rapport de vitesse variable.* — Dans le cas peu fréquent de variations de vitesses, il suffit de remplacer les plans par

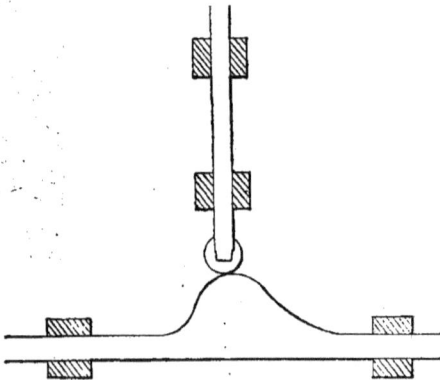

Fig. 603.

des surfaces courbes tracées en raison de la variation de la vitesse. La figure 603 indique une disposition donnant des vitesses variables.

878. *Forme des outils.* — On trouve une application très importante du coin dans les outils des menuisiers, des charpentiers, tourneurs, forgerons, serruriers, mécaniciens, etc., dont les angles sont proportionnés à la nature du travail auquel ils sont destinés. Ainsi le coin à fendre le bois dont le but est de séparer les fibres du bois a un angle qui varie de 30° à 40°.

La cognée du bûcheron, qui doit couper et entailler le plus profondément possible, a un tranchant plus aigu, variant de 10° à 15°. Le bec-d'âne du charpentier, destiné à ébaucher à grands coups les mortaises, a un angle de 30° environ.

Les scies ont des dents formées par des angles d'autant plus grands que le sciage doit être plus grossier. Les ciseaux à froid des serruriers et des mécaniciens ont aussi de grands angles et un tranchant en acier fondu pour pouvoir résister au choc qu'ils éprouvent. Les limes présentent dans leur taille une série de petits coins qui, appuyés et poussés sur le corps à user, y tracent des sillons d'autant plus profonds que la taille est plus grosse.

Les ciseaux des menuisiers sont d'autant plus aigus et mieux affûtés que l'ouvrage à faire doit être plus précis.

Le riflard, qui sert à dégrossir ; la varlope qui dresse et le rabot qui finit, ont aussi des tranchants de plus en plus aigus.

Lorsqu'il s'agit de matières molles, telles que les chairs, les viandes, etc., le tranchant doit être très aigu, le corps de lame aussi mince que la solidité le permet.

Enfin les clous sont aussi des coins à angles aigus pour qu'ils n'éprouvent pas trop de difficulté à entrer et qu'ils soient maintenus en place par le frottement.

879. *Mesure du mouvement produit par un coin.* — Supposons d'abord un coin simple dont le profil est un triangle rectangle ABC (*fig.* 604.) Sur l'action de la pression sur sa tête BC il viendra occuper une deuxième position A'B'C' en

écartant la pièce dans laquelle il est engagé, de telle sorte que tous les points se
seront déplacés parallèlement les uns aux
autres d'une quantité égale à AA′, BB′
CC′, etc., alors que le point m aura été

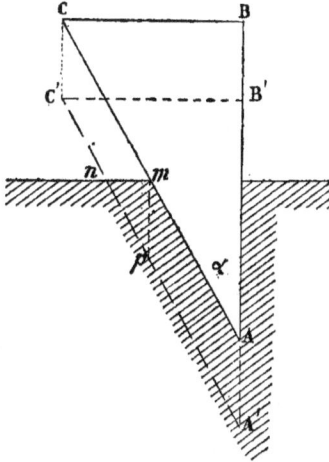

Fig. 604.

poussé de m en n, pendant qu'il parcourra parallèlement à BA le chemin mp.

Les deux triangles mnp et BAC étant
semblables donnent la proportion

$$\frac{AB}{BC} = \frac{mp}{mn}$$

c'est-à-dire que la base du plan incliné
est à sa hauteur comme le chemin parcouru par le coin est à la quantité dont
le point pressé s'est déplacé. De cette
proportion on tire

$$mn = mp \frac{BC}{AB}$$

Il est facile de voir que plus le rapport
de la hauteur à la base du plan sera petit
plus le chemin parcouru perpendiculairement au déplacement du coin sera petit
par rapport à la quantité dont il entre.

L'expérience démontre qu'un coin pénètre d'autant plus facilement qu'il est
plus aigu.

Le chemin parcouru par les points de
la face inclinée du coin est égal à mp,

c'est-à-dire à l'hypoténuse du triangle
rectangle dont les côtés de l'angle droit
sont les chemins parcourus dans le sens
de la base et dans le sens de la hauteur
du plan.

Le triangle rectangle mnp donne

$$np = \sqrt{\overline{mn}^2 + \overline{mp}^2}$$

en remplaçant mn par sa valeur trouvée
précédemment il vient

$$np = \sqrt{\overline{mp}^2 \left[1 + \left(\frac{BC}{AB}\right)^2\right]}$$

ou

$$np = mp \sqrt{1 + \left(\frac{BC}{AB}\right)^2}$$

or

$$\left(\frac{BC}{AB}\right)^2 = \text{tg } \overline{BAC}^2 = \text{tg}^2\,\alpha$$

par suite

$$np = mp \sqrt{1 + \text{tg}^2\,\alpha}$$

Le rapport de l'écartement mn produit
par le coin au chemin parcouru par le
point frottant est

$$\frac{mn}{np} = \frac{\dfrac{BC}{AB}}{\sqrt{1 + \text{tg}^2\,\alpha}}$$

$$\frac{mn}{np} = \frac{1}{\sqrt{\left(\dfrac{AB}{BC}\right)^2 + 1}}$$

c'est-à-dire que le rapport de l'écartement
utile produit par le coin au chemin parcouru par les points frottants est d'autant
plus petit que l'angle est plus aigu.

880. *Coin à deux faces.* — (*fig.* 605)
Par un raisonnement analogue on cons-
taterait que le chemin parcouru par
chacun des points comprimés m et $m′$,
dans le sens perpendiculaire à la marche
du coin, est égal à celui qui est produit
par l'une des faces. L'écartement des
points m et $m′$ qui est devenu $nn′$ s'augmente donc d'une quantité égale au double
de la course mp du coin multipliée par
le rapport de la moitié de la largeur de
la tête CD à sa hauteur AB. On aurait,
comme au numéro précédent

$$\frac{mn}{np} = \frac{1}{\sqrt{\left(\dfrac{AB}{BC}\right)^2 + 1}}$$

d'où il résulte que dans l'emploi du coin, et en général dans celui du plan incliné, le chemin parcouru par les points frot-

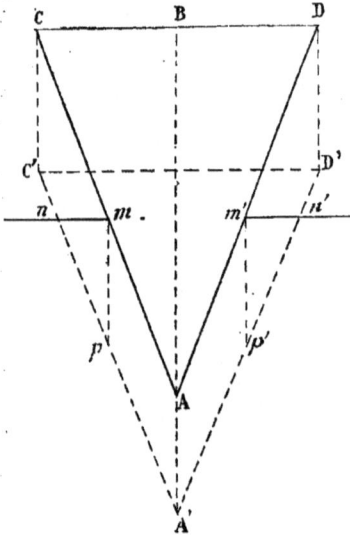

Fig. 605.

tants est d'autant plus considérable, pour un déplacement dans le sens de BC, que l'angle du plan incliné est plus aigu.

881. *Remarque.* — Dans le chapitre précédent, les différents types de têtes de bielles portent des coins à une ou deux faces pour permettre d'opérer le rapprochement des coussinets, lorsque le jeu provenant de l'usure est trop considérable.

882. *Transmission du mouvement rectiligne à de grandes distances.* — L'incompressibilité de l'eau permet de transmettre à de grandes distances des mouvements de petite étendue. Un des premiers essais a été fait sur le chemin de fer de Blackwall à Londres ; le signal du départ d'un train était annoncé à l'extrémité de la ligne au moyen d'un tuyau d'un petit diamètre rempli d'eau; un piston refoulait cette eau au moment du départ, et la colonne liquide faisait mouvoir rapidement, à l'autre extrémité du tuyau et aux stations

intermédiaires, d'autres pistons dont le mouvement se transmettait à l'aiguille d'un cadran ou à une sonnerie. La distance entre les extrémités de cette ligne était de 5,150 mètres.

L'emploi de l'eau comme transmission de force et par suite de mouvement, a pris une très grande extension depuis quelques années.

Les applications les plus importantes ont été faites à Anvers, au Hàvre et à Marseille. Tous les engins des ports, tels que monte-charges, grues, ponts-tournants, etc., fonctionnent par l'eau comprimée à plusieurs atmosphères. Cette eau est refoulée à cette pression par des pompes puissantes dans des conduites dont le développement est de plusieurs kilomètres. La pression est maintenue au moyen d'appareils appelés *accumulateurs* disposés convenablement sur cette conduite souterraine.

A Paris, les eaux de la ville sont employées à produire le mouvement de certains appareils tels que les ascenseurs. La nouvelle École Centrale est munie de systèmes analogues permettant, à l'aide de jeux de robinets, de faire monter ou descendre les immenses tableaux des amphithéâtres.

L'air comprimé dans des conduites est encore un moyen de transmettre à distance des mouvements de faible amplitude. — Les horloges pneumatiques de Vienne et de Paris sont actionnées par l'air comprimé (système Popp).

883. *Emploi des câbles pour la transmission du mouvement rectiligne sur une grande longueur.* Il y a quelques années, le chemin de fer dont nous parlions plus haut et dont l'étendue était de 5150 mètres, offrait un exemple de ce genre de transmission.

La pente totale était de $20^m,7$ ce qui correspondait à une inclinaison de $\dfrac{20,7}{5150}$ soit environ $\dfrac{1}{250}$.

À chaque extrémité de la ligne était placée une machine à vapeur. L'une, destinée aux trains montants, avait une force de 115 chevaux, et l'autre conduisants les trains descendants était de 25 chevaux. Un câble en chanvre, fixé dans l'axe de chaque voie s'enroulait aux extrémités de la ligne sur des tambours de treuils actionnés par les machines. La longueur de ce câble était de 10362 mètres y compris les parties qui s'enroulaient sur les treuils.

Le moyen employé pour le transport des véhicules était le suivant : Il y avait cinq stations intermédiaires, à chacune desquelles était préparée une voiture en même temps que le train montant à la station de Blackwall. Chaque voiture était momentanément liée avec le câble au moyen d'un levier coudé manœuvré par le garde de la voiture ou de chaque train, et dont la branche inférieure soulevait le câble et le pressait contre un taquet en bois du bâtis. Pour séparer la voiture qui était à l'arrière du train, de celles qui la précédaient, il suffisait de dégager une cheville qui la liait à la précédente. On modérait ensuite et on éteignait son mouvement de manière à l'arrêter devant la station à l'aide de freins. Le signal convenu ayant été donné par le télégraphe électrique, les machines à Londres étaient mises en mouvement, et le câble et les neuf voitures qui lui étaient liées étaient entraînées. La voiture de la station plus voisine de Londres arrivant au débarcadère, puis celle de la seconde, et ainsi de suite du reste du train. En même temps, à mesure de son passage aux diverses stations, le train y avait laissé une voiture venant de Blackwall. La vitesse moyenne de la marche était de 42 kilomètres à l'heure.

Dans certaines vitesses d'Amérique, on emploie des tramways dont la traction est faite par un câble qui a un mouvement continu. Ce câble est logé au-dessus du sol, qui présente dans l'axe de la voie

une ouverture dans laquelle passe une pince solidaire de la voiture. Cette pince, mue par le conducteur, saisit le câble qui entraîne la voiture et lui imprime au bout de quelques instants. une vitesse égale. Pour l'arrêt, il suffit de déclancher la pince et de modérer le mouvement à l'aide de freins placés sur ces voitures.

884. *Poulie.* — La poulie est une machine simple, qui permet de transformer un mouvement rectiligne continu en un autre rectiligne continu. Elle se compose d'une roue circulaire et d'une chape. La roue ou poulie proprement dite est creusée à sa circonférence pour recevoir une corde ; elle est mobile autour d'un axe rigide appelé boulon, qui la traverse à son centre. La chape se compose d'une pièce en fer dont les deux branches, appelées joues, embrassent la poulie ; cette chape se termine à sa partie supérieure par un crochet, ou bien, par une vis avec écrou.

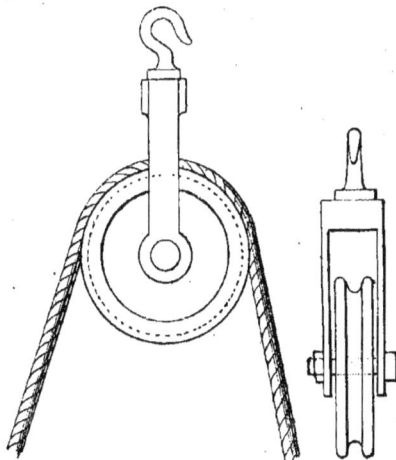

Fig 606.

On distingue deux sortes de poulies : la poulie fixe (*fig.* 606) telle que celle des puits, des tire-sacs, etc. ; elle sert à enlever les fardeaux, à tirer l'eau d'un puits.

L'effet exercé de haut en bas par l'homme qui agit sur la corde fait monter le fardeau d'une quantité égale à la longueur de corde tirée par l'homme. Si le mouvement est uniforme, les chemins parcourus dans le même temps étant égaux, il en est de même des vitesses.

La poulie mobile se compose d'une poulie supportée par la corde qui passe sur sa gorge et dont la chape pend au-dessous et soutient par un crochet le poids à soulever (*fig.* 607). L'une des extrémités de corde est fixée ; l'autre extrémité passe généralement sur une poulie fixe.

même axe (*fig.* 608). Dans ce cas elles doivent tourner librement autour de cet axe. Cette dernière disposition est la plus employée, car elle est moins encombrante et d'un maniement plus facile.

Les palans se composent de deux moufles renfermant un même nombre de poulies. L'une des moufles est accrochée ou amarrée à un point fixe, et l'autre est mobile et suspend le poids à soulever. Le

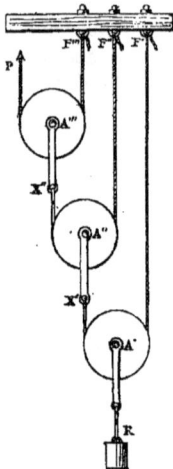

Fig. 607.

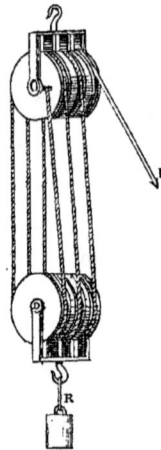

Fig. 608.

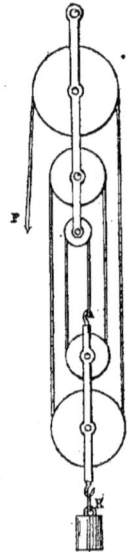

Fig. 609.

Lorsque les deux brins sont parallèles et verticaux, le chemin ou la hauteur parcourus par le fardeau n'est que la moitié de la longueur de corde tirée ou de chemin parcouru par les joints d'application des mains de l'homme qui agit sur la corde. Les conditions d'équilibre de la poulie mobile ont été exposées au n° 322.

885. *Moufles et palans.* — On appelle moufle un appareil formé par la réunion de plusieurs poulies disposées dans une même chape. Tantôt les poulies sont inégales et ont un axe particulier (*fig.* 609) tantôt elles sont égales et placées sur le

cordage s'attache à un anneau de la moufle fixe et s'enroule successivement des poulies de la moufle mobile à celles de la moufle fixe Les brins qui passent sur les poulies s'appellent les *courants* le brin libre sur lequel on tire se nomme le *garant.* D'après les conditions d'équilibre établies au n° 329, on voit que le chemin parcouru par le garant, c'est-à-dire par le point où les hommes appliquent leur action, est égal à autant de fois le chemin parcouru par le fardeau qu'il y a de brins courants. Les vitesses sont dans le même rapport que les chemins parcourus.

886. *Remarque* I. — Si les directions des deux mouvements rectilignes étaient situées dans deux plans différents, on emploierait deux poulies fixes, convenablement placées pour que la corde, par sa flexibilité, puisse produire le changement de direction voulu.

887. *Remarque* II. — Le treuil peut être employé pour le changement de vitesse ; l'une des cordes s'enroulerait sur un tambour, tandis que l'autre, sur laquelle agirait l'action, se déroulerait sur un autre tambour monté sur le même axe que le premier. Le rapport des vitesses ne peut être variable que dans les limites de l'enroulement des cordes autour d'un cylindre entaillé suivant les lois voulues.

CHAPITRE X

TRANSMISSION DU MOUVEMENT RECTILIGNE CONTINU EN CIRCULAIRE ALTERNATIF ET EN RECTILIGNE ALTERNATIF

Les solutions directes pour cette transformation de mouvement consistent à établir une liaison directe entre les organes appartenant au système plan et au système levier.

888. *Rainure.* — Supposons une pièce AB ayant un mouvement rectiligne suivant AB et devant communiquer un mouvement circulaire alternatif au levier PG (*fig.* 610).

Il suffira que l'extrémité P du levier soit engagée dans une rainure continue, pratiquée sur la pièce AB, de telle sorte que cette rainure se compose de parties opposées, lesquelles, agissant successivement sur le levier, lui communique, un mouvement de va, et, vient. Le rapport des vitesses sera déterminé par le tracé des rainures.

Le levier engagé dans la rainure peut recevoir un mouvement alternatif, quelles que soient les positions relatives de son axe de rotation et la direction du mouvement rectiligne.

889. *Crémaillère double.* — En combinant un système composé d'une roue dentée et de deux crémaillères placées face à face, et en supprimant alternativement des parties de celles-ci, de manière que l'action ait lieu successivement de chaque côté, on aura (*fig.* 611) un système

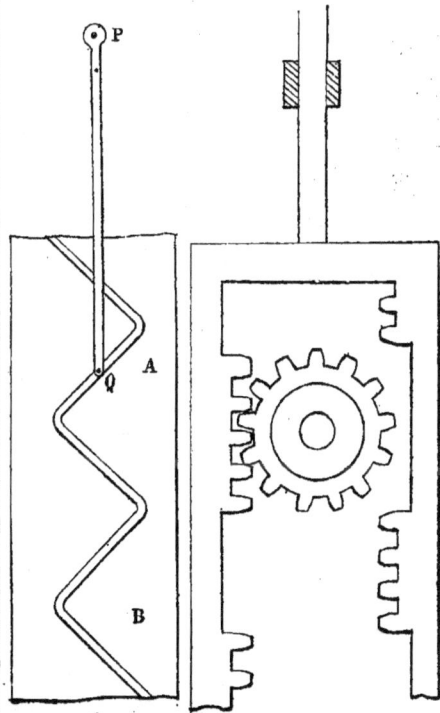

Fig. 610.   Fig. 611.

au moyen duquel un mouvement rectiligne continu du châssis crémaillère sera transformé sur le pignon en circulaire alternatif. Dans ce système le rapport des vitesses est constant, mais il présente l'inconvénient de produire des chocs à chaque changement de sens.

890. *Encliquetage.* — Les cliquetages peuvent être également employés à la condition que la direction du mouvement rectiligne fasse un très petit angle avec le plan du mouvement alternatif.

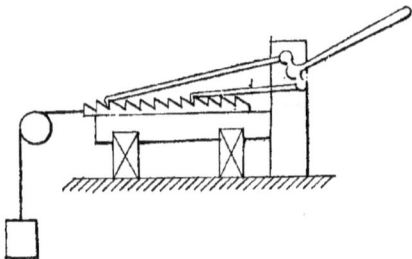

Fig. 612.

Comme exemple donnons celui représenté par la figure 612. Une crémaillère à dents inclinées est mue par deux crochets, dont les extrémités sont assemblées à une traverse tournant autour du même axe qu'un levier avec lequel elle est assemblée. Le mouvement circulaire alternatif du levier fera, à chaque demi-oscillation, avancer et engrener une ou plusieurs dents et opérera la traction par l'autre.

Ces solutions directes donnent lieu à des frottements considérables, dont on s'affranchit dans la pratique par une solution indirecte, qui consiste à transformer le mouvement circulaire alternatif en circulaire continu, au moyen de la bielle et manivelle, puis celui-ci en mouvement rectiligne, au moyen d'une crémaillère ou d'une corde s'enroulant sur un cylindre.

Le mouvement rectiligne continu ne peut être transformé en rectiligne alternatif que par des organes doubles agissant par contact; car les intermédiaires rigides essentiellement limités ne peuvent faire partie d'un mouvement continu; de même les intermédiaires flexibles ne pouvant agir quedans un sens, sont impropres à communiquer un mouvement alternatif, c'est-à-dire qui change de sens.

Donc cette transformation ne peut se faire que par un système plan agissant sur un système plan.

891. *Rainures.* — Supposons que les deux mouvements fassent un angle droit on pratiquera sur la pièce AB (*fig.* **613**) oui a un mouvement rectiligne continu, des rainures raccordées par des courbes

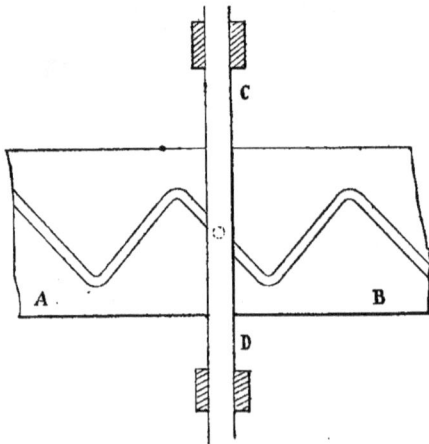

Fig. 613.

et faisant avec l'autre direction un angle suffisamment grand; dans ces rainures se trouve engagée une cheville solidaire de la pièce CD qui reçoit ainsi un mouvement rectiligne alternatif.

Le travail de frottement dans ces rainures est très considérable, aussi ce système de transmission est-il peu usité.

Si les deux mouvements faisaient entre eux un angle quelconque, la transmission s'opérerait d'une manière analogue.

Remarque I. — On voit que suivant la longueur, l'inclinaison et les courbes des rainures, on pourra obtenir théoriquement toute vitesse voulue, d'après la loi du mouvement.

CHAPITRE XI

TRANSFORMATION DU MOUVEMENT CIRCULAIRE ALTERNATIF EN CIRCULAIRE ET EN RECTILIGNE ALTERNATIF

892. *Levier.* — Le levier est l'appareil le plus simple pour transformer le mouvement circulaire alternatif en circulaire intermittent. Qu'il soit droit ou coudé, la vitesse angulaire autour de l'axe de rotation est la même, et par suite, les vitesses

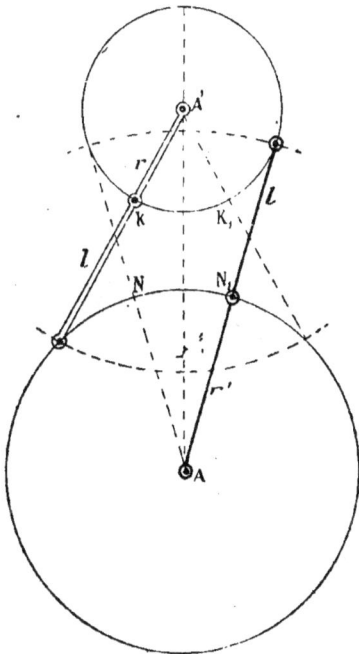

Fig. 614.

linéaires aux extrémités du levier sont proportionnelles aux longueurs des bras de levier. C'est de cette manière que le mouvement a lieu dans les balanciers de de tout genre. Le levier s'emploie pour soulever les fardeaux, il permet, comme nous l'avons vu pour le levier de La Garousse et autres, de transformer le mouvement circulaire alternatif en circulaire intermittent.

893. *Bielle.* — Lorsque les axes, devant avoir un mouvement circulaire alternatif, sont parallèles, on peut monter sur chacun d'eux une manivelle dont les extrémités sont reliées par une bielle rigide. Cette bielle doit avoir une longueur intermédiaire entre les deux segments moyens (nos 830) des deux circonférences décrites par les manivelles. Lorsque les rayons des manivelles et de la bielle sont données, il est facile de déterminer la limite de l'étendue du mouvement ; il suffit de décrire des centres A et A′ des arcs ayant pour rayons $l+r$ et $l+r'$, l représentant la longueur de la bielle, pour avoir les arcs NN_1, KK_1 que les extrémités de la bielle peuvent parcourir sur les circonférences respectives (*fig.* 614).

894. *Intermédiaires flexibles.* — Les tours en l'air qui servent pour le travail du bois présentent une transformation de ces mouvements circulaires alternatifs, par l'emploi d'un intermédiaire flexible. Une corde attachée à l'extrémité d'un levier et enroulée en partie sur un cylindre auquel elle est attachée, fait tourner ce cylindre dans un sens seulement pour chaque oscillation du levier. Un ressort dont une extrémité est attachée à la corde produit le mouvement dans le sens opposé, et permet ainsi à l'action d'être continue (*fig.* 615).

Si la corde ne glisse pas en se dérou-

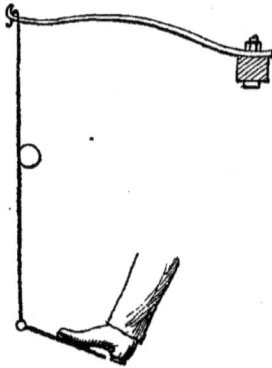

Fig. 615.

lant le rapport des vitesses est constant avec un cylindre circulaire ; il serait variable suivant une loi voulue si la surface de ce cylindre était entaillée.

895. *Engrenage.* — Les engrenages peuvent être aussi employés dans le cas d'axes parallèles ; il suffit de garnir de dents deux arcs de circonférences primitives décrites des deux centres des axes ; l'avantage de ce système sur le précédent est que le mouvement de retour n'exige pas l'emploi d'un poids ou d'un ressort. L'action est ainsi transmise successivement dans les deux sens.

Il en serait de même si les axes n'étaient pas parallèles, on déterminerait les parties d'engrenages qui devraient terminer les leviers en contact, à l'aide des principes exposés à la théorie des engrenages.

Le mouvement circulaire alternatif se transforme en mouvement rectiligne alternatif au moyen d'organes, l'un du système levier et l'autre du système plan. Nous ne donnerons que quelques exemples les plus usités.

896. *Manivelle à coulisse.* — Ce système se compose d'une manivelle à coulisse

dans laquelle est engagé un bouton B fixé sur l'arbre à faire mouvoir. Cet arbre est maintenu entre deux glissoirs qui assurent ce mouvement (*fig.* 616). Pour un

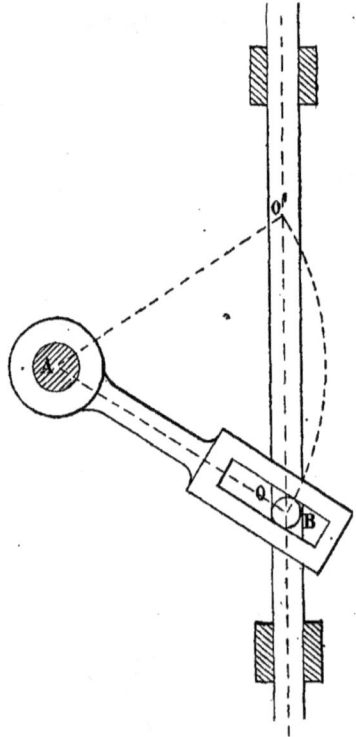

Fig. 616.

angle OAO' décrit par la manivelle la tige guidée parcourra la distance OO'

Une autre disposition très usitée pour le mouvement de la fourchette qui fait passer la courroie d'une poulie fixe à une poulie folle voisine, est représentée par la figure 617.

Les modifications apportées dans les formes des rainures et de leurs directions, permettraient d'obtenir les rapports de vitesses désirés. Ces dispositions présentent l'inconvénient de donner naissance à des frottements très grands suivant les longueurs de rainures qui croissent rapidement, ainsi que sur les guides du mouvement rectiligne alter-

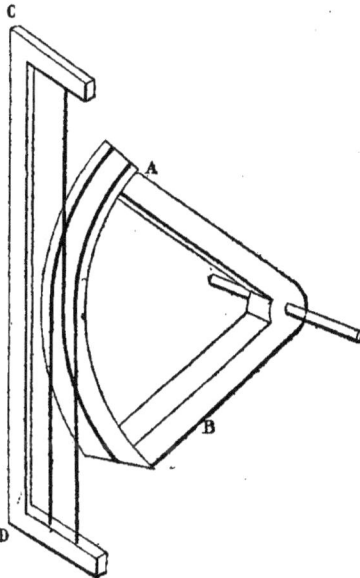

Fig. 617.

natif. Il faut autant que possible que l'amplitude d'oscillation de la manivelle ou du levier soit très petite.

897. *Engrenages.* — Les engrenages des pignons et crémaillères dont nous avons indiqué les tracés fournissent des solutions pour la transformation du mouvement circulaire alternatif et rectiligne alternatif.

898. *Organes flexibles.* — L'emploi des organes flexibles, tels que les cordes

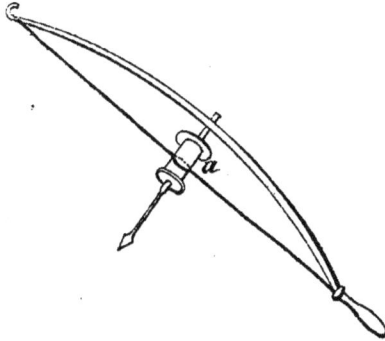

Fig. 618.

permettent la transformation de ces deux mouvements. Dans certains cas, comme celui de la figure 618, le mouvement

alternatif ne peut être établi que par l'intervention de la pesanteur ou d'un ressort.

Dans le cas de la figure 619 qui repré-

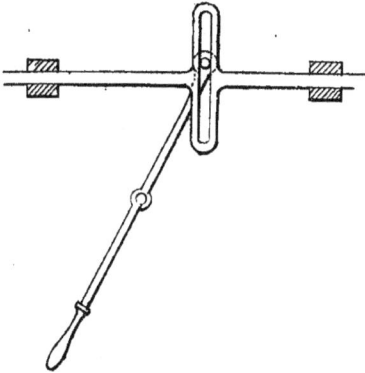

Fig. 619.

sente un archet, outil très employé dans les ateliers, le mouvement alternatif du

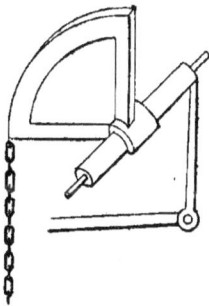

Fig. 620.

cylindre *a* s'obtient en imprimant à l'archet un mouvement rectiligne alternatif.

Cet archet est formé d'une lame en acier tendu en forme d'arc par une corde qui fait un tour entier sur le cylindre *a*, lequel porte généralement une petite mèche pour percer les trous.

On peut se dispenser d'utiliser la pesanteur ou l'action d'un ressort en employant un double système de cordes, comme le représente la figure 620. La tige CD est guidée et peut, par la disposition facile à comprendre, recevoir un mouvement rectiligne alternatif qui lui est communiqué par le secteur AB possédant un mouvement circulaire alternatif.

899. *Bielle et manivelle.* — La bielle et la manivelle peuvent également transformer les deux mouvements en question. Ainsi dans beaucoup de pompes un levier est réuni à la tige de la pompe guidée en ligne droite par une pièce intermédiaire qui n'est autre chose qu'une véritable bielle.

CHAPITRE XII

TRANSFORMATION DU MOUVEMENT RECTILIGNE ALTERNATIF EN RECTILIGNE ALTERNATIF

Cette transformation est analogue à celle du mouvement rectiligne continu transformée en rectiligne alternatif. Il suffit, en effet, de donner au premier un mouvement tantôt dans un sens, tantôt dans l'autre.

900. *Rainures doubles.* — Le plan incliné n'agissant que dans un sens, ne pourrait fournir cette transformation que par l'intervention de poids ou de ressorts. Mais les doubles plans inclinés ou rainures comme celles de la figure 613 permettent de donner à la tige CD un mouvement alternatif par l'intermédiaire du plateau AB ayant lui-même un mouvement rectiligne alternatif.

901. *Cordes.* — Les organes flexibles, comme les cordes, peuvent servir à cette transformation avec l'aide de contrepoids ou de ressorts; elles permettent, à l'aide de poulies, de transmettre le mouvement dans tous les sens et avec son rapport de vitesses.

902. *Bielle.* — Supposons que les extrémités d'une bielle soient articulées à deux barres qui se meuvent en ligne droite, ou bien soient engagées dans des rainures fixes, il est évident que si l'une

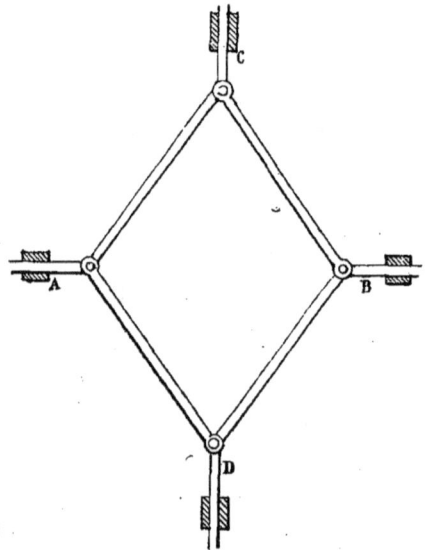

Fig. 621.

des extrémités à un mouvement rectiligne alternatif, l'autre prendra un mouvement identique.

Donnons comme exemple un losange ABCD représenté par la figure 621. Si les sommets A et B ont un mouvement alternatif, les deux autres sommets auront le même genre de mouvement dans une direction perpendiculaire à la première

903. *Des mouvements de sonnettes.* — Le mouvement de sonnette est un exemple de la transformation du mouvement rectiligne alternatif en rectiligne alternatif. Il se compose simplement d'une équerre à branches égales ou inégales tournant autour d'un axe placé au sommet de l'angle droit; et, pour changer de direction on a soin de placer les axes alternativement verticaux et horizontaux pour produire la tension. La tension des fils de fer qui réunissent les branches de deux mouvements consécutifs, on interpose sur leur longueur des ressorts à spirale ou à boudin.

904. *Sonnette à enfoncer les pilots.* — Pour le battage des pieux on emploie un appareil appelé sonnette. Les hommes employés à la manœuvre agissent sur des cordages amarrés autour de l'extrémité du câble; celui-ci passe sur une poulie et soutient par son autre extrémité un corps pesant, appelé *mouton*, que l'on élève à une certaine hauteur au-dessous du pilot à enfoncer. Généralement le mouton est suspendu à une espèce de tenaille, qui, par l'action d'un arrêt placé à une hauteur convenable, s'ouvre et laisse tomber le mouton sur le pieux. Ce mouton est guidé entre des coulisses ménagées aux hanches de la sonnette; après chaque coup on laisse redescendre la tenaille qui est disposée de façon à saisir d'elle-même l'anneau du mouton.

905. *Remarque.* — Le plus souvent le mouvement rectiligne alternatif est transformé en un mouvement de même genre, par des solutions indirectes. Ainsi dans la pratique le mouvement rectiligne alternatif est transformé en circulaire continu à l'aide de la bielle et de la manivelle, pour être ensuite transformé de nouveau en rectiligne alternatif. D'ailleurs le mouvement circulaire pris comme intermédiaire permet d'obtenir toutes les variations de vitesse dont on a besoin.

CHAPITRE XII

ORGANES DE MODIFICATION DU MOUVEMENT

MODIFICATEURS DU MOUVEMENT

906. Indépendamment des organes qui permettent les diverses transformations de mouvement que nous venons d'étudier, il en est d'autres très employés dans les machines, désignés sous le nom général de *modificateurs instantanés*. Ces dispositifs servent dans les machines soit à mettre en mouvement certains mécanismes, soit à changer le sens du mouvement; d'autres ont pour but de produire les variations de la vitesse que doivent éprouver certaines parties d'une machine. Il y a également les organes destinés à maintenir dans certaines limites les variations d'un mouvement et qu'on appelle *régulateurs;* enfin les organes d'arrêt sont ceux à l'aide desquels on peut faire passer la vitesse des mécanismes d'une valeur *v* à zéro.

Ces différents modificateurs, que nous allons décrire, sont principalement appliqués au mouvement circulaire, qui est le mouvement fondamental de toute machine, car il peut toujours être transformé en un autre mouvement, et dans le rapport de vitesse voulue.

Les régulateurs de mouvements agissant le plus souvent par les effets de l'inertie, ou en faisant intervenir les résistances passives, sont du domaine de la mécanique ; néanmoins nous en dirons quelques mots dans ce chapitre.

§ I. — ORGANES DE MISE EN MOUVEMENT

907. *Poulie folle.* — La poulie folle est une roue ou tambour qui peut glisser sur l'arbre qui la porte ; elle peut tourner librement sans entraîner l'arbre dans son mouvement de rotation.

L'ensemble d'une poulie folle et d'une poulie fixe clavetée sur l'arbre, forme un dispositif très usité lorsque les efforts à transmettre ne sont pas très considérables à moins que la vitesse ne soit très grande.

On le rencontre dans les transmissions de presque toutes les machines outils ; il permet de faire cesser le mouvement de l'outil sans qu'il soit nécessaire d'interrompre la rotation de l'arbre principal de l'usine.

La figure 622 représente cette disposition. L'arbre principal de transmission commande, à l'aide d'une courroie, qui passe sur la poulie fixe B, un arbre inter-

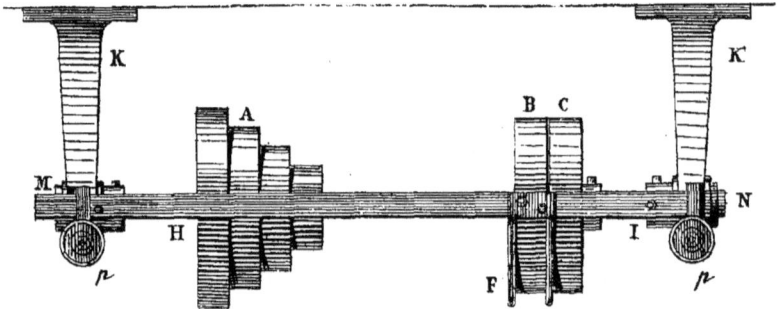

Fig. 622.

médiaire MN supporté par deux chaises, K, K'. Le cône A fixé sur cet arbre communique, au moyen d'une autre courroie, le mouvement à la machine-outil, supposée placée au-dessous. En avant de l'arbre MN se trouve une règle HI guidée à ses deux extrémités et portant une four-chette F dans laquelle passe la courroie de commande. Lorsque la fourchette est dans la position qu'indique la figure, la transmission a lieu ; si on veut l'interrompre, il suffit de pousser la fourchette vers la droite qui fera passer la courroie sur la poulie folle C ; celle-ci tournera sans entraîner l'arbre MN. En produisant le mouvement inverse de la fourchette, la courroie passera de la poulie folle C à la poulie fixe B et le mouvement de rotation du cône A recommencera.

Ce mouvement de va-et-vient de la tringle HI peut être obtenu à l'aide d'un levier analogue à celui représenté par la figure 617 ou bien au moyen de deux cordes fixées aux extrémités et passant sur deux petites poulies de renvoi *p, p ;* cette dernière disposition est très employée surtout lorsque la fourchette est très éloignée de l'ouvrier.

Cet appareil de mise en marche présente l'avantage d'être très simple et de ne pas donner lieu à des chocs ; en effet lorsque la courroie passe sur la poulie fixe, elle l'entraîne petit à petit en surmontant peu à peu la résistance, de manière que le mouvement n'a lieu avec toute sa vitesse qu'après un temps appréciable. Si la résistance, par un cas imprévu, devenait trop grande, la courroie glisserait sur la poulie et tomberait même sans occasionner de rupture.

908. Dans quelques tours on rencontre une disposition analogue, appliquée aux engrenages. Sur l'arbre KK′ du tour (fig. 623) est monté follement un cône A portant un pignon B qui communique son mouvement de rotation à un manchon creux M faisant corps avec une roue C et un pignon D.

Ce manchon peut glisser sur un arbre intermédiaire FF′. Le pignon D engrène avec la roue E calée sur l'arbre KK′ du tour. Lorsqu'on veut imprimer à cet arbre une vitesse plus considérable, on chasse le manchon M vers la droite ou vers la gauche de manière à désembrayer les engrenages ; puis avec un boulon on relie le cône A avec la roue E, de cette façon l'arbre KK′ est solidaire de la poulie-cône.

Quelquefois, au lieu de faire glisser le manchon porte-engrenage, on l'éloigne simplement d'une quantité un peu supérieure à la hauteur des dents en prise. On opère le rapprochement et on enlève le boulon de liaison, lorsqu'on veut faire agir les engrenages C et D.

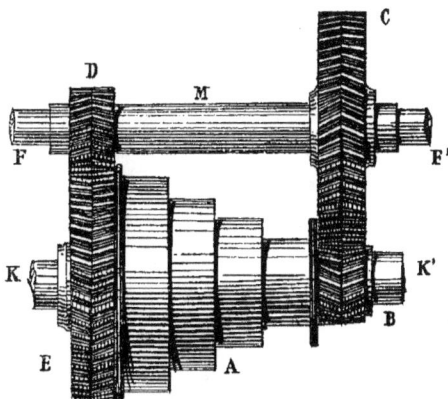

Fig. 623

Cette disposition n'est pas désavantageuse comme embrayage, parce qu'il se fait au repos ; mais si l'engrènement d'un système analogue se faisait pendant la marche, il se produirait des chocs et des ruptures de dents.

909. *Embrayages.* — Au n° 668 nous avons indiqué quelques types de manchons d'embrayage et de débrayage, à l'aide desquels on peut faire cesser ou rétablir à volonté la solidarité du mouvement de deux arbres placés dans le prolongement l'un de l'autre. Les figures 389, 390, 391, 392 représentent des manchons à griffes, dont l'embrayage et le débrayage se fait à l'aide d'un levier terminé en fourchette mue, soit par la main de l'ouvrier, ou bien automatiquement, par la machine elle-même, ou bien encore, comme nous le verrons plus loin, par des organes de régularisation de mouvement.

Ces embrayages à dents sont employés quand il s'agit de grandes forces communiquant de faibles vitesses, néanmoins il y a à craindre des ruptures, au moment de la réunion subite des parties en mouvement.

La figure 624 représente un embrayage à griffes fait, après coup, sur un arbre devant transmettre son mouvement à un autre arbre perpendiculaire au premier,

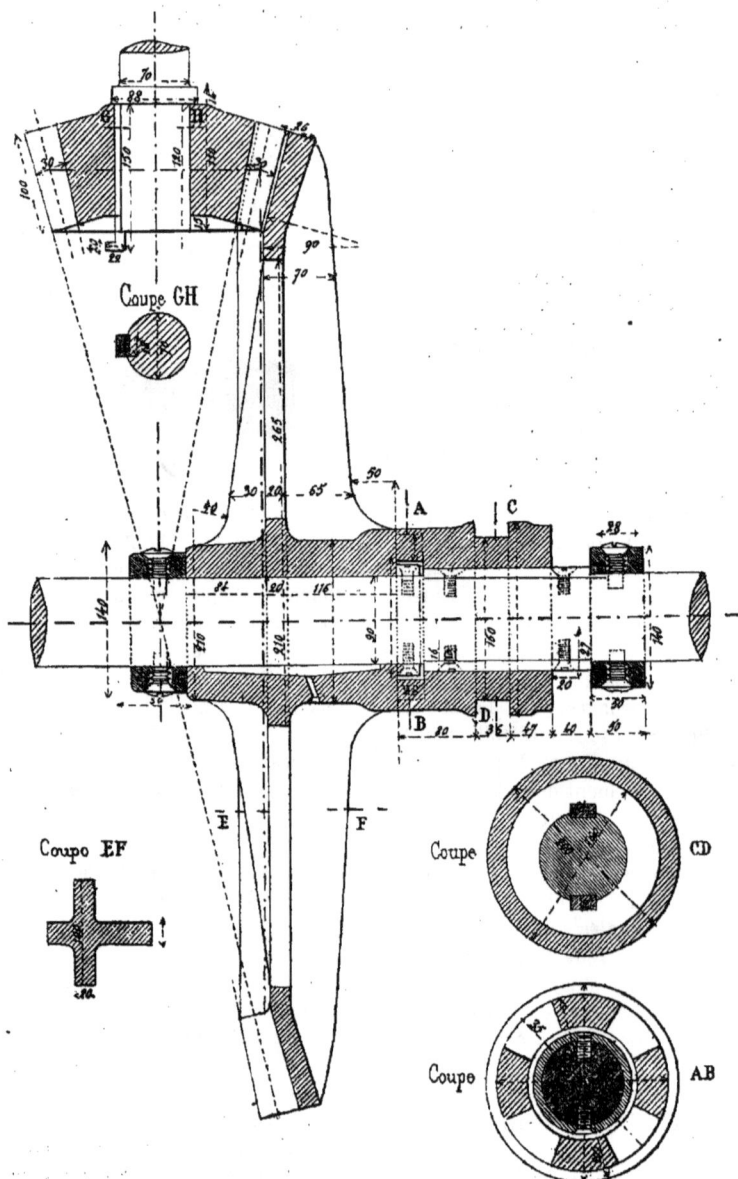

Coupe GH

Coupe EF

Coupe CD

Coupe AB

Fig. 624.

à l'aide de deux roues d'engrenages co- niques, dont les dents restent toujours en prise. Les différentes coupes permettent de comprendre, sans qu'il soit nécessaire de les détailler, toutes les parties de cet embrayage.

910. *Manchons à friction.* — Les figures 393. 394, 395 représentent des embrayages à cônes de friction remplissant le même but que les précédents. Ils ont sur ceux à griffes, l'avantage de trans-

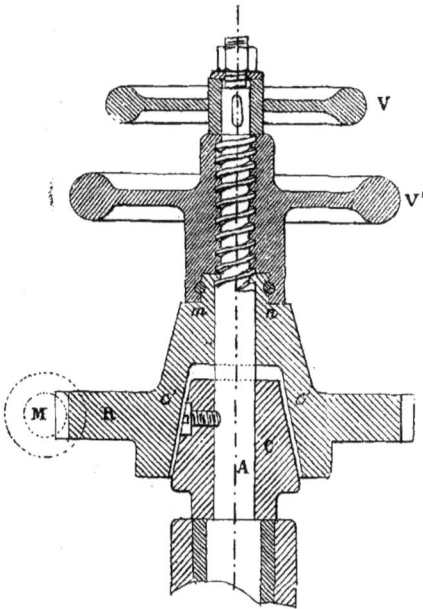

Fig. 625.

mettre peu à peu le mouvement circulaire en graduant la pression de la partie mobile sur la partie fixe ; on évite ainsi des ruptures, mais ils ne peuvent être employés lorsqu'il s'agit de grands efforts, car alors il faudrait exercer entre les surfaces coniques en contact des pressions qui donneraient lieu à des usures et à des grippements.

L'embrayage par friction que nous allons décrire (*fig.* 625), est employé dans certaines machines à percer pour la descente automatique de l'outil. Il se com-

pose d'un arbre A sur lequel est claveté au moyen d'une vis *a* un cône C. Une partie de cet arbre se trouve filetée, son extrémité porte un volant V qui sert à la manœuvre du porte-outil ; pour cela l'arbre A porte un pignon engrenant soit directement à l'aide d'une crémaillère, soit indirectement avec le porte-outil, de sorte que si l'on considère le mouvement de rotation de A, il communique au porte-outil un mouvement de montée ou de descente suivant le sens de la rotation. Ce mouvement est obtenu par la manœuvre du volant V d'une façon arbitraire.

Sur A se trouve monté un cône C′ duquel fait partie une roue dentée R engrenant avec une vis sans fin M. Cette vis sans fin est mue par le moteur lui-même.

Le cône creux C′ se termine par une partie ajustée *m n*, dans le moyeu du volant V′,et ces deux pièces dépendent l'une de l'autre par deux goupilles g et g′ engagées dans deux gorges, dont l'axe est sur le cylindre d'ajustage du cône et du volant V′.

Supposons un mouvement de rotation de V′ ce mouvement est accompagné d'un mouvement de translation communiqué au cône C′ qui peut devenir suffisant pour bloquer d'une façon complète des deux pièces C et C′ ; le volant V′ mû à la main, détermine une adhérence complète des deux ; si l'on suppose alors la roue R animée d'un mouvement de rotation par la vis M, cette roue R entraînera dans son mouvement le cône C et par conséquent l'arbre A qui lui est solidaire. Dans le fond du cône creux sont deux petites ouvertures destinées au passage de l'air lorsqu'on embraye.

911. *Double engrenage pour changement de sens.* — Dans les tours à fileter, le chariot doit être muni d'un mouvement longitudinale suivant l'axe du banc de tour. Ce mécanisme comprend tout particulièrement un arbre A (*fig.* 626) qui est en communication constante avec l'arbre moteur du tour et reçoit son mouvement à l'aide d'une roue d'engrenage R fixée à son extrémité. Cet arbre est disposé de façon qu'il puisse tourner librement dans deux roues d'angle B et B′; il est limité en *mn*; à gauche de B′ il porte une gorge *g* dans laquelle s'engage l'extrémité d'un boulon *h*. Cette disposition a pour but d'empêcher le mouvement latéral de l'arbre.

Dans la roue B′ s'engage un autre arbre

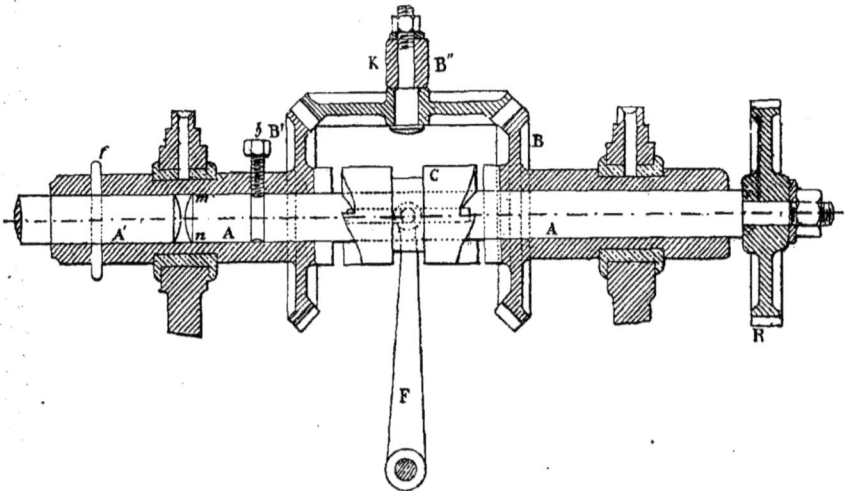

Fig. 626.

A′ rendu complètement solidaire au moyen d'une goupille *f*. Cet arbre A′ commande, soit directement, soit indirectement, le chariot du tour, c'est donc cet arbre qui doit être animé d'un mouvement de rotation dans les deux sens.

Les deux roues d'angles communiquent avec une troisième roue B″ qui agit comme intermédiaire et qui à cet effet est montée folle sur un arbre fixé sur un manchon *k* du tour.

Les roues B et B′ sont maintenues par deux paliers venus de fonte avec le bâti du tour. Sur l'arbre A se trouve un double manchon à griffes entraîné par la rotation de cet arbre et pouvant, de plus, glisser le long de son axe en agissant sur la fourchette F.

Si le manchon à griffes est en prise avec la roue d'angle B, celle-ci sera entraînée par l'arbre A dans le même sens et com-muniquera à la roue B′ et par suite à l'arbre A′ une rotation en sens inverse; tandis que le manchon embrayé à la roue B′ communiquera directement le mouvement de l'arbre A à l'arbre A′; dans ce cas la roue B sera folle sur l'arbre A.

912. *Détentes.* — Les détentes sont aussi des mécanismes qui permettent de suspendre l'action d'un moteur pour le laisser agir à des intervalles de temps déterminés, ou à la volonté de celui qui dirige la machine. Ils se composent en général d'un levier, dont la forme varie suivant la machine; dans certaines positions, ce levier arrête le mouvement; dans d'autres positions, il lui laisse toute liberté; le passage d'une position à l'autre est déterminé par la pression d'une cheville ou d'un corps mobile de forme quelconque, sur l'extrémité du levier opposée à celle qui forme l'arrêt.

Supposons, par exemple, qu'une roue A (*fig.* 627) sollicitée par une force motrice, tende à tourner dans le sens de la flèche. Un bras BB monté sur le même arbre appuie par l'une des extrémités sur le bout échancré à cet effet, d'un levier pq

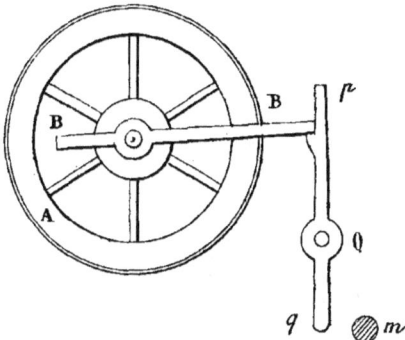

Fig. 627.

mobile autour d'un axe fixe O. Dans cette position, le mouvement de la roue A est impossible. Mais si une cheville m, ou tout autre corps mobile, vient presser

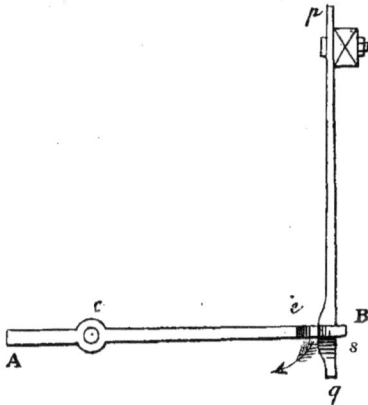

Fig. 628.

l'extrémité q du levier, l'extrémité p s'écarte vers la droite; le bras BB échappe et la roue tourne dans le sens indiqué. Bréguet a employé une disposition ana-

logue en remplaçant le levier pq par un ressort (*fig.* 628). Le bras AB tend à tourner dans le sens de la flèche autour de l'axe c; il est arrêté par une saillie s adaptée à un ressort pq fixé à son extrémité p. Mais le bras AB porte en e une échancrure qui peut laisser passer la saillie s. Si une cheville ou un corps mobile quelconque viennent presser de droite à gauche l'extrémité q du ressort, celui-ci s'infléchit; la saillie s passe dans l'échancrure et le bras AB se dégage.

On trouve un grand nombre d'exemples de détente dans les mécanismes d'horlogerie.

913. *Déclics.* — Les déclics sont analogues aux détentes; ils permettent d'opérer un changement brusque de mouvement par le jeu d'un cliquet analogue au cliquet d'arrêt des encliquetages.

La figure 629 en montre un exemple.

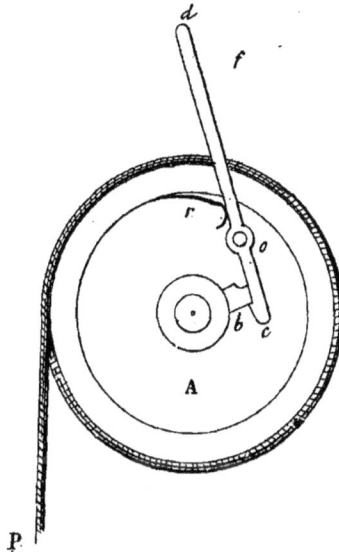

Fig. 629.

Une roue A mobile autour d'un axe horizontal, est folle sur cet axe; l'extrémité de l'arbre porte un mentonnet b qui repose sur le bout recourbé d'un levier à détente où cliquet *cd* mobile autour d'un axe O fixé à la roue A, et maintenu dans cette position par un ressort *r* fixé également à la roue. Dans cet état, si l'arbre tourne dans le sens indiqué par la flèche le mentonnet agissant sur le cliquet force la roue à tourner dans le même sens; et si une corde est enroulée sur sa circonférence, un poids P suspendu à l'extrémité de cette corde sera élevé à une certaine hauteur. Mais dans ce mouvement la *queue d* du levier vient rencontrer une cheville d'arrêt *f*, fixe dans l'espace; le levier est obligé de tourner autour de l'axe O, le mentonnet se dégage, et la roue, sollicitée par le poids P, tournera en sens contraire, et la corde se déroulera. Une fois que la queue *d* du levier s'est dégagée par l'effet même de

de nouveau saisir l'extrémité *c* du cliquet, et le jeu de l'appareil recommence.

914. *Remarque.* — Les mots *déclic* et *détente* sont souvent pris l'un pour l'autre. Les détentes diffèrent des déclics en ce que l'axe du levier est fixe dans les détentes, tandis qu'il est mobile dans les déclics.

915. *Rouleaux de tension.* — Lorsque la transmission entre deux arbres parallèles s'opère au moyen de poulies et courroies, on peut opérer l'embrayage à l'aide d'un *tendeur* ou *rouleau de tension*. On donne dans ce cas, à la courroie, assez de jeu pour que, dans l'état ordinaire le mouvement ne puisse se transmettre par son intermédiaire d'une poulie à l'autre. Dans le plan des poulies (*fig.* 630) est établi un levier coudé *aog* mobile autour d'un axe horizontal *o* et portant à son extrémité un galet, en roulette. Lorsqu'on veut embrayer, on agit sur l'extrémité *a* du levier pour la faire baisser; l'extrémité opposée

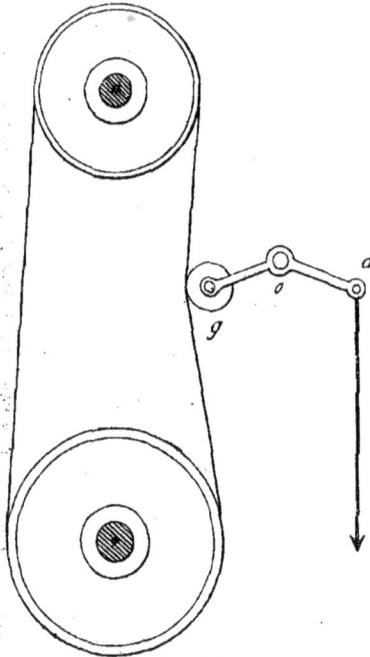

Fig. 630.

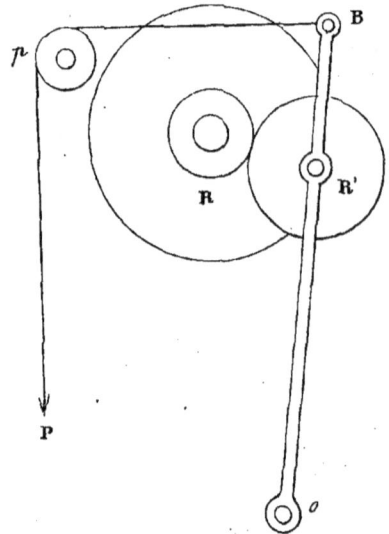

Fig. 631.

la rotation, le levier pressé par le ressort *r* reprend sa première position par rapport à la roue; le mentonnet en tournant vient

se relève, le galet *g* appuie sur la courroie; on peut ainsi régler la tension de manière que le mouvement se transmette d'une poulie à l'autre. Lorsqu'on veut désembrayer, on abandonne le levier à son propre poids, le galet cesse d'appuyer sur la courroie et la transmission cesse.

On pourrait encore, si cela était possible, écarter les axes pour embrayer, et les rapprocher pour désembrayer.

Dans les tire-sac des moulins, où l'effort à transmettre n'est pas très considérable, on opère l'embrayage au moyen d'une simple pression exercée entre deux rouleaux. La figure 631 montre l'une de ces dispositions. Soit A la roue à laquelle on veut donner le mouvement. Sur son axe est monté un rouleau R. Un autre rouleau R' peut tourner autour d'un axe parallèle à celui du rouleau R, et ses tourillons reposent sur des paliers adaptés à deux montants parallèles oB mobiles autour d'un axe horizontal O. Dans l'état ordinaire, le poids des montants et du rou-

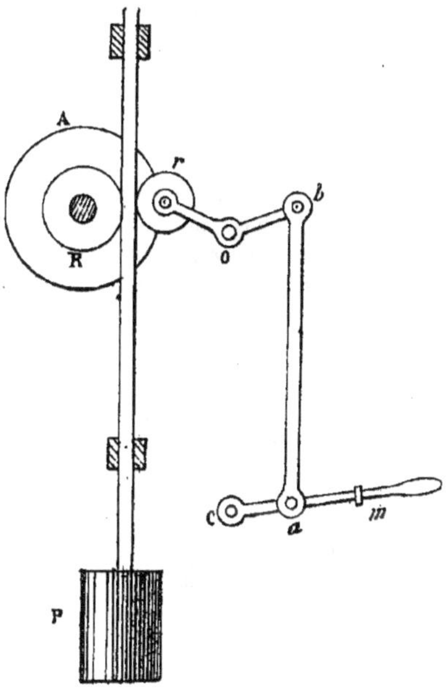

Fig. 632.

leau R' suffit pour écarter le rouleau R' du rouleau R en maintenant les montants

appuyés contre des supports fixes. Si l'on rapproche les montants à l'aide, par exemple, d'une corde passant sur une poulie de renvoi p et chargée d'un poids convenable P, les deux rouleaux adhèrent suffisamment pour que l'un communique son mouvement à l'autre.

Certains marteaux-pilons portent un système d'embrayage à peu près identique au précédent. Une roue A (*fig.* 632) est animée d'un mouvement de rotation dans le sens de la flèche, son axe porte un rouleau contre lequel passe une tige verticale mobile entre des guides; cette tige porte à son extrémité inférieure le marteau. Un levier *bor* mobile autour d'un axe fixe *o* porte une roulette R et est articulé à l'autre extrémité à une bielle articulée elle-même à un levier mobile autour de l'axe fixe C. L'ouvrier, en soulevant ce levier, force la tige du marteau à s'appuyer contre le rouleau R qui prend alors un mouvement ascendant; en abaissant le levier, la roulette s'écarte de la tige qui retombe aussitôt.

Ce système a l'avantage de pouvoir régler la hauteur de chute du marteau, en maintenant le levier soulevé plus ou moins longtemps. Avec l'habitude, les ouvriers arrivent à donner au marteau un mouvement intermittent assez rapide.

916. *Sonnettes.* — On trouve dans les appareils à enfoncer les pieux dans le sol un exemple de déclics pour la mise en mouvement d'une masse pesante appelée mouton, lequel a un mouvement rectiligne intermittent généralement vertical. L'ensemble de toute la machine porte le nom de sonnette à *tiraudes*, quand le mouton est soulevé par des hommes, et sonnette à déclic quand le mouton est soulevé par un moyen mécanique quelconque et abandonné tout à coup à l'action de la pesanteur.

917. *Sonnette à tiraudes.* — La sonnette à tiraudes, représentée par la figure 633, se compose le plus souvent d'une semelle A ou patin en charpente fixée sur un bateau. Sur ce patin s'élèvent deux pièces verticales et parallèles B ap-

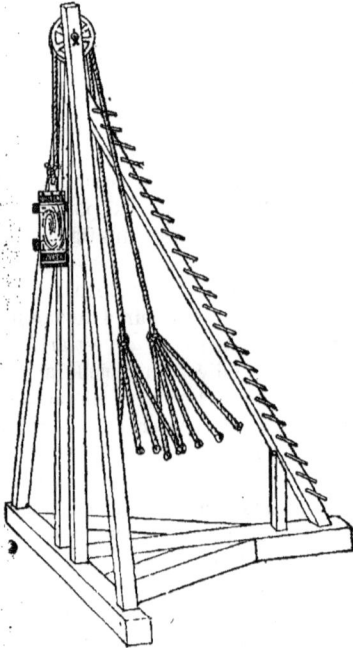

Fig. 633.

pelées jumelles, maintenues à une distance de 10 à 12 centimètres et soutenues par deux contrefiches inclinées C, appelées *hanches* et par des entretoises D. C'est devant ces jumelles que se meut la masse qui doit produire l'enfoncement par sa chute. La corde qui porte le mouton M passe sur une poulie placée à la partie supérieure, son extrémité libre se termine par des cordes plus petites appelées *tiraudes* sur lesquelles agissent les manœuvres qui doivent faire fonctionner le mouton. Tous les hommes agissent ensemble pour le soulever à une certaine hauteur, puis, à un signal donné, ils le laissent tomber sur la tête du pieu.

918. *Sonnette à déclic.* — Dans les sonnettes à déclic, la corde, au lieu d'être terminée par des cordons tirés par des hommes, est enroulée sur un treuil ou tambour à l'aide duquel on peut élever le

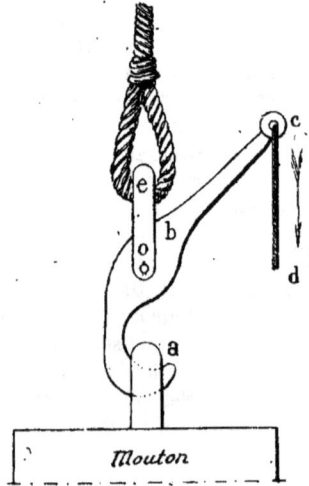

Fig. 634.

mouton à la hauteur voulue. La chute instantanée est obtenue au moyen d'un appareil appelé déclic qui peut présenter les dispositions suivantes.

Le plus simple et le plus ancien est représenté figure 634. Le mouton est suspendu en *a* à un crochet auquel se trouve fixé, en *b*, un anneau placé à l'extrémité

Fig. 635.

du câble, et en *c*, une cordelette *cd* sur

laquelle on fait un effort pour produire le décrochement du mouton. On donne souvent à la pièce *b*, que l'on nomme *coq*, la forme représentée (*fig.* 633).

Le déclic le plus employé a la forme d'une pince dont les deux mâchoires sont réunies par un axe auquel on attache un étrier en fer servant à fixer la corde qui soulève le mouton (*fig.* 636). Un ressort tient la pince ou tenaille fermée. La son-

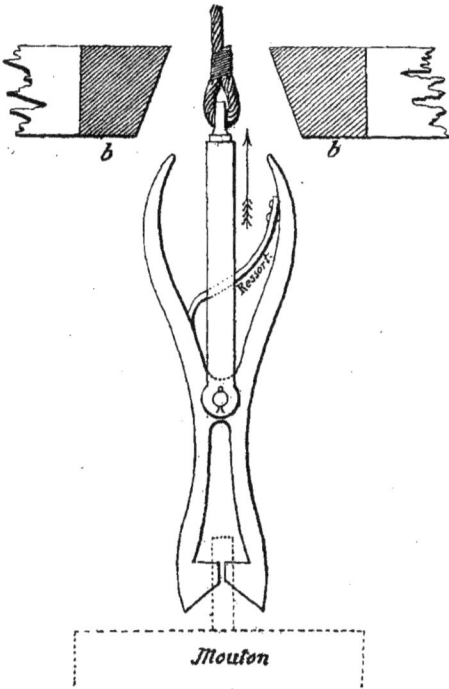

Fig. 636.

nette porte en un point déterminé de sa hauteur une pièce de bois *b* entaillée comme l'indique la figure. Les branches supérieures de la tenaille, en s'engageant dans cet intervalle, se rapprochent; les mâchoires s'ouvrent et la chute du mouton a lieu.

Quelquefois le déclic se place sur le treuil qui sert à élever le mouton. Pour

cela on dispose ce treuil de manière qu'on puisse facilement, au moyen d'un levier à fourchette, faire échapper les dents de pignon de l'arbre à manivelle, de celle de la roue adaptée à l'arbre qui porte le cylindre sur lequel s'enroule le câble. Pour lever le mouton on engrène le pignon P (*fig.* 637) avec la roue R, et on agit sur les manivelles M. Pour opérer le déclic,

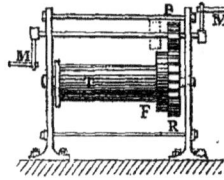

Fig. 637.

on serre le frein F, puis on désengrène le pignon. On lâche alors le frein et à l'instant même le mouton frappe. Il n'y a ensuite qu'à engrener de nouveau pour procéder à une nouvelle opération.

Le mouton ne descend pas aussi rapidement que s'il était entièrement abandonné à son propre poids. Il est retenu dans sa chute par le frottement de l'arbre du treuil et par la raideur de la corde. De plus la corde s'use rapidement sur toute sa longueur et particulièrement près de l'attache du mouton.

Les moutons des sonnettes à déclic ont un poids qui va jusqu'à 1000 kilogrammes avec une hauteur de chute de 3 à 5 mètres.

919. *Mouton automateur à vapeur système Lacour.* — Parmi les moutons à vapeur dont on fait usage, il en est un que nous décrirons, comme étant le plus perfectionné. Il donnera en même temps un exemple de la mise en marche d'un mouton à battre les pieux.

La construction de la sonnette sur laquelle fonctionne ce mouton ne laisse rien à désirer. De 3 en 3 mètres sont installés des planchers larges, commodes entourés de garde-corps. Une échelle donne accès à chaque étage (*fig.* 638). Le mécanisme se compose d'un treuil mû à bras et de deux chaînes, l'une destinée à mettre les pieux au levage, et l'autre qui n'a d'autre fonction que de déposer le mouton sur le pieu.

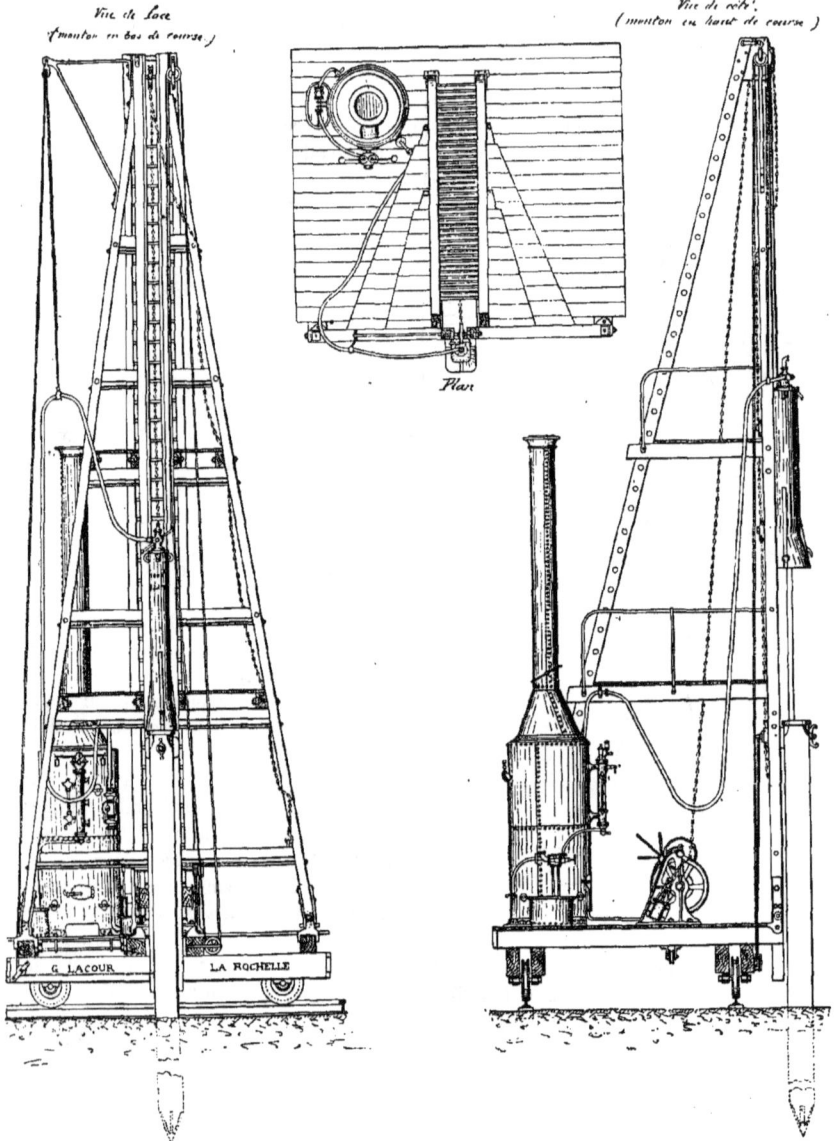

Vue de face.
(mouton en bas de course.)

Vue de côté.
(mouton en haut de course.)

Plan.

G. LACOUR   LA ROCHELLE

Fig. 638.

Un petit travail pour faire mouvoir la sonnette sur les rails complète la partie mécanique du patin. La face du mouton frottant sur les montants de la sonnette, porte, venues de fonte, trois parties dites guides ou galopins armés de boulons

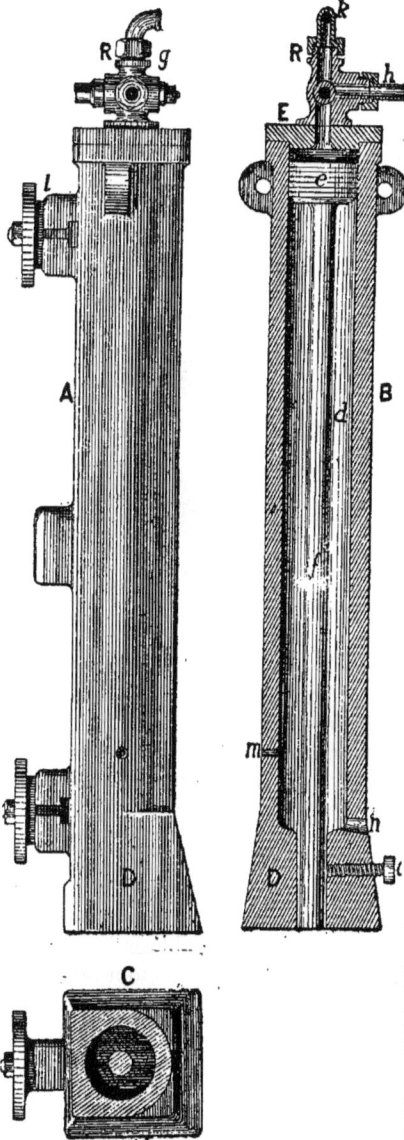

Fig. 639.

mobiles. Des oreilles ménagées en haut du mouton servent à prendre la chaîne destinée à l'enlever.

Un levier muni d'un cordon, quand on veut manœuvrer à la main, ou d'une chaînette et d'un contre-poids, quand on veut obtenir le mouvement automoteur, fait l'introduction ou l'échappement de la vapeur.

La vapeur arrive de la chaudière au mouton, par un tube en caoutchouc spécialement fabriqué à cet effet.

Le mouton est formé d'un corps en fonte A (fig. 639) percé cylindriquement sur toute la hauteur que l'on veut avoir comme maximum de course, augmentée de l'épaisseur du piston et d'un jeu de 3 ou 4 centimètres

La base du mouton porte une masse de fonte servant de frappe, laquelle, percée d'un trou cylindrique, laisse passer la tige du piston, avec un jeu de 3 à 4 centimètres. A l'extrémité inférieure de la course du piston, le corps du mouton est percé de deux trous horizontaux m, n, l'un de 10 millimètres au-dessus du piston, l'autre de 30 millimètres au-dessous. Le premier sert de purge à la condensation et d'avertisseur, alors que le mouton est au haut de sa course. Le deuxième est destiné à laisser pénétrer l'air dans le corps du mouton, au-dessous du piston, au moment de la chute et à le laisser échapper quand le mouton s'élève.

Le haut du mouton est fermé par un couvercle E, muni d'un robinet R à trois orifices, l'un en communication directe avec la conduite de vapeur, le deuxième avec l'intérieur du mouton, et le troisième avec l'atmosphère ambiante.

Pour faire mouvoir le mouton lorsque le pieu est dressé, on le soulève légèrement pour le débarrasser de son taquet de retenue et on le laisse reposer sur la tête du pieu. On ouvre légèrement le robinet de vapeur pour réchauffer le mouton et éviter la condensation par le contact du froid, (cette opération n'est utile seulement qu'après chaque arrêt prolongé), et

le réchauffement fait, on ouvre complètement le robinet de la chaudière; à ce moment, la vapeur se précipitant entre le
couvercle et le piston, appuie la tige
de ce dernier sur le pieu, alors que le
corps en fonte s'élève jusqu'à ce que
l'avertisseur du bas de la course lui
offre passage. A ce moment l'orifice d'é-
chappement du robinet est mis en communication avec l'intérieur du mouton,
l'introduction se ferme et la vapeur s'é-
chappe très facilement en laissant retomber le mouton sur le pieu. Ce mouvement
produit automatiquement par chaîne et
contre poids, peut donner quatre-vingts à
cent coups à la minute. Le plus souvent
la manœuvre du robinet est faite au moyen
d'un cordeau qui agit sur le levier; l'ouvrier peut ainsi faire varier la course du
mouton et donner cinquante coups par
minute.

Ce système présente sur les autres les
avantages de ne pas avoir de décliquetage,
point d'embrayage, pas de roues et de
tambours qui tournent, pas de trépidation,
pas d'oscillation, pas de châssis ni de cylindres à vapeur couplés avec un pilon.
La vapeur agit directement sur le poids
à soulever (1).

920. *Brides de frottement.* — Le système employé dans les machines à percer
de Withworth, permet, par l'effet du frottement, d'imprimer au porte-outil un mouvement rectiligne dans les deux sens, et
cela selon la volonté de l'ouvrier. Cette
disposition est représentée par la figure
640. Le foret *f* est placé dans l'axe d'une
vis sans fin qui engrène avec deux roues
folles égales R, R placées symétriquement
par rapport à cet axe. Sur ce même axe

(1) Pour plus de renseignements sur le battage des
pieux, consulter l'ouvrage de construction par G. Oslet
H. CHAIRGRASSE fils, éditeur, Paris.

est montée une roue conique *r* qui y est
assemblée à l'aide d'une rainure et d'une
languette, de manière à pouvoir glisser
le long de l'axe; mais elle est maintenue
par un support qui l'empêche de céder à
l'action de la pesanteur. Elle engrène
avec une roue *r'* calée sur l'arbre moteur
A. Lorsque ce dernier est en mouvement,
l'arbre C tourne et le foret pénètre dans
la pièce de bois ou de métal qu'il doit

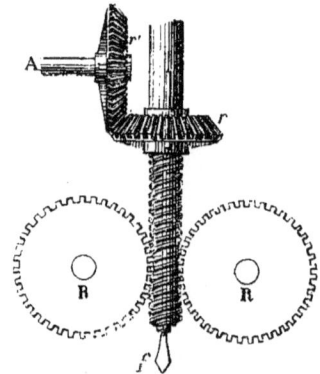

Fig. 640.

percer; cet arbre descend en même
temps verticalement à mesure que le trou
se creuse, en glissant par rapport à la
roue *r* que le support empêche de descendre avec lui. Quand l'ouvrier veut retirer le foret, il arrête avec la main l'une
des roues R, ou bien la maintient fixe en
serrant un collier ou frein; elles deviennent
aussitôt immobiles toutes les deux et
forment un véritable écrou fixe dans lequel
la vis est engagée; il en résulte que,
celle-ci continuant à tourner dans le
même sens, l'arbre B s'élève verticalement
en glissant de nouveau dans la roue *r*
que son contact avec la roue *r'* empêche de monter avec lui.

§ II. — ORGANES DE VARIATION DE VITESSE

921. — Un très grand nombre de machines et principalement les machines-outils, telles que : les tours à charioter et fileter, les alezeuses, les raboteuses, fraiseuses, etc. exigent, que suivant la nature du corps à ouvrager, la vitesse de l'outil ait une valeur différente pour chacun de ces corps.

Il y a lieu de distinguer les organes dans lesquels les rapports de vitesse varient de quantités finies, mais qui restent constants pendant un temps déterminé ; et les appareils qui permettent de changer les rapports de vitesse d'une manière continue, sans qu'il soit nécessaire d'arrêter la machine, comme on le fait en général dans le premier cas. Nous indiquerons quelques exemples d'organes de variation de vitesse qu'il sera facile de classer dans l'une ou l'autre de ces deux catégories.

922. *Poulies multiples.* — Lorsque la

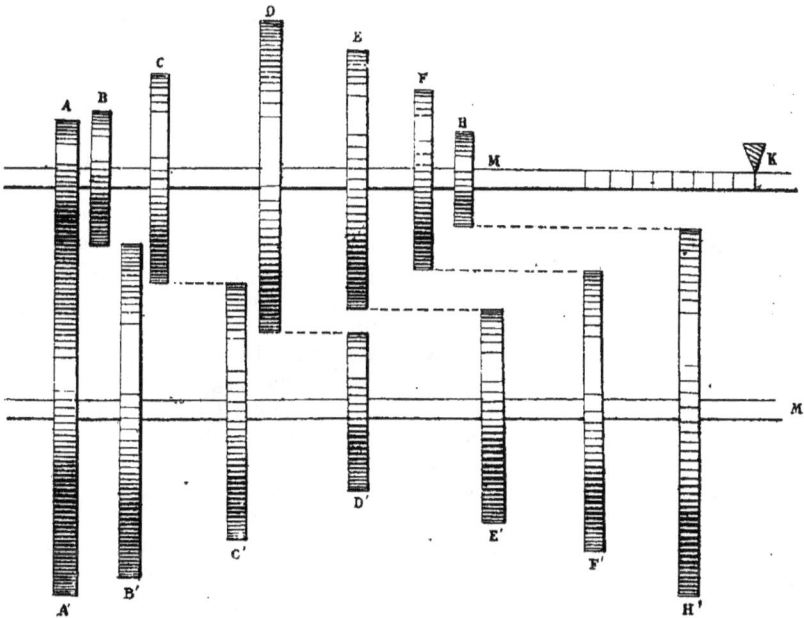

Fig. 641.

transmission entre deux arbres est faite au moyen d'une courroie, on monte sur chacun d'eux une poulie étagée, c'est-à-dire un cône formé de poulies de diamètres différents. On fait varier la vitesse en faisant passer la courroie d'une série à une autre (*fig.* 402).

La seule condition à remplir est que les rayons qui se correspondent soient tels que la courroie reste toujours tendue.

Cette condition s'exprime très simplement quand la courroie est croisée ; il suffit, comme nous l'avons démontré au n° 675, que la somme des rayons de poulies qui se correspondent soit toujours la même.

923. *Emploi des engrenages cylindriques.* — Si la distance entre les axes parallèles n'est pas trop considérable, on peut faire varier la vitesse de l'un d'eux en plaçant sur chaque axe plusieurs paires de roues dentées qui soient dans les rapports voulus et dont la somme des rayons des circonférences primitives égale la distance des deux axes.

Pour simplifier l'engagement et le désengagement des roues fixées sur les deux axes, on peut les disposer, comme l'indique la figure 641, en deux séries inverses, croissantes et décroissantes. Cette disposition donne lieu à une économie sous le rapport de la longueur utilisée des axes.

L'axe supérieur qui transmet son mouvement à l'autre peut se mouvoir dans le sens de sa longueur, il est retenu fixé dans une position convenable par un arrêt K qui entre dans une rainure tournée sur l'axe. La figure représente les deux roues extrêmes de gauche en prise; pour toute autre paire DD' le verrou K est soulevé et l'axe poussé dans sa longueur, vers la droite, jusqu'à ce que D et D' soient dans le même plan.

Dans ce mouvement la quatrième rainure sera amenée en face du verrou de manière à assurer la position de l'arbre M.

Il faut que les roues soient placées sur les axes de manière que, lorsqu'on veut mettre en regard deux paires de roues, rien ne s'oppose au mouvement de celle calée sur l'arbre supérieur. Pour cela les roues se succèdent dans l'ordre de leur grandeur en plaçant les plus petites à chaque extrémité du groupe supérieur et les autres dans l'ordre successif, la plus grande au milieu; les roues de l'axe conduit doivent être dans un ordre inverse.

Cette disposition séduisante au premier abord présente l'inconvénient, d'exiger autant de paires de roues que de rapports de vitesse différents ; on peut alors employer le dispositif de tous les tours à fileter, où l'on a besoin d'un très grand nombre de rapports suivant le pas de la vis à faire. On dispose entre les deux axes un axe intermédiaire sur lequel est placée une roue dentée engrenant avec celles calées sur les deux axes devant avoir un rapport de vitesse déterminé. La figure 449 indique ce dispositif; l'axe intermédiaire peut être déplacé, de manière à pouvoir produire l'engrènement ; pour cela il est monté sur une pièce portant une rainure et pouvant tourner autour d'un axe K. Cette pièce porte le nom de tête de cheval.

Si les rotations des deux arbres principaux devaient ne pas avoir lieu dans le même sens, il suffirait de placer deux roues accessoires au lieu d'une. Comme variété des deux dispositifs précédents indiquons celui représenté par la figure 642. Sur l'axe moteur AB sont placées deux poulies, l'une P folle et l'autre P' clavetée et commandant un pignon r fixé à l'autre extrémité de l'arbre; ce pignon communique son mouvement à l'arbre parallèle CD par la roue R. Une troisième poulie P'', de même diamètre que la précédente, est montée sur un arbre creux EF qui entoure l'arbre AB; il porte à son extrémité un pignon r' qui engrène avec la roue dentée R'. Enfin une quatrième poulie P''' de même diamètre est montée sur un manchon creux HI qui entoure le manchon EF; son extrémité munie, du pignon p', engrène avec la roue R''.

Lorsque la courroie qui commande se trouve sur la poulie P, aucun mouvement ne se produit; si, à l'aide d'une fourchette elle passe sur la poulie P' le mouvement de rotation est transmis à l'arbre CD par l'engrenage rR; si la courroie passe sur la poulie P'', c'est l'engrenage r'R' qui agit, et ainsi de suite.

Il est facile de voir que pour une même vitesse de l'arbre AB, l'arbre CD peut avoir trois vitesses différentes.

Cet assemblage présente les inconvénients suivants : 1° on ne peut obtenir
qu'un petit nombre des rapports de vitesse,
sans quoi on est conduit à un système de
poulies, de manchons creux trop nombreux ;

2° Lorsqu'une paire d'engrenages effectue la transformation de mouvements,
les autres tournent également et il s'ensuit

des frottements considérables entre les
surfaces des arbres creux animés de vitesses différentes.

924. *Changement de marche à retour
rapide.* — Dans un très grand nombre de
cas, on peut avoir besoin de faire varier
à la fois le sens et la grandeur de la vitesse. Ainsi dans les machines à raboter
à simple action, l'outil n'agit que dans un

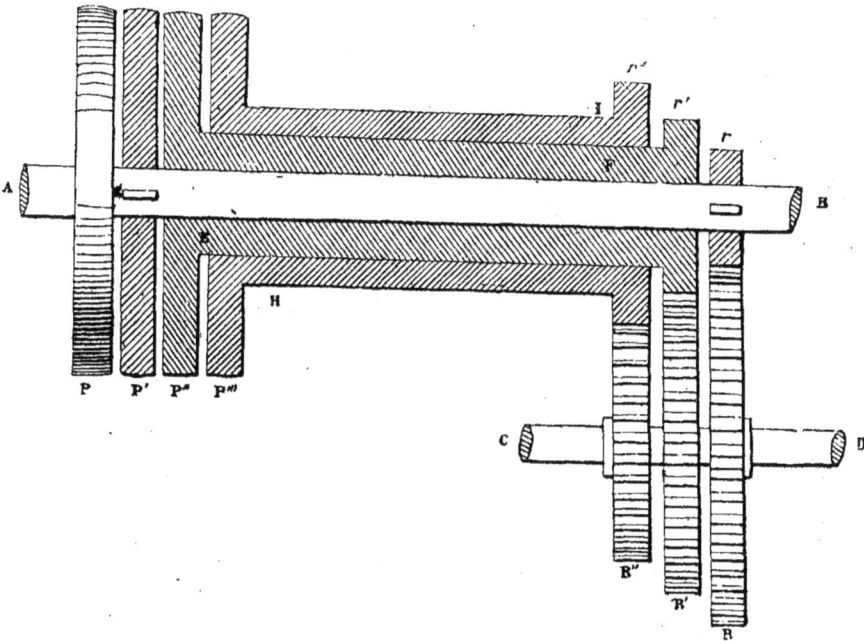

Fig. 642.

sens avec une vitesse déterminée dépendant du corps à ouvrager ; il faut alors,
pour économiser le temps, donner à la
course non utile une vitesse de retour
plus considérable.

Ce changement de marche (*fig.* 643) se
compose d'un arbre M emmanché dans
deux paliers B,B' faisant partie du bâti de
la machine-outil ; cet arbre porte trois
poulies P,P,'P'' et un pignon denté *r*. L'une
de ces poulies P et le pignon *r* sont clave-
tés sur l'arbre. La poulie P' est folle sur

l'arbre tandis que la troisième poulie P''
se termine par un moyeu allongé portant
à son extrémité un pignon conique R qui
engrène avec une autre roue *r'* calée sur
l'arbre N dont nous allons étudier le mouvement.

Le pignon *r* engrène avec une roue R' clavetée sur le moyeu de la roue *r'* (ces deux
dernières roues peuvent être d'une seule
pièce). Sur les trois poulies se promène
une courroie qui donne le mouvement au
plateau de la machine à raboter.

Le déplacement de cette courroie sur chaque poulie est obtenu au moyen d'une fourchette fonctionnant automatiquement par le plateau qui porte des touches convenablement disposées suivant la longueur de la course à fournir.

Supposons la courroie placée sur la poulie P, celle-ci entraînera l'arbre M, et le

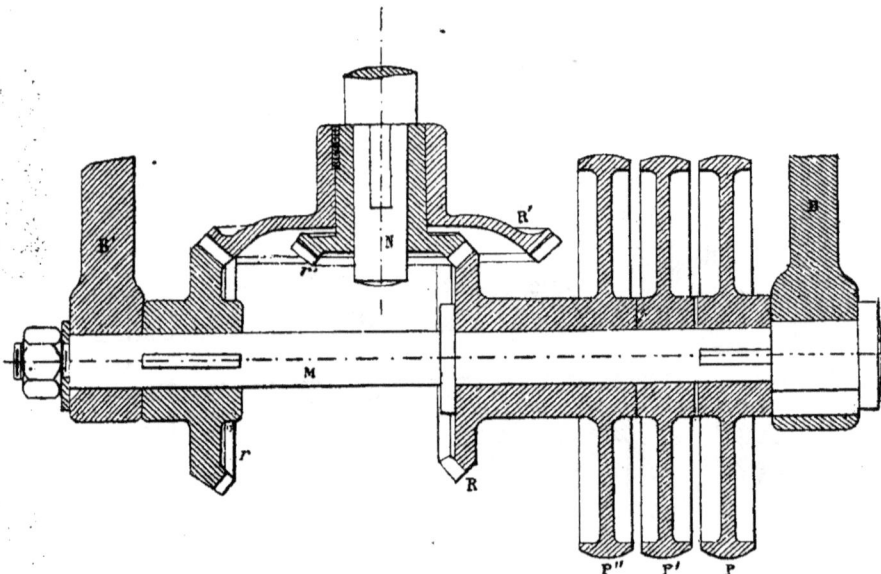

Fig. 643.

pignon r transmettra le mouvement à l'arbre N du plateau par l'intermédiaire de la roue R'. Si ω est la vitesse constante de l'arbre M et ω'' celle de l'arbre N pendant la course utile, le rapport des vitesses sera :

$$\frac{\omega}{\omega''} = \frac{R'}{r} \qquad (1)$$

Si la courroie commande la poulie P'', la roue R agira sur le pignon r' pour produire le retour du plateau avec une vitesse ω' plus grande que ω'' ; on a en effet :

$$\frac{\omega}{\omega'} = \frac{r'}{R} \qquad (2)$$

de ces égalités on tire

$$\omega'' = \omega \, \frac{r}{R'}$$

$$\omega' = \omega \, \frac{R}{r'}$$

D'après la figure

$$\frac{R}{r'} > \frac{r}{R'}$$

donc

$$\omega' > \omega''$$

La courroie est placée par l'ouvrier sur la poulie P' lorsque la machine ne fonctionne pas.

Afin de pouvoir faire varier la vitesse du plateau quand l'outil travaille, selon la nature du métal à raboter, la courroie qui se promène sur les poulies P, P', P'' est elle-même commandée par un arbre portant un cône à poulies multiples, et recevant son mouvement de l'arbre principal de la transmission sur lequel est claveté l'autre cône correspondant.

925. *Autre dispositif de changement de marche.* — La disposition de la figure 636 peut être modifiée pour produire un changement de sens en même temps qu'un changement de vitesse. La poulie P est folle sur l'arbre M (*fig.* 644). La poulie P′, calée sur cet arbre, porte une roue d'angle, R′ qui communique son mouvement au pignon *r*′ monté sur l'arbre N perpendiculaire au premier. La poulie P″ de même diamètre que les précédentes fait corps

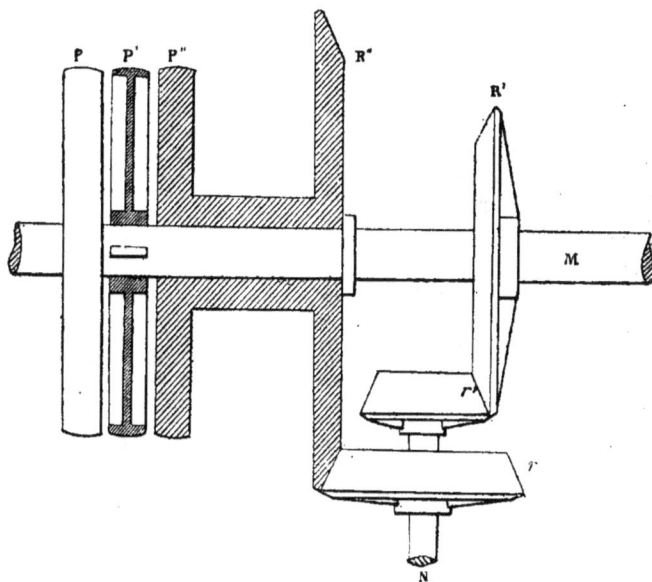

Fig. 644.

avec un manchon terminé à son autre extremité par la roue R″ engrenant avec le pignon *r*. Suivant que la courroie sera sur l'une des poulies, le mouvement de l'arbre N aura lieu dans un sens ou dans l'autre avec des vitesses différentes, ou bien sera au repos lorsque la courroie agira sur la poulie folle P.

926. *Articulations.* — Lorsqu'on emploie pour transmettre le mouvement, les leviers, les biellés et manivelles, on fait varier le rapport des vitesses en modifiant le rayon des manivelles. Les figures 559, 560 et 561 indiquent quelques dispositions de manivelles permettant de faire varier le rayon entre des limites déterminées.

927. *Tambours coniques.* — Dans les changements que nous venons d'indiquer il faut arrêter la machine pour modifier la variation. Lorsqu'on veut faire varier le rapport des vitesses d'une manière continue pendant la marche même de l'appareil, entre deux arbres parallèles, on remplace les deux séries de poulies étagées par deux tambours coniques A et A′ (*fig.* 645). La courroie est maintenue dans la position nécessaire par une fourche *f* analogue à la fourche d'embrayage afin d'empêcher la courroie de se rapprocher du grand bout de chaque tambour. Si la courroie est croisée, il faudra que la somme des rayons des parallèles sur lesquels elle s'enroule soit constante; il suffit pour cela que les génératrices *eh*, *e′ h′*, situées en regard l'une de l'autre, soient parallèles. Si la courroie n'est pas croisée, les rayons des parallèles correspondants devront satisfaire aux relations indiquées au numéro 675, et les génératrices devront être remplacées par des génératrices cur-

vilignes, au moins sur l'un des deux tambours. Lorsque la distance entre les axes
est un peu considérable, on se contente
de donner aux tambours la forme tronconique, car la tension de la courroie qui
varie entre certaines limites produit néanmoins la transmission. D'ailleurs, on pourrait faire en même temps usage d'un
rouleau de tension.

928. *Plateau ou cône conduisant une
roulette.* — Nous avons indiqué au n° 729
deux dispositions de transformation du
mouvement circulaire entre deux axes
faisant soit un angle droit, soit un angle
quelconque. Il est facile de voir qu'on obtiendra des variations continues du rapport
des vitesses par le déplacement de la roulette par rapport à l'axe du plateau ou du
cône. Si ω est la vitesse angulaire du plateau, ω' celle de la roulette de rayon r. et
x sa distance au centre du plateau, on
aura

$$\omega' r = \omega x$$

relation qui montre que la vitesse angulaire de la roulette est proportionnelle à
sa distance au centre du plateau.

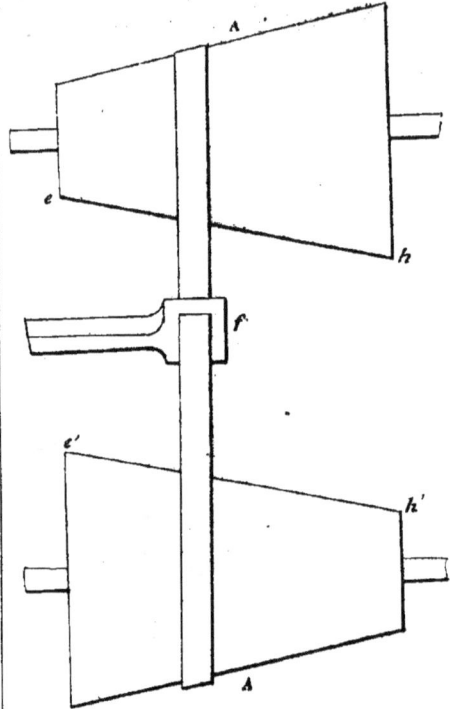

Fig. 645.

§ III. — MODIFICATEURS DE MOUVEMENT

928. Les régulateurs ou modérateurs
de mouvement ont pour but de maintenir
la vitesse des machines dans des limites
déterminées. Si nous considérons une machine quelconque, une roue hydraulique
par exemple, dont le travail est utilisé
pour actionner les diverses machines-outils de l'usine, il est facile de comprendre
que la puissance du moteur et la résistance occasionnée par ces outils ne sont
pas constamment égales, car toutes les
machines outils ne travaillent pas en même
temps, et de plus elles n'exigent pas d'a-
près l'ouvrage effectué, un travail égal. Il
arrivera donc que, suivant le cas, la puis-

sance sera supérieure ou inférieure à la
résistance. Il faudra alors agir sur le moteur, en diminuant la quantité d'eau qui
tombe sur la roue, et cela à l'aide d'un
modérateur qui ouvrira plus ou moins la
vanne par laquelle s'écoule l'eau.

Si le moteur est une machine à vapeur
l'action du régulateur sera de faire varier
la quantité de vapeur introduite dans le
cylindre.

De même les meules d'un moulin, lorsqu'elles cessent de réduire le blé en farine, ont une tendance à augmenter de
vitesse, on empêche cet accroissement
d'allure à l'aide d'un frein qui augmente

la résistance au frottement et par suite compense, pendant un certain temps, la résistance normale de la meule en action. Dans la descente des fardeaux, on modère le mouvement au moyen d'un frein analogue à ceux que nous avons décrits dans les treuils.

Le plus souvent les régulateurs sont appliqués sur la puissance, et non sur la résistance, surtout lorsque cette dernière est répartie en plusieurs points ce qui occasionnerait un trop grand nombre de ces appareils.

Les variations de vitesse peuvent être périodiques ou non périodiques; dans le premier cas on régularise les variations en emmagasinant simplement un excès de travail pour le restituer lorsque la vitesse diminue. Tel est le rôle des volants dans les machines. Lorsque les variations ne sont pas périodiques, le régulateur permet de rendre la résistance égale à la puissance, ou réciproquement. Il peut encore permettre de dépenser l'excès de travail par une résistance nuisible, c'est ce qui arrive souvent dans l'emploi de l'électricité pour l éclairage. Ainsi si le nombre de lampes par exemple vient à diminuer à un certain moment, on augmente la longueur du circuit en créant une résistance analogue à celles qu'exigeaient les lampes qui cessent de fonctionner.

Enfin certains organes, doués d'un mouvement propre parfaitement régulier, sont utilisés dans un système pour lui communiquer cette régularité. Tels sont le pendule et le ressort spiral.

929. *Volant.* — Les volants jouent un très grand rôle dans les machines à vapeur fixe et surtout sur celles qui n'ont qu'une ou deux manivelles motrice.

Il se compose d'une roue, le plus souvent en fonte, d'un grand diamètre, montée sur l'un des axes tournants de la machine, de préférence sur celui qui reçoit les effets les plus variables.

Quoique nous ne puissions donner la théorie du volant, dans cette partie de la mécanique, il est utile d'en faire néanmoins comprendre son action régulatrice.

Le mouvement de rotation de l'arbre principal d'une machine à vapeur est nécessairement périodique; car la vapeur peut ne pas agir pendant une course, avec la même pression, et de plus la bielle agit différemment sur la manivelle. Par suite la vitesse reste nécessairement comprise entre certaines limites; et à chaque tour ou à chaque demi-tour elle passe par un maximum et par un minimum. Ces deux limites répondent toujours à des positions géométriques déterminées du corps tournant.

On voit donc que périodiquement la vitesse de l'arbre de la machine tendra à augmenter et à diminuer si le travail moteur vient à l'emporter sur le travail résistant, l'excès du travail moteur accroîtra la vitesse angulaire du système; la plus grande partie contribuera à augmenter la vitesse du volant. L'inverse aura lieu quand la vitesse diminuera. Au lieu d'être consommé, le travail emmagasiné vient s'ajouter au travail utile quand la vitesse vient à diminuer. Dans les machines à vapeur, et surtout dans les machines à détentes, c'est sur l'axe de la manivelle que le volant doit être établi, c'est-à-dire le plus près possible du cylindre ou se produisent ces variations. Dans les machines ou la résistance est sujette à des variations brusques, comme dans les laminoirs, il convient de placer le volant le plus près possible du laminoir; d'ailleurs, lorsque la force motrice et la force résistante sont toutes deux variables entre des limites étendues, on fait souvent usage de deux volants, dont l'un est placé près du moteur et l'autre près de l'opérateur.

Le volant corrigeant les variations de vitesse en vertu de son inertie, devra être d'autant plus pesant ou être mu avec une vitesse d'autant plus grande, que les écarts de la vitesse moyenne seront plus considérables. C'est pour cela que dans les machines à pleine pression, la masse du volant est moins considérable que dans les machines à détente. Dans les machines à deux, trois, ou plusieurs manivelles motrices, distribuées régulièrement sur l'arbre, les variations de vitesse étant moins étendues, le volant a un poids d'autant plus petit.

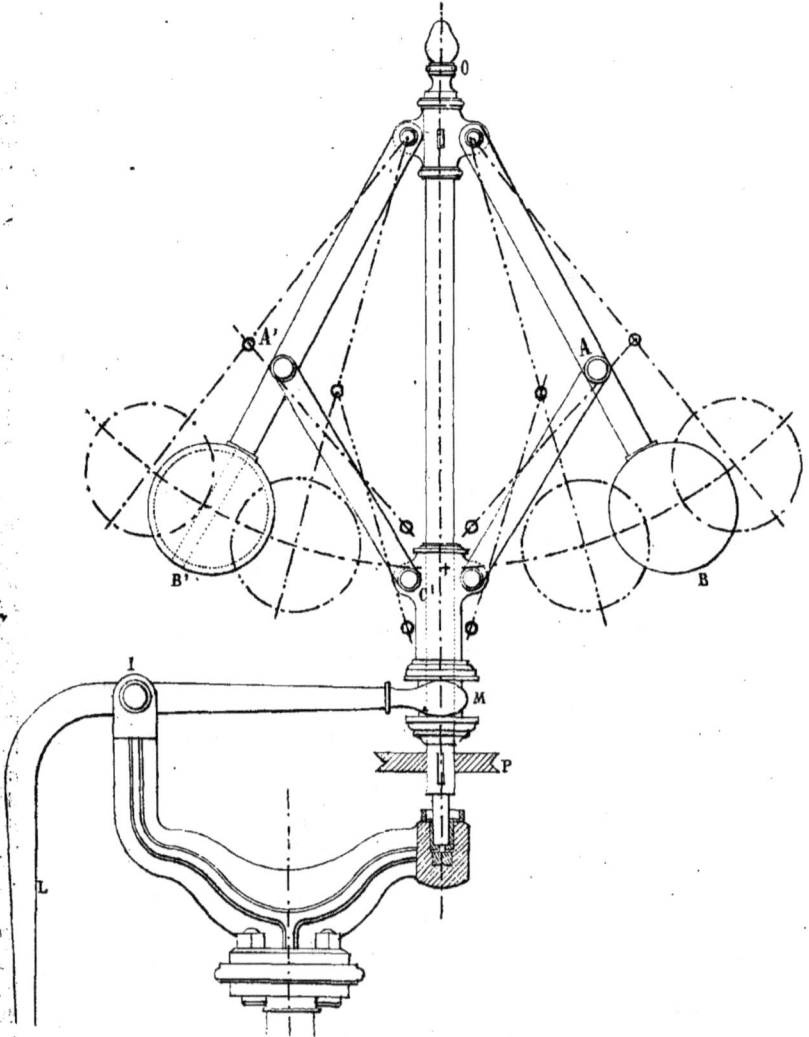

Fig. 646.

Les roues hydrauliques, ainsi que les trains de chemins de fer, ne sont pas munis de ces régulateurs, car leur masse en mouvement joue le véritable rôle de volant.

930. *Régulateurs proprement dits.* —

Comme nous l'avons dit plus haut, la puissance d'une roue hydraulique ou d'une machine à vapeur doit toujours faire équilibre à la résistance qu'elles ont à vaincre, de telle sorte que si cette dernière vient à varier, la puissance doit presque instantanément varier dans le même sens, sans quoi la vitesse des organes augmenterait ou diminuerait au delà des limites imposées. Il faut donc un modérateur dont le fonctionnement automatique règle la dépense d'eau ou de vapeur. La marche de ceux que nous allons décrire est obtenue le plus souvent à l'aide de la pesanteur.

Il est bien évident que si le moteur est intelligent, s'il s'agit de l'emploi de la force musculaire, elle se limite par l'action du moteur lui-même.

931. *Pendule conique ou modérateur de Watt.* — Le régulateur à force centrifuge de Watt se compose généralement d'un parallélogramme OACA' (*fig.* 646) articulé à ses quatre sommets ; les extrémités O sont liées à une tige verticale OC qui reçoit de la machine un mouvement de rotation par l'intermédiaire d'une poulie P ou d'une roue d'engrenage ; les extrémités C sont liées à un manchon M qui embrasse la tige OC et qui n'a que la faculté de s'élever ou de s'abaisser verticalement. Ce manchon qui tourne avec la tige verticale par suite de sa liaison avec le parallélogramme est embrassé à son tour par une fourche formant les extrémités d'un levier L, mobile autour d'un axe horizontal fixe I et dont l'autre extrémité fait ouvrir ou fermer soit la vanne d'un récepteur hydraulique, soit la clef qui règle l'orifice du passage de la vapeur qui vient de la chaudière. Les branches OA et OA' du parallélogramme se prolongent vers le bas et se terminent par deux boules égales et pesantes B et B'. Lorsque la machine marche à sa vitesse de régime l'appareil conserve dans sa rotation une figure constante déterminée, comme nous l'indiquerons plus loin. Mais si la vitesse

de la machine augmente, celle du régulateur augmente également, de sorte que la force centrifuge qui en résulte fait écarter les boules en soulevant le manchon ; le levier qui l'embrasse fait fermer la vanne ou l'orifice d'admission de la vapeur et diminue ainsi le travail moteur, jusqu'à ce que le moteur ait repris sa vitesse normale ; les boules reprennent alors leur écart primitif. L'inverse a lieu si la vitesse de la machine se ralentit au-dessous de sa vitesse de régime ; c'est-à-dire que les boules en se rapprochant, font baisser le manchon ; le levier fait ouvrir la vanne ou l'orifice de vapeur, et le travail moteur augmente jusqu'à ce qu'il ait repris sa vitesse normale.

Ce dispositif montre que la machine se règle d'elle-même non pas instantanément, comme on pourrait le croire. Il se passe toujours un certain temps avant que la vitesse de régime soit établie. Avant de donner la théorie du pendule conique, il est bon de dire quelques mots sur la force centrifuge et d'en déterminer sa valeur.

932. *Force centrifuge.* — La force centrifuge est une force qui se manifeste dans tous les mouvements de rotation et qui tend à éloigner les corps de l'axe autour desquels ils tournent.

Tout le monde sait que si l'on fait tourner une ficelle portant à son extrémité un corps pesant, celui-ci exerce sur le fil et par suite sur la main une force d'autant plus grande que la vitesse est plus considérable ; c'est cette force qu'on appelle force centrifuge. La résistance ou rigidité du fil est une autre force qui tient à distance le corps de l'axe, on lui donne le nom de force centripète.

Pour évaluer l'intensité de la force centrifuge considérons une masse m tournant autour de l'axe O ; elle décrit dans sa rotation un polygone d'un nombre infini de côtés infiniment petits (circonférence). Supposons que ces côtés égaux soient parcourus dans un temps t. Joignons AO et admettons qu'arrivée au point A, la masse m ait une vitesse $v = $ AK (*fig.* 647); décomposons cette vitesse en deux ; l'une suivant AB et l'autre AP dans

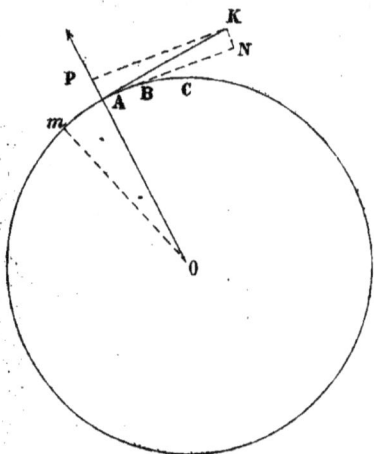

Fig. 647.

la direction du rayon ; la composante AP est la vitesse de la force centrifuge développée sur la masse m, lorsqu'elle parcourt un côté du polygone sans être liée à l'axe.

Nous verrons plus tard (*dynamique*) que la valeur **F** d'une force motrice ou d'inertie est représentée par

$$F = m\,\frac{v}{t} \qquad (1)$$

m représentant la masse du corps ;

v sa vitesse, pendant un temps t infiniment petit.

Joignons mO, l'angle mAO est égal à l'angle BAO ; mais l'angle BAO = l'angle ANK et l'angle mAO = l'angle AKN, donc l'angle AKN = angle ANK c'est-à-dire que le triangle AKN est isocèle et par suite

$$AK = AN = v$$

Les triangles semblables donnent

$$\frac{AP}{AB} = \frac{AK}{OA} \qquad \text{d'où}$$

$$AP = \frac{AB \times AK}{OA}.$$

Or AB est le côté du polygone ou le chemin parcouru dans le temps t avec une vitesse v, donc

$$AB = vt$$

de plus, AO $= r = $ rayon du cercle et AK $= v$.

En remplaçant, il vient

$$AP = \frac{vtv}{r} = \frac{v^2 t}{r}.$$

Si dans la formule (1) on remplace AP qui est la vitesse de la force centrifuge, on aura

$$F = m\,\frac{AP}{t} \qquad \text{ou}$$

$$F = \frac{mv^2 t}{rt} = \frac{mv^2}{r} \qquad (2)$$

Telle est l'expression de la force centrifuge en fonction de la vitesse linéaire du corps. Si on veut l'exprimer en fonction de la vitesse angulaire ω, on a

$$v = \omega r$$

d'où

$$v^2 = \omega^2 r^2$$

et en remplaçant

$$F = \frac{m\omega^2 r^2}{r} = m\omega^2 r. \qquad (3)$$

La masse m du corps étant égale à $\frac{p}{g}$, c'est-à-dire à son poids divisé par l'accélération g de la pesanteur, l'expression (3) devient

$$F = \frac{p}{g}\,\omega^2 r. \qquad (4)$$

933. *Théorie du régulateur à boules.* — La théorie du régulateur à force centrifuge consiste à résoudre les deux questions suivantes : 1° Déterminer la figure constante que l'appareil doit conserver quand la machine conserve sa vitesse de régime ; 2° calculer le poids des boules pour que le régulateur fonctionne, dans les deux sens, lorsque la vitesse du moteur augmente ou diminue au delà de sa vitesse normale.

Admettons comme nulle le poids des tiges du régulateur, ou bien supposons qu'elles soient équilibrées par un moyen quelconque.

Négligeons aussi le frottement des articulations, de cette façon les boules ne seront soumises qu'à l'action de la pesanteur et de la force centrifuge développée par la rotation du système. Si les boules se meuvent constamment dans un même plan horizontal, la force centrifuge doit faire

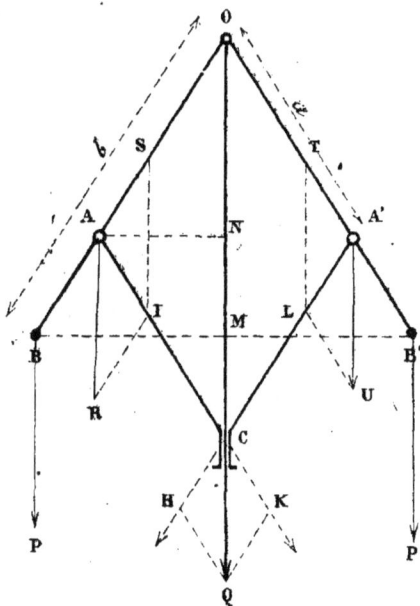

Fig. 648.

équilibre à la pesanteur. Soient F et P ces deux forces ; la première a pour valeur

$$F = \frac{P}{g} \omega^2 MB$$

En prenant les moments par rapport au point O (*fig.* 648) on aura

$$F.OM = P.MB$$

ou

$$\frac{P}{g} \omega^2 \, MB.OM = P.MB$$

et en simplifiant

$$OM = \frac{g}{\omega^2} \qquad (1)$$

Si t représente la durée d'une révolution entière

on a

$$\omega = \frac{2\pi}{t}$$

ou

$$\omega^2 = \frac{4\pi^2}{t^2}$$

et par suite $OM = \dfrac{g t}{4\pi^2}$

telle est la hauteur du centre des boules, au-dessous du point O pour une vitesse angulaire ω du régulateur. Ainsi, par exemple, si pour la vitesse de régime de la machine $t = 2''$, on aura

$$OM = \frac{9,81 \times 4}{4 \times 3,1416^2} = 0^m,994$$

pour le cas où $t = 1''^1/_2$

$$OM = 0^m,56$$

La formule (1) indique que pour la vitesse ω du régulateur il n'y a qu'une seule hauteur OM pour la position d'équilibre ; elle montre aussi que cette hauteur est indépendante du poids des boules.

Il faut maintenant déterminer le poids des boules de manière que le manchon soit sur le point d'être soulevé quand la vitesse angulaire augmentera et deviendra $\omega + n\omega$, n étant une fraction.

Soit Q la résistance appliquée au manchon, que nous décomposerons en deux forces dans la direction des tiges, AC et A'C ; transportons ces composantes CK et CH en AI et A'L, puis décomposons chacune de ces dernières en deux, l'une verticale et l'autre dans la direction des tiges OA et OA' ; les composantes AS et AT sont détruites par la rigidité des tiges ; il reste donc les composantes AR et AU égales chacune à la résistance Q du manchon.

Le système est donc soumis aux trois forces : 1° La force centrifuge ; 2° le poids des boules ; 3° la résistance Q du manchon.

La vitesse angulaire étant supposée égale à $\omega + n\omega = \omega (1 + n)$, la force centrifuge aura pour valeur

$$F = \frac{P}{g} \omega^2 (1 + n)^2 \, MB.$$

L'équation des moments sera

$$\frac{P}{g}\omega^2(1+n)^2 \, MB.MO = P.MB + Q.AN$$

mais

$$AN = MB \frac{a}{b}$$

et
$$\mathrm{OM} = \frac{g}{\omega^2}$$

d'où en substituant

$$\frac{\mathrm{P}}{g}\omega^2(1+2n+r^2)\,\frac{g}{\omega^2} = \mathrm{P} + \mathrm{Q}\,\frac{a}{b}.$$

Or n est toujours assez petit pour que son carré soit négligeable, par conséquent :

$$\mathrm{P}(1+2n) = \mathrm{P} + \mathrm{Q}\,\frac{a}{b}$$

que l'on peut écrire

$$\mathrm{P} + 2\mathrm{P}n = \mathrm{P} + \mathrm{Q}\,\frac{a}{b}$$

ou
$$2\mathrm{P}n = \mathrm{Q}\,\frac{a}{b}$$

et enfin $\mathrm{P} = \dfrac{\mathrm{Q}}{2n} \times \dfrac{a}{b}$

telle est la formule qui donne le poids des boules.

La résistance Q du manchon se détermine par l'expérience ; le rapport $\frac{a}{b}$ varie de $^1/_2$ à $^1/_3$, et la variation de vitesse représentée par n dépend de la nature de la machine, c'est-à-dire de l'usage pour lequel elle est employée. Dans les bonnes conditions n varie de $^1/_{20}$ à $^1/_{30}$.

La formule montre que la résistance du manchon doit être très petite, sans quoi les boules auraient un poids et par suite un volume trop considérable.

Ainsi, si $n = {}^1/_{30}$ et $\frac{a}{b} = {}^1/_2$ on aurait

$$\frac{\mathrm{P}}{\mathrm{Q}} = \frac{1}{2n}\cdot\frac{a}{b} = 7,5$$

ce qui veut dire que le poids des boules est 7,5 fois plus grand que la résistance du manchon.

934. REMARQUE. — Comme dans le calcul on n'a pas tenu compte du poids des bielles du parallélogramme, ni des frottements, on fait usage de boules creuses dans lesquelles on met de la grenaille de plomb, pour pouvoir diminuer à volonté la valeur de n.

935. *Régulateur parabolique.* — Il arrive souvent que l'on fait varier la puissance d'un moteur tout en conservant la même vitesse de régime, ce qui ne peut avoir lieu avec un pendule conique. En effet l'orifice d'admission ayant été réglé pour une certaine vitesse normale, on ne peut augmenter le travail moteur qu'à la condition de faire varier cette vitesse, car d'après la relation trouvée au n° 933.

$$\mathrm{OM} = \frac{g}{\omega^2}.$$

il résulte que g étant constant, OM est en raison inverse de ω.

On a cherché à obvier à cet inconvénient, c'est-à-dire à maintenir la vitesse ω sensiblement constante tout en ayant la faculté d'augmenter ou de diminuer la puissance du moteur.

Le problème consiste donc à maintenir constante la longueur OM (*fig.* 648), ce que l'on obtiendrait si on pouvait faire varier la longueur OA des bras, de telle sorte que la courbe décrite lors du mouvement d'élévation ou de descente des boules fut une parabole convenablement tracée ; car dans une parabole la sous-normale OM est une quantité constante.

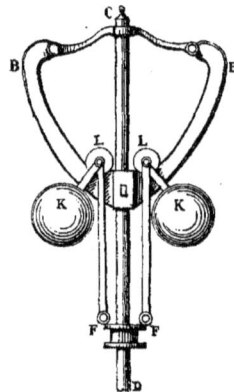

Fig. 649

Citons comme exemple de régulateur parabolique celui de Franke représenté sur la figure 649. Il n'est pas très employé à cause des inconvénients attachés à l'emploi des galets qui supportent les boules sur les guides paraboliques.

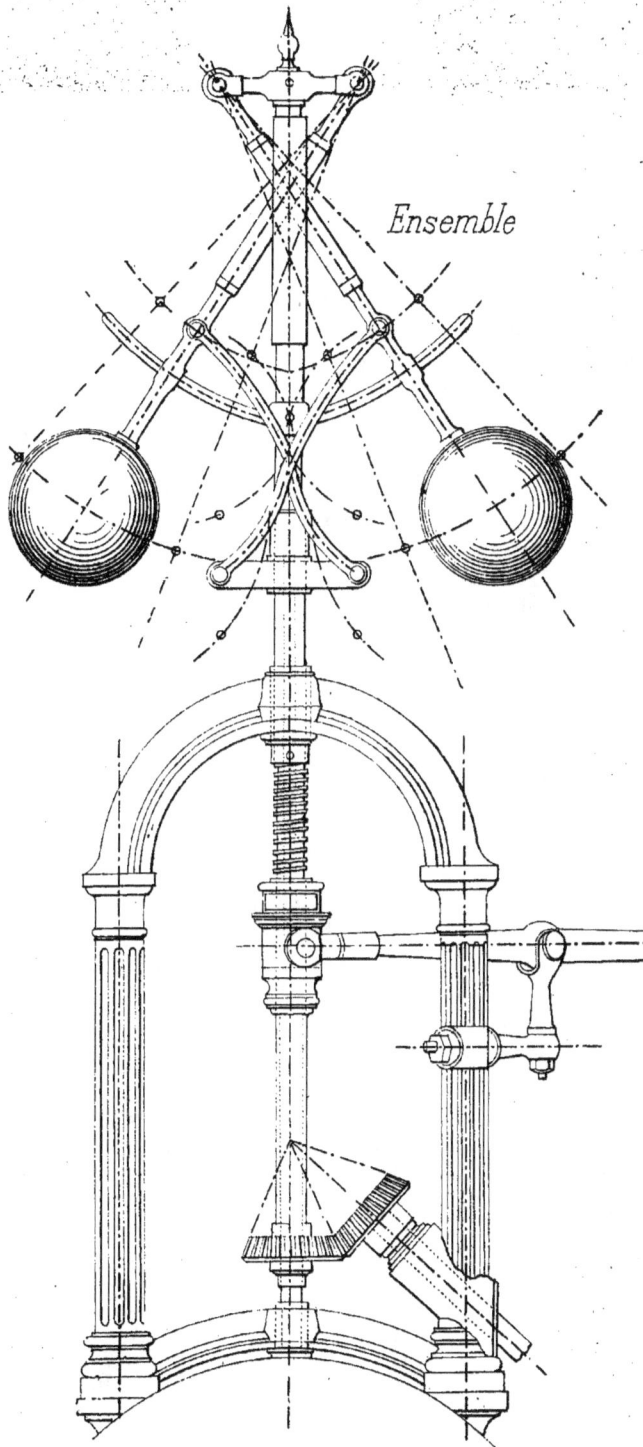

Ensemble

Fig. 650.

936. *Régulateur Farcot.* — Dans le régulateur à bras croisés de Farcot (constructeur à Saint-Ouen), la parabole est remplacée par un arc de cercle de rayon suffisant qui s'écarte d'aussi peu que possible de cette courbe dans les limites des déplacements que peuvent effectuer les boules du régulateur. Cette substitution conduit à placer le centre de suspension des boules au delà de la tige qui porte le pendule, et par suite les branches doivent traverser l'arbre tournant auquel elles sont assemblées. La figure 630 montre la disposition du régulateur Farcot la plus employée.

Régulateur Porteur. — Nous avons vu que lorsque la résistance du manchon était considérable le poids des boules du régulateur conique augmentait dans des proportions quelquefois irréalisables. Dans ce cas on fait usage du régulateur Porteur qui se compose de deux bras aboutissant au centre des boules de petites di-

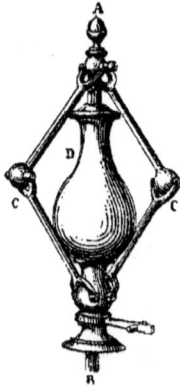

Fig. 651.

mensions (*fig.* 651); sur le manchon se trouve placé un contre poids aussi énergique que possible, dont l'effet est d'autant plus grand que sa masse est plus grande; en effet représentons par P le poids de chaque boule;

Q le contrepoids ;

p la résistance due au manchon ;

r le rayon d'écartement des boules ;

h la distance verticale du centre des boules au sommet du régulateur.

Lorsque la vitesse est de régime, la résistance du manchon est nulle, et si cette vitesse est ω, l'équation des moments sera

$$(P + Q)\, r = F h$$

Or, la face centrifuge $F = \dfrac{P}{g}\, \omega^2\, r$

d'où $\qquad (P + Q)\, r = \dfrac{P}{g}\, \omega^2 r h$

de laquelle on tire

$$\omega^2 = \frac{g}{h} \times \frac{P + Q}{P}. \qquad (1)$$

Admettons qu'il y ait accélération de vitesse, que ω devienne ω'; dans ce cas, l'équation devient

$$(P + Q + p)\, r = F h = \frac{P}{g}\, \omega'^2 r$$

d'où $\qquad \omega'^2 = \dfrac{g}{h} \times \dfrac{P + Q + p}{P} \qquad (2)$

Divisons membre à membre les équations (1) et (2), on a

$$\frac{\omega'^2}{\omega^2} = \frac{P + Q + p}{P + Q} = 1 + \frac{p}{P + Q}.$$

Ce rapport montre que ω' se rapprochera d'autant plus de ω, que le contrepoids Q sera plus considérable.

937. *Régulateur à boules de M. Caron.* — Le régulateur à boules de Watt ne fonctionne d'une manière régulière qu'autant qu'il est soumis à l'effort d'une accélération rapide dans la marche de la machine ou d'un ralentissement fortement accusé.

En communication essentiellement directe avec la valve d'admission de la vapeur, il n'a la propriété, sous une vitesse donnée, que d'amener la valve sous une certaine ouverture, d'où il suit que si la température de la chaudière s'élève ou s'abaisse, ou si l'on vient à alléger le service de la machine, cette dernière qui était à sa vitesse normale avant que l'une des causes de perturbation se fut présentée, redoublera de vitesse ou ralentira sa marche. Le régulateur viendra bien agir sur la valve, c'est-à-dire l'ouvrir ou la fermer; mais il est évident que la machine aura perdu ou gagné de la vitesse. Pour qu'il n'en fût pas ainsi, il conviendrait que la valve eût repris la position convenable à la marche normale, ce qui a difficilement lieu sous des charges et des pressions différentes et sous une même ouverture du robinet d'admission. Ces différentes perturbations dans l'action des régulateurs à boules ont conduit M. Caron, mécanicien à Paris, à annexer à ces organes un appendice établissant la communication entre le régulateur proprement dit et la valve même, de telle sorte que, lorsque la machine est sous l'impulsion d'une marche normale, la valve reste dans une position déterminée, et ne reçoit d'action qu'autant qu'il y a accélération ou ralentissement, et ces actions accélératrices ou retardatrices se font sentir d'une manière immédiate sans mouvements brusques.

Ce régulateur est indiqué d'une manière

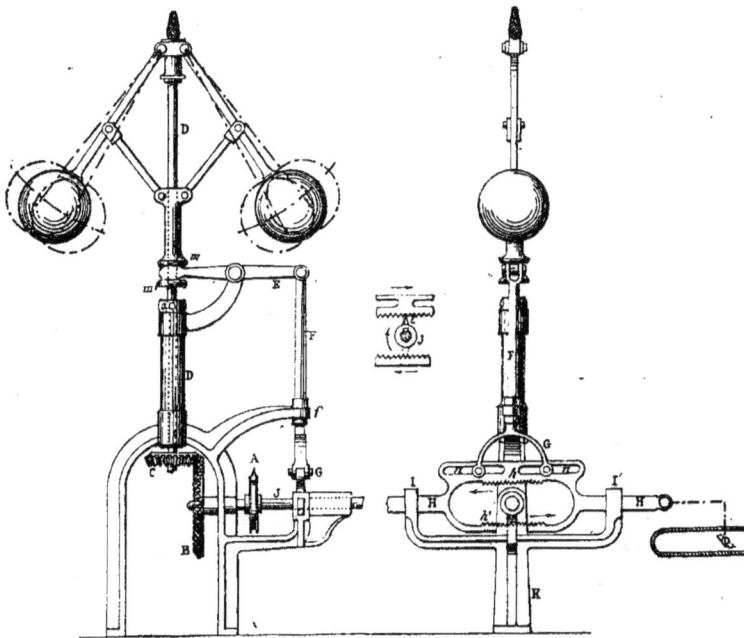

Fig. 652.

explicite par la figure 652. Le mouvement de l'arbre est transmis au régulateur par la poulie A et les deux roues d'angle B et C, cette dernière étant montée sur l'arbre D du régulateur.

Le mouvement d'exhaussement ou d'abaissement de l'arbre se transmet au levier E, puis au levier F, passant dans le guide f. Ce levier F est terminé par une double fourchette G se reliant dans une rainure n qui fait corps avec un levier horizontal H portant les crémaillères h et h'; les branches H du levier à crémaillères, se meuvent dans le guide I, solidaires avec le support k, pour agir de là sur le levier qui donne le mouvement à la valve d'admission de vapeur.

C'est dans le vide formé par les cré-

maillères h et h' que se meut l'arbre J, recevant par la poulie A le mouvement de
l'arbre moteur de la machine.

Sur cet arbre se fixe une came i ayant
pour objet d'engrener alternativement
avec la denture h ou la denture h', suivant que la pièce H s'élève ou s'abaisse
sous l'action du régulateur à boules.

Le jeu de l'appareil s'explique facilement. Le mouvement tend-il à s'accélérer,
les boules s'écartent ; les doubles ron-
delles m, m' s'abaissant, font relever le

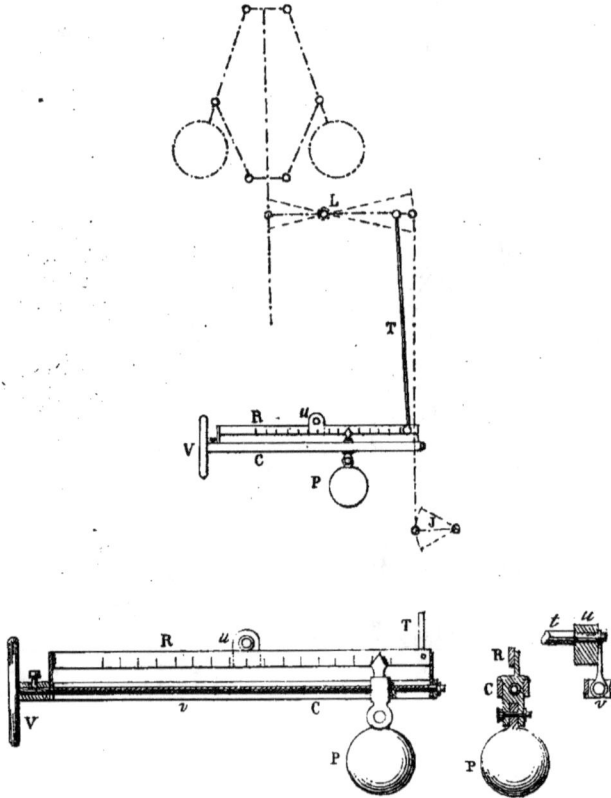

Fig. 653.

levier E, par suite la pièce à crémaillères
H, et conduisent le système dans la position indiquée ayant pour effet de fermer
ou de réduire l'ouverture de la valve,
alors que le mouvement se ralentit, les
boules descendant produisent des effets
contraires, et la crémaillère h' est alors
soumise à l'action de la dent i pour ouvrir
la valve.

Les dispositions de ce régulateur permettent de l'appliquer dans toutes les machines, son action se subordonnant à
toutes les forces et aux divers modes de
transmissions. Le but proposé est qu'en
marche normale, la valve reprenne une
position annulaire de régime, ce qui a ici
immédiatement lieu, alors que la came i
opère son mouvement tangentiellement

aux dentures des crémaillères, sans s'y engager pour opérer les mouvements à droite ou à gauche du levier H.

Ce régulateur peut se prêter à toutes les exigences, il suffira de donner une plus grande amplitude de mouvement à l'arbre D, la roue C pourra être descendue, et par suite l'arbre relevé, puis fixé à demeure au moyen de la vis a. Cet arbre pourra être raccourci par le même moyen. Enfin les dentures h et h' pourront être également changées pour permettre des ouvertures ou des fermetures variables des valves d'admission.

938. *Régulateur conique et à contrepoids mobile.* — M. Wackernie, filateur à Lille, a cherché à modifier le pendule conique de Watt, en le rendant, sans complication bien sensible, aussi efficace que les régulateurs établis, dans des conditions spéciales et dispendieuses.

La disposition imaginée par M. Wackernie repose en principe sur l'adjonction d'un contrepoids se déplaçant plus ou moins sur une règle, qui est mobilisée par l'écartement ou le rapprochement des boules du régulateur.

Cette application permet de ralentir ou d'accélérer le mouvement du moteur, en avançant simplement le poids sur la règle, tandis que si on voulait obtenir ce même effet en modifiant l'ouverture du robinet d'introduction de la vapeur, le régulateur n'agirait plus.

Comme l'indique la figure 633, le régulateur proprement dit ne présente rien de particulier; il attaque le levier J de la valve d'admission de la vapeur dans la boîte de distribution, par l'intermédiaire d'une bielle et du levier L mû par le manchon du régulateur.

A ce levier L est attachée une seconde bielle T, qui donne le mouvement à la règle R, munie d'un renflement u, traversé par la tige t, laquelle sert de centre d'oscillation à ladite règle.

A celle-ci est relié, par deux bandes métalliques, un petit cadre en fonte C, traversé dans le centre de sa longueur par la vis v. Cette vis est maintenue par ses deux extrémités, de façon à pouvoir tourner à l'intérieur du cadre sans se déplacer dans le sens longitudinal.

Un écrou, muni du poids P, est engagé sur cette vis, et on peut lui faire parcourir toute sa longueur, de droite à gauche, et *vice versa*, en agissant sur le petit volant à main V.

Des divisions gravées sur la règle R permettent d'arrêter l'écrou, qui est muni à cet effet, d'une aiguille indicatrice, dans les positions diverses que le contrepoids P doit occuper pour correspondre aux différents écartements que peuvent prendre les boules du régulateur.

Les divisions de la règle doivent varier naturellement avec la puissance et les conditions de marche de chaque machine motrice sur laquelle l'appareil est appliqué; mais dans tous les cas, son installation est facile, peu dispendieuse et son efficacité assurée, même sur les régulateurs à pendule conique, dont la construction et le montage laissent à désirer.

939. Un autre pendule conique à contrepoids mobile est celui de MM. Varasse-Agache et J. Grégoire (mécaniciens à Tourcoing), représenté sur la figure 634. Le contrepoids n'a d'autre mission ici que d'équilibrer exactement dans toutes ses positions le poids des boules du régulateur, afin d'en sensibiliser l'action sur la valve de la machine.

Ainsi, sur un régulateur quelconque, disposé pour une vitesse de régime déterminée, il suffit d'ajouter sur son levier L, qui établit la communication entre sa douille mobile et la tige t reliée au levier l de la valve V, un tube T renfermant du mercure.

Que l'on suppose donc un tube en fer étiré, par exemple, de 50 à 60 millimètres sur 0m,750 à 1 mètre de longueur, selon la force de la machine; avant de le sonder aux deux bouts avec un bouchon en fer pour le rendre parfaitement étanche, on y verse une quantité de mercure d'environ la moitié de sa capacité, puis, par deux liens a, on l'attache, comme l'indique la figure, au levier L, dont l'articulation doit se trouver au milieu de ces deux liens.

Pour appliquer ce petit appareil à un

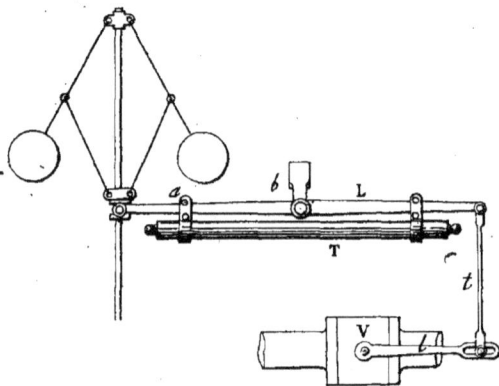

Fig. 654.

régulateur quelconque, il n'y a aucun changement à faire à la machine, il suffit de quelques instants d'arrêt; on dispose le régulateur de manière que les boules se trouvent écartées à moitié de leur amplitude quand la machine est en pleine marche et qu'elle fait dans ces conditions le nombre de tours demandé, alors on place le tube parfaitement de niveau et après quelques heures de tâtonnement, on parvient pour la machine à une régularité exceptionnelle malgré les variations du travail qui peuvent arriver à l'intérieur de l'usine.

940. *Modérateur de Daviès, dit anneau de Saturne.* — Ce régulateur peu répandu à cause de son peu de régularité est néanmoins intéressant à citer. Il se compose d'une sphère creuse reposant par sa partie inférieure sur une coupe C ; elle est articulée en a à un levier coudé lequel est relié par une bielle au manchon f. Cette sphère présente à droite une masse plus considérable, de telle sorte que l'action de la force centrifuge tende à soulever ou à abaisser la boule m. Supposons que la position indiquée par la figure 655 corres-

ponde à la vitesse de régime de la machine ; si cette vitesse augmente la ligne m n

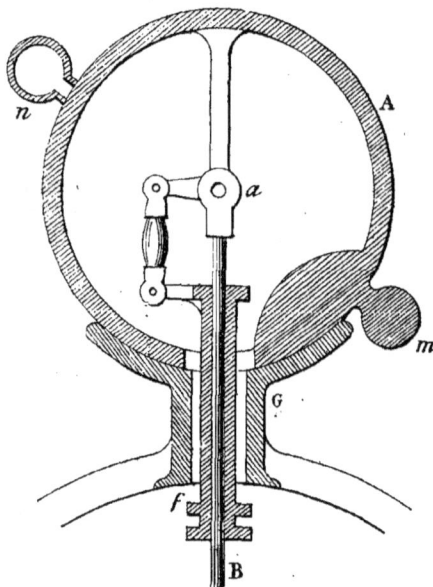

Fig. 655.

tendra à se rapprocher de l'horizontale et

par suite à faire baisser le manchon. Le contraire aura lieu si la vitesse se ralentit.

941. *Régulateur hydraulique de Monsieur Georges.* — Le régulateur à boules est malgré ses imperfections universellement employé en raison de son faible prix de revient. Il existe cependant des appareils plus parfaits mais dont les prix s'opposent le plus à leur adoption. Nous citerons le régulateur hydraulique de M. Georges qui paraît très rationnel et dont le principe repose sur la vitesse d'écoulement des liquides. Il se compose (*fig.* 656)

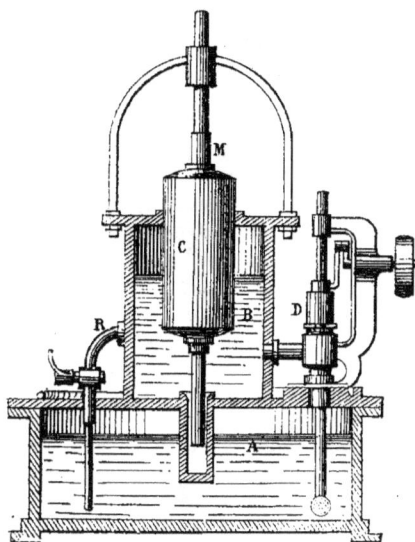

Fig. 656.

d'une bâche A devant contenir la quantité d'eau nécessaire, d'un réservoir supérieur B, d'une pompe élévatoire D, d'un robinet de déversement ou chute R et d'un flotteur C placé dans le réservoir B.

La pompe D puise l'eau dans la bâche A et la rejette dans le réservoir B. Le mouvement de la machine à vapeur est communiqué à la pompe au moyen d'un organe spécial de transmission et par

l'intermédiaire d'une poulie et d'une manivelle faisant partie de l'appareil.

L'eau élevée dans le réservoir devant descendre dans la bâche, le robinet de chute R est, à cet effet, muni d'un levier pour régler à volonté l'ouverture qui doit déterminer la vitesse d'écoulement.

Deux tiges verticales sont placées dans l'axe du flotteur, et glissent librement dans deux douilles pour guider ce flotteur dans une direction bien verticale ; la tige supérieure est munie d'une mortaise M dans laquelle on engage le bout du levier qui commande le papillon du conduit d'introduction de la vapeur dans le cylindre, ou bien qui commande la détente de la machine.

On remplit d'eau la bâche A par un orifice ménagé sur le couvercle ; lorsque la machine est en fonction, la pompe D se meut nécessairement avec une vitesse relative à celle de la machine, et une partie de l'eau de la bâche passe dans le réservoir B, où elle s'élève graduellement en soulevant le flotteur qui, par son mouvement d'ascension, ferme graduellement le papillon de la machine.

Le robinet R étant ouvert d'une certaine quantité, le déversement se produit par le tuyau de descente, et l'eau du réservoir retourne dans la bâche. La vitesse d'écoulement par le robinet R est uniforme et proportionnée à l'ouverture laissée à ce robinet.

La hauteur du flotteur détermine la vitesse de la machine ; lorsque le flotteur s'élève, la vitesse de la machine diminue, lorsqu'il s'abaisse, la vitesse augmente. La vitesse de la pompe augmente ou diminue selon que la machine augmente ou diminue de vitesse. Conséquemment la vitesse de la machine se régularise lorsque la vitesse d'introduction du liquide dans le réservoir devient égale à la vitesse d'écoulement par le robinet de chute.

Il suffit donc pour déterminer la vitesse de la machine, quelles que soient les variations de la pression de la vapeur et les irrégularités dans le travail, de régler la vitesse d'écoulement par l'ouverture laissée plus ou moins grande au robinet R.

Pour éviter que le réservoir ne se vide lorsqu'on arrête la machine, on aura soin de fermer le robinet R en même temps qu'on fermera l'introduction de vapeur et l'on conservera à proximité du levier du robinet un point de repère par le moyen d'un cadran indicateur, afin de ramener ce levier dans sa position primitive lorsqu'on remettra la machine en marche.

La chute du liquide par le robinet R ne pouvant varier une fois déterminée, et le flotteur étant exempt de tous frottements susceptibles de modifier sensiblement son action dans le mouvement ascensionnel ou descensionnel, il en résulte que cet appareil donne, avec une exactitude qu'on peut considérer comme rigoureuse, la régularité au mouvement des machines, ce qui ne peut être obtenu à l'aide de l'appareil à boules.

942. *Régulateur hydraulique de M. Pitcher.* — Nous empruntons au *Génie industriel* (Amengaud), la description d'un régulateur hydraulique de M. Pitcher, de Syracuse (États-Unis).

Le principe de cet appareil repose dans l'emploi d'une petite pompe commandée par la machine, et qui, en foulant de l'eau dans un autre corps de pompe, ou plutôt un cylindre, dans lequel se meut un plongeur ou piston régulateur, maintient cette pièce à un certain degré de flottaison.

L'eau fournie par la pompe s'échappe par une issue dont la section est telle qu'elle laisse sortir exactement la quantité d'eau que peut refouler la pompe, lorsque celle-ci marche à la vitesse qu'elle doit avoir. Si la vitesse de la machine et par suite, celle de la pompe augmentent, l'eau, arrivant dans le cylindre du plongeur en quantité plus considérable qu'elle ne peut s'écouler, force ledit flotteur à s'élever. Si au contraire la vitesse de la machine diminue, la pompe refoule une quantité d'eau moindre que celle qui s'échappe et le flotteur s'abaisse.

Celui-ci, étant en communication avec la valve d'admission de la vapeur, intercepte ou rétablit, suivant sa position plus ou moins élevée dans son cylindre, la communication entre le cylindre et le générateur. Ce régulateur est analogue à celui de M. Georges, décrit précédemment.

La disposition de ce régulateur adapté à une machine à vapeur construite par MM. Muir à Manchester, est représentée par la figure 637.

La coupe verticale du régulateur est indiquée sur la figure 638; la boîte à valve d'admission et la commande du régulateur à cette valve, sont suffisamment indiquées sur la figure 639.

La pièce A est la plaque de fondation de l'appareil, avec laquelle sont venues de fuite les boîtes à soupapes.

C'est la soupape d'admission de l'eau à l'intérieur de l'appareil, et D celle par laquelle cette eau arrive dans le cylindre du plongeur.

Ces soupapes sont formées chacune d'un disque en cuivre auquel est rivée une rondelle de caoutchouc, afin d'éviter les chocs ; elles sont guidées au moyen de tiges qui les traversent par leur centre et qui sont fixées au moyen d'écrous, à la plaque A. Chacune de ces tiges est armée à son extrémité supérieure d'une tête ou disque contre lequel vient buter un ressort à boudin qui presse sur la soupape et la fait se fermer brusquement, sans que, pour produire cette fermeture, on ait besoin du coup inverse de la pompe et du changement de marche de l'eau.

Le piston E de la pompe a un diamètre d'environ 0^m,063 et une course de 0^m,10 avec cent coups par minute; il est relié par une tige P à une manivelle située à la partie supérieure de la machine et mise en mouvement par celle-ci d'une manière quelconque.

Le piston régulateur F a environ 0^m,03 de diamètre, il est relié par la tige O à la valve d'admission. Cette tige porte un ressort à boudin qui empêche que le piston ne descende plus bas qu'il n'est nécessaire pour ouvrir entièrement la valve d'admission, et G est un double orifice d'écoulement qui, en laissant échapper

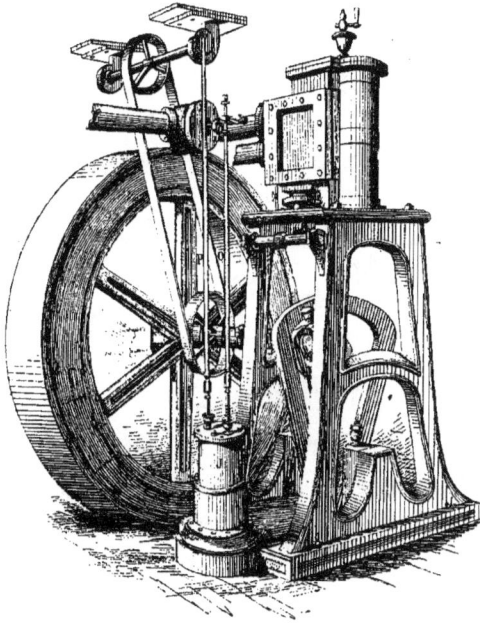

Fig. 657.

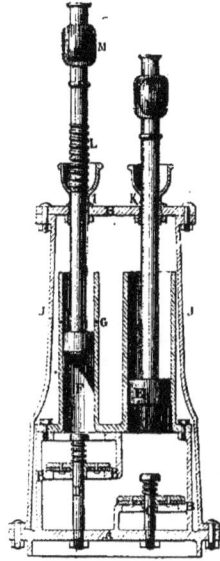

Fig. 658.

l'eau au-dessous du plongeur, empêche celui-ci de s'élever plus que ce n'est nécessaire pour fermer entièrement la valve.

d'ajustement, qui sert à en régler la largeur.

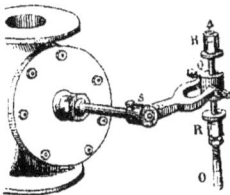

Fig. 659.

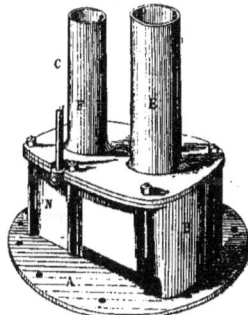

Fig. 660.

La figure 660 qui est une vue extérieure de l'appareil et dont on a enlevé l'enveloppe extérieure montre l'orifice N d'écoulement constant, muni d'une vis geur. Comme il est nécessaire d'avoir un réservoir d'eau pour alimenter la pompe, l'enveloppe J et le couvercle H en tiennent lieu. L'appareil fonctionne ainsi entièrement sous l'eau ; l'eau aspirée par la pompe pénètre de la chambre J dans celle AB par l'ouverture 2 et la boîte de la soupape C ; de là elle arrive dans le cylindre F, par la soupape D, et elle maintient à une certaine hauteur le plongeur ou piston régulateur qui se meut dans ce cylindre, s'écoulant au fur et à mesure par l'orifice N, et faisant monter ou descendre le plongeur, suivant son alimentation plus ou moins active.

Les tiges du piston et du plongeur fonctionnent, sans étoupes, à travers les coupes I et K qui servent à retenir l'eau qui pourrait être entraînée par lesdites tiges.

Lorsque le régulateur fonctionne, la pompe communique une suite de pulsations régulières au plongeur F. Afin que ces pulsations n'agissent pas sur la valve, et que celle-ci ne change de position qu'avec un changement apporté à la hauteur moyenne du plongeur, l'extrémité supérieure de la tige O est armée de deux colliers ou arrêts R dont l'écartement est égal, autant que possible, à la longueur des pulsations. Ces colliers se mettent en contact alternativement avec la bague Q portée par le levier à fourchette S qui commande la valve. Cette bague Q occupera constamment le milieu de la course produite par les pulsations continuelles que la pompe imprime au plongeur, et la position de la bague variera avec celle du milieu de la course.

L'effet de ce système de régulateur est constant et prolongé, car l'appareil fonctionnant sous l'eau, on comprend que le piston régulateur F, amené à une hauteur que détermine le supplément de vapeur nécessaire s'y maintiendra, de sorte que ce supplément, une fois fixé, la machine continuera à marcher régulièrement, jusqu'à ce qu'un nouveau changement ait lieu.

Avec ce système de régulateur, on peut employer une valve d'admission ou d'interception de vapeur de la construction ordinaire. Cependant l'inventeur préfère se servir du système de valve représenté en coupe sur la figure 661.

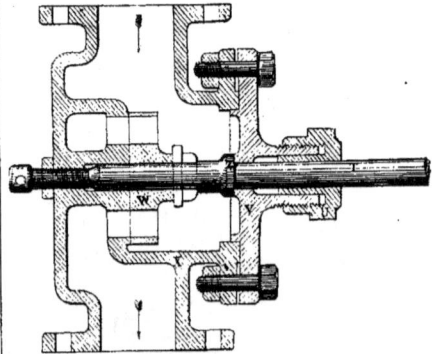

Fig. 661.

W est un disque percé d'un certain nombre de trous et calé sur l'arbre T que commande le régulateur, le disque s'applique exactement sur un siège de même grandeur, percé de trous correspondants et venus de fonte à l'intérieur de la boîte X. Le couvercle V, muni d'une boîte à étoupes S et traversé par l'arbre T, appuie, par son centre en saillie, sur l'épaulement ou collier Z de l'arbre, faisant ainsi adhérer le disque W à la surface de sa boîte. Comme le couvercle V peut être plus ou moins serré au moyen des vis qui l'attachent à la boîte X, l'adhérence des deux surfaces peut être toujours réglée à volonté. Une vis Y pressant contre l'extrémité de l'arbre T, sert à ajuster plus exactement la position du disque ; permettant de diminuer le plus possible le frottement des surfaces en contact, sans cependant livrer passage à la vapeur.

Dans la position représentée sur la figure, la soupape est entièrement ouverte ; c'est-à-dire que les trous du disque se trouvant exactement vis-à-vis de ceux du siège, le passage de la vapeur est à son maximum. Si le disque tourne, la position relative des trous change et le passage de la vapeur devient moindre et peut même se trouver notablement intercepté.

943. *Régulateur Corberon.* — Le régulateur de M. Corberon peut s'appliquer surtout aux organes qui dans les machines

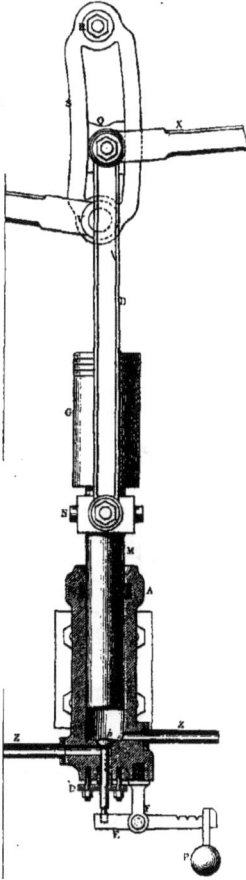

Fig. 662.

à vapeur opèrent une détente variable. Il se compose (*fig* 662) d'un corps de presse A, à la partie inférieure duquel est adaptée

une soupape *b* fixée elle-même à une tige guidée dans son mouvement rectiligne par un presse-étoupe D. Cette tige repose sur le levier E, articulé au point F et dont l'extrémité est munie du contrepoids P. Dans l'intérieur de ce corps de presse se meut le piston M surmonté d'un contrepoids G ; ce piston reçoit à sa partie supérieure un tourillon N auquel viennent s'articuler les deux bielles pendantes B articulées elles-mêmes au coulisseau Q qui glisse dans le secteur S.

Ce secteur tournant autour du point R qui est fixe, est mû par un excentrique calé sur l'arbre de la machine, lequel excentrique a sa barre articulée à l'autre extrémité V dudit secteur à coulisse. Enfin une bielle X est reliée au coulisseau Q et à l'extrémité de la tige du tiroir de distribution. Le corps de presse A reçoit deux tuyaux Z et Z' l'un au-dessus de la soupape T et l'autre au-dessous.

Voici comment fonctionne l'appareil :

Supposons que le corps de presse soit adapté au bâti de la machine à l'aide de boulons indiqués sur la figure et supposons le tuyau Z' en communication avec la pompe alimentaire de la machine.

La machine fonctionnant avec sa vitesse ordinaire, l'eau de la pompe alimentaire, introduite dans le corps de la presse A, s'écoule librement par le tuyau Z en passant par l'orifice de la soupape *b* tenue assez ouverte par le contrepoids P. Cette eau produit dans le corps de presse A une certaine pression qui est équilibrée par le contrepoids G ; le piston M reste alors donc stationnaire. Le coulisseau Q ne s'élève pas et le tiroir conserve sa course ordinaire.

Si au contraire, il se produit une accélération de vitesse dans la machine, la pompe alimentaire, qui subit cette accélération de vitesse, refoule dans le corps de presse A une plus grande quantité d'eau, et comme la soupape n'est ouverte que pour en laisser écouler une quantité égale à celle qui doit s'écouler sous une vitesse ordinaire, il s'ensuit qu'il en reste un certain volume dans le corps de presse A qui augmente la pression, fait fermer la soupape et par conséquent soulever le piston.

Le coulisseau s'élève alors dans le secteur et donne au tiroir une course qui diminue à mesure que le coulisseau s'approche de la partie supérieure du secteur, c'est-à-dire de son centre.

L'introduction du cylindre se fait alors en moins grande quantité et par conséquent la machine ralentit sa marche.

Si enfin la machine retarde son mouvement, la pompe alimentaire, subissant toujours cette influence, fournit une moins grande quantité d'eau dans le corps de presse, où se produit alors une pression moindre que la pression ordinaire. Le contre poids G qui est calculé pour faire équilibre à cette pression, fait descendre le piston M et par suite le coulisseau Q. La course du tiroir augmente alors que le coulisseau baisse. L'introduction de vapeur dans le cylindre se fait en plus grande quantité, et par suite la machine accélère son mouvement.

En résumé par l'effet plus ou moins grand de la pression qui se produit dans le corps de presse A, on diminue ou on augmente la course du tiroir et comme conséquence immédiate, on retarde ou on accélère le mouvement de la machine.

Ce régulateur sert également à opérer une détente variable, c'est-à-dire à faire varier la période de pleine introduction de vapeur dans le cylindre et produire ainsi une économie notable de vapeur. Dans le cas où il n'y aurait pas de pompe alimentaire, on se servirait d'une petite pompe qui serait mue par un excentrique calé sur l'arbre moteur.

Pour l'appliquer aux moteurs hydrauliques, il suffit d'articuler une bielle à la tête du piston du corps de presse, laquelle imprimerait un mouvement circulaire que l'on transmettrait à l'arbre des vannes.

944. *Régulateur hydraulique avec pompe centrifuge.* — M. Bourdon a eu l'idée de combiner un système de pompe

rotative avec un appareil flotteur destiné à régulariser la marche des moteurs. Ce régulateur est fondé sur l'emploi de la force centrifuge et de la vitesse d'impul-

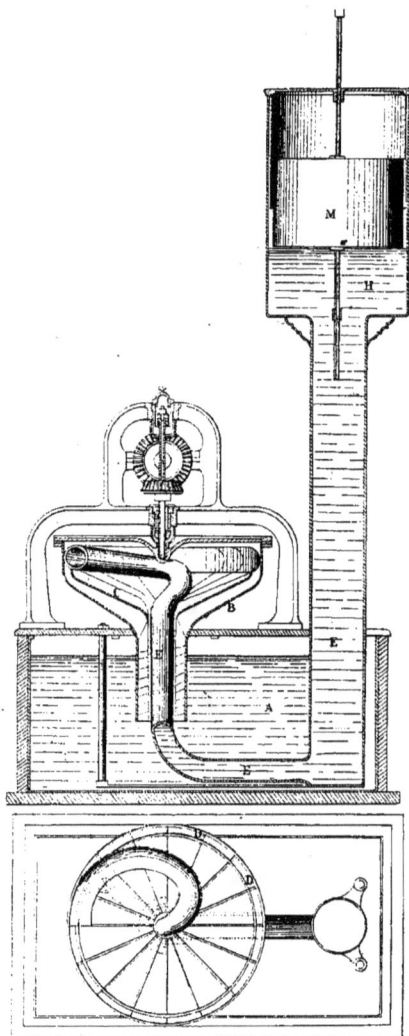

Fig. 663.

sion appliquée à soutenir une colonne d'eau à une hauteur qui varie proportionnellement à la vitesse du moteur, dont on se propose de régulariser la marche.

La figure 663 montre la section verticale de l'ensemble de l'appareil, et une projection horizontale le couvercle enlevé.

La pompe rotative est composée d'une enveloppe en cuivre B fermée hermétiquement par un couvercle et terminée par une partie cylindrique qui plonge dans la bâche A qui contient l'eau destinée à être refoulée. Cette enveloppe est suspendue à un arbre vertical muni d'une roue d'angle qui reçoit son mouvement de la machine par l'intermédiaire d'une autre roue conique sur l'arbre de laquelle sont deux poulies, l'une fixe et l'autre folle.

Pour augmenter l'action de la force centrifuge, un diaphragme en tôle mince C percé au centre et garnie de petites lames minces est fixé au fond du vase en cuivre, dont il épouse la forme tronconique. Le centre de ce vase est occupé par un tuyau E recourbé tangentiellement à ce vase pour venir puiser à sa circonférence l'eau qui y est refoulée de la manière suivante.

Dès que le vase est mis en mouvement, l'eau qu'il contient, entraînée par l'adhérence moléculaire et par l'action des lames placées intérieurement, se meut avec lui, et prend, à très peu près, la vitesse du vase lui-même.

Alors l'eau, en vertu de la vitesse qui lui est imprimée et de l'action compressive due à la force centrifuge, tend à se précipiter dans le tuyau fixe E, dont l'orifice se présente en sens contraire de sa marche.

L'eau ainsi refoulée se rend dans un réservoir H où se trouve un flotteur creux en métal M pouvant se mouvoir dans le sens vertical. L'extrémité supérieure du flotteur est reliée par l'intermédiaire de leviers convenablement agencés avec la valve d'introduction de vapeur.

Suivant que la vitesse imprimée à la pompe est plus ou moins grande, une quantité d'eau proportionnelle à cette vitesse est élevée de la bâche A dans le réservoir H.

Il en résulte naturellement que le flotteur M monte, quand cette quantité augmente, et qu'il descend, au contraire, quand elle diminue.

Le rapport établi entre la vitesse de rotation de l'enveloppe B, celle de la machine à vapeur et la hauteur de la colonne d'eau du réservoir H, en charge par le tuyau E, doit être tel que le niveau normal corresponde à la vitesse de régime de la machine.

9-15. *Régulateur à air de M. Molinié.* — Le régulateur Molinié est basé sur le principe de l'insufflation ou de la pression d'air, il est d'une grande régularité. Les premiers régulateurs à air présentaient l'inconvénient d'avoir dans leur construction des parties en cuir susceptibles de se piquer, de se gercer et de se détériorer assez rapidement.

La figure 664 représente un régulateur perfectionné à pompe horizontale et entièrement métallique. Il repose sur deux bâtis de fonte a boulonnés sur le sol de l'usine, et reliés par trois entretoises ; à le ur partie supérieure ils forment coulisses, pour guider la marche rectiligne de la tige b du piston c. Sur ces deux bâtis se boulonne un cylindre horizontal d, dans lequel se meut le piston c, qui reçoit son mouvement de la bielle e et de l'arbre coudé f. Les tourillons de cet arbre sont mobiles dans les coussinets rapportés à l'extrémité des bâtis, et ne dépassent que d'un seul côté, pour recevoir deux poulies, l'une fixe, qui reçoit le mouvement du moteur et le transmet à l'appareil, l'autre folle, qui sert à l'intercepter en cas de besoin.

Le cylindre d est alésé et communique par deux conduits d et d' au réservoir supérieur g placé verticalement; ce réservoir est ouvert à sa partie supérieure, et surmonté d'un chapeau g' qui sert à diriger la tige du piston h.

Les fonds d^2 et d^3 du cylindre d, sont percés de deux ouvertures $b'b^2$ pour les entrées d'air dans le cylindre; des soupapes b^3, b^4 ferment ces orifices aux instants voulus Le fond d' est en outre percé d'un trou pour le passage de la tige du piston c, et est garni d'une boîte à étoupe pour fermer hermétiquement ce passage. Des soupapes semblables sont établies dans le même but aux orifices d, d'. Les deux pistons c et h, qui sont identiques de construction, sont composés d'un premier plateau ch sur lequel se boulonne un autre plateau c', h' et entre ceux-ci se trouvent deux ressorts circulaires c² h², tournés au

diamètre des cylindres, leur élasticité naturelle forme joint parfait, malgré l'usure qui se produit par un long usage.

La marche de l'appareil est la suivante. Le moteur qu'il s'agit de régler lui donne le mouvement par des poulies fixées à l'extrémité de l'arbre coudé f qui, par l'intermédiaire de la bielle e, donne au piston c, un mouvement de va-et-vient. Quand ce mouvement a lieu dans le sens indiqué

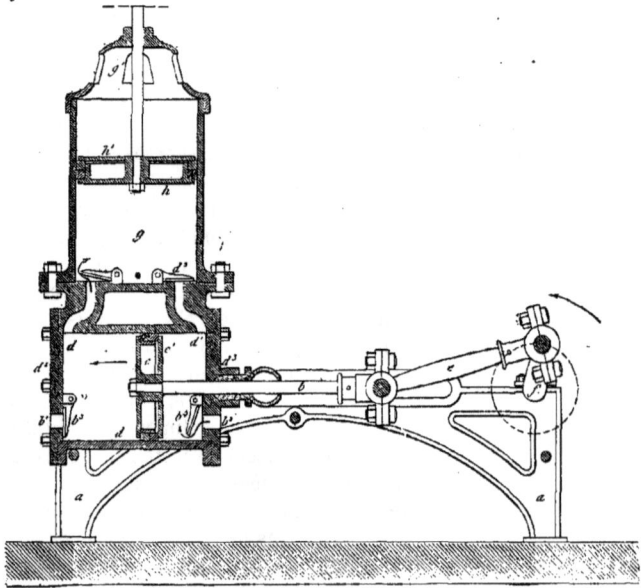

Fig. 664.

par la flèche, le piston forme le vide derrière lui, ce qui fait fermer la soupape d² et ouvrir celle b⁴, qui laisse passage à l'air extérieur, en remplissant la capacité du cylindre, puis, lorsque le piston c est arrivé à l'extrémité de sa course et revient sur lui-même, il refoule d'une part dans le cylindre g l'air qui remplissait celui d, en forçant la soupape b⁴ à se fermer, et celle d² à s'ouvrir ; d'autre part, il reforme le vide du côté opposé du piston, fait faire un jeu semblable aux autres

soupapes, et envoie ainsi à chaque coup de piston, dans le cylindre g un même volume d'air par les orifices d,d'. On comprend ainsi qu'à chaque coup de piston, et par suite dans des temps égaux ; par une marche régulière, on envoie dans le réservoir g une même quantité d'air. L'échappement de cet air se fait à la partie inférieure du réservoir, par un robinet dont l'ouverture se règle à volonté, pour être en rapport avec la vitesse de l'appareil ; à l'état normal, cet échappement doit être égal à la quantité d'air envoyée dans le réservoir *g* par le piston *c*.

La valve du moteur est mise en communication avec la tige du piston *h*. On se rend alors facilement compte que si la vitesse de ce moteur diminue, soit par l'embrayage d'une ou plusieurs machines, soit pour toute autre cause, celle du régulateur diminuant aussi, le volume d'air envoyé dans le réservoir *g* sera diminué dans la même proportion : mais comme le piston *h* ne se soutient que par la compression qu'il exerce par son propre poids ; sur l'air contenu dans le cylindre, le volume envoyé venant à diminuer l'écoulement étant toujours égal ainsi que la pression exercée par le piston, ce dernier descendra, sollicité par son propre poids ; jusqu'à ce qu'il s'équilibre avec la pression intérieure. On s'arrange alors pour que ce mouvement soit transmis à la valve, et la fasse ouvrir en admettant à la machine plus de vapeur pour regagner sa vitesse normale.

Si l'effet contraire a lieu, si la vitesse du moteur se trouve augmentée, par des débrayages ou des réductions de résistance, la vitesse du modérateur étant toujours en rapport avec celle du moteur, le piston *c* enverra une plus grande quantité d'air au cylindre *g*, il sera forcé de l'y comprimer, car la sortie d'air est toujours la même, cette compression soulèvera le piston *h* jusqu'à ce qu'elle devienne égale au poids du piston ; l'effet inverse au précédent aura lieu sur la valve et diminuera la vitesse du moteur.

946. *Régulateur à vide de M. Larivière.* — Le régulateur de Larivière est analogue au précédent, cependant il en diffère en ce qu'au lieu que la position ou la hauteur du piston soit réglée par la

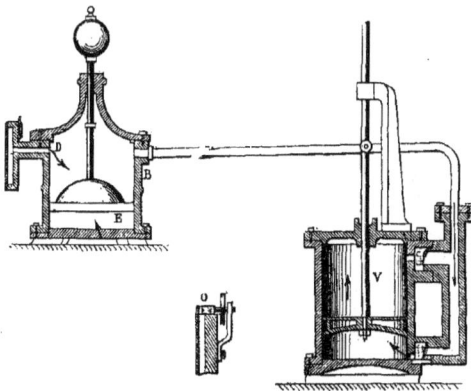

Fig. 665.

pression de l'air intérieur envoyé dans le cylindre, cette hauteur dépend du vide fait dans le cylindre par un piston (fig. 665).

La pompe V est actionnée par la machine, elle aspire l'air au-dessous du piston E pour le rejeter dans l'air. Le réservoir B est un cylindre de plus petite dimension ; il porte un chapeau qui dirige la tige du piston et ferme en même temps ce cylindre exactement ; son fond intérieur est ouvert pour laisser l'atmosphère presser sous le piston E. La rentrée de l'air dans ce cylindre se fait par un petit conduit rectangulaire dont l'orifice se règle au moyen d'une petite coulisse terminée par un pas de vis qu'on avance ou qu'on recule à volonté, en faisant tourner un petit écrou fixe dans un sens ou dans l'autre.

Dans cet appareil l'orifice O étant une fois réglé pour une certaine vitesse du moteur, si cette vitesse est dépassée par moment, le vide se fait plus complètement dans le cylindre B, la rentrée d'air ne variant pas, la pression atmosphérique agissant sur le piston, le fait monter; comme sa tige est en communication avec la valve, sa position se trouve modifiée dans le sens nécessaire pour faire perdre au moteur la vitesse qu'il vient d'acquérir momentanément et la ramène à sa vitesse normale.

La pose de ce régulateur se fait avec la plus grande facilité sur le sol de l'usine, ou sur une console près de la machine; la condition essentielle est de le mettre en communication directe avec le moteur.

947. Remarque. — Il est important de se rendre compte du poids et de la surface du piston E ; soit p la pression de l'air par mètre carré audessus du piston pour le cas de la vitesse ω de régime ;

P la pression atmosphérique par mètre carré;

R la résistance de la valve ;

Q le poids du piston E;

F le frottement du piston ;

S la surface du piston E ;

Lorsque sous la vitesse de régime ω, le piston E est en équilibre, on a l'équation

$$S (P - p) = Q \qquad (1)$$

Si cette vitesse ω vient à varier et prenne une valeur ω' telle que , $\omega' > \omega$ le vide se fera au-dessus du piston et la pression de l'air sera par exemple $p' < p;$

A ce moment l'équation d'équilibre est

$$S (P - p') = Q + F + R \qquad (2)$$

Supposons que ω devienne ω'' avec la condition $\omega'' < \omega$ la pression p'' de l'air au-dessus du piston augmentera, c'est-à-dire que $p'' > p$. Dans ce cas l'équation d'équilibre devient

$$S (P - p'') = Q - F - R \qquad (3)$$

Retranchons l'équation (1) de l'équation (2) on a

$$S (P - p') - S (P - p) = F + R \qquad (4)$$

puis retranchons l'équation (3) de l'équation (1), il vient

$$S (P - p) - S (P - p'') = F + R \qquad (5)$$

Si maintenant nous additionnons (4) et (5) on obtient

$$S (P - p') - S (P - p'') = 2 (F + R)$$

ou

$$p'' - p' = \frac{2 (F + R)}{S}$$

Cette relation montre que la différence de pression de l'air au-dessus du piston sera d'autant plus petite que la surface S de ce piston sera plus grande. —Pour examiner l'influence du poids du piston remplaçons $p' < p$ par $p' = p - mp$

et $\qquad p'' > p$ par $p'' = p + np$

m et n étant des fractions.

Reprenons l'équation

$$S (P - p') = Q + F + R.$$

Elle devient en remplaçant p' par sa valeur

$$S (P - p + mp) = Q + F + R$$

Tirons de l'équation (1) $S (P - p) = Q$ la valeur de p, il vient

$$p = P - \frac{Q}{S}$$

en substituant cette valeur dans l'équation précédente, on a

$$S \left(P - P + \frac{Q}{S} + mP - m\frac{Q}{S} \right) = Q + F + R$$

ou

$$Q + m SP - m Q = Q + F + R$$

de laquelle on tire

$$m = \frac{F + R}{PS - Q}$$

Cette égalité montre que cette fraction m sera d'autant plus petite que le poids Q du piston sera lui-même plus petit.

On aurait trouvé par un calcul analogue

$$n = \frac{F + R}{SP - Q}$$

Équation qui confirme la conséquence tirée de la précédente relation.

948. *Régulateur Moison.* — Le régulateur Moison consiste dans la combinaison d'un mécanisme à mouvement différentiel, muni d'ailettes placées horizontalement ou verticalement, soit qu'elles tournent librement dans l'air, soit dans un liquide quelconque. Pour construire les régulateurs à ailettes résistant sur l'air, il est indispensable, lorsqu'on a besoin d'une assez grande résistance, ou de leur donner une grande dimension, ou de les faire marcher très vite, c'est pourquoi l'auteur choisit de préférence la disposition qui lui permet de les faire fonctionner dans un liquide, et d'obtenir ainsi un appareil d'un volume restreint et plus élégant ainsi que d'une application facile.

La figure 666 représente une coupe faite par l'axe du régulateur et, en plan, une coupe faite à la hauteur du centre de la poulie de communication de mouvement. Le bâti qui supporte le système n'est autre chose qu'une caisse circulaire en fonte dans laquelle est enfermé le liquide ; aux parois de cette caisse sont fixées les cloisons partielles L interrompues vers le milieu pour que le disque circulaire K garni d'ailettes puisse tourner librement. Ce disque offre ainsi l'avantage de servir de volant et par ce fait régularise la marche des ailettes dans le liquide.

Le couvercle M porte une douille venue de fonte servant à maintenir l'arbre vertical qui peut tourner sur une crapaudine placée au fond de la boîte. Sur ce couvercle sont fixés deux supports PP dans lesquels tourne l'arbre horizontal D et la douille B sur laquelle est calée la poulie A ; celle-ci reçoit le mouvement du moteur pour le transmettre aux diverses pièces ou engrenages qui produisent le mouvement différentiel, à l'aide duquel on régularise la marche du moteur.

Ce mouvement différentiel s'obtient par une roue droite C dentée intérieurement et fixée sur la douille B. Cette roue engrène avec deux pignons FF, montés fous sur des tourillons faisant corps avec le levier G dont la douille est traversée par l'axe D. Ces deux pignons engrènent à leur tour avec un autre pignon E placé au centre et fixé sur l'arbre horizontal.

Sur ce même arbre D est montée la roue d'angle J assemblée à un plateau qui

forme volant. Cette roue commande le pignon I fixé sur l'arbre vertical M portant le volant à ailettes.

Le levier G est mis en rapport soit avec la vanne, dans les roues hydrauliques, soit avec la valve ou robinet, dans les machines à vapeur, et porte, vers son extrémité, un poids H, assez fort pour lever la vanne ou tourner le robinet et transmettre le mouvement de la poulie A aux ailettes du volant K.

Si l'on suppose cet appareil monté sur un moteur donnant à la poulie A une vitesse de régime de cent tours par minute, ce mouvement sera communiqué aux différentes roues, et par suite aux ailettes. Ainsi les ailettes éprouvent sur l'eau ou l'air, suivant que l'appareil fonctionne dans l'un ou dans l'autre de ces éléments, une résistance égale à la force du poids H. Si le poids est de 10 kilogrammes, par exemple, la résistance de l'eau, jointe aux différents frottements de l'appareil, fera équilibre à cette pression ; alors le mouvement est stable sur le pignon E, qui transmet ce mouvement aux ailettes, par l'intermédiaire de la roue d'angle.

La puissance H étant constante, la vitesse des ailettes l'étant également, le levier conservera sa position normale ; mais si par suite d'une augmentation dans le fluide moteur, ou par le débrayage de quelque transmission, la vitesse du moteur augmente, la roue C marchera plus vite que le pignon E, dont la vitesse est invariable ; il en résultera un mouvement différentiel dans les deux pignons F, F qui entraîneront avec eux le levier G lequel fermera proportionnellement la vanne ou la valve ; de là, diminution de la vitesse du moteur, qui reprendra instantanément la vitesse de régime.

Si, au contraire, le moteur vient à se ralentir dans sa marche par des causes opposées aux précédentes, la roue C tournant moins vite que la roue E, produira sur le levier un mouvement différentiel

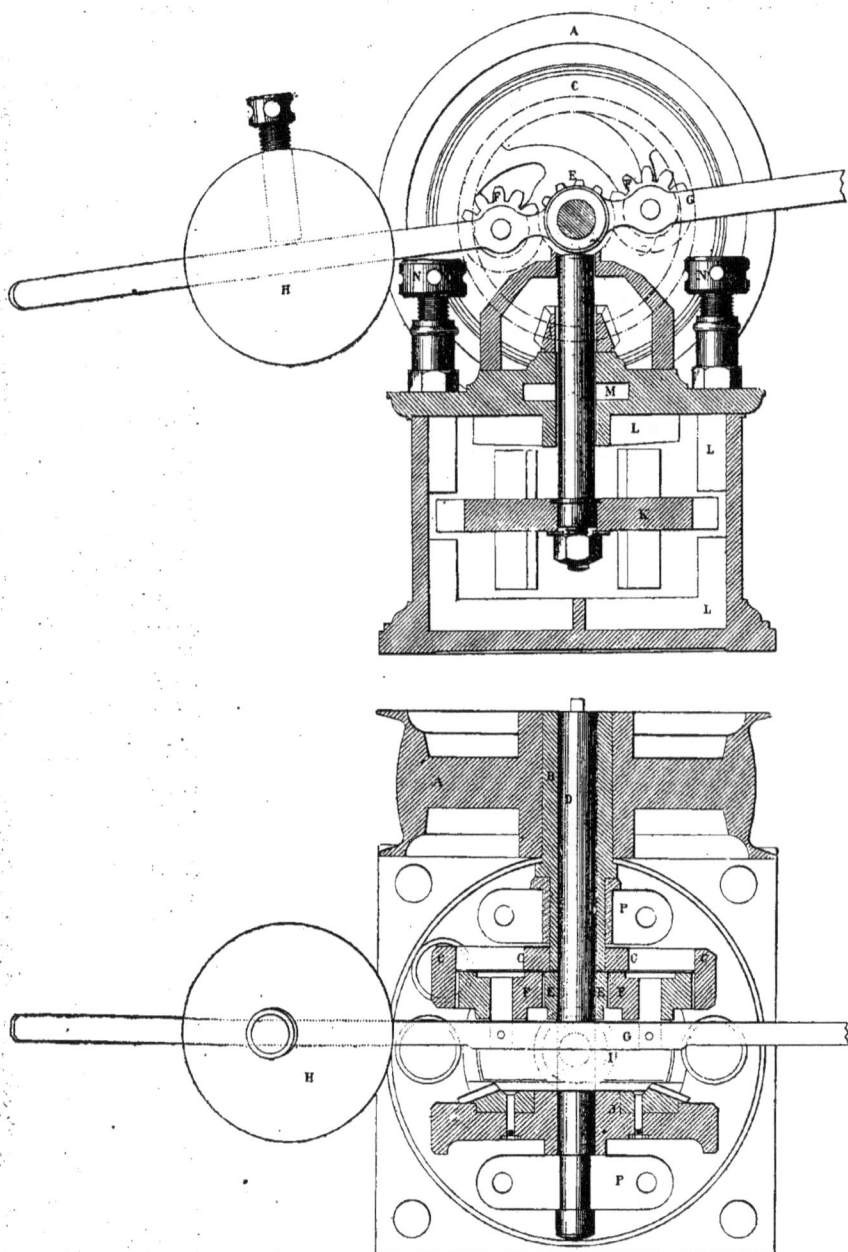

Fig. 666.

en sens inverse du premier, ce qui aura pour effet d'ouvrir les orifices du moteur pour lui donner la force nécessaire à sa marche normale.

949. *Régulateur électrique de vitesse.* — M. Mouliné, ingénieur, a eu l'idée d'appliquer l'électricité aux régulateurs à air ou à force centrifuge, afin de les rendre plus sensibles et d'obtenir une action plus instantanée.

Pour arriver à cette solution, le principe général consiste à se servir de la puissance même du volant des machines pour vaincre la résistance des pièces à faire mouvoir, robinets ou vannes, et à déterminer l'embrayage de deux mouvements qui doivent produire l'ouverture ou la fermeture des organes d'introduction de la vapeur ou des liquides, par l'intermé- d'un courant électrique qui doit être intercepté tant que la vitesse normale du récepteur se maintient, mais qui passe dans l'un ou dans l'autre de deux électro- aimants adoptés aux mouvements ci-des- sus, aussitôt que, par une variation très petite de la vitesse, le régulateur à air ou à force centrifuge fait monter ou descendre une touche disposée près des fils conduc- teurs de l'électricité.

Pour obtenir cet effet, on pourrait se servir d'une pile ordinaire ; mais il est préférable de faire usage d'une machine magnéto-électrique, et M. Mouliné pen- sait que l'on doive donner la préférence au générateur Lamy,

On sait, dit M. Lamy, que dans toute machine fixe il existe un organe destiné à régulariser le mouvement, c'est le vo- lant. A l'état de repos, le volant est ai- manté par l'action de la terre ; à l'état de mouvement, il est encore aimanté ; mais dans ce cas, le magnétisme est distribué d'une autre manière et varie constam- ment pour une portion donnée de la jante. Si donc on enroule sur une partie de cette jante, comme noyau de bobine, et perpendiculairement à sa direction, un fil de cuivre recouvert de coton ou de soie,

on formera une hélice qui pourra être as- similée à la bobine de l'appareil de Clarke avec cette différence, toutefois, qu'au lieu de tourner devant les aimants artificiels voisins, la bobine du volant tournera de- vant l'aimant terrestre. En outre, à cause de la grosseur du noyau métallique, on pourra multiplier considérablement la quantité de fil de cuivre avant d'atteindre la limite d'action inductrice, et l'on aug-

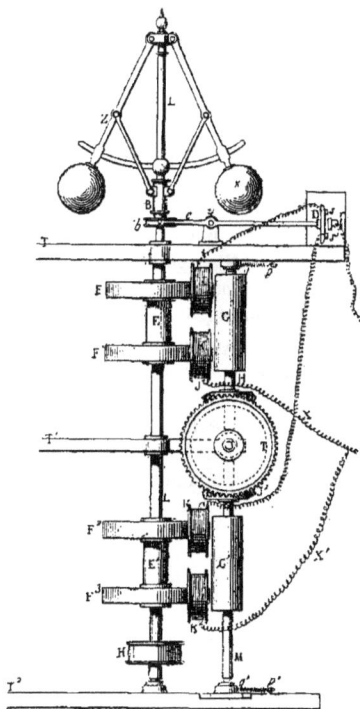

Fig. 154

mentera par là même, d'une manière no- table, la résistance du circuit, par suite la tension du courant produit.

Par cette disposition, on profite d'un mouvement nécessaire à l'organe récep- teur de la force. Quelques dizaines de kilogrammes de fil, ajoutés au poids d'un volant ne peuvent nuire à la machine.

Par des expériences, M. Lamy a obtenu des effets de tension comparables à ceux d'une pile de deux éléments Bunsen, en montant sur un volant de grandeur moyenne, une bobine de 33 centimètres de longueur avec un fil de cuivre de 6/10 de millimètres et d'une longueur de 5,300 mètres.

L'appareil régulateur de M. Mouliné est basé sur les considérations qui précèdent. Au lieu d'électro-aimants à branches, qui, par leur attraction, déterminaient l'embrayage des engrenages commandant le vannage de la vapeur ou de l'eau, l'auteur a recours à des électro-aimants à disques ou poulies de M. Nicklés.

Le régulateur à boule Z (*fig.* 667) est porté par un arbre vertical L, relié, comme à l'ordinaire, au moyen de tringles articulées avec son manchon B, muni de la poulie *b* qui reçoit la fourche du levier *c*. L'arbre L est maintenu par trois supports T, T'T' et reçoit son mouvement de rotation par l'intermédiaire de la poulie H, sur laquelle passe une courroie actionnée par le moteur.

L'arbre L porte deux électro-aimants paracirculaires EFF' et E'F²F³ formés d'un moyeu en fer doux E et E' auquel sont reliés les disques également en fer doux F F', F² F³.

Un segment de chacun des disques F et F' tourne librement dans une bobine en fil de cuivre recouvert de soie K et K', dont les hélices sont de sens contraire.

La même application a lieu pour l'électro-aimant E'.

Deux cylindres en fer doux G et G' fixés sur les arbres verticaux N et M servent d'armature aux deux électro-aimants.

Les extrémités de ces arbres tournant dans des crapaudines mobiles *q* et *q'* qui, sous l'action des ressorts *p* et *p'* écartent d'un millimètre environ les deux cylindres G G' des électro-aimants E et E' tant que l'électricité ne circule pas dans un des deux systèmes de bobines.

Mais aussitôt que, par l'effet d'une va-riation très petite de la vitesse de la machine, le régulateur commandant le levier *c*, mobile en *y*, fait toucher une des lames de cuivre *s*, *s'*, adaptées au plateau D, avec l'extrémité *r* du fil conducteur de l'électricité, le circuit est établi, et l'un des électro-aimants s'aimantant instantanément, attire le cylindre correspondant qui, venant adhérer contre la circonférence des deux disques, participe à leur mouvement de rotation, comme s'il s'agissait de deux roues de friction.

Or, comme chacun des arbres M, N est muni d'une roue d'angle J, J' engrenant avec une roue I qui, par l'arbre O, commande le robinet ou valve d'admission, il en résulte que presque instantanément l'effet de réglementation est obtenu.

Dès que le moteur revient à sa vitesse normale, le levier *c* fait cesser le contact entre les organes conducteurs *s*, *r*, *s'*, et le circuit étant interrompu, l'électro-aimant se débraye sous l'action du ressort, et, par suite, le régulateur n'agit plus, à moins qu'une nouvelle variation de vitesse ne survienne. Cet appareil n'est pas aussi coûteux ni aussi compliqué qu'il le paraît au premier abord.

950. *Régulateurs pour la lumière électrique.* — La lumière électrique sous forme d'arc voltaïque est obtenue en interposant dans le courant deux charbons, dont les extrémités en regard sont à une distance convenable. Lorsque ces charbons sont dans le prolongement l'un de l'autre, il est indispensable de faire usage de régulateurs qui maintiennent à une distance constante les extrémités des charbons afin de remédier à l'usure produite par la combustion de ces électrodes. Le principe des régulateurs assez nombreux aujourd'hui est toujours le même ; il consiste à utiliser les variations de l'intensité du courant pour ramener les charbons polaires à la meilleure distance. Nous décrirons ici les régulateurs de M. Duboscq et de M. Foucault.

951. *Régulateur Duboscq.* — Il se compose (*fig.* 668) d'un rouage d'horlogerie animé par un ressort moteur contenu dans le barillet P et régularisé par le volant à ailettes *g*. Sous l'action de ce rouage les deux crémaillères S et T sont mises en mouvement, la première par un pignon tenant au barillet, l'autre par une

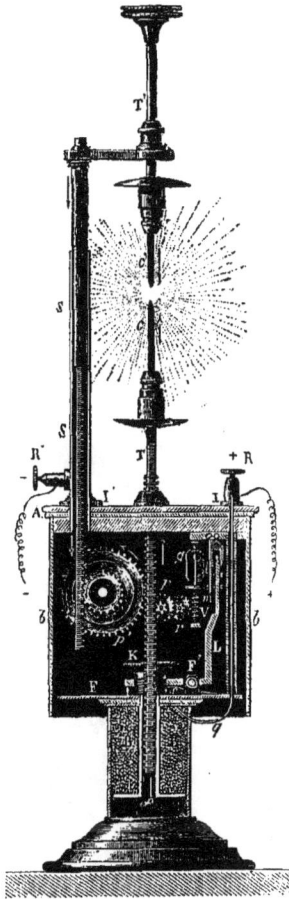

Fig. 668.

roue dentée concentrique, de même denture et de rayon double ; de cette façon la crémaillère T s'élève, S s'abaisse, mais la première se meut deux fois plus vite.

C'est elle qui porte le charbon positif *c ;* le charbon négatif *c'* est fixé à la pièce T' qui se meut avec la crémaillère S. On a reconnu par l'expérience que le charbon positif s'use deux fois plus vite que le charbon négatif ; c'est pour cela qu'on lui fait faire deux fois plus de chemin. Mais, si au lieu de la pile on se servait des machines magnéto-électriques, à courants alternatifs, que l'on emploie de préférence aujourd'hui, chaque charbon serait alternativement positif et négatif, et il faudrait dans ce cas les faire marcher avec la même vitesse. Le courant fourni par la pile entre par la borne R, anime l'électro-aimant BB, d'où il passe à la crémaillère T et de là au charbon positif *c ;* du charbon négatif *c'* il se rend à la crémaillère S et sort par la borne R'. Le noyau en fer doux de l'électro-aimant attire un contact mobile K toutes les fois que le courant circule dans la bobine ; au contact est attaché un levier coudé L mobile en F' autour d'un axe horizontal ; il est poussé par le ressort antagoniste *s* et appuyé supérieurement contre un levier plus court *l* mobile autour de l'axe *o*. Ce petit levier porte à sa partie inférieure un bec en acier *m* destiné à arrêter une roue dentée placée à la partie inférieure du modérateur *g*.

Supposons que, les deux charbons étant placés à la distance convenable, on lance le courant dans l'appareil, le contact est abaissé et le rouage arrêté par le bec inférieur du levier *l ;* à mesure que les charbons s'usent, la résistance devient de plus en plus grande et il arrive un moment où l'intensité du courant est devenue assez faible pour que le ressort antagoniste produise son effet ; le rouage est dégagé, les charbons se rapprochent, le contact est attiré de nouveau et il se produit un nouvel arrêt du rouage qui recommence bientôt à fonctionner, et ainsi de suite. Un petit levier mobile à la main sert à arrêter à volonté le mouvement de l'appareil ; le contact est d'ailleurs muni d'un pas de vis qui permet de le rapprocher plus ou moins de l'électro-aimant, suivant la force de la pile dont on fait usage. Enfin l'ensemble du rouage et des leviers est renfermé dans une boîte métallique dont une partie latérale peut être enlevée pour mettre à découvert la partie intérieure du mécanisme.

952. *Régulateur Foucault.* — Le régulateur Foucault est caractérisé par l'existence d'un double rouage moteur, susceptible de produire, suivant les circonstances, ou l'avance ou le recul des charbons ; de cette façon, on peut éviter la mise en train à la main, qui a pour objet, au commencement, de placer directement les charbons à la distance la plus convenable; on prévient aussi l'extinction qui proviendrait de leur arrivée accidentelle au contact.

La figure 669 représente l'ensemble de l'appareil; on a seulement supprimé quelques pièces intermédiaires des rouages. Un barillet E contient un ressort moteur dont le mouvement se communique par une série de mobiles au volant *o*. Un second barillet L contenant un ressort plus fort communique son mouvement au volant *o'*; les crémaillères porte-charbons sont mises en mouvement par des roues dentées faisant corps avec le barillet E. La roue qui mène le charbon positif a un diamètre double de l'autre, si l'on se sert de la pile, pour que sa vitesse soit double. Le courant arrive par la borne C, parcourt le fil de l'électro-aimant E et par la partie métallique de l'appareil arrive à la crémaillère D qui porte le charbon positif, traverse l'arc voltaïque, arrive au charbon négatif à la potence H et à une borne où se trouve fixé le rhéophore négatif de la pile. L'armature F de l'électro-aimant étant attirée, sa partie postérieure est soulevée, et ce mouvement est combattu par le ressort antagoniste R ; mais celui-ci, au lieu d'agir directement sur la partie postérieure, agit à l'extrémité d'un levier placé au-dessus et mobile autour

du point X. Ce levier présente à sa partie inférieure un profil curviligne, de sorte que son point de contact avec l'armature

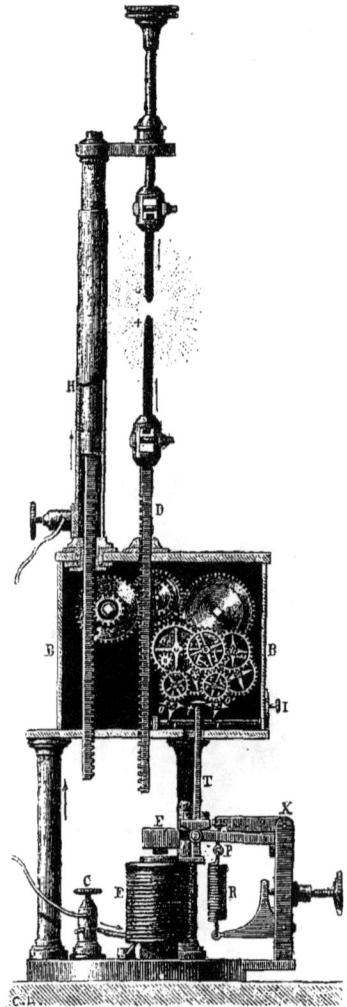

Fig. 669.

change et que le ressort agit avec un bras de levier variable suivant l'intensité du courant. Le résultat de cette disposition, connue sous le nom de *réparatiteur de*

Robert-Houdin, est que l'armature, au lieu d'être simplement ou attirée ou repoussée, ainsi que cela arrive d'ordinaire, prend à chaque instant une position déterminée en rapport avec l'intensité du courant. Dans ces divers mouvements, le marteau T, lié à l'armature dans le voisinage de son point fixe, éprouve des oscillations correspondantes.

Si le courant faiblit, la tête *t* se porte vers la droite, arrête le volant du barillet L et délivre *o ;* les charbons s'avancent alors l'un vers l'autre. Si le courant devient trop intense, c'est *o* qui est arrêté et le barillet L fonctionne à son tour en produisant le recul. Lorsque le marteau T est exactement vertical, les deux volants *o* et *o′* sont arrêtés et les charbons sont fixes. La courbure du levier sur lequel agit le ressort étant très faible, les oscillations de l'armature sont très petites, il en est de même de celle de l'embrayeur, et par suite, malgré les variations du courant, les charbons n'avancent et ne reculent que de quantités extrêmement petites, ce qui donne au foyer lumineux un caractère de fixité remarquable.

Pour empêcher que les deux systèmes d'avance et de recul se contrarient dans leur action sur les crémaillères, Foucault a fait usage d'un organe mécanique fort ingénieux et appliqué avant lui dans quelques circonstances ; c'est un rouage planétaire formé de cinq roues montées sur le même axe, d'un côté une roue et un pignon en relation avec l'un des rouages, de l'autre côté un système semblable appartenant à l'autre. Les deux systèmes sont indépendants l'un de l'autre et d'ailleurs libres sur l'axe ; entre les deux pignons, et faisant corps avec l'axe, se trouve la roue marquée *s* sur la figure. Près de son bord, elle est traversée par un axe muni, à chacune de ses extrémités, d'un pignon satellite engrenant avec le pignon correspondant des rouages moteurs.

Supposons d'après cela que le rouage de recul soit embrayé, la roue *s* tourne dans le sens que lui imprime le ressort, mais son pignon correspondant au second rouage ne fait que tourner autour du pignon avec lequel il engrène sans mettre en mouvement la roue. Supposons au contraire que ce soit le rouage de recul qui fonctionne, l'autre étant embrayé, son mouvement se transmet à la roue *s* par son pignon excentrique ; cette roue tourne donc en sens contraire de tout à l'heure et par le second pignon ce mouvement est transmis au premier rouage qui se trouve ainsi remonté par l'action du second ressort ; c'est pour pouvoir accomplir cette fonction que ce dernier ressort a une force beaucoup plus grande que le premier.

Régulateurs proprement dits.

953. Les corps possédant par eux-mêmes un mouvement régulier peuvent servir de régulateurs ; tels sont, le pendule et le ressort spiral, universellement employés dans les instruments qui servent à la mesure du temps. Aussi, nous nous occuperons tout particulièrement de ces deux appareils ; néanmoins, il est utile de dire quelques mots du principe qui servait aux anciens à établir les horloges d'eau.

Considérons un réservoir contenant de l'eau à un niveau constant, et muni à sa partie inférieure d'un robinet qui permette au liquide de s'écouler avec une vitesse

$$v = \sqrt{2gh}$$

h représentant la distance verticale du centre du robinet au niveau supérieur du liquide. Si cette hauteur est invariable, il est facile de comprendre que le robinet laissera écouler des quantités égales de liquide en des temps égaux; les volumes d'eau écoulés pourront servir à mesurer le temps.

Ce niveau libre du liquide est maintenu

invariable au moyen de la disposition suivante. Le réservoir est alimenté par un
robinet qui fournit une quantité d'eau un
peu supérieure à celle qui s'écoule par
l'orifice inférieur. Cet excès d'eau peut
s'écouler par une décharge ou un tuyau
de trop plein ménagé à la hauteur du
niveau de l'eau dans le réservoir.

Le vase de Mariotte dont on se sert
dans les laboratoires permet d'obtenir aussi
un écoulement constant de liquide. Il se
compose d'un flacon dont le bouchon est
traversé par un tube droit ouvert aux
deux bouts et dont l'extrémité inférieure
arrive en *a*. Un ajutage est placé en *b* à
la partie inférieure du flacon (*fig.* 670).
Supposons que le flacon étant plein d'eau

faire à la partie supérieure du flacon, car
la pression atmosphérique forcera le liquide du tube à remplacer celui qui s'é-
coule. Le niveau descendra donc rapidement dans le tube, et la vitesse décroîtra
graduellement, ce qu'on reconnaîtra à la
diminution de l'amplitude de la veine. Lorsque le liquide sera arrivé au point *a*,
l'écoulement continuera ; mais alors de
l'air s'introduira bulle à bulle dans l'appareil et s'élèvera à la partie supérieure
du flacon, de façon que sa pression augmentée de la hauteur d'eau supérieure au
plan horizontal passant par le point *a*,
maintienne dans ce plan une pression
égale à la pression atmosphérique. A partir de ce moment, l'écoulement se fera
avec une vitesse constante due à une
charge égale à la distance verticale des
points *a* et *b*. Rigoureusement parlant, la

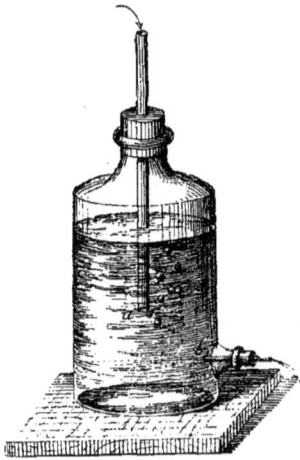

Fig. 670.

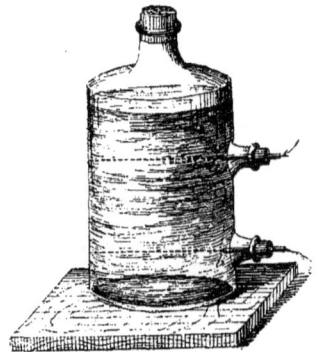

Fig. 671.

et le tube également jusqu'à sa partie supérieure, on ouvre l'ajutage *b*. Les molécules placées à l'orifice subissent de dehors en dedans une pression égale à la
pression atmosphérique, et sont poussées
du dedans en dehors avec une force qui
surpasse la pression atmosphérique de
toute la hauteur d'eau jusqu'à la partie
supérieure du tube. Il y aura donc écoulement, mais aucun vide ne pourra se

vitesse n'est pas constante, car l'air s'introduit non pas d'une manière continue
mais bulle à bulle, c'est-à-dire par sac-
cades, mais il ne résulte de là que de légères oscillations et on peut considérer
la dépense moyenne pendant un temps
même assez court, comme constante. A la
place du tube droit, on peut se servir,
d'un vase muni de deux ouvertures à deux
niveaux différents ; le liquide s'écoule par

l'orifice inférieur *b* (*fig.* 671) tandis que l'air rentre par l'orifice supérieur *a*.

Dans les laboratoires on se sert quelque fois du vase de Mariotte pour produire l'écoulement régulier d'un gaz, il suffit de se servir de l'eau qui s'écoule pour expulser le gaz. On peut aussi appeler le gaz par le tube même de Mariotte ; dans ce cas, l'écoulement de l'eau est uniforme, mais il n'en est pas de même du gaz puisque la presssion varie.

954. PENDULE SIMPLE. — Le pendule simple ou idéal est formé d'un fil inextensible sans poids, fixé à son extrémité supérieure et portant à l'autre extrémité un point matériel. Dans la pratique, on

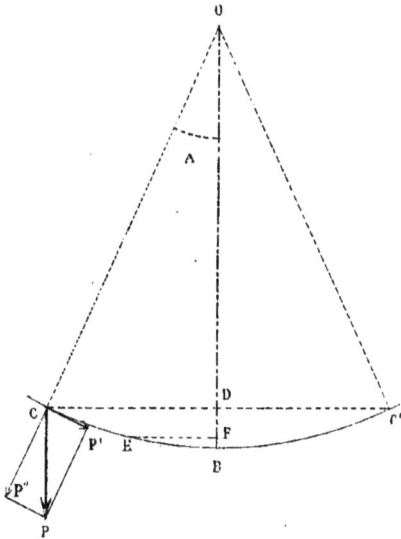

Fig. 672.

se rapproche le plus de ce pendule théorique en se servant d'un fil très fin et résistant, à l'extrémité duquel au suspend une petite masse pesante, une balle de plomb, par exemple. Ce pendule se tient en équilibre dans la position verticale, et quand il est écarté jusqu'en C (*fig.*672), il est soumis aux deux composantes P′ et P″ de son poids, l'une qui tend le fil, l'autre

tangente à la courbe qui a pour valeur P. sin A et qui ramène la sphère vers sa position d'équilibre B. Cette force varie à chaque instant avec la valeur de l'angle A ; elle diminue quand le mobile se rapproche de B, et devient nulle quand il atteint ce point ; elle n'est donc pas constante ni en grandeur ni en direction, et le mouvement qu'elle imprime se fait suivant des lois complexes qui ne sont pas celles du mouvement uniformément varié.

Arrivé en B, le pendule possède une vitesse acquise, et continue sa marche sur l'arc BC′ ; mais le poids agissant toujours sur lui, se décompose comme précédemment en deux forces, dont l'une P sin. A tangente à la courbe, détruit pendant la course ascendante les impulsions reçues pendant le mouvement descendant, et la boule n'a plus aucune vitesse lorsqu'elle a parcouru l'espace BC′ = BC.

Ensuite elle recommence à descendre pour remonter en C, puis elle revient en C′, etc ; elle a donc un mouvement oscillatoire qui ne devrait jamais s'arrêter. Cependant, comme l'appareil ne peut être réalisé sans qu'il y ait des frottements au point de suspension et des résistances opposées par l'air déplacé, on verra les amplitudes diminuer progressivement, et le pendule revenir bientôt à la position verticale.

955. Les lois principales du pendule peuvent se vérifier expérimentalement de de la manière suivante :

1° *Isochronisme des petites oscillations.* — Si l'on fait osciller le pendule en l'écartant d'un angle A au moment du départ, il est facile, à l'aide d'un bon chronomètre, de mesurer la durée de 100 oscillations, dont les amplitudes ont progressivement diminué depuis A jusqu'à A′, et en divisant ce temps par 100, on a sensiblement la durée d'une seule oscillation dont l'écart moyen serait $\frac{A + A'}{2}$. Sans arrêter le pendule, on mesure ensuite la durée des 100 oscillations suivantes qui sont comprises entre des écarts plus petits, A' et A″ et l'on continue de la même manière jusqu'au moment où les amplitudes étant devenues insensibles, les oscillations cessent de pouvoir être observées.

En comparant ensuite les temps successifs que l'on a mesurés, on reconnaît qu'ils diminuent avec les amplitudes tant qu'elles sont grandes, mais qu'ils atteignent une limite constante quand elles deviennent petites et ne dépassant pas 2 à 3 degrés. A partir de là, les temps ne varient plus, avec l'angle d'écart, et l'on peut dire que les petites oscillations sont isochrones.

2° *Nature du pendule*. — Si l'on change la nature de la sphère oscillante, en suspendant à des fils de même longueur, des sphères égales, formées de différents corps choisis parmi ceux dont les poids sous le même volume diffèrent le plus; on remarquera qu'en écartant ces différents pendules au même instant, les mouvements commencés ensemble resteront indéfiniment concordants.

La durée d'une oscillation est donc indépendante de la nature du corps oscillant. On prouve de même qu'elle ne change pas, quand les sphères sont de même substance et de poids différents.

3° *Loi des longueurs*. —Quand plusieurs pendules ont des longueurs différentes, leurs mouvements cessent d'être les mêmes; pour pouvoir les comparer, on prend quatre balles égales et on les suspend à un même support par des fils dont les longueurs sont

1, 4, 9, 16,

qui sont entre elles comme les carrés des nombres naturels. Puis, quatre observateurs écartent chacun l'un des appareils, l'abandonnent à un signal donné et comptent ses oscillations jusqu'à un second signal; ils trouvent au bout d'un certain temps les nombres d'oscillations suivants.

60, 30, 20, 15.

ce qui donne pour les rapports des durées d'un même nombre d'oscillations

1, 2, 3, 4,

par conséquent, le temps des oscillations est en raison directe de la racine carrée des longueurs.

956. *Formule approchée du pendule simple*. —Les lois du pendule simple, que nous venons d'énumérer, ne suffisent pas pour calculer la durée des oscillations. Il faut pour cela traiter le problème théoriquement, question que nous développerons complètement dans la Dynamique ; cependant, il n'est pas sans intérêt d'indiquer, ici, une solution approchée de la formule du pendule.

Considérons le pendule idéal déplacé de sa position verticale et amené en C, lorsqu'il arrive en un point E de l'arc CBC' il a acquis une vitesse égale à $\sqrt{2g.DF}$. Admettons que l'angle d'écart soit assez petit pour que les arcs CB, que nous désignerons par a et EB, que nous appellerons x, puisse se confondre avec leurs cordes. On aura, d'après un théorème connu de géométrie,

$$BD = \frac{\overline{CB^2}}{2OB} = \frac{a^2}{2l}$$

et

$$BF = \frac{\overline{EB^2}}{2OB} = \frac{x^2}{2l}$$

or,

$$DF = BD - BF$$

ou en remplaçant BD et BF par leur valeur, il vient

$$DF = \frac{a^2 - x^2}{2l}$$

l représentant la longueur du pendule.

Par conséquent la vitesse au point E sera

$$x = \sqrt{\frac{g}{l}(a^2 - x^2)}.$$

Développons CBC' (*fig.* 673) en ligne droite, et imaginons un mobile oscillant sur elle avec les mêmes vitesses que le pendule sur l'arc qu'il décrit, le temps que mettra ce mobile pour aller de C à C' sera celui d'une oscillation du pendule. Pour trouver ce temps, décrivons la demi-circonférence CMC' et supposons qu'un second mobile la parcourt avec une vitesse constante $a\sqrt{\dfrac{g}{l}}$; le temps qu'il mettra à passer de C en C' sera

$$\frac{\pi a}{a\sqrt{\dfrac{g}{l}}} \quad \text{ou} \quad \pi\sqrt{\dfrac{l}{g}}.$$

Mais la vitesse horizontale de ce mobile sera toujours égale à la vitesse du premier, comme il est facile de s'en convaincre, en projetant sur l'horizon la vitesse qui a lieu en M ; cette projection

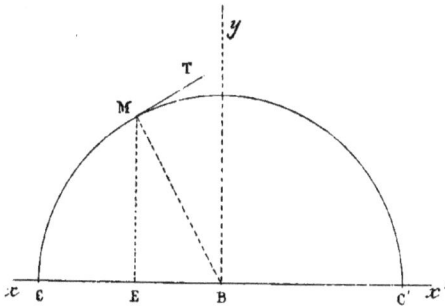

Fig. 673.

ou composante horizontale est

$$a\sqrt{\frac{g}{l}}\sin.\text{EMB}=a\sqrt{\frac{l}{g}}\sqrt{\frac{\overline{\text{MB}^2}-\overline{\text{EB}^2}}{\text{MB}}}$$

ou

$$\sqrt{\frac{g}{l}(a^2-x^2)}$$

Les deux mobiles, ayant toujours la même vitesse horizontale, resteront donc constamment sur la même verticale s'ils partent en même temps du point C, et ils arriveront ensemble en C' après un temps

$$t=\pi\sqrt{\frac{l}{g}}$$

Ce temps est donc celui d'une oscillation du pendule. Ce résultat a été obtenu en supposant que les arcs décrits par le pendule sont assez petits pour se confondre avec leur corde ; il s'applique donc exclusivement aux amplitudes très petites et il est justifié par les expériences citées plus haut ; car il montre : 1° que le temps des oscillations est indépendant de l'am-

plitude, pourvu qu'elle soit très petite ; 2° qu'il reste constant, quels que soit la nature et le poids de la sphère oscillant, puisque ces quantités n'entrent pas dans la formule, 3° qu'il est proportionnel à la racine carrée des longueurs.

La formule montre de plus que t est en raison inverse de la racine carrée de g et par conséquent, si on mesure la longueur l du pendule et la durée t d'une oscillation on pourra calculer la valeur de l'accélération g due à la pesanteur, en résolvant l'équation par rapport à g.

$$g=\frac{\pi^2 l}{t^2}.$$

Lorsque l'amplitude des oscillations est grande, le calcul, que nous n'avons pas à indiquer donne pour la durée d'une oscillation

$$t=\pi\sqrt{\frac{g}{l}}\left[1+\left(\frac{1}{2}\right)^2\frac{h}{2l}+\left(\frac{1.3}{2.4}\right)^2\left(\frac{h}{2l}\right)^2+\dots\right]$$

h représentant la hauteur DB à laquelle s'élève le pendule dans chaque oscillation. Ce temps t s'exprime par une série qui est d'autant plus convergente que h est plus petit et qui se réduit à l'unité, quand il est négligeable. Dans ce cas, cette formule générale devient la formule approchée

$$t=\pi\sqrt{\frac{l}{g}}.$$

En admettant que les amplitudes soient assez petites pour qu'on puisse négliger tous les termes de la série à l'exception des deux premiers, on obtient la formule.

$$t=\pi\sqrt{\frac{l}{g}}\left(1+\frac{1}{4}\frac{h}{2l}\right).$$

Or, $h=l-\text{OD}=l(1-\cos A=2l\sin^2\dfrac{A}{2}.$

et la formule devient

$$t=\pi\sqrt{\frac{l}{g}}\left(1+\frac{1}{4}\sin^2\frac{A}{2}\right).$$

957. Pendule composé. — Le pendule simple, tel que nous l'avons défini ne peut être réalisé pratiquement, par suite les formules précédentes ne peuvent pas être directement appliquées aux pendules employés que l'on nomme *pendules composés*. Ils sont en effet, composés de points matériels distribués à des distances inégales du point de suspension, qui oscilleraient très inégalement s'ils étaient libres, et qui, étant liés solidairement entre eux, prennent un mouvement commun complexe et dépendant de la forme du pendule.

Or l'expérience démontre que tout corps oscille, quelle que soit sa forme suivant les mêmes lois qu'un pendule simple d'une longueur déterminée.

La longueur d'un pendule composé est alors la longueur du pendule simple qui battrait ses oscillations pendant le même temps. L'extrémité de cette longueur du pendule composé se nomme *centre d'oscillation*, et nous démontrerons plus tard que si le pendule composé était suspendu par son centre d'oscillation son point de suspension primitif deviendrait le centre d'oscillation dans cette nouvelle position.

De là la construction de pendules reversibles qui ont deux couteaux, l'un en haut qui est fixe, l'autre en bas qui est mobile et qu'on place par tâtonnement dans une position telle, que les durées d'oscillations soient invariables, quand l'appareil est soutenu par l'un ou par l'autre.

958. *Application du pendule aux horloges.* — Puisque les durées des oscillations d'un pendule dont la longueur est constante restent invariables, on peut les faire servir à la mesure du temps. La construction de toutes les horloges est fondée là-dessus, et elles emploient un mécanisme analogue à celui représenté par la figure 674. Un treuil porte une corde enroulée, à laquelle est attaché un poids P qui tend à faire tourner l'appareil, d'autre part un pendule suspendu en A, par une lame flexible, entraîne dans ses oscillations une tige DC et aussi un arc de cercle GE; cet arc est terminé par des pointes recourbées qui s'engage dans une roue à dents inclinées fixée au treuil. Quand le pendule marche et que la pointe

E s'élève, elle abandonne la roue dentée qui tourne; mais aussitôt la pointe opposée s'abaisse, s'engage dans les dents et arrête la roue; à l'oscillation suivante, elle se relève à son tour, mais E descend vers la roue et s'engage, non point dans la même échancrure, mais dans la suivante, et pour chaque oscillation double la roue tourne d'une dent. Dès lors, le treuil marche d'un angle égal pendant chaque oscillation, et s'il porte une ai-

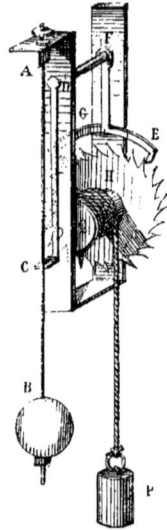 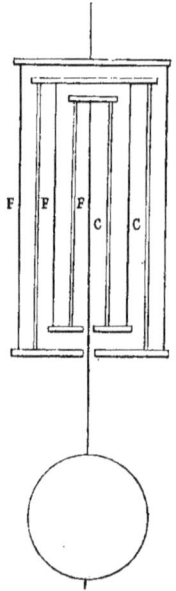

Fig. 674.   Fig. 675.

guille, elle décrit sur un cadran des espaces égaux en des temps égaux; il suffit donc de combiner les rouages avec la longueur du pendule pour mesurer le temps en secondes. On remarquera, de plus, que la disposition des dents et de la pointe E est telle, que celle-ci reçoive une impulsion de la roue dentée à chaque fois qu'elle quitte une dent; cette impulsion se transmet au pendule et l'empêche de s'arrêter.

959. *Effets de la variation de la température sur la marche des horloges.* — Supposons qu'un pendule destiné à régler une horloge ait été réglé à la température de zéro et que celle-ci s'élève, la longueur du pendule augmentant, la durée de l'oscillation augmente aussi et par suite l'horloge devra retarder. Le phénomène inverse aurait lieu si la température s'abaissait. On voit donc que les horloges doivent réellement avancer en hiver et retarder en été, et par suite il convient de toucher de temps à autre la lentille du balancier pour assurer la régularité de leur marche.

On parvient à atténuer notablement les effets de la température à l'aide de pendules compensateurs, dont la disposition peut d'ailleurs varier beaucoup.

960. *Pendule à gril de Leroy.* — Le pendule est formé de quatre chassis alternativement en acier F et en laiton C (*fig.* 675) ; les chassis en laiton s'appuient sur la base inférieure des chassis en acier, et la tige d'acier qui porte la lentille est fixée à la partie supérieure du second chassis en laiton. Il suit de là que par l'effet de l'allongement des tiges d'acier, la lentille s'abaissera, tandis que l'effet de l'allongement du laiton sera de la relever. On conçoit que ces deux effets puissent se neutraliser complètement ; il suffit pour cela que la dilatation de l'acier soit égale à celle du laiton. On démontre facilement que cette condition conduit à disposer au moins deux chassis en laiton, d'après les coefficients de dilatation linéaire des deux métaux employés. Pour que la compensation fût parfaite, il faudrait que le centre d'oscillation demeurât à la même distance du centre de suspension, ce qui ne résulte pas nécessairement de la disposition précédente, qui ne peut être considérée que comme un moyen d'atténuer les irrégularités de marche provenant de la température, mais non de les faire disparaître tout à fait. La vis que l'on voit sur la figure 676 au-dessous de la lentille, permet de faire mouvoir un peu cette dernière, de façon à compléter,

si c'est nécessaire, l'effet de la compensation.

961. *Pendule de Graham.* — Il se compose d'une tige en fer, portant à sa partie inférieure une plaque sur laquelle reposent deux cylindres de verre contenant du mercure (*fig.* 677). Lorsque la température augmente, l'allongement de la tige de fer abaisse le centre de gravité, et par suite le centre d'oscillation de l'appareil ; mais la dilatation du mercure produit un phénomène inverse et on conçoit qu'on puisse régler la hauteur du mercure de telle façon qu'il s'établisse une compensation à peu près exacte.

962. *Pendule Brocot.* — Le pendule, très en usage depuis quelques années, est formé d'une tige de fer *f* supportant inférieurement la lentille (*fig.* 678). De la partie supérieure partent deux tiges de laiton *cc*, qui, par l'intermédiaire des leviers *aa* et des pivots *tt* fixés à la lentille, relèvent cette dernière quand la température augmente. On conçoit que les bras de levier peuvent être choisis de telle façon que, par l'effet inverse des dilatations du cuivre et du fer, le centre de la lentille demeure à la même distance de l'axe de suspension.

963. *Ressort à spiral.* — Dans les montres et les chronomètres on emploie comme appareil régulateur, le ressort spiral qui oscille ou vibre comme une lame élastique autour de son point d'attache.

Le ressort spiral est formé d'une bande d'acier très élastique tournée en spirale ; l'une de ses extrémités est fixée, tandis que l'extrémité intérieure est liée à un axe pouvant prendre un mouvement de rotation. Si on bande cette extrémité centrale d'une certaine quantité, aussitôt que l'effort cessera, le ressort reviendra à sa première position, puis la dépassera, en vertu de l'inertie, par une extension égale à la compression, d'une manière analogue au mouvement d'une lame d'acier que l'on fait vibrer en maintenant l'une de ses extrémités entre les machoires d'un étau.

Le mouvement que prendrait ainsi le ressort spiral serait trop rapide pour l'utiliser directement ; c'est pour ralentir sa marche qu'on introduit dans le système une masse, appelée balancier et qui consiste en une roue faisant effet de volant réliée à l'axe autour duquel tourne le ressort au moyen de quatre ou six bras.

Il est inutile d'indiquer par un figure ce système régulateur, que tout le monde connaît aujourd'hui, par ses applications si repandues. Pour remédier aux avances ou retards produits par la variation de la température ou par d'autres causes, le régulateur porte une petite pièce nommée *raquette* mobile autour de l'axe du balancier mais indépendante de celui-ci.

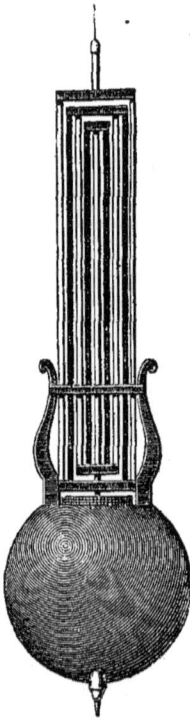
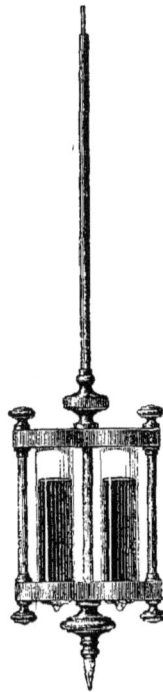
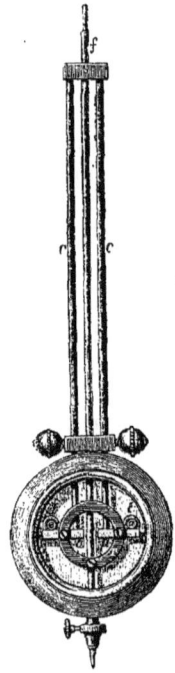

Fig. 676.   Fig. 677.   Fig. 678.

La tête de la raquette porte en dessous une saillie percée d'une fente verticale dans laquelle s'engage le ressort spiral au voisinage de son point fixe, on ajoute ou on diminue ainsi la longueur du ressort qui vibre et par suite on fait varier la durée des oscillations.

En éloignant la fente verticale du point fixe on raccourcit le ressort, dont l'effet est d'obtenir des vibrations plus rapides et par suite d'accélérer la marche de la montre ; l'effet inverse a lieu lorsqu'on rapproche la fente du point fixe du ressort. On produit le mouvement de la raquette en agissant à son autre extrémité laquelle parcourt un arc divisé sur lequel sont inscrits les mots *avance* et *retard*.

Dans les chronomètres très soignés, le

volant du régulateur à spiral est construit de façon à remédier aux effets de la dila-

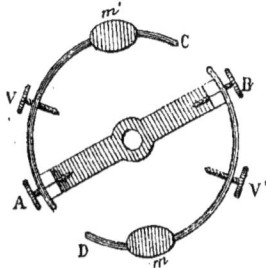

Fig. 679.

tation ; on comprend que si la tempéra-ture s'élève, chaque point de la circonfé-rence s'éloigne du centre, ce qui produit un retard. Pour empêcher cet effet, il faut ramener vers l'axe une partie de la masse du balancier. Pour cela, on le constitue par des lames soudées entre elles de mé-taux inégalement dilatables, de sorte que le plus dilatable se trouve en dehors ; ces lames sont terminées par de petites masses m et m' (fig. 679). Quand la température augmente, les masses se rapprochent du centre par suite de la courbure des lames AC et BD ; il en résulte une compensation quand l'appareil est convenablement construit.

§ IV. — ORGANES D'ARRÊT

964. Nous désignons par organes d'ar-rêt, les appareils destinés à suspendre le mouvement d'un corps, pendant un cer-tain temps, ou bien d'une manière inter-mittente. Les freins sont les plus employés pour ralentir ou arrêter les corps animés d'un mouvement circulaire ou rectiligne en faisant naître une résistance supérieure à la puissance. C'est surtout le frottement qu'on emploie à cet effet.

Les échappements sur lesquels reposent tout l'art de la construction des horloges et appareils divers à la mesure du temps, permettent de suspendre périodiquement l'action d'une force et d'en prolonger ainsi les effets. Ces organes reçoivent gé-néralement, par l'action d'un pendule, un mouvement circulaire alternatif, qui rend intermittent le mouvement circu-laire continu du système tour sur lequel ils agissent. Tout système d'échappement doit remplir deux fonctions ; la première consiste à arrêter périodiquement la ro-tation des rouages mis en mouvement par la force motrice ; la seconde à im-primer au pendule ou tout autre régula-teur une impulsion uniforme et suffisante pour lui restituer la force perdue en chaque instant par les frottements, la ré-sistance de l'air, car sans cette action il est évident que par l'effet de ces résis-tances l'horloge serait bientôt arrêtée.

On distingue un très grand nombre d'échappements ; les plus parfaits sont l'échappement libre d'Arnold et l'échap-pement libre à pivot de M. Henri Robert employés dans les chronomètres ; viennent ensuite l'échappement à verge ou à roue de rencontre, l'échappement Duplex, et l'échappement à cylindre employés dans les montres. Dans les horloges, on fait usage de l'échappement à ancre, ou de l'échappement à cheville, de Lepaute ; dans les pendules d'appartement on adop-te soit l'échappement à ancre, soit l'échap-pement à demi-repos.

Tous ces différents échappements sont décrits d'une manière complète dans les traités spéciaux d'horlogerie et particu-lièrement le *Traité d'horlogerie* de Ber-thoud ; les *Principes généraux de l'exacte mesure du temps* par Jurgensen ; *Traité d'horlogerie* de P. Moinet ; les études sur les *diverses questions d'horlogerie* par H. Robert.

Nous nous contenterons dans cet ouvrage de dire quelques mots des échappements d'Arnold et de celui de Pierre Leroy dans la description d'un chronomètre emprunté au dictionnaire de mathématique de M. H. Sonnet.

965. *Chronomètre.* — Les parties principales d'un chronomètre servant à la mesure du temps sont le *moteur*, le *rouage*, le *régulateur*, l'*échappement* et le *mécanisme de remontage.*

Le *moteur* est un ressort d'acier enroulé en spirale, et renfermé dans un cylindre que l'on nomme le *barillet :* l'une des extrémités du ressort est fixée à l'axe du cylindre, tandis que l'autre est attachée en un point de sa surface ; il en résulte que lorsque le ressort a été *armé*, c'est-à-dire enroulé autour de l'axe, en se détendant il fait tourner le barillet en sens contraire autour de l'axe qui reste fixe. La force exercée par ce moteur est nécessairement variable; elle diminue à mesure que le ressort se détend. Mais on a reconnu qu'on pouvait resserrer ses variations entre d'étroites limites en donnant au ressort une assez grande longueur pour que dans l'intervalle d'un jour, il ne se détendît que d'une faible quantité; si l'on remonte le chronomètre toutes les vingt-quatre heures, on est alors sûr que le moteur sera alors demeuré constant.

Pour corriger les inégalités du moteur, quelques constructeurs emploient encore l'ingénieux mécanisme auquel on donne le nom de fusée (*fig.* 680). C'est une sorte de roue tronc-conique interposée entre le rouage et le barillet, et liée à ce dernier par une chaîne qui peut s'enrouler et se dérouler de l'un sur l'autre. La surface de la fusée présente une sorte d'hélice conique sur laquelle la chaîne s'applique, et qui a été déterminée de manière que le bras de levier au bout duquel agit la chaîne soit toujours en raison inverse de la force du ressort. La tension que celui-ci communique à la chaîne reste variable, mais le *moment* de cette tension reste constant, et c'est la condition suffisante pour que l'effet produit soit le même que celui d'une force constante agissant à une distance constante de l'axe.

On a renoncé à la fusée, malgré ses avantages incontestables, parce qu'elle exige un axe de plus et tend ainsi à augmenter les frottements, parce que la rupture de la chaîne est un accident assez fréquent qui met le chronomètre hors de service, parce que la suppression de la fusée permet l'emploi d'un ressort plus faible; et pour plusieurs autres motifs de moindre importance.

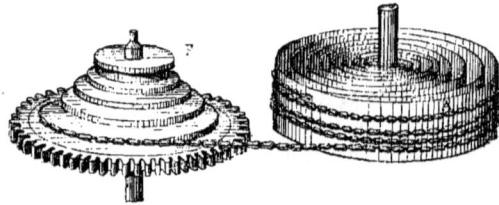

Fig. 680.

Dans les horloges, le moteur est un poids suspendu à l'extrémité d'une corde flexible qui s'enroule sur un cylindre horizontal auquel elle est fixée.

Le ROUAGE se compose d'une série de roues dentées, dont chacune engrène avec le pignon monté sur l'axe de la roue suivante. Les axes de ces roues sont maintenues par des *platines* parallèles au cadran, ou par une platine voisine du cadran et par des *ponts* qui tiennent lieu de la seconde.

Une première roue est montée sur l'axe de la fusée, ou sur le barillet lui-même, s'il n'y a pas de fusée. Elle engrène avec le pignon d'une seconde roue appelée, la *grande moyenne* ou *roue des minutes;* celle-ci conduit à son tour le pignon d'une troisième roue appelée *petite moyenne,* qui engrène avec le pignon d'une quatrième roue, appelée roue des secondes ; celle-ci conduit le pignon d'une cinquième roue appelée roue d'*échappement* et dont la fonction sera expliquée plus loin. Toutes ces roues sont situées dans des plans parallèles et sont comprises entre les deux platines, ou entre la platine et les ponts.

L'axe de la roue des minutes qui se prolonge hors du cadran porte l'aiguille des minutes, l'axe de la roue des secondes porte également l'aiguille des secondes qui se meut sur un cadran séparé. Quand à l'aiguille des heures, elle est fixée à un canon dans lequel passe l'axe de la roue des minutes, et qui peut tourner à frottement doux autour de cet axe. Sur ce canon est montée la roue des heures, ou *roue de cadran*, qui est conduite par le pignon d'une roue particulière appelée roue de *renvoi*, laquelle est conduite à son tour par un pignon spécial monté sur l'axe de la roue des minutes, et qu'on nomme le *pignon de chaussée*. Ces roues et ces pignons sont placés entre le cadran et la platine et forment ce qu'on appelle la *minuterie*. Tous ces rouages sont disposés de manière à occuper le moins de place possible.

Si le mécanisme n'était soumis qu'à l'action du ressort et aux frottements occasionnés par les engrenages et par la rotation des axes, tout le système prendrait un mouvement accéléré à mesure que le ressort irait en se détendant. Pour obtenir l'uniformité du mouvement nécessaire dans la mesure du temps, il faut pouvoir interrompre l'action du moteur à des intervalles de temps égaux, de telle sorte qu'à chaque reprise les conditions soient redevenues les mêmes qu'au départ ; le mouvement du système se compose alors d'une série de mouvements variés très courts, mais de même durée, et cette durée peut être prise pour unité dans la mesure du temps. C'est le régulateur qui est chargé d'interrompre ainsi, à des intervalles de temps égaux, l'action du moteur. Il se compose d'un balancier au volant circulaire, entraîné par les oscillations d'un ressort d'acier enroulé en hélice. Dans les montres, ce ressort est enroulé en spirale, comme nous l'avons indiqué au n° 963.

Afin que le chronomètre ne soit pas dérangé par les mouvements brusques auxquels il est soumis, on donne aux oscillations du régulateur une grande amplitude, 360 et jusqu'à 450 degrés ; en même temps, on règle la force et les dimensions du spiral, de manière qu'il fasse 4 ou 5 demi-oscillations par seconde ; la face vive du volant est alors assez considérable pour que le mouvement général du système ne soit pas sensiblement influencé par les mouvements instantanés qu'on lui imprime en transportant la machine. Il faut aussi employer tous les moyens possibles pour que les oscillations restent sensiblement isochrones, malgré les variations de température et malgré l'accroissement de résistance que peut produire l'épaississement des huiles employés à lubrifier les pivots. Or, d'une part, Pierre Leroy a démontré qu'il existe pour chaque ressort une longueur pour laquelle la durée des oscillations est à peu près indépendante de l'amplitude ; en sorte qu'une fois cette longueur déterminée, si les oscillations viennent à varier d'amplitude, elles conservent néanmoins leur isochronisme. Quant à l'influence de la température, on la combat en disposant le balancier de manière qu'il tende à se rapprocher de l'axe quand la température s'élève, et à s'en éloigner au contraire quand la température s'abaisse. Pour satisfaire à ces conditions, on lui donne la forme que nous avons indiquée (*fig.* 579).

Il faut maintenant expliquer comment les oscillations du régulateur interrompent et rétablissent l'action du moteur. Cet effet est obtenu par l'intermédiaire de l'*échappement*, qui a, en outre, pour fonction de restituer au régulateur la force vive qu'il perd à chaque interruption.

Celui qui est le plus employé dans les chronomètres est *l'échappement libre* dont le principe est dû à Pierre Leroy ; mais qui a reçu divers perfectionnements.

Nous décrirons d'abord l'échappement d'Arnold, l'un des plus fréquemment employés dans les instruments de haute précision.

Il est représenté figure 681. A est la roue d'échappement qui tourne dans le sens indiqué par la flèche *f* ; B est un disque, nommé *cercle d'échappement*, monté sur l'axe du régulateur et participant à son mouvement oscillatoire ; un rouleau C monté sur le même axe, est armé d'un

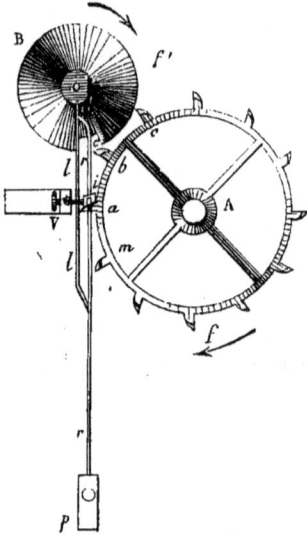

Fig. 681.

doigt *d* en pierre fine dont la fonction sera expliquée tout à l'heure. Un ressort *rr* nommé *détente-ressort* fixé en *p* à l'une de ses extrémités, porte en un point de sa longueur un talon *i* en pierre fine, contre lequel vient reposer l'une des dents *a* de la roue ; sur le ressort *r* est fixé par une de ses extrémités un autre ressort plus flexible *ll*, ordinairement en or.

La dent *a*, étant arrêtée par le talon *i*, on conçoit que l'action du moteur se trouve momentanément suspendue c'est ce qui constitue le repos. Dans la demi-oscillation du balancier qui a eu lieu dans le sens de la flèche *f'*, le doigt *d* soulève l'extrémité du petit ressort *l*, sans produire d'autre effet ; mais à la demi-oscillation suivante qui a lieu en sens contraire, le doigt *d* rencontrant l'extrémité du petit ressort *l*, entraîne l'ensemble des deux ressorts ; le talon *i* s'écarte vers le centre de la roue, et la dent *a* se dégage, c'est ce qui constitue l'*échappement*. La roue cédant à l'action du moteur tourne dans le sens de la flèche *f* ; c'est ce qui constitue la *chute*. Dans ce mouvement, la dent *b* vient frapper l'entaille *e* du cercle d'échappement, l'entraîne pendant une partie de sa course, et par le choc, restitue au régulateur la force vive qu'il avait perdue ; c'est ce qu'on appelle la *levée*. Pendant ce temps, la détente-ressort revient par son élasticité à sa position primitive, qu'elle ne peut dépasser à cause d'une vis *v* contre laquelle le talon *i* vient buter ; ce talon se trouve ainsi en mesure d'arrêter la dent suivante *m* ; et le même jeu recommence. On voit qu'il échappe une dent à chaque oscillation complète, aller et retour du régulateur. Le rayon du cercle d'échappement B doit être égal à la distance entre les extrémités de deux dents consécutives de la roue ; mais la corde qui joint les points d'intersection de la circonférence du disque B avec celle qui passe par les extrémités des dents doit être un peu plus petite que le rayon du disque pour qu'il y ait le jeu nécessaire. L'entaille *e* doit être dirigée vers le centre du disque. Il en est de même du petit ressort *l* ; mais il vaut mieux que son prolongement passe un peu à gauche du centre, afin que le contact entre le doigt *d* et l'extrémité de ce ressort se fasse un peu avant la ligne des centres.

On paraît revenir aujourd'hui aux échappements libres à pivot, c'est-à-dire au système de Pierre Leroy perfectionné.

Nous décrirons, pour en donner une idée, l'échappement de M. Henri Robert.

La détente-ressort de l'échappement ci-dessus est remplacée par un levier *rr* (*fig.* 682) monté sur un axe ou pivot *pp;* un ressort spécial R fixé à une de ses extrémités à ce pivot et par l'autre à la platine, ramène le levier contre une goupille *u*, portée par la tête d'une vis V. En

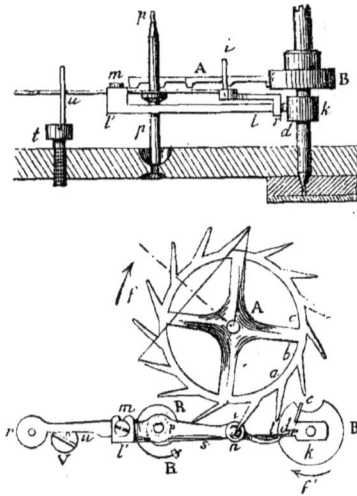

Fig. 682.

un point *m* du levier *r* est fixé un petit ressort en or *ll;* la figure montre comment l'extrémité du levier se recourbe en équerre pour venir descendre en avant du ressort *ll.*

En un autre point *n* du levier s'élève un demi-cylindre *i* qui joue le rôle du talon *i* de l'échappement précédent; c'est contre la partie plane de ce demi-cylindre qu'appuie l'extrémité de la dent *a* de la roue d'échappement. Un disque ou cercle d'échappement B porte un rubis *e* destiné à recevoir l'action de la dent pendant la levée. Une pièce d'acier *k* montée sur le même axe, porte un doigt *d* qui a la même fonction que dans l'échappement d'Arnold.

La roue d'échappement tendant à tourner dans le sens de la flèche *f*, est arrêtée par le demi-cylindre *i;* pendant la demi-oscillation du régulateur qui a lieu dans le sens de la flèche *f*, le doigt *d* a soulevé le petit ressort *ll* sans autre effet, et le repos a continué; mais, à la demi-oscillation suivante, qui a lieu en sens contraire, le doigt *d*, en agissant sur le ressort *ll*, entraîne le levier *rr*, qui tourne autour de son pivot; le demi-cylindre *i* s'éloigne, et la dent *a* échappe; la dent *c* vient frapper sur la levée *e* et rendre au régulateur la

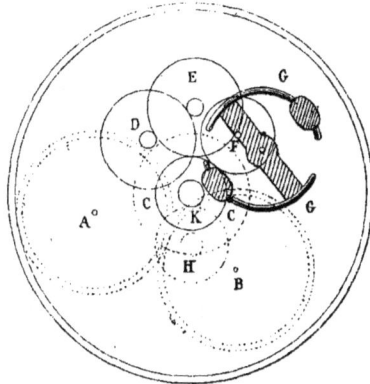

Fig. 683.

force vive qu'il a perdue; puis le levier *rr*, ramené contre la goupille *u* par l'action du ressort spiral R reprend sa position primitive, arrête la dent *b* et le même jeu recommence.

La figure 683 représente le plan ou *calibre* d'un chronomètre, ou du moins l'une des dispositions les plus fréquemment adoptées, et qui varient nécessairement selon le goût du constructeur.

A est le barillet, B la fusée, CC la grande moyenne, ou roue des minutes, D la petite moyenne, E la roue des secondes, F la roue d'échappement, GG le balancier compensateur, H la roue de renvoi, et K la roue de cadran ou des heures. Le dessin n'indique pas l'échappement, ni les ponts, barrettes, etc., dans lesquels s'engagent les extrémités des axes de rotation. Le calibre est évidemment un peu plus simple lorsqu'il n'y a pas de fusée. Pour calculer le nombre de dents qu'il faut donner à chaque roue, on se donne d'abord le nombre d'oscillations que doit faire le balancier par seconde.

Supposons qu'il doive faire 5 demi-oscillations, que la roue d'échappement ait 15 dents et son pignon 8 ailes. Le balancier faisant $5 \times 60 \times 60$ ou 18,000 demi-oscillations par heure, la roue d'échappement fera $\dfrac{18,000}{15 \times 2}$ ou 600 tours pendant le même temps ; mais la roue des secondes doit faire 60 tours par heure ; il faut donc que le nombre de ses dents soit 10 fois plus grand que celui du pignon de la roue d'échappement, c'est-à-dire 8×10 ou 80. On se donne également le nombre d'ailes du pignon de la roue des secondes et du pignon de la petite moyenne ; soient respectivement x et y les nombres de dents de la roue des minutes et de la petite moyenne. Quand la roue des minutes fera un tour, la petite moyenne en fera un nombre marqué par $\dfrac{x}{10}$ et quand la petite moyenne fera un tour, la roue des secondes en fera un nombre marqué par $\dfrac{y}{12}$; par conséquent, quand la roue des minutes fera un tour, la roue des secondes en fera un nombre marqué par $\dfrac{x}{10} \times \dfrac{y}{12}$. Mais ce nombre doit être égal à 60 ; on doit donc avoir :

$$xy = 60 \times 10 \times 12 = 7{,}200$$

On prendra pour x et y deux facteurs de 7,200 qui ne diffèrent pas trop l'un de l'autre, par exemple.

$$x = 90 \text{ et } y = 80$$

On se donne de même le nombre des ailes du pignon de chaussée monté sur l'axe de la roue des minutes, et le nombre des ailes du pignon de renvoi : soient 8 et 6 ces deux nombres, et soient z et u les nombres de dents de la roue de renvoi et de la roue de cadran. Quand la roue des minutes fera un tour, la roue de renvoi en fera un nombre marqué par $\dfrac{8}{z}$; et quand la roue de renvoi fera un tour, la roue de cadran en fera un nombre marqué par $\dfrac{6}{u}$; par conséquent, quand la roue des minutes fera un tour, la roue de cadran en fera un nombre exprimé par $\dfrac{8}{z} \times \dfrac{6}{u}$; mais ce nombre doit être égal à 1/12 puisque la roue des heures ne fait qu'un tour quand la roue des minutes en fait 12 ; on devra donc avoir :

$$\frac{8 \times 6}{zu} = \frac{1}{12}$$

ou $\qquad zu = 8 \times 6 \times 12 = 576$

On pourra prendre $z = 24$ et $u = 24$.

Enfin on se donnera le nombre des ailes du pignon de la roue des minutes qui engrène avec la fusée, et le nombre de tours que celle-ci doit faire en 24 heures ; soit 12 le nombre des ailes du pignon, 3 le nombre de tours de la fusée, et v le nombre des dents de la roue montée sur l'axe de la fusée. Quand la fusée fera un tour, la roue des minutes en fera un nombre marqué par $\dfrac{v}{12}$; dans 24 heures le nombre des tours de la roue des minutes sera donc $\dfrac{3v}{12}$; mais ce nombre doit être égal à 24 puisque la roue des minutes fait un tour par heure, on devra donc avoir

$$\frac{3v}{12} = 24$$

d'où $\qquad v = 96$

La recherche du nombre des dents du rouage est, comme on le voit, un problème indéterminé que l'on peut toujours résoudre d'une manière simple.

Il reste à décrire le mécanisme du *remontage*. Dans les chronomètres qui n'ont pas de fusée, il suffit pour remonter l'instrument, de faire tourner, à l'aide de la clef, l'axe du barillet afin de tendre le ressort en l'enroulant autour de son axe ; cette opération n'arrête pas la marche du chronomètre attendu que, pendant le remontage le ressort ne cesse pas d'agir sur le barillet ; il suffit qu'une roue à rochet, montée sur l'axe dont il s'agit, l'empêche de revenir en sens contraire de la rotation qu'on lui imprime. Mais lorsqu'il y a une fusée, il faut, pour opérer le remontage sans arrêter le chronomètre, employer une disposition spéciale représentée (*fig.* 684).

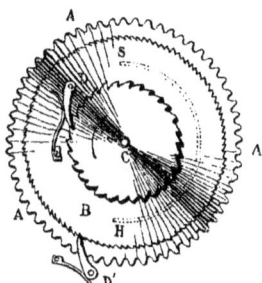

Fig. 684.

A est la roue dentée qui a pour axe celui de la fusée ; B et C sont deux roues à rochet ayant aussi le même axe ; la dernière fait corps avec la fusée. Dans l'état ordinaire, la fusée cédant à la tension de la chaîne, la roue C tourne dans le sens de la flèche, en entraînant la roue B par l'intermédiaire du doigt D ; la roue B fait céder le doigt D', et la roue A ne serait pas entraînée, si un ressort HS, fixé en R à la roue B et en S à la roue A, ne déterminait le mouvement de cette dernière. Mais lorsque, la chaîne étant entièrement déroulée, on veut remonter le chronomètre, c'est-à-dire enrouler de nouveau la chaîne sur la fusée pour faire tourner le barillet en sens contraire et enrouler ou *armer* le ressort moteur, on agit à l'aide d'une clef sur l'axe de la fusée, et l'on fait tourner la roue C en sens contraire de la

flèche ; le doigt D cède, et la roue B se trouve soustraite à l'action directe du moteur ; retenue d'ailleurs par le doigt D', elle ne pourrait tourner en sens contraire, elle s'arrête donc un moment ; mais la tension HS du ressort suffit pour entretenir pendant quelques instants le mouvement de la roue A ; et, par l'action de cette force auxiliaire, le mouvement général du rouage continue pendant le remontage. Pour cette raison, le ressort HS porte le nom de ressort d'entretien.

Lorsque la tension du ressort a atteint une certaine limite, une pièce particulière appelée *arrêtage*, avertit par sa résistance qu'il faut cesser d'agir sur la clef.

Afin de diminuer autant qu'il est possible, l'influence du frottement, on a soin de réduire à de très petites dimensions les extrémités ou pivots des axes tournants ; et on les fait rouler dans des trous en pierre fine, ordinairement en rubis, surtout les pivots animés d'une grande vitesse, comme le balancier et la roue d'échappement. Dans chacun de ces trous est pratiqué une petite cavité destinée à recevoir une goutte d'huile d'olive pour lubrifier les pivots.

966. *Sonnerie d'une horloge.* — La sonnerie d'une horloge constitue un mécanisme à part, qui est mu par un poids ou par un ressort, comme le mécanisme principal.

Le cylindre A (*fig.* 685) reçoit la corde à laquelle est suspendu le poids moteur de la sonnerie. Sur l'axe de ce cylindre est montée une roue dentée B qui forme le premier mobile du rouage. La roue B engrène avec le pignon d'une roue C dite roue de *compte*. La roue de compte engrène avec le pignon d'une roue D dite roue de *chevilles* parce qu'elle porte à sa circonférence des chevilles également espacées. La roue de chevilles engrène avec le pignon d'une roue E dite roue d'*étoteau*, du nom d'une cheville d'arrêt *e* implantée près de la circonférence. La roue d'étoteau engrène avec le pignon d'une dernière roue F, qui fait mouvoir un pignon sur l'axe duquel sont montées deux ailettes formant *volant*. Dans l'état de repos, l'étoteau *e* est arrêté par l'extrémité L d'un levier mobile autour du point O. Un autre levier dont l'extrémité *m* peut-être rencontrée par les chevilles de la roue D, est mobile autour d'un axe O', sur lequel est

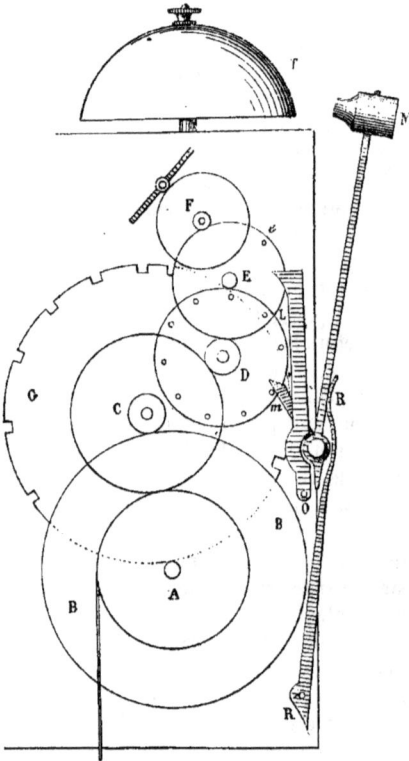

Fig. 685.

monté le marteau M destiné à frapper sur le timbre T. Enfin, un troisième levier qui n'est pas visible sur la figure est lié avec le levier L et mobile autour du même axe O; et son extrémité peut être rencontrée par une cheville placée à la circonférence de la roue des heures du rouage principal.

Lorsque l'heure doit sonner, cette cheville vient saisir l'extrémité de ce levier, l'oblige à tourner autour du point O, ainsi que le levier L et dégage l'extrémité de celui-ci. L'étoteau n'étant plus arrêté par le levier L, le rouage de sonnerie se met en mouvement sous l'action du poids, appliqué au cylindre A ; le mouvement va d'abord en s'accélérant ; mais, par l'effet de la résistance de l'air sur les palettes du volant, qui est animé d'une grande vitesse, le mouvement du rouage est bientôt ramené à l'uniformité. Chaque fois qu'une cheville de la roue D vient rencontrer le levier *m*, le marteau s'éloigne un peu du timbre ; mais, ramené vivement en sens contraire par l'action d'un ressort, il vient frapper un coup et reprend aussitôt sa position primitive grâce à l'élasticité de son manche.

Le nombre de coups que le marteau doit frapper est réglé par une roue G, nommée *chaperon*, qui est montée sur l'axe de la roue de compte C ; elle porte à sa circonférence une série d'entailles inégalement distantes, dans lesquelles peut entrer un couteau lié au levier L. Tant que ce couteau rencontre la roue de chaperon dans l'intervalle de deux entailles, le levier L est suffisamment écarté de sa position de repos pour laisser passer l'étoteau, et le rouage continuant à se mouvoir, la sonnerie continue ; mais dès que le couteau s'engage dans une des entailles du chaperon, le levier L reprend sa position de repos, arrête l'étoteau, par suite tout rouage, et la sonnerie cesse. Les intervalles entre les entailles sont réglés de manière que le levier L reste écarté de sa position de repos le temps nécessaire pour que les chevilles de la roue D fassent frapper le nombre de coups nécessaire.

Lorsque, indépendamment des heures, l'horloge doit sonner un coup à chaque demie, la roue des heures du rouage principal porte deux chevilles diamétralement opposées, dont l'une détermine la sonnerie des heures et l'autre la sonnerie des demies ; les entailles du chaperon sont alors réglées en conséquence. Quand l'horloge ne doit sonner que les heures, elle a 78 coups à sonner en douze heures ; le nombre de coups s'élève à 90 dans le même temps quand l'horloge doit sonner un coup à chaque demie.

967. *Freins.* — Au commencement de ce paragraphe nous avons dit que le ralentissement et même l'arrêt complet d'un corps en mouvement, s'obtenaient à l'aide d'organes appelés freins mettant en jeu le frottement. Un frein se compose d'un ou plusieurs arcs en bois ou en métal, qui peuvent être appuyés sur la circonférence d'une roue, afin de produire un frottement dont la résistance diminue la vitesse de cette roue. Il est nécessaire que le frein embrasse un assez grand arc de cercle, afin de répartir la pression sur une assez grande surface pour que les matières en contact ne soient pas altérées.

Toutes les machines destinées à élever les fardeaux pour les faire descendre ensuite, sont munies d'un frein qui agit sur une roue spéciale participant généralement au mouvement du treuil. Les voitures portent aussi des modérateurs de mouvement, soit pour enrayer dans les descentes, soit pour arrêter sur les chemins de fer, les trains animés d'une grande vitesse.

Les freins des voitures charretières sont des sabots en bois qu'on rapproche des roues de derrière par l'intermédiaire d'un levier mu soit à la main, soit avec une manivelle et une vis. Les rouliers se servent encore quelquefois de l'ancien sabot que l'on place sous la roue en l'empêchant de tourner dans les pentes rapides ; le frottement de glissement produit une résistance considérable qui ralentit la voiture et l'empêche de s'accélérer sous l'action de la composante de la pesanteur parallèle au plan incliné sur lequel se meut le véhicule.

Ce système employé aussi sur les caissons de l'artillerie peut donner lieu à des accidents graves, si la chaîne qui retient le sabot vient à casser. Lorsqu'on veut désenrayer, il suffit d'allonger la chaîne par un système de déclanchement ; la roue lâche le sabot et celle-ci, se retrouvant sur le sol, tourne comme à l'ordinaire.

Dans les chemins de fer, toutes les roues d'une même voiture reçoivent simultanément l'action des freins. Plusieurs systèmes sont employés, mais tous fonctionnent par des combinaisons diverses de leviers, vis et contrepoids, de manière que tous les sabots d'une même voiture agissent simultanément et progressivement de façon à ne pas produire de chocs. Il ne faut pas que le frein exerce un effort trop considérable sur la roue, sans quoi le frottement deviendrait tel, que celle-ci glisserait sur les rails, en produisant, par l'usure, des facettes, qui mettraient bien vites les bandages des roues hors de service.

Il ne faut pas non plus que ces organes agissent instantanément, comme l'ont cru certains inventeurs.

Un arrêt trop rapide équivaudrait à un choc brusque contre un obstacle et pourrait occasionner de graves accidents. Ainsi un train express, d'une vitesse de 60 kilomètres à l'heure, éprouverait, s'il était arrêté instantanément, un choc analogue à celui qu'il aurait si ce train tombait d'un quatrième étage.

Dans les trains qui ne portent pas encore les freins à air comprimé ou à vide, toutes les voitures ne sont pas munies de sabots. Les règlements administratifs, en France, exigent une voiture à frein sur sept voitures et au-dessous ; deux voitures à frein, si le nombre de voitures est compris entre sept et quinze ; trois voitures à frein dans un train de plus de quinze voitures. Ce nombre augmente bien entendu suivant l'inclinaison des rampes. Tous les tenders sont pourvus d'un frein que le mécanicien ou le chauffeur peut faire manœuvrer.

Les trains de marchandises et quelques trains de voyageurs portent les dispositions de freins agissant isolément sur chaque wagon. A la suite de nombreux accidents et en raison de la vitesse plus grande des trains, on a cherché à faire manœuvrer ensemble les freins de plusieurs voitures, tel est le frein automoteur de M. Guérin, analogue au frein de M. Riener ingénieur à Gratz (Autriche). L'idée consiste à relier les sabots par un système convenable de leviers, aux ressorts de chocs, liés eux-mêmes aux tampons qui séparent les voitures.

Dès que le mécanicien ferme l'introduction de vapeur et serre les freins du tender, qui sont des freins ordinaires, les ressorts de choc des voitures se compriment successivement, et cette compression fait agir les leviers qui serrent les freins. Quand le train est arrêté, les ressorts se détendent et les freins cessent d'agir. Le système est additionné d'un embrayage empêchant les freins d'agir dans le recul.

968. *Frein hydraulique.* -- L'incompressibilité des liquides a été utilisée par M. Galy-Cazalat, en 1833 pour le fonctionnement des freins. Ce système consiste à disposer entre les essieux des roues, d'un seul côté ou des deux côtés de la locomotive, un cylindre garni d'un liquide quelconque ; dans ce cylindre manœuvre un piston à deux tiges opposées, dont l'une est commandée par un excentrique monté sur l'axe d'une des roues motrices, tandis que l'autre est commandée par un excentrique monté sur l'axe de l'autre roue.

Un canal extérieur, muni au milieu d'un robinet, établit la communication des deux extrémités du cylindre.

Tant que la marche du moteur doit rester normale, le piston du cylindre éprouve, sur chaque face, une résistance égale de la part du liquide dans lequel il baigne ; mais s'il faut ralentir ou arrêter le locomoteur, le mécanicien ferme plus ou moins le robinet du cylindre hydraulique, et le liquide ne peut plus circuler aussi facilement par le passage étranglé du canal. Par suite, le piston, en vertu de l'incompressibilité du liquide, ne pouvant plus avancer que difficilement, ou même plus du tout, selon que le robinet est fermé en partie ou entièrement, devient un obstacle puissant qui réagit sur les axes des roues pour en arrêter le mouvement.

969. *Frein à air, à gaz et à vapeur.* — Le principe d'employer l'air comprimé, la vapeur ou les gaz comme force motrice disponible pour serrer les freins contre les roues d'un train en marche, remonte à l'année 1848.

Le 18 janvier de ladite année M. Lister de Londres, prenait une patente sur le système de frein à air disposé comme il suit :

On dispose près du conducteur de la locomotive un réservoir à air, dans lequel l'air est refoulé par une pompe à air en communication avec le mouvement de la locomotive.

Un tuyau flexible part du réservoir à air et s'étend sous les wagons au moyen de joints convenables, pour former un tube continu d'une extrémité à l'autre du train. De ce tuyau principal partent des embranchements qui envoient l'air sur les pistons renfermés dans les cylindres placés entre les roues de chaque wagon.

Or chaque piston se prolonge à droite et à gauche par une tige qui se relie au sabot de chaque roue.

Lorsqu'il s'agit d'arrêter ou de ralentir le train, il suffit au mécanicien d'ouvrir le robinet du réservoir à air ; l'air comprimé circule rapidement dans le tube flexible pour agir sur les pistons des cylindres et faire serrer les sabots contre les roues.

Dans sa description, M. Lister déclare qu'il emploiera facultativement l'air, la vapeur et autres gaz.

Le problème du frein-vapeur à sabot

paraît complètement résolu dans cette patente Lister : elle réunit en effet l'emploi, comme agent moteur de l'air comprimé, de la vapeur et autres gaz, la distribution instantanée de cette force motrice à tous les cylindres disposés entre les roues des wagons qui composent un train, l'action simultanée de ces gaz sur tous les pistons-sabots simultanément, la flexibilité à raccords convenables du tube principal et de ses embranchements, enfin la concentration de tout l'enrayage du train à la portée d'un seul et même conducteur de la locomotive.

Malgré l'avantage que présente ce système il n'a pas reçu d'application immédiate dans les chemins de fer.

A la date du 20 août 1853, M. Raux, mécanicien au chemin de fer du Nord, a pris un brevet pour un système d'enrayage à la vapeur, analogue à celui de M. Lister.

M. de Landsée a présenté un système de frein à vapeur devant satisfaire à toutes les exigences de l'exploitation : modération des vitesses des trains sur pentes et arrêts plus ou moins subits, et enfin simplicité pour la mise en train de l'appareil.

Le principe fondamental de l'appareil consiste dans le refoulement, pendant toute la course du piston, ou à volonté pendant une fraction de course, de la vapeur de la chaudière, qui peut, au moyen d'un nouveau tiroir, venir à la rencontre du piston. L'enceinte du cylindre de ce côté est immédiatement envahie par la vapeur, et le mouvement rétrograde du piston oblige cette vapeur à reprendre sa place primitive : la vapeur se trouve ainsi refoulée dans la chaudière tout en exerçant la plus grande force retardatrice possible et sans entraîner aucun des inconvénients que produisent les autres systèmes.

Tous les freins à gaz analogues à ceux que nous venons de décrire ne remplissaient pas le but que l'on poursuivait, c'est-à-dire ne présentaient pas toutes les conditions qu'exige la sécurité des voyageurs.

Après plusieurs essais faits en France et à l'étranger, on s'est décidé, avec trop de lenteur, à faire usage des freins automatiques suivants :

1° Frein à air comprimé, système Westinghouse ;

2° Frein à vide de Schmidt ou de Hardy ;

3° Frein à friction, système Becker ;

4° Frein électrique, système Achard.

970. *Frein automatique continu à air comprimé Westinghouse.* — Ce frein automatique a été appliqué en Amérique en 1869 ; il réunit toutes les conditions suivantes énumérées par Board of Trade (Ministère du commerce) d'Angleterre dans sa circulaire du 30 août 1877 aux compagnies de chemins de fer.

1re Condition. — Pour être employés efficacement à arrêter les trains, les freins doivent être : 1° instantanés dans leur action ; et 2° applicables aussi bien par les gardes que par le mécanicien.

2e Condition. — En cas d'accident les freins doivent se mettre instantanément et d'eux-mêmes.

3e Condition. — Les freins doivent pouvoir être appliqués et relâchés avec facilité aussi bien sur la machine que sur chaque véhicule du train.

4e Condition. — Les freins doivent être employés d'une façon régulière dans le service journalier.

5e Condition. — Les matières employées dans leur construction doivent être d'une nature durable, de façon à ce qu'ils puissent être entretenus et maintenus facilement en parfait état.

Ce système, que l'on peut voir fonctionner sur la ligne de l'Ouest, se compose d'une pompe à air mise en mouvement par un petit moteur tout à fait indépendant de la locomotive.

Cette pompe envoie l'air qu'elle comprime dans un accumulateur ou réservoir mis en communication avec un tuyau qui longe tout le train. Ce tuyau est formé d'autant de parties qu'il y a de voitures; chacune se relie à la suivante par des tuyaux flexibles et des pièces d'accouplement. Chaque wagon porte un réservoir d'air comprimé qui communique avec un cylindre à frein dont le piston commande les sabots des roues; il communique également avec un organe spécial appelé *triple valve* permettant le serrage ou le desserrage des sabots. La conduite de tous les freins est faite à l'aide d'un robinet mis à la portée du mécanicien ou du chauffeur.

Le frein Westinghouse remplit bien toutes les conditions sous-entendues par le mot automatique que nous allons faire comprendre par la note suivante.

Le terme *automacité*, employé en matière de freins, ne désigne pas simplement la propriété de l'application des sabots en cas de rupture d'attelage. Restreint dans ces limites on comprendrait difficilement la valeur qu'on lui attribue.

Afin d'éviter toute équivoque à ce sujet, il importe donc d'en fixer la signification. Dans la terminologie des freins en effet, la signification du mot automatique s'étend au delà de sa valeur littérale et sert à désigner un ensemble de conditions et de propriétés dont voici brièvement les principales.

On appelle *automatiques* les systèmes de freins dans lesquels la force motrice est emmagasinée sous chaque véhicule, qui constitue ainsi une unité de frein séparée toujours prête à fonctionner dès que l'occasion s'en présente.

Les systèmes non automatiques sont ceux au contraire où l'agent moteur est produit à un endroit unique du train, le plus souvent sur la machine, pour être distribué de proche en proche et successivement sur toute la longueur du train.

Une conséquence immédiate de cette *automacité* c'est que la destruction totale ou partielle des organes du frein, soit sur un ou plusieurs véhicules, n'empêche pas l'action du système sur les autres voitures. Une seconde conséquence de cette adaptation d'un réservoir de force à chaque voiture, c'est que le trajet que cette force doit effectuer pour agir, et par conséquent le temps nécessaire pour son action, se trouvent réduits, au point qu'on peut la considérer en pratique comme instantanée.

Dans le cas de la force produite en un point unique, au contraire, le trajet que celle-ci doit faire et par conséquent le temps nécessaire pour l'application est proportionnel à la longueur du train et à la pression du fluide employé.

L'automacité suppose également l'application des freins sans l'intervention du mécanicien ou des gardes toutes les fois qu'un accident de nature à compromettre le fonctionnement d'un système *non automatique* viendrait à se produire.

Cette condition se trouve entièrement réalisée dans le système Westinghouse. En effet, l'application des sabots ayant lieu dès qu'une perte d'air ou une dépression a lieu dans les tuyaux, il en résulte que les freins se mettent également toutes les fois que cette dépression, au lieu d'être produite intentionnellement par le mécanicien ou les gardes, est produite accidentellement pour quelque cause que ce soit.

Les avantages dérivant de cette action automatique sont considérables au point de vue de la sécurité qu'elle donne.

L'emploi de moyens d'arrêt aussi puissants que les freins continus constitue un danger sérieux si ce moyen peut venir à manquer et devenir caduc entre les mains des agents sans qu'ils en soient avertis. Cet avertissement, qui fait absolument défaut dans les systèmes *non automatiques*, est donné immédiatement, en cas de perturbation, par la mise des sabots, dans le système Westinghouse.

C'est ce qui a lieu, par exemple :

1° Si la conduite est interrompue soit par un découplement simple des boyaux, cas qui se présente assez fréquemment avec certains systèmes d'accouplement;

2° Si ce découplement des boyaux ou leur rupture se produit par rupture d'attelages, soit simple, soit dans un déraillement ou une collision ; dans ces derniers cas, il est très important de détruire la force vive aussi promptement que possible sans compter sur l'intervention du mécanicien ou du chauffeur, ces derniers n'ayant souvent pas le temps ou étant dans l'impossibilité de faire jouer les freins ; d'autres fois, la machine étant endommagée la première, l'appareil qui sert à produire la force motrice est aussitôt détruit ou hors de service ; tel serait le cas de l'éjecteur du frein à vide dont nous parlons plus loin.

Il est à remarquer que les freins automatiques se mettent d'eux-mêmes ou restent mis dans ces diverses hypothèses ; il n'en est pas de même pour les freins non automatiques ; s'ils ne sont pas appliqués ils ne se mettent plus, et s'ils ont été mis ils se desserrent, si les organes sont dérangés par négligence ou par malveillance ou si une fuite importante vient à se produire pour quelque cause que ce soit.

Au point de vue de la surveillance, toute perturbation ou défaut dangereux se révélant dans le système Westinghouse par l'application des freins, il en résulte de grandes facilités pour la surveillance des agents. C'est ainsi qu'il leur suffit, avant le départ des trains, de constater que l'air sort par le dernier robinet pour qu'on soit assuré que les freins sont prêts à fonctionner ; en effet le train étant chargé, si tout n'était pas en bon état de fonctionnement, les freins s'appliqueraient et rendraient le départ impossible.

En épuisant ces diverses hypothèses pour constater ce qui arriverait dans des cas semblables, avec des freins non automatiques, on verra facilement que dans ces différents cas ils ne fonctionnent pas ou imparfaitement et seraient au contraire l'occasion de dangers sérieux.

971. *Frein à vide* — Les freins à vide du système Schmidt ou du système Hardy, fonctionnent par la pression de l'atmosphère. Chaque voiture porte une espèce de cylindre appelée *sac*, dont l'un des plateaux est fixe et l'autre mobile ; le vide fait dans l'appareil, rapproche le plateau mobile du plateau fixe, ce mouvement est communiqué aux sabots par des combinaisons de léviers. Tous ces sacs communiquent avec une conduite principale dont l'extrémité qui aboutit à la locomotive se termine par une pompe pneumatique ou bien par un injecteur dont le jeu est identique à celui de l'injecteur Giffard.

Le desserrage des freins s'obtient en laissant rentrer l'air extérieur dans les sacs qui sont de véritables soufflets cylindriques, munis à l'intérieur de cercles en fer pour empêcher l'aplatissement latéral.

972. *Frein à friction.* — Les freins à friction employés en Allemagne et expérimentés dernièrement par la compagnie d'Orléans, remplissent le but exigé par le service de l'exploitation. Chaque voiture porte le système d'embrayage suivant :

Une poulie calée sur un arbre spécial porte une chaîne qui commande le sabot ; à l'extérieur de cette poulie est placé un anneau de friction qui, mis en contact avec la jante de la roue, détermine la rotation de l'arbre ; alors la chaîne s'enroule jusqu'à ce que le sabot serre fortement ; à partir de ce moment, l'anneau seul continue à tourner sans entraîner la poulie. Tous ces anneaux sont commandés simultanément au moyen d'une vis ou d'un volant agissant sur une chaîne ou un câble régnant dans la longueur du train.

Pour opérer le desserage il suffit de faire cesser le contact de la roue et de l'anneau. Dans le système Achard, l'électricité est employée pour opérer le contact de ces rouleaux.

Nous terminons cette rapide étude sur les freins en indiquant la manière de comparer leur action au moyen de diagrammes.

973. *Diagrammes des freins.* — Pour apprécier la valeur pratique des différents systèmes de freins continus, il ne suffit pas seulement de teuir compte de la distance et du temps nécessaire pour arrêter un train lancé à une cercaine vitesse; on doit encore considérer de près les phases intermédiaires pour se rendre compte de la rapidité de la mise en action et de la puissance dès le début, qui sont des facteurs très importants de tout arrêt.

Cet examen ne peut être fait d'une façon complète qu'au moyen de diagram-

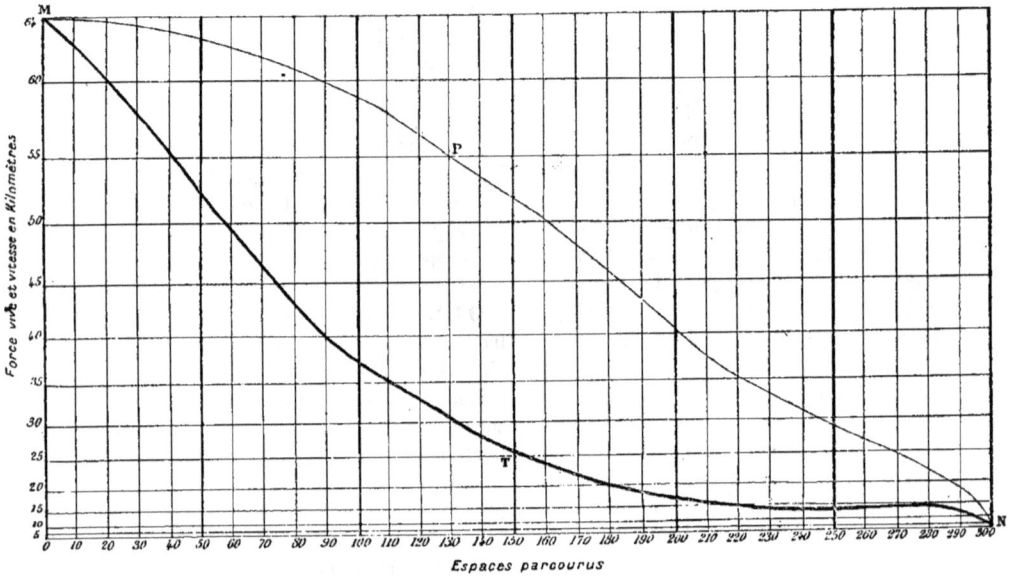

Fig. 686.

mes comme nous allons l'exposer sommairement.

Supposons, par exemple, un train animé d'une vitesse de 64 kilomètres à l'heure et considérons-le au moment où le frein est mis en action : représentons alors en ce point la force vive du train correspondant à cette vitesse, par une hauteur verticale à une certaine échelle (*fig.* 686).

L'action des freins réduit constamment la force vive du train; représentons maintenant, en chaque point du parcours, la force vive correspondante par des hauteurs verticales, toujours à la même échelle; alors en réunissant les sommets de ces verticales nous obtiendrons une courbe qui indiquera clairement la manière dont on a varié la force vive du train ou, en d'autres termes, qui donnera une biographie exacte de l'arrêt.

Supposons maintenant que l'arrêt produit par un frein continu soit représenté par la courbe MPN arrêtant le train, en 300 mètres et qu'un autre frein continu arrête le même train lancé à la même vitesse, sur la même distance de 300 mètres, mais suivant la courbe MTN ; alors nous voyons que, si le point du danger s'était trouvé à une distance de 150 mètres par exemple, le premier aurait eu encore une vitesse double de celle du second ; en admettant que la violence de la collision varie en raison des carrés des vitesses, la collision aurait été quatre fois plus désastreuse avec le premier frein qu'avec le second.

Il résulte donc de ceci que le meilleur des deux freins, toutes choses égales d'ailleurs, sera celui qui abattra plus rapidement la force vive et atteindra le plus tôt une vitesse peu dangereuse sans qu'il faille nécessairement faire entrer en ligne de compte la distance parcourue ni le temps nécessaire pour atteindre l'arrêt complet.

FIN.

TABLE DES MATIÈRES

PREMIÈRE PARTIE

STATIQUE

DEUXIÈME PARTIE

CINÉMATIQUE

Tours, imprimerie DESLIS FRÈRES, rue Gambetta, 6.

Livraison N 2

Prix : 50 centimes

NOUVELLE ENCYCLOPÉDIE

DES

SCIENCES USUELLES

RÉDACTEUR EN CHEF

Désiré LACROIX

OFFICIER D'ACADÉMIE

RÉDACTEUR AU MONITEUR DE L'ARMÉE

TRAITÉ DE MÉCANIQUE

PAR

J. ARNAL

Ingénieur des Arts et Manufactures, Chef des travaux graphiques à l'École centrale,
Professeur aux Écoles municipales supérieures et à l'Association polytechnique,
Ancien élève de l'École d'arts et métiers d'Aix,
Ancien professeur à l'École d'arts et métiers de Châlons, ex-Ingénieur des Arts et Métiers d'Aix.

PARIS

E. LAINÉ ET Cie, ÉDITEURS

25, RUE DE GRENELLE, 25

La *Nouvelle Encyclopédie des sciences usuelles* est divisée en 12 livres et comprend :
LIVRE I. Arithmétique. — LIVRE II. Algèbre. — LIVRE III. Géométrie théorique et pratique. — LIVRE IV. Géométrie descriptive. — LIVRE V. Trigonométrie rectiligne. — LIVRE VI. Cours de construction. — LIVRE VII. Cours de perspective. — LIVRE VIII. Traité de mécanique. — LIVRE IX. Cours de physique. — LIVRE X. Cours de chimie. — LIVRE XI. Cours d'astronomie. — LIVRE XII. Éléments d'histoire naturelle (minéralogie, géologie, botanique et zoologie.

PROGRAMME TRÈS SUCCINT DU TRAITÉ DE MÉCANIQUE

PREMIÈRE PARTIE

Statique

CHAPITRE Ier. — Généralités sur les forces.

CHAPITRE II. — Forces concourantes.

CHAPITRE III. — Forces parallèles.

CHAPITRE IV. — Composition et réduction au moindre nombre des forces appliquées à un corps solide.

CHAPITRE V. — Pesanteur. — Centres de gravité.

CHAPITRE VI. — Compositions de forces situées dans un même plan.

CHAPITRE VII. — Equilibre d'un corps gêné par des obstacles.

CHAPITRE VIII. — Machines simples.

CHAPITRE IX. — Du polygone funiculaire et des systèmes articulés.

CHAPITRE X. — Graphostatique.

DEUXIÈME PARTIE

Cinématique

CHAPITRE Ier. — Du temps et de sa mesure.

CHAPITRE II. — Principes fondamentaux sur les mouvements.

CHAPITRE III. — Guides du mouvement.

CHAPITRE IV. — Transformation du mouvement circulaire continu en circulaire continu.

CHAPITRE V. — Transformation du mouvement rectiligne continu en rectiligne continu.

CHAPITRE VI. — Transformation du mouvement circulaire continu en rectiligne continu.

CHAPITRE VII. — Transformation du mouvement circulaire continu en circulaire alternatif et en rectiligne alternatif.

CHAPITRE VIII. — Transformation du mouvement rectiligne continu en circulaire alternatif et en rectiligne alternatif.

CHAPITRE IX. — Transformation du mouvement circulaire alternatif en circulaire alternatif et en rectiligne alternatif.

CHAPITRE X. — Transformation du mouvement rectiligne alternatif en rectiligne alternatif.

CHAPITRE XI. — Organes de modification du mouvement.

Applications de la Cinématique aux récepteurs et aux opérateurs.

CHAPITRE Ier. — Récepteurs.

CHAPITRE II. — Opérateurs.

CHAPITRE III. — Machines-Outils.

TROISIÈME PARTIE

Dynamique

CHAPITRE Ier. — Notions fondamentales sur la composition des mouvements et des vitesses.

CHAPITRE II. — Travail d'une force et principe des forces vives.

CHAPITRE III. — Chocs des corps.

CHAPITRE IV. — Moments d'inertie.

CHAPITRE V. — Applications de la mécanique.

QUATRIÈME PARTIE

Hydraulique

CHAPITRE Ier. — Ecoulement des liquides par les orifices de divers genres.

CHAPITRE II. — Applications de la mécanique aux roues hydrauliques.

CINQUIÈME PARTIE

Résistance des matériaux

CHAPITRE Ier. — Généralités.

CHAPITRE II. — Construction et résistance des éléments de machines.

SIXIÈME PARTIE

Chaudières à vapeur. — Moteurs à vapeur et à gaz.

CHAPITRE Ier. — Chaudières à vapeur.

CHAPITRE II. — Machines à vapeur.

CHAPITRE III. — Théorie mécanique de la chaleur, machines à vapeur mixtes, à air chaud et à gaz.

6922. — Paris. — Imp. Tolmer et Cie, 3, rue Madame